BIG IDEAS MATH®
ÁLGEBRA 2

Ron Larson
Laurie Boswell

Erie, Pennsylvania
BigIdeasLearning.com

Big Ideas Learning, LLC
1762 Norcross Road
Erie, PA 16510-3838
USA

For product information and customer support, contact Big Ideas Learning at **1-877-552-7766** or visit us at *BigIdeasLearning.com*.

Cover Image
Allies Interactive/Shutterstock.com

Copyright © 2015 by Big Ideas Learning, LLC. All rights reserved.

No part of this work may be reproduced or transmitted in any form or by any means, electronic or mechanical, including, but not limited to, photocopying and recording, or by any information storage or retrieval system, without prior written permission of Big Ideas Learning, LLC unless such copying is expressly permitted by copyright law. Address inquiries to Permissions, Big Ideas Learning, LLC, 1762 Norcross Road, Erie, PA 16510.

Big Ideas Learning and *Big Ideas Math* are registered trademarks of Larson Texts, Inc.

Printed in the U.S.A.

ISBN 13: 978-1-60840-949-5
ISBN 10: 1-60840-949-X

2 3 4 5 6 7 8 9 10   WEB   18 17 16 15

Los autores

Ron Larson, Ph.D., es muy conocido por ser el autor principal de un programa integral de matemáticas que abarca los niveles de escuela intermedia, escuela preparatoria y universidad. Ha recibido el reconocimiento de Profesor Emérito de Penn State Erie, The Behrend College, donde dictó clase durante casi 40 años. Obtuvo su doctorado en matemáticas en la University of Colorado. Debido a su gran cantidad de actividades profesionales, el Dr. Larson participa activamente en la comunidad de educación matemática y comprende en profundidad las necesidades de los estudiantes, los maestros, los supervisores y los administradores.

Ron Larson

Laurie Boswell, Ed.D., es directora escolar y maestra de matemáticas en la escuela Riverside School en Lyndonville, Vermont. La Dra. Boswell ha ganado el premio Presidential Award for Excellence en la enseñanza de matemáticas y ha dado clases de matemáticas a estudiantes de todos los niveles, desde primaria hasta universidad. Además, la Dra. Boswell fue becaria de Tandy Technology y colaboró en la junta de directores de NCTM desde 2002 a 2005. En la actualidad, forma parte de la junta de NCSM y es una conocida oradora a nivel nacional.

Laurie Boswell

El **Dr. Ron Larson** y la **Dra. Laurie Boswell** comenzaron a escribir en conjunto en 1992. Desde ese entonces, han escrito más de dos docenas de libros de texto. En esta colaboración, Ron se encarga principalmente de la edición del estudiante, mientras que Laurie se encarga principalmente de la edición del maestro.

Para el estudiante

Bienvenido a *Big Ideas Math Álgebra 2*. Desde principio a fin, este programa se diseñó teniéndote a ti, el estudiante, en mente.

A medida que avances por los capítulos de tu curso de Álgebra 2, se te motivará para que pienses y hagas conjeturas mientras perseveras para resolver los problemas y ejercicios desafiantes. Te equivocarás. . . ¡y está bien! El aprendizaje y la comprensión surgen cuando te equivocas y te abres camino entre tus obstáculos mentales para comprender y resolver nuevos y exigentes problemas.

En este programa, también se te pedirá que expliques tu pensamiento y tu análisis sobre distintos problemas y ejercicios. Participar activamente en el aprendizaje te ayudará a desarrollar el razonamiento matemático y usarlo para resolver problemas matemáticos y solucionar otros desafíos cotidianos.

Te deseamos mucha suerte mientras exploras Álgebra 2. Nos entusiasma ser parte de tu preparación para los desafíos que enfrentarás en el resto de tu carrera estudiantil y durante toda tu vida.

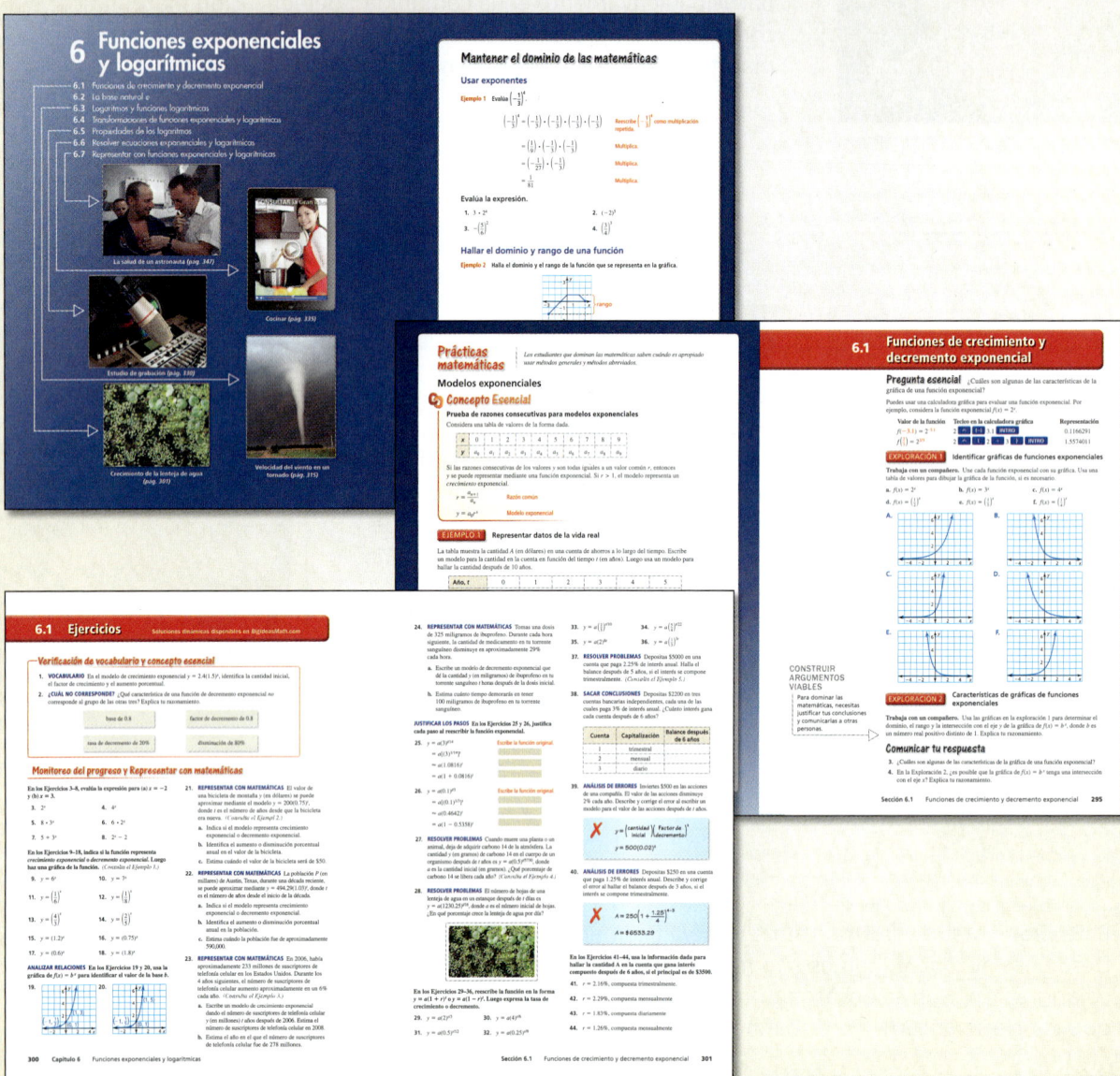

Big Idea Math
Investigación de escuela preparatoria

Big Ideas Math Álgebra 1, Geometría y *Álgebra 2* es un programa basado en la investigación que brinda un plan de estudios rigoroso, enfocado y coherente para los estudiantes de la escuela preparatoria. Ron Larson y Laurie Boswell utilizaron su experiencia, así como también el gran conocimiento recopilado por expertos e investigadores de matemáticas, para desarrollar cada curso.

El enfoque pedagógico de este programa sigue las mejores prácticas delineadas en las investigaciones educativas y los estándares más notables y aceptados, que abarcan:

Achieve, ACT y The College Board

Adding It Up: Helping Children Learn Mathematics
National Research Council ©2001

Common Core State Standards for Mathematics
National Governors Association Center for Best Practices and the Council of Chief State School Officers ©2010

Curriculum Focal Points and the *Principles and Standards for School Mathematics* ©2000
National Council of Teachers of Mathematics (NCTM)

Project Based Learning
The Buck Institute

Rigor/Relevance Framework™
International Center for Leadership in Education

Universal Design for Learning Guidelines
CAST ©2011

Big Ideas Math desea expresar su agradecimiento a los expertos en educación e instrucción matemática que nos asesoraron durante el proceso de redacción de *Big Ideas Math Álgebra 1, Geometría* y *Álgebra 2*. Sus aportes tuvieron un valor invaluable durante el desarrollo de este programa.

Kristen Karbon
Curriculum and Assessment Coordinator
Troy School District
Troy, Michigan

Jean Carwin
Math Specialist/TOSA
Snohomish School District
Snohomish, Washington

Carolyn Briles
Performance Tasks Consultant
Mathematics Teacher, Loudoun County Public Schools
Leesburg, Virginia

Bonnie Spence
Differentiated Instruction Consultant
Mathematics Lecturer, The University of Montana
Missoula, Montana

Connie Schrock, Ph.D.
Performance Tasks Consultant
Mathematics Professor, Emporia State University
Emporia, Kansas

También queremos agradecer a todos nuestros revisores que se tomaron el tiempo de darnos sus opiniones y sugerencias durante las fases finales de desarrollo. Para conocer la lista completa de los revisores del programa *Big Ideas Math*, visita www.BigIdeasLearning.com.

Prácticas matemáticas

Darle sentido a los problemas y perseverar para resolverlos.
- Las *Preguntas esenciales* ayudan a los estudiantes a enfocarse en los conceptos esenciales y analizar su trabajo mediante cada *Exploración*.
- Las *Exploraciones*, que inician cada sección, permiten que los estudiantes se enfrenten con conceptos matemáticos nuevos y expliquen su razonamiento en las preguntas de *Comunicar tu respuesta*

Razonar de manera abstracta y razonar cuantitativamente.
- Los ejercicios de *Razonar, Pensamiento crítico, Razonamiento abstracto* y *Resolver problemas* estimulan a los estudiantes para que usen el conocimiento adquirido y las destrezas de razonamiento para resolver cada problema.
- Los ejercicios de *Estimular el pensamiento* evalúan las destrezas de razonamiento de los estudiantes mientras ellos analizan e interpretan situaciones perplejas.

Construir argumentos viables y opinar sobre el razonamiento de los demás.
- Los estudiantes deben justificar sus respuestas a cada *Pregunta esencial* en las preguntas de *Comunicar tu respuesta* que están al final de cada sección de *Exploración*.
- Se pide a los estudiantes que formulen argumento y opinen sobre el razonamiento de los demás en ejercicios especializados, que incluyen *Argumentar, ¿Cómo lo ves?, Sacar conclusiones, Razonar, Análisis de errores, Resolver problemas* y *Escribir*.

Representar con matemáticas.
- Las situaciones de la vida real se utilizan en *Exploraciones, Ejemplos, Ejercicios* y *Evaluaciones* para que los estudiantes tengan oportunidades de usar los conceptos matemáticos que han aprendido en situaciones realistas.
- Los ejercicios de *Representar con matemáticas* permiten que los estudiantes interpreten un problema en el contexto de una situación de la vida real y suelen utilizar tablas, gráficas, representaciones visuales y fórmulas.

Usar las herramientas apropiadas estratégicamente.
- En los ejercicios de *Usar herramientas*, se les brinda a los estudiantes oportunidades para seleccionar y utilizar la herramienta matemática apropiada. Los estudiantes trabajan con calculadoras gráficas, software de geometría dinámico, representaciones y más.
- Los estudiantes cuentan con una variedad de hojas de trabajo y manipulables para usar en los problemas de manera estratégicamente apropiada.

Prestar atención a la precisión.
- Los ejercicios de *Verificación de vocabulario y concepto esencial* exigen que los estudiantes usen términos matemáticos claros y precisos en sus soluciones y explicaciones.
- Las muchas oportunidades de aprendizaje cooperativo en este programa, que incluyen trabajar con un compañero en cada *Exploración*, apoyan la comunicación matemática precisa y explícita.

Buscar y usar una estructura.
- Los ejercicios de *Usar la estructura* ofrecen a los estudiantes la oportunidad de explorar patrones y estructuras en matemáticas.
- Mediante los ejercicios de *Justificar los pasos* y *Analizar ecuaciones*, los estudiantes analizan la estructura de los problemas.

Buscar y expresar regularidad en el razonamiento repetido.
- Se estimula continuamente a los estudiantes para que evalúen si sus soluciones y sus pasos son razonables en el procesos para resolver problemas.
- Los *Ejemplos* escalonados estimulan a los estudiantes a no descuidar su proceso de resolución de problemas y a prestar atención a los detalles relevantes de cada paso.

Visita *BigIdeasLearning.com* para más información sobre las prácticas matemáticas.

Contenido matemático

Cobertura capítulo

Número y cantidad

- El sistema de números reales
- El sistema de números complejos
- Cantidades

Álgebra

- Ver estructuras en las expresiones
- Crear ecuaciones
- Aritmética con expresiones polinomiales y racionales
- Razonar con ecuaciones y desigualdades

Funciones

- Interpretar funciones
- Representaciones lineales, cuadráticas y exponenciales
- Construir funciones
- Funciones trigonométricas

Geometría

- Expresar propiedades geométricas con ecuaciones

Estadística y probabilidad

- Interpretar datos categóricos y cuantitativos
- Hacer inferencias y justificar conclusiones
- Probabilidad condicional y reglas de probabilidad
- Usar la probabilidad para tomar decisiones

1 Funciones lineales

	Mantener el dominio de las matemáticas	1
	Prácticas matemáticas	2
1.1	**Funciones madre y transformaciones**	
	Exploración	3
	Lección	4
1.2	**Transformaciones de funciones lineales y de valor absoluto**	
	Exploraciones	11
	Lección	12
	Destrezas de estudio: Asumir el control de tu tiempo en clase	19
	1.1–1.2 Prueba	20
1.3	**Representar con funciones lineales**	
	Exploraciones	21
	Lección	22
1.4	**Resolver sistemas lineales**	
	Exploraciones	29
	Lección	30
	Tarea de desempeño: Los secretos de las canastas que cuelgan	37
	Repaso del capítulo	38
	Prueba del capítulo	41
	Evaluación acumulativa	42

Consultar La Gran Idea
Analiza la trayectoria de una bicicleta montañera después de que haya saltado de una rampa.

Funciones cuadráticas 2

	Mantener el dominio de las matemáticas	45
	Prácticas matemáticas	46
2.1	**Transformaciones de funciones cuadráticas**	
	Exploración	47
	Lección	48
2.2	**Características de las funciones cuadráticas**	
	Exploraciones	55
	Lección	56
	Destrezas de estudio: Usar las características del libro de texto para prepararse para pruebas y exámenes	65
	2.1–2.2 Prueba	66
2.3	**Foco de una parábola**	
	Exploraciones	67
	Lección	68
2.4	**Representar con funciones cuadráticas**	
	Exploraciones	75
	Lección	76
	Tarea de desempeño: Reconstrucción de un accidente	83
	Repaso del capítulo	84
	Prueba del capítulo	87
	Evaluación acumulativa	88

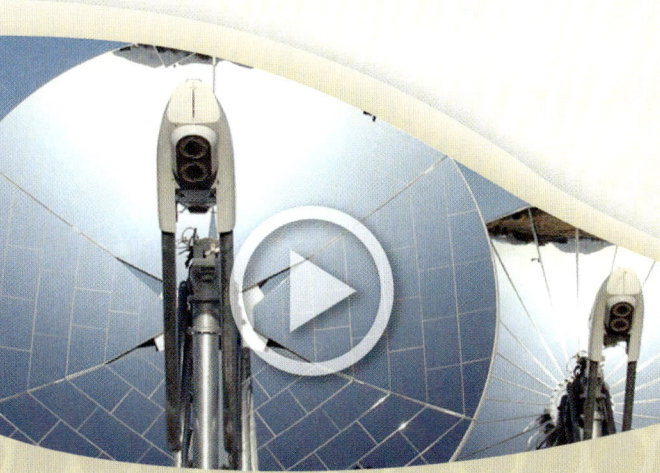

Consultar La Gran Idea
Aprende cómo construir tu propio espejo parabólico que use luz solar para generar electricidad.

3 Ecuaciones cuadráticas y números complejos

	Mantener el dominio de las matemáticas	91
	Prácticas matemáticas	92
3.1	**Resolver ecuaciones cuadráticas**	
	Exploraciones	93
	Lección	94
3.2	**Números complejos**	
	Exploraciones	103
	Lección	104
3.3	**Completar el cuadrado**	
	Exploraciones	111
	Lección	112
	Destrezas de estudio: Crear un entorno de estudio positivo	119
	3.1–3.3 Prueba	120
3.4	**Usar la fórmula cuadrática**	
	Exploraciones	121
	Lección	122
3.5	**Resolver sistemas no lineales**	
	Exploraciones	131
	Lección	132
3.6	**Desigualdades cuadráticas**	
	Exploraciones	139
	Lección	140
	Tarea de desempeño: Álgebra en genética: La Ley de Hardy-Weinberg	147
	Repaso del capítulo	148
	Prueba del capítulo	151
	Evaluación acumulativa	152

Consultar La Gran Idea
Explora números imaginarios en el contexto de circuitos eléctricos.

Funciones polinomiales 4

	Mantener el dominio de las matemáticas	155
	Prácticas matemáticas	156
4.1	**Hacer gráficas de funciones polinomiales**	
	Exploraciones	157
	Lección	158
4.2	**Sumar, restar y multiplicar polinomios**	
	Exploraciones	165
	Lección	166
4.3	**Dividir polinomios**	
	Exploraciones	173
	Lección	174
4.4	**Factorizar polinomios**	
	Exploraciones	179
	Lección	180
	Destrezas de estudio: Mantener tu mente enfocada	187
	4.1–4.4 Prueba	188
4.5	**Resolver ecuaciones polinomiales**	
	Exploraciones	189
	Lección	190
4.6	**El teorema fundamental del álgebra**	
	Exploraciones	197
	Lección	198
4.7	**Transformaciones de funciones polinomiales**	
	Exploraciones	205
	Lección	206
4.8	**Analizar gráficas de funciones polinomiales**	
	Exploración	211
	Lección	212
4.9	**Representar con funciones polinomiales**	
	Exploración	219
	Lección	220
	Tarea de desempeño: Por las aves—Protección de la vida silvestre	225
	Repaso del capítulo	226
	Prueba del capítulo	231
	Evaluación acumulativa	232

Consultar La Gran Idea
Descubre cómo se usaron las barrancas Quonset (y las barrancas Nissen relacionadas) durante la Segunda Guerra Mundial.

5 Exponentes racionales y funciones radicales

	Mantener el dominio de las matemáticas	235
	Prácticas matemáticas	236
5.1	**Raíces enésimas y exponentes racionales**	
	Exploraciones	237
	Lección	238
5.2	**Propiedades de los exponentes racionales y de los radicales**	
	Exploraciones	243
	Lección	244
5.3	**Hacer gráficas de funciones radicales**	
	Exploraciones	251
	Lección	252
	Destrezas de estudio: Analizar tus errores	259
	5.1–5.3 Prueba	260
5.4	**Resolver ecuaciones y desigualdades radicales**	
	Exploraciones	261
	Lección	262
5.5	**Hacer operaciones de función**	
	Exploración	269
	Lección	270
5.6	**Inverso de una función**	
	Exploraciones	275
	Lección	276
	Tarea de desempeño: Intercambiar las situaciones	285
	Repaso del capítulo	286
	Prueba del capítulo	289
	Evaluación acumulativa	290

Consultar La Gran Idea
Explora los ritmos cardiacos y la duración de vida de diferentes animales.

Funciones exponenciales y logarítmicas

	Mantener el dominio de las matemáticas	293
	Prácticas matemáticas	294
6.1	**Funciones de crecimiento y decremento exponencial**	
	Exploraciones	295
	Lección	296
6.2	**La base natural e**	
	Exploraciones	303
	Lección	304
6.3	**Logaritmos y funciones logarítmicas**	
	Exploraciones	309
	Lección	310
6.4	**Transformaciones de funciones exponenciales y logarítmicas**	
	Exploraciones	317
	Lección	318
	Destrezas de estudio: Formar un grupo de estudio semanal	325
	6.1–6.4 Prueba	326
6.5	**Propiedades de los logaritmos**	
	Exploraciones	327
	Lección	328
6.6	**Resolver ecuaciones exponenciales y logarítmicas**	
	Exploraciones	333
	Lección	334
6.7	**Representar con funciones exponenciales y logarítmicas**	
	Exploraciones	341
	Lección	342
	Tarea de desempeño: Medir desastres naturales	349
	Repaso del capítulo	350
	Prueba del capítulo	353
	Evaluación acumulativa	354

Consultar La Gran Idea
Explora cómo el Departamento de Agricultura de los Estados Unidos usa la ley del enfriamiento de Newton para desarrollar normas de seguridad para cocinar usando las reglas basadas en el tiempo y la temperatura.

xiii

7 Funciones racionales

      Mantener el dominio de las matemáticas 357
      Prácticas matemáticas 358

7.1 Variación inversa
      Exploraciones 359
      Lección 360

7.2 Hacer gráficas de funciones racionales
      Exploración 365
      Lección 366

      Destrezas de estudio: Analizar tus errores 373
      7.1–7.2 Prueba 374

7.3 Multiplicar y dividir expresiones racionales
      Exploraciones 375
      Lección 376

7.4 Sumar y restar expresiones racionales
      Exploraciones 383
      Lección 384

7.5 Resolver ecuaciones racionales
      Exploraciones 391
      Lección 392

      Tarea de desempeño: Diseño de circuito 399
      Repaso del capítulo 400
      Prueba del capítulo 403
      Evaluación acumulativa 404

Consultar La Gran Idea
Analiza cómo se compara, desde el punto de vista económico, las impresoras 3-D con la fabricación tradicional.

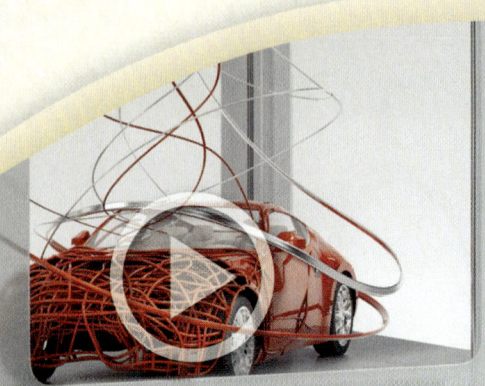

Secuencias y series

	Mantener el dominio de las matemáticas	407
	Prácticas matemáticas	408
8.1	**Definir y usar secuencias y series**	
	Exploración	409
	Lección	410
8.2	**Analizar secuencias y series aritméticas**	
	Exploraciónes	417
	Lección	418
8.3	**Analizar secuencias y series geométricas**	
	Exploraciones	425
	Lección	426
	Destrezas de estudio: Mantener tu mente enfocada	433
	8.1–8.3 Prueba	434
8.4	**Hallar sumas de series geométricas infinitas**	
	Exploraciones	435
	Lección	436
8.5	**Usar reglas recurrentes con las secuencias**	
	Exploraciones	441
	Lección	442
	Tarea de desempeño: Circuitos integrados y la Ley de Moore	451
	Repaso del capítulo	452
	Prueba del capítulo	455
	Evaluación acumulativa	456

Consultar La Gran Idea
Ve de excursión con "Friends of the LA River" para explorar la ecología del río.

9 Razones y funciones trigonométricas

Mantener el dominio de las matemáticas 459
Prácticas matemáticas 460

9.1 Trigonometría de triángulo rectángulo
Exploraciones 461
Lección 462

9.2 Ángulos y medida radián
Exploraciones 469
Lección 470

9.3 Funciones trigonométricas de cualquier ángulo
Exploración 477
Lección 478

9.4 Hacer gráficas de las funciones seno y coseno
Exploraciones 485
Lección 486

Destrezas de estudio: Formar un grupo de estudio para el examen final 495
9.1–9.4 Prueba 496

9.5 Hacer gráficas de otras funciones trigonométricas
Exploración 497
Lección 498

9.6 Representar con funciones trigonométricas
Exploración 505
Lección 506

9.7 Usar identidades trigonométricas
Exploraciones 513
Lección 514

9.8 Usar fórmulas de suma y diferencia
Exploraciones 519
Lección 520

Tarea de desempeño: Alivianar la carga 525
Repaso del capítulo 526
Prueba del capítulo 531
Evaluación acumulativa 532

Consultar La Gran Idea
Junto a nosotros, descubre qué tal alto puede llegar un parasailer.

Probabilidad 10

Mantener el dominio de las matemáticas 535
Prácticas matemáticas 536

10.1 Espacios muestrales y probabilidad
Exploraciones 537
Lección 358

10.2 Eventos independientes y dependientes
Exploraciones 545
Lección 546

10.3 Tablas de doble entrada y probabilidad
Exploraciones 553
Lección 554

Destrezas de estudio: Hacer una hoja de repaso mental 561
10.1–10.3 Prueba 562

10.4 Probabilidad de eventos disjuntos y superpuestos
Exploraciones 563
Lección 564

10.5 Permutaciones y combinaciones
Exploraciones 569
Lección 570

10.6 Distribuciones binomiales
Exploraciones 579
Lección 580

Tarea de desempeño: Un tablero nuevo 585
Repaso del capítulo 586
Prueba del capítulo 589
Evaluación acumulativa 590

Consultar La Gran Idea
Aprende sobre cómo cuidar los árboles en un arboreto.

xvii

11 Análisis de datos y estadística

Mantener el dominio de las matemáticas 593
Prácticas matemáticas 594

11.1 Usar distribuciones normales
Exploraciones 595
Lección 596

11.2 Poblaciones, muestras e hipótesis
Exploraciones 603
Lección 604

11.3 Recolectar datos
Exploraciones 609
Lección 610

Destrezas de estudio: Volver a trabajar tus notas 617
11.1–11.3 Prueba 618

11.4 Diseño de experimentos
Exploraciones 619
Lección 620

11.5 Hacer inferencias de encuestas de muestreo
Exploración 625
Lección 626

11.6 Hacer inferencias de experimentos
Exploración 633
Lección 634

Tarea de desempeño: Promediar el examen 639
Repaso del capítulo 640
Prueba del capítulo 643
Evaluación acumulativa 644

Respuestas seleccionadas A1
Español-Inglés Glosario A65
Índice A79
Referencia A91

Consultar La Gran Idea
Aprende qué tipo de daño ocurre realmente después de una erupción volcánica y cómo se recopila la información.

xviii

Cómo se usa tu libro de matemáticas

Prepárate para cada capítulo con **Mantener el dominio de las matemáticas** y repasa las **Prácticas matemáticas**. Al comienzo de cada sección, resuelve las **EXPLORACIONES** para **Comunicar tu respuesta** de la **Pregunta esencial**. Cada **Lección** explicará **Qué aprenderás** mediante **EJEMPLOS**, **Conceptos Esenciales** y **Vocabulario Esencial**. Mientras completas cada lección, responde las preguntas de **Monitoreo del progreso**. En todas las lecciones, busca CONSEJOS DE ESTUDIO, ERRORES COMUNES y sugerencias para mirar el problema de OTRA MANERA. Además, te brindaremos orientación para LEER temas matemáticos adecuados y detalles conceptuales que deberías RECORDAR.

Afila tus destrezas recién adquiridas con los **Ejercicios** que están al final de cada sección. A mitad de cada capítulo, te preguntarán **¿Qué aprendiste?** y puedes usar la **Prueba** de mitad del capítulo para verificar tu progreso. También puedes usar el **Repaso del capítulo** y la **Prueba del capítulo** para repasar y autoevaluarte después de haber completado un capítulo.

Aplica lo que aprendiste en cada capítulo a una **Tarea de desempeño** y desarrolla tu confianza para rendir pruebas estandarizadas con la **Evaluación acumulativa** de cada capítulo.

Para obtener práctica adicional en cualquier capítulo, usa los *Recursos en línea*, el *Manual de revisión de destrezas* o tu *Diario del estudiante*.

xix

1 Funciones lineales

- **1.1** Funciones madre y transformaciones
- **1.2** Transformaciones de funciones lineales y de valor absoluto
- **1.3** Representar con funciones lineales
- **1.4** Resolver sistemas lineales

Pizzería *(pág. 34)*

Fiesta de graduación *(pág. 23)*

Gastos de un café *(pág. 16)*

Bicicleta montañera *(pág. 7)*

Natación *(pág. 10)*

Mantener el dominio de las matemáticas

Evaluar las expresiones

Ejemplo 1 Evalúa la expresión $36 \div (3^2 \times 2) - 3$.

$$36 \div (3^2 \times 2) - 3 = 36 \div (9 \times 2) - 3 \qquad \text{Evalúa las potencias dentro del paréntesis.}$$
$$= 36 \div 18 - 3 \qquad \text{Multiplica dentro del paréntesis.}$$
$$= 2 - 3 \qquad \text{Divide.}$$
$$= -1 \qquad \text{Resta.}$$

Evalúa.

1. $5 \cdot 2^3 + 7$
2. $4 - 2(3 + 2)^2$
3. $48 \div 4^2 + \frac{3}{5}$
4. $50 \div 5^2 \cdot 2$
5. $\frac{1}{2}(2^2 + 22)$
6. $\frac{1}{6}(6 + 18) - 2^2$

Transformaciones de figuras

Ejemplo 2 Refleja el rectángulo negro en el eje x. Luego traslada el nuevo rectángulo 5 unidades hacia la izquierda y 1 unidad hacia abajo.

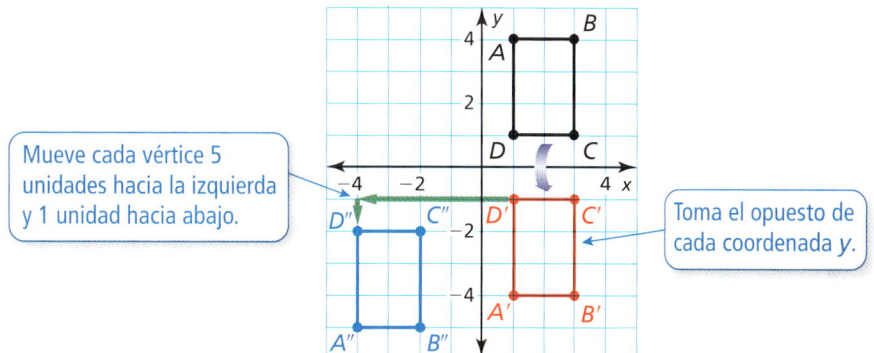

Haz una gráfica de la transformación de la figura.

7. Traslada el rectángulo 1 unidad hacia la derecha y 4 unidades hacia arriba.

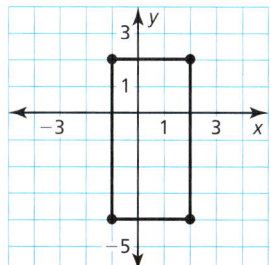

8. Refleja el triángulo en el eje y. Luego traslada 2 unidades hacia la izquierda.

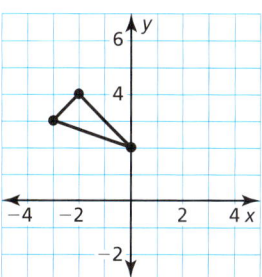

9. Traslada el trapecio 3 unidades hacia abajo. Luego refleja en el eje x.

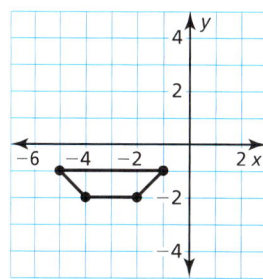

10. **RAZONAMIENTO ABSTRACTO** Da un ejemplo para mostrar por qué el orden de las operaciones es importante cuando se evalúa una expresión numérica. ¿El orden de las transformaciones de las figuras es importante? Justifica tu respuesta.

Prácticas matemáticas

Los estudiantes que dominan las matemáticas usan herramientas tecnológicas para explorar conceptos.

Usar una calculadora gráfica

Concepto Esencial

Ventanas de visualización estándar y cuadrada

La pantalla típica de una calculadora gráfica tiene una razón de altura a ancho de 2 a 3. Esto significa que cuando usas la *ventana de visualización estándar* de −10 a 10 (en cada eje), la gráfica no estará en su perspectiva verdadera.

Para ver una gráfica en su perspectiva verdadera, necesitas cambiar a una *ventana de visualización cuadrada*, en donde las marcas en el eje x están espaciadas la misma distancia que las marcas en el eje y.

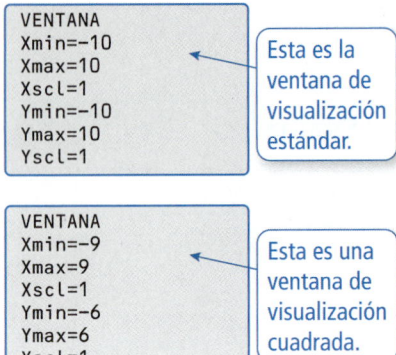

Esta es la ventana de visualización estándar.

Esta es una ventana de visualización cuadrada.

EJEMPLO 1 Usar una calculadora gráfica

Usa una calculadora gráfica para hacer la gráfica de $y = |x| - 3$.

SOLUCIÓN

En la ventana de visualización estándar nota que las marcas en el eje y están más cerca que las marcas en el eje x. Esto implica que la gráfica no se muestra en su perspectiva verdadera.

En una ventana de visualización estándar nota que las marcas en ambos ejes tienen el mismo espaciamiento. Esto implica que la gráfica no se muestra en su perspectiva verdadera.

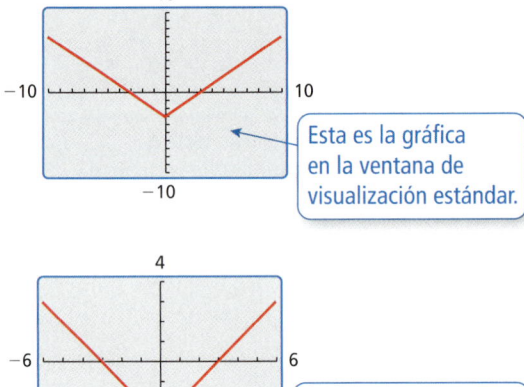

Esta es la gráfica en la ventana de visualización estándar.

Esta es la gráfica en una ventana de visualización cuadrada.

Monitoreo del progreso

Usa una calculadora gráfica para hacer la gráfica de la ecuación usando la ventana de visualización estándar y la ventana de visualización cuadrada. Describe cualquier diferencia en las gráficas.

1. $y = 2x - 3$
2. $y = |x + 2|$
3. $y = -x^2 + 1$
4. $y = \sqrt{x - 1}$
5. $y = x^3 - 2$
6. $y = 0.25x^3$

Determina si la ventana de visualización es cuadrada. Explica.

7. $-8 \leq x \leq 8, \ -2 \leq y \leq 8$
8. $-7 \leq x \leq 8, \ -2 \leq y \leq 8$
9. $-6 \leq x \leq 9, \ -2 \leq y \leq 8$
10. $-2 \leq x \leq 2, \ -3 \leq y \leq 3$
11. $-4 \leq x \leq 5, \ -3 \leq y \leq 3$
12. $-4 \leq x \leq 4, \ -3 \leq y \leq 3$

1.1 Funciones madre y transformaciones

Pregunta esencial ¿Cuáles son las características de algunas de las funciones madre básicas?

EXPLORACIÓN 1 Identificar funciones madre básicas

Trabaja con un compañero. Abajo se muestran las gráficas de ocho funciones madre básicas. Clasifica cada función como *constante, lineal, de valor absoluto, cuadrática, de raíz cuadrada, de raíz cúbica, recíproca o exponencial*. Justifica tu razonamiento.

> **JUSTIFICAR CONCLUSIONES**
> Para dominar las matemáticas, necesitas justificar tus conclusiones y comunicarlas claramente a los demás.

a.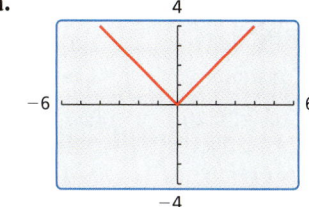

b.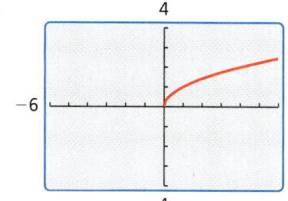

c.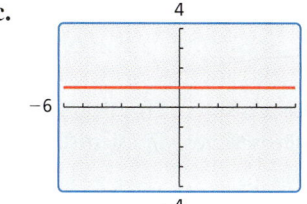

d.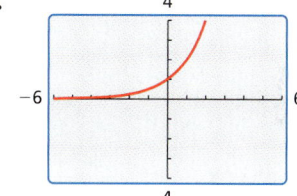

e.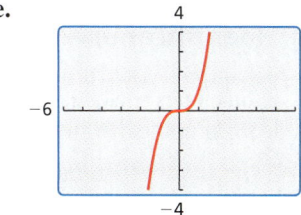

f.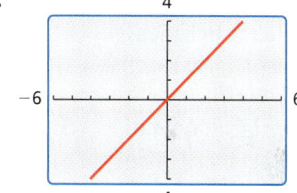

g.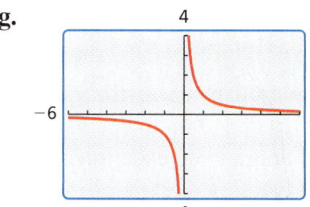

h.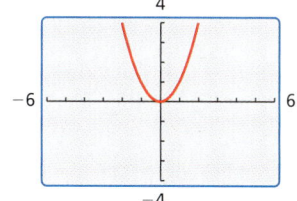

Comunicar tu respuesta

2. ¿Cuáles son las características de algunas de las funciones madre básicas?

3. Escribe una ecuación de cada función cuya gráfica se muestra en la Exploración 1. Luego usa una calculadora gráfica para verificar que tus ecuaciones estén correctas.

Sección 1.1 Funciones madre y transformaciones **3**

1.1 Lección

Qué aprenderás

▶ Identificar familias de funciones.
▶ Describir transformaciones de funciones madre.
▶ Describir combinaciones de transformaciones.

Vocabulario Esencial

función madre, *pág. 4*
transformación, *pág. 5*
traslación, *pág. 5*
reflexión, *pág. 5*
alargamiento vertical, *pág. 6*
encogimiento vertical, *pág. 6*

Anterior
función
dominio
rango
pendiente
diagrama de dispersión

Identificar familias de funciones

Las funciones que pertenecen a la misma *familia* comparten características clave. La **función madre** es la función más básica en una familia. Las funciones de la misma familia son *transformaciones* de su función madre.

Concepto Esencial

Funciones madre

Familia	Constante	Lineal	Valor absoluto	Cuadrática
Regla	$f(x) = 1$	$f(x) = x$	$f(x) = \|x\|$	$f(x) = x^2$
Gráfica:	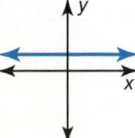		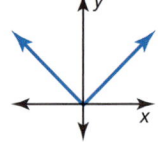	
Dominio	Todos los números reales	Todos los números reales	Todos los números reales	Todos los números reales
Rango	$y = 1$	Todos los números reales	$y \geq 0$	$y \geq 0$

BUSCAR UNA ESTRUCTURA

También puedes usar reglas de las funciones para identificar las funciones. El único término variable en *f* es un término |*x*|, entonces es una función de valor absoluto.

EJEMPLO 1 Identificar una familia de funciones

Identifica la familia de funciones a la que pertenece *f*. Compara la gráfica de *f* a la gráfica de su función madre.

SOLUCIÓN

La gráfica de *f* tiene forma de V, entonces *f* es una función de valor absoluto.

La gráfica está desplazada hacia arriba y es más angosta que la gráfica de la función de valor absoluto madre. El dominio de cada función es todos los números reales, pero el rango de *f* es $y \geq 1$ y el rango de la función de valor absoluto madre es $y \geq 0$.

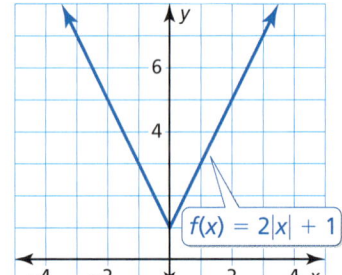

Monitoreo del progreso Ayuda en inglés y español en *BigIdeasMath.com*

1. Identifica la familia de funciones a la que pertenece *g*. Compara la gráfica de *g* con la gráfica de su función madre.

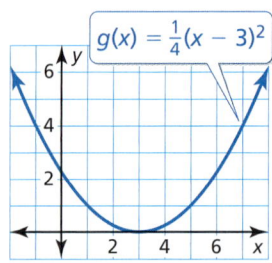

4 Capítulo 1 Funciones lineales

Describir Transformaciones

Una **transformación** cambia el tamaño, la forma, la posición o la orientación de una gráfica. Una **traslación** es una transformación que desplaza una gráfica horizontalmente y/o verticalmente pero no cambia su tamaño, forma u orientación.

RECUERDA

La forma de pendiente e intersección de una ecuación lineal es $y = mx + b$, donde m es la pendiente y b es la intersección con el eje y.

EJEMPLO 2 Hacer una gráfica y describir traslaciones

Haz una gráfica de $g(x) = x - 4$ y su función madre. Luego describe la transformación.

SOLUCIÓN

La función g es una función lineal con una pendiente de 1 y una intersección con el eje y de -4. Entonces, dibuja una línea a través del punto $(0, -4)$ con una pendiente de 1.

La gráfica de g es 4 unidades por debajo de la gráfica de la función lineal madre f.

▶ Entonces, la gráfica de $g(x) = x - 4$ es una traslación vertical 4 unidades hacia abajo de la gráfica de la función lineal madre.

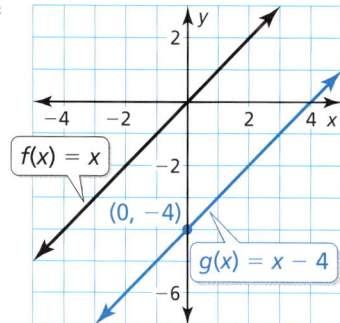

Una **reflexión** es una transformación que invierte una gráfica sobre una línea llamada la *línea de reflexión*. Un punto reflejado es la misma distancia desde la línea de reflexión que el punto original pero en el lado opuesto de la línea.

EJEMPLO 3 Hacer una gráfica y describir reflexiones

Haz una gráfica de $p(x) = -x^2$ y su función madre. Luego describe la transformación.

SOLUCIÓN

RECUERDA

La función $p(x) = -x^2$ está escrita en notación de función, donde $p(x)$ es otro nombre para y.

La función p es una función cuadrática. Usa una tabla de valores para hacer una gráfica de cada función.

x	y = x²	y = -x²
-2	4	-4
-1	1	-1
0	0	0
1	1	-1
2	4	-4

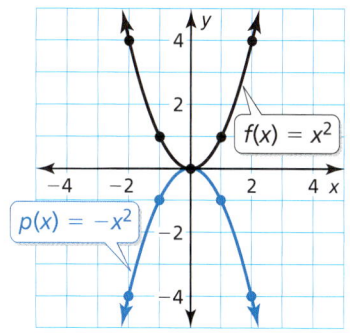

La gráfica de p es la gráfica de una función madre invertida sobre el eje x.

▶ Entonces, $p(x) = -x^2$ es una reflexión en el eje x de la función cuadrática madre.

Monitoreo del progreso   Ayuda en inglés y español en *BigIdeasMath.com*

Haz una gráfica de la función y de su función madre. Luego describe la transformación.

2. $g(x) = x + 3$ **3.** $h(x) = (x - 2)^2$ **4.** $n(x) = -|x|$

Otra manera de transformar la gráfica de una función es multiplicando todas las coordenadas y por el mismo factor (distinto de 1). Cuando el factor es mayor que 1, la transformación es un **alargamiento vertical**. Cuando el factor es mayor que 0 y menor que 1, se trata de un **encogimiento vertical**.

EJEMPLO 4 Hacer una gráfica y describir alargamientos y encogimientos

Haz una gráfica de cada función y de su función madre. Luego describe la transformación.

a. $g(x) = 2|x|$ **b.** $h(x) = \frac{1}{2}x^2$

SOLUCIÓN

a. La función g es una función de valor absoluto. Usa una tabla de valores para hacer una gráfica de las funciones.

x	y = |x|	y = 2|x|
−2	2	4
−1	1	2
0	0	0
1	1	2
2	2	4

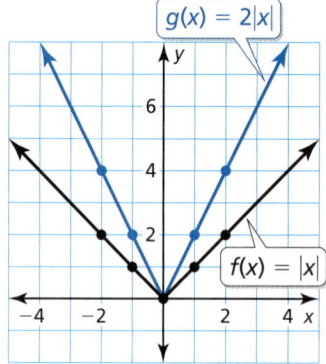

La coordenada y de cada punto en g es dos veces la coordenada y del punto correspondiente en la función madre.

▶ Entonces, la gráfica de $g(x) = 2|x|$ es un alargamiento vertical de la gráfica de la función de valor absoluto madre.

b. La función h es una función cuadrática. Usa una tabla de valores para hacer la gráfica de las funciones.

x	y = x²	y = ½x²
−2	4	2
−1	1	$\frac{1}{2}$
0	0	0
1	1	$\frac{1}{2}$
2	4	2

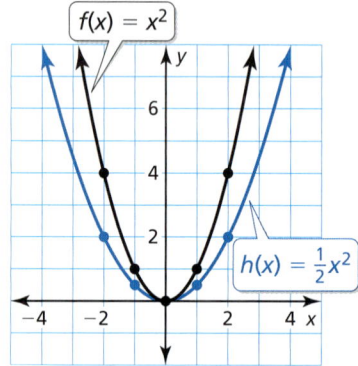

La coordenada y de cada punto en h es la mitad de la coordenada y del punto correspondiente en la función madre.

▶ Entonces, la gráfica de $h(x) = \frac{1}{2}x^2$ es un encogimiento vertical de la gráfica de la función cuadrática madre.

RAZONAR DE MANERA ABSTRACTA

Para visualizar un alargamiento vertical, imagínate estar *tirando* de los puntos alejándolos del eje x.

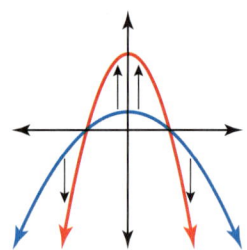

Para visualizar un encogimiento vertical, imagínate estar *empujando* los puntos hacia el eje x.

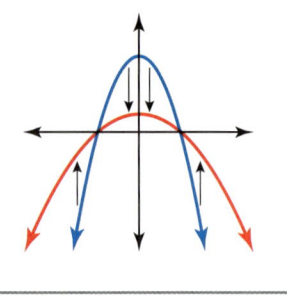

Monitoreo del progreso Ayuda en inglés y español en *BigIdeasMath.com*

Haz una gráfica de la función y de su función madre. Luego describe la transformación.

5. $g(x) = 3x$ **6.** $h(x) = \frac{3}{2}x^2$ **7.** $c(x) = 0.2|x|$

6 Capítulo 1 Funciones lineales

Combinaciones de transformaciones

Puedes usar más de una transformación para cambiar la gráfica de una función.

EJEMPLO 5   Describir combinaciones de transformaciones

Usa una calculadora gráfica para hacer la gráfica de $g(x) = -|x - 5| - 3$ y su función madre. Luego describe la transformación.

SOLUCIÓN

La función g es una función de valor absoluto.

▶ La gráfica muestra que $g(x) = -|x - 5| - 3$ es una reflexión en el eje x seguida de una traslación 5 unidades a la izquierda y 3 unidades hacia abajo de la gráfica de la función de valor absoluto madre.

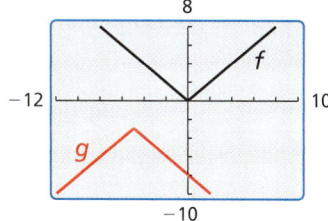

EJEMPLO 6   Representar con matemáticas

La tabla muestra la altura y de una bicicleta montañera x segundos después de saltar de una rampa. ¿Qué tipo de función puedes usar para representar los datos? Calcula la altura después de 1.75 segundos.

Tiempo (segundos), x	Altura (pies), y
0	8
0.5	20
1	24
1.5	20
2	8

SOLUCIÓN

1. **Comprende el problema** Te piden identificar el tipo de función que pueda representar la tabla de valores y luego hallar la altura en un momento específico.

2. **Haz un plan** Crea un diagrama de dispersión de los datos. Luego usa la relación mostrada en el diagrama de dispersión para calcular la altura después de 1.75 segundos.

3. **Resuelve el problema** Crea un diagrama de dispersión.

   Los datos parecen pertenecer a una curva que se asemeja a una función cuadrática. Dibuja la curva.

   ▶ Entonces, puedes representar los datos con una función cuadrática. La tabla muestra que la altura es alrededor de 15 pies después de 1.75 segundos.

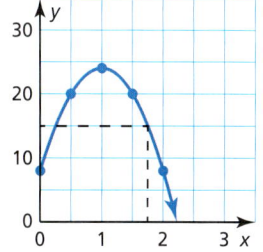

4. **Verifícalo** Para verificar que tu solución sea razonable, analiza los valores de la tabla. Nota que las alturas disminuyen después de 1 segundo. Ya que 1.75 está entre 1.5 y 2, la altura debe estar entre 20 pies y 8 pies.

$$8 < 15 < 20 \text{ } ✓$$

Monitoreo del progreso   Ayuda en inglés y español en *BigIdeasMath.com*

Usa una calculadora gráfica para hacer la gráfica de la función y su función madre. Luego describe las transformaciones.

8. $h(x) = -\frac{1}{4}x + 5$

9. $d(x) = 3(x - 5)^2 - 1$

10. La tabla muestra la cantidad de combustible en una sierra eléctrica con el paso del tiempo. ¿Qué tipo de función puedes usar para representar los datos? ¿Cuándo estará vacío el tanque?

Tiempo (minutos), x	0	10	20	30	40
Combustible restante (onzas líquidas), y	15	12	9	6	3

Sección 1.1   Funciones madre y transformaciones   **7**

1.1 Ejercicios

Verificación de vocabulario y concepto esencial

1. **COMPLETAR LA ORACIÓN** La función $f(x) = x^2$ es el(la) _____ de $f(x) = 2x^2 - 3$.

2. **DISTINTAS PALABRAS, LA MISMA PREGUNTA** ¿Cuál es diferente? Halla "ambas" respuestas.

   ¿Cuáles son los vértices de la figura después de una reflexión en el eje x, seguida por una traslación 2 unidades hacia la derecha?

   ¿Cuáles son los vértices de la figura después de una traslación 6 unidades hacia arriba y 2 unidades hacia la derecha?

   ¿Cuáles son los vértices de la figura después de una traslación 2 unidades hacia la derecha, seguida por una reflexión en el eje x?

   ¿Cuáles son los vértices de la figura después de una traslación 6 unidades hacia arriba, seguida por una reflexión en el eje x?

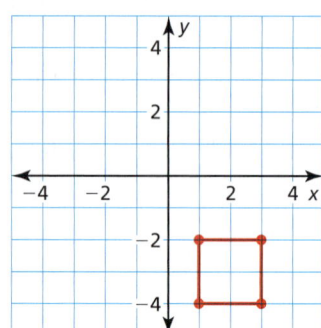

Monitoreo del progreso y Representar con matemáticas

En los Ejercicios 3–6, identifica la familia de funciones a la que pertenece f. Compara la gráfica de f con la gráfica de su función madre. *(Consulta el Ejemplo 1).*

3.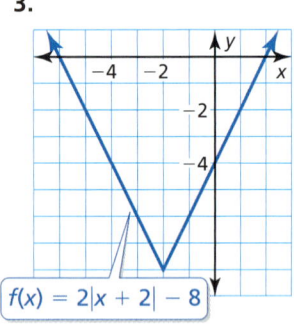

4.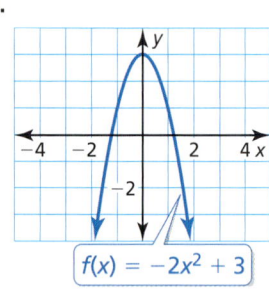

5.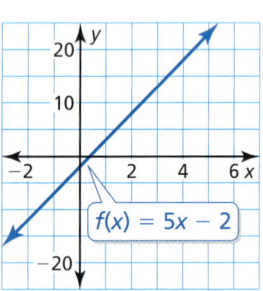

6.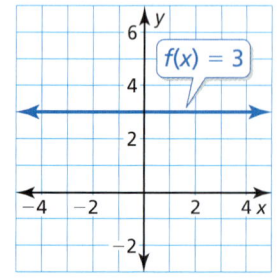

7. **REPRESENTAR CON MATEMÁTICAS** A las 8:00 A.M., la temperatura es 43°F. La temperatura aumenta 2°F cada hora por las próximas 7 horas. Haz una gráfica de las temperaturas con el paso del tiempo t ($t = 0$ representa las 8:00 A.M.). ¿Qué tipo de función puedes usar para representar los datos? Explica.

8. **REPRESENTAR CON MATEMÁTICAS** Compras un auto en un concesionario por $10,000. El valor de cambio del auto cada año después de la compra está dado por la función $f(x) = 10,000 - 250x^2$. ¿Qué tipo de función representa el valor del cambio?

En los Ejercicios 9–18, haz una gráfica de la función y su función madre. Luego describe la transformación. *(Consultar los Ejemplos 2 y 3).*

9. $g(x) = x + 4$
10. $f(x) = x - 6$
11. $f(x) = x^2 - 1$
12. $h(x) = (x + 4)^2$
13. $g(x) = |x - 5|$
14. $f(x) = 4 + |x|$
15. $h(x) = -x^2$
16. $g(x) = -x$
17. $f(x) = 3$
18. $f(x) = -2$

8   Capítulo 1   Funciones lineales

En los Ejercicios 19–26, haz una gráfica de la función y su función madre. Luego describe la transformación. *(Consulta el Ejemplo 4).*

19. $f(x) = \frac{1}{3}x$ **20.** $g(x) = 4x$

21. $f(x) = 2x^2$ **22.** $h(x) = \frac{1}{3}x^2$

23. $h(x) = \frac{3}{4}x$ **24.** $g(x) = \frac{4}{3}x$

25. $h(x) = 3|x|$ **26.** $f(x) = \frac{1}{2}|x|$

En los Ejercicios 27–34, usa una calculadora gráfica para hacer una gráfica de la función y su función madre. Luego describe la transformación. *(Consulta el Ejemplo 5).*

27. $f(x) = 3x + 2$ **28.** $h(x) = -x + 5$

29. $h(x) = -3|x| - 1$ **30.** $f(x) = \frac{3}{4}|x| + 1$

31. $g(x) = \frac{1}{2}x^2 - 6$ **32.** $f(x) = 4x^2 - 3$

33. $f(x) = -(x + 3)^2 + \frac{1}{4}$

34. $g(x) = -|x - 1| - \frac{1}{2}$

ANÁLISIS DE ERRORES En los Ejercicios 35 y 36, identifica y corrige el error cometido al describir la transformación de la función madre.

35.

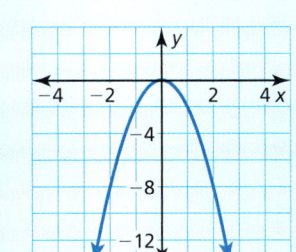

La gráfica es una reflexión en el eje x y un encogimiento vertical de la función cuadrática madre.

36.

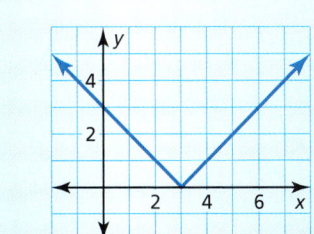

La gráfica es una traslación 3 unidades hacia la derecha de la función de valor absoluto madre, entonces la función es $f(x) = |x + 3|$.

CONEXIONES MATEMÁTCIAS En los Ejercicios 37 y 38, halla las coordenadas de la figura después de la transformación.

37. Traslada 2 unidades hacia abajo.

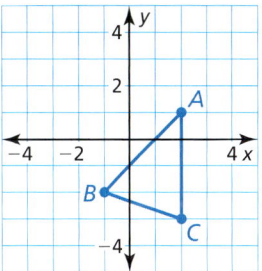

38. Refleja en el eje x.

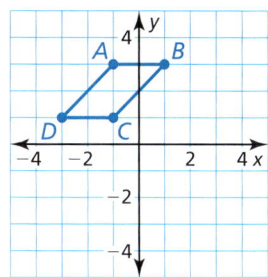

USAR HERRAMIENTAS En los Ejercicios 39–44, identifica la familia de funciones y describe el dominio y el rango. Usa una calculadora gráfica para hacer verificar tu respuesta.

39. $g(x) = |x + 2| - 1$ **40.** $h(x) = |x - 3| + 2$

41. $g(x) = 3x + 4$ **42.** $f(x) = -4x + 11$

43. $f(x) = 5x^2 - 2$ **44.** $f(x) = -2x^2 + 6$

45. REPRESENTAR CON MATEMÁTICAS La tabla muestra las velocidades de un auto a medida que viaja a través de una intersección con una señal de pare. ¿Qué tipo de función puedes usar para representar los datos? Calcula la velocidad del auto cuando está a 20 yardas después de la intersección. *(Consulta el Ejemplo 6).*

Desplazamiento desde la señal (yardas), x	Velocidad (millas por hora), y
−100	40
−50	20
−10	4
0	0
10	4
50	20
100	40

46. ESTIMULAR EL PENSAMIENTO En el mismo plano de coordenadas, dibuja la gráfica de la función cuadrática madre y la gráfica de una función cuadrática que no tiene intersecciones con el eje x. Describe la(s) transformación(es) de la función madre.

47. USAR LA ESTRUCTURA Haz una gráfica de las funciones $f(x) = |x - 4|$ y $g(x) = |x| - 4$. ¿Son equivalentes? Explica.

Sección 1.1   Funciones madre y transformaciones   **9**

48. ¿CÓMO LO VES? Considera las gráficas de f, g y h.

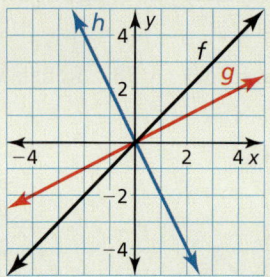

a. ¿La gráfica de g representa un alargamiento vertical o un encogimiento vertical de la gráfica de f? Explica tu razonamiento.

b. Describe cómo transformar la gráfica de f para obtener la gráfica de h.

49. ARGUMENTAR Tu amigo dice que dos traslaciones distintas de la gráfica de la función lineal madre pueden dar como resultado la gráfica de $f(x) = x - 2$. ¿Tiene razón tu amigo? Explica.

50. SACAR CONCLUSIONES Una persona nada a una velocidad constante de 1 metro por segundo. ¿Qué tipo de función puede usarse para representar la distancia que recorre el nadador? Si la persona tiene una ventaja inicial de 10 metros, ¿qué tipo de transformación representa esto? Explica.

51. RESOLVER PROBLEMAS Estás jugando básquetbol con tus amigos. La altura (en pies) de la pelota por encima del suelo t segundos después de que el tiro sale de tu mano está representada por la función $f(t) = -16t^2 + 32t + 5.2$.

a. Sin hacer la gráfica, identifica el tipo de función que representa la altura de la pelota.

b. ¿Cuál es el valor de t cuando se suelta la pelota de tu mano? Explica tu razonamiento.

c. ¿A cuántos pies por encima del suelo está la pelota cuando la suelta tu mano? Explica.

52. REPRESENTAR CON MATEMÁTICAS La tabla muestra la duración de una batería de computadora con el paso del tiempo. ¿Qué tipo de función puedes usar para representar los datos? Interpreta el significado de la intersección con el eje x en esta situación.

Tiempo (horas), x	Batería restante, y
1	80%
3	40%
5	0%
6	20%
8	60%

53. RAZONAR Compara cada función con su función madre. Indica si contiene una *traslación horizontal*, una *traslación vertical*, *ambas* o *ninguna*. Explica tu razonamiento.

a. $f(x) = 2|x| - 3$ b. $f(x) = (x - 8)^2$

c. $f(x) = |x + 2| + 4$ d. $f(x) = 4x^2$

54. PENSAMIENTO CRÍTICO Usa los valores $-1, 0, 1$ y 2 en el recuadro correcto para que la gráfica de cada función se interseque con el eje x. Explica tu razonamiento.

a. $f(x) = 3x^{\boxed{}} + 1$ b. $f(x) = |2x - 6| - \boxed{}$

c. $f(x) = \boxed{} x^2 + 1$ d. $f(x) = \boxed{}$

Mantener el dominio de las matemáticas
Repasar lo que aprendiste en grados y lecciones anteriores

Determina si el par ordenado es una solución de la ecuación. *(Manual de revisión de destrezas)*

55. $f(x) = |x + 2|; (1, -3)$ **56.** $f(x) = |x| - 3; (-2, -5)$

57. $f(x) = x - 3; (5, 2)$ **58.** $f(x) = x - 4; (12, 8)$

Halla la intersección con el eje x y la intersección con el eje y de la gráfica de la ecuación. *(Manual de revisión de destrezas)*

59. $y = x$ **60.** $y = x + 2$

61. $3x + y = 1$ **62.** $x - 2y = 8$

1.2 Transformaciones de funciones lineales y de valor absoluto

Pregunta esencial ¿Cómo se comparan las gráficas de $y = f(x) + k$, $y = f(x - h)$ y $y = -f(x)$ con la gráfica de la función madre f?

> **USAR HERRAMIENTAS ESTRATÉGICAMENTE**
>
> Para dominar las matemáticas, necesitas usar herramientas tecnológicas para visualizar los resultados y explorar las consecuencias.

EXPLORACIÓN 1   Transformaciónes de la función madre de valor absoluto

Trabaja con un compañero. Compara la gráfica de la función

$y = |x| + k$ Transformación

con la gráfica de la función madre

$f(x) = |x|.$ Función madre

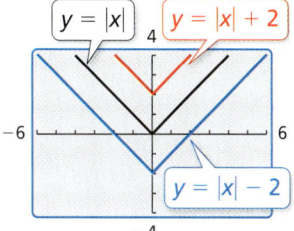

EXPLORACIÓN 2   Transformaciónes de la función madre de valor absoluto

Trabaja con un compañero. Compara la gráfica de la función

$y = |x - h|$ Transformación

con la gráfica de la función madre

$f(x) = |x|.$ Función madre

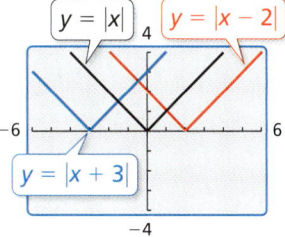

EXPLORACIÓN 3   Transformación de la función madre de valor absoluto

Trabaja con un compañero. Compara la gráfica de la función

$y = -|x|$ Transformación

con la gráfica de la función madre

$f(x) = |x|.$ Función madre

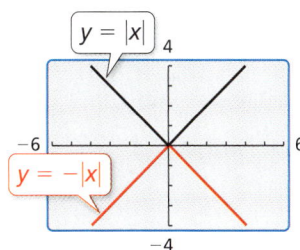

Comunicar tu respuesta

4. ¿Cómo se comparan las gráficas de $y = f(x) + k$, $y = f(x - h)$ y $k(x) = -f(x)$ con la gráfica de la función madre f?

5. Compara la gráfica de cada función con la gráfica de su función madre f. Usa una calculadora gráfica para verificar que tus respuestas estén correctas.

    a. $y = \sqrt{x} - 4$ **b.** $y = \sqrt{x + 4}$ **c.** $y = -\sqrt{x}$

    d. $y = x^2 + 1$ **e.** $y = (x - 1)^2$ **f.** $y = -x^2$

1.2 Lección

Qué aprenderás

▶ Escribir funciones que representen traslaciones y reflexiones.
▶ Escribir funciones que representen alargamientos y encogimientos.
▶ Escribir funciones que representen combinaciones de transformaciones.

Traslaciones y reflexiones

Puedes usar la notación de funciones para representar transformaciones de gráficas de funciones.

Concepto Esencial

Traslaciones horizontales

La gráfica de $y = f(x - h)$ es una traslación horizontal de la gráfica de $y = f(x)$, donde $h \neq 0$.

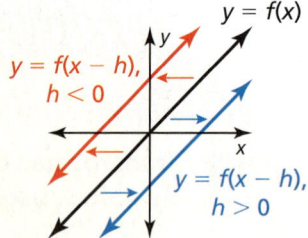

Restar h de las **entradas** antes de evaluar la función desplaza la gráfica hacia la izquierda cuando $h < 0$ y hacia la derecha cuando $h > 0$.

Traslaciones verticales

La gráfica de $y = f(x) + k$ es una traslación vertical de la gráfica de $y = f(x)$, donde $k \neq 0$.

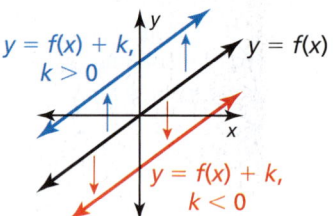

Sumar k a las **salidas** desplaza la gráfica hacia abajo cuando $k < 0$ y hacia arriba cuando $k > 0$.

EJEMPLO 1 Escribir traslaciones de funciones

Imagina que $f(x) = 2x + 1$.

a. Escribe una función g cuya gráfica sea una traslación 3 unidades hacia abajo de la gráfica de f.

b. Escribe una función h cuya gráfica sea una traslación 2 unidades hacia la izquierda de la gráfica de f.

SOLUCIÓN

a. Una traslación 3 unidades hacia abajo es una traslación vertical que suma -3 a cada valor de salida.

$g(x) = f(x) + (-3)$ Suma -3 a la salida.
$\quad\quad = 2x + 1 + (-3)$ Sustituye $2x + 1$ por $f(x)$.
$\quad\quad = 2x - 2$ Simplifica.

▶ La función trasladada es $g(x) = 2x - 2$.

Verifica

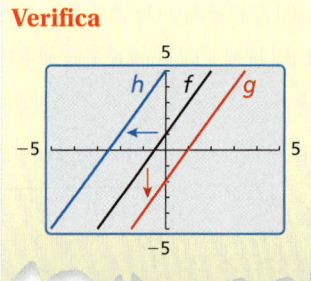

b. Una traslación 2 unidades hacia la izquierda es una traslación horizontal que resta -2 de cada valor de entrada.

$h(x) = f(x - (-2))$ Resta -2 de la entrada.
$\quad\quad = f(x + 2)$ Suma el opuesto.
$\quad\quad = 2(x + 2) + 1$ Remplaza x con $x + 2$ en $f(x)$.
$\quad\quad = 2x + 5$ Simplifica.

▶ La función trasladada es $h(x) = 2x + 5$.

12   Capítulo 1   Funciones lineales

Concepto Esencial

CONSEJO DE ESTUDIO

Cuando reflejas una función en una línea, las gráficas son simétricas alrededor de esa línea.

Reflexiones en el eje x

La gráfica de $y = -f(x)$ es una reflexión en el eje x de la gráfica de $y = f(x)$.

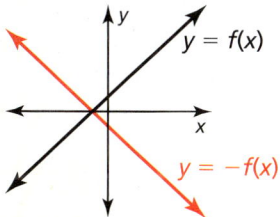

Multiplicar las **salidas** por -1 cambia sus signos.

Reflexiones en el eje y

La gráfica de $y = f(-x)$ es una reflexión en el eje y de la gráfica de $y = f(x)$.

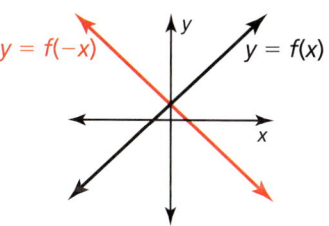

Multiplicar las **entradas** por -1 cambia sus signos.

EJEMPLO 2   Escribir reflexiones de funciones

Imagina que $f(x) = |x + 3| + 1$.

a. Escribe una función g cuya gráfica sea una reflexión en el eje x de la gráfica de f.

b. Escribe una función h cuya gráfica sea una reflexión en el eje y de la gráfica de f.

SOLUCIÓN

a. Una reflexión en el eje x cambia el signo de cada valor de salida.

$g(x) = -f(x)$ Multiplica la salida por -1.
$\quad\quad\ = -(|x + 3| + 1)$ Sustituye $|x + 3| + 1$ por $f(x)$.
$\quad\quad\ = -|x + 3| - 1$ Propiedad distributiva

▶ La función reflejada es $g(x) = -|x + 3| - 1$.

b. Una reflexión en el eje y cambia el signo de cada valor de entrada.

$h(x) = f(-x)$ Multiplica la entrada por -1.
$\quad\quad\ = |-x + 3| + 1$ Reemplaza x con $-x$ en $f(x)$.
$\quad\quad\ = |-(x - 3)| + 1$ Descompone en factores -1.
$\quad\quad\ = |-1| \cdot |x - 3| + 1$ Propiedad del producto de valor absoluto
$\quad\quad\ = |x - 3| + 1$ Simplifica.

▶ La función reflejada es $h(x) = |x - 3| + 1$.

Verifica

Monitoreo del progreso Ayuda en inglés y español en *BigIdeasMath.com*

Escribe una función g cuya gráfica represente la transformación indicada de la gráfica de f. Usa una calculadora gráfica para verificar tu respuesta.

1. $f(x) = 3x$; traslación 5 unidades hacia arriba

2. $f(x) = |x| - 3$; traslación 4 unidades hacia la derecha

3. $f(x) = -|x + 2| - 1$; reflexión en el eje x

4. $f(x) = \frac{1}{2}x + 1$; reflexión en el eje y

Sección 1.2   Transformaciones de funciones lineales y de valor absoluto

Alargamientos y Encogimientos

En la sección anterior, aprendiste que los alargamientos y encogimientos verticales transforman gráficas. También puedes usar alargamientos y encogimiento *horizontales* para transformar gráficas.

Concepto Esencial

Alargamientos y encogimientos horizontales

La gráfica de $y = f(ax)$ es un alargamiento o encogimiento horizontal por un factor de $\frac{1}{a}$ de la gráfica de $y = f(x)$, donde $a > 0$ y $a \neq 1$.

Multiplicar las **entradas** por a antes de evaluar la función alarga la gráfica horizontalmente (alejándose del eje y) cuando $0 < a < 1$ y encoge la gráfica horizontalmente (hacia el eje y) cuando $a > 1$.

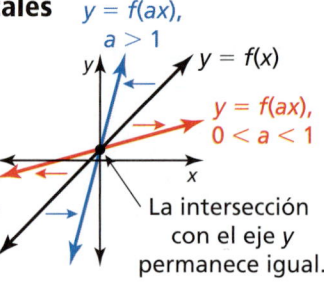

La intersección con el eje y permanece igual.

Alargamientos y encogimientos verticales

La gráfica de $y = a \cdot f(x)$ es un alargamiento o encogimiento vertical por un factor de a de la gráfica de $y = f(x)$, donde $a > 0$ y $a \neq 1$.

Multiplicar las **salidas** por a alarga la gráfica verticalmente (alejándose del eje x) cuando $a > 1$ y encoge la gráfica verticalmente (hacia el eje x) cuando $0 < a < 1$.

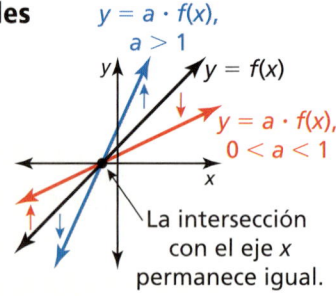

La intersección con el eje x permanece igual.

CONSEJO DE ESTUDIO

Las gráficas de $y = f(-ax)$ y $y = -a \cdot f(x)$ representan un alargamiento o encogimiento y una reflexión en el eje x o eje y de la gráfica de $y = f(x)$.

EJEMPLO 3 Escribir alargamientos y encogimientos de funciones

Imagina que $f(x) = |x - 3| - 5$. Escribe (a) una función g cuya gráfica es un encogimiento horizontal de la gráfica de f por un factor de $\frac{1}{3}$ y (b) una función h cuya gráfica es un alargamiento vertical de la gráfica de f por un factor de 2.

SOLUCIÓN

a. Un encogimiento horizontal por un factor de $\frac{1}{3}$ multiplica cada valor de entrada por 3.

$g(x) = f(3x)$ Multiplica la entrada por 3.

$\qquad = |3x - 3| - 5$ Reemplaza x con $3x$ en $f(x)$.

▶ La función transformada es $g(x) = |3x - 3| - 5$.

b. Una función vertical por un factor de 2 multiplica cada valor de salida por 2.

$h(x) = 2 \cdot f(x)$ Multiplica la salida por 2.

$\qquad = 2 \cdot (|x - 3| - 5)$ Sustituye $|x - 3| - 5$ por $f(x)$.

$\qquad = 2|x - 3| - 10$ Propiedad distributiva

▶ La función transformada es $h(x) = 2|x - 3| - 10$.

Verifica

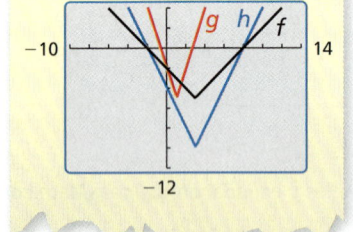

Monitoreo del progreso Ayuda en inglés y español en *BigIdeasMath.com*

Escribe una función g cuya gráfica representa la transformación de la gráfica de f. Usa una calculadora gráfica para verificar tu respuesta.

5. $f(x) = 4x + 2$; alargamiento horizontal por un factor de 2

6. $f(x) = |x| - 3$; encogimiento vertical por un factor de $\frac{1}{3}$

14   Capítulo 1   Funciones lineales

Combinaciones de transformaciones

Puedes escribir una función que represente una serie de transformaciones de la gráfica de otra función aplicando las transformaciones una a la vez en el orden indicado.

EJEMPLO 4 Combinar transformaciones

Imagina que la gráfica de g es un encogimiento vertical por un factor de 0.25 seguido por una traslación 3 unidades hacia arriba de la gráfica de $f(x) = x$. Escribe una regla para g.

SOLUCIÓN

Paso 1 Primero escribe una función h que representa el encogimiento vertical de f.

$h(x) = 0.25 \cdot f(x)$ Multiplica la salida por 0.25.

$ = 0.25x$ Sustituye x por $f(x)$.

Paso 2 Luego escribe una función g que representa la traslación de h.

$g(x) = h(x) + 3$ Suma 3 a la salida.

$ = 0.25x + 3$ Sustituye $0.25x$ por $f(x)$.

▶ La función transformada es $g(x) = 0.25x + 3$.

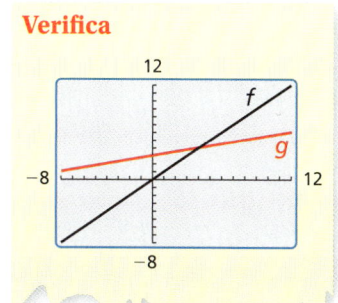

Verifica

EJEMPLO 5 Representar con matemáticas

Diseñas un juego de computadora. Tus ingresos por x descargas está dado por $f(x) = 2x$. Tu ganancia es $50 menos que el 90% del ingreso por x descargas. Describe cómo transformar la gráfica de f para representar la ganancia. ¿Cuál es tu ganancia por 100 descargas?

SOLUCIÓN

1. **Comprende el problema** Te dan una función que representa tu ingreso y un enunciado verbal que representa tu ganancia. Te piden hallar la ganancia por 100 descargas.

2. **Haz un plan** Escribe una función p que represente tu ganancia. Luego usa esta función para hallar la ganancia por 100 descargas.

3. **Resuelve el problema** ganancia = 90% · ingreso − 50

$$p(x) = 0.9 \cdot f(x) - 50$$

Encogimiento vertical por un factor de 0.9   Traslación 50 unidades hacia abajo

$ = 0.9 \cdot 2x - 50$ Sustituye $2x$ por $f(x)$.

$ = 1.8x - 50$ Simplifica.

Para hallar la ganancia por 100 descargas, evalúa p cuando $x = 100$.

$p(100) = 1.8(100) - 50 = 130$

▶ Tu ganancia es $130 por 100 descargas.

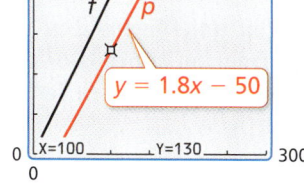

4. **Verifícalo** El encogimiento vertical disminuye la pendiente y la traslación desplaza la gráfica 50 unidades hacia abajo. Entonces, la gráfica de p está por debajo y no es tan inclinada como la gráfica de f.

Monitoreo del progreso Ayuda en inglés y español en *BigIdeasMath.com*

7. Imagina que la gráfica de g es una traslación 6 unidades hacia abajo seguida de una reflexión en el eje x de la gráfica de $f(x) = |x|$. Escribe una regla para g. Usa una calculadora gráfica para verificar tu respuesta.

8. **¿QUÉ PASA SI?** En el ejemplo 5, la función de tu ingreso es $f(x) = 3x$. ¿Cómo afecta esto tu ganancia por 100 descargas?

Sección 1.2   Transformaciones de funciones lineales y de valor absoluto   **15**

1.2 Ejercicios

Soluciones dinámicas disponibles en *BigIdeasMath.com*

Verificación de vocabulario y concepto esencial

1. **COMPLETAR LA ORACIÓN** La función $g(x) = |5x| - 4$ es un _____ horizontal de la función $f(x) = |x| - 4$.

2. **¿CUÁL NO CORRESPONDE?** ¿Cuál transformación *no* pertenece al grupo de las otras tres? Explica tu razonamiento.

Traslada la gráfica de $f(x) = 2x + 3$ 2 unidades hacia arriba.	Encoge la gráfica de $f(x) = x + 5$ horizontalmente por un factor de $\frac{1}{2}$.
Alarga la gráfica de $f(x) = x + 3$ verticalmente por un factor de 2.	Traslada la gráfica de $f(x) = 2x + 3$ 1 unidad hacia la izquierda.

Monitoreo del progreso y Representar con matemáticas

En los Ejercicios 3–8, escribe una función *g* cuya gráfica represente la transformación indicada de la gráfica de *f*. Use una calculadora gráfica para verificar tu respuesta. *(Consulta el Ejemplo 1).*

3. $f(x) = x - 5$; traslación 4 unidades hacia la izquierda

4. $f(x) = x + 2$; traslación 2 unidades hacia la derecha

5. $f(x) = |4x + 3| + 2$; traslación 2 unidades hacia abajo

6. $f(x) = 2x - 9$; traslación 6 unidades hacia arriba

7. $f(x) = 4 - |x + 1|$ 8. $f(x) = |4x| + 5$

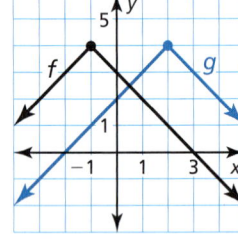 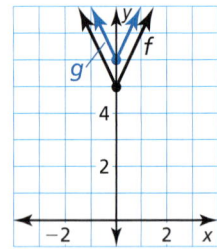

9. **ESCRIBIR** Describe dos traslaciones diferentes de la gráfica de *f* que den como resultado la gráfica de *g*.

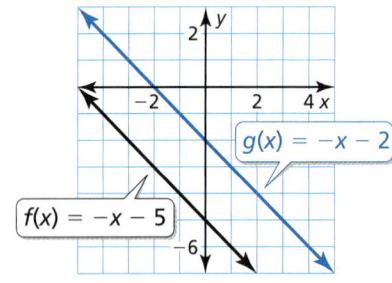

10. **RESOLVER PROBLEMAS** Abres un café. La función $f(x) = 4000x$ representa tu ingreso neto esperado (en dólares) después de estar abierto *x* semanas. Antes de abrir, incurres en un gasto extra de $12,000. ¿Cuál transformación de *f* es necesaria para representar esta situación? ¿Cuántas semanas te tomará pagar completamente el gasto extra?

En los Ejercicios 11–16, escribe una función *g* cuya gráfica represente la transformación indicada de la gráfica de *f*. Usa una calculadora gráfica para verificar tu respuesta. *(Consulta el Ejemplo 2).*

11. $f(x) = -5x + 2$; reflexión en el eje *x*

12. $f(x) = \frac{1}{2}x - 3$; reflexión en el eje *x*

13. $f(x) = |6x| - 2$; reflexión en el eje *y*

14. $f(x) = |2x - 1| + 3$; reflexión en el eje *y*

15. $f(x) = -3 + |x - 11|$; reflexión en el eje *y*

16. $f(x) = -x + 1$; reflexión en el eje *y*

En los Ejercicios 17–22, escribe una función g cuya gráfica represente la transformación indicada de la gráfica de f. Usa una calculadora gráfica para verificar tu respuesta. *(Consulta el Ejemplo 3).*

17. $f(x) = x + 2$; alargamiento vertical por un factor de 5

18. $f(x) = 2x + 6$; encogimiento vertical por un factor de $\frac{1}{2}$

19. $f(x) = |2x| + 4$; encogimiento horizontal por un factor de $\frac{1}{2}$

20. $f(x) = |x + 3|$; alargamiento horizontal por un factor de 4

21. $f(x) = -2|x - 4| + 2$

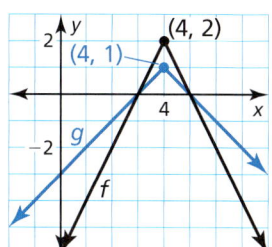

22. $f(x) = 6 - x$

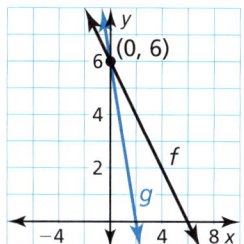

ANALIZAR RELACIONES
En los Ejercicios 23–26, une la gráfica de la transformación de f con la ecuación correcta mostrada. Explica tu razonamiento.

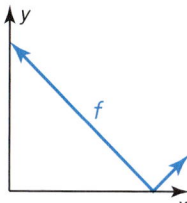

23. 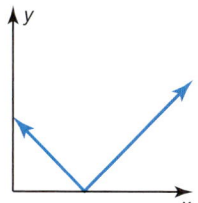   **24.**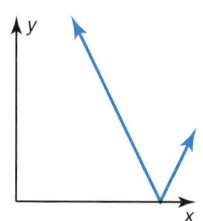

25. 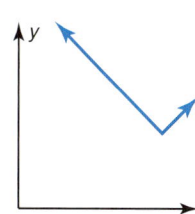   **26.**

A. $y = 2f(x)$ **B.** $y = f(2x)$
C. $y = f(x + 2)$ **D.** $y = f(x) + 2$

En los Ejercicios 27–32, escribe una función g cuya gráfica represente las transformaciones indicadas de la gráfica de f. *(Consulta el Ejemplo 4).*

27. $f(x) = x$; alargamiento vertical por un factor de 2 seguido de una traslación 1 unidad hacia arriba

28. $f(x) = x$; traslación 3 unidades hacia abajo seguida de un encogimiento vertical por un factor de $\frac{1}{3}$

29. $f(x) = |x|$; traslación 2 unidades hacia la derecha seguida de un alargamiento horizontal por un factor de 2

30. $f(x) = |x|$; reflexión en el eje y seguida por una traslación 3 unidades hacia la derecha

31. $f(x) = |x|$ **32.** $f(x) = |x|$

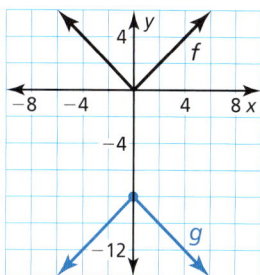 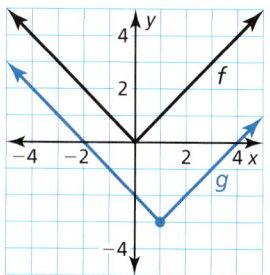

ANÁLISIS DE ERRORES En los Ejercicios 33 y 34, identifica y corrige el error cometido al escribir la función g cuya gráfica representa las transformaciones indicadas de la gráfica de f.

33.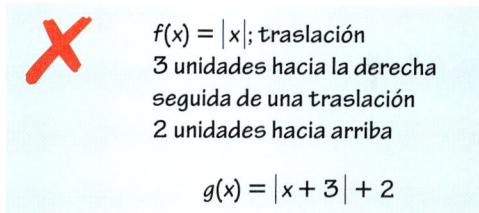

34.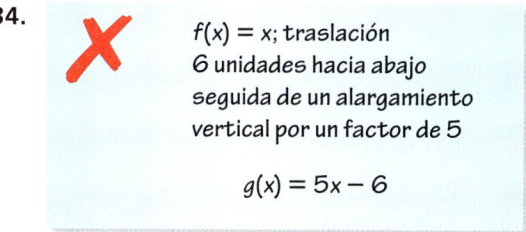

35. ARGUMENTAR Tu amigo afirma que cuando escribe una función cuya gráfica represente una combinación de transformaciones, el orden no es importante. ¿Tiene razón tu amigo? Justifica tu respuesta.

Sección 1.2 Transformaciones de funciones lineales y de valor absoluto **17**

36. **REPRESENTAR CON MATEMÁTICAS** Durante un período de tiempo reciente, las ventas de las librerías han estado decayendo. Las ventas (en miles de millones de dólares) pueden representarse mediante la función $f(t) = -\frac{7}{5}t + 17.2$, donde t es el número de años desde 2006. Supón que las ventas decayeron al doble de la tasa. ¿Cómo puedes transformar la gráfica de f para representar las ventas? Explica cómo las ventas en 2010 se ven afectadas por este cambio. *(Consulta el Ejemplo 5).*

CONEXIONES MATEMÁTICAS En los Ejercicios 37–40, describe la transformación de la gráfica de f a la gráfica de g. Luego halla el área del triángulo sombreado.

37. $f(x) = |x - 3|$ 38. $f(x) = -|x| - 2$

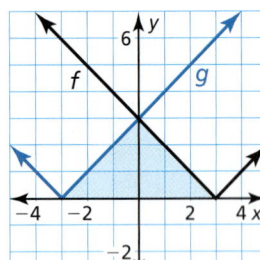 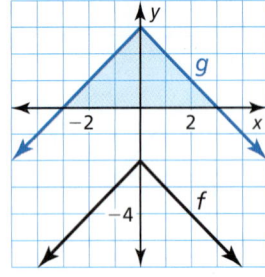

39. $f(x) = -x + 4$ 40. $f(x) = x - 5$

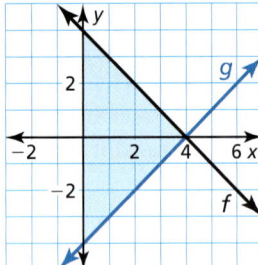 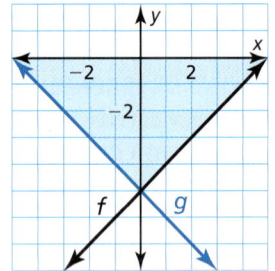

41. **RAZONAMIENTO ABSTRACTO** Las funciones $f(x) = mx + b$ y $g(x) = mx + c$ representan dos líneas paralelas.
    a. Escribe una expresión para la traslación vertical de la gráfica de f a la gráfica de g.
    b. Usa la definición de pendiente para escribir una expresión para la traslación horizontal de la gráfica de f a la gráfica de g.

42. **¿CÓMO LO VES?** Considera la gráfica de $f(x) = mx + b$. Describe el efecto que cada transformación tiene en la pendiente de la línea y las intersecciones de la gráfica.

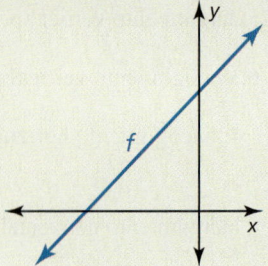

   a. Refleja la gráfica de f en el eje y.
   b. Encoge la gráfica de f verticalmente por un factor de $\frac{1}{3}$.
   c. Alarga la gráfica de f horizontalmente por un factor de 2.

43. **RAZONAR** La gráfica de $g(x) = -4|x| + 2$ es una reflexión en el eje x, un alargamiento vertical por un factor de 4 y una traslación 2 unidades hacia abajo de la gráfica de su función madre. Elige el orden correcto para las transformaciones de la gráfica de la función madre para obtener la gráfica de g. Explica tu razonamiento.

44. **ESTIMULAR EL PENSAMIENTO** Estás planeando un paseo en bicicleta a campo traviesa de 4320 millas. Tu distancia d (en millas) desde el punto medio puede representarse mediante $d = 72|x - 30|$, donde x es el tiempo (en días) y $x = 0$ representa el 1° de junio. Tus planes son modificados de tal manera que el modelo sea ahora un desplazamiento hacia la derecha del modelo original. Da un ejemplo de cómo puede suceder esto. Dibuja tanto el modelo original y el modelo desplazado.

45. **PENSAMIENTO CRÍTICO** Usa el valor correcto 0, −2 o 1 con a, b y c para que la gráfica de $g(x) = a|x - b| + c$ sea una reflexión en el eje x seguida de una transformación una unidad hacia la izquierda y una unidad hacia arriba de la gráfica de $f(x) = 2|x - 2| + 1$. Explica tu razonamiento.

Mantener el dominio de las matemáticas *Repasar lo que aprendiste en grados y lecciones anteriores*

Evalúa la función para el valor de x dado. *(Manual de revisión de destrezas)*

46. $f(x) = x + 4; x = 3$ 47. $f(x) = 4x - 1; x = -1$
48. $f(x) = -x + 3; x = 5$ 49. $f(x) = -2x - 2; x = -1$

Crea un diagrama de dispersión de los datos. *(Manual de revisión de destrezas)*

50.
x	8	10	11	12	15
f(x)	4	9	10	12	12

51.
x	2	5	6	10	13
f(x)	22	13	15	12	6

18   Capítulo 1   Funciones lineales

1.1–1.2 ¿Qué aprendiste?

Vocabulario Esencial

función madre, *pág. 4*
transformación, *pág. 5*
traslación, *pág. 5*

reflexión, *pág. 5*
alargamiento vertical, *pág. 6*
encogimiento vertical, *pág. 6*

Conceptos Esenciales

Sección 1.1

Funciones madre, *pág. 4*

Describir transformaciones, *pág. 5*

Sección 1.2

Traslaciones horizontales, *pág. 12*
Traslaciones verticales, *pág. 12*
Reflexiones en el eje x, *pág. 13*

Reflexiones en el eje y, *pág. 13*
Alargamientos y encogimientos horizontales, *pág. 14*
Alargamientos y encogimientos verticales, *pág. 14*

Prácticas matemáticas

1. ¿Cómo puedes analizar los valores dados en la tabla del Ejercicio 45 de la página 9 para ayudarte a determinar qué tipo de función representa los datos?

2. Explica cómo redondearías tu respuesta en el Ejercicio 10 de la página 16 si el gasto extra es de $13,500.

Destrezas de estudio

Asumir el control de tu tiempo en clase

1. Siéntate donde puedas ver y oír fácilmente al profesor, y donde el profesor pueda verte a ti.
2. Presta atención a lo que dice el profesor sobre las matemáticas, no solamente a lo que está escrito en la pizarra.
3. Haz una pregunta si el profesor está avanzando demasiado rápido por el material.
4. Trata de memorizar nueva información mientras la aprendes.
5. Pide una aclaración si no entiendes algo.
6. Piensa tan intensamente como si fueras a tomar una prueba sobre el material al final de la clase.
7. Preséntate como voluntario cuando el profesor pida que alguien se acerque a la pizarra.
8. Al final de la clase, identifica los conceptos o problemas para los que todavía necesitas una aclaración.
9. Usa las guías didácticas en *BigIdeasMath.com* si deseas ayuda adicional.

1.1–1.2 Prueba

Identifica la familia y funciones a la que pertenece g. Compara la gráfica de la función con la gráfica de su función madre. *(Sección 1.1)*

1.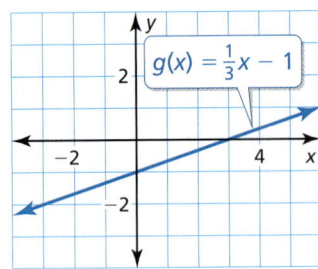

2.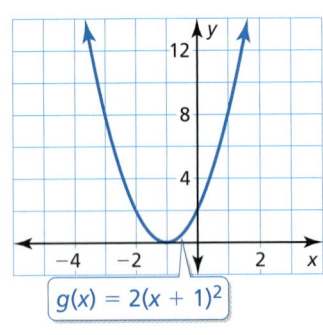

3.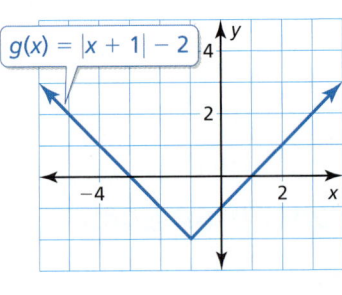

Haz una gráfica de la función y su función madre. Luego describe la transformación. *(Sección 1.1)*

4. $f(x) = \frac{3}{2}$

5. $f(x) = 3x$

6. $f(x) = 2(x-1)^2$

7. $f(x) = -|x+2| - 7$

8. $f(x) = \frac{1}{4}x^2 + 1$

9. $f(x) = -\frac{1}{2}x - 4$

Escribe una función g cuya gráfica represente las transformaciones indicadas de la gráfica de f. *(Sección 1.2)*

10. $f(x) = 2x + 1$; traslación 3 unidades hacia arriba

11. $f(x) = -3|x-4|$; encogimiento vertical por un factor de $\frac{1}{2}$

12. $f(x) = 3|x+5|$; reflexión en el eje x

13. $f(x) = \frac{1}{3}x - \frac{2}{3}$; traslación 4 unidades hacia la izquierda

Escribe una función g cuya gráfica represente las transformaciones indicadas de la gráfica de f. *(Sección 1.2)*

14. Imagina que g es una traslación 2 unidades hacia abajo y un encogimiento horizontal por un factor de $\frac{2}{3}$ de la gráfica de $f(x) = x$.

15. Imagina que g es una traslación 9 unidades hacia abajo seguida de una reflexión en el eje y de la gráfica de $f(x) = x$.

16. Imagina que g es una reflexión en el eje x y un alargamiento vertical por un factor de 4 seguido de una traslación 7 unidades hacia abajo y 1 unidad hacia la derecha de la gráfica de $f(x) = |x|$.

17. Imagina que g es una traslación 1 unidad hacia abajo y 2 unidades hacia la izquierda seguida de un encogimiento vertical por un factor de $\frac{1}{2}$ de la gráfica de $f(x) = |x|$.

18. La tabla muestra la distancia total que recorre un auto nuevo cada mes después que lo compran. ¿Qué tipo de función puedes usar para representar los datos? Calcula el millaje después de 1 año. *(Sección 1.1)*

Tiempo (meses), x	0	2	5	6	9
Distancia (millas), y	0	2300	5750	6900	10,350

19. El costo total de un pase anual más campamento por x días en un Parque Nacional puede representarse mediante la función $f(x) = 20x + 80$. Los adultos mayores pagan la mitad de este precio y reciben un descuento adicional de $30. Describe cómo transformar la gráfica de f para representar el costo total para un adulto mayor. ¿Cuál es el costo total para que un adulto mayor vaya de campamento por tres días? *(Sección 1.2)*

1.3 Representar con funciones lineales

Pregunta esencial ¿Cómo puedes usar una función lineal para representar y analizar una situación de la vida real?

EXPLORACIÓN 1   Representar con una función lineal

Trabaja con un compañero. Una compañía compra una fotocopiadora por $12,000. La hoja de cálculo muestra cómo se deprecia la fotocopiadora en un período de 8 años.

	A	B
1	Año, t	Valor, V
2	0	$12,000
3	1	$10,750
4	2	$9,500
5	3	$8,250
6	4	$7,000
7	5	$5,750
8	6	$4,500
9	7	$3,250
10	8	$2,000

a. Escribe una función lineal para representar el valor V de la fotocopiadora como una función del número t de años.

b. Dibuja una gráfica de la función. Explica por qué este tipo de depreciación se conoce como *depreciación de línea recta*.

c. Interpreta la pendiente de la gráfica en el contexto del problema.

REPRESENTAR CON MATEMÁTIAS

Para dominar las matemáticas, necesitas interpretar rutinariamente tus resultados dentro del contexto de la situación.

EXPLORACIÓN 2   Representar con funciones lineales

Trabaja con un compañero. Une cada descripción de la situación con su gráfica correspondiente. Explica tu razonamiento.

a. Una persona la da $20 por semana a un amigo para repagar un préstamo de $200.

b. Un empleado recibe $12.50 por hora más $2 por cada unidad producida por hora.

c. Un representante de ventas recibe $30 por día por concepto de alimentación más $0.565 por cada milla que maneja.

d. Una computadora que se compró por $750 se deprecia $100 cada año.

A.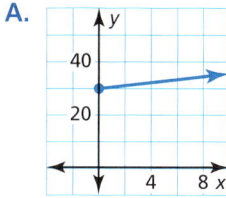

B.

C.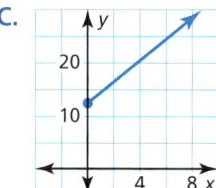

D.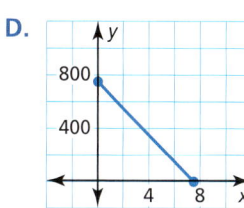

Comunicar tu respuesta

3. ¿Cómo puedes usar una función lineal para representar y analizar una situación de la vida real?

4. Usa el Internet u otro tipo de referencia para hallar un ejemplo de la vida real de depreciación de línea recta.

   a. Usa una hoja de cálculo para mostrar la depreciación.

   b. Escribe una función que represente la depreciación.

   c. Dibuja una gráfica de la función.

1.3 Lección

Qué aprenderás

▶ Escribir ecuaciones de funciones lineales usando puntos y pendientes.
▶ Hallar líneas de ajuste y líneas de mejor ajuste.

Vocabulario Esencial

línea de ajuste, *pág. 24*
línea de mejor ajuste, *pág. 25*
coeficiente de correlación, *pág. 25*

Anterior
pendiente
forma de pendiente e intersección
forma de punto y pendiente
diagrama de dispersión

Escribir ecuaciones lineales

Conceptos Esenciales

Escribir una ecuación de una línea

Dada la pendiente m y la intersección b con el eje y	Usa la forma de pendiente e intersección: $y = mx + b$
Dada la pendiente m y un punto (x_1, y_1)	Usa la forma de punto y pendiente: $y - y_1 = m(x - x_1)$
Dados los puntos dados (x_1, y_1) y (x_2, y_2)	Primero usa la fórmula de pendiente para hallar m. Luego usa la forma de punto y pendiente con cualquiera de los puntos dados.

EJEMPLO 1 Escribir una ecuación lineal a partir de una gráfica

La gráfica muestra la distancia que recorre el asteroide 2012 DA14 en x segundos. Escribe una ecuación de la línea e interpreta la pendiente. El asteroide llegó dentro de 17,200 millas de la Tierra en febrero de 2013. ¿Aproximadamente cuánto se demora el asteroide en recorrer esa distancia?

SOLUCIÓN

A partir de la gráfica, puedes ver que la pendiente es $m = \frac{24}{5} = 4.8$ y la intersección con el eje y es $b = 0$. Usa la forma de pendiente e intersección para escribir una ecuación de la línea.

$y = mx + b$ Forma de pendiente e intersección
$ = 4.8x + 0$ Sustituye 4.8 por m y 0 por b.

La ecuación es $y = 4.8x$. La pendiente indica que el asteroide viaja a 4.8 millas por segundo. Usa la ecuación para hallar cuánto se demora el asteroide en recorrer 17,200 millas.

$17,200 = 4.8x$ Sustituye 17,200 por y.
$3583 \approx x$ Divide cada lado entre 4.8.

▶ Ya que hay 3600 segundos en 1 hora, al asteroide le toma alrededor de 1 hora recorrer 17,200 millas.

RECUERDA

Una ecuación de la forma $y = mx$ indica que x y y están en una relación proporcional.

Monitoreo del progreso Ayuda en inglés y español en *BigIdeasMath.com*

1. La gráfica muestra el saldo restante y en un préstamo de auto después de hacer x pagos mensuales. Escribe una ecuación de la línea e interpreta la pendiente y la intersección con el eje y. ¿Cuál es el saldo restante después de 36 pagos?

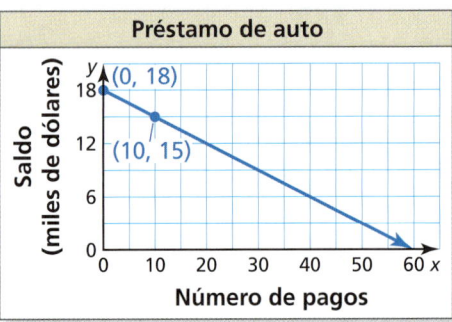

22   Capítulo 1   Funciones lineales

Lakeside Inn

Número de alumnos, x	Costo total, y
100	$1500
125	$1800
150	$2100
175	$2400
200	$2700

EJEMPLO 2   Representar con matemáticas

Dos locales para la fiesta de graduación cobran una tarifa de alquiler más una tarifa por alumno. La tabla muestra los costos totales para números diferentes de alumnos en Lakeside Inn. El costo total y (en dólares) para x alumnos en Sunview Resort está representado por la ecuación

$$y = 10x + 600.$$

¿Qué local cobra menos por alumno? ¿Cuántos alumnos deben asistir para que los costos totales sean los mismos?

SOLUCIÓN

1. **Comprende el problema** Te dan una ecuación que representa el costo total en un local y una tabla de valores mostrando los costos totales en otro local. Necesitas comparar los costos.

2. **Haz un plan** Escribe una ecuación que represente el costo total en Lakeside Inn. Luego compara las pendientes para determinar qué local cobra menos por alumno. Finalmente, iguala las expresiones de costos y resuelve para determinar el número de alumnos para los cuales los costos totales son los mismos.

3. **Resuelve el problema** Primero halla la pendiente usando dos puntos cualquiera de la tabla. Usa $(x_1, y_1) = (100, 1500)$ y $(x_2, y_2) = (125, 1800)$.

$$m = \frac{y_2 - y_1}{x_2 - x_1} = \frac{1800 - 1500}{125 - 100} = \frac{300}{25} = 12$$

Escribe una ecuación que represente el costo total en Lakeside Inn usando la pendiente de 12 y un punto de la tabla. Usa $(x_1, y_1) = (100, 1500)$.

$y - y_1 = m(x - x_1)$	Forma de punto y pendiente
$y - 1500 = 12(x - 100)$	Sustituye por m, x_1 y y_1.
$y - 1500 = 12x - 1200$	Propiedad distributiva
$y = 12x + 300$	Suma 1500 a cada lado.

Iguala las expresiones de costos y resuelve.

$10x + 600 = 12x + 300$	Iguala las expresiones de costo.
$300 = 2x$	Combina los términos semejantes.
$150 = x$	Divide cada lado entre 2.

▶ Comparando las pendientes de las ecuaciones, Sunview Resort cobra $10 por alumno, lo cual es menos que los $12 por alumno que cobra Lakeside Inn. Los costos totales son los mismos para 150 alumnos.

4. **Verifícalo** Nota que la tabla muestra que el costo total para 150 alumnos en Lakeside Inn es $2100. Para verificar que tu solución está correcta, verifica que el costo total en Sunview Resort sea también $2100 para 150 alumnos.

$y = 10(150) + 600$	Sustituye 150 por x.
$= 2100$ ✓	Simplifica.

Monitoreo del progreso   Ayuda en inglés y español en *BigIdeasMath.com*

2. **¿QUÉ PASA SI?** Maple Ridge cobra una tarifa de alquiler más una tarifa de $10 por alumno. El costo total es $1900 por 140 alumnos. Describe el número de alumnos que deben asistir para que el costo total en Maple Ridge sea menor que los costos totales en los otros dos locales.

Sección 1.3   Representar con funciones lineales

Hallar líneas de ajuste y líneas de mejor ajuste

Los datos no siempre muestran una relación lineal *exacta*. Cuando los datos en un diagrama de dispersión muestran aproximadamente una relación lineal, puedes representar los datos con una **línea de ajuste**.

Conceptos Esenciales

Hallar una línea de ajuste

Paso 1 Crea un diagrama de dispersión de los datos.

Paso 2 Dibuja la línea que parece seguir de más cerca la tendencia dada por los puntos de datos. Debería haber tantos puntos por encima de la línea como por debajo de ella.

Paso 3 Elige dos puntos de la línea y calcula las coordenadas de cada punto. Estos puntos no tienen que ser puntos de datos originales.

Paso 4 Escribe una ecuación de la línea que pasa a través de los dos puntos del Paso 3. Esta ecuación es una representación para los datos.

EJEMPLO 3   Hallar una línea de ajuste

La tabla muestra las longitudes (en centímetros) y alturas (en centímetros) de fémures de varias personas. ¿Los datos muestran una relación lineal? Si es así, escribe una ecuación de una línea de ajuste y úsala para calcular la altura de una persona cuyo fémur tiene 35 centímetros de largo.

Longitud del fémur, x	Altura, y
40	170
45	183
32	151
50	195
37	162
41	174
30	141
34	151
47	185
45	182

SOLUCIÓN

Paso 1 Crea un diagrama de dispersión de los datos. Los datos muestran una relación lineal.

Paso 2 Dibuja la línea que parece seguir más de cerca el ajuste de los datos. Se muestra una posibilidad.

Paso 3 Elige dos puntos de la línea. Para la línea mostrada, podrías elegir (40, 170) y (50, 195).

Paso 4 Escribe una ecuación de la línea.

Primero, halla la pendiente.

$$m = \frac{y_2 - y_1}{x_2 - x_1} = \frac{195 - 170}{50 - 40} = \frac{25}{10} = 2.5$$

Usa la forma de punto y pendiente para escribir una ecuación. Usa $(x_1, y_1) = (40, 170)$.

$y - y_1 = m(x - x_1)$	Forma de punto y pendiente
$y - 170 = 2.5(x - 40)$	Sustituye por m, x_1 y y_2.
$y - 170 = 2.5x - 100$	Propiedad distributiva
$y = 2.5x + 70$	Suma 170 a cada lado.

Usa la ecuación para estimar la altura de la persona.

$y = 2.5(35) + 70$	Sustituye 35 por x.
$= 157.5$	Simplifica.

▶ La altura aproximada de una persona con un fémur de 35 centímetros es de 157.5 centímetros.

24 Capítulo 1   Funciones lineales

La **línea de mejor ajuste** es la línea que pertenece tan cerca como sea posible a todos los puntos de datos. Muchas herramientas tecnológicas tienen una función de *regresión lineal* que puedes usar para hallar la línea de mejor ajuste para un conjunto de datos.

El **coeficiente de correlación**, denotado por *r* es un número de −1 a 1 que mide cuán bien se ajusta una línea a un conjunto de pares de datos (*x*, *y*). Cuando *r* está cerca a 1, los puntos están cerca a una línea con una pendiente positiva. Cuando *r* está cerca a, los puntos no están cerca a una línea con pendiente negativa.

EJEMPLO 4 Usar una calculadora gráfica

Usa la función de *regresión lineal* en una calculadora gráfica para hallar una ecuación de la línea de mejor ajuste para los datos del Ejemplo 3. Calcula la altura de una persona cuyo fémur mide 35 centímetros de largo. Compara esta altura con tu cálculo del Ejemplo 3.

SOLUCIÓN

Paso 1 Ingresa los datos en dos listas.

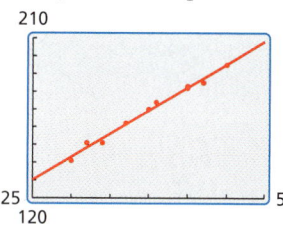

Paso 2 Usa la función de *regresión lineal*. La línea de mejor ajuste es $y = 2.6x + 65$.

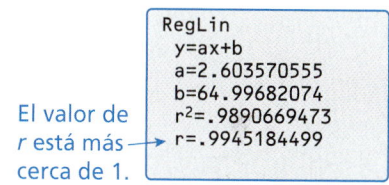

El valor de *r* está más cerca de 1.

Paso 3 Haz una gráfica de la ecuación de regresión con el diagrama de dispersión.

Paso 4 Usa la función *trazar* para hallar el valor de *y* cuando $x = 35$.

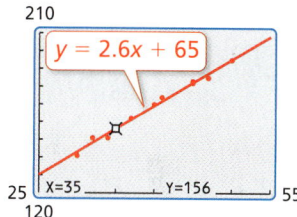

▶ La altura aproximada de una persona con un fémur de 35 centímetros es 156 centímetros. Esto es menor que el cálculo hallado en el Ejemplo 3.

Monitoreo del progreso Ayuda en inglés y español en BigIdeasMath.com

3. La tabla muestra las longitudes (en centímetros) y alturas (en centímetros) de húmeros de varias mujeres.

Longitud del húmero, *x*	33	25	22	30	28	32	26	27
Altura, *y*	166	142	130	154	152	159	141	145

a. ¿Los datos muestran una relación lineal? Si es así, escribe una ecuación de una línea de ajuste y úsala para calcular la altura de una mujer cuyo húmero tiene 40 centímetros de largo.

b. Usa la función de *regresión lineal* en una calculadora gráfica para hallar una ecuación de la línea de mejor ajuste para los datos. Calcula la altura de una mujer cuyo fémur mide 40 centímetros de largo. Compara esta altura con tu cálculo de la parte (a).

PRESTAR ATENCIÓN A LA PRECISIÓN

Asegúrate de analizar los valores de los datos para ayudarte a seleccionar una ventana de visualización apropiada para tu gráfica.

húmero

fémur

Sección 1.3 Representar con funciones lineales **25**

1.3 Ejercicios

Soluciones dinámicas disponibles en *BigIdeasMath.com*

Verificación de vocabulario y concepto esencial

1. **COMPLETAR LA ORACIÓN** La ecuación lineal $y = \frac{1}{2}x + 3$ se escribe en forma de _____.

2. **VOCABULARIO** Una línea de mejor ajuste tiene un coeficiente de correlación de -0.98. ¿Qué puedes concluir acerca de la pendiente de la línea?

Monitoreo del progreso y Representar con matemáticas

En los Ejercicios 3–8, usa la gráfica para escribir una ecuación de la línea e interpreta la pendiente. *(Consulta el Ejemplo 1).*

3.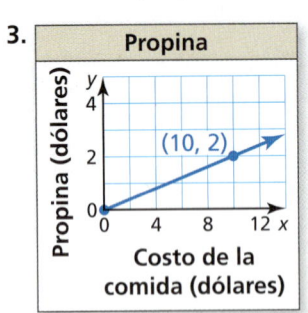

4.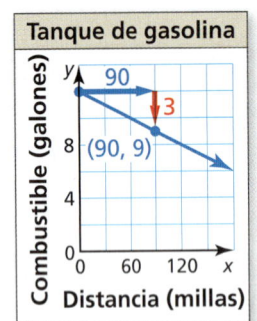

5.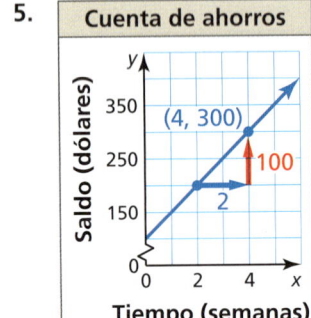

6.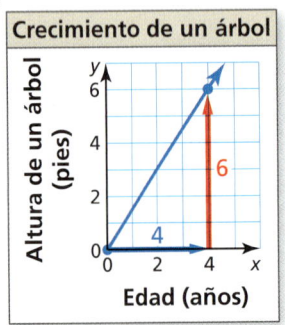

7.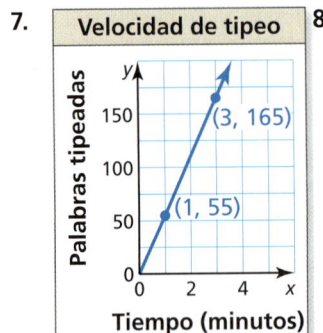

8.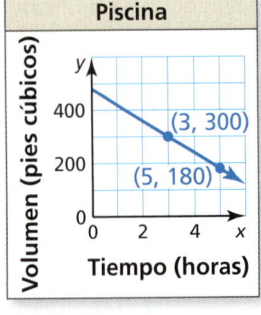

9. **REPRESENTAR CON MATEMÁTICAS** Dos periódicos cobran una tarifa por publicar un aviso publicitario en su periódico más una tarifa basada en el número de líneas del aviso. La tabla muestra los costos totales para avisos de distinta longitud en el Daily Times. El costo total y (en dólares) para un aviso que tiene x líneas en el Greenville Journal se representa mediante la ecuación $y = 2x + 20$. ¿Qué periódico cobra menos por línea? ¿Cuántas líneas debe haber en un aviso para que los costos totales sean los mismos? *(Consulta el Ejemplo 2).*

| Daily Times ||
Número de líneas, *x*	Costo total, *y*
4	27
5	30
6	33
7	36
8	39

10. **RESOLVER PROBLEMAS** Durante una vacación en Canadá, notas que las temperaturas las informan en grados Celsius. Sabes que hay una relación lineal entre Fahrenheit y Celsius, pero olvidas la fórmula. De la clase de ciencias recuerdas que el punto de congelación del agua es 0°C o 32°F, y su punto de ebullición es 100°C o 212°F.

   a. Escribe una ecuación que represente los grados Fahrenheit en términos de grados Celsius.

   b. La temperatura exterior es 22°C. ¿Cuál es esta misma temperatura en grados Fahrenheit?

   c. Reescribe tu ecuación de la parte (a) para representar grados Celsius en términos de grados Fahrenheit.

   d. La temperatura del agua de la piscina del hotel es 83°F. ¿Cuál es esta misma temperatura en grados Celsius?

26 Capítulo 1 Funciones lineales

ANÁLISIS DE ERRORES En los Ejercicios 11 y 12, describe y corrige el error cometido al interpretar la pendiente en el contexto de la situación.

11.

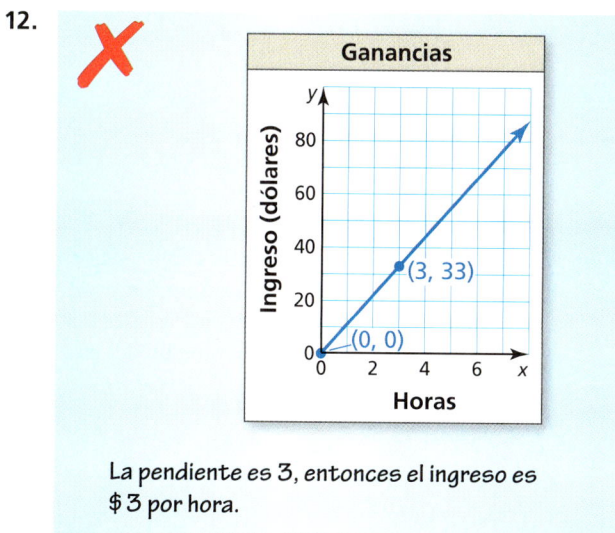

La pendiente de la línea es 10, entonces, después de 7 años, el saldo es $70.

12.

La pendiente es 3, entonces el ingreso es $3 por hora.

En los Ejercicios 13–16, determina si los datos muestran una relación lineal. Si es así, escribe una ecuación de la línea de ajuste. Calcula y cuando $x = 15$ y explica su significado en el contexto de la situación.
(*Consulta el Ejemplo 3*).

13.
Minutos caminando, x	1	6	11	13	16
Calorías quemadas, y	6	27	50	56	70

14.
Meses, x	9	13	18	22	23
Longitud del cabello (pulg), y	3	5	7	10	11

15.
Horas, x	3	7	9	17	20
Vida útil de la batería (%), y	86	61	50	26	0

16.
Talla de zapato, x	6	8	8.5	10	13
Ritmo cardíaco (ppm), y	112	94	100	132	87

17. **REPRESENTAR CON MATEMÁTICAS** Los pares de datos (x, y) representan el costo de la educación anual promedio y (en dólares) para las universidades públicas de los Estados Unidos x años después del 2005. Usa la función de *regresión lineal* en una calculadora gráfica para hallar una ecuación de la línea de mejor ajuste. Calcula el costo de la educación anual promedio para el año 2020. Interpreta la pendiente y la intersección con el eje y en esta situación. (*Consulta el Ejemplo 4*).

(0, 11,386), (1, 11,731), (2, 11,848)
(3, 12,375), (4, 12,804), (5, 13,297)

18. **REPRESENTAR CON MATEMÁTICAS** La tabla muestra los números de boletos vendidos para un concierto cuando se cobran distintos precios. Escribe una ecuación de una línea de ajuste para los datos. ¿Parece razonable usar tu modelo para predecir el número de boletos vendidos cuando el precio del boleto es $85? Explica.

Valor del boleto (dólares), x	17	20	22	26
Boletos vendidos, y	450	423	400	395

USAR HERRAMIENTAS En los Ejercicios 19–24, usa la función de *regresión lineal* en una calculadora gráfica para hallar una ecuación de la línea de mejor ajuste para los datos. Halla e interpreta el coeficiente de correlación.

19. 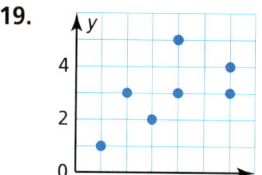 20.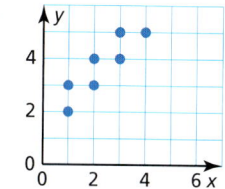

21. 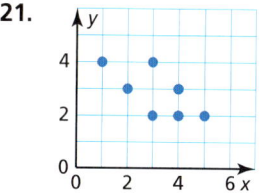 22.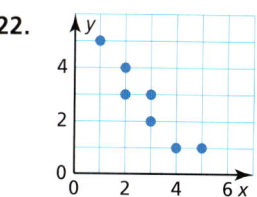

23. 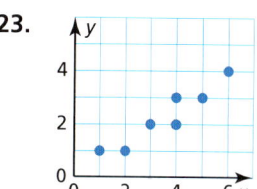 24.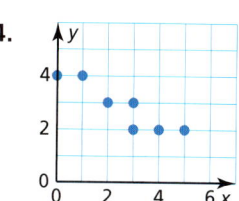

25. **FINAL ABIERTO** Da dos cantidades de la vida real que tengan (a) una correlación positiva, (b) una correlación negativa y (c) aproximadamente ninguna correlación. Explica.

Sección 1.3   Representar con funciones lineales   27

26. **¿CÓMO LO VES?** Obtienes un préstamo sin intereses para comprar un bote. Aceptas hacer pagos mensuales iguales por los próximos dos años. La gráfica muestra la cantidad de dinero que todavía debes.

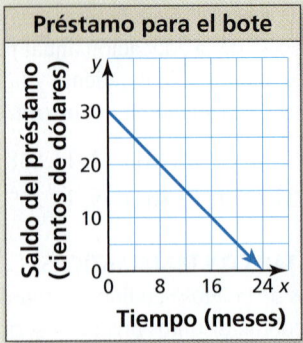

a. ¿Cuál es la pendiente de la línea? ¿Qué representa la pendiente?

b. ¿Cuál es el dominio y rango de la función? ¿Qué representa cada uno de estos?

c. ¿Cuánto debes todavía después de hacer pagos por 12 meses?

27. **ARGUMENTAR** Un conjunto de pares de datos tiene un coeficiente de correlación de $r = 0.3$. Tu amigo dice que ya que el coeficiente de correlación es positivo, es lógico usar la línea de mejor ajuste para hacer predicciones. ¿Tiene razón tu amigo? Explica tu razonamiento.

28. **ESTIMULAR EL PENSAMIENTO** Los puntos A y B pertenecen a la línea $y = -x + 4$. Elige coordenadas para los puntos A, B y C donde el punto C está a la misma distancia del punto A que del punto B. Escribe ecuaciones para las líneas que conectan los puntos A y C y los puntos B y C.

29. **RAZONAMIENTO ABSTRACTO** Si x y y tienen una correlación positiva y y y z tienen una correlación negativa, entonces, ¿qué puedes concluir acerca de la correlación entre x y z? Explica.

30. **CONEXIONES MATEMÁTICAS** ¿Qué ecuación tiene una gráfica que es una línea que pasa a través del punto $(8, -5)$ y es perpendicular a la gráfica de $y = -4x + 1$?

Ⓐ $y = \frac{1}{4}x - 5$ Ⓑ $y = -4x + 27$

Ⓒ $y = -\frac{1}{4}x - 7$ Ⓓ $y = \frac{1}{4}x - 7$

31. **RESOLVER PROBLEMAS** Estás participando en una competencia de orientación. El diagrama muestra la posición de un río que pasa a través del bosque. Actualmente te encuentras a 2 millas al este y 1 milla al norte de tu punto de salida. ¿Cuál es la distancia más corta que debes recorrer para llegar al río?

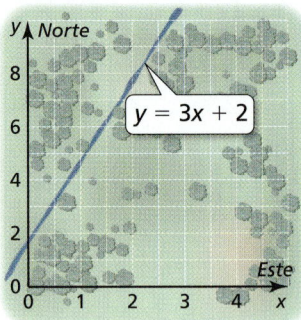

32. **ANALIZAR RELACIONES** Los datos de los países norteamericanos muestran una correlación positiva entre el número de computadoras personales per cápita y la expectativa de vida promedio del país.

a. ¿Una correlación positiva tiene sentido en esta situación? Explica.

b. ¿Es razonable concluir que entregar computadoras personales a los residentes de un país aumentará sus expectativas de vida? Explica.

Mantener el dominio de las matemáticas
Repasar lo que aprendiste en grados y lecciones anteriores

Resuelve el sistema de ecuaciones lineales en dos variables por eliminación o sustitución.
(Manual de revisión de destrezas)

33. $3x + y = 7$
    $-2x - y = 9$

34. $4x + 3y = 2$
    $2x - 3y = 1$

35. $2x + 2y = 3$
    $x = 4y - 1$

36. $y = 1 + x$
    $2x + y = -2$

37. $\frac{1}{2}x + 4y = 4$
    $2x - y = 1$

38. $y = x - 4$
    $4x + y = 26$

28   Capítulo 1   Funciones lineales

1.4 Resolver sistemas lineales

Pregunta esencial ¿Cómo puedes determinar el número de soluciones de un sistema lineal?

Un sistema lineal es *consistente* cuando tiene al menos una solución. Un sistema lineal es *inconsistente* cuando no tiene ninguna solución.

EXPLORACIÓN 1   Reconocer gráficas de sistemas lineales

Trabaja con un compañero. Une cada sistema con su gráfica correspondiente. Explica tu razonamiento. Luego clasifica el sistema como *consistente* o *inconsistente*.

a. $2x - 3y = 3$
   $-4x + 6y = 6$

b. $2x - 3y = 3$
   $x + 2y = 5$

c. $2x - 3y = 3$
   $-4x + 6y = -6$

A.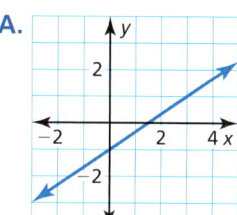
B.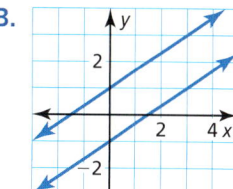
C.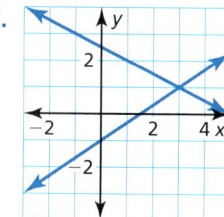

EXPLORACIÓN 2   Resolver sistemas de ecuaciones lineales

Trabaja con un compañero. Resuelve cada sistema lineal por sustitución o eliminación. Luego usa la gráfica del sistema a continuación para verificar tu solución.

a. $2x + y = 5$
   $x - y = 1$

b. $x + 3y = 1$
   $-x + 2y = 4$

c. $x + y = 0$
   $3x + 2y = 1$

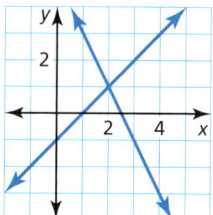
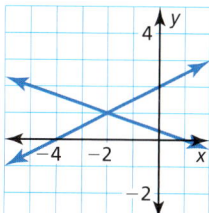
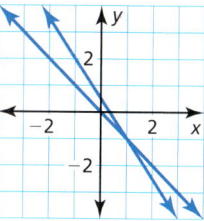

HALLAR UN PUNTO DE ENTRADA

Para dominar las matemáticas, necesitas observar los puntos de entrada a la solución de un problema.

Comunicar tu respuesta

3. ¿Cómo puedes determinar el número de soluciones de un sistema lineal?

4. Supón que te dan un sistema de *tres* ecuaciones lineales en *tres* variables. Explica cómo resolverías dicho sistema.

5. Aplica tu estrategia en la Pregunta 4 para resolver el sistema lineal.

    $x + y + z = 1$ Ecuación 1
    $x - y - z = 3$ Ecuación 2
    $-x - y + z = -1$ Ecuación 3

1.4 Lección

Qué aprenderás

- Visualizar soluciones de sistemas de ecuaciones lineales en tres variables.
- Resolver sistemas de ecuaciones lineales en tres variables de forma algebraica.
- Resolver problemas de la vida real.

Vocabulario Esencial

ecuación lineal en tres variables, *pág. 30*
sistema de tres ecuaciones lineales, *pág. 30*
solución de un sistema de tres ecuaciones lineales, *pág. 30*
triple ordenado, *pág. 30*

Anterior
sistema de dos ecuaciones lineales

Visualizar soluciones de sistemas

Una **ecuación lineal en tres variables** x, y y z es una ecuación de la forma $ax + by + cz = d$, donde no todo a, b y c son cero.

A continuación hay un ejemplo de un **sistema de tres ecuaciones lineales** en tres variables.

$3x + 4y - 8z = -3$ Ecuación 1
$x + y + 5z = -12$ Ecuación 2
$4x - 2y + z = 10$ Ecuación 3

Una **solución** de dicho sistema es un **triple ordenado** (x, y, z) cuyas coordenadas hacen que cada ecuación sea verdadera.

La gráfica de una ecuación lineal en tres variables es un plano en espacio tridimensional. Las gráficas de tres ecuaciones como tales que forman un sistema son tres planos cuya intersección determina el número de soluciones del sistema, como se muestra en los diagramas a continuación.

Exactamente una solución
Los planos se intersecan en un único punto, el cual es la solución del sistema.

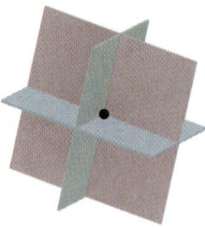

Infinitas soluciones posibles
Los planos se intersecan en una línea. Cada punto de la línea es una solución del sistema.

Los planos también podrían ser el mismo plano. Cada punto del plano es una solución del sistema.

Ninguna solución
No hay puntos en común con ninguno de los demás planos.

Resolver sistemas de ecuaciones de forma algebraica

Los métodos algebraicos que usaste para resolver los sistemas de ecuaciones lineales en dos variables pueden extenderse para resolver un sistema de ecuaciones lineales en tres variables.

> ### Concepto Esencial
>
> **Resolver un sistema en tres variables**
>
> **Paso 1** Reescribe el sistema lineal en tres variables como un sistema lineal en dos variables usando el método de sustitución o eliminación.
>
> **Paso 2** Resuelve el nuevo sistema lineal para ambas variables.
>
> **Paso 3** Sustituye los valores hallados en el Paso 2 en una de las ecuaciones originales y resuelve para hallar la variable restante.
>
> Cuando obtienes una ecuación falsa, como $0 = 1$, en cualquiera de los pasos, el sistema no tiene ninguna solución.
>
> Cuando no obtienes una falsa ecuación, pero obtienes una identidad como $0 = 0$, el sistema tiene infinitas soluciones posibles.

BUSCAR UNA ESTRUCTURA

El coeficiente de −1 en la Ecuación 3 hace que *y* sea una variable conveniente de eliminar.

 **Resolver un sistema en tres variables (Una solución)**

Resuelve el sistema.
$4x + 2y + 3z = 12$ Ecuación 1
$2x - 3y + 5z = -7$ Ecuación 2
$6x - y + 4z = -3$ Ecuación 3

SOLUCIÓN

Paso 1 Reescribe el sistema como un sistema lineal en *dos* variables.

$$\begin{aligned}4x + 2y + 3z &= 12 \\ \underline{12x - 2y + 8z} &\underline{= -6} \\ 16x \quad\quad + 11z &= 6\end{aligned}$$

Suma 2 multiplicado por la Ecuación 3 a la Ecuación 1 (para eliminar *y*).

Nueva Ecuación 1

$$\begin{aligned}2x - 3y + 5z &= -7 \\ \underline{-18x + 3y - 12z} &\underline{= 9} \\ -16x \quad\quad - 7z &= 2\end{aligned}$$

Suma −3 multiplicado por la Ecuación 3 a la Ecuación 2 (para eliminar *y*).

Nueva Ecuación 2

OTRA MANERA

En el Paso 1, también podrías eliminar *x* para obtener dos ecuaciones en *y* y *z* o podrías eliminar *z* para obtener dos ecuaciones en *x* y *y*.

Paso 2 Resuelve el nuevo sistema lineal para ambas variables.

$$\begin{aligned}16x + 11z &= 6 \\ \underline{-16x - 7z} &\underline{= 2} \\ 4z &= 8 \\ z &= 2 \\ x &= -1\end{aligned}$$

Suma la nueva Ecuación 1 y la nueva Ecuación 2.

Resuelve para hallar *z*.
Sustituye en la nueva Ecuación 1 o 2 para hallar *x*.

Paso 3 Sustituye $x = -1$ y $z = 2$ en una ecuación original y resuelve para hallar *y*.

$6x - y + 4z = -3$ Escribe la Ecuación 3 original.
$6(-1) - y + 4(2) = -3$ Sustituye −1 por *x* y 2 por *z*.
$y = 5$ Resuelve para hallar *y*.

▶ La solución es $x = -1$, y $y = 5$, y $z = 2$ o el triple ordenado $(-1, 5, 2)$. Verifica esta solución en cada una de las ecuaciones originales.

Sección 1.4   Resolver sistemas lineales   31

EJEMPLO 2 Resuelve un sistema en tres variables (Ninguna solución)

Resuelve el sistema.
$x + y + z = 2$ Ecuación 1
$5x + 5y + 5z = 3$ Ecuación 2
$4x + y - 3z = -6$ Ecuación 3

SOLUCIÓN

Paso 1 Reescribe el sistema como un sistema lineal en *dos* variables.

$$-5x - 5y - 5z = -10$$
$$\underline{5x + 5y + 5z = 3}$$
$$0 = -7$$

Suma −5 multiplicado por la Ecuación 1 a la Ecuación 2.

▶ Ya que obtienes una falsa ecuación, el sistema original no tiene ninguna solución.

EJEMPLO 3 Resolver un sistema en tres variables (Infinitas soluciones)

OTRA MANERA
Restar la Ecuación 2 de la Ecuación 1 da $z = 0$. Luego de sustituir 0 por z en cada ecuación, puedes ver que cada una es equivalente a $y = x + 3$.

Resuelve el sistema.
$x - y + z = -3$ Ecuación 1
$x - y - z = -3$ Ecuación 2
$5x - 5y + z = -15$ Ecuación 3

SOLUCIÓN

Paso 1 Reescribe el sistema como un sistema lineal en *dos* variables.

$$x - y + z = -3$$
$$\underline{x - y - z = -3}$$
$$2x - 2y = -6$$

Suma la Ecuación 1 a la Ecuación 2 (para eliminar z).

Nueva Ecuación 2

$$x - y - z = -3$$
$$\underline{5x - 5y + z = -15}$$
$$6x - 6y = -18$$

Suma la Ecuación 2 a la Ecuación 3 (para eliminar z).

Nueva Ecuación 3

Paso 2 Resuelve el nuevo sistema lineal para sus dos variables.

$$-6x + 6y = 18$$
$$\underline{6x - 6y = -18}$$
$$0 = 0$$

Suma −3 multiplicado por la nueva Ecuación 2 a la nueva Ecuación 3.

Ya que obtienes la identidad $0 = 0$, el sistema tiene infinitas soluciones posibles.

Paso 3 Describe las soluciones del sistema usando un triple ordenado. Una manera de hacerlo es resolviendo la nueva Ecuación 2 para hallar y para obtener $y = x + 3$. Luego sustituye $x + 3$ por y en la Ecuación 1 para obtener $z = 0$.

▶ Entonces, cualquier triple ordenado de la forma $(x, x + 3, 0)$ es una solución del sistema.

Monitoreo del progreso Ayuda en inglés y español en *BigIdeasMath.com*

Resuelve el sistema. Verifica tu solución, si es posible.

1. $x - 2y + z = -11$
   $3x + 2y - z = 7$
   $-x + 2y + 4z = -9$

2. $x + y - z = -1$
   $4x + 4y - 4z = -2$
   $3x + 2y + z = 0$

3. $x + y + z = 8$
   $x - y + z = 8$
   $2x + y + 2z = 16$

4. En el Ejemplo 3, describe las soluciones del sistema usando un triple ordenado en términos de y.

32 Capítulo 1 Funciones lineales

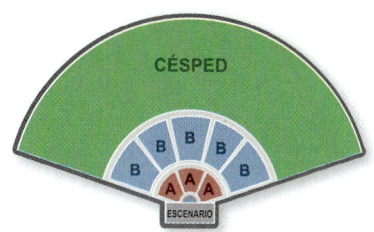

Resolver problemas de la vida real

EJEMPLO 4 Resolver un problema de varios pasos

Un anfiteatro cobra $75 por cada asiento de la Sección A, $55 por cada asiento de la Sección B y $30 por cada asiento en el césped. En la Sección B hay el triple de asientos que en la Sección A. El ingreso por vender los 23,000 asientos es $870,000. ¿Cuántos asientos hay en cada sección del anfiteatro?

SOLUCIÓN

Paso 1 Escribe un modelo verbal para la situación.

Número de asientos en B, y = 3 · Número de asientos en A, x

Número de asientos en A, x + Número de asientos en B, y + Número de asientos en el césped, z = Número total de asientos

75 · Número de asientos en A, x + 55 · Número de asientos en B, y + 30 · Número de asientos en el césped, z = Ingreso total

Paso 2 Escribe un sistema de ecuaciones.

$y = 3x$ Ecuación 1
$x + y + z = 23{,}000$ Ecuación 2
$75x + 55y + 30z = 870{,}000$ Ecuación 3

Paso 3 Reescribe el sistema del Paso 2 como un sistema lineal en dos variables sustituyendo $3x$ por y en las Ecuaciones 2 y 3.

$x + y + z = 23{,}000$ Escribe la Ecuación 2.
$x + 3x + z = 23{,}000$ Sustituye $3x$ por y.
$4x + z = 23{,}000$ Nueva Ecuación 2

$75x + 55y + 30z = 870{,}000$ Escribe la Ecuación 3.
$75x + 55(3x) + 30z = 870{,}000$ Sustituye $3x$ por y.
$240x + 30z = 870{,}000$ Nueva Ecuación 3.

CONSEJO DE ESTUDIO

Cuando se sustituye para hallar valores de otras variables, elige ecuaciones originales o nuevas que sean las más fáciles de usar.

Paso 4 Resuelve el nuevo sistema lineal para sus dos variables.

$-120x - 30z = -690{,}000$ Suma -30 multiplicado por la nueva
$240x + 30z = 870{,}000$ Ecuación 2 a la nueva Ecuación 3.
$120x \quad\quad = 180{,}000$

$x = 1500$ Resuelve para hallar x.
$y = 4500$ Sustituye en la Ecuación 1 para hallar y.
$z = 17{,}000$ Sustituye en la Ecuación 2 para hallar z.

▶ La solución es $x = 1500$, $y = 4500$ y $z = 17{,}000$ o $(1500, 4500, 17{,}000)$. Entonces, hay 1500 asientos en la Sección A, 4500 asientos en la Sección B y 17,000 asientos en el césped.

Monitoreo del progreso Ayuda en inglés y español en *BigIdeasMath.com*

5. **¿QUÉ PASA SI?** El primer día, se venden 10,000 boletos, generando $356,000 en ingresos. El número de asientos vendidos en las Secciones A y B son los mismos. ¿Cuántos asientos en el césped quedan disponibles?

Sección 1.4   Resolver sistemas lineales   **33**

1.4 Ejercicios

Soluciones dinámicas disponibles en *BigIdeasMath.com*

Verificación de vocabulario y concepto esencial

1. **VOCABULARIO** La solución de un sistema de tres ecuaciones lineales se expresa como un(a) _____.

2. **ESCRIBIR** Explica cómo sabes cuando un sistema lineal en tres variables tiene infinitas soluciones posibles.

Monitoreo del progreso y Representar con matemáticas

En los Ejercicios 3–8, resuelve el sistema usando el método de eliminación. *(Consulta el Ejemplo 1).*

3. $x + y - 2z = 5$
   $-x + 2y + z = 2$
   $2x + 3y - z = 9$

4. $x + 4y - 6z = -1$
   $2x - y + 2z = -7$
   $-x + 2y - 4z = 5$

5. $2x + y - z = 9$
   $-x + 6y + 2z = -17$
   $5x + 7y + z = 4$

6. $3x + 2y - z = 8$
   $-3x + 4y + 5z = -14$
   $x - 3y + 4z = -14$

7. $2x + 2y + 5z = -1$
   $2x - y + z = 2$
   $2x + 4y - 3z = 14$

8. $3x + 2y - 3z = -2$
   $7x - 2y + 5z = -14$
   $2x + 4y + z = 6$

ANÁLISIS DE ERRORES En los Ejercicios 9 y 10, describe y corrige el error cometido en el primer paso de resolver el sistema de ecuaciones lineales.

$4x - y + 2z = -18$
$-x + 2y + z = 11$
$3x + 3y - 4z = 44$

9. ✗
$4x - y + 2z = -18$
$-4x + 2y + z = 11$
_____
$y + 3z = -7$

10. ✗
$12x - 3y + 6z = -18$
$3x + 3y - 4z = 44$
_____
$15x + 2z = 26$

En los Ejercicios 11–16, resuelve el sistema usando el método de eliminación. *(Consulta los Ejemplos 2 y 3).*

11. $3x - y + 2z = 4$
    $6x - 2y + 4z = -8$
    $2x - y + 3z = 10$

12. $5x + y - z = 6$
    $x + y + z = 2$
    $12x + 4y = 10$

13. $x + 3y - z = 2$
    $x + y - z = 0$
    $3x + 2y - 3z = -1$

14. $x + 2y - z = 3$
    $-2x - y + z = -1$
    $6x - 3y - z = -7$

15. $x + 2y + 3z = 4$
    $-3x + 2y - z = 12$
    $-2x - 2y - 4z = -14$

16. $-2x - 3y + z = -6$
    $x + y - z = 5$
    $7x + 8y - 6z = 31$

17. **REPRESENTAR CON MATEMÁTICAS** Se hacen tres pedidos en una pizzería. Dos pizzas pequeñas, un litro de gaseosa y una ensalada cuestan $14; una pizza pequeña, un litro de gaseosa y tres ensaladas cuestan $15; y tres pizzas pequeñas, un litro de gaseosa y dos ensaladas cuestan $22. ¿Cuánto cuesta cada artículo?

18. **REPRESENTAR CON MATEMÁTICAS** La tienda de muebles Sam's Furniture Store publica el siguiente anuncio en el periódico local. Escribe un sistema de ecuaciones para las tres combinaciones de muebles. ¿Cuál es el precio de cada pieza de mueble? Explica.

34 Capítulo 1 Funciones lineales

En los Ejercicios 19–28, resuelve el sistema e ecuaciones lineales usando el método de sustitución. *(Consulta el Ejemplo 4).*

19. $-2x + y + 6z = 1$
    $3x + 2y + 5z = 16$
    $7x + 3y - 4z = 11$

20. $x - 6y - 2z = -8$
    $-x + 5y + 3z = 2$
    $3x - 2y - 4z = 18$

21. $x + y + z = 4$
    $5x + 5y + 5z = 12$
    $x - 4y + z = 9$

22. $x + 2y = -1$
    $-x + 3y + 2z = -4$
    $-x + y - 4z = 10$

23. $2x - 3y + z = 10$
    $y + 2z = 13$
    $z = 5$

24. $x = 4$
    $x + y = -6$
    $4x - 3y + 2z = 26$

25. $x + y - z = 4$
    $3x + 2y + 4z = 17$
    $-x + 5y + z = 8$

26. $2x - y - z = 15$
    $4x + 5y + 2z = 10$
    $-x - 4y + 3z = -20$

27. $4x + y + 5z = 5$
    $8x + 2y + 10z = 10$
    $x - y - 2z = -2$

28. $x + 2y - z = 3$
    $2x + 4y - 2z = 6$
    $-x - 2y + z = -6$

29. **RESOLVER PROBLEMAS** El número de personas zurdas en el mundo es un décimo del número de personas diestras. El porcentaje de personas diestras es nueve veces el porcentaje de las personas zurdas y ambidiestras combinadas. ¿Qué porcentaje de personas son ambidiestras?

30. **REPRESENTAR CON MATEMÁTICAS** Usa un sistema de ecuaciones lineales para representar los datos del siguiente artículo del periódico. Resuelve el sistema para hallar cuántos atletas terminaron en cada lugar.

> La escuela secundaria Lawrence High fue distinguida en la carrera del sábado con la ayuda de 20 corredores individuales, cuyos puestos en forma combinada, han logrado obtener 68 puntos. Un primer puesto obtiene 5 puntos, un segundo puesto obtiene 3 puntos y un tercer puesto obtiene 1 punto. Lawrence tuvo una sólida participación en cuanto a segundos puestos; el número de segundos puestos era igual a los de primer y tercer puesto combinados.

31. **ESCRIBIR** Explica cuándo sería más conveniente usar el método de eliminación que el método de sustitución para resolver un sistema lineal. Da un ejemplo para respaldar tu afirmación.

32. **RAZONAMIENTO REPETIDO** Usa lo que sabes acerca de resolver sistemas lineales en dos y tres variables, planifica una estrategia para cómo resolverías un sistema que tenga *cuatro* ecuaciones lineales en *cuatro* variables.

CONEXIONES MATEMÁTICAS En los Ejercicios 33 y 34, escribe y usa un sistema lineal para responder las preguntas.

33. El triángulo tiene un perímetro de 65 pies. ¿Cuáles son las longitudes de los lados ℓ, m y n?

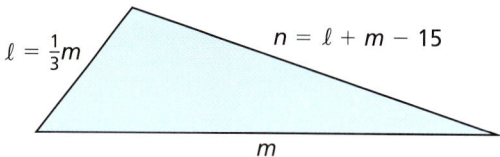

34. ¿Cuáles son las medidas de los ángulos A, B y C?

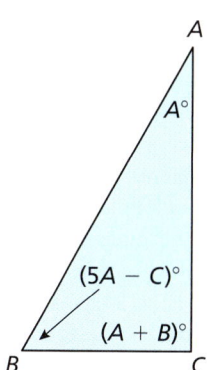

35. **FINAL ABIERTO** Considera el sistema de ecuaciones lineales a continuación. Elige valores distintos de cero para a, b y c para que el sistema satisfaga la condición dada. Explica tu razonamiento.

$$x + y + z = 2$$
$$ax + by + cz = 10$$
$$x - 2y + z = 4$$

a. El sistema no tiene ninguna solución.

b. El sistema tiene exactamente una solución.

c. El sistema tiene infinitas soluciones posibles.

36. **ARGUMENTAR** Un sistema lineal en tres variables no tiene ninguna solución. Tu amigo llega a la conclusión de que no es posible que dos de las tres ecuaciones no tengan ningún punto en común. ¿Tiene razón tu amigo? Explica tu razonamiento.

37. RESOLVER PROBLEMAS Se contrata a un contratista para construir un complejo de departamentos. Cada unidad de 840 pies cuadrados tiene un dormitorio, una cocina y un baño. El dormitorio tendrá el mismo tamaño que la cocina. El dueño hace un pedido de 980 pies cuadrados de losetas para cubrir los pisos por completo de dos cocinas y dos baños. Determina cuántos pies cuadrados de alfombra se necesita para cada dormitorio.

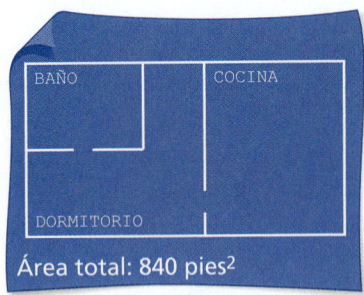

40. ¿CÓMO LO VES? Determina si el sistema de ecuaciones lineales que representa los círculos no tiene *ninguna solución, una solución* o *infinitas soluciones posibles*. Explica tu razonamiento.

a. b.

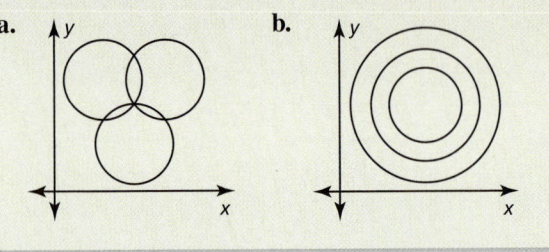

41. PENSAMIENTO CRÍTICO Halla los valores de a, b y c para que el sistema lineal mostrado tenga $(-1, 2, -3)$ como su única solución. Explica tu razonamiento.

$$x + 2y - 3z = a$$
$$-x - y + z = b$$
$$2x + 3y - 2z = c$$

38. ESTIMULAR EL PENSAMIENTO ¿El sistema de ecuaciones lineales tiene más de una solución? Justifica tu respuesta.

$$4x + y + z = 0$$
$$2x + \tfrac{1}{2}y - 3z = 0$$
$$-x - \tfrac{1}{4}y - z = 0$$

42. ANALIZAR RELACIONES Determina qué agrupación(es) de los enteros -5, 2 y 3 produce(n) una solución del sistema lineal que consista de enteros solamente. Justifica tu respuesta.

$$x - 3y + 6z = 21$$
$$\_x + \_y + \_z = -30$$
$$2x - 5y + 2z = -6$$

39. RESOLVER PROBLEMAS Un florista debe preparar 5 ramos de flores idénticos para las damas de honor de una boda. El presupuesto es $160 y cada bouquet debe tener 12 flores. Las rosas cuestan $2.50 cada una, los lirios cuestan $4 cada uno y los irises cuestan $2 cada uno. El florista desea el doble de rosas que los otros dos tipos de flores combinadas.

a. Escribe un sistema de ecuaciones para representar esta situación, asumiendo que el florista planea usar el máximo de su presupuesto.

b. Resuelve el sistema para hallar cuántas de cada tipo de flores debe haber en cada bouquet.

c. Supón que no hay límite en el costo total de los bouquets. ¿El problema todavía tiene exactamente una sola solución? Si es así, halla la solución; si no, da tres soluciones posibles.

43. RAZONAMIENTO ABSTRACTO Escribe un sistema lineal para representar las primeras tres figuras a continuación. Usa el sistema para determinar cuántas mandarinas se requieren para equilibrar la manzana en la cuarta figura. *Nota:* La primera figura muestra que una mandarina y una manzana equilibran una toronja.

Mantener el dominio de las matemáticas Repasar lo que aprendiste en grados y lecciones anteriores

Simplifica. *(Manual de revisión de destrezas)*

44. $(x - 2)^2$ **45.** $(3m + 1)^2$ **46.** $(2z - 5)^2$ **47.** $(4 - y)^2$

Escribe una función g descrita por la transformación dada de $f(x) = |x| - 5$. *(Sección 1.2)*

48. traslación 2 unidades hacia la izquierda   **49.** reflexión en el eje x

50. traslación 4 unidades hacia arriba   **51.** alargamiento vertical por un factor de 3

1.3–1.4 ¿Qué aprendiste?

Vocabulario Esencial

línea de ajuste, *pág. 24*
línea de mejor ajuste, *pág. 25*
coeficiente de correlación, *pág. 25*
ecuación lineal en tres variables, *pág. 30*

sistema de tres ecuaciones lineales, *pág. 30*
solución de un sistema de tres ecuaciones lineales, *pág. 30*
triple ordenado, *pág. 30*

Conceptos Esenciales

Sección 1.3
Escribir una ecuación de una línea, *pág. 22*
Hallar una línea de ajuste, *pág. 24*

Sección 1.4
Resolver un sistema en tres variables, *pág. 31*
Resolver problemas de la vida real, *pág. 33*

Prácticas matemáticas

1. Describe cómo puedes escribir la ecuación de la línea en el Ejercicio 7 de la página 26 usando solamente uno de los puntos rotulados.

2. ¿Cómo usaste la información del artículo de periódico en el Ejercicio 30 de la página 35 para escribir un sistema de tres ecuaciones lineales?

3. Explica la estrategia que usaste para elegir los valores para a, b y c en el Ejercicio 35 parte (a) de la página 35.

Tarea de desempeño

Los secretos de las canastas que cuelgan

Un juego de feria usa dos canastas que cuelgan de resortes a diferentes alturas. Junto a la canasta más alta hay una pila de pelotas de béisbol. Junto a la canasta más baja hay una pila de pelotas de golf. El objeto del juego consiste en añadir el mismo número de pelotas a cada canasta para que las canastas tengan la misma altura. Pero, hay un truco: sólo tienes una oportunidad. ¿Cuál es el secreto para ganar el juego?

Para explorar las respuestas a esta pregunta y más, visita **BigIdeasMath.com**.

1 Repaso del capítulo

Soluciones dinámicas disponibles en *BigIdeasMath.com*

1.1 Funciones madre y transformaciones (págs. 3–10)

Haz una gráfica de $g(x) = (x - 2)^2 + 1$ y su función madre. Luego describe la transformación.

La función g es una función cuadrática.

▶ La gráfica de g es una traslación 2 unidades hacia la derecha y 1 unidad hacia arriba de la gráfica de la función cuadrática madre.

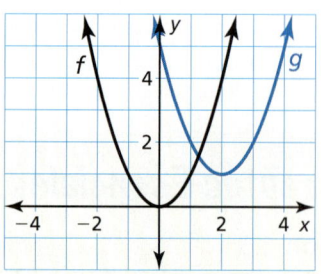

Haz una gráfica de la función y su función madre. Luego describe la transformación.

1. $f(x) = x + 3$
2. $g(x) = |x| - 1$
3. $h(x) = \frac{1}{2}x^2$
4. $h(x) = 4$
5. $f(x) = -|x| - 3$
6. $g(x) = -3(x + 3)^2$

1.2 Transformaciones de funciones lineales y de valor absoluto (págs. 11–18)

Sea la gráfica de g una transformación 2 unidades hacia la derecha seguida de una reflexión en el eje y de la gráfica de $f(x) = |x|$. Escribe una regla para g.

Paso 1 Primero escribe una función h que represente la traslación de f.

$h(x) = f(x - 2)$ Resta 2 de la entrada.

$\quad\quad = |x - 2|$ Reemplaza x con $x - 2$ en $f(x)$.

Paso 2 Luego escribe una función g que represente la reflexión de h.

$g(x) = h(-x)$ Multiplica la entrada por -1.

$\quad\quad = |-x - 2|$ Reemplaza x con $-x$ en $h(x)$.

$\quad\quad = |-(x + 2)|$ Descompone en factores -1.

$\quad\quad = |-1| \cdot |x + 2|$ Propiedad del producto de valor absoluto

$\quad\quad = |x + 2|$ Simplifica.

▶ La función transformada es $g(x) = |x + 2|$.

Escribe una función g cuya gráfica represente la transformaciónes indicada de la gráfica de f. Usa una calculadora gráfica para verificar tu respuesta.

7. $f(x) = |x|$; reflexión en el eje x seguida de una traslación 4 unidades hacia la izquierda

8. $f(x) = |x|$; encogimiento vertical por un factor de $\frac{1}{2}$ seguida de una traslación 2 unidades hacia arriba

9. $f(x) = x$; traslación 3 unidades hacia abajo seguida de una reflexión en el eje y

38   Capítulo 1   Funciones lineales

1.3 Representar con funciones lineales *(págs. 21–28)*

La tabla muestra los números de conos de helado vendidos en diferentes temperaturas externas (en grados Fahrenheit). ¿Los datos muestran una relación lineal? Si es así, escribe una ecuación de una línea de ajuste y úsala para estimar cuántos conos de helado se venden cuando la temperatura es de 60°F.

Temperatura, x	53	62	70	82	90
Número de conos, y	90	105	117	131	147

Paso 1 Crea un diagrama de dispersión de los datos. Los datos muestran una relación lineal.

Paso 2 Dibuja la línea que parece ajustar los datos más de cerca. Se muestra una posibilidad.

Paso 3 Elige dos puntos de la línea. Para la línea mostrada, podrías escoger (70, 117) y (90, 147).

Paso 4 Escribe una ecuación de la línea. Primero, halla la pendiente.

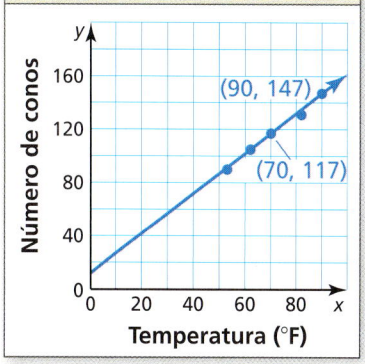

Conos de helado vendidos

$$m = \frac{y_2 - y_1}{x_2 - x_1} = \frac{147 - 117}{90 - 70} = \frac{30}{20} = 1.5$$

Usa la forma de punto y pendiente para escribir una ecuación. Usa $(x_1, y_1) = (70, 117)$.

$y - y_1 = m(x - x_1)$	Forma de punto y pendiente
$y - 117 = 1.5(x - 70)$	Sustituye por m, x_1 y y_1.
$y - 117 = 1.5x - 105$	Propiedad distributiva
$y = 1.5x + 12$	Suma 117 a cada lado.

Usa la ecuación para calcular el número de conos de helado vendidos.

$y = 1.5(60) + 12$	Sustituye 60 por x.
$ = 102$	Simplifica.

▶ Aproximadamente 102 conos de helado se venden cuando la temperatura está a 60°F.

Escribe una ecuación de la línea.

10. La tabla muestra el número total y (en billones) de entradas a los cines estadounidenses cada año por x años. Usa una calculadora gráfica para hallar una ecuación de la línea de mejor ajuste para los datos.

Años, x	0	2	4	6	8	10
Entradas, y	1.24	1.26	1.39	1.47	1.49	1.57

11. Montas bicicleta y mides cuánto recorres. Después de 10 minutos, recorres 3.5 millas. Después de 30 minutos, recorres 10.5 millas. Escribe una ecuación para representar tu distancia. ¿Cuánto recorres en tu bicicleta durante 45 minutos?

1.4 Resolver sistemas lineales (págs. 29–36)

Resuelve el sistema.

$x - y + z = -3$ Ecuación 1
$2x - y + 5z = 4$ Ecuación 2
$4x + 2y - z = 2$ Ecuación 3

Paso 1 Reescribe el sistema como un sistema lineal en dos variables.

$x - y + z = -3$
$\underline{4x + 2y - z = 2}$ Suma la Ecuación 1 a la Ecuación 3 (para eliminar z).
$5x + y = -1$ Nueva Ecuación 3

$-5x + 5y - 5z = 15$
$\underline{2x - y + 5z = 4}$ Suma -5 multiplicado por la Ecuación 1 a la Ecuación 2 (para eliminar z).
$-3x + 4y = 19$ Nueva Ecuación 2

Paso 2 Resuelve el nuevo sistema lineal para sus dos variables.

$-20x - 4y = 4$
$\underline{-3x + 4y = 19}$ Suma -4 multiplicado por la nueva Ecuación 3 a la nueva Ecuación 2.
$-23x = 23$

$x = -1$ Resuelve para hallar x.
$y = 4$ Sustituye en la nueva Ecuación 2 o 3 para hallar y.

Paso 3 Sustituye $x = -1$ y $y = 4$ en una ecuación original y resuelve para hallar z.

$x - y + z = -3$ Escribe la Ecuación 1 original.
$(-1) - 4 + z = -3$ Sustituye -1 por x y 4 por y.
$z = 2$ Resuelve para hallar z.

▶ La solución es $x = -1$, $y = 4$ y $z = 2$ o el triple ordenado $(-1, 4, 2)$.

Resuelve el sistema. Verifica tu solución, si es posible.

12. $x + y + z = 3$
$-x + 3y + 2z = -8$
$x = 4z$

13. $2x - 5y - z = 17$
$x + y + 3z = 19$
$-4x + 6y + z = -20$

14. $x + y + z = 2$
$2x - 3y + z = 11$
$-3x + 2y - 2z = -13$

15. $x + 4y - 2z = 3$
$x + 3y + 7z = 1$
$2x + 9y - 13z = 2$

16. $x - y + 3z = 6$
$x - 2y = 5$
$2x - 2y + 5z = 9$

17. $x + 2z = 4$
$x + y + z = 6$
$3x + 3y + 4z = 28$

18. Una banda escolar realiza un concierto de primavera para una multitud de 600 personas. El ingreso por el concierto es de $3150. Hay 150 adultos más que alumnos en el concierto. ¿Cuántos boletos de cada tipo se han vendido?

CONCIERTO DE LA BANDA
ALUMNOS - $3   ADULTOS - $7
NIÑOS MENORES DE 12 - $2

40 Capítulo 1 Funciones lineales

1 Prueba del capítulo

Escribe una ecuación de la línea e interpreta la pendiente y la intersección con el eje y.

1.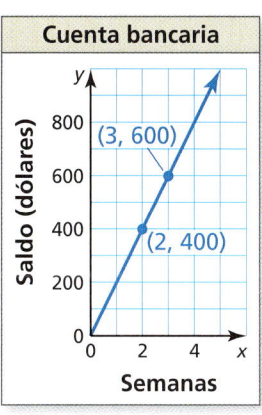

2.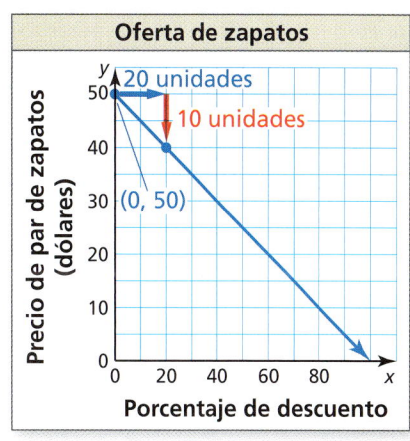

Resuelve el sistema. Verifica tu solución, si es posible.

3. $-2x + y + 4z = 5$
   $x + 3y - z = 2$
   $4x + y - 6z = 11$

4. $y = \frac{1}{2}z$
   $x + 2y + 5z = 2$
   $3x + 6y - 3z = 9$

5. $x - y + 5z = 3$
   $2x + 3y - z = 2$
   $-4x - y - 9z = -8$

Haz una gráfica de la función y su función madre. Luego describe la transformación.

6. $f(x) = |x - 1|$

7. $f(x) = (3x)^2$

8. $f(x) = 4$

Une la transformación de $f(x) = x$ con su gráfica. Luego escribe una regla para g.

9. $g(x) = 2f(x) + 3$

10. $g(x) = 3f(x) - 2$

11. $g(x) = -2f(x) - 3$

A.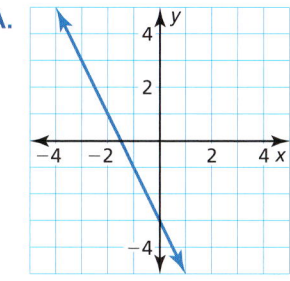

B.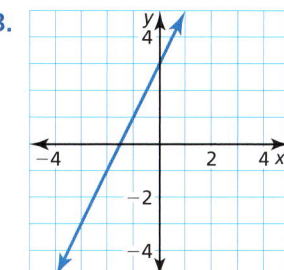

C.

12. Una pastelería vende donas, muffins y bagels. La pastelería prepara el triple de donas que de bagels. La pastelería gana un total de $150 cuando todos los 130 artículos almacenados se venden. ¿Cuántos de cada artículo se encuentran en el almacén? Justifica tu respuesta.

especiales para el desayuno
Donas.................... $1.00
Magdalenas............ $1.50
Panecillos............... $1.20

13. Una fuente con una profundidad de 5 pies se drena y se vuelve a llenar. El nivel del agua (en pies) después de t minutos puede representarse mediante $f(t) = \frac{1}{4}|t - 20|$. Una segunda fuente con la misma profundidad se drena y se vuelve a llenar dos veces más rápido que la primera fuente. Describe cómo transformar la gráfica de f para representar el nivel de agua en la segunda fuente después de t minutos. Halla la profundidad de cada fuente después de 4 minutos. Justifica tus respuestas.

1 Evaluación acumulativa

1. Describe la transformación de la gráfica de $f(x) = 2x - 4$ representada en cada gráfica.

   a.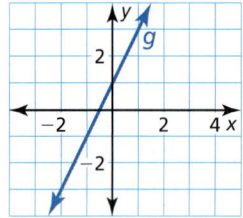

   b.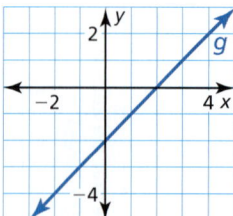

   c.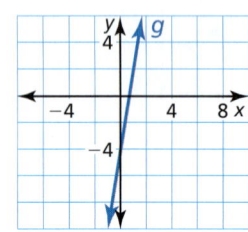

   d.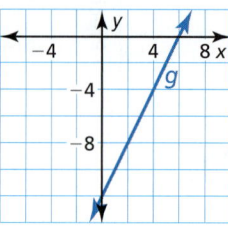

   e.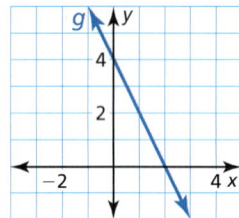

   f.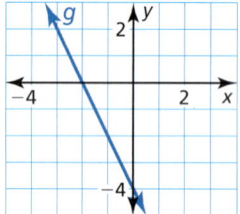

2. La tabla muestra los costos de la matrícula de una escuela privada entre los años 2010 y 2013.

Años después de 2010, x	0	1	2	3
Matrícula (dólares), y	36,208	37,620	39,088	40,594

   a. Verifica que los datos muestren una relación lineal. Luego escribe una ecuación de una línea de ajuste.

   b. Interpreta la pendiente y la intersección con el eje y en esta situación.

   c. Predice el costo de la matrícula para el año 2015.

3. Tu amigo afirma que la línea de mejor ajuste para los datos mostrados en el diagrama de dispersión tiene un coeficiente de correlación cercano a 1. ¿Tiene razón tu amigo? Explica tu razonamiento.

   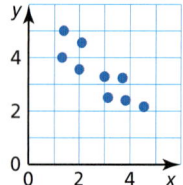

42 Capítulo 1 Funciones lineales

4. Ordena los siguientes sistemas lineales de menor a mayor según el número de soluciones.

   A. $2x + 4y - z = 7$
      $14x + 28y - 7z = 49$
      $-x + 6y + 12z = 13$

   B. $3x - 3y + 3z = 5$
      $-x + y - z = 8$
      $14x - 3y + 12z = 108$

   C. $4x - y + 2z = 18$
      $-x + 2y + z = 11$
      $3x + 3y - 4z = 44$

5. Haces un DVD de tres tipos de espectáculos: comedia, drama y vida real. Un episodio de una comedia dura 30 minutos, mientras que un episodio de drama y uno de la vida real duran cada uno 60 minutos. En el DVD se puede grabar 360 minutos de programación.

   a. Llenas el DVD por completo con siete episodios e incluyes el doble de episodios de drama que de comedia. Crea un sistema de ecuaciones que represente la situación.

   b. ¿Cuántos episodios de cada tipo de espectáculo hay en el DVD en la parte (a)?

   c. Llenas el DVD por completo con sólo sies episodios. ¿Los dos DVDs tienen un número diferente de comedias? dramas? vida real episodios? Explica.

6. La gráfica muestra la altura de un parapente con el paso del tiempo. ¿Qué ecuación representa la situación?

   Ⓐ $y + 450 = 10x$

   Ⓑ $10y = -x + 450$

   Ⓒ $\frac{1}{10}y = -x + 450$

   Ⓓ $10x + y = 450$

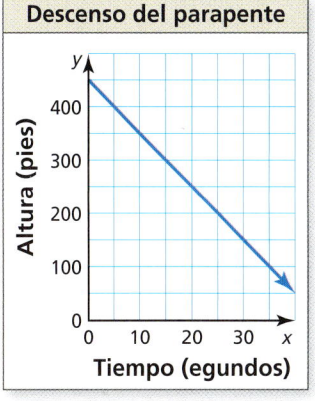

7. Sea $f(x) = x$ y $g(x) = -3x - 4$. Selecciona las posibles transformaciones (en orden) de la gráfica de f representada por la función g.

   Ⓐ reflexión en el eje x
   Ⓑ reflexión en el eje y
   Ⓒ traslación vertical 4 unidades hacia abajo
   Ⓓ traslación horizontal 4 unidades hacia la derecha
   Ⓔ encogimiento horizontal por un factor de $\frac{1}{3}$
   Ⓕ alargamiento vertical por un factor de 3

8. Elige el símbolo de igualdad o desigualdad correcto que completa el enunciado a continuación. Explica tu razonamiento.

x	f(x)
−5	−23
−4	−20
−3	−17
−2	−14

x	g(x)
−2	−18
−1	−14
0	−10
1	−6

$f(22)$  $g(22)$

Capítulo 1   Evaluación acumulativa   43

2 Funciones cuadráticas

2.1 Transformaciones de funciones cuadráticas
2.2 Características de las funciones cuadráticas
2.3 Foco de una parábola
2.4 Representar con funciones cuadráticas

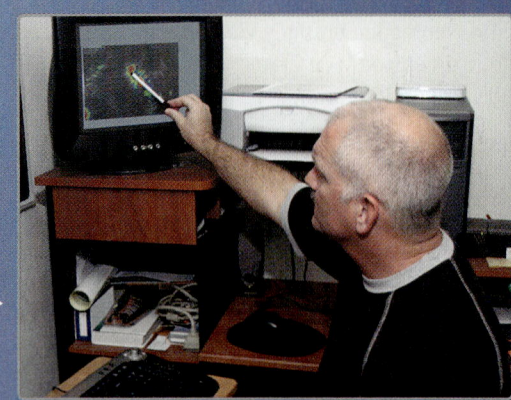
Meteorólogo *(pág. 77)*

Antena parabólica que genera electricidad *(pág. 71)*

Puente Gateshead Millennium *(pág. 64)*

Fútbol *(pág. 63)*

Canguro *(pág. 53)*

Mantener el dominio de las matemáticas

Hallar intersecciones con el eje x

Ejemplo 1 Halla la intersección con el eje x de la gráfica de la ecuación lineal $y = 3x - 12$.

$y = 3x - 12$	Escribe la ecuación.
$0 = 3x - 12$	Sustituye 0 por y.
$12 = 3x$	Suma 12 a cada lado.
$4 = x$	Divide cada lado entre 3.

▶ La intersección con el eje x es 4.

Halla la intersección con el eje x de la gráfica de la ecuación lineal.

1. $y = 2x + 7$
2. $y = -6x + 8$
3. $y = -10x - 36$
4. $y = 3(x - 5)$
5. $y = -4(x + 10)$
6. $3x + 6y = 24$

La fórmula de distancia

La distancia d entre dos puntos cualquiera (x_1, y_1) y (x_2, y_2) está dada por la fórmula $d = \sqrt{(x_2 - x_1)^2 + (y_2 - y_1)^2}$.

Ejemplo 2 Halla la distancia entre $(1, 4)$ y $(-3, 6)$.

Imagina que $(x_1, y_1) = (1, 4)$ y $(x_2, y_2) = (-3, 6)$.

$d = \sqrt{(x_2 - x_1)^2 + (y_2 - y_1)^2}$	Escribe la fórmula de distancia.
$= \sqrt{(-3 - 1)^2 + (6 - 4)^2}$	Sustituye.
$= \sqrt{(-4)^2 + 2^2}$	Simplifica.
$= \sqrt{16 + 4}$	Evalúa las potencias.
$= \sqrt{20}$	Suma.
≈ 4.47	Usa una calculadora.

Halla la distancia entre los dos puntos.

7. $(2, 5), (-4, 7)$
8. $(-1, 0), (-8, 4)$
9. $(3, 10), (5, 9)$
10. $(7, -4), (-5, 0)$
11. $(4, -8), (4, 2)$
12. $(0, 9), (-3, -6)$

13. **RAZONAMIENTO ABSTRACTO** Usa la fórmula de distancia para escribir una expresión para la distancia entre los dos puntos (a, c) y (b, c). ¿Hay alguna manera más fácil de hallar la distancia cuando las coordenadas x son iguales? Explica tu razonamiento.

Soluciones dinámicas disponibles en *BigIdeasMath.com*

Prácticas matemáticas

Los estudiantes que dominan las matemáticas distinguen el razonamiento correcto del razonamiento equivocado.

Usar la lógica correcta

Concepto Esencial

Razonamiento deductivo

En el *razonamiento deductivo*, comienzas con dos o más enunciados que sabes o presupones que son verdaderos. A partir de ellos, *deduces* o *infieres* la veracidad de otro enunciado. He aquí un ejemplo.

1. **Premisa:** Si este tráfico no se soluciona, entonces llegaré tarde al trabajo.
2. **Premisa:** El tráfico no se ha solucionado.
3. **Conclusión:** Llegaré tarde al trabajo.

Este patrón de razonamiento deductivo se llama *silogismo*.

EJEMPLO 1 Reconocer razonamientos errados

Los silogismos a continuación representan tipos comunes de *razonamiento errado*. Explica por qué cada conclusión no es válida.

a. Cuando llueve, el suelo se moja.
El suelo está mojado.
Por lo tanto, debe haber llovido.

b. Cuando llueve, el suelo se moja.
No está lloviendo.
Por lo tanto, el suelo no está mojado.

c. La policía, las escuelas y las carreteras son necesarias. Los impuestos financian a la policía, las escuelas y las carreteras. Por lo tanto, los impuestos son necesarios.

d. Todos los estudiantes usan teléfonos celulares.
Mi tío usa un teléfono celular.
Por lo tanto, mi tío es estudiante.

SOLUCIÓN

a. El suelo puede estar mojado por otra razón.
b. El suelo podría estar mojado todavía cuando deje de llover.
c. Los servicios se podrían financiar de otra manera.
d. Hay personas que no son estudiantes que usan teléfonos celulares.

Monitoreo del progreso

Decide si el silogismo representa un razonamiento correcto o errado. Si el razonamiento es errado, explica por qué la conclusión no es válida.

1. Todos los mamíferos tienen sangre caliente.
Todos los perros son mamíferos.
Por lo tanto, todos los perros tienen sangre caliente.

2. Todos los mamíferos tienen la sangre caliente.
Mi mascota tiene la sangre caliente.
Por lo tanto, mi mascota es un mamífero.

3. Si estoy enfermo, entonces no iré a la escuela.
No fui a la escuela.
Por lo tanto, estoy enfermo.

4. Si estoy enfermo, entonces no iré a la escuela.
No dejé de ir a la escuela.
Por lo tanto, no estoy enfermo.

2.1 Transformaciones de funciones cuadráticas

Pregunta esencial ¿Cómo afectan las constantes a, h y k a la gráfica de la función cuadrática $g(x) = a(x - h)^2 + k$?

La función madre de la familia cuadrática es $f(x) = x^2$. Una transformación de la gráfica de la función madre está representada en la función $g(x) = a(x - h)^2 + k$, donde $a \neq 0$.

EXPLORACIÓN 1 Identificar gráficas de funciones cuadráticas

Trabaja con un compañero. Une cada función cuadrática con su gráfica. Explica tu razonamiento. Luego usa una calculadora gráfica para verificar que tu respuesta sea correcta.

a. $g(x) = -(x - 2)^2$ **b.** $g(x) = (x - 2)^2 + 2$ **c.** $g(x) = -(x + 2)^2 - 2$

d. $g(x) = 0.5(x - 2)^2 - 2$ **e.** $g(x) = 2(x - 2)^2$ **f.** $g(x) = -(x + 2)^2 + 2$

A.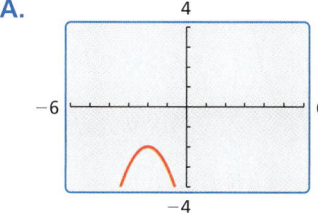

B.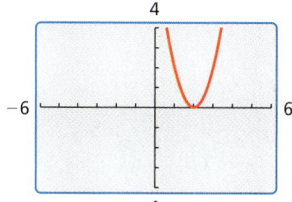

C.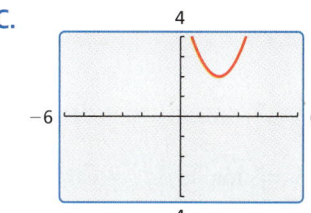

D.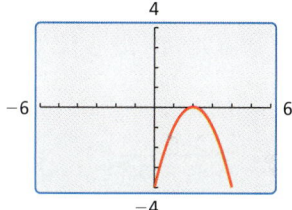

E.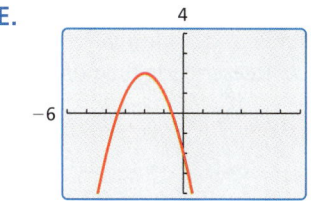

F.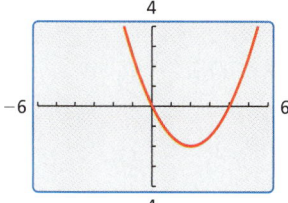

BUSCAR UNA ESTRUCTURA

Para dominar las matemáticas, necesitas observar con atención para discernir un patrón o estructura.

Comunicar tu respuesta

2. ¿Cómo afectan las constantes a, h, y k la gráfica de la función cuadrática $g(x) = a(x - h)^2 + k$?

3. Escribe la ecuación de la función cuadrática cuya gráfica se muestra a la derecha. Explica tu razonamiento. Luego, usa una calculadora gráfica para verificar que tu ecuación sea correcta.

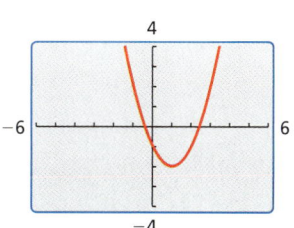

Sección 2.1 Transformaciones de funciones cuadráticas

2.1 Lección

Qué aprenderás

▶ Describir transformaciones de funciones cuadráticas.
▶ Escribir transformaciones de funciones cuadráticas.

Vocabulario Esencial

función cuadrática, *pág. 48*
parábola, *pág. 48*
vértice de una parábola, *pág. 50*
forma en vértice, *pág. 50*

Anterior
transformaciones

Describir transformaciones de funciones cuadráticas

Una **función cuadrática** es una función que se puede escribir en la forma $f(x) = a(x - h)^2 + k$, donde $a \neq 0$. A la gráfica en forma de U de una función cuadrática se le llama **parábola**.

En la Sección 1.1, graficaste las funciones cuadráticas utilizando tablas de valores. También puedes graficar funciones cuadráticas aplicando transformaciones a la gráfica de la función madre $f(x) = x^2$.

Concepto Esencial

Traslaciones horizontales

$f(x) = x^2$
$f(x - h) = (x - h)^2$

- se mueve a la izquierda cuando $h < 0$
- se mueve a la derecha cuando $h > 0$

Traslaciones verticales

$f(x) = x^2$
$f(x) + k = x^2 + k$

- se mueve hacia abajo cuando $k < 0$
- se mueve hacia arriba cuando $k > 0$

EJEMPLO 1 Traslaciones de una función cuadrática

Describe la transformación de $f(x) = x^2$ representada en $g(x) = (x + 4)^2 - 1$. Luego haz una gráfica de cada función.

SOLUCIÓN

Observa que la función es de la forma $g(x) = (x - h)^2 + k$. Reescribe la función para identificar h y k.

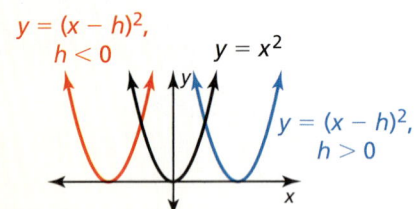

▶ Dado que $h = -4$ y $k = -1$, la gráfica de g es una traslación 4 unidades a la izquierda y 1 unidad hacia debajo de la gráfica de f.

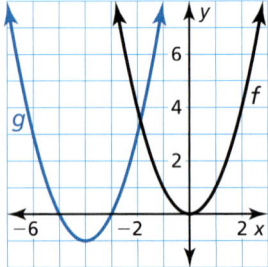

Monitoreo del progreso Ayuda en inglés y español en *BigIdeasMath.com*

Describe la transformación de $f(x) = x^2$ representada en g. Luego, haz una gráfica de cada función.

1. $g(x) = (x - 3)^2$ **2.** $g(x) = (x - 2)^2 - 2$ **3.** $g(x) = (x + 5)^2 + 1$

48 Capítulo 2 Funciones cuadráticas

Concepto Esencial

Reflexiones en el eje x

$f(x) = x^2$
$-f(x) = -(x^2) = -x^2$

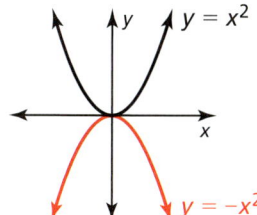

se invierte en el eje x

Reflexiones en el eje y

$f(x) = x^2$
$f(-x) = (-x)^2 = x^2$

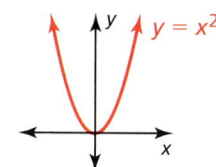

$y = x^2$ es su propia reflexión en el eje y.

Ajustes y reducciones horizontales

$f(x) = x^2$
$f(ax) = (ax)^2$

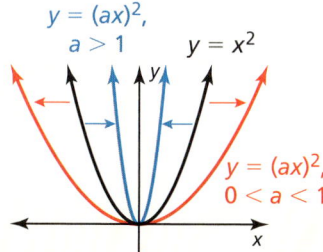

- ajuste horizontal (lejos del eje y) cuando $0 < a < 1$
- reducción horizontal (hacia el eje y) cuando $a > 1$

Ajustes y reducciones verticales

$f(x) = x^2$
$a \cdot f(x) = ax^2$

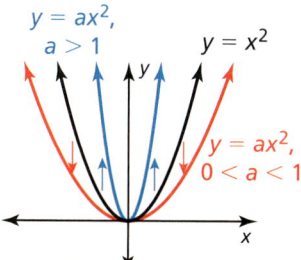

- ajuste vertical (lejos del eje x) cuando $a > 1$
- reducción vertical (hacia el eje x) cuando $0 < a < 1$

EJEMPLO 2 Transformaciones de funciones cuadráticas

Describe la transformación de $f(x) = x^2$ representada en g. Luego, haz una gráfica de cada función.

a. $g(x) = -\frac{1}{2}x^2$ **b.** $g(x) = (2x)^2 + 1$

SOLUCIÓN

a. Observa que la función es de la forma $g(x) = -ax^2$, donde $a = \frac{1}{2}$.

▶ Entonces, la gráfica de g es una reflexión en el eje x y una reducción vertical por un factor de $\frac{1}{2}$ de la gráfica de f.

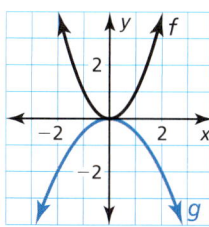

b. Observa que la función es de la forma $g(x) = (ax)^2 + k$, donde $a = 2$ y $k = 1$.

▶ Entonces, la gráfica de g es una reducción horizontal por un factor de $\frac{1}{2}$ seguida de una traslación 1 unidad hacia arriba de la gráfica de f.

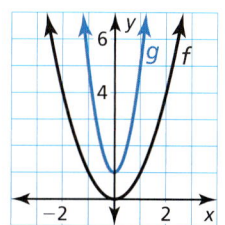

BUSCAR UNA ESTRUCTURA

En el Ejemplo 2b, observa que $g(x) = 4x^2 + 1$. Entonces, también puedes describir la gráfica de g como un ajuste vertical por un factor de 4 seguido de una traslación 1 unidad hacia arriba de la gráfica de f.

Monitoreo del progreso Ayuda en inglés y español en BigIdeasMath.com

Describe la transformación de $f(x) = x^2$ representada en g. Luego, haz una gráfica de cada función.

4. $g(x) = \left(\frac{1}{3}x\right)^2$ **5.** $g(x) = 3(x-1)^2$ **6.** $g(x) = -(x+3)^2 + 2$

Escribir transformaciones de funciones cuadráticas

El punto más bajo en una parábola que se abre hacia arriba o el punto más alto en una parábola que se abre hacia abajo es el **vértice**. La **forma en vértice** de una función cuadrática es $f(x) = a(x-h)^2 + k$, donde $a \neq 0$ y el vértice es (h, k).

$$f(x) = a(x-h)^2 + k$$

- a indica una reflexión en el eje x y/o un ajuste o reducción vertical.
- h indica una traslación horizontal.
- k indica una traslación vertical.

EJEMPLO 3 Escribir una función cuadrática transformada

Imagina que la gráfica de g es un ajuste vertical por un factor de 2 y una reflexión en el eje x, seguida de una traslación 3 unidades hacia abajo de la gráfica de $f(x) = x^2$. Escribe una regla para g e identifica el vértice.

SOLUCIÓN

Método 1 Identifica cómo afectan las transformaciones a las constantes en forma de vértice.

reflexión en el eje x
ajuste vertical por 2 } $a = -2$

Traslación 3 unidades hacia abajo} $k = -3$.

Escribe la función transformada.

$g(x) = a(x-h)^2 + k$ Forma en vértice de una función cuadrática
$= -2(x-0)^2 + (-3)$ Sustituye −2 por a, 0 por h y −3 por k.
$= -2x^2 - 3$ Simplifica.

▶ La función transformada es $g(x) = -2x^2 - 3$. El vértice es $(0, -3)$.

Método 2 Comienza con la función madre y aplica las transformaciones una por una en el orden indicado.

Primero escribe una función h que represente la reflexión y el ajuste vertical de f.

$h(x) = -2 \cdot f(x)$ Multiplica la salida por −2.
$= -2x^2$ Sustituye x^2 por $f(x)$.

Luego escribe una función g que represente la traslación de h.

$g(x) = h(x) - 3$ Resta 3 de la salida.
$= -2x^2 - 3$ Sustituye $-2x^2$ por $h(x)$.

▶ La función transformada es $g(x) = -2x^2 - 3$. El vértice es $(0, -3)$.

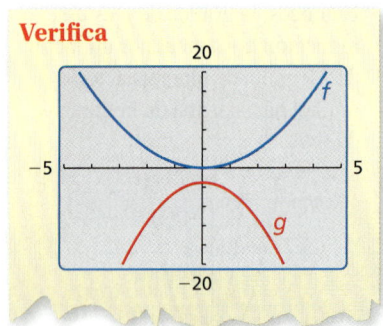
Verifica

50   Capítulo 2   Funciones cuadráticas

RECUERDA

Para multiplicar dos binomios, usa el método FOIL.

$(x + 1)(x + 2) = x^2 + 2x + x + 2$

Primeros · Internos · Externos · Últimos

EJEMPLO 4 Escribir una función cuadrática transformada

Imagina que la gráfica de g es una traslación 3 unidades hacia la derecha y 2 unidades hacia arriba, seguida de una reflexión en el eje y de la gráfica de $f(x) = x^2 - 5x$. Escribe una regla para g.

SOLUCIÓN

Paso 1 Primero escribe una función h que representa la traslación de f.

$h(x) = f(x - 3) + 2$ Resta 3 de la entrada. Suma 2 a la salida.
$ = (x - 3)^2 - 5(x - 3) + 2$ Reemplaza x con $x - 3$ en $f(x)$.
$ = x^2 - 11x + 26$ Simplifica.

Paso 2 Luego escribe una función g que representa la reflexión de h.

$g(x) = h(-x)$ Multiplica la entrada por -1.
$ = (-x)^2 - 11(-x) + 26$ Reemplaza x con $-x$ en $h(x)$.
$ = x^2 + 11x + 26$ Simplifica.

EJEMPLO 5 Representar con matemáticas

La altura h (en pies) del agua rociada desde una manguera contra incendios se puede representar mediante $h(x) = -0.03x^2 + x + 25$, donde x es la distancia horizontal (en pies) desde el camión de bomberos. Los bomberos elevan la escalera de manera tal que el agua llegue al suelo 10 pies más allá del camión de bomberos. Escribe una función que represente la nueva ruta del agua.

SOLUCIÓN

1. **Comprende el Problema** Te dan una función que representa la ruta del agua que se rocía desde una manguera contra incendios. Te piden que escribas una función que represente la ruta del agua después de que el personal de bomberos eleva la escalera.

2. **Haz un Plan** Analiza la gráfica de la función para determinar la traslación de la escalera que ocasiona que el agua vaya 10 pies más allá. Luego escribe la función.

3. **Resuelve el Problema** Usa una calculadora gráfica para hacer una gráfica de la función original.

   Dado que $h(50) = 0$, el agua originalmente llega al suelo a 50 pies del camión de bomberos. El rango de la función en este contexto no incluye valores negativos. Sin embargo, al observar que $h(60) = -23$, puedes determinar que una traslación 23 unidades (pies) hacia arriba ocasiona que el agua vaya 10 pies más allá del camión de bomberos.

   $g(x) = h(x) + 23$ Suma 23 a la salida.
   $ = -0.03x^2 + x + 48$ Sustituye por $h(x)$ y simplifica.

   ▶ La nueva ruta del agua se puede representar mediante $g(x) = -0.03x^2 + x + 48$.

4. **Verifícalo** Para verificar que tu solución sea correcta, verifica que $g(60) = 0$.

   $g(60) = -0.03(60)^2 + 60 + 48 = -108 + 60 + 48 = 0$ ✓

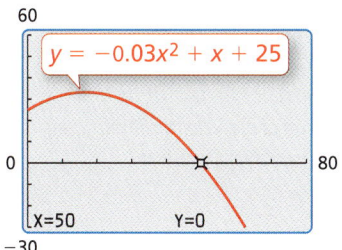

Monitoreo del progreso   Ayuda en inglés y español en *BigIdeasMath.com*

7. Imagina que la gráfica de g es una reducción vertical por un factor de $\frac{1}{2}$ seguida de una traslación 2 unidades hacia arriba de la gráfica de $f(x) = x^2$. Escribe una regla para g e identifica el vértice.

8. Imagina que la gráfica de g es una traslación 4 unidades a la izquierda seguida por una reducción horizontal por un factor de $\frac{1}{3}$ de la gráfica de $f(x) = x^2 + x$. Escribe una regla para g.

9. **¿QUÉ PASA SI?** En el Ejemplo 5, el agua llega al suelo 10 pies más cerca del camión de bomberos después de bajar la escalera. Escribe una función que represente la nueva ruta del agua.

Sección 2.1   Transformaciones de funciones cuadráticas   **51**

2.1 Ejercicios

Soluciones dinámicas disponibles en *BigIdeasMath.com*

Verificación de vocabulario y concepto esencial

1. **COMPLETAR LA ORACIÓN** La gráfica de una función cuadrática se llama _____.

2. **VOCABULARIO** Identifica el vértice de la parábola dada por $f(x) = (x + 2)^2 - 4$.

Monitoreo del progreso y Representar con matemáticas

En los Ejercicios 3–12, describe la transformación de $f(x) = x^2$ representada en g. Luego haz una gráfica de cada función. *(Consulta el Ejemplo 1).*

3. $g(x) = x^2 - 3$
4. $g(x) = x^2 + 1$
5. $g(x) = (x + 2)^2$
6. $g(x) = (x - 4)^2$
7. $g(x) = (x - 1)^2$
8. $g(x) = (x + 3)^2$
9. $g(x) = (x + 6)^2 - 2$
10. $g(x) = (x - 9)^2 + 5$
11. $g(x) = (x - 7)^2 + 1$
12. $g(x) = (x + 10)^2 - 3$

ANALIZAR RELACIONES En los Ejercicios 13–16, une la función con la transformación correcta de la gráfica de f. Explica tu razonamiento.

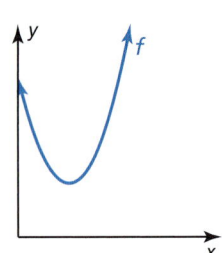

13. $y = f(x - 1)$
14. $y = f(x) + 1$
15. $y = f(x - 1) + 1$
16. $y = f(x + 1) - 1$

A.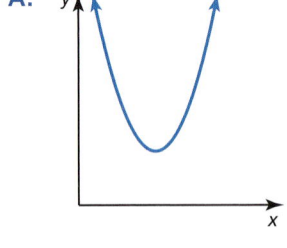
B.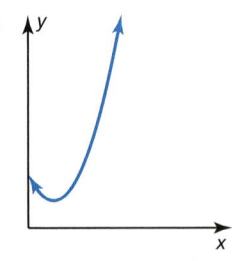
C.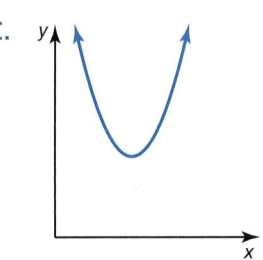
D.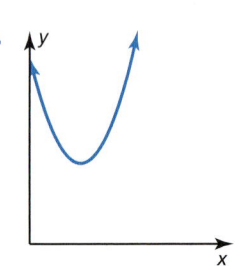

En los Ejercicios 17–24, describe la transformación de $f(x) = x^2$ representada en g. Luego haz una gráfica de cada función. *(Consulta el Ejemplo 2).*

17. $g(x) = -x^2$
18. $g(x) = (-x)^2$
19. $g(x) = 3x^2$
20. $g(x) = \frac{1}{3}x^2$
21. $g(x) = (2x)^2$
22. $g(x) = -(2x)^2$
23. $g(x) = \frac{1}{5}x^2 - 4$
24. $g(x) = \frac{1}{2}(x - 1)^2$

ANÁLISIS DE ERRORES En los Ejercicios 25 y 26, describe y corrige el error cometido al analizar la gráfica de $f(x) = -6x^2 + 4$.

25. La gráfica es una reflexión en el eje y y un ajuste vertical por un factor de 6, seguida de una traslación 4 unidades hacia arriba de la gráfica de la función cuadrática madre.

26. La gráfica es una traslación 4 unidades hacia abajo, seguida de un ajuste vertical por un factor de 6 y una reflexión en el eje x de la gráfica de la función cuadrática madre.

USAR LA ESTRUCTURA En los Ejercicios 27–30, describe la transformación de la gráfica de la función cuadrática madre. Luego identifica el vértice.

27. $f(x) = 3(x + 2)^2 + 1$
28. $f(x) = -4(x + 1)^2 - 5$
29. $f(x) = -2x^2 + 5$
30. $f(x) = \frac{1}{2}(x - 1)^2$

52   Capítulo 2   Funciones cuadráticas

En los Ejercicios 31–34, escribe una regla para g descrita mediante las transformaciones de la gráfica de f. Luego identifica el vértice. *(Consulta los Ejemplos 3 y 4)*.

31. $f(x) = x^2$; ajuste vertical por un factor de 4 y una reflexión en el eje x, seguida de una traslación 2 unidades hacia arriba.

32. $f(x) = x^2$; reducción vertical por un factor de $\frac{1}{3}$ y una reflexión en el eje y, seguida de una traslación 3 unidades hacia la derecha

33. $f(x) = 8x^2 - 6$; ajuste horizontal por un factor de 2 y una traslación 2 unidades hacia arriba, seguida de una reflexión en el eje y.

34. $f(x) = (x + 6)^2 + 3$; reducción horizontal por un factor de $\frac{1}{2}$ y una traslación 1 unidad hacia abajo, seguida de una reflexión en el eje x.

USAR HERRAMIENTAS En los Ejercicios 35–40, une la función con su gráfica. Explica tu razonamiento.

35. $g(x) = 2(x - 1)^2 - 2$ **36.** $g(x) = \frac{1}{2}(x + 1)^2 - 2$

37. $g(x) = -2(x - 1)^2 + 2$

38. $g(x) = 2(x + 1)^2 + 2$ **39.** $g(x) = -2(x + 1)^2 - 2$

40. $g(x) = 2(x - 1)^2 + 2$

A.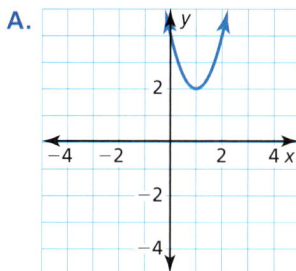

B.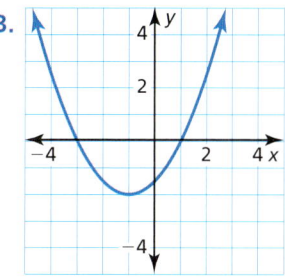

C.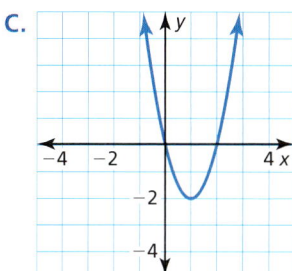

D.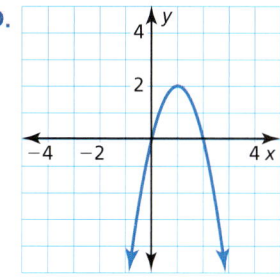

E.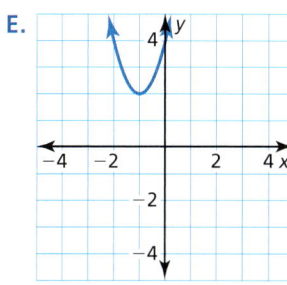

F.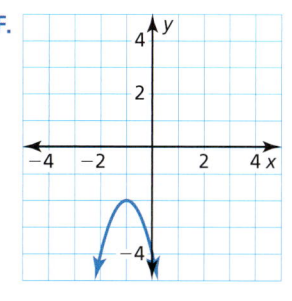

JUSTIFICAR LOS PASOS En los Ejercicios 41 y 42, justifica cada paso al escribir una función g basada en las transformaciones de $f(x) = 2x^2 + 6x$.

41. Traslación 6 unidades hacia abajo seguida de una reflexión en el eje x.

$h(x) = f(x) - 6$

$\qquad = 2x^2 + 6x - 6$

$g(x) = -h(x)$

$\qquad = -(2x^2 + 6x - 6)$

$\qquad = -2x^2 - 6x + 6$

42. Reflexión en el eje y seguida de una traslación 4 unidades hacia la derecha.

$h(x) = f(-x)$

$\qquad = 2(-x)^2 + 6(-x)$

$\qquad = 2x^2 - 6x$

$g(x) = h(x - 4)$

$\qquad = 2(x - 4)^2 - 6(x - 4)$

$\qquad = 2x^2 - 22x + 56$

43. REPRESENTAR CON MATEMÁTICAS La función $h(x) = -0.03(x - 14)^2 + 6$ representa el salto de un canguro rojo, donde x es la distancia horizontal recorrida (en pies) y h(x) es la altura (en pies). Cuando el canguro salta desde una ubicación más alta, aterriza 5 pies más lejos. Escribe una función que represente el segundo salto. *(Consulta el Ejemplo 5)*.

44. REPRESENTAR CON MATEMÁTICAS La función $f(t) = -16t^2 + 10$ representa la altura (en pies) de un objeto t segundos después de que se lo dejara caer desde una altura de 10 pies en la Tierra. El mismo objeto, dejado caer desde la misma altura en la Luna, está representado en $g(t) = -\frac{8}{3}t^2 + 10$. Describe la transformación de la gráfica de f para obtener g. ¿Desde qué altura se debe dejar caer el objeto en la Luna para que llegue al suelo al mismo tiempo que en la Tierra?

Sección 2.1   Transformaciones de funciones cuadráticas

45. REPRESENTAR CON MATEMÁTICAS Los peces voladores usan sus aletas pectorales como alas de avión para planear por el aire.

a. Escribe una ecuación de la forma $y = a(x - h)^2 + k$ con el vértice (33, 5) que representa la ruta de vuelo, asumiendo que el pez abandona el agua en (0, 0).

b. ¿Cuál es el dominio y el rango de la función? ¿Qué representan en esta situación?

c. ¿El valor de a cambia cuando la ruta de vuelo tiene el vértice (30, 4)? Justifica tu respuesta.

46. ¿CÓMO LO VES? Describe la gráfica de g como transformación de la gráfica de $f(x) = x^2$.

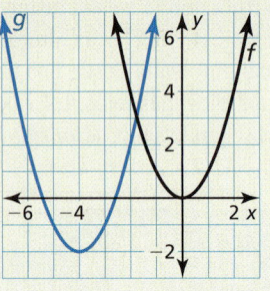

47. COMPARAR MÉTODOS Imagina que la gráfica de g es una traslación 3 unidades hacia arriba y 1 unidad hacia la derecha seguida de un ajuste vertical por un factor de 2 de la gráfica de $f(x) = x^2$.

a. Identifica los valores de a, h y k y usa la forma de vértice para escribir la función transformada.

b. Usa la notación de función para escribir la función transformada. Compara esta función con tu función en la parte (a).

c. Supón que el ajuste vertical se llevó a cabo primero, seguido de las traslaciones. Repite las partes (a) y (b).

d. ¿Qué método prefieres al escribir una función transformada? Explica.

48. ESTIMAR EL PENSAMIENTO Un salto en un palo de pogo con un resorte convencional se puede representar mediante $f(x) = -0.5(x - 6)^2 + 18$, donde x es la distancia horizontal (en pulgadas) y $f(x)$ es la distancia vertical (en pulgadas). Escribe por lo menos una transformación de la función y proporciona una razón posible para tu transformación.

49. CONECCIONES MATEMÁTICAS El área de un círculo depende del radio, como se muestra en la gráfica. Un pendiente circular con un radio de r milímetros tiene un hueco circular de $\frac{3r}{4}$ milímetros. Describe una transformación de la gráfica siguiente que representa el área de la porción azul del pendiente.

 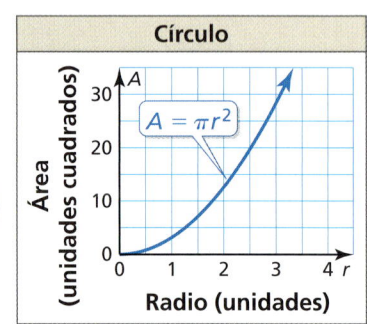

Mantener el dominio de las matemáticas
Repasar lo que aprendiste en grados y lecciones anteriores

En rojo se muestra un eje de simetría para la figura. Halla las coordenadas del punto A.
(Manual de revisión de destrezas)

50.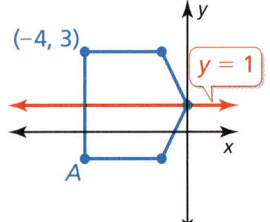

51.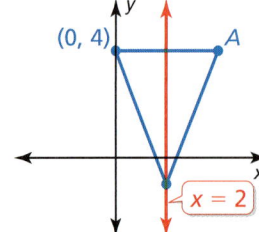

52.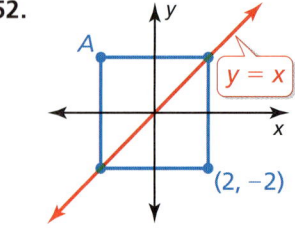

54 Capítulo 2 Funciones cuadráticas

2.2 Características de las funciones cuadráticas

Pregunta esencial ¿Qué tipo de simetría tiene la gráfica de $f(x) = a(x - h)^2 + k$ y cómo puedes describir esta simetría?

EXPLORACIÓN 1   Parábolas y simetría

Trabaja con un compañero.

a. Completa la tabla. Luego usa los valores en la tabla para hacer un bosquejo de la gráfica de la función

$$f(x) = \tfrac{1}{2}x^2 - 2x - 2$$

en papel cuadriculado.

x	−2	−1	0	1	2
f(x)					

x	3	4	5	6
f(x)				

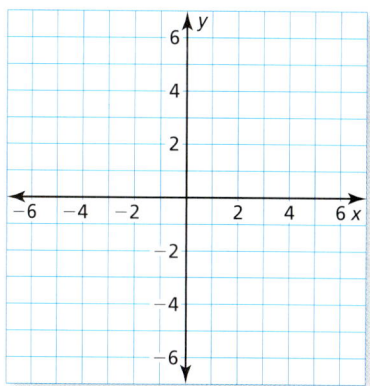

b. Usa los resultados en la parte (a) para identificar el vértice de la parábola.

c. Halla una recta vertical en tu papel cuadriculado, de manera que cuando dobles el papel, la porción izquierda de la gráfica coincida con la porción derecha de la gráfica. ¿Cuál es la ecuación de esta recta? ¿Cómo se relaciona con el vértice?

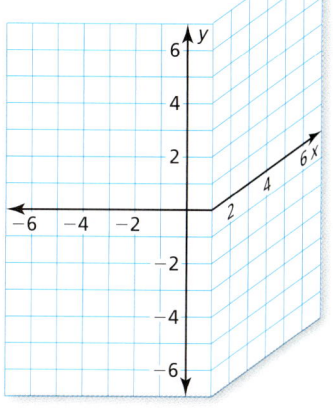

d. Muestra que la forma en vértice

$$f(x) = \tfrac{1}{2}(x - 2)^2 - 4$$

es equivalente a la función dada en la parte (a).

EXPLORACIÓN 2   Parábolas y simetría

Trabaja con un compañero. Repite la Exploración 1 para la función dada por

$$f(x) = -\tfrac{1}{3}x^2 + 2x + 3 = -\tfrac{1}{3}(x - 3)^2 + 6.$$

PRESTAR ATENCIÓN A LA PRECISIÓN

Para dominar las matemáticas, necesitas usar definiciones claras en tu razonamiento y en tus discusiones con otras personas.

Comunicar tu respuesta

3. ¿Qué tipo de simetría tiene la gráfica de $f(x) = a(x - h)^2 + k$ y cómo puedes describir esta simetría?

4. Describe la simetría de cada gráfica. Luego usa una calculadora gráfica para verificar tu respuesta.

    a. $f(x) = -(x - 1)^2 + 4$ b. $f(x) = (x + 1)^2 - 2$ c. $f(x) = 2(x - 3)^2 + 1$

    d. $f(x) = \tfrac{1}{2}(x + 2)^2$ e. $f(x) = -2x^2 + 3$ f. $f(x) = 3(x - 5)^2 + 2$

2.2 Lección

Vocabulario Esencial

eje de simetría, *pág. 56*
forma estándar, *pág. 56*
valor mínimo, *pág. 58*
valor máximo, *pág. 58*
forma de intersección, *pág. 59*

Anterior
intersección con el eje x

Qué aprenderás

▶ Explorar las propiedades de las parábolas.
▶ Hallar los valores máximos y mínimos de las funciones cuadráticas.
▶ Hacer gráficas de las funciones cuadráticas usando intersecciones con el eje *x*.
▶ Resolver problemas de la vida real.

Explorar las propiedades de las parábolas

Un **eje de simetría** es una recta que divide una parábola en imágenes especulares y pasa por el vértice. Dado que el vértice de $f(x) = a(x - h)^2 + k$ es (h, k), el eje de simetría es la recta vertical $x = h$.

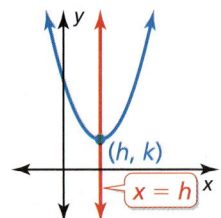

Anteriormente, usaste transformaciones para hacer gráficas de funciones cuadráticas en forma de vértice. También puedes usar el eje de simetría y el vértice para hacer gráficas de funciones cuadráticas escritas en forma de vértice.

EJEMPLO 1 Usar la simetría para hacer gráficas de funciones cuadráticas

Haz una gráfica de $f(x) = -2(x + 3)^2 + 4$. Rotula el vértice y el eje de simetría.

SOLUCIÓN

Paso 1 Identifica las constantes $a = -2$, $h = -3$, y $k = 4$.

Paso 2 Marca el vértice $(h, k) = (-3, 4)$ y dibuja el eje de simetría $x = -3$.

Paso 3 Evalúa la función para dos valores de *x*.

$x = -2$: $f(-2) = -2(-2 + 3)^2 + 4 = 2$
$x = -1$: $f(-1) = -2(-1 + 3)^2 + 4 = -4$

Marca los puntos $(-2, 2)$, $(-1, -4)$, y sus reflexiones en el eje de simetría.

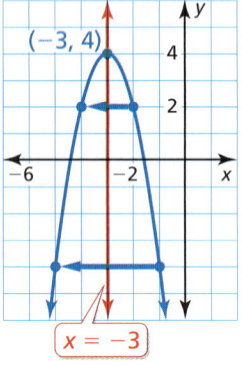

Paso 4 Dibuja una parábola a través de los puntos marcados.

Las funciones cuadráticas también se pueden escribir en **forma estándar**, $f(x) = ax^2 + bx + c$, donde $a \neq 0$. Puedes derivar la forma estándar al desarrollar la forma en vértice.

$f(x) = a(x - h)^2 + k$	Forma en vértice
$f(x) = a(x^2 - 2hx + h^2) + k$	Desarrolla $(x - h)^2$.
$f(x) = ax^2 - 2ahx + ah^2 + k$	Propiedad distributiva
$f(x) = ax^2 + (-2ah)x + (ah^2 + k)$	Agrupa los términos semejantes.
$f(x) = ax^2 + bx + c$	Imagina que $b = -2ah$ y que $c = ah^2 + k$.

Esto te permite hacer las siguientes observaciones.

$a = a$: Entonces, *a* tiene el mismo significado en forma de vértice y en forma estándar.

$b = -2ah$: Resuelve para hallar *h* para obtener $h = -\dfrac{b}{2a}$. Entonces, el eje de simetría es $x = -\dfrac{b}{2a}$.

$c = ah^2 + k$: En forma de vértice $f(x) = a(x - h)^2 + k$, observa que $f(0) = ah^2 + k$. Entonces, *c* es la intersección del eje *y*.

56 Capítulo 2 Funciones cuadráticas

Concepto Esencial

Propiedades de la gráfica de $f(x) = ax^2 + bx + c$

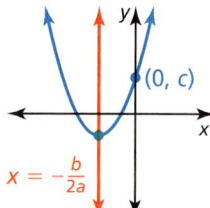
$y = ax^2 + bx + c, a > 0$

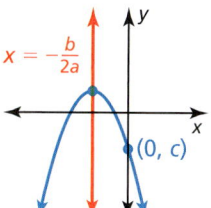
$y = ax^2 + bx + c, a < 0$

- La parábola se abre hacia arriba cuando $a > 0$ y se abre hacia abajo cuando $a < 0$.
- La gráfica es más angosta que la gráfica de $f(x) = x^2$ cuando $|a| > 1$ y más ancha cuando $|a| < 1$.
- El eje de simetría es $x = -\dfrac{b}{2a}$ y el vértice es $\left(-\dfrac{b}{2a}, f\left(-\dfrac{b}{2a}\right)\right)$.
- La intersección con el eje y es c. Entonces, el punto $(0, c)$ está en la parábola.

EJEMPLO 2 Hacer una gráfica de una función cuadrática en forma estándar

Haz una gráfica de $f(x) = 3x^2 - 6x + 1$. Rotula el vértice y el eje de simetría.

SOLUCIÓN

Paso 1 Identifica los coeficientes $a = 3$, $b = -6$, y $c = 1$. Dado que $a > 0$, la parábola se abre hacia arriba.

Paso 2 Halla el vértice. Primero calcula la coordenada x.

$$x = -\frac{b}{2a} = -\frac{-6}{2(3)} = 1$$

Luego halla la coordenada y del vértice.

$$f(1) = 3(1)^2 - 6(1) + 1 = -2$$

Entonces, el vértice es $(1, -2)$. Marca este punto.

Paso 3 Dibuja el eje de simetría $x = 1$.

Paso 4 Identifica la intersección con el eje y con c, que es 1. Marca el punto $(0, 1)$ y su reflexión en el eje de simetría, $(2, 1)$.

Paso 5 Evalúa la función para otro valor de x, como $x = 3$.

$$f(3) = 3(3)^2 - 6(3) + 1 = 10$$

Marca el punto $(3, 10)$ y su reflexión en el eje de simetría, $(-1, 10)$.

Paso 6 Dibuja una parábola mediante los puntos marcados.

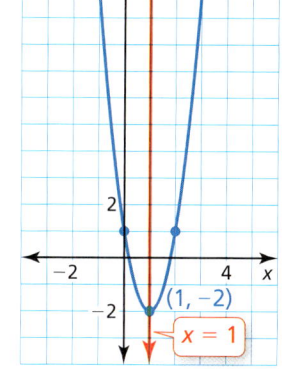

> **ERROR COMÚN**
> Asegúrate de incluir el signo negativo al escribir la expresión para la coordenada x del vértice.

Monitoreo del progreso Ayuda en inglés y español en *BigIdeasMath.com*

Haz una gráfica de la función. Rotula el vértice y el eje de simetría.

1. $f(x) = -3(x + 1)^2$

2. $g(x) = 2(x - 2)^2 + 5$

3. $h(x) = x^2 + 2x - 1$

4. $p(x) = -2x^2 - 8x + 1$

Hallar los valores máximos y mínimos

Dado que el vértice es el punto más alto o más bajo de una parábola, su coordenada *y* es el *valor máximo* o el *valor mínimo* de la función. El vértice corresponde al eje de simetría, entonces la función es *ascendente* en un lado del eje de simetría y *descendente* en el otro lado.

> ### Concepto Esencial
>
> **Valores máximos y mínimos**
>
> Para la función cuadrática $f(x) = ax^2 + bx + c$, la coordenada *y* del vértice es el **valor mínimo** de la función cuando $a > 0$ y es el **valor máximo** cuando $a < 0$.
>
> **a > 0**
>
>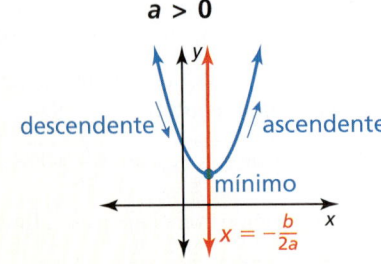
>
> **a < 0**
>
>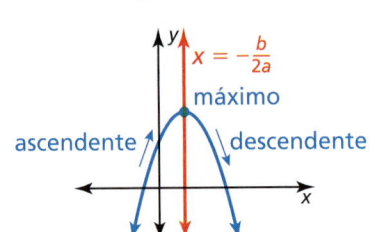
>
> - Valor mínimo: $f\left(-\dfrac{b}{2a}\right)$
> - Dominio: Todos los números reales
> - Rango: $y \geq f\left(-\dfrac{b}{2a}\right)$
> - Descendente hacia la izquierda de $x = -\dfrac{b}{2a}$
> - Ascendente hacia la derecha de $x = -\dfrac{b}{2a}$
>
> - Valor máximo: $f\left(-\dfrac{b}{2a}\right)$
> - Dominio: Todos los números reales
> - Rango: $y \leq f\left(-\dfrac{b}{2a}\right)$
> - Ascendente hacia la izquierda de $x = -\dfrac{b}{2a}$
> - Descendente hacia la derecha de $x = -\dfrac{b}{2a}$

CONSEJO DE ESTUDIO

Cuando una función *f* se escribe en forma de vértice, puedes usar $h = -\dfrac{b}{2a}$ y $k = f\left(-\dfrac{b}{2a}\right)$ para enunciar las propiedades mostradas.

EJEMPLO 3 Hallar un valor máximo o mínimo

Halla el valor mínimo o el valor máximo de $f(x) = \frac{1}{2}x^2 - 2x - 1$. Describe el dominio y el rango de la función y dónde la función es ascendente o descendente.

SOLUCIÓN

Identifica los coeficientes $a = \frac{1}{2}$, $b = -2$, y $c = -1$. Dado que $a > 0$, la parábola se abre hacia arriba y la función tiene un valor mínimo. Para hallar el valor mínimo, calcula las coordenadas del vértice.

$$x = -\frac{b}{2a} = -\frac{-2}{2\left(\frac{1}{2}\right)} = 2 \quad \Rightarrow \quad f(2) = \frac{1}{2}(2)^2 - 2(2) - 1 = -3$$

▶ El valor mínimo es -3. Entonces, el dominio son todos números reales y el rango es $y \geq -3$. La función es descendente hacia la izquierda de $x = 2$ y ascendente hacia la derecha de $x = 2$.

Verifica

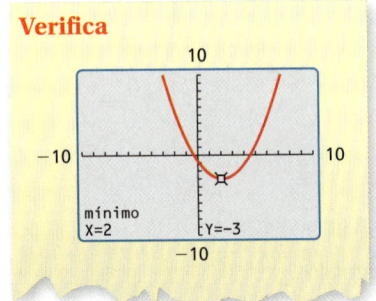

Monitoreo del progreso Ayuda en inglés y español en *BigIdeasMath.com*

5. Escribe el valor mínimo o el valor máximo de (a) $f(x) = 4x^2 + 16x - 3$ y (b) $h(x) = -x^2 + 5x + 9$. Describe el dominio y el rango de cada función, y dónde cada función es ascendente y descendente.

Hacer gráficas de las funciones cuadráticas usando intersecciones con el eje x

RECUERDA
La intersección con el eje x de una gráfica es la coordenada x de un punto donde la gráfica se interseca con el eje x. Ocurre donde f(x) = 0.

Cuando la gráfica de una función cuadrática tiene por lo menos una intersección con el eje x, la función se puede escribir en **forma de intersección**, $f(x) = a(x - p)(x - q)$, donde $a \neq 0$.

Concepto Esencial

Propiedades de la gráfica de $f(x) = a(x - p)(x - q)$

- Dado que $f(p) = 0$ y $f(q) = 0$, p y q son las intersecciones con el eje x de la gráfica de la función.
- El eje de simetría está en el medio de $(p, 0)$ y $(q, 0)$. Entonces, el eje de simetría es $x = \dfrac{p + q}{2}$.
- La parábola se abre hacia arriba cuando $a > 0$ y se abre hacia abajo cuando $a < 0$.

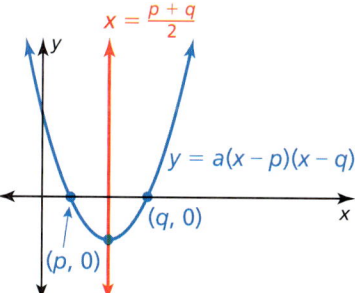

ERROR COMÚN
Recuerda que las intersecciones con el eje x de la gráfica de $f(x) = a(x - p)(x - q)$ son p y q, no $-p$ y $-q$.

EJEMPLO 4 — Hacer una gráfica de una función cuadrática en forma de intersección

Haz una gráfica de $f(x) = -2(x + 3)(x - 1)$. Rotula las intersecciones con el eje x, el vértice y el eje de simetría.

SOLUCIÓN

Paso 1 Identifica las intersecciones con el eje x. Las intersecciones con el eje x son $p = -3$ y $q = 1$, entonces la parábola pasa por los puntos $(-3, 0)$ y $(1, 0)$.

Paso 2 Halla las coordenadas del vértice.

$$x = \frac{p + q}{2} = \frac{-3 + 1}{2} = -1$$

$$f(-1) = -2(-1 + 3)(-1 - 1) = 8$$

Entonces, el eje de simetría es $x = -1$ y el vértice es $(-1, 8)$.

Paso 3 Dibuja una parábola que pase por el vértice y los puntos donde ocurren las intersecciones con el eje x.

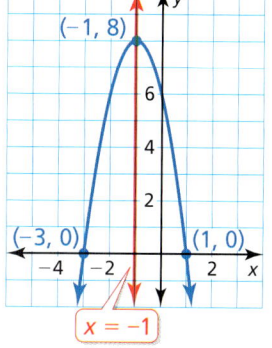

Verifica Puedes verificar tu respuesta generando una tabla de valores para f en una calculadora gráfica.

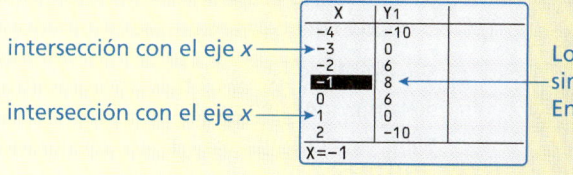

Los valores muestran simetría alrededor de $x = -1$. Entonces, el vértice es $(-1, 8)$.

Monitoreo del progreso   Ayuda en inglés y español en *BigIdeasMath.com*

Haz una gráfica de la función. Rotula las intersecciones del eje x, el vértice y el eje de simetría.

6. $f(x) = -(x + 1)(x + 5)$

7. $g(x) = \frac{1}{4}(x - 6)(x - 2)$

Resolver problemas de la vida real

EJEMPLO 5 Representar con matemáticas

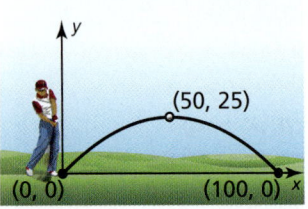

La parábola muestra la trayectoria de tu primer lanzamiento de golf, donde x es la distancia horizontal (en yardas) y y es la altura correspondiente (en yardas). La trayectoria de tu segundo lanzamiento se puede representar mediante la función $f(x) = -0.02x(x - 80)$. ¿Qué tiro recorre mayor distancia antes de llegar al suelo? ¿Cuál tiene una trayectoria más alta?

SOLUCIÓN

1. **Comprende el Problema** Te dan una gráfica y una función que representa las trayectorias de dos tiros de golf. Te piden que determines qué tiro recorre una mayor distancia antes de llegar al suelo y qué tiro tiene una trayectoria más alta.

2. **Haz un Plan** Determina cuán lejos llega cada tiro interpretando las intersecciones del eje x. Determina cuán alto llega cada tiro hallando el valor máximo de cada función. Luego, compara los valores.

3. **Resuelve el Problema**

   Primer tiro: La gráfica muestra que las intersecciones con el eje x son 0 y 100. Entonces, la pelota recorre 100 yardas antes de llegar al suelo.

   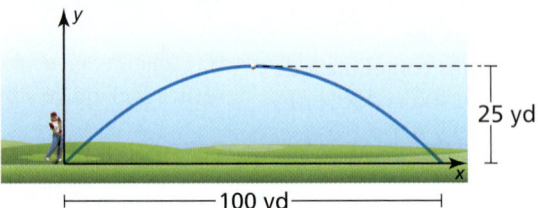

   Dado que el eje de simetría está a medio camino entre (0,0) y (100,0), el eje de simetría es $x = \dfrac{0 + 100}{2} = 50$. Entonces, el vértice es (50, 25) y la altura máxima es 25 yardas.

   Segundo tiro: Al reescribir la función en forma de intersección como $f(x) = -0.02(x - 0)(x - 80)$, puedes ver que $p = 0$ y $q = 80$. Entonces, la bola recorre 80 yardas antes de llegar al suelo.

   Para hallar la altura máxima, halla las coordenadas del vértice.

   $$x = \frac{p + q}{2} = \frac{0 + 80}{2} = 40$$

   $$f(40) = -0.02(40)(40 - 80) = 32$$

   La altura máxima del segundo tiro es 32 yardas.

   ▶ Dado que 100 yardas > 80 yardas, el primer tiro recorre mayor distancia. Dado que 32 yardas > 25 yardas, el segundo tiro recorre mayor altura.

4. **Verifícalo** Para verificar que el segundo tiro recorre mayor altura, haz una gráfica de la función que represente la trayectoria del segundo tiro y la recta $y = 25$, que representa la altura máxima del primer tiro.

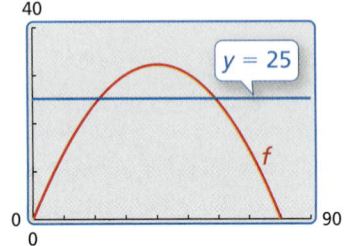

La gráfica se eleva por encima de $y = 25$, entonces el segundo tiro recorre mayor altura.

Monitoreo del progreso   Ayuda en inglés y español en BigIdeasMath.com

8. **¿QUÉ PASA SI?** La gráfica de tu tercer tiro es una parábola que pase por el origen que alcanza una altura máxima de 28 yardas cuando $x = 45$. Compara la distancia que recorre antes de llegar al suelo con las distancias de los dos primeros tiros.

2.2 Ejercicios

Soluciones dinámicas disponibles en *BigIdeasMath.com*

Verificación de vocabulario y concepto esencial

1. **ESCRIBIR** Explica cómo determinar si una función cuadrática tendrá un valor mínimo o un valor máximo.

2. **¿CUÁL NO CORRESPONDE?** ¿La gráfica de qué función *no* corresponde con las otras tres? Explica.

   $f(x) = 3x^2 + 6x - 24$ $f(x) = 3x^2 + 24x - 6$

   $f(x) = 3(x - 2)(x + 4)$ $f(x) = 3(x + 1)^2 - 27$

Monitoreo del progreso y Representar con matemáticas

En los Ejercicios 3–14, haz una gráfica de la función. Rotula el vértice y el eje de simetría. *(Consulta el Ejemplo 1)*.

3. $f(x) = (x - 3)^2$
4. $h(x) = (x + 4)^2$
5. $g(x) = (x + 3)^2 + 5$
6. $y = (x - 7)^2 - 1$
7. $y = -4(x - 2)^2 + 4$
8. $g(x) = 2(x + 1)^2 - 3$
9. $f(x) = -2(x - 1)^2 - 5$
10. $h(x) = 4(x + 4)^2 + 6$
11. $y = -\frac{1}{4}(x + 2)^2 + 1$
12. $y = \frac{1}{2}(x - 3)^2 + 2$
13. $f(x) = 0.4(x - 1)^2$
14. $g(x) = 0.75x^2 - 5$

ANALIZAR RELACIONES En los Ejercicios 15–18, usa el eje de simetría para unir la ecuación con su gráfica.

15. $y = 2(x - 3)^2 + 1$
16. $y = (x + 4)^2 - 2$
17. $y = \frac{1}{2}(x + 1)^2 + 3$
18. $y = (x - 2)^2 - 1$

A.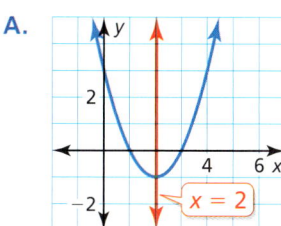

B.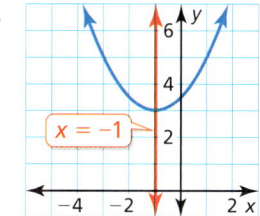

C.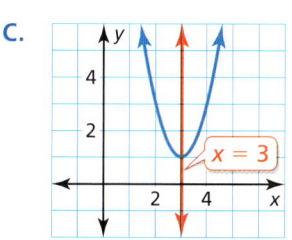

D.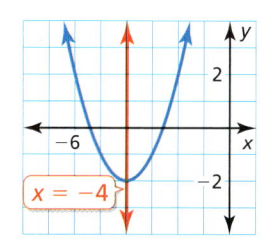

RAZONAR En los Ejercicios 19 y 20, usa el eje de simetría para marcar la reflexión de cada punto y completar la parábola.

19.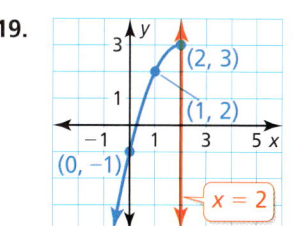

20.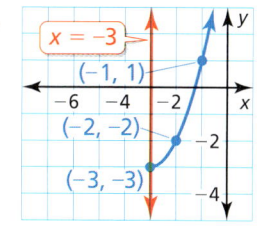

En los Ejercicios 21–30, haz una gráfica de la función. Indica el vértice y el eje de simetría. *(Consulta el Ejemplo 2)*.

21. $y = x^2 + 2x + 1$
22. $y = 3x^2 - 6x + 4$
23. $y = -4x^2 + 8x + 2$
24. $f(x) = -x^2 - 6x + 3$
25. $g(x) = -x^2 - 1$
26. $f(x) = 6x^2 - 5$
27. $g(x) = -1.5x^2 + 3x + 2$
28. $f(x) = 0.5x^2 + x - 3$
29. $y = \frac{3}{2}x^2 - 3x + 6$
30. $y = -\frac{5}{2}x^2 - 4x - 1$

31. **ESCRIBIR** Dos funciones cuadráticas tienen gráficas con vértices (2, 4) y (2, −3). Explica por qué no puedes usar los ejes de simetría para distinguir entre ambas funciones.

32. **ESCRIBIR** Una función cuadrática es ascendente hacia la izquierda de $x = 2$ y descendente hacia la derecha de $x = 2$. ¿El vértice será el punto más alto o más bajo en la gráfica de la parábola? Explica.

ANÁLISIS DE ERRORES En los Ejercicios 33 y 34, describe y corrige el error cometido al analizar la gráfica de $y = 4x^2 + 24x - 7$.

33.
La coordenada x del vértice es
$$x = \frac{b}{2a} = \frac{24}{2(4)} = 3.$$

34.
La intersección con el eje y de la gráfica es el valor de c, que es 7.

REPRESENTAR CON MATEMÁTICAS En los Ejercicios 35 y 36, x es la distancia horizontal (en pies) y y es la distancia vertical (en pies). Halla e interpreta las coordenadas del vértice.

35. La trayectoria de una pelota de básquetbol lanzada en un ángulo de 45° se puede representar mediante $y = -0.02x^2 + x + 6$.

36. La trayectoria de un lanzamiento de bala en un ángulo de 35° se puede representar mediante $y = -0.01x^2 + 0.7x + 6$.

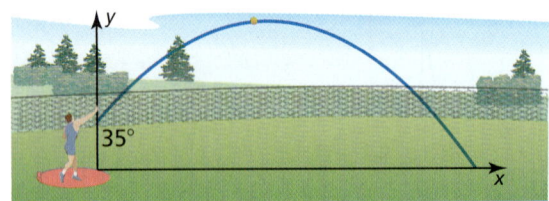

37. **ANALIZAR ECUACIONES** ¿La gráfica de qué función tiene el mismo eje de simetría que la gráfica de $y = x^2 + 2x + 2$?

    Ⓐ $y = 2x^2 + 2x + 2$
    Ⓑ $y = -3x^2 - 6x + 2$
    Ⓒ $y = x^2 - 2x + 2$
    Ⓓ $y = -5x^2 + 10x + 2$

38. **USAR LA ESTRUCTURA** ¿Qué función representa la parábola más amplia? Explica tu razonamiento.

    Ⓐ $y = 2(x + 3)^2$
    Ⓑ $y = x^2 - 5$
    Ⓒ $y = 0.5(x - 1)^2 + 1$
    Ⓓ $y = -x^2 + 6$

En los Ejercicios 39–48, halla el valor mínimo o máximo de la función. Describe el dominio y el rango de la función y dónde la función es ascendente y descendente. *(Consulta el Ejemplo 3).*

39. $y = 6x^2 - 1$ 40. $y = 9x^2 + 7$

41. $y = -x^2 - 4x - 2$ 42. $g(x) = -3x^2 - 6x + 5$

43. $f(x) = -2x^2 + 8x + 7$

44. $g(x) = 3x^2 + 18x - 5$

45. $h(x) = 2x^2 - 12x$ 46. $h(x) = x^2 - 4x$

47. $y = \frac{1}{4}x^2 - 3x + 2$ 48. $f(x) = \frac{3}{2}x^2 + 6x + 4$

49. **RESOLVER PROBLEMAS** La trayectoria de un clavadista se representa mediante la función $f(x) = -9x^2 + 9x + 1$, donde $f(x)$ es la altura del clavadista (en metros) sobre el agua y x es la distancia horizontal (en metros) desde el extremo del trampolín.

    a. ¿Cuál es la altura del trampolín?
    b. ¿Cuál es la altura máxima del clavadista?
    c. Describe dónde el clavadista va en ascendente y dónde va en descendente.

50. **RESOLVER PROBLEMAS** El torque de motor y (en pies–pulgadas) de un modelo de carro está dado por $y = -3.75x^2 + 23.2x + 38.8$, donde x es la velocidad del motor (en miles de revoluciones por minuto).

    a. Halla la velocidad de motor que maximice el torque. ¿Cuál es el torque máximo?
    b. Explica qué pasa con el torque del motor al aumentar la velocidad del motor.

CONEXIONES MATEMÁTICAS En los Ejercicios 51 y 52, escribe una ecuación para el área de la figura. Luego determina la máxima área posible de la figura.

51.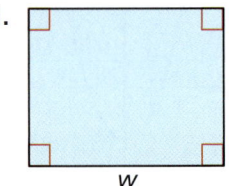
52.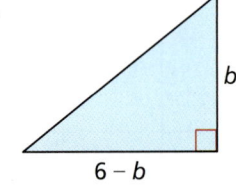

62 Capítulo 2 Funciones cuadráticas

En los Ejercicios 53–60, haz una gráfica de la función. Indica la intersección (o intersecciones) con el eje *x*, el vértice y el eje de simetría. *(Consulta el Ejemplo 4).*

53. $y = (x + 3)(x - 3)$ **54.** $y = (x + 1)(x - 3)$

55. $y = 3(x + 2)(x + 6)$ **56.** $f(x) = 2(x - 5)(x - 1)$

57. $g(x) = -x(x + 6)$ **58.** $y = -4x(x + 7)$

59. $f(x) = -2(x - 3)^2$ **60.** $y = 4(x - 7)^2$

USAR HERRAMIENTAS En los Ejercicios 61–64, identifica las intersecciones con el eje *x* de la función y describe dónde la gráfica es ascendente y descendente. Usa una calculadora gráfica para verificar tu respuesta.

61. $f(x) = \frac{1}{2}(x - 2)(x + 6)$

62. $y = \frac{3}{4}(x + 1)(x - 3)$

63. $g(x) = -4(x - 4)(x - 2)$

64. $h(x) = -5(x + 5)(x + 1)$

65. REPRESENTAR CON MATEMÁTICAS Un jugador de fútbol patea la pelota en dirección del arco contrario. La altura de la pelota aumenta hasta que alcanza una altura máxima de 8 yardas, alejada 20 yardas del jugador. Una segunda patada está representada en $y = x(0.4 - 0.008x)$. ¿Cuál patada hace que la pelota avance más antes de tocar el suelo? ¿Cuál patada hace que alcance más altura? *(Consulta el Ejemplo 5).*

66. REPRESENTAR CON MATEMÁTICAS Aunque un campo de fútbol parece ser plano, algunos en realidad tiene la forma de una parábola para que la lluvia escurra hacia ambos lados. El corte transversal de un campo se puede representar mediante $y = -0.000234x(x - 160)$, donde *x* y *y* se miden en pies. ¿Cuál es el ancho del campo? ¿Cuál es la altura máxima de la superficie del campo?

Dibujo no hecho a escala

67. RAZONAR Los puntos (2, 3) y (–4, 2) corresponden a la gráfica de una función cuadrática. Determina si puedes usar estos puntos para hallar el eje de simetría. Si no es así, explica. Si puedes usarlos, escribe la ecuación del eje de simetría.

68. FINAL ABIERTO Escribe dos funciones cuadráticas diferentes en forma de intersección cuyas gráficas tengan el eje de simetría $x = 3$.

69. RESOLVER PROBLEMAS Una tienda de música en línea vende aproximadamente 4000 canciones cada día cuando cobra $1 por canción. Por cada aumento de $0.05, se venden aproximadamente 80 canciones menos por día. Usa el modelo verbal y la función cuadrática para determinar cuánto debe cobrar por canción la tienda para maximizar los ingresos diarios.

$$\begin{pmatrix}\text{Ingresos}\\ \text{(dólares)}\end{pmatrix} = \begin{pmatrix}\text{Precio}\\ \text{(dólares/canción)}\end{pmatrix} \cdot \begin{pmatrix}\text{Ventas}\\ \text{(canciones)}\end{pmatrix}$$

$$R(x) = (1 + 0.05x) \cdot (4000 - 80x)$$

70. RESOLVER PROBLEMAS Una tienda de artículos electrónicos vende 70 cámaras digitales por mes, a un precio de $320 cada una. Por cada $20 menos en el precio, se venden aproximadamente 5 cámaras más. Usa el modelo verbal y la función cuadrática para determinar cuánto debería cobrar por cámara la tienda para maximizar los ingresos mensuales.

$$\begin{pmatrix}\text{Ingresos}\\ \text{(dólares)}\end{pmatrix} = \begin{pmatrix}\text{Precio}\\ \text{(dólares/cámara)}\end{pmatrix} \cdot \begin{pmatrix}\text{Ventas}\\ \text{(cámaras)}\end{pmatrix}$$

$$R(x) = (320 - 20x) \cdot (70 + 5x)$$

71. SACAR CONCLUSIONES Compara las gráficas de las tres funciones cuadráticas. ¿Qué observas? Reescribe las funciones *f* y *g* en forma estándar para justificar tu respuesta.

$$f(x) = (x + 3)(x + 1)$$
$$g(x) = (x + 2)^2 - 1$$
$$h(x) = x^2 + 4x + 3$$

72. USAR LA ESTRUCTURA Escribe la función cuadrática $f(x) = x^2 + x - 12$ en forma de intersección. Haz una gráfica de la función. Indica las intersecciones con el eje *x*, la intersección con el eje *y*, el vértice y el eje de simetría.

73. RESOLVER PROBLEMAS Un ratón saltador de las maderas salta a lo largo de una trayectoria parabólica dada por $y = -0.2x^2 + 1.3x$, donde *x* es la distancia horizontal (en pies) recorrida por el ratón y *y* es la altura correspondiente (en pies). ¿Puede el ratón saltar una cerca de 3 pies de altura? Justifica tu respuesta.

Dibujo no hecho a escala

Sección 2.2   Características de las funciones cuadráticas   63

74. **¿CÓMO LO VES?** Considera la gráfica de la función $f(x) = a(x - p)(x - q)$.

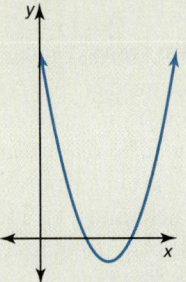

a. ¿Qué representa $f\left(\dfrac{p+q}{2}\right)$ en la gráfica?

b. Si $a < 0$, ¿De qué manera cambia tu respuesta en la parte (a)? Explica.

75. **REPRESENTAR CON MATEMÁTICAS** El puente Gateshead Millennium cruza el río Tyne. El arco del puente se puede representar mediante una parábola. El arco alcanza una altura máxima de 50 metros en un punto aproximadamente a 63 metros cruzando el río. Haz una gráfica de la curva del arco. ¿Cuál es el dominio y el rango? ¿Qué representan en esta situación?

76. **ESTIMULAR EL PENSAMIENTO** Tienes 100 pies de valla para cercar un jardín rectangular. Dibuja tres diseños posibles para el jardín. De estos, ¿Cuál tiene el área más grande? Haz una conjetura acerca de las dimensiones del jardín rectangular con la mayor área posible. Explica tu razonamiento.

77. **ARGUMENTAR** El punto (1, 5) corresponde a la gráfica de una función cuadrática con eje de simetría $x = -1$. Tu amigo dice que el vértice podría ser el punto (0, 5) ¿Lo que dice tu amigo es correcto? Explica.

78. **PENSAMIENTO CRÍTICO** Halla la intersección del eje y en términos de a, p, y q para la función cuadrática $f(x) = a(x - p)(x - q)$.

79. **REPRESENTAR CON MATEMÁTICAS** Un grano de palomitas de maíz contiene agua que se expande cuando el grano se calienta, lo que ocasiona que reviente. Las ecuaciones a continuación representan el "volumen al reventar" y (en centímetros cúbicos por gramo) de palomitas de maíz con contenido de humedad x (como porcentaje del peso de las palomitas de maíz).

Cuando las palomitas revientan con aire caliente:
$y = -0.761(x - 5.52)(x - 22.6)$

Cuando las palomitas revientan con aceite caliente:
$y = -0.652(x - 5.35)(x - 21.8)$

a. Cuando revienta con aire caliente, ¿qué contenido de humedad maximiza el volumen al reventar? ¿Cuál es el volumen máximo?

b. Cuando revienta con aceite caliente, ¿qué contenido de humedad maximiza el volumen al reventar? ¿Cuál es el volumen máximo?

c. Usa una calculadora gráfica para hacer una gráfica de ambas funciones en el mismo plano de coordenadas. ¿Cuál es el dominio y el rango de cada función en esta situación? Explica.

80. **RAZONAMIENTO ABSTRACTO** Se escribe una función en forma de intersección con $a > 0$. ¿Qué sucede con el vértice de la gráfica cuando a aumenta? ¿Y cuando a se acerca a 0?

Mantener el dominio de las matemáticas Repasar lo que aprendiste en grados y lecciones anteriores

Resuelve la ecuación. Verifica las respuestas extrañas. *(Manual de revisión de destrezas)*

81. $3\sqrt{x} - 6 = 0$

82. $2\sqrt{x - 4} - 2 = 2$

83. $\sqrt{5x} + 5 = 0$

84. $\sqrt{3x + 8} = \sqrt{x + 4}$

Resuelve la proporción. *(Manual de revisión de destrezas)*

85. $\dfrac{1}{2} = \dfrac{x}{4}$

86. $\dfrac{2}{3} = \dfrac{x}{9}$

87. $\dfrac{-1}{4} = \dfrac{3}{x}$

88. $\dfrac{5}{2} = \dfrac{-20}{x}$

2.1–2.2 ¿Qué aprendiste?

Vocabulario Esencial

función cuadrática, *pág. 48*
parábola, *pág. 48*
vértice de una parábola, *pág. 50*
forma en vértice, *pág. 50*
eje de simetría, *pág. 56*

forma estándar, *pág. 56*
valor mínimo, *pág. 58*
valor máximo, *pág. 58*
forma de intersección, *pág. 59*

Conceptos Esenciales

Sección 2.1
Traslaciones horizontales, *pág. 48*
Traslaciones verticales, *pág. 48*
Reflexiones en el eje *x*, *pág. 49*

Reflexiones en el eje *y*, *pág. 49*
Ajustes y reducciones horizontales, *pág. 49*
Ajustes y reducciones verticales, *pág. 49*

Sección 2.2
Propiedades de la gráfica de $f(x) = ax^2 + bx + c$, *pág. 57*
Valores máximos y mínimos, *pág. 58*

Propiedades de la gráfica de $f(x) = a(x - p)(x - q)$, *pág. 59*

Prácticas matemáticas

1. ¿Por qué la altura que hallaste en el Ejercicio 44 de la página 53 tiene sentido en el contexto de la situación?

2. ¿Cómo puedes comunicar en forma efectiva qué métodos prefieres a otras personas en el Ejercicio 47 de la página 54?

3. ¿Cómo puedes usar la tecnología para profundizar tu comprensión de los conceptos del Ejercicio 79 en la página 64?

---- Destrezas de estudio ----

Usar las características del libro de texto para prepararse para pruebas y exámenes

- Lee y comprende el vocabulario principal y el contenido de los recuadros de Conceptos Principales.
- Revisa los Ejemplos y las preguntas de Monitoreo de Progreso. Usa las guías de *BigIdeasMath.com* para obtener ayuda adicional.
- Revisa las tareas asignadas resueltas anteriormente.

2.1–2.2 Prueba

Describe la transformación de $f(x) = x^2$ representada en g. *(Sección 2.1)*

1.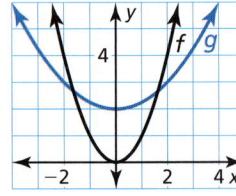
2.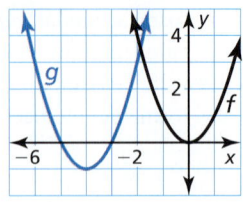
3.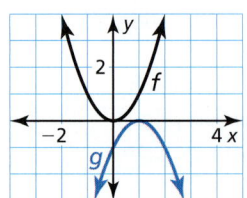

Escribe una regla para g e identifica el vértice. *(Sección 2.1)*

4. Imagina que g es una traslación 2 unidades hacia arriba seguida de una reflexión en el eje x y un ajuste vertical por un factor de 6 de la gráfica de $f(x) = x^2$.

5. Imagina que g es una traslación 1 unidad hacia la izquierda y 6 unidades hacia abajo, seguida de una reducción vertical por un factor de $\frac{1}{2}$ de la gráfica de $f(x) = 3(x + 2)^2$.

6. Imagina que g es una reducción horizontal por un factor de $\frac{1}{4}$, seguida de una traslación 1 unidad hacia arriba y 3 unidades hacia la derecha de la gráfica de $f(x) = (2x + 1)^2 - 11$.

Haz una gráfica de la función. Rotula el vértice y el eje de simetría. *(Sección 2.2)*

7. $f(x) = 2(x - 1)^2 - 5$
8. $h(x) = 3x^2 + 6x - 2$
9. $f(x) = 7 - 8x - x^2$

Halla las intersecciones con el eje x de la gráfica de la función. Luego describe dónde la función es ascendente y descendente. *(Sección 2.2)*

10. $g(x) = -3(x + 2)(x + 4)$
11. $g(x) = \frac{1}{2}(x - 5)(x + 1)$
12. $f(x) = 0.4x(x - 6)$

13. Un saltamontes puede saltar distancias increíbles, hasta 20 veces su longitud. La altura (en pulgadas) del salto sobre el suelo de un saltamontes de 1 pulgada de largo está dada por $h(x) = -\frac{1}{20}x^2 + x$, donde x es la distancia horizontal (en pulgadas) del salto. Cuando el saltamontes salta desde una roca, aterriza en el suelo 2 pulgadas más allá. Escribe una función que represente la nueva trayectoria del salto. *(Sección 2.1)*

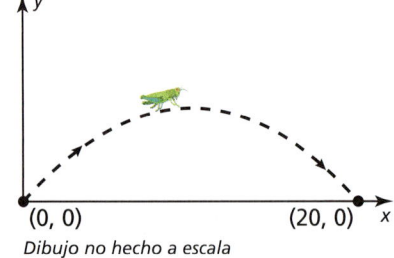
Dibujo no hecho a escala

14. Un pasajero en un bote salvavidas encallado, dispara al aire una bengala de emergencia. La altura (en pies) de la bengala sobre el agua está dada por $f(t) = -16t(t - 8)$, donde t es el tiempo (en segundos) desde que se disparó la bengala. El pasajero dispara una segunda bengala, cuya trayectoria está representada en la gráfica. ¿Qué bengala llega más alto? ¿Cuál queda en el aire por más tiempo? Justifica tu respuesta. *(Sección 2.2)*

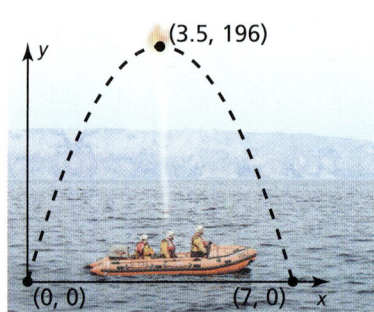

2.3 Foco de una parábola

Pregunta esencial ¿Qué es el foco de una parábola?

EXPLORACIÓN 1   Analizar antenas parabólicas

Trabaja con un compañero. Rayos verticales entran en una antena parabólica cuyo corte transversal es una parábola. Cuando los rayos impactan en la parábola, se reflejan en el mismo ángulo en el que entraron. (Ver Rayo 1 en la figura).

a. Dibuja los rayos reflejados de manera que intersequen el eje y.

b. ¿Qué tienen en común los rayos reflejados?

c. La ubicación óptima para el receptor de la antena parabólica está en un punto llamado el *foco* de la parábola. Determina la ubicación del foco. Explica por qué esto tiene sentido en esta situación.

CONSTRUIR ARGUMENTOS VIABLES

Para dominar las matemáticas, necesitas hacer conjeturas y construir progresiones lógicas de enunciados para explorar si tus conjeturas son verdaderas.

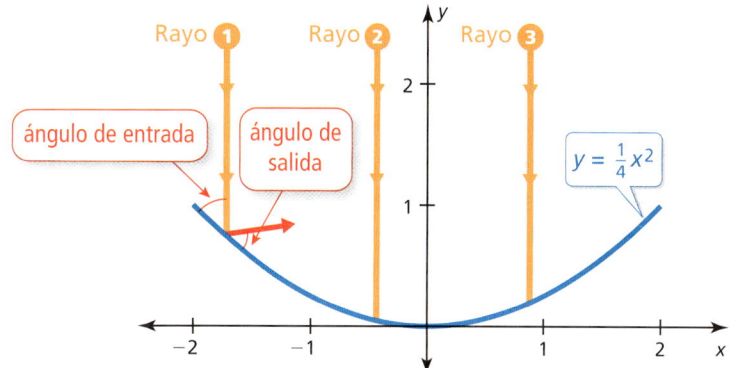

EXPLORACIÓN 2   Analizar reflectores

Trabaja con un compañero. Salen haces de luz del foco de un reflector, ubicado en el foco de la parábola. Cuando los haces impactan en la parábola, estos se reflejan en el mismo ángulo en el que impactaron. (Ver el Haz 1 en la figura.) Dibuja los haces reflejados. ¿Qué tienen en común? ¿Considerarías que este es el resultado óptimo? Explica.

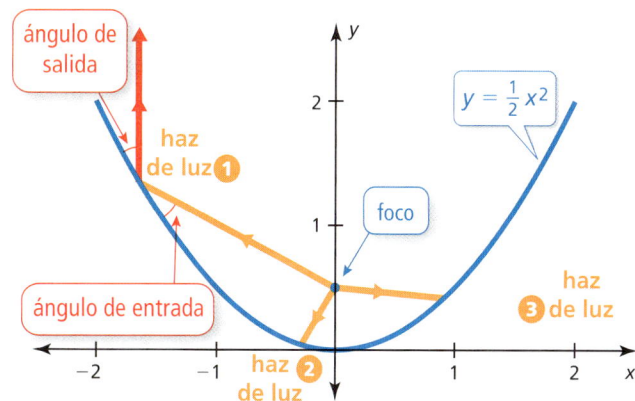

Comunicar tu respuesta

3. ¿Qué es el foco de una parábola?

4. Describe algunas de las propiedades del foco de una parábola.

Sección 2.3   Foco de una parábola   **67**

2.3 Lección

Qué aprenderás

▸ Explorar el foco y la directriz de una parábola.
▸ Escribir ecuaciones de parábolas.
▸ Resolver problemas de la vida real.

Vocabulario Esencial

foco, *pág. 68*
directriz, *pág. 68*

Anterior
perpendicular
fórmula de distancia
congruente

Explorar el foco y la directriz

Anteriormente, aprendiste que la gráfica de una función cuadrática es una parábola que se abre hacia arriba o hacia abajo. Una parábola también se puede definir como el conjunto de todos los puntos (x, y) en un plano que son equidistantes de un punto fijo llamado **foco** y una recta fija llamada **directriz**.

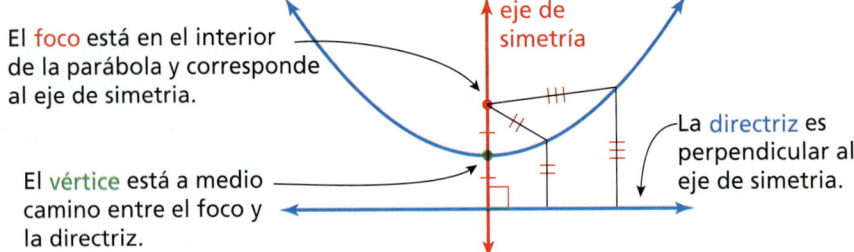

El foco está en el interior de la parábola y corresponde al eje de simetría.

El vértice está a medio camino entre el foco y la directriz.

La directriz es perpendicular al eje de simetría.

CONSEJO DE ESTUDIO

La distancia de un punto a una recta se define como la longitud del segmento perpendicular del punto a la recta.

EJEMPLO 1 Usar la fórmula de distancia para escribir una ecuación

Usa la Fórmula de distancia para escribir una ecuación de la parábola con foco $F(0, 2)$ y directriz $y = -2$.

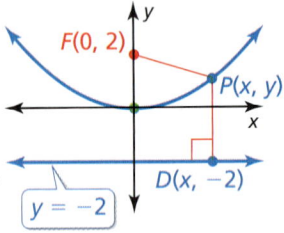

SOLUCIÓN

Observa los segmentos de recta dibujados desde el punto F hasta el punto P y desde el punto P hasta el punto D. Según la definición de una parábola, estos segmentos de recta deben ser congruentes.

$PD = PF$	Definición de parábola
$\sqrt{(x-x_1)^2 + (y-y_1)^2} = \sqrt{(x-x_2)^2 + (y-y_2)^2}$	Fórmula de distancia
$\sqrt{(x-x)^2 + (y-(-2))^2} = \sqrt{(x-0)^2 + (y-2)^2}$	Sustituye por x_1, y_1, x_2 y y_2.
$\sqrt{(y+2)^2} = \sqrt{x^2 + (y-2)^2}$	Simplifica.
$(y+2)^2 = x^2 + (y-2)^2$	Eleva cada lado al cuadrado.
$y^2 + 4y + 4 = x^2 + y^2 - 4y + 4$	Desarrolla.
$8y = x^2$	Combina los términos semejantes.
$y = \frac{1}{8}x^2$	Divide cada lado entre 8.

Monitoreo del progreso Ayuda en inglés y español en *BigIdeasMath.com*

1. Usa la Fórmula de distancia para escribir una ecuación de la parábola con foco $F(0, -3)$ y directriz $y = 3$.

68 Capítulo 2 Funciones cuadráticas

Puedes derivar la ecuación de una parábola que se abre hacia arriba o hacia abajo con vértice (0, 0), foco (0, p) y directriz $y = -p$ usando el procedimiento del Ejemplo 1.

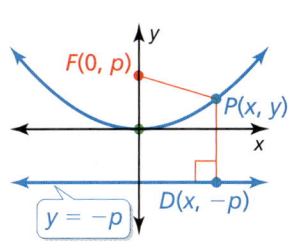

$$\sqrt{(x-x)^2 + (y-(-p))^2} = \sqrt{(x-0)^2 + (y-p)^2}$$
$$(y+p)^2 = x^2 + (y-p)^2$$
$$y^2 + 2py + p^2 = x^2 + y^2 - 2py + p^2$$
$$4py = x^2$$
$$y = \frac{1}{4p}x^2$$

El foco y la directriz corresponden a $|p|$ del vértice. Las parábolas también se pueden abrir hacia la izquierda o hacia la derecha, en cuyo caso la ecuación tiene la forma $x = \frac{1}{4p}y^2$ cuando el vértice es (0, 0).

BUSCAR UNA ESTRUCTURA

Observa que $y = \frac{1}{4p}x^2$ es de la forma $y = ax^2$. Entonces, cambiar el valor de p verticalmente ajusta o reduce la parábola.

Concepto Esencial

Ecuaciones estándar de una parábola con vértice en el origen

Eje vertical de simetría (x = 0)

Ecuación: $y = \frac{1}{4p}x^2$

Foco: $(0, p)$

Directriz: $y = -p$

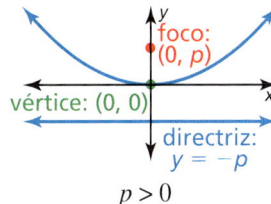 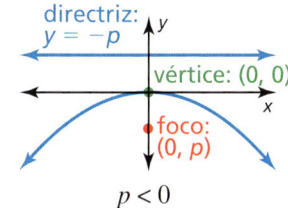

Eje horizontal de simetría (y = 0)

Ecuación: $x = \frac{1}{4p}y^2$

Foco: $(p, 0)$

Directriz: $x = -p$

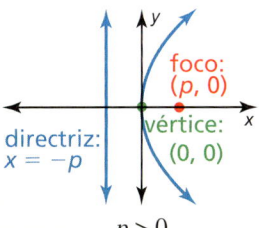 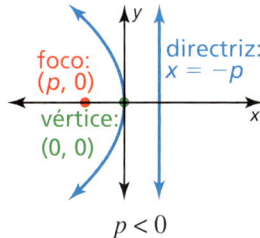

CONSEJO DE ESTUDIO

Observa que las parábolas que se abren a la izquierda o a la derecha *no* representan funciones.

EJEMPLO 2 — Hacer una gráfica de una ecuación de una parábola

Identifica el foco, la directriz y el eje de simetría de $-4x = y^2$. Haz una gráfica de la ecuación.

SOLUCIÓN

Paso 1 Reescribe la ecuación en forma estándar.

$-4x = y^2$ — Escribe la ecuación original.

$x = -\frac{1}{4}y^2$ — Divide cada lado entre −4.

Paso 2 Identifica el foco, la directriz y el eje de simetría. La ecuación tiene la forma $x = \frac{1}{4p}y^2$, donde $p = -1$. El foco es $(p, 0)$, o $(-1, 0)$. La directriz es $x = -p$, o $x = 1$. Dado que y está elevada al cuadrado, el eje de simetría es el eje x.

Paso 3 Usa una tabla de valores para hacer una gráfica de la ecuación. Observa que es más fácil sustituir los valores del eje y y resolver el eje x. Los valores opuestos del eje y tienen como resultado el mismo valor del eje x.

y	0	±1	±2	±3	±4
x	0	−0.25	−1	−2.25	−4

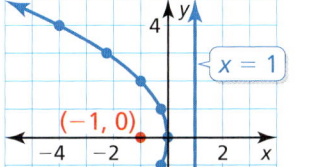

Sección 2.3   Foco de una parábola   **69**

Escribir ecuaciones de parábolas

EJEMPLO 3 Escribir una ecuación de una parábola

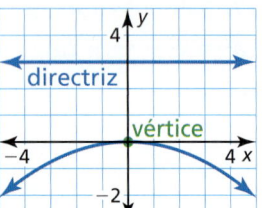

Escribe una ecuación de la parábola que se muestra.

SOLUCIÓN

Dado que el vértice está en el origen y el eje de simetría es vertical, la ecuación tiene la forma $y = \frac{1}{4p}x^2$. La directriz es $y = -p = 3$, entonces $p = -3$. Sustituye -3 por p para escribir una ecuación de la parábola.

$$y = \frac{1}{4(-3)}x^2 = -\frac{1}{12}x^2$$

▶ Entonces, una ecuación de la parábola es $y = -\frac{1}{12}x^2$.

Monitoreo del progreso Ayuda en inglés y español en *BigIdeasMath.com*

Identifica el foco, la directriz y el eje de simetría de la parábola. Luego, haz una gráfica de la ecuación.

2. $y = 0.5x^2$ **3.** $-y = x^2$ **4.** $y^2 = 6x$

Escribe una ecuación de la parábola con vértice en (0, 0) y la directriz o foco dados.

5. directriz: $x = -3$ **6.** foco: $(-2, 0)$ **7.** foco: $\left(0, \frac{3}{2}\right)$

El vértice de una parábola no siempre está en el origen. Como sucedió en transformaciones anteriores, añadir un valor a la entrada o salida de una función traslada su gráfica.

Concepto Esencial

Ecuaciones estándar de una parábola con vértice en (*h*, *k*)

Eje de simetría vertical (*x* = *h*)

Ecuación: $y = \frac{1}{4p}(x-h)^2 + k$

Foco: $(h, k + p)$

Directriz: $y = k - p$

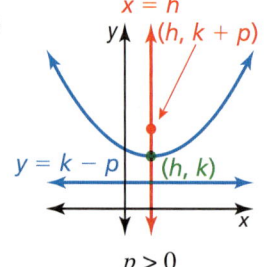
$p > 0$

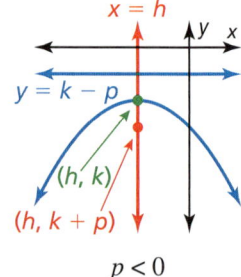
$p < 0$

Eje de simetría horizontal (*y* = *k*)

Ecuación: $x = \frac{1}{4p}(y-k)^2 + h$

Foco: $(h + p, k)$

Directriz: $x = h - p$

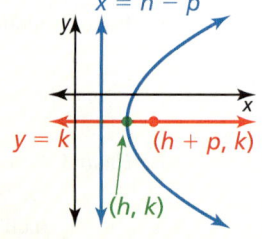
$p > 0$

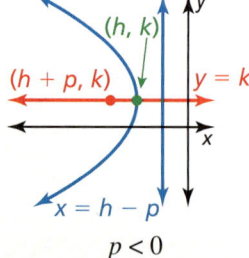
$p < 0$

CONSEJO DE ESTUDIO

La forma estándar de un eje de simetría vertical se parece a la forma de vértice. Para recordar la forma estándar de un eje de simetría vertical, conmuta *x* y *y*, y *h* y *k*.

EJEMPLO 4 Escribir una ecuación de una parábola trasladada

Escribe una ecuación de la parábola que se muestra.

SOLUCIÓN

Dado que el vértice no está en el origen y que el eje de simetría es horizontal, la ecuación tiene la forma $x = \dfrac{1}{4p}(y-k)^2 + h$. El vértice (h, k) es $(6, 2)$ y el foco $(h + p, k)$ es $(10, 2)$, entonces $h = 6$, $k = 2$ y $p = 4$. Sustituye estos valores para escribir una ecuación de la parábola.

$$x = \dfrac{1}{4(4)}(y-2)^2 + 6 = \dfrac{1}{16}(y-2)^2 + 6$$

▶ Entonces, una ecuación de la parábola es $x = \dfrac{1}{16}(y-2)^2 + 6$.

Resolver problemas de la vida real

Los *reflectores parabólicos* tienen cortes transversales que son parábolas. El sonido entrante, la luz o cualquier otra energía que llega a un reflector parabólico en paralelo al eje de simetría es dirigida al foco

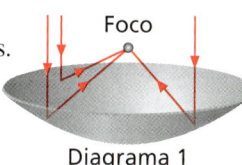
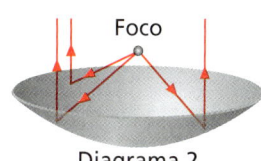

(Diagrama 1). En forma similar, la energía que se emite desde el foco de un reflector parabólico y luego impacta al reflector es dirigida en paralelo al eje de simetría (Diagrama 2).

EJEMPLO 5 Resolver un problema de la vida real

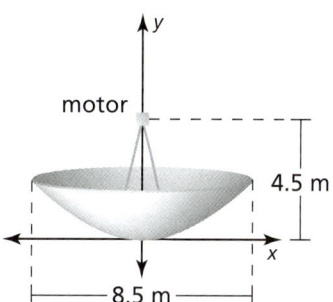

Una antena parabólica que genera electricidad usa un reflector parabólico para concentrar la luz del sol en un motor de alta frecuencia ubicado en el foco del reflector. La luz del sol calienta helio a 650°C para encender el motor. Escribe una ecuación que represente el corte transversal de la antena parabólica que se muestra con su vértice en $(0,0)$. ¿Cuál es la profundidad de la antena parabólica?

SOLUCIÓN

Dado que el vértice está en el origen y el eje de simetría es vertical, la ecuación tiene la forma $y = \dfrac{1}{4p}x^2$. El motor está en el foco, que está 4.5 metros sobre el vértice. Entonces, $p = 4.5$. Sustituye 4.5 por p para escribir la ecuación.

$$y = \dfrac{1}{4(4.5)}x^2 = \dfrac{1}{18}x^2$$

La profundidad de la antena parabólica es el valor del eje y en el borde exterior de la antena. La antena se extiende $\dfrac{8.5}{2} = 4.25$ metros a ambos lados del vértice $(0, 0)$, entonces halla y si $x = 4.25$.

$$y = \dfrac{1}{18}(4.25)^2 \approx 1$$

▶ La profundidad de la antena es de aproximadamente 1 metro.

Monitoreo del progreso   Ayuda en inglés y español en *BigIdeasMath.com*

8. Escribe una ecuación de una parábola con vértice $(-1, 4)$ y foco $(-1, 2)$.

9. Una antena de microondas parabólica tiene 16 pies de diámetro. Escribe una ecuación que represente el corte transversal de la antena con su vértice en $(0, 0)$ y su foco a 10 pies a la derecha del vértice. ¿Cuál es la profundidad de la antena?

Sección 2.3 Foco de una parábola

2.3 Ejercicios

Soluciones dinámicas disponibles en *BigIdeasMath.com*

Verificación de vocabulario y concepto esencial

1. **COMPLETAR LA ORACIÓN** Una parábola es el conjunto de todos los puntos en un plano equidistantes de un punto fijo llamado _____ y una recta fija llamada _____ .

2. **ESCRIBIR** Explica cómo hallar las coordenadas del foco de una parábola de vértice $(0, 0)$ y directriz $y = 5$.

Monitoreo del progreso y Representar con matemáticas

En los Ejercicios 3–10, usa la fórmula de distancia para escribir una ecuación de la parábola. *(Consulta el Ejemplo 1).*

3.

4.

5. foco: $(0, -2)$
   directriz: $y = 2$

6. directriz: $y = 7$
   foco: $(0, -7)$

7. vértice: $(0, 0)$
   directriz: $y = -6$

8. vértice: $(0, 0)$
   foco: $(0, 5)$

9. vértice: $(0, 0)$
   foco: $(0, -10)$

10. vértice: $(0, 0)$
    directriz: $y = -9$

11. **ANALIZAR RELACIONES** ¿Cuál de las características dadas describe las parábolas que se abren hacia abajo? Explica tu razonamiento.

    Ⓐ foco: $(0, -6)$
       directriz: $y = 6$

    Ⓑ foco: $(0, -2)$
       directriz: $y = 2$

    Ⓒ foco: $(0, 6)$
       directriz: $y = -6$

    Ⓓ foco: $(0, -1)$
       directriz: $y = 1$

12. **RAZONAR** ¿Cuál de las siguientes son posibles coordenadas del punto P en la gráfica que se muestra? Explica.

    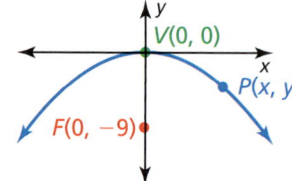

    Ⓐ $(-6, -1)$
    Ⓑ $\left(3, -\frac{1}{4}\right)$
    Ⓒ $\left(4, -\frac{4}{9}\right)$
    Ⓓ $\left(1, \frac{1}{36}\right)$
    Ⓔ $(6, -1)$
    Ⓕ $\left(2, -\frac{1}{18}\right)$

En los Ejercicios 13–20, identifica el foco, la directriz y el eje de simetría de la parábola. Haz una gráfica de la ecuación. *(Consulta el Ejemplo 2).*

13. $y = \frac{1}{8}x^2$

14. $y = -\frac{1}{12}x^2$

15. $x = -\frac{1}{20}y^2$

16. $x = \frac{1}{24}y^2$

17. $y^2 = 16x$

18. $-x^2 = 48y$

19. $6x^2 + 3y = 0$

20. $8x^2 - y = 0$

ANÁLISIS DE ERRORES En los Ejercicios 21 y 22, describe y corrige el error cometido al hacer la gráfica de la parábola.

21.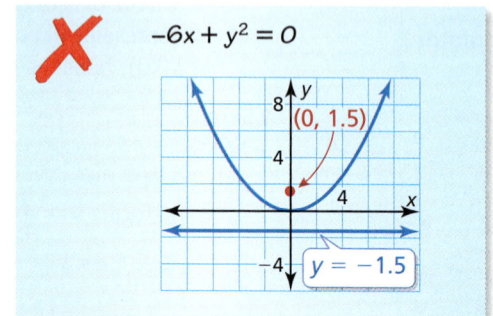

22.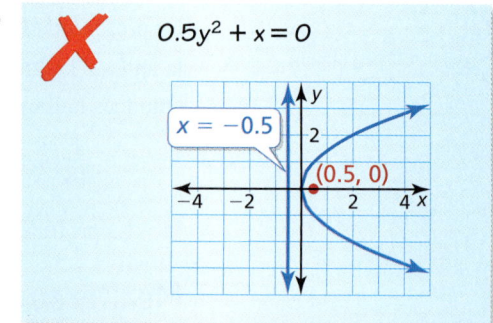

23. **ANALIZAR ECUACIONES** El corte transversal (con unidades en pulgadas) de una antena parabólica se puede representar mediante la ecuación $y = \frac{1}{38}x^2$. ¿Cuán lejos está el receptor del vértice del corte transversal? Explica.

72 Capítulo 2 Funciones cuadráticas

24. ANALIZAR ECUACIONES El corte transversal (con unidades en pulgadas) de un reflector parabólico se puede representar mediante la ecuación $x = \frac{1}{20}y^2$. ¿Cuán lejos está la bombilla del vértice del corte transversal? Explica.

En los Ejercicios 25–28, escribe una ecuación de la parábola que se muestra. *(Consulta el Ejemplo 3).*

25. **26.**

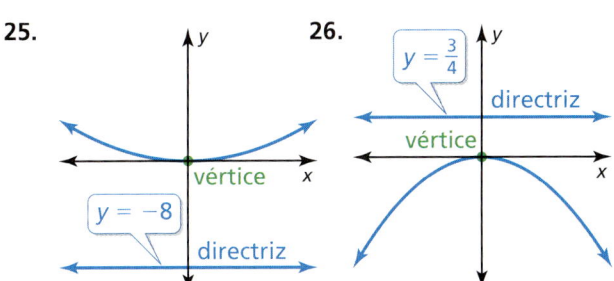

27. **28.**

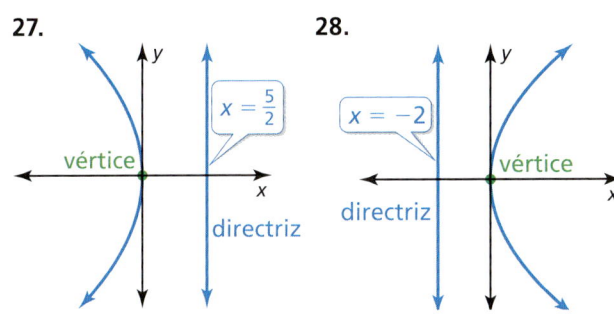

En los Ejercicios 29–36, escribe una ecuación de la parábola con las características dadas.

29. foco: $(3, 0)$
directriz: $x = -3$

30. foco: $\left(\frac{2}{3}, 0\right)$
directriz: $x = -\frac{2}{3}$

31. directriz: $x = -10$
vértice: $(0, 0)$

32. directriz: $y = \frac{8}{3}$
vértice: $(0, 0)$

33. foco: $\left(0, -\frac{5}{3}\right)$
directriz: $y = \frac{5}{3}$

34. foco: $\left(0, \frac{5}{4}\right)$
directriz: $y = -\frac{5}{4}$

35. foco: $\left(0, \frac{6}{7}\right)$
vértice: $(0, 0)$

36. foco: $\left(-\frac{4}{5}, 0\right)$
vértice: $(0, 0)$

En los Ejercicios 37–40, escribe una ecuación de la parábola que se muestra. *(Consulta el Ejemplo 4).*

37. **38.**

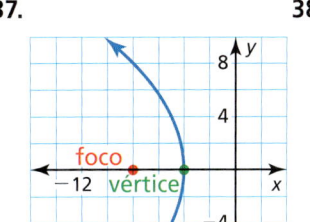 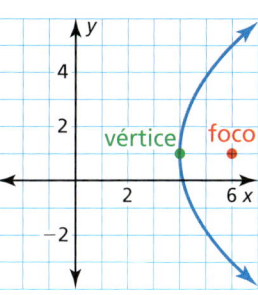

39. **40.**

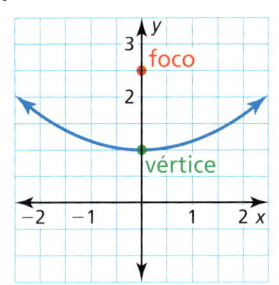 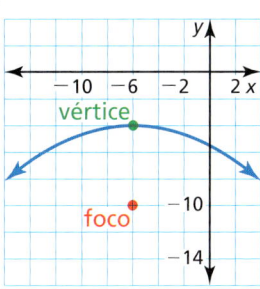

En los Ejercicios 41–46, identifica el vértice, el foco, la directriz y el eje de simetría de la parábola. Describe las transformaciones de la gráfica de la ecuación estándar con vértice (0, 0).

41. $y = \frac{1}{8}(x - 3)^2 + 2$ **42.** $y = -\frac{1}{4}(x + 2)^2 + 1$

43. $x = \frac{1}{16}(y - 3)^2 + 1$ **44.** $y = (x + 3)^2 - 5$

45. $x = -3(y + 4)^2 + 2$ **46.** $x = 4(y + 5)^2 - 1$

47. REPRESENTAR CON MATEMÁTICAS Los científicos que estudian la ecolocalización de los delfines simulan, usando modelos de computadora, la proyección de los chasquidos que emiten los delfines nariz de botella. Los modelos originan los chasquidos en el foco de un reflector parabólico. La parábola en la gráfica muestra el corte transversal del reflector con una longitud de foco de 1.3 pulgadas y un ancho de apertura de 8 pulgadas. Escribe una ecuación para representar el corte transversal del reflector. ¿Cuál es la profundidad del reflector? *(Consulta el Ejemplo 5).*

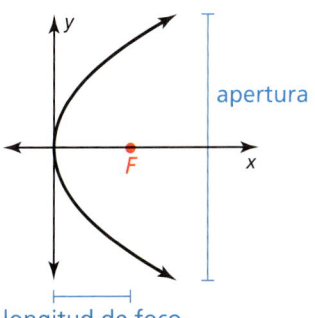

Sección 2.3   Foco de una parábola   73

48. **REPRESENTAR CON MATEMÁTICAS** La energía solar se puede concentrar usando artesas largas que tiene un corte transversal parabólico como se muestra en la figura. Escribe una ecuación para representar el corte transversal de la artesa. ¿Cuáles son el dominio y el rango en esta situación? ¿Qué representan?

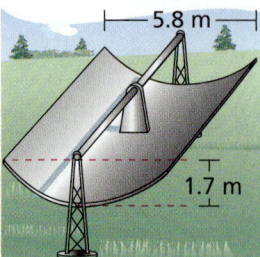

49. **RAZONAMIENTO ABSTRACTO** Al aumentar $|p|$, ¿Cómo cambia el ancho de la gráfica de la ecuación $y = \dfrac{1}{4p}x^2$? Explica tu razonamiento.

50. **¿CÓMO LO VES?** La gráfica muestra la trayectoria de una pelota de vóleibol servida desde una altura inicial de 6 pies al pasar sobre una red.

    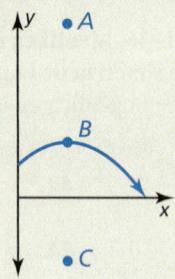

    a. Rotula el vértice, foco y un punto en la directriz.
    b. Un saque de antebrazos sigue la misma trayectoria parabólica pero golpea desde una altura de 3 pies. ¿Cómo afecta esto al foco? ¿Y a la directriz?

51. **PENSAMIENTO CRÍTICO** La distancia del punto P a la directriz es 2 unidades. Escribe una ecuación de la parábola.

    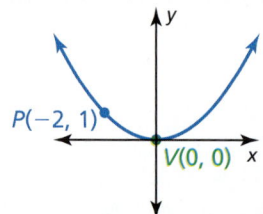

52. **ESTIMULAR EL PENSAMIENTO** Dos parábolas tienen el mismo foco (a, b) y una longitud focal de 2 unidades. Escribe una ecuación de cada parábola. Identifica la directriz de cada parábola.

53. **RAZONAMIENTO REPETIDO** Usa la fórmula de distancia para derivar la ecuación de una parábola que se abre hacia la derecha con vértice $(0, 0)$, foco $(p, 0)$ y directriz $x = -p$.

    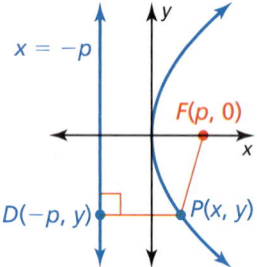

54. **RESOLVER PROBLEMAS** El *latus rectum* de una parábola es el segmento de recta que es paralelo a la directriz, pasa por el foco y tiene extremos que corresponden a la parábola. Halla la longitud del latus rectum de la parábola que se muestra.

    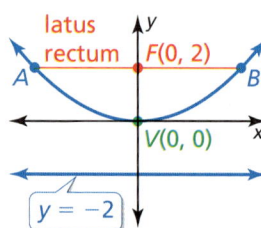

Mantener el dominio de las matemáticas Repasar lo que aprendiste en grados y lecciones anteriores

Escribe una ecuación de la recta que pasa por los puntos. *(Sección 1.3)*

55. $(1, -4), (2, -1)$ 56. $(-3, 12), (0, 6)$ 57. $(3, 1), (-5, 5)$ 58. $(2, -1), (0, 1)$

Usa una calculadora gráfica para encontrar una ecuación para la recta que mejor se ajuste. *(Sección 1.3)*

59.

x	0	3	6	7	11
y	4	9	24	29	46

60.

x	0	5	10	12	16
y	18	15	9	7	2

2.4 Representar con funciones cuadráticas

Pregunta esencial ¿Cómo puedes usar una función cuadrática para representar una situación de la vida real?

EXPLORACIÓN 1 — Representar con una función cuadrática

Trabaja con un compañero. La gráfica muestra una función cuadrática de la forma

$$P(t) = at^2 + bt + c$$

que aproxima las utilidades anuales de una empresa, donde $P(t)$ es la utilidad en el año t.

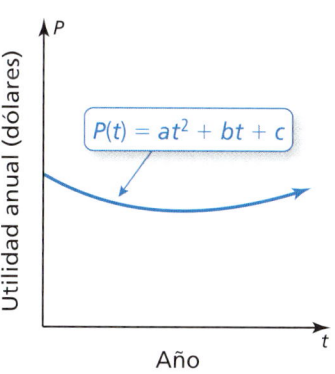

a. ¿Es el valor de a positivo, negativo o cero? Explica.

b. Escribe una expresión en términos de a y b que represente el año t cuando la empresa obtuvo las utilidades más bajas.

c. La empresa tuvo las mismas utilidades anuales en 2004 y 2012. Estima el año en el que la empresa obtuvo las ganancias más bajas.

d. Presupón que el modelo todavía es válido hoy en día. ¿Actualmente, las utilidades anuales están aumentando, disminuyendo o son constantes? Explica.

EXPLORACIÓN 2 — Representar con una calculadora gráfica

Trabaja con un compañero. La tabla a continuación muestra las alturas h (en pies) en tiempo t (en segundos) de una llave inglesa que ha caído desde un edificio en construcción.

Tiempo, t	0	1	2	3	4
Altura, h	400	384	336	256	144

REPRESENTAR CON MATEMÁTICAS

Para dominar las matemáticas necesitas interpretar en forma rutinaria tus resultados en el contexto de la situación.

a. Usa una calculadora gráfica para crear un diagrama de dispersión de los datos, como se muestra a la derecha. Explica por qué los datos parecen ajustarse a un modelo cuadrático.

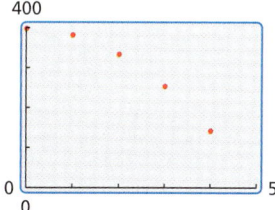

b. Usa la función *regresión cuadrática* para hallar una representación cuadrática para los datos.

c. Haz una gráfica de la función cuadrática en la misma pantalla que el diagrama de dispersión para verificar que se ajusta a los datos.

d. ¿Cuándo llega la llave al suelo? Explica.

Comunicar tu respuesta

3. ¿Cómo puedes usar una función cuadrática para representar una situación de la vida real?

4. Usa el internet o alguna otra referencia para hallar ejemplos de situaciones de la vida real que se puedan representar mediante funciones cuadráticas.

2.4 Lección

Qué aprenderás

▶ Escribir ecuaciones de funciones cuadráticas usando vértices, puntos e intersecciones con el eje x.

▶ Escribir ecuaciones cuadráticas para representar conjuntos de datos.

Vocabulario Esencial

Anterior
tasa promedio de cambio
sistema de tres ecuaciones lineales

Escribir ecuaciones cuadráticas

Concepto Esencial

Escribir ecuaciones cuadráticas

Dado un punto y el vértice (h, k)	Usa la forma de vértice: $y = a(x - h)^2 + k$
Dado un punto y las intersecciones del eje x, p y q	Usa la forma de intersección: $y = a(x - p)(x - q)$
Dados tres puntos	Escribe y resuelve un sistema de tres ecuaciones en tres variables.

EJEMPLO 1 Escribir una ecuación usando un vértice y un punto

El gráfico muestra la trayectoria parabólica de un artista lanzado desde un cañón, donde y es la altura (en pies) y x es la distancia horizontal recorrida (en pies). Escribe una ecuación de la parábola. El artista aterriza a 90 pies netos del cañón. ¿Cuál es la altura de la red?

Cañón humano

(50, 35)
(0, 15)

Altura (pies)
Distancia horizontal (pies)

SOLUCIÓN

En la gráfica, puedes ver que el vértice (h, k) es $(50, 35)$ y la parábola pasa por el punto $(0, 15)$. Usa el vértice y el punto para resolver a en forma de vértice.

$y = a(x - h)^2 + k$ Forma en vértice

$15 = a(0 - 50)^2 + 35$ Sustituye por h, k, x y y.

$-20 = 2500a$ Simplifica.

$-0.008 = a$ Divide cada lado entre 2500.

Dado que $a = -0.008$, $h = 50$, y $k = 35$, el trayecto se puede representar por la ecuación $y = -0.008(x - 50)^2 + 35$, donde $0 \leq x \leq 90$. Halla la altura si $x = 90$.

$y = -0.008(90 - 50)^2 + 35$ Sustituye 90 por x.

$ = -0.008(1600) + 35$ Simplifica.

$ = 22.2$ Simplifica.

▶ Entonces, la altura de la red es de aproximadamente 22 pies.

Monitoreo del progreso Ayuda en inglés y español en *BigIdeasMath.com*

1. **¿QUÉ PASA SI?** El vértice de la parábola es (50, 37.5). ¿Cuál es la altura de la red?

2. Escribe una ecuación de la parábola que pase por el punto $(-1, 2)$ y tenga un vértice $(4, -9)$.

76   Capítulo 2   Funciones cuadráticas

Pronóstico de temperatura

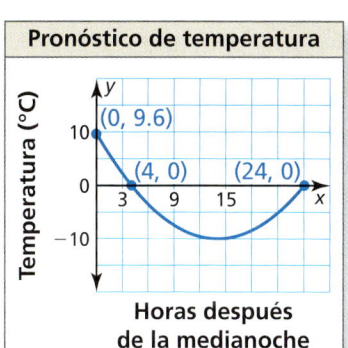

EJEMPLO 2   Escribir una ecuación usando un punto e intersecciones con el eje *x*

Un meteorólogo crea una parábola para predecir la temperatura mañana, donde x es el número de horas después de la medianoche y y es la temperatura (en grados Celsius).

a. Escribe una función f que represente la temperatura en el tiempo. ¿Cuál es la temperatura más fría?

b. ¿Cuál es la tasa de cambio promedio de temperatura durante el intervalo en el que la temperatura desciende? ¿Y en el que la temperatura asciende? Compara las tasas de cambio promedio.

SOLUCIÓN

a. Las intersecciones con el eje x son 4 y 24 y la parábola pasa por (0, 9.6). Usa las intersecciones con el eje x y el punto para resolver a en forma de intersección.

$y = a(x - p)(x - q)$	Forma de intersección
$9.6 = a(0 - 4)(0 - 24)$	Sustituye por p, q, x y y.
$9.6 = 96a$	Simplifica.
$0.1 = a$	Divide cada lado entre 96.

Dado que $a = 0.1$, $p = 4$, y $q = 24$, la temperatura en el tiempo se puede representar mediante $f(x) = 0.1(x - 4)(x - 24)$, donde $0 \leq x \leq 24$. La temperatura más fría es el valor mínimo. Entonces, halla $f(x)$ si $x = \dfrac{4 + 24}{2} = 14$.

$f(14) = 0.1(14 - 4)(14 - 24)$	Sustituye 14 por x.
$= -10$	Simplifica.

▶ Entonces, la temperatura más fría es $-10°C$ a 14 horas después de la medianoche, o a las 2 P.M.

RECUERDA

La tasa de cambio promedio de una función f de x_1 a x_2 es la pendiente de la recta que conecta $(x_1, f(x_1))$ y $(x_2, f(x_2))$:

$$\dfrac{f(x_2) - f(x_1)}{x_2 - x_1}.$$

b. La parábola se abre hacia arriba y el eje de simetría es $x = 14$. Entonces, la función es descendente sobre el intervalo $0 < x < 14$ y ascendente sobre el intervalo $14 < x < 24$.

Tasa de cambio promedio sobre $0 < x < 14$:

$$\dfrac{f(14) - f(0)}{14 - 0} = \dfrac{-10 - 9.6}{14} = -1.4$$

Tasa de cambio promedio sobre $14 < x < 24$:

$$\dfrac{f(24) - f(14)}{24 - 14} = \dfrac{0 - (-10)}{10} = 1$$

▶ Dado que $|-1.4| > |1|$; la tasa promedio a la que la temperatura desciende desde la medianoche hasta las 2 P.M. es mayor que la tasa promedio a la que aumenta desde las 2 P.M. hasta la medianoche.

Monitoreo del progreso Ayuda en inglés y español en *BigIdeasMath.com*

3. ¿QUÉ PASA SI? La intersección con el eje y es 4.8. ¿Cómo cambia esto tus respuestas en las partes (a) y (b)?

4. Escribe una ecuación de la parábola que pase por el punto (2, 5) y tenga como intersecciones con el eje x -2 y 4.

Escribir ecuaciones para representar datos

Cuando los datos tienen entradas igualmente espaciadas, puedes analizar patrones en las diferencias de las salidas para determinar qué tipo de función se puede usar para representar los datos. Los datos lineales tienen *primeras diferencias* constantes. Los datos cuadráticos tienen *segundas diferencias* constantes. La primera y la segunda diferencias de $f(x) = x^2$ se muestran a continuación.

Valores x igualmente espaciados

x	−3	−2	−1	0	1	2	3
f(x)	9	4	1	0	1	4	9

primeras diferencias: −5 −3 −1 1 3 5

segundas diferencias: 2 2 2 2 2

EJEMPLO 3 Escribir una función cuadrática usando tres puntos

La NASA puede crear un entorno de ingravidez al volar un avión en trayectorias parabólicas. La tabla muestra alturas *h* (en pies) de un avión *t* segundos luego de iniciar la trayectoria de vuelo. Luego de aproximadamente 20.8 segundos, los pasajeros comienzan a experimentar un entorno de ingravidez. Escribe y evalúa una función para aproximar la altura en la que esto ocurre.

Tiempo, t	Altura, h
10	26,900
15	29,025
20	30,600
25	31,625
30	32,100
35	32,025
40	31,400

SOLUCIÓN

Paso 1 Los valores de entrada están espaciados equitativamente. Entonces, analiza las diferencias en los valores de salida para determinar qué tipo de función puedes utilizar para representar los datos.

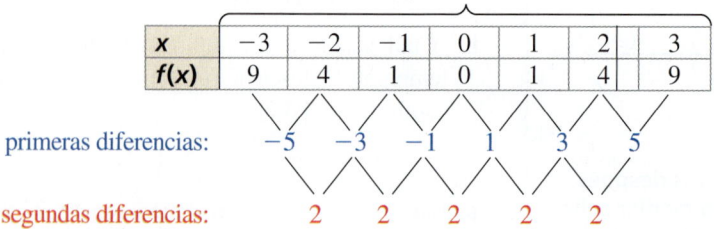

Dado que las segundas diferencias son constantes, puedes representar los datos con una función cuadrática.

Paso 2 Escribe una función cuadrática de la forma $h(t) = at^2 + bt + c$ que represente los datos. Usa cualquiera de los tres puntos (t, h) de la tabla para escribir un sistema de ecuaciones.

Usa (10, 26,900): $100a + 10b + c = 26,900$ Ecuación 1
Usa (20, 30,600): $400a + 20b + c = 30,600$ Ecuación 2
Usa (30, 32,100): $900a + 30b + c = 32,100$ Ecuación 3

Usa el método de eliminación para resolver el sistema.

Resta la Ecuación 1 de la Ecuación 2. → $300a + 10b = 3700$ Nueva Ecuación 1
Resta la Ecuación 1 de la Ecuación 3. → $800a + 20b = 5200$ Nueva Ecuación 2

$200a = -2200$ Resta 2 veces la nueva Ecuación 1 de la nueva Ecuación 2.

$a = -11$ Resuelve para hallar *a*.
$b = 700$ Sustituye en la nueva Ecuación 1 para hallar *b*.
$c = 21,000$ Sustituye en la nueva Ecuación 1 para hallar *c*.

Los datos se pueden representar mediante la función $h(t) = -11t^2 + 700t + 21,000$.

Paso 3 Evalúa la función si $t = 20.8$.

$$h(20.8) = -11(20.8)^2 + 700(20.8) + 21,000 = 30,800.96$$

▶ Los pasajeros comienzan a experimentar un entorno de ingravidez a aproximadamente 30,800 pies.

Los datos de la vida real que muestran una relación cuadrática normalmente no tienen segundas diferencias constantes porque los datos no son *exactamente* cuadráticos. Las relaciones que son *aproximadamente* cuadráticas tienen segundas diferencias que están relativamente "cerca" en valor. Muchas herramientas tecnológicas tienen una función de *regresión cuadrática* que puedes usar para hallar la función cuadrática que represente mejor un conjunto de datos.

EJEMPLO 4 Usar la regresión cuadrática

Millas por hora, x	Millas por galón, y
20	14.5
24	17.5
30	21.2
36	23.7
40	25.2
45	25.8
50	25.8
56	25.1
60	24.0
70	19.5

La tabla muestra eficiencias de combustible de un vehículo a diferentes velocidades. Escribe una función que modele los datos. Usa el modelo para aproximar la velocidad de manejo óptima.

SOLUCIÓN

Dado que los valores del eje *x* no están espaciados equitativamente, no puedes analizar las diferencias en las salidas. Usa una calculadora gráfica para hallar una función que represente los datos.

Paso 1 Ingresa los datos en una calculadora gráfica usando dos listas y crea un diagrama de dispersión. Los datos muestran una relación cuadrática.

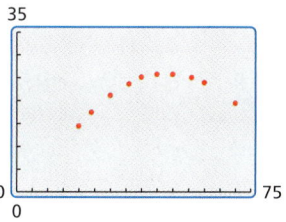

Paso 2 Usa la función de *regresión cuadrática*. Un modelo cuadrático que representa los datos es $y = -0.014x^2 + 1.37x - 7.1$.

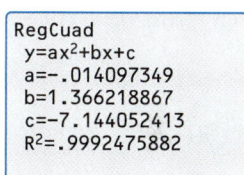

CONSEJO DE ESTUDIO

El *coeficiente de determinación* R^2 muestra cuán bien se ajusta una ecuación a un conjunto de datos. Mientras más cerca está R^2 de 1, mejor es el ajuste.

Paso 3 Haz una gráfica de la ecuación de regresión con el diagrama de dispersión. En este contexto, la velocidad de manejo "óptima" es la velocidad en la cual el millaje por galón se maximiza. Usando la función *máximo*, puedes ver que el millaje máximo por galón es de aproximadamente 26.4 millas por galón al manejar a aproximadamente 48.9 millas por hora.

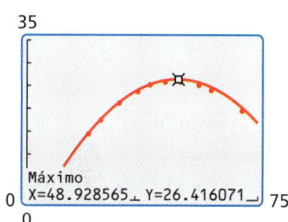

▶ Entonces, la velocidad de manejo óptima es de aproximadamente 49 millas por hora.

Monitoreo del progreso Ayuda en inglés y español en *BigIdeasMath.com*

5. Escribe una ecuación de la parábola que pase por los puntos $(-1, 4)$, $(0, 1)$, y $(2, 7)$.

6. La tabla muestra las utilidades estimadas *y* (en dólares) de un concierto cuando el cobro es de *x* dólares por boleto. Escribe y evalúa la función para determinar cuál debería ser el cobro por boleto para maximizar las utilidades.

Precio del boleto, x	2	5	8	11	14	17
Utilidad, y	2600	6500	8600	8900	7400	4100

7. La tabla muestra los resultados de un experimento que pone a prueba los pesos máximos *y* (en toneladas) que aguanta el hielo de *x* pulgadas de grosor. Escribe una función que modele los datos. ¿Cuánto peso puede aguantar el hielo de 22 pulgadas de grosor?

Grosor del hielo, x	12	14	15	18	20	24	27
Peso máximo, y	3.4	7.6	10.0	18.3	25.0	40.6	54.3

Sección 2.4 Representar con funciones cuadráticas **79**

2.4 Ejercicios

Soluciones dinámicas disponibles en *BigIdeasMath.com*

Verificación de vocabulario y concepto esencial

1. **ESCRIBIR** Explica cuándo es apropiado usar un modelo de una función cuadrática para un conjunto de datos.

2. **DISTINTAS PALABRAS, LA MISMA PREGUNTA** ¿Cuál es diferente? Halla "ambas" respuestas.

   ¿Cuál es la tasa de cambio promedio sobre $0 \le x \le 2$?

   ¿Cuál es la distancia de $f(0)$ a $f(2)$?

   ¿Cuál es la pendiente del segmento de recta?

   ¿Qué es $\dfrac{f(2) - f(0)}{2 - 0}$?

   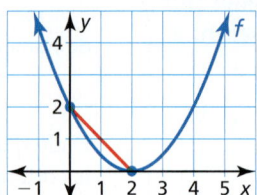

Monitoreo del progreso y Representar con matemáticas

En los Ejercicios 3–8, escribe una ecuación de la parábola en forma de vértice. *(Consulta el Ejemplo 1)*.

3.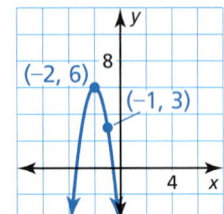

4.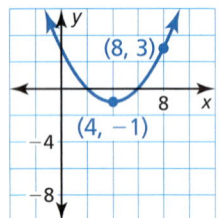

5. pasa por $(13, 8)$ y tiene vértice en $(3, 2)$

6. pasa por $(-7, -15)$ y tiene vértice en $(-5, 9)$

7. pasa por $(0, -24)$ y tiene vértice en $(-6, -12)$

8. pasa por $(6, 35)$ y tiene vértice en $(-1, 14)$

En los Ejercicios 9–14, escribe una ecuación de la parábola en forma de intersección. *(Consulta el Ejemplo 2)*.

9.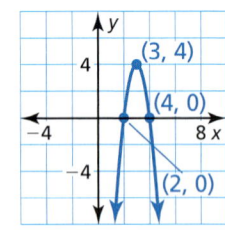

10.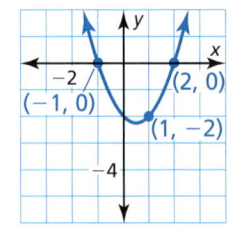

11. Las intersecciones con el eje x de 12 y -6; pasa por $(14, 4)$

12. Las intersecciones con el eje x de 9 y 1; pasa por $(0, -18)$

13. Las intersecciones con el eje x de -16 y -2; pasa por $(-18, 72)$

14. Las intersecciones con el eje x de -7 y -3; pasa por $(-2, 0.05)$

15. **ESCRIBIR** Explica cuándo usar la forma de intersección y cuándo usar la forma de vértice al escribir una ecuación de una parábola.

16. **ANALIZAR ECUACIONES** ¿Cuál de las siguientes ecuaciones representa la parábola?

    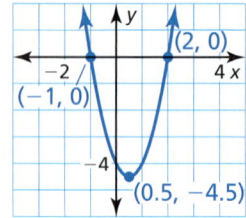

    Ⓐ $y = 2(x - 2)(x + 1)$

    Ⓑ $y = 2(x + 0.5)^2 - 4.5$

    Ⓒ $y = 2(x - 0.5)^2 - 4.5$

    Ⓓ $y = 2(x + 2)(x - 1)$

En los Ejercicios 17–20, escribe una ecuación de la parábola en forma de vértice o en forma de intersección.

17.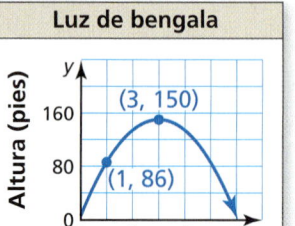

18.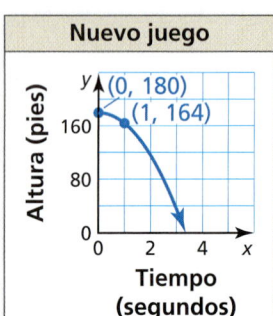

80   Capítulo 2   Funciones cuadráticas

19.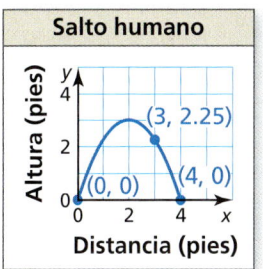

20.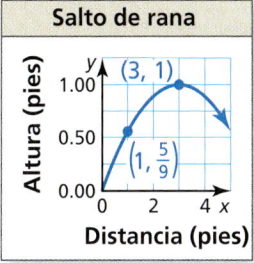

21. **ANÁLISIS DE ERRORES** Describe y corrige el error cometido al escribir una ecuación de la parábola.

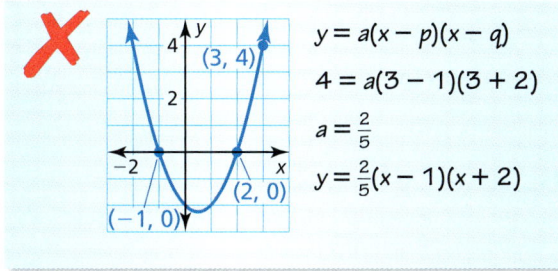

22. **CONEXIONES MATEMÁTICAS** El área de un rectángulo se representa por la gráfica donde y es el área (en metros cuadrados) y x es el ancho (en metros). Escribe una ecuación de la parábola. Halla las dimensiones y el área correspondiente de un posible rectángulo. ¿Qué dimensiones resultan para el área máxima?

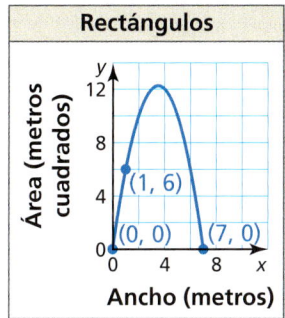

23. **REPRESENTAR CON MATEMÁTICAS** Toda cuerda tiene una carga de trabajo segura. No se debería usar una cuerda para elevar un peso mayor al de su carga de trabajo segura. La tabla muestra las cargas de trabajo seguras S (en libras) de cuerdas con circunferencia C (en pulgadas). Escribe una ecuación para la carga de trabajo segura de una cuerda que tiene una circunferencia de 10 pulgadas. *(Consulta el Ejemplo 3)*.

Circunferencia, C	0	1	2	3
Carga de trabajo segura, S	0	180	720	1620

24. **REPRESENTAR CON MATEMÁTICAS** Se lanza una pelota de béisbol al aire. La tabla muestra las alturas y (en pies) de la pelota de béisbol después de x segundos. Escribe una ecuación de la trayectoria de la pelota de béisbol. Halla la altura de la pelota después de 5 segundos.

Tiempo, x	0	2	4	6
Altura de la pelota de béisbol, y	6	22	22	6

25. **COMPARAR MÉTODOS** Usas un sistema de tres variables para hallar la ecuación de una parábola que pasa por los puntos $(-8, 0)$, $(2, -20)$ y $(1, 0)$. Tu amigo usa la forma de intersección para hallar la ecuación. ¿El método de quién es más fácil? Justifica tu respuesta.

26. **REPRESENTAR CON MATEMÁTICAS** La tabla muestra las distancias y a las que un motociclista está de su hogar después de x horas.

Tiempo (horas), x	0	1	2	3
Distancia (millas), y	0	45	90	135

   a. Determina qué tipo de función puedes usar para representar los datos. Explica tu razonamiento.

   b. Escribe y evalúa una función para determinar la distancia a la que el motociclista está de su hogar después de seis horas.

27. **USAR HERRAMIENTAS** La tabla muestra las alturas h (en pies) de una esponja t segundos después de ser lanzada por un limpiador de ventanas desde lo alto de un rascacielos. *(Consulta el Ejemplo 4)*.

Tiempo, t	0	1	1.5	2.5	3
Altura, h	280	264	244	180	136

   a. Usa una calculadora gráfica para crear un diagrama de dispersión. ¿Cuál representa mejor los datos, una recta o una parábola? Explica.

   b. Usa la función de *regresión* de tu calculadora para hallar el modelo que se ajuste mejor a los datos.

   c. Usa el modelo en la parte (b) para predecir cuándo la esponja llegará al suelo.

   d. Identificar e interpretar el dominio y el rango en esta situación.

28. **ARGUMENTAR** Tu amigo dice que las funciones con las mismas intersecciones con el eje x tienen las mismas ecuaciones, el mismo vértice y el mismo eje de simetría. ¿Es correcto lo que dice tu amigo? Explica tu razonamiento.

Sección 2.4 Representar con funciones cuadráticas 81

En los Ejercicios 29–32, analiza las diferencias en las salidas para determinar si los datos son *lineales*, *cuadráticos* o *ninguno*. Explica. Si son lineales o cuadráticos, escribe una ecuación que se ajuste a los datos.

29.

Disminución de precio (dólares), x	0	5	10	15	20
Ingresos (cada $1000), y	470	630	690	650	510

30.

Tiempo (horas), x	0	1	2	3	4
Altura (pies), y	40	42	44	46	48

31.

Tiempo (horas), x	1	2	3	4	5
Población (centenas), y	2	4	8	16	32

32.

Tiempo (días), x	0	1	2	3	4
Altura (pies), y	320	303	254	173	60

33. RESOLVER PROBLEMAS La gráfica muestra el número y de estudiantes ausentes de la escuela debido a la gripe cada día x.

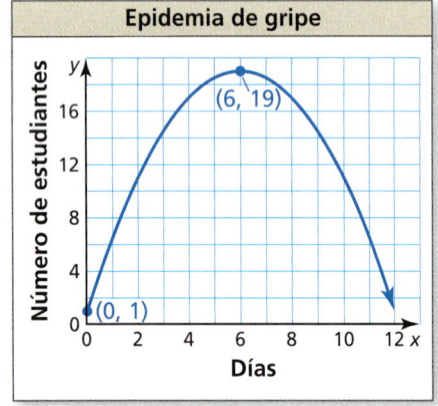

a. Interpreta el significado del vértice en esta situación.

b. Escribe una ecuación de la parábola para predecir el número de estudiantes ausentes en el día 10.

c. Compara las tasas de cambio promedio en los estudiantes con gripe desde el día 0 hasta el día 6 y desde el día 6 hasta el día 11.

34. ESTIMULAR EL PENSAMIENTO Describe una situación de la vida real que se pueda representar mediante una ecuación cuadrática. Justifica tu respuesta.

35. RESOLVER PROBLEMAS La tabla muestra las alturas y de un esquiador acuático de competencia x segundos después de saltar desde una rampa. Escribe una función que represente la altura del esquiador acuático en el tiempo. ¿Cuándo está el esquiador acuático a 5 pies sobre el agua? ¿Cuánto tiempo está el esquiador en el aire?

Tiempo (segundos), x	0	0.25	0.75	1	1.1
Altura (pies), y	22	22.5	17.5	12	9.24

36. ¿CÓMO LO VES? Usa la gráfica para determinar si la tasa de cambio promedio sobre cada intervalo es *positiva*, *negativa* o *cero*.

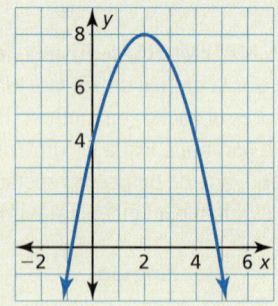

a. $0 \le x \le 2$ b. $2 \le x \le 5$

c. $2 \le x \le 4$ d. $0 \le x \le 4$

37. RAZONAMIENTO REPETIDO La tabla muestra el número de fichas en cada figura. Verifica que los datos muestren una relación cuadrática. Predice el número de fichas en la duodécima figura.

 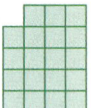

Figura 1   Figura 2   Figura 3   Figura 4

Figura	1	2	3	4
Número de fichas	1	5	11	19

Mantener el dominio de las matemáticas Repasar lo que aprendiste en grados y lecciones anteriores

Factoriza el trinomio. *(Manual de revisión de destrezas)*

38. $x^2 + 4x + 3$ **39.** $x^2 - 3x + 2$ **40.** $3x^2 - 15x + 12$ **41.** $5x^2 + 5x - 30$

82   Capítulo 2   Funciones cuadráticas

2.3–2.4 ¿Qué aprendiste?

Vocabulario Esencial

foco, *pág. 68*
directriz, *pág. 68*

Conceptos Esenciales

Sección 2.3
Ecuaciones estándar de una parábola con vértice en el origen, *pág. 69*
Ecuaciones estándar de una parábola con vértice en (*h*, *k*), *pág. 70*

Sección 2.4
Escribir ecuaciones cuadráticas, *pág. 76*
Escribir ecuaciones cuadráticas para representar datos, *pág. 78*

Prácticas matemáticas

1. Explica el método de solución que utilizaste para resolver el Ejercicio 47 de la página 73.
2. Explica cómo usaste las definiciones para derivar la ecuación en el Ejercicio 53 de la página 74.
3. Explica el método abreviado que hallaste para escribir la ecuación en el Ejercicio 25 de la página 81.
4. Describe cómo pudiste construir un argumento viable en el Ejercicio 28 de la página 81.

Tarea de desempeño

Reconstrucción de un accidente

¿El conductor de un carro iba a alta velocidad cuando frenó? ¿Qué revelan las huellas de patinazo en la escena de un accidente acerca de los momentos anteriores a la colisión?

Para explorar las respuestas a estas preguntas y más, visita *BigIdeasMath.com*

2 Repaso del capítulo

Soluciones dinámicas disponibles en *BigIdeasMath.com*

2.1 Transformaciones de funciones cuadráticas (págs. 47–54)

Imagina que la gráfica de g es una traslación 1 unidad hacia la izquierda y 2 unidades hacia arriba de la gráfica de $f(x) = x^2 + 1$. Escribe una regla para g.

$g(x) = f(x - (-1)) + 2$ Resta −1 de la entrada. Suma 2 a la salida.

$= (x + 1)^2 + 1 + 2$ Reemplaza *x* con *x* + 1 en *f(x)*.

$= x^2 + 2x + 4$ Simplifica.

▶ La función transformada es $g(x) = x^2 + 2x + 4$.

Describe la transformación de $f(x) = x^2$ representada por g. Luego haz una gráfica de cada función.

1. $g(x) = (x + 4)^2$
2. $g(x) = (x - 7)^2 + 2$
3. $g(x) = -3(x + 2)^2 - 1$

Escribe una regla para g.

4. Imagina que la gráfica de g es una reducción horizontal por un factor de $\frac{2}{3}$, seguida de una traslación 5 unidades hacia la izquierda y 2 unidades hacia debajo de la gráfica de $f(x) = x^2$.

5. Imagina que la gráfica de g es una traslación 2 unidades hacia la izquierda y 3 unidades hacia arriba, seguida por una reflexión en el eje *y* de la gráfica de $f(x) = x^2 - 2x$.

2.2 Características de las funciones cuadráticas (págs. 55–64)

Haz una gráfica de $f(x) = 2x^2 - 8x + 1$. Rotula el vértice y el eje de simetría.

Paso 1 Identifica los coeficientes $a = 2$, $b = -8$, y $c = 1$. Dado que $a > 0$, la parábola se abre hacia arriba.

Paso 2 Halla el vértice. Primero calcula la coordenada *x*.

$x = -\dfrac{b}{2a} = -\dfrac{-8}{2(2)} = 2$

Luego halla la coordenada *y* del vértice.

$f(2) = 2(2)^2 - 8(2) + 1 = -7$

Entonces, el vértice es $(2, -7)$. Marca este punto.

Paso 3 Dibuja el eje de simetría $x = 2$.

Paso 4 Identifica la intersección con el eje *y* *c*, que es 1. Marca el punto $(0, 1)$ y su reflexión en el eje de simetría, $(4, 1)$.

Paso 5 Evalúa la función para otro valor de *x*, tal como $x = 1$.

$f(1) = 2(1)^2 - 8(1) + 1 = -5$

Marca el punto $(1, -5)$ y su reflexión en el eje de simetría, $(3, -5)$.

Paso 6 Dibuja una parábola por los puntos trazados.

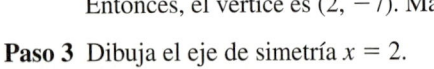

Haz una gráfica de la función. Indica el vértice y el eje de simetría. Halla el valor mínimo o máximo de *f*. Describe dónde la función es ascendente y descendente.

6. $f(x) = 3(x - 1)^2 - 4$
7. $g(x) = -2x^2 + 16x + 3$
8. $h(x) = (x - 3)(x + 7)$

84   Capítulo 2   Funciones cuadráticas

2.3 Foco de una parábola (págs. 67–74)

a. **Identifica el foco, la directriz y el eje de simetría de $8x = y^2$. Haz una gráfica de la ecuación.**

Paso 1 Reescribe la ecuación en forma estándar

$8x = y^2$ Escribe la ecuación original.

$x = \dfrac{1}{8}y^2$ Divide cada lado entre 8.

Paso 2 Identifica el foco, la directriz y el eje de simetría. La ecuación tiene la forma $x = \dfrac{1}{4p}y^2$, donde $p = 2$. El foco es $(p, 0)$, o $(2, 0)$. La directriz es $x = -p$, o $x = -2$. Dado que y está elevada al cuadrado, el eje de simetría es el eje x.

Paso 3 Usa una tabla de valores para hacer una gráfica de la ecuación. Observa que es más fácil sustituir los valores del eje y y resolver x.

y	0	±2	±4	±6
x	0	0.5	2	4.5

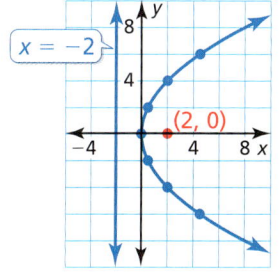

b. **Escribe una ecuación de la parábola que se muestra.**

Dado que el vértice no está en el origen y el eje de simetría es vertical, la ecuación tiene la forma $y = \dfrac{1}{4p}(x - h)^2 + k$. El vértice (h, k) es $(2, 3)$ y el foco $(h, k + p)$ es $(2, 4)$, entonces $h = 2$, $k = 3$, y $p = 1$. Sustituir estos valores para escribir una ecuación de la parábola.

$y = \dfrac{1}{4(1)}(x - 2)^2 + 3 = \dfrac{1}{4}(x - 2)^2 + 3$

▶ Una ecuación de la parábola es $y = \dfrac{1}{4}(x - 2)^2 + 3$.

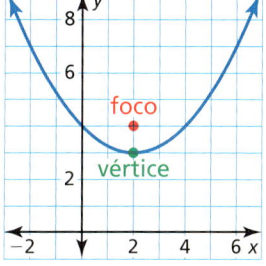

9. Puedes hacer una cocina solar de salchichas dando forma de parábola a un cartón recubierto de papel platina y pasando alambre por el foco de cada extremo. Para la figura que se muestra, ¿qué tan lejos del fondo deberá ubicarse el alambre?

10. Haz una gráfica de la ecuación $36y = x^2$. Identifica el foco, la directriz y el eje de simetría.

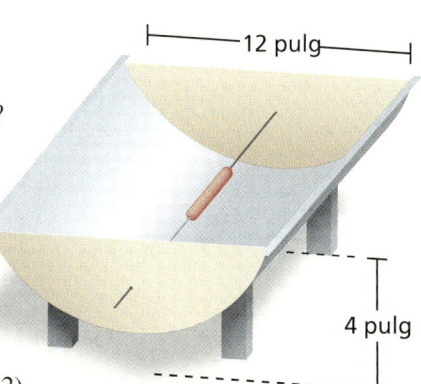

Escribe una ecuación de la parábola con las características dadas.

11. vértice: $(0, 0)$
    directriz: $x = 2$

12. foco: $(2, 2)$
    vértice: $(2, 6)$

2.4 Representar con funciones cuadráticas *(págs. 75–82)*

La gráfica muestra la trayectoria parabólica de un motociclista acrobático que salta de una rampa, donde *y* es la altura (en pies) y *x* es la distancia horizontal recorrida (en pies). Escribe una ecuación de la parábola. El motociclista aterriza en otra rampa a 160 pies de la primera rampa. ¿Cuál es la altura de la segunda rampa?

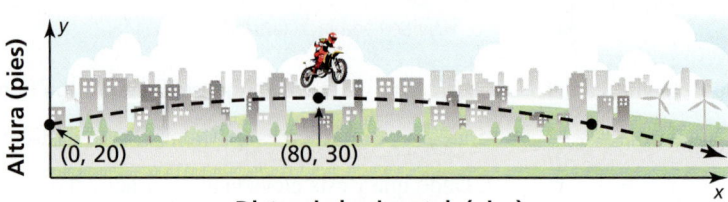

Paso 1 Primero escribe una ecuación de la parábola.

A partir de la gráfica, puedes ver que el vértice (*h*, *k*) es (80, 30) y la parábola pasa por el punto (0, 20). Usa el vértice y el punto para resolver *a* en forma de vértice.

$y = a(x - h)^2 + k$ Forma en vértice

$20 = a(0 - 80)^2 + 30$ Sustituye por *h*, *k*, *x*, y *y*.

$-10 = 6400a$ Simplifica.

$-\dfrac{1}{640} = a$ Divide cada lado entre 6400.

Dado que $a = -\dfrac{1}{640}$, $h = 80$, y $k = 30$, la trayectoria se puede representar mediante

$y = -\dfrac{1}{640}(x - 80)^2 + 30$, donde $0 \leq x \leq 160$.

Paso 2 Luego halla la altura de la segunda rampa.

$y = -\dfrac{1}{640}(160 - 80)^2 + 30$ Sustituye 160 por *x*.

$= 20$ Simplifica.

▶ Entonces, la altura de la segunda rampa es de 20 pies.

Escribe una ecuación para la parábola con las características dadas.

13. pasa por (1, 12) y tiene vértice (10, −4)

14. pasa por (4, 3) y tiene intersecciones con el eje *x* de −1 y 5

15. pasa por (−2, 7), (1, 10) y (2, 27)

16. La tabla muestra las alturas *y* de un objeto que se dejó caer después de *x* segundos. Verifica que los datos muestren una relación cuadrática. Escribe una función que represente los datos. ¿Cuánto tiempo está el objeto en el aire?

Tiempo (segundos), *x*	0	0.5	1	1.5	2	2.5
Altura (pies), *y*	150	146	134	114	86	50

2 Prueba del capítulo

1. Una parábola tiene un eje de simetría $y = 3$ y pasa por el punto (2,1). Halla otro punto que pertenezca a la gráfica de la parábola. Explica tu razonamiento.

2. Imagina que la gráfica de g es una traslación 2 unidades hacia la izquierda y 1 unidad hacia abajo, seguida de una reflexión en el eje y de la gráfica de $f(x) = (2x + 1)^2 - 4$. Escribe una regla para g.

3. Identifica el foco, la directriz y el eje de simetría de $x = 2y^2$. Haz una gráfica de la ecuación.

4. Explica por qué una función cuadrática representa los datos. Luego, usa un sistema lineal para hallar el modelo.

x	2	4	6	8	10
f(x)	0	−13	−34	−63	−100

Escribe una ecuación de la parábola. Justifica tu respuesta.

5.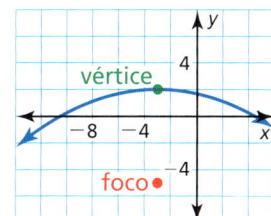

6.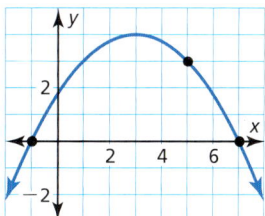

7.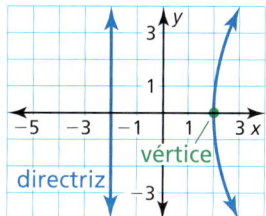

8. Una tienda de tablas de surf vende 40 tablas por mes cuando cobra $500 por cada tabla. Cada vez que la tienda baja el precio en $10 dólares, vende 1 tabla adicional por mes. ¿Cuánto más debería cobrar la tienda por cada tabla para maximizar la cantidad de dinero ganada? ¿Cuál es la cantidad máxima que la tienda puede ganar por mes? Explica.

9. Haz una gráfica de $f(x) = 8x^2 - 4x + 3$. Rotula el vértice y el eje de simetría. Describe dónde la función es ascendente y descendente.

10. Sunfire es una máquina con un corte transversal parabólico que se usa para recolectar energía solar. Los rayos del sol se reflejan desde los espejos hacia dos calderas ubicadas en el foco de la parábola. Las calderas producen vapor que enciende un alternador para producir electricidad.

    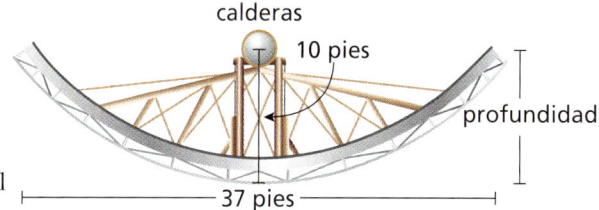

    a. Escribe una ecuación que represente el corte transversal del plato que se muestra con su vértice en (0, 0).

    b. ¿Cuál es la profundidad de Sunfire? Justifica tu respuesta.

11. En 2011, el precio del oro alcanzó un precio récord sin precedentes. La tabla muestra los precios (en dólares por onza troy) del oro cada año desde 2006 ($t = 0$ representa 2006). Halla una función cuadrática que represente mejor los datos. Usa el modelo para predecir el precio del oro del año 2016.

Año, t	0	1	2	3	4	5
Precio, p	$603.46	$695.39	$871.96	$972.35	$1224.53	$1571.52

2 Evaluación acumulativa

1. Tú y tu amigo lanzan una pelota de futbol americano. La parábola muestra la trayectoria del lanzamiento de tu amigo, donde *x* es la distancia horizontal (en pies) y *y* es la altura correspondiente (en pies). La trayectoria de tu lanzamiento se puede representar mediante $h(x) = -16x^2 + 65x + 5$. Elige el símbolo de desigualdad correcto para indicar cuál de los lanzamientos tiene un recorrido más alto. Explica tu razonamiento.

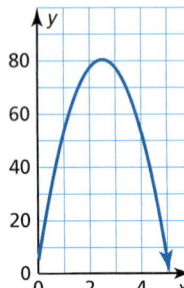

altura de tu lanzamiento ▢ altura del lanzamiento de tu amigo

2. La función $g(x) = \frac{1}{2}|x - 4| + 4$ es una combinación de transformaciones de $f(x) = |x|$. ¿Qué combinaciones describen la transformación desde la gráfica de *f* hasta la gráfica de *g*?

   Ⓐ traslación 4 unidades hacia la derecha y reducción vertical por un factor de $\frac{1}{2}$, seguida de una traslación 4 unidades hacia arriba

   Ⓑ traslación 4 unidades hacia la derecha y 4 unidades hacia arriba, seguida de una reducción vertical por un factor de $\frac{1}{2}$

   Ⓒ reducción vertical por un factor de $\frac{1}{2}$, seguida por una traslación 4 unidades hacia arriba y 4 unidades hacia la derecha

   Ⓓ traslación 4 unidades hacia la derecha y 8 unidades hacia arriba, seguida de una reducción vertical por un factor de $\frac{1}{2}$

3. Tu escuela decide vender entradas para un baile en la cafetería de la escuela para recaudar dinero. No hay ningún cargo por usar la cafetería, pero el DJ cobra una tarifa de $750. La tabla muestra las utilidades (en dólares) si *x* estudiantes asisten al baile.

Estudiantes, *x*	Utilidades, *y*
100	−250
200	250
300	750
400	1250
500	1750

   a. ¿Cuál es el costo de un boleto?

   b. Tu escuela espera que asistan 400 estudiantes y encuentra a otro DJ que cobra solamente $650. ¿Cuánto debería cobrar tu escuela por boleto para obtener las mismas utilidades?

   c. Tu escuela decide cobrar el monto de la parte (a) y contratar al DJ menos caro. ¿Cuánto dinero más recaudará la escuela?

4. Ordena las siguientes parábolas de la más ancha a la más angosta.

   A. foco: $(0, -3)$; directriz: $y = 3$
   B. $y = \frac{1}{16}x^2 + 4$
   C. $x = \frac{1}{8}y^2$
   D. $y = \frac{1}{4}(x - 2)^2 + 3$

88   Capítulo 2   Funciones cuadráticas

5. Tu amigo dice que para $g(x) = b$, donde b es un número real, hay una transformación en la gráfica que es imposible observar. ¿Es correcto lo que dice tu amigo? Explica tu razonamiento.

6. Imagina que la gráfica de g representa un ajuste vertical y una reflexión en el eje x, seguida de una traslación hacia la izquierda y hacia debajo de la gráfica de $f(x) = x^2$. Usa las fichas para escribir una regla para g.

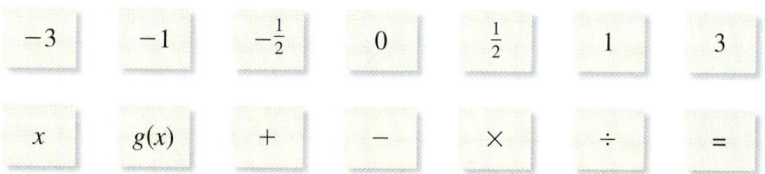

7. Se lanzan dos pelotas al aire. La trayectoria de la primera pelota está representada en la gráfica. La segunda pelota se lanza 1.5 pies más alto que la primera pelota y después de 3 segundos alcanza su altura máxima 5 pies por debajo de la primera pelota.

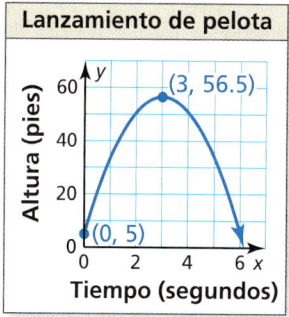

   a. Escribe una ecuación para la trayectoria de la segunda pelota.

   b. ¿Las pelotas llegan al suelo al mismo tiempo? Si es así, cuánto tiempo están las pelotas en el aire? Si no es así, qué pelota llega al suelo primero? Explica tu razonamiento.

8. Imagina que la gráfica de g es una traslación 3 unidades a la derecha de la gráfica de f. Los puntos $(-1, 6)$, $(3, 14)$, y $(6, 41)$ pertenecen a la gráfica de f. ¿Qué puntos pertenecen a la gráfica de g?

   Ⓐ (2, 6) Ⓑ (2, 11) Ⓒ (6, 14)
   Ⓓ (6, 19) Ⓔ (9, 41) Ⓕ (9, 46)

9. El gimnasio A cobra $10 al mes además de una tarifa de inicio de $100. El gimnasio B cobra $30 al mes, pero debido a una promoción especial, no está cobrando una tarifa de inicio.

   a. Escribe una ecuación para cada gimnasio que represente el costo total y de una membresía que dure x meses.

   b. ¿Cuándo es más económico para una persona elegir el Gimnasio A en vez del Gimnasio B?

   c. El Gimnasio A reduce su tarifa de inicio a $25. Describe la transformación que representa este cambio y cómo afecta tu decisión en la parte (b).

Capítulo 2   Evaluación acumulativa   89

3 Ecuaciones cuadráticas y números complejos

- **3.1** Resolver ecuaciones cuadráticas
- **3.2** Números complejos
- **3.3** Completar el cuadrado
- **3.4** Usar la fórmula cuadrática
- **3.5** Resolver sistemas no lineales
- **3.6** Desigualdades cuadrática

Competencia de construcción de robots *(pág. 145)*

Torre de transmisión *(pág. 137)*

Alcatraces que se alimentan *(pág. 129)*

Béisbol *(pág. 115)*

Circuitos eléctricos *(pág. 106)*

Mantener el dominio de las matemáticas

Simplificar raíces cuadradas

Ejemplo 1 Simplifica $\sqrt{8}$.

$\sqrt{8} = \sqrt{4 \cdot 2}$ Factoriza usando el máximo factor de cuadrado perfecto.

$= \sqrt{4} \cdot \sqrt{2}$ Propiedad del producto de raíces cuadradas

$= 2\sqrt{2}$ Simplifica.

$\sqrt{ab} = \sqrt{a} \cdot \sqrt{b}$, donde $a, b \geq 0$

Ejemplo 2 Simplifica $\sqrt{\dfrac{7}{36}}$.

$\sqrt{\dfrac{7}{36}} = \dfrac{\sqrt{7}}{\sqrt{36}}$ Propiedad del cociente de raíces cuadradas

$= \dfrac{\sqrt{7}}{6}$ Simplifica.

$\sqrt{\dfrac{a}{b}} = \dfrac{\sqrt{a}}{\sqrt{b}}$, donde $a \geq 0$ y $b > 0$

Simplifica la expresión.

1. $\sqrt{27}$
2. $-\sqrt{112}$
3. $\sqrt{\dfrac{11}{64}}$
4. $\sqrt{\dfrac{147}{100}}$
5. $\sqrt{\dfrac{18}{49}}$
6. $-\sqrt{\dfrac{65}{121}}$
7. $-\sqrt{80}$
8. $\sqrt{32}$

Factorizar productos especiales

Ejemplo 3 Factoriza (a) $x^2 - 4$ y (b) $x^2 - 14x + 49$.

a. $x^2 - 4 = x^2 - 2^2$ Escribe como $a^2 - b^2$.

$= (x + 2)(x - 2)$ Patrón de diferencia de dos cuadrados

▶ Entonces, $x^2 - 4 = (x + 2)(x - 2)$.

b. $x^2 - 14x + 49 = x^2 - 2(x)(7) + 7^2$ Escribe como $a^2 - 2ab + b^2$.

$= (x - 7)^2$ Patrón de trinomio cuadrado perfecto

▶ Entonces, $x^2 - 14x + 49 = (x - 7)^2$.

Factoriza el polinomio.

9. $x^2 - 36$
10. $x^2 - 9$
11. $4x^2 - 25$
12. $x^2 - 22x + 121$
13. $x^2 + 28x + 196$
14. $49x^2 + 210x + 225$

15. **RAZONAMIENTO ABSTRACTO** Determina los posibles valores enteros de a y c para los cuales el trinomio $ax^2 + 8x + c$ es factorizable usando el Patrón de trinomio cuadrado perfecto. Explica tu razonamiento.

Soluciones dinámicas disponibles en *BigIdeasMath.com*

Prácticas matemáticas

Los estudiantes que dominan las matemáticas reconocen las limitaciones de la tecnología.

Reconocer las limitaciones de la tecnología

Concepto Esencial

Limitaciones de la calculadora gráfica

Las calculadoras gráficas tienen una cantidad limitada de píxeles para mostrar la gráfica de una función. El resultado podría ser una gráfica inexacta o engañosa.

Para corregir este problema, usa una configuración de ventana de visualización en base a las dimensiones de la pantalla (píxeles).

EJEMPLO 1 Reconocer una gráfica incorrecta

Usa la calculadora gráfica para dibujar el círculo dado por la ecuación $x^2 + y^2 = 6.25$.

SOLUCIÓN

Empieza por solucionar la ecuación para y.

$y = \sqrt{6.25 - x^2}$ Ecuación para el semicírculo superior

$y = -\sqrt{6.25 - x^2}$ Ecuación para el semicírculo inferior

Las gráficas de estas dos ecuaciones se muestran en la primera ventana de visualización. Ten en cuenta que hay dos problemas. El primero, la gráfica parece más un óvalo que un círculo. El segundo, las dos partes de la gráfica parecen tener brechas entre ellas.

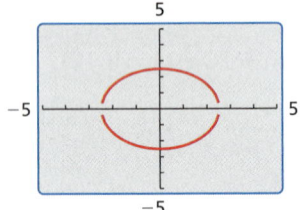

Puedes corregir el primer problema usando una *ventana de visualización cuadrada*, como se muestra en la segunda ventana de visualización.

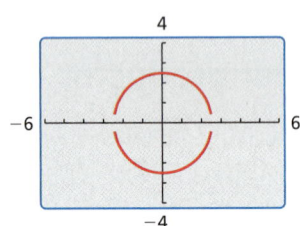

Para corregir el segundo problema necesitas conocer las dimensiones de la pantalla de la calculadora gráfica en términos del número de píxeles. Por ejemplo, para una pantalla con 63 pixeles de alto y 95 píxeles de ancho usa una configuración de ventana de visualización como se muestra a la derecha.

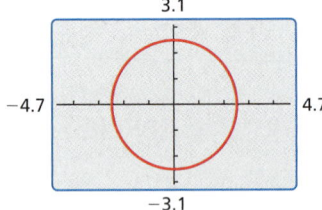

Monitoreo del progreso

1. Explica por qué la segunda ventana de visualización en el Ejemplo 1 muestra brechas entre el semicírculo superior y el semicírculo inferior, pero la tercera ventana de visualización no muestra brechas.

Usa una calculadora gráfica para dibujar una gráfica exacta de la ecuación. Explica tu elección de ventana de visualización.

2. $y = \sqrt{x^2 - 1.5}$
3. $y = \sqrt{x - 2.5}$
4. $x^2 + y^2 = 12.25$
5. $x^2 + y^2 = 20.25$
6. $x^2 + 4y^2 = 12.25$
7. $4x^2 + y^2 = 20.25$

3.1 Resolver ecuaciones cuadráticas

Pregunta esencial ¿Cómo puedes usar la gráfica de una ecuación cuadrática para determinar el número de soluciones reales de la ecuación?

EXPLORACIÓN 1   Unir una función cuadrática con su gráfica

Trabaja con un compañero. Une cada función cuadrática con la gráfica correspondiente. Explica tu razonamiento. Determina el número de intersecciones con el eje x de la gráfica.

a. $f(x) = x^2 - 2x$ **b.** $f(x) = x^2 - 2x + 1$ **c.** $f(x) = x^2 - 2x + 2$

d. $f(x) = -x^2 + 2x$ **e.** $f(x) = -x^2 + 2x - 1$ **f.** $f(x) = -x^2 + 2x - 2$

A.
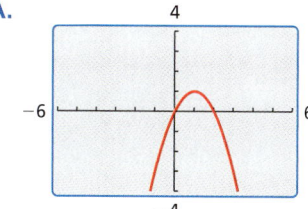

B.
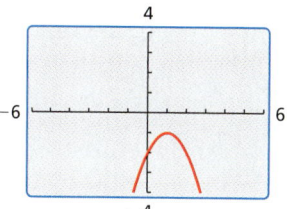

C.
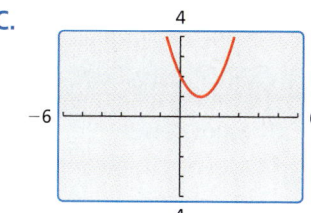

D.
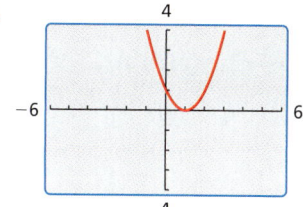

E.
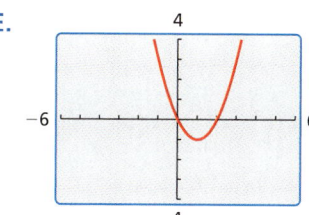

F.
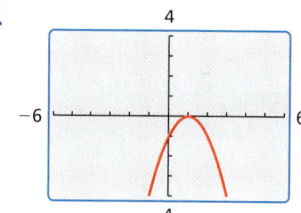

EXPLORACIÓN 2   Resolver ecuaciones cuadráticas

Trabaja con un compañero. Usa los resultados en Exploración 1 para hallar las soluciones reales (de haberlas) para cada ecuación cuadrática.

a. $x^2 - 2x = 0$ **b.** $x^2 - 2x + 1 = 0$ **c.** $x^2 - 2x + 2 = 0$

d. $-x^2 + 2x = 0$ **e.** $-x^2 + 2x - 1 = 0$ **f.** $-x^2 + 2x - 2 = 0$

DARLE SENTIDO A LOS PROBLEMAS

Para dominar las matemáticas, necesitas hacer conjeturas sobre la forma y significado de las soluciones.

Comunicar tu respuesta

3. ¿Cómo puedes usar la gráfica de una ecuación cuadrática para determinar el número de soluciones reales de la ecuación?

4. ¿Cuántas soluciones reales tiene la ecuación $x^2 + 3x + 2 = 0$? ¿Cómo lo sabes? ¿Cuáles son las soluciones?

3.1 Lección

Qué aprenderás

- Resolver ecuaciones cuadráticas haciendo una gráfica.
- Resolver ecuaciones cuadráticas de forma algebraica.
- Resolver problemas de la vida real.

Vocabulario Esencial

ecuación cuadrática en una variable, *pág. 94*
raíz de una ecuación, *pág. 94*
cero de una función, *pág. 96*

Anterior
propiedades de las raíces cuadradas
factorización
racionalizar el denominador

CONSEJO DE ESTUDIO

Las ecuaciones cuadráticas pueden tener cero, una o dos soluciones reales.

Resolver ecuaciones cuadráticas haciendo una gráfica

Una **ecuación cuadrática en una variable** es una ecuación que puede escribirse en forma estándar de $ax^2 + bx + c = 0$, donde a, b y c son números reales y $a \neq 0$. Una **raíz de una ecuación** es una solución de la ecuación. Puedes usar diversos métodos para resolver las ecuaciones cuadráticas.

Concepto Esencial

Resolver ecuaciones cuadráticas

Haciendo una gráfica	Halla las intercepciones con el eje x de la función relacionada $y = ax^2 + bx + c$.
Usando raíces cuadradas	Escribe la ecuación en la forma $u^2 = d$, donde u es una expresión algebraica, y resuélvela sacando la raíz cuadrada de cada lado.
Factorizando	Escribe la ecuación polinomial $ax^2 + bx + c = 0$ en forma factorizada y resuélvela usando la Propiedad del Producto Cero.

EJEMPLO 1 Resolver ecuaciones cuadráticas haciendo una gráfica

Resuelve cada ecuación haciendo una gráfica.

a. $x^2 - x - 6 = 0$ **b.** $-2x^2 - 2 = 4x$

SOLUCIÓN

Verifica

$x^2 - x - 6 = 0$
$(-2)^2 - (-2) - 6 \stackrel{?}{=} 0$
$4 + 2 - 6 \stackrel{?}{=} 0$
$0 = 0$ ✓

$x^2 - x - 6 = 0$
$3^2 - 3 - 6 \stackrel{?}{=} 0$
$9 - 3 - 6 \stackrel{?}{=} 0$
$0 = 0$ ✓

a. La ecuación se encuentra en forma estándar. Haz una gráfica de la función relacionada $y = x^2 - x - 6$.

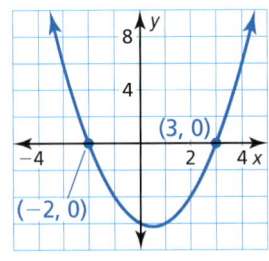

Las intersecciones con el eje x son -2 y 3.

▶ Las soluciones, o raíces, son $x = -2$ y $x = 3$.

b. Suma $-4x$ a cada lado para obtener $-2x^2 - 4x - 2 = 0$. Haz una gráfica de la función relacionada $y = -2x^2 - 4x - 2$.

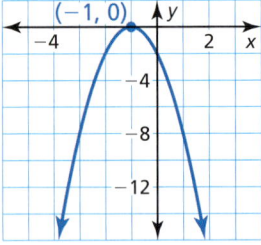

La intersección con el eje x es -1.

▶ La solución, o raíz, es $x = -1$.

Monitoreo del progreso Ayuda en inglés y español en *BigIdeasMath.com*

Resuelve la ecuación haciendo una gráfica.

1. $x^2 - 8x + 12 = 0$ **2.** $4x^2 - 12x + 9 = 0$ **3.** $\frac{1}{2}x^2 = 6x - 20$

Resolver ecuaciones cuadráticas de forma algebraica

Cuando resuelves ecuaciones cuadráticas usando raíces cuadradas puedes usar propiedades de las raíces cuadradas para escribir las soluciones en diferentes formas.

Cuando un radicando en el denominador de una fracción no es un cuadrado perfecto, puedes multiplicar la fracción por una forma apropiada de 1 para eliminar el radical del denominador. Este proceso se llama *racionalizar el denominador*.

EJEMPLO 2 Resolver ecuaciones cuadráticas usando raíces cuadradas

Resuelve cada ecuación usando raíces cuadradas.

a. $4x^2 - 31 = 49$ **b.** $3x^2 + 9 = 0$ **c.** $\frac{2}{5}(x + 3)^2 = 5$

SOLUCIÓN

a.
$4x^2 - 31 = 49$	Escribe la ecuación.
$4x^2 = 80$	Suma 31 a cada lado.
$x^2 = 20$	Divide cada lado entre 4.
$x = \pm\sqrt{20}$	Saca la raíz cuadrada de cada lado.
$x = \pm\sqrt{4} \cdot \sqrt{5}$	Propiedad del producto de raíces cuadradas
$x = \pm 2\sqrt{5}$	Simplifica.

▶ Las soluciones son $x = 2\sqrt{5}$ y $x = -2\sqrt{5}$.

b.
$3x^2 + 9 = 0$	Escribe la ecuación.
$3x^2 = -9$	Resta 9 de cada lado.
$x^2 = -3$	Divide cada lado entre 3.

▶ El cuadrado de un número real no puede ser negativo. Entonces, la ecuación no tiene una solución real.

BUSCAR UNA ESTRUCTURA

Nota que $(x + 3)^2 = \frac{25}{2}$ tiene la forma $u^2 = d$, donde $u = x + 3$.

CONSEJO DE ESTUDIO

Dado que $\frac{\sqrt{2}}{\sqrt{2}} = 1$, el valor de $\frac{\sqrt{25}}{\sqrt{2}}$ no cambia cuando lo multiplicas por $\frac{\sqrt{2}}{\sqrt{2}}$.

c.
$\frac{2}{5}(x + 3)^2 = 5$	Escribe la ecuación.
$(x + 3)^2 = \frac{25}{2}$	Multiplica cada lado por $\frac{5}{2}$.
$x + 3 = \pm\sqrt{\frac{25}{2}}$	Saca la raíz cuadrada de cada lado.
$x = -3 \pm \sqrt{\frac{25}{2}}$	Resta 3 de cada lado.
$x = -3 \pm \frac{\sqrt{25}}{\sqrt{2}}$	Propiedad del cociente de raíces cuadradas
$x = -3 \pm \frac{\sqrt{25}}{\sqrt{2}} \cdot \frac{\sqrt{2}}{\sqrt{2}}$	Multiplicar por $\frac{\sqrt{2}}{\sqrt{2}}$.
$x = -3 \pm \frac{5\sqrt{2}}{2}$	Simplifica.

▶ Las soluciones son $x = -3 + \frac{5\sqrt{2}}{2}$ y $x = -3 - \frac{5\sqrt{2}}{2}$.

Monitoreo del progreso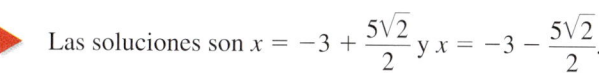

Resuelve la ecuación usando raíces cuadradas.

4. $\frac{2}{3}x^2 + 14 = 20$ **5.** $-2x^2 + 1 = -6$ **6.** $2(x - 4)^2 = -5$

Cuando el lado izquierdo de $ax^2 + bx + c = 0$ es factorizable puedes resolver la ecuación usando la *Propiedad del producto cero*.

Concepto Esencial

Propiedad del producto cero

Palabras Si el producto de dos expresiones es cero, entonces una o ambas de las expresiones es igual a cero.

Álgebra Si A y B son expresiones y $AB = 0$, entonces $A = 0$ o $B = 0$.

EJEMPLO 3 Resolver una ecuación cuadrática factorizando

Resuelve $x^2 - 4x = 45$ factorizando.

SOLUCIÓN

$x^2 - 4x = 45$	Escribe la ecuación.
$x^2 - 4x - 45 = 0$	Escribe en forma estándar.
$(x - 9)(x + 5) = 0$	Factoriza el polinomio.
$x - 9 = 0$ o $x + 5 = 0$	Propiedad del producto cero
$x = 9$ o $x = -5$	Resuelve para hallar x.

▶ Las soluciones son $x = -5$ y $x = 9$.

Sabes que las intersecciones con el eje x de la gráfica de $f(x) = a(x - p)(x - q)$ son p y q. Dado que el valor de la función es cero cuando $x = p$ y cuando $x = q$, los números p y q también se llaman ceros de la función. Un **cero de una función** f es un valor de x para el cual $f(x) = 0$.

COMPRENDER LOS TÉRMINOS MATEMÁTICOS

Si un número real k es un cero de la función $f(x) = ax^2 + bx + c$, entonces k es una intersección con el eje x de la gráfica de la función, y k también es una raíz de la ecuación $ax^2 + bx + c = 0$.

EJEMPLO 4 Hallar los ceros de una función cuadrática

Halla los ceros de $f(x) = 2x^2 - 11x + 12$.

SOLUCIÓN

Para hallar los ceros de la función halla los valores de x para los cuales $f(x) = 0$.

$2x^2 - 11x + 12 = 0$	Coloca $f(x)$ igual a 0.
$(2x - 3)(x - 4) = 0$	Factoriza el polinomio.
$2x - 3 = 0$ o $x - 4 = 0$	Propiedad del producto cero
$x = 1.5$ o $x = 4$	Resuelve para hallar x.

▶ Los ceros de la función son $x = 1.5$ y $x = 4$. Puedes verificarlo haciendo una gráfica de la función. Las intersecciones con el eje x son 1.5 y 4.

Verifica

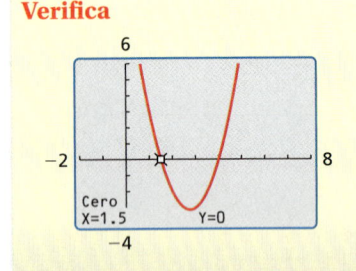

Monitoreo del progreso Ayuda en inglés y español en *BigIdeasMath.com*

Resuelve la ecuación factorizando.

7. $x^2 + 12x + 35 = 0$

8. $3x^2 - 5x = 2$

Halla el(los) cero(s) de la función.

9. $f(x) = x^2 - 8x$

10. $f(x) = 4x^2 + 28x + 49$

96 Capítulo 3 Ecuaciones cuadráticas y números complejos

Resolver problemas de la vida real

Para hallar el valor máximo o el valor mínimo de una función cuadrática primero puedes factorizar y escribir la función en forma de intersección $f(x) = a(x - p)(x - q)$.

Dado que el vértice de la función yace en el eje de simetría, $x = \dfrac{p + q}{2}$, el valor máximo o el valor mínimo ocurre en el promedio de los ceros p y q.

EJEMPLO 5 Resolver un problema de varios pasos

Una revista mensual para adolescentes tiene 48,000 suscriptores cuando cobra $20 por suscripción anual. Por cada aumento de $1 en el precio la revista pierde alrededor de 2000 suscriptores. ¿Cuánto deberá cobrar la revista para maximizar los ingresos anuales? ¿Cuál es el máximo ingreso anual?

SOLUCIÓN

Paso 1 Define las variables. Imagina que x representa el aumento de precio y $R(x)$ representa el ingreso anual.

Paso 2 Escribe un modelo verbal. Luego escribe y simplifica una función cuadrática.

Ingreso anual (dólares) = Numero de suscriptores (personas) · Precio de suscripción (dólares/persona)

$R(x) = (48{,}000 - 2000x) \cdot (20 + x)$

$R(x) = (-2000x + 48{,}000)(x + 20)$

$R(x) = -2000(x - 24)(x + 20)$

Paso 3 Identifica los ceros y halla sus promedios. Luego halla cuánto debe costar cada suscripción para maximizar el ingreso anual.

Los ceros de la función de ingresos son 24 y -20. El promedio de los ceros es $\dfrac{24 + (-20)}{2} = 2$.

Para maximizar el ingreso cada suscripción debe costar $20 + $2 = $22.

Paso 4 Halla el ingreso anual máximo.

$R(2) = -2000(2 - 24)(2 + 20) = \$968{,}000$

▶ Entonces, la revista deberá cobrar $22 por suscripción para maximizar el ingreso anual. El ingreso anual máximo es $968,000.

Monitoreo del progreso Ayuda en inglés y español en *BigIdeasMath.com*

11. ¿QUÉ PASA SI? La revista inicialmente cobra $21 por suscripción anual. ¿Cuánto deberá cobrar la revista para maximizar el ingreso anual? ¿Cuál es el máximo ingreso anual?

Sección 3.1   Resolver ecuaciones cuadráticas

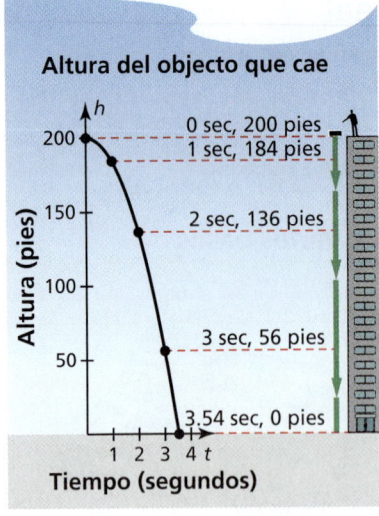

Altura del objeto que cae

Cuando cae un objeto, su altura h (en pies) por encima del suelo luego de t segundos puede ser representado por la función $h = -16t^2 + h_0$, donde h_0 es la altura inicial (en pies) del objeto. A la izquierda se muestra la gráfica de $h = -16t^2 + 200$, representando la altura de un objeto que cae de una altura inicial de 200 pies.

El modelo $h = -16t^2 + h_0$ considera que la fuerza de resistencia del aire en el objeto es insignificante. Además, este modelo se aplica únicamente para objetos que caen a la Tierra. Para planetas con fuerzas gravitacionales más fuertes o débiles se usan diferentes modelos.

EJEMPLO 6   Representar un objeto que cae

Para un concurso de ciencias los estudiantes deberán diseñar un contenedor que evite que un huevo se rompa al caer de una altura de 50 pies.

a. Escribe una función que dé la altura h (en pies) del contenedor luego de t segundos. ¿Cuánto tiempo demora el contenedor en llegar al piso?

b. Halla e interpreta $h(1) - h(1.5)$.

SOLUCIÓN

a. La altura inicial es 50, entonces el modelo es $h = -16t^2 + 50$. Halla los ceros de la función.

$$h = -16t^2 + 50 \qquad \text{Escribe la función.}$$
$$0 = -16t^2 + 50 \qquad \text{Sustituye 0 por } h.$$
$$-50 = -16t^2 \qquad \text{Resta 50 de cada lado.}$$
$$\frac{-50}{-16} = t^2 \qquad \text{Divide cada lado entre } -16.$$
$$\pm\sqrt{\frac{50}{16}} = t \qquad \text{Saca la raíz cuadrada de cada lado.}$$
$$\pm 1.8 \approx t \qquad \text{Usa una calculadora.}$$

▶ Rechaza la solución negativa, -1.8, porque el tiempo debe ser positivo. El contenedor caerá alrededor de 1.8 segundos antes de que llegue al suelo.

INTERPRETAR LAS EXPRESIONES

En el modelo para la altura de un objeto caído, el término $-16t^2$ indica que un objeto ha caído $16t^2$ pies luego de t segundos.

b. Halla $h(1)$ y $h(1.5)$. Estas representan las alturas luego de 1 y 1.5 segundos.
$$h(1) = -16(1)^2 + 50 = -16 + 50 = 34$$
$$h(1.5) = -16(1.5)^2 + 50 = -16(2.25) + 50 = -36 + 50 = 14$$
$$h(1) - h(1.5) = 34 - 14 = 20$$

▶ Entonces, el contendor cayó 20 pies entre 1 y 1.5 segundos. Puedes verificarlo haciendo una gráfica de la función. Los puntos parecen estar a 20 pies de distancia. Entonces, la respuesta es razonable.

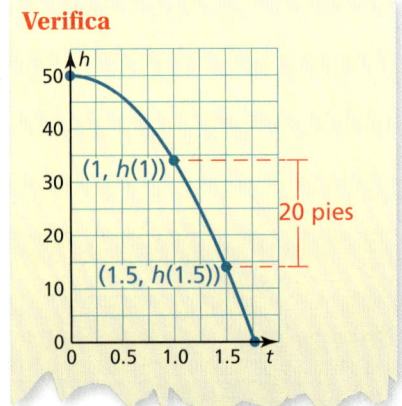

Verifica

Monitoreo del progreso Ayuda en inglés y español en *BigIdeasMath.com*

12. ¿QUÉ PASA SI? El contenedor de huevos cae de una altura de 80 pies. ¿Cómo cambia esto tus respuestas en las partes (a) y (b)?

98   Capítulo 3   Ecuaciones cuadráticas y números complejos

3.1 Ejercicios

Soluciones dinámicas disponibles en *BigIdeasMath.com*

Verificación de vocabulario y concepto esencial

1. **ESCRIBIR** Explica cómo usar gráficas para hallar las raíces de la ecuación $ax^2 + bx + c = 0$.

2. **DISTINTAS PALABRAS, LA MISMA PREGUNTA** ¿Cuál es diferente? Halla "ambas" respuestas.

   ¿Cuáles son los ceros de $f(x) = x^2 + 3x - 10$?

   ¿Cuáles son las soluciones de $x^2 + 3x - 10 = 0$?

   ¿Cuáles son las raíces de $10 - x^2 = 3x$?

   ¿Cuál es la intersección con el eje y en la gráfica de $y = (x + 5)(x - 2)$?

Monitoreo del progreso y Representar con matemáticas

En los Ejercicios 3–12, resuelve la ecuación haciendo una gráfica. *(Consulta el Ejemplo 1)*.

3. $x^2 + 3x + 2 = 0$
4. $-x^2 + 2x + 3 = 0$
5. $0 = x^2 - 9$
6. $-8 = -x^2 - 4$
7. $8x = -4 - 4x^2$
8. $3x^2 = 6x - 3$
9. $7 = -x^2 - 4x$
10. $2x = x^2 + 2$
11. $\frac{1}{5}x^2 + 6 = 2x$
12. $3x = \frac{1}{4}x^2 + 5$

En los Ejercicios 13–20, resuelve la ecuación usando raíces cuadradas. *(Consulta el Ejemplo 2)*.

13. $s^2 = 144$
14. $a^2 = 81$
15. $(z - 6)^2 = 25$
16. $(p - 4)^2 = 49$
17. $4(x - 1)^2 + 2 = 10$
18. $2(x + 2)^2 - 5 = 8$
19. $\frac{1}{2}r^2 - 10 = \frac{3}{2}r^2$
20. $\frac{1}{5}x^2 + 2 = \frac{3}{5}x^2$

21. **ANALIZAR RELACIONES** ¿Qué ecuaciones tienen raíces equivalentes a las intersecciones con el eje x en la siguiente gráfica?

    Ⓐ $-x^2 - 6x - 8 = 0$
    Ⓑ $0 = (x + 2)(x + 4)$
    Ⓒ $0 = -(x + 2)^2 + 4$
    Ⓓ $2x^2 - 4x - 6 = 0$
    Ⓔ $4(x + 3)^2 - 4 = 0$

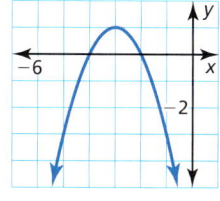

22. **ANALIZAR RELACIONES** ¿Qué gráfica tiene intersecciones con el eje x equivalentes a las raíces de la ecuación $\left(x - \frac{3}{2}\right)^2 = \frac{25}{4}$? Explica tu razonamiento.

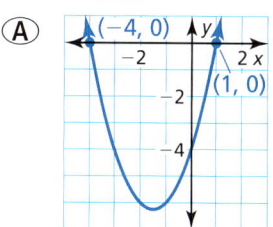 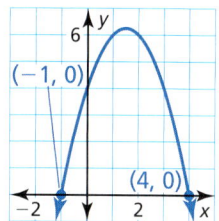

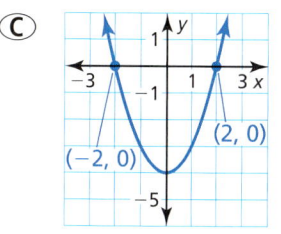 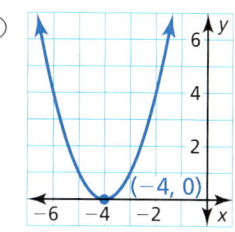

ANÁLISIS DE ERRORES En los Ejercicios 23 y 24, describe y corrige el error cometido al resolver la ecuación.

23.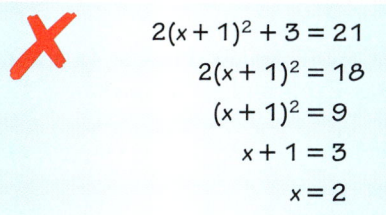

24.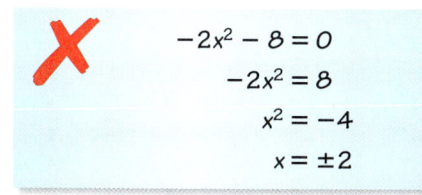

Sección 3.1 Resolver ecuaciones cuadráticas

25. **FINAL ABIERTO** Escribe una ecuación de la forma $x^2 = d$ que tiene (a) dos soluciones reales, (b) una solución real, y (c) ninguna solución real.

26. **ANALIZAR ECUACIONES** ¿Qué ecuación tiene una solución real? Explica.

    Ⓐ $3x^2 + 4 = -2(x^2 + 8)$

    Ⓑ $5x^2 - 4 = x^2 - 4$

    Ⓒ $2(x + 3)^2 = 18$

    Ⓓ $\frac{3}{2}x^2 - 5 = 19$

En los Ejercicios 27–34, resuelve la ecuación factorizando. *(Consulta el Ejemplo 3).*

27. $0 = x^2 + 6x + 9$ 28. $0 = z^2 - 10z + 25$

29. $x^2 - 8x = -12$ 30. $x^2 - 11x = -30$

31. $n^2 - 6n = 0$ 32. $a^2 - 49 = 0$

33. $2w^2 - 16w = 12w - 48$

34. $-y + 28 + y^2 = 2y + 2y^2$

CONEXIONES MATEMÁTICAS En los Ejercicios 35–38 halla el valor de x.

35. Área del rectángulo = 36

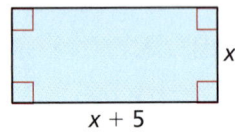

36. Área del círculo = 25π

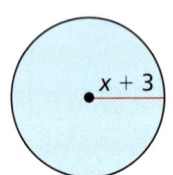

37. Área del triángulo = 42

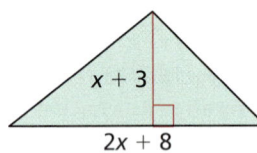

38. Área del trapecio = 32

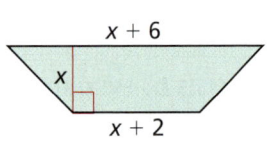

En los Ejercicios 39–46 resuelve la ecuación usando cualquier método. Explica tu razonamiento.

39. $u^2 = -9u$ 40. $\dfrac{t^2}{20} + 8 = 15$

41. $-(x + 9)^2 = 64$ 42. $-2(x + 2)^2 = 5$

43. $7(x - 4)^2 - 18 = 10$ 44. $t^2 + 8t + 16 = 0$

45. $x^2 + 3x + \dfrac{5}{4} = 0$ 46. $x^2 - 1.75 = 0.5$

En los Ejercicios 47–54, halla el(los) cero(s) de la función. *(Consulta el Ejemplo 4).*

47. $g(x) = x^2 + 6x + 8$ 48. $f(x) = x^2 - 8x + 16$

49. $h(x) = x^2 + 7x - 30$ 50. $g(x) = x^2 + 11x$

51. $f(x) = 2x^2 - 2x - 12$ 52. $f(x) = 4x^2 - 12x + 9$

53. $g(x) = x^2 + 22x + 121$

54. $h(x) = x^2 + 19x + 84$

55. **RAZONAR** Escribe una función cuadrática en la forma $f(x) = x^2 + bx + c$ que tenga ceros 8 y 11.

56. **SENTIDO NUMÉRICO** Escribe una ecuación cuadrática en forma estándar que tenga raíces equidistantes del 10 en la recta numérica.

57. **RESOLVER PROBLEMAS** Un restaurante vende 330 sándwiches al día. Por cada disminución de $0.25 en el precio, el restaurante vende alrededor de 15 sándwiches más. ¿Cuánto deberá cobrar el restaurante para maximizar el ingreso diario? ¿Cuál es el máximo ingreso diario? *(Consulta el Ejemplo 5).*

58. **RESOLVER PROBLEMAS** Una tienda de atletismo vende alrededor de 200 pares de zapatillas para básquetbol al mes cuando cobra $120 por par. Por cada $2 de aumento en el precio la tienda vende dos pares menos de zapatillas. ¿Cuánto deberá cobrar la tienda para maximizar el ingreso mensual? ¿Cuál es el ingreso mensual?

59. **REPRESENTAR CON MATEMÁTICAS** Las cataratas del Niágara están compuestas por tres cascadas. La altura de la catarata Horseshoe es de alrededor de 188 pies por encima del Río del Niágara que se encuentra más abajo. Cae un tronco desde la parte superior de la catarata Horseshoe. *(Consulta el Ejemplo 6).*

   a. Escribe una función que dé la altura h (en pies) del tronco después de t segundos. ¿Cuánto demora el tronco en llegar al río?

   b. Halla e interpreta $h(2) - h(3)$.

60. **REPRESENTAR CON MATEMÁTICAS** De acuerdo con la leyenda, en 1589, el científico italiano Galileo Galilei dejó caer rocas de diferentes pesos desde el último piso de la Torre Inclinada de Pisa para comprobar sus conjeturas de que las rocas llegarían al suelo al mismo tiempo. La altura h (en pies) de una roca luego de t segundos puede ser representada por $h(t) = 196 - 16t^2$.

a. Halla e interpreta los ceros de la función. Luego usa los ceros para hacer un dibujo de la gráfica.

b. ¿Qué representan el dominio y el rango de la función en esta situación?

61. **RESOLVER PROBLEMAS** Haces un colcha rectangular que mide 5 pies por 4 pies. Usas los 10 pies cuadrados restantes de tela para añadir un borde de ancho uniforme a la colcha. ¿Cuál es el ancho del borde?

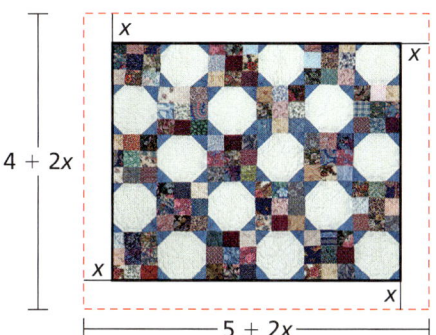

62. **REPRESENTAR CON MATEMÁTICAS** Dejas caer una concha de mar en al océano desde una altura de 40 pies. Escribe una ecuación que represente la altura h (en pies) de la concha por encima del agua después de t segundos. ¿Cuánto tiempo dura la concha en el aire?

63. **ESCRIBIR** La ecuación $h = 0.019s^2$ representa la altura h (en pies) de las olas más grandes del océano cuando la velocidad del viento es de s nudos. Compara las velocidades del viento requeridas para generar olas de 5 pies y olas de 20 pies.

64. **PENSAMIENTO CRÍTICO** Escribe y resuelve una ecuación para hallar dos números enteros impares consecutivos cuyo producto sea 143.

65. **CONEXIONES MATEMÁTICAS** Se divide un cuadrilátero en dos triángulos rectángulos como se muestra en la figura. ¿Cuál es la longitud de cada lado del cuadrilátero?

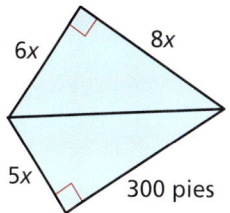

66. **RAZONAMIETO ABSTRACTO** Supón que la ecuación $ax^2 + bx + c = 0$ no tiene una solución real y una gráfica de la función relacionada tiene un vértice que pertenece al segundo cuadrante.

a. ¿El valor a es positivo o negativo? Explica tu razonamiento.

b. Supón que la gráfica es trasladada de manera que el vértice esté en el cuarto cuadrante. ¿La gráfica tiene alguna intersección con el eje x? Explica.

67. **RAZONAR** Cuando un objeto cae en cualquier planeta, su altura h (en pies) después de t segundos puede ser representado por la función $h = -\frac{g}{2}t^2 + h_0$, donde h_0 es la altura inicial del objeto y g es la aceleración del planeta debido a la gravedad. Supón que una roca cae desde la misma altura inicial en los tres planetas que se muestran a continuación. Formula una conjetura sobre qué roca llegará primero al suelo. Justifica tu respuesta.

Tierra: $g = 32$ pies/segundo^2
Marte: $g = 12$ pies/segundo^2
Júpiter: $g = 76$ pies/segundo^2

68. **RESOLVER PROBLEMAS** Un café tiene un patio rectangular exterior. El dueño quiere añadir 329 pies cuadrados al área del patio expandiendo el patio ya existente como se muestra. Escribe y resuelve una ecuación para hallar el valor de x. ¿Por qué distancia debe el patio ser extendido?

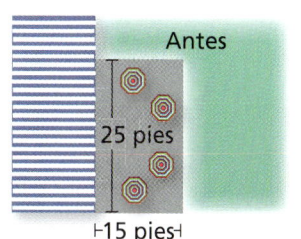 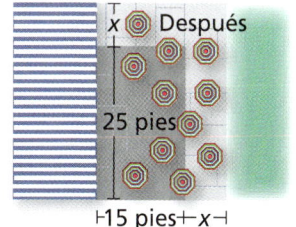

Sección 3.1   Resolver ecuaciones cuadráticas   101

69. **RESOLVER PROBLEMAS** Una pulga puede saltar distancias muy largas. La trayectoria del salto de una pulga puede ser representada por la gráfica de la función $y = -0.189x^2 + 2.462x$, donde x es la distancia horizontal (en pulgadas) y y es la distancia vertical (en pulgadas). Haz una gráfica de la función. Identifica el vértice y los ceros e interpreta sus significados en esta situación.

70. **¿CÓMO LO VES?** Un artista está pintando un mural y deja caer una brocha. La gráfica representa la altura h (en pies) de la brocha después de t segundos.

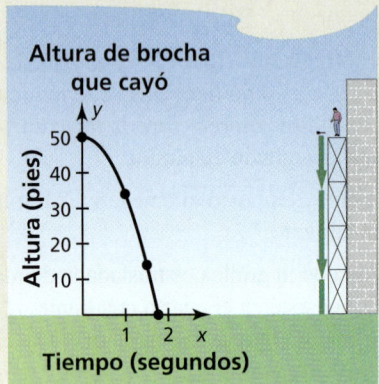

   a. ¿Cuál es la altura inicial de la brocha?

   b. ¿Cuánto demora la brocha en llegar al piso? Explica.

71. **ARGUMENTAR** Tu amigo afirma que la ecuación $x^2 + 7x = -49$ se puede resolver factorizando y que tiene una solución de $x = 7$. Tú resuelves la ecuación haciendo una gráfica de la función relacionada y afirmas que no hay solución. ¿Quién tiene la razón? Explica.

72. **RAZONAMIENTO ABSTRACTO** Factoriza las expresiones $x^2 - 4$ y $x^2 - 9$. Recuerda que una expresión en esta forma se llama una diferencia de dos cuadrados. Usa tus respuestas para factorizar la expresión $x^2 - a^2$. Haz una gráfica de la función relacionada $y = x^2 - a^2$. Rotula el vértice, las intersecciones con el eje x, y el eje de simetría.

73. **SACAR CONCLUSIONES** Considera la expresión $x^2 + a^2$, donde $a > 0$.

   a. Quieres escribir la expresión como $(x + m)(x + n)$. Escribe dos ecuaciones que m y n deben satisfacer.

   b. Usa las ecuaciones que escribiste en parte a para resolver para m y n. ¿Cuál es tu conclusión?

74. **ESTIMULAR EL PENSAMIENTO** Estás rediseñando una balsa rectangular. La balsa tiene 6 pies de largo y 4 pies de ancho. Quieres duplicar el área de la balsa añadiendo al diseño ya existente. Dibuja un diagrama de la nueva balsa. Escribe y resuelve una ecuación que puedas usar para hallar las dimensiones de la nueva balsa.

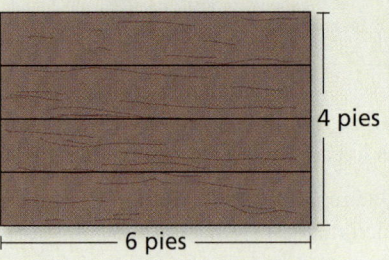

75. **REPRESENTAR CON MATEMÁTICAS** Un colegio de secundaria quiere duplicar el tamaño de su estacionamiento ampliando el existente como se muestra a continuación. ¿En qué distancia x deberá ampliarse el estacionamiento?

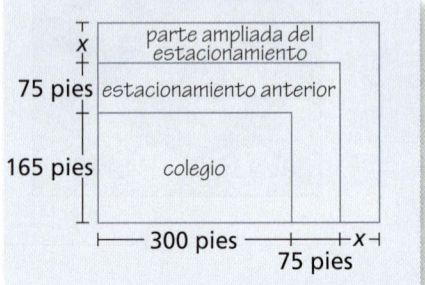

Mantener el dominio de las matemáticas
Repasar lo que aprendiste en grados y lecciones anteriores

Halla la suma o la diferencia. *(Manual de revisión de destrezas)*

76. $(x^2 + 2) + (2x^2 - x)$

77. $(x^3 + x^2 - 4) + (3x^2 + 10)$

78. $(-2x + 1) - (-3x^2 + x)$

79. $(-3x^3 + x^2 - 12x) - (-6x^2 + 3x - 9)$

Halla el producto. *(Manual de revisión de destrezas)*

80. $(x + 2)(x - 2)$

81. $2x(3 - x + 5x^2)$

82. $(7 - x)(x - 1)$

83. $11x(-4x^2 + 3x + 8)$

3.2 Números complejos

Pregunta esencial ¿Cuáles son los subconjuntos del conjunto de números complejos?

Durante tus estudios de matemáticas probablemente has trabajado únicamente con *números reales*, los cuales pueden expresarse gráficamente en la recta de números reales. En esta lección, el sistema de números se ha ampliado para incluir *números imaginarios*. Los números reales e imaginarios componen el conjunto de *números complejos*.

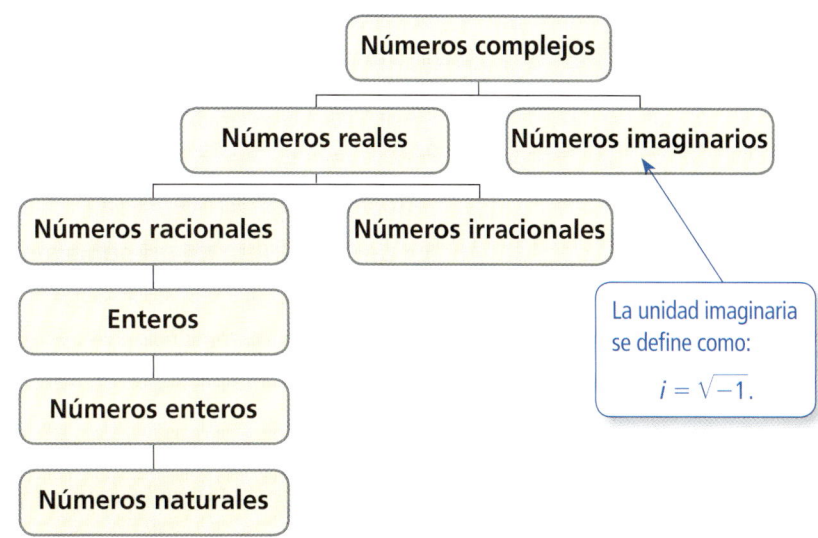

EXPLORACIÓN 1 Clasificar números

Trabaja con un compañero. Determina cuáles de los subconjuntos del conjunto de números complejos contienen cada número.

a. $\sqrt{9}$
b. $\sqrt{0}$
c. $-\sqrt{4}$
d. $\sqrt{\dfrac{4}{9}}$
e. $\sqrt{2}$
f. $\sqrt{-1}$

PRESTAR ATENCIÓN A LA PRECISIÓN

Para dominar las matemáticas, necesitas usar definiciones claras en tu razonamiento y debates con otros.

EXPLORACIÓN 2 Soluciones complejas de ecuaciones cuadráticas

Trabaja con un compañero. Usa la definición de la unidad imaginaria i para unir cada ecuación cuadrática con su solución compleja. Justifica tus respuestas.

a. $x^2 - 4 = 0$
b. $x^2 + 1 = 0$
c. $x^2 - 1 = 0$
d. $x^2 + 4 = 0$
e. $x^2 - 9 = 0$
f. $x^2 + 9 = 0$

A. i
B. $3i$
C. 3
D. $2i$
E. 1
F. 2

Comunicar tu respuesta

3. ¿Cuáles son los subconjuntos del conjunto de números complejos? Da un ejemplo de un número de cada subconjunto.

4. ¿Es posible que un número sea tanto entero como natural? ¿Natural y racional? ¿Racional e irracional? ¿Real e imaginario? Explica tu razonamiento.

3.2 Lección

Vocabulario Esencial

unidad imaginaria *i*, *pág. 104*
número complejo, *pág. 104*
número imaginario, *pág. 104*
número imaginario puro, *pág. 104*

Qué aprenderás

▶ Definir y usar la unidad imaginaria *i*.
▶ Sumar, restar y multiplicar números complejos.
▶ Hallar soluciones complejas y ceros.

La unidad imaginaria *i*

No todas las ecuaciones cuadráticas tienen soluciones en números reales. Por ejemplo, $x^2 = -3$ no tiene soluciones en números reales porque el cuadrado de todo número real nunca será un número negativo.

Para superar este problema, los matemáticos crearon un sistema desarrollado de números usando la **unidad imaginaria *i***, definida como $i = \sqrt{-1}$. Nota que $i^2 = -1$. La unidad imaginaria *i* puede ser usada para escribir la raíz cuadrada de *cualquier* número negativo.

Concepto Esencial

La raíz cuadrada de un número negativo

Propiedad
1. Si *r* es un número real positivo, entonces $\sqrt{-r} = i\sqrt{r}$.
2. En base a la primera propiedad, se deduce que $(i\sqrt{r})^2 = -r$.

Ejemplo
$\sqrt{-3} = i\sqrt{3}$
$(i\sqrt{3})^2 = i^2 \cdot 3 = -3$

EJEMPLO 1   Hallar la raíz cuadrada de números negativos

Halla la raíz cuadrada de cada número.

a. $\sqrt{-25}$ **b.** $\sqrt{-72}$ **c.** $-5\sqrt{-9}$

SOLUCIÓN

a. $\sqrt{-25} = \sqrt{25} \cdot \sqrt{-1} = 5i$

b. $\sqrt{-72} = \sqrt{72} \cdot \sqrt{-1} = \sqrt{36} \cdot \sqrt{2} \cdot i = 6\sqrt{2}\,i = 6i\sqrt{2}$

c. $-5\sqrt{-9} = -5\sqrt{9} \cdot \sqrt{-1} = -5 \cdot 3 \cdot i = -15i$

Monitoreo del progreso   Ayuda en inglés y español en *BigIdeasMath.com*

Halla la raíz cuadrada del número.

1. $\sqrt{-4}$ **2.** $\sqrt{-12}$ **3.** $-\sqrt{-36}$ **4.** $2\sqrt{-54}$

Un **número complejo** escrito en *forma estándar* es un número $a + bi$ donde *a* y *b* son números reales. El número *a* es la *parte real*, y el número *bi* es la *parte imaginaria*.

$a + bi$

Si $b \neq 0$, entonces $a + bi$ es un **número imaginario**. Si $a = 0$ y $b \neq 0$, entonces $a + bi$ es un **número imaginario puro**. El diagrama muestra cómo se relacionan los diferentes tipos de números complejos.

Números complejos (*a* + *bi*)

Números reales (*a* + 0*i*)	Números imaginarios (*a* + *bi*, *b* ≠ 0)
-1 $\frac{5}{3}$ π $\sqrt{2}$	$2 + 3i$ $9 - 5i$
	Números imaginarios puros (0 + *bi*, *b* ≠ 0) $-4i$ $6i$

104   Capítulo 3   Ecuaciones cuadráticas y números complejos

Dos números complejos $a + bi$ y $c + di$ son iguales si y solo si $a = c$ y $b = d$.

EJEMPLO 2 Igualdad de dos números complejos

Halla los valores de x y y que satisfagan la ecuación $2x - 7i = 10 + yi$.

SOLUCIÓN

Iguala las partes reales unas con otras, e iguala las partes imaginarias unas con otras.

$2x = 10$ Iguala las partes reales. $-7i = yi$ Iguala las partes imaginarias.
$x = 5$ Resuelve para hallar x. $-7 = y$ Resuelve para hallar y.

▶ Entonces, $x = 5$ y $y = -7$.

Monitoreo del progreso Ayuda en inglés y español en *BigIdeasMath.com*

Halla los valores de x y y que satisfagan la ecuación.

5. $x + 3i = 9 - yi$
6. $9 + 4yi = -2x + 3i$

Operaciones con números complejos

Concepto Esencial

Sumas y restas de números complejos

Para sumar (o restar) dos números complejos, suma (o resta) sus partes reales y sus partes imaginarias de manera separada.

Suma de números complejos: $(a + bi) + (c + di) = (a + c) + (b + d)i$
Resta de números complejos: $(a + bi) - (c + di) = (a - c) + (b - d)i$

EJEMPLO 3 Sumar y restar números complejos

Suma o resta. Escribe la respuesta en forma estándar.

a. $(8 - i) + (5 + 4i)$
b. $(7 - 6i) - (3 - 6i)$
c. $13 - (2 + 7i) + 5i$

SOLUCIÓN

a. $(8 - i) + (5 + 4i) = (8 + 5) + (-1 + 4)i$ Definición de suma compleja
  $= 13 + 3i$ Escribe en forma estándar.
b. $(7 - 6i) - (3 - 6i) = (7 - 3) + (-6 + 6)i$ Definición de resta compleja
  $= 4 + 0i$ Simplifica.
  $= 4$ Escribe en forma estándar.
c. $13 - (2 + 7i) + 5i = [(13 - 2) - 7i] + 5i$ Definición de resta compleja
  $= (11 - 7i) + 5i$ Simplifica.
  $= 11 + (-7 + 5)i$ Definición de suma compleja
  $= 11 - 2i$ Escribe en forma estándar.

EJEMPLO 4   Resolver un problema de la vida real

Los componentes del circuito eléctrico, como resistores, inductores y capacitores se oponen al flujo de la corriente. Para los resistores, esta oposición se llama *resistencia*, y para los inductores y capacitores se llama *reactancia*. Cada una de estas cantidades se mide en ohmios. El símbolo usado para ohmios es Ω, la letra griega omega en mayúscula.

Componente y símbolo	Resitencia ─⌐⌐⌐─	Inductor ─⌒⌒⌒─	Capacitor ─┤├─
Resistencia o reactancia (ohmios)	R	L	C
Impedancia (ohmios)	R	Li	$-Ci$

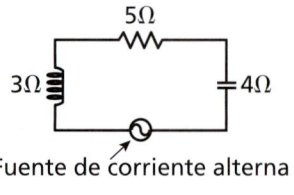

Fuente de corriente alterna

La tabla muestra la relación entre la resistencia o reactancia del componente y su contribución a la impedancia. También se muestra un circuito en serie con la resistencia o reactancia de cada componente rotulado. La impedancia para el circuito en serie es la suma de las impedancias de los componentes individuales. Halla la impedancia del circuito.

SOLUCIÓN

El resistor tiene una resistencia de 5 ohmios, de manera que su impedancia es de 5 ohmios. El inductor tiene una reactancia de 3 ohmios por lo que su impedancia es de $3i$ ohmios. El capacitor tiene una reactancia de 4 ohmios, entonces su reactancia es de $-4i$ ohmios.

$$\text{La impedancia del circuito} = 5 + 3i + (-4i) = 5 - i$$

▶ La impedancia del circuito es $(5 - i)$ ohmios.

Para multiplicar dos números complejos usa la Propiedad Distributiva, o el método FOIL tal como haces cuando multiplicas números reales o expresiones algebraicas.

EJEMPLO 5   Multiplicar números complejos

CONSEJO DE ESTUDIO

Cuando simplifiques una expresión que incluye números complejos asegúrate de simplificar i^2 como -1.

Multiplica. Escribe la respuesta en forma estándar.

a. $4i(-6 + i)$ **b.** $(9 - 2i)(-4 + 7i)$

SOLUCIÓN

a. $4i(-6 + i) = -24i + 4i^2$ Propiedad distributiva
$ = -24i + 4(-1)$ Usa $i^2 = -1$.
$ = -4 - 24i$ Escribe en forma estándar.

b. $(9 - 2i)(-4 + 7i) = -36 + 63i + 8i - 14i^2$ Multiplica usando el método FOIL.
$ = -36 + 71i - 14(-1)$ Simplica y usa $i^2 = -1$.
$ = -36 + 71i + 14$ Simplica.
$ = -22 + 71i$ Escribe en forma estándar.

Monitoreo del progreso Ayuda en inglés y español en *BigIdeasMath.com*

7. **¿QUÉ PASA SI?** En el Ejemplo 4, ¿cuál es la impedancia del circuito cuando el capacitor es reemplazado con uno cuya reactancia es de 7 ohmios?

Realiza la operación. Escribe la respuesta en forma estándar.

8. $(9 - i) + (-6 + 7i)$ 9. $(3 + 7i) - (8 - 2i)$ 10. $-4 - (1 + i) - (5 + 9i)$

11. $(-3i)(10i)$ 12. $i(8 - i)$ 13. $(3 + i)(5 - i)$

106   Capítulo 3   Ecuaciones cuadráticas y números complejos

Soluciones complejas y ceros

EJEMPLO 6   **Resolver ecuaciones cuadráticas**

Resuelve (a) $x^2 + 4 = 0$ y (b) $2x^2 - 11 = -47$.

SOLUCIÓN

BUSCAR UNA ESTRUCTURA

Nota que puedes usar las soluciones en el Ejemplo 6(a) para factorizar $x^2 + 4$ como $(x + 2i)(x - 2i)$.

a. $x^2 + 4 = 0$ Escribe la ecuación original.
$x^2 = -4$ Resta 4 de cada lado.
$x = \pm\sqrt{-4}$ Saca raíz cuadradas de cada lado.
$x = \pm 2i$ Escribe en términos de i.

▶ Las soluciones son $2i$ y $-2i$.

b. $2x^2 - 11 = -47$ Escribe la ecuación original.
$2x^2 = -36$ Suma 11 a cada lado.
$x^2 = -18$ Divide cada lado entre 2.
$x = \pm\sqrt{-18}$ Saca raíz cuadradas de cada lado.
$x = \pm i\sqrt{18}$ Escribe en términos de i.
$x = \pm 3i\sqrt{2}$ Simplifica el radical.

▶ Las soluciones son $3i\sqrt{2}$ y $-3i\sqrt{2}$.

EJEMPLO 7   **Hallar los ceros de una función cuadrática**

Halla los ceros de $f(x) = 4x^2 + 20$.

SOLUCIÓN

HALLAR UN PUNTO DE ENTRADA

La gráfica de f no se interseca con el eje x. Esto significa que f no tiene ceros reales. Entonces, f debe tener ceros complejos que puedes encontrar de forma algebraica.

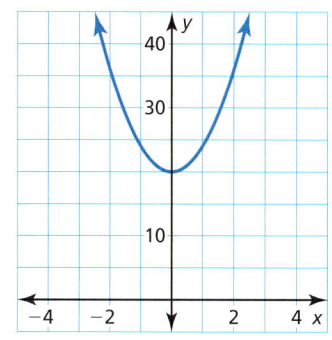

$4x^2 + 20 = 0$ Coloca $f(x)$ igual a 0.
$4x^2 = -20$ Resta 20 de cada lado.
$x^2 = -5$ Divide cada lado entre 4.
$x = \pm\sqrt{-5}$ Saca raíz cuadradas de cada lado.
$x = \pm i\sqrt{5}$ Escribe en términos de i.

▶ Entonces, los ceros de f son $i\sqrt{5}$ y $-i\sqrt{5}$.

Verifica

$f(i\sqrt{5}) = 4(i\sqrt{5})^2 + 20 = 4 \cdot 5i^2 + 20 = 4(-5) + 20 = 0$ ✓

$f(-i\sqrt{5}) = 4(-i\sqrt{5})^2 + 20 = 4 \cdot 5i^2 + 20 = 4(-5) + 20 = 0$ ✓

Monitoreo del progreso Ayuda en inglés y español en *BigIdeasMath.com*

Resuelve la ecuación.

14. $x^2 = -13$ **15.** $x^2 = -38$ **16.** $x^2 + 11 = 3$

17. $x^2 - 8 = -36$ **18.** $3x^2 - 7 = -31$ **19.** $5x^2 + 33 = 3$

Halla los ceros de la función.

20. $f(x) = x^2 + 7$ **21.** $f(x) = -x^2 - 4$ **22.** $f(x) = 9x^2 + 1$

3.2 Ejercicios

Soluciones dinámicas disponibles en *BigIdeasMath.com*

Verificación de vocabulario y concepto esencial

1. **VOCABULARIO** ¿Cómo se define la unidad imaginaria i y cómo puedes usarla?

2. **COMPLETAR LA ORACIÓN** Para los números complejos $5 + 2i$, la parte imaginaria es ____ y la parte real es ____.

3. **ESCRIBIR** Describe cómo sumar números complejos.

4. **¿CUÁL NO CORRESPONDE?** ¿Cuál de los siguientes números no corresponde al grupo de los otros tres? Explica tu razonamiento.

$$3 + 0i \qquad 2 + 5i \qquad \sqrt{3} + 6i \qquad 0 - 7i$$

Monitoreo del progreso y Representar con matemáticas

En los Ejercicios 5–12, halla la raíz cuadrada del número. *(Consulta el Ejemplo 1)*.

5. $\sqrt{-36}$
6. $\sqrt{-64}$
7. $\sqrt{-18}$
8. $\sqrt{-24}$
9. $2\sqrt{-16}$
10. $-3\sqrt{-49}$
11. $-4\sqrt{-32}$
12. $6\sqrt{-63}$

En los Ejercicios 13–20, halla los valores de *x* y *y* que satisfagan la ecuación. *(Consulta el Ejemplo 2)*.

13. $4x + 2i = 8 + yi$
14. $3x + 6i = 27 + yi$
15. $-10x + 12i = 20 + 3yi$
16. $9x - 18i = -36 + 6yi$
17. $2x - yi = 14 + 12i$
18. $-12x + yi = 60 - 13i$
19. $54 - \frac{1}{7}yi = 9x - 4i$
20. $15 - 3yi = \frac{1}{2}x + 2i$

En los Ejercicios 21–30, suma o resta. Escribe la respuesta en forma estándar. *(Consulta el Ejemplo 3)*.

21. $(6 - i) + (7 + 3i)$
22. $(9 + 5i) + (11 + 2i)$
23. $(12 + 4i) - (3 - 7i)$
24. $(2 - 15i) - (4 + 5i)$
25. $(12 - 3i) + (7 + 3i)$
26. $(16 - 9i) - (2 - 9i)$
27. $7 - (3 + 4i) + 6i$
28. $16 - (2 - 3i) - i$
29. $-10 + (6 - 5i) - 9i$
30. $-3 + (8 + 2i) + 7i$

31. **USAR LA ESTRUCTURA** Escribe cada expresión como un número complejo en forma estándar.

    a. $\sqrt{-9} + \sqrt{-4} - \sqrt{16}$
    b. $\sqrt{-16} + \sqrt{8} + \sqrt{-36}$

32. **RAZONAR** El inverso aditivo de un número complejo *z* es un número complejo z_a, de tal forma que $z + z_a = 0$. Halla el inverso aditivo de cada número complejo.

    a. $z = 1 + i$ b. $z = 3 - i$ c. $z = -2 + 8i$

En los Ejercicios 33–36, halla la impedancia del circuito en serie. *(Consulta el Ejemplo 4)*.

33.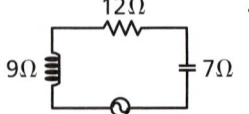
34.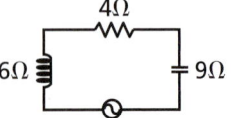
35.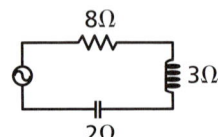
36.

108 Capítulo 3 Ecuaciones cuadráticas y números complejos

En los Ejercicios 37–44, multiplica. Escribe la respuesta en forma estándar. *(Consulta el Ejemplo 5).*

37. $3i(-5 + i)$ **38.** $2i(7 - i)$

39. $(3 - 2i)(4 + i)$ **40.** $(7 + 5i)(8 - 6i)$

41. $(4 - 2i)(4 + 2i)$ **42.** $(9 + 5i)(9 - 5i)$

43. $(3 - 6i)^2$ **44.** $(8 + 3i)^2$

JUSTIFICAR LOS PASOS En los Ejercicios 45 y 46, justifica cada paso al hacer la operación.

45. $11 - (4 + 3i) + 5i$

$= [(11 - 4) - 3i] + 5i$

$= (7 - 3i) + 5i$

$= 7 + (-3 + 5)i$

$= 7 + 2i$

46. $(3 + 2i)(7 - 4i)$

$= 21 - 12i + 14i - 8i^2$

$= 21 + 2i - 8(-1)$

$= 21 + 2i + 8$

$= 29 + 2i$

RAZONAR En los Ejercicios 47 y 48, coloca las fichas en la expresión para formar un enunciado verdadero.

47. (___ − ___i) − (___ − ___i) = $2 - 4i$

48. ___i(___ + ___i) = $-18 - 10i$

En los Ejercicios 49–54, resuelve la ecuación. Verifica tu(s) respuesta(s). *(Consulta el Ejemplo 6).*

49. $x^2 + 9 = 0$ **50.** $x^2 + 49 = 0$

51. $x^2 - 4 = -11$

52. $x^2 - 9 = -15$

53. $2x^2 + 6 = -34$

54. $x^2 + 7 = -47$

En los Ejercicios 55–62, halla los ceros de la función. *(Consulta el Ejemplo 7).*

55. $f(x) = 3x^2 + 6$ **56.** $g(x) = 7x^2 + 21$

57. $h(x) = 2x^2 + 72$ **58.** $k(x) = -5x^2 - 125$

59. $m(x) = -x^2 - 27$ **60.** $p(x) = x^2 + 98$

61. $r(x) = -\frac{1}{2}x^2 - 24$ **62.** $f(x) = -\frac{1}{5}x^2 - 10$

ANÁLISIS DE ERRORES En los Ejercicios 63 y 64 describe y corrige el error cometido al hacer la operación y escribe la respuesta en forma estándar.

63.

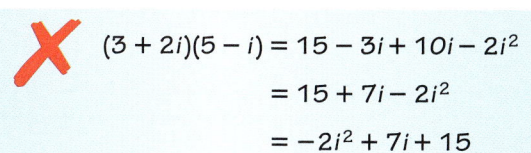

64.

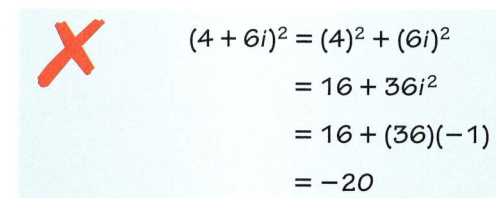

65. SENTIDO NUMÉRICO Simplifica cada expresión. Luego, clasifica tus respuestas en la tabla a continuación.

a. $(-4 + 7i) + (-4 - 7i)$

b. $(2 - 6i) - (-10 + 4i)$

c. $(25 + 15i) - (25 - 6i)$

d. $(5 + i)(8 - i)$

e. $(17 - 3i) + (-17 - 6i)$

f. $(-1 + 2i)(11 - i)$

g. $(7 + 5i) + (7 - 5i)$

h. $(-3 + 6i) - (-3 - 8i)$

Números reales	Números imaginarios	Números imaginarios puros

66. ARGUMENTAR La Propiedad del producto de raíces cuadradas indica que $\sqrt{a} \cdot \sqrt{b} = \sqrt{ab}$. Tu amigo concluye que $\sqrt{-4} \cdot \sqrt{-9} = \sqrt{36} = 6$. ¿Tiene razón tu amigo? Explica.

Sección 3.2 Números complejos

67. HALLAR UN PATRÓN Haz una tabla que muestre las potencias de i desde i^1 hasta i^8 en la primera fila y las formas simplificadas de dichas potencias en la segunda fila. Describe el patrón que observas en la tabla. Comprueba que el patrón continúa al evaluar las siguientes cuatro potencias de i.

68. ¿CÓMO LO VES? Se muestran las gráficas de tres funciones. ¿Qué función(es) tiene(n) ceros reales? ¿Ceros imaginarios? Explica tu razonamiento.

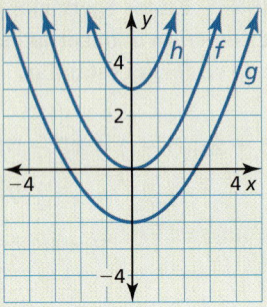

75. FINAL ABIERTO Halla dos números imaginarios cuya suma y producto sean números reales. ¿Cómo se relacionan los números imaginarios?

76. COMPARAR MÉTODOS Describe los dos métodos diferentes mostrados para escribir la expresión compleja en la forma estándar. ¿Qué métodos prefieres? Explica.

Método 1
$$4i(2-3i) + 4i(1-2i) = 8i - 12i^2 + 4i - 8i^2$$
$$= 8i - 12(-1) + 4i - 8(-1)$$
$$= 20 + 12i$$

Método 2
$$4i(2-3i) + 4i(1-2i) = 4i[(2-3i) + (1-2i)]$$
$$= 4i[3-5i]$$
$$= 12i - 20i^2$$
$$= 12i - 20(-1)$$
$$= 20 + 12i$$

En los Ejercicios 69–74, escribe la expresión como un número complejo en forma estándar.

69. $(3+4i) - (7-5i) + 2i(9+12i)$

70. $3i(2+5i) + (6-7i) - (9+i)$

71. $(3+5i)(2-7i^4)$

72. $2i^3(5-12i)$

73. $(2+4i^5) + (1-9i^6) - (3+i^7)$

74. $(8-2i^4) + (3-7i^8) - (4+i^9)$

77. PENSAMIENTO CRÍTICO Determina si cada enunciado es *verdadero* o *falso*. Si es verdadero, da un ejemplo. Si es falso, da un contra ejemplo.

a. La suma de dos números imaginarios es un número imaginario.

b. El producto de dos números imaginarios puros es un número real.

c. Un número imaginario puro es un número imaginario.

d. Un número complejo es un número real.

78. ESTIMULAR EL PENSAMIENTO Crea un circuito que tenga una impedancia de $14 - 3i$.

Mantener el dominio de las matemáticas
Repasar lo que aprendiste en grados y lecciones anteriores

Determina si el valor dado de x es una solución a la ecuación. *(Manual de revisión de destrezas)*

79. $3(x-2) + 4x - 1 = x - 1; x = 1$ **80.** $x^3 - 6 = 2x^2 + 9 - 3x; x = -5$ **81.** $-x^2 + 4x = \frac{19}{3}x^2; x = -\frac{3}{4}$

Escribe una ecuación cuadrática en forma de vértice cuya gráfica se muestra a continuación. *(Sección 2.4)*

82.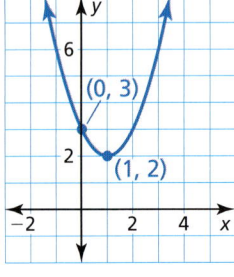

83.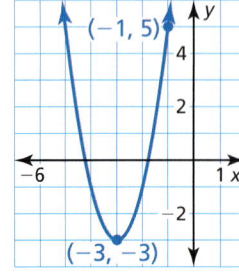

84.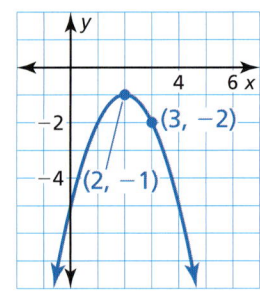

3.3 Completar el cuadrado

Pregunta esencial ¿Cómo puedes completar el cuadrado de una expresión cuadrática?

EXPLORACIÓN 1 Usar fichas de álgebra para completar el cuadrado

Trabaja con un compañero. Usa las fichas de álgebra para completar el cuadrado para la expresión

$x^2 + 6x$.

a. Puedes representar $x^2 + 6x$ usando una ficha de x^2 y seis fichas de x. Ordena las fichas en un cuadrado. Tu agrupación estará incompleta en una de las esquinas.

b. ¿Cuántas fichas de 1 necesitas para completar el cuadrado?

c. Halla el valor de c de manera que la expresión

$x^2 + 6x + c$

sea un trinomio cuadrado perfecto.

d. Escribe la expresión de la parte (c) como el cuadrado de un binomio.

EXPLORACIÓN 2 Sacar conclusiones

Trabaja con un compañero.

a. Usa el método descrito en la Exploración 1 para completar la tabla.

Expresión	Valor de c necesario para completar el cuadrado	Expresión escrita como un binomio al cuadrado
$x^2 + 2x + c$		
$x^2 + 4x + c$		
$x^2 + 8x + c$		
$x^2 + 10x + c$		

BUSCAR UNA ESTRUCTURA

Para dominar las matemáticas, necesitas observar de cerca para discernir un patrón o estructura.

b. Busca patrones en la última columna de la tabla. Considera $x^2 + bx + c = (x + d)^2$ como un enunciado general. ¿Cómo se relacionan d y b en cada caso? ¿Cómo se relacionan c y d en cada caso?

c. ¿Cómo obtienes los valores de la segunda columna directamente de los coeficientes de x de la primera columna?

Comunicar tu respuesta

3. ¿Cómo puedes completar el cuadrado de una expresión cuadrática?

4. Describe cómo puedes resolver la ecuación cuadrática $x^2 + 6x = 1$ al completar el cuadrado.

3.3 Lección

Qué aprenderás

- Resolver ecuaciones cuadráticas usando raíces cuadradas.
- Resolver ecuaciones cuadráticas al completar el cuadrado.
- Escribir funciones cuadráticas en forma de vértice.

Vocabulario Esencial

completar el cuadrado, *pág. 112*

Anterior
trinomio cuadrado perfecto
forma de vértice

Resolver ecuaciones cuadráticas usando raíces cuadradas

Anteriormente has resuelto ecuaciones de la forma $u^2 = d$ sacando la raíz cuadrada de cada lado. Este método también funciona cuando un lado de una ecuación es un trinomio cuadrado perfecto y el otro lado es una constante.

OTRA MANERA

También puedes resolver la ecuación al escribirla en forma estándar como
$x^2 - 16x - 36 = 0$
y factorizarla.

EJEMPLO 1 Resolver una ecuación cuadrática usando raíces cuadradas

Resuelve $x^2 - 16x + 64 = 100$ usando raíces cuadradas.

SOLUCIÓN

$x^2 - 16x + 64 = 100$ Escribe la ecuación.

$(x - 8)^2 = 100$ Escribe el lado izquierdo como un binomio al cuadrado.

$x - 8 = \pm 10$ Saca la raíz cuadrada de cada lado.

$x = 8 \pm 10$ Suma 8 a cada lado.

▶ Entonces, las soluciones son $x = 8 + 10 = 18$ y $x = 8 - 10 = -2$.

Monitoreo del progreso Ayuda en inglés y español en *BigIdeasMath.com*

Resuelve la ecuación usando raíces cuadradas. Verifica tu(s) solución(es).

1. $x^2 + 4x + 4 = 36$ **2.** $x^2 - 6x + 9 = 1$ **3.** $x^2 - 22x + 121 = 81$

En el ejemplo 1, la expresión $x^2 - 16x + 64$ es un trinomio cuadrado perfecto porque es igual a $(x - 8)^2$. A veces necesitas sumar un término a una expresión $x^2 + bx$ para convertirla en un trinomio cuadrado perfecto. Este proceso se llama **completar el cuadrado.**

Concepto Esencial

Completar el cuadrado

Palabras Para completar el cuadrado de la expresión $x^2 + bx$, suma $\left(\dfrac{b}{2}\right)^2$.

Diagramas En cada diagrama, el área combinada de las regiones sombreadas es $x^2 + bx$. Sumar $\left(\dfrac{b}{2}\right)^2$ completa el cuadrado en el segundo diagrama.

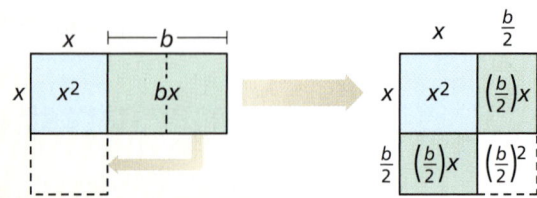

Álgebra $x^2 + bx + \left(\dfrac{b}{2}\right)^2 = \left(x + \dfrac{b}{2}\right)\left(x + \dfrac{b}{2}\right) = \left(x + \dfrac{b}{2}\right)^2$

Resolver ecuaciones cuadráticas al completar el cuadrado

EJEMPLO 2 Hacer un trinomio cuadrado perfecto

Halla el valor de c que hace a $x^2 + 14x + c$ un trinomio cuadrado perfecto. Luego, escribe la expresión como el cuadrado de un binomio.

SOLUCIÓN

Paso 1 Halla la mitad del coeficiente de x. $\quad \frac{14}{2} = 7$

Paso 2 Eleva el resultado del Paso 1 al cuadrado. $\quad 7^2 = 49$

Paso 3 Reemplaza c con el resultado del Paso 2. $\quad x^2 + 14x + 49$

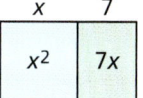

▶ La expresión $x^2 + 14x + c$ es un trinomio cuadrado perfecto cuando $c = 49$. Entonces, $x^2 + 14x + 49 = (x + 7)(x + 7) = (x + 7)^2$.

Monitoreo del progreso Ayuda en inglés y español en *BigIdeasMath.com*

Halla el valor de c que hace a la expresión un trinomio cuadrado perfecto. Luego, escribe la expresión como el cuadrado de un binomio.

4. $x^2 + 8x + c$ **5.** $x^2 - 2x + c$ **6.** $x^2 - 9x + c$

El método de completar el cuadrado puede usarse para resolver *cualquier* ecuación cuadrática. Cuando completes el cuadrado como parte de resolver una ecuación, deberás sumar el mismo número a *ambos* lados de la ecuación.

EJEMPLO 3 Resolver $ax^2 + bx + c = 0$ cuando $a = 1$

Resuelve $x^2 - 10x + 7 = 0$ al completar el cuadrado.

SOLUCIÓN

$x^2 - 10x + 7 = 0$ Escribe la ecuación.

$x^2 - 10x = -7$ Escribe el lado izquierdo en la forma $x^2 + bx$.

$x^2 - 10x + 25 = -7 + 25$ Suma $\left(\frac{b}{2}\right)^2 = \left(\frac{-10}{2}\right)^2 = 25$ a cada lado.

$(x - 5)^2 = 18$ Escribe el lado izquierdo como un binomio al cuadrado.

$x - 5 = \pm\sqrt{18}$ Saca la raíz cuadrada de cada lado.

$x = 5 \pm \sqrt{18}$ Suma 5 a cada lado.

$x = 5 \pm 3\sqrt{2}$ Simplifica el radical.

> **BUSCAR UNA ESTRUCTURA**
>
> Nota que no podrás resolver la ecuación factorizando porque $x^2 - 10x + 7$ no es factorizable como un producto de binomios.

▶ Las soluciones son $x = 5 + 3\sqrt{2}$ y $x = 5 - 3\sqrt{2}$. Verifícalas haciendo una gráfica de $y = x^2 - 10x + 7$. Las intersecciones con el eje x son aproximadamente $9.24 \approx 5 + 3\sqrt{2}$ y $0.76 \approx 5 - 3\sqrt{2}$.

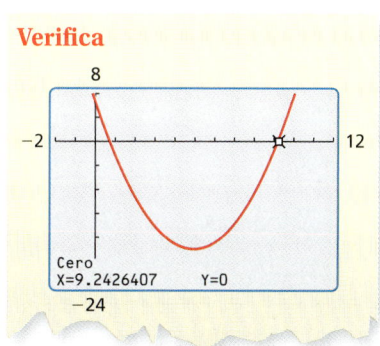

Verifica

Sección 3.3 Completar el cuadrado 113

EJEMPLO 4 Resolver $ax^2 + bx + c = 0$ cuando $a \neq 1$

Resuelve $3x^2 + 12x + 15 = 0$ al completar el cuadrado.

SOLUCIÓN

El coeficiente a no es 1, de manera que primero deberás dividir cada lado de la ecuación entre a.

$3x^2 + 12x + 15 = 0$	Escribe la ecuación.
$x^2 + 4x + 5 = 0$	Divide cada lado entre 3.
$x^2 + 4x = -5$	Escribe el lado izquierdo en la forma de $x^2 + bx$.
$x^2 + 4x + 4 = -5 + 4$	Suma $\left(\dfrac{b}{2}\right)^2 = \left(\dfrac{4}{2}\right)^2 = 4$ a cada lado.
$(x + 2)^2 = -1$	Escribe el lado izquierdo como un binomio al cuadrado.
$x + 2 = \pm\sqrt{-1}$	Saca la raíz cuadrada de cada lado.
$x = -2 \pm \sqrt{-1}$	Resta 2 de cada lado.
$x = -2 \pm i$	Escribe en términos de i.

▶ Las soluciones son $x = -2 + i$ y $x = -2 - i$.

Monitoreo del progreso Ayuda en inglés y español en *BigIdeasMath.com*

Resuelve la ecuación al completar el cuadrado.

7. $x^2 - 4x + 8 = 0$ 8. $x^2 + 8x - 5 = 0$ 9. $-3x^2 - 18x - 6 = 0$

10. $4x^2 + 32x = -68$ 11. $6x(x + 2) = -42$ 12. $2x(x - 2) = 200$

Escribir funciones cuadráticas en forma de vértice

Recuerda que la forma de vértice de una función cuadrática es $y = a(x - h)^2 + k$, donde (h, k) es el vértice de la gráfica de la función. Puedes escribir una función cuadrática en la forma de vértice al completar el cuadrado.

EJEMPLO 5 Escribir una función cuadrática en forma de vértice

Escribe $y = x^2 - 12x + 18$ en forma de vértice. Luego, identifica el vértice.

SOLUCIÓN

Verifica

$y = x^2 - 12x + 18$	Escribe la función.
$y + ? = (x^2 - 12x + ?) + 18$	Prepara para completar el cuadrado.
$y + 36 = (x^2 - 12x + 36) + 18$	Suma $\left(\dfrac{b}{2}\right)^2 = \left(\dfrac{-12}{2}\right)^2 = 36$ a cada lado.
$y + 36 = (x - 6)^2 + 18$	Escribe $x^2 - 12x + 36$ como un binomio al cuadrado.
$y = (x - 6)^2 - 18$	Resuelve para hallar y.

▶ La forma de vértice de la función es $y = (x - 6)^2 - 18$. El vértice es $(6, -18)$.

Monitoreo del progreso Ayuda en inglés y español en *BigIdeasMath.com*

Escribe la función cuadrática en forma de vértice. Luego, identifica el vértice.

13. $y = x^2 - 8x + 18$ 14. $y = x^2 + 6x + 4$ 15. $y = x^2 - 2x - 6$

EJEMPLO 6 Representar con matemáticas

La altura y (en pies) de una pelota de béisbol t segundos después de haber sido bateada puede ser representada por la función

$$y = -16t^2 + 96t + 3.$$

Halla la altura máxima de la pelota de béisbol. ¿Cuánto tiempo demora la pelota en llegar al suelo?

SOLUCIÓN

1. **Comprende el problema** Te dan una función cuadrática que representa la altura de una pelota. Se te pide determinar la altura máxima de la pelota y cuánto tiempo permanece en el aire.

2. **Haz un plan** Escribe la función en forma en vértice para identificar la altura máxima. Luego, halla e interpreta los ceros para determinar cuánto tiempo demora la pelota en llegar al suelo.

3. **Resuelve el problema** Escribe la función en forma en vértice al completar el cuadrado.

$y = -16t^2 + 96t + 3$	Escribe la función.
$y = -16(t^2 - 6t) + 3$	Factoriza -16 de los dos primeros términos.
$y + \,?\, = -16(t^2 - 6t + \,?\,) + 3$	Prepara para completar el cuadrado.
$y + (-16)(9) = -16(t^2 - 6t + 9) + 3$	Suma $(-16)(9)$ a cada lado.
$y - 144 = -16(t - 3)^2 + 3$	Escribe $t^2 - 6t + 9$ como un binomio al cuadrado.
$y = -16(t - 3)^2 + 147$	Resuelve para hallar y.

   El vértice es $(3, 147)$. Halla los ceros de la función.

$0 = -16(t - 3)^2 + 147$	Sustituye 0 por y.
$-147 = -16(t - 3)^2$	Resta 147 de cada lado.
$9.1875 = (t - 3)^2$	Divide cada lado entre -16.
$\pm\sqrt{9.1875} = t - 3$	Saca la raíz cuadrada de cada lado.
$3 \pm \sqrt{9.1875} = t$	Suma 3 a cada lado.

   Rechaza la solución negativa, $3 - \sqrt{9.1875} \approx -0.03$, porque el tiempo debe ser positivo.

   ▶ Entonces, la altura máxima de la pelota es 147 pies, y demora $3 + \sqrt{9.1875} \approx 6$ segundos para llegar al suelo.

4. **Verifícalo** El vértice indica que la altura máxima de 147 pies ocurre cuando $t = 3$. Esto tiene sentido porque la gráfica de la función es parabólica con ceros cercanos a $t = 0$ y $t = 6$. Puedes usar una gráfica para verificar la altura máxima.

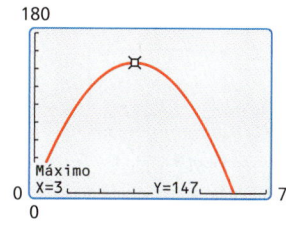

OTRA MANERA

Puedes usar los coeficientes de la función original $y = f(x)$ para hallar la altura máxima.

$$f\left(-\frac{b}{2a}\right) = f\left(-\frac{96}{2(-16)}\right)$$
$$= f(3)$$
$$= 147$$

BUSCAR UNA ESTRUCTURA

Podrías escribir los ceros como $3 \pm \dfrac{7\sqrt{3}}{4}$, pero es más fácil reconocer que $3 - \sqrt{9.1875}$ es negativo porque $\sqrt{9.1875}$ es mayor que 3.

Monitoreo del progreso   Ayuda en inglés y español en *BigIdeasMath.com*

16. **¿QUÉ PASA SI?** La altura de la pelota de béisbol puede ser representada por $y = -16t^2 + 80t + 2$. Halla la altura máxima de la pelota de béisbol. ¿Cuánto tiempo demora en llegar al suelo?

3.3 Ejercicios

Verificación de vocabulario y concepto esencial

1. **VOCABULARIO** ¿Qué debes sumar a la expresión $x^2 + bx$ para completar el cuadrado?

2. **COMPLETAR LA ORACIÓN** El trinomio $x^2 - 6x + 9$ es un _____ porque equivale a _____.

Monitoreo del progreso y Representar con matemáticas

En los Ejercicios 3–10, resuelve la ecuación usando raíces cuadradas. Verifica tu(s) solución(es). *(Consulta el Ejemplo 1)*.

3. $x^2 - 8x + 16 = 25$
4. $r^2 - 10r + 25 = 1$
5. $x^2 - 18x + 81 = 5$
6. $m^2 + 8m + 16 = 45$
7. $y^2 - 24y + 144 = -100$
8. $x^2 - 26x + 169 = -13$
9. $4w^2 + 4w + 1 = 75$
10. $4x^2 - 8x + 4 = 1$

En los Ejercicios 11–20, halla el valor de *c* que hace que la expresión sea un trinomio cuadrado perfecto. Luego, escribe la expresión como el cuadrado de un binomio. *(Consulta el Ejemplo 2)*.

11. $x^2 + 10x + c$
12. $x^2 + 20x + c$
13. $y^2 - 12y + c$
14. $t^2 - 22t + c$
15. $x^2 - 6x + c$
16. $x^2 + 24x + c$
17. $z^2 - 5z + c$
18. $x^2 + 9x + c$
19. $w^2 + 13w + c$
20. $s^2 - 26s + c$

En los Ejercicios 21–24, halla el valor de *c*. Luego escribe una expresión representada por un diagrama.

21.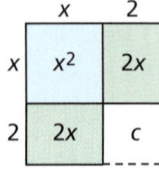
22.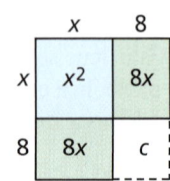

23.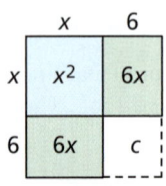
24.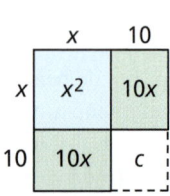

En los Ejercicios 25–36, resuelve la ecuación al completar el cuadrado. *(Consulta los Ejemplos 3 y 4)*.

25. $x^2 + 6x + 3 = 0$
26. $s^2 + 2s - 6 = 0$
27. $x^2 + 4x - 2 = 0$
28. $t^2 - 8t - 5 = 0$
29. $z(z + 9) = 1$
30. $x(x + 8) = -20$
31. $7t^2 + 28t + 56 = 0$
32. $6r^2 + 6r + 12 = 0$
33. $5x(x + 6) = -50$
34. $4w(w - 3) = 24$
35. $4x^2 - 30x = 12 + 10x$
36. $3s^2 + 8s = 2s - 9$

37. **ANÁLISIS DE ERRORES** Describe y corrige el error cometido al resolver la ecuación.

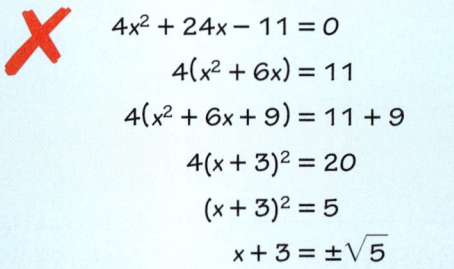

38. **ANÁLISIS DE ERRORES** Describe y corrige el error cometido al hallar el valor de *c* que hace que la expresión sea un trinomio cuadrado perfecto.

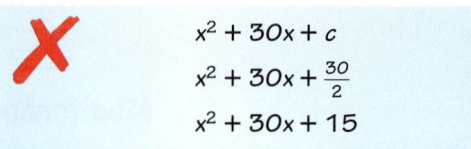

39. **ESCRIBIR** ¿Puedes resolver una ecuación al completar el cuadrado cuando la ecuación tiene dos soluciones imaginarias? Explica.

116 Capítulo 3 Ecuaciones cuadráticas y números complejos

40. **RAZONAMIETO ABSTRACTO** ¿Cuál de las siguientes son soluciones de la ecuación $x^2 - 2ax + a^2 = b^2$? Justifica tus respuestas.

   (A) ab (B) $-a - b$
   (C) b (D) a
   (E) $a - b$ (F) $a + b$

USAR LA ESTRUCTURA En los Ejercicios 41–50, determina si usarías la factorización, raíces cuadradas o completar el cuadrado para resolver la ecuación. Explica tu razonamiento. Luego, resuelve la ecuación.

41. $x^2 - 4x - 21 = 0$
42. $x^2 + 13x + 22 = 0$
43. $(x + 4)^2 = 16$
44. $(x - 7)^2 = 9$
45. $x^2 + 12x + 36 = 0$
46. $x^2 - 16x + 64 = 0$
47. $2x^2 + 4x - 3 = 0$
48. $3x^2 + 12x + 1 = 0$
49. $x^2 - 100 = 0$
50. $4x^2 - 20 = 0$

CONEXIONES MATEMÁTICAS En los Ejercicios 51–54, halla el valor de x.

51. Área del rectángulo = 50

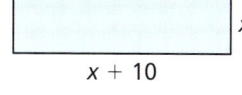

52. Área del paralelogramo = 48

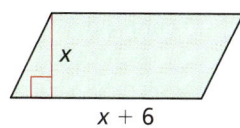

53. Área del triángulo = 40

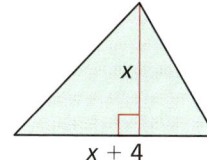

54. Área del trapecio = 20

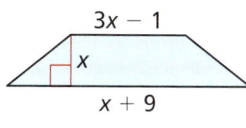

En los Ejercicios 55–62, escribe la función cuadrática en la forma de vértice. Luego, identifica el vértice. *(Consulta el Ejemplo 5)*.

55. $f(x) = x^2 - 8x + 19$
56. $g(x) = x^2 - 4x - 1$
57. $g(x) = x^2 + 12x + 37$
58. $h(x) = x^2 + 20x + 90$
59. $h(x) = x^2 + 2x - 48$
60. $f(x) = x^2 + 6x - 16$
61. $f(x) = x^2 - 3x + 4$
62. $g(x) = x^2 + 7x + 2$

63. **REPRESENTAR CON MATEMÁTICAS** Al marchar, el bastonero que lidera la banda lanza el bastón en el aire y lo atrapa. La altura h (en pies) del bastón t segundos después de que es lanzado puede representarse por la función $h = -16t^2 + 32t + 6$. *(Consulta el Ejemplo 6)*.

   a. Halla la altura máxima del bastón.

   b. El bastonero atrapa el bastón cuando se encuentra a 4 pies del suelo. ¿Cuánto tiempo permanece el bastón en el aire?

64. **REPRESENTAR CON MATEMÁTICAS** Un fuego artificial explota cuando alcanza su altura máxima. La altura h (en pies) del fuego artificial t segundos después de haber sido lanzado puede representarse por $h = -\frac{500}{9}t^2 + \frac{1000}{3}t + 10$. ¿Cuál es la altura máxima que alcanza el fuego artificial? ¿Cuánto tiempo permanece en el aire antes de explotar?

65. **COMPARAR MÉTODOS** Una tienda de patinetas vente alrededor de 50 patinetas a la semana cuando cobran el precio anunciado. Por cada $1 menos en el precio, se vende una patineta adicional a la semana. El ingreso de la tienda podrá representarse mediante $y = (70 - x)(50 + x)$.

   a. Usa la forma de intersección de la función para hallar el ingreso semanal máximo.

   b. Escribe la función en forma de vértice para hallar el ingreso semanal máximo.

   c. ¿Qué forma prefieres? Explica tu razonamiento.

Sección 3.3   Completar el cuadrado   117

66. **¿CÓMO LO VES?** A continuación se muestra la gráfica de la función $f(x) = (x - h)^2$. ¿Cuál es la intersección con el eje x? Explica tu razonamiento.

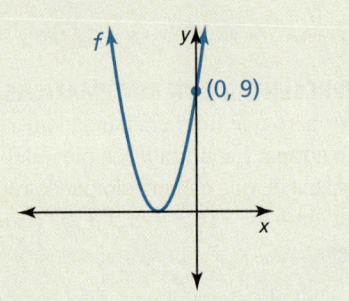

67. **ESCRIBIR** En la Fuente de Buckingham en Chicago la altura h (en pies) del agua por encima de la tobera principal puede ser representada por $h = -16t^2 + 89.6t$, donde t es el tiempo (en segundos) desde que el agua salió de la tobera. Describe las tres formas diferentes para hallar la altura máxima que alcanza el agua. Luego, elige un método y halla la altura máxima del agua.

68. **RESOLVER PROBLEMAS** Un granjero construye un corral rectangular sobre un lado de un establo de animales. El establo servirá como un lado del corral. El granjero cuenta con 120 pies de vallas para cercar un área de 1512 pies cuadrados y quiere que cada lado del corral tenga por lo menos 20 pies de largo.

   a. Escribe una ecuación que represente el área del corral.

   b. Resuelve la ecuación de la parte (a) para hallar las dimensiones del corral.

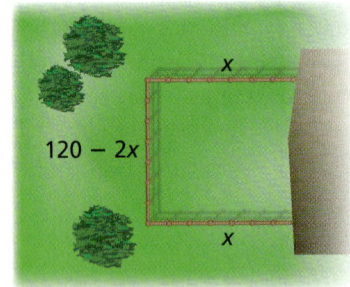

69. **ARGUMENTAR** Tu amigo dice que la ecuación $x^2 + 10x = -20$ puede resolverse ya sea al completar el cuadrado o factorizando. ¿Tiene razón tu amigo? Explica.

70. **ESTIMULAR EL PENSAMIENTO** Escribe una función g en la forma estándar cuya gráfica tenga las mismas intersecciones con el eje x que la gráfica de $f(x) = 2x^2 + 8x + 2$. Halla los ceros de cada función al completar el cuadrado. Haz una gráfica de cada función.

71. **PENSAMIENTO CRÍTICO** Resuelve $x^2 + bx + c = 0$ al completar el cuadrado. Tu respuesta será una expresión para x en términos de b y c.

72. **SACAR CONCLUSIONES** En este ejercicio investigarás el efecto gráfico de completar el cuadrado.

   a. Haz una gráfica para cada par de funciones en el mismo plano de coordenadas.

   $y = x^2 + 2x$ $y = x^2 - 6x$
   $y = (x + 1)^2$ $y = (x - 3)^2$

   b. Compara las gráficas de $y = x^2 + bx$ y $y = \left(x + \dfrac{b}{2}\right)^2$. Describe qué sucede con la gráfica de $y = x^2 + bx$ cuando completas el cuadrado.

73. **REPRESENTAR CON MATEMÁTICAS** En tu clase de cerámica recibes un trozo de arcilla con un volumen de 200 centímetros cúbicos y se te pide hacer un portalápices cilíndrico. El portalápices deberá tener 9 centímetros de altura y tener un diámetro interno de 3 centímetros. ¿Qué espesor x deberá tener tu portalápices si quieres usar toda la arcilla?

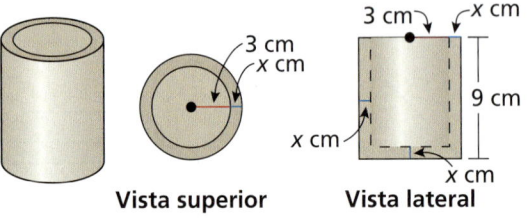

Vista superior   Vista lateral

Mantener el dominio de las matemáticas Repasar lo que aprendiste en grados y lecciones anteriores

Resuelve la desigualdad. Haz una gráfica de la solución. *(Manual de revisión de destrezas)*

74. $2x - 3 < 5$ 75. $4 - 8y \geq 12$ 76. $\dfrac{n}{3} + 6 > 1$ 77. $-\dfrac{2s}{5} \leq 8$

Haz una gráfica de la función. Rotula el vértice, el eje de simetría y las intersecciones con el eje x. *(Sección 2.2)*

78. $g(x) = 6(x - 4)^2$ 79. $h(x) = 2x(x - 3)$

80. $f(x) = x^2 + 2x + 5$ 81. $f(x) = 2(x + 10)(x - 12)$

118   Capítulo 3   Ecuaciones cuadráticas y números complejos

3.1–3.3 ¿Qué aprendiste?

Vocabulario Esencial

ecuación cuadrática en una variable, *pág. 94*
raíz de una ecuación, *pág. 94*
cero de una función, *pág. 96*
unidad imaginaria *i*, *pág. 104*

número complejo, *pág. 104*
número imaginario, *pág. 104*
número imaginario puro, *pág. 104*
completar el cuadrado, *pág. 112*

Conceptos Esenciales

Sección 3.1
Resolver ecuaciones cuadráticas haciendo una gráfica, *pág. 94*
Resolver ecuaciones cuadráticas de forma algebraica, *pág. 95*

Propiedad del producto cero, *pág. 96*

Sección 3.2
La raíz cuadrada de un número negativo, *pág. 104*

Operaciones con números complejos, *pág. 105*

Sección 3.3
Resolver ecuaciones cuadráticas al completar el cuadrado, *pág. 113*

Escribir funciones cuadráticas en forma de vértice, *pág. 114*

Prácticas matemáticas

1. Analiza los datos dados, limitaciones, relaciones y objetivos del Ejercicio 61 de la página 101.
2. Determina si sería más fácil hallar los ceros de la función del Ejercicio 63 de la página 117 o del Ejercicio 67 de la página 118.

---- Destrezas de estudio ----

Crear un entorno de estudio positivo

- Separa una cantidad adecuada de tiempo para revisar tus notas y el libro de texto, reelaborar tus apuntes y completar la tarea.
- Crea un lugar para estudiar en tu casa que sea cómodo pero no tan cómodo. El lugar necesita estar alejado de toda posible distracción.
- Forma un grupo de estudio. Elige a estudiantes que estudien bien juntos, apoya cuando alguien haya faltado al colegio, y fomenta actitudes positivas.

3.1–3.3   Prueba

Resuelve la ecuación usando la gráfica. Verifica tu(s) solución(es). *(Sección 3.1)*

1. $x^2 - 10x + 25 = 0$

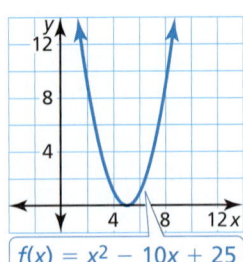
$f(x) = x^2 - 10x + 25$

2. $2x^2 + 16 = 12x$

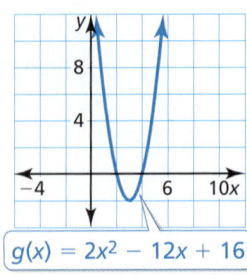
$g(x) = 2x^2 - 12x + 16$

3. $x^2 = -2x + 8$

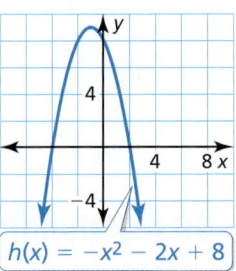
$h(x) = -x^2 - 2x + 8$

Resuelve la ecuación usando raíces cuadradas o factorizando. Explica la razón detrás de tu elección. *(Sección 3.1)*

4. $2x^2 - 15 = 0$
5. $3x^2 - x - 2 = 0$
6. $(x + 3)^2 = 8$

7. Halla los valores de x y y que satisfagan la ecuación $7x - 6i = 14 + yi$. *(Sección 3.2)*

Haz la operación. Escribe tus respuestas en forma estándar. *(Sección 3.2)*

8. $(2 + 5i) + (-4 + 3i)$
9. $(3 + 9i) - (1 - 7i)$
10. $(2 + 4i)(-3 - 5i)$

11. Halla los ceros de la función $f(x) = 9x^2 + 2$. ¿La gráfica de la función interseca con el eje x? Explica tu razonamiento. *(Sección 3.2)*

Resuelve la ecuación al completar el cuadrado. *(Sección 3.3)*

12. $x^2 - 6x + 10 = 0$
13. $x^2 + 12x + 4 = 0$
14. $4x(x + 6) = -40$

15. Escribe $y = x^2 - 10x + 4$ en forma de vértice. Luego, identifica el vértice. *(Sección 3.3)*

16. Un museo tiene un café con un patio rectangular. El museo quiere añadir 464 pies cuadrados al área del patio ampliando el patio existente según se muestra a continuación. *(Sección 3.1)*

    a. Halla el área del patio existente.

    b. Escribe una ecuación para representar el área del patio nuevo.

    c. ¿Cuánta distancia x debe ampliarse la longitud del patio?

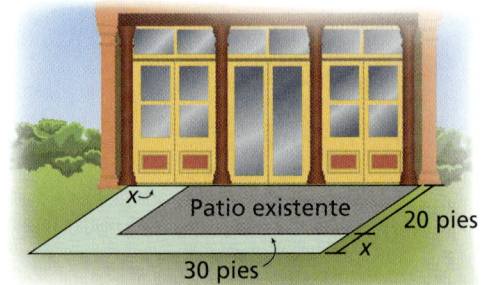

17. Halla la impedancia del circuito en serie. *(Sección 3.2)*

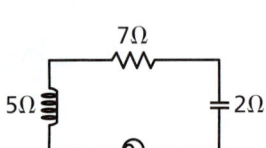

18. La altura h (en pies) del birdie de bádminton t segundos después de haber sido golpeado puede ser representada por la función $h = -16t^2 + 32t + 4$. *(Sección 3.3)*

    a. Halla la altura máxima del birdie.

    b. ¿Cuánto tiempo permanece el birdie en el aire?

3.4 Usar la fórmula cuadrática

Pregunta esencial ¿Cómo puedes deducir una fórmula general para resolver una ecuación cuadrática?

EXPLORACIÓN 1   Deducir la fórmula cuadrática

Trabaja con un compañero. Analiza y describe lo que se hace en cada paso del desarrollo de la Fórmula Cuadrática.

RAZONAR DE MANERA ABSTRACTA

Para dominar las matemáticas, necesitas crear una representación coherente del problema en cuestión.

Paso	Justificación
$ax^2 + bx + c = 0$	
$ax^2 + bx = -c$	
$x^2 + \dfrac{b}{a}x = -\dfrac{c}{a}$	
$x^2 + \dfrac{b}{a}x + \left(\dfrac{b}{2a}\right)^2 = -\dfrac{c}{a} + \left(\dfrac{b}{2a}\right)^2$	
$x^2 + \dfrac{b}{a}x + \left(\dfrac{b}{2a}\right)^2 = -\dfrac{4ac}{4a^2} + \dfrac{b^2}{4a^2}$	
$\left(x + \dfrac{b}{2a}\right)^2 = \dfrac{b^2 - 4ac}{4a^2}$	
$x + \dfrac{b}{2a} = \pm\sqrt{\dfrac{b^2 - 4ac}{4a^2}}$	
$x = -\dfrac{b}{2a} \pm \dfrac{\sqrt{b^2 - 4ac}}{2|a|}$	
$x = \dfrac{-b \pm \sqrt{b^2 - 4ac}}{2a}$	

El resultado es la fórmula cuadrática.

EXPLORACIÓN 2   Usar la fórmula cuadrática

Trabaja con un compañero. Usa la fórmula cuadrática para resolver cada ecuación.

a. $x^2 - 4x + 3 = 0$ **b.** $x^2 - 2x + 2 = 0$

c. $x^2 + 2x - 3 = 0$ **d.** $x^2 + 4x + 4 = 0$

e. $x^2 - 6x + 10 = 0$ **f.** $x^2 + 4x + 6 = 0$

Comunicar tu respuesta

3. ¿Cómo deducir una fórmula general para resolver una ecuación cuadrática?

4. Resume los siguientes métodos que has aprendido para resolver ecuaciones cuadráticas: hacer gráficas, usar raíces cuadradas, completar el cuadrado, y usar la fórmula cuadrática.

3.4 Lección

Vocabulario Esencial
fórmula cuadrática, *pág. 122*
discriminante, *pág. 124*

Qué aprenderás
▶ Resolver las ecuaciones cuadráticas usando la Fórmula Cuadrática.
▶ Analizar el discriminante para determinar el número y tipo de soluciones.
▶ Resolver problemas de la vida real.

Resolver ecuaciones usando la fórmula cuadrática

Anteriormente has resuelto ecuaciones cuadráticas al completar el cuadrado. Durante la Exploración desarrollaste una fórmula que da las soluciones para cualquier ecuación cuadrática al completar una vez el cuadrado para la ecuación general $ax^2 + bx + c = 0$. La fórmula para las soluciones se llama **fórmula cuadrática**.

💡 Concepto Esencial

La fórmula cuadrática

Sea a, b y c números reales de tal manera que $a \neq 0$. Las soluciones de la ecuación cuadrática $ax^2 + bx + c = 0$ son $x = \dfrac{-b \pm \sqrt{b^2 - 4ac}}{2a}$.

ERROR COMÚN

Recuerda escribir la ecuación cuadrática en la forma estándar antes de aplicar la fórmula cuadrática.

EJEMPLO 1 Resolver una ecuación con dos soluciones reales

Resuelve $x^2 + 3x = 5$ usando la fórmula cuadrática.

SOLUCIÓN

$x^2 + 3x = 5$ Escribe la ecuación original.

$x^2 + 3x - 5 = 0$ Escribe en forma estándar.

$x = \dfrac{-b \pm \sqrt{b^2 - 4ac}}{2a}$ Fórmula cuadrática

$x = \dfrac{-3 \pm \sqrt{3^2 - 4(1)(-5)}}{2(1)}$ Sustituye 1 por *a*, 3 por *b*, y −5 por *c*.

$x = \dfrac{-3 \pm \sqrt{29}}{2}$ Simplifica.

▶ Entonces, las soluciones son: $x = \dfrac{-3 + \sqrt{29}}{2} \approx 1.19$ y $x = \dfrac{-3 - \sqrt{29}}{2} \approx -4.19$.

Verifica Haz una gráfica de $y = x^2 + 3x - 5$. Las intersecciones con el eje x son aproximadamente -4.19 y aproximadamente 1.19. ✓

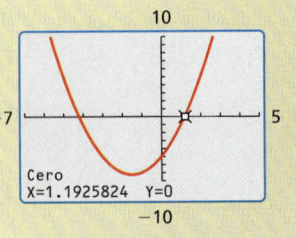

Monitoreo del progreso   Ayuda en inglés y español en *BigIdeasMath.com*

Resuelve la ecuación usando la fórmula cuadrática.

1. $x^2 - 6x + 4 = 0$ **2.** $2x^2 + 4 = -7x$ **3.** $5x^2 = x + 8$

122 Capítulo 3   Ecuaciones cuadráticas y números complejos

OTRA MANERA

También puedes factorizar para resolver $25x^2 - 20x + 4 = 0$ porque el lado izquierdo se factoriza como $(5x - 2)^2$.

EJEMPLO 2 Resolver una ecuación con una solución real

Resuelve $25x^2 - 8x = 12x - 4$ usando la fórmula cuadrática.

SOLUCIÓN

$$25x^2 - 8x = 12x - 4 \qquad \text{Escribe la ecuación original.}$$
$$25x^2 - 20x + 4 = 0 \qquad \text{Escribe en forma estándar.}$$
$$x = \frac{-(-20) \pm \sqrt{(-20)^2 - 4(25)(4)}}{2(25)} \qquad a = 25, b = -20, c = 4$$
$$x = \frac{20 \pm \sqrt{0}}{50} \qquad \text{Simplifica.}$$
$$x = \frac{2}{5} \qquad \text{Simplifica.}$$

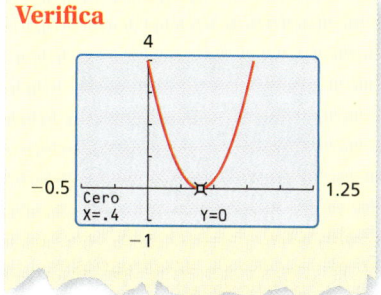

Verifica

▶ Entonces, la solución es $x = \frac{2}{5}$. Puedes verificarla haciendo una gráfica de $y = 25x^2 - 20x + 4$. La única intersección con el eje x es $\frac{2}{5}$.

EJEMPLO 3 Resolver una ecuación con soluciones imaginarias

Resuelve $-x^2 + 4x = 13$ usando la fórmula cuadrática.

SOLUCIÓN

$$-x^2 + 4x = 13 \qquad \text{Escribe la ecuación original.}$$
$$-x^2 + 4x - 13 = 0 \qquad \text{Escribe en forma estándar.}$$
$$x = \frac{-4 \pm \sqrt{4^2 - 4(-1)(-13)}}{2(-1)} \qquad a = -1, b = 4, c = -13$$
$$x = \frac{-4 \pm \sqrt{-36}}{-2} \qquad \text{Simplifica.}$$
$$x = \frac{-4 \pm 6i}{-2} \qquad \text{Escribe en términos de } i.$$
$$x = 2 \pm 3i \qquad \text{Simplifica.}$$

ERROR COMÚN

Al simplificar recuerda dividir la parte real y la parte imaginaria entre -2.

▶ Las soluciones son $x = 2 + 3i$ y $x = 2 - 3i$.

Verifica Haz una gráfica para $y = -x^2 + 4x - 13$. No hay intersecciones con el eje x. Entonces, la ecuación original no tiene soluciones reales. A continuación se muestra la verificación algebraica para una de las soluciones imaginarias.

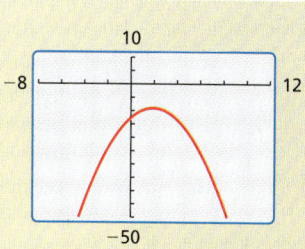

$$-(2 + 3i)^2 + 4(2 + 3i) \stackrel{?}{=} 13$$
$$5 - 12i + 8 + 12i \stackrel{?}{=} 13$$
$$13 = 13 \checkmark$$

Monitoreo del progreso 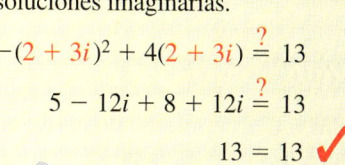 Ayuda en inglés y español en *BigIdeasMath.com*

Resuelve la ecuación usando la fórmula cuadrática.

4. $x^2 + 41 = -8x$
5. $-9x^2 = 30x + 25$
6. $5x - 7x^2 = 3x + 4$

Sección 3.4   Usar la fórmula cuadrática   123

Analizar el discriminante

En la fórmula cuadrática, la expresión $b^2 - 4ac$ se llama el **discriminante** de la ecuación asociada $ax^2 + bx + c = 0$.

$$x = \frac{-b \pm \sqrt{b^2 - 4ac}}{2a} \quad \longleftarrow \text{discriminante}$$

Puedes analizar el discriminante de la ecuación cuadrática para determinar el número y tipo de soluciones de la ecuación.

Concepto Esencial

Analizar el discriminante de $ax^2 + bx + c = 0$

Valor del discriminante	$b^2 - 4ac > 0$	$b^2 - 4ac = 0$	$b^2 - 4ac < 0$
Número y tipo de soluciones	Dos soluciones reales	Una solución real	Dos soluciones imaginarias
Gráfica de $y = ax^2 + bx + c$	Dos intersecciones con el eje x	Una intersección con el eje x	Ninguna intersección con el eje x

EJEMPLO 4 Analizar el discriminante

Halla el discriminante de la ecuación cuadrante y describe el número y tipo de soluciones de la ecuación.

a. $x^2 - 6x + 10 = 0$ **b.** $x^2 - 6x + 9 = 0$ **c.** $x^2 - 6x + 8 = 0$

SOLUCIÓN

Ecuación	Discriminante	Solución(es)
$ax^2 + bx + c = 0$	$b^2 - 4ac$	$x = \dfrac{-b \pm \sqrt{b^2 - 4ac}}{2a}$
a. $x^2 - 6x + 10 = 0$	$(-6)^2 - 4(1)(10) = -4$	Dos imaginarias: $3 \pm i$
b. $x^2 - 6x + 9 = 0$	$(-6)^2 - 4(1)(9) = 0$	Una real: 3
c. $x^2 - 6x + 8 = 0$	$(-6)^2 - 4(1)(8) = 4$	Dos reales: 2, 4

Monitoreo del progreso Ayuda en inglés y español en *BigIdeasMath.com*

Halla el discriminante de la ecuación cuadrática y describe el número y tipo de soluciones de la ecuación.

7. $4x^2 + 8x + 4 = 0$

8. $\frac{1}{2}x^2 + x - 1 = 0$

9. $5x^2 = 8x - 13$

10. $7x^2 - 3x = 6$

11. $4x^2 + 6x = -9$

12. $-5x^2 + 1 = 6 - 10x$

EJEMPLO 5   Escribir una ecuación

Halla el posible par de valores enteros para *a* y *c* de manera que la ecuación $ax^2 - 4x + c = 0$ tenga una solución real. Luego, escribe la ecuación.

SOLUCIÓN

Para que la ecuación tenga una solución real el discriminante deberá ser igual a 0.

$b^2 - 4ac = 0$	Escribe el discriminante.
$(-4)^2 - 4ac = 0$	Sustituye -4 por *b*.
$16 - 4ac = 0$	Evalúa la potencia.
$-4ac = -16$	Resta 16 de cada lado.
$ac = 4$	Divide cada lado entre -4.

Dado que $ac = 4$, elige dos enteros cuyo producto sea 4, tal como $a = 1$ y $c = 4$.

▶ Entonces, una posible ecuación es $x^2 - 4x + 4 = 0$.

OTRA MANERA

Otra posible ecuación en el Ejemplo 5 es $4x^2 - 4x + 1 = 0$. Puedes obtener esta ecuación imaginando que $a = 4$ y $c = 1$.

Verifica Haz una gráfica para $y = x^2 - 4x + 4$. La única intersección con el eje *x* es 2. También puedes verificar factorizando.

$$x^2 - 4x + 4 = 0$$
$$(x - 2)^2 = 0$$
$$x = 2 \checkmark$$

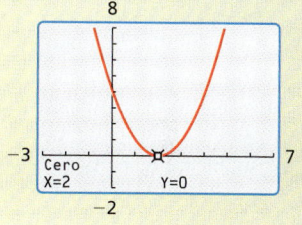

Monitoreo del progreso   Ayuda en inglés y español en *BigIdeasMath.com*

13. Halla un posible par de valores enteros para *a* y *c* de manera que la ecuación $ax^2 + 3x + c = 0$ tenga dos soluciones reales. Luego, escribe la ecuación.

La tabla muestra cinco métodos para resolver ecuaciones cuadráticas. Para una ecuación dada podría ser más eficiente usar un método en vez de otro. A continuación se muestran sugerencias sobre cuándo usar cada método.

Resumen de conceptos

Métodos para resolver ecuaciones cuadráticas

Método	Cuándo usarlo
Hacer una gráfica	Usa cuando soluciones aproximadas son adecuadas.
Usar raíces cuadradas	Usa para resolver una ecuación que puede ser escrita en la forma $u^2 = d$, donde *u* es una expresión algebraica.
Factorizar	Usa cuando se puedan factorizar fácilmente las ecuaciones cuadráticas.
Completar el cuadrado	Puede usarse para cualquier ecuación cuadrática $ax^2 + bx + c = 0$ pero es más fácil aplicarlo cuando $a = 1$ y *b* es un número par.
Fórmula cuadrática	Puede usarse para *cualquier* ecuación cuadrática.

Sección 3.4   Usar la fórmula cuadrática   **125**

Resolver problemas de la vida real

Se usa la función $h = -16t^2 + h_0$ para representar la altura de un objeto que se deja *caer*. Para un objeto que se ha *lanzado* o *arrojado* se deberá sumar un término adicional $v_0 t$ al modelo para tener en cuenta la velocidad vertical inicial v_0 del objeto (en pies por segundo). Recuerda que h es la altura (en pies), t es el tiempo en movimiento (en segundos) y h_0 es la altura inicial (en pies).

$h = -16t^2 + h_0$ El objeto se deja caer.

$h = -16t^2 + v_0 t + h_0$ El objeto se ha lanzado o arrojado

Tal como se muestra a continuación, el valor v_0 puede ser positivo, negativo o cero dependiendo de si el objeto es lanzado hacia arriba, hacia abajo o en paralelo al suelo.

$v_0 > 0$

$v_0 < 0$

$v_0 = 0$

EJEMPLO 6   Representar un objeto lanzado

Un malabarista lanza una pelota al aire. La pelota deja la mano del malabarista a 4 metros del suelo y tiene una velocidad vertical inicial de 30 pies por segundo. El malabarista atrapa la pelota cuando cae de regreso a una altura de 3 pies. ¿Cuánto tiempo permanece la pelota en el aire?

SOLUCIÓN

Dado que la pelota ha sido *arrojada*, usa la representación $h = -16t^2 + v_0 t + h_0$. Para hallar cuánto tiempo permanece la pelota en el aire resuelve t cuando $h = 3$.

$h = -16t^2 + v_0 t + h_0$ Escribe la altura modelo.

$3 = -16t^2 + 30t + 4$ Sustituye 3 por h, 30 por v_0, y 4 por h_0.

$0 = -16t^2 + 30t + 1$ Escribe en forma estándar.

Esta ecuación no es factorizable, y completar el cuadrado resultaría en fracciones. Entonces, usa la fórmula cuadrática para resolver la ecuación.

$t = \dfrac{-30 \pm \sqrt{30^2 - 4(-16)(1)}}{2(-16)}$ $a = -16, b = 30, c = 1$

$t = \dfrac{-30 \pm \sqrt{964}}{-32}$ Simplifica.

$t \approx -0.033$ o $t \approx 1.9$ Usa una calculadora.

▶ Rechaza la solución negativa, -0.033 porque el tiempo que permanece la pelota en el aire no puede ser negativo. Entonces, la pelota está en el aire por 1.9 segundos aproximadamente.

Monitoreo del progreso Ayuda en inglés y español en *BigIdeasMath.com*

14. ¿QUÉ PASA SI? La pelota deja la mano del malabarista con una velocidad vertical inicial de 40 pies por segundo. ¿Cuánto tiempo permanece la pelota en el aire?

3.4 Ejercicios

Verificación de vocabulario y concepto esencial

1. **COMPLETA LA ORACIÓN** Cuando a, b y c son números reales de manera que $a \neq 0$, las soluciones de la ecuación cuadrática $ax^2 + bx + c = 0$ son $x =$ _____.

2. **COMPLETA LA ORACIÓN** Puedes usar el(la) _____ de la ecuación cuadrática para determinar el número y tipo de soluciones de la ecuación.

3. **ESCRIBIR** Describe el número y tipo de soluciones cuando el valor del discriminante es negativo.

4. **ESCRIBIR** ¿Qué dos métodos puedes usar para resolver *cualquier* ecuación cuadrática? Explica cuándo podrías preferir usar un método en vez del otro.

Monitoreo del progreso y Representar con matemáticas

En los Ejercicios 5–18, resuelve la ecuación usando la fórmula cuadrática. Usa una calculadora gráfica para verificar tu(s) solución(es). *(Consulta los Ejemplos 1, 2, y 3).*

5. $x^2 - 4x + 3 = 0$
6. $3x^2 + 6x + 3 = 0$
7. $x^2 + 6x + 15 = 0$
8. $6x^2 - 2x + 1 = 0$
9. $x^2 - 14x = -49$
10. $2x^2 + 4x = 30$
11. $3x^2 + 5 = -2x$
12. $-3x = 2x^2 - 4$
13. $-10x = -25 - x^2$
14. $-5x^2 - 6 = -4x$
15. $-4x^2 + 3x = -5$
16. $x^2 + 121 = -22x$
17. $-z^2 = -12z + 6$
18. $-7w + 6 = -4w^2$

En los Ejercicios 19–26, halla el discriminante de la ecuación cuadrática y describe el número y tipo de soluciones de la ecuación. *(Consulta el Ejemplo 4).*

19. $x^2 + 12x + 36 = 0$
20. $x^2 - x + 6 = 0$
21. $4n^2 - 4n - 24 = 0$
22. $-x^2 + 2x + 12 = 0$
23. $4x^2 = 5x - 10$
24. $-18p = p^2 + 81$
25. $24x = -48 - 3x^2$
26. $-2x^2 - 6 = x$

27. **USAR ECUACIONES** ¿Cuáles son las soluciones complejas de la ecuación $2x^2 - 16x + 50 = 0$?

    Ⓐ $4 + 3i, 4 - 3i$
    Ⓑ $4 + 12i, 4 - 12i$
    Ⓒ $16 + 3i, 16 - 3i$
    Ⓓ $16 + 12i, 16 - 12i$

28. **USAR ECUACIONES** Determina el número y tipo de soluciones para la ecuación $x^2 + 7x = -11$.

    Ⓐ dos soluciones reales
    Ⓑ una solución real
    Ⓒ dos soluciones imaginarias
    Ⓓ una solución imaginaria

ANALIZAR ECUACIONES En los Ejercicios 29–32, usa el discriminante para unir cada ecuación cuadrática con la gráfica correcta de la función relacionada. Explica tu razonamiento.

29. $x^2 - 6x + 25 = 0$
30. $2x^2 - 20x + 50 = 0$
31. $3x^2 + 6x - 9 = 0$
32. $5x^2 - 10x - 35 = 0$

A.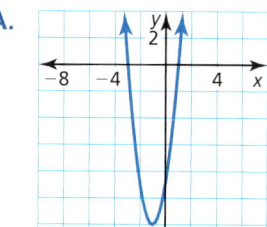

B.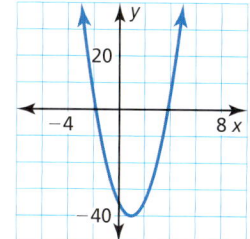

C.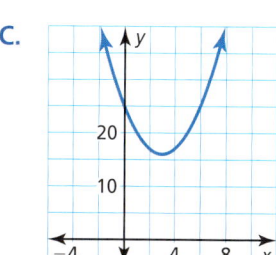

D.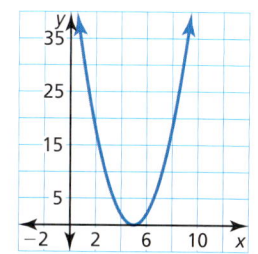

Sección 3.4   Usar la fórmula cuadrática   127

ANÁLISIS DE ERRORES En los Ejercicios 33 y 34, describe y corrige el error cometido al resolver la ecuación.

33.
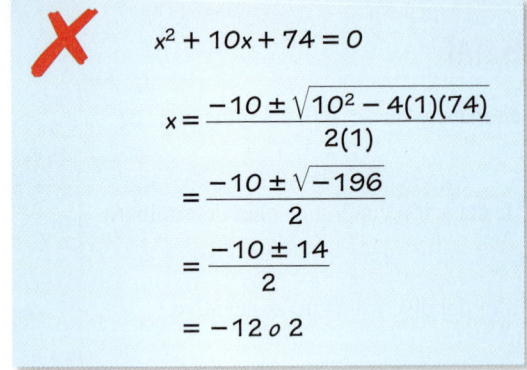

34.
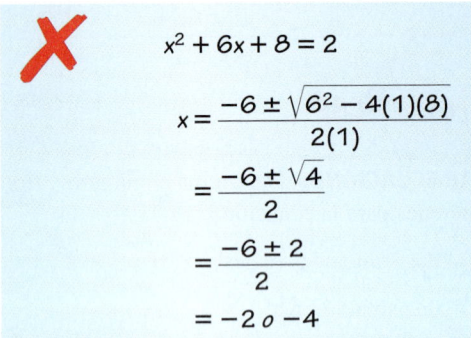

FINAL ABIERTO En los Ejercicios 35–40, halla el posible par de valores enteros para *a* y *c* de manera que la ecuación cuadrática tenga la(s) solución(es) dada(s). Luego, escribe la ecuación. *(Consulta el Ejemplo 5).*

35. $ax^2 + 4x + c = 0$; dos soluciones imaginarias

36. $ax^2 + 6x + c = 0$; dos soluciones reales

37. $ax^2 - 8x + c = 0$; dos soluciones reales

38. $ax^2 - 6x + c = 0$; una solución real

39. $ax^2 + 10x = c$; una solución real

40. $-4x + c = -ax^2$; dos soluciones imaginarias

USAR LA ESTRUCTURA En los Ejercicios 41–46, usa la fórmula cuadrática para escribir una ecuación cuadrática que tenga las soluciones dadas.

41. $x = \dfrac{-8 \pm \sqrt{-176}}{-10}$

42. $x = \dfrac{15 \pm \sqrt{-215}}{22}$

43. $x = \dfrac{-4 \pm \sqrt{-124}}{-14}$

44. $x = \dfrac{-9 \pm \sqrt{137}}{4}$

45. $x = \dfrac{-4 \pm 2}{6}$

46. $x = \dfrac{2 \pm 4}{-2}$

COMPARAR MÉTODOS En los Ejercicios 47–58, resuelve las ecuaciones cuadráticas usando la fórmula cuadrática. Luego, resuelve la ecuación usando otro método. ¿Qué método prefieres? Explica.

47. $3x^2 - 21 = 3$

48. $5x^2 + 38 = 3$

49. $2x^2 - 54 = 12x$

50. $x^2 = 3x + 15$

51. $x^2 - 7x + 12 = 0$

52. $x^2 + 8x - 13 = 0$

53. $5x^2 - 50x = -135$

54. $8x^2 + 4x + 5 = 0$

55. $-3 = 4x^2 + 9x$

56. $-31x + 56 = -x^2$

57. $x^2 = 1 - x$

58. $9x^2 + 36x + 72 = 0$

CONEXIONES MATEMÁTICAS En los Ejercicios 59 y 60, halla el valor de *x*.

59. Área del rectángulo = 24 m²

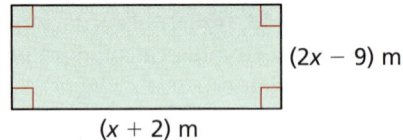

60. Área del triángulo = 8 pies²

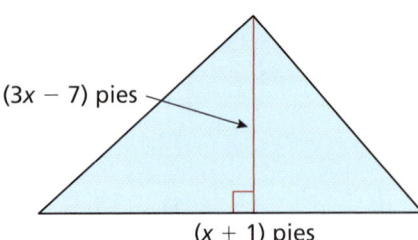

61. **REPRESENTAR CON MATEMÁTICAS** Un jugador de lacrosse arroja una pelota en el aire desde una altura inicial de 7 pies. La pelota tiene una velocidad vertical inicial de 90 pies por segundo. Otro jugador atrapa la pelota cuando está a 3 pies del suelo. ¿Cuánto tiempo permanece la pelota en el aire? *(Consulta el Ejemplo 6).*

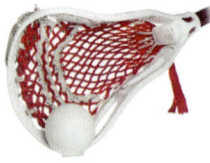

62. **SENTIDO NUMÉRICO** Supón que la ecuación cuadrática $ax^2 + 5x + c = 0$ tiene una solución real. ¿Es posible que *a* y *c* sean enteros? ¿Números racionales? Explica tu razonamiento. Luego, describe los posibles valores de *a* y *c*.

63. **REPRESENTAR CON MATEMÁTICAS** En un partido de vóleibol un jugador de un equipo remata la pelota sobre la red cuando la pelota se encuentra a 10 pies por encima de la cancha. El remate impulsa la pelota hacia abajo con una velocidad vertical inicial de 55 pies por segundo. ¿Con cuánto tiempo cuenta el equipo contrario para devolver la pelota antes de que toque el suelo?

64. **REPRESENTAR CON MATEMÁTICAS** Un arquero está disparando a blancos. La flecha se encuentra a una altura de 5 pies del suelo. Debido a normas de seguridad, el arquero deberá apuntar la flecha en paralelo al suelo.

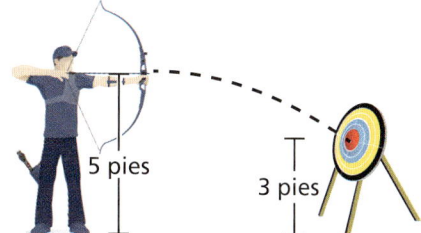

   a. ¿Cuánto tiempo tarda la flecha en llegar al blanco que se encuentra a tres pies del suelo?

   b. ¿Qué método usaste para resolver la ecuación cuadrática? Explica.

65. **RESOLVER PROBLEMAS** Un club de cohetes está por lanzar cohetes modelo. La plataforma de lanzamiento se encuentra a 30 pies del suelo. Tu cohete modelo tiene una velocidad vertical inicial de 105 pies por segundo. El cohete modelo de tu amigo tiene una velocidad vertical inicial de 100 pies por segundo.

   a. Usa la calculadora gráfica para hacer una gráfica de las ecuaciones de ambos cohetes modelos. Compara las trayectorias.

   b. ¿Después de cuántos segundos se encuentra tu cohete a 119 pies del suelo? Explica si su(s) respuesta(s) es(son) razonables.

66. **RESOLVER PROBLEMAS** El número A de tabletas vendidas (en millones) puede ser representado por la función $A = 4.5t^2 + 43.5t + 17$, donde t representa el año siguiente a 2010.

   a. ¿En qué año las ventas de tabletas alcanzaron 65 millones?

   b. Halla la tasa promedio de cambio del 2010 al 2012 e interpreta el significado en el contexto de la situación.

   c. ¿Crees que este modelo será preciso después que se desarrolle una computadora nueva e innovadora? Explica.

67. **REPRESENTAR CON MATEMÁTICAS** El alcatraz es un ave que se alimenta de peces al zambullirse en el agua. Un alcatraz divisa un pez en la superficie del agua y se zambulle 100 pies para atraparlo. El ave se sumerge en el agua con una velocidad vertical inicial de -88 pies por segundo.

   a. ¿Cuánto tiempo tiene el pez para escaparse?

   b. Otro alcatraz divisa el mismo pez; se encuentra únicamente a 84 pies sobre el agua y tiene una velocidad vertical inicial de -70 pies por segundo. ¿Cuál de las dos aves alcanza al pez primero? Justifica tu respuesta.

68. **USAR HERRAMIENTAS** Se te pide hallar un posible par de valores enteros para a y c de manera que la ecuación $ax^2 - 3x + c = 0$ tenga dos soluciones reales. Cuando resuelves la desigualdad del discriminante obtienes $ac < 2.25$. Entonces, eliges los valores $a = 2$ y $c = 1$. Tu calculadora gráfica muestra la gráfica de tu ecuación en una ventana de visualización estándar. ¿La solución es la correcta? Explica.

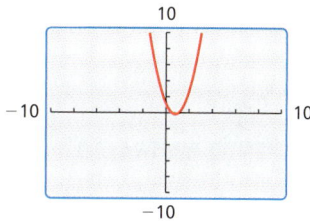

69. **RESOLVER PROBLEMAS** Tu familia tiene una piscina rectangular que mide 18 pies por 9 pies. Tu familia quiere instalar una terraza alrededor de la piscina pero no está segura qué tan ancha deba ser. Determina el ancho que deba tener la terraza cuando el área total de la piscina y la terraza sea de 400 pies cuadrados. ¿Cuál es el ancho de la terraza?

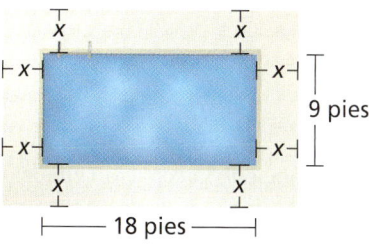

Sección 3.4 Usar la fórmula cuadrática 129

70. **¿CÓMO LO VES?** A continuación se muestra la gráfica de la función cuadrática $y = ax^2 + bx + c$. Determina si cada discriminante de $ax^2 + bx + c = 0$ es positivo, negativo o cero. Luego, indica el número y tipo de soluciones para cada gráfica. Explica tu razonamiento.

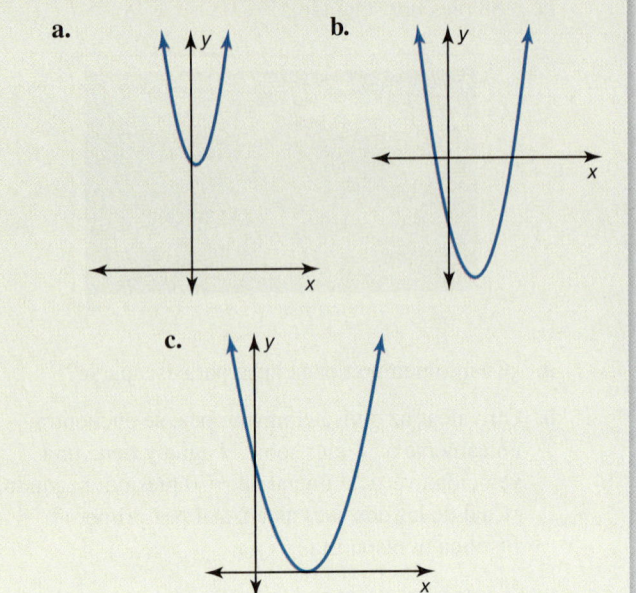

71. **PENSAMIENTO CRÍTICO** Resuelve cada ecuación de valor absoluto.

    a. $|x^2 - 3x - 14| = 4$ b. $x^2 = |x| + 6$

72. **ARGUMENTAR** Se le pide a la clase resolver la ecuación $4x^2 + 14x + 11 = 0$. Decides resolver la ecuación completando el cuadrado. Tu amigo decide usar la fórmula cuadrática. ¿El método de quién es más eficiente? Explica tu razonamiento.

73. **RAZONAMIENTO ABSTRACTO** Para una ecuación cuadrática $ax^2 + bx + c = 0$ con dos soluciones reales, demuestra que la media de las soluciones es $-\dfrac{b}{2a}$. ¿Cómo se relaciona este hecho con la simetría de la gráfica de $y = ax^2 + bx + c$?

74. **ESTIMULAR EL PENSAMIENTO** Describe una historia de la vida real que pueda representarse con $h = -16t^2 + v_0 t + h_0$. Escribe el modelo de altura para tu historia y determina cuánto tiempo permanece el objeto en el aire.

75. **RAZONAR** Demuestra que no hay ninguna ecuación cuadrática $ax^2 + bx + c = 0$ de manera que a, b y c son números reales y $3i$ y $-2i$ son soluciones.

76. **REPRESENTAR CON MATEMÁTICAS** La Torre Stratosphere en Las Vegas mide 921 pies de alto y tiene una "aguja" en la parte superior que se extiende más hacia el cielo. Un juego mecánico llamado Big Shot catapulta a los pasajeros 160 pies hacia arriba a lo largo de la aguja y luego los deja caer de vuelta a la plataforma de lanzamiento.

a. La altura h (en pies) de un pasajero del Big Shot puede representarse con $h = -16t^2 + v_0 t + 921$, donde t es el tiempo transcurrido (en segundos) después del lanzamiento y v_0 es la velocidad vertical inicial (en pies por segundo). Halla v_0 usando el hecho de que el valor máximo de h es $921 + 160 = 1081$ pies.

b. Un folleto del Big Shot indica que la subida hasta la aguja toma 2 segundos. Compara este tiempo con el tiempo dado en la representación $h = -16t^2 + v_0 t + 921$, donde v_0 es el valor que encontraste en la parte (a). Comenta sobre la precisión de la representación.

Mantener el dominio de las matemáticas
Repasar lo que aprendiste en grados y lecciones anteriores

Resuelve el sistema de ecuaciones lineales haciendo gráficas. *(Manual de revisión de destrezas)*

77. $-x + 2y = 6$
    $x + 4y = 24$

78. $y = 2x - 1$
    $y = x + 1$

79. $3x + y = 4$
    $6x + 2y = -4$

80. $y = -x + 2$
    $-5x + 5y = 10$

Haz una gráfica de la ecuación cuadrática. Rotula el vértice y el eje de simetría. *(Sección 2.2)*

81. $y = -x^2 + 2x + 1$

82. $y = 2x^2 - x + 3$

83. $y = 0.5x^2 + 2x + 5$

84. $y = -3x^2 - 2$

3.5 Resolver sistemas no lineales

Pregunta esencial ¿Cómo solucionas un sistema no lineal de ecuaciones?

EXPLORACIÓN 1 Resolver sistemas no lineales de ecuaciones

Trabaja con un compañero. Une cada sistema con su gráfica. Explica tu razonamiento. Luego, resuelve cada sistema haciendo una gráfica.

a. $y = x^2$
$y = x + 2$

b. $y = x^2 + x - 2$
$y = x + 2$

c. $y = x^2 - 2x - 5$
$y = -x + 1$

d. $y = x^2 + x - 6$
$y = -x^2 - x + 6$

e. $y = x^2 - 2x + 1$
$y = -x^2 + 2x - 1$

f. $y = x^2 + 2x + 1$
$y = -x^2 + x + 2$

A.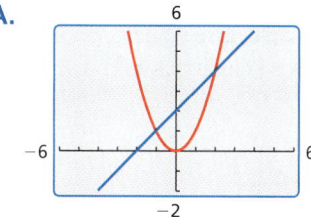

B.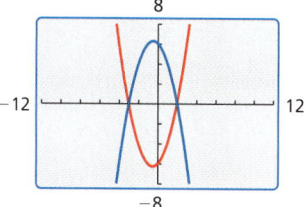

C.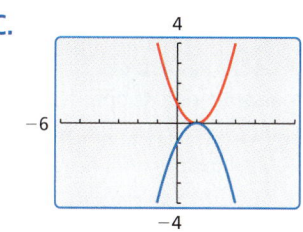

D.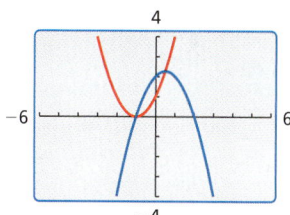

E.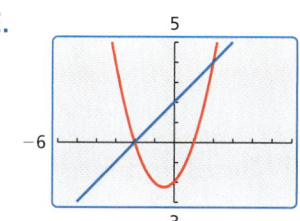

F.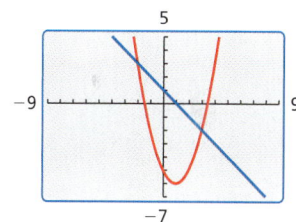

DARLE SENTIDO A LOS PROBLEMAS

Para dominar las matemáticas, necesitas planear una secuencia de soluciones en lugar de simplemente lanzarte a tratar de solucionar problemas.

EXPLORACIÓN 2 Resolver sistemas no lineales de ecuaciones

Trabaja con un compañero. Verifica el sistema no lineal en la Exploración 1(f). Supón que quieres una forma más exacta de resolver el sistema que la del enfoque de gráficas.

a. Demuestra cómo se podría usar un *enfoque numérico* al crear una tabla. Por ejemplo, si usaras una hoja de cálculo para resolver el sistema.

b. Demuestra cómo se podría usar un enfoque analítico. Por ejemplo, podrías resolver el sistema mediante la sustitución o eliminación.

Comunicar tu respuesta

3. ¿Cómo puedes resolver un sistema no lineal de ecuaciones?

4. ¿Preferirías usar un enfoque gráfico, numérico o analítico para resolver un sistema no lineal de ecuaciones dado? Explica tu razonamiento.

$y = x^2 + 2x - 3$
$y = -x^2 - 2x + 4$

3.5 Lección

Qué aprenderás

▶ Resolver los sistemas de ecuaciones no lineales.
▶ Resolver ecuaciones cuadráticas haciendo gráficas.

Vocabulario Esencial

sistema de ecuaciones no lineales, *pág. 132*

Anterior
sistema de ecuaciones lineales
círculo

Sistemas de ecuaciones no lineales

Anteriormente, has resuelto sistemas de ecuaciones *lineales* haciendo gráficas, sustituyendo o eliminando. También puedes usar estos métodos para resolver un sistema de ecuaciones no lineales. En un **sistema de ecuaciones no lineales** por lo menos una de las ecuaciones no es lineal. Por ejemplo, el sistema no lineal que se muestra tiene una ecuación cuadrática y una ecuación lineal.

$y = x^2 + 2x - 4$ La ecuación 1 es no lineal.
$y = 2x + 5$ La ecuación 2 es lineal.

Cuando las gráficas de las ecuaciones en un sistema son una línea y una parábola, las gráficas pueden intersecarse en cero, uno o dos puntos. Entonces, el sistema puede tener cero, una o dos soluciones, como se muestra a continuación.

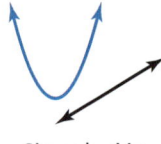   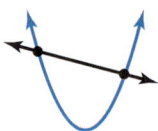

Sin solución   Una solución   Dos soluciones

Cuando las gráficas de las ecuaciones en un sistema son una parábola que se abre hacia arriba y una parábola que se abre hacia abajo, las gráficas se pueden intersecar en cero, uno o dos puntos. Entonces, el sistema puede tener cero, una o dos soluciones, como se muestra a continuación.

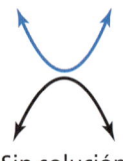   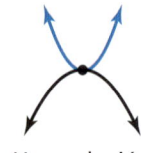   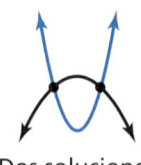

Sin solución   Una solución   Dos soluciones

EJEMPLO 1   Resolver un sistema no lineal haciendo gráficas

Resuelve el sistema haciendo gráficas.

$y = x^2 - 2x - 1$ Ecuación 1
$y = -2x - 1$ Ecuación 2

SOLUCIÓN

Haz una gráfica para cada ecuación. Luego, estima el punto de intersección. La parábola y la línea parecen intersecarse en el punto $(0, -1)$. Verifica el punto al sustituir las coordenadas en cada una de las ecuaciones originales.

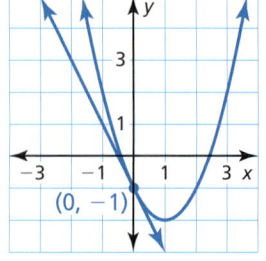

Ecuación 1
$y = x^2 - 2x - 1$
$-1 \stackrel{?}{=} (0)^2 - 2(0) - 1$
$-1 = -1$ ✓

Ecuación 2
$y = -2x - 1$
$-1 \stackrel{?}{=} -2(0) - 1$
$-1 = -1$ ✓

▶ La solución es $(0, -1)$.

132   Capítulo 3   Ecuaciones cuadráticas y números complejos

EJEMPLO 2 Resolver un sistema no lineal por sustitución

Resuelve el sistema por sustitución. $x^2 + x - y = -1$ Ecuación 1
$x + y = 4$ Ecuación 2

SOLUCIÓN

Empieza resolviendo para hallar *y* en la Ecuación 2

$y = -x + 4$ Resuelve para hallar *y* en la Ecuación 2.

A continuación, sustituye $-x + 4$ para *y* en la Ecuación 1 y resuelve para hallar *x*.

$x^2 + x - y = -1$ Escribe la Ecuación 1.
$x^2 + x - (-x + 4) = -1$ Sustituye $-x + 4$ por *y*.
$x^2 + 2x - 4 = -1$ Simplifica.
$x^2 + 2x - 3 = 0$ Escribe en forma estándar.
$(x + 3)(x - 1) = 0$ Factoriza.
$x + 3 = 0$ or $x - 1 = 0$ Propiedad del producto cero
$x = -3$ or $x = 1$ Resuelve para hallar *x*.

Para resolver para hallar *y*, sustituye $x = -3$ y $x = 1$ en la ecuación $y = -x + 4$.

$y = -x + 4 = -(-3) + 4 = 7$ Sustituye -3 por *x*.
$y = -x + 4 = -1 + 4 = 3$ Sustituye 1 por *x*.

Verifica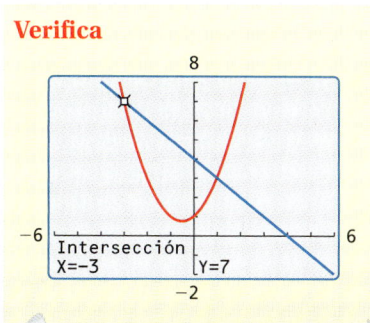

▶ Las soluciones son $(-3, 7)$ y $(1, 3)$. Verifica las soluciones haciendo gráficas del sistema.

EJEMPLO 3 Resolver un sistema no lineal por eliminación

Resuelve el sistema por eliminación. $2x^2 - 5x - y = -2$ Ecuación 1
$x^2 + 2x + y = 0$ Ecuación 2

SOLUCIÓN

Suma las ecuaciones para eliminar el término *y* y obtener una ecuación cuadrática en *x*.

$2x^2 - 5x - y = -2$
$\underline{x^2 + 2x + y = 0}$
$3x^2 - 3x = -2$ Suma las ecuaciones.
$3x^2 - 3x + 2 = 0$ Escribe en forma estándar.
$x = \dfrac{3 \pm \sqrt{-15}}{6}$ Usa la fórmula cuadrática.

Verifica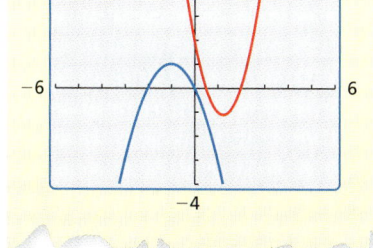

▶ Debido a que el discriminante es negativo, la ecuación $3x^2 - 3x + 2 = 0$ no tiene solución real. Entonces, el sistema original no tiene solución real. Puedes verificarlo haciendo graficas del sistema y observando que las gráficas no parecen intersecarse.

Monitoreo del progreso Ayuda en inglés y español en *BigIdeasMath.com*

Resuelve el sistema usando cualquier método. Explica por qué elegiste ese método.

1. $y = -x^2 + 4$
$y = -4x + 8$

2. $x^2 + 3x + y = 0$
$2x + y = 5$

3. $2x^2 + 4x - y = -2$
$x^2 + y = 2$

Sección 3.5   Resolver sistemas no lineales   133

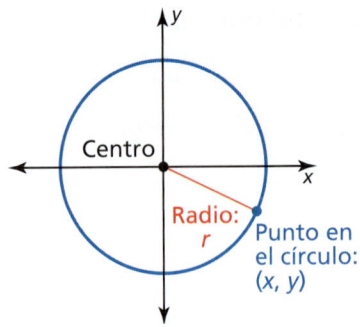

Algunos sistemas no lineales tienen ecuaciones en la forma de

$x^2 + y^2 = r^2$.

Esta ecuación es la forma estándar de un círculo con centro $(0, 0)$ y radio r.

Cuando las gráficas de las ecuaciones en un sistema son una línea y un círculo, las gráficas pueden intersecarse en cero, uno o dos puntos. Entonces, el sistema puede tener cero, uno o dos soluciones, como se muestra a continuación.

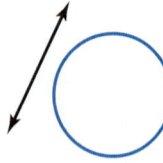

Sin solución   Una solución   Dos soluciones

EJEMPLO 4   Resolver un sistema no lineal por sustitución

Resuelve el sistema por sustitución. $x^2 + y^2 = 10$ Ecuación 1
$y = -3x + 10$ Ecuación 2

SOLUCIÓN

Sustituye $-3x + 10$ para y en la Ecuación 1 y resuelve para hallar x.

$x^2 + y^2 = 10$	Escribe la Ecuación 1.
$x^2 + (-3x + 10)^2 = 10$	Sustituye $-3x + 10$ por y.
$x^2 + 9x^2 - 60x + 100 = 10$	Desarrolla la potencia.
$10x^2 - 60x + 90 = 0$	Escribe en forma estándar.
$x^2 - 6x + 9 = 0$	Divide cada lado entre 10.
$(x - 3)^2 = 0$	Patrón de trinomio cuadrado perfecto
$x = 3$	Propiedad del producto cero

ERROR COMÚN

También puedes sustituir $x = 3$ en la Ecuación 1 para hallar y. Esto produce dos soluciones aparentes, $(3, 1)$ y $(3, -1)$. Sin embargo, $(3, -1)$ no es una solución porque no satisface la Ecuación 2. En la gráfica también puedes ver que $(3, -1)$ no es una solución.

Para hallar la coordenada y de la solución, sustituye $x = 3$ en la Ecuación 2.

$y = -3(3) + 10 = 1$

▶ La solución es $(3, 1)$. Verifica la solución haciendo una gráfica del sistema. Puedes ver que la línea y el círculo se intersecan únicamente en el punto $(3, 1)$.

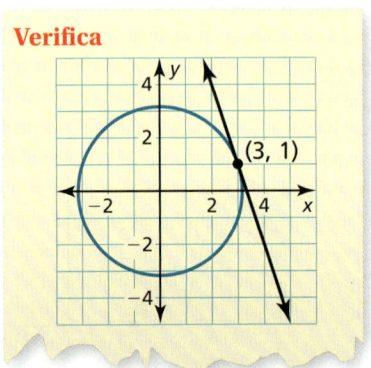

Verifica

Monitoreo del progreso Ayuda en inglés y español en BigIdeasMath.com

Resuelve el sistema.

4. $x^2 + y^2 = 16$
$y = -x + 4$

5. $x^2 + y^2 = 4$
$y = x + 4$

6. $x^2 + y^2 = 1$
$y = \frac{1}{2}x + \frac{1}{2}$

Resolver ecuaciones haciendo gráficas

Puedes resolver una ecuación al reescribirla como un sistema de ecuaciones y luego resolver el sistema haciendo gráficas.

Concepto Esencial

Resolver ecuaciones haciendo gráficas

Paso 1 Para resolver la ecuación $f(x) = g(x)$, escribe un sistema de dos ecuaciones, $y = f(x)$ y $y = g(x)$.

Paso 2 Haz una gráfica del sistema de ecuaciones $y = f(x)$ y $y = g(x)$. El valor de x de cada solución del sistema es una solución de la ecuación $f(x) = g(x)$.

> **OTRA MANERA**
>
> En el Ejemplo 5(a) también puedes hallar las soluciones al escribir la ecuación dada como $4x^2 + 3x - 2 = 0$ y resolver esta ecuación usando la fórmula cuadrática.

EJEMPLO 5 — Resolver ecuaciones cuadráticas haciendo gráficas

Resuelve (a) $3x^2 + 5x - 1 = -x^2 + 2x + 1$ y (b) $-(x - 1.5)^2 + 2.25 = 2x(x + 1.5)$ haciendo gráficas.

SOLUCIÓN

a. Paso 1 Escribe un sistema de ecuaciones usando cada lado de la ecuación original.

Ecuación

$3x^2 + 5x - 1 = -x^2 + 2x + 1$

Sistema

$y = 3x^2 + 5x - 1$
$y = -x^2 + 2x + 1$

Paso 2 Usa una calculadora gráfica para hacer una gráfica del sistema. Luego, usa la función de *intersecar* para hallar el valor de x de cada solución del sistema.

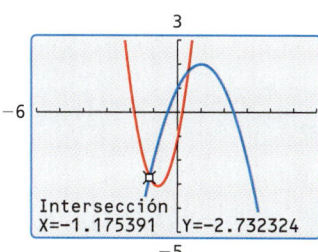 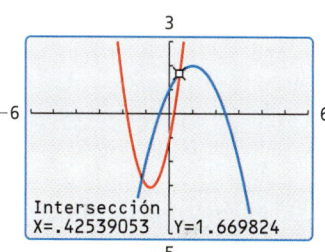

Las gráficas se intersecan cuando $x \approx -1.18$ y $x \approx 0.43$.

▶ Las soluciones de la ecuación son $x \approx -1.18$ y $x \approx 0.43$.

b. Paso 1 Escribe un sistema de ecuaciones usando cada lado de la ecuación original.

Ecuación

$-(x - 1.5)^2 + 2.25 = 2x(x + 1.5)$

Sistema

$y = -(x - 1.5)^2 + 2.25$
$y = 2x(x + 1.5)$

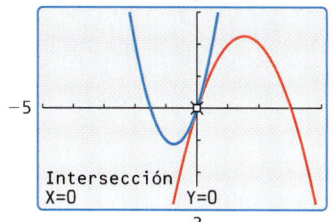

Paso 2 Usa una calculadora gráfica para hacer una gráfica del sistema, como se muestra a la izquierda. Luego, usa la función de *intersecar* para hallar el valor de x para cada solución del sistema. Las gráficas se intersecan cuando $x = 0$.

▶ La solución de la ecuación es $x = 0$.

Monitoreo del progreso Ayuda en inglés y español en *BigIdeasMath.com*

Resuelve la ecuación haciendo una gráfica.

7. $x^2 - 6x + 15 = -(x - 3)^2 + 6$

8. $(x + 4)(x - 1) = -x^2 + 3x + 4$

Sección 3.5 Resolver sistemas no lineales **135**

3.5 Ejercicios

Soluciones dinámicas disponibles en BigIdeasMath.com

Verificación de vocabulario y concepto esencial

1. **ESCRIBIR** Describe las posibles soluciones de un sistema que consiste en dos ecuaciones cuadráticas.

2. **¿CUÁL NO CORRESPONDE?** ¿Cuál de los siguientes sistemas *no* corresponde al grupo de las otras tres? Explica.

$y = 3x + 4$	$y = 2x - 1$	$y = 3x^2 + 4x + 1$	$x^2 + y^2 = 4$
$y = x^2 + 1$	$y = -3x + 6$	$y = -5x^2 - 3x + 1$	$y = -x + 1$

Monitoreo del progreso y Representar con matemáticas

En los Ejercicios 3–10, resuelve el sistema haciendo una gráfica. Revisa tu(s) solución(es). *(Consulta el Ejemplo 1).*

3. $y = x + 2$
   $y = 0.5(x + 2)^2$

4. $y = (x - 3)^2 + 5$
   $y = 5$

5. $y = \frac{1}{3}x + 2$
   $y = -3x^2 - 5x - 4$

6. $y = -3x^2 - 30x - 71$
   $y = -3x - 17$

7. $y = x^2 + 8x + 18$
   $y = -2x^2 - 16x - 30$

8. $y = -2x^2 - 9$
   $y = -4x - 1$

9. $y = (x - 2)^2$
   $y = -x^2 + 4x - 2$

10. $y = \frac{1}{2}(x + 2)^2$
    $y = -\frac{1}{2}x^2 + 2$

En los Ejercicios 11–14 resuelve el sistema de ecuaciones no lineales usando la gráfica.

11.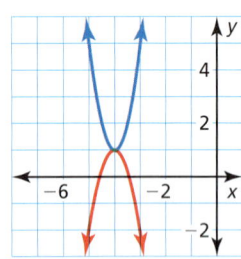

12.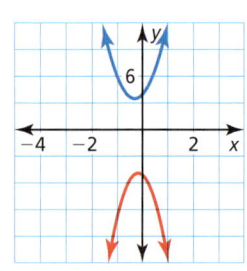

13.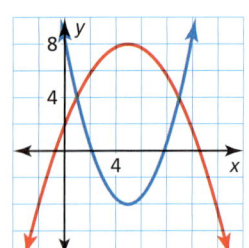

14.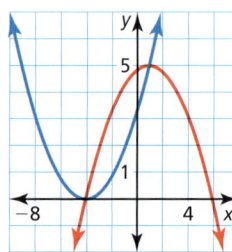

En los Ejercicios 15–24, resuelve el sistema por sustitución *(Consulta los Ejemplos 2 y 4).*

15. $y = x + 5$
    $y = x^2 - x + 2$

16. $x^2 + y^2 = 49$
    $y = 7 - x$

17. $x^2 + y^2 = 64$
    $y = -8$

18. $x = 3$
    $-3x^2 + 4x - y = 8$

19. $2x^2 + 4x - y = -3$
    $-2x + y = -4$

20. $2x - 3 = y + 5x^2$
    $y = -3x - 3$

21. $y = x^2 - 1$
    $-7 = -x^2 - y$

22. $y + 16x - 22 = 4x^2$
    $4x^2 - 24x + 26 + y = 0$

23. $x^2 + y^2 = 7$
    $x + 3y = 21$

24. $x^2 + y^2 = 5$
    $-x + y = -1$

25. **USAR ECUACIONES** ¿Qué pares ordenados son soluciones del sistema no lineal?

    $y = \frac{1}{2}x^2 - 5x + \frac{21}{2}$
    $y = -\frac{1}{2}x + \frac{13}{2}$

    Ⓐ (1, 6)   Ⓑ (3, 0)
    Ⓒ (8, 2.5)   Ⓓ (7, 0)

26. **USAR ECUACIONES** ¿Cuántas soluciones tiene el sistema? Explica tu razonamiento.

    $y = 7x^2 - 11x + 9$
    $y = -7x^2 + 5x - 3$

    Ⓐ 0   Ⓑ 1
    Ⓒ 2   Ⓓ 4

136 Capítulo 3 Ecuaciones cuadráticas y números complejos

En los Ejercicios 27–34, resuelve el sistema por eliminación. *(Consulta el Ejemplo 3).*

27. $2x^2 - 3x - y = -5$
    $-x + y = 5$

28. $-3x^2 + 2x - 5 = y$
    $-x + 2 = -y$

29. $-3x^2 + y = -18x + 29$
    $-3x^2 - y = 18x - 25$

30. $y = -x^2 - 6x - 10$
    $y = 3x^2 + 18x + 22$

31. $y + 2x = -14$
    $-x^2 - y - 6x = 11$

32. $y = x^2 + 4x + 7$
    $-y = 4x + 7$

33. $y = -3x^2 - 30x - 76$
    $y = 2x^2 + 20x + 44$

34. $-10x^2 + y = -80x + 155$
    $5x^2 + y = 40x - 85$

35. **ANÁLISIS DE ERRORES** Describe y corrige el error cometido al usar la eliminación para resolver un sistema.

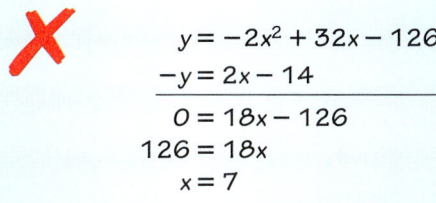

36. **SENTIDO NUMÉRICO** La tabla muestra los valores de entrada y de salida de dos ecuaciones cuadráticas. Identifica la(s) solución(es) del sistema. Explica tu razonamiento.

x	y₁	y₂
−3	29	−11
−1	9	9
1	−3	21
3	−7	25
7	9	9
11	57	−39

En los Ejercicios 37–42, resuelve el sistema usando cualquier método. Explica por qué elegiste ese método.

37. $y = x^2 - 1$
    $-y = 2x^2 + 1$

38. $y = -4x^2 - 16x - 13$
    $-3x^2 + y + 12x = 17$

39. $-2x + 10 + y = \frac{1}{3}x^2$
    $y = 10$

40. $y = 0.5x^2 - 10$
    $y = -x^2 + 14$

41. $y = -3(x - 4)^2 + 6$
    $(x - 4)^2 + 2 - y = 0$

42. $-x^2 + y^2 = 100$
    $y = -x + 14$

USAR HERRAMIENTAS En los Ejercicios 43–48, resuelve las ecuaciones haciendo una gráfica. *(Consulta el Ejemplo 5).*

43. $x^2 + 2x = -\frac{1}{2}x^2 + 2x$

44. $2x^2 - 12x - 16 = -6x^2 + 60x - 144$

45. $(x + 2)(x - 2) = -x^2 + 6x - 7$

46. $-2x^2 - 16x - 25 = 6x^2 + 48x + 95$

47. $(x - 2)^2 - 3 = (x + 3)(-x + 9) - 38$

48. $(-x + 4)(x + 8) - 42 = (x + 3)(x + 1) - 1$

49. **RAZONAR** Un sistema no lineal contiene las ecuaciones de una función constante y una función cuadrática. El sistema tiene una solución. Describe la relación entre las gráficas.

50. **RESOLVER PROBLEMAS** El rango (en millas) de la señal de transmisión desde una torre de radio está limitada por un círculo dado por la ecuación

    $x^2 + y^2 = 1620.$

    Una carretera recta puede ser representada por la ecuación

    $y = -\frac{1}{3}x + 30.$

    ¿A qué longitudes de la carretera pueden recibir los vehículos la señal de transmisión?

51. **RESOLVER PROBLEMAS** Un vehículo pasa a un lado de un carro de policía estacionado y continúa a una velocidad constante de r. El carro policial empieza a acelerar a una velocidad constante cuando es rebasado. El diagrama indica la distancia d (en millas) que viaja el carro de policía como una función de tiempo t (en millas) luego de haber sido rebasado. Escribe y resuelve un sistema de ecuaciones para hallar cuánto tiempo le tomará al carro de policía alcanzar al otro vehículo.

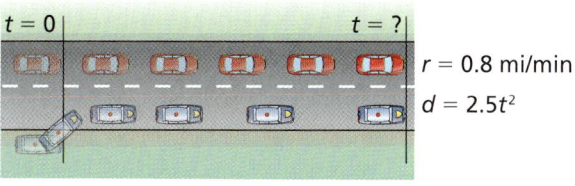

$r = 0.8$ mi/min
$d = 2.5t^2$

Sección 3.5 Resolver sistemas no lineales

52. **ESTIMULAR EL PENSAMIENTO** Escribe un sistema no lineal que tenga dos soluciones distintas con la misma coordenada de y. Haz un dibujo de una gráfica para tu sistema. Luego, resuelve el sistema.

53. **FINAL ABIERTO** Halla tres valores para m de manera que el sistema no tenga solución, tenga una solución o dos soluciones. Justifica tu respuesta usando una gráfica.

$$3y = -x^2 + 8x - 7$$
$$y = mx + 3$$

54. **ARGUMENTAR** Tú y un amigo resuelven el sistema que se muestra a continuación y determinan que $x = 3$ y $x = -3$. Tú usas la Ecuación 1 para obtener las soluciones $(3, 3)$, $(3, -3)$, $(-3, 3)$ y $(-3, -3)$. Tu amigo usa la Ecuación 2 para obtener las soluciones $(3, 3)$ y $(-3, -3)$. ¿Quién tiene la razón? Explica tu razonamiento.

$$x^2 + y^2 = 18 \quad \text{Ecuación 1}$$
$$x - y = 0 \quad \text{Ecuación 2}$$

55. **COMPARAR MÉTODOS** Describe dos maneras diferentes en las que podrías resolver una ecuación cuadrática. ¿Qué manera prefieres? Explica tu razonamiento.

$$-2x^2 + 12x - 17 = 2x^2 - 16x + 31$$

56. **ANALIZAR RELACIONES** Supón que la gráfica de una línea que pasa por el origen, interseca la gráfica de un círculo que tiene su centro en el origen. Cuando conoces uno de los puntos de intersección, explica cómo puedes hallar el otro punto de intersección sin hacer ningún cálculo.

57. **ESCRIBIR** Describe las posibles soluciones de un sistema que contiene (a) una ecuación cuadrática y una ecuación de un círculo, y (b) dos ecuaciones de círculos. Haz un dibujo de las gráficas para justificar tus respuestas.

58. **¿CÓMO LO VES?** A continuación se muestra la gráfica de un sistema no lineal. Estima la(s) solución(es). Luego, describe la transformación de una gráfica de una función lineal que resulta en un sistema sin solución.

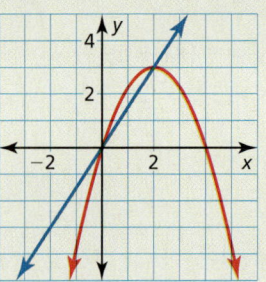

59. **REPRESENTAR CON MATEMÁTICAS** Para ser elegible para un pase de estacionamiento en el campus de la universidad, un estudiante deberá vivir por lo menos a 1 milla del centro del campus.

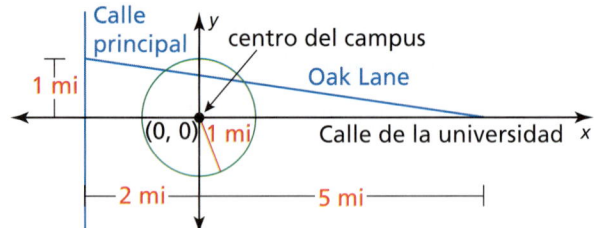

a. Escribe ecuaciones que representen el círculo y Oak Lane.

b. Resuelve el sistema que consiste en las ecuaciones de la parte (a).

c. ¿A qué longitud de Oak Lane *no* se permite a los estudiantes ser elegibles para el pase de estacionamiento?

60. **PENSAMIENTO CRÍTICO** Resuelve el sistema de tres ecuaciones que se muestran a continuación.

$$x^2 + y^2 = 4$$
$$2y = x^2 - 2x + 4$$
$$y = -x + 2$$

Mantener el dominio de las matemáticas Repasar lo que aprendiste en grados y lecciones anteriores

Resuelve la desigualdad. Haz una gráfica de la solución en una recta numérica. *(Manual de revisión de destrezas)*

61. $4x - 4 > 8$

62. $-x + 7 \leq 4 - 2x$

63. $-3(x - 4) \geq 24$

Escribe una desigualdad que represente la gráfica. *(Manual de revisión de destrezas)*

64.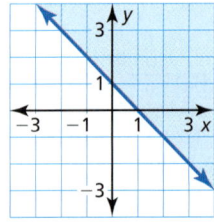

65.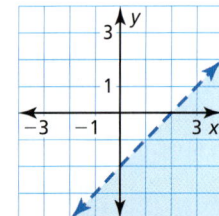

66.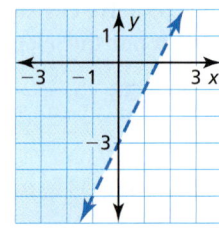

138   Capítulo 3   Ecuaciones cuadráticas y números complejos

3.6 Desigualdades cuadráticas

Pregunta esencial ¿Cómo puedes resolver una desigualdad cuadrática?

EXPLORACIÓN 1   Resolver una desigualdad cuadrática

Trabaja con un compañero. La pantalla de la calculadora gráfica muestra la gráfica de

$f(x) = x^2 + 2x - 3.$

Explica cómo puedes usar la gráfica para resolver la desigualdad

$x^2 + 2x - 3 \leq 0.$

Luego resuelve la desigualdad.

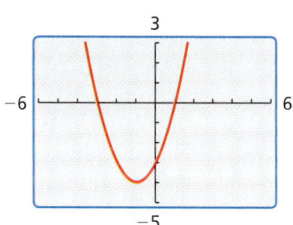

> **USAR HERRAMIENTAS ESTRATÉGICAMENTE**
> Para dominar las matemáticas, necesitas usar las herramientas tecnológicas para explorar tu comprensión de los conceptos.

EXPLORACIÓN 2   Resolver desigualdades cuadráticas

Trabaja con un compañero. Une cada desigualdad con la gráfica de su función cuadrática relacionada. Luego usa la gráfica para resolver la desigualdad.

a. $x^2 - 3x + 2 > 0$ **b.** $x^2 - 4x + 3 \leq 0$ **c.** $x^2 - 2x - 3 < 0$

d. $x^2 + x - 2 \geq 0$ **e.** $x^2 - x - 2 < 0$ **f.** $x^2 - 4 > 0$

A. 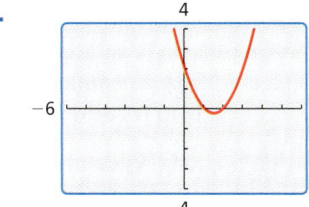   B.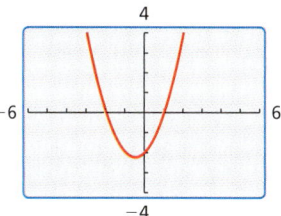

C. 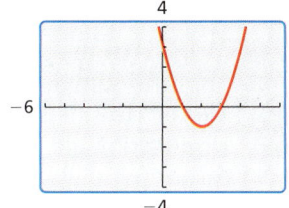   D.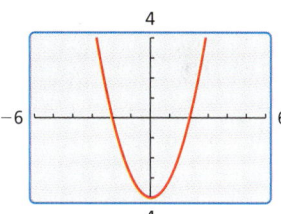

E. 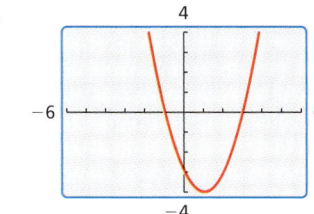   F.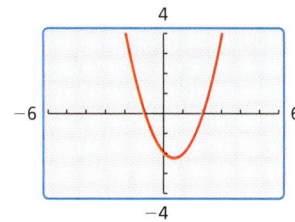

Comunicar tu respuesta

3. ¿Cómo puedes resolver una desigualdad cuadrática?

4. Explica cómo puedes usar la gráfica de la Exploración 1 para resolver cada desigualdad. Luego resuelve cada desigualdad.

   a. $x^2 + 2x - 3 > 0$ **b.** $x^2 + 2x - 3 < 0$ **c.** $x^2 + 2x - 3 \geq 0$

Sección 3.6   Desigualdades cuadráticas   139

3.6 Lección

Qué aprenderás

▶ Hacer una gráfica de desigualdades cuadráticas en dos variables.
▶ Resolver desigualdades cuadráticas en una variable.

Vocabulario Esencial

desigualdad cuadrática en dos variables, *pág. 140*
desigualdad cuadrática en una variable, *pág. 142*

Anterior
desigualdad lineal en dos variables

Hacer una gráfica de desigualdades cuadráticas en dos variables

Una **desigualdad cuadrática en dos variables** puede escribirse en una de las siguientes formas, donde a, b y c son números reales y $a \neq 0$.

$$y < ax^2 + bx + c \qquad y > ax^2 + bx + c$$
$$y \leq ax^2 + bx + c \qquad y \geq ax^2 + bx + c$$

La gráfica de una desigualdad cualquiera consiste en todas las soluciones (x, y) de la desigualdad.

Anteriormente, has hecho las gráficas de desigualdades lineales en dos variables. Puedes usar un procedimiento semejante para hacer una gráfica de desigualdades cuadráticas en dos variables.

Concepto Esencial

Hacer una gráfica de una desigualdad cuadrática en dos variables

Para hacer una gráfica de una desigualdad cuadrática en una de las formas anteriores, sigue estos pasos.

Paso 1 Haz una gráfica de la parábola con la ecuación $y = ax^2 + bx + c$. Haz la parábola con línea *discontinua* para las desigualdades con < o > y con línea *continua* para las desigualdades con ≤ o ≥.

Paso 2 Prueba un punto (x, y) dentro de la parábola para determinar si el punto es una solución de la desigualdad.

Paso 3 Sombrea la región dentro de la parábola si el punto del Paso 2 es una solución. Sombrea la región fuera de la parábola si no es una solución.

EJEMPLO 1 Hacer una gráfica de desigualdades cuadráticas en dos variables

Haz una gráfica de $y < -x^2 - 2x - 1$.

SOLUCIÓN

Paso 1 Haz una gráfica de $y = -x^2 - 2x - 1$. Dado que el símbolo de desigualdad es <, haz la parábola discontinua.

Paso 2 Prueba un punto dentro de la parábola, tal como $(0, -3)$.

$$y < -x^2 - 2x - 1$$
$$-3 \overset{?}{<} -0^2 - 2(0) - 1$$
$$-3 < -1 \checkmark$$

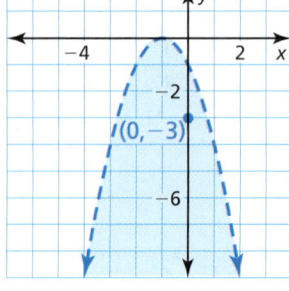

Entonces, $(0, -3)$ es una solución de la desigualdad.

Paso 3 Sombrea la región dentro de la parábola.

BUSCAR UNA ESTRUCTURA

Nota que probar un punto es menos complicado cuando el valor de x es 0 (el punto está en el eje y).

140   Capítulo 3   Ecuaciones cuadráticas y números complejos

EJEMPLO 2 Usar una desigualdad cuadrática en la vida real

Una cuerda gruesa usada para descenso en rappel por un acantilado puede soportar con seguridad un peso W (en libras) siempre y cuando

$$W \leq 1480d^2$$

donde d es el diámetro (en pulgadas) de la cuerda. Haz una gráfica de la desigualdad e interpreta la solución.

SOLUCIÓN

Haz una gráfica de $W = 1480d^2$ para valores no negativos de d. Dado que el símbolo de desigualdad es $\leq$, haz la parábola continua. Prueba un punto dentro de la parábola, tal como (1, 3000).

$$W \leq 1480d^2$$
$$3000 \overset{?}{\leq} 1480(1)^2$$
$$3000 \not\leq 1480$$

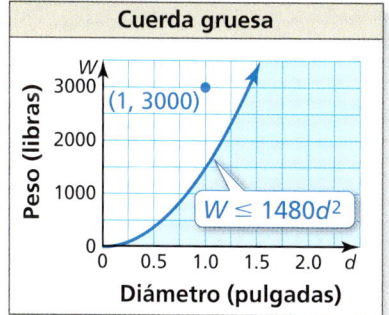

▶ Dado que (1, 3000) no es una solución, sombrea la región fuera de la parábola. La región sombreada representa los pesos que pueden ser soportados por cuerdas de diversos diámetros.

Hacer una gráfica de un *sistema* de desigualdades cuadráticas es semejante a hacer una gráfica de un sistema de desigualdades lineales. Primero haz una gráfica de cada desigualdad en el sistema. Luego identifica la región en el plano de coordenadas común a todas las gráficas. Esta región se conoce como la *gráfica del sistema*.

EJEMPLO 3 Hacer una gráfica de un sistema de desigualdades cuadráticas

Haz la gráfica del sistema de desigualdades cuadráticas.

$y < -x^2 + 3$ Desigualdad 1

$y \geq x^2 + 2x - 3$ Desigualdad 2

SOLUCIÓN

Paso 1 Haz la gráfica de $y < -x^2 + 3$. La gráfica es la región roja dentro (pero no incluyendo) la parábola $y = -x^2 + 3$.

Paso 2 Haz la gráfica de $y \geq x^2 + 2x - 3$. La gráfica es la región azul dentro e incluyendo la parábola $y = x^2 + 2x - 3$.

Paso 3 Identifica la región morada donde las dos gráficas se superponen. Esta región es la gráfica del sistema.

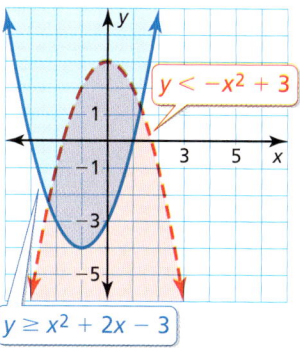

> **Verifica**
> Verifica que un punto en la región de la solución como (0, 0), sea una solución del sistema.
>
> $y < -x^2 + 3$
> $0 \overset{?}{<} -0^2 + 3$
> $0 < 3$ ✓
>
> $y \geq x^2 + 2x - 3$
> $0 \overset{?}{\geq} 0^2 + 2(0) - 3$
> $0 \geq -3$ ✓

Monitoreo del progreso   Ayuda en inglés y español en *BigIdeasMath.com*

Haz una gráfica de la desigualdad.

1. $y \geq x^2 + 2x - 8$ **2.** $y \leq 2x^2 - x - 1$ **3.** $y > -x^2 + 2x + 4$

4. Haz una gráfica del sistema de desigualdades que consista en $y \leq -x^2$ y $y > x^2 - 3$.

Sección 3.6   Desigualdades cuadráticas   141

Resolver desigualdades cuadráticas en una variable

Una **desigualdad cuadrática en una variable** puede escribirse en una de las siguientes formas, donde a, b y c son números reales y $a \neq 0$.

$$ax^2 + bx + c < 0 \qquad ax^2 + bx + c > 0 \qquad ax^2 + bx + c \leq 0 \qquad ax^2 + bx + c \geq 0$$

Puedes resolver desigualdades cuadráticas usando métodos algebraicos o gráficas.

EJEMPLO 4 — Resolver una desigualdad cuadrática de forma algebraica

Resuelve $x^2 - 3x - 4 < 0$ de forma algebraica.

SOLUCIÓN

Primero, escribe y resuelve la ecuación obtenida reemplazando $<$ con $=$.

$x^2 - 3x - 4 = 0$	Escribe la ecuación relacionada.
$(x - 4)(x + 1) = 0$	Factoriza.
$x = 4$ o $x = -1$	Propiedad del producto cero

Los números -1 y 4 son los *valores críticos* de la desigualdad original. Marca -1 y 4 en una recta numérica, usando puntos vacíos porque los valores no satisfacen la desigualdad. Los valores críticos de x dividen la recta numérica en tres intervalos. Prueba un valor de x en cada intervalo para determinar si satisface la desigualdad.

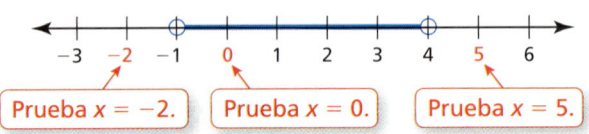

$$(-2)^2 - 3(-2) - 4 = 6 \not< 0 \qquad 0^2 - 3(0) - 4 = -4 < 0 \checkmark \qquad 5^2 - 3(5) - 4 = 6 \not< 0$$

▶ Entonces, la solución es $-1 < x < 4$.

Otra forma de resolver $ax^2 + bx + c < 0$ es haciendo primero la gráfica de la función relacionada $y = ax^2 + bx + c$. Luego, dado que el símbolo de la desigualdad es $<$, identifica los valores de x para los cuales la gráfica está por *debajo* del eje x. Puedes usar un procedimiento similar para resolver desigualdades cuadráticas que incluyan $\leq$, $>$, o $\geq$.

EJEMPLO 5 — Resolver una desigualdad cuadrática haciendo una gráfica

Resuelve $3x^2 - x - 5 \geq 0$ haciendo una gráfica.

SOLUCIÓN

La solución consiste en los valores de x para los cuales la gráfica de $y = 3x^2 - x - 5$ está en el eje x o por encima de él. Halla las intersecciones con el eje x de la gráfica imaginando que $y = 0$ y usando la fórmula cuadrática para resolver $0 = 3x^2 - x - 5$ para hallar x.

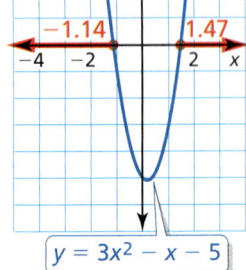

$$x = \frac{-(-1) \pm \sqrt{(-1)^2 - 4(3)(-5)}}{2(3)} \qquad a = 3, b = -1, c = -5$$

$$x = \frac{1 \pm \sqrt{61}}{6} \qquad \text{Simplifica.}$$

Las soluciones son $x \approx -1.14$ y $x \approx 1.47$. Dibuja una parábola que se abre hacia arriba y que tenga a -1.14 y 1.47 como intersecciones con el eje x. La gráfica está en o por encima del eje x hacia la izquierda de (e incluyendo) $x = -1.14$ y hacia la derecha de (e incluyendo) $x \approx 1.47$.

▶ La solución de la desigualdad es aproximadamente $x \leq -1.14$ o $x \geq 1.47$.

EJEMPLO 6 Representar con matemáticas

Un estacionamiento rectangular debe tener un perímetro de 440 pies y un área de por lo menos 8000 pies cuadrados. Describe las posibles dimensiones del estacionamiento.

SOLUCIÓN

1. **Comprende el problema** Te dan el perímetro y el área mínima de un estacionamiento. Te piden determinar las posibles dimensiones del estacionamiento.

2. **Haz un plan** Usa las fórmulas de perímetro y de área para escribir una desigualdad cuadrática describiendo las posibles dimensiones del estacionamiento. Luego resuelve la desigualdad.

3. **Resuelve el problema** Imagina que ℓ representa la longitud (en pies) y w el ancho (en pies) de estacionamiento.

$$\text{Perímetro} = 440 \qquad \text{Área} \geq 8000$$
$$2\ell + 2w = 440 \qquad \ell w \geq 8000$$

Resuelve la ecuación del perímetro w para hallar $w = 220 - \ell$. Sustituye esto en la desigualdad del área para obtener una desigualdad cuadrática en una variable.

$\ell w \geq 8000$	Escribe la desigualdad del área.
$\ell(220 - \ell) \geq 8000$	Sustituye $220 - \ell$ por w.
$220\ell - \ell^2 \geq 8000$	Propiedad distributiva
$-\ell^2 + 220\ell - 8000 \geq 0$	Escribe en forma estándar.

OTRA MANERA

Puedes hacer la gráfica de cada lado de $220\ell - \ell^2 = 8000$ y usa los puntos de intersección para determinar cuándo $220\ell - \ell^2$ es mayor que o igual a 8000.

Usa una calculadora gráfica para hallar las intersecciones con el eje ℓ de $y = -\ell^2 + 220\ell - 8000$.

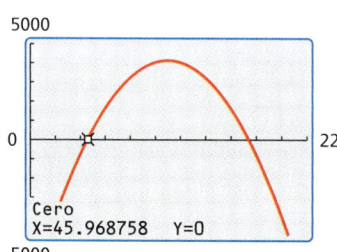 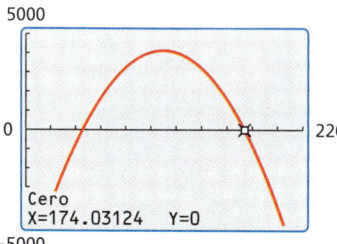

USAR LA TECNOLOGÍA

Las variables mostradas cuando se usa la tecnología pueden no unirse a las variables usadas en las aplicaciones. En las gráficas mostradas, la longitud ℓ corresponde a la variable independiente x.

Las intersecciones con el eje ℓ son $\ell \approx 45.97$ y $\ell \approx 174.03$. La solución consiste en los valores de ℓ para los cuales la gráfica pertenece en el eje ℓ o por encima de él. La gráfica pertenece en el eje ℓ o por encima del eje ℓ cuando $45.97 \leq \ell \leq 174.03$.

▶ Entonces, la dimensión aproximada del estacionamiento es como mínimo 46 pies y como máximo 174 pies.

4. **Verifícalo** Elige una longitud en la región de la solución, tal como $\ell = 100$ y halla el ancho. Luego verifica que las dimensiones satisfagan la desigualdad del área original.

$$2\ell + 2w = 440 \qquad\qquad \ell w \geq 8000$$
$$2(100) + 2w = 440 \qquad 100(120) \stackrel{?}{\geq} 8000$$
$$w = 120 \qquad\qquad 12{,}000 \geq 8000 \;\checkmark$$

Monitoreo del progreso   Ayuda en inglés y español en *BigIdeasMath.com*

Resuelve la desigualdad.

5. $2x^2 + 3x \leq 2$ **6.** $-3x^2 - 4x + 1 < 0$ **7.** $2x^2 + 2 > -5x$

8. ¿QUÉ PASA SI? En el Ejemplo 6, el área debe ser por lo menos 8500 pies cuadrados. Describe las posibles dimensiones del estacionamiento.

Sección 3.6   Desigualdades cuadráticas   **143**

3.6 Ejercicios

Soluciones dinámicas disponibles en *BigIdeasMath.com*

Verificación de vocabulario y concepto esencial

1. **ESCRIBIR** Compara las gráficas de una desigualdad cuadrática en una variable con la gráfica de una desigualdad cuadrática en dos variables.

2. **ESCRIBIR** Explica cómo resolver $x^2 + 6x - 8 < 0$ usando métodos algebraicos y usando gráficas.

Monitoreo del progreso y Representar con matemáticas

En los Ejercicios 3–6, une la desigualdad con su gráfica. Explica tu razonamiento.

3. $y \leq x^2 + 4x + 3$

4. $y > -x^2 + 4x - 3$

5. $y < x^2 - 4x + 3$

6. $y \geq x^2 + 4x + 3$

A.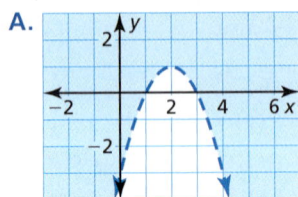

B.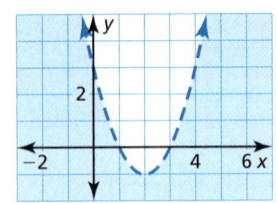

C.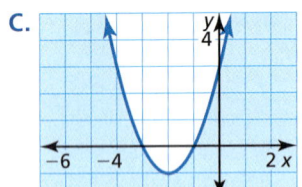

D.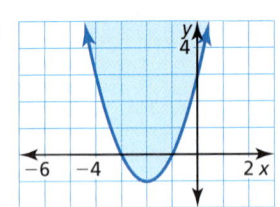

En los Ejercicios 7–14, haz una gráfica de la desigualdad. *(Consulta el Ejemplo 1)*.

7. $y < -x^2$

8. $y \geq 4x^2$

9. $y > x^2 - 9$

10. $y < x^2 + 5$

11. $y \leq x^2 + 5x$

12. $y \geq -2x^2 + 9x - 4$

13. $y > 2(x + 3)^2 - 1$

14. $y \leq \left(x - \frac{1}{2}\right)^2 + \frac{5}{2}$

ANALIZAR RELACIONES En los Ejercicios 15 y 16, usa la gráfica para escribir una desigualdad en términos de $f(x)$ para que el punto P sea una solución.

15.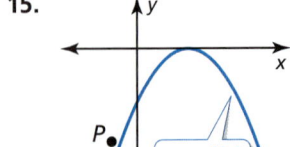

16.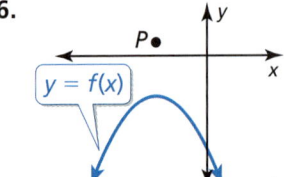

ANÁLISIS DE ERRORES En los Ejercicios 17 y 18, describe y corrige el error cometido al hacer la gráfica de $y \geq x^2 + 2$.

17.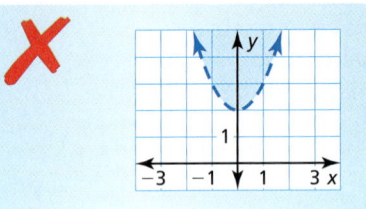

18.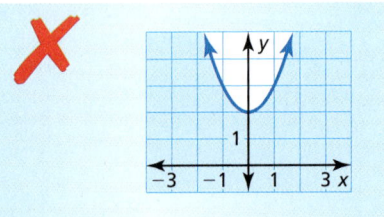

19. **REPRESENTAR CON MATEMÁTICAS** Una repisa de madera en un librero puede soportar de forma segura un peso W (en libras) siempre y cuando $W \leq 115x^2$, donde x es el grosor (en pulgadas) de la repisa. Haz una gráfica de la desigualdad e interpreta la solución. *(Consulta el Ejemplo 2)*.

20. **REPRESENTAR CON MATEMÁTICAS** Una cuerda de alambre puede soportar de forma segura un peso W (en libras) siempre y cuando $W \leq 8000d^2$, donde d es el diámetro (en pulgadas) de la cuerda. Haz una gráfica de la desigualdad e interpreta la solución.

En los Ejercicios 21–26, haz una gráfica del sistema de desigualdades cuadráticas. *(Consulta el Ejemplo 3)*.

21. $y \geq 2x^2$
    $y < -x^2 + 1$

22. $y > -5x^2$
    $y > 3x^2 - 2$

23. $y \leq -x^2 + 4x - 4$
    $y < x^2 + 2x - 8$

24. $y \geq x^2 - 4$
    $y \leq -2x^2 + 7x + 4$

25. $y \geq 2x^2 + x - 5$
    $y < -x^2 + 5x + 10$

26. $y \geq x^2 - 3x - 6$
    $y \geq x^2 + 7x + 6$

144 Capítulo 3 Ecuaciones cuadráticas y números complejos

En los Ejercicios 27–34, resuelve la desigualdad de forma algebraica. *(Consulta el Ejemplo 4).*

27. $4x^2 < 25$
28. $x^2 + 10x + 9 < 0$
29. $x^2 - 11x \geq -28$
30. $3x^2 - 13x > -10$
31. $2x^2 - 5x - 3 \leq 0$
32. $4x^2 + 8x - 21 \geq 0$
33. $\frac{1}{2}x^2 - x > 4$
34. $-\frac{1}{2}x^2 + 4x \leq 1$

En los Ejercicios 35–42, resuelve la desigualdad haciendo una gráfica. *(Consulta el Ejemplo 5).*

35. $x^2 - 3x + 1 < 0$
36. $x^2 - 4x + 2 > 0$
37. $x^2 + 8x > -7$
38. $x^2 + 6x < -3$
39. $3x^2 - 8 \leq -2x$
40. $3x^2 + 5x - 3 < 1$
41. $\frac{1}{3}x^2 + 2x \geq 2$
42. $\frac{3}{4}x^2 + 4x \geq 3$

43. **SACAR CONCLUSIONES** Considera la gráfica de la función $f(x) = ax^2 + bx + c$.

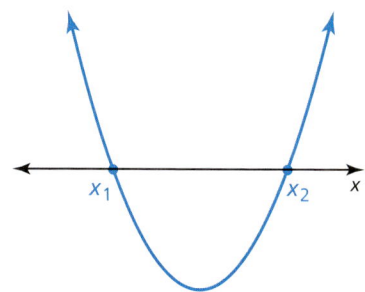

   a. ¿Cuáles son las soluciones de $ax^2 + bx + c < 0$?

   b. ¿Cuáles son las soluciones de $ax^2 + bx + c > 0$?

   c. La gráfica de g representa una reflexión en el eje x de la gráfica de f. ¿Para qué valores de x es $g(x)$ positivo?

44. **REPRESENTAR CON MATEMÁTICAS** Una fuente rectangular tiene un perímetro de 400 pies y un área de por lo menos 9100 pies. Describe los posibles anchos de la fuente. *(Consulta el Ejemplo 6).*

45. **REPRESENTAR CON MATEMÁTICAS** El arco del puente Harbor Bridge en Sydney, Australia, puede representarse mediante $y = -0.00211x^2 + 1.06x$, donde x es la distancia (en metros) de los pilones del lado izquierdo y y es la altura (en metros) del arco por encima del agua. ¿Para qué distancias x está el arco por encima del camino?

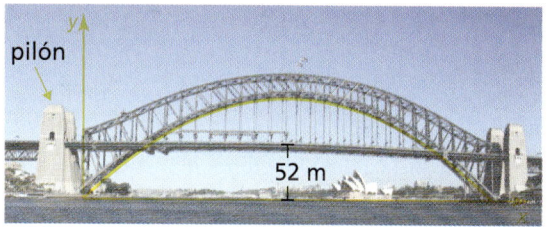

46. **RESOLVER PROBLEMAS** El número T de equipos que han participado en una competencia de construcción de robots para alumnos de secundaria durante un período de tiempo reciente x (en años) puede representarse mediante

   $T(x) = 17.155x^2 + 193.68x + 235.81, 0 \leq x \leq 6.$

   ¿Después de cuántos años el número de equipos es mayor que 1000? Justifica tu respuesta.

47. **RESOLVER PROBLEMAS** Un estudio halló que el tiempo de reacción $A(x)$ de un conductor a los estímulos auditivos y su tiempo de reacción $V(x)$ a los estímulos visuales (ambos en milisegundos) puede representare mediante

   $A(x) = 0.0051x^2 - 0.319x + 15, 16 \leq x \leq 70$

   $V(x) = 0.005x^2 - 0.23x + 22, 16 \leq x \leq 70$

   donde x es la edad (en años) del conductor.

   a. Escribe una desigualdad que puedes usar para hallar los valores de x para los cuales $A(x)$ es menor que $V(x)$.

   b. Usa una calculadora gráfica para resolver la desigualdad $A(x) < V(x)$. Describe cómo usaste el dominio $16 \leq x \leq 70$ para determinar una solución razonable.

   c. En base a tus resultados de las partes (a) y (b), ¿crees que un conductor reaccionaría más rápidamente a una luz de semáforo que está cambiando de verde a amarillo o a la sirena de una ambulancia que se está acercando? Explica.

48. **¿CÓMO LO VES?** La gráfica muestra un sistema de desigualdades cuadráticas.

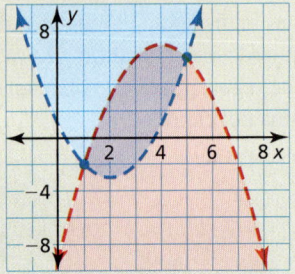

   a. Identifica dos soluciones del sistema.
   b. ¿Los puntos $(1, -2)$ y $(5, 6)$ son soluciones del sistema? Explica.
   c. ¿Es posible cambiar el(los) símbolo(s) de la desigualdad para que uno, no ambos puntos en la parte (b), sea una solución del sistema? Explica.

49. **REPRESENTAR CON MATEMÁTICAS** La longitud L (en milímetros) de las larvas de un pez pargo negro puede representarse mediante

$$L(x) = 0.00170x^2 + 0.145x + 2.35, 0 \le x \le 40$$

donde x es la edad (en días) de las larvas. Escribe y resuelve una desigualdad para hallar a qué edades la longitud de una larva tiende a ser mayor que 10 milímetros. Explica cómo el dominio dado afecta la solución.

50. **ARGUMENTAR** Afirmas que el sistema de desigualdades a continuación, donde a y b son números reales, no tienen ninguna solución. Tu amigo afirma que el sistema siempre tendrá al menos una solución. ¿Quién tiene razón? Explica.

$$y < (x + a)^2$$
$$y < (x + b)^2$$

51. **CONEXIONES MATEMÁTICAS** El área A de la región encerrada por una parábola y una línea horizontal puede representarse mediante $A = \frac{2}{3}bh$, donde b y h son como las define el diagrama. Halla el área de la región determinada por cada par de desigualdades.

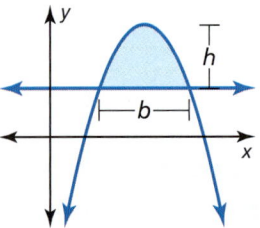

   a. $y \le -x^2 + 4x$ b. $y \ge x^2 - 4x - 5$
      $y \ge 0$ $y \le 7$

52. **ESTIMULAR EL PENSAMIENTO** Dibuja el logo de una compañía que esté creado por la intersección de dos desigualdades cuadráticas. Justifica tu respuesta.

53. **RAZONAR** Un camión de 11 pies de alto y 7 pies de ancho está viajando por debajo de un arco. El arco puede representarse mediante $y = -0.0625x^2 + 1.25x + 5.75$, donde x y y se miden en pies.

   a. ¿El camión cabrá bajo el arco? Explica.
   b. ¿Cuál es el ancho máximo que puede tener un camión de 11 pies de alto y aún así poder pasar bajo el arco?
   c. ¿Cuál es la altura máxima que puede tener un camión de 7 pies de ancho y aún así poder pasar bajo el arco?

Mantener el dominio de las matemáticas
Repasar lo que aprendiste en grados y lecciones anteriores

Haz una gráfica de la función. Rotula la(s) intersección(es) con el eje x y la intersección con el eje y. *(Sección 2.2)*

54. $f(x) = (x + 7)(x - 9)$ 55. $g(x) = (x - 2)^2 - 4$ 56. $h(x) = -x^2 + 5x - 6$

Halla el valor mínimo o el valor máximo de la función. Luego describe dónde está aumentando y disminuyendo la función. *(Sección 2.2)*

57. $f(x) = -x^2 - 6x - 10$ 58. $h(x) = \frac{1}{2}(x + 2)^2 - 1$

59. $f(x) = -(x - 3)(x + 7)$ 60. $h(x) = x^2 + 3x - 18$

3.4–3.6 ¿Qué aprendiste?

Vocabulario Esencial

fórmula cuadrática, *pág. 122*
discriminante, *pág. 124*
sistema de ecuaciones no lineales, *pág. 132*
desigualdad cuadrática en dos variables, *pág. 140*
desigualdad cuadrática en una variable, *pág. 142*

Conceptos Esenciales

Sección 3.4
Resolver ecuaciones usando la fórmula cuadrática, *pág. 122*
Analizar el discriminante de $ax^2 + bx + c = 0$, *pág. 124*
Métodos para resolver ecuaciones cuadráticas, *pág. 125*
Representar objetos lanzados, *pág. 126*

Sección 3.5
Resolver sistemas de ecuaciones no lineales, *pág. 132*
Resolver ecuaciones haciendo gráficas, *pág. 135*

Sección 3.6
Hacer una gráfica de una desigualdad cuadrática de dos variables, *pág. 140*
Resolver desigualdades cuadráticas en una variable, *pág. 142*

Prácticas matemáticas

1. ¿Cómo puedes usar la tecnología para determinar cuál de los cohetes aterriza primero en la parte (b) del Ejercicio 65 de la página 129?

2. ¿Qué pregunta puedes hacer para ayudar a la persona evitar cometer el error del Ejercicio 54 de la página 138?

3. Explica tu plan para hallar los anchos posibles de la fuente del Ejercicio 44 de la página 145.

Tarea de desempeño

Álgebra en genética: La Ley de Hardy-Weinberg

Algunas personas tienen el lóbulo de la oreja pegado, que es el rasgo recesivo. Otras lo tienen colgando, que es el rasgo dominante. ¿Qué porcentaje de personas llevan ambos rasgos?

Para explorar las respuestas a estas preguntas y más, visita *BigIdeasMath.com*.

3 Repaso del capítulo

Soluciones dinámicas disponibles en *BigIdeasMath.com*

3.1 Resolver ecuaciones cuadráticas (págs. 93–102)

En una clase de física, los alumnos deben construir una máquina de Rube Goldberg que deja caer una bola de una mesa de 3 pies de alto. Escribe una función h (en pies) de la bola después de t segundos. ¿Cuánto tiempo está la bola en el aire?

La altura inicial es 3, entonces la representación es $h = -16t^2 + 3$. Halla los ceros de la función.

$h = -16t^2 + 3$	Escribe la función.
$0 = -16t^2 + 3$	Sustituye 0 por h.
$-3 = -16t^2$	Resta 3 de cada lado.
$\dfrac{-3}{-16} = t^2$	Divide cada lado entre -16.
$\pm\sqrt{\dfrac{3}{16}} = t$	Saca la raíz cuadrada de cada lado.
$\pm 0.3 \approx t$	Usa una calculadora.

▶ Rechaza la solución negativa, −0.3 porque el tiempo tiene que ser positivo. La bola caerá por unos 0.3 segundos antes de tocar el suelo.

1. Resuelve $x^2 - 2x - 8 = 0$ haciendo una gráfica.

Resuelve la ecuación usando raíces cuadradas o mediante la factorización.

2. $3x^2 - 4 = 8$
3. $x^2 + 6x - 16 = 0$
4. $2x^2 - 17x = -30$

5. Un cercado rectangular en el zoológico tiene 35 pies de largo por 18 pies de ancho. El zoológico desea duplicar el área del cercado añadiendo la misma distancia x a la longitud y al ancho. Escribe y resuelve una ecuación para hallar el valor de x. ¿Cuáles son las dimensiones del cercado?

3.2 Números complejos (págs. 103–110)

Realiza cada operación. Escribe la respuesta en forma estándar.

a. $(3 - 6i) - (7 + 2i) = (3 - 7) + (-6 - 2)i$
$= -4 - 8i$

b. $5i(4 + 5i) = 20i + 25i^2$
$= 20i + 25(-1)$
$= -25 + 20i$

6. Halla los valores de x y y que satisfagan la ecuación $36 - yi = 4x + 3i$.

Realiza la operación. Escribe la respuesta en forma estándar.

7. $(-2 + 3i) + (7 - 6i)$
8. $(9 + 3i) - (-2 - 7i)$
9. $(5 + 6i)(-4 + 7i)$

10. Resuelve $7x^2 + 21 = 0$.

11. Halla los ceros de $f(x) = 2x^2 + 32$.

3.3 Completar el cuadrado (págs 111–118)

Resuelve $x^2 + 12x + 8 = 0$ completando el cuadrado.

$x^2 + 12x + 8 = 0$	Escribe la ecuación.
$x^2 + 12x = -8$	Escribe el lado izquierdo en la forma de $x^2 + bx$.
$x^2 + 12x + 36 = -8 + 36$	Suma $\left(\dfrac{b}{2}\right)^2 = \left(\dfrac{12}{2}\right)^2 = 36$ a cada lado.
$(x + 6)^2 = 28$	Escribe el lado izquierdo como un binomio al cuadrado.
$x + 6 = \pm\sqrt{28}$	Saca la raíz cuadrada de cada lado.
$x = -6 \pm \sqrt{28}$	Resta 6 de cada lado.
$x = -6 \pm 2\sqrt{7}$	Simplifica el radical.

▶ Las soluciones son $x = -6 + 2\sqrt{7}$ y $x = -6 - 2\sqrt{7}$.

12. Un empleado en el estadio local está lanzando camisetas desde un cañón para lanzar camisetas a la multitud durante un intermedio de un partido de futbol americano. La altura h (en pies) de la camiseta después de t segundos puede representarse mediante $h = -16t^2 + 96t + 4$. Halla la altura máxima de la camiseta.

Resuelve la ecuación completando el cuadrado.

13. $x^2 + 16x + 17 = 0$ **14.** $4x^2 + 16x + 25 = 0$ **15.** $9x(x - 6) = 81$

16. Escribe $y = x^2 - 2x + 20$ en forma en vértice. Luego identifica el vértice.

3.4 Usar la fórmula cuadrática (págs. 121–130)

Resuelve $-x^2 + 4x = 5$ usando la fórmula cuadrática.

$-x^2 + 4x = 5$	Escribe la ecuación.
$-x^2 + 4x - 5 = 0$	Escribe en forma estándar.
$x = \dfrac{-4 \pm \sqrt{4^2 - 4(-1)(-5)}}{2(-1)}$	$a = -1, b = 4, c = -5$
$x = \dfrac{-4 \pm \sqrt{-4}}{-2}$	Simplifica.
$x = \dfrac{-4 \pm 2i}{-2}$	Escribe en términos de i.
$x = 2 \pm i$	Simplifica.

▶ Las soluciones son $2 + i$ y $2 - i$.

Resuelve la ecuación usando la fórmula cuadrática.

17. $-x^2 + 5x = 2$ **18.** $2x^2 + 5x = 3$ **19.** $3x^2 - 12x + 13 = 0$

Halla el discriminante de la ecuación cuadrática y describe el número y tipo de soluciones de la ecuación.

20. $-x^2 - 6x - 9 = 0$ **21.** $x^2 - 2x - 9 = 0$ **22.** $x^2 + 6x + 5 = 0$

3.5 Resolver sistemas no lineales (págs. 131–138)

Resuelve el sistema por eliminación. $2x^2 - 8x + y = -5$ Ecuación 1
$2x^2 - 16x - y = -31$ Ecuación 2

Suma las ecuaciones para eliminar el término y y obtener una ecuación cuadrática en x.

$$\begin{aligned} 2x^2 - 8x + y &= -5 \\ 2x^2 - 16x - y &= -31 \\ \hline 4x^2 - 24x &= -36 \end{aligned}$$ Suma las ecuaciones.

$4x^2 - 24x + 36 = 0$ Escribe en forma estándar.

$x^2 - 6x + 9 = 0$ Divide cada lado entre 4.

$(x - 3)^2 = 0$ Patrón de trinomio cuadrado perfecto

$x = 3$ Propiedad del producto cero

Para resolver para hallar y, sustituye $x = 3$ en la Ecuación 1 para obtener $y = 1$.

▶ Entonces, la solución es (3, 1).

Resuelve el sistema mediante cualquier método. Explica tu elección del método.

23. $2x^2 - 2 = y$
    $-2x + 2 = y$

24. $x^2 - 6x + 13 = y$
    $-y = -2x + 3$

25. $x^2 + y^2 = 4$
    $-15x + 5 = 5y$

26. Resuelve $-3x^2 + 5x - 1 = 5x^2 - 8x - 3$ haciendo una gráfica.

3.6 Desigualdades cuadráticas (págs. 139–146)

Haz una gráfica de las desigualdades cuadráticas.

$y > x^2 - 2$ Desigualdad 1
$y \le -x^2 - 3x + 4$ Desigualdad 2

Paso 1 Haz una gráfica de $y > x^2 - 2$. La gráfica es la región roja dentro (pero no incluyendo) de la parábola $y = x^2 - 2$.

Paso 2 Haz una gráfica de $y \le -x^2 - 3x + 4$. La gráfica es la región azul dentro e incluyendo la parábola $y = -x^2 - 3x + 4$.

Paso 3 Identifica la región morada donde las dos gráficas se superponen. Esta región es la gráfica del sistema.

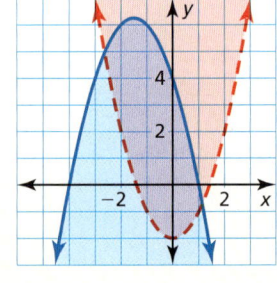

Haz una gráfica de la desigualdad.

27. $y > x^2 + 8x + 16$
28. $y \ge x^2 + 6x + 8$
29. $x^2 + y \le 7x - 12$

Haz una gráfica del sistema de desigualdades cuadráticas.

30. $x^2 - 4x + 8 > y$
    $-x^2 + 4x + 2 \le y$

31. $2x^2 - x \ge y - 5$
    $0.5x^2 > y - 2x - 1$

32. $-3x^2 - 2x \le y + 1$
    $-2x^2 + x - 5 > -y$

Resuelve la desigualdad.

33. $3x^2 + 3x - 60 \ge 0$
34. $-x^2 - 10x < 21$
35. $3x^2 + 2 \le 5x$

150   Capítulo 3   Ecuaciones cuadráticas y números complejos

3 Prueba del capítulo

Resuelve la ecuación usando cualquier método. Explica tu elección de método.

1. $0 = x^2 + 2x + 3$
2. $6x = x^2 + 7$
3. $x^2 + 49 = 85$
4. $(x + 4)(x - 1) = -x^2 + 3x + 4$

Explica cómo usar la gráfica para hallar el número y el tipo de soluciones de la ecuación cuadrática. Justifica tu respuesta usando el discriminante.

5. $\frac{1}{2}x^2 + 3x + \frac{9}{2} = 0$

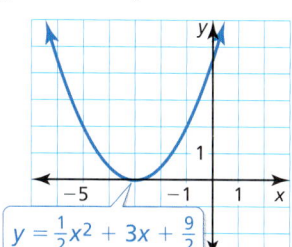

6. $4x^2 + 16x + 18 = 0$

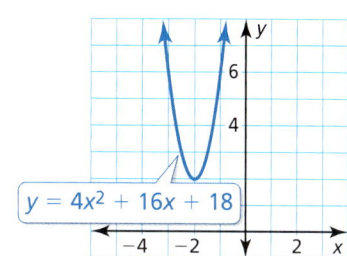

7. $-x^2 + \frac{1}{2}x + \frac{3}{2} = 0$

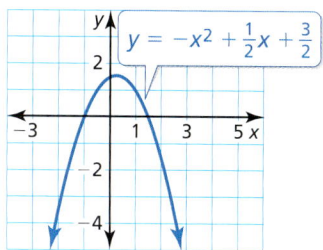

Resuelve el sistema de ecuaciones o desigualdades.

8. $x^2 + 66 = 16x - y$
   $2x - y = 18$

9. $y \geq \frac{1}{4}x^2 - 2$
   $y < -(x + 3)^2 + 4$

10. $0 = x^2 + y^2 - 40$
    $y = x + 4$

11. Escribe $(3 + 4i)(4 - 6i)$ como un número complejo en forma estándar.

12. La *razón de aspecto* de un TV de pantalla ancha es la razón del ancho de la pantalla con relación a su altura, o 16 : 9. ¿Cuál es el ancho y la altura de una TV de pantalla ancha de 32 pulgadas? Justifica tu respuesta. (*Pista:* Usa el Teorema de Pitágoras y el hecho de que los tamaños de los TV se refieren a la longitud diagonal de la pantalla)

13. La forma del arco Gateway en San Luis, Missouri, puede representarse mediante $y = -0.0063x^2 + 4x$, donde x es la distancia (en pies) desde el pie izquierdo del arco y y es la altura (en pies) del arco por encima del suelo. ¿Para qué distancias de x está el arco a más de 200 pies por encima del suelo? Justifica tu respuesta.

14. Estás jugando un juego de lanzamiento de herraduras. Uno de tus tiros está representado mediante el diagrama, donde x es la posición horizontal de la herradura (en pies) y y es la altura correspondiente (en pies). Halla la altura máxima de la herradura. Luego halla la distancia que recorre la herradura. Justifica tu respuesta.

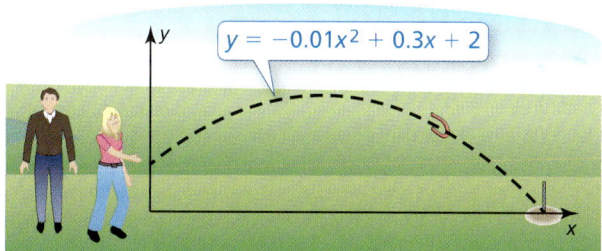

Capítulo 3   Prueba del capítulo   151

3 Evaluación acumulativa

1. ¿Se muestra la gráfica de cuál desigualdad?

   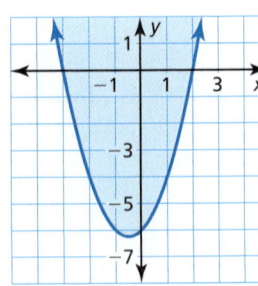

   A $y > x^2 + x - 6$

   B $y \geq x^2 + x - 6$

   C $y > x^2 - x - 6$

   D $y \geq x^2 - x - 6$

2. Clasifica cada función según su familia de funciones. Luego describe la transformación de la función madre.

   a. $g(x) = x + 4$
   b. $h(x) = 5$
   c. $h(x) = x^2 - 7$
   d. $g(x) = -|x + 3| - 9$
   e. $g(x) = \frac{1}{4}(x - 2)^2 - 1$
   f. $h(x) = 6x + 11$

3. Dos jugadores de béisbol hacen jonrones consecutivos. El recorrido de cada jonrón está representado por las parábolas a continuación, donde x es la distancia horizontal (en pies) desde el *home* y y es la altura (en pies) por encima del suelo. Elige el símbolo correcto para cada desigualdad para representar las posibles ubicaciones de la parte superior de la pared exterior.

   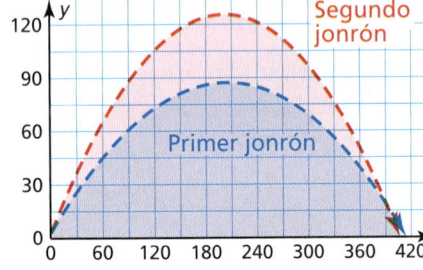

   Primer jonrón: $y \,\square\, -0.002x^2 + 0.82x + 3.1$

   Segundo jonrón: $y \,\square\, 0.003x^2 + 1.21x + 3.3$

4. Tú afirmas que es posible hacer una función a partir de los valores dados que tenga un eje de simetría en $x = 2$. Tu amigo afirma que es posible hacer una función a partir de los valores dados que tenga un eje de simetría en $x = -2$. ¿Qué valores puedes usar para respaldar tu afirmación? ¿Qué valores respaldan la afirmación de tu amigo?

Tu afirmación
$f(x) = \square\, x^2 + \square\, x + 8$

8	−6	−2	0
1	3	5	12

La afirmación de tu amigo
$f(x) = \square\, x^2 + \square\, x + 8$

152 Capítulo 3 Ecuaciones cuadráticas y números complejos

5. ¿Cuáles de los siguientes valores son coordenadas x de las soluciones del sistema?

$y = x^2 - 6x + 14$
$y = 2x + 7$

| -9 | -7 | -5 | -3 | -1 |

| 1 | 3 | 5 | 7 | 9 |

6. La tabla muestra las altitudes de un parapente que desciende a una tasa constante. ¿Cuánto le tomará al parapente descender a una altitud de 100 pies? Justifica tu respuesta.

Tiempo (segundos), t	Altitud (pies), y
0	450
10	350
20	250
30	150

Ⓐ 25 segundos

Ⓑ 35 segundos

Ⓒ 45 segundos

Ⓓ 55 segundos

7. Usa los números y símbolos para escribir la expresión $x^2 + 16$ como el producto de dos binomios. Algunos pueden usarse más de una vez. Justifica tu respuesta.

)

    (

8. Elige valores para las constantes h y k en la ecuación $x = \frac{1}{4}(y - k)^2 + h$ para que cada enunciado sea verdadero.

   a. La gráfica de $x = \frac{1}{4}(y - \boxed{})^2 + \boxed{}$ es una parábola con su vértice en el segundo cuadrante.

   b. La gráfica de $x = \frac{1}{4}(y - \boxed{})^2 + \boxed{}$ es una parábola con su foco en el primer cuadrante.

   c. La gráfica de $x = \frac{1}{4}(y - \boxed{})^2 + \boxed{}$ es una parábola con su foco en el tercer cuadrante.

9. ¿Cuáles de las siguientes gráficas representan un trinomio cuadrado perfecto? Escribe cada función en forma en vértice completando el cuadrado.

a.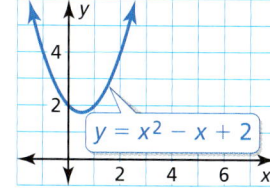

b.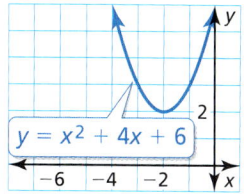

c.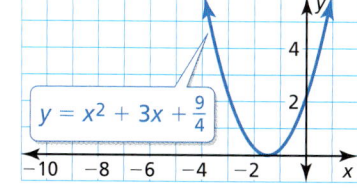

d.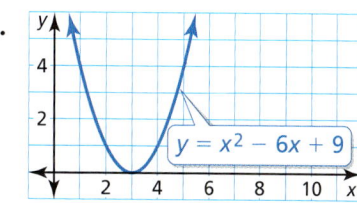

4 Funciones polinomiales

- **4.1** Hacer gráficas de funciones polinomiales
- **4.2** Sumar, restar y multiplicar polinomios
- **4.3** Dividir polinomios
- **4.4** Factorizar polinomios
- **4.5** Resolver ecuaciones polinomiales
- **4.6** El teorema fundamental del álgebra
- **4.7** Transformaciones de funciones polinomiales
- **4.8** Analizar gráficas de funciones polinomiales
- **4.9** Representar con funciones polinomiales

Barraca quonset *(pág. 218)*

Mejillones *(pág. 203)*

Ruinas de Cesarea *(pág. 195)*

Básquetbol *(pág. 178)*

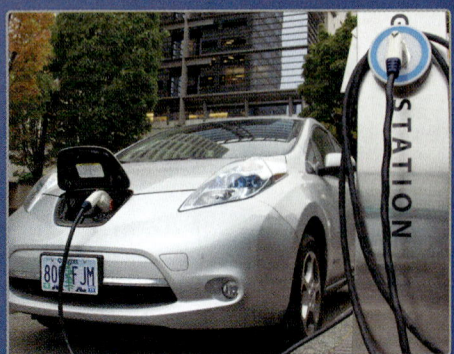

Vehículos eléctricos *(pág. 161)*

Mantener el dominio de las matemáticas

Simplificar expresiones algebraicas

Ejemplo 1 Simplifica la expresión $9x + 4x$.

$$9x + 4x = (9 + 4)x \qquad \text{Propiedad distributiva}$$
$$= 13x \qquad \text{Suma los coeficientes.}$$

Ejemplo 2 Simplifica la expresión $2(x + 4) + 3(6 - x)$.

$$2(x + 4) + 3(6 - x) = 2(x) + 2(4) + 3(6) + 3(-x) \qquad \text{Propiedad distributiva}$$
$$= 2x + 8 + 18 - 3x \qquad \text{Multiplica.}$$
$$= 2x - 3x + 8 + 18 \qquad \text{Agrupa los términos semejantes.}$$
$$= -x + 26 \qquad \text{Combina los términos semejantes.}$$

Simplifica la expresión.

1. $6x - 4x$
2. $12m - m - 7m + 3$
3. $3(y + 2) - 4y$
4. $9x - 4(2x - 1)$
5. $-(z + 2) - 2(1 - z)$
6. $-x^2 + 5x + x^2$

Hallar el volumen

Ejemplo 3 Halla el volumen de un prisma rectangular de 10 centímetros de longitud, 4 centímetros de ancho y 5 centímetros de altura.

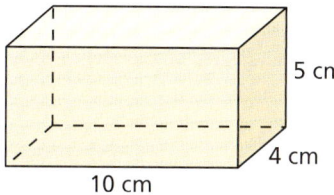

$$\text{Volumen} = \ell w h \qquad \text{Escribe la fórmula del volumen.}$$
$$= (10)(4)(5) \qquad \text{Sustituye 10 por } \ell, \text{ 4 por } w \text{ y 5 por } h.$$
$$= 200 \qquad \text{Multiplica.}$$

▶ El volumen es 200 centímetros cúbicos.

Halla el volumen del cuerpo geométrico.

7. Un cubo con longitud de lado de 4 pulgadas.
8. Una esfera con radio de 2 pies.
9. Un prisma rectangular con longitud de 4 pies, ancho de 2 pies y altura de 6 pies.
10. Un cilindro recto con radio de 3 centímetros y 5 altura de centímetros.
11. **RAZONAMIENTO ABSTRACTO** ¿Si duplicas el volumen de un cubo tendrá el mismo efecto en la longitud de los lados? Explica tu razonamiento.

Soluciones dinámicas disponibles en *BigIdeasMath.com*

Prácticas matemáticas

Los estudiantes que dominan las matemáticas usan herramientas tecnológicas para explorar conceptos.

Usar la tecnología para explorar conceptos

Concepto Esencial

Funciones continuas

Una función es *continua* cuando su gráfica no tiene interrupciones, huecos o brechas.

Gráfica de una función continua

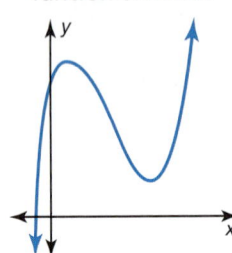

Gráfica de una función no continua

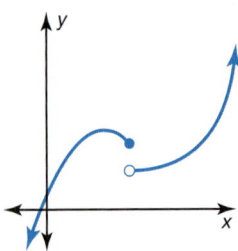

EJEMPLO 1 Determinar si las funciones son continuas

Usa una calculadora gráfica para comparar las dos funciones. ¿Cuál es tu conclusión? ¿Cuál de las funciones no es continua?

$$f(x) = x^2 \qquad g(x) = \frac{x^3 - x^2}{x - 1}$$

SOLUCIÓN

Las gráficas parecen ser idénticas, pero g no está definida cuando $x = 1$. Hay un *hueco* en la gráfica de g en el punto $(1, 1)$. Con la función *tabla* de la calculadora gráfica, obtienes un error para $g(x)$ cuando $x = 1$. Por lo tanto, g no es continua.

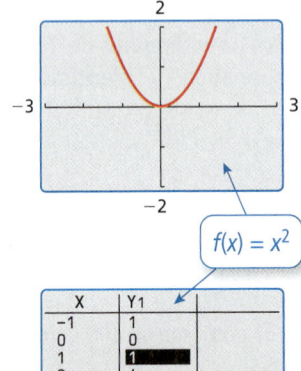

$f(x) = x^2$

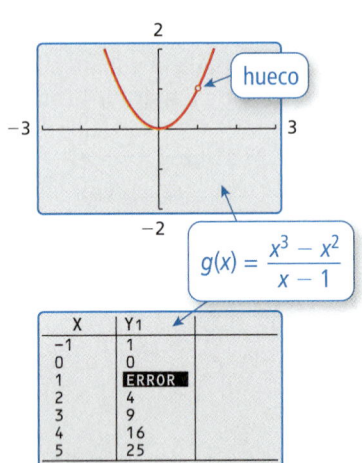

$g(x) = \dfrac{x^3 - x^2}{x - 1}$

Monitoreo del progreso

Usa una calculadora gráfica para determinar si la función es continua. Explica tu razonamiento.

1. $f(x) = \dfrac{x^2 - x}{x}$
2. $f(x) = x^3 - 3$
3. $f(x) = \sqrt{x^2 + 1}$
4. $f(x) = |x + 2|$
5. $f(x) = \dfrac{1}{x}$
6. $f(x) = \dfrac{1}{\sqrt{x^2 - 1}}$
7. $f(x) = x$
8. $f(x) = 2x - 3$
9. $f(x) = \dfrac{x}{x}$

4.1 Hacer gráficas de funciones polinomiales

Pregunta esencial ¿Cuáles son algunas de las características comunes de las gráficas de las funciones polinomiales cúbicas y cuárticas?

Una *función polinomial* de la forma

$$f(x) = a_n x^n + a_{n-1} x^{n-1} + \cdots + a_1 x + a_0$$

donde $a_n \neq 0$, es *cúbica* cuando $n = 3$ y es *cuártica* cuando $n = 4$.

EXPLORACIÓN 1 Identificar gráficas de funciones polinomiales

Trabaja con un compañero. Une cada función polinomial con su gráfica. Explica tu razonamiento. Usa una calculadora gráfica para verificar tus respuestas.

a. $f(x) = x^3 - x$ **b.** $f(x) = -x^3 + x$ **c.** $f(x) = -x^4 + 1$

d. $f(x) = x^4$ **e.** $f(x) = x^3$ **f.** $f(x) = x^4 - x^2$

A.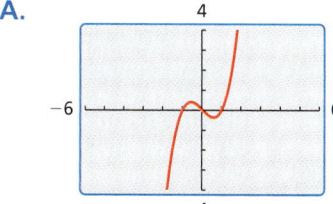

B.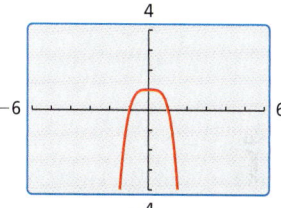

C.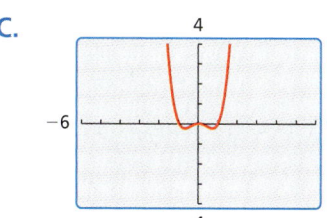

D.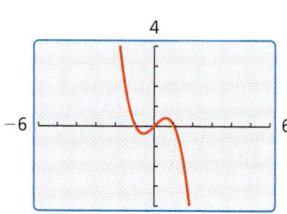

E.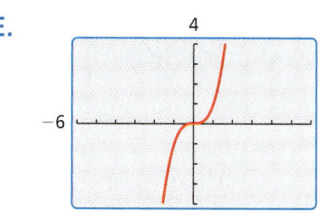

F.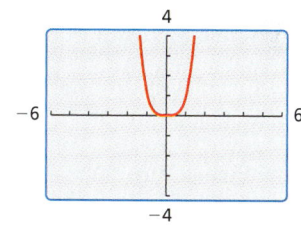

EXPLORACIÓN 2 Identificar intersecciones con el eje *x* de gráficas polinomiales

Trabaja con un compañero. Cada una de las gráficas polinomiales en la Exploración 1 tiene intersecciones con el eje *x* de -1, 0, o 1. Identifica la(s) intersección(es) con el eje *x* de cada gráfica. Explica cómo puedes verificar tus respuestas.

Comunicar tu respuesta

3. ¿Cuáles son algunas de las características comunes de las gráficas de las funciones polinomiales cúbicas y cuárticas?

4. Determina si cada enunciado es *verdadero* o *falso*. Justifica tu respuesta.
   a. Cuando la gráfica de una función polinomial cúbica se eleva hacia la izquierda, ésta cae hacia la derecha.
   b. Cuando la gráfica de una función polinomial cuártica cae hacia la izquierda, ésta se eleva hacia la derecha.

CONSTRUIR ARGUMENTOS VIABLES

Para dominar las matemáticas, necesitas justificar tus conclusiones y comunicárselas a otras personas.

4.1 Lección

Qué aprenderás

▶ Identificar las funciones polinomiales.

▶ Hacer una gráfica de las funciones polinomiales usando tablas y el comportamiento de los extremos.

Vocabulario Esencial

polinomio, *pág. 158*
función polinomial, *pág. 158*
comportamiento de los extremos, *pág. 159*

Anterior
monomio
función lineal
función cuadrática

Funciones polinomiales

Recuerda que un monomio es un número, una variable o el producto de un número y una o más variables con exponentes de números enteros. Un **polinomio** es un monomio o una suma de monomios. Una **función polinomial** es una función de la forma

$$f(x) = a_n x^n + a_{n-1} x^{n-1} + \cdots + a_1 x + a_0$$

donde $a_n \neq 0$, los exponentes son todos números enteros y los coeficientes son todos números reales. Para esta función, a_n es el coeficiente principal, n es el grado, y a_0 es el término constante. Una función polinomial está en *forma estándar* cuando sus términos están escritos en exponentes por orden descendente de izquierda a derecha.

Ya estás familiarizado con algunos tipos de funciones polinomiales, tales como la función lineal y la función cuadrática. A continuación tienes un resumen de los tipos comunes de funciones polinomiales.

		Funciones polinomiales comunes	
Grado	Tipo	Forma estándar	Ejemplo
0	Constante	$f(x) = a_0$	$f(x) = -14$
1	Lineal	$f(x) = a_1 x + a_0$	$f(x) = 5x - 7$
2	Cuadrática	$f(x) = a_2 x^2 + a_1 x + a_0$	$f(x) = 2x^2 + x - 9$
3	Cúbica	$f(x) = a_3 x^3 + a_2 x^2 + a_1 x + a_0$	$f(x) = x^3 - x^2 + 3x$
4	Cuártica	$f(x) = a_4 x^4 + a_3 x^3 + a_2 x^2 + a_1 x + a_0$	$f(x) = x^4 + 2x - 1$

EJEMPLO 1   Identificar funciones polinomiales

Decide si cada función es una función polinomial. Si lo es, escríbela en forma estándar e indica su grado, tipo y coeficiente principal.

a. $f(x) = -2x^3 + 5x + 8$ **b.** $g(x) = -0.8x^3 + \sqrt{2}x^4 - 12$

c. $h(x) = -x^2 + 7x^{-1} + 4x$ **d.** $k(x) = x^2 + 3^x$

SOLUCIÓN

a. La función es una función polinomial que ya está escrita en forma estándar. Es de grado 3 (cúbica) y tiene un coeficiente principal de -2.

b. La función es una función polinomial escrita como $g(x) = \sqrt{2}x^4 - 0.8x^3 - 12$ en forma estándar. Es de grado 4 (cuártica) y tiene un coeficiente principal de $\sqrt{2}$.

c. La función no es una función polinomial porque el término $7x^{-1}$ tiene un exponente que no es un número entero.

d. La función no es una función polinomial porque el término 3^x no tiene una base variable ni un exponente que sea un número entero.

Monitoreo del progreso   Ayuda en inglés y español en BigIdeasMath.com

Decide si la función es una función polinomial. Si lo es, escríbela en forma estándar e indica su grado, tipo y coeficiente principal.

1. $f(x) = 7 - 1.6x^2 - 5x$ **2.** $p(x) = x + 2x^{-2} + 9.5$ **3.** $q(x) = x^3 - 6x + 3x^4$

> **EJEMPLO 2**   Evaluar una función polinomial

Evalúa $f(x) = 2x^4 - 8x^2 + 5x - 7$ cuando $x = 3$.

SOLUCIÓN

$f(x) = 2x^4 - 8x^2 + 5x - 7$ Escribe la ecuación original.
$f(3) = 2(3)^4 - 8(3)^2 + 5(3) - 7$ Sustituye 3 por x.
$ = 162 - 72 + 15 - 7$ Evalúa las potencias y multiplica.
$ = 98$ Simplifica.

El **comportamiento de los extremos** de la gráfica de una función es el comportamiento de la gráfica en la medida que x se aproxima al infinito positivo ($+\infty$) o infinito negativo ($-\infty$.) Para la gráfica de la función polinomial, el comportamiento de los extremos se determina por el grado de la función y el signo de su coeficiente principal.

LEER

La expresión "$x \to +\infty$" se lee como "x se aproxima al infinito positivo".

Concepto Esencial

Comportamiento de los extremos de las funciones polinomiales

Grado: impar
Coeficiente principal: positivo

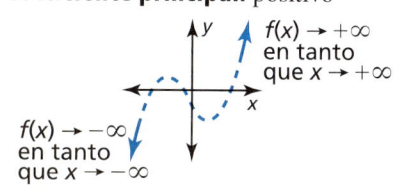

Grado: impar
Coeficiente principal: negativo

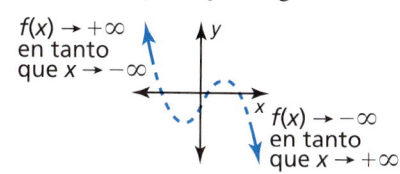

Grado: par
Coeficiente principal: positivo

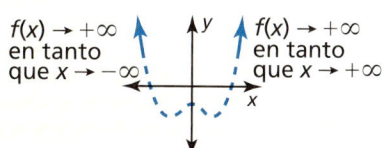

Grado: par
Coeficiente principal: negativo

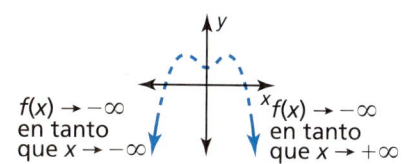

> **EJEMPLO 3**   Describir el comportamiento de los extremos

Describe el comportamiento de los extremos de la gráfica de $f(x) = -0.5x^4 + 2.5x^2 + x - 1$.

SOLUCIÓN

La función es de grado 4 y tiene un coeficiente principal de -0.5. Dado que el grado es par y el coeficiente principal es negativo, $f(x) \to -\infty$ en tanto que $x \to -\infty$ y $f(x) \to -\infty$ en tanto que $x \to +\infty$. Verifícalo haciendo una gráfica de la función en una calculadora gráfica, tal como se muestra.

Verifica

Monitoreo del progreso Ayuda en inglés y español en *BigIdeasMath.com*

Evalúa la función del valor dado de x.

 4. $f(x) = -x^3 + 3x^2 + 9;\ x = 4$

 5. $f(x) = 3x^5 - x^4 - 6x + 10;\ x = -2$

 6. Describe el comportamiento de los extremos de la gráfica de $f(x) = 0.25x^3 - x^2 - 1$.

Sección 4.1   Hacer gráficas de funciones polinomiales   **159**

Hacer gráficas de funciones polinomiales

Para hacer una gráfica de una función polinomial, primero marca los puntos para determinar la figura de la porción media de la gráfica. Luego, conecta los puntos con una curva continua suave y usa tus conocimientos sobre comportamiento de los extremos para dibujar la gráfica.

EJEMPLO 4   Hacer gráficas de funciones polinomiales

Haz una gráfica de (a) $f(x) = -x^3 + x^2 + 3x - 3$ y (b) $f(x) = x^4 - x^3 - 4x^2 + 4$.

SOLUCIÓN

a. Para trazar una gráfica de la función, haz una tabla de valores y marca los puntos correspondientes. Conecta los puntos con una curva suave y verifica el comportamiento de los extremos.

x	−2	−1	0	1	2
f(x)	3	−4	−3	0	−1

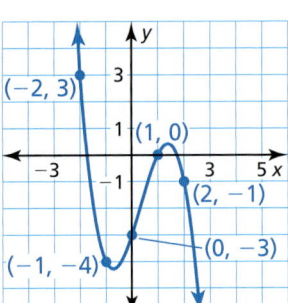

El grado es impar y el coeficiente principal es negativo. Entonces, $f(x) \to +\infty$ en tanto que $x \to -\infty$ y $f(x) \to -\infty$ en tanto que $x \to +\infty$.

b. Para trazar una gráfica de la función, haz una tabla de valores y marca los puntos correspondientes. Conecta los puntos con una curva suave y verifica el comportamiento de los extremos.

x	−2	−1	0	1	2
f(x)	12	2	4	0	−4

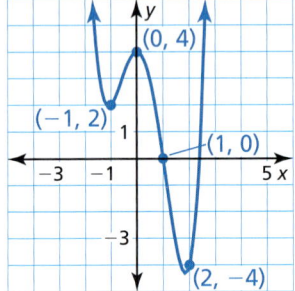

El grado es par y el coeficiente principal es positivo. Entonces, $f(x) \to +\infty$ en tanto que $x \to -\infty$ y $f(x) \to +\infty$ en tanto que $x \to +\infty$.

EJEMPLO 5   Dibujar una gráfica

Dibuja una gráfica de la función polinomial f que tenga las siguientes características:
- f es creciente cuando $x < 0$ y $x > 4$.
- f es decreciente cuando $0 < x < 4$.
- $f(x) > 0$ cuando $-2 < x < 3$ y $x > 5$.
- $f(x) < 0$ cuando $x < -2$ y $3 < x < 5$.

Usa la gráfica para describir el grado y el coeficiente principal de f.

SOLUCIÓN

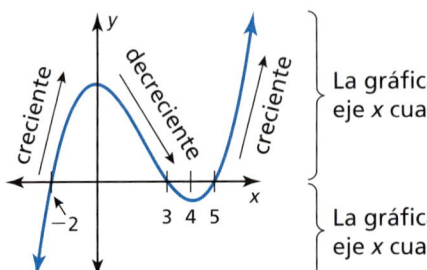

La gráfica está sobre el eje x cuando $f(x) > 0$.

La gráfica está debajo del eje x cuando $f(x) < 0$.

▶ Basándote en la gráfica, $f(x) \to -\infty$ en tanto que $x \to -\infty$ y $f(x) \to +\infty$ en tanto que $x \to +\infty$. Entonces, el grado es impar y el coeficiente principal es positivo.

160   Capítulo 4   Funciones polinomiales

EJEMPLO 6   Resolver un problema de la vida real

El número estimado V (en miles) de vehículos eléctricos en uso en los Estados Unidos se puede representar mediante la función polinomial

$$V(t) = 0.151280t^3 - 3.28234t^2 + 23.7565t - 2.041$$

donde t representa el año, y $t = 1$ corresponde a 2001.

a. Usa una calculadora gráfica para hacer una gráfica de la función del intervalo $1 \leq t \leq 10$. Describe el comportamiento de la gráfica en este intervalo.

b. ¿Cuál fue la tasa promedio de cambio en el número de vehículos eléctricos en uso desde 2001 hasta 2010?

c. ¿Crees que este modelo se puede usar para años anteriores a 2001 o posteriores a 2010? Explica tu razonamiento.

SOLUCIÓN

a. Usando una calculadora gráfica y una ventana de visualización de $1 \leq x \leq 10$ y $0 \leq y \leq 65$, obtienes la gráfica que se muestra a continuación.

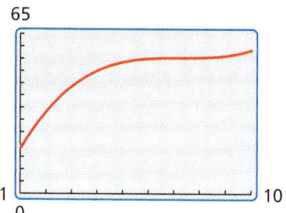

▶ Desde 2001 hasta 2004, el número de vehículos eléctricos en uso aumentó. Cerca del 2005, el aumento de las cifras de los vehículos en uso menguó y comenzó a nivelarse. Luego en el 2009 y 2010, las cifras de los vehículos en uso comenzaron a aumentar nuevamente.

b. Los años 2001 y 2010 corresponden a $t = 1$ y $t = 10$.

La tasa promedio de cambio sobre $1 \leq t \leq 10$:

$$\frac{V(10) - V(1)}{10 - 1} = \frac{58.57 - 18.58444}{9} \approx 4.443$$

▶ La tasa promedio de cambio desde 2001 hasta 2010 es aproximadamente 4.4 miles de vehículos eléctricos por año.

c. Dado que el grado es impar y el coeficiente principal es positivo, $V(t) \to -\infty$ en tanto que $t \to -\infty$ y $V(t) \to +\infty$ en tanto que $t \to +\infty$. El comportamiento de los extremos indica que el modelo tiene crecimiento ilimitado en la medida en que t aumenta. Aunque el modelo puede ser válido durante algunos años después del 2010, el crecimiento ilimitado no es razonable a largo plazo. Observa que en el 2000 la $V(0) = -2.041$. Dado que los valores negativos de $V(t)$ no tienen sentido en el contexto (vehículos eléctricos en uso), el modelo no debería usarse en años anteriores a 2001.

Monitoreo del progreso Ayuda en inglés y español en BigIdeasMath.com

Haz una gráfica de la función polinomial.

7. $f(x) = x^4 + x^2 - 3$

8. $f(x) = 4 - x^3$

9. $f(x) = x^3 - x^2 + x - 1$

10. Dibuja una gráfica de la función polinomial f que tenga las siguientes características:
- f es decreciente cuando $x < -1.5$ y $x > 2.5$; f es creciente cuando $-1.5 < x < 2.5$.
- $f(x) > 0$ cuando $x < -3$ y $1 < x < 4$; $f(x) < 0$ cuando $-3 < x < 1$ y $x > 4$.

Usa la gráfica para describir el grado y el coeficiente principal de f.

11. ¿QUÉ PASA SI? Repite el Ejemplo 6 usando el modelo alternativo para vehículos eléctricos de

$$V(t) = -0.0290900t^4 + 0.791260t^3 - 7.96583t^2 + 36.5561t - 12.025.$$

Sección 4.1   Hacer gráficas de funciones polinomiales

4.1 Ejercicios

Soluciones dinámicas disponibles en *BigIdeasMath.com*

Verificación de vocabulario y concepto esencial

1. **ESCRIBIR** Explica qué quiere decir comportamiento de los extremos de una función polinomial.

2. **¿CUÁL NO CORRESPONDE?** ¿Cuál de las siguientes funciones *no* corresponde al grupo de las otras tres? Explica tu razonamiento.

   $f(x) = 7x^5 + 3x^2 - 2x$

   $g(x) = 3x^3 - 2x^8 + \frac{3}{4}$

   $h(x) = -3x^4 + 5x^{-1} - 3x^2$

   $k(x) = \sqrt{3}x + 8x^4 + 2x + 1$

Monitoreo del progreso y Representar con matemáticas

En los Ejercicios 3–8, decide si la función es una función polinomial. Si lo es, escríbela en forma estándar e indica su grado, tipo y coeficiente principal. *(Consulta el Ejemplo 1).*

3. $f(x) = -3x + 5x^3 - 6x^2 + 2$

4. $p(x) = \frac{1}{2}x^2 + 3x - 4x^3 + 6x^4 - 1$

5. $f(x) = 9x^4 + 8x^3 - 6x^{-2} + 2x$

6. $g(x) = \sqrt{3} - 12x + 13x^2$

7. $h(x) = \frac{5}{3}x^2 - \sqrt{7}x^4 + 8x^3 - \frac{1}{2} + x$

8. $h(x) = 3x^4 + 2x - \frac{5}{x} + 9x^3 - 7$

ANÁLISIS DE ERRORES En los Ejercicios 9 y 10, describe y corrige el error del análisis de la función.

9. $f(x) = 8x^3 - 7x^4 - 9x - 3x^2 + 11$

f es una función polinomial. El grado es 3 y *f* es una función cúbica.
El coeficiente principal es 8.

10. $f(x) = 2x^4 + 4x - 9\sqrt{x} + 3x^2 - 8$

f es una función polinomial.
El grado es 4 y *f* es una función cuártica.
El coeficiente principal es 2.

En los Ejercicios 11–16, evalúa la función del valor dado de *x*. *(Consulta el Ejemplo 2).*

11. $h(x) = -3x^4 + 2x^3 - 12x - 6; x = -2$

12. $f(x) = 7x^4 - 10x^2 + 14x - 26; x = -7$

13. $g(x) = x^6 - 64x^4 + x^2 - 7x - 51; x = 8$

14. $g(x) = -x^3 + 3x^2 + 5x + 1; x = -12$

15. $p(x) = 2x^3 + 4x^2 + 6x + 7; x = \frac{1}{2}$

16. $h(x) = 5x^3 - 3x^2 + 2x + 4; x = -\frac{1}{3}$

En los Ejercicios 17–20, describe el comportamiento de los extremos de la gráfica de la función. *(Consulta el Ejemplo 3).*

17. $h(x) = -5x^4 + 7x^3 - 6x^2 + 9x + 2$

18. $g(x) = 7x^7 + 12x^5 - 6x^3 - 2x - 18$

19. $f(x) = -2x^4 + 12x^8 + 17 + 15x^2$

20. $f(x) = 11 - 18x^2 - 5x^5 - 12x^4 - 2x$

En los Ejercicios 21 y 22, describe el grado y el coeficiente principal de la función polinomial usando la gráfica.

21.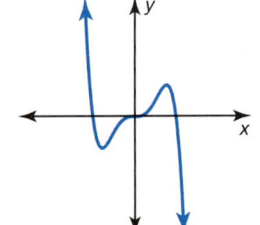

22.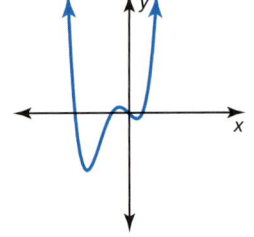

162 Capítulo 4 Funciones polinomiales

23. **USAR LA ESTRUCTURA** Determina si la función es una función polinomial. Si lo es, escríbela en forma estándar e indica su grado, tipo y coeficiente principal.

    $f(x) = 5x^3x + \frac{5}{2}x^3 - 9x^4 + \sqrt{2}x^2 + 4x - 1 - x^{-5}x^5 - 4$

24. **ESCRIBIR** Imagina que $f(x) = 13$. Indica el grado, tipo y coeficiente principal. Describe el comportamiento de los extremos de la función. Explica tu razonamiento.

En los Ejercicios 25–32, haz una gráfica de la función polinomial. *(Consulta el Ejemplo 4).*

25. $p(x) = 3 - x^4$

26. $g(x) = x^3 + x + 3$

27. $f(x) = 4x - 9 - x^3$

28. $p(x) = x^5 - 3x^3 + 2$

29. $h(x) = x^4 - 2x^3 + 3x$

30. $h(x) = 5 + 3x^2 - x^4$

31. $g(x) = x^5 - 3x^4 + 2x - 4$

32. $p(x) = x^6 - 2x^5 - 2x^3 + x + 5$

ANALIZAR RELACIONES En los Ejercicios 33–36, describe los valores de x para los cuales (a) f es creciente o decreciente, (b) $f(x) > 0$, y (c) $f(x) < 0$.

33.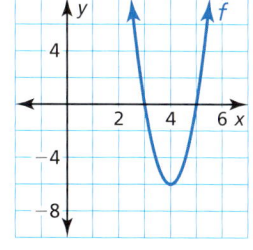

34.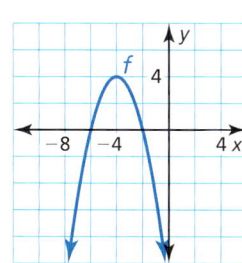

35.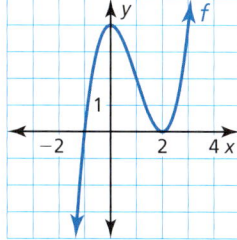

36.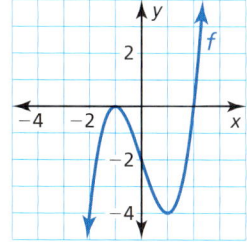

En los Ejercicios 37–40, dibuja una gráfica de la función polinomial f que tenga las características dadas. Usa la gráfica para describir el grado y el coeficiente principal de la función f. *(Consulta el Ejemplo 5).*

37. • f es creciente cuando $x > 0.5$; f es decreciente cuando $x < 0.5$.

    • $f(x) > 0$ cuando $x < -2$ y $x > 3$; $f(x) < 0$ cuando $-2 < x < 3$.

38. • f es creciente cuando $-2 < x < 3$; f es decreciente cuando $x < -2$ y $x > 3$.

    • $f(x) > 0$ cuando $x < -4$ y $1 < x < 5$; $f(x) < 0$ cuando $-4 < x < 1$ y $x > 5$.

39. • f es creciente cuando $-2 < x < 0$ y $x > 2$; f es decreciente cuando $x < -2$ y $0 < x < 2$.

    • $f(x) > 0$ cuando $x < -3$, $-1 < x < 1$, y $x > 3$; $f(x) < 0$ cuando $-3 < x < -1$ y $1 < x < 3$.

40. • f es creciente cuando $x < -1$ y $x > 1$; f es decreciente cuando $-1 < x < 1$.

    • $f(x) > 0$ cuando $-1.5 < x < 0$ y $x > 1.5$; $f(x) < 0$ cuando $x < -1.5$ y $0 < x < 1.5$.

41. **REPRESENTAR CON MATEMÁTICAS** Desde 1980 hasta 2007, el número de auto–cines en los Estados Unidos se puede representar mediante la función

    $$d(t) = -0.141t^3 + 9.64t^2 - 232.5t + 2421$$

    donde $d(t)$ es el número de auto–cines al aire libre y t es el número de años posteriores a 1980. *(Consulta el Ejemplo 6).*

    a. Usa una calculadora gráfica para hacer una gráfica de la función del intervalo $0 \leq t \leq 27$. Describe el comportamiento de la gráfica en este intervalo.

    b. ¿Cuál es la tasa de cambio promedio en el número de auto–cines desde 1980 hasta 1995 y desde 1995 hasta 2007? Interpreta el promedio de las tasas de cambio.

    c. ¿Crees que se puede usar este modelo para años anteriores a 1980 o posteriores a 2007? Explica.

42. **RESOLVER PROBLEMAS** El peso de un diamante de corte redondo ideal se puede representar mediante

    $$w = 0.00583d^3 - 0.0125d^2 + 0.022d - 0.01$$

    donde w es el peso del diamante (en quilates) y d es el diámetro (en milímetros.) De acuerdo con el modelo, ¿cuál es el peso de un diamante de 12 milímetros de diámetro?

Sección 4.1 Hacer gráficas de funciones polinomiales 163

43. **RAZONAMIENTO ABSTRACTO** Supón que $f(x) \to \infty$ en tanto que $x \to -\infty$ y $f(x) \to -\infty$ en tanto que $x \to \infty$. Describe el comportamiento de los extremos de $g(x) = -f(x)$. Justifica tu respuesta.

44. **ESTIMULAR EL PENSAMIENTO** Escribe una función polinomial de grado par tal que el comportamiento de los extremos de f esté dado por $f(x) \to -\infty$ en tanto que $x \to -\infty$ y $f(x) \to -\infty$ en tanto que $x \to \infty$. Justifica tu respuesta dibujando la gráfica de tu función.

45. **USAR HERRAMIENTAS** Al usar una calculadora gráfica para hacer una gráfica de la función polinomial, explica cómo sabes cuándo es apropiada la ventana de visualización.

46. **ARGUMENTAR** Tu amigo usa la tabla para especular que la función f es un polinomio de grado par y que la función g es un polinomio de grado impar. ¿Es correcto lo que dice tu amigo? Explica tu razonamiento.

x	f(x)	g(x)
−8	4113	497
−2	21	5
0	1	1
2	13	−3
8	4081	−495

47. **SACAR CONCLUSIONES** La gráfica de una función es simétrica con respecto al eje y si por cada punto (a, b) en la gráfica, $(-a, b)$ es también un punto en la gráfica. La gráfica de una función es simétrica con respecto al origen si por cada punto (a, b) en la gráfica, $(-a, -b)$ es también un punto en la gráfica.

   a. Usa una calculadora gráfica para hacer una gráfica de la función $y = x^n$ donde $n = 1, 2, 3, 4, 5$ y 6. En cada caso, identifica la simetría de la gráfica.

   b. Predice qué simetría tiene cada una de las gráficas de $y = x^{10}$ y $y = x^{11}$. Explica tu razonamiento y luego confirma tus predicciones dibujando la gráfica.

48. **¿CÓMO LO VES?** Se muestra la gráfica de una función polinomial.

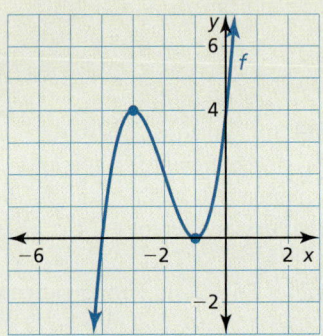

   a. Describe el grado y coeficiente principal de f.
   b. Describe los intervalos en donde la función es creciente y decreciente.
   c. ¿Cuál es el término constante de la función polinomial?

49. **RAZONAR** Una función polinomial cúbica f tiene un coeficiente principal de 2 y un término constante de -5. Cuando $f(1) = 0$ y $f(2) = 3$, ¿qué es $f(-5)$? Explica tu razonamiento.

50. **PENSAMIENTO CRÍTICO** El peso y (en libras) de una trucha arcoíris se puede representar mediante $y = 0.000304x^3$, donde x es la longitud (en pulgadas) de la trucha.

   a. Escribe una función que relacione el peso y y la longitud x de una trucha arcoíris cuando y se mide en kilogramos y x se mide en centímetros. Usa el hecho de que 1 kilogramo ≈ 2.20 libras y 1 centímetro ≈ 0.394 pulgadas.

   b. Haz una gráfica de la función original y la función de la parte (a) en el mismo plano de coordenadas. ¿Qué tipo de transformación puedes aplicar a la gráfica de $y = 0.000304x^3$ para generar la gráfica de la parte (a)?

Mantener el dominio de las matemáticas Repasar lo que aprendiste en grados y lecciones anteriores

Simplifica la expresión. *(Manual de revisión de destrezas)*

51. $xy + x^2 + 2xy + y^2 - 3x^2$

52. $2h^3g + 3hg^3 + 7h^2g^2 + 5h^3g + 2hg^3$

53. $-wk + 3kz - 2kw + 9zk - kw$

54. $a^2(m - 7a^3) - m(a^2 - 10)$

55. $3x(xy - 4) + 3(4xy + 3) - xy(x^2y - 1)$

56. $cv(9 - 3c) + 2c(v - 4c) + 6c$

164 Capítulo 4 Funciones polinomiales

4.2 Sumar, restar y multiplicar polinomios

Pregunta esencial ¿Cómo puedes elevar al cubo un binomio?

EXPLORACIÓN 1   Elevar al cubo un binomio

Trabaja con un compañero. Halla los productos. Muestra los pasos que has seguido.

a. $(x + 1)^3 = (x + 1)(x + 1)^2$ Reescribe como producto de la primera y la segunda potencias.

       $= (x + 1)$ _____   Multiplica la segunda potencia.

       $=$ _____   Multiplica el binomio y el trinomio.

       $=$ _____   Escribe en forma estándar, $ax^3 + bx^2 + cx + d$.

b. $(a + b)^3 = (a + b)(a + b)^2$ Reescribe como producto de la primera y la segunda potencias.

       $= (a + b)$ _____   Multiplica la segunda potencia.

       $=$ _____   Multiplica el binomio y el trinomio.

       $=$ _____   Escribe en forma estándar.

c. $(x - 1)^3 = (x - 1)(x - 1)^2$ Reescribe como producto de la primera y la segunda potencias.

       $= (x - 1)$ _____   Multiplica la segunda potencia.

       $=$ _____   Multiplica el binomio y el trinomio.

       $=$ _____   Escribe en forma estándar.

d. $(a - b)^3 = (a - b)(a - b)^2$ Reescribe como producto de la primera y la segunda potencias.

       $= (a - b)$ _____   Multiplica la segunda potencia.

       $=$ _____   Multiplica el binomio y el trinomio.

       $=$ _____   Escribe en forma estándar.

BUSCAR UNA ESTRUCTURA

Para dominar las matemáticas, necesitas observar con atención para discernir un patrón o una estructura.

EXPLORACIÓN 2   Generalizar patrones para elevar al cubo un binomio

Trabaja con un compañero.

a. Usa los resultados de la Exploración 1 para describir un patrón para los coeficientes de los términos al desarrollar el cubo de un binomio. ¿Cómo se relaciona tu patrón con el triángulo de Pascal que se muestra a la derecha?

b. Usa los resultados de la Exploración 1 para describir un patrón para los exponentes de los términos en el desarrollo del cubo de un binomio.

c. Explica cómo puedes usar los patrones que has descrito en las partes (a) y (b) para hallar el producto $(2x - 3)^3$. Luego halla este producto.

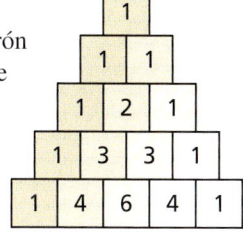

Comunicar tu respuesta

3. ¿Cómo puedes elevar al cubo un binomio?

4. Halla los productos.

     a. $(x + 2)^3$ **b.** $(x - 2)^3$ **c.** $(2x - 3)^3$

     d. $(x - 3)^3$ **e.** $(-2x + 3)^3$ **f.** $(3x - 5)^3$

Sección 4.2   Sumar, restar y multiplicar polinomios   165

4.2 Lección

Qué aprenderás

- Sumar y restar polinomios.
- Multiplicar polinomios.
- Usar el Triángulo de Pascal para desarrollar polinomios.

Vocabulario Esencial

Triángulo de Pascal, *pág. 169*

Anterior
términos semejantes
identidad

Sumar y restar polinomios

Recuerda que el conjunto de enteros es *cerrado* bajo la suma y la resta porque toda suma o diferencia da como resultado un entero. Para sumar o restar polinomios, necesitas sumar o restar los coeficientes de los términos semejantes. Dado que al sumar o restar polinomios obtienes como resultado un polinomio, el conjunto de polinomios es cerrado bajo la suma y la resta.

EJEMPLO 1   Sumar polinomios verticalmente y horizontalmente

a. Suma $3x^3 + 2x^2 - x - 7$ y $x^3 - 10x^2 + 8$ en formato vertical.

b. Suma $9y^3 + 3y^2 - 2y + 1$ y $-5y^2 + y - 4$ en formato horizontal.

SOLUCIÓN

a.
$$\begin{array}{r} 3x^3 + 2x^2 - x - 7 \\ +\ \ x^3 - 10x^2\ \ \ \ \ + 8 \\ \hline 4x^3 - 8x^2 - x + 1 \end{array}$$

b. $(9y^3 + 3y^2 - 2y + 1) + (-5y^2 + y - 4) = 9y^3 + 3y^2 - 5y^2 - 2y + y + 1 - 4$
$$= 9y^3 - 2y^2 - y - 3$$

Para restar un polinomio de otro, suma el opuesto. Para hacer esto, cambia el signo de cada término del polinomio restado y luego suma los términos resultantes semejantes.

ERROR COMÚN

Un error común es olvidar de cambiar los signos correctamente al restar un polinomio de otro. Asegúrate de sumar el opuesto de *todos* los términos del polinomio restado.

EJEMPLO 2   Restar polinomios verticalmente y horizontalmente

a. Resta $2x^3 + 6x^2 - x + 1$ de $8x^3 - 3x^2 - 2x + 9$ en formato vertical.

b. Resta $3z^2 + z - 4$ de $2z^2 + 3z$ en formato horizontal.

SOLUCIÓN

a. Alinea términos semejantes, luego suma el opuesto del polinomio restado.

$$\begin{array}{r} 8x^3 - 3x^2 - 2x + 9 \\ -\ (2x^3 + 6x^2 -\ x + 1) \end{array} \quad \Rightarrow \quad \begin{array}{r} 8x^3 - 3x^2 - 2x + 9 \\ +\ \ -2x^3 - 6x^2 +\ x - 1 \\ \hline 6x^3 - 9x^2 -\ x + 8 \end{array}$$

b. Escribe el opuesto del polinomio restado, luego suma los términos semejantes.

$$(2z^2 + 3z) - (3z^2 + z - 4) = 2z^2 + 3z - 3z^2 - z + 4$$
$$= -z^2 + 2z + 4$$

Monitoreo del progreso Ayuda en inglés y español en *BigIdeasMath.com*

Halla la suma o la diferencia.

1. $(2x^2 - 6x + 5) + (7x^2 - x - 9)$

2. $(3t^3 + 8t^2 - t - 4) - (5t^3 - t^2 + 17)$

166   Capítulo 4   Funciones polinomiales

Multiplicar polinomios

Para multiplicar dos polinomios, multiplicas cada término del primer polinomio por cada término del segundo polinomio. Como en el caso de la suma y la resta, el conjunto de polinomios es cerrado bajo la multiplicación.

EJEMPLO 3 Multiplicar polinomios verticalmente y horizontalmente

a. Multiplica $-x^2 + 2x + 4$ y $x - 3$ en formato vertical.

b. Multiplica $y + 5$ y $3y^2 - 2y + 2$ en formato horizontal.

RECUERDA

Propiedad del producto de las potencias

$a^m \cdot a^n = a^{m+n}$

a es un número real y m y n son enteros.

SOLUCIÓN

a.
$$\begin{array}{r} -x^2 + 2x + 4 \\ \times \qquad x - 3 \\ \hline 3x^2 - 6x - 12 \\ -x^3 + 2x^2 + 4x \qquad\quad \\ \hline -x^3 + 5x^2 - 2x - 12 \end{array}$$

Multiplica $-x^2 + 2x + 4$ por -3.
Multiplica $-x^2 + 2x + 4$ por x.
Combina los términos semejantes.

b. $(y + 5)(3y^2 - 2y + 2) = (y + 5)3y^2 - (y + 5)2y + (y + 5)2$

$= 3y^3 + 15y^2 - 2y^2 - 10y + 2y + 10$

$= 3y^3 + 13y^2 - 8y + 10$

EJEMPLO 4 Multiplicar tres binomios

Multiplica $x - 1$, $x + 4$ y $x + 5$ en formato horizontal.

SOLUCIÓN

$(x - 1)(x + 4)(x + 5) = (x^2 + 3x - 4)(x + 5)$

$= (x^2 + 3x - 4)x + (x^2 + 3x - 4)5$

$= x^3 + 3x^2 - 4x + 5x^2 + 15x - 20$

$= x^3 + 8x^2 + 11x - 20$

Algunos productos binomiales ocurren tan frecuentemente que vale la pena memorizar sus patrones. Puedes verificar estas identidades polinomiales con una multiplicación.

ERROR COMÚN

En general,

$(a \pm b)^2 \neq a^2 \pm b^2$

y

$(a \pm b)^3 \neq a^3 \pm b^3$.

Concepto Esencial

Patrones de productos especiales

Suma y diferencia
$(a + b)(a - b) = a^2 - b^2$

Ejemplo
$(x + 3)(x - 3) = x^2 - 9$

Cuadrado de un binomio
$(a + b)^2 = a^2 + 2ab + b^2$
$(a - b)^2 = a^2 - 2ab + b^2$

Ejemplo
$(y + 4)^2 = y^2 + 8y + 16$
$(2t - 5)^2 = 4t^2 - 20t + 25$

Cubo de un binomio
$(a + b)^3 = a^3 + 3a^2b + 3ab^2 + b^3$
$(a - b)^3 = a^3 - 3a^2b + 3ab^2 - b^3$

Ejemplo
$(z + 3)^3 = z^3 + 9z^2 + 27z + 27$
$(m - 2)^3 = m^3 - 6m^2 + 12m - 8$

EJEMPLO 5 Comprobar una identidad polinomial

a. Comprueba la identidad polinomial para el cubo de un binomio que representa una suma:
$$(a + b)^3 = a^3 + 3a^2b + 3ab^2 + b^3.$$

b. Usa el cubo de un binomio en la parte (a) para calcular 11^3.

SOLUCIÓN

a. Desarrolla y simplifica la expresión en el lado izquierdo de la ecuación.

$$(a + b)^3 = (a + b)(a + b)(a + b)$$
$$= (a^2 + 2ab + b^2)(a + b)$$
$$= (a^2 + 2ab + b^2)a + (a^2 + 2ab + b^2)b$$
$$= a^3 + a^2b + 2a^2b + 2ab^2 + ab^2 + b^3$$
$$= a^3 + 3a^2b + 3ab^2 + b^3 \checkmark$$

▶ El lado izquierdo simplificado es igual al lado derecho de la identidad original. Entonces, la identidad $(a + b)^3 = a^3 + 3a^2b + 3ab^2 + b^3$ es verdadera.

b. Para calcular 11^3 usando el cubo de un binomio, observa que $11 = 10 + 1$.

$11^3 = (10 + 1)^3$	Escribe 11 como $10 + 1$.
$= 10^3 + 3(10)^2(1) + 3(10)(1)^2 + 1^3$	Cubo de un binomio
$= 1000 + 300 + 30 + 1$	Desarrolla.
$= 1331$	Simplifica.

EJEMPLO 6 Usar patrones de productos especiales

RECUERDA
Propiedad de la potencia de un producto
$(ab)^m = a^m b^m$
a y b son números reales y m es un entero.

Halla cada uno de los productos.

a. $(4n + 5)(4n - 5)$ b. $(9y - 2)^2$ c. $(ab + 4)^3$

SOLUCIÓN

a. $(4n + 5)(4n - 5) = (4n)^2 - 5^2$ Suma y diferencia
$ = 16n^2 - 25$ Simplifica.

b. $(9y - 2)^2 = (9y)^2 - 2(9y)(2) + 2^2$ Cuadrado de un binomio
$ = 81y^2 - 36y + 4$ Simplifica.

c. $(ab + 4)^3 = (ab)^3 + 3(ab)^2(4) + 3(ab)(4)^2 + 4^3$ Cubo de un binomio
$ = a^3b^3 + 12a^2b^2 + 48ab + 64$ Simplifica.

Monitoreo del progreso Ayuda en inglés y español en *BigIdeasMath.com*

Halla el producto.

3. $(4x^2 + x - 5)(2x + 1)$ 4. $(y - 2)(5y^2 + 3y - 1)$

5. $(m - 2)(m - 1)(m + 3)$ 6. $(3t - 2)(3t + 2)$

7. $(5a + 2)^2$ 8. $(xy - 3)^3$

9. (a) Comprueba la identidad polinomial del cubo de un binomio que represente una diferencia $(a - b)^3 = a^3 - 3a^2b + 3ab^2 - b^3$.

   (b) Usa el cubo de un binomio en la parte (a) para calcular 9^3.

Triángulo de Pascal

Considera el desarrollo del binomio $(a + b)^n$ para los valores de los números enteros de n. Cuando ordenes los coeficientes de las variables en el desarrollo de $(a + b)^n$, verás un patrón especial llamado **triángulo de Pascal**. El triángulo de Pascal lleva el nombre del matemático francés Blaise Pascal (1623–1662).

Concepto Esencial

Triángulo de Pascal

En el triángulo de Pascal, el primer y el último número de cada fila es 1. Todo número distinto a 1 es la suma de los dos números más cercanos de la fila directamente sobre él. Los números en el triángulo de Pascal son los mismos que están en el desarrollo de los coeficientes binomiales, tal como se muestra en las primeras seis filas.

	n	$(a + b)^n$	Desarrollo del binomio	Triángulo de Pascal
Fila 0	0	$(a + b)^0 =$	1	1
1.ª fila	1	$(a + b)^1 =$	$1a + 1b$	1 1
2.ª fila	2	$(a + b)^2 =$	$1a^2 + 2ab + 1b^2$	1 2 1
3.ª fila	3	$(a + b)^3 =$	$1a^3 + 3a^2b + 3ab^2 + 1b^3$	1 3 3 1
4.ª fila	4	$(a + b)^4 =$	$1a^4 + 4a^3b + 6a^2b^2 + 4ab^3 + 1b^4$	1 4 6 4 1
5.ª fila	5	$(a + b)^5 =$	$1a^5 + 5a^4b + 10a^3b^2 + 10a^2b^3 + 5ab^4 + 1b^5$	1 5 10 10 5 1

En general, la fila n en el triángulo de Pascal da los coeficientes de $(a + b)^n$. Estas son algunas otras observaciones acerca del desarrollo de $(a + b)^n$.

1. Un desarrollo tiene términos $n + 1$.
2. La potencia de a comienza con n, disminuye de a 1 en cada término sucesivo y termina con 0.
3. La potencia de b comienza con 0, aumenta de a 1 en cada término sucesivo y termina con n.
4. La suma de las potencias de cada uno de los términos es n.

EJEMPLO 7   Usar el triángulo de Pascal para desarrollar binomios

Usa el triángulo de Pascal para desarrollar (a) $(x - 2)^5$ y (b) $(3y + 1)^3$.

SOLUCIÓN

a. Los coeficientes de la quinta fila del triángulo de Pascal son 1, 5, 10, 10, 5 y 1.

$(x - 2)^5 = 1x^5 + 5x^4(-2) + 10x^3(-2)^2 + 10x^2(-2)^3 + 5x(-2)^4 + 1(-2)^5$

$\qquad\qquad = x^5 - 10x^4 + 40x^3 - 80x^2 + 80x - 32$

b. Los coeficientes de la tercera fila del triángulo de Pascal son 1, 3, 3 y 1.

$(3y + 1)^3 = 1(3y)^3 + 3(3y)^2(1) + 3(3y)(1)^2 + 1(1)^3$

$\qquad\qquad = 27y^3 + 27y^2 + 9y + 1$

Monitoreo del progreso Ayuda en inglés y español en BigIdeasMath.com

10. Usa el triángulo de Pascal para desarrollar (a) $(z + 3)^4$ y (b) $(2t - 1)^5$.

Sección 4.2   Sumar, restar y multiplicar polinomios

4.2 Ejercicios

Soluciones dinámicas disponibles en *BigIdeasMath.com*

Verificación de vocabulario y concepto esencial

1. **ESCRIBIR** Describe tres métodos diferentes para desarrollar $(x + 3)^3$.

2. **ESCRIBIR** ¿Es $(a + b)(a - b) = a^2 - b^2$ una identidad? Explica tu razonamiento.

Monitoreo del progreso y Representar con matemáticas

En los Ejercicios 3–8, halla la suma. *(Consulta el Ejemplo 1).*

3. $(3x^2 + 4x - 1) + (-2x^2 - 3x + 2)$

4. $(-5x^2 + 4x - 2) + (-8x^2 + 2x + 1)$

5. $(12x^5 - 3x^4 + 2x - 5) + (8x^4 - 3x^3 + 4x + 1)$

6. $(8x^4 + 2x^2 - 1) + (3x^3 - 5x^2 + 7x + 1)$

7. $(7x^6 + 2x^5 - 3x^2 + 9x) + (5x^5 + 8x^3 - 6x^2 + 2x - 5)$

8. $(9x^4 - 3x^3 + 4x^2 + 5x + 7) + (11x^4 - 4x^2 - 11x - 9)$

En los Ejercicios 9–14, halla la diferencia. *(Consulta el Ejemplo 2).*

9. $(3x^3 - 2x^2 + 4x - 8) - (5x^3 + 12x^2 - 3x - 4)$

10. $(7x^4 - 9x^3 - 4x^2 + 5x + 6) - (2x^4 + 3x^3 - x^2 + x - 4)$

11. $(5x^6 - 2x^4 + 9x^3 + 2x - 4) - (7x^5 - 8x^4 + 2x - 11)$

12. $(4x^5 - 7x^3 - 9x^2 + 18) - (14x^5 - 8x^4 + 11x^2 + x)$

13. $(8x^5 + 6x^3 - 2x^2 + 10x) - (9x^5 - x^3 - 13x^2 + 4)$

14. $(11x^4 - 9x^2 + 3x + 11) - (2x^4 + 6x^3 + 2x - 9)$

15. **REPRESENTAR CON MATEMÁTICAS** Durante un reciente periodo de tiempo, los números (en millares) de hombres *M* y mujeres *F* que asisten a instituciones de educación superior en los Estados Unidos se puede representar mediante

    $M = 19.7t^2 + 310.5t + 7539.6$
    $F = 28t^2 + 368t + 10127.8$

    donde *t* es tiempo en años. Escribe un polinomio para representar el número total de personas que asisten a instituciones de educación superior. Interpreta su término constante.

16. **REPRESENTAR CON MATEMÁTICAS** Un granjero planta un jardín que contiene maíz y calabazas. El área total (en pies cuadrados) del jardín está representada mediante la expresión $2x^2 + 5x + 4$. El área del maíz está representada mediante la expresión $x^2 - 3x + 2$. Escribe una expresión que represente el área de las calabazas.

En los Ejercicios 17–24, halla el producto. *(Consulta el Ejemplo 3).*

17. $7x^3(5x^2 + 3x + 1)$

18. $-4x^5(11x^3 + 2x^2 + 9x + 1)$

19. $(5x^2 - 4x + 6)(-2x + 3)$

20. $(-x - 3)(2x^2 + 5x + 8)$

21. $(x^2 - 2x - 4)(x^2 - 3x - 5)$

22. $(3x^2 + x - 2)(-4x^2 - 2x - 1)$

23. $(3x^3 - 9x + 7)(x^2 - 2x + 1)$

24. $(4x^2 - 8x - 2)(x^4 + 3x^2 + 4x)$

ANÁLISIS DE ERRORES En los Ejercicios 25 y 26, describe y corrige el error al hacer las operaciones.

25.
$$ (x^2 - 3x + 4) - (x^3 + 7x - 2) $$
$$ = x^2 - 3x + 4 - x^3 + 7x - 2 $$
$$ = -x^3 + x^2 + 4x + 2 $$

26.
$$ (2x - 7)^3 = (2x)^3 - 7^3 $$
$$ = 8x^3 - 343 $$

En los Ejercicios 27–32, halla el producto de los binomios. *(Consulta el Ejemplo 4).*

27. $(x - 3)(x + 2)(x + 4)$

28. $(x - 5)(x + 2)(x - 6)$

29. $(x - 2)(3x + 1)(4x - 3)$

30. $(2x + 5)(x - 2)(3x + 4)$

31. $(3x - 4)(5 - 2x)(4x + 1)$

32. $(4 - 5x)(1 - 2x)(3x + 2)$

33. **RAZONAR** Comprueba la identidad polinomial $(a + b)(a - b) = a^2 - b^2$. Luego da un ejemplo de dos números enteros mayores que 10 que se puedan multiplicar usando el cálculo mental y la identidad dada. Justifica tus respuestas. *(Consulta el Ejemplo 5).*

34. **SENTIDO NUMÉRICO** Se te ha pedido ordenar los libros de texto de tu clase. Necesitas ordenar 29 libros que cuestan $31 cada uno. Explica cómo puedes usar la identidad polinomial $(a + b)(a - b) = a^2 - b^2$ y el cálculo mental para hallar el costo total de los libros de texto.

En los Ejercicios 35–42, halla el producto. *(Consulta el Ejemplo 6).*

35. $(x - 9)(x + 9)$ 36. $(m + 6)^2$

37. $(3c - 5)^2$ 38. $(2y - 5)(2y + 5)$

39. $(7h + 4)^2$ 40. $(9g - 4)^2$

41. $(2k + 6)^3$ 42. $(4n - 3)^3$

En los Ejercicios 43–48, usa el triángulo de Pascal para desarrollar el binomio. *(Consulta el Ejemplo 7).*

43. $(2t + 4)^3$ 44. $(6m + 2)^2$

45. $(2q - 3)^4$ 46. $(g + 2)^5$

47. $(yz + 1)^5$ 48. $(np - 1)^4$

49. **COMPARAR MÉTODOS** Halla el producto de la expresión $(a^2 + 4b^2)^2(3a^2 - b^2)^2$ usando dos métodos diferentes. ¿Cuál método prefieres? Explica.

50. **ESTIMULAR EL PENSAMIENTO** Adjunta uno o más polígonos al rectángulo para formar un nuevo polígono cuyo perímetro sea el doble del perímetro del rectángulo. Halla el perímetro del nuevo polígono.

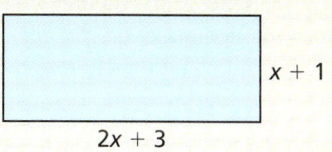

CONEXIONES MATEMÁTICAS En los Ejercicios 51 y 52, escribe una expresión para el volumen de la figura como polinomio en forma estándar.

51. $V = \ell w h$ 52. $V = \pi r^2 h$

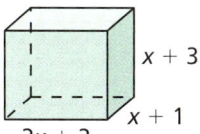   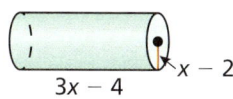

53. **REPRESENTAR CON MATEMÁTICAS** Dos personas hacen tres depósitos en sus cuentas bancarias que ganan la misma tasa de interés simple r.

Persona A		N° de cuenta 2-5384100608
Fecha	Transacción	Cantidad
01/01/2012	Depósito	$2000.00
01/01/2013	Depósito	$3000.00
01/01/2014	Depósito	$1000.00

Persona B		N° de cuenta 1-5233032905
Fecha	Transacción	Cantidad
01/01/2012	Depósito	$5000.00
01/01/2013	Depósito	$1000.00
01/01/2014	Depósito	$4000.00

La cuenta de la Persona A tiene el siguiente valor

$$2000(1 + r)^3 + 3000(1 + r)^2 + 1000(1 + r)$$

el 1ro de enero de 2015.

a. Escribe un polinomio para el valor de la cuenta de la Persona B el 1ro de enero de 2015.

b. Escribe el valor total de las dos cuentas como un polinomio en forma estándar. Luego interpreta los coeficientes del polinomio.

c. Supón que sus tasas de interés son del 0.05. ¿Cuál será el valor total de ambas cuentas para el 1ro de enero de 2015?

Sección 4.2   Sumar, restar y multiplicar polinomios   **171**

54. RESOLVER PROBLEMAS La esfera está centrada en el cubo. Halla una expresión para el volumen del cubo fuera de la esfera.

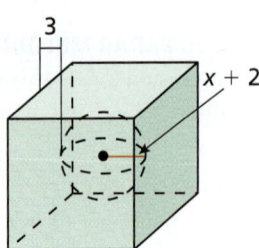

55. ARGUMENTAR Tu amigo dice que la suma de dos binomios siempre es un binomio y que el producto de dos binomios siempre es un trinomio. ¿Es correcto lo que dice tu amigo? Explica tu razonamiento.

56. ¿CÓMO LO VES? Haces una caja de hojalata cortando piezas de x pulgadas por x pulgadas de las esquinas de un rectángulo y doblando cada lado hacia arriba. El plano de tu caja es el siguiente.

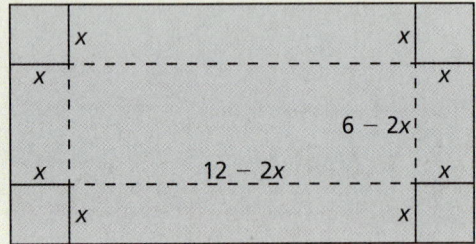

a. ¿Cuáles son las dimensiones de la pieza de hojalata original?

b. Escribe una función que represente el volumen de la caja. Sin multiplicar, determina su grado.

USAR HERRAMIENTAS En los Ejercicios 57–60, usa una calculadora gráfica para hacer una conjetura acerca de si las dos funciones son equivalentes. Explica tu razonamiento.

57. $f(x) = (2x - 3)^3$; $g(x) = 8x^3 - 36x^2 + 54x - 27$

58. $h(x) = (x + 2)^5$; $k(x) = x^5 + 10x^4 + 40x^3 + 80x^2 + 64x$

59. $f(x) = (-x - 3)^4$; $g(x) = x^4 + 12x^3 + 54x^2 + 108x + 80$

60. $f(x) = (-x + 5)^3$; $g(x) = -x^3 + 15x^2 - 75x + 125$

61. RAZONAR Copia el triángulo de Pascal y añade filas para $n = 6, 7, 8, 9$ y 10. Usa las nuevas filas para desarrollar $(x + 3)^7$ y $(x - 5)^9$.

62. RAZONAMIENTO ABSTRACTO Se te da la función $f(x) = (x + a)(x + b)(x + c)(x + d).$ Si $f(x)$ se escribe en forma estándar, demuestra que el coeficiente de x^3 es la suma de a, b, c y d, y que el término constante es el producto de a, b, c y d.

63. SACAR CONCLUSIONES Imagina que $g(x) = 12x^4 + 8x + 9$ y $h(x) = 3x^5 + 2x^3 - 7x + 4$.

a. ¿Cuál es el grado del polinomio $g(x) + h(x)$?

b. ¿Cuál es el grado del polinomio $g(x) - h(x)$?

c. ¿Cuál es el grado del polinomio $g(x) \cdot h(x)$?

d. En general, si $g(x)$ y $h(x)$ son polinomios tales que $g(x)$ tiene grado m y $h(x)$ tiene grado n, y $m > n$, ¿cuáles son los grados de $g(x) + h(x)$, $g(x) - h(x)$, y $g(x) \cdot h(x)$?

64. HALLAR UN PATRÓN En este ejercicio, explorarás la secuencia de los cuadrados de números. Los primeros cuatro cuadrados de números están representados a continuación.

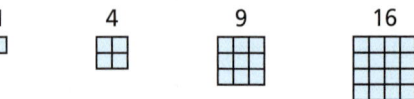

a. Halla las diferencias entre los cuadrados consecutivos. Explica lo que observas.

b. Demuestra cómo la identidad polinomial $(n + 1)^2 - n^2 = 2n + 1$ representa las diferencias entre los cuadrados de números.

c. Comprueba la identidad polinomial en la parte (b.)

65. PENSAMIENTO CRÍTICO Recuerda que un triple pitagórico es un conjunto de enteros positivos a, b y c tales que $a^2 + b^2 = c^2$. Los números 3, 4 y 5 forman un triple pitagórico porque $3^2 + 4^2 = 5^2$. Puedes usar la identidad polinomial $(x^2 - y^2)^2 + (2xy)^2 = (x^2 + y^2)^2$ para generar otros triples pitagóricos.

a. Comprueba que la identidad polinomial es verdadera demostrando que las expresiones simplificadas del lado izquierdo y derecho son iguales.

b. Usa la identidad para generar el triple pitagórico cuando $x = 6$ y $y = 5$.

c. Verifica que tu respuesta en la parte (b) concuerde con $a^2 + b^2 = c^2$.

Mantener el dominio de las matemáticas Repasar lo que aprendiste en grados y lecciones anteriores

Haz la operación. Escribe la respuesta en forma estándar. *(Sección 3.2)*

66. $(3 - 2i) + (5 + 9i)$

67. $(12 + 3i) - (7 - 8i)$

68. $(7i)(-3i)$

69. $(4 + i)(2 - i)$

4.3 Dividir polinomios

Pregunta esencial ¿Cómo puedes usar los factores de un polinomio cúbico para resolver un ejercicio de división que incluye al polinomio?

EXPLORACIÓN 1   Dividir polinomios

Trabaja con un compañero. Une cada enunciado de división con la gráfica del polinomio cúbico $f(x)$ relacionado. Explica tu razonamiento. Usa una calculadora gráfica para verificar tus respuestas.

a. $\dfrac{f(x)}{x} = (x-1)(x+2)$ b. $\dfrac{f(x)}{x-1} = (x-1)(x+2)$

c. $\dfrac{f(x)}{x+1} = (x-1)(x+2)$ d. $\dfrac{f(x)}{x-2} = (x-1)(x+2)$

e. $\dfrac{f(x)}{x+2} = (x-1)(x+2)$ f. $\dfrac{f(x)}{x-3} = (x-1)(x+2)$

A. 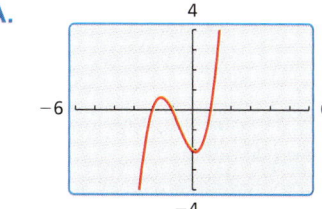   B.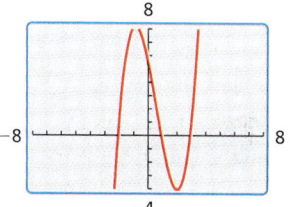

C. 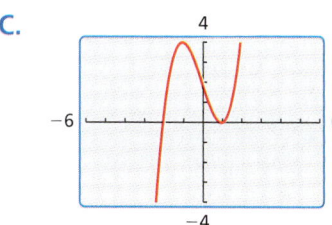   D.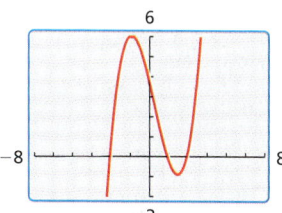

E. 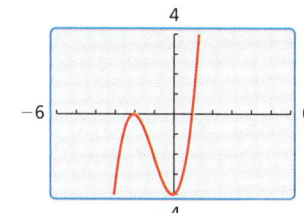   F.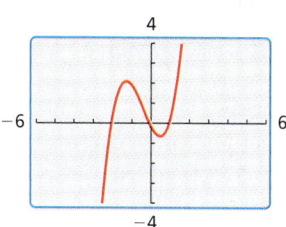

RAZONAR DE MANERA ABSTRACTA

Para dominar las matemáticas, necesitas comprender una situación en forma abstracta y representarla en forma simbólica.

EXPLORACIÓN 2   Dividir polinomios

Trabaja con un compañero. Usa los resultados de la Exploración 1 para hallar cada cociente. Escribe tus respuestas en forma estándar. Verifica tus respuestas con una multiplicación.

a. $(x^3 + x^2 - 2x) \div x$ b. $(x^3 - 3x + 2) \div (x - 1)$

c. $(x^3 + 2x^2 - x - 2) \div (x + 1)$ d. $(x^3 - x^2 - 4x + 4) \div (x - 2)$

e. $(x^3 + 3x^2 - 4) \div (x + 2)$ f. $(x^3 - 2x^2 - 5x + 6) \div (x - 3)$

Comunicar tu respuesta

3. ¿Cómo puedes usar los factores de un polinomio cúbico para resolver un ejercicio de división que incluye al polinomio?

4.3 Lección

Qué aprenderás

- Usar una división larga para dividir polinomios entre otros polinomios.
- Usar una división sintética para dividir polinomios entre binomios de la forma $x - k$.
- Usar el teorema del residuo.

Vocabulario Esencial

división larga de polinomios, *pág. 174*
división sintética, *pág. 175*

Anterior
división larga
divisor
cociente
residuo
dividendo

División larga de polinomios

Cuando divides un polinomio $f(x)$ entre un divisor polinomial $d(x)$ distinto de cero, obtienes un cociente polinomial $q(x)$ y un residuo polinomial $r(x)$.

$$\frac{f(x)}{d(x)} = q(x) + \frac{r(x)}{d(x)}$$

El grado del residuo debe ser menor que el grado del divisor. Cuando el residuo es 0, el divisor *divide equitativamente* al dividendo. También, el grado del divisor es menor o igual que el grado del dividendo $f(x)$. Una manera de dividir polinomios se llama **división larga de polinomios**.

EJEMPLO 1   Usar la división larga de polinomios

Divide $2x^4 + 3x^3 + 5x - 1$ entre $x^2 + 3x + 2$.

SOLUCIÓN

Escribe la división de polinomios en el mismo formato que usas cuando divides números. Incluye un "0" como coeficiente de x^2 en el dividendo. En cada etapa, divide el término con la potencia más alta en lo que está a la izquierda del dividendo por el primer término del divisor. Esto da el siguiente término del cociente.

$$\begin{array}{r} 2x^2 - 3x + 5 \\ x^2+3x+2 \overline{\smash{\big)} 2x^4 + 3x^3 + 0x^2 + 5x - 1} \\ \underline{2x^4 + 6x^3 + 4x^2} \\ -3x^3 - 4x^2 + 5x \\ \underline{-3x^3 - 9x^2 - 6x} \\ 5x^2 + 11x - 1 \\ \underline{5x^2 + 15x + 10} \\ -4x - 11 \end{array}$$

← cociente

Multiplica el divisor por $\frac{2x^4}{x^2} = 2x^2$.
Resta. Baja el siguiente término.
Multiplica el divisor por $\frac{-3x^3}{x^2} = -3x$.
Resta. Baja el siguiente término.
Multiplica el divisor por $\frac{5x^2}{x^2} = 5$.
← residuo

ERROR COMÚN

La expresión sumada al cociente en el resultado de un ejercicio de división larga es $\frac{r(x)}{d(x)}$, no $r(x)$.

▶ $\dfrac{2x^4 + 3x^3 + 5x - 1}{x^2 + 3x + 2} = 2x^2 - 3x + 5 + \dfrac{-4x - 11}{x^2 + 3x + 2}$

Verifica

Puedes verificar el resultado de un ejercicio de división multiplicando el cociente por el divisor y sumando el residuo. El resultado debería ser el dividendo.

$(2x^2 - 3x + 5)(x^2 + 3x + 2) + (-4x - 11)$

$= (2x^2)(x^2 + 3x + 2) - (3x)(x^2 + 3x + 2) + (5)(x^2 + 3x + 2) - 4x - 11$

$= 2x^4 + 6x^3 + 4x^2 - 3x^3 - 9x^2 - 6x + 5x^2 + 15x + 10 - 4x - 11$

$= 2x^4 + 3x^3 + 5x - 1$ ✓

Monitoreo del progreso Ayuda en inglés y español en BigIdeasMath.com

Divide usando la división larga de polinomios.

1. $(x^3 - x^2 - 2x + 8) \div (x - 1)$

2. $(x^4 + 2x^2 - x + 5) \div (x^2 - x + 1)$

174   Capítulo 4   Funciones polinomiales

División sintética

Existe un método abreviado para dividir polinomios entre binomios de la forma $x - k$. Este método abreviado se llama **división sintética**. Este método se muestra en el siguiente ejemplo.

EJEMPLO 2 Usar la división sintética

Divide $-x^3 + 4x^2 + 9$ entre $x - 3$.

SOLUCIÓN

Paso 1 Escribe los coeficientes del dividendo en orden de exponentes descendentes. Incluye un "0" para el término x que falta. Dado que el divisor es $x - 3$, usa $k = 3$. Escribe el valor de k a la izquierda de la barra vertical.

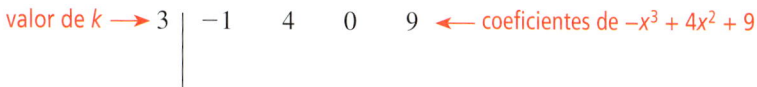

valor de $k \longrightarrow$ 3 | −1   4   0   9 $\longleftarrow$ coeficientes de $-x^3 + 4x^2 + 9$

Paso 2 Baja el coeficiente principal. Multiplica el coeficiente principal por el valor de k. Escribe el producto debajo del segundo coeficiente. Suma.

$$\begin{array}{r|rrrr} 3 & -1 & 4 & 0 & 9 \\ & & -3 & & \\ \hline & -1 & 1 & & \end{array}$$

Paso 3 Multiplica la suma anterior por el valor de k. Escribe el producto debajo del tercer coeficiente. Suma. Repite este proceso con el coeficiente restante. Los primeros tres números en la fila inferior son los coeficientes del cociente, y el último número es el residuo.

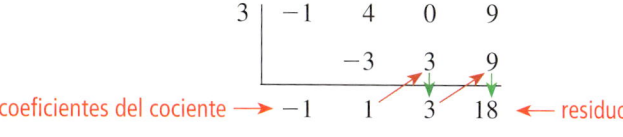

coeficientes del cociente $\longrightarrow$ −1   1   3   18 $\longleftarrow$ residuo

$$\frac{-x^3 + 4x^2 + 9}{x - 3} = -x^2 + x + 3 + \frac{18}{x - 3}$$

EJEMPLO 3 Usar la división sintética

Divide $3x^3 - 2x^2 + 2x - 5$ entre $x + 1$.

SOLUCIÓN

Usa la división sintética. Dado que el divisor es $x + 1 = x - (-1)$, $k = -1$.

$$\begin{array}{r|rrrr} -1 & 3 & -2 & 2 & -5 \\ & & -3 & 5 & -7 \\ \hline & 3 & -5 & 7 & -12 \end{array}$$

$$\frac{3x^3 - 2x^2 + 2x - 5}{x + 1} = 3x^2 - 5x + 7 - \frac{12}{x + 1}$$

CONSEJO DE ESTUDIO

Observa que dividir polinomios no siempre tiene como resultado un polinomio. Esto significa que el conjunto de polinomios *no* es cerrado bajo la división.

Monitoreo del progreso Ayuda en inglés y español en *BigIdeasMath.com*

Divide usando la división sintética.

3. $(x^3 - 3x^2 - 7x + 6) \div (x - 2)$ **4.** $(2x^3 - x - 7) \div (x + 3)$

Sección 4.3   Dividir polinomios   **175**

El teorema del residuo

El residuo en el proceso de la división sintética tiene una interpretación importante. Cuando divides un polinomio $f(x)$ entre $d(x) = x - k$, el resultado es

$$\frac{f(x)}{d(x)} = q(x) + \frac{r(x)}{d(x)} \qquad \text{División de polinomios}$$

$$\frac{f(x)}{x - k} = q(x) + \frac{r(x)}{x - k} \qquad \text{Sustituye } x - k \text{ por } d(x).$$

$$f(x) = (x - k)q(x) + r(x). \qquad \text{Multiplica ambos lados por } x - k.$$

Dado que $r(x) = 0$ o el grado de $r(x)$ es menor que el grado de $x - k$, sabes que $r(x)$ es una función constante. Entonces, permite que $r(x) = r$, donde r es un número real, y evalúa $f(x)$ cuando $x = k$.

$$f(k) = (k - k)q(k) + r \qquad \text{Sustituye } k \text{ por } x \text{ y } r \text{ por } r(x).$$

$$f(k) = r \qquad \text{Simplifica.}$$

Este resultado está expresado en el *teorema del residuo*.

Concepto Esencial

El teorema del residuo

Si un polinomio $f(x)$ se divide entre $x - k$, entonces el residuo es $r = f(k)$.

El teorema del residuo te indica que se puede usar la división sintética para evaluar una función polinomial. Entonces, para evaluar $f(x)$ cuando $x = k$, divide $f(x)$ entre $x - k$. El residuo será $f(k).$

EJEMPLO 4   **Evaluar un polinomio**

Usa la división sintética para evaluar $f(x) = 5x^3 - x^2 + 13x + 29$ cuando $x = -4$.

SOLUCIÓN

```
−4 │  5    −1     13     29
   │       −20    84   −388
   └────────────────────────
      5    −21    97   −359
```

▶ El residuo es -359. Entonces, basándose en el teorema del residuo, puedes concluir que $f(-4) = -359$.

> **Verifica**
>
> Verifícalo sustituyendo $x = -4$ en la función original.
>
> $f(-4) = 5(-4)^3 - (-4)^2 + 13(-4) + 29$
>
> $ = -320 - 16 - 52 + 29$
>
> $ = -359$ ✓

Monitoreo del progreso Ayuda en inglés y español en *BigIdeasMath.com*

Usa la división sintética para evaluar la función del valor indicado de x.

5. $f(x) = 4x^2 - 10x - 21; \; x = 5$ **6.** $f(x) = 5x^4 + 2x^3 - 20x - 6; \; x = 2$

4.3 Ejercicios

Soluciones dinámicas disponibles en *BigIdeasMath.com*

Verificación de vocabulario y concepto esencial

1. **ESCRIBIR** Explica el teorema del residuo con tus propias palabras. Usa un ejemplo en tu explicación.

2. **VOCABULARIO** ¿Qué forma debe tener el divisor para que la división sintética sea un método apropiado para dividir un polinomio? Proporciona ejemplos para respaldar tu afirmación.

3. **VOCABULARIO** Escribe las funciones del divisor, dividendo y cociente del polinomio representadas mediante la división sintética que se muestra a la derecha.

    $$-3 \,\big|\, \begin{array}{cccc} 1 & -2 & -9 & 18 \\ & -3 & 15 & -18 \end{array}$$
    $$\overline{ 1 \quad -5 \quad\; 6 \quad\;\; 0}$$

4. **ESCRIBIR** Explica qué representan los números en colores en la división sintética del Ejercicio 3.

Monitoreo del progreso y Representar con matemáticas

En los Ejercicios 5–10, divide usando la división larga de polinomios. *(Consulta el Ejemplo 1)*.

5. $(x^2 + x - 17) \div (x - 4)$

6. $(3x^2 - 14x - 5) \div (x - 5)$

7. $(x^3 + x^2 + x + 2) \div (x^2 - 1)$

8. $(7x^3 + x^2 + x) \div (x^2 + 1)$

9. $(5x^4 - 2x^3 - 7x^2 - 39) \div (x^2 + 2x - 4)$

10. $(4x^4 + 5x - 4) \div (x^2 - 3x - 2)$

En los Ejercicios 11–18 divide usando la división sintética. *(Consulta los Ejemplos 2 y 3)*.

11. $(x^2 + 8x + 1) \div (x - 4)$

12. $(4x^2 - 13x - 5) \div (x - 2)$

13. $(2x^2 - x + 7) \div (x + 5)$

14. $(x^3 - 4x + 6) \div (x + 3)$

15. $(x^2 + 9) \div (x - 3)$

16. $(3x^3 - 5x^2 - 2) \div (x - 1)$

17. $(x^4 - 5x^3 - 8x^2 + 13x - 12) \div (x - 6)$

18. $(x^4 + 4x^3 + 16x - 35) \div (x + 5)$

ANALIZAR RELACIONES En los Ejercicios 19–22, une las expresiones equivalentes. Justifica tus respuestas.

19. $(x^2 + x - 3) \div (x - 2)$

20. $(x^2 - x - 3) \div (x - 2)$

21. $(x^2 - x + 3) \div (x - 2)$

22. $(x^2 + x + 3) \div (x - 2)$

   A. $x + 1 - \dfrac{1}{x - 2}$ B. $x + 3 + \dfrac{9}{x - 2}$

   C. $x + 1 + \dfrac{5}{x - 2}$ D. $x + 3 + \dfrac{3}{x - 2}$

ANÁLISIS DE ERRORES En los Ejercicios 23 y 24, describe y corrige el error usando la división sintética para dividir $x^3 - 5x + 3$ entre $x - 2$.

23.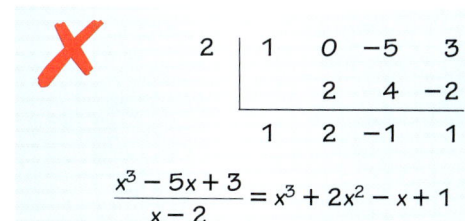

24.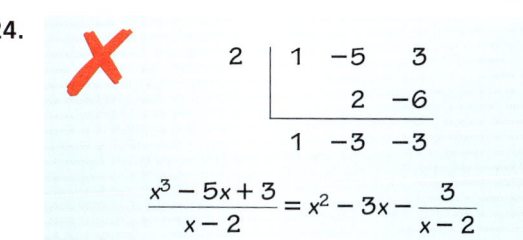

En los Ejercicios 25–32, usa la división sintética para evaluar la función del valor indicado de x. (Consulta el Ejemplo 4).

25. $f(x) = -x^2 - 8x + 30; x = -1$

26. $f(x) = 3x^2 + 2x - 20; x = 3$

27. $f(x) = x^3 - 2x^2 + 4x + 3; x = 2$

28. $f(x) = x^3 + x^2 - 3x + 9; x = -4$

29. $f(x) = x^3 - 6x + 1; x = 6$

30. $f(x) = x^3 - 9x - 7; x = 10$

31. $f(x) = x^4 + 6x^2 - 7x + 1; x = 3$

32. $f(x) = -x^4 - x^3 - 2; x = 5$

33. **ARGUMENTAR** Usas la división sintética para dividir $f(x)$ entre $(x - a)$ y hallas que el residuo es igual a 15. Tu amigo llega a la conclusión que $f(15) = a$. ¿Es correcto lo que dice tu amigo? Explica tu razonamiento.

34. **ESTIMULAR EL PENSAMIENTO** Un polígono tiene un área representada mediante $A = 4x^2 + 8x + 4$. La figura tiene por lo menos una dimensión igual a $2x + 2$. Dibuja la figura y nombra sus dimensiones.

35. **USAR HERRAMIENTAS** La asistencia total A (en miles) a los juegos de básquetbol femenino de la NCAA y el número de equipos T de básquetbol femenino de la NCAA en un periodo de tiempo se puede representar mediante

$$A = -1.95x^3 + 70.1x^2 - 188x + 2150$$
$$T = 14.8x + 725$$

donde x está en años y $0 < x < 18$. Escribe una función para la asistencia promedio por equipo durante este periodo de tiempo.

36. **COMPARAR MÉTODOS** La ganancia P (en millones de dólares) de un fabricante de DVD se puede representar mediante $P = -6x^3 + 72x$, donde x es el número (en millones) de DVD fabricados. Usa la división sintética para demostrar que la empresa arroja una ganancia de $96 millones si se fabrican 2 millones de DVD. ¿Existe un método más fácil? Explica.

37. **PENSAMIENTO CRÍTICO** ¿Cuál es el valor de k de tal manera que $(x^3 - x^2 + kx - 30) \div (x - 5)$ tenga un residuo de cero?

  Ⓐ −14   Ⓑ −2
  Ⓒ 26   Ⓓ 32

38. **¿CÓMO LO VES?** La gráfica representa la función polinomial $f(x) = x^3 + 3x^2 - x - 3$.

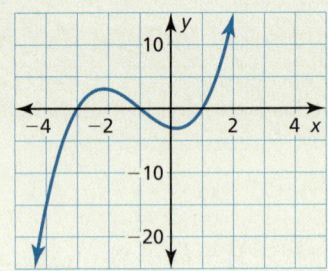

  a. La expresión $f(x) \div (x - k)$ tiene un residuo de -15. ¿Cuál es el valor de k?

  b. Usa la gráfica para comparar los residuos de $(x^3 + 3x^2 - x - 3) \div (x + 3)$ y $(x^3 + 3x^2 - x - 3) \div (x + 1)$.

39. **CONEXIONES MATEMÁTICAS** El volumen V del prisma rectangular está dado mediante $V = 2x^3 + 17x^2 + 46x + 40$. Halla una expresión para la dimensión que falta.

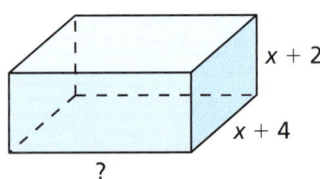

40. **USAR LA ESTRUCTURA** Divides dos polinomios y obtienes el resultado $5x^2 - 13x + 47 - \dfrac{102}{x + 2}$. ¿Cuál es el dividendo? ¿Cómo lo hallaste?

Mantener el dominio de las matemáticas
Repasar lo que aprendiste en grados y lecciones anteriores

Halla el (los) cero(s) de la función. (Secciones 3.1 y 3.2)

41. $f(x) = x^2 - 6x + 9$

42. $g(x) = 3(x + 6)(x - 2)$

43. $g(x) = x^2 + 14x + 49$

44. $h(x) = 4x^2 + 36$

4.4 Factorizar polinomios

Pregunta esencial ¿Cómo puedes factorizar un polinomio?

EXPLORACIÓN 1   Factorizar polinomios

Trabaja con un compañero. Une cada ecuación polinomial con la gráfica relacionada con su función polinomial. Usa las intersecciones con el eje x de la gráfica para escribir cada polinomio en forma factorizada. Explica tu razonamiento.

a. $x^2 + 5x + 4 = 0$ **b.** $x^3 - 2x^2 - x + 2 = 0$

c. $x^3 + x^2 - 2x = 0$ **d.** $x^3 - x = 0$

e. $x^4 - 5x^2 + 4 = 0$ **f.** $x^4 - 2x^3 - x^2 + 2x = 0$

A. 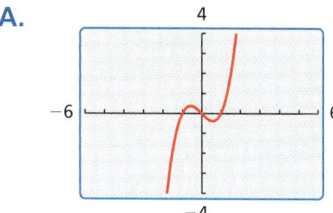   B.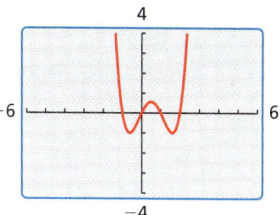

C. 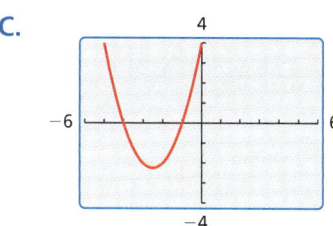   D.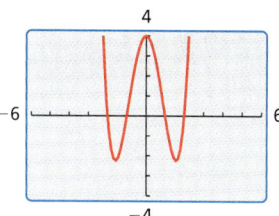

E. 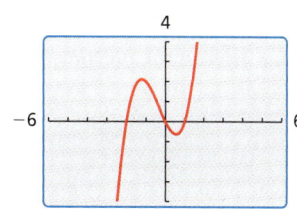   F.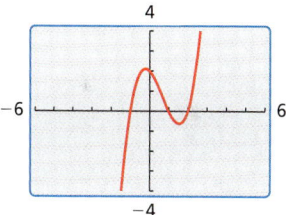

DARLE SENTIDO A LOS PROBLEMAS

Para dominar las matemáticas, necesitas verificar tus respuestas a los ejercicios y preguntarte continuamente, "¿Tiene sentido esto?".

EXPLORACIÓN 2   Factorizar polinomios

Trabaja con un compañero. Usa las intersecciones con el eje x de la gráfica de la función polinomial para escribir cada polinomio en forma factorizada. Explica tu razonamiento. Verifica tus respuestas con una multiplicación.

a. $f(x) = x^2 - x - 2$ **b.** $f(x) = x^3 - x^2 - 2x$

c. $f(x) = x^3 - 2x^2 - 3x$ **d.** $f(x) = x^3 - 3x^2 - x + 3$

e. $f(x) = x^4 + 2x^3 - x^2 - 2x$ **f.** $f(x) = x^4 - 10x^2 + 9$

Comunicar tu respuesta

3. ¿Cómo puedes factorizar un polinomio?

4. ¿Qué información puedes obtener acerca de la gráfica de una función polinomial escrita en forma factorizada?

Sección 4.4   Factorizar polinomios   179

4.4 Lección

Qué aprenderás
- Factorizar los polinomios.
- Usar el teorema del factor.

Vocabulario Esencial

factorizar completamente, *pág. 180*
factorizar agrupando, *pág. 181*
forma cuadrática, *pág. 181*

Anterior
cero de una función
división sintética

Factorizar los polinomios

Anteriormente, has factorizado polinomios cuadráticos. También puedes factorizar polinomios con grado mayor que 2. Algunos de estos polinomios se pueden *factorizar completamente* usando las técnicas que has aprendido anteriormente. Un polinomio factorizable con coeficientes enteros se **factoriza completamente** cuando se escribe como un producto de polinomios no factorizables con coeficientes enteros.

EJEMPLO 1 — Hallar un factor de monomio común

Factoriza completamente cada polinomio.

a. $x^3 - 4x^2 - 5x$ **b.** $3y^5 - 48y^3$ **c.** $5z^4 + 30z^3 + 45z^2$

SOLUCIÓN

a. $x^3 - 4x^2 - 5x = x(x^2 - 4x - 5)$ Factoriza el monomio común.
$\qquad\qquad\qquad\quad = x(x - 5)(x + 1)$ Factoriza el trinomio.

b. $3y^5 - 48y^3 = 3y^3(y^2 - 16)$ Factoriza el monomio común.
$\qquad\qquad\quad = 3y^3(y - 4)(y + 4)$ Patrón de diferencia de dos cuadrados

c. $5z^4 + 30z^3 + 45z^2 = 5z^2(z^2 + 6z + 9)$ Factoriza el monomio común.
$\qquad\qquad\qquad\quad = 5z^2(z + 3)^2$ Patrón de trinomio cuadrado perfecto.

Monitoreo del progreso Ayuda en inglés y español en *BigIdeasMath.com*

Factoriza completamente los polinomios.

1. $x^3 - 7x^2 + 10x$ **2.** $3n^7 - 75n^5$ **3.** $8m^5 - 16m^4 + 8m^3$

En la parte (b) del Ejemplo 1, se usó el patrón especial de factorización de la diferencia de dos cuadrados para factorizar completamente la expresión. También existen patrones de factorización que puedes usar para factorizar la suma o la diferencia de dos *cubos*.

Concepto Esencial

Patrones de factorización especiales

Suma de dos cubos **Ejemplo**

$a^3 + b^3 = (a + b)(a^2 - ab + b^2)$ $64x^3 + 1 = (4x)^3 + 1^3$
$\qquad\qquad\qquad\qquad\qquad\qquad\qquad = (4x + 1)(16x^2 - 4x + 1)$

Diferencia de dos cubos **Ejemplo**

$a^3 - b^3 = (a - b)(a^2 + ab + b^2)$ $27x^3 - 8 = (3x)^3 - 2^3$
$\qquad\qquad\qquad\qquad\qquad\qquad\qquad = (3x - 2)(9x^2 + 6x + 4)$

EJEMPLO 2 Factorizar la suma o la diferencia de dos cubos

Factoriza completamente (a) $x^3 - 125$ y (b) $16s^5 + 54s^2$.

SOLUCIÓN

a. $x^3 - 125 = x^3 - 5^3$ *Escribe como $a^3 - b^3$.*

$\qquad\qquad\quad = (x - 5)(x^2 + 5x + 25)$ *Patrón de diferencia de dos cubos*

b. $16s^5 + 54s^2 = 2s^2(8s^3 + 27)$ *Factoriza el monomio común.*

$\qquad\qquad\quad = 2s^2[(2s)^3 + 3^3]$ *Escribe $8s^3 + 27$ como $a^3 + b^3$.*

$\qquad\qquad\quad = 2s^2(2s + 3)(4s^2 - 6s + 9)$ *Patrón de suma de dos cubos.*

En algunos polinomios, puedes **factorizar agrupando** pares de términos que tienen un factor de monomio común. El patrón para factorizar por grupos se muestra a continuación.

$$ra + rb + sa + sb = r(a + b) + s(a + b)$$
$$= (r + s)(a + b)$$

EJEMPLO 3 Factorizar agrupando

Factoriza completamente $z^3 + 5z^2 - 4z - 20$.

SOLUCIÓN

$z^3 + 5z^2 - 4z - 20 = z^2(z + 5) - 4(z + 5)$ *Factoriza agrupando.*

$\qquad\qquad\qquad\quad = (z^2 - 4)(z + 5)$ *Propiedad distributiva.*

$\qquad\qquad\qquad\quad = (z - 2)(z + 2)(z + 5)$ *Patrón de diferencia de dos cuadrados*

Se dice que una expresión de la forma $au^2 + bu + c$, donde u es una expresión algebraica, está en **forma cuadrática**. Las técnicas de factorización que has estudiado se pueden usar algunas veces para factorizar expresiones de esa naturaleza.

> **BUSCAR UNA ESTRUCTURA**
>
> La expresión $16x^4 - 81$ está en forma cuadrática porque se puede escribir como $u^2 - 81$ donde $u = 4x^2$.

EJEMPLO 4 Factorizar polinomios en forma cuadrática

Factoriza completamente (a) $16x^4 - 81$ y (b) $3p^8 + 15p^5 + 18p^2$.

SOLUCIÓN

a. $16x^4 - 81 = (4x^2)^2 - 9^2$ *Escribe como $a^2 - b^2$.*

$\qquad\qquad = (4x^2 + 9)(4x^2 - 9)$ *Patrón de diferencia de dos cuadrados*

$\qquad\qquad = (4x^2 + 9)(2x - 3)(2x + 3)$ *Patrón de diferencia de dos cuadrados*

b. $3p^8 + 15p^5 + 18p^2 = 3p^2(p^6 + 5p^3 + 6)$ *Factoriza el monomio común.*

$\qquad\qquad\qquad\quad = 3p^2(p^3 + 3)(p^3 + 2)$ *Factoriza el trinomio en forma cuadrática.*

Monitoreo del progreso Ayuda en inglés y español en *BigIdeasMath.com*

Factoriza completamente el polinomio.

4. $a^3 + 27$

5. $6z^5 - 750z^2$

6. $x^3 + 4x^2 - x - 4$

7. $3y^3 + y^2 + 9y + 3$

8. $-16n^4 + 625$

9. $5w^6 - 25w^4 + 30w^2$

El teorema del factor

Al dividir polinomios en la sección anterior, los ejemplos tenían residuos diferentes de cero. Supón que el residuo es 0 cuando se divide un polinomio $f(x)$ entre $x - k$. Entonces,

$$\frac{f(x)}{x-k} = q(x) + \frac{0}{x-k} = q(x)$$

donde $q(x)$ es el cociente polinomial. Por lo tanto, $f(x) = (x-k) \cdot q(x)$, tal que $x - k$ es un factor de $f(x)$. Este resultado se resume por el *teorema del factor*, que es un caso especial del teorema del residuo.

LEER

En otras palabras, $x - k$ es un factor de $f(x)$ si y solo si k es un cero de f.

Concepto Esencial

El teorema del factor

Un polinomio $f(x)$ tiene un factor $x - k$ si y solo si $f(k) = 0$.

CONSEJO DE ESTUDIO

En la parte (b), observa que la sustitución directa hubiera tenido como resultado cómputos más difíciles que la división sintética.

EJEMPLO 5   Determinar si un binomio lineal es un factor

Determina si (a) $x - 2$ es un factor de $f(x) = x^2 + 2x - 4$ y (b) $x + 5$ es un factor de $f(x) = 3x^4 + 15x^3 - x^2 + 25$.

SOLUCIÓN

a. Halla $f(2)$ por sustitución directa.

$$f(2) = 2^2 + 2(2) - 4$$
$$= 4 + 4 - 4$$
$$= 4$$

▶ Dado que $f(2) \neq 0$, el binomio $x - 2$ no es un factor de $f(x) = x^2 + 2x - 4$.

b. Halla $f(-5)$ por división sintética.

$$\begin{array}{r|rrrrr} -5 & 3 & 15 & -1 & 0 & 25 \\ & & -15 & 0 & 5 & -25 \\ \hline & 3 & 0 & -1 & 5 & 0 \end{array}$$

▶ Dado que $f(-5) = 0$, el binomio $x + 5$ es un factor de $f(x) = 3x^4 + 15x^3 - x^2 + 25$.

EJEMPLO 6   Factorizar un polinomio

Demuestra que $x + 3$ es un factor de $f(x) = x^4 + 3x^3 - x - 3$. Luego factoriza $f(x)$ completamente.

SOLUCIÓN

Demuestra que $f(-3) = 0$ por división sintética.

$$\begin{array}{r|rrrrr} -3 & 1 & 3 & 0 & -1 & -3 \\ & & -3 & 0 & 0 & 3 \\ \hline & 1 & 0 & 0 & -1 & 0 \end{array}$$

Dado que $f(-3) = 0$, puedes llegar a la conclusión que $x + 3$ es un factor de $f(x)$ por el teorema de factores. Usa el resultado para escribir $f(x)$ como producto de dos factores y luego factoriza completamente.

OTRA MANERA

Observa que puedes factorizar $f(x)$ por agrupación de términos.
$f(x) = x^3(x + 3) - 1(x + 3)$
$= (x^3 - 1)(x + 3)$
$= (x + 3)(x - 1) \cdot (x^2 + x + 1)$

$f(x) = x^4 + 3x^3 - x - 3$	Escribe el polinomio original.
$= (x + 3)(x^3 - 1)$	Escribe como un producto de dos factores.
$= (x + 3)(x - 1)(x^2 + x + 1)$	Patrón de diferencia de dos cubos

Dado que las intersecciones con el eje x de la gráfica de una función son los ceros de la función, puedes usar la gráfica para aproximar los ceros. Puedes verificar las aproximaciones usando el teorema del factor.

EJEMPLO 7   Uso en la vida real

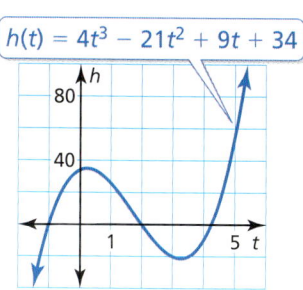

$h(t) = 4t^3 - 21t^2 + 9t + 34$

Durante los primeros 5 segundos del recorrido de una montaña rusa, la función $h(t) = 4t^3 - 21t^2 + 9t + 34$ representa la altura h (en pies) de la montaña rusa después de t segundos. ¿Cuánto tiempo está la montaña rusa a nivel del suelo o bajo el nivel del suelo durante los primeros 5 segundos?

SOLUCIÓN

1. **Comprende el problema** Te dan una regla de función que representa la altura de una montaña rusa. Te piden determinar cuánto tiempo está la montaña rusa a nivel del suelo o por debajo del nivel del suelo durante los primeros 5 segundos del recorrido.

2. **Haz un plan** Usa una gráfica para estimar los ceros de la función y verifícalos usando el teorema del factor. Luego usa los ceros para describir dónde la gráfica está por debajo del eje t.

3. **Resuelve el problema** Basándose en la gráfica, dos de los ceros parecen ser -1 y 2. El tercer cero está entre 4 y 5.

   Paso 1 Determina si -1 es un cero usando la división sintética.

   $$\begin{array}{r|rrrr} -1 & 4 & -21 & 9 & 34 \\ & & -4 & 25 & -34 \\ \hline & 4 & -25 & 34 & 0 \end{array}$$

   ← $h(-1) = 0$, entonces -1 es un *cero* de h y $t + 1$ es un factor de $h(t)$.

   Paso 2 Determina si 2 es un cero. Si 2 es también un cero, entonces $t - 2$ es un factor del cociente polinomial resultante. Verifícalo usando la división sintética.

   $$\begin{array}{r|rrr} 2 & 4 & -25 & 34 \\ & & 8 & -34 \\ \hline & 4 & -17 & 0 \end{array}$$

   ← El residuo es 0, entonces $t - 2$ es un factor de $h(t)$ y 2 es un cero de h.

> **CONSEJO DE ESTUDIO**
> También podrías verificar que 2 es un cero usando la función original, pero usar el polinomio cociente te ayuda a hallar el factor restante.

Entonces, $h(t) = (t + 1)(t - 2)(4t - 17)$. El factor $4t - 17$ indica que el cero entre 4 y 5 es $\frac{17}{4}$, o 4.25.

▶ Los ceros son -1, 2, y 4.25. Solo $t = 2$ y $t = 4.25$ ocurren en los primeros 5 segundos. La gráfica muestra que la montaña rusa está a nivel del suelo o por debajo del nivel del suelo durante $4.25 - 2 = 2.25$ segundos.

4. **Verifícalo** Usa una tabla de valores para verificar los ceros positivos y las alturas entre los ceros.

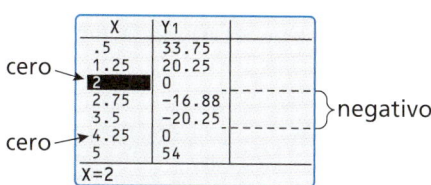

Monitoreo del progreso Ayuda en inglés y español en *BigIdeasMath.com*

10. Determina si $x - 4$ es un factor de $f(x) = 2x^2 + 5x - 12$.

11. Demuestra que $x - 6$ es un factor de $f(x) = x^3 - 5x^2 - 6x$. Luego factoriza $f(x)$ completamente.

12. En el Ejemplo 7, ¿cambia tu respuesta cuando determinas primero si 2 es un cero y luego determinas si -1 es un cero? Justifica tu respuesta.

4.4 Ejercicios

Verificación de vocabulario y concepto esencial

1. **COMPLETAR LA ORACIÓN** La expresión $9x^4 - 49$ está en forma _____ porque se puede escribir como $u^2 - 49$ donde $u =$ _____.

2. **VOCABULARIO** Explica cuándo deberías intentar factorizar un polinomio por agrupación de términos.

3. **ESCRIBIR** ¿Cómo sabes cuándo un polinomio está factorizado completamente?

4. **ESCRIBIR** Explica el teorema del factor y por qué es útil.

Monitoreo del progreso y Representar con matemáticas

En los Ejercicios 5–12, factoriza completamente el polinomio. *(Consulta el Ejemplo 1)*.

5. $x^3 - 2x^2 - 24x$
6. $4k^5 - 100k^3$
7. $3p^5 - 192p^3$
8. $2m^6 - 24m^5 + 64m^4$
9. $2q^4 + 9q^3 - 18q^2$
10. $3r^6 - 11r^5 - 20r^4$
11. $10w^{10} - 19w^9 + 6w^8$
12. $18v^9 + 33v^8 + 14v^7$

En los Ejercicios 13–20, factoriza completamente el polinomio. *(Consulta el Ejemplo 2)*.

13. $x^3 + 64$
14. $y^3 + 512$
15. $g^3 - 343$
16. $c^3 - 27$
17. $3h^9 - 192h^6$
18. $9n^6 - 6561n^3$
19. $16t^7 + 250t^4$
20. $135z^{11} - 1080z^8$

ANÁLISIS DE ERRORES En los Ejercicios 21 y 22, describe y corrige el error al factorizar el polinomio.

21.
$$3x^3 + 27x = 3x(x^2 + 9)$$
$$= 3x(x+3)(x-3)$$

22.
$$x^9 + 8x^3 = (x^3)^3 + (2x)^3$$
$$= (x^3 + 2x)[(x^3)^2 - (x^3)(2x) + (2x)^2]$$
$$= (x^3 + 2x)(x^6 - 2x^4 + 4x^2)$$

En los Ejercicios 23–30, factoriza completamente el polinomio. *(Consulta el Ejemplo 3)*.

23. $y^3 - 5y^2 + 6y - 30$
24. $m^3 - m^2 + 7m - 7$
25. $3a^3 + 18a^2 + 8a + 48$
26. $2k^3 - 20k^2 + 5k - 50$
27. $x^3 - 8x^2 - 4x + 32$
28. $z^3 - 5z^2 - 9z + 45$
29. $4q^3 - 16q^2 - 9q + 36$
30. $16n^3 + 32n^2 - n - 2$

En los Ejercicios 31–38, factoriza completamente el polinomio. *(Consulta el Ejemplo 4)*.

31. $49k^4 - 9$
32. $4m^4 - 25$
33. $c^4 + 9c^2 + 20$
34. $y^4 - 3y^2 - 28$
35. $16z^4 - 81$
36. $81a^4 - 256$
37. $3r^8 + 3r^5 - 60r^2$
38. $4n^{12} - 32n^7 + 48n^2$

En los Ejercicios 39–44, determina si el binomio es un factor del polinomial. *(Consulta el Ejemplo 5)*.

39. $f(x) = 2x^3 + 5x^2 - 37x - 60;\ x - 4$
40. $g(x) = 3x^3 - 28x^2 + 29x + 140;\ x + 7$
41. $h(x) = 6x^5 - 15x^4 - 9x^3;\ x + 3$
42. $g(x) = 8x^5 - 58x^4 + 60x^3 + 140;\ x - 6$
43. $h(x) = 6x^4 - 6x^3 - 84x^2 + 144x;\ x + 4$
44. $t(x) = 48x^4 + 36x^3 - 138x^2 - 36x;\ x + 2$

En los Ejercicios 45–50, demuestra que el binomio es un factor del polinomio. Luego factoriza el polinomio completamente. *(Consulta el Ejemplo 6).*

45. $g(x) = x^3 - x^2 - 20x;\ x + 4$

46. $t(x) = x^3 - 5x^2 - 9x + 45;\ x - 5$

47. $f(x) = x^4 - 6x^3 - 8x + 48;\ x - 6$

48. $s(x) = x^4 + 4x^3 - 64x - 256;\ x + 4$

49. $r(x) = x^3 - 37x + 84;\ x + 7$

50. $h(x) = x^3 - x^2 - 24x - 36;\ x + 2$

ANALIZAR RELACIONES En los Ejercicios 51–54, une la función con la gráfica correcta. Explica tu razonamiento.

51. $f(x) = (x - 2)(x - 3)(x + 1)$

52. $g(x) = x(x + 2)(x + 1)(x - 2)$

53. $h(x) = (x + 2)(x + 3)(x - 1)$

54. $k(x) = x(x - 2)(x - 1)(x + 2)$

A.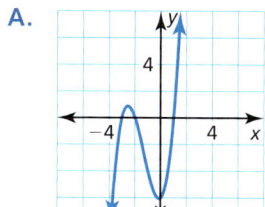

B.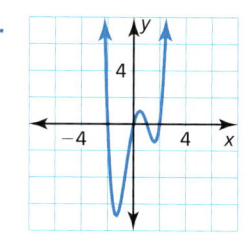

C.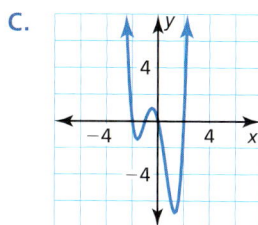

D.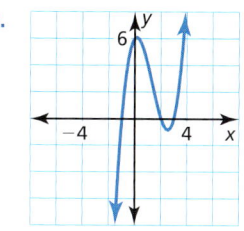

55. REPRESENTAR CON MATEMÁTICAS El volumen (en pulgadas cúbicas) de una caja de embalaje está representado mediante $V = 2x^3 - 19x^2 + 39x$, donde x es la longitud (en pulgadas.) Determina los valores de x por los que el modelo tiene sentido. Explica tu razonamiento. *(Consulta el Ejemplo 7).*

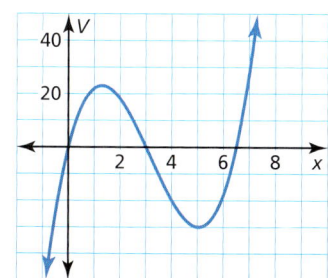

56. REPRESENTAR CON MATEMÁTICAS El volumen (en pulgadas cúbicas) de una jaula rectangular para pájaros se puede representar mediante $V = 3x^3 - 17x^2 + 29x - 15$, donde x es la longitud (en pulgadas.) Determina los valores de x por los que el modelo tiene sentido. Explica tu razonamiento.

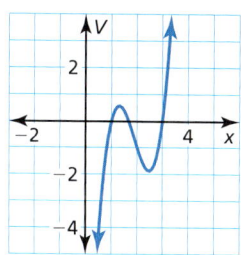

USAR LA ESTRUCTURA En los Ejercicios 57–64, usa el método de tu elección para factorizar completamente el polinomio. Explica tu razonamiento.

57. $a^6 + a^5 - 30a^4$

58. $8m^3 - 343$

59. $z^3 - 7z^2 - 9z + 63$

60. $2p^8 - 12p^5 + 16p^2$

61. $64r^3 + 729$

62. $5x^5 - 10x^4 - 40x^3$

63. $16n^4 - 1$

64. $9k^3 - 24k^2 + 3k - 8$

65. RAZONAR Determina si cada polinomio está factorizado completamente. Si no lo está, factorízalo completamente.

  a. $7z^4(2z^2 - z - 6)$

  b. $(2 - n)(n^2 + 6n)(3n - 11)$

  c. $3(4y - 5)(9y^2 - 6y - 4)$

66. RESOLVER PROBLEMAS La ganancia P (en millones de dólares) de un fabricante de camisetas se puede representar mediante $P = -x^3 + 4x^2 + x$, donde x es el número (en millones) de camisetas fabricadas. Actualmente, la compañía fabrica 4 millones de camisetas y obtiene una ganancia de 4 millones. ¿Qué número menor de camisetas podría producir la empresa y aun así obtener la misma ganancia?

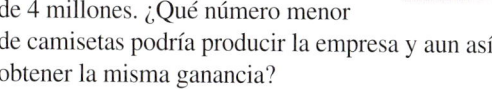

67. RESOLVER PROBLEMAS La ganancia P (en millones de dólares) de un fabricante de zapatos se puede representar mediante $P = -21x^3 + 46x$, donde x es el número (en millones) de zapatos fabricados. Actualmente, la compañía fabrica 1 millón de zapatos y obtiene una ganancia de $25 millones, pero le gustaría reducir la producción. ¿Qué número menor de zapatos podría producir la empresa y aun así obtener la misma ganancia?

68. **ESTIMULAR EL PENSAMIENTO** Halla el valor de k de tal manera que $\dfrac{f(x)}{x-k}$ tenga un residuo de 0. Justifica tu respuesta.
$$f(x) = x^3 - 3x^2 - 4x$$

69. **COMPARAR MÉTODOS** Estás dando un examen en el que no se permite el uso de calculadoras. Una pregunta te pide evaluar $g(7)$ para la función $g(x) = x^3 - 7x^2 - 4x + 28$. Usas el teorema del factor y la división sintética y tu amigo usa la sustitución directa. ¿Qué método prefieres? Explica tu razonamiento.

70. **ARGUMENTAR** Divides $f(x)$ entre $(x - a)$ y hallas que el residuo no es igual a 0. Tu amigo concluye que $f(x)$ no se puede factorizar. ¿Es correcto lo que dice tu amigo? Explica tu razonamiento.

71. **PENSAMIENTO CRÍTICO** ¿Cuál es el valor de k tal que $x - 7$ sea un factor de $h(x) = 2x^3 - 13x^2 - kx + 105$? Justifica tu respuesta.

72. **¿CÓMO LO VES?** Usa la gráfica para escribir una ecuación de la función cúbica en forma factorizada. Explica tu razonamiento.

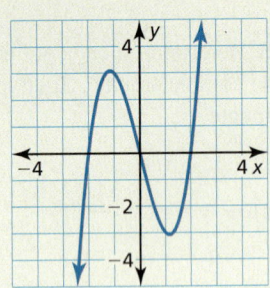

73. **RAZONAMIENTO ABSTRACTO** Factoriza completamente cada polinomio.

   a. $7ac^2 + bc^2 - 7ad^2 - bd^2$
   b. $x^{2n} - 2x^n + 1$
   c. $a^5b^2 - a^2b^4 + 2a^4b - 2ab^3 + a^3 - b^2$

74. **RAZONAR** Se muestra la gráfica de la función $f(x) = x^4 + 3x^3 + 2x^2 + x + 3$
¿Puedes usar el teorema del factor para factorizar $f(x)$? Explica.

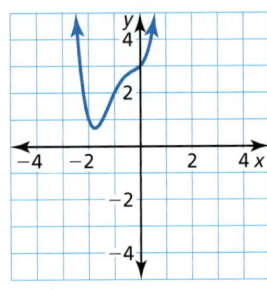

75. **CONEXIONES MATEMÁTICAS** La ecuación estándar de un círculo con radio r y centro (h, k) es $(x - h)^2 + (y - k)^2 = r^2$. Vuelve a escribir cada ecuación de un círculo en forma estándar. Identifica el centro y el radio del círculo. Luego haz una gráfica del círculo.

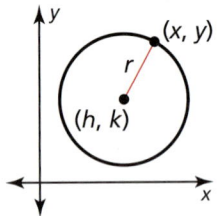

   a. $x^2 + 6x + 9 + y^2 = 25$
   b. $x^2 - 4x + 4 + y^2 = 9$
   c. $x^2 - 8x + 16 + y^2 + 2y + 1 = 36$

76. **PENSAMIENTO CRÍTICO** Usa el diagrama para completar las partes (a)–(c).

   a. Explica por qué $a^3 - b^3$ es igual a la suma de los volúmenes de los cuerpos geométricos I, II y III.
   b. Escribe una expresión algebraica para el volumen de cada uno de los tres cuerpos geométricos. Deja tus expresiones en forma factorizada.
   c. Usa los resultados de las partes (a) y (b) para derivar el patrón de factorización $a^3 - b^3$.

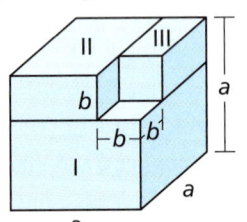

Mantener el dominio de las matemáticas Repasar lo que aprendiste en grados y lecciones anteriores

Resuelve la ecuación cuadrática mediante factorización. *(Sección 3.1)*

77. $x^2 - x - 30 = 0$
78. $2x^2 - 10x - 72 = 0$
79. $3x^2 - 11x + 10 = 0$
80. $9x^2 - 28x + 3 = 0$

Resuelve la ecuación cuadrática completando el cuadrado. *(Sección 3.3)*

81. $x^2 - 12x + 36 = 144$
82. $x^2 - 8x - 11 = 0$
83. $3x^2 + 30x + 63 = 0$
84. $4x^2 + 36x - 4 = 0$

4.1–4.4 ¿Qué aprendiste?

Vocabulario Esencial

polinomio, *pág. 158*
función polinomial, *pág. 158*
comportamiento de los extremos, *pág. 159*

Triángulo de Pascal, *pág. 169*
división larga de polinomios, *pág. 174*
división sintética, *pág. 175*

factorizar completamente, *pág. 180*
factorizar agrupando, *pág. 181*
forma cuadrática, *pág. 181*

Conceptos Esenciales

Sección 4.1
Funciones polinomiales comunes, *pág. 158*
Comportamiento de los extremos de las funciones polinomiales, *pág. 159*

Hacer gráficas de funciones polinomiales, *pág. 160*

Sección 4.2
Operaciones con polinomios, *pág. 166*
Patrones de producto especiales, *pág. 167*

Triángulo de Pascal, *pág. 169*

Sección 4.3
División larga de polinomios, *pág. 174*
División sintética, *pág. 175*

El teorema del residuo, *pág. 176*

Sección 4.4
Factorizar los polinomios, *pág. 180*
Patrones de factorización especiales, *pág. 180*

El teorema del factor, *pág. 182*

Prácticas matemáticas

1. Describe los puntos de entrada que usaste para analizar la función en el Ejercicio 43 de la página 164.
2. Describe cómo supervisaste el proceso de factorización del polinomio en el Ejercicio 49 de la página 185.

- - - - - - - Destrezas de estudio - - - - - - -

Mantener tu mente enfocada

- Cuando te sientes en tu escritorio, revisa tus notas de la última clase.
- Repite mentalmente lo que escribes en tus notas.
- Cuando un concepto matemático sea particularmente difícil, pídele a tu maestro(a) otro ejemplo.

4.1–4.4 Prueba

Decide si la función es una función polinomial. Si lo es, escríbela en forma estándar e indica su grado, tipo y coeficiente principal. *(Sección 4.1)*

1. $f(x) = 5 + 2x^2 - 3x^4 - 2x - x^3$
2. $g(x) = \frac{1}{4}x^3 + 2x - 3x^2 + 1$
3. $h(x) = 3 - 6x^3 + 4x^{-2} + 6x$

4. Describe los valores del eje x por los que (a) f es creciente o decreciente, (b) $f(x) > 0$, y (c) $f(x) < 0$. *(Sección 4.1)*

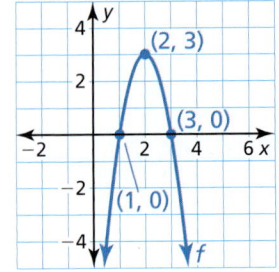

5. Escribe una expresión para el área y el perímetro de la figura que se muestra. *(Sección 4.2)*

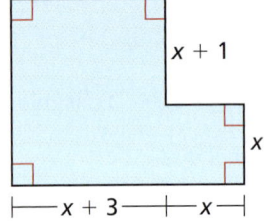

Completa la operación indicada. *(Sección 4.2)*

6. $(7x^2 - 4) - (3x^2 - 5x + 1)$
7. $(x^2 - 3x + 2)(3x - 1)$
8. $(x - 1)(x + 3)(x - 4)$

9. Usa el triángulo de Pascal para desarrollar $(x + 2)^5$. *(Sección 4.2)*

10. Divide $4x^4 - 2x^3 + x^2 - 5x + 8$ entre $x^2 - 2x - 1$. *(Sección 4.3)*

Factoriza completamente el polinomio. *(Sección 4.4)*

11. $a^3 - 2a^2 - 8a$
12. $8m^3 + 27$
13. $z^3 + z^2 - 4z - 4$
14. $49b^4 - 64$

15. Demuestra que $x + 5$ es un factor de $f(x) = x^3 - 2x^2 - 23x + 60$. Luego factoriza $f(x)$ completamente. *(Sección 4.4)*

16. El precio estimado P (en centavos) de las estampillas en los Estados Unidos se puede representar mediante la función polinomial $P(t) = 0.007t^3 - 0.16t^2 + 1t + 17$, donde t representa el número de años desde 1990. *(Sección 4.1)*

    a. Usa una calculadora gráfica para hacer una gráfica de la función del intervalo $0 \le t \le 20$. Describe el comportamiento de la gráfica en este intervalo.

    b. ¿Cuál fue el promedio de la tasa de cambio del precio de las estampillas desde 1990 a 2010?

17. El volumen V (en pies cúbicos) de una caja de madera rectangular está representado mediante la función $V(x) = 2x^3 - 11x^2 + 12x$, donde x es el ancho (en pies) de la caja. Determina los valores de x por los que el modelo tiene sentido. Explica tu razonamiento. *(Sección 4.4)*

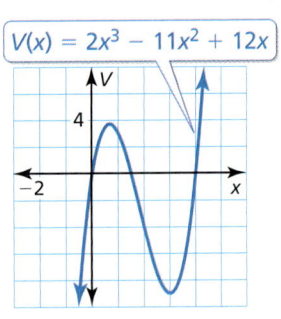

4.5 Resolver ecuaciones polinomiales

Pregunta esencial ¿Cómo puedes determinar si una ecuación polinomial tiene una solución repetida?

EXPLORACIÓN 1 Ecuaciones cúbicas y soluciones repetidas

Trabaja con un compañero. Algunas ecuaciones cúbicas tienen tres soluciones distintas. Otras tienen soluciones repetidas. Une cada ecuación polinomial cúbica con la gráfica de su función polinomial relacionada. Luego resuelve cada ecuación. Para aquellas ecuaciones que tienen soluciones repetidas, describe el comportamiento de la función relacionada cercana al cero repetido usando la gráfica o una tabla de valores.

USAR HERRAMIENTAS ESTRATÉGICAMENTE

Para dominar las matemáticas, necesitas usar herramientas tecnológicas para explorar y profundizar tu comprensión de los conceptos.

a. $x^3 - 6x^2 + 12x - 8 = 0$
b. $x^3 + 3x^2 + 3x + 1 = 0$
c. $x^3 - 3x + 2 = 0$
d. $x^3 + x^2 - 2x = 0$
e. $x^3 - 3x - 2 = 0$
f. $x^3 - 3x^2 + 2x = 0$

A. 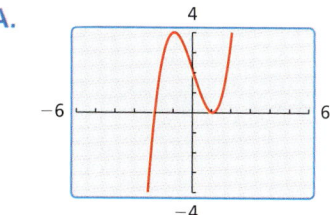 B.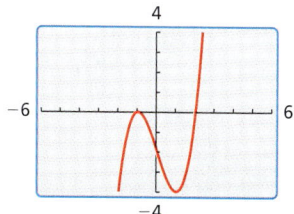

C. 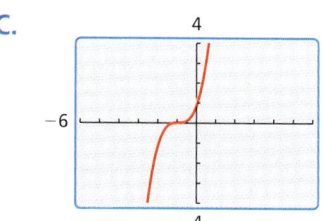 D.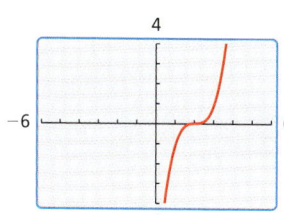

E. 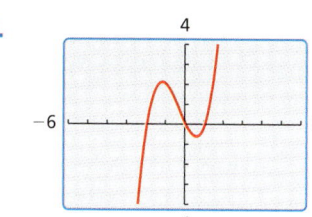 F.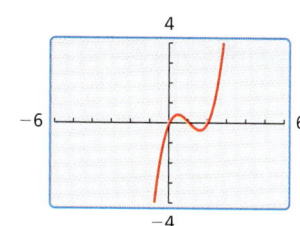

EXPLORACIÓN 2 Ecuaciones cuárticas y soluciones repetidas

Trabaja con un compañero. Determina si cada ecuación cuártica tiene soluciones repetidas usando la gráfica de la función cuártica relacionada o una tabla de valores. Explica tu razonamiento. Luego resuelve cada ecuación.

a. $x^4 - 4x^3 + 5x^2 - 2x = 0$
b. $x^4 - 2x^3 - x^2 + 2x = 0$
c. $x^4 - 4x^3 + 4x^2 = 0$
d. $x^4 + 3x^3 = 0$

Comunicar tu respuesta

3. ¿Cómo puedes determinar si una ecuación polinomial tiene una solución repetida?

4. Escribe una ecuación polinomial cúbica o cuártica que sea diferente de las ecuaciones de las Exploraciones 1 y 2 y que tenga una solución repetida.

4.5 Lección

Qué aprenderás

- Hallar soluciones de ecuaciones polinomiales y ceros de funciones polinomiales.
- Usar el teorema de la raíz racional.
- Usar el teorema de los valores conjugados irracionales.

Vocabulario Esencial

solución repetida, pág. 190

Anterior
raíces de una ecuación
números reales
conjugados

Hallar soluciones y ceros

Has usado la propiedad del producto cero para resolver ecuaciones cuadráticas factorizables. Puedes extender esta técnica para resolver algunas ecuaciones polinomiales de grado mayor.

EJEMPLO 1 Resolver una ecuación polinomial factorizando

Resuelve $2x^3 - 12x^2 + 18x = 0$.

SOLUCIÓN

$2x^3 - 12x^2 + 18x = 0$	Escribe la ecuación.
$2x(x^2 - 6x + 9) = 0$	Factoriza el monomio común.
$2x(x - 3)^2 = 0$	Patrón de trinomio cuadrado perfecto
$2x = 0$ o $(x - 3)^2 = 0$	Propiedad del producto cero
$x = 0$ o $x = 3$	Resuelve para hallar x.

▶ Las soluciones, o raíces, son $x = 0$ y $x = 3$.

Verifica

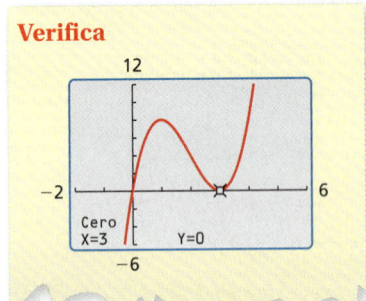

En el Ejemplo 1, el factor $x - 3$ aparece más de una vez. Esto crea una **solución repetida** de $x = 3$. Observa que la gráfica de la función relacionada toca el eje x (pero no cruza el eje x) en el cero repetido $x = 3$, y cruza el eje x en el cero $x = 0$. Este concepto se puede generalizar de la siguiente forma.

CONSEJO DE ESTUDIO

Dado que el factor $x - 3$ aparece dos veces, la raíz $x = 3$ tiene una *multiplicidad* de 2.

- Cuando un factor $x - k$ de $f(x)$ se eleva a una potencia impar, la gráfica de f *cruza* el eje x en $x = k$.
- Cuando un factor $x - k$ de $f(x)$ se eleva a una potencia par, la gráfica de f *toca* el eje x (pero no cruza el eje x) en $x = k$.

EJEMPLO 2 Hallar los ceros de una función polinomial

Halla los ceros de $f(x) = -2x^4 + 16x^2 - 32$. Luego dibuja una gráfica de la función.

SOLUCIÓN

$0 = -2x^4 + 16x^2 - 32$	Coloca $f(x)$ igual a 0
$0 = -2(x^4 - 8x^2 + 16)$	Descompone en factores -2.
$0 = -2(x^2 - 4)(x^2 - 4)$	Factoriza el trinomio en forma cuadrática.
$0 = -2(x + 2)(x - 2)(x + 2)(x - 2)$	Patrón de diferencia de dos cuadrados
$0 = -2(x + 2)^2(x - 2)^2$	Reescribe usando exponentes.

Dado que ambos factores $x + 2$ y $x - 2$ se elevan a una potencia par, la gráfica de f toca el eje x en los ceros $x = -2$ y $x = 2$.

Al analizar la función original, puedes determinar que la intersección con el eje y es -32. Dado que el grado es par y el coeficiente principal es negativo, $f(x) \to -\infty$ en tanto que $x \to -\infty$ y $f(x) \to -\infty$ en tanto que $x \to +\infty$. Usa estas características para dibujar una gráfica de la función.

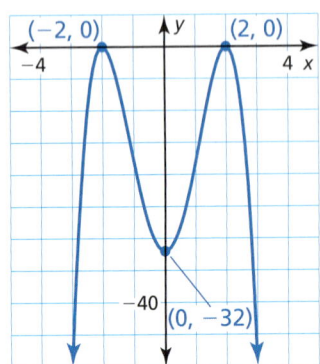

Capítulo 4 Funciones polinomiales

Monitoreo del progreso 🔊 Ayuda en inglés y español en *BigIdeasMath.com*

Resuelve la ecuación.

1. $4x^4 - 40x^2 + 36 = 0$
2. $2x^5 + 24x = 14x^3$

Halla los ceros de la función. Luego dibuja una gráfica de la función.

3. $f(x) = 3x^4 - 6x^2 + 3$
4. $f(x) = x^3 + x^2 - 6x$

El teorema de la raíz racional

Las soluciones de la ecuación $64x^3 + 152x^2 - 62x - 105 = 0$ son $-\frac{5}{2}, -\frac{3}{4}$ y $\frac{7}{8}$. Observa que los numeradores (5, 3, y 7) de los ceros son los factores del término constante, –105. Observa también que los denominadores (2, 4, y 8) son factores del coeficiente principal, 64. Estas observaciones se generalizan mediante el *teorema de la raíz racional*.

Concepto Esencial

El teorema de la raíz racional

Si $f(x) = a_n x^n + \cdots + a_1 x + a_0$ tiene coeficientes *enteros*, entonces toda solución racional de $f(x) = 0$ tiene la siguiente forma:

$$\frac{p}{q} = \frac{\text{factor del término constante } a_0}{\text{factor del coeficiente principal } a_n}$$

El teorema de la raíz racional puede ser un punto de partida para hallar soluciones de ecuaciones polinomiales. Sin embargo, el teorema enumera solo soluciones *posibles*. Para hallar las soluciones *reales*, debes probar valores de la lista de soluciones posibles.

CONSEJO DE ESTUDIO

Observa que puedes usar el *teorema de la raíz racional* para enumerar posibles ceros de las funciones polinomiales.

EJEMPLO 3 Usar el teorema de la raíz racional

Halla todas las soluciones reales de $x^3 - 8x^2 + 11x + 20 = 0$.

SOLUCIÓN

El polinomio $f(x) = x^3 - 8x^2 + 11x + 20$ no es fácil de factorizar. Comienza usando el teorema de la raíz racional.

Paso 1 Haz una lista de las soluciones racionales posibles. El coeficiente principal de $f(x)$ es 1 y el término constante es 20. Entonces, las soluciones racionales posibles de $f(x) = 0$ son

$$x = \pm\frac{1}{1}, \pm\frac{2}{1}, \pm\frac{4}{1}, \pm\frac{5}{1}, \pm\frac{10}{1}, \pm\frac{20}{1}.$$

OTRA MANERA

Puedes usar la sustitución directa para probar soluciones posibles, pero la división sintética te ayuda a identificar otros factores del polinomio.

Paso 2 Prueba soluciones posibles usando la división sintética hasta hallar una solución.

Prueba $x = 1$

```
1 | 1  -8   11   20
  |      1  -7    4
  ----------------------
    1  -7    4   24
```
$f(1) \neq 0$, entonces $x - 1$ no es un factor de $f(x)$.

Prueba $x = -1$

```
-1 | 1  -8   11   20
   |     -1    9  -20
   ----------------------
     1  -9   20    0
```
$f(-1) = 0$, entonces $x + 1$ es un factor de $f(x)$.

Paso 3 Factoriza completamente usando el resultado de la división sintética.

$(x + 1)(x^2 - 9x + 20) = 0$ Escribe como un producto de factores.

$(x + 1)(x - 4)(x - 5) = 0$ Factoriza el trinomio.

▶ Entonces, las soluciones son $x = -1$, $x = 4$, y $x = 5$.

En el Ejemplo 3, el coeficiente principal del polinomio es 1. Cuando el coeficiente principal no es 1, la lista de soluciones racionales posibles o ceros puede aumentar considerablemente. En esos casos, la búsqueda se puede abreviar usando una gráfica.

EJEMPLO 4 Hallar los ceros de una función polinomial

Halla todos los ceros reales de $f(x) = 10x^4 - 11x^3 - 42x^2 + 7x + 12$.

SOLUCIÓN

Paso 1 Enumera los ceros racionales posibles de f: $\pm\frac{1}{1}, \pm\frac{2}{1}, \pm\frac{3}{1}, \pm\frac{4}{1}, \pm\frac{6}{1}, \pm\frac{12}{1},$
$\pm\frac{1}{2}, \pm\frac{3}{2}, \pm\frac{1}{5}, \pm\frac{2}{5}, \pm\frac{3}{5}, \pm\frac{4}{5}, \pm\frac{6}{5}, \pm\frac{12}{5}, \pm\frac{1}{10}, \pm\frac{3}{10}$

Paso 2 Elige valores razonables de la lista de arriba para probar usando la gráfica de la función. Para f, los valores
$x = -\frac{3}{2}, x = -\frac{1}{2}, x = \frac{3}{5},$ y $x = \frac{12}{5}$
son razonables basándonos en la gráfica que se muestra a la derecha.

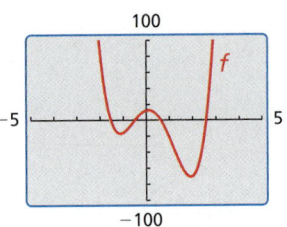

Paso 3 Prueba los valores usando la división sintética hasta hallar un cero.

$$-\frac{3}{2} \begin{array}{|rrrrr} 10 & -11 & -42 & 7 & 12 \\ & -15 & 39 & \frac{9}{2} & -\frac{69}{4} \\ \hline 10 & -26 & -3 & \frac{23}{2} & -\frac{21}{4} \end{array} \qquad -\frac{1}{2} \begin{array}{|rrrrr} 10 & -11 & -42 & 7 & 12 \\ & -5 & 8 & 17 & -12 \\ \hline 10 & -16 & -34 & 24 & 0 \end{array}$$

$-\frac{1}{2}$ es un cero.

Paso 4 Factoriza un binomio usando el resultado de la división sintética.

$f(x) = \left(x + \frac{1}{2}\right)(10x^3 - 16x^2 - 34x + 24)$ Escribe como un producto de factores.

$= \left(x + \frac{1}{2}\right)(2)(5x^3 - 8x^2 - 17x + 12)$ Factoriza 2 del segundo factor.

$= (2x + 1)(5x^3 - 8x^2 - 17x + 12)$ Multiplica el primer factor por 2.

Paso 5 Repite los pasos de arriba para $g(x) = 5x^3 - 8x^2 - 17x + 12$. Todo cero de g será también cero de f. Los posibles ceros racionales de g son:

$x = \pm 1, \pm 2, \pm 3, \pm 4, \pm 6, \pm 12, \pm\frac{1}{5}, \pm\frac{2}{5}, \pm\frac{3}{5}, \pm\frac{4}{5}, \pm\frac{6}{5}, \pm\frac{12}{5}$

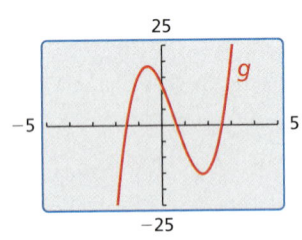

La gráfica de g demuestra que $\frac{3}{5}$ puede ser un cero. La división sintética demuestra que $\frac{3}{5}$ es un cero y $g(x) = \left(x - \frac{3}{5}\right)(5x^2 - 5x - 20) = (5x - 3)(x^2 - x - 4)$. De esto se deduce que:

$f(x) = (2x + 1) \cdot g(x) = (2x + 1)(5x - 3)(x^2 - x - 4)$

Paso 6 Halla los ceros restantes de f resolviendo $x^2 - x - 4 = 0$.

$x = \dfrac{-(-1) \pm \sqrt{(-1)^2 - 4(1)(-4)}}{2(1)}$ Sustituye 1 por a, −1 por b y −4 por c en la fórmula cuadrática.

$x = \dfrac{1 \pm \sqrt{17}}{2}$ Simplifica

▶ Los ceros reales de f son $-\frac{1}{2}, \frac{3}{5}, \frac{1 + \sqrt{17}}{2} \approx 2.56,$ y $\frac{1 - \sqrt{17}}{2} \approx -1.56$.

Monitoreo del progreso Ayuda en inglés y español en *BigIdeasMath.com*

5. Halla todas las soluciones reales de $x^3 - 5x^2 - 2x + 24 = 0$.

6. Halla todos los ceros reales de $f(x) = 3x^4 - 2x^3 - 37x^2 + 24x + 12$.

El teorema de los valores conjugados irracionales

En el Ejemplo 4, observa que los ceros irracionales son *valores conjugados* de la forma $a + \sqrt{b}$ y $a - \sqrt{b}$. Esto ilustra el teorema a continuación.

Concepto Esencial

El teorema de los valores conjugados irracionales

Imagina que f sea una función polinomial con coeficientes racionales, y que a y b sean números racionales, de tal manera que $\sqrt{b}$ es irracional. Si $a + \sqrt{b}$ es un cero de f, entonces $a - \sqrt{b}$ también es un cero de f.

EJEMPLO 5 Usar los ceros para escribir una función polinomial

Escribe una función polinomial f de menor grado que tenga coeficientes racionales, un coeficiente principal de 1 y los ceros 3 y $2 + \sqrt{5}$.

SOLUCIÓN

Dado que los coeficientes son racionales y $2 + \sqrt{5}$ es un cero, $2 - \sqrt{5}$ también debe ser cero según el teorema de conjugados irracionales. Usa los tres ceros y el teorema del factor para escribir $f(x)$ como un producto de tres factores.

$f(x) = (x - 3)[x - (2 + \sqrt{5})][x - (2 - \sqrt{5})]$ Escribe $f(x)$ en forma factorizada.

$= (x - 3)[(x - 2) - \sqrt{5}][(x - 2) + \sqrt{5}]$ Reagrupa los términos.

$= (x - 3)[(x - 2)^2 - 5]$ Multiplica.

$= (x - 3)[(x^2 - 4x + 4) - 5]$ Desarrolla el binomio.

$= (x - 3)(x^2 - 4x - 1)$ Simplifica.

$= x^3 - 4x^2 - x - 3x^2 + 12x + 3$ Multiplica.

$= x^3 - 7x^2 + 11x + 3$ Combina los términos semejantes.

Verifica

Puedes verificar este resultado evaluando f en cada uno de sus tres ceros.

$f(3) = 3^3 - 7(3)^2 + 11(3) + 3 = 27 - 63 + 33 + 3 = 0$ ✓

$f(2 + \sqrt{5}) = (2 + \sqrt{5})^3 - 7(2 + \sqrt{5})^2 + 11(2 + \sqrt{5}) + 3$

$= 38 + 17\sqrt{5} - 63 - 28\sqrt{5} + 22 + 11\sqrt{5} + 3$

$= 0$ ✓

Dado que $f(2 + \sqrt{5}) = 0$, por el teorema de conjugados irracionales $f(2 - \sqrt{5}) = 0$. ✓

Monitoreo del progreso Ayuda en inglés y español en *BigIdeasMath.com*

7. Escribe una función polinomial f de menor grado que tenga coeficientes racionales, un coeficiente principal de 1, y los ceros 4 y $1 - \sqrt{5}$.

4.5 Ejercicios

Soluciones dinámicas disponibles en BigIdeasMath.com

Verificación de vocabulario y concepto esencial

1. **COMPLETAR LA ORACIÓN** Si una función polinomial f tiene coeficientes enteros, entonces toda solución racional de $f(x) = 0$ tiene la forma $\frac{p}{q}$, donde p es un factor de _____ y q es un factor de _____.

2. **DISTINTAS PALABRAS, LA MISMA PREGUNTA** ¿Cuál es diferente? Halla "ambas" respuestas.

   Halla la intersección con el eje y de la gráfica de $y = x^3 - 2x^2 - x + 2$.

   Halla las intersecciones con el eje x de la gráfica de $y = x^3 - 2x^2 - x + 2$.

   Halla todas las soluciones reales de $x^3 - 2x^2 - x + 2 = 0$.

   Halla los ceros reales de $f(x) = x^3 - 2x^2 - x + 2$.

Monitoreo del progreso y Representar con matemáticas

En los Ejercicios 3–12, resuelve la ecuación. *(Consulta el Ejemplo 1).*

3. $z^3 - z^2 - 12z = 0$

4. $a^3 - 4a^2 + 4a = 0$

5. $2x^4 - 4x^3 = -2x^2$

6. $v^3 - 2v^2 - 16v = -32$

7. $5w^3 = 50w$

8. $9m^5 = 27m^3$

9. $2c^4 - 6c^3 = 12c^2 - 36c$

10. $p^4 + 40 = 14p^2$

11. $12n^2 + 48n = -n^3 - 64$

12. $y^3 - 27 = 9y^2 - 27y$

En los Ejercicios 13–20, halla los ceros de la función. Luego dibuja una gráfica de la función. *(Consulta el Ejemplo 2).*

13. $h(x) = x^4 + x^3 - 6x^2$

14. $f(x) = x^4 - 18x^2 + 81$

15. $p(x) = x^6 - 11x^5 + 30x^4$

16. $g(x) = -2x^5 + 2x^4 + 40x^3$

17. $g(x) = -4x^4 + 8x^3 + 60x^2$

18. $h(x) = -x^3 - 2x^2 + 15x$

19. $h(x) = -x^3 - x^2 + 9x + 9$

20. $p(x) = x^3 - 5x^2 - 4x + 20$

21. **USAR ECUACIONES** De acuerdo con el teorema de la raíz racional, ¿cuál *no* es una solución posible de la ecuación $2x^4 - 5x^3 + 10x^2 - 9 = 0$?

    Ⓐ -9 Ⓑ $-\frac{1}{2}$ Ⓒ $\frac{5}{2}$ Ⓓ 3

22. **USAR ECUACIONES** De acuerdo con el teorema de la raíz racional, ¿cuál *no* es un posible cero de la función $f(x) = 40x^5 - 42x^4 - 107x^3 + 107x^2 + 33x - 36$?

    Ⓐ $-\frac{2}{3}$ Ⓑ $-\frac{3}{8}$ Ⓒ $\frac{3}{4}$ Ⓓ $\frac{4}{5}$

ANÁLISIS DE ERRORES En los Ejercicios 23 y 24, describe y corrige el error al enumerar los posibles ceros racionales de la función.

23.
$f(x) = x^3 + 5x^2 - 9x - 45$

Posibles ceros racionales de f:
1, 3, 5, 9, 15, 45

24.
$f(x) = 3x^3 + 13x^2 - 41x + 8$

Posibles ceros racionales de f:
$\pm 1, \pm 3, \pm\frac{1}{2}, \pm\frac{1}{4}, \pm\frac{1}{8}, \pm\frac{3}{2}, \pm\frac{3}{4}, \pm\frac{3}{8}$

En los Ejercicios 25–32, halla todas las soluciones reales de la ecuación. *(Consulta el Ejemplo 3).*

25. $x^3 + x^2 - 17x + 15 = 0$

26. $x^3 - 2x^2 - 5x + 6 = 0$

27. $x^3 - 10x^2 + 19x + 30 = 0$

28. $x^3 + 4x^2 - 11x - 30 = 0$

29. $x^3 - 6x^2 - 7x + 60 = 0$

30. $x^3 - 16x^2 + 55x + 72 = 0$

31. $2x^3 - 3x^2 - 50x - 24 = 0$

32. $3x^3 + x^2 - 38x + 24 = 0$

En los Ejercicios del 33–38, halla todos los ceros reales de la función. *(Consulta el Ejemplo 4).*

33. $f(x) = x^3 - 2x^2 - 23x + 60$

34. $g(x) = x^3 - 28x - 48$

35. $h(x) = x^3 + 10x^2 + 31x + 30$

36. $f(x) = x^3 - 14x^2 + 55x - 42$

37. $p(x) = 2x^3 - x^2 - 27x + 36$

38. $g(x) = 3x^3 - 25x^2 + 58x - 40$

USAR HERRAMIENTAS En los Ejercicios 39 y 40, usa la gráfica para abreviar la lista de ceros racionales posibles de la función. Luego halla todos los ceros reales de la función.

39. $f(x) = 4x^3 - 20x + 16$ 40. $f(x) = 4x^3 - 49x - 60$

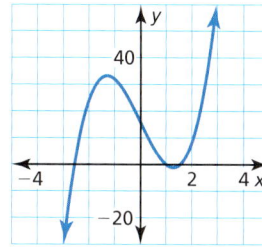 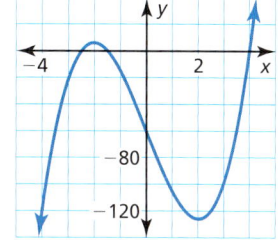

En los Ejercicios 41–46, escribe una función polinomial f **de menor grado que tenga un coeficiente principal de 1 y los ceros dados.** *(Consulta el Ejemplo 5).*

41. $-2, 3, 6$ 42. $-4, -2, 5$

43. $-2, 1 + \sqrt{7}$ 44. $4, 6 - \sqrt{7}$

45. $-6, 0, 3 - \sqrt{5}$ 46. $0, 5, -5 + \sqrt{8}$

47. **COMPARAR MÉTODOS** Resuelve la ecuación $x^3 - 4x^2 - 9x + 36 = 0$ usando dos métodos diferentes. ¿Cuál método prefieres? Explica tu razonamiento.

48. **RAZONAR** ¿Es posible que una función cúbica tenga más de tres ceros reales? Explica.

49. **RESOLVER PROBLEMAS** En una fábrica se vierte vidrio fundido en moldes para hacer pisapapeles. Cada molde es un prisma rectangular con una altura de 3 centímetros más que la longitud de cada lado de su base cuadrada. Cada molde tiene una capacidad de 112 centímetros cúbicos de vidrio. ¿Cuáles son las dimensiones del molde?

50. **CONEXIONES MATEMÁTICAS** El volumen del cubo que se muestra es de 8 centímetros cúbicos.

    a. Escribe una ecuación polinomial que puedas usar para hallar el valor de x.

    b. Identifica las posibles soluciones racionales de la ecuación en la parte (a.)

    c. Usa la división sintética para hallar una solución racional de la ecuación. Muestra que no existen otras soluciones reales.

    d. ¿Cuáles son las dimensiones del cubo?

51. **RESOLVER PROBLEMAS** Los arqueólogos descubrieron un enorme bloque de concreto hidráulico en las ruinas de Cesarea, con un volumen de 945 metros cúbicos. El bloque tiene x metros de altura por $12x - 15$ metros de longitud por $12x - 21$ metros de ancho. ¿Cuáles son las dimensiones del bloque?

52. **ARGUMENTAR** Tu amigo dice que cuando una función polinomial tiene un coeficiente principal de 1 y los coeficientes son todos números enteros, todo cero racional posible es un entero. ¿Es correcto lo que dice tu amigo? Explica tu razonamiento.

53. **REPRESENTAR CON MATEMÁTICAS** Durante un periodo de 10 años, la cantidad (en millones de dólares) de equipo deportivo E vendido a nivel nacional se puede representar mediante $E(t) = -20t^3 + 252t^2 - 280t + 21{,}614$, donde t está expresado en años.

    a. Escribe una ecuación polinomial para hallar el año en el que se vendió aproximadamente $24,014,000,000 de equipo deportivo.

    b. Enumera las soluciones de números enteros posibles de la ecuación en la parte (a.) Considera el dominio al hacer tu lista de posibles soluciones.

    c. Usa la división sintética para hallar cuándo se vende $24,014,000,000 de equipo deportivo.

Sección 4.5   Resolver ecuaciones polinomiales   195

54. ESTIMULAR EL PENSAMIENTO Escribe una función polinomial de tercero o cuarto grado que tenga ceros en $\pm\frac{3}{4}$. Justifica tu respuesta.

55. REPRESENTAR CON MATEMÁTICAS Estás diseñando una tinaja de mármol que tendrá una fuente para un parque de la ciudad. Los lados y la base de la tinaja deben tener 1 pie de grosor. Su longitud exterior debe ser el doble de su ancho y su altura exterior. ¿Cuáles deberían ser las dimensiones exteriores de la tinaja para contener 36 pies cúbicos de agua?

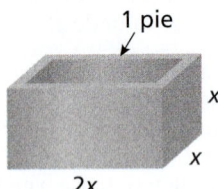

56. ¿CÓMO LO VES? Usa la información de la gráfica para responder las preguntas.

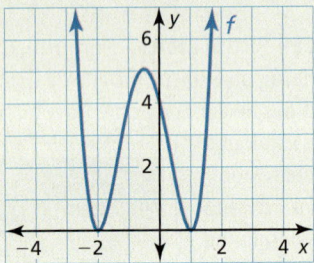

a. ¿Cuáles son los ceros reales de la función f?

b. Escribe una ecuación de la función cuártica en forma factorizada.

57. RAZONAR Determina el valor de k de cada ecuación de manera que el valor de x dado sea una solución.

a. $x^3 - 6x^2 - 7x + k = 0; x = 4$

b. $2x^3 + 7x^2 - kx - 18 = 0; x = -6$

c. $kx^3 - 35x^2 + 19x + 30 = 0; x = 5$

58. ESCRIBIR ECUACIONES Escribe una función polinomial g de menor grado que tenga coeficientes racionales, un coeficiente principal de 1 y los ceros $-2 + \sqrt{7}$ y $3 + \sqrt{2}$.

En los Ejercicios 59–62, resuelve $f(x) = g(x)$ con una gráfica y métodos algebraicos.

59. $f(x) = x^3 + x^2 - x - 1; g(x) = -x + 1$

60. $f(x) = x^4 - 5x^3 + 2x^2 + 8x; g(x) = -x^2 + 6x - 8$

61. $f(x) = x^3 - 4x^2 + 4x; g(x) = -2x + 4$

62. $f(x) = x^4 + 2x^3 - 11x^2 - 12x + 36;$
$g(x) = -x^2 - 6x - 9$

63. REPRESENTAR CON MATEMÁTICAS Estás construyendo un par de rampas para una plataforma de carga. La rampa izquierda tiene el doble de la longitud de la rampa derecha. Si se usan 150 pies cúbicos de concreto para construir las rampas, ¿cuáles son las dimensiones de cada rampa?

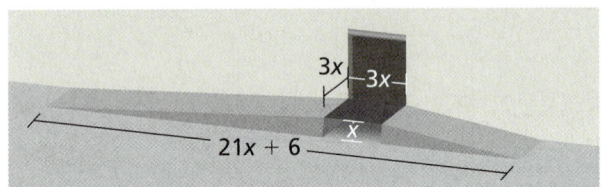

64. REPRESENTAR CON MATEMÁTICAS Algunas esculturas de hielo se hacen rellenando un molde y luego congelándolo. Estás haciendo un molde de hielo para un baile escolar. Debe tener la forma de una pirámide, con una altura de 1 pie mayor a la longitud de cada lado de su base cuadrada. El volumen de la escultura de hielo es de 4 pies cúbicos. ¿Cuáles son las dimensiones del molde?

65. RAZONAMIENTO ABSTRACTO Imagina que a_n sea el coeficiente principal de una función polinomial f y que a_0 sea el término constante. Si a_n tiene r factores y a_0 tiene s factores, ¿cuál es el mayor número de ceros razonables posibles de f que se pueden generar por el teorema del cero racional? Explica tu razonamiento.

Mantener el dominio de las matemáticas *Repasar lo que aprendiste en grados y lecciones anteriores*

Decide si la función es una función polinomial. Si lo es, escríbela en forma estándar e indica su grado, tipo y coeficiente principal. *(Sección 4.1)*

66. $h(x) = -3x^2 + 2x - 9 + \sqrt{4}x^3$

67. $g(x) = 2x^3 - 7x^2 - 3x^{-1} + x$

68. $f(x) = \frac{1}{3}x^2 + 2x^3 - 4x^4 - \sqrt{3}$

69. $p(x) = 2x - 5x^3 + 9x^2 + \sqrt[4]{x} + 1$

Halla los ceros de la función. *(Sección 3.2)*

70. $f(x) = 7x^2 + 42$ **71.** $g(x) = 9x^2 + 81$ **72.** $h(x) = 5x^2 + 40$ **73.** $f(x) = 8x^2 - 1$

4.6 El teorema fundamental del álgebra

Pregunta esencial ¿Cómo puedes determinar si una ecuación polinomial tiene soluciones imaginarias?

EXPLORACIÓN 1   Ecuaciones cúbicas y soluciones imaginarias

Trabaja con un compañero. Une cada ecuación polinomial cúbica con la gráfica de su función polinomial relacionada. Luego halla *todas* las soluciones. Haz una conjetura acerca de cómo puedes usar una gráfica o tabla de valores para determinar el número y los tipos de soluciones de una ecuación polinomial cúbica.

a. $x^3 - 3x^2 + x + 5 = 0$ **b.** $x^3 - 2x^2 - x + 2 = 0$

c. $x^3 - x^2 - 4x + 4 = 0$ **d.** $x^3 + 5x^2 + 8x + 6 = 0$

e. $x^3 - 3x^2 + x - 3 = 0$ **f.** $x^3 - 3x^2 + 2x = 0$

A. 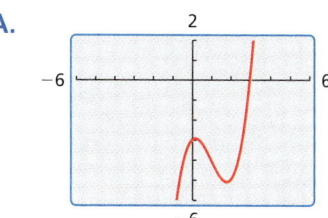   **B.**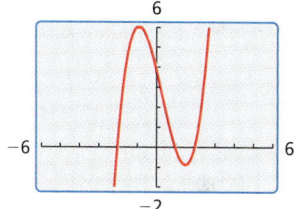

C. 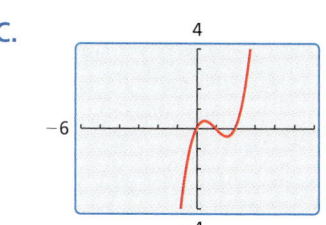   **D.**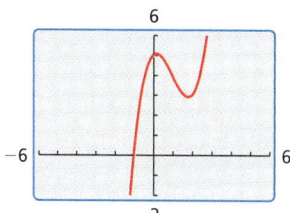

E. 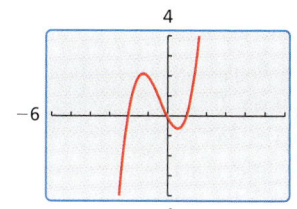   **F.**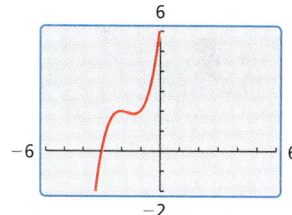

USAR HERRAMIENTAS ESTRATÉGICAMENTE

Para dominar las matemáticas, necesitas usar la tecnología para que puedas visualizar resultados y explorar consecuencias.

EXPLORACIÓN 2   Ecuaciones cuárticas y soluciones imaginarias

Trabaja con un compañero. Usa la gráfica de la función cuártica relacionada, o una tabla de valores, para determinar si cada ecuación cuártica tiene soluciones imaginarias. Explica tu razonamiento. Luego halla *todas* las soluciones.

a. $x^4 - 2x^3 - x^2 + 2x = 0$ **b.** $x^4 - 1 = 0$

c. $x^4 + x^3 - x - 1 = 0$ **d.** $x^4 - 3x^3 + x^2 + 3x - 2 = 0$

Comunicar tu respuesta

3. ¿Cómo puedes determinar si una ecuación polinomial tiene soluciones imaginarias?

4. ¿Es posible que una ecuación cúbica tenga tres soluciones imaginarias? Explica tu razonamiento.

Sección 4.6   El teorema fundamental del álgebra

4.6 Lección

Qué aprenderás

- Usar el teorema fundamental del álgebra.
- Hallar los pares conjugados de los ceros complejos de las funciones polinomiales.
- Usar la regla de los signos de Descartes.

Vocabulario Esencial

números complejos conjugados, *pág. 199*

Anterior
solución repetida
grado de un polinomio
solución de una ecuación
cero de una función
conjugados

El teorema fundamental del álgebra

La tabla muestra varias ecuaciones polinomiales y sus soluciones, incluyendo soluciones repetidas. Observa que para la última ecuación, la solución repetida $x = -1$ se cuenta dos veces.

Ecuación	Grado	Solución(es)	Número de soluciones
$2x - 1 = 0$	1	$\frac{1}{2}$	1
$x^2 - 2 = 0$	2	$\pm\sqrt{2}$	2
$x^3 - 8 = 0$	3	$2, -1 \pm i\sqrt{3}$	3
$x^3 + x^2 - x - 1 = 0$	3	$-1, -1, 1$	3

En la tabla, fíjate que la relación entre el grado del polinomio $f(x)$ y el número de soluciones de $f(x) = 0$. Esta relación se generaliza por el *teorema fundamental del álgebra*, comprobado por primera vez por el matemático alemán Carl Friedrich Gauss (1777−1855).

Concepto Esencial

El teorema fundamental del álgebra

Teorema Si $f(x)$ es un polinomio de grado n donde $n > 0$, entonces la ecuación $f(x) = 0$ tiene por lo menos una solución en el conjunto de números complejos.

Corolario Si $f(x)$ es un polinomio de grado n donde $n > 0$, entonces la ecuación $f(x) = 0$ tiene exactamente n soluciones siempre que cada solución repetida dos veces se cuente como dos soluciones, cada solución repetida tres veces se cuente como tres soluciones, y así sucesivamente.

CONSEJO DE ESTUDIO

Los enunciados "la ecuación polinomial $f(x) = 0$ tiene exactamente n soluciones" y "la función polinomial f tiene exactamente n ceros" son equivalentes.

El corolario del teorema fundamental del álgebra también significa que una función polinomial de enésimo grado f tiene exactamente n ceros.

EJEMPLO 1 Hallar el número de soluciones o ceros

a. ¿Cuántas soluciones tiene la ecuación $x^3 + 3x^2 + 16x + 48 = 0$?

b. ¿Cuántos ceros tiene la función $f(x) = x^4 + 6x^3 + 12x^2 + 8x$?

SOLUCIÓN

a. Dado que $x^3 + 3x^2 + 16x + 48 = 0$ es una ecuación polinomial de grado 3, tiene tres soluciones. (Las soluciones son -3, $4i$ y $-4i$).

b. Dado que $f(x) = x^4 + 6x^3 + 12x^2 + 8x$ es una función polinomial de grado 4, tiene cuatro ceros. (Los ceros son -2, -2, -2 y 0).

198   Capítulo 4   Funciones polinomiales

EJEMPLO 2 Hallar los ceros de una función polinomial

Halla los ceros de $f(x) = x^5 + x^3 - 2x^2 - 12x - 8$.

SOLUCIÓN

Paso 1 Halla los ceros racionales de f. Dado que f es una función polinomial de grado 5, tiene cinco ceros. Los ceros razonables posibles son ± 1, ± 2, ± 4 y ± 8. Usando la división sintética, puedes determinar que -1 es un cero repetido dos veces y 2 también es un cero.

Paso 2 Escribe $f(x)$ en forma factorizada. Dividir $f(x)$ entre sus factores conocidos $x + 1$, $x + 1$, y $x - 2$ da un cociente de $x^2 + 4$. Entonces,

$$f(x) = (x + 1)^2(x - 2)(x^2 + 4).$$

Paso 3 Halla los ceros complejos de f. Al resolver $x^2 + 4 = 0$, obtienes $x = \pm 2i$. Esto significa que $x^2 + 4 = (x + 2i)(x - 2i)$.

$$f(x) = (x + 1)^2(x - 2)(x + 2i)(x - 2i)$$

▶ Basándose en la factorización, hay cinco ceros. Los ceros de f son

$$-1, -1, 2, -2i, \text{ y } 2i$$

Se muestra la gráfica de f y los ceros reales. Observa que solo los *ceros reales* aparecen como intersecciones con el eje x. También, la gráfica de f toca el eje x en el cero repetido $x = -1$ y cruza el eje x en $x = 2$.

> **CONSEJO DE ESTUDIO**
>
> Observa que puedes usar números imaginarios para escribir $(x^2 + 4)$ como $(x + 2i)(x - 2i)$. En general, $(a^2 + b^2) = (a + bi)(a - bi)$.

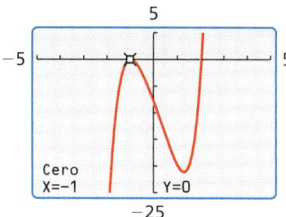 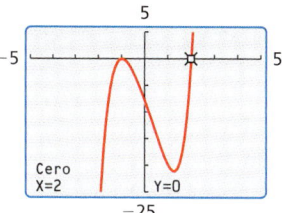

Monitoreo del progreso   Ayuda en inglés y español en BigIdeasMath.com

1. ¿Cuántas soluciones tiene la ecuación $x^4 + 7x^2 - 144 = 0$?
2. ¿Cuántos ceros tiene la función $f(x) = x^3 - 5x^2 - 8x + 48$?

Halla todos los ceros de la función polinomial.

3. $f(x) = x^3 + 7x^2 + 16x + 12$
4. $f(x) = x^5 - 3x^4 + 5x^3 - x^2 - 6x + 4$

Números conjugados complejos

Los pares de números complejos de las formas $a + bi$ y $a - bi$, donde $b \neq 0$, se llaman **números conjugados complejos**. En el Ejemplo 2, observa que los ceros $2i$ y $-2i$ son números conjugados complejos. Esto ejemplifica el siguiente teorema.

Concepto Esencial

El teorema de los números conjugados complejos

Si f es una función polinomial con coeficientes reales, y $a + bi$ es un cero imaginario de f, entonces $a - bi$ es también un cero de f.

EJEMPLO 3 Usar ceros para escribir una función polinomial

Escribe una función polinomial f de menor grado que tenga coeficientes racionales, un coeficiente principal de 1 y los ceros 2 y $3 + i$.

SOLUCIÓN

Dado que los coeficientes son racionales y $3 + i$ es un cero, $3 - i$ también debe ser cero por el teorema de los números conjugados complejos. Usa los tres ceros y el teorema del factor para escribir $f(x)$ como un producto de tres factores.

$f(x) = (x - 2)[x - (3 + i)][x - (3 - i)]$ Escribe $f(x)$ en forma factorizada.
$= (x - 2)[(x - 3) - i][(x - 3) + i]$ Reagrupa los términos.
$= (x - 2)[(x - 3)^2 - i^2]$ Multiplica.
$= (x - 2)[(x^2 - 6x + 9) - (-1)]$ Desarrolla el binomio y usa $i^2 = -1$.
$= (x - 2)(x^2 - 6x + 10)$ Simplifica.
$= x^3 - 6x^2 + 10x - 2x^2 + 12x - 20$ Multiplica.
$= x^3 - 8x^2 + 22x - 20$ Combina los términos semejantes.

Verifica

Puedes verificar este resultado evaluando f en cada uno de sus tres ceros.

$f(2) = (2)^3 - 8(2)^2 + 22(2) - 20 = 8 - 32 + 44 - 20 = 0$ ✓
$f(3 + i) = (3 + i)^3 - 8(3 + i)^2 + 22(3 + i) - 20$
$= 18 + 26i - 64 - 48i + 66 + 22i - 20$
$= 0$ ✓

Dado que $f(3 + i) = 0$, por el teorema de los números conjugados complejos $f(3 - i) = 0$. ✓

Monitoreo del progreso Ayuda en inglés y español en *BigIdeasMath.com*

Escribe una función polinomial f de menor grado que tenga coeficientes racionales, un coeficiente principal de 1 y los ceros dados.

5. $-1, 4i$ **6.** $3, 1 + i\sqrt{5}$ **7.** $\sqrt{2}, 1 - 3i$ **8.** $2, 2i, 4 - \sqrt{6}$

Regla de los signos de Descartes

El matemático francés René Descartes (1596 – 1650) halló la siguiente relación entre los coeficientes de una función polinomial y el número de ceros positivos y negativos de la función.

Concepto Esencial

Regla de los signos de Descartes

Imagina que $f(x) = a_n x^n + a_{n-1} x^{n-1} + \cdots + a_2 x^2 + a_1 x + a_0$ sea una función polinomial con coeficientes reales.

- El número de *ceros reales positivos* de f es igual al número de cambios en el signo de los coeficientes de $f(x)$ o es menor que este por un número par.

- El número de *ceros reales negativos* de f es igual al número de cambios en el signo de los coeficientes de $f(-x)$ o es menor que este por un número par.

200   Capítulo 4   Funciones polinomiales

EJEMPLO 4   Usar la regla de los signos de Descartes

Determina los posibles números de ceros reales positivos, ceros reales negativos y ceros imaginarios para $f(x) = x^6 - 2x^5 + 3x^4 - 10x^3 - 6x^2 - 8x - 8$.

SOLUCIÓN

$f(x) = x^6 - 2x^5 + 3x^4 - 10x^3 - 6x^2 - 8x - 8$.

Los coeficientes de $f(x)$ tienen 3 cambios de signo, entonces f tiene 3 o 1 cero(s) real(es) positivo(s.)

$f(-x) = (-x)^6 - 2(-x)^5 + 3(-x)^4 - 10(-x)^3 - 6(-x)^2 - 8(-x) - 8$
$= x^6 + 2x^5 + 3x^4 + 10x^3 - 6x^2 + 8x - 8$

Los coeficientes de $f(-x)$ tiene 3 cambios de signo, entonces f tiene 3 o 1 cero(s) negativo(s.)

▶ Los números posibles de ceros para f están resumidos en la tabla a continuación.

Ceros reales positivos	Ceros reales negativos	Ceros imaginarios	Ceros totales
3	3	0	6
3	1	2	6
1	3	2	6
1	1	4	6

EJEMPLO 5   Uso en la vida real

Un tacómetro mide la velocidad (en revoluciones por minuto o RPM) en la que rota un eje de motor. Para cierto bote, la velocidad x (en cientos de RPM) del eje del motor y la velocidad s (en millas por hora) del bote están representadas mediante

$s(x) = 0.00547x^3 - 0.225x^2 + 3.62x - 11.0$.

¿Cuál es la lectura del tacómetro cuando el bote va a 15 millas por hora?

SOLUCIÓN

Sustituye 15 por $s(x)$ en la función. Puedes volver a escribir la ecuación resultante como
$0 = 0.00547x^3 - 0.225x^2 + 3.62x - 26.0$.

La función relacionada con esta ecuación es
$f(x) = 0.00547x^3 - 0.225x^2 + 3.62x - 26.0$. Por la regla de los signos de Descartes, sabes que f tiene 3 o 1 cero(s) real(es) positivo(s). En el contexto de la velocidad, los ceros reales negativos y ceros imaginarios no tienen sentido, así que no necesitas verificarlos. Para aproximar los ceros reales positivos de f, usa una calculadora gráfica. Basándose en la gráfica, hay 1 cero real, $x \approx 19.9$.

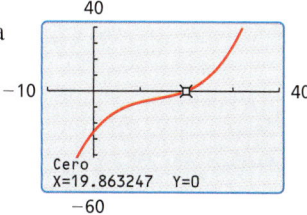

▶ La lectura del tacómetro es de aproximadamente 1990 RPM.

Monitoreo del progreso Ayuda en inglés y español en *BigIdeasMath.com*

Determina los posibles números de ceros reales positivos, ceros reales negativos y ceros imaginarios para la función.

9. $f(x) = x^3 + 9x - 25$ **10.** $f(x) = 3x^4 - 7x^3 + x^2 - 13x + 8$

11. ¿QUÉ PASA SI? En el Ejemplo 5, ¿cuánto marca el tacómetro cuando el bote viaja a 20 millas por hora?

4.6 Ejercicios

Soluciones dinámicas disponibles en *BigIdeasMath.com*

Verificación de vocabulario y concepto esencial

1. **COMPLETAR LA ORACIÓN** Las expresiones $5 + i$ y $5 - i$ son _____.

2. **ESCRIBIR** ¿Cuántas soluciones tiene la ecuación polinomial $(x + 8)^3(x - 1) = 0$? Explica.

Monitoreo del progreso y Representar con matemáticas

En los Ejercicios 3–8, identifica el número de soluciones o ceros. *(Consulta el Ejemplo 1).*

3. $x^4 + 2x^3 - 4x^2 + x = 0$ 4. $5y^3 - 3y^2 + 8y = 0$

5. $9t^6 - 14t^3 + 4t - 1 = 0$ 6. $f(z) = -7z^4 + z^2 - 25$

7. $g(s) = 4s^5 - s^3 + 2s^7 - 2$

8. $h(x) = 5x^4 + 7x^8 - x^{12}$

En los Ejercicios 9–16, halla todos los ceros de la función polinomial. *(Consulta el Ejemplo 2).*

9. $f(x) = x^4 - 6x^3 + 7x^2 + 6x - 8$

10. $f(x) = x^4 + 5x^3 - 7x^2 - 29x + 30$

11. $g(x) = x^4 - 9x^2 - 4x + 12$

12. $h(x) = x^3 + 5x^2 - 4x - 20$

13. $g(x) = x^4 + 4x^3 + 7x^2 + 16x + 12$

14. $h(x) = x^4 - x^3 + 7x^2 - 9x - 18$

15. $g(x) = x^5 + 3x^4 - 4x^3 - 2x^2 - 12x - 16$

16. $f(x) = x^5 - 20x^3 + 20x^2 - 21x + 20$

ANALIZAR RELACIONES En los Ejercicios 17–20, determina el número de ceros imaginarios para la función con el grado y gráfica dados. Explica tu razonamiento.

17. Grado: 4

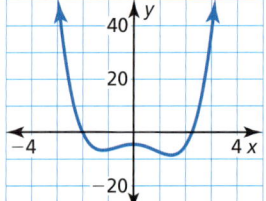

18. Grado: 5

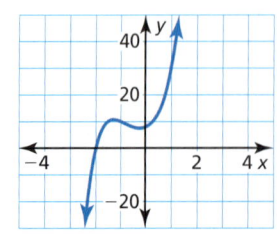

19. Grado: 2

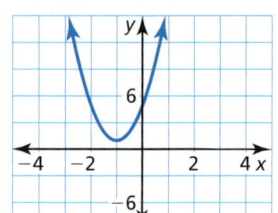

20. Grado: 3

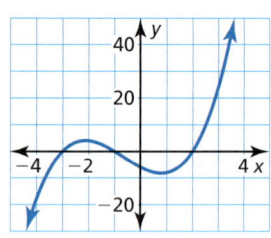

En los Ejercicios 21–28, escribe una función polinomial f de menor grado que tenga coeficientes racionales, un coeficiente principal de 1, y los ceros dados. *(Consulta el Ejemplo 3).*

21. $-5, -1, 2$ 22. $-2, 1, 3$

23. $3, 4 + i$ 24. $2, 5 - i$

25. $4, -\sqrt{5}$ 26. $3i, 2 - i$

27. $2, 1 + i, 2 - \sqrt{3}$ 28. $3, 4 + 2i, 1 + \sqrt{7}$

ANÁLISIS DE ERRORES En los Ejercicios 29 y 30, describe y corrige el error al escribir una función polinomial con coeficiente racional y el (los) cero(s) dado(s.)

29. Ceros: $2, 1 + i$

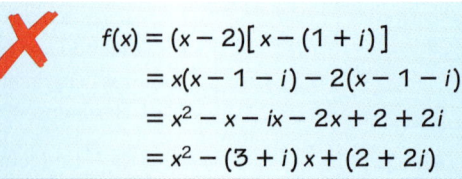

30. Cero: $2 + i$

$$f(x) = [x - (2 + i)][x + (2 + i)]$$
$$= (x - 2 - i)(x + 2 + i)$$
$$= x^2 + 2x + ix - 2x - 4 - 2i - ix - 2i - i^2$$
$$= x^2 - 4i - 3$$

202 Capítulo 4 Funciones polinomiales

31. **FINAL ABIERTO** Escribe una función polinomial de grado 6 con ceros 1, 2, y $-i$. Justifica tu respuesta.

32. **RAZONAR** Dos ceros de $f(x) = x^3 - 6x^2 - 16x + 96$ son 4 y -4. Explica por qué el tercer cero debe ser también un número real.

En los Ejercicios 33–40, determina los posibles números de ceros reales positivos, ceros reales negativos y ceros imaginarios para la función. *(Consulta el Ejemplo 4).*

33. $g(x) = x^4 - x^2 - 6$

34. $g(x) = -x^3 + 5x^2 + 12$

35. $g(x) = x^3 - 4x^2 + 8x + 7$

36. $g(x) = x^5 - 2x^3 - x^2 + 6$

37. $g(x) = x^5 - 3x^3 + 8x - 10$

38. $g(x) = x^5 + 7x^4 - 4x^3 - 3x^2 + 9x - 15$

39. $g(x) = x^6 + x^5 - 3x^4 + x^3 + 5x^2 + 9x - 18$

40. $g(x) = x^7 + 4x^4 - 10x + 25$

41. **RAZONAR** ¿Cuál *no* es una posible clasificación de ceros para $f(x) = x^5 - 4x^3 + 6x^2 + 2x - 6$? Explica.

    Ⓐ tres ceros reales positivos, dos ceros reales negativos y ningún cero imaginario

    Ⓑ tres ceros reales positivos, ningún cero real negativo y dos ceros imaginarios

    Ⓒ un cero real positivo, cuatro ceros reales negativos, y ningún cero imaginario

    Ⓓ un cero real positivo, dos ceros reales negativos y dos ceros imaginarios.

42. **USAR LA ESTRUCTURA** Usa la regla de los signos de Descartes para determinar qué función tiene por lo menos 1 cero real positivo.

    Ⓐ $f(x) = x^4 + 2x^3 - 9x^2 - 2x - 8$

    Ⓑ $f(x) = x^4 + 4x^3 + 8x^2 + 16x + 16$

    Ⓒ $f(x) = -x^4 - 5x^2 - 4$

    Ⓓ $f(x) = x^4 + 4x^3 + 7x^2 + 12x + 12$

43. **REPRESENTAR CON MATEMÁTICAS** Desde 1890 a 2000, la población india americana, esquimal y aleutiana P (en miles) se puede representar mediante la función $P = 0.004t^3 - 0.24t^2 + 4.9t + 243$, donde t es el número de años desde 1890. ¿En qué año la población llegó por primera vez a 722,000? *(Consulta el Ejemplo 5).*

44. **REPRESENTAR CON MATEMÁTICAS** Durante un periodo de 14 años, el número N de lagos del interior infestados de mejillones cebra en cierto estado se puede representar mediante

    $$N = -0.0284t^4 + 0.5937t^3 - 2.464t^2 + 8.33t - 2.5$$

    donde t es tiempo (en años). ¿En qué año el número de lagos del interior infestados llegó a 120 por primera vez?

45. **REPRESENTAR CON MATEMÁTICAS** Durante los 12 años que un supermercado ha estado abierto, sus ingresos anuales R (en millones de dólares) se pueden representar mediante la función

    $$R = 0.0001(-t^4 + 12t^3 - 77t^2 + 600t + 13,650)$$

    donde t es el número de años desde que abrió el supermercado. ¿En qué año(s) los ingresos fueron de $1.5 millones?

46. **ARGUMENTAR** Tu amigo dice que $2 - i$ es un cero complejo de la función polinomial $f(x) = x^3 - 2x^2 + 2x + 5i$, pero que su conjugado *no* es un cero. Tú dices que ambos, $2 - i$ y su conjugado *tienen* que ser ceros por el teorema de conjugados complejos. ¿Quién tiene razón? Justifica tu respuesta.

47. **CONEXIONES MATEMÁTICAS** Se va a construir un monumento sólido con las dimensiones mostradas usando 1000 pies cúbicos de mármol. ¿Cuál es el valor de x?

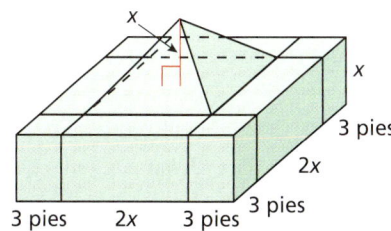

Sección 4.6 El teorema fundamental del álgebra 203

48. **ESTIMULAR EL PENSAMIENTO** Escribe y haz una gráfica de una función polinomial de grado 5 que tenga todos los ceros reales positivos o negativos. Rotula cada intersección con el eje x. Luego escribe la función en forma estándar.

49. **ESCRIBIR** La gráfica de la función polinomial constante $f(x) = 2$ es una recta que no tiene ninguna intersección con el eje x. ¿Contradice ésta función el teorema fundamental del álgebra? Explica.

50. **¿CÓMO LO VES?** La gráfica representa una función polinomial de grado 6.

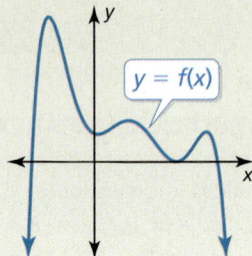

   a. ¿Cuántos ceros reales positivos tiene la función? ¿Cuántos ceros reales negativos? ¿Cuántos ceros imaginarios?
   b. Usa la regla de los signos de Descartes y tus respuestas en la parte (a) para describir los posibles cambios de signos en los coeficientes de $f(x)$.

51. **HALLAR UN PATRÓN** Usa una calculadora gráfica para hacer una gráfica de la función $f(x) = (x + 3)^n$ para $n = 2, 3, 4, 5, 6,$ y 7.
   a. Compara las gráficas cuando n es par y cuando n es impar.
   b. Describe el comportamiento de la gráfica cerca del cero $x = -3$ en la medida que n aumenta.
   c. Usa tus resultados de las partes (a) y (b) para describir el comportamiento de la gráfica de $g(x) = (x - 4)^{20}$ cerca de $x = 4$.

52. **SACAR CONCLUSIONES** Halla los ceros de cada función.

$$f(x) = x^2 - 5x + 6$$
$$g(x) = x^3 - 7x + 6$$
$$h(x) = x^4 + 2x^3 + x^2 + 8x - 12$$
$$k(x) = x^5 - 3x^4 - 9x^3 + 25x^2 - 6x$$

   a. Describe la relación entre la suma de los ceros de una función polinomial y los coeficientes de la función polinomial.
   b. Describe la relación entre el producto de los ceros de una función polinomial y los coeficientes de la función polinomial.

53. **RESOLVER PROBLEMAS** Quieres ahorrar dinero para poder comprar un carro usado en cuatro años. Al final de cada verano, depositas en tu cuenta bancaria $1000 que ganaste trabajando durante ese verano. La tabla muestra el valor de tus depósitos durante el periodo de cuatro años. En la tabla, g es el factor de crecimiento $1 + r$, donde r es la tasa de interés anual expresada como decimal.

Depósito	Año 1	Año 2	Año 3	Año 4
1er depósito	1000	$1000g$	$1000g^2$	$1000g^3$
2do depósito	—	1000		
3er depósito	—	—	1000	
4to depósito	—	—	—	1000

   a. Copia y completa la tabla.
   b. Escribe una función polinomial que dé el valor v de tu cuenta al final del cuarto verano en términos de g.
   c. Quieres comprar un carro que cuesta aproximadamente $4300. ¿Qué factor de crecimiento necesitas para obtener este monto? ¿Qué tasa de interés anual necesitas?

Mantener el dominio de las matemáticas
Repasar lo que aprendiste en grados y lecciones anteriores

Describe la transformación de $f(x) = x^2$ representada por g. Luego haz una gráfica de cada función. *(Sección 2.1)*

54. $g(x) = -3x^2$
55. $g(x) = (x - 4)^2 + 6$
56. $g(x) = -(x - 1)^2$
57. $g(x) = 5(x + 4)^2$

Escribe una función g cuya gráfica represente la transformación indicada de la gráfica de f. *(Secciones 1.2 y 2.1)*

58. $f(x) = x$; encogimiento vertical por un factor de $\frac{1}{3}$ y una reflexión en el eje y.
59. $f(x) = |x + 1| - 3$; alargamiento horizontal por un factor de 9.
60. $f(x) = x^2$; reflexión en el eje x, seguida por una traslación 2 unidades hacia la derecha y 7 unidades hacia arriba.

4.7 Transformaciones de funciones polinomiales

Pregunta esencial ¿Cómo puedes transformar la gráfica de una función polinomial?

EXPLORACIÓN 1 Transformar la gráfica de una función cúbica

Trabaja con un compañero. Se muestra la gráfica de la función cúbica

$$f(x) = x^3$$

La gráfica de cada función cúbica g representa una transformación de la gráfica de f. Escribe una regla para g. Usa una calculadora gráfica para verificar tus respuestas.

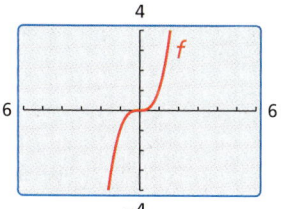

a.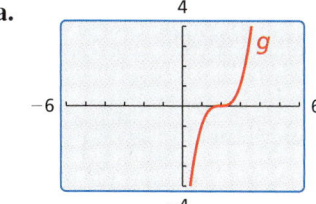

b.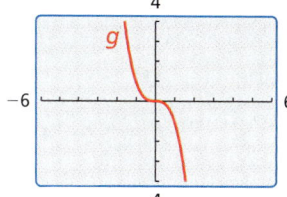

c.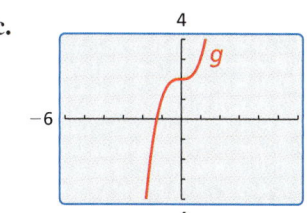

d.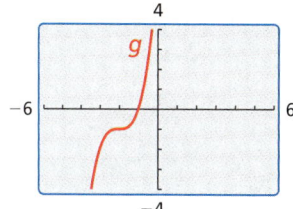

EXPLORACIÓN 2 Transformar la gráfica de una función cuártica

Trabaja con un compañero. Se muestra la gráfica de la función cuártica

$$f(x) = x^4$$

La gráfica de cada función cuártica g representa una transformación de la gráfica de f. Escribe una regla para g. Usa una calculadora gráfica para verificar tus respuestas.

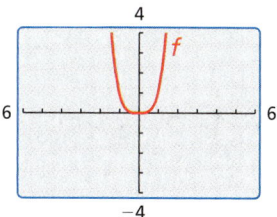

a.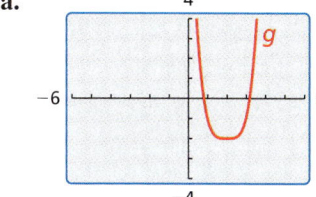

b.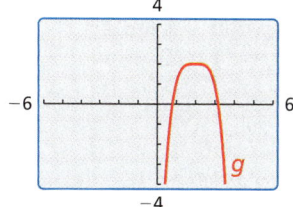

BUSCAR UNA ESTRUCTURA

Para dominar las matemáticas, necesitas ver cosas complicadas, tales como algunas expresiones algebraicas, como si fueran objetos independientes o compuestos de varios objetos.

Comunicar tu respuesta

3. ¿Cómo puedes transformar la gráfica de una función polinomial?

4. Describe la transformación de $f(x) = x^4$ representada por $g(x) = (x + 1)^4 + 3$. Luego haz una gráfica de g.

Sección 4.7   Transformaciones de funciones polinomiales   205

4.7 Lección

Qué aprenderás

- Describir las transformaciones de las funciones polinomiales.
- Escribir las transformaciones de las funciones polinomiales.

Vocabulario Esencial

Anterior
función polinomial
transformaciones

Describir las transformaciones de las funciones polinomiales

Puedes transformar las gráficas de las funciones polinomiales de la misma manera en que transformaste las gráficas de las funciones lineales, las funciones de valor absoluto y las funciones cuadráticas. A continuación se muestran ejemplos de transformaciones de la gráfica de $f(x) = x^4$.

Concepto Esencial

Transformación	Notación $f(x)$	Ejemplos	
Traslación horizontal La gráfica se mueve hacia la izquierda o hacia la derecha.	$f(x - h)$	$g(x) = (x - 5)^4$	5 unidades hacia la derecha
		$g(x) = (x + 2)^4$	2 unidades hacia la izquierda
Traslación vertical La gráfica se mueve hacia arriba o hacia abajo.	$f(x) + k$	$g(x) = x^4 + 1$	1 unidad hacia arriba
		$g(x) = x^4 - 4$	4 unidades hacia abajo
Reflexión La gráfica se invierte en el eje x o en el eje y.	$f(-x)$	$g(x) = (-x)^4 = x^4$	en el eje y
	$-f(x)$	$g(x) = -x^4$	en el eje x
Alargamiento o encogimiento horizontal La grafica se alarga alejándose o se encoge acercándose al eje y.	$f(ax)$	$g(x) = (2x)^4$	se encoge por un factor de $\frac{1}{2}$
		$g(x) = \left(\frac{1}{2}x\right)^4$	se alarga por un factor de 2
Alargamiento o encogimiento vertical La grafica se alarga alejándose o se encoge acercándose al eje x.	$a \cdot f(x)$	$g(x) = 8x^4$	se alarga por un factor de 8
		$g(x) = \frac{1}{4}x^4$	se encoge por un factor de $\frac{1}{4}$

EJEMPLO 1   Trasladar una función polinomial

Describe la transformación de $f(x) = x^3$ representada mediante $g(x) = (x + 5)^3 + 2$. Luego haz una gráfica de cada función.

SOLUCIÓN

Observa que la función es de la forma $g(x) = (x - h)^3 + k$. Vuelve a escribir la función para identificar h y k.

$g(x) = (x - (\underset{h}{-5}))^3 + \underset{k}{2}$

▶ Dado que $h = -5$ y $k = 2$, la gráfica de g es una traslación de 5 unidades hacia la izquierda y 2 unidades hacia arriba de la gráfica de f.

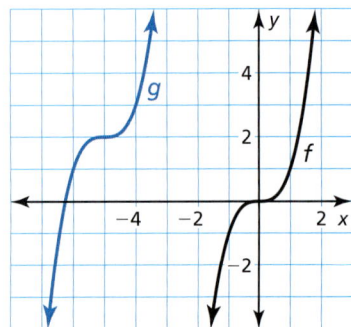

Monitoreo del progreso   Ayuda en inglés y español en *BigIdeasMath.com*

1. Describe la transformación de $f(x) = x^4$ representada por $g(x) = (x - 3)^4 - 1$. Luego haz una gráfica de cada función.

EJEMPLO 2 Transformar funciones polinomiales

Describe la transformación de f representada por g. Luego haz una gráfica de cada función.

a. $f(x) = x^4$, $g(x) = -\frac{1}{4}x^4$

b. $f(x) = x^5$, $g(x) = (2x)^5 - 3$

SOLUCIÓN

a. Observa que la función es de la forma $g(x) = -ax^4$, donde $a = \frac{1}{4}$.

▶ Entonces, la gráfica de g es una reflexión en el eje x y un encogimiento vertical por un factor de $\frac{1}{4}$ de la gráfica de f.

b. Observa que la función es de la forma $g(x) = (ax)^5 + k$, donde $a = 2$ y $k = -3$.

▶ Entonces, la gráfica de g es un encogimiento horizontal por un factor de $\frac{1}{2}$ y una traslación 3 unidades hacia abajo de la gráfica de f.

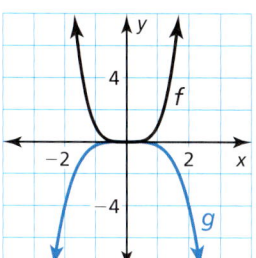
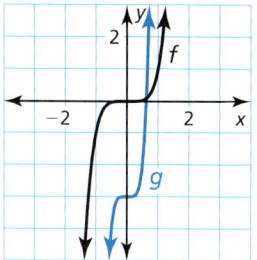

Monitoreo del progreso Ayuda en inglés y español en *BigIdeasMath.com*

2. Describe la transformación de $f(x) = x^3$ representada mediante $g(x) = 4(x + 2)^3$. Luego haz una gráfica de cada función.

Escribir las transformaciones de las funciones polinomiales

EJEMPLO 3 Escribir funciones polinomiales transformadas

Imagina que $f(x) = x^3 + x^2 + 1$. Escribe una regla para g y luego haz una gráfica de cada función. Describe la gráfica de g como transformación de la gráfica de f.

a. $g(x) = f(-x)$

b. $g(x) = 3f(x)$

SOLUCIÓN

a. $g(x) = f(-x)$
$= (-x)^3 + (-x)^2 + 1$
$= -x^3 + x^2 + 1$

b. $g(x) = 3f(x)$
$= 3(x^3 + x^2 + 1)$
$= 3x^3 + 3x^2 + 3$

RECUERDA

Los alargamientos y encogimientos verticales no cambian las intersecciones con el eje x de una gráfica. Puedes observar esto usando la gráfica del Ejemplo 3(b).

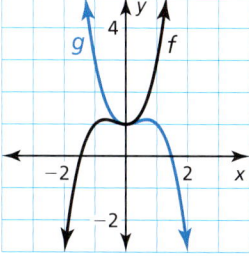
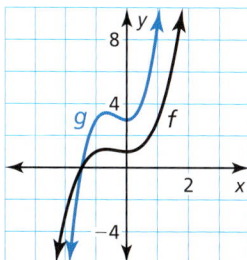

▶ La gráfica de g es una reflexión en el eje y de la gráfica de f.

▶ La gráfica de g es un alargamiento vertical por un factor de 3 de la gráfica de f.

Sección 4.7 Transformaciones de funciones polinomiales **207**

EJEMPLO 4 Escribir una función polinomial transformada

Imagina que la gráfica de g sea un alargamiento vertical por un factor de 2, seguido de una traslación 3 unidades hacia arriba de la gráfica de $f(x) = x^4 - 2x^2$. Escribe una regla para g.

SOLUCIÓN

Paso 1 Primero escribe una función h que represente el alargamiento vertical de f.

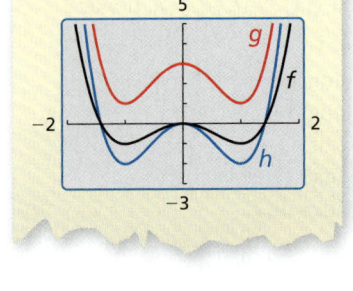

Verifica

$h(x) = 2 \cdot f(x)$	Multiplica el valor de salida por 2.
$= 2(x^4 - 2x^2)$	Sustituye $x^4 - 2x^2$ por $f(x)$.
$= 2x^4 - 4x^2$	Propiedad Distributiva

Paso 2 Luego escribe una función g que represente la traslación de h.

$g(x) = h(x) + 3$	Suma 3 al valor de salida.
$= 2x^4 - 4x^2 + 3$	Sustituye $2x^4 - 4x^2$ por $h(x)$.

▶ La función transformada es $g(x) = 2x^4 - 4x^2 + 3$.

EJEMPLO 5 Representar con matemáticas

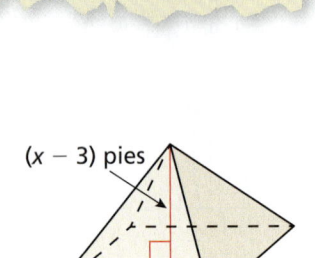

$(x - 3)$ pies

x pies

x pies

La función $V(x) = \frac{1}{3}x^3 - x^2$ representa el volumen (en pies cúbicos) de la pirámide cuadrada que se muestra. La función $W(x) = V(3x)$ representa el volumen (en pies cúbicos) cuando x se mide en yardas. Escribe una regla para W. Halla e interpreta $W(10)$.

SOLUCIÓN

1. **Comprende el problema** Te dan una función V cuyos valores de entrada están en pies y cuyos valores de salida están en pies cúbicos. Te dan otra función W cuyos valores de entrada están en yardas y cuyos valores de salida están en pies cúbicos. El encogimiento horizontal que muestra $W(x) = V(3x)$ tiene sentido porque hay 3 pies en 1 yarda. Te piden escribir una regla para W e interpretar el valor de salida para un valor de entrada dado.

2. **Haz un plan** Escribe la función transformada $W(x)$ y luego halla $W(10)$.

3. **Resuelve el problema** $W(x) = V(3x)$

    $= \frac{1}{3}(3x)^3 - (3x)^2$ Reemplaza x por $3x$ en $V(x)$.

    $= 9x^3 - 9x^2$ Simplifica.

   A continuación, halla $W(10)$.

   $W(10) = 9(10)^3 - 9(10)^2 = 9000 - 900 = 8100$

   ▶ Cuando x es 10 yardas, el volumen de la pirámide es 8100 pies cúbicos.

4. **Verifícalo** Dado que $W(10) = V(30)$, puedes verificar que tu solución es correcta verificando que $V(30) = 8100$.

   $V(30) = \frac{1}{3}(30)^3 - (30)^2 = 9000 - 900 = 8100$ ✓

Monitoreo del progreso   Ayuda en inglés y español en *BigIdeasMath.com*

3. Imagina que $f(x) = x^5 - 4x + 6$ y $g(x) = -f(x)$. Escribe una regla para g y luego haz una gráfica de cada función. Describe la gráfica de g como transformación de la gráfica de f.

4. Imagina que la gráfica de g sea un alargamiento horizontal por un factor de 2, seguido de una traslación de 3 unidades hacia la derecha de la gráfica de $f(x) = 8x^3 + 3$. Escribe una regla para g.

5. **¿QUÉ PASA SI?** En el Ejemplo 5, la altura de la pirámide es $6x$ y el volumen (en pies cúbicos) está representado mediante $V(x) = 2x^3$. Escribe una regla para W. Halla e interpreta $W(7)$.

208 Capítulo 4   Funciones polinomiales

4.7 Ejercicios

Soluciones dinámicas disponibles en *BigIdeasMath.com*

Verificación de vocabulario y concepto esencial

1. **COMPLETAR LA ORACIÓN** La gráfica de $f(x) = (x + 2)^3$ es una traslación _____ de la gráfica de $f(x) = x^3$.

2. **VOCABULARIO** Describe cómo la forma vértice de las funciones cuadráticas es similar a la forma $f(x) = a(x - h)^3 + k$ para las funciones cúbicas.

Monitoreo del progreso y Representar con matemáticas

En los Ejercicios 3–6, describe la transformación de f representada mediante g. Luego haz una gráfica de cada función. *(Consulta el Ejemplo 1)*.

3. $f(x) = x^4, g(x) = x^4 + 3$

4. $f(x) = x^4, g(x) = (x - 5)^4$

5. $f(x) = x^5, g(x) = (x - 2)^5 - 1$

6. $f(x) = x^6, g(x) = (x + 1)^6 - 4$

ANALIZAR RELACIONES En los Ejercicios 7–10, une la función con la transformación correcta de la gráfica de f. Explica tu razonamiento.

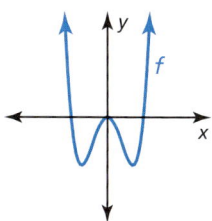

7. $y = f(x - 2)$
8. $y = f(x + 2) + 2$
9. $y = f(x - 2) + 2$
10. $y = f(x) - 2$

A.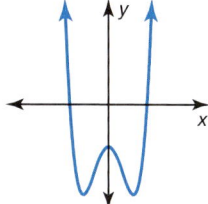
B.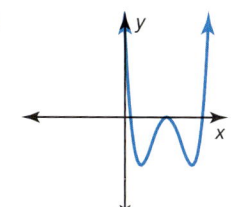
C.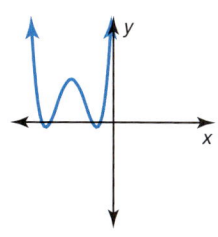
D.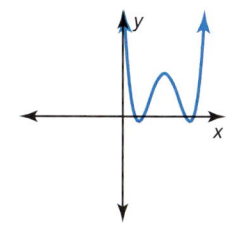

En los Ejercicios 11–16, describe la transformación de f representada mediante g. Luego haz una gráfica de cada función. *(Consulta el Ejemplo 2)*.

11. $f(x) = x^4, g(x) = -2x^4$

12. $f(x) = x^6, g(x) = -3x^6$

13. $f(x) = x^3, g(x) = 5x^3 + 1$

14. $f(x) = x^4, g(x) = \frac{1}{2}x^4 + 1$

15. $f(x) = x^5, g(x) = \frac{3}{4}(x + 4)^5$

16. $f(x) = x^4, g(x) = (2x)^4 - 3$

En los Ejercicios 17–20, escribe una regla para g y luego haz una gráfica de cada función. Describe la gráfica de g como una transformación de la gráfica de f. *(Consulta el Ejemplo 3)*.

17. $f(x) = x^4 + 1, g(x) = f(x + 2)$

18. $f(x) = x^5 - 2x + 3, g(x) = 3f(x)$

19. $f(x) = 2x^3 - 2x^2 + 6, g(x) = -\frac{1}{2}f(x)$

20. $f(x) = x^4 + x^3 - 1, g(x) = f(-x) - 5$

21. **ANÁLISIS DE ERRORES** Describe y corrige el error al hacer la gráfica de la función $g(x) = (x + 2)^4 - 6$.

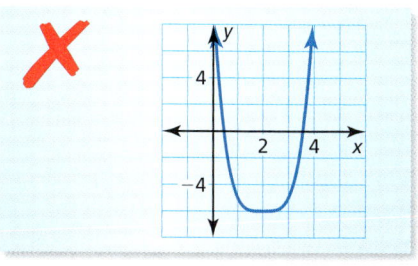

Sección 4.7 Transformaciones de funciones polinomiales 209

22. **ANÁLISIS DE ERRORES** Describe y corrige el error al describir la transformación de la gráfica de $f(x) = x^5$ representada mediante la gráfica de $g(x) = (3x)^5 - 4$.

La gráfica de g es un encogimiento horizontal por un factor de 3, seguida de una traslación de 4 unidades hacia debajo de la gráfica de f.

En los Ejercicios 23–26, escribe una regla para g que represente las transformaciones indicadas en la gráfica de f. *(Consulta el Ejemplo 4).*

23. $f(x) = x^3 - 6$; traslación de 3 unidades hacia la izquierda, seguida de una reflexión en el eje y.

24. $f(x) = x^4 + 2x + 6$; alargamiento vertical por un factor de 2, seguido de una traslación de 4 unidades hacia la derecha.

25. $f(x) = x^3 + 2x^2 - 9$; encogimiento horizontal por un factor de $\frac{1}{3}$ y una traslación de 2 unidades hacia arriba, seguida de una reflexión en el eje x.

26. $f(x) = 2x^5 - x^3 + x^2 + 4$; reflexión en el eje y y un alargamiento vertical por un factor de 3, seguido de una traslación de 1 unidad hacia abajo.

27. **REPRESENTAR CON MATEMÁTICAS** El volumen V (en pies cúbicos) de la pirámide está dado por $V(x) = x^3 - 4x$. La función $W(x) = V(3x)$ da el volumen (en pies cúbicos) de la pirámide cuando x se mide en yardas. Escribe una regla para W. Halla e interpreta W(5). *(Consulta el Ejemplo 5).*

28. **ARGUMENTAR** El volumen de un cubo con longitud de lado x está dado por $V(x) = x^3$. Tu amigo dice que cuando divides el volumen por la mitad, el volumen disminuye en mayor cantidad que cuando divides cada longitud de lado por la mitad. ¿Es correcto lo que dice tu amigo? Justifica tu respuesta.

29. **FINAL ABIERTO** Describe dos transformaciones de la gráfica de $f(x) = x^5$ donde el orden en el que se hacen las transformaciones sea importante. Luego describe dos transformaciones donde el orden *no* sea importante. Explica tu razonamiento.

30. **ESTIMULAR EL PENSAMIENTO** Escribe y haz una gráfica de una transformación de la gráfica de $f(x) = x^5 - 3x^4 + 2x - 4$ que tenga como resultado una gráfica con una intersección con el eje y de -2.

31. **RESOLVER PROBLEMAS** Una porción del recorrido de vuelo que el colibrí hace mientras se alimenta se puede modelar mediante la función.

$$f(x) = -\frac{1}{5}x(x-4)^2(x-7), 0 \le x \le 7$$

donde x es la distancia horizontal (en metros) y $f(x)$ es la altura (en metros.) El colibrí se alimenta cada vez que está a nivel del suelo.

a. ¿A qué distancias se alimenta el colibrí?

b. Un segundo colibrí se alimenta 2 metros más allá del primero y vuela el doble de alto. Escribe una función para modelar el recorrido del segundo colibrí.

32. **¿CÓMO LO VES?** Determina los ceros reales de cada función. Luego describe la transformación de la gráfica de f que resulte en la gráfica de g.

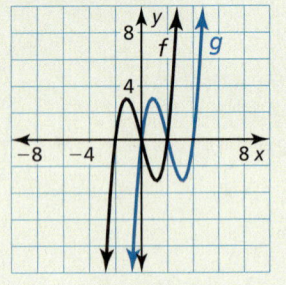

33. **CONEXIONES MATEMÁTICAS** Escribe una función V para el volumen (en yardas cúbicas) del cono circular recto que se muestra. Luego escribe una función W que dé el volumen (en yardas cúbicas) del cono cuando x se mide en pies. Halla e interpreta W(3).

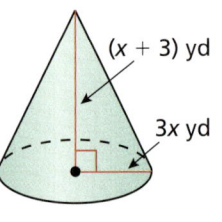

Mantener el dominio de las matemáticas Repasar lo que aprendiste en grados y lecciones anteriores

Halla el valor mínimo o el valor máximo de la función. Describe el dominio y el rango de la función y dónde la función es creciente y decreciente. *(Sección 2.2)*

34. $h(x) = (x+5)^2 - 7$ 35. $f(x) = 4 - x^2$ 36. $f(x) = 3(x-10)(x+4)$

37. $g(x) = -(x+2)(x+8)$ 38. $h(x) = \frac{1}{2}(x-1)^2 - 3$ 39. $f(x) = -2x^2 + 4x - 1$

4.8 Analizar gráficas de funciones polinomiales

Pregunta esencial ¿Cuántos puntos de inflexión puede tener la gráfica de una función polinomial?

Un *punto de inflexión* de la gráfica de una función polinomial es un punto en la gráfica en el que la función cambia de

- creciente a decreciente, o
- decreciente a creciente.

EXPLORACIÓN 1   Aproximar los puntos de inflexión

Trabaja con un compañero. Une cada función polinomial con su gráfica. Explica tu razonamiento. Luego usa una calculadora gráfica para aproximar las coordenadas de los puntos de inflexión de la gráfica de la función. Redondea tus respuestas al centésimo más cercano.

a. $f(x) = 2x^2 + 3x - 4$

b. $f(x) = x^2 + 3x + 2$

c. $f(x) = x^3 - 2x^2 - x + 1$

d. $f(x) = -x^3 + 5x - 2$

e. $f(x) = x^4 - 3x^2 + 2x - 1$

f. $f(x) = -2x^5 - x^2 + 5x + 3$

PRESTAR ATENCIÓN A LA PRECISIÓN

Para dominar las matemáticas, necesitas expresar las respuestas numéricas con un grado de precisión adecuado para el contexto del problema.

A.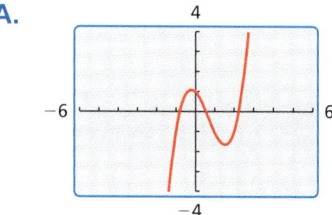

B.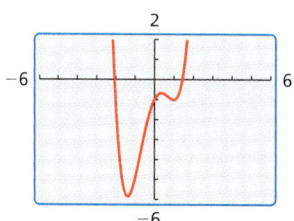

C.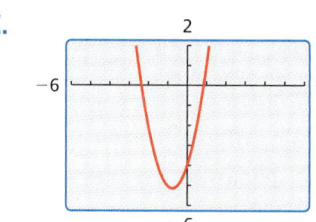

D.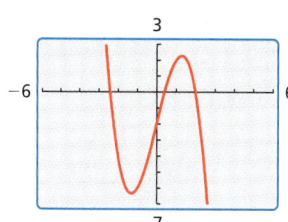

E.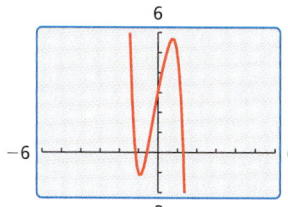

F.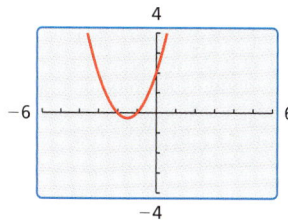

Comunicar tu respuesta

2. ¿Cuántos puntos de inflexión puede tener la gráfica de una función polinomial?

3. ¿Es posible dibujar la gráfica de una función polinomial que *no* tenga puntos de inflexión? Justifica tu respuesta.

4.8 Lección

Qué aprenderás

▶ Usar intersecciones con el eje *x* para hacer una gráfica de las funciones polinomiales.

▶ Usar el principio de la ubicación para identificar los ceros de las funciones polinomiales.

▶ Hallar puntos de inflexión e identificar los máximos locales y mínimos locales de las gráficas de las funciones polinomiales.

▶ Identificar funciones pares e impares.

Vocabulario Esencial

máximo local, *pág. 214*
mínimo local, *pág. 214*
función par, *pág. 215*
función impar, *pág. 215*

Anterior
comportamiento de los extremos
creciente
decreciente
simétrica con respecto al eje *y*

Hacer una gráfica de las funciones polinomiales

En este capítulo, has aprendido que los ceros, los factores, las soluciones y las intersecciones con el eje *x* son conceptos estrechamente relacionados. Este es un resumen de esas relaciones.

Resumen de conceptos

Ceros, factores, soluciones e intersecciones

Imagina que $f(x) = a_n x^n + a_{n-1} x^{n-1} + \cdots + a_1 x + a_0$ es una función polinomial. Los siguientes enunciados son equivalentes.

Cero: k es un cero de la función polinomial f.

Factor: $x - k$ es un factor del polinomio $f(x)$.

Solución: k es una solución (o raíz) de la ecuación polinomial $f(x) = 0$.

Intersección con el eje x: Si k es un número real, entonces k es una intersección con el eje *x* de la gráfica de la función polinomial f. La gráfica de f pasa por $(k, 0)$.

EJEMPLO 1 — Usar intersecciones con el eje *x* para hacer una gráfica de las funciones polinomiales

Haz una gráfica de la función.

$f(x) = \frac{1}{6}(x + 3)(x - 2)^2$.

SOLUCIÓN

Paso 1 Marca las intersecciones con el eje *x*. Dado que -3 y 2 son ceros de f, marca $(-3, 0)$ y $(2, 0)$.

Paso 2 Marca los puntos entre y más allá de las intersecciones con el eje *x*.

x	−2	−1	0	1	3
y	$\frac{8}{3}$	3	2	$\frac{2}{3}$	1

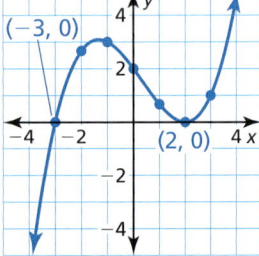

Paso 3 Determina el comportamiento de los extremos. Dado que $f(x)$ tiene tres factores de la forma $x - k$ y un factor constante de $\frac{1}{6}$, f es una función cúbica con un coeficiente principal positivo. Entonces, $f(x) \to -\infty$ en tanto que $x \to -\infty$ y $f(x) \to +\infty$ en tanto que $x \to +\infty$.

Paso 4 Dibuja la gráfica de manera que pase por los puntos marcados y tenga el comportamiento de extremos adecuado.

Monitoreo del progreso Ayuda en inglés y español en BigIdeasMath.com

Haz una gráfica de la función.

1. $f(x) = \frac{1}{2}(x + 1)(x - 4)^2$

2. $f(x) = \frac{1}{4}(x + 2)(x - 1)(x - 3)$

El principio de la ubicación

Puedes usar el *principio de la ubicación* para ayudarte a hallar los ceros reales de las funciones polinomiales.

Concepto Esencial

El principio de la ubicación

Si f es una función polinomial, y a y b son dos números reales tales que $f(a) < 0$ y $f(b) > 0$, entonces f tiene por lo menos un cero real entre a y b.

Para usar este principio y ubicar los ceros reales de una función polinomial, halla un valor a en el que la función polinomial es negativa y otro valor b en el que la función es positiva. Puedes llegar a la conclusión de que la función tiene *por lo menos* un cero real entre a y b.

EJEMPLO 2 Ubicar los ceros reales de una función polinomial

Halla todos los ceros reales de
$$f(x) = 6x^3 + 5x^2 - 17x - 6.$$

SOLUCIÓN

Paso 1 Usa una calculadora gráfica para hacer una tabla.

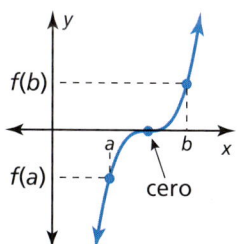

Paso 2 Usa el principio de ubicación. Basándote en la tabla que se muestra, puedes ver que $f(1) < 0$ y $f(2) > 0$. Entonces, por el principio de ubicación, f tiene un cero entre 1 y 2. Dado que f es una función polinomial de grado 3, tiene tres ceros. El único cero *racional* posible entre 1 y 2 es $\frac{3}{2}$. Usando la división sintética, puedes confirmar que $\frac{3}{2}$ es un cero.

Paso 3 Escribe $f(x)$ en forma factorizada. Dividir $f(x)$ entre su factor conocido $x - \frac{3}{2}$ da un cociente de $6x^2 + 14x + 4$. Entonces, puedes factorizar $f(x)$ como

$$f(x) = \left(x - \tfrac{3}{2}\right)(6x^2 + 14x + 4)$$
$$= 2\left(x - \tfrac{3}{2}\right)(3x^2 + 7x + 2)$$
$$= 2\left(x - \tfrac{3}{2}\right)(3x + 1)(x + 2).$$

▶ Basándose en la factorización, hay tres ceros. Los ceros de f son
$$\tfrac{3}{2}, -\tfrac{1}{3} \text{ y } -2.$$

Verifícalo haciendo una gráfica de f.

Verifica

Monitoreo del progreso Ayuda en inglés y español en *BigIdeasMath.com*

3. Halla todos los ceros reales de $f(x) = 18x^3 + 21x^2 - 13x - 6$.

Sección 4.8   Analizar gráficas de funciones polinomiales   213

Puntos de inflexión

Otra característica importante de las gráficas de las funciones polinomiales es que tiene *puntos de inflexión* correspondientes a valores locales máximos y mínimos.

- La coordenada *y* de un punto de inflexión es un **máximo local** de la función si el punto es más alto que todos los puntos cercanos.
- La coordenada *y* de un punto de inflexión es un **mínimo local** de la función si el punto es más bajo que todos los puntos cercanos.

Los puntos de inflexión de una gráfica ayudan a determinar los intervalos por los que una función es creciente o decreciente.

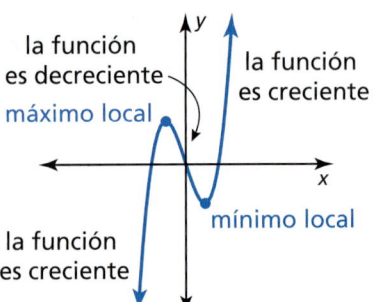

> **LEER**
> A veces se llama *máximo relativo* y *mínimo relativo* al máximo local y al mínimo local.

Concepto Esencial

Puntos de inflexión de las funciones polinomiales

1. La gráfica de toda función polinomial de grado *n* tiene *como máximo* $n - 1$ puntos de inflexión.
2. Si una función polinomial tiene *n* ceros reales diferenciados, entonces su gráfica tiene *exactamente* $n - 1$ puntos de inflexión.

EJEMPLO 3 Hallar los puntos de inflexión

Haz una gráfica de cada función. Identifica las intersecciones con el eje *x* y los puntos donde los máximos locales y los mínimos locales ocurren. Determina los intervalos por los que cada función es creciente o decreciente.

a. $f(x) = x^3 - 3x^2 + 6$ **b.** $g(x) = x^4 - 6x^3 + 3x^2 + 10x - 3$

SOLUCIÓN

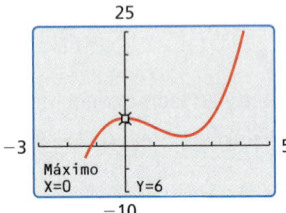

a. Usa una calculadora gráfica para hacer una gráfica de la función. La gráfica de *f* tiene una intersección con el eje *x* y dos puntos de inflexión. Usa las funciones *cero*, *máximo* y *mínimo* de la calculadora gráfica para aproximar las coordenadas de los puntos.

▶ La intersección con el eje *x* de la gráfica es $x \approx -1.20$. La función tiene un máximo local en (0, 6) y un mínimo local en (2, 2.) La función es creciente cuando $x < 0$ y $x > 2$ y decreciente cuando $0 < x < 2$.

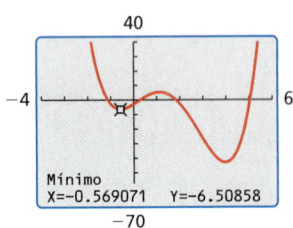

b. Usa una calculadora gráfica para hacer una gráfica de la función. La gráfica de *g* tiene cuatro intersecciones con el eje *x* y tres puntos de inflexión. Usa las funciones *cero*, *máximo* y *mínimo* de la calculadora gráfica para aproximar las coordenadas de los puntos.

▶ Las intersecciones con el eje *x* de la gráfica son $x \approx -1.14$, $x \approx 0.29$, $x \approx 1.82$ y $x \approx 5.03$. La función tiene un máximo local en (1.11, 5.11) y mínimos locales en $(-0.57, -6.51)$ y $(3.96, -43.04)$. La función es creciente cuando $-0.57 < x < 1.11$ y $x > 3.96$ y decreciente cuando $x < -0.57$ y $1.11 < x < 3.96$.

Monitoreo del progreso Ayuda en inglés y español en *BigIdeasMath.com*

4. Haz una gráfica de $f(x) = 0.5x^3 + x^2 - x + 2$. Identifica las intersecciones con el eje *x* y los puntos donde ocurren los máximos locales y los mínimos locales. Determina los intervalos por los que la función es creciente o decreciente.

Funciones pares e impares

Concepto Esencial

Funciones pares e impares

Una función f es una **función par** cuando $f(-x) = f(x)$ para toda x en su dominio. La gráfica de una función par es *simétrica con respecto al eje y*.

Una función f es una **función impar** cuando $f(-x) = -f(x)$ para toda x en su dominio. La gráfica de una función impar es *simétrica con respecto al origen*. Una manera de reconocer una gráfica simétrica con respecto al origen es que se ve igual después de una rotación de 180° con respecto al origen.

Función par

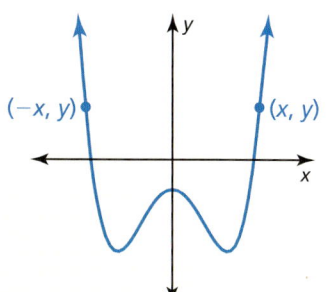

Función impar

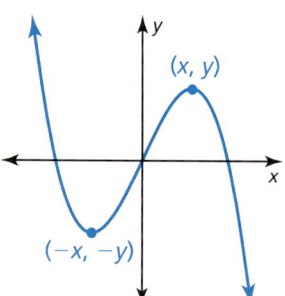

Para una función par, si (x, y) está en la gráfica, entonces $(-x, y)$ también está en la gráfica.

Para una función impar, si (x, y) está en la gráfica, entonces $(-x, -y)$ también está en la gráfica.

EJEMPLO 4 Identificar funciones pares e impares

Determina si cada función es *par, impar* o *ninguna*.

a. $f(x) = x^3 - 7x$ **b.** $g(x) = x^4 + x^2 - 1$ **c.** $h(x) = x^3 + 2$

SOLUCIÓN

a. Reemplaza x con $-x$ en la ecuación para f, y luego simplifica.

$$f(-x) = (-x)^3 - 7(-x) = -x^3 + 7x = -(x^3 - 7x) = -f(x)$$

▶ Dado que $f(-x) = -f(x)$, la función es impar.

b. Reemplaza x con $-x$ en la ecuación para g, y luego simplifica.

$$g(-x) = (-x)^4 + (-x)^2 - 1 = x^4 + x^2 - 1 = g(x)$$

▶ Dado que $g(-x) = g(x)$, la función es par.

c. Reemplazar x con $-x$ en la ecuación para h resulta en

$$h(-x) = (-x)^3 + 2 = -x^3 + 2.$$

▶ Dado que $h(x) = x^3 + 2$ y $-h(x) = -x^3 - 2$, puedes concluir que $h(-x) \neq h(x)$ y $h(-x) \neq -h(x)$. Entonces, la función no es ni par ni impar.

Monitoreo del progreso Ayuda en inglés y español en *BigIdeasMath.com*

Determina si la función es *par, impar* o *ninguna*.

5. $f(x) = -x^2 + 5$ **6.** $f(x) = x^4 - 5x^3$ **7.** $f(x) = 2x^5$

4.8 Ejercicios

Soluciones dinámicas disponibles en *BigIdeasMath.com*

Verificación de vocabulario y concepto esencial

1. **COMPLETAR LA ORACIÓN** Un máximo local o mínimo local de una función polinomial ocurre en un punto _____ de la gráfica de la función.

2. **ESCRIBIR** Explica qué es el máximo local de una función y cómo puede ser diferente del valor máximo de la función.

Monitoreo del progreso y Representar con matemáticas

ANALIZAR RELACIONES En los Ejercicios 3–6, une la función con su gráfica.

3. $f(x) = (x - 1)(x - 2)(x + 2)$

4. $h(x) = (x + 2)^2(x + 1)$

5. $g(x) = (x + 1)(x - 1)(x + 2)$

6. $f(x) = (x - 1)^2(x + 2)$

A.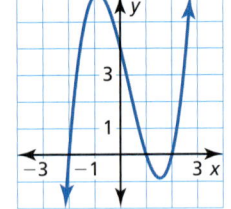

B.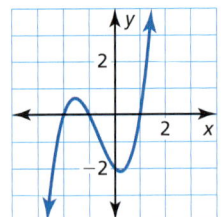

C.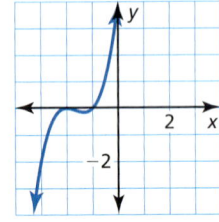

D.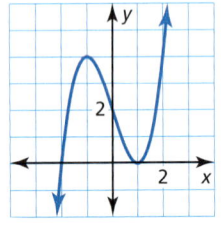

En los Ejercicios 7–14, haz una gráfica de la función. *(Consulta el Ejemplo 1).*

7. $f(x) = (x - 2)^2(x + 1)$

8. $f(x) = (x + 2)^2(x + 4)^2$

9. $h(x) = (x + 1)^2(x - 1)(x - 3)$

10. $g(x) = 4(x + 1)(x + 2)(x - 1)$

11. $h(x) = \frac{1}{3}(x - 5)(x + 2)(x - 3)$

12. $g(x) = \frac{1}{12}(x + 4)(x + 8)(x - 1)$

13. $h(x) = (x - 3)(x^2 + x + 1)$

14. $f(x) = (x - 4)(2x^2 - 2x + 1)$

ANÁLISIS DE ERRORES En los Ejercicios 15 y 16, describe y corrige el error al usar factores para hacer una gráfica de *f*.

15. $f(x) = (x + 2)(x - 1)^2$

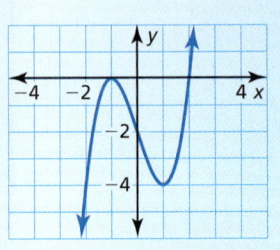

16. $f(x) = x^2(x - 3)^3$

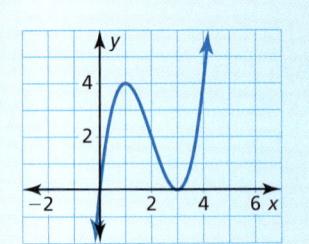

En los Ejercicios 17–22, halla todos los ceros reales de la función. *(Consulta el Ejemplo 2).*

17. $f(x) = x^3 - 4x^2 - x + 4$

18. $f(x) = x^3 - 3x^2 - 4x + 12$

19. $h(x) = 2x^3 + 7x^2 - 5x - 4$

20. $h(x) = 4x^3 - 2x^2 - 24x - 18$

21. $g(x) = 4x^3 + x^2 - 51x + 36$

22. $f(x) = 2x^3 - 3x^2 - 32x - 15$

En los Ejercicios 23–30, haz una gráfica de la función. Identifica las intersecciones con el eje x y los puntos donde ocurren los máximos locales y los mínimos locales. Determina los intervalos por los que la función es creciente o decreciente. *(Consulta el Ejemplo 3).*

23. $g(x) = 2x^3 + 8x^2 - 3$

24. $g(x) = -x^4 + 3x$

25. $h(x) = x^4 - 3x^2 + x$

26. $f(x) = x^5 - 4x^3 + x^2 + 2$

27. $f(x) = 0.5x^3 - 2x + 2.5$

28. $f(x) = 0.7x^4 - 3x^3 + 5x$

29. $h(x) = x^5 + 2x^2 - 17x - 4$

30. $g(x) = x^4 - 5x^3 + 2x^2 + x - 3$

En los Ejercicios 31–36, estima las coordenadas de cada punto de inflexión. Indica si cada uno es un máximo local o un mínimo local. Luego estima los ceros reales y halla el menor grado posible de la función.

31.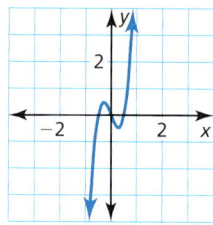

32.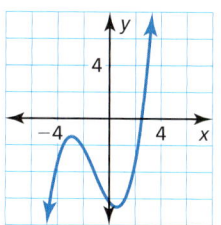

33.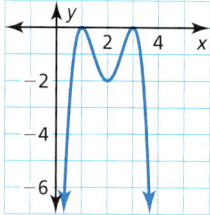

34.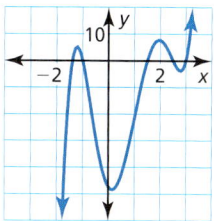

35.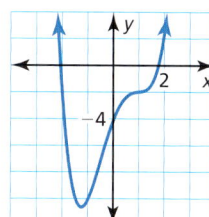

36.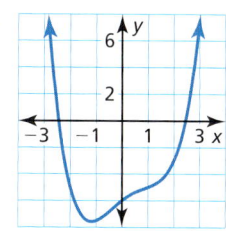

FINAL ABIERTO En los Ejercicios 37 y 38, dibuja una gráfica de una función polinomial f que tenga las características dadas.

37. • La gráfica de f tiene intersecciones con el eje x en $x = -4$, $x = 0$, y $x = 2$.

    • f tiene un valor máximo local cuando $x = 1$.

    • f tiene un valor mínimo local cuando $x = -2$.

38. • La gráfica de f tiene intersecciones con el eje x en $x = -3$, $x = 1$, y $x = 5$.

    • f tiene un valor máximo local cuando $x = 1$.

    • f tiene un valor mínimo local cuando $x = -2$ y cuando $x = 4$.

En los Ejercicios 39–46, determina si la función es *par*, *impar* o *ninguna*. *(Consulta el Ejemplo 4).*

39. $h(x) = 4x^7$

40. $g(x) = -2x^6 + x^2$

41. $f(x) = x^4 + 3x^2 - 2$

42. $f(x) = x^5 + 3x^3 - x$

43. $g(x) = x^2 + 5x + 1$

44. $f(x) = -x^3 + 2x - 9$

45. $f(x) = x^4 - 12x^2$

46. $h(x) = x^5 + 3x^4$

47. **USAR HERRAMIENTAS** Cuando un nadador nada estilo pecho, la función

$$S = -241t^7 + 1060t^6 - 1870t^5 + 1650t^4 - 737t^3 + 144t^2 - 2.43t$$

representa la velocidad S (en metros por segundo) del nadador durante una brazada completa, donde t es el número de segundos desde el inicio de la brazada y $0 \le t \le 1.22$. Usa una calculadora gráfica para hacer una gráfica de la función. ¿En qué momento durante la brazada el nadador va más rápido?

48. **USAR HERRAMIENTAS** Durante un periodo de tiempo reciente, el número S (en miles) de estudiantes inscritos en las escuelas públicas de cierto país se puede representar mediante $S = 1.64x^3 - 102x^2 + 1710x + 36{,}300$, donde x es tiempo (en años.) Usa una calculadora gráfica para hacer una gráfica de la función para el intervalo $0 \le x \le 41$. Luego, describe cómo cambia la inscripción de las escuelas públicas durante este periodo.

49. **ESCRIBIR** ¿Por qué el adjetivo *local*, que se usa para describir los máximos y mínimos de las funciones cúbicas, a veces no se necesita usar para las funciones cuadráticas?

Sección 4.8 Analizar gráficas de funciones polinomiales

50. **¿CÓMO LO VES?** Se muestra la gráfica de una función polinomial.

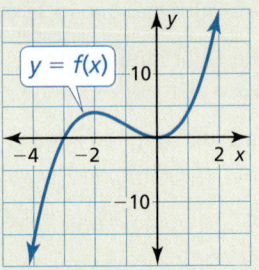

a. Halla los ceros, los valores máximo local y mínimo local de la función.

b. Compara las intersecciones con el eje x de las gráficas de $y = f(x)$ y $y = -f(x)$.

c. Compara los valores máximos y mínimos de las funciones $y = f(x)$ y $y = -f(x)$.

51. **ARGUMENTAR** Tu amigo dice que el producto de dos funciones impares es una función impar. ¿Es correcto lo que dice tu amigo? Explica tu razonamiento

52. **REPRESENTAR CON MATEMÁTICAS** Estás haciendo una caja rectangular a partir de una pieza de cartón de 16 pulgadas por 20 pulgadas. La caja se formará haciendo los cortes mostrados en el diagrama y doblando los lados hacia arriba. Quieres que la caja tenga el mayor volumen posible.

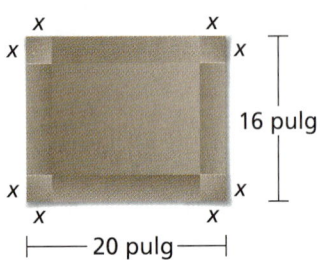

a. ¿De qué longitud debes hacer los cortes?

b. ¿Cuál es el volumen máximo?

c. ¿Cuáles son las dimensiones de la caja terminada?

53. **RESOLVER PROBLEMAS** Las barracas quonset son estructuras temporales multipropósito con forma de semicilindros. Tienes 1100 pies cuadrados de material para construir una barraca quonset.

a. El área de la superficie S de una barraca quonset está dada por $S = \pi r^2 + \pi r \ell$. Sustituye 1100 por S y luego escribe una expresión para ℓ en términos de r.

b. El volumen V de una barraca quonset está dado por $V = \frac{1}{2}\pi r^2 \ell$. Escribe una ecuación que dé V como función solo en términos de r.

c. Halla el valor de r que maximice el volumen de la barraca.

54. **ESTIMULAR EL PENSAMIENTO** Escribe y haz una gráfica de una función polinomial que tenga un cero real en cada uno de los intervalos $-2 < x < -1$, $0 < x < 1$, y $4 < x < 5$. ¿Hay algún grado máximo que una función polinomial como esta pueda tener? Justifica tu respuesta.

55. **CONEXIONES MATEMÁTICAS** Un cilindro está inscrito en una esfera cuyo radio tiene 8 pulgadas. Escribe una ecuación para el volumen del cilindro como función de h. Halla el valor de h que maximice el volumen del cilindro inscrito. ¿Cuál es el volumen máximo del cilindro?

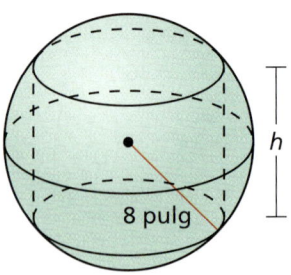

Mantener el dominio de las matemáticas
Repasar lo que aprendiste en grados y lecciones anteriores

Expresa si la tabla muestra *datos lineales, cuadráticos* **o** *ninguno.* **Explica.** *(Sección 2.4)*

56.

Meses, x	0	1	2	3
Ahorro (dólares), y	100	150	200	250

57.

Tiempo (segundos), x	0	1	2	3
Altura (pies), y	300	284	236	156

218 Capítulo 4 Funciones polinomiales

4.9 Representar con funciones polinomiales

Pregunta esencial ¿Cómo puedes hallar un modelo polinomial para datos de la vida real?

EXPLORACIÓN 1   Representar datos de la vida real

Trabaja con un compañero. La distancia que recorre una pelota de béisbol después de que la golpean depende del ángulo en el que la golpearon y de la velocidad inicial. La tabla muestra las distancias que recorre una pelota de béisbol golpeada en un ángulo de 35° a diversas velocidades iniciales.

Velocidad inicial, x (millas por hora)	80	85	90	95	100	105	110	115
Distancia, y (pies)	194	220	247	275	304	334	365	397

a. Recuerda que cuando los datos tienen valores de *x* igualmente espaciados, puedes analizar patrones en las diferencias de los valores *y* para determinar qué tipo de función se puede usar para representar los datos. Si las primeras diferencias son constantes, entonces el conjunto de datos corresponde con un modelo lineal. Si las segundas diferencias son constantes, entonces el conjunto de datos corresponde con el modelo de una función cuadrática.

Halla las primeras y segundas diferencias de los datos. ¿Los datos son lineales o cuadráticos? Explica tu razonamiento.

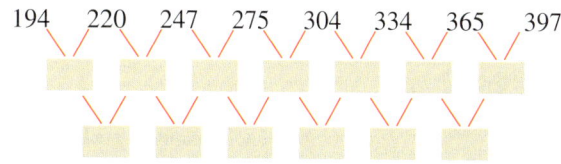

USAR HERRAMIENTAS ESTRATÉGICAMENTE

Para dominar las matemáticas, necesitas usar herramientas tecnológicas para explorar y profundizar tu entendimiento de los conceptos.

b. Usa una calculadora gráfica para dibujar un diagrama de dispersión de los datos. ¿Los datos parecen lineales o cuadráticos? Usa la función *regresión* de la calculadora gráfica para hallar el modelo lineal o cuadrático que mejor corresponda con los datos.

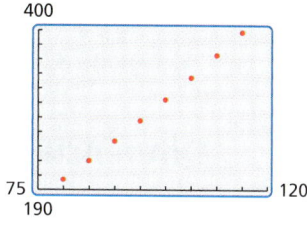

c. Usa el modelo que hallaste en la parte (b) para hallar la distancia que recorre una pelota de béisbol cuando la golpean en un ángulo de 35° y se traslada a una velocidad inicial de 120 millas por hora.

d. De acuerdo con el *Almanaque de Béisbol*, "Todo lanzamiento de más de 400 pies es digno de destacarse. Un golpe de 450 pies muestra una fuerza excepcional, ya que la mayoría de jugadores de las grandes ligas no son capaces de golpear una pelota tan lejos. Todo golpe en el rango de los 500 pies es genuinamente histórico". Estima la velocidad inicial de una pelota de béisbol que recorre una distancia de 500 pies.

Comunicar tu respuesta

2. ¿Cómo puedes hallar un modelo polinomial para datos de la vida real?

3. ¿Qué tan bien corresponde con los datos el modelo que hallaste en la Exploración 1(b)? ¿Crees que el modelo es válido para cualquier velocidad inicial? Explica tu razonamiento.

Sección 4.9   Representar con funciones polinomiales   219

4.9 Lección

Qué aprenderás

- Escribir funciones polinomiales para conjuntos de puntos.
- Escribir funciones polinomiales usando diferencias finitas.
- Usar la tecnología para hallar modelos para conjuntos de datos.

Vocabulario Esencial

diferencias finitas, *pág. 220*

Anterior
diagrama de dispersión

Escribir funciones polinomiales para conjuntos de puntos

Sabes que dos puntos determinan una recta y tres puntos que no están en una recta determinan una parábola. En el Ejemplo 1, verás que cuatro puntos que no están en una recta o parábola determinan la gráfica de una función cúbica.

EJEMPLO 1   Escribir una función cúbica

Escribe la función cúbica cuyo gráfico se muestra.

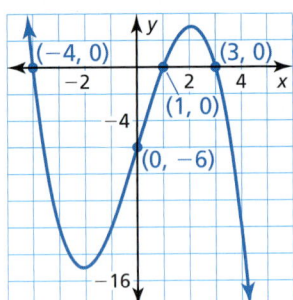

SOLUCIÓN

Paso 1 Usa las tres intersecciones con el eje *x* para escribir la función en forma factorizada.

$$f(x) = a(x + 4)(x - 1)(x - 3)$$

Paso 2 Halla el valor de *a* sustituyendo las coordenadas del punto (0, −6.)

$$-6 = a(0 + 4)(0 - 1)(0 - 3)$$

$$-6 = 12a$$

$$-\tfrac{1}{2} = a$$

▶ La función es $f(x) = -\tfrac{1}{2}(x + 4)(x - 1)(x - 3)$.

Verifica

Verifica el comportamiento de los extremos de *f*. El grado de *f* es impar y $a < 0$. Entonces, $f(x) \to +\infty$ en tanto que $x \to -\infty$ y $f(x) \to -\infty$ en tanto que $x \to +\infty$, lo que corresponde con la gráfica. ✓

Monitoreo del progreso 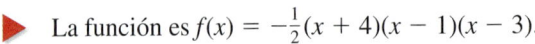   Ayuda en inglés y español en *BigIdeasMath.com*

Escribe una función cúbica cuya gráfica pase por los puntos dados.

1. (−4, 0), (0, 10), (2, 0), (5, 0)   **2.** (−1, 0), (0, −12), (2, 0), (3, 0)

Diferencias finitas

Cuando los valores *x* en un conjunto de datos están igualmente espaciados, las diferencias de los valores *y* consecutivos se llaman **diferencias finitas**. Recuerda de la Sección 2.4 que las primeras y segundas diferencias de $y = x^2$ son:

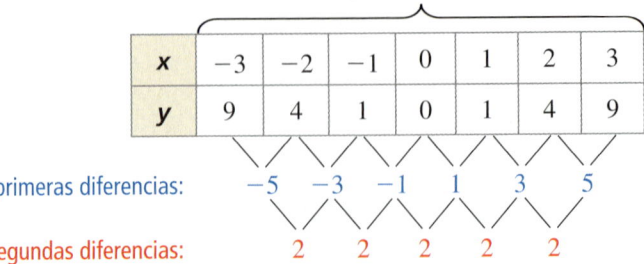

Observa que $y = x^2$ tiene grado *dos* y que las *segundas* diferencias son constantes y diferentes de cero. Esto ejemplifica la primera de las dos propiedades de las diferencias finitas que se muestran en la siguiente página.

220   Capítulo 4   Funciones polinomiales

Concepto Esencial

Propiedades de las diferencias finitas

1. Si una función polinomial $y = f(x)$ tiene grado n, entonces las enésimas diferencias de los valores de función para valores x igualmente espaciados son diferentes de cero y constantes.

2. A la inversa, si las enésimas diferencias de datos igualmente espaciados son diferentes de cero y constantes, entonces los datos se pueden representar mediante una función polinomial de grado n.

La segunda propiedad de las diferencias finitas te permite escribir una función polinomial que represente un conjunto de datos igualmente espaciados.

EJEMPLO 2 Escribir una función usando diferencias finitas

Usa las diferencias finitas para determinar el grado de la función polinomial que corresponda con los datos. Luego, usa herramientas tecnológicas para hallar la función polinomial.

x	1	2	3	4	5	6	7
f(x)	1	4	10	20	35	56	84

SOLUCIÓN

Paso 1 Escribe los valores de la función. Halla las primeras diferencias restando los valores consecutivos. Luego halla las segundas diferencias restando las primeras diferencias consecutivas. Continúa hasta que obtengas las diferencias que son diferentes de cero y constantes.

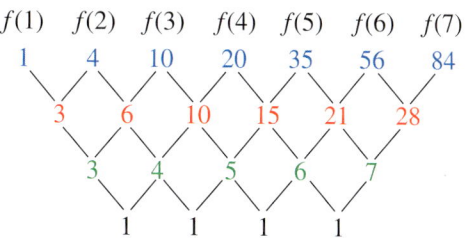

Escribe los valores de la función para valores de x igualmente espaciados.

Primeras diferencias

Segundas diferencias

Terceras diferencias

Dado que las terceras diferencias son diferentes de cero y constantes, puedes representar los datos *exactamente* con una función cúbica.

Paso 2 Ingresa los datos en una calculadora gráfica y usa la regresión cúbica para obtener una función polinomial.

▶ Dado que $\frac{1}{6} \approx 0.1666666667$, $\frac{1}{2} = 0.5$, y $\frac{1}{3} \approx 0.333333333$, una función polinomial que corresponda exactamente con los datos es

$$f(x) = \frac{1}{6}x^3 + \frac{1}{2}x^2 + \frac{1}{3}x.$$

Monitoreo del progreso Ayuda en inglés y español en *BigIdeasMath.com*

3. Usa las diferencias finitas para determinar el grado de la función polinomial que corresponda con los datos. Luego usa herramientas tecnológicas para hallar la función polinomial.

x	−3	−2	−1	0	1	2
f(x)	6	15	22	21	6	−29

Sección 4.9 Representar con funciones polinomiales 221

Hallar modelos usando la tecnología

En los Ejemplos 1 y 2, hallaste un modelo cúbico que corresponde *exactamente* con un conjunto de datos. En muchas situaciones de la vida real, no puedes hallar modelos que correspondan exactamente con los datos. A pesar de esta limitación, aun así puedes usar herramientas tecnológicas para aproximar los datos con un modelo polinomial, como se muestra en el siguiente ejemplo.

EJEMPLO 3   Uso en la vida real

La tabla muestra el total de consumo de energía de biomasa de los Estados Unidos y (en trillones de unidades térmicas inglesas o Btus) en el año t, donde $t = 1$ corresponde a 2001. Halla un modelo polinomial para los datos. Usa el modelo para estimar el total de consumo de energía de biomasa de los Estados Unidos en 2013.

t	1	2	3	4	5	6
y	2622	2701	2807	3010	3117	3267

t	7	8	9	10	11	12
y	3493	3866	3951	4286	4421	4316

De acuerdo con el Departamento de Energía de los Estados Unidos, la biomasa incluye "residuos agrícolas y forestales, desechos sólidos municipales, desechos industriales y cultivos terrestres y acuáticos desarrollados solo con fines energéticos". Entre los usos de la biomasa se encuentra la producción de electricidad y combustibles líquidos como el etanol.

SOLUCIÓN

Paso 1 Ingresa los datos en una calculadora gráfica y haz un diagrama de dispersión. Los datos sugieren un modelo cúbico.

Paso 2 Usa la función *regresión cúbica*. El modelo polinomial es
$y = -2.545t^3 + 51.95t^2 - 118.1t + 2732.$

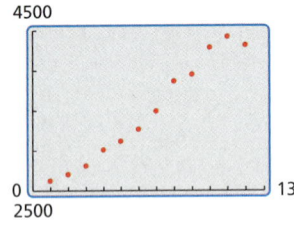
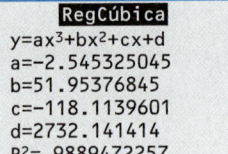

Paso 3 Verifica el modelo haciendo una gráfica del mismo y de los datos en la misma ventana de visualización.

Paso 4 Usa la función *trazar* para estimar el valor del modelo cuando $t = 13$.

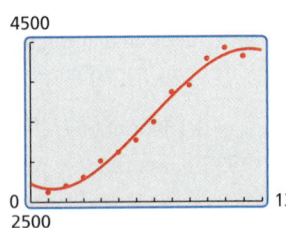
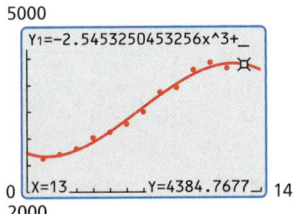

▶ El total aproximado del consumo de energía de biomasa de los Estados Unidos en 2013 fue alrededor de 4385 trillones de Btus.

Monitoreo del progreso   Ayuda en inglés y español en BigIdeasMath.com

Usa una calculadora gráfica para hallar una función polinomial que corresponda con los datos.

4.

x	1	2	3	4	5	6
y	5	13	17	11	11	56

5.

x	0	2	4	6	8	10
y	8	0	15	69	98	87

4.9 Ejercicios

Soluciones dinámicas disponibles en *BigIdeasMath.com*

Verificación de vocabulario y concepto esencial

1. **COMPLETAR LA ORACIÓN** Cuando los valores de *x* en un conjunto de datos están igualmente espaciados, las diferencias de los valores *y* consecutivos se llaman _____.

2. **ESCRIBIR** Explica cómo sabes cuándo un conjunto de datos se podría representar mediante una función cúbica.

Monitoreo del progreso y Representar con matemáticas

En los Ejercicios 3–6 escribe una función cúbica cuya gráfica se muestra. *(Consulta el Ejemplo 1).*

3.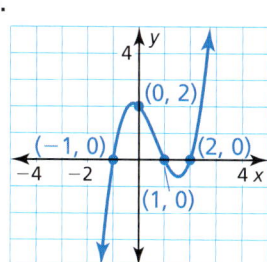

4.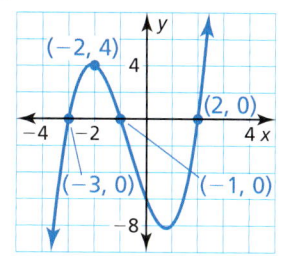

5.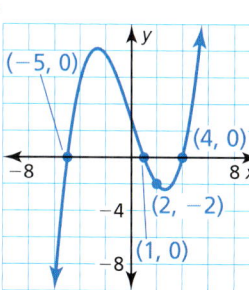

6.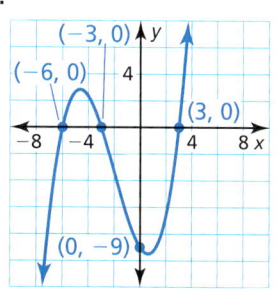

En los Ejercicios 7–12, usa las diferencias finitas para determinar el grado de la función polinomial que corresponda con los datos. Luego usa herramientas tecnológicas para hallar la función polinomial. *(Consulta el Ejemplo 2).*

7.
x	−6	−3	0	3	6	9
f(x)	−2	15	−4	49	282	803

8.
x	−1	0	1	2	3	4
f(x)	−14	−5	−2	7	34	91

9. $(-4, -317), (-3, -37), (-2, 21), (-1, 7), (0, -1),$
 $(1, 3), (2, -47), (3, -289), (4, -933)$

10. $(-6, 744), (-4, 154), (-2, 4), (0, -6), (2, 16),$
 $(4, 154), (6, 684), (8, 2074), (10, 4984)$

11. $(-2, 968), (-1, 422), (0, 142), (1, 26), (2, -4),$
 $(3, -2), (4, 2), (5, 2), (6, 16)$

12. $(1, 0), (2, 6), (3, 2), (4, 6), (5, 12), (6, -10),$
 $(7, -114), (8, -378), (9, -904)$

13. **ANÁLISIS DE ERRORES** Describe y corrige el error al escribir una función cúbica cuya gráfica pase por los puntos dados.

> ✗ $(-6, 0), (1, 0), (3, 0), (0, 54)$
> $54 = a(0 - 6)(0 + 1)(0 + 3)$
> $54 = -18a$
> $a = -3$
> $f(x) = -3(x - 6)(x + 1)(x + 3)$

14. **REPRESENTAR CON MATEMÁTICAS** Los patrones de puntos muestran números pentagonales. El número de puntos en el enésimo número pentagonal está dado por $f(n) = \frac{1}{2}n(3n - 1)$. Demuestra que esta función tiene diferencias de segundo orden constantes.

   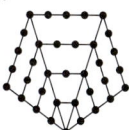

15. **FINAL ABIERTO** Escribe tres funciones cúbicas diferentes que pasen por los puntos $(3, 0)$, $(4, 0)$ y $(2, 6)$. Justifica tus respuestas.

16. **REPRESENTAR CON MATEMÁTICAS** La tabla muestra las edades de los gatos y sus edades correspondientes en años humanos. Halla un modelo polinomial para los datos de los primeros 8 años de la vida de un gato. Usa el modelo para estimar la edad (en años humanos) de un gato de 3 años de edad. *(Consulta el Ejemplo 3).*

Edad del gato, x	1	2	4	6	7	8
Años humanos, y	15	24	32	40	44	48

Sección 4.9 Representar con funciones polinomiales 223

17. **REPRESENTAR CON MATEMÁTICAS** Los datos en la tabla muestran las velocidades y promedio (en millas por hora) de un bote pontón para varias diferentes velocidades de motor x (en cientos de revoluciones por minuto, o RPM.) Halla un modelo polinomial para los datos. Estima la velocidad promedio del bote pontón si la velocidad del motor es de 2800 RPM.

x	10	20	25	30	45	55
y	4.5	8.9	13.8	18.9	29.9	37.7

18. **¿CÓMO LO VES?** La gráfica muestra velocidades y típicas (en pies por segundo) de un transbordador espacial x segundos después de su lanzamiento.

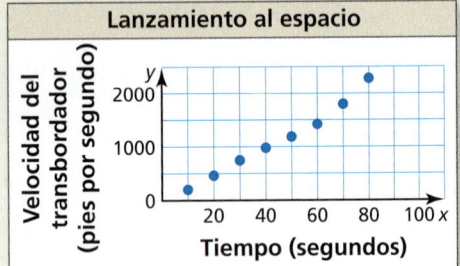

a. ¿Qué tipo de función polinomial representa los datos? Explica.

b. ¿Qué diferencia finita de enésimo orden debería ser constante para la función en la parte (a)? Explica.

19. **CONEXIONES MATEMÁTICAS** La tabla muestra el número de diagonales de polígonos que tienen n lados. Halla una función polinomial que corresponda con los datos. Determina el número total de diagonales en el decágono que se muestra.

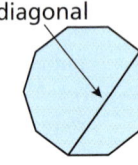

Número de lados, n	3	4	5	6	7	8
Número de diagonales, d	0	2	5	9	14	20

20. **ARGUMENTAR** Tu amigo dice que no es posible determinar el grado de una función dadas las diferencias de primer orden. ¿Es correcto lo que dice tu amigo? Explica tu razonamiento.

21. **ESCRIBIR** Explica por qué no puedes usar siempre diferencias finitas para hallar un modelo para conjuntos de datos de la vida real.

22. **ESTIMULAR EL PENSAMIENTO** A, B y C son ceros de una función polinomial cúbica. Elige valores para A, B y C tales que la distancia de A hacia B sea menor o igual a la distancia de A hacia C. Luego escribe la función usando los valores de A, B, y C que elegiste.

23. **REPRESENTACIONES MÚLTIPLES** Ordena las funciones polinomiales de acuerdo con su grado, de menor a mayor.

A. $f(x) = -3x + 2x^2 + 1$

B.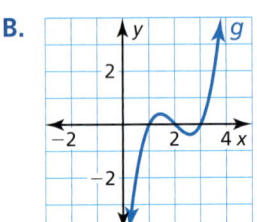

C.
x	−2	−1	0	1	2	3
h(x)	8	6	4	2	0	−2

D.
x	−2	−1	0	1	2	3
k(x)	25	6	7	4	−3	10

24. **RAZONAMIENTO ABSTRACTO** Sustituye las expresiones $z, z+1, z+2, \ldots, z+5$ para x en la función $f(x) = ax^3 + bx^2 + cx + d$ para generar seis pares ordenados con espacios iguales. Luego demuestra que las diferencias de tercer orden son constantes.

Mantener el dominio de las matemáticas Repasar lo que aprendiste en grados y lecciones anteriores

Resuelve la ecuación usando raíces cuadradas. *(Sección 3.1)*

25. $x^2 - 6 = 30$

26. $5x^2 - 38 = 187$

27. $2(x-3)^2 = 24$

28. $\frac{4}{3}(x+5)^2 = 4$

Resuelve la ecuación usando la fórmula cuadrática. *(Sección 3.4)*

29. $2x^2 + 3x = 5$

30. $2x^2 + \frac{1}{2} = 2x$

31. $2x^2 + 3x = -3x^2 + 1$

32. $4x - 20 = x^2$

4.5–4.9 ¿Qué aprendiste?

Vocabulario Esencial

solución repetida, *pág. 190*
números complejos conjugados, *pág. 199*
máximo local, *pág. 214*
mínimo local, *pág. 214*
función par, *pág. 215*
función impar, *pág. 215*
diferencias, finitas, *pág. 220*

Conceptos Esenciales

Sección 4.5
El teorema de la raíz racional, *pág. 191*
El teorema de los valores conjugados irracionales, *pág. 193*

Sección 4.6
El teorema fundamental del álgebra, *pág. 198*
El teorema de los números conjugados complejos, *pág. 199*
Regla de los signos de Descartes, *pág. 200*

Sección 4.7
Transformaciones de las funciones polinomiales, *pág. 206*
Escribir funciones polinomiales transformadas, *pág. 207*

Sección 4.8
Ceros, factores, soluciones e intersecciones, *pág. 212*
El principio de la ubicación, *pág. 213*
Puntos de inflexión de las funciones polinomiales, *pág. 214*
Funciones pares e impares, *pág. 215*

Sección 4.9
Escribir funciones polinomiales para conjuntos de datos, *pág. 220*
Propiedades de las diferencias finitas, *pág. 221*

Prácticas matemáticas

1. Explica cómo entender el teorema de conjugados complejos te permite construir tu argumento en el Ejercicio 46 de la página 203.

2. Describe cómo usas la estructura para unir correctamente cada gráfica con su transformación en los Ejercicios 7–10 de la página 209.

Tarea de desempeño

Por las aves – Protección de la vida silvestre

¿Cómo afecta la presencia de humanos a la población de gorriones en un parque? ¿Más humanos significa menos gorriones? ¿O la presencia de humanos aumenta el número de gorriones hasta cierto punto? ¿Existe un número mínimo de gorriones que se pueda hallar en un parque, sin importar cuántos humanos hayan? ¿Qué te puede indicar un modelo matemático?

Para explorar las respuestas a estas y más preguntas, visita *BigIdeasMath.com*.

4 Repaso del capítulo

Soluciones dinámicas disponibles en *BigIdeasMath.com*

4.1 Hacer gráficas de funciones polinomiales (págs. 157–164)

Haz una gráfica de $f(x) = x^3 + 3x^2 - 3x - 10$.

Para hacer una gráfica de la función, haz una tabla de valores y marca los puntos correspondientes. Conecta los puntos con una curva suave y verifica el comportamiento de los extremos.

x	−3	−2	−1	0	1	2	3
f(x)	−1	0	−5	−10	−9	4	35

El grado es impar y el coeficiente principal es positivo. Entonces, $f(x) \to -\infty$ en tanto que $x \to -\infty$ y $f(x) \to +\infty$ en tanto que $x \to +\infty$.

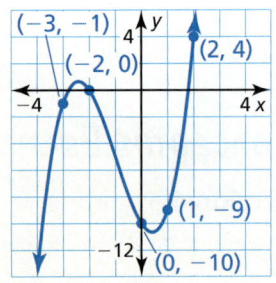

Decide si la función es una función polinomial. Si lo es, escríbela en forma estándar e indica su grado, tipo y coeficiente principal.

1. $h(x) = -x^3 + 2x^2 - 15x^7$
2. $p(x) = x^3 - 5x^{0.5} + 13x^2 + 8$

Haz una gráfica de la función polinomial.

3. $h(x) = x^2 + 6x^5 - 5$
4. $f(x) = 3x^4 - 5x^2 + 1$
5. $g(x) = -x^4 + x + 2$

4.2 Sumar, restar y multiplicar polinomios (págs. 165–172)

a. **Multiplica** $(x - 2)$, $(x - 1)$, **y** $(x + 3)$ **en formato horizontal.**

$$(x - 2)(x - 1)(x + 3) = (x^2 - 3x + 2)(x + 3)$$
$$= (x^2 - 3x + 2)x + (x^2 - 3x + 2)3$$
$$= x^3 - 3x^2 + 2x + 3x^2 - 9x + 6$$
$$= x^3 - 7x + 6$$

b. **Usa el triángulo de Pascal para desarrollar** $(4x + 2)^4$.

Los coeficientes de la cuarta fila del triángulo de Pascal son 1, 4, 6, 4 y 1.

$$(4x + 2)^4 = 1(4x)^4 + 4(4x)^3(2) + 6(4x)^2(2)^2 + 4(4x)(2)^3 + 1(2)^4$$
$$= 256x^4 + 512x^3 + 384x^2 + 128x + 16$$

Halla la suma o la diferencia.

6. $(4x^3 - 12x^2 - 5) - (-8x^2 + 4x + 3)$
7. $(x^4 + 3x^3 - x^2 + 6) + (2x^4 - 3x + 9)$
8. $(3x^2 + 9x + 13) - (x^2 - 2x + 12)$

Halla el producto.

9. $(2y^2 + 4y - 7)(y + 3)$
10. $(2m + n)^3$
11. $(s + 2)(s + 4)(s - 3)$

Usa el triángulo de Pascal para desarrollar el binomio.

12. $(m + 4)^4$
13. $(3s + 2)^5$
14. $(z + 1)^6$

4.3 Dividir polinomios *(págs. 173–178)*

Usa la división sintética para evaluar $f(x) = -2x^3 + 4x^2 + 8x + 10$ **cuando** $x = -3$.

```
-3 | -2    4    8   10
   |       6  -30   66
   -------------------
     -2   10  -22   76
```

▶ El residuo es 76. Entonces por el teorema del residuo puedes llegar a la conclusión de que $f(-3) = 76$. Puedes verificar esto sustituyendo $x = -3$ en la función original.

Verifica

$$f(-3) = -2(-3)^3 + 4(-3)^2 + 8(-3) + 10$$
$$= 54 + 36 - 24 + 10$$
$$= 76 \checkmark$$

Divide usando la división polinomial larga o la división sintética.

15. $(x^3 + x^2 + 3x - 4) \div (x^2 + 2x + 1)$

16. $(x^4 + 3x^3 - 4x^2 + 5x + 3) \div (x^2 + x + 4)$

17. $(x^4 - x^2 - 7) \div (x + 4)$

18. Usa la división sintética para evaluar $g(x) = 4x^3 + 2x^2 - 4$ cuando $x = 5$.

4.4 Factorizar polinomios *(págs. 179–186)*

a. Factoriza $x^4 + 8x$ **completamente.**

$x^4 + 8x = x(x^3 + 8)$	Factoriza el monomio común.
$= x(x^3 + 2^3)$	Escribe $x^3 + 8$ como $a^3 + b^3$.
$= x(x + 2)(x^2 - 2x + 4)$	Patrón de suma de dos cubos.

b. Determina si $x + 4$ **es un factor de** $f(x) = x^5 + 4x^4 + 2x + 8$.

Halla $f(-4)$ mediante la división sintética.

```
-4 | 1    4    0    0    2    8
   |     -4    0    0    0   -8
   -------------------------------
     1    0    0    0    2    0
```

▶ Dado que $f(-4) = 0$, el binomio $x + 4$ es un factor de $f(x) = x^5 + 4x^4 + 2x + 8$.

Factoriza completamente el polinomio.

19. $64x^3 - 8$ **20.** $2z^5 - 12z^3 + 10z$ **21.** $2a^3 - 7a^2 - 8a + 28$

22. Demuestra que $x + 2$ es un factor de $f(x) = x^4 + 2x^3 - 27x - 54$. Luego factoriza $f(x)$ completamente.

4.5 Resolver ecuaciones polinomiales *(págs. 189–196)*

a. Halla todas las soluciones reales de $x^3 + x^2 - 8x - 12 = 0$.

Paso 1 Enumera las posibles soluciones racionales. El coeficiente principal del polinomio $f(x) = x^3 + x^2 - 8x - 12$, y el término constante es -12. Entonces, las posibles soluciones racionales De $f(x) = 0$ son

$$x = \pm\frac{1}{1}, \pm\frac{2}{1}, \pm\frac{3}{1}, \pm\frac{4}{1}, \pm\frac{6}{1}, \pm\frac{12}{1}.$$

Paso 2 Prueba las soluciones posibles usando la división sintética hasta hallar una solución.

```
2 | 1   1  -8  -12              -2 | 1   1  -8  -12
  |     2   6   -4                 |    -2   2   12
    1   3  -2  -16                   1  -1  -6    0
```

$f(2) \neq 0$, entonces $x - 2$ no es un factor de $f(x)$. $f(-2) = 0$, entonces $x + 2$ es un factor de $f(x)$.

Paso 3 Factoriza completamente usando el resultado de la división sintética.

$(x + 2)(x^2 - x - 6) = 0$ Escribe como un producto de factores.

$(x + 2)(x + 2)(x - 3) = 0$ Factoriza el trinomio.

▶ Entonces, las soluciones son $x = -2$ y $x = 3$.

b. Escribe una función polinomial f de menor grado que tenga coeficientes racionales, un coeficiente principal de 1 y los ceros -4 y $1 + \sqrt{2}$.

Según el Teorema de los valores conjugados irracionales, $1 - \sqrt{2}$ tiene que ser también un cero de f.

$f(x) = (x + 4)\left[x - \left(1 + \sqrt{2}\right)\right]\left[x - \left(1 - \sqrt{2}\right)\right]$ Escribe $f(x)$ en forma factorizada.

$= (x + 4)\left[(x - 1) - \sqrt{2}\right]\left[(x - 1) + \sqrt{2}\right]$ Reagrupa los términos.

$= (x + 4)\left[(x - 1)^2 - 2\right]$ Multiplica.

$= (x + 4)\left[(x^2 - 2x + 1) - 2\right]$ Desarrolla el binomio.

$= (x + 4)(x^2 - 2x - 1)$ Simplifica.

$= x^3 - 2x^2 - x + 4x^2 - 8x - 4$ Multiplica.

$= x^3 + 2x^2 - 9x - 4$ Combina los términos semejantes.

Halla todas las soluciones reales de la ecuación.

23. $x^3 + 3x^2 - 10x - 24 = 0$ **24.** $x^3 + 5x^2 - 2x - 24 = 0$

Escribe una función polinomial f de menor grado que tenga coeficientes racionales, un coeficiente principal de 1, y los ceros dados.

25. $1, 2 - \sqrt{3}$ **26.** $2, 3, \sqrt{5}$ **27.** $-2, 5, 3 + \sqrt{6}$

28. Usas 240 pulgadas cúbicas de arcilla para hacer una escultura en forma de prisma rectangular. El ancho es 4 pulgadas menos que la longitud y la altura es 2 pulgadas más que la longitud multiplicada por tres. ¿Cuáles son las dimensiones de la escultura? Justifica tu respuesta.

4.6 El teorema fundamental del álgebra (págs. 197–204)

Halla todos los ceros de $f(x) = x^4 + 2x^3 + 6x^2 + 18x - 27$.

Paso 1 Halla los ceros racionales de f. Dado que f es una función polinomial de grado 4, tiene cuatro ceros. Los ceros racionales posibles son $\pm 1, \pm 3, \pm 9$ y ± 27. Con la división sintética, puedes determinar que 1 es un cero y -3 también es un cero.

Paso 2 Escribe $f(x)$ en forma factorizada. Dividir $f(x)$ entre sus propios factores $x - 1$ y $x + 3$ da un cociente de $x^2 + 9$. Entonces,
$$f(x) = (x - 1)(x + 3)(x^2 + 9).$$

Paso 3 Halla los ceros complejos de f. Al resolver $x^2 + 9 = 0$, obtienes $x = \pm 3i$. Esto significa que $x^2 + 9 = (x + 3i)(x - 3i)$.
$$f(x) = (x - 1)(x + 3)(x + 3i)(x - 3i)$$

▶ A partir de la factorización, hay cuatro ceros. Los ceros de f son $1, -3, -3i$ y $3i$.

Escribe una función polinomial f de menor grado que tenga coeficientes racionales, un coeficiente principal de 1 y los ceros dados.

29. $3, 1 + 2i$ **30.** $-1, 2, 4i$ **31.** $-5, -4, 1 - i\sqrt{3}$

Determina los números posibles de ceros reales positivos, ceros reales negativos y ceros imaginarios para la función.

32. $f(x) = x^4 - 10x + 8$ **33.** $f(x) = -6x^4 - x^3 + 3x^2 + 2x + 18$

4.7 Transformaciones de funciones polinomiales (págs. 205–210)

Describe la transformación de $f(x) = x^3$ representado mediante $g(x) = (x - 6)^3 - 2$. Luego haz una gráfica de cada función.

Observa que la función es de la forma $g(x) = (x - h)^3 + k$. Vuelve a escribir la función para identificar h y k.

$g(x) = (x - 6)^3 + (-2)$
hk

▶ Dado que $h = 6$ y $k = -2$, la gráfica de g es una traslación de 6 unidades hacia la derecha y 2 unidades hacia debajo de la gráfica de f.

Describe la transformación de f representada mediante g. Luego haz una gráfica de cada función.

34. $f(x) = x^3, g(x) = (-x)^3 + 2$ **35.** $f(x) = x^4, g(x) = -(x + 9)^4$

Escribe una regla para g.

36. Imagina que la gráfica de g sea un ajuste horizontal por un factor de 4, seguido de una traslación de 3 unidades hacia la derecha y 5 unidades hacia debajo de la gráfica de $f(x) = x^5 + 3x$.

37. Imagina que la gráfica de g sea una traslación de 5 unidades hacia arriba, seguida de una reflexión en el eje y de la gráfica de $f(x) = x^4 - 2x^3 - 12$.

4.8 Analizar gráficas de funciones polinomiales *(págs. 211–218)*

Haz una gráfica de la función $f(x) = x(x + 2)(x − 2)$. Luego, estima los puntos donde ocurren los máximos locales y los mínimos locales.

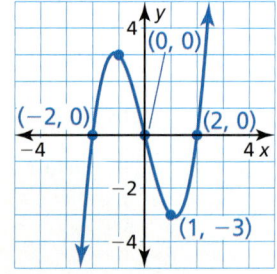

Paso 1 Marca las intersecciones con el eje x. Dado que $−2, 0,$ y 2 son ceros de f, marca $(−2, 0)$, $(0, 0)$ y $(2, 0)$.

Paso 2 Marca puntos entre las intersecciones con el eje x y más allá de las mismas.

x	−3	−2	−1	0	1	2	3
y	−15	0	3	0	−3	0	15

Paso 3 Determina el comportamiento de los extremos. Dado que $f(x)$ tiene tres factores de la forma $x − k$ y un factor constante de 1, f es una función cúbica con un coeficiente principal positivo. Entonces $f(x) \to -\infty$ en tanto que $x \to -\infty$ y $f(x) \to +\infty$ en tanto que $x \to +\infty$.

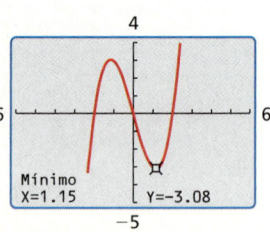

Paso 4 Dibuja la gráfica de tal manera que pase por los puntos marcados y que tenga el comportamiento de los extremos adecuado.

▶ La función tiene un máximo local en $(−1.15, 3.08)$ y un mínimo local en $(1.15, −3.08)$.

Haz una gráfica de la función. Identifica las intersecciones con el eje x y los puntos donde ocurren los máximos locales y los mínimos locales. Determina los intervalos para los que la función es creciente o decreciente.

38. $f(x) = −2x^3 − 3x^2 − 1$ **39.** $f(x) = x^4 + 3x^3 − x^2 − 8x + 2$

Determina si la función es *par*, *impar*, o *ninguna*.

40. $f(x) = 2x^3 + 3x$ **41.** $g(x) = 3x^2 − 7$ **42.** $h(x) = x^6 + 3x^5$

4.9 Representar con funciones polinomiales *(págs. 219–224)*

Escribe la función cúbica cuya gráfica se muestra.

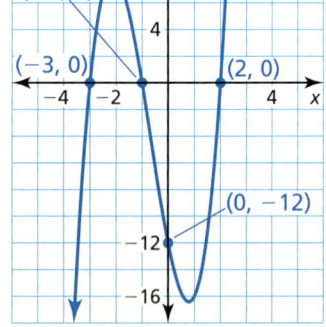

Paso 1 Usa las tres intersecciones con el eje x para escribir la función en forma factorizada.

$$f(x) = a(x + 3)(x + 1)(x − 2)$$

Paso 2 Halla el valor de a sustituyendo las coordenadas del punto $(0, −12)$.

$$-12 = a(0 + 3)(0 + 1)(0 − 2)$$
$$-12 = -6a$$
$$2 = a$$

▶ La función es $f(x) = 2(x + 3)(x + 1)(x − 2)$.

43. Escribe una función cúbica cuya gráfica pase por los puntos $(−4, 0), (4, 0) (0, 6),$ y $(2, 0)$.

44. Usa las diferencias finitas para determinar el grado de la función polinomial que corresponde con los datos. Luego usa herramientas tecnológicas para hallar la función polinomial.

x	1	2	3	4	5	6	7
f(x)	−11	−24	−27	−8	45	144	301

4 Prueba del capítulo

Escribe una función polinomial f de menor grado que tenga coeficientes racionales, un coeficiente principal de 1 y los ceros dados.

1. $3, 1 - \sqrt{2}$
2. $-2, 4, 3i$

Halla el producto o el cociente.

3. $(x^6 - 4)(x^2 - 7x + 5)$
4. $(3x^4 - 2x^3 - x - 1) \div (x^2 - 2x + 1)$
5. $(2x^3 - 3x^2 + 5x - 1) \div (x + 2)$
6. $(2x + 3)^3$

7. Se muestran las gráficas de $f(x) = x^4$ y $g(x) = (x - 3)^4$.

   a. ¿Cuántos ceros tiene cada función? Explica.
   b. Describe la transformación de f representada mediante g.
   c. Determina los intervalos por los que la función g es creciente o decreciente.

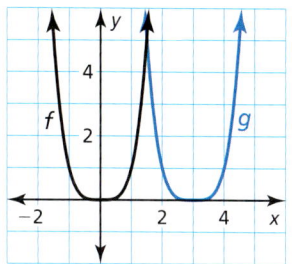

8. El volumen V (en pies cúbicos) de un acuario está representado mediante la función polinomial $V(x) = x^3 + 2x^2 - 13x + 10$, donde x es la longitud del tanque.

   a. Explica cómo sabes que $x = 4$ no es un cero racional posible.
   b. Demuestra que $x - 1$ es un factor de $V(x)$. Luego factoriza $V(x)$ completamente.
   c. Halla las dimensiones del acuario que se muestra.

Volumen = 3 pies³

9. Un patrón de producto especial es $(a - b)^2 = a^2 - 2ab + b^2$. Usando el triangulo de Pascal para expandir $(a - b)^2$ da $1a^2 + 2a(-b) + 1(-b)^2$. ¿Son equivalentes las dos expresiones? Explica.

10. ¿Puedes usar el proceso de división sintética que aprendiste en este capítulo para dividir cualquier dos polinomios? Explica.

11. Imagina que T sea el número (en millares) de ventas de camionetas nuevas. Imagina que C sea el número (en millares) de ventas de carros nuevos. Durante un periodo de 10 años, T y C se pueden representar mediante las siguientes ecuaciones, donde t es tiempo (en años).

    $T = 23t^4 - 330t^3 + 3500t^2 - 7500t + 9000$

    $C = 14t^4 - 330t^3 + 2400t^2 - 5900t + 8900$

    a. Halla un nuevo modelo S para el número total de ventas de vehículos nuevos.
    b. ¿La función S es *par*, *impar* o *ninguna*? Explica tu razonamiento.

12. Tu amigo ha iniciado un negocio de caddies de golf. La tabla muestra las ganancias p (en dólares) del negocio en los primeros 5 meses. Usa las diferencias finitas para hallar un modelo polinomial para los datos. Luego usa el modelo para predecir la ganancia después de 7 meses.

Mes, t	1	2	3	4	5
Ganancia, p	4	2	6	22	56

4 Evaluación acumulativa

1. La división sintética a continuación representa $f(x) \div (x - 3)$. Elige un valor para m de manera que $x - 3$ sea un factor de $f(x)$. Justifica tu respuesta.

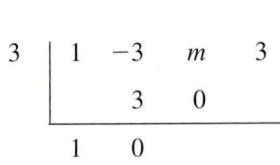

2. Analiza la gráfica de la función polinomial para determinar el signo del coeficiente principal, el grado de la función y el número de ceros reales. Explica.

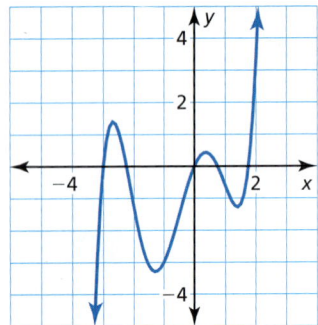

3. ¿Qué enunciado acerca de la gráfica de la ecuación $12(x - 6) = -(y + 4)^2$ *no* es verdadero?

   Ⓐ El vértice es $(6, -4.)$

   Ⓑ El eje de simetría es $y = -4$

   Ⓒ El foco es $(3, -4)$.

   Ⓓ La gráfica representa una función.

4. Una parábola pasa por el punto que se muestra en la gráfica. La ecuación del eje de simetría es $x = -a$. ¿Cuál de los puntos dados podría estar sobre la parábola? Si el eje de simetría fuera $x = a$, ¿qué puntos podrían estar sobre la parábola? Explica tu razonamiento.

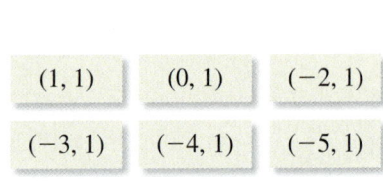

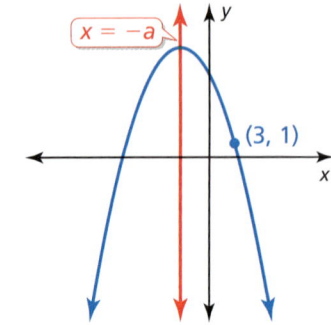

232 Capítulo 4 Funciones polinomiales

5. Selecciona valores para que la función represente cada transformación en la gráfica de $f(x) = x$.

$$g(x) = \boxed{}\left(x - \boxed{}\right) + \boxed{}$$

a. La gráfica es una traslación de 2 unidades hacia arriba y 3 unidades hacia la izquierda.

b. La gráfica es una traslación de 2 unidades hacia la derecha y 3 unidades hacia abajo.

c. La gráfica es un alargamiento vertical por un factor de 2, seguido de una traslación de 2 unidades hacia arriba.

d. La gráfica es una traslación de 3 unidades hacia la derecha y un encogimiento vertical por un factor de $\frac{1}{2}$, seguida de una traslación de 4 unidades hacia abajo.

6. El diagrama muestra un círculo inscrito en un cuadrado. El área de la región sombreada es 21.5 metros cuadrados. Al décimo de metro más cercano, ¿cuál es la longitud de cada lado del cuadrado?

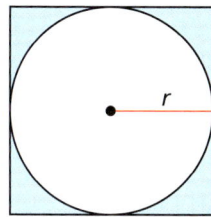

Ⓐ 4.6 metros   Ⓑ 8.7 metros   Ⓒ 9.7 metros   Ⓓ 10.0 metros

7. Clasifica cada función como *par*, *impar* o *ninguna*. Justifica tu respuesta.

a. $f(x) = 3x^5$
b. $f(x) = 4x^3 + 8x$
c. $f(x) = 3x^3 + 12x^2 + 1$
d. $f(x) = 2x^4$
e. $f(x) = x^{11} - x^7$
f. $f(x) = 2x^8 + 4x^4 + x^2 - 5$

8. El volumen del prisma rectangular que se muestra está dado por $V = 2x^3 + 7x^2 - 18x - 63$. ¿Qué polinomio representa el área de la base del prisma?

Ⓐ $2x^2 + x - 21$
Ⓑ $2x^2 + 21 - x$
Ⓒ $13x + 21 + 2x^2$
Ⓓ $2x^2 - 21 - 13x$

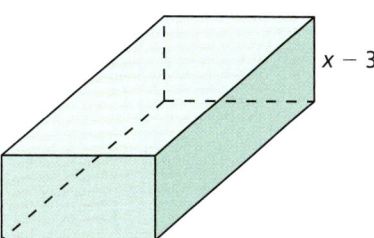

9. El número R (en decenas de miles) de jubilados que reciben beneficios del seguro social está representado mediante la función

$$R = 0.286t^3 - 4.68t^2 + 8.8t + 403, \quad 0 \leq t \leq 10$$

donde t representa el número de años desde 2000. Identifica todo punto de inflexión en el intervalo dado. ¿Qué representa un punto de inflexión en esta situación?

5 Exponentes racionales y funciones radicales

- **5.1** Raíces enésimas y exponentes racionales
- **5.2** Propiedades de los exponentes racionales y de los radicales
- **5.3** Hacer gráficas de funciones radicales
- **5.4** Resolver ecuaciones y desigualdades radicales
- **5.5** Hacer operaciones de función
- **5.6** Inverso de una función

Velocidad del casco *(pág. 282)*

Rinoceronte blanco *(pág. 272)*

Concierto *(pág. 268)*

Vehículo Curiosity en Marte *(pág. 254)*

Constelaciones *(pág. 250)*

Mantener el dominio de las matemáticas

Propiedades de los exponentes enteros

Ejemplo 1 Simplifica la expresión $\dfrac{x^5 \cdot x^2}{x^3}$.

$\dfrac{x^5 \cdot x^2}{x^3} = \dfrac{x^{5+2}}{x^3}$ Propiedad del producto de potencias

$= \dfrac{x^7}{x^3}$ Suma los exponentes.

$= x^{7-3}$ Propiedad del cociente de potencias

$= x^4$ Resta los exponentes.

Ejemplo 2 Simplifica la expresión $\left(\dfrac{2s^3}{t}\right)^2$.

$\left(\dfrac{2s^3}{t}\right)^2 = \dfrac{(2s^3)^2}{t^2}$ Propiedad de potencia de un cociente

$= \dfrac{2^2 \cdot (s^3)^2}{t^2}$ Propiedad de potencia de un producto

$= \dfrac{4s^6}{t^2}$ Propiedad de potencia de una potencia

Simplifica la expresión.

1. $y^6 \cdot y$
2. $\dfrac{n^4}{n^3}$
3. $\dfrac{x^5}{x^6 \cdot x^2}$
4. $\dfrac{x^6}{x^5} \cdot 3x^2$
5. $\left(\dfrac{4w^3}{2z^2}\right)^3$
6. $\left(\dfrac{m^7 \cdot m}{z^2 \cdot m^3}\right)^2$

Reescribir ecuaciones literales

Ejemplo 3 Resuelve la ecuación literal $-5y - 2x = 10$ para y.

$-5y - 2x = 10$ Escribe la ecuación.

$-5y - 2x + 2x = 10 + 2x$ Suma $2x$ a cada lado.

$-5y = 10 + 2x$ Simplifica.

$\dfrac{-5y}{-5} = \dfrac{10 + 2x}{-5}$ Divide cada lado entre -5.

$y = -2 - \dfrac{2}{5}x$ Simplifica.

Resuelve la ecuación literal para y.

7. $4x + y = 2$
8. $x - \dfrac{1}{3}y = -1$
9. $2y - 9 = 13x$
10. $2xy + 6y = 10$
11. $8x - 4xy = 3$
12. $6x + 7xy = 15$

13. **RAZONAMIENTO ABSTRACTO** ¿Es importante el orden en el que aplicas las propiedades de los exponentes? Explica tu razonamiento.

Soluciones dinámicas disponibles en *BigIdeasMath.com*

Prácticas matemáticas

Los estudiantes que dominan las matemáticas expresan repuestas numéricas con precisión.

Usar la tecnología para evaluar raíces

Concepto Esencial

Evaluar raíces con una calculadora

Ejemplo

Raíz cuadrada: $\sqrt{64} = 8$

Raíz cúbica: $\sqrt[3]{64} = 4$

Raíz cuarta: $\sqrt[4]{256} = 4$

Raíz quinta: $\sqrt[5]{32} = 2$

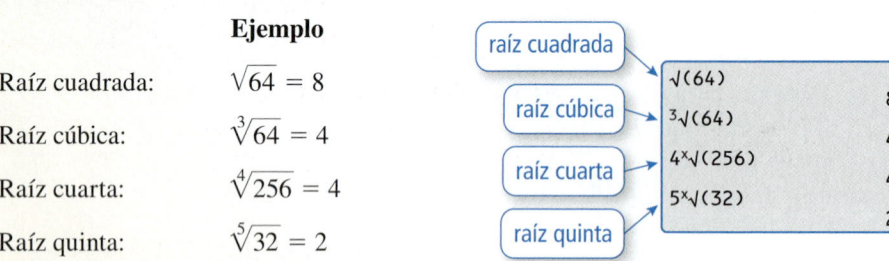

EJEMPLO 1   Aproximar raíces

Evalúa cada raíz usando una calculadora. Redondea tu respuesta a dos lugares decimales.

a. $\sqrt{50}$ b. $\sqrt[3]{50}$ c. $\sqrt[4]{50}$ d. $\sqrt[5]{50}$

SOLUCIÓN

a. $\sqrt{50} \approx 7.07$ Redondea hacia abajo.

b. $\sqrt[3]{50} \approx 3.68$ Redondea hacia abajo.

c. $\sqrt[4]{50} \approx 2.66$ Redondea hacia arriba.

d. $\sqrt[5]{50} \approx 2.19$ Redondea hacia arriba.

```
√(50)
              7.071067812
³√(50)
              3.684031499
4ˣ√(50)
              2.659147948
5ˣ√(50)
              2.186724148
```

Monitoreo del progreso

1. Usa el teorema de Pitágoras para hallar las longitudes exactas de *a*, *b*, *c*, y *d* en la figura.

2. Usa una calculadora para aproximar cada longitud a la décima de pulgada más cercana.

3. Usa una regla para verificar que tus respuestas sean razonables.

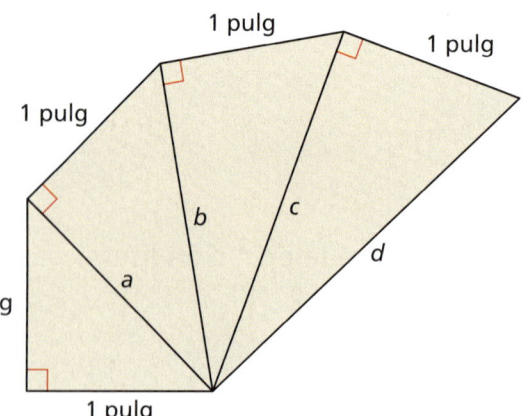

236   Capítulo 5   Exponentes racionales y funciones radicales

5.1 Raíces enésimas y exponentes racionales

Pregunta esencial ¿Cómo puedes usar un exponente racional para representar una potencia que incluya un radical?

Anteriormente aprendiste que la raíz enésima de a se puede representar como

$$\sqrt[n]{a} = a^{1/n} \quad \text{Definición de exponente racional}$$

para todo número real a y todo entero n mayor que 1.

EXPLORACIÓN 1 — Explorar la definición de un exponente racional

CONSTRUIR ARGUMENTOS VIABLES

Para dominar las matemáticas, necesitas entender y usar las definiciones enunciadas y los resultados previamente obtenidos.

Trabaja con un compañero. Usa una calculadora para mostrar que cada enunciado es verdadero.

a. $\sqrt{9} = 9^{1/2}$
b. $\sqrt{2} = 2^{1/2}$
c. $\sqrt[3]{8} = 8^{1/3}$
d. $\sqrt[3]{3} = 3^{1/3}$
e. $\sqrt[4]{16} = 16^{1/4}$
f. $\sqrt[4]{12} = 12^{1/4}$

EXPLORACIÓN 2 — Escribir expresiones en forma de exponente racional

Trabaja con un compañero. Usa la definición de un exponente racional y las propiedades de los exponentes para escribir cada expresión como una base con un único exponente racional. Luego usa una calculadora para evaluar cada expresión. Redondea tu respuesta a dos lugares decimales.

Muestra

$$\left(\sqrt[3]{4}\right)^2 = (4^{1/3})^2$$
$$= 4^{2/3}$$
$$\approx 2.52$$

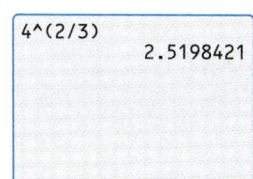

a. $\left(\sqrt{5}\right)^3$
b. $\left(\sqrt[4]{4}\right)^2$
c. $\left(\sqrt[3]{9}\right)^2$
d. $\left(\sqrt[5]{10}\right)^4$
e. $\left(\sqrt{15}\right)^3$
f. $\left(\sqrt[3]{27}\right)^4$

EXPLORACIÓN 3 — Escribir expresiones en forma radical

Trabaja con un compañero. Usa las propiedades de los exponentes y la definición de un exponente racional para escribir cada expresión como un radical elevado a un exponente. Luego usa una calculadora para evaluar cada expresión. Redondea tu respuesta a dos lugares decimales.

Muestra $5^{2/3} = (5^{1/3})^2 = \left(\sqrt[3]{5}\right)^2 \approx 2.92$

a. $8^{2/3}$
b. $6^{5/2}$
c. $12^{3/4}$
d. $10^{3/2}$
e. $16^{3/2}$
f. $20^{6/5}$

Comunicar tu respuesta

4. ¿Cómo puedes usar un exponente racional para representar una potencia que incluye un radical?

5. Evalúa cada expresión *sin* usar una calculadora. Explica tu razonamiento.

   a. $4^{3/2}$
   b. $32^{4/5}$
   c. $625^{3/4}$
   d. $49^{3/2}$
   e. $125^{4/3}$
   f. $100^{6/3}$

Sección 5.1 Raíces enésimas y exponentes racionales

5.1 Lección

Qué aprenderás

- Hallar la raíz enésima de los números.
- Evaluar expresiones con exponentes racionales.
- Resolver ecuaciones usando raíces enésimas.

Vocabulario Esencial

raíz enésima de a, pág. 238
índice de un radical, pág. 238

Anterior
raíz cuadrada
raíz cúbica
exponente

Raíces enésimas

Puedes ampliar el concepto de una raíz cuadrada a otros tipos de raíces. Por ejemplo, 2 es la raíz cúbica de 8 porque $2^3 = 8$. En general, para un entero n mayor que 1, si $b^n = a$, entonces b es una **raíz enésima de a**. Una raíz enésima de a se escribe $\sqrt[n]{a}$, donde n es el **índice** del radical.

También puedes escribir una raíz enésima de a como potencia de a. Si supones que la potencia de la propiedad de una potencia aplica para los exponentes racionales, entonces los siguientes enunciados son verdaderos.

$$(a^{1/2})^2 = a^{(1/2) \cdot 2} = a^1 = a$$
$$(a^{1/3})^3 = a^{(1/3) \cdot 3} = a^1 = a$$
$$(a^{1/4})^4 = a^{(1/4) \cdot 4} = a^1 = a$$

Dado que $a^{1/2}$ es un número cuyo cuadrado es a, puedes escribir $\sqrt{a} = a^{1/2}$. En forma similar, $\sqrt[3]{a} = a^{1/3}$ y $\sqrt[4]{a} = a^{1/4}$. En general, $\sqrt[n]{a} = a^{1/n}$ para todo entero n mayor que 1.

🟠 Concepto Esencial

COMPRENDER LOS TÉRMINOS MATEMÁTICOS

Cuando n es par y $a > 0$, hay dos raíces reales. La raíz positiva se llama la *raíz principal*.

Raíces enésimas reales de a

Imagina que n es un entero ($n > 1$) y que a es un número real.

n es un entero par.	n es un entero impar.
$a < 0$ Ninguna raíz enésima real	$a < 0$ Una raíz enésima real: $\sqrt[n]{a} = a^{1/n}$
$a = 0$ Una raíz enésima real: $\sqrt[n]{0} = 0$	$a = 0$ Una raíz enésima real: $\sqrt[n]{0} = 0$
$a > 0$ Dos raíces enésimas reales: $\pm\sqrt[n]{a} = \pm a^{1/n}$	$a > 0$ Una raíz enésima real: $\sqrt[n]{a} = a^{1/n}$

EJEMPLO 1   Hallar raíces enésimas

Halla la(s) raíz(ces) enésima(s) de a.

a. $n = 3, a = -216$ **b.** $n = 4, a = 81$

SOLUCIÓN

a. Dado que $n = 3$ es impar y $a = -216 < 0$, -216 tiene una raíz cúbica real.
Dado que $(-6)^3 = -216$, puedes escribir $\sqrt[3]{-216} = -6$ o $(-216)^{1/3} = -6$.

b. Dado que $n = 4$ es par y $a = 81 > 0$, 81 tiene dos raíces cuartas reales.
Dado que $3^4 = 81$ y $(-3)^4 = 81$, puedes escribir $\pm\sqrt[4]{81} = \pm 3$ o $\pm 81^{1/4} = \pm 3$.

Monitoreo del progreso Ayuda en inglés y español en *BigIdeasMath.com*

Halla la(s) raíz(ces) enésima(s) real(es) de a indicadas.

1. $n = 4, a = 16$ **2.** $n = 2, a = -49$

3. $n = 3, a = -125$ **4.** $n = 5, a = 243$

Exponentes racionales

Un exponente racional no tiene que ser de la forma $\frac{1}{n}$. Otros números racionales, tales como $\frac{3}{2}$ y $-\frac{1}{2}$, también se pueden usar como exponentes. A continuación se muestran dos propiedades de los exponentes racionales.

Concepto Esencial

Exponentes racionales

Imagina que $a^{1/n}$ es una raíz enésima de a y que m es un entero positivo.

$$a^{m/n} = (a^{1/n})^m = (\sqrt[n]{a})^m$$

$$a^{-m/n} = \frac{1}{a^{m/n}} = \frac{1}{(a^{1/n})^m} = \frac{1}{(\sqrt[n]{a})^m}, a \neq 0$$

EJEMPLO 2 Evaluar expresiones con exponentes racionales

Evalúa cada expresión.

a. $16^{3/2}$ **b.** $32^{-3/5}$

SOLUCIÓN

Forma de exponente racional	Forma radical
a. $16^{3/2} = (16^{1/2})^3 = 4^3 = 64$	$16^{3/2} = (\sqrt{16})^3 = 4^3 = 64$
b. $32^{-3/5} = \frac{1}{32^{3/5}} = \frac{1}{(32^{1/5})^3} = \frac{1}{2^3} = \frac{1}{8}$	$32^{-3/5} = \frac{1}{32^{3/5}} = \frac{1}{(\sqrt[5]{32})^3} = \frac{1}{2^3} = \frac{1}{8}$

Al usar una calculadora para aproximar una raíz enésima, quizá quieras reescribir la raíz enésima en forma de exponente racional.

EJEMPLO 3 Aproximar expresiones con exponentes racionales

Evalúa cada expresión usando una calculadora. Redondea tu respuesta a dos lugares decimales.

a. $9^{1/5}$ **b.** $12^{3/8}$ **c.** $(\sqrt[4]{7})^3$

ERROR COMÚN

Asegúrate de usar los paréntesis para encerrar un exponente racional $9^{\wedge}(1/5) \approx 1.55$. Sin ellos, la calculadora evalúa una potencia y luego divide: $9^{\wedge}1/5 = 1.8$.

SOLUCIÓN

a. $9^{1/5} \approx 1.55$

b. $12^{3/8} \approx 2.54$

c. Antes de evaluar $(\sqrt[4]{7})^3$, reescribe la expresión en forma de exponente racional.

$$(\sqrt[4]{7})^3 = 7^{3/4} \approx 4.30$$

```
9^(1/5)
              1.551845574
12^(3/8)
              2.539176951
7^(3/4)
              4.303517071
```

Monitoreo del progreso Ayuda en inglés y español en *BigIdeasMath.com*

Evalúa la expresión sin usar una calculadora.

5. $4^{5/2}$ **6.** $9^{-1/2}$ **7.** $81^{3/4}$ **8.** $1^{7/8}$

Evalúa la expresión usando una calculadora. Redondea tu respuesta a dos lugares decimales cuando corresponda.

9. $6^{2/5}$ **10.** $64^{-2/3}$ **11.** $(\sqrt[4]{16})^5$ **12.** $(\sqrt[3]{-30})^2$

Resolver ecuaciones usando raíces enésimas

Para resolver una ecuación de la forma $u^n = d$, donde u es una expresión algebraica, toma la raíz enésima de cada lado.

EJEMPLO 4 Resolver ecuaciones usando raíces enésimas

Halla la solución(es) real(es) de (a) $4x^5 = 128$ y (b) $(x - 3)^4 = 21$.

SOLUCIÓN

a.
$4x^5 = 128$ Escribe la ecuación original.
$x^5 = 32$ Divide cada lado entre 4.
$x = \sqrt[5]{32}$ Saca la raíz quinta de cada lado.
$x = 2$ Simplifica.

▶ La solución es $x = 2$.

ERROR COMÚN
Cuando n es par y $a > 0$, asegúrate de considerar tanto la raíz enésima positiva como la raíz enésima negativa de a.

b.
$(x - 3)^4 = 21$ Escribe la ecuación original.
$x - 3 = \pm\sqrt[4]{21}$ Saca la raíz cuarta de cada lado.
$x = 3 \pm \sqrt[4]{21}$ Suma 3 a cada lado.
$x = 3 + \sqrt[4]{21}$ o $x = 3 - \sqrt[4]{21}$ Escribe las soluciones por separado.
$x \approx 5.14$ o $x \approx 0.86$ Usa una calculadora.

▶ Las soluciones son $x \approx 5.14$ y $x \approx 0.86$.

EJEMPLO 5 Uso en la vida real

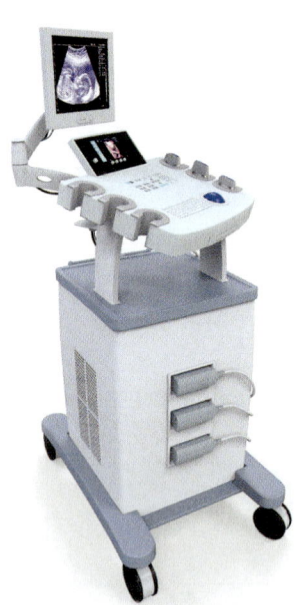

Un hospital compra una máquina de ultrasonido por $50,000. El hospital espera que la vida útil de la máquina sea de 10 años. Para entonces, el valor de la máquina se habrá depreciado a $8000. El hospital usa el método del balance decreciente para calcular la depreciación, entonces la tasa de depreciación anual r (en forma de decimal) está dada por la fórmula

$$r = 1 - \left(\frac{S}{C}\right)^{1/n}.$$

En la fórmula, n es la vida útil del objeto (en años), S es el valor residual (en dólares), y C es el costo original (en dólares). ¿Qué tasa de depreciación anual uso el hospital?

SOLUCIÓN

La vida útil es de 10 años, entonces $n = 10$. La máquina se deprecia a $8000, entonces $S = 8000$. El costo original es $50,000, entonces $C = 50,000$. Entonces, la tasa de depreciación anual es

$$r = 1 - \left(\frac{S}{C}\right)^{1/n} = 1 - \left(\frac{8000}{50,000}\right)^{1/10} = 1 - \left(\frac{4}{25}\right)^{1/10} \approx 0.167.$$

▶ La tasa de depreciación anual es de aproximadamente 0.167, o 16.7%.

Monitoreo del progreso Ayuda en inglés y español en *BigIdeasMath.com*

Halla la(s) solución(es) real(es) de la ecuación. Redondea tu respuesta a dos lugares decimales cuando corresponda.

13. $8x^3 = 64$ **14.** $\frac{1}{2}x^5 = 512$ **15.** $(x + 5)^4 = 16$ **16.** $(x - 2)^3 = -14$

17. **¿QUÉ PASA SI?** En el Ejemplo 5, ¿cuál es la tasa de depreciación anual si el valor residual es $6000?

5.1 Ejercicios

Soluciones dinámicas disponibles en *BigIdeasMath.com*

Verificación de vocabulario y concepto esencial

1. **VOCABULARIO** Reescribe la expresión $a^{-s/t}$ en forma de radical. Luego indica el índice del radical.

2. **COMPLETAR LA ORACIÓN** Para un entero n mayor que 1, si $b^n = a$, entonces b es un(a) _____ de a.

3. **ESCRIBIR** Explica cómo usar el signo de a para determinar el número de raíces cuartas reales de a y el número de raíces quintas reales de a.

4. **¿CUÁL NO CORRESPONDE?** ¿Cuál expresión *no* pertenece al grupo de las otras tres? Explica tu razonamiento.

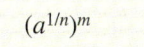 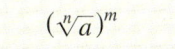 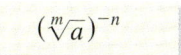 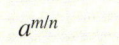

Monitoreo del progreso y Representar con matemáticas

En los Ejercicios 5–10, halla la(s) raíz(ces) enésima(s) de a indicada(s). *(Consulta el Ejemplo 1).*

5. $n = 3, a = 8$
6. $n = 5, a = -1$
7. $n = 2, a = 0$
8. $n = 4, a = 256$
9. $n = 5, a = -32$
10. $n = 6, a = -729$

En los Ejercicios 11–18, evalúa la expresión sin usar una calculadora. *(Consulta el Ejemplo 2).*

11. $64^{1/6}$
12. $8^{1/3}$
13. $25^{3/2}$
14. $81^{3/4}$
15. $(-243)^{1/5}$
16. $(-64)^{4/3}$
17. $8^{-2/3}$
18. $16^{-7/4}$

ANÁLISIS DE ERRORES En los Ejercicios 19 y 20, describe y corrige el error al evaluar la expresión.

19.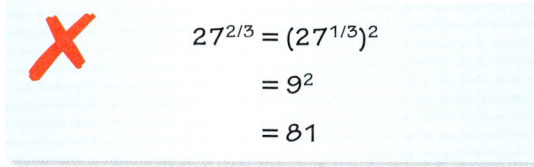

20.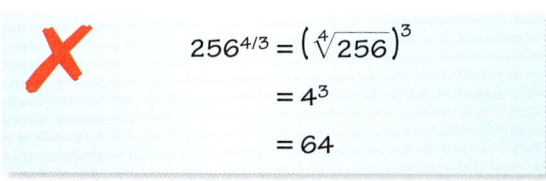

USAR LA ESTRUCTURA En los Ejercicios 21–24, une las expresiones equivalentes. Explica tu razonamiento.

21. $\left(\sqrt[3]{5}\right)^4$
22. $\left(\sqrt[4]{5}\right)^3$
23. $\dfrac{1}{\sqrt[4]{5}}$
24. $-\sqrt[4]{5}$

A. $5^{-1/4}$
B. $5^{4/3}$
C. $-5^{1/4}$
D. $5^{3/4}$

En los Ejercicios 25–32, evalúa la expresión usando una calculadora. Redondea tu respuesta a dos lugares decimales cuando corresponda. *(Consulta el Ejemplo 3).*

25. $\sqrt[5]{32{,}768}$
26. $\sqrt[7]{1695}$
27. $25^{-1/3}$
28. $85^{1/6}$
29. $20{,}736^{4/5}$
30. $86^{-5/6}$
31. $\left(\sqrt[4]{187}\right)^3$
32. $\left(\sqrt[5]{-8}\right)^8$

CONEXIONES MATEMÁTICAS En los Ejercicios 33 y 34, halla el radio de la figura con el volumen dado.

33. $V = 216$ pies^3
34. $V = 1332$ cm^3

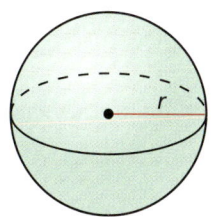 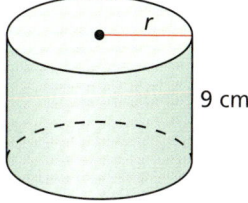

Sección 5.1   Raíces enésimas y exponentes racionales   241

En los Ejercicios 35–44, halla la(s) solución(es) real(es) de la ecuación. Redondea tu respuesta a dos lugares decimales cuando corresponda. *(Consulta el Ejemplo 4)*.

35. $x^3 = 125$

36. $5x^3 = 1080$

37. $(x + 10)^5 = 70$

38. $(x - 5)^4 = 256$

39. $x^5 = -48$

40. $7x^4 = 56$

41. $x^6 + 36 = 100$

42. $x^3 + 40 = 25$

43. $\frac{1}{3}x^4 = 27$

44. $\frac{1}{6}x^3 = -36$

45. REPRESENTAR CON MATEMÁTICAS Cuando el precio promedio de un artículo aumenta de p_1 a p_2 en un periodo de n años, la tasa anual de inflación r (en forma de decimal) está dada por $r = \left(\dfrac{p_2}{p_1}\right)^{1/n} - 1$. Halla la tasa de inflación para cada artículo de la tabla. *(Consulta el Ejemplo 5)*.

Artículo	Precio en 1913	Precio en 2013
Papas (lb)	$0.016	$0.627
Jamón (lb)	$0.251	$2.693
Huevos (docena)	$0.373	$1.933

46. ¿CÓMO LO VES? La gráfica de $y = x^n$ se muestra en rojo. ¿A qué conclusión puedes llegar sobre el valor de n? Determina el número de la enésima raíz real de a. Explica tu razonamiento.

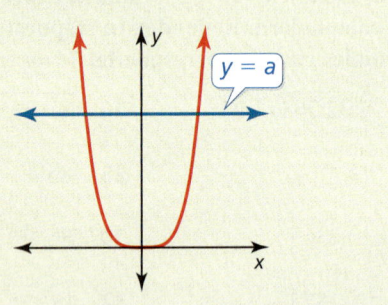

47. SENTIDO NUMÉRICO ¿Entre qué dos enteros consecutivos pertenece $\sqrt[4]{125}$? Explica tu razonamiento.

48. ESTIMULAR EL PENSAMIENTO En 1619, Johannes Kepler publicó su tercera ley, que se puede dar mediante $d^3 = t^2$, donde d es la distancia media (en unidades astronómicas) de un planeta del sol y t es el tiempo (en años) que un planeta demora para orbitar el sol. Marte necesita 1.88 años para orbitar el sol. Haz una gráfica de una ubicación posible de Marte. Justifica tu respuesta. (El diagrama muestra el sol en el origen del plano x y y una posible ubicación de la Tierra.)

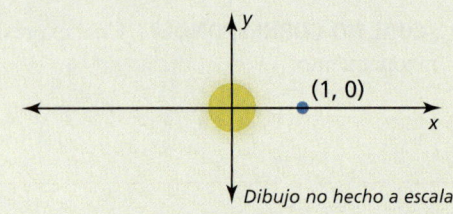

49. RESOLVER PROBLEMAS Un *vertedero hidráulico* es una represa construida a lo ancho de un río para regular el caudal del agua. La tasa de flujo del agua Q (en pies cúbicos por segundo) se puede calcular usando la fórmula $Q = 3.367\ell h^{3/2}$, donde ℓ es la longitud (en pies) del agua del fondo del aliviadero y h la profundidad (en pies) del agua del aliviadero. Determina la tasa de flujo del agua de un vertedero hidráulico cuyo aliviadero tiene 20 pies de longitud y una profundidad de agua de 5 pies.

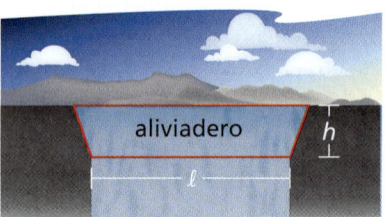

50. RAZONAMIENTO REPETIDO La masa de las partículas que un río puede transportar es proporcional a la sexta potencia de la velocidad del río. Un río normalmente fluye a una velocidad de 1 metro por segundo. ¿Cuál debe ser su velocidad para transportar partículas cuyas dimensiones sean el doble de lo habitual? ¿10 veces más grandes? ¿100 veces más grandes?

Mantener el dominio de las matemáticas
Repasar lo que aprendiste en grados y lecciones anteriores

Simplifica la expresión. Escribe tu respuesta usando solo exponentes positivos. *(Manual de revisión de destrezas)*

51. $5 \cdot 5^4$

52. $\dfrac{4^2}{4^7}$

53. $(z^2)^{-3}$

54. $\left(\dfrac{3x}{2}\right)^4$

Escribe el número en forma estándar. *(Manual de revisión de destrezas)*

55. 5×10^3

56. 4×10^{-2}

57. 8.2×10^{-1}

58. 6.93×10^6

242   Capítulo 5   Exponentes racionales y funciones radicales

5.2 Propiedades de los exponentes racionales y de los radicales

Pregunta esencial ¿Cómo puedes usar las propiedades de los exponentes para simplificar productos y cocientes de radicales?

EXPLORACIÓN 1 Repasar las propiedades de los exponentes

Trabaja con un compañero. Imagina que a y b son números reales. Usa las propiedades de los exponentes para completar cada enunciado. Luego une cada enunciado completado con la propiedad que ejemplifica.

Enunciado

a. $a^{-2} = $ _____, $a \neq 0$

b. $(ab)^4 = $ _____

c. $(a^3)^4 = $ _____

d. $a^3 \cdot a^4 = $ _____

e. $\left(\dfrac{a}{b}\right)^3 = $ _____, $b \neq 0$

f. $\dfrac{a^6}{a^2} = $ _____, $a \neq 0$

g. $a^0 = $ _____, $a \neq 0$

Propiedad

A. Producto de potencias

B. Potencia de una potencia

C. Potencia de un producto

D. Exponente negativo

E. Exponente cero

F. Cociente de potencias

G. Potencia de un cociente

USAR HERRAMIENTAS ESTRATÉGICAMENTE

Para dominar las matemáticas, necesitas considerar las herramientas disponibles para ayudarte a verificar tus respuestas. Por ejemplo, la siguiente pantalla de calculadora muestra que $\sqrt[3]{4} \cdot \sqrt[3]{2}$ y $\sqrt[3]{8}$ son equivalentes.

```
(3√(4))(3√(2))
                    2
3√(8)
                    2
```

EXPLORACIÓN 2 Simplificar expresiones con exponentes racionales

Trabaja con un compañero. Demuestra que puedes aplicar las propiedades de los exponentes enteros a los exponentes racionales simplificando cada expresión. Usa una calculadora para verificar tus respuestas.

a. $5^{2/3} \cdot 5^{4/3}$

b. $3^{1/5} \cdot 3^{4/5}$

c. $(4^{2/3})^3$

d. $(10^{1/2})^4$

e. $\dfrac{8^{5/2}}{8^{1/2}}$

f. $\dfrac{7^{2/3}}{7^{5/3}}$

EXPLORACIÓN 3 Simplificar productos y cocientes de radicales

Trabaja con un compañero. Usa las propiedades de los exponentes para escribir cada expresión como un solo radical. Luego evalúa cada expresión. Usa una calculadora para verificar tus respuestas.

a. $\sqrt{3} \cdot \sqrt{12}$

b. $\sqrt[3]{5} \cdot \sqrt[3]{25}$

c. $\sqrt[4]{27} \cdot \sqrt[4]{3}$

d. $\dfrac{\sqrt{98}}{\sqrt{2}}$

e. $\dfrac{\sqrt[4]{4}}{\sqrt[4]{1024}}$

f. $\dfrac{\sqrt[3]{625}}{\sqrt[3]{5}}$

Comunicar tu respuesta

4. ¿Cómo puedes usar las propiedades de los exponentes para simplificar productos y cocientes de radicales?

5. Simplifica cada expresión.

   a. $\sqrt{27} \cdot \sqrt{6}$

   b. $\dfrac{\sqrt[3]{240}}{\sqrt[3]{15}}$

   c. $(5^{1/2} \cdot 16^{1/4})^2$

Sección 5.2   Propiedades de los exponentes racionales y de los radicales

5.2 Lección

Qué aprenderás

▶ Usar las propiedades de los exponentes racionales para simplificar expresiones con exponentes racionales.

▶ Usar las propiedades de los radicales para simplificar y escribir expresiones radicales en su forma más simple.

Vocabulario Esencial

mínima expresión de un radical, *pág. 245*
conjugado, *pág. 246*
radicales semejantes, *pág. 246*

Anterior
propiedades de los exponentes enteros
racionalizar el denominador
valor absoluto

Propiedades de los exponentes racionales

Las propiedades de los exponentes enteros que has aprendido anteriormente también se pueden aplicar a los exponentes racionales.

> **Concepto Esencial**
>
> **Propiedades de los exponentes racionales**
>
> Imagina que a y b son números reales y que m y n son números racionales, para que las cantidades en cada propiedad sean números reales.
>
> | Nombre de la propiedad | Definición | Ejemplo |
> |---|---|---|
> | Producto de potencias | $a^m \cdot a^n = a^{m+n}$ | $5^{1/2} \cdot 5^{3/2} = 5^{(1/2 + 3/2)} = 5^2 = 25$ |
> | Potencia de una potencia | $(a^m)^n = a^{mn}$ | $(3^{5/2})^2 = 3^{(5/2 \cdot 2)} = 3^5 = 243$ |
> | Potencia de un producto | $(ab)^m = a^m b^m$ | $(16 \cdot 9)^{1/2} = 16^{1/2} \cdot 9^{1/2} = 4 \cdot 3 = 12$ |
> | Exponente negativo | $a^{-m} = \dfrac{1}{a^m}, a \neq 0$ | $36^{-1/2} = \dfrac{1}{36^{1/2}} = \dfrac{1}{6}$ |
> | Exponente cero | $a^0 = 1, a \neq 0$ | $213^0 = 1$ |
> | Cociente de potencias | $\dfrac{a^m}{a^n} = a^{m-n}, a \neq 0$ | $\dfrac{4^{5/2}}{4^{1/2}} = 4^{(5/2 - 1/2)} = 4^2 = 16$ |
> | Potencia de un cociente | $\left(\dfrac{a}{b}\right)^m = \dfrac{a^m}{b^m}, b \neq 0$ | $\left(\dfrac{27}{64}\right)^{1/3} = \dfrac{27^{1/3}}{64^{1/3}} = \dfrac{3}{4}$ |

ERROR COMÚN

Cuando multipliques potencias, *no* multipliques los exponentes. Por ejemplo, $3^2 \cdot 3^5 \neq 3^{10}$.

EJEMPLO 1 Usar las propiedades de los exponentes

Usa las propiedades de los exponentes racionales para simplificar cada expresión.

a. $7^{1/4} \cdot 7^{1/2} = 7^{(1/4 + 1/2)} = 7^{3/4}$

b. $(6^{1/2} \cdot 4^{1/3})^2 = (6^{1/2})^2 \cdot (4^{1/3})^2 = 6^{(1/2 \cdot 2)} \cdot 4^{(1/3 \cdot 2)} = 6^1 \cdot 4^{2/3} = 6 \cdot 4^{2/3}$

c. $(4^5 \cdot 3^5)^{-1/5} = [(4 \cdot 3)^5]^{-1/5} = (12^5)^{-1/5} = 12^{[5 \cdot (-1/5)]} = 12^{-1} = \dfrac{1}{12}$

d. $\dfrac{5}{5^{1/3}} = \dfrac{5^1}{5^{1/3}} = 5^{(1 - 1/3)} = 5^{2/3}$

e. $\left(\dfrac{42^{1/3}}{6^{1/3}}\right)^2 = \left[\left(\dfrac{42}{6}\right)^{1/3}\right]^2 = (7^{1/3})^2 = 7^{(1/3 \cdot 2)} = 7^{2/3}$

Monitoreo del progreso Ayuda en inglés y español en *BigIdeasMath.com*

Simplifica la expresión.

1. $2^{3/4} \cdot 2^{1/2}$
2. $\dfrac{3}{3^{1/4}}$
3. $\left(\dfrac{20^{1/2}}{5^{1/2}}\right)^3$
4. $(5^{1/3} \cdot 7^{1/4})^3$

244 Capítulo 5 Exponentes racionales y funciones radicales

Simplificar expresiones radicales

Las propiedades de potencia de un producto y de potencia de un cociente se pueden expresar usando la notación radical si $m = \dfrac{1}{n}$ para un entero n mayor que 1.

Concepto Esencial

Propiedades de los radicales

Imagina que a y b son números reales y que n es un entero mayor que 1.

Nombre de la propiedad	Definición	Ejemplo
Propiedad del producto	$\sqrt[n]{a \cdot b} = \sqrt[n]{a} \cdot \sqrt[n]{b}$	$\sqrt[3]{4} \cdot \sqrt[3]{2} = \sqrt[3]{8} = 2$
Propiedad del cociente	$\sqrt[n]{\dfrac{a}{b}} = \dfrac{\sqrt[n]{a}}{\sqrt[n]{b}},\ b \neq 0$	$\dfrac{\sqrt[4]{162}}{\sqrt[4]{2}} = \sqrt[4]{\dfrac{162}{2}} = \sqrt[4]{81} = 3$

EJEMPLO 2 Usar las propiedades de los radicales

Usa las propiedades de los radicales para simplificar cada expresión.

a. $\sqrt[3]{12} \cdot \sqrt[3]{18} = \sqrt[3]{12 \cdot 18} = \sqrt[3]{216} = 6$ Propiedad del producto de radicales

b. $\dfrac{\sqrt[4]{80}}{\sqrt[4]{5}} = \sqrt[4]{\dfrac{80}{5}} = \sqrt[4]{16} = 2$ Propiedad del cociente de radicales

Un radical con índice n está en su **mínima expresión** cuando se cumplen estas tres condiciones.

- Ningún radicando tiene potencias enésimas perfectas como factores con excepción de 1.
- Ningún radicando contiene fracciones.
- Ningún radical aparece en el denominador de una fracción.

Para cumplir con las últimas dos condiciones, racionaliza el denominador multiplicando la expresión por una forma apropiada de 1 que elimine el radical del denominador.

EJEMPLO 3 Escribir radicales en su mínima expresión

Escribe cada expresión en su mínima expresión.

a. $\sqrt[3]{135}$ **b.** $\dfrac{\sqrt[5]{7}}{\sqrt[5]{8}}$

SOLUCIÓN

a. $\sqrt[3]{135} = \sqrt[3]{27 \cdot 5}$ Descompone el cubo perfecto en factores.

$\qquad = \sqrt[3]{27} \cdot \sqrt[3]{5}$ Propiedad del producto de radicales

$\qquad = 3\sqrt[3]{5}$ Simplifica.

b. $\dfrac{\sqrt[5]{7}}{\sqrt[5]{8}} = \dfrac{\sqrt[5]{7}}{\sqrt[5]{8}} \cdot \dfrac{\sqrt[5]{4}}{\sqrt[5]{4}}$ Convierte el radicando en el denominador a una quinta potencia perfecta.

$\qquad = \dfrac{\sqrt[5]{28}}{\sqrt[5]{32}}$ Propiedad del producto de radicales

$\qquad = \dfrac{\sqrt[5]{28}}{2}$ Simplifica.

Para un denominador que sea una suma o diferencia que incluya raíces cuadradas, multiplica tanto el numerador como el denominador por el **conjugado** del denominador. Las expresiones

$$a\sqrt{b} + c\sqrt{d} \quad \text{y} \quad a\sqrt{b} - c\sqrt{d}$$

son conjugados entre sí, donde a, b, c y d son números racionales.

EJEMPLO 4 Escribir una expresión radical en su mínima expresión

Escribe $\dfrac{1}{5 + \sqrt{3}}$ en su mínima expresión.

SOLUCIÓN

$\dfrac{1}{5 + \sqrt{3}} = \dfrac{1}{5 + \sqrt{3}} \cdot \dfrac{5 - \sqrt{3}}{5 - \sqrt{3}}$ El conjugado de $5 + \sqrt{3}$ es $5 - \sqrt{3}$.

$= \dfrac{1(5 - \sqrt{3})}{5^2 - (\sqrt{3})^2}$ Patrón de suma y resta

$= \dfrac{5 - \sqrt{3}}{22}$ Simplifica.

Las expresiones radicales con el mismo índice y radicando son **radicales semejantes**. Para sumar o restar radicales semejantes, usa la propiedad distributiva.

EJEMPLO 5 Sumar y restar raíces y radicales semejantes

Simplifica cada expresión.

a. $\sqrt[4]{10} + 7\sqrt[4]{10}$ **b.** $2(8^{1/5}) + 10(8^{1/5})$ **c.** $\sqrt[3]{54} - \sqrt[3]{2}$

SOLUCIÓN

a. $\sqrt[4]{10} + 7\sqrt[4]{10} = (1 + 7)\sqrt[4]{10} = 8\sqrt[4]{10}$

b. $2(8^{1/5}) + 10(8^{1/5}) = (2 + 10)(8^{1/5}) = 12(8^{1/5})$

c. $\sqrt[3]{54} - \sqrt[3]{2} = \sqrt[3]{27} \cdot \sqrt[3]{2} - \sqrt[3]{2} = 3\sqrt[3]{2} - \sqrt[3]{2} = (3 - 1)\sqrt[3]{2} = 2\sqrt[3]{2}$

Monitoreo del progreso   Ayuda en inglés y español en *BigIdeasMath.com*

Simplifica la expresión.

5. $\sqrt[4]{27} \cdot \sqrt[4]{3}$ **6.** $\dfrac{\sqrt[3]{250}}{\sqrt[3]{2}}$ **7.** $\sqrt[3]{104}$ **8.** $\sqrt[5]{\dfrac{3}{4}}$

9. $\dfrac{3}{6 - \sqrt{2}}$ **10.** $7\sqrt[5]{12} - \sqrt[5]{12}$ **11.** $4(9^{2/3}) + 8(9^{2/3})$ **12.** $\sqrt[3]{5} + \sqrt[3]{40}$

Las propiedades de los exponentes racionales y de los radicales también se pueden aplicar a expresiones que incluyen variables. Dado que una variable puede ser positiva, negativa o cero, algunas veces es necesario el valor absoluto al simplificar una expresión variable.

	Regla	Ejemplo
Cuando n es impar	$\sqrt[n]{x^n} = x$	$\sqrt[7]{5^7} = 5$ y $\sqrt[7]{(-5)^7} = -5$
Cuando n es par	$\sqrt[n]{x^n} = |x|$	$\sqrt[4]{3^4} = 3$ y $\sqrt[4]{(-3)^4} = 3$

El valor absoluto no es necesario cuando se presupone que todas las variables son positivas.

CONSEJO DE ESTUDIO

No necesitas tomar el valor absoluto de y porque y se está elevando al cuadrado.

EJEMPLO 6 Simplificar expresiones variables

Simplifica cada expresión.

a. $\sqrt[3]{64y^6}$

b. $\sqrt[4]{\dfrac{x^4}{y^8}}$

SOLUCIÓN

a. $\sqrt[3]{64y^6} = \sqrt[3]{4^3(y^2)^3} = \sqrt[3]{4^3} \cdot \sqrt[3]{(y^2)^3} = 4y^2$

b. $\sqrt[4]{\dfrac{x^4}{y^8}} = \dfrac{\sqrt[4]{x^4}}{\sqrt[4]{y^8}} = \dfrac{\sqrt[4]{x^4}}{\sqrt[4]{(y^2)^4}} = \dfrac{|x|}{y^2}$

EJEMPLO 7 Escribir expresiones variables en su mínima expresión

Escribe cada expresión en su mínima expresión. Presupón que todas las variables son positivas.

a. $\sqrt[5]{4a^8b^{14}c^5}$

b. $\dfrac{x}{\sqrt[3]{y^8}}$

c. $\dfrac{14xy^{1/3}}{2x^{3/4}z^{-6}}$

SOLUCIÓN

ERROR COMÚN

Debes multiplicar tanto el numerador como el denominador de la fracción por $\sqrt[3]{y}$ para que el valor de la fracción no cambie.

a. $\sqrt[5]{4a^8b^{14}c^5} = \sqrt[5]{4a^5a^3b^{10}b^4c^5}$ Descompone las potencias quintas perfectas en factores.

$= \sqrt[5]{a^5b^{10}c^5} \cdot \sqrt[5]{4a^3b^4}$ Propiedad del producto de radicales

$= ab^2c\sqrt[5]{4a^3b^4}$ Simplifica.

b. $\dfrac{x}{\sqrt[3]{y^8}} = \dfrac{x}{\sqrt[3]{y^8}} \cdot \dfrac{\sqrt[3]{y}}{\sqrt[3]{y}}$ Convierte el denominador en un cubo perfecto.

$= \dfrac{x\sqrt[3]{y}}{\sqrt[3]{y^9}}$ Propiedad del producto de radicales

$= \dfrac{x\sqrt[3]{y}}{y^3}$ Simplifica.

c. $\dfrac{14xy^{1/3}}{2x^{3/4}z^{-6}} = 7x^{(1-3/4)}y^{1/3}z^{-(-6)} = 7x^{1/4}y^{1/3}z^6$

EJEMPLO 8 Sumar y restar expresiones variables

Haz cada operación indicada. Presupón que todas las variables son positivas.

a. $5\sqrt{y} + 6\sqrt{y}$

b. $12\sqrt[3]{2z^5} - z\sqrt[3]{54z^2}$

SOLUCIÓN

a. $5\sqrt{y} + 6\sqrt{y} = (5 + 6)\sqrt{y} = 11\sqrt{y}$

b. $12\sqrt[3]{2z^5} - z\sqrt[3]{54z^2} = 12z\sqrt[3]{2z^2} - 3z\sqrt[3]{2z^2} = (12z - 3z)\sqrt[3]{2z^2} = 9z\sqrt[3]{2z^2}$

Monitoreo del progreso Ayuda en inglés y español en *BigIdeasMath.com*

Simplifica la expresión. Presupón que todas las variables son positivas.

13. $\sqrt[3]{27q^9}$

14. $\sqrt[5]{\dfrac{x^{10}}{y^5}}$

15. $\dfrac{6xy^{3/4}}{3x^{1/2}y^{1/2}}$

16. $\sqrt{9w^5} - w\sqrt{w^3}$

5.2 Ejercicios

Soluciones dinámicas disponibles en *BigIdeasMath.com*

Verificación de vocabulario y concepto esencial

1. **ESCRIBIR** ¿Cómo sabes cuándo una expresión radical está en su mínima expresión?

2. **¿CUÁL NO CORRESPONDE?** ¿Qué expresión radical *no* pertenece al grupo de los otros tres? Explica tu razonamiento.

$\sqrt[3]{\dfrac{4}{5}}$ $2\sqrt{x}$ $\sqrt[4]{11}$ $3\sqrt[5]{9x}$

Monitoreo del progreso y Representar con matemáticas

En los Ejercicios 3–12, usa las propiedades de los exponentes racionales para simplificar la expresión. *(Consulta el Ejemplo 1).*

3. $(9^2)^{1/3}$
4. $(12^2)^{1/4}$
5. $\dfrac{6}{6^{1/4}}$
6. $\dfrac{7}{7^{1/3}}$
7. $\left(\dfrac{8^4}{10^4}\right)^{-1/4}$
8. $\left(\dfrac{9^3}{6^3}\right)^{-1/3}$
9. $(3^{-2/3} \cdot 3^{1/3})^{-1}$
10. $(5^{1/2} \cdot 5^{-3/2})^{-1/4}$
11. $\dfrac{2^{2/3} \cdot 16^{2/3}}{4^{2/3}}$
12. $\dfrac{49^{3/8} \cdot 49^{7/8}}{7^{5/4}}$

En los Ejercicios 13–20, usa las propiedades de los radicales para simplificar la expresión. *(Consulta el Ejemplo 2).*

13. $\sqrt{2} \cdot \sqrt{72}$
14. $\sqrt[3]{16} \cdot \sqrt[3]{32}$
15. $\sqrt[4]{6} \cdot \sqrt[4]{8}$
16. $\sqrt[4]{8} \cdot \sqrt[4]{8}$
17. $\dfrac{\sqrt[5]{486}}{\sqrt[5]{2}}$
18. $\dfrac{\sqrt{2}}{\sqrt{32}}$
19. $\dfrac{\sqrt[3]{6} \cdot \sqrt[3]{72}}{\sqrt[3]{2}}$
20. $\dfrac{\sqrt[3]{3} \cdot \sqrt[3]{18}}{\sqrt[6]{2} \cdot \sqrt[6]{2}}$

En los Ejercicios 21–28, escribe la expresión en su mínima expresión. *(Consulta el Ejemplo 3).*

21. $\sqrt[4]{567}$
22. $\sqrt[5]{288}$
23. $\dfrac{\sqrt[3]{5}}{\sqrt[3]{4}}$
24. $\dfrac{\sqrt[4]{4}}{\sqrt[4]{27}}$
25. $\sqrt{\dfrac{3}{8}}$
26. $\sqrt[3]{\dfrac{7}{4}}$
27. $\sqrt[3]{\dfrac{64}{49}}$
28. $\sqrt[4]{\dfrac{1296}{25}}$

En los Ejercicios 29–36, escribe la expresión en su mínima expresión. *(Consulta el Ejemplo 4).*

29. $\dfrac{1}{1 + \sqrt{3}}$
30. $\dfrac{1}{2 + \sqrt{5}}$
31. $\dfrac{5}{3 - \sqrt{2}}$
32. $\dfrac{11}{9 - \sqrt{6}}$
33. $\dfrac{9}{\sqrt{3} + \sqrt{7}}$
34. $\dfrac{2}{\sqrt{8} + \sqrt{7}}$
35. $\dfrac{\sqrt{6}}{\sqrt{3} - \sqrt{5}}$
36. $\dfrac{\sqrt{7}}{\sqrt{10} - \sqrt{2}}$

En los Ejercicios 37–46, simplifica la expresión. *(Consulta el Ejemplo 5).*

37. $9\sqrt[3]{11} + 3\sqrt[3]{11}$
38. $8\sqrt[6]{5} - 12\sqrt[6]{5}$
39. $3(11^{1/4}) + 9(11^{1/4})$
40. $13(8^{3/4}) - 4(8^{3/4})$
41. $5\sqrt{12} - 19\sqrt{3}$
42. $27\sqrt{6} + 7\sqrt{150}$
43. $\sqrt[5]{224} + 3\sqrt[5]{7}$
44. $7\sqrt[3]{2} - \sqrt[3]{128}$
45. $5(24^{1/3}) - 4(3^{1/3})$
46. $5^{1/4} + 6(405^{1/4})$

47. **ANÁLISIS DE ERRORES** Describe y corrige el error al simplificar la expresión.

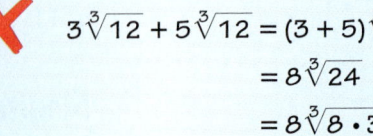

$3\sqrt[3]{12} + 5\sqrt[3]{12} = (3+5)\sqrt[3]{24}$
$= 8\sqrt[3]{24}$
$= 8\sqrt[3]{8 \cdot 3}$
$= 8 \cdot 2\sqrt[3]{3}$
$= 16\sqrt[3]{3}$

248   Capítulo 5   Exponentes racionales y funciones radicales

48. **REPRESENTACIONES MÚLTIPLES** ¿Qué expresiones radicales son radicales semejantes?

(A) $(5^{2/9})^{3/2}$

(B) $\dfrac{5^3}{(\sqrt[3]{5})^8}$

(C) $\sqrt[3]{625}$

(D) $\sqrt[3]{5145} - \sqrt[3]{875}$

(E) $\sqrt[3]{5} + 3\sqrt[3]{5}$

(F) $7\sqrt[4]{80} - 2\sqrt[4]{405}$

En los Ejercicios 49–54, simplifica la expresión.
(Consulta el Ejemplo 6).

49. $\sqrt[4]{81y^8}$

50. $\sqrt[3]{64r^3t^6}$

51. $\sqrt[5]{\dfrac{m^{10}}{n^5}}$

52. $\sqrt[4]{\dfrac{k^{16}}{16z^4}}$

53. $\sqrt[6]{\dfrac{g^6h}{h^7}}$

54. $\sqrt[8]{\dfrac{n^{18}p^7}{n^2p^{-1}}}$

55. **ANÁLISIS DE ERRORES** Describe y corrige el error al simplificar la expresión.

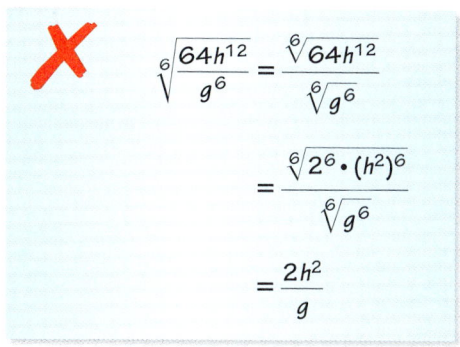

56. **FINAL ABIERTO** Escribe dos expresiones variables que incluyan radicales, una que necesite el valor absoluto para simplificar y otra que no necesite el valor absoluto. Justifica tus respuestas.

En los Ejercicios 57–64, escribe la expresión en su mínima expresión. Presupón que todas las variables son positivas. *(Consulta el Ejemplo 7).*

57. $\sqrt{81a^7b^{12}c^9}$

58. $\sqrt[3]{125r^4s^9t^7}$

59. $\sqrt[5]{\dfrac{160m^6}{n^7}}$

60. $\sqrt[4]{\dfrac{405x^3y^3}{5x^{-1}y}}$

61. $\dfrac{\sqrt[3]{w} \cdot \sqrt{w^5}}{\sqrt{25w^{16}}}$

62. $\dfrac{\sqrt[4]{v^6}}{\sqrt[7]{v^5}}$

63. $\dfrac{18w^{1/3}v^{5/4}}{27w^{4/3}v^{1/2}}$

64. $\dfrac{7x^{-3/4}y^{5/2}z^{-2/3}}{56x^{-1/2}y^{1/4}}$

En los Ejercicios 65–70, haz la operación indicada. Presupón que todas las variables son positivas.
(Consulta el Ejemplo 8).

65. $12\sqrt[3]{y} + 9\sqrt[3]{y}$

66. $11\sqrt{2z} - 5\sqrt{2z}$

67. $3x^{7/2} - 5x^{7/2}$

68. $7\sqrt[3]{m^7} + 3m^{7/3}$

69. $\sqrt[4]{16w^{10}} + 2w\sqrt[4]{w^6}$

70. $(p^{1/2} \cdot p^{1/4}) - \sqrt[4]{16p^3}$

CONEXIONES MATEMÁTICAS En los Ejercicios 71 y 72, halla expresiones simplificadas para el perímetro y el área de la figura dada.

71.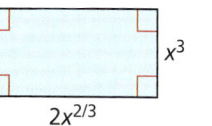

72.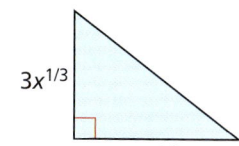

73. **REPRESENTAR CON MATEMÁTICAS** El diámetro óptimo d (en milímetros) del agujero de una cámara estenopeica se puede representar mediante $d = 1.9[(5.5 \times 10^{-4})\ell]^{1/2}$, donde ℓ es la longitud (en milímetros) de la caja de la cámara. Halla el diámetro óptimo del agujero para la caja de la cámara que tenga una longitud de 10 centímetros.

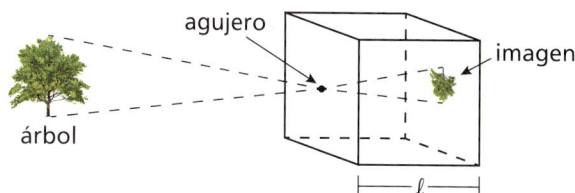

74. **REPRESENTAR CON MATEMÁTICAS** El área de superficie S (en centímetros cuadrados) de un mamífero se puede representar mediante $S = km^{2/3}$, donde m es la masa (en gramos) del mamífero y k es una constante. La tabla muestra los valores de k para diferentes mamíferos.

Mamífero	Conejo	Humano	Murciélago
Valor de k	9.75	11.0	57.5

a. Halla la superficie del área de un murciélago cuya masa es de 32 gramos.

b. Halla la superficie del área de un conejo cuya masa es de 3.4 kilogramos (3.4×10^3 gramos).

c. Halla la superficie del área de un humano cuya masa es de 59 kilogramos.

75. **ARGUMENTAR** Tu amigo dice que no es posible simplificar la expresión $7\sqrt{11} - 9\sqrt{44}$ porque no contiene radicales semejantes. ¿Es correcto lo que dice tu amigo? Explica tu razonamiento.

76. **RESOLVER PROBLEMAS** La magnitud aparente de una estrella es un número que indica cuán poco visible es la estrella en relación con otras estrellas. La expresión $\dfrac{2.512^{m_1}}{2.512^{m_2}}$ indica cuántas veces menos visible es una estrella con magnitud aparente m_1 que una estrella con magnitud aparente m_2.

Estrella	Magnitud aparente	Constelación
Vega	0.03	Lyra
Altair	0.77	Aquila
Deneb	1.25	Cygnus

   a. ¿Cuántas veces menos visible es Altair que Vega?
   b. ¿Cuántas veces menos visible es Deneb que Altair?
   c. ¿Cuántas veces menos visible es Deneb que Vega?

77. **PENSAMIENTO CRÍTICO** Halla una expresión radical para el perímetro del triángulo inscrito dentro del cuadrado que se muestra. Simplifica la expresión.

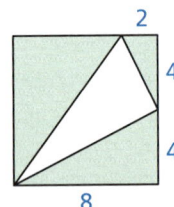

78. **¿CÓMO LO VES?** Sin hallar puntos, une las funciones $f(x) = \sqrt{64x^2}$ y $g(x) = \sqrt[3]{64x^6}$ con sus gráficas. Explica tu razonamiento.

A. 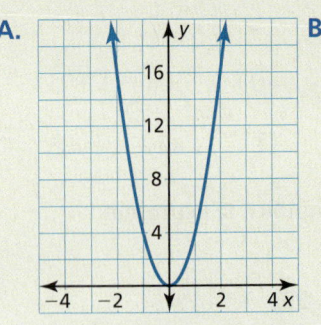 B.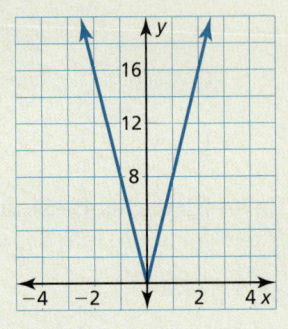

79. **REESCRIBIR UNA FÓRMULA** Llenaste dos globos redondos con agua. Un globo contiene el doble de agua que el otro.

   a. Resuelve la fórmula para el volumen de una esfera, $V = \frac{4}{3}\pi r^3$, para r.
   b. Sustituye la expresión para r en la parte (a) en la fórmula para el área de superficie de una esfera, $S = 4\pi r^2$. Simplifica para demostrar que $S = (4\pi)^{1/3}(3V)^{2/3}$.
   c. Compara las áreas de superficie de los dos globos de agua usando la fórmula en la parte (b).

80. **ESTIMULAR EL PENSAMIENTO** Determina si las expresiones $(x^2)^{1/6}$ y $(x^{1/6})^2$ son equivalentes para todos los valores de x.

81. **SACAR CONCLUSIONES** Sustituye diferentes combinaciones de enteros positivos impares y pares para m y n en la expresión $\sqrt[n]{x^m}$. Si no puedes presuponer que x es positivo, explica si el valor absoluto es necesario al simplificar la expresión.

Mantener el dominio de las matemáticas
Repasar lo que aprendiste en grados y lecciones anteriores

Identifica el foco, la directriz y el eje de simetría de la parábola. Luego haz una gráfica de la ecuación. *(Sección 2.3)*

82. $y = 2x^2$ 83. $y^2 = -x$ 84. $y^2 = 4x$

Escribe una regla para g. Describe la gráfica de g como transformación de la gráfica de f. *(Sección 4.7)*

85. $f(x) = x^4 - 3x^2 - 2x,\ g(x) = -f(x)$
86. $f(x) = x^3 - x,\ g(x) = f(x) - 3$
87. $f(x) = x^3 - 4,\ g(x) = f(x - 2)$
88. $f(x) = x^4 + 2x^3 - 4x^2,\ g(x) = f(2x)$

5.3 Hacer gráficas de funciones radicales

Pregunta esencial ¿Cómo puedes identificar el dominio y el rango de una función radical?

EXPLORACIÓN 1 Identificar gráficas de funciones radicales

Trabaja con un compañero. Une cada función con su gráfica. Explica tu razonamiento. Luego identifica el dominio y el rango de cada función.

a. $f(x) = \sqrt{x}$ **b.** $f(x) = \sqrt[3]{x}$ **c.** $f(x) = \sqrt[4]{x}$ **d.** $f(x) = \sqrt[5]{x}$

A.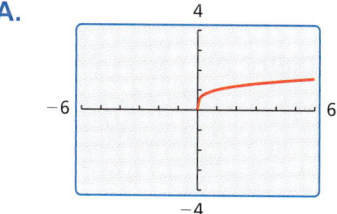

B.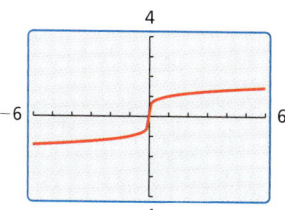

C.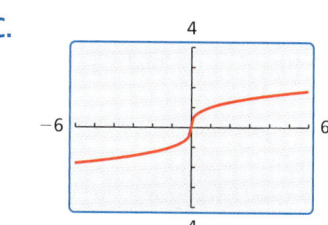

D.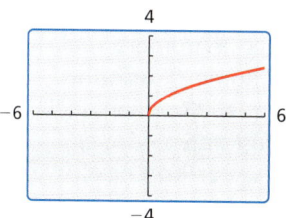

EXPLORACIÓN 2 Identificar gráficas de transformaciones

Trabaja con un compañero. Une cada transformación de $f(x) = \sqrt{x}$ con su gráfica. Explica tu razonamiento. Luego identifica el dominio y el rango de cada función.

a. $g(x) = \sqrt{x+2}$ **b.** $g(x) = \sqrt{x-2}$ **c.** $g(x) = \sqrt{x+2} - 2$ **d.** $g(x) = -\sqrt{x+2}$

A.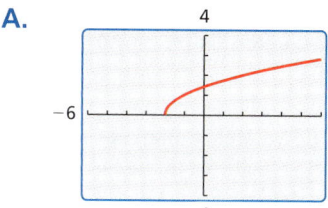

B.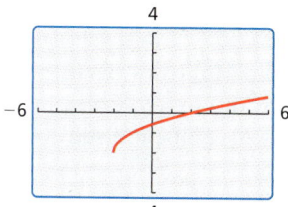

C.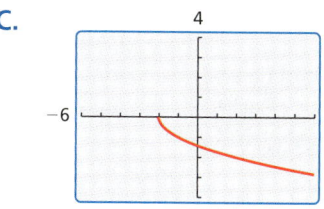

D.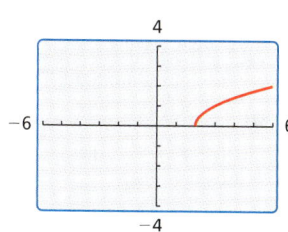

BUSCAR UNA ESTRUCTURA

Para dominar las matemáticas, necesitas observar con atención para discernir un patrón o una estructura.

Comunicar tu respuesta

3. ¿Cómo puedes identificar el dominio y el rango de una función radical?

4. Usa los resultados de la Exploración 1 para describir cómo están relacionados el dominio y el rango de una función con el índice del radical.

5.3 Lección

Qué aprenderás

- Hacer gráficas de funciones radiales.
- Escribir transformaciones de funciones radicales.
- Hacer gráficas de parábolas y círculos.

Vocabulario Esencial

función radical, *pág. 252*

Anterior
transformaciones
parábola
círculo

Hacer gráficas de funciones radicales

Una **función radical** contiene una expresión radical que tiene la variable independiente en el radicando. Cuando el radicando es una raíz cuadrada, la función se llama *función de raíz cuadrada*. Cuando el radical es una raíz cúbica, la función se llama *función de raíz cúbica*.

Concepto Esencial

Funciones madre para funciones de raíz cuadrada y raíz cúbica

La función madre para la familia de funciones de raíz cuadrada es $f(x) = \sqrt{x}$.

La función madre para la familia de funciones de raíz cúbica es $f(x) = \sqrt[3]{x}$.

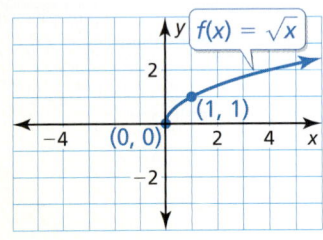

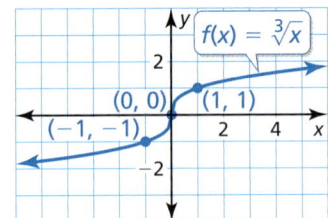

Dominio: $x \geq 0$, Rango: $y \geq 0$.

Dominio y rango: el conjunto de todos los números reales.

CONSEJO DE ESTUDIO

Una *función de potencia* tiene la forma $y = ax^b$, donde a es un número real y b es un número racional. Observa que la función de la raíz cuadrada madre es una función de potencia, donde $a = 1$ y $b = \frac{1}{2}$.

EJEMPLO 1 Hacer gráficas de funciones radicales

Haz una gráfica de cada función. Identifica el dominio y el rango de cada función.

a. $f(x) = \sqrt{\frac{1}{4}x}$

b. $g(x) = -3\sqrt[3]{x}$

BUSCAR UNA ESTRUCTURA

El Ejemplo 1(a) usa valores x que son múltiplos de 4 para que el radicando sea un entero.

SOLUCIÓN

a. Haz una tabla de valores y dibuja la gráfica.

x	0	4	8	12	16
y	0	1	1.41	1.73	2

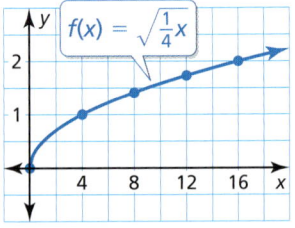

▶ El radicando de una raíz cuadrada debe ser no negativo. Entonces, el dominio es $x \geq 0$. El rango es $y \geq 0$.

b. Haz una tabla de valores y dibuja la gráfica.

x	−2	−1	0	1	2
y	3.78	3	0	−3	−3.78

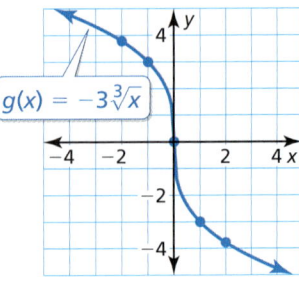

▶ El radicando de una raíz cúbica puede ser cualquier número real. Entonces, el dominio y el rango son el conjunto de todos los números reales.

252 Capítulo 5   Exponentes racionales y funciones radicales

En el Ejemplo 1, observa que la gráfica de f es un alargamiento horizontal de la gráfica de la función madre de raíz cuadrada. La gráfica de g es un alargamiento vertical y una reflexión en el eje x de la gráfica de la función madre de raíz cúbica. Puedes transformar gráficas de funciones radicales de la misma forma en la que transformaste gráficas de funciones anteriormente.

Concepto Esencial

Transformación	Notación f(x)	Ejemplos	
Traslación horizontal La gráfica se desplaza hacia la izquierda o hacia la derecha.	$f(x - h)$	$g(x) = \sqrt{x - 2}$	2 unidades hacia la derecha
		$g(x) = \sqrt{x + 3}$	3 unidades hacia la izquierda
Traslación vertical La gráfica se desplaza hacia arriba o hacia abajo	$f(x) + k$	$g(x) = \sqrt{x} + 7$	7 unidades hacia arriba
		$g(x) = \sqrt{x} - 1$	1 unidad hacia abajo
Reflexión La gráfica se invierte sobre el eje x o sobre el eje y.	$f(-x)$ $-f(x)$	$g(x) = \sqrt{-x}$	en el eje y
		$g(x) = -\sqrt{x}$	en el eje x
Alargamiento o encogimiento horizontal La gráfica se alarga alejándose del eje y o se encoge acercándose al eje y.	$f(ax)$	$g(x) = \sqrt{3x}$	se encoge por un factor de $\frac{1}{3}$
		$g(x) = \sqrt{\frac{1}{2}x}$	se alarga por un factor de 2
Alargamiento o encogimiento vertical La gráfica se alarga alejándose del eje x o se encoge acercándose al eje x.	$a \cdot f(x)$	$g(x) = 4\sqrt{x}$	se alarga por un factor de 4
		$g(x) = \frac{1}{5}\sqrt{x}$	se encoge por un factor de $\frac{1}{5}$

EJEMPLO 2 Transformar funciones radicales

Describe la transformación de f representada por g. Luego haz una gráfica de cada función.

a. $f(x) = \sqrt{x}, g(x) = \sqrt{x - 3} + 4$

b. $f(x) = \sqrt[3]{x}, g(x) = \sqrt[3]{-8x}$

SOLUCIÓN

a. Observa que la función es de la forma $g(x) = \sqrt{x - h} + k$, donde $h = 3$ y $k = 4$.

▶ Entonces, la gráfica de g es una traslación de 3 unidades hacia la derecha y 4 unidades hacia arriba de la gráfica de f.

b. Observa que la función es de la forma $g(x) = \sqrt[3]{ax}$, donde $a = -8$.

▶ Entonces, la gráfica de g es un encogimiento horizontal por un factor de $\frac{1}{8}$ y una reflexión en el eje y del gráfico de f.

BUSCAR UNA ESTRUCTURA

En el Ejemplo 2(b), puedes usar la propiedad de los productos de los radicales para escribir $g(x) = -2\sqrt[3]{x}$. Entonces, también puedes describir la gráfica de g como alargamiento vertical por un factor de 2 y una reflexión en el eje x de la gráfica de f.

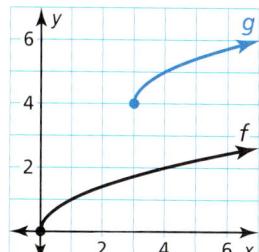

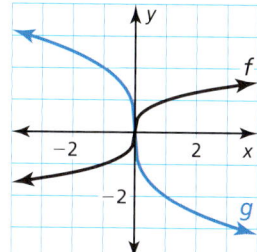

Monitoreo del progreso Ayuda en inglés y español en *BigIdeasMath.com*

1. Haz una gráfica de $g(x) = \sqrt{x + 1}$. Identifica el dominio y el rango de la función.

2. Describe la transformación de $f(x) = \sqrt[3]{x}$ representada mediante $g(x) = -\sqrt[3]{x} - 2$. Luego haz una gráfica de cada función.

Sección 5.3   Hacer gráficas de funciones radicales   253

Escribir transformaciones de funciones radicales

EJEMPLO 3   Representar con matemáticas

Auto-retrato en Marte del vehículo Curiosity de la NASA.

La función $E(d) = 0.25\sqrt{d}$ aproxima el número de segundos que demora un objeto lanzado en caer d pies en la Tierra. La función $M(d) = 1.6 \cdot E(d)$ aproxima el número de segundos que demora un objeto lanzado en caer d pies en Marte. Escribe una regla para M. ¿Cuánto tiempo demora un objeto lanzado en caer 64 pies en Marte?

SOLUCIÓN

1. **Comprende el problema** Te dan una función que representa el número de segundos que demora un objeto lanzado en caer d pies en la Tierra. Te piden que escribas una función similar para Marte y luego evalúes la función para un dato de entrada dado.

2. **Haz un plan** Multiplica $E(d)$ por 1.6 para escribir una regla para M. Luego halla $M(64)$.

3. **Resuelve el Problema**
$$\begin{aligned}M(d) &= 1.6 \cdot E(d) \\ &= 1.6 \cdot 0.25\sqrt{d} && \text{Sustituye } 0.25\sqrt{d} \text{ por } E(d). \\ &= 0.4\sqrt{d} && \text{Simplifica.}\end{aligned}$$

Luego halla $M(64)$.

$$M(64) = 0.4\sqrt{64} = 0.4(8) = 3.2$$

▶ Un objeto lanzado demora aproximadamente 3.2 segundos en caer 64 pies en Marte.

4. **Verifícalo** Usa las funciones originales para verificar tu solución.

$$E(64) = 0.25\sqrt{64} = 2 \qquad M(64) = 1.6 \cdot E(64) = 1.6 \cdot 2 = 3.2 \checkmark$$

EJEMPLO 4   Escribir una función radical transformada

Imagina que la gráfica de g es un encogimiento horizontal por un factor de $\frac{1}{6}$ seguida de una traslación de 3 unidades hacia la izquierda de la gráfica de $f(x) = \sqrt[3]{x}$. Escribe una regla para g.

SOLUCIÓN

Paso 1 Primero escribe una función h que represente el encogimiento horizontal de f.

$$\begin{aligned}h(x) &= f(6x) && \text{Multiplica la entrada por } 1 \div \tfrac{1}{6} = 6. \\ &= \sqrt[3]{6x} && \text{Reemplaza } x \text{ con } 6x \text{ en } f(x).\end{aligned}$$

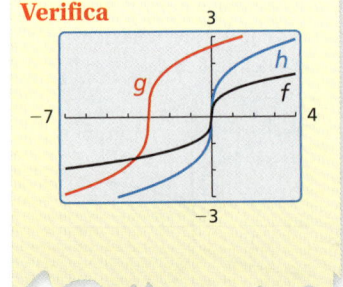

Verifica

Paso 2 Luego escribe una función g que represente la traslación de h.

$$\begin{aligned}g(x) &= h(x + 3) && \text{Resta } -3, \text{ o suma } 3, \text{ a la entrada.} \\ &= \sqrt[3]{6(x+3)} && \text{Reemplaza } x \text{ con } x + 3 \text{ en } h(x). \\ &= \sqrt[3]{6x + 18} && \text{Propiedad distributiva}\end{aligned}$$

▶ La función transformada es $g(x) = \sqrt[3]{6x + 18}$.

Monitoreo del progreso   Ayuda en inglés y español en *BigIdeasMath.com*

3. **¿QUÉ PASA SI?** En el Ejemplo 3, la función $N(d) = 2.4 \cdot E(d)$ aproxima el número de segundos que demora un objeto lanzado en caer d pies en la Luna. Escribe una regla para N. ¿Cuánto demora un objeto lanzado en caer 25 pies en la Luna?

4. En el Ejemplo 4, ¿la función transformada es la misma cuando haces la traslación seguida del encogimiento horizontal? Explica tu razonamiento.

Hacer gráficas de parábolas y círculos

Para hacer gráficas de parábolas y círculos usando una calculadora gráfica, resuelve primero sus ecuaciones para y para obtener funciones radicales. Luego haz una gráfica de las funciones.

EJEMPLO 5 Hacer gráfica de una parábola (Eje horizontal de simetría)

Usa una calculadora gráfica para hacer una gráfica de $\frac{1}{2}y^2 = x$. Identifica el vértice y la dirección en que se abre la parábola.

SOLUCIÓN

Paso 1 Resuelve para y

$\frac{1}{2}y^2 = x$ Escribe la ecuación original.

$y^2 = 2x$ Multiplica cada lado por 2.

$y = \pm\sqrt{2x}$ Saca la raíz cuadrada de cada lado.

Paso 2 Haz una gráfica de ambas funciones radicales.

$y_1 = \sqrt{2x}$

$y_2 = -\sqrt{2x}$

▶ El vértice es (0, 0) y la parábola se abre hacia la derecha.

CONSEJO DE ESTUDIO

Observa que y_1 es una función y y_2 es una función, pero $\frac{1}{2}y^2 = x$ no es una función.

EJEMPLO 6 Hacer una gráfica de un círculo (Centro en el origen)

Usa una calculadora gráfica para hacer una gráfica de $x^2 + y^2 = 16$. Identifica el radio y las intersecciones.

SOLUCIÓN

Paso 1 Resuelve para y.

$x^2 + y^2 = 16$ Escribe la ecuación original.

$y^2 = 16 - x^2$ Resta x^2 de cada lado.

$y = \pm\sqrt{16 - x^2}$ Saca la raíz cuadrada de cada lado.

Paso 2 Haz una gráfica de ambas funciones radicales usando una ventana de visualización cuadrada.

$y_1 = \sqrt{16 - x^2}$

$y_2 = -\sqrt{16 - x^2}$

▶ El radio es de 4 unidades. Las intersecciones con el eje x son ± 4. Las intersecciones con el eje y también son ± 4.

Monitoreo del progreso Ayuda en inglés y español en *BigIdeasMath.com*

5. Usa una calculadora gráfica para hacer una gráfica de $-4y^2 = x + 1$. Identifica el vértice y la dirección que abre la parábola.

6. Usa una calculadora gráfica para hacer una gráfica de $x^2 + y^2 = 25$. Identifica el radio y las intersecciones.

Sección 5.3   Hacer gráficas de funciones radicales   **255**

5.3 Ejercicios

Verificación de vocabulario y concepto esencial

1. **COMPLETAR LA ORACIÓN** Las funciones de raíz cuadrada y las funciones de raíz cúbica son ejemplos de funciones _____.

2. **COMPLETAR LA ORACIÓN** Al hacer una gráfica de $y = a\sqrt[3]{x - h} + k$, traslada la gráfica de $y = a\sqrt[3]{x}$ h unidades _____ y k unidades _____.

Monitoreo del progreso y Representar con matemáticas

En los Ejercicios 3–8, une la función con su gráfica.

3. $f(x) = \sqrt{x} + 3$
4. $h(x) = \sqrt{x} + 3$
5. $f(x) = \sqrt{x - 3}$
6. $g(x) = \sqrt{x} - 3$
7. $h(x) = \sqrt{x + 3} - 3$
8. $f(x) = \sqrt{x - 3} + 3$

A.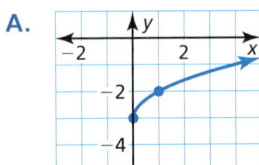

B.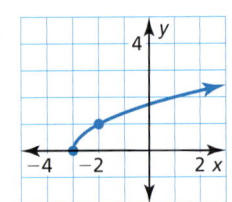

C.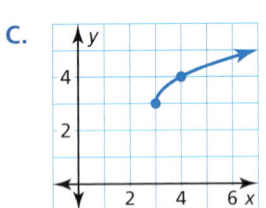

D.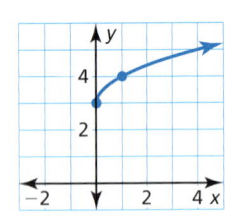

E.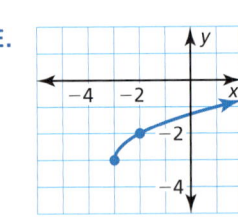

F.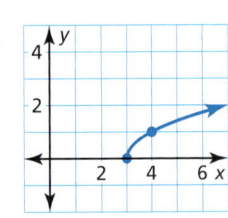

En los Ejercicios 9–18, haz una gráfica de la función. Identifica el dominio y el rango de la función. *(Consulta el Ejemplo 1).*

9. $h(x) = \sqrt{x} + 4$
10. $g(x) = \sqrt{x} - 5$
11. $g(x) = -\sqrt[3]{2x}$
12. $f(x) = \sqrt[3]{-5x}$
13. $g(x) = \frac{1}{5}\sqrt{x - 3}$
14. $f(x) = \frac{1}{2}\sqrt[3]{x + 6}$
15. $f(x) = (6x)^{1/2} + 3$
16. $g(x) = -3(x + 1)^{1/3}$
17. $h(x) = -\sqrt[4]{x}$
18. $h(x) = \sqrt[5]{2x}$

En los Ejercicios 19–26, describe la transformación de f representada mediante g. Luego haz una gráfica de cada función. *(Consulta el Ejemplo 2).*

19. $f(x) = \sqrt{x}, g(x) = \sqrt{x + 1} + 8$
20. $f(x) = \sqrt{x}, g(x) = 2\sqrt{x - 1}$
21. $f(x) = \sqrt[3]{x}, g(x) = -\sqrt[3]{x} - 1$
22. $f(x) = \sqrt[3]{x}, g(x) = \sqrt[3]{x + 4} - 5$
23. $f(x) = x^{1/2}, g(x) = \frac{1}{4}(-x)^{1/2}$
24. $f(x) = x^{1/3}, g(x) = \frac{1}{3}x^{1/3} + 6$
25. $f(x) = \sqrt[4]{x}, g(x) = 2\sqrt[4]{x + 5} - 4$
26. $f(x) = \sqrt[5]{x}, g(x) = \sqrt[5]{-32x} + 3$

27. **ANÁLISIS DE ERRORES** Describe y corrige el error al hacer la gráfica de $f(x) = \sqrt{x - 2} - 2$.

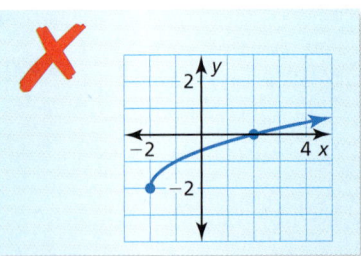

28. **ANÁLISIS DE ERRORES** Describe y corrige el error al describir la transformación de la función madre de raíz cuadrada representada mediante $g(x) = \sqrt{\frac{1}{2}x} + 3$.

 La gráfica de g es un encogimiento horizontal por un factor de $\frac{1}{2}$ y una traslación de 3 unidades hacia arriba de la función madre de raíz cuadrada.

256 Capítulo 5 Exponentes racionales y funciones radicales

USAR HERRAMIENTAS En los Ejercicios 29–34, usa una calculadora gráfica para hacer una gráfica de la función. Luego identifica el dominio y el rango de la función.

29. $g(x) = \sqrt{x^2 + x}$
30. $h(x) = \sqrt{x^2 - 2x}$
31. $f(x) = \sqrt[3]{x^2 + x}$
32. $f(x) = \sqrt[3]{3x^2 - x}$
33. $f(x) = \sqrt{2x^2 + x + 1}$
34. $h(x) = \sqrt[3]{\frac{1}{2}x^2 - 3x + 4}$

RAZONAMIENTO ABSTRACTO En los Ejercicios 35–38, completa el enunciado con *a veces*, *siempre* o *nunca*.

35. El dominio de la función $y = a\sqrt{x}$ es _____ $x \geq 0$.

36. El rango de la función $y = a\sqrt{x}$ es _____ $y \geq 0$.

37. El dominio y rango de la función $y = \sqrt[3]{x - h} + k$ es _____ el conjunto de todos los números reales.

38. El dominio de la función $y = a\sqrt{-x} + k$ es _____ $x \geq 0$.

39. **RESOLVER PROBLEMAS** La distancia (en millas) que puede un piloto ver hacia el horizonte se puede aproximar mediante $E(n) = 1.22\sqrt{n}$, donde n es la altitud del avión (en pies sobre el nivel del mar) sobre la Tierra. La función $M(n) = 0.75E(n)$ aproxima la distancia de que un piloto puede ver hacia el horizonte n pies sobre la superficie de Marte. Escribe una regla para M. ¿Cuál es la distancia que un piloto puede ver hacia el horizonte desde una altitud de 10,000 pies sobre Marte? *(Consulta el Ejemplo 3).*

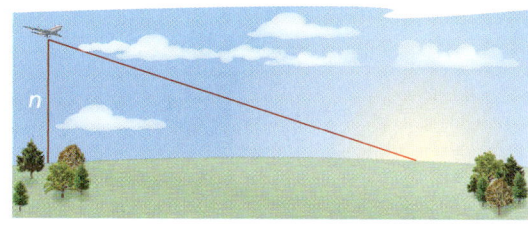

40. **REPRESENTAR CON MATEMÁTICAS** La velocidad (en nudos) de las ondas de sonido en el aire puede ser representada por

$$v(K) = 643.855\sqrt{\frac{K}{273.15}}$$

donde K es la temperatura del aire (en kelvin). La velocidad (en metro por segundo) de las ondas de sonido en el aire puede ser representada por

$$s(K) = \frac{v(K)}{1.944}.$$

Escribe una regla para s. ¿Cuál es la velocidad (en metros por segundo) de las ondas de sonido cuando la temperatura del aire es 305 kelvin?

En los Ejercicios 41–44, escribe una regla para g descrita mediante las transformaciones de la gráfica de f. *(Consulta el Ejemplo 4).*

41. Imagina que g es un alargamiento vertical por un factor de 2, seguido de una traslación 2 unidades hacia arriba de la gráfica de $f(x) = \sqrt{x} + 3$.

42. Imagina que g es una reflexión en el eje y, seguida por una traslación 1 unidad hacia la derecha de la gráfica de $f(x) = 2\sqrt[3]{x - 1}$.

43. Imagina que g es un encogimiento horizontal por un factor de $\frac{2}{3}$, seguida de una traslación 4 unidades hacia la izquierda de la gráfica de $f(x) = \sqrt{6x}$.

44. Imagina que g es una traslación de 1 unidad hacia abajo y 5 unidades hacia la izquierda, seguida de una reflexión en el eje x de la gráfica de $f(x) = -\frac{1}{2}\sqrt[4]{x} + \frac{3}{2}$.

En los Ejercicios 45 y 46, escribe una regla para g.

45.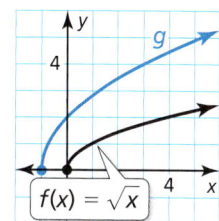

46.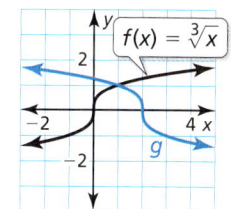

En los Ejercicios 47–50, escribe una regla para g que represente la transformación indicada de la gráfica de f.

47. $f(x) = 2\sqrt{x},\ g(x) = f(x + 3)$
48. $f(x) = \frac{1}{3}\sqrt{x - 1},\ g(x) = -f(x) + 9$
49. $f(x) = -\sqrt{x^2 - 2},\ g(x) = -2f(x + 5)$
50. $f(x) = \sqrt[3]{x^2 + 10x},\ g(x) = \frac{1}{4}f(-x) + 6$

En los Ejercicios 51–56, usa una calculadora gráfica para hacer una gráfica de la ecuación de la parábola. Identifica el vértice y la dirección en la que se abre la parábola. *(Consulta el Ejemplo 5).*

51. $\frac{1}{4}y^2 = x$
52. $3y^2 = x$
53. $-8y^2 + 2 = x$
54. $2y^2 = x - 4$
55. $x + 8 = \frac{1}{5}y^2$
56. $\frac{1}{2}x = y^2 - 4$

En los Ejercicios 57–62, usa una calculadora gráfica para hacer una gráfica de la ecuación del círculo. Identifica el radio y las intersecciones. *(Consulta el Ejemplo 6).*

57. $x^2 + y^2 = 9$
58. $x^2 + y^2 = 4$
59. $1 - y^2 = x^2$
60. $64 - x^2 = y^2$
61. $-y^2 = x^2 - 36$
62. $x^2 = 100 - y^2$

63. **REPRESENTAR CON MATEMÁTICAS** El *periodo* de un péndulo es el tiempo que demora el péndulo en completar un movimiento de oscilación de atrás hacia adelante. El periodo T (en segundos) se puede representar mediante la función $T = 1.11\sqrt{\ell}$, donde ℓ es la longitud (en pies) del péndulo. Haz una gráfica de la función. Estima la longitud del péndulo con un periodo de 2 segundos. Explica tu razonamiento.

64. **¿CÓMO LO VES?** ¿La gráfica representa una función de raíz cuadrada o una función de raíz cúbica? Explica. ¿Cuáles son el dominio y el rango de la función?

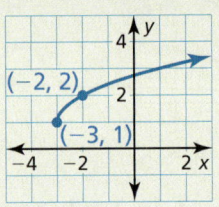

65. **RESOLVER PROBLEMAS** Para un carro de carreras con un peso total de 3500 libras, la velocidad s en (millas por hora) al final de una carrera se puede representar mediante $s = 14.8\sqrt[3]{p}$, donde p es la potencia (en caballos de fuerza). Haz una gráfica de la función.

  a. Determina la potencia de un carro de 3500 libras que alcanza una velocidad de 200 millas por hora.

  b. ¿Cuál es la tasa de cambio de velocidad promedio cuando la potencia cambia de 1000 caballos de fuerza a 1500 caballos de fuerza?

66. **ESTIMULAR EL PENSAMIENTO** La gráfica de una función radical f pasa por los puntos $(3, 1)$ y $(4, 0)$. Escribe dos funciones diferentes que podrían representar $f(x + 2) + 1$. Explica.

67. **REPRESENTACIONES MÚLTIPLES** La velocidad terminal v_t (en pies por segundo) de un paracaidista que pesa 140 libras está dada por

$$v_t = 33.7\sqrt{\frac{140}{A}}$$

donde A es el área de superficie transversal (en pies cuadrados) del paracaidista. La tabla muestra las velocidades terminales (en pies por segundo) para diversas áreas de superficie (en pies cuadrados) de un paracaidista que pesa 165 libras.

Área de superficie transversal, A	Velocidad terminal, v_t
1	432.9
3	249.9
5	193.6
7	163.6

  a. ¿Qué paracaidista tiene una mayor velocidad terminal por cada valor A dado en la tabla?

  b. Describe cómo los distintos valores de A dados en la tabla se relacionan con las posibles posiciones del paracaidista al caer.

68. **CONEXIONES MATEMÁTICAS** El área de superficie S de un cono circular recto con una altura inclinada de 1 unidad está dada por $S = \pi r + \pi r^2$, donde r es el radio del cono.

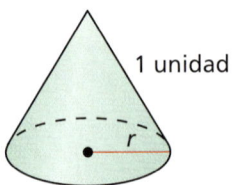

  a. Usa completar el cuadrado para demostrar que

  $$r = \frac{1}{\sqrt{\pi}}\sqrt{S + \frac{\pi}{4}} - \frac{1}{2}.$$

  b. Haz una gráfica de la ecuación en la parte (a) usando una calculadora gráfica. Luego halla el radio de un cono circular recto con una altura inclinada de 1 unidad y un área de superficie de $\frac{3\pi}{4}$ unidades cuadradas.

Mantener el dominio de las matemáticas Repasar lo que aprendiste en grados y lecciones anteriores

Resuelve la ecuación. Verifica tus soluciones. *(Manual de revisión de destrezas)*

69. $|3x + 2| = 5$ 70. $|4x + 9| = -7$ 71. $|2x - 6| = |x|$ 72. $|x + 8| = |2x + 2|$

Resuelve la desigualdad. *(Sección 3.6)*

73. $x^2 + 7x + 12 < 0$ 74. $x^2 - 10x + 25 \geq 4$ 75. $2x^2 + 6 > 13x$ 76. $\frac{1}{8}x^2 + x \leq -2$

5.1–5.3 ¿Qué aprendiste?

Vocabulario esencial

raíz enésima de a, *pág. 238*
índice de un radical, *pág. 238*
mínima expresión de un radical, *pág. 245*
conjugado, *pág. 246*
radicales semejantes, *pág. 246*
función radical, *pág. 252*

Conceptos esenciales

Sección 5.1
Raíces enésimas reales de a, *pág. 238*
Exponentes racionales, *pág. 239*

Sección 5.2
Propiedades de los exponentes racionales, *pág. 244*
Propiedades de los radicales, *pág. 245*

Sección 5.3
Funciones madre para funciones de raíz cuadrada y raíz cúbica, *pág. 252*
Transformaciones de funciones radicales, *pág. 253*

Prácticas matemáticas

1. ¿Cómo puedes usar definiciones para explicar tu razonamiento en los Ejercicios 21–24 de la página 241?
2. ¿Cómo usaste la estructura para resolver el Ejercicio 76 de la página 250?
3. ¿Cómo puedes verificar que tu respuesta es razonable en el Ejercicio 39 de la página 257?
4. ¿Cómo puedes darle sentido a los términos de la fórmula del área de la superficie dada en el Ejercicio 68 de la página 258?

---- Destrezas de estudio ----

Analizar tus errores

Errores de aplicación

Lo que sucede: Puedes resolver problemas numéricos, pero tienes dificultades con los problemas que tienen contexto.

Cómo evitar este error: No solo imites los pasos para resolver un problema de aplicación. Explica en voz alta lo que la pregunta está pidiendo y por qué haces cada paso. Después de resolver el problema, pregúntate: "¿Tiene sentido mi solución?".

5.1–5.3 Prueba

Halla la(s) raíz(ces) enésima(s) de *a* indicadas. *(Sección 5.1)*

1. $n = 4, a = 81$

2. $n = 5, a = -1024$

3. Evalúa (a) $16^{3/4}$ y (b) $125^{2/3}$ sin usar una calculadora. Explica tu razonamiento. *(Sección 5.1)*

Halla la(s) solución(es) real(es) de la ecuación. Redondea tu respuesta a dos lugares decimales. *(Sección 5.1)*

4. $2x^6 = 1458$

5. $(x + 6)^3 = 28$

Simplifica la expresión. *(Sección 5.2)*

6. $\left(\dfrac{48^{1/4}}{6^{1/4}}\right)^6$

7. $\sqrt[4]{3} \cdot \sqrt[4]{432}$

8. $\dfrac{1}{3 + \sqrt{2}}$

9. $\sqrt[3]{16} - 5\sqrt[3]{2}$

10. Simplifica $\sqrt[8]{x^9 y^8 z^{16}}$. *(Sección 5.2)*

Escribe la expresión en su mínima expresión. Presupón que todas las variables son positivas. *(Sección 5.2)*

11. $\sqrt[3]{216p^9}$

12. $\dfrac{\sqrt[5]{32}}{\sqrt[5]{m^3}}$

13. $\sqrt[4]{n^4 q} + 7n\sqrt[4]{q}$

14. Haz una gráfica de $f(x) = 2\sqrt[3]{x} + 1$. Identifica el dominio y el rango de la función. *(Sección 5.3)*

Describe la transformación de la función madre representada por la gráfica de *g*. Luego, escribe una regla para *g*. *(Sección 5.3)*

15.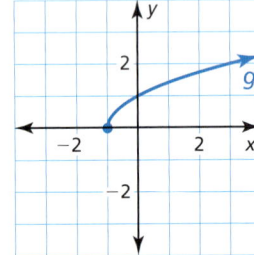

16.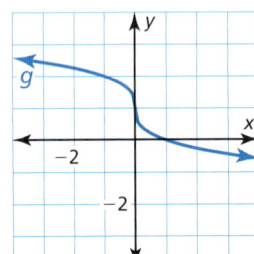

17.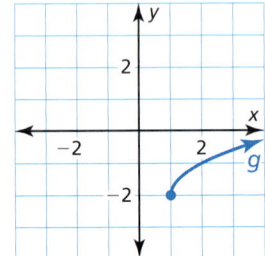

18. Usa una calculadora gráfica para hacer una gráfica de $x = 3y^2 - 6$. Identifica el vértice y la dirección en la que se abre la parábola. *(Sección 5.3)*

19. Un orfebre está preparando el corte de una piedra preciosa en forma de un octaedro regular. Un octaedro regular es un cuerpo geométrico que tiene ocho triángulos equiláteros como frentes, tal como se muestra. La fórmula para el volumen de la piedra es $V = 0.47s^3$, donde *s* es la longitud del lado (en milímetros) de un borde de la piedra. El volumen de la piedra es de 161 milímetros cúbicos. Halla la longitud de un borde de la piedra. *(Sección 5.1)*

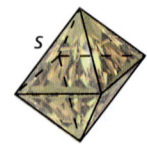

20. Un investigador puede determinar cuán rápido iba un carro justo antes de un accidente usando el modelo $s = 4\sqrt{d}$, donde *s* es la velocidad (en millas por hora) del carro y *d* es la longitud (en pies) de las marcas en el pavimento. Haz una gráfica del modelo. La longitud de las marcas de un carro en el pavimento es de 90 pies. ¿Iba el carro en el límite de velocidad señalizado antes del accidente? Explica tu razonamiento. *(Sección 5.3)*

5.4 Resolver ecuaciones y desigualdades radicales

Pregunta esencial ¿Cómo puedes resolver una ecuación radical?

EXPLORACIÓN 1 Resolver ecuaciones radicales

Trabaja con un compañero. Une cada ecuación radical con la gráfica de su función radical relacionada. Explica tu razonamiento. Luego usa la gráfica para resolver la ecuación, si es posible. Verifica tus soluciones.

a. $\sqrt{x-1} - 1 = 0$ **b.** $\sqrt{2x+2} - \sqrt{x+4} = 0$ **c.** $\sqrt{9-x^2} = 0$

d. $\sqrt{x+2} - x = 0$ **e.** $\sqrt{-x+2} - x = 0$ **f.** $\sqrt{3x^2+1} = 0$

A. 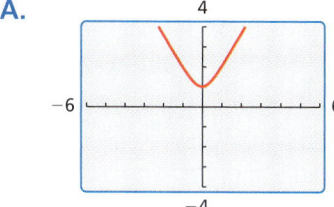   B.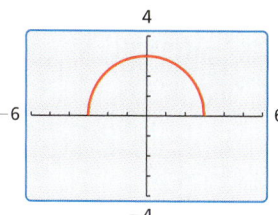

C. 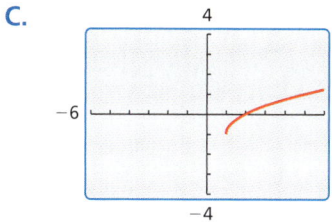   D.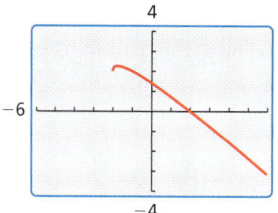

E. 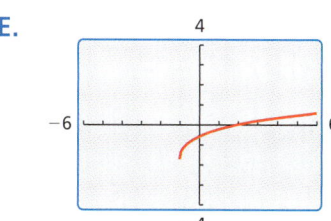   F.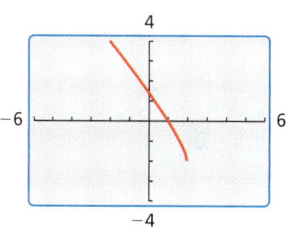

EXPLORACIÓN 2 Resolver ecuaciones radicales

Trabaja con un compañero. Revisa nuevamente las ecuaciones radicales en la Exploración 1. Supón que no sabías cómo resolver las ecuaciones con un enfoque gráfico.

a. Demuestra cómo podrías usar un *enfoque numérico* para resolver una de las ecuaciones. Por ejemplo, podrías usar una hoja de cálculo para crear una tabla de valores.

b. Demuestra cómo podrías usar un *enfoque analítico* para resolver una de las ecuaciones. Por ejemplo, observa las semejanzas entre las ecuaciones en la Exploración 1. ¿Qué primer paso podría ser necesario para que puedas elevar al cuadrado cada lado para eliminar el (los) radical(es)? ¿Cómo procederías para hallar la solución?

Comunicar tu respuesta

3. ¿Cómo puedes resolver una ecuación radical?

4. ¿Preferirías usar un enfoque gráfico, numérico o analítico para resolver la ecuación dada? Explica tu razonamiento. Luego resuelve la ecuación.

$$\sqrt{x+3} - \sqrt{x-2} = 1$$

BUSCAR UNA ESTRUCTURA

Para dominar las matemáticas, necesitas observar con atención para discernir un patrón o estructura.

Sección 5.4 Resolver ecuaciones y desigualdades radicales 261

5.4 Lección

Qué aprenderás

- Resolver ecuaciones que contengan radicales y exponentes racionales.
- Resolver desigualdades radicales.

Vocabulario Esencial

ecuación radical, *pág. 262*
soluciones extrañas, *pág. 263*

Anterior
exponentes racionales
expresiones radicales
resolver ecuaciones cuadráticas

Resolver ecuaciones

Las ecuaciones con radicales que tienen variables en sus radicandos se llaman **ecuaciones radicales**. Un ejemplo de una ecuación radical es $2\sqrt{x+1} = 4$.

Concepto Esencial

Resolver ecuaciones radicales

Para resolver una ecuación radical, sigue los pasos siguientes:

Paso 1 Despeja el radical en un lado de la ecuación, si es necesario.

Paso 2 Eleva cada lado de la ecuación al mismo exponente para eliminar el radical y obtener una ecuación polinomial lineal, cuadrática u otra.

Paso 3 Resuelve la ecuación resultante usando las técnicas que has aprendido en los capítulos anteriores. Verifica tu solución.

EJEMPLO 1 Resolver ecuaciones radicales

Resuelve (a) $2\sqrt{x+1} = 4$ y (b) $\sqrt[3]{2x-9} - 1 = 2$.

SOLUCIÓN

Verifica

$2\sqrt{3+1} \stackrel{?}{=} 4$
$2\sqrt{4} \stackrel{?}{=} 4$
$4 = 4$ ✓

a. $2\sqrt{x+1} = 4$ — Escribe la ecuación original.

$\sqrt{x+1} = 2$ — Divide cada lado entre 2.

$(\sqrt{x+1})^2 = 2^2$ — Eleva al cuadrado cada lado para eliminar el radical.

$x + 1 = 4$ — Simplifica.

$x = 3$ — Resta 1 de cada lado.

▶ La solución es $x = 3$.

Verifica

$\sqrt[3]{2(18)-9} - 1 \stackrel{?}{=} 2$
$\sqrt[3]{27} - 1 \stackrel{?}{=} 2$
$2 = 2$ ✓

b. $\sqrt[3]{2x-9} - 1 = 2$ — Escribe la ecuación original.

$\sqrt[3]{2x-9} = 3$ — Suma 1 a cada lado.

$(\sqrt[3]{2x-9})^3 = 3^3$ — Eleva al cubo cada lado para eliminar el radical.

$2x - 9 = 27$ — Simplifica.

$2x = 36$ — Suma 9 a cada lado.

$x = 18$ — Divide cada lado entre 2.

▶ La solución es $x = 18$.

Monitoreo del progreso Ayuda en inglés y español en *BigIdeasMath.com*

Resuelve la ecuación. Verifica tu solución.

1. $\sqrt[3]{x} - 9 = -6$
2. $\sqrt{x+25} = 2$
3. $2\sqrt[3]{x-3} = 4$

262 Capítulo 5 Exponentes racionales y funciones radicales

EJEMPLO 2   Resolver un problema de la vida real

En un huracán la velocidad media sostenida v del viento (en metros por segundo) se puede representar mediante $v(p) = 6.3\sqrt{1013 - p}$, donde p es la presión del aire (en milibares) en el centro del huracán. Estima la presión del aire en el centro del huracán si la velocidad media sostenida del viento es de 54.5 metros por segundo.

SOLUCIÓN

$v(p) = 6.3\sqrt{1013 - p}$ Escribe la función original.

$54.5 = 6.3\sqrt{1013 - p}$ Sustituye 54.5 por $v(p)$.

$8.65 \approx \sqrt{1013 - p}$ Divide cada lado entre 6.3.

$8.65^2 \approx \left(\sqrt{1013 - p}\right)^2$ Eleva al cuadrado cada lado.

$74.8 \approx 1013 - p$ Simplifica.

$-938.2 \approx -p$ Resta 1013 de cada lado.

$938.2 \approx p$ Divide cada lado entre -1.

▶ La presión del aire en el centro del huracán es de aproximadamente 938 milibares.

PRESTAR ATENCIÓN A LA PRECISIÓN

Para entender cómo se pueden presentar soluciones extrañas, considera la ecuación $\sqrt{x} = -3$. Esta ecuación no tiene solución real; sin embargo, obtienes $x = 9$ después de elevar al cuadrado cada lado.

Monitoreo del progreso Ayuda en inglés y español en *BigIdeasMath.com*

4. ¿QUÉ PASA SI? Estima la presión del aire en el centro del huracán si la velocidad media sostenida del viento es de 48.3 metros por segundo.

Elevar cada lado de una ecuación al mismo exponente puede presentar soluciones que *no* son soluciones de la ecuación original. Estas soluciones se llaman **soluciones extrañas.** Cuando uses este procedimiento, debes verificar siempre cada solución aparente en la ecuación *original*.

EJEMPLO 3   Resolver una ecuación con una solución extraña

Resuelve $x + 1 = \sqrt{7x + 15}$.

SOLUCIÓN

$x + 1 = \sqrt{7x + 15}$ Escribe la ecuación original.

$(x + 1)^2 = \left(\sqrt{7x + 15}\right)^2$ Eleva al cuadrado cada lado.

$x^2 + 2x + 1 = 7x + 15$ Desarrolla el lado izquierdo y simplifica el lado derecho.

$x^2 - 5x - 14 = 0$ Escribe en forma estándar.

$(x - 7)(x + 2) = 0$ Factoriza.

$x - 7 = 0$ o $x + 2 = 0$ Propiedad de producto cero

$x = 7$ o $x = -2$ Resuelve para hallar la x.

Verifica $7 + 1 \stackrel{?}{=} \sqrt{7(7) + 15}$ $-2 + 1 \stackrel{?}{=} \sqrt{7(-2) + 15}$

             $8 \stackrel{?}{=} \sqrt{64}$ $-1 \stackrel{?}{=} \sqrt{1}$

             $8 = 8$ ✓ $-1 \neq 1$ ✗

▶ La solución aparente $x = -2$ es extraña. Entonces, la única solución es $x = 7$.

Sección 5.4   Resolver ecuaciones y desigualdades radicales   **263**

EJEMPLO 4 Resolver una ecuación con dos radicales

Resuelve $\sqrt{x+2}+1=\sqrt{3-x}$.

SOLUCIÓN

$\sqrt{x+2}+1=\sqrt{3-x}$	Escribe la ecuación original.
$(\sqrt{x+2}+1)^2=(\sqrt{3-x})^2$	Eleva al cuadrado cada lado.
$x+2+2\sqrt{x+2}+1=3-x$	Desarrolla el lado izquierdo y simplifica el lado derecho.
$2\sqrt{x+2}=-2x$	Aísla la expresión radical.
$\sqrt{x+2}=-x$	Divide cada lado entre 2.
$(\sqrt{x+2})^2=(-x)^2$	Eleva al cuadrado cada lado.
$x+2=x^2$	Simplifica.
$0=x^2-x-2$	Escribe en forma estándar.
$0=(x-2)(x+1)$	Factoriza.
$x-2=0$ o $x+1=0$	Propiedad de producto cero
$x=2$ o $x=-1$	Resuelve para hallar la x.

OTRO MÉTODO

También puedes hacer una gráfica de cada lado de la ecuación y hallar el valor de x donde las gráficas se intersecan.

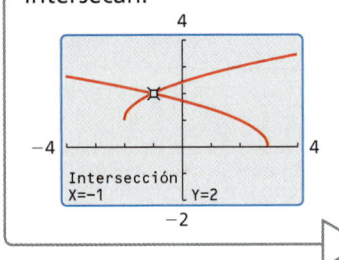

Verifica

$\sqrt{2+2}+1 \stackrel{?}{=} \sqrt{3-2}$ $\sqrt{-1+2}+1 \stackrel{?}{=} \sqrt{3-(-1)}$
$\sqrt{4}+1 \stackrel{?}{=} \sqrt{1}$ $\sqrt{1}+1 \stackrel{?}{=} \sqrt{4}$
$3 \neq 1$ ✗ $2=2$ ✓

▶ La solución aparente $x=2$ es extraña. Entonces, la única solución es $x=-1$.

Monitoreo del progreso Ayuda en inglés y español en *BigIdeasMath.com*

Resuelve la ecuación. Verifica tu(s) solución(es).

5. $\sqrt{10x+9}=x+3$ **6.** $\sqrt{2x+5}=\sqrt{x+7}$ **7.** $\sqrt{x+6}-2=\sqrt{x-2}$

Cuando una ecuación contiene una potencia con un exponente racional, puedes resolver la ecuación usando un procedimiento similar al usado para resolver ecuaciones radicales. En este caso, primero despejas la potencia y luego elevas cada lado de la ecuación al recíproco del exponente racional.

EJEMPLO 5 Resolver una ecuación con un exponente racional

Resuelve $(2x)^{3/4}+2=10$.

SOLUCIÓN

$(2x)^{3/4}+2=10$	Escribe la ecuación original.
$(2x)^{3/4}=8$	Resta 2 de cada lado.
$[(2x)^{3/4}]^{4/3}=8^{4/3}$	Eleva cada lado a la potencia de cuatro tercios.
$2x=16$	Simplifica.
$x=8$	Divide cada lado entre 2.

Verifica

$(2 \cdot 8)^{3/4}+2 \stackrel{?}{=} 10$
$16^{3/4}+2 \stackrel{?}{=} 10$
$10=10$ ✓

▶ La solución es $x=8$.

264 Capítulo 5 Exponentes racionales y funciones radicales

EJEMPLO 6 Resolver una ecuación con un exponente racional

Resuelve $(x + 30)^{1/2} = x$.

SOLUCIÓN

$(x + 30)^{1/2} = x$	Escribe la ecuación original.
$[(x + 30)^{1/2}]^2 = x^2$	Eleva al cuadrado cada lado.
$x + 30 = x^2$	Simplifica.
$0 = x^2 - x - 30$	Escribe en forma estándar.
$0 = (x - 6)(x + 5)$	Factoriza.
$x - 6 = 0$ o $x + 5 = 0$	Propiedad de producto cero
$x = 6$ o $x = -5$	Resuelve para hallar la x.

Verifica
$(6 + 30)^{1/2} \stackrel{?}{=} 6$
$36^{1/2} \stackrel{?}{=} 6$
$6 = 6$ ✓

$(-5 + 30)^{1/2} \stackrel{?}{=} -5$
$25^{1/2} \stackrel{?}{=} -5$
$5 \ne -5$ ✗

▶ La solución aparente $x = -5$ es extraña. Entonces, la única solución es $x = 6$.

Monitoreo del progreso   Ayuda en inglés y español en *BigIdeasMath.com*

Resuelve la ecuación. Verifica tu(s) solución(es).

8. $(3x)^{1/3} = -3$ **9.** $(x + 6)^{1/2} = x$ **10.** $(x + 2)^{3/4} = 8$

Resolver desigualdades radicales

Para resolver una desigualdad radical simple de la forma $\sqrt[n]{u} < d$, donde u es una expresión algebraica y d es un número no negativo, eleva cada lado al exponente n. Este procedimiento también funciona para $>$, $\le$, y $\ge$. Asegúrate de considerar los posibles valores del radicando.

EJEMPLO 7 Resolver una desigualdad radical

Resuelve $3\sqrt{x - 1} \le 12$.

SOLUCIÓN

Paso 1 Resuelve para x.

$3\sqrt{x - 1} \le 12$	Escribe la desigualdad original.
$\sqrt{x - 1} \le 4$	Divide cada lado entre 3.
$x - 1 \le 16$	Eleva al cuadrado cada lado.
$x \le 17$	Suma 1 a cada lado.

Paso 2 Considera el radicando.

$x - 1 \ge 0$	El radicando no puede ser negativo.
$x \ge 1$	Suma 1 a cada lado.

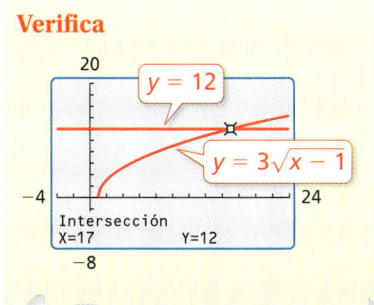

Verifica

▶ Entonces, la solución es $1 \le x \le 17$.

Monitoreo del progreso   Ayuda en inglés y español en *BigIdeasMath.com*

11. Resuelve (a) $2\sqrt{x} - 3 \ge 3$ y (b) $4\sqrt[3]{x + 1} < 8$.

5.4 Ejercicios

Soluciones dinámicas disponibles en *BigIdeasMath.com*

Verificación de vocabulario y concepto esencial

1. **VOCABULARIO** La ecuación $3x - \sqrt{2} = \sqrt{6}$, ¿es una ecuación radical? Explica tu razonamiento.

2. **ESCRIBIR** Explica los pasos que deberías usar para resolver $\sqrt{x} + 10 < 15$.

Monitoreo del progreso y Representar con matemáticas

En los Ejercicios 3–12, resuelve la ecuación. Verifica tu solución. *(Consulta el Ejemplo 1)*.

3. $\sqrt{5x+1} = 6$
4. $\sqrt{3x+10} = 8$
5. $\sqrt[3]{x-16} = 2$
6. $\sqrt[3]{x} - 10 = -7$
7. $-2\sqrt{24x} + 13 = -11$
8. $8\sqrt[3]{10x} - 15 = 17$
9. $\frac{1}{5}\sqrt[3]{3x} + 10 = 8$
10. $\sqrt{2x} - \frac{2}{3} = 0$
11. $2\sqrt[5]{x} + 7 = 15$
12. $\sqrt[4]{4x} - 13 = -15$

13. **REPRESENTAR CON MATEMÁTICAS** Los biólogos han descubierto que la altura h (en centímetros) del hombro de un elefante asiático macho se puede representar mediante $h = 62.5\sqrt[3]{t} + 75.8$, donde t es la edad (en años) del elefante. Determina la edad de un elefante con un hombro de 250 centímetros de altura. *(Consulta el Ejemplo 2)*.

14. **REPRESENTAR CON MATEMÁTICAS** En un juego mecánico de un parque de diversiones, un carro suspendido por cables se balancea hacia adelante y hacia atrás colgado de una torre. La velocidad máxima v (en metros por segundo) del carro se puede aproximar mediante $v = \sqrt{2gh}$, donde h es la altura (en metros) en la parte más alta de cada oscilación y g es la aceleración debida a la gravedad ($g \approx 9.8$ m/seg^2). Determina la altura en la parte más alta de la oscilación de un carro cuya velocidad máxima es de 15 metros por segundo.

En los Ejercicios 15–26, resuelve la ecuación. Verifica tu(s) solución(es). *(Consulte los Ejemplos 3 y 4)*.

15. $x - 6 = \sqrt{3x}$
16. $x - 10 = \sqrt{9x}$
17. $\sqrt{44 - 2x} = x - 10$
18. $\sqrt{2x + 30} = x + 3$
19. $\sqrt[3]{8x^3 - 1} = 2x - 1$
20. $\sqrt[4]{3 - 8x^2} = 2x$
21. $\sqrt{4x+1} = \sqrt{x+10}$
22. $\sqrt{3x-3} - \sqrt{x+12} = 0$
23. $\sqrt[3]{2x-5} - \sqrt[3]{8x+1} = 0$
24. $\sqrt[3]{x+5} = 2\sqrt[3]{2x+6}$
25. $\sqrt{3x-8} + 1 = \sqrt{x+5}$
26. $\sqrt{x+2} = 2 - \sqrt{x}$

En los Ejercicios 27–34, resuelve la ecuación. Verifica tu(s) solución(es). *(Consulte los Ejemplos 5 y 6)*.

27. $2x^{2/3} = 8$
28. $4x^{3/2} = 32$
29. $x^{1/4} + 3 = 0$
30. $2x^{3/4} - 14 = 40$
31. $(x+6)^{1/2} = x$
32. $(5-x)^{1/2} - 2x = 0$
33. $2(x+11)^{1/2} = x + 3$
34. $(5x^2 - 4)^{1/4} = x$

ANÁLISIS DE ERRORES En los Ejercicios 35 y 36, describe y corrige el error al resolver la ecuación.

35.
$$\sqrt[3]{3x-8} = 4$$
$$\left(\sqrt[3]{3x-8}\right)^3 = 4$$
$$3x - 8 = 4$$
$$3x = 12$$
$$x = 4$$

36.
$$8x^{3/2} = 1000$$
$$8(x^{3/2})^{2/3} = 1000^{2/3}$$
$$8x = 100$$
$$x = \frac{25}{2}$$

266   Capítulo 5   Exponentes racionales y funciones radicales

En los Ejercicios 37–44, resuelve la desigualdad.
(Consulta el Ejemplo 7).

37. $2\sqrt[3]{x} - 5 \geq 3$
38. $\sqrt[3]{x-4} \leq 5$
39. $4\sqrt{x-2} > 20$
40. $7\sqrt{x} + 1 < 9$
41. $2\sqrt{x} + 3 \leq 8$
42. $\sqrt[3]{x+7} \geq 3$
43. $-2\sqrt[3]{x+4} < 12$
44. $-0.25\sqrt{x} - 6 \leq -3$

45. **REPRESENTAR CON MATEMÁTICAS** La longitud ℓ (en pulgadas) de un clavo estándar se puede representar mediante $\ell = 54d^{3/2}$, donde d es el diámetro (en pulgadas) del clavo. ¿Cuál es el diámetro de un clavo estándar que tiene 3 pulgadas de largo?

46. **SACAR CONCLUSIONES** El "tiempo de suspensión" es el tiempo en el que estás suspendido en el aire durante un salto. Tu tiempo de suspensión t (en segundos) está dado por la función $t = 0.5\sqrt{h}$, donde h es la altura (en pies) del salto. Supón que un canguro y un aficionado al snowboard saltan con los tiempos de suspensión que se muestran.

a. Halla las alturas que saltan el aficionado al snowboard y el canguro.

b. Duplica los tiempos suspendidos del aficionado al snowboard y el canguro y calcula las alturas correspondientes de cada salto.

c. ¿Cuándo el tiempo suspendido en el aire se duplica, se duplica la altura del salto? Explica.

USAR HERRAMIENTAS En los Ejercicios 47–52, resuelve el sistema no lineal. Justifica tu respuesta con una gráfica.

47. $y^2 = x - 3$
    $y = x - 3$

48. $y^2 = 4x + 17$
    $y = x + 5$

49. $x^2 + y^2 = 4$
    $y = x - 2$

50. $x^2 + y^2 = 25$
    $y = -\frac{3}{4}x + \frac{25}{4}$

51. $x^2 + y^2 = 1$
    $y = \frac{1}{2}x^2 - 1$

52. $x^2 + y^2 = 4$
    $y^2 = x + 2$

53. **RESOLVER PROBLEMAS** La velocidad s (en millas por hora) de un carro puede estar dada por $s = \sqrt{30fd}$ donde f es el coeficiente de fricción y d es la distancia de frenado (en pies). La tabla muestra el coeficiente de fricción para diferentes superficies.

Superficie	Coeficiente de fricción, f
asfalto seco	0.75
asfalto húmedo	0.30
nieve	0.30
hielo	0.15

a. Compara las distancias de frenado de un carro que va a 45 millas por hora en las superficies dadas en la tabla.

b. Vas manejando a 35 millas por hora en un camino helado cuando un venado salta frente a tu carro. ¿Qué tan lejos tienes que empezar a frenar para evitar golpear al venado? Justifica tu respuesta.

54. **REPRESENTAR CON MATEMÁTICAS** La escala de viento de Beaufort fue concebida para medir la velocidad del viento. Los números de la escala de Beaufort B, que van del 0 al 12, se pueden representar mediante $B = 1.69\sqrt{s + 4.25} - 3.55$, donde s es la velocidad del viento (en millas por hora).

Número Beaufort	Fuerza del viento
0	calmo
3	briza suave
6	briza fuerte
9	vendaval fuerte
12	huracán

a. ¿Cuál es la velocidad del viento para $B = 0$? ¿Y para $B = 3$?

b. Escribe una desigualdad que describa el rango de las velocidades del viento representadas por el modelo de Beaufort.

55. **USAR HERRAMIENTAS** Resuelve la ecuación $x - 4 = \sqrt{2x}$. Luego resuelve la ecuación $x - 4 = -\sqrt{2x}$.

a. ¿Cómo es que cambiar $\sqrt{2x}$ a $-\sqrt{2x}$ cambia la(s) solución(es) de la ecuación?

b. Justifica tu respuesta en la parte (a) usando gráficas.

56. **ARGUMENTAR** Tu amigo dice que es imposible que una ecuación radical tenga dos soluciones extrañas. ¿Es correcto lo que dice tu amigo? Explica tu razonamiento.

Sección 5.4 Resolver ecuaciones y desigualdades radicales

57. USAR LA ESTRUCTURA Explica cómo sabes que la ecuación radical $\sqrt{x+4} = -5$ no tiene solución real sin resolverla.

58. ¿CÓMO LO VES? Usa la gráfica para hallar la solución de la ecuación $2\sqrt{x-4} = -\sqrt{x-1} + 4$. Explica tu razonamiento.

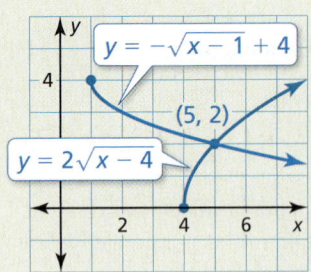

59. ESCRIBIR Una compañía determina que el precio p de un producto se puede representar mediante $p = 70 - \sqrt{0.02x + 1}$, donde x es el número de unidades del producto pedidas por día. Describe el efecto que tiene aumentar el precio en el número de unidades pedidas.

60. ESTIMULAR EL PENSAMIENTO Las autoridades de la ciudad cercan un área circular para prepararla para un concierto en el parque. Estiman que cada persona ocupa 6 pies cuadrados. Describe cómo puedes usar una desigualdad radical para determinar el posible radio de la región si se espera que P personas asistan al concierto.

61. CONEXIONES MATEMÁTICAS Las Rocas Moeraki, a lo largo de la costa de Nueva Zelanda, son esferas de piedra con radios de aproximadamente 3 pies. Una fórmula para el radio de una esfera es

$$r = \frac{1}{2}\sqrt{\frac{S}{\pi}}$$

donde S es el área de superficie de la esfera. Halla el área de superficie de una Roca Moeraki.

62. RESOLVER PROBLEMAS Estás tratando de determinar la altura de una pirámide truncada que no se puede medir directamente. La altura h y la altura inclinada ℓ de la pirámide truncada están relacionadas por la fórmula siguiente.

$$\ell = \sqrt{h^2 + \frac{1}{4}(b_2 - b_1)^2}$$

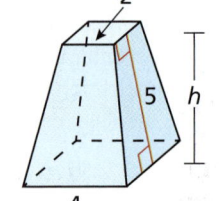

En la fórmula dada, b_1 y b_2 son longitudes de lado de las bases superiores e inferiores de la pirámide, respectivamente. Si $\ell = 5$, $b_1 = 2$, y $b_2 = 4$, ¿cuál es la altura de la pirámide?

63. REESCRIBIR UNA FÓRMULA Una vela encendida tiene un radio de r pulgadas y tenía inicialmente h_0 pulgadas de altura. Después de t minutos, la altura de la vela se ha reducido a h pulgadas. Estas cantidades están relacionadas mediante la fórmula

$$r = \sqrt{\frac{kt}{\pi(h_0 - h)}}$$

donde k es una constante. Supón que el radio de una vela es 0.875 pulgadas, su altura inicial es de 6.5 pulgadas y $k = 0.04$.

   a. Reescribe la fórmula, resolviendo para h en términos de t.

   b. Usa tu fórmula en la parte (a) para determinar la altura de la vela luego de consumirse por 45 minutos.

Mantener el dominio de las matemáticas *Repasar lo que aprendiste en grados y lecciones anteriores*

Haz la operación indicada. *(Sección 4.2 y Sección 4.3)*

64. $(x^3 - 2x^2 + 3x + 1) + (x^4 - 7x)$

65. $(2x^5 + x^4 - 4x^2) - (x^5 - 3)$

66. $(x^3 + 2x^2 + 1)(x^2 + 5)$

67. $(x^4 + 2x^3 + 11x^2 + 14x - 16) \div (x + 2)$

Sea $f(x) = x^3 - 4x^2 + 6$. Escribe una regla para g. Describe la gráfica de g como transformación de la gráfica de f. *(Sección 4.7)*

68. $g(x) = f(-x) + 4$

69. $g(x) = \frac{1}{2}f(x) - 3$

70. $g(x) = -f(x - 1) + 6$

5.5 Hacer operaciones de función

Pregunta esencial ¿Cómo puedes usar las gráficas de dos funciones para dibujar la gráfica de una combinación aritmética de las dos funciones?

Así como dos números reales se pueden combinar mediante las operaciones de suma, resta, multiplicación y división para formar otros números reales, dos funciones se pueden combinar para formar otras funciones. Por ejemplo, la función $f(x) = 2x - 3$ y $g(x) = x^2 - 1$ se pueden combinar para formar la suma, la diferencia, el producto o el cociente de f y g.

$f(x) + g(x) = (2x - 3) + (x^2 - 1) = x^2 + 2x - 4$ suma

$f(x) - g(x) = (2x - 3) - (x^2 - 1) = -x^2 + 2x - 2$ resta

$f(x) \cdot g(x) = (2x - 3)(x^2 - 1) = 2x^3 - 3x^2 - 2x + 3$ producto

$\dfrac{f(x)}{g(x)} = \dfrac{2x - 3}{x^2 - 1}$ cociente

EXPLORACIÓN 1 Hacer una gráfica de la suma de dos funciones

Trabaja con un compañero. Usa las gráficas de f y g para dibujar la gráfica de $f + g$. Explica los pasos que has dado.

Muestra Elige un punto en la gráfica de g. Usa un compás o una regla para medir la distancia por encima de o por debajo del eje x. Si es por encima, suma la distancia a la coordenada y del punto con la misma coordenada x en la gráfica de f. Si es por debajo, resta la distancia. Marca el nuevo punto. Repite este proceso para varios puntos. Finalmente traza una curva suave a travez de los puntos para obtener la gráfica de $f + g$.

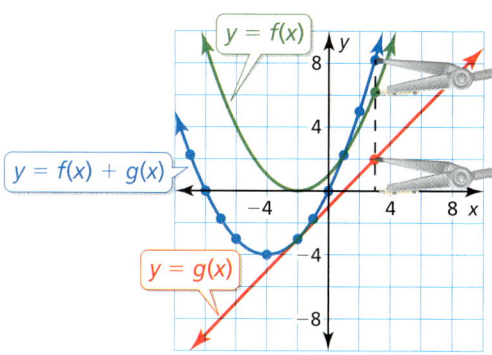

a.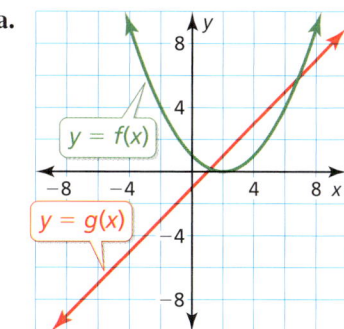

b.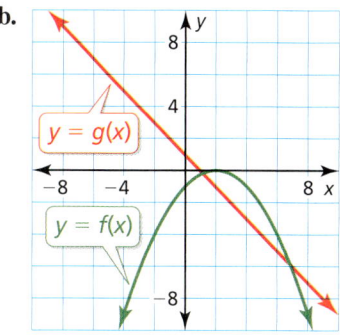

DARLE SENTIDO A LOS PROBLEMAS

Para dominar las matemáticas, necesitas verificar tus respuestas a los problemas usando un método diferente y preguntándote continuamente: "¿Tiene sentido esto?".

Comunicar tu respuesta

2. ¿Cómo puedes usar los gráficos de dos funciones para dibujar la gráfica de una combinación aritmética de las dos funciones?

3. Verifica tus respuestas en la Exploración 1 escribiendo ecuaciones para f y g, sumando las funciones y haciendo una gráfica de la suma.

Sección 5.5 Hacer operaciones de función **269**

5.5 Lección

Qué aprenderás

▶ Sumar, restar, multiplicar y dividir funciones.

Vocabulario Esencial

Anterior
dominio
notación científica

Operaciones en funciones

Has aprendido cómo sumar, restar, multiplicar y dividir expresiones polinomiales. Estas operaciones también se pueden definir para funciones.

🔑 Concepto Esencial

Operaciones en funciones

Imagina que f y g son dos funciones cualquiera. Se puede definir una nueva función haciendo cualquiera de las cuatro operaciones básicas en f y g.

Operación	Definición	Ejemplo: $f(x) = 5x$, $g(x) = x + 2$
Suma	$(f + g)(x) = f(x) + g(x)$	$(f + g)(x) = 5x + (x + 2) = 6x + 2$
Resta	$(f - g)(x) = f(x) - g(x)$	$(f - g)(x) = 5x - (x + 2) = 4x - 2$
Multiplicación	$(fg)(x) = f(x) \cdot g(x)$	$(fg)(x) = 5x(x + 2) = 5x^2 + 10x$
División	$\left(\dfrac{f}{g}\right)(x) = \dfrac{f(x)}{g(x)}$	$\left(\dfrac{f}{g}\right)(x) = \dfrac{5x}{x + 2}$

Los dominios de las funciones de la suma, la diferencia, el producto y el cociente consisten en los valores de x que están en los dominios tanto de f como de g. Además, el dominio del cociente no incluye valores de x por lo que $g(x) = 0$.

EJEMPLO 1 Sumar dos funciones

Sea $f(x) = 3\sqrt{x}$ y $g(x) = -10\sqrt{x}$. Halla $(f + g)(x)$ y expresa el dominio. Luego evalúa la suma cuando $x = 4$.

SOLUCIÓN

$$(f + g)(x) = f(x) + g(x) = 3\sqrt{x} + (-10\sqrt{x}) = (3 - 10)\sqrt{x} = -7\sqrt{x}$$

Cada una de las funciones f y g tienen el mismo dominio: el conjunto de todos los números reales no negativos. Entonces, el dominio de $f + g$ también consiste en el conjunto de todos los números reales no negativos. Para evaluar $f + g$ cuando $x = 4$, puedes usar varios métodos. Aquí hay dos:

Método 1 Usa un enfoque algebraico.

Cuando $x = 4$, el valor de la suma es

$(f + g)(4) = -7\sqrt{4} = -14$.

Método 2 Usa un enfoque gráfico.

Ingresa las funciones $y_1 = 3\sqrt{x}$, $y_2 = -10\sqrt{x}$, y $y_3 = y_1 + y_2$ en una calculadora gráfica. Luego, haz una gráfica de y_3, la suma de las dos funciones. Usa la función *trazar* para hallar el valor de $f + g$ cuando $x = 4$. Basándote en la gráfica, $(f + g)(4) = -14$.

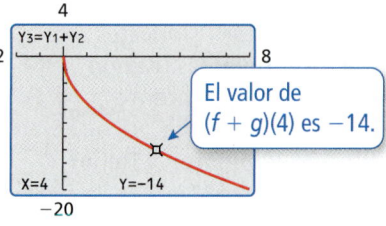

El valor de $(f + g)(4)$ es -14.

270 Capítulo 5 Exponentes racionales y funciones radicales

EJEMPLO 2   Restar dos funciones

Sea $f(x) = 3x^3 - 2x^2 + 5$ y $g(x) = x^3 - 3x^2 + 4x - 2$. Halla $(f - g)(x)$ y expresa el dominio. Luego evalúa la diferencia cuando $x = -2$.

SOLUCIÓN

$$(f - g)(x) = f(x) - g(x) = 3x^3 - 2x^2 + 5 - (x^3 - 3x^2 + 4x - 2) = 2x^3 + x^2 - 4x + 7$$

Las funciones f y g tienen el mismo dominio: el conjunto de todos los números reales. Entonces, el dominio de $f - g$ también consiste en el conjunto de todos los números reales. Cuando $x = -2$, el valor de la diferencia es

$$(f - g)(-2) = 2(-2)^3 + (-2)^2 - 4(-2) + 7 = 3.$$

EJEMPLO 3   Multiplicar dos funciones

Sea $f(x) = x^2$ y $g(x) = \sqrt{x}$. Encuentra $(fg)(x)$ y expresa el dominio. Luego evalúa el producto cuando $x = 9$.

SOLUCIÓN

$$(fg)(x) = f(x) \cdot g(x) = x^2(\sqrt{x}) = x^2(x^{1/2}) = x^{(2+1/2)} = x^{5/2}$$

El dominio de f consiste en el conjunto de todos los números reales y el dominio de g consiste en el conjunto de todos los números reales no negativos. Entonces, el dominio de fg consiste en el conjunto de todos los números reales no negativos. Para confirmar esto, ingresa las funciones $y_1 = x^2$, $y_2 = \sqrt{x}$ y $y_3 = y_1 \cdot y_2$ en una calculadora gráfica. Luego haz la gráfica de y_3, que es el producto de las dos funciones. De la gráfica se deduce que el dominio de fg consiste en el conjunto de todos los números reales no negativos. Cuando $x = 9$, el valor del producto es

$$(fg)(9) = 9^{5/2} = (9^{1/2})^5 = 3^5 = 243.$$

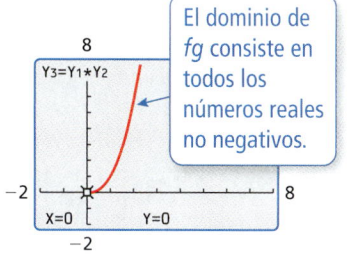

El dominio de fg consiste en todos los números reales no negativos.

EJEMPLO 4   Dividir dos funciones

Sea $f(x) = 6x$ y $g(x) = x^{3/4}$. Halla $\left(\dfrac{f}{g}\right)(x)$ y expresa el dominio. Luego, evalúa el cociente si $x = 16$.

SOLUCIÓN

$$\left(\dfrac{f}{g}\right)(x) = \dfrac{f(x)}{g(x)} = \dfrac{6x}{x^{3/4}} = 6x^{(1 - 3/4)} = 6x^{1/4}$$

El dominio de f consiste en el conjunto de todos los números reales y el dominio de g consiste en el conjunto de todos los números reales no negativos. Dado que $g(0) = 0$, el dominio de $\dfrac{f}{g}$ está restringido al conjunto de los números reales *positivos*. Cuando $x = 16$, el valor del cociente es

$$\left(\dfrac{f}{g}\right)(16) = 6(16)^{1/4} = 6(2^4)^{1/4} = 12.$$

OTRA MANERA

En el Ejemplo 4, también puedes evaluar $\left(\dfrac{f}{g}\right)(16)$ como $\left(\dfrac{f}{g}\right)(16) = \dfrac{f(16)}{g(16)}$

$$= \dfrac{6(16)}{(16)^{3/4}}$$
$$= \dfrac{96}{8}$$
$$= 12.$$

Monitoreo del progreso   Ayuda en inglés y español en BigIdeasMath.com

1. Sea $f(x) = -2x^{2/3}$ y $g(x) = 7x^{2/3}$. Halla $(f + g)(x)$ y $(f - g)(x)$ y expresa el dominio de cada una. Luego evalúa $(f + g)(8)$ y $(f - g)(8)$.

2. Sea $f(x) = 3x$ y $g(x) = x^{1/5}$. Halla $(fg)(x)$ y $\left(\dfrac{f}{g}\right)(x)$ y expresa el dominio de cada una. Luego evalúa $(fg)(32)$ y $\left(\dfrac{f}{g}\right)(32)$.

EJEMPLO 5 Hacer operaciones de función usando la tecnología

Sea $f(x) = \sqrt{x}$ y $g(x) = \sqrt{9-x^2}$. Usa una calculadora gráfica para evaluar $(f+g)(x)$, $(f-g)(x)$, $(fg)(x)$, y $\left(\dfrac{f}{g}\right)(x)$ cuando $x = 2$. Redondea tus respuestas a dos lugares decimales.

SOLUCIÓN

Ingresa las funciones $y_1 = \sqrt{x}$ y $y_2 = \sqrt{9-x^2}$ en una calculadora gráfica. En la pantalla de inicio, ingresa $y_1(2) + y_2(2)$. La primera entrada en la pantalla muestra que $y_1(2) + y_2(2) \approx 3.65$, entonces $(f+g)(2) \approx 3.65$. Ingresa las otras operaciones de función tal como se muestra. Aquí están los resultados de las otras operaciones de funciones redondeadas a dos lugares decimales:

```
Y1(2)+Y2(2)
           3.65028154
Y1(2)-Y2(2)
          -.8218544151
Y1(2)*Y2(2)
           3.16227766
Y1(2)/Y2(2)
            .632455532
```

$(f-g)(2) \approx -0.82 \qquad (fg)(2) \approx 3.16 \qquad \left(\dfrac{f}{g}\right)(2) \approx 0.63$

EJEMPLO 6 Resolver un problema de la vida real

Para un rinoceronte blanco, el ritmo cardiaco r (en latidos por minuto) y la duración de vida s (en minutos) están relacionados con la masa corporal m (en kilogramos) mediante las funciones

$$r(m) = 241m^{-0.25}$$

y

$$s(m) = (6 \times 10^6)m^{0.2}.$$

a. Halla $(rs)(m)$.

b. Explica lo que representa $(rs)(m)$.

SOLUCIÓN

a. $(rs)(m) = r(m) \cdot s(m)$ Definición de multiplicación

$\qquad = 241m^{-0.25}[(6 \times 10^6)m^{0.2}]$ Escribe el producto de $r(m)$ y $s(m)$.

$\qquad = 241(6 \times 10^6)m^{-0.25 + 0.2}$ Propiedad del producto de potencias

$\qquad = (1446 \times 10^6)m^{-0.05}$ Simplifica.

$\qquad = (1.446 \times 10^9)m^{-0.05}$ Usa la notación científica.

b. Multiplicar el ritmo cardiaco por la duración de vida da el número total de latidos del corazón durante la vida de un rinoceronte blanco que tiene una masa corporal m.

Monitoreo del progreso Ayuda en inglés y español en *BigIdeasMath.com*

3. Sea $f(x) = 8x$ y $g(x) = 2x^{5/6}$. Usa una calculadora gráfica para evaluar $(f+g)(x)$, $(f-g)(x)$, $(fg)(x)$, y $\left(\dfrac{f}{g}\right)(x)$ cuando $x = 5$. Redondea tus respuestas a dos lugares decimales.

4. En el Ejemplo 5, explica por qué puedes evaluar $(f+g)(3)$, $(f-g)(3)$, y $(fg)(3)$ pero no $\left(\dfrac{f}{g}\right)(3)$.

5. Usa la respuesta en el Ejemplo 6(a) para hallar el número total de latidos durante la vida de un rinoceronte blanco si su masa corporal es 1.7×10^5 kilogramos.

5.5 Ejercicios

Soluciones dinámicas disponibles en *BigIdeasMath.com*

Verificación de vocabulario y concepto esencial

1. **ESCRIBIR** Imagina que f y g son dos funciones cualquiera. Describe cómo puedes usar f, g y las cuatro operaciones básicas para crear nuevas funciones.

2. **ESCRIBIR** ¿Qué valores de x no están incluidos en el dominio del cociente de dos funciones?

Monitoreo del progreso y Representar con matemáticas

En los Ejercicios 3–6, halla $(f+g)(x)$ y $(f-g)(x)$ y expresa el dominio de cada una. Luego evalúa $f+g$ y $f-g$ para el valor dado de x. *(Consulta los Ejemplos 1 y 2).*

3. $f(x) = -5\sqrt[4]{x}$, $g(x) = 19\sqrt[4]{x}$; $x = 16$

4. $f(x) = \sqrt[3]{2x}$, $g(x) = -11\sqrt[3]{2x}$; $x = -4$

5. $f(x) = 6x - 4x^2 - 7x^3$, $g(x) = 9x^2 - 5x$; $x = -1$

6. $f(x) = 11x + 2x^2$, $g(x) = -7x - 3x^2 + 4$; $x = 2$

En los Ejercicios 7–12, halla $(fg)(x)$ y $\left(\dfrac{f}{g}\right)(x)$ y expresa el dominio de cada una. Luego evalúa fg y $\dfrac{f}{g}$ para el valor dado de x. *(Consulta los Ejemplos 3 y 4).*

7. $f(x) = 2x^3$, $g(x) = \sqrt[3]{x}$; $x = -27$

8. $f(x) = x^4$, $g(x) = 3\sqrt{x}$; $x = 4$

9. $f(x) = 4x$, $g(x) = 9x^{1/2}$; $x = 9$

10. $f(x) = 11x^3$, $g(x) = 7x^{7/3}$; $x = -8$

11. $f(x) = 7x^{3/2}$, $g(x) = -14x^{1/3}$; $x = 64$

12. $f(x) = 4x^{5/4}$, $g(x) = 2x^{1/2}$; $x = 16$

USAR HERRAMIENTAS En los Ejercicios 13–16, usa una calculadora gráfica para evaluar $(f+g)(x)$, $(f-g)(x)$, $(fg)(x)$, y $\left(\dfrac{f}{g}\right)(x)$ si $x = 5$. Redondea sus respuestas a dos lugares decimales. *(Consulta el Ejemplo 5).*

13. $f(x) = 4x^4$; $g(x) = 24x^{1/3}$

14. $f(x) = 7x^{5/3}$; $g(x) = 49x^{2/3}$

15. $f(x) = -2x^{1/3}$; $g(x) = 5x^{1/2}$

16. $f(x) = 4x^{1/2}$; $g(x) = 6x^{3/4}$

ANÁLISIS DE ERRORES En los Ejercicios 17 y 18, describe y corrige el error al expresar el dominio.

17.
$f(x) = x^{1/2}$ y $g(x) = x^{3/2}$
El dominio de fg es el conjunto de todos los números reales.

18.
$f(x) = x^3$ y $g(x) = x^2 - 4$
El dominio de $\dfrac{f}{g}$ es el conjunto de todos los números reales excepto $x = 2$.

19. **REPRESENTAR CON MATEMÁTICAS** Desde 1990 hasta 2010, los números (en millones) de empleadas F y empleados M entre 16 a 19 años de edad en los Estados Unidos se puede representar mediante $F(t) = -0.007t^2 + 0.10t + 3.7$ y $M(t) = 0.0001t^3 - 0.009t^2 + 0.11t + 3.7$, donde t es el número de años desde 1990. *(Consulta el Ejemplo 6).*

   a. Halla $(F+M)(t)$.

   b. Explica lo que representa $(F+M)(t)$.

20. **REPRESENTAR CON MATEMÁTICAS** Desde 2005 hasta 2009, el número de salidas de cruceros (en miles) de todas partes del mundo W y de Florida F se puede representar mediante las ecuaciones

   $W(t) = -5.8333t^3 + 17.43t^2 + 509.1t + 11496$

   $F(t) = 12.5t^3 - 60.29t^2 + 136.6t + 4881$

   donde t es el número de años desde 2005.

   a. Halla $(W-F)(t)$.

   b. Explica lo que representa $(W-F)(t)$.

21. **ARGUMENTAR** Tu amigo dice que la suma de funciones y la multiplicación de funciones son conmutativas. ¿Es correcto lo que dice tu amigo? Explica tu razonamiento.

Sección 5.5   Hacer operaciones de función   273

22. **¿CÓMO LO VES?** Se muestran las gráficas de las funciones $f(x) = 3x^2 - 2x - 1$ y $g(x) = 3x + 4$. ¿Cuál gráfica representa la función $f + g$? ¿Y la función $f - g$? Explica tu razonamiento.

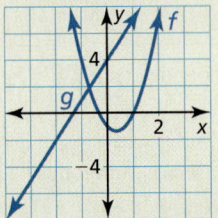

A.   B.
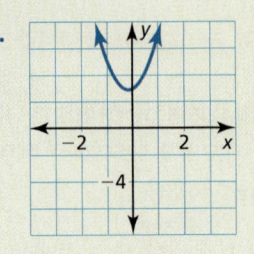

23. **RAZONAR** La tabla muestra los valores de salida de las dos funciones, f y g. Usa la tabla para evaluar $(f + g)(3)$, $(f - g)(1)$, $(fg)(2)$, y $\left(\dfrac{f}{g}\right)(0)$.

x	0	1	2	3	4
f(x)	−2	−4	0	10	26
g(x)	−1	−3	−13	−31	−57

24. **ESTIMULAR EL PENSAMIENTO** ¿Es posible escribir dos funciones cuya suma contenga radicales pero cuyo producto no los contenga? Justifica tu respuesta.

25. **CONEXIONES MATEMÁTICAS** Un triángulo está inscrito dentro de un cuadrado, tal como se muestra. Escribe y simplifica una función r en términos de x que represente el área de la región sombreada.

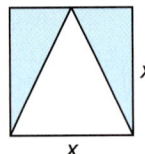

26. **REESCRIBIR UNA FÓRMULA** Para un mamífero que pesa w gramos, el volumen b (en mililitros) de aire inspirado y el volumen d (en mililitros) de "espacio muerto" (la porción de los pulmones que no se llena de aire) se puede representar mediante

$$b(w) = 0.007w \text{ y } d(w) = 0.002w.$$

La tasa de respiración r (en respiraciones por minuto) de un mamífero que pesa w gramos se puede representar mediante

$$r(w) = \dfrac{1.1w^{0.734}}{b(w) - d(w)}.$$

Simplifica $r(w)$ y calcula la tasa de respiración para pesos corporales de 6.5 gramos, 300 gramos y 70,000 gramos.

27. **RESOLVER PROBLEMAS** Un matemático lanza una pelota de tenis en un lago desde el punto A a la orilla del agua, al punto B en el agua, tal como se muestra. Su perro, Elvis, corre primero a lo largo de la playa desde el punto A hasta el punto D y luego nada para recoger la pelota en el punto B.

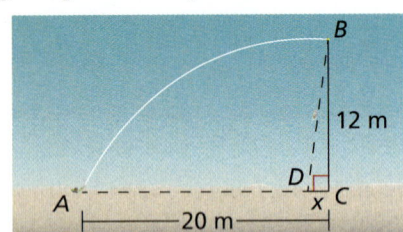

a. Elvis corre a una velocidad de aproximadamente 6.4 metros por segundo. Escribe una función r en términos de x que represente el tiempo que pasa corriendo desde el punto A hasta el punto D. Elvis nada a una velocidad de aproximadamente 0.9 metros por segundo. Escribe una función s en términos de x que represente el tiempo que pasa nadando desde el punto D hasta el punto B.

b. Escribe una función t en términos de x que represente el tiempo total que Elvis pasa recorriendo del punto A al punto D al punto B.

c. Usa una calculadora gráfica para hacer una gráfica de t. Halla el valor de x que minimice t. Explica el significado de este valor.

Mantener el dominio de las matemáticas Repasar lo que aprendiste en grados y lecciones anteriores

Resuelve la ecuación literal para n. *(Manual de revisión de destrezas)*

28. $3xn - 9 = 6y$

29. $5z = 7n + 8nz$

30. $3nb = 5n - 6z$

31. $\dfrac{3 + 4n}{n} = 7b$

Determina si la relación es una función. Explica. *(Manual de revisión de destrezas)*

32. $(3, 4), (4, 6), (1, 4), (2, -1)$

33. $(-1, 2), (3, 7), (0, 2), (-1, -1)$

34. $(1, 6), (7, -3), (4, 0), (3, 0)$

35. $(3, 8), (2, 5), (9, 5), (2, -3)$

5.6 Inverso de una función

Pregunta esencial ¿Cómo puedes dibujar la gráfica del inverso de una función?

EXPLORACIÓN 1 Hacer gráficas de funciones y sus inversos

Trabaja con un compañero. Cada par de funciones son *inversas* entre sí. Usa una calculadora gráfica para hacer una gráfica de f y g en la misma ventana de visualización. ¿Qué observas acerca de las gráficas?

a. $f(x) = 4x + 3$
$g(x) = \dfrac{x - 3}{4}$

b. $f(x) = x^3 + 1$
$g(x) = \sqrt[3]{x - 1}$

c. $f(x) = \sqrt{x - 3}$
$g(x) = x^2 + 3, \, x \geq 0$

d. $f(x) = \dfrac{4x + 4}{x + 5}$
$g(x) = \dfrac{4 - 5x}{x - 4}$

> **CONSTRUIR ARGUMENTOS VIABLES**
> Para dominar las matemáticas, necesitas razonar inductivamente y hacer un argumento plausible.

EXPLORACIÓN 2 Dibujar gráficas de funciones inversas

Trabaja con un compañero. Usa la gráfica de f para dibujar la gráfica de g, la función inversa de f, en el mismo conjunto de ejes de coordenadas. Explica tu razonamiento.

a.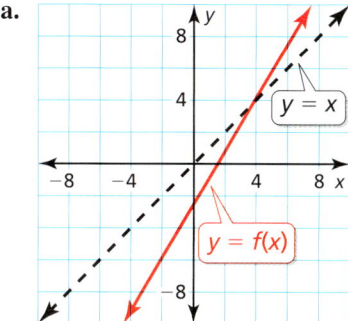

b.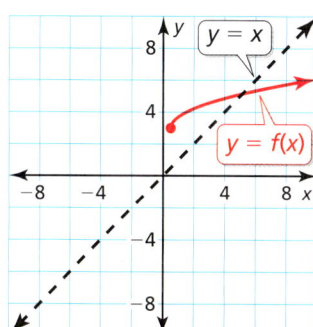

c.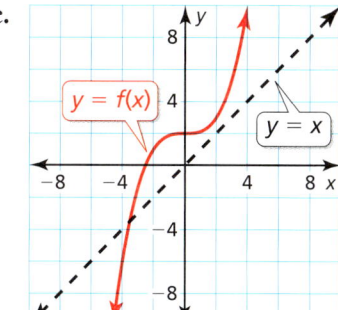

d.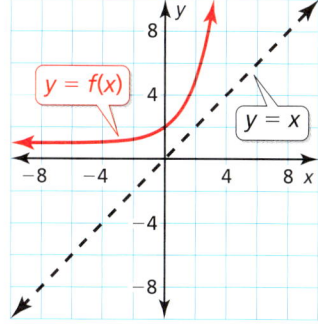

Comunicar tu respuesta

3. ¿Cómo puedes dibujar la gráfica del inverso de una función?

4. En la Exploración 1, ¿qué observas acerca de la relación entre las ecuaciones de f y g? Usa tu respuesta para hallar g, la función inversa de
$f(x) = 2x - 3$.
Usa una gráfica para verificar tu respuesta.

Sección 5.6 Inverso de una función 275

5.6 Lección

Qué aprenderás

- Explorar los inversos de las funciones.
- Hallar y verificar los inversos de las funciones no lineales.
- Resolver problemas de la vida real usando funciones inversas.

Vocabulario Esencial

funciones inversas, *pág.* 277

Anterior
entrada
salida
operaciones inversas
reflexión
línea de reflexión

Explorar los inversos de las funciones

Has usado valores de entrada dados para hallar los valores de salida correspondientes de $y = f(x)$ para diversos tipos de funciones. También has usado valores de salida dados para hallar los valores de entrada correspondientes. Ahora resolverás ecuaciones de la forma $y = f(x)$ para que x obtenga una fórmula general para hallar el valor de entrada, dado un valor de salida específico a una función f.

EJEMPLO 1   Escribir una fórmula para el valor de entrada de una función

Sea $f(x) = 2x + 3$.

a. Resuelve $y = f(x)$ para x.

b. Halla el valor de entrada si el valor de salida es -7.

SOLUCIÓN

a.
$y = 2x + 3$ Coloca *y* igual a *f(x)*.

$y - 3 = 2x$ Resta 3 de cada lado.

$\dfrac{y - 3}{2} = x$ Divide cada lado entre 2.

b. Halla el valor de entrada si $y = -7$.

$x = \dfrac{-7 - 3}{2}$ Sustituye -7 por *y*.

$= \dfrac{-10}{2}$ Resta.

$= -5$ Divide.

▶ Entonces, el valor de entrada es -5 cuando el valor de salida es -7.

Verifica
$f(-5) = 2(-5) + 3$
$= -10 + 3$
$= -7$ ✓

Monitoreo del progreso   Ayuda en inglés y español en *BigIdeasMath.com*

Resuelve $y = f(x)$ para x. Luego halla el (los) valor(es) de entrada si el valor de salida es 2.

1. $f(x) = x - 2$ **2.** $f(x) = 2x^2$ **3.** $f(x) = -x^3 + 3$

En el Ejemplo 1, observa los pasos necesarios después de sustituir x en $y = 2x + 3$, y luego de sustituir y en $x = \dfrac{y - 3}{2}$.

$y = 2x + 3$ $x = \dfrac{y - 3}{2}$

Paso 1 Multiplica por 2.   **Paso 1** Resta 3.

Paso 2 Suma 3.   **Paso 2** Divide entre 2.

operaciones inversas en el orden contrario

276   Capítulo 5   Exponentes racionales y funciones radicales

COMPRENDER LOS TÉRMINOS MATEMÁTICOS

El término *funciones inversas* no se refiere a un nuevo tipo de función. Más bien, describe un par de funciones cualquiera que son inversas.

Observa que estos pasos *se cancelan* entre sí. Las funciones que se cancelan entre sí se llaman **funciones inversas**. En el Ejemplo 1, puedes usar la ecuación resuelta para x para escribir el inverso de f invirtiendo los roles de x y y.

$f(x) = 2x + 3$ función original $g(x) = \dfrac{x-3}{2}$ función inversa

Dado que las funciones inversas intercambian los valores de entrada y de salida de la función original, el dominio y el rango también se intercambian.

Función original: $f(x) = 2x + 3$

x	−2	−1	0	1	2
y	−1	1	3	5	7

Función inversa: $g(x) = \dfrac{x-3}{2}$

x	−1	1	3	5	7
y	−2	−1	0	1	2

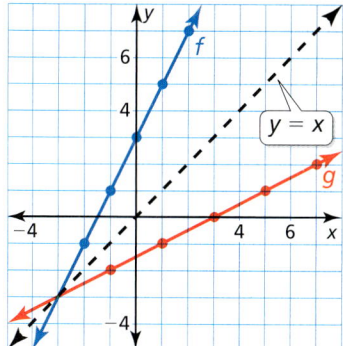

La gráfica de una función inversa es una *reflexión* de la gráfica de la función original. La *línea de reflexión* $y = x$. Para hallar el inverso de una función en forma algebraica, invierte los roles de x y y, y luego resuelve para y.

EJEMPLO 2   Hallar el inverso de una función lineal

Halla el inverso de $f(x) = 3x - 1$.

SOLUCIÓN

Método 1   Usa operaciones inversas en el orden contrario.

$f(x) = 3x - 1$ Multiplica el valor de entrada x por 3 y luego resta 1.

Para hallar el inverso, aplica las operaciones inversas en el orden contrario.

$g(x) = \dfrac{x+1}{3}$ Suma 1 al valor de entrada x y luego divide entre 3.

▶ El inverso de f es $g(x) = \dfrac{x+1}{3}$, o $g(x) = \dfrac{1}{3}x + \dfrac{1}{3}$.

Método 2   Imagina que y es igual a $f(x)$. Invierte los roles de x y y y resuelve para y.

$y = 3x - 1$ Coloca y igual a $f(x)$.
$x = 3y - 1$ Intercambia x y y.
$x + 1 = 3y$ Suma 1 a cada lado.
$\dfrac{x+1}{3} = y$ Divide cada lado entre 3.

▶ El inverso de f es $g(x) = \dfrac{x+1}{3}$, o $g(x) = \dfrac{1}{3}x + \dfrac{1}{3}$.

Verifica

La gráfica de g parece ser una reflexión de la gráfica de f en la línea $y = x$. ✓

Monitoreo del progreso Ayuda en inglés y español en *BigIdeasMath.com*

Halla el inverso de la función. Luego haz una gráfica de la función y su inverso.

4. $f(x) = 2x$ **5.** $f(x) = -x + 1$ **6.** $f(x) = \dfrac{1}{3}x - 2$

Sección 5.6   Inverso de una función   **277**

Inversos de las funciones no lineales

En los ejemplos anteriores, los inversos de las funciones lineales eran también funciones. Sin embargo, los inversos no son siempre funciones. Las gráficas de $f(x) = x^2$ y $f(x) = x^3$ se muestran junto con sus reflexiones en la línea $y = x$. Observa que el inverso de $f(x) = x^3$ es una función, pero el inverso de $f(x) = x^2$ *no* es una función.

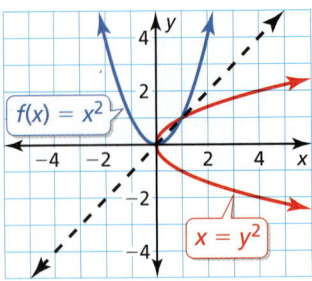
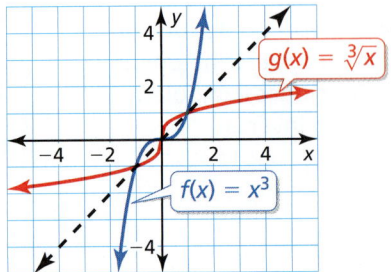

Cuando el dominio de $f(x) = x^2$ está *restringido* a solo números reales no negativos, el inverso de f es una función.

EJEMPLO 3   Hallar el inverso de una función cuadrática

Halla el inverso de $f(x) = x^2$, $x \geq 0$. Luego haz una gráfica de la función y su inverso.

SOLUCIÓN

$f(x) = x^2$	Escribe la función original.
$y = x^2$	Coloca y igual a $f(x)$.
$x = y^2$	Intercambia x y y.
$\pm\sqrt{x} = y$	Saca la raíz cuadrada de cada lado.

El dominio de f está restringido a valores no negativos de x. Entonces, el rango del inverso también debe estar restringido a valores no negativos.

▶ Entonces, el inverso de f es $g(x) = \sqrt{x}$.

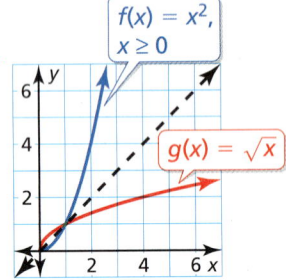

CONSEJO DE ESTUDIO

Si el dominio de f estuviera restringido a $x \leq 0$, entonces el inverso sería $g(x) = -\sqrt{x}$.

Puedes usar la gráfica de una función f para determinar si el inverso de f es una función aplicando la *prueba de la recta horizontal*.

Concepto Esencial

Prueba de la recta horizontal

El inverso de una función f también es una función si y solo si ninguna recta horizontal interseca la gráfica de f más de una vez.

El inverso es una función   El inverso no es una función

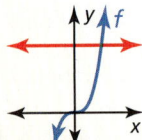
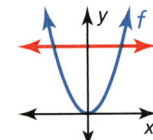

EJEMPLO 4   Hallar el inverso de una función cúbica

Considera la función $f(x) = 2x^3 + 1$. Determina si el inverso de f es una función. Luego halla el inverso.

SOLUCIÓN

Haz una gráfica de la función f. Observa que ninguna línea horizontal interseca la gráfica más de una vez. Entonces, el inverso de f es una función. Halla el inverso.

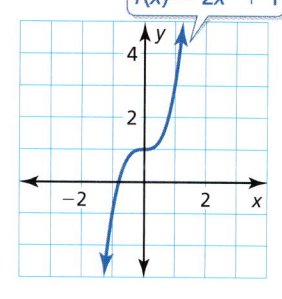

$f(x) = 2x^3 + 1$

$y = 2x^3 + 1$	Coloca y igual a $f(x)$.
$x = 2y^3 + 1$	Intercambia x y y.
$x - 1 = 2y^3$	Resta 1 de cada lado.
$\dfrac{x-1}{2} = y^3$	Divide cada lado entre 2.
$\sqrt[3]{\dfrac{x-1}{2}} = y$	Saca la raíz cuadrada de cada lado.

▶ Entonces, el inverso de f es $g(x) = \sqrt[3]{\dfrac{x-1}{2}}$.

Verifica

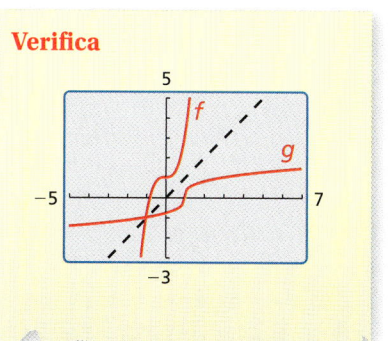

EJEMPLO 5   Hallar el inverso de una función radical

Considera la función $f(x) = 2\sqrt{x-3}$. Determina si el inverso de f es una función. Luego halla el inverso.

SOLUCIÓN

Haz una gráfica de la función f. Observa que ninguna línea horizontal interseca la gráfica más de una vez. Entonces, el inverso de f es una función. Halla el inverso.

$y = 2\sqrt{x-3}$	Coloca y igual a $f(x)$.
$x = 2\sqrt{y-3}$	Intercambia x y y.
$x^2 = \left(2\sqrt{y-3}\right)^2$	Eleva al cuadrado cada lado.
$x^2 = 4(y - 3)$	Simplifica.
$x^2 = 4y - 12$	Propiedad distributiva.
$x^2 + 12 = 4y$	Suma 12 a cada lado.
$\dfrac{1}{4}x^2 + 3 = y$	Divide cada lado entre 4.

Dado que el rango de f es $y \geq 0$, el dominio del inverso debe estar restringido a $x \geq 0$.

▶ Entonces, el inverso de f es $g(x) = \dfrac{1}{4}x^2 + 3$, donde $x \geq 0$.

Verifica

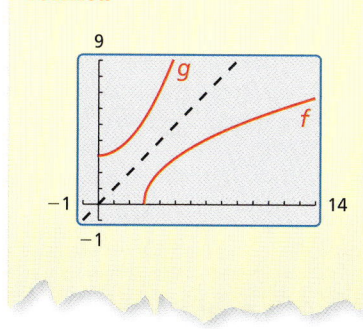

Monitoreo del progreso   Ayuda en inglés y español en *BigIdeasMath.com*

Halla el inverso de la función. Luego grafica la función y su inverso.

7. $f(x) = -x^2$, $x \geq 0$ **8.** $f(x) = -x^3 + 4$ **9.** $f(x) = \sqrt{x+2}$

Sección 5.6   Inverso de una función   279

> **RAZONAR DE MANERA ABSTRACTA**
>
> Las funciones inversas *se cancelan* entre sí. Entonces, si evalúas una función por un valor de entrada específico, y luego evalúas su inverso usando el valor de salida, obtienes el valor de entrada original.

Imagina que f y g son funciones inversas. Si $f(a) = b$, entonces $g(b) = a$. Entonces, en general, $f(g(x)) = x$ y $g(f(x)) = x$.

EJEMPLO 6   Verificar que las funciones sean inversas

Verifica que $f(x) = 3x - 1$ y $g(x) = \dfrac{x+1}{3}$ son funciones inversas.

SOLUCIÓN

Paso 1   Demuestra que $f(g(x)) = x$.

$$f(g(x)) = f\left(\dfrac{x+1}{3}\right)$$
$$= 3\left(\dfrac{x+1}{3}\right) - 1$$
$$= x + 1 - 1$$
$$= x \; \checkmark$$

Paso 2   Demuestra que $g(f(x)) = x$.

$$g(f(x)) = g(3x - 1)$$
$$= \dfrac{3x - 1 + 1}{3}$$
$$= \dfrac{3x}{3}$$
$$= x \; \checkmark$$

Monitoreo del progreso Ayuda en inglés y español en *BigIdeasMath.com*

Determina si las funciones son funciones inversas.

10. $f(x) = x + 5$, $g(x) = x - 5$

11. $f(x) = 8x^3$, $g(x) = \sqrt[3]{2x}$

Resolver problemas de la vida real

En muchos problemas de la vida real, las fórmulas contienen variables significativas, como el radio r en la fórmula para el área de superficie S de una esfera, $S = 4\pi r^2$. En esta situación, invertir las variables para hallar el inverso crearía confusión al invertir los significados de S y r. Entonces, al hallar el inverso, resuelve para r sin invertir las variables.

EJEMPLO 7   Resolver un problema de varios pasos

Halla el inverso de la función que represente el área de superficie de una esfera, $S = 4\pi r^2$. Luego halla el radio de una esfera que tenga un área de superficie de 100π pies cuadrados.

SOLUCIÓN

Paso 1   Halla el inverso de la función.

$$S = 4\pi r^2$$
$$\dfrac{S}{4\pi} = r^2$$
$$\sqrt{\dfrac{S}{4\pi}} = r$$

> El radio r debe ser positivo, entonces descarta la raíz cuadrada negativa.

Paso 2   Evalúa el inverso si $S = 100\pi$.
$S = 100\pi$.

$$r = \sqrt{\dfrac{100\pi}{4\pi}}$$
$$= \sqrt{25} = 5$$

▶ El radio de la esfera es de 5 pies.

Monitoreo del progreso Ayuda en inglés y español en *BigIdeasMath.com*

12. La distancia d (en metros) que un objeto lanzado cae en t segundos en la Tierra está representada mediante $d = 4.9t^2$. Halla el inverso de la función. ¿Cuánto demora un objeto en caer 50 metros?

5.6 Ejercicios

Soluciones dinámicas disponibles en *BigIdeasMath.com*

Verificación de vocabulario y concepto esencial

1. **VOCABULARIO** Con tus propias palabras, expresa la definición de las funciones inversas.

2. **ESCRIBIR** Explica cómo determinar si el inverso de una función también es una función.

3. **COMPLETAR LA ORACIÓN** Las funciones f y g son inversas entre sí, siempre que $f(g(x)) = $ _____ y $g(f(x)) = $ _____.

4. **DISTINTAS PALABRAS, LA MISMA PREGUNTA** ¿Cuál es diferente? Halla "ambas" respuestas.

Sea $f(x) = 5x - 2$. Resuelve $y = f(x)$ para x y luego invierte los roles de x y y.	Escribe una ecuación que represente una reflexión de la gráfica de $f(x) = 5x - 2$ en el eje x.
Escribe una ecuación que represente una reflexión de la gráfica de $f(x) = 5x - 2$ en la recta $y = x$.	Halla el inverso de $f(x) = 5x - 2$.

Monitoreo del progreso y Representar con matemáticas

En los Ejercicios 5–12, resuelve $y = f(x)$ para x. Luego halla el (los) valor(es) de entrada cuando el valor de salida es -3. *(Consulta el Ejemplo 1)*.

5. $f(x) = 3x + 5$
6. $f(x) = -7x - 2$
7. $f(x) = \frac{1}{2}x - 3$
8. $f(x) = -\frac{2}{3}x + 1$
9. $f(x) = 3x^3$
10. $f(x) = 2x^4 - 5$
11. $f(x) = (x - 2)^2 - 7$
12. $f(x) = (x - 5)^3 - 1$

En los Ejercicios 13–20, halla el inverso de la función. Luego, haz una gráfica de la función y su inverso. *(Consulta el Ejemplo 2)*.

13. $f(x) = 6x$
14. $f(x) = -3x$
15. $f(x) = -2x + 5$
16. $f(x) = 6x - 3$
17. $f(x) = -\frac{1}{2}x + 4$
18. $f(x) = \frac{1}{3}x - 1$
19. $f(x) = \frac{2}{3}x - \frac{1}{3}$
20. $f(x) = -\frac{4}{5}x + \frac{1}{5}$

21. **COMPARAR MÉTODOS** Halla el inverso de la función $f(x) = -3x + 4$ invirtiendo los roles de x y y y resolviendo para y. Luego halla el inverso de la función f usando operaciones inversas en el orden contrario. ¿Qué método prefieres? Explica.

22. **RAZONAR** Determina si cada par de funciones f y g son inversos. Explica tu razonamiento.

   a.
x	−2	−1	0	1	2
f(x)	−2	1	4	7	10

x	−2	1	4	7	10
g(x)	−2	−1	0	1	2

   b.
x	2	3	4	5	6
f(x)	8	6	4	2	0

x	2	3	4	5	6
g(x)	−8	−6	−4	−2	0

   c.
x	−4	−2	0	2	4
f(x)	2	10	18	26	34

x	−4	−2	0	2	4
g(x)	$\frac{1}{2}$	$\frac{1}{10}$	$\frac{1}{18}$	$\frac{1}{26}$	$\frac{1}{34}$

En los Ejercicios 23–28, halla el inverso de la función. Luego, haz una gráfica de la función y su inverso. *(Consulta el Ejemplo 3).*

23. $f(x) = 4x^2, x \leq 0$ **24.** $f(x) = 9x^2, x \leq 0$

25. $f(x) = (x - 3)^3$ **26.** $f(x) = (x + 4)^3$

27. $f(x) = 2x^4, x \geq 0$ **28.** $f(x) = -x^6, x \geq 0$

ANÁLISIS DE ERRORES En los Ejercicios 29 y 30, describe y corrige el error al hallar el inverso de la función.

29.
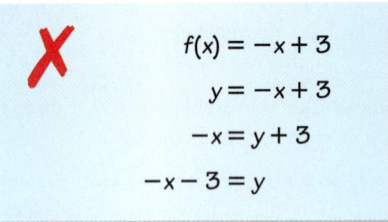

30.
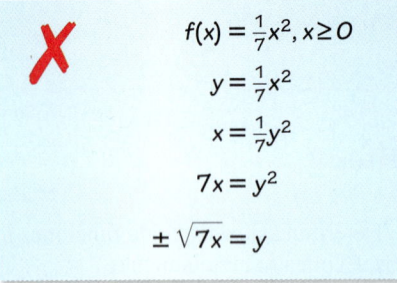

USAR HERRAMIENTAS En los Ejercicios 31–34, usa la gráfica para determinar si el inverso de *f* es una función. Explica tu razonamiento.

31. 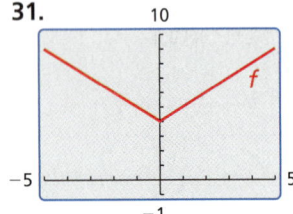 **32.**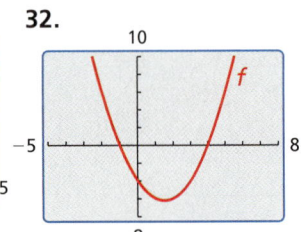

33. 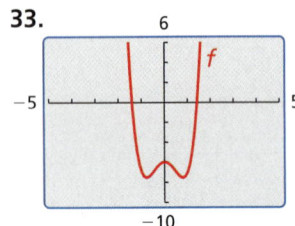 **34.**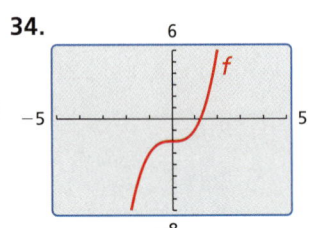

En los Ejercicios 35–46, determina si el inverso de *f* es una función. Luego halla el inverso. *(Consulta los Ejemplos 4 y 5).*

35. $f(x) = x^3 - 1$ **36.** $f(x) = -x^3 + 3$

37. $f(x) = \sqrt{x + 4}$ **38.** $f(x) = \sqrt{x - 6}$

39. $f(x) = 2\sqrt[3]{x - 5}$ **40.** $f(x) = 2x^2 - 5$

41. $f(x) = x^4 + 2$ **42.** $f(x) = 2x^3 - 5$

43. $f(x) = 3\sqrt[3]{x + 1}$ **44.** $f(x) = -\sqrt[3]{\dfrac{2x + 4}{3}}$

45. $f(x) = \dfrac{1}{2}x^5$ **46.** $f(x) = -3\sqrt{\dfrac{4x - 7}{3}}$

47. ESCRIBIR ECUACIONES ¿Cuál es el inverso de la función cuya gráfica se muestra?

  Ⓐ $g(x) = \dfrac{3}{2}x - 6$

  Ⓑ $g(x) = \dfrac{3}{2}x + 6$

  Ⓒ $g(x) = \dfrac{2}{3}x - 6$

  Ⓓ $g(x) = \dfrac{2}{3}x + 12$

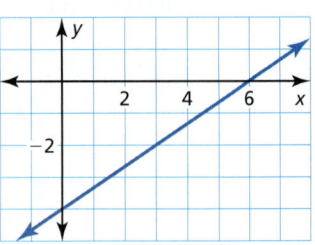

48. ESCRIBIR ECUACIONES ¿Cuál es el inverso de $f(x) = -\dfrac{1}{64}x^3$?

  Ⓐ $g(x) = -4x^3$ Ⓑ $g(x) = 4\sqrt[3]{x}$

  Ⓒ $g(x) = -4\sqrt[3]{x}$ Ⓓ $g(x) = \sqrt[3]{-4x}$

En los Ejercicios 49–52, determina si las funciones son inversas. *(Consulta el Ejemplo 6).*

49. $f(x) = 2x - 9, g(x) = \dfrac{x}{2} + 9$

50. $f(x) = \dfrac{x - 3}{4}, g(x) = 4x + 3$

51. $f(x) = \sqrt[5]{\dfrac{x + 9}{5}}, g(x) = 5x^5 - 9$

52. $f(x) = 7x^{3/2} - 4, g(x) = \left(\dfrac{x + 4}{7}\right)^{3/2}$

53. REPRESENTAR CON MATEMÁTICAS La velocidad máxima *v* del casco (en nudos) de un barco con casco de desplazamiento se puede aproximar mediante $v = 1.34\sqrt{\ell}$, donde ℓ es la longitud de la línea de flotación (en pies) del barco. Halla la función inversa. ¿Qué longitud de línea de flotación se necesita para lograr una velocidad máxima de 7.5 nudos? *(Consulta el Ejemplo 7).*

282 Capítulo 5 Exponentes racionales y funciones radicales

54. **REPRESENTAR CON MATEMÁTICAS** Se pueden usar bandas elásticas para hacer ejercicios para proporcionar un rango de resistencia. La resistencia R (en libras) de una banda elástica se puede representar mediante $R = \frac{3}{8}L - 5$, donde L es la longitud total (en pulgadas) de la banda elástica estirada. Halla la función inversa. ¿Qué longitud de la banda elástica estirada proporciona 19 libras de resistencia?

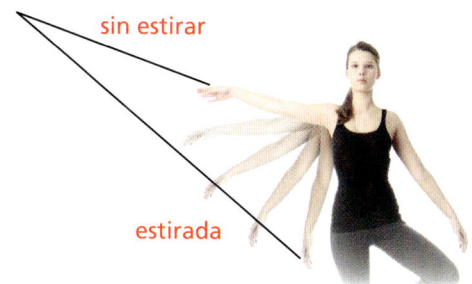

ANALIZAR RELACIONES En los Ejercicios 55–58, une la gráfica de la función con la gráfica de su inverso.

55.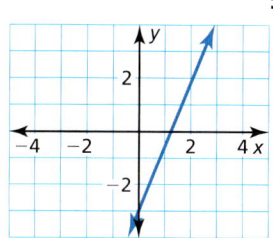

56.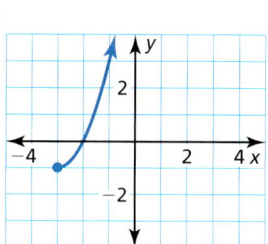

57.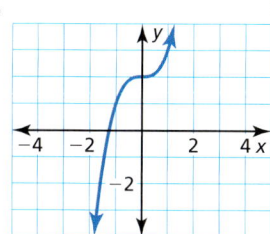

58.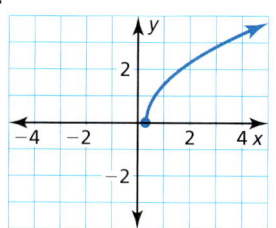

A.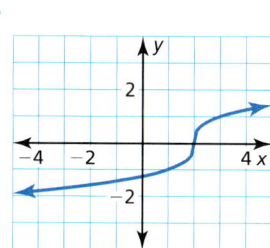

B.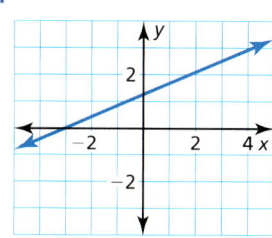

C.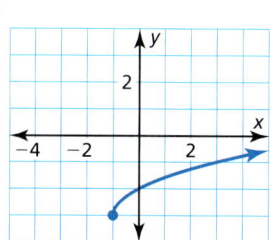

D.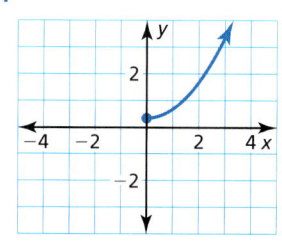

59. **RAZONAR** Un amigo y tú están jugando un juego de adivinar números. Le pides a tu amigo que piense en un número positivo, que lo eleve al cuadrado, que multiplique el resultado por 2 y luego sume 3. La respuesta final de tu amigo es 53. ¿Cuál fue el número original elegido? Justifica tu respuesta.

60. **ARGUMENTAR** Tu amigo dice que toda función cuadrática cuyo domino está restringido a valores no negativos tiene una función inversa. ¿Es correcto lo que dice tu amigo? Explica tu razonamiento.

61. **PRESOLVER PROBLEMAS** Al calibrar una balanza de resorte, necesitas saber cuánto se estira el resorte con distintos pesos. La Ley de Hooke establece que la longitud en la que se estira un resorte es proporcional al peso sujeto a él. Una representación para una balanza es $\ell = 0.5w + 3$, donde ℓ es la longitud total (en pulgadas) del resorte estirado y w es el peso (en pulgadas) del objeto.

Dibujo no hecho a escala

a. Halla la función inversa. Describe lo que representa.

b. Colocas un melón en la balanza y el resorte se estira a una longitud total de 5.5 pulgadas. Determina el peso del melón.

c. Verifica que la función $\ell = 0.5w + 3$ y el modelo del inverso en la parte (a) son funciones inversas.

62. **ESTIMULAR EL PENSAMIENTO** ¿Las funciones de la forma $y = x^{m/n}$, donde m y n son enteros positivos, tienen funciones inversas? Justifica tu respuesta con ejemplos.

63. **RESOLVER PROBLEMAS** Al inicio de una carrera de trineos con perros en Anchorage, Alaska, la temperatura era de 5°C. Al final de la carrera, la temperatura era de −10°C. La fórmula para convertir las temperaturas de grados Fahrenheit F a grados Celsius C es $C = \frac{5}{9}(F - 32)$.

a. Halla la función inversa. Describe lo que ésta representa.

b. Halla las temperaturas en grados Fahrenheit al inicio y al final de la carrera.

c. Usa una calculadora gráfica para hacer una gráfica de la función original y su inverso. Halla la temperatura que es la misma en ambas escalas de temperatura.

Sección 5.6 Inverso de una función 283

64. RESOLVER PROBLEMAS El área de superficie A (en metros cuadrados) de una persona que tiene una masa de 60 kilogramos se puede aproximar mediante $A = 0.2195h^{0.3964}$, donde h es la altura (en centímetros) de la persona.

   a. Halla la función inversa. Luego estima la altura de una persona de 60 kilogramos que tiene un área de superficie corporal de 1.6 metros cuadrados.

   b. Verifica que la función A y el modelo inverso en la parte (a) sean funciones inversas.

USAR LA ESTRUCTURA En los Ejercicios 65–68, une la función con la gráfica de su inverso.

65. $f(x) = \sqrt[3]{x - 4}$

66. $f(x) = \sqrt[3]{x + 4}$

67. $f(x) = \sqrt{x + 1} - 3$

68. $f(x) = \sqrt{x - 1} + 3$

A.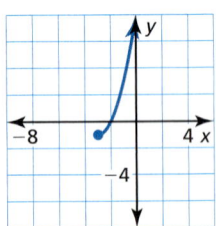

B.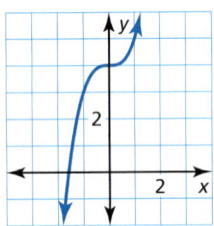

C.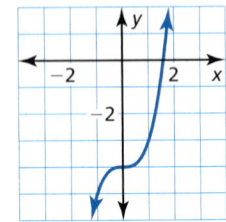

D.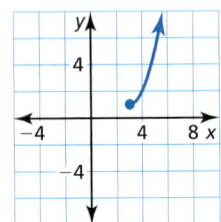

69. SACAR CONCLUSIONES Determina si el enunciado es *verdadero* o *falso*. Explica tu razonamiento.

   a. Si $f(x) = x^n$ y n es un entero par positivo, entonces el inverso de f es una función.

   b. Si $f(x) = x^n$ y n es un entero impar positivo, entonces el inverso de f es una función.

70. ¿CÓMO LO VES? Se muestra la gráfica de la función f. Menciona tres puntos que pertenezcan a la gráfica del inverso de f. Explica tu razonamiento.

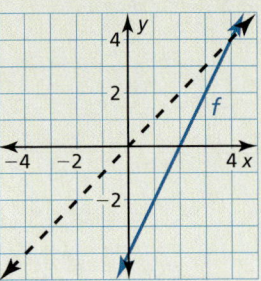

71. RAZONAMIENTO ABSTRACTO Demuestra que el inverso de toda función lineal $f(x) = mx + b$, donde $m \neq 0$, también es una función lineal. Identifica la pendiente y la intersección con el eje y de la gráfica de la función inversa en términos de m y b.

72. PENSAMIENTO CRÍTICO Considera la función $f(x) = -x$.

   a. Haz una gráfica de $f(x) = -x$ y explica por qué es su propio inverso. También, verifica que $f(x) = -x$ sea su propio inverso algebraicamente.

   b. Haz una gráfica de otras funciones lineales que sean sus propios inversos. Escribe las ecuaciones de las líneas que has dibujado.

   c. Usa tus resultados de la parte (b) para escribir una ecuación general que describa la familia de funciones lineales que son sus propios inversos.

Mantener el dominio de las matemáticas
Repasar lo que aprendiste en grados y lecciones anteriores

Simplifica la expresión. Escribe tu respuesta usando solo exponentes positivos. *(Manual de revisión de destrezas)*

73. $(-3)^{-3}$ **74.** $2^3 \cdot 2^2$ **75.** $\dfrac{4^5}{4^3}$ **76.** $\left(\dfrac{2}{3}\right)^4$

Describe los valores de x para los que la función es creciente, decreciente, positiva y negativa. *(Sección 4.1)*

77.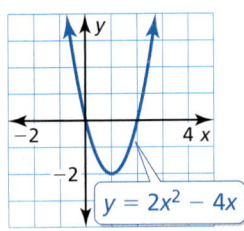

78.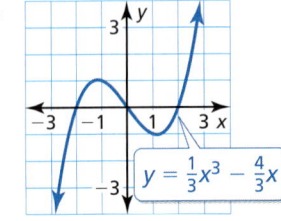

79.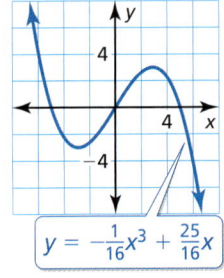

5.4–5.6 ¿Qué aprendiste?

Vocabulario esencial

ecuación radical, *pág. 262*
soluciones extrañas, *pág. 263*
funciones inversas, *pág. 277*

Conceptos esenciales

Sección 5.4

Resolver ecuaciones radicales, *pág. 262*
Resolver desigualdades radicales, *pág. 265*

Sección 5.5

Operaciones en funciones, *pág. 270*

Sección 5.6

Explorar los inversos de las funciones, *pág. 276*
Inversos de las funciones no lineales, *pág. 278*
Prueba de la recta horizontal, *pág. 278*

Prácticas matemáticas

1. ¿Cómo hallaste los extremos del rango en la parte (b) del Ejercicio 54 de la página 267?
2. ¿Cómo usaste la estructura en el Ejercicio 57 de la página 268?
3. ¿Cómo puedes evaluar la razonabilidad de los resultados del Ejercicio 27 de la página 274?
4. ¿Cómo puedes usar una calculadora gráfica para verificar tus respuestas en los Ejercicios 49–52 de la página 282?

Tarea de desempeño

Intercambiar las situaciones

En este capítulo, has usado las propiedades de los exponentes racionales y funciones para hallar una respuesta al problema. Usando esas mismas propiedades, ¿Puedes hallar un problema para la respuesta? ¿Cuántos problemas puedes hallar?

Para explorar las respuestas a estas preguntas y más, visita *BigIdeasMath.com*.

5 Repaso del capítulo

Soluciones dinámicas disponibles en *BigIdeasMath.com*

5.1 Raíces enésimas y exponentes racionales (págs. 237–242)

a. Evalúa $8^{4/3}$ sin usar una calculadora:

Forma de exponente racional
$8^{4/3} = (8^{1/3})^4 = 2^4 = 16$

Forma de radical
$8^{4/3} = \left(\sqrt[3]{8}\right)^4 = 2^4 = 16$

b. Halla la(s) solución(es) real(es) de $x^4 - 45 = 580$.

$x^4 - 45 = 580$ Escribe la ecuación original.

$x^4 = 625$ Suma 45 a cada lado.

$x = \pm\sqrt[4]{625}$ Saca la raíz cuarta de cada lado.

$x = 5$ o $x = -5$ Simplifica.

▶ Las soluciones son $x = 5$ y $x = -5$.

Evalúa la expresión sin usar una calculadora.

1. $8^{7/3}$
2. $9^{5/2}$
3. $(-27)^{-2/3}$

Halla la(s) solución(es) real(es) de la ecuación. Redondea tu respuesta a dos lugares decimales cuando corresponda.

4. $x^5 + 17 = 35$
5. $7x^3 = 189$
6. $(x + 8)^4 = 16$

5.2 Propiedades de exponentes racionales y de los radicales (págs. 243–250)

a. Usa las propiedades de los exponentes racionales para simplificar $\left(\dfrac{54^{1/3}}{2^{1/3}}\right)^4$.

$\left(\dfrac{54^{1/3}}{2^{1/3}}\right)^4 = \left[\left(\dfrac{54}{2}\right)^{1/3}\right]^4 = (27^{1/3})^4 = 3^4 = 81$

b. Escribe $\sqrt[4]{16x^{13}y^8z^7}$ en su mínima expresión.

$\sqrt[4]{16x^{13}y^8z^7} = \sqrt[4]{16x^{12}xy^8z^4z^3}$ Descompone las potencias cuartas perfectas en factores.

$= \sqrt[4]{16x^{12}y^8z^4} \cdot \sqrt[4]{xz^3}$ Propiedad del producto de radicales

$= 2y^2|x^3z| \cdot \sqrt[4]{xz^3}$ Simplifica.

Simplifica la expresión.

7. $\left(\dfrac{6^{1/5}}{6^{2/5}}\right)^3$
8. $\sqrt[4]{32} \cdot \sqrt[4]{8}$
9. $\dfrac{1}{2 - \sqrt[4]{9}}$
10. $4\sqrt[5]{8} + 3\sqrt[5]{8}$
11. $2\sqrt{48} - \sqrt{3}$
12. $(5^{2/3} \cdot 2^{3/2})^{1/2}$

Simplifica la expresión. Presupón que todas las variables son positivas.

13. $\sqrt[3]{125z^9}$
14. $\dfrac{2^{1/4}z^{5/4}}{6z}$
15. $\sqrt{10z^5} - z^2\sqrt{40z}$

286   Capítulo 5   Exponentes racionales y funciones radicales

5.3 Hacer gráficas de funciones radicales (págs. 251–258)

Describe la transformación de $f(x) = \sqrt{x}$ representada mediante $g(x) = 2\sqrt{x+5}$. Luego haz una gráfica de cada función.

Observa que la función es de la forma $g(x) = a\sqrt{x-h}$, donde $a = 2$ y $h = -5$.

▶ Entonces, la gráfica de g es un alargamiento vertical por un factor de 2 y una traslación de 5 unidades hacia la izquierda de la gráfica de f.

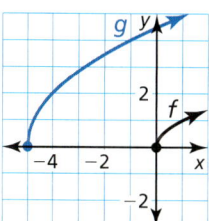

Describe la transformación de f representada por g. Luego haz una gráfica de cada función.

16. $f(x) = \sqrt{x}$, $g(x) = -2\sqrt{x}$

17. $f(x) = \sqrt[3]{x}$, $g(x) = \sqrt[3]{-x} - 6$

18. Imagina que la gráfica de g es una reflexión en el eje y, seguida de una traslación de 7 unidades hacia la derecha de la gráfica de $f(x) = \sqrt[3]{x}$. Escribe una regla para g.

19. Usa una calculadora gráfica para hacer una gráfica de $2y^2 = x - 8$. Identifica el vértice y la dirección en la que se abre la parábola.

20. Usa una calculadora gráfica para hacer una gráfica de $x^2 + y^2 = 81$. Identifica el radio y las intersecciones.

5.4 Resolver ecuaciones y desigualdades radicales (págs. 261–268)

Resuelve $6\sqrt{x+2} < 18$.

Paso 1 Resuelve para x.

$6\sqrt{x+2} < 18$ Escribe la desigualdad original.

$\sqrt{x+2} < 3$ Divide cada lado entre 6.

$x + 2 < 9$ Eleva al cuadrado cada lado.

$x < 7$ Resta 2 de cada lado.

Paso 2 Considera el radicando.

$x + 2 \geq 0$ El radicando no puede ser negativo.

$x \geq -2$ Resta 2 de cada lado.

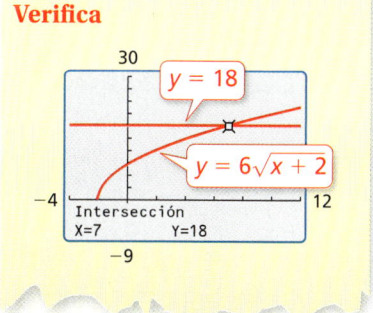

Verifica

▶ Entonces, la solución es $-2 \leq x < 7$.

Resuelve la ecuación. Verifica tu solución.

21. $4\sqrt[3]{2x+1} = 20$ **22.** $\sqrt{4x-4} = \sqrt{5x-1} - 1$ **23.** $(6x)^{2/3} = 36$

Resuelve la desigualdad.

24. $5\sqrt{x} + 2 > 17$ **25.** $2\sqrt{x-8} < 24$ **26.** $7\sqrt[3]{x-3} \geq 21$

27. En un tsunami, las velocidades de la ola (en metros por segundo) se pueden representar mediante $s(d) = \sqrt{9.8d}$, donde d es la profundidad (en metros) del agua. Estima la profundidad del agua cuando la velocidad de la ola es de 200 metros por segundo.

5.5 Hacer operaciones de función (págs. 269–274)

Sea $f(x) = 2x^{3/2}$ y $g(x) = x^{1/4}$. Halla $\left(\dfrac{f}{g}\right)(x)$ y expresa el dominio. Luego evalúa el cociente cuando $x = 81$.

$$\left(\dfrac{f}{g}\right)(x) = \dfrac{f(x)}{g(x)} = \dfrac{2x^{3/2}}{x^{1/4}} = 2x^{(3/2 - 1/4)} = 2x^{5/4}$$

Las funciones f y g tienen cada una el mismo dominio: el conjunto de todos los números reales no negativos. Dado que $g(0) = 0$, el dominio de $\dfrac{f}{g}$ está restringido a todos los números reales *positivos*.

Cuando $x = 81$, el valor del cociente es

$$\left(\dfrac{f}{g}\right)(81) = 2(81)^{5/4} = 2(81^{1/4})^5 = 2(3)^5 = 2(243) = 486.$$

28. Sea $f(x) = 2\sqrt{3-x}$ y $g(x) = 4\sqrt[3]{3-x}$. Halla $(fg)(x)$ y $\left(\dfrac{f}{g}\right)(x)$ y expresa el dominio de cada una. Luego evalúa $(fg)(2)$ y $\left(\dfrac{f}{g}\right)(2)$.

29. Sea $f(x) = 3x^2 + 1$ y $g(x) = x + 4$. Halla $(f+g)(x)$ y $(f-g)(x)$ y expresa el dominio de cada una. Luego evalúa $(f+g)(-5)$ y $(f-g)(-5)$.

5.6 Inverso de una función (págs. 275–284)

Considera la función $f(x) = (x + 5)^3$. Determina si el inverso de f es una función. Luego halla el inverso.

Haz una gráfica de la función f. Observa que ninguna línea horizontal interseca la gráfica más de una vez. Entonces, el inverso de f es una función. Halla el inverso.

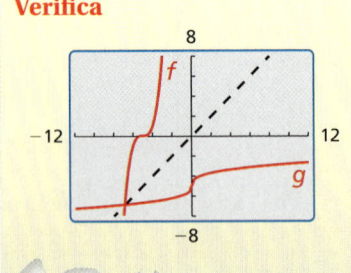

$y = (x + 5)^3$	Coloca y igual a $f(x)$.
$x = (y + 5)^3$	Intercambia x y y.
$\sqrt[3]{x} = y + 5$	Saca la raíz cuadrada de cada lado.
$\sqrt[3]{x} - 5 = y$	Resta 5 de cada lado.

▶ Entonces, el inverso de f es $g(x) = \sqrt[3]{x} - 5$.

Verifica

Halla el inverso de la función. Luego haz una gráfica de la función y su inverso.

30. $f(x) = -\dfrac{1}{2}x + 10$
31. $f(x) = x^2 + 8,\ x \geq 0$
32. $f(x) = -x^3 - 9$
33. $f(x) = 3\sqrt{x} + 5$

Determina si las funciones son funciones inversas.

34. $f(x) = 4(x - 11)^2,\ g(x) = \dfrac{1}{4}(x + 11)^2$
35. $f(x) = -2x + 6,\ g(x) = -\dfrac{1}{2}x + 3$

36. En un día determinado, la función que da dólares americanos en términos de libras esterlinas es $d = 1.587p$, donde d representa los dólares americanos y p representa las libras esterlinas. Halla la función inversa. Luego halla el número de libras esterlinas equivalentes a 100 dólares americanos.

288 Capítulo 5 Exponentes racionales y funciones radicales

5 Prueba del capítulo

1. Resuelve la desigualdad $5\sqrt{x-3} - 2 \leq 13$ y la ecuación $5\sqrt{x-3} - 2 = 13$. Describe las semejanzas y diferencias al resolver las ecuaciones radicales y las desigualdades radicales.

Describe la transformación de *f* representada por *g*. Luego escribe una regla para *g*.

2. $f(x) = \sqrt{x}$

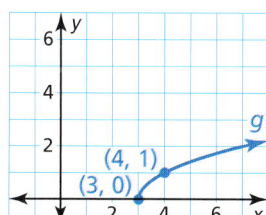

3. $f(x) = \sqrt[3]{x}$

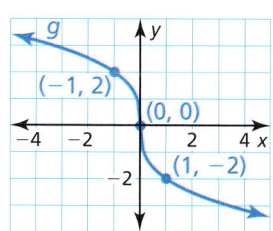

4. $f(x) = \sqrt[5]{x}$

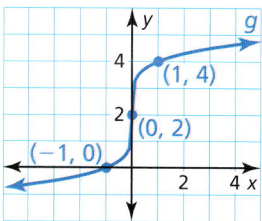

Simplifica la expresión. Explica tu razonamiento.

5. $64^{2/3}$

6. $(-27)^{5/3}$

7. $\sqrt[4]{48xy^{11}z^3}$

8. $\dfrac{\sqrt[3]{256}}{\sqrt[3]{32}}$

9. Escribe dos funciones cuyas gráficas sean traslaciones de la gráfica de $y = \sqrt{x}$. La primera función deberá tener un dominio de $x \geq 4$. La segunda función deberá tener un rango de $y \geq -2$.

10. En los bolos, un "hándicap" es un cambio en el puntaje para ajustarse a las diferencias de las capacidades de los jugadores. Perteneces a una liga de bolos en la que tu hándicap h se determina usando la fórmula $h = 0.9(200 - a)$, donde a es tu puntaje promedio. Halla el inverso del modelo. Luego halla el promedio para un jugador de bolos cuyo "hándicap" sea 36.

11. La tasa metabólica basal de un animal es una medida de la cantidad de calorías quemadas en descanso para su funcionamiento básico. La ley de Kleiber establece que la tasa metabólica basal R de un animal (en kilocalorías por día) se puede representar mediante $R = 73.3w^{3/4}$, donde w es la masa (en kilogramos) del animal. Halla las tasas metabólicas basales de cada animal en la tabla.

Animal	Masa (kilogramos)
conejo	2.5
oveja	50
humano	70
león	210

12. Sea $f(x) = 6x^{3/5}$ y $g(x) = -x^{3/5}$. Halla $(f + g)(x)$ y $(f - g)(x)$ y expresa el dominio de cada una. Luego evalúa $(f + g)(32)$ y $(f - g)(32)$.

13. Sea $f(x) = \dfrac{1}{2}x^{3/4}$ y $g(x) = 8x$. Halla $(fg)(x)$ y $\left(\dfrac{f}{g}\right)(x)$ y expresa el dominio de cada una. Luego evalúa $(fg)(16)$ y $\left(\dfrac{f}{g}\right)(16)$.

14. Un jugador de fútbol americano salta para atrapar un pase. La altura máxima h (en pies) del jugador sobre el suelo está dada por la función $h = \dfrac{1}{64}s^2$, donde s es la velocidad inicial (en pies por segundo) del jugador. Halla el inverso de la función. Usa el inverso para hallar la velocidad inicial del jugador que se muestra. Verifica que las funciones sean funciones inversas.

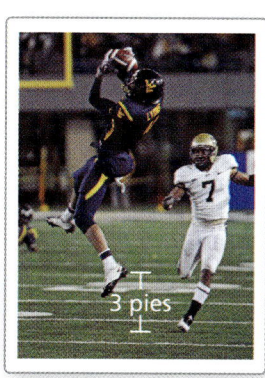

5 Evaluación acumulativa

1. Identifica tres pares de expresiones equivalentes. Presupón que todas las variables son positivas. Justifica tu respuesta.

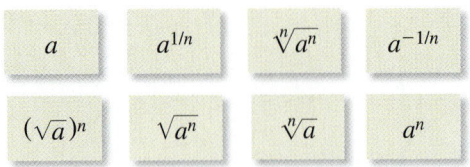

2. La gráfica representa la función $f(x) = \left(x - \boxed{}\right)^2 + \boxed{}$. Escoge los valores correctos para completar la función.

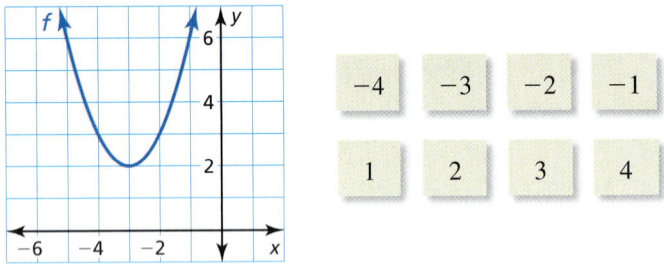

3. En remo, la velocidad s del bote (en metros por segundo) se puede representar mediante $s = 4.62\sqrt[9]{n}$, donde n es el número de remadores.

   a. Halla las velocidades de los botes para tripulaciones de 2 personas, 4 personas y 8 personas.

   b. ¿Se duplica la velocidad del bote cuando se duplica el número de remadores? Explica.

   c. Halla el tiempo (en minutos) que demora cada tripulación en la parte (a) en completar una carrera de 2000 metros.

4. Una función polinomial coincide con los datos en la tabla. Usa las diferencias finitas para hallar el grado de la función y completar la tabla. Explica tu razonamiento.

x	−4	−3	−2	−1	0	1	2	3
f(x)	28	2	−6	−2	8	18		

5. El área del triángulo es 42 pulgadas cuadradas. Halla el valor de x.

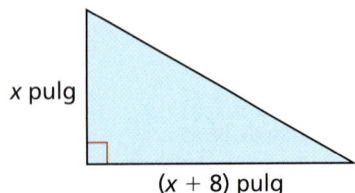

290   Capítulo 5   Exponentes racionales y funciones radicales

6. ¿Qué ecuaciones están representadas mediante parábolas? ¿Qué ecuaciones son funciones? Coloca marcas en los espacios apropiados. Explica tu razonamiento.

Ecuación	Parábola	Función
$y = (x + 3)^2$		
$x = 4y^2 - 2$		
$y = (x - 1)^{1/2} + 6$		
$y^2 = 10 - x^2$		

7. ¿Cuál es la solución de la desigualdad $2\sqrt{x + 3} - 1 < 3$?

   Ⓐ $x < 1$ Ⓑ $-3 < x < 1$

   Ⓒ $-3 \leq x < 1$ Ⓓ $x \geq -3$

8. ¿Qué función representa la gráfica? Explica tu razonamiento.

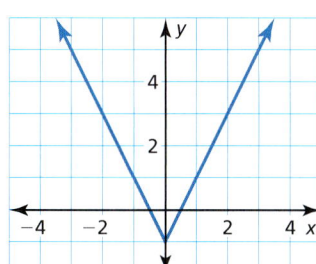

   Ⓐ $y = -|2x| - 1$

   Ⓑ $y = -2|x + 1|$

   Ⓒ $y = |2x| - 1$

   Ⓓ $y = 2|x + 1|$

9. Tu amigo suelta un globo meteorológico a 50 pies de ti. El globo se eleva verticalmente. Cuando el globo está a la altura h, la distancia d entre ti y el globo está dada por $d = \sqrt{2500 + h^2}$, donde h y d se miden en pies. Halla el inverso de la función. ¿Cuál es la altura del globo si la distancia entre ti y el globo es de 100 pies?

10. Se muestran las gráficas de dos funciones f y g. ¿Son f y g funciones inversas? Explica tu razonamiento.

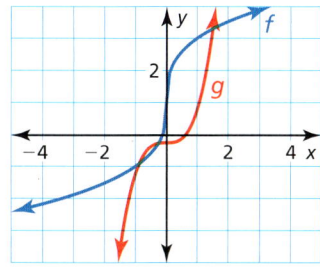

6 Funciones exponenciales y logarítmicas

- **6.1** Funciones de crecimiento y decremento exponencial
- **6.2** La base natural e
- **6.3** Logaritmos y funciones logarítmicas
- **6.4** Transformaciones de funciones exponenciales y logarítmicas
- **6.5** Propiedades de los logaritmos
- **6.6** Resolver ecuaciones exponenciales y logarítmicas
- **6.7** Representar con funciones exponenciales y logarítmicas

La salud de un astronauta *(pág. 347)*

Cocinar *(pág. 335)*

Estudio de grabación *(pág. 330)*

Crecimiento de la lenteja de agua *(pág. 301)*

Velocidad del viento en un tornado *(pág. 315)*

Mantener el dominio de las matemáticas

Usar exponentes

Ejemplo 1 Evalúa $\left(-\dfrac{1}{3}\right)^4$.

$\left(-\dfrac{1}{3}\right)^4 = \left(-\dfrac{1}{3}\right) \cdot \left(-\dfrac{1}{3}\right) \cdot \left(-\dfrac{1}{3}\right) \cdot \left(-\dfrac{1}{3}\right)$ Reescribe $\left(-\dfrac{1}{3}\right)^4$ como multiplicación repetida.

$= \left(\dfrac{1}{9}\right) \cdot \left(-\dfrac{1}{3}\right) \cdot \left(-\dfrac{1}{3}\right)$ Multiplica.

$= \left(-\dfrac{1}{27}\right) \cdot \left(-\dfrac{1}{3}\right)$ Multiplica.

$= \dfrac{1}{81}$ Multiplica.

Evalúa la expresión.

1. $3 \cdot 2^4$
2. $(-2)^5$
3. $-\left(\dfrac{5}{6}\right)^2$
4. $\left(\dfrac{3}{4}\right)^3$

Hallar el dominio y rango de una función

Ejemplo 2 Halla el dominio y el rango de la función que se representa en la gráfica.

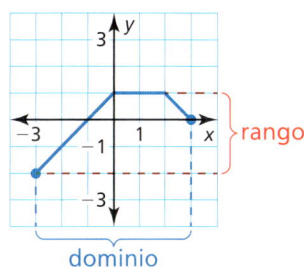

▶ El dominio es $-3 \leq x \leq 3$.
El rango es $-2 \leq y \leq 1$.

Halla el dominio y el rango de la función que se representa en la gráfica.

5.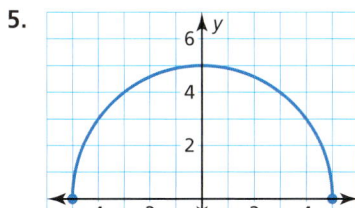

6.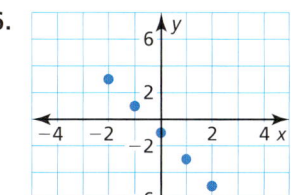

7.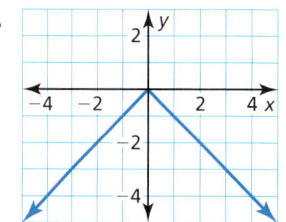

8. **RAZONAMIENTO ABSTRACTO** Considera las expresiones -4^n y $(-4)^n$, donde n es un entero. ¿Para qué valores de n es negativa cada expresión? ¿Y positiva? Explica tu razonamiento.

Soluciones dinámicas disponibles en *BigIdeasMath.com*

Prácticas matemáticas

Los estudiantes que dominan las matemáticas saben cuándo es apropiado usar métodos generales y métodos abreviados.

Modelos exponenciales

Concepto Esencial

Prueba de razones consecutivas para modelos exponenciales

Considera una tabla de valores de la forma dada.

x	0	1	2	3	4	5	6	7	8	9
y	a_0	a_1	a_2	a_3	a_4	a_5	a_6	a_7	a_8	a_9

Si las razones consecutivas de los valores y son todas iguales a un valor común r, entonces y se puede representar mediante una función exponencial. Si $r > 1$, el modelo representa un *crecimiento* exponencial.

$r = \dfrac{a_{n+1}}{a_n}$ Razón común

$y = a_0 r^x$ Modelo exponencial

EJEMPLO 1   Representar datos de la vida real

La tabla muestra la cantidad A (en dólares) en una cuenta de ahorros a lo largo del tiempo. Escribe un modelo para la cantidad en la cuenta en función del tiempo t (en años). Luego usa un modelo para hallar la cantidad después de 10 años.

Año, t	0	1	2	3	4	5
Cantidad, A	$1000	$1040	$1081.60	$1124.86	$1169.86	$1216.65

SOLUCIÓN

Comienza por determinar si las razones de las cantidades consecutivas son iguales.

$\dfrac{1040}{1000} = 1.04, \quad \dfrac{1081.60}{1040} = 1.04, \quad \dfrac{1124.86}{1081.60} \approx 1.04, \quad \dfrac{1169.86}{1124.86} \approx 1.04, \quad \dfrac{1216.65}{1169.86} \approx 1.04$

Las razones de las cantidades consecutivas son iguales, entonces la cantidad A después de t años se puede modelar mediante

$A = 1000(1.04)^t$.

Usando este modelo, la cantidad si $t = 10$ es $A = 1000(1.04)^{10} = \$1480.24$.

Monitoreo del progreso

Determina si los datos se pueden representar mediante una función exponencial o lineal. Explica tu razonamiento. Luego escribe el modelo apropiado y halla y si $x = 10$.

1.

x	0	1	2	3	4
y	1	2	4	8	16

2.

x	0	1	2	3	4
y	0	4	8	12	16

3.

x	0	1	2	3	4
y	1	4	7	10	13

4.

x	0	1	2	3	4
y	1	3	9	27	81

6.1 Funciones de crecimiento y decremento exponencial

Pregunta esencial ¿Cuáles son algunas de las características de la gráfica de una función exponencial?

Puedes usar una calculadora gráfica para evaluar una función exponencial. Por ejemplo, considera la función exponencial $f(x) = 2^x$.

Valor de la función	Tecleo en la calculadora gráfica	Representación
$f(-3.1) = 2^{-3.1}$	2 ^ (−) 3.1 INTRO	0.1166291
$f\left(\dfrac{2}{3}\right) = 2^{2/3}$	2 ^ (2 ÷ 3) INTRO	1.5574011

EXPLORACIÓN 1 Identificar gráficas de funciones exponenciales

Trabaja con un compañero. Une cada función exponencial con su gráfica. Usa una tabla de valores para dibujar la gráfica de la función, si es necesario.

a. $f(x) = 2^x$ **b.** $f(x) = 3^x$ **c.** $f(x) = 4^x$

d. $f(x) = \left(\dfrac{1}{2}\right)^x$ **e.** $f(x) = \left(\dfrac{1}{3}\right)^x$ **f.** $f(x) = \left(\dfrac{1}{4}\right)^x$

A. 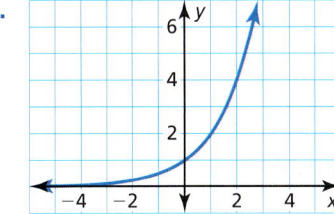 B.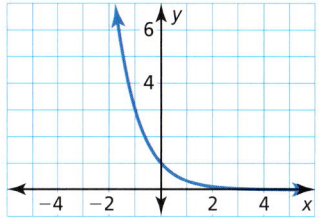

C. 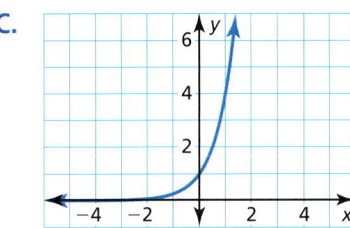 D.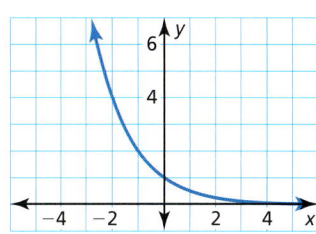

E. 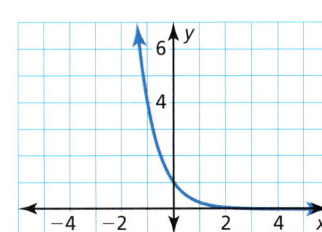 F.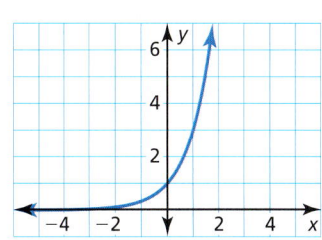

EXPLORACIÓN 2 Características de gráficas de funciones exponenciales

Trabaja con un compañero. Usa las gráficas en la exploración 1 para determinar el dominio, el rango y la intersección con el eje y de la gráfica de $f(x) = b^x$, donde b es un número real positivo distinto de 1. Explica tu razonamiento.

Comunicar tu respuesta

3. ¿Cuáles son algunas de las características de la gráfica de una función exponencial?

4. En la Exploración 2, ¿es posible que la gráfica de $f(x) = b^x$ tenga una intersección con el eje x? Explica tu razonamiento.

CONSTRUIR ARGUMENTOS VIABLES

Para dominar las matemáticas, necesitas justificar tus conclusiones y comunicarlas a otras personas.

Sección 6.1 Funciones de crecimiento y decremento exponencial 295

6.1 Lección

Qué aprenderás

▶ Hacer una gráfica de la función de crecimiento exponencial y la función de decremento

▶ Usar modelos exponenciales para resolver problemas de la vida real.

Vocabulario Esencial

función exponencial, *pág. 296*
función de crecimiento exponencial, *pág. 296*
factor de crecimiento, *pág. 296*
asíntota, *pág. 296*
función de decremento exponencial, *pág. 296*
factor de decremento, *pág. 296*

Anterior
propiedades de los exponentes

Funciones de crecimiento y decremento exponencial

Una **función exponencial** tiene la forma $y = ab^x$, donde $a \neq 0$ y la base b es un número real positivo distinto de 1. Si $a > 0$ y $b > 1$, entonces $y = ab^x$ es una **función de crecimiento exponencial**, y b se denomina **factor de crecimiento**. El tipo más sencillo de función de crecimiento exponencial tiene la forma $y = b^x$.

Concepto Esencial

Función madre para funciones de crecimiento exponencial

La función $f(x) = b^x$, donde $b > 1$, es la función madre para la familia de funciones de crecimiento exponencial en base b. La gráfica muestra la forma general de una función de crecimiento exponencial.

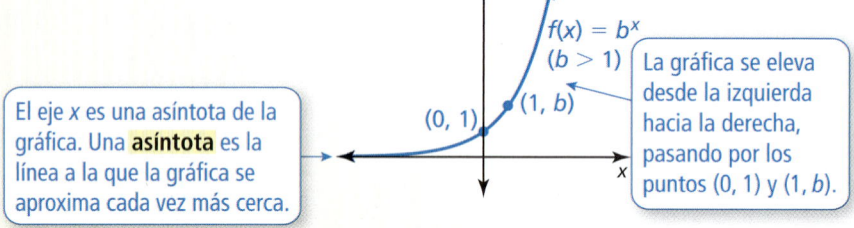

El eje *x* es una asíntota de la gráfica. Una **asíntota** es la línea a la que la gráfica se aproxima cada vez más cerca.

La gráfica se eleva desde la izquierda hacia la derecha, pasando por los puntos (0, 1) y (1, *b*).

El dominio de $f(x) = b^x$ es todos los números reales. El rango es $y > 0$.

Si $a > 0$ y $0 < b < 1$, entonces $y = ab^x$ es una **función de decremento exponencial**, y b se denomina **factor de decremento**.

Concepto Esencial

Función madre para funciones de decremento exponencial

La función $f(x) = b^x$, donde $0 < b < 1$, es la función madre para la familia de las funciones de decremento exponencial en base b. La gráfica muestra la forma general de una función de decremento exponencial.

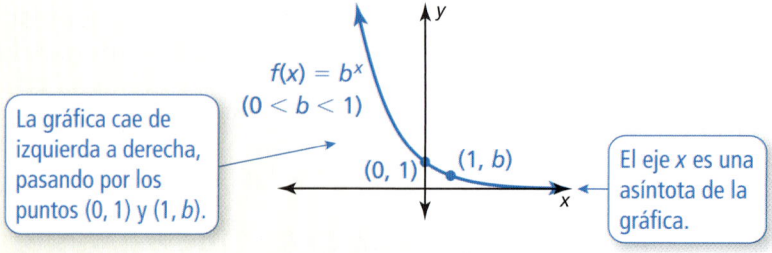

La gráfica cae de izquierda a derecha, pasando por los puntos (0, 1) y (1, *b*).

El eje *x* es una asíntota de la gráfica.

El dominio de $f(x) = b^x$ es todos los números reales. El rango es $y > 0$.

296   Capítulo 6   Funciones exponenciales y logarítmicas

EJEMPLO 1 Hacer gráficas de funciones de crecimiento y decremento exponencial

Indica si cada función representa *crecimiento exponencial* o *decremento exponencial*. Luego haz una gráfica de la función.

a. $y = 2^x$ **b.** $y = \left(\frac{1}{2}\right)^x$

SOLUCIÓN

a. Paso 1 Identifica el valor de la base. La base, 2, es mayor que 1, entonces la función representa el crecimiento exponencial.

Paso 2 Haz una tabla de valores.

x	−2	−1	0	1	2	3
y	$\frac{1}{4}$	$\frac{1}{2}$	1	2	4	8

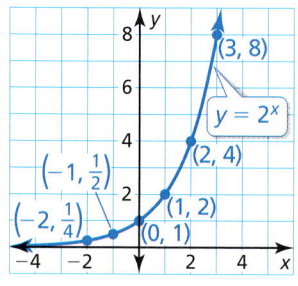

Paso 3 Marca los puntos de la tabla.

Paso 4 Dibuja, *de izquierda a derecha*, una curva suave que comience justo sobre el eje *x*, pase por los puntos marcados y se desplace hacia arriba a la derecha.

b. Paso 1 Identifica el valor de la base. La base, $\frac{1}{2}$, es mayor que 0 y menor que 1, entonces la función representa el decremento exponencial.

Paso 2 Haz una tabla de valores.

x	−3	−2	−1	0	1	2
y	8	4	2	1	$\frac{1}{2}$	$\frac{1}{4}$

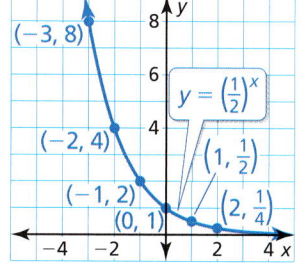

Paso 3 Marca los puntos de la tabla.

Paso 4 Dibuja, *de derecha a izquierda*, una curva suave que comience justo sobre el eje *x*, pase por los puntos marcados y se desplace hacia arriba a la izquierda.

Monitoreo del progreso Ayuda en inglés y español en *BigIdeasMath.com*

Indica si la función representa *crecimiento exponencial o decremento exponencial*. Luego haz una gráfica de la función.

1. $y = 4^x$ **2.** $y = \left(\frac{2}{3}\right)^x$

3. $f(x) = (0.25)^x$ **4.** $f(x) = (1.5)^x$

Modelos exponenciales

Algunas cantidades de la vida real aumentan o disminuyen en un porcentaje fijo cada año (o algún otro periodo de tiempo). El monto *y* de tal cantidad después de *t* años se puede representar mediante una de estas ecuaciones.

Modelo de crecimiento exponencial **Modelo de decremento exponencial**

$$y = a(1 + r)^t \qquad\qquad y = a(1 - r)^t$$

Observa que *a* es el monto inicial y *r* es el porcentaje de aumento o disminución escrito como decimal. La cantidad 1 + *r* es el factor de crecimiento, y 1 − *r* es el factor de decremento.

Sección 6.1 Funciones de crecimiento y decremento exponencial

RAZONAR CUANTITATIVAMENTE

El porcentaje de disminución, 15%, te indica cuánto valor *pierde* el carro cada año. El factor de decremento, 0.85, te indica qué fracción del valor del carro *permanece* cada año.

EJEMPLO 2 Resolver un problema de la vida real

El valor de un carro y (en miles de dólares) se puede aproximar mediante el modelo $y = 25(0.85)^t$, donde t es el número de años desde que el carro era nuevo.

a. Indica si el modelo representa el crecimiento exponencial o el decremento exponencial.

b. Identifica el porcentaje de aumento o disminución anual en el valor del carro.

c. Estima cuándo el valor del carro será de $8000.

SOLUCIÓN

a. La base, 0.85, es mayor que 0 y menor que 1, entonces el modelo representa un decremento exponencial.

b. Dado que t está dado en años y el factor de decremento $0.85 = 1 - 0.15$, el porcentaje de disminución es 0.15, o 15%.

c. Usa la función *trazar* en la calculadora gráfica para determinar que $y \approx 8$ si $t = 7$. Después de 7 años, el valor del carro será de aproximadamente $8000.

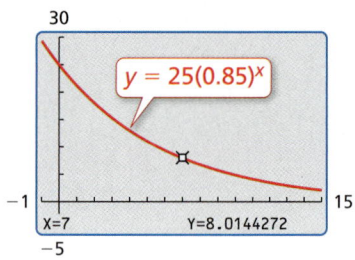

EJEMPLO 3 Escribir un modelo exponencial

En el año 2000, la población mundial era de aproximadamente 6.09 mil millones. Durante los siguientes 13 años, la población mundial aumentó aproximadamente 1.18% cada año.

a. Escribe un modelo de crecimiento exponencial que dé la población y (en miles de millones) t años después del año 2000. Estima la población mundial en 2005.

b. Estima el año en el que la población mundial fue de 7 mil millones.

SOLUCIÓN

a. La cantidad inicial es $a = 6.09$ y el aumento porcentual es $r = 0.0118$. Entonces, el modelo de crecimiento exponencial es

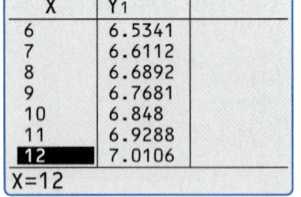

$y = a(1 + r)^t$ Escribe el modelo de crecimiento exponencial.

$= 6.09(1 + 0.0118)^t$ Sustituye 6.09 por a y 0.0118 por r.

$= 6.09(1.0118)^t$.   Simplifica.

Usando este modelo, puedes estimar que la población mundial en 2005 ($t = 5$) es $y = 6.09(1.0118)^5 \approx 6.46$ mil millones.

b. Usa la función *tabla* de una calculadora gráfica para determinar que $y \approx 7$ si $t = 12$. Entonces, la población mundial era de aproximadamente 7 mil millones en 2012.

Monitoreo del progreso Ayuda en inglés y español en *BigIdeasMath.com*

5. **¿QUÉ PASA SI?** En el Ejemplo 2, el valor del carro se puede aproximar mediante el modelo $y = 25(0.9)^t$. Identifica la disminución porcentual anual en el valor del carro. Estima cuándo el valor del carro será de $8000.

6. **¿QUÉ PASA SI?** En el Ejemplo 3, presupón que la población mundial aumentó en 1.5% cada año. Escribe una ecuación para representar esta situación. Estima el año en el que la población mundial fue de 7 mil millones.

EJEMPLO 4   Reescribir una función exponencial

La cantidad y (en gramos) de radioisótopo cromo 51 restante después de t días es $y = a(0.5)^{t/28}$, donde a es la cantidad inicial (en gramos). ¿Qué porcentaje de cromo 51 decrementa cada día?

SOLUCIÓN

$y = a(0.5)^{t/28}$ Escribe la función original.

$ = a[(0.5)^{1/28}]^t$ Propiedad de la potencia de una potencia.

$ \approx a(0.9755)^t$ Evalúa la potencia.

$ = a(1 - 0.0245)^t$ Reescribe en forma $y = a(1 - r)^t$.

▶ La tasa de decremento diaria es de aproximadamente 0.0245, o 2.45%.

El *interés compuesto* es el interés pagado sobre una inversión inicial, llamada *principal*, y sobre el interés anteriormente ganado. El interés ganado se expresa a menudo como un porcentaje *anual*, pero generalmente el interés se compone más de una vez por año. Entonces, el modelo de crecimiento exponencial $y = a(1 + r)^t$ debe modificarse para los problemas con interés compuesto.

Concepto Esencial

Interés compuesto

Considera un principal inicial P depositado en una cuenta que paga interés a una tasa anual r (expresada como decimal), compuesta n veces por año. La cantidad A en la cuenta después de t años está dada por

$$A = P\left(1 + \frac{r}{n}\right)^{nt}.$$

EJEMPLO 5   Hallar el balance de una cuenta

Depositas $9000 en una cuenta que paga 1.46% de interés anual. Halla el balance después de 3 años si el interés se compone trimestralmente.

SOLUCIÓN

Con el interés compuesto trimestralmente (4 veces por año), el balance después de tres años es

$A = P\left(1 + \dfrac{r}{n}\right)^{nt}$ Escribe la fórmula de interés compuesto.

$ = 9000\left(1 + \dfrac{0.0146}{4}\right)^{4 \cdot 3}$ $P = 9000, r = 0.0146, n = 4, t = 3$

$ \approx 9402.21.$ Usa una calculadora.

▶ El balance al final del periodo de tres años es $9402.21.

Monitoreo del progreso 🔊   Ayuda en inglés y español en *BigIdeasMath.com*

7. La cantidad y (en gramos) del radioisótopo yodo 123 restante después de t horas es de $y = a(0.5)^{t/13}$, donde a es la cantidad inicial (en gramos). ¿Qué porcentaje de yodo 123 decrementa cada hora?

8. **¿QUÉ PASA SI?** En el Ejemplo 5, halla el balance después de 3 años si el interés se compone diariamente.

Sección 6.1   Funciones de crecimiento y decremento exponencial

6.1 Ejercicios

Soluciones dinámicas disponibles en *BigIdeasMath.com*

Verificación de vocabulario y concepto esencial

1. **VOCABULARIO** En el modelo de crecimiento exponencial $y = 2.4(1.5)^x$, identifica la cantidad inicial, el factor de crecimiento y el aumento porcentual.

2. **¿CUÁL NO CORRESPONDE?** ¿Qué característica de una función de decremento exponencial *no* corresponde al grupo de las otras tres? Explica tu razonamiento.

base de 0.8	factor de decremento de 0.8
tasa de decremento de 20%	disminución de 80%

Monitoreo del progreso y Representar con matemáticas

En los Ejercicios 3–8, evalúa la expresión para (a) $x = -2$ y (b) $x = 3$.

3. 2^x
4. 4^x
5. $8 \cdot 3^x$
6. $6 \cdot 2^x$
7. $5 + 3^x$
8. $2^x - 2$

En los Ejercicios 9–18, indica si la función representa *crecimiento exponencial* o *decremento exponencial*. Luego haz una gráfica de la función. *(Consulta el Ejemplo 1).*

9. $y = 6^x$
10. $y = 7^x$
11. $y = \left(\dfrac{1}{6}\right)^x$
12. $y = \left(\dfrac{1}{8}\right)^x$
13. $y = \left(\dfrac{4}{3}\right)^x$
14. $y = \left(\dfrac{2}{5}\right)^x$
15. $y = (1.2)^x$
16. $y = (0.75)^x$
17. $y = (0.6)^x$
18. $y = (1.8)^x$

ANALIZAR RELACIONES En los Ejercicios 19 y 20, usa la gráfica de $f(x) = b^x$ para identificar el valor de la base b.

19.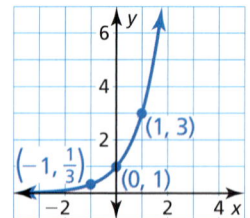

20.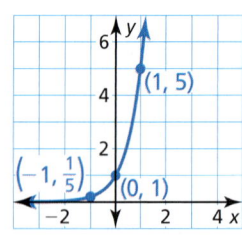

21. **REPRESENTAR CON MATEMÁTICAS** El valor de una bicicleta de montaña y (en dólares) se puede aproximar mediante el modelo $y = 200(0.75)^t$, donde t es el número de años desde que la bicicleta era nueva. *(Consulta el Ejemplo 2).*

    a. Indica si el modelo representa crecimiento exponencial o decremento exponencial.
    b. Identifica el aumento o disminución porcentual anual en el valor de la bicicleta.
    c. Estima cuándo el valor de la bicicleta será de $50.

22. **REPRESENTAR CON MATEMÁTICAS** La población P (en millares) de Austin, Texas, durante una década reciente, se puede aproximar mediante $y = 494.29(1.03)^t$, donde t es el número de años desde el inicio de la década.

    a. Indica si el modelo representa crecimiento exponencial o decremento exponencial.
    b. Identifica el aumento o disminución porcentual anual en la población.
    c. Estima cuándo la población fue de aproximadamente 590,000.

23. **REPRESENTAR CON MATEMÁTICAS** En 2006, había aproximadamente 233 millones de suscriptores de telefonía celular en los Estados Unidos. Durante los 4 años siguientes, el número de suscriptores de telefonía celular aumentó aproximadamente en un 6% cada año. *(Consulta el Ejemplo 3).*

    a. Escribe un modelo de crecimiento exponencial dando el número de suscriptores de telefonía celular y (en millones) t años después de 2006. Estima el número de suscriptores de telefonía celular en 2008.
    b. Estima el año en el que el número de suscriptores de telefonía celular fue de 278 millones.

300 Capítulo 6 Funciones exponenciales y logarítmicas

24. **REPRESENTAR CON MATEMÁTICAS** Tomas una dosis de 325 miligramos de ibuprofeno. Durante cada hora siguiente, la cantidad de medicamento en tu torrente sanguíneo disminuye en aproximadamente 29% cada hora.

   a. Escribe un modelo de decremento exponencial que dé la cantidad y (en miligramos) de ibuprofeno en tu torrente sanguíneo t horas después de la dosis inicial.

   b. Estima cuánto tiempo demorarás en tener 100 miligramos de ibuprofeno en tu torrente sanguíneo.

JUSTIFICAR LOS PASOS En los Ejercicios 25 y 26, justifica cada paso al reescribir la función exponencial.

25. $y = a(3)^{t/14}$ Escribe la función original.

    $= a[(3)^{1/14}]^t$

    $\approx a(1.0816)^t$

    $= a(1 + 0.0816)^t$

26. $y = a(0.1)^{t/3}$ Escribe la función original.

    $= a[(0.1)^{1/3}]^t$

    $\approx a(0.4642)^t$

    $= a(1 - 0.5358)^t$

27. **RESOLVER PROBLEMAS** Cuando muere una planta o un animal, deja de adquirir carbono 14 de la atmósfera. La cantidad y (en gramos) de carbono 14 en el cuerpo de un organismo después de t años es $y = a(0.5)^{t/5730}$, donde a es la cantidad inicial (en gramos). ¿Qué porcentaje de carbono 14 se libera cada año? *(Consulta el Ejemplo 4)*.

28. **RESOLVER PROBLEMAS** El número de hojas de una lenteja de agua en un estanque después de t días es $y = a(1230.25)^{t/16}$, donde a es el número inicial de hojas. ¿En qué porcentaje crece la lenteja de agua por día?

En los Ejercicios 29–36, reescribe la función en la forma $y = a(1 + r)^t$ o $y = a(1 - r)^t$. Luego expresa la tasa de crecimiento o decremento.

29. $y = a(2)^{t/3}$ 30. $y = a(4)^{t/6}$

31. $y = a(0.5)^{t/12}$ 32. $y = a(0.25)^{t/9}$

33. $y = a\left(\frac{2}{3}\right)^{t/10}$ 34. $y = a\left(\frac{5}{4}\right)^{t/22}$

35. $y = a(2)^{8t}$ 36. $y = a\left(\frac{1}{3}\right)^{3t}$

37. **RESOLVER PROBLEMAS** Depositas $5000 en una cuenta que paga 2.25% de interés anual. Halla el balance después de 5 años, si el interés se compone trimestralmente. *(Consulta el Ejemplo 5)*.

38. **SACAR CONCLUSIONES** Depositas $2200 en tres cuentas bancarias independientes, cada una de las cuales paga 3% de interés anual. ¿Cuánto interés gana cada cuenta después de 6 años?

Cuenta	Capitalización	Balance después de 6 años
1	trimestral	
2	mensual	
3	diario	

39. **ANÁLISIS DE ERRORES** Inviertes $500 en las acciones de una compañía. El valor de las acciones disminuye 2% cada año. Describe y corrige el error al escribir un modelo para el valor de las acciones después de t años.

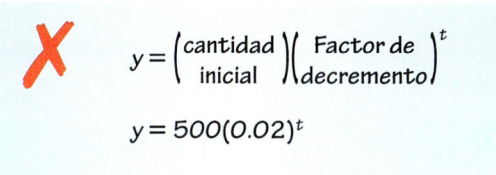

40. **ANÁLISIS DE ERRORES** Depositas $250 en una cuenta que paga 1.25% de interés anual. Describe y corrige el error al hallar el balance después de 3 años, si el interés se compone trimestralmente.

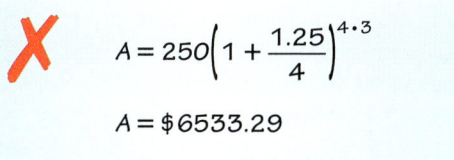

En los Ejercicios 41–44, usa la información dada para hallar la cantidad A en la cuenta que gana interés compuesto después de 6 años, si el principal es de $3500.

41. $r = 2.16\%$, compuesta trimestralmente.

42. $r = 2.29\%$, compuesta mensualmente

43. $r = 1.83\%$, compuesta diariamente

44. $r = 1.26\%$, compuesta mensualmente

Sección 6.1   Funciones de crecimiento y decremento exponencial   301

45. **USAR LA ESTRUCTURA** Un sitio web registró el número de referidos y que recibió de los sitios web de los medios sociales durante un periodo de 10 años. Los resultados se pueden representar mediante $y = 2500(1.50)^t$, donde t es el año y $0 \leq t \leq 9$. Interpreta los valores de a y b en esta situación. ¿Cuál es el porcentaje de aumento anual? Explica.

46. **¿CÓMO LO VES?** Considera la gráfica de una función exponencial de la forma $f(x) = ab^x$.

    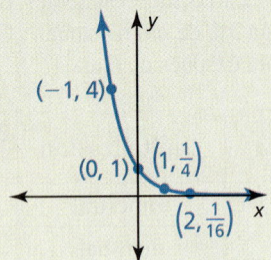

    a. Determina si la gráfica de f representa crecimiento exponencial o decremento exponencial.

    b. ¿Cuál es el dominio y el rango de la función? Explica.

47. **ARGUMENTAR** Tu amigo dice que la gráfica de $f(x) = 2^x$ aumenta a mayor velocidad que la gráfica de $g(x) = x^2$ si $x \geq 0$. ¿Es correcto lo que dice tu amigo? Explica tu razonamiento.

    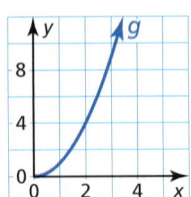

48. **ESTIMULAR EL PENSAMIENTO** La función $f(x) = b^x$ representa una función de decremento exponencial. Escribe una segunda función de decremento exponencial en términos de b y x.

49. **RESOLVER PROBLEMAS** La población p de una pequeña ciudad después de x años se puede representar mediante la función $p = 6850(1.03)^x$. ¿Cuál es la tasa de cambio promedio en la población durante los primeros 6 años? Justifica tu respuesta.

50. **RAZONAR** Considera la función exponencial $f(x) = ab^x$.

    a. Demuestra que $\dfrac{f(x+1)}{f(x)} = b$.

    b. Usa la ecuación en la parte (a) para explicar por qué no hay función exponencial de la forma $f(x) = ab^x$ cuya gráfica pase por los puntos en la tabla a continuación.

x	0	1	2	3	4
y	4	4	8	24	72

51. **RESOLVER PROBLEMAS** El número E de huevos que produce una gallina Leghorn por año se puede representar mediante la ecuación $E = 179.2(0.89)^{w/52}$, donde w es la edad (en semanas) de las gallinas y $w \geq 22$.

    a. Identifica el factor de decremento y el porcentaje de disminución.

    b. Haz una gráfica del modelo.

    c. Estima la producción de huevos de una gallina de 2.5 años de edad.

    d. Explica cómo puedes reescribir la ecuación dada de manera que el tiempo se mida en años en lugar de semanas.

52. **PENSAMIENTO CRÍTICO** Compras un nuevo sistema estereofónico por $1300 y 4 años después logras venderlo por $275. Presupón que el valor de reventa del sistema estereofónico decrementa exponencialmente con el tiempo. Escribe una ecuación que dé el valor de reventa V (en dólares) del sistema estereofónico como función del tiempo t (en años) desde que lo compraste.

Mantener el dominio de las matemáticas
Repasar lo que aprendiste en grados y lecciones anteriores

Simplifica la expresión. *(Manual de revisión de destrezas)*

53. $x^9 \cdot x^2$

54. $\dfrac{x^4}{x^3}$

55. $4x \cdot 6x$

56. $\left(\dfrac{4x^8}{2x^6}\right)^4$

57. $\dfrac{x + 3x}{2}$

58. $\dfrac{6x}{2} + 4x$

59. $\dfrac{12x}{4x} + 5x$

60. $(2x \cdot 3x^5)^3$

302 Capítulo 6 Funciones exponenciales y logarítmicas

6.2 La base natural e

Pregunta esencial ¿Qué es la base natural e?

Hasta ahora, en tus estudios de matemáticas, has trabajado con números especiales como π e i. Otro número especial se denomina *base natural* y se denota mediante e. La base natural e es irracional, entonces no puedes hallar su valor exacto.

EXPLORACIÓN 1 Aproximar la base natural e

Trabaja con un compañero. Una manera de aproximar la base natural e es aproximar la suma

$$1 + \frac{1}{1} + \frac{1}{1 \cdot 2} + \frac{1}{1 \cdot 2 \cdot 3} + \frac{1}{1 \cdot 2 \cdot 3 \cdot 4} + \cdots.$$

Usa una hoja de cálculo o una calculadora gráfica para aproximar esta suma. Explica los pasos que usaste. ¿Cuántos lugares decimales usaste en tu aproximación?

EXPLORACIÓN 2 Aproximar la base natural e

Trabaja con un compañero. Otra manera de aproximar la base natural e es considerar la expresión

$$\left(1 + \frac{1}{x}\right)^x.$$

Al aumentar x, el valor de esta expresión se acerca al valor de e. Copia y completa la tabla. Luego usa los resultados en la tabla para aproximar e. Compara esta aproximación con la que obtuviste en la Exploración 1.

x	10^1	10^2	10^3	10^4	10^5	10^6
$\left(1 + \frac{1}{x}\right)^x$						

> **USAR HERRAMIENTAS ESTRATÉGICAMENTE**
>
> Para dominar las matemáticas, necesitas usar herramientas tecnológicas para explorar y profundizar tu comprensión de los conceptos.

EXPLORACIÓN 3 Hacer una gráfica de una función de base natural

Trabaja con un compañero. Usa tu valor aproximado de e en la Exploración 1 o 2 para completar la tabla. Luego dibuja la gráfica de la *función exponencial de la base natural* $y = e^x$. Puedes usar una calculadora gráfica y la tecla e^x para verificar tu gráfica. ¿Cuáles son el dominio y el rango de $y = e^x$? Justifica tu respuesta.

x	-2	-1	0	1	2
$y = e^x$					

Comunicar tu respuesta

4. ¿Cuál es la base natural e?

5. Repite la Exploración 3 para la función exponencial de la base natural $y = e^{-x}$. Luego compara la gráfica de $y = e^x$ con la gráfica de $y = e^{-x}$.

6. La base natural e se usa en una amplia gama de aplicaciones en la vida real. Consulta en Internet u otra referencia para investigar algunas de las aplicaciones de e en la vida real.

Sección 6.2 La base natural e 303

6.2 Lección

Qué aprenderás

- Definir y usar la base natural e.
- Hacer una gráfica de las funciones de base natural.
- Resolver problemas de la vida real.

Vocabulario Esencial

base natural e, pág. 304

Anterior
número irracional
propiedades de los exponentes
porcentaje de aumento
porcentaje de disminución
interés compuesto

La base natural e

La historia de las matemáticas está marcada por el descubrimiento de números especiales, tales como π e i. Otro número especial se denota mediante la letra e. El número se denomina **base natural e**. La expresión $\left(1 + \dfrac{1}{x}\right)^x$ se acerca a e al aumentar x, tal como se muestra en la gráfica y en la tabla.

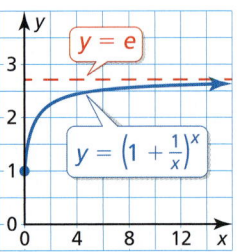

x	10^1	10^2	10^3	10^4	10^5	10^6
$\left(1 + \dfrac{1}{x}\right)^x$	2.59374	2.70481	2.71692	2.71815	2.71827	2.71828

Concepto Esencial

La base natural e

La base natural e es irracional. Se define de la siguiente manera:

Al aproximarse x a $+\infty$, $\left(1 + \dfrac{1}{x}\right)^x$ se aproxima a $e \approx 2.71828182846$.

EJEMPLO 1 Simplificar expresiones de base natural

Verifica

Puedes usar una calculadora para verificar la equivalencia de las expresiones numéricas que incluyen e.

```
e^(3)*e^(6)
        8103.083928
e^(9)
        8103.083928
```

Simplifica cada expresión.

a. $e^3 \cdot e^6$ **b.** $\dfrac{16e^5}{4e^4}$ **c.** $(3e^{-4x})^2$

SOLUCIÓN

a. $e^3 \cdot e^6 = e^{3+6}$ **b.** $\dfrac{16e^5}{4e^4} = 4e^{5-4}$ **c.** $(3e^{-4x})^2 = 3^2(e^{-4x})^2$

$\qquad = e^9$ $\qquad\qquad\qquad = 4e$ $\qquad\qquad\qquad = 9e^{-8x}$

$\qquad\qquad\qquad\qquad\qquad\qquad\qquad\qquad\qquad\qquad = \dfrac{9}{e^{8x}}$

Monitoreo del progreso Ayuda en inglés y español en *BigIdeasMath.com*

Simplifica la expresión.

1. $e^7 \cdot e^4$ 2. $\dfrac{24e^8}{8e^5}$ 3. $(10e^{-3x})^3$

304 Capítulo 6 Funciones exponenciales y logarítmicas

Hacer una gráfica de las funciones de base natural

Concepto Esencial

Funciones de base natural

A una función de la forma $y = ae^{rx}$ se le denomina *función exponencial de base natural*.

- Cuando $a > 0$ y $r > 0$, la función es una función de crecimiento exponencial.
- Cuando $a > 0$ y $r < 0$, la función es una función de decremento exponencial.

Se muestran las gráficas de las funciones básicas $y = e^x$ y $y = e^{-x}$.

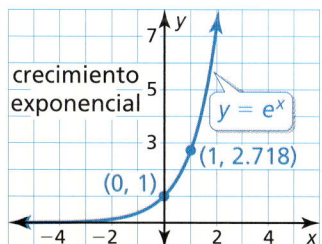
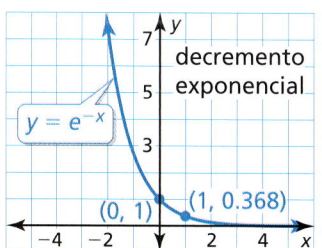

EJEMPLO 2 — Hacer una gráfica de las funciones de base natural

Indica si cada función representa *crecimiento exponencial* o *decremento exponencial*. Luego grafica la función.

a. $y = 3e^x$ **b.** $f(x) = e^{-0.5x}$

SOLUCIÓN

a. Dado que $a = 3$ es positiva y $r = 1$ es positiva, la función es una función de crecimiento exponencial. Usa una tabla para hacer la gráfica de la función.

x	-2	-1	0	1
y	0.41	1.10	3	8.15

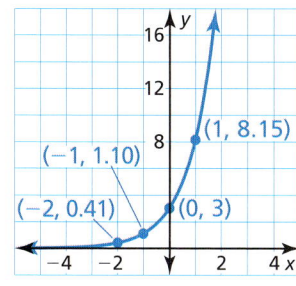

b. Dado que $a = 1$ es positiva y $r = -0.5$ es negativa, la función es una función de decremento exponencial. Usa una tabla para hacer la gráfica de la función.

x	-4	-2	0	2
y	7.39	2.72	1	0.37

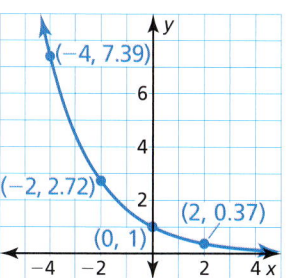

BUSCAR UNA ESTRUCTURA

Puedes reescribir las funciones exponenciales de base natural para hallar porcentajes de tasas de cambio. En el Ejemplo 2(b),

$f(x) = e^{-0.5x}$
$= (e^{-0.5})^x$
$\approx (0.6065)^x$
$= (1 - 0.3935)^x$.

Entonces, el porcentaje de disminución es de aproximadamente 39.35%.

Monitoreo del progreso Ayuda en inglés y español en *BigIdeasMath.com*

Indica si la función representa *crecimiento exponencial* o *decremento exponencial*. Luego, grafica la función.

4. $y = \frac{1}{2}e^x$ **5.** $y = 4e^{-x}$ **6.** $f(x) = 2e^{2x}$

Sección 6.2   La base natural e   **305**

Resolver problemas de la vida real

Has aprendido que el balance de una cuenta que gana interés compuesto está dado por $A = P\left(1 + \dfrac{r}{n}\right)^{nt}$. Al acercarse la frecuencia n de composición al infinito positivo, la fórmula del interés compuesto se aproxima a la fórmula siguiente.

Concepto Esencial

Interés compuesto continuamente

Cuando el interés se compone *continuamente* la cantidad A en una cuenta después de t años está dada por la fórmula

$$A = Pe^{rt}$$

Donde P es el principal r es la tasa de interés anual expresada como decimal.

EJEMPLO 3   Representar con matemáticas

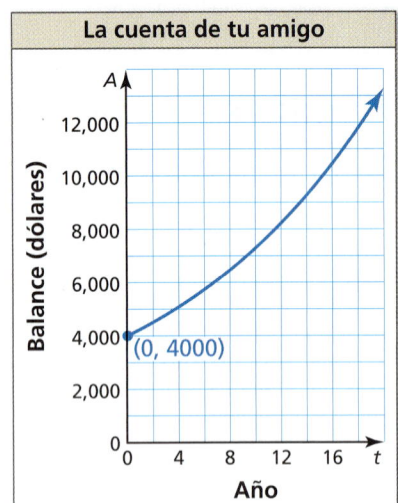

La cuenta de tu amigo

Tu amigo y tú tienen cada uno una cuenta que gana interés anual compuesto continuamente. El balance A (en dólares) de tu cuenta después de t años se puede representar mediante $A = 4500e^{0.04t}$. La gráfica muestra el balance de la cuenta de tu amigo en el tiempo. ¿Qué cuenta tiene un principal mayor? ¿Cuál de ellas tiene un mayor balance después de 10 años?

SOLUCIÓN

1. **Entiende el Problema** Te dan una gráfica y una ecuación que representa balances de cuenta. Te piden que identifiques la cuenta que tiene el mayor principal y la cuenta que tiene el mayor balance después de 10 años.

2. **Haz un Plan** Usa la ecuación para hallar tu principal y tu balance de cuenta después de 10 años. Luego compara estos valores con la gráfica de la cuenta de tu amigo.

3. **Resuelve el Problema** La ecuación $A = 4500e^{0.04t}$ es de la forma $A = Pe^{rt}$, donde $P = 4500$. Entonces, tu principal es \$4500. Tu balance A si $t = 10$ es

$$A = 4500e^{0.04(10)} = \$6713.21.$$

Dado que la gráfica pasa por (0, 4000), el principal de tu amigo es \$4000. La gráfica muestra también que el balance es de aproximadamente \$7250 si $t = 10$.

▶ Entonces, tu cuenta tiene un mayor principal, pero la cuenta de tu amigo tiene un mayor balance después de 10 años.

4. **Verifícalo** Dado que la cuenta de tu amigo tiene un menor principal pero un mayor balance después de 10 años, la tasa de cambio promedio de $t = 0$ hasta $t = 10$ debería ser mayor para la cuenta de tu amigo que para tu cuenta.

Tu cuenta: $\dfrac{A(10) - A(0)}{10 - 0} = \dfrac{6713.21 - 4500}{10} = 221.321$

La cuenta de tu amigo: $\dfrac{A(10) - A(0)}{10 - 0} \approx \dfrac{7250 - 4000}{10} = 325$

> **HACER CONJETURAS**
>
> También puedes usar este razonamiento para llegar a la conclusión de que la cuenta de tu amigo tiene una tasa de interés anual mayor que tu cuenta.

Monitoreo del progreso   🔊 Ayuda en inglés y español en BigIdeasMath.com

7. Depositas \$4250 en una cuenta que gana 5% de interés anual compuesto continuamente. Compara el balance después de 10 años con la cuenta en el Ejemplo 3.

6.2 Ejercicios

Soluciones dinámicas disponibles en *BigIdeasMath.com*

Verificación de vocabulario y concepto esencial

1. **VOCABULARIO** ¿Qué es la base natural e?

2. **ESCRIBIR** Indica si la función $f(x) = \frac{1}{3}e^{4x}$ representa crecimiento exponencial o decremento exponencial. Explica.

Monitoreo del progreso y Representar con matemáticas

En los Ejercicios 3–12, simplifica la expresión. *(Consulta el Ejemplo 1)*.

3. $e^3 \cdot e^5$

4. $e^{-4} \cdot e^6$

5. $\dfrac{11e^9}{22e^{10}}$

6. $\dfrac{27e^7}{3e^4}$

7. $(5e^{7x})^4$

8. $(4e^{-2x})^3$

9. $\sqrt{9e^{6x}}$

10. $\sqrt[3]{8e^{12x}}$

11. $e^x \cdot e^{-6x} \cdot e^8$

12. $e^x \cdot e^4 \cdot e^{x+3}$

ANÁLISIS DE ERRORES En los Ejercicios 13 y 14, describe y corrige el error al simplificar la expresión.

13.
$$(4e^{3x})^2 = 4e^{(3x)(2)}$$
$$= 4e^{6x}$$

14.
$$\dfrac{e^{5x}}{e^{-2x}} = e^{5x-2x}$$
$$= e^{3x}$$

En los Ejercicios 15–22, indica si la función representa *crecimiento exponencial* o *decremento exponencial*. Luego haz una gráfica de la función. *(Consulta el Ejemplo 2)*.

15. $y = e^{3x}$

16. $y = e^{-2x}$

17. $y = 2e^{-x}$

18. $y = 3e^{2x}$

19. $y = 0.5e^x$

20. $y = 0.25e^{-3x}$

21. $y = 0.4e^{-0.25x}$

22. $y = 0.6e^{0.5x}$

ANALIZAR ECUACIONES En los Ejercicios 23–26, une la función con su gráfica. Explica tu razonamiento.

23. $y = e^{2x}$

24. $y = e^{-2x}$

25. $y = 4e^{-0.5x}$

26. $y = 0.75e^x$

A.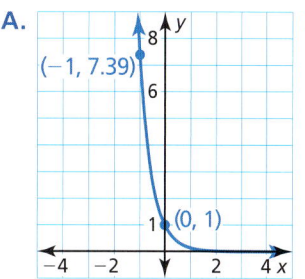

B.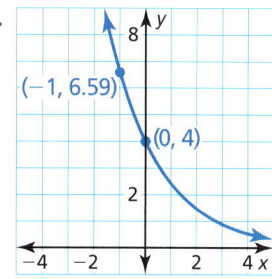

C.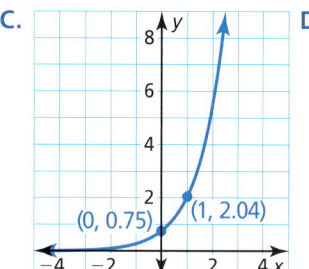

D.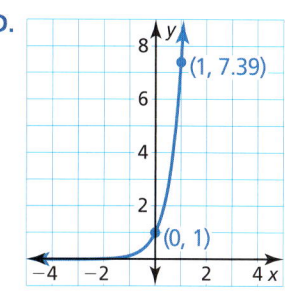

USAR LA ESTRUCTURA En los Ejercicios 27–30, usa las propiedades de los exponentes para reescribir la función en la forma $y = a(1+r)^t$ o $y = a(1-r)^t$. Luego halla la tasa promedio de cambio.

27. $y = e^{-0.25t}$

28. $y = e^{-0.75t}$

29. $y = 2e^{0.4t}$

30. $y = 0.5e^{0.8t}$

USAR HERRAMIENTAS En los Ejercicios 31–34, usa la tabla de valores o una calculadora gráfica para hacer la gráfica de la función. Luego identifica el dominio y el rango.

31. $y = e^{x-2}$

32. $y = e^{x+1}$

33. $y = 2e^x + 1$

34. $y = 3e^x - 5$

Sección 6.2 La base natural e 307

35. **REPRESENTAR CON MATEMÁTICAS** Las cuentas de inversión para una casa y educación ganan interés anual compuesto continuamente. El balance H (en dólares) de fondos para una casa después de t años, se representa por $H = 3224e^{0.05t}$. La gráfica muestra el balance en el fondo educativo en el tiempo. ¿Qué cuenta tiene el mayor principal? ¿Qué cuenta tiene un mayor balance después de 10 años? *(Consulta el Ejemplo 3).*

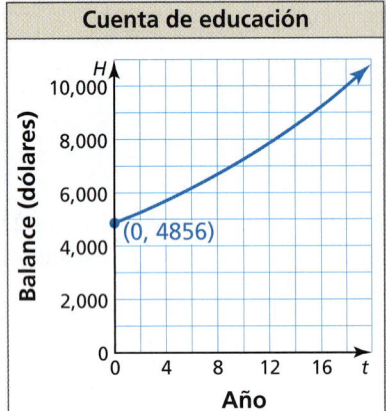

36. **REPRESENTAR CON MATEMÁTICAS** El tritio y el sodio 22 decrementan con el tiempo. En una muestra de tritio, la cantidad y (en miligramos) restante después de t años, está dada por $y = 10e^{-0.0562t}$. La gráfica muestra la cantidad de sodio 22 en una muestra en el tiempo. ¿Qué muestra comenzó con una cantidad mayor? ¿Cuál tiene una cantidad mayor después de 10 años?

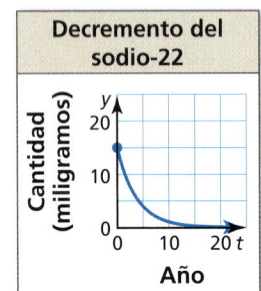

37. **FINAL ABIERTO** Halla valores de a, b, r, y q tales que $f(x) = ae^{rx}$ y $g(x) = be^{qx}$ sean funciones de decremento exponencial, pero $\dfrac{f(x)}{g(x)}$ represente crecimiento exponencial.

38. **ESTIMULAR EL PENSAMIENTO** Explica por qué $A = P\left(1 + \dfrac{r}{n}\right)^{nt}$ se aproxima a $A = Pe^{rt}$ cuando n se aproxima al infinito positivo.

39. **ESCRIBIR** ¿Se puede escribir la base natural e como la razón de dos enteros? Explica.

40. **ARGUMENTAR** Tu amigo evalúa $f(x) = e^{-x}$ si $x = 1000$ y llega a la conclusión de que la gráfica de $y = f(x)$ tiene una intersección con el eje x en $(1000, 0)$. ¿Es correcto lo que dice tu amigo? Explica tu razonamiento.

41. **SACAR CONCLUSIONES** Inviertes $2500 en una cuenta para ahorrar para la universidad. La cuenta 1 paga 6% de interés anual compuesto trimestralmente. La cuenta 2 paga 4% de interés anual compuesto continuamente. ¿Qué cuenta deberías elegir para obtener la mayor cantidad de dinero en 10 años? Justifica tu respuesta.

42. **¿CÓMO LO VES?** Usa la gráfica para completar cada enunciado.

    a. $f(x)$ se aproxima a _____ cuando x se acerca a $+\infty$.

    b. $f(x)$ se aproxima a _____ como x se aproxima a $-\infty$.

    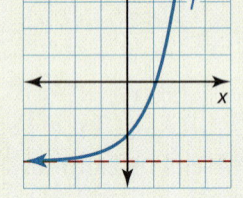

43. **RESOLVER PROBLEMAS** El crecimiento de bacterias de *Mycobacterium tuberculosis* se puede representar mediante la función $N(t) = ae^{0.166t}$, donde N es el número de células después de t horas y a es el número de células si $t = 0$.

    a. A la 1:00 P.M., hay 30 bacterias *M. tuberculosis* en una muestra. Escribe una función que dé el número de bacterias después de la 1:00 P.M.

    b. Usa una calculadora gráfica para hacer la gráfica de la función en la parte (a).

    c. Describe cómo hallar el número de células en la muestra a las 3:45 P.M.

Mantener el dominio de las matemáticas
Repasar lo que aprendiste en grados y lecciones anteriores

Escribe el número en notación científica. *(Manual de revisión de destrezas)*

44. 0.006
45. 5000
46. $26{,}000{,}000$
47. 0.000000047

Halla el inverso de la función. Luego haz una gráfica de la función y su inverso. *(Sección 5.6)*

48. $y = 3x + 5$
49. $y = x^2 - 1$, $x \leq 0$
50. $y = \sqrt{x + 6}$
51. $y = x^3 - 2$

6.3 Logaritmos y funciones logarítmicas

Pregunta esencial ¿Cuáles son algunas de las características de la gráfica de una función logarítmica?

Toda función exponencial de la forma $f(x) = b^x$, donde b es un número real positivo distinto de 1, tiene una función inversa que puedes denotar mediante $g(x) = \log_b x$. Esta función inversa se denomina *función logarítmica en base b*.

EXPLORACIÓN 1 Reescribir ecuaciones exponenciales

Trabaja con un compañero. Halla el valor de x en cada ecuación exponencial. Explica tu razonamiento. Luego usa el valor de x para reescribir la ecuación exponencial en su forma logarítmica equivalente, $x = \log_b y$.

a. $2^x = 8$
b. $3^x = 9$
c. $4^x = 2$
d. $5^x = 1$
e. $5^x = \frac{1}{5}$
f. $8^x = 4$

EXPLORACIÓN 2 Hacer gráficas de funciones exponenciales y logarítmicas

Trabaja con un compañero. Completa cada tabla para la función exponencial dada. Usa los resultados para completar la tabla para la función logarítmica dada. Explica tu razonamiento. Luego dibuja las gráficas para f y g en el mismo plano de coordenadas.

a.

x	−2	−1	0	1	2
f(x) = 2^x					

x					
g(x) = log₂ x	−2	−1	0	1	2

b.

x	−2	−1	0	1	2
f(x) = 10^x					

x					
g(x) = log₁₀ x	−2	−1	0	1	2

CONSTRUIR ARGUMENTOS VIABLES

Para dominar las matemáticas, necesitas justificar tus conclusiones y comunicarlas a otros.

EXPLORACIÓN 3 Características de las gráficas de funciones logarítmicas

Trabaja con un compañero. Usa las gráficas que dibujaste en la Exploración 2 para determinar el dominio, el rango, la intersección con el eje x y la asíntota de la gráfica de $g(x) = \log_b x$, donde b es un número real positivo distinto de 1. Explica tu razonamiento.

Comunicar tu respuesta

4. ¿Cuáles son algunas de las características de la gráfica de una función logarítmica?

5. ¿Cómo puedes usar la gráfica de una función exponencial para obtener la gráfica de una función logarítmica?

6.3 Lección

Qué aprenderás

- Definir y evaluar logaritmos
- Usar las propiedades inversas de las funciones logarítmicas y exponenciales.
- Hacer gráficas de funciones logarítmicas.

Vocabulario Esencial

logaritmo de y en base b, pág. 310
logaritmo común, pág. 311
logaritmo natural, pág. 311

Anterior
funciones inversas

Logaritmos

Sabes que $2^2 = 4$ y $2^3 = 8$. Sin embargo, ¿para qué valor de x, $2^x = 6$?
Los matemáticos definen este valor de x con un *logaritmo* y escriben $x = \log_2 6$.
La definición de un logaritmo se puede generalizar de la siguiente manera.

🌀 Concepto Esencial

Definición de logaritmo en base b

Imagina que b y y son números reales positivos con $b \neq 1$. **El logaritmo de y en base b** se denota mediante $\log_b y$ y se define como

$$\log_b y = x \quad \text{si y solo si} \quad b^x = y.$$

La expresión $\log_b y$ se lee como "logaritmo base b de y."

Esta definición te indica que las ecuaciones $\log_b y = x$ y $b^x = y$ son equivalentes. La primera está en *forma logarítmica* y la segunda está en *forma exponencial*.

EJEMPLO 1   Reescribir ecuaciones logarítmicas

Reescribe cada ecuación en forma exponencial.

a. $\log_2 16 = 4$ **b.** $\log_4 1 = 0$ **c.** $\log_{12} 12 = 1$ **d.** $\log_{1/4} 4 = -1$

SOLUCIÓN

Forma logarítmica	Forma exponencial
a. $\log_2 16 = 4$	$2^4 = 16$
b. $\log_4 1 = 0$	$4^0 = 1$
c. $\log_{12} 12 = 1$	$12^1 = 12$
d. $\log_{1/4} 4 = -1$	$\left(\frac{1}{4}\right)^{-1} = 4$

EJEMPLO 2   Reescribir ecuaciones exponenciales

Reescribe cada ecuación en forma logarítmica

a. $5^2 = 25$ **b.** $10^{-1} = 0.1$ **c.** $8^{2/3} = 4$ **d.** $6^{-3} = \frac{1}{216}$

SOLUCIÓN

Forma exponencial	Forma logarítmica
a. $5^2 = 25$	$\log_5 25 = 2$
b. $10^{-1} = 0.1$	$\log_{10} 0.1 = -1$
c. $8^{2/3} = 4$	$\log_8 4 = \frac{2}{3}$
d. $6^{-3} = \frac{1}{216}$	$\log_6 \frac{1}{216} = -3$

Las partes (b) y (c) del Ejemplo 1 ejemplifican dos valores de logaritmos especiales que deberías aprender a reconocer. Imagina que b es un número real positivo tal que $b \neq 1$.

Logaritmo de 1
$\log_b 1 = 0$ dado que $b^0 = 1$.

Logaritmo de b en base b
$\log_b b = 1$ dado que $b^1 = b$.

EJEMPLO 3 Evaluar expresiones logarítmicas

Evalúa cada logaritmo.

a. $\log_4 64$ **b.** $\log_5 0.2$ **c.** $\log_{1/5} 125$ **d.** $\log_{36} 6$

SOLUCIÓN

Para ayudarte a hallar el valor de $\log_b y$, pregúntate qué potencia de b te da y.

a. ¿Qué potencia de 4 te da 64? $4^3 = 64$, entonces $\log_4 64 = 3$.

b. ¿Qué potencia de 5 te da 0.2? $5^{-1} = 0.2$, entonces $\log_5 0.2 = -1$.

c. ¿Qué potencia de $\frac{1}{5}$ te da 125? $\left(\frac{1}{5}\right)^{-3} = 125$, entonces $\log_{1/5} 125 = -3$.

d. ¿Qué potencia de 36 te da 6? $36^{1/2} = 6$, entonces $\log_{36} 6 = \frac{1}{2}$.

Un **logaritmo común** es un logaritmo en base 10. Se denota mediante $\log_{10}$ o simplemente mediante log. Un **logaritmo natural** es un logaritmo en base e. Se puede denotar mediante $\log_e$ pero generalmente se denota mediante ln.

Logaritmo común
$\log_{10} x = \log x$

Logaritmo natural
$\log_e x = \ln x$

EJEMPLO 4 Evaluar logaritmos comunes y naturales

Evalúa (a) log 8 (b) ln 0.3 usando una calculadora. Redondea tu respuesta a tres lugares decimales.

SOLUCIÓN

La mayoría de calculadoras tienen teclas para evaluar logaritmos comunes y naturales.

a. $\log 8 \approx 0.903$

b. $\ln 0.3 \approx -1.204$

Verifica tus respuestas reescribiendo cada logaritmo en forma exponencial y evaluando.

Verifica
```
10^(0.903)
      7.99834255
e^(-1.204)
      .2999918414
```

```
log(8)
      .903089987
ln(0.3)
      -1.203972804
```

Monitoreo del progreso   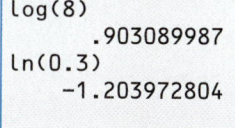 Ayuda en inglés y español en BigIdeasMath.com

Reescribe la ecuación en forma exponencial.

1. $\log_3 81 = 4$ **2.** $\log_7 7 = 1$ **3.** $\log_{14} 1 = 0$ **4.** $\log_{1/2} 32 = -5$

Reescribe la ecuación en forma logarítmica.

5. $7^2 = 49$ **6.** $50^0 = 1$ **7.** $4^{-1} = \frac{1}{4}$ **8.** $256^{1/8} = 2$

Evalúa el logaritmo. Si es necesario, usa una calculadora y redondea tu respuesta a tres lugares decimales.

9. $\log_2 32$ **10.** $\log_{27} 3$ **11.** $\log 12$ **12.** $\ln 0.75$

Sección 6.3 Logaritmos y funciones logarítmicas **311**

Usar las propiedades inversas

Por la definición de un logaritmo, se deduce que la función logarítmica $g(x) = \log_b x$ es el inverso de la función exponencial $f(x) = b^x$. Esto significa que

$$g(f(x)) = \log_b b^x = x \quad \text{y} \quad f(g(x)) = b^{\log_b x} = x.$$

En otras palabras, las funciones exponenciales y las funciones logarítmicas "se cancelan" entre sí.

EJEMPLO 5 Usar las propiedades inversas

Simplifica (a) $10^{\log 4}$ y (b) $\log_5 25^x$.

SOLUCIÓN

a. $10^{\log 4} = 4$ $b^{\log_b x} = x$

b. $\log_5 25^x = \log_5 (5^2)^x$ Expresa 25 como potencia de base 5.

$\quad\quad\quad\quad = \log_5 5^{2x}$ Propiedad de la potencia de una potencia

$\quad\quad\quad\quad = 2x$ $\log_b b^x = x$

EJEMPLO 6 Hallar las funciones inversas

Halla el inverso de cada función.

a. $f(x) = 6^x$ **b.** $y = \ln(x + 3)$

SOLUCIÓN

a. Basándose en la definición de logaritmo, el inverso de $f(x) = 6^x$ es $g(x) = \log_6 x$.

b. $y = \ln(x + 3)$ Escribe la función original.

        $x = \ln(y + 3)$ Intercambia x por y.

        $e^x = y + 3$ Escribe en forma exponencial.

        $e^x - 3 = y$ Resta 3 de cada lado.

▶ El inverso de $y = \ln(x + 3)$ es $y = e^x - 3$.

Verifica

a. $f(g(x)) = 6^{\log_6 x} = x$ ✓

$g(f(x)) = \log_6 6^x = x$ ✓

b.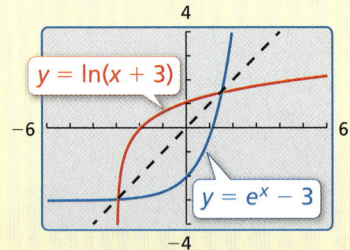

Las gráficas parecen ser reflexiones una de otra en la línea $y = x$. ✓

Monitoreo del progreso   Ayuda en inglés y español en *BigIdeasMath.com*

Simplifica la expresión.

13. $8^{\log_8 x}$ **14.** $\log_7 7^{-3x}$ **15.** $\log_2 64^x$ **16.** $e^{\ln 20}$

17. Halla el inverso de $y = 4^x$.   **18.** Halla el inverso de $y = \ln(x - 5)$.

312   Capítulo 6   Funciones exponenciales y logarítmicas

Hacer gráficas de funciones logarítmicas

Puedes usar la relación inversa entre las funciones exponenciales y las funciones logarítmicas para hacer la gráfica de las funciones logarítmicas.

Gráficas madre de funciones logarítmicas

La gráfica de $f(x) = \log_b x$ se muestra a continuación para $b > 1$ y para $0 < b < 1$. Dado que $f(x) = \log_b x$ y $g(x) = b^x$ son funciones inversas, la gráfica de $f(x) = \log_b x$ es la reflexión de la gráfica $g(x) = b^x$ en la línea $y = x$.

Haz una gráfica de $f(x) = \log_b x$ para $b > 1$.

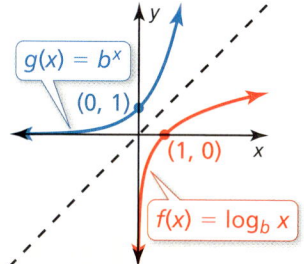

Haz una gráfica de $f(x) = \log_b x$ para $0 < b < 1$.

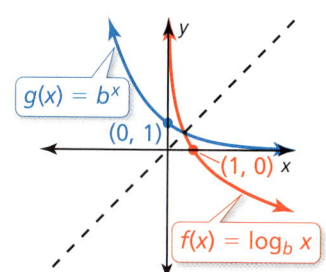

Observa que el eje y es una asíntota vertical de la gráfica de $f(x) = \log_b x$. El dominio de $f(x) = \log_b x$ es $x > 0$, y el rango es todos los números reales.

EJEMPLO 7   Hacer una gráfica de una función logarítmica

Haz una gráfica de $f(x) = \log_3 x$.

SOLUCIÓN

Paso 1   Halla el inverso de f. Basándote en la definición de logaritmo, el inverso de $f(x) = \log_3 x$ es $g(x) = 3^x$.

Paso 2   Haz una tabla de valores para $g(x) = 3^x$.

x	−2	−1	0	1	2
g(x)	$\frac{1}{9}$	$\frac{1}{3}$	1	3	9

Paso 3   Marca los puntos de la tabla y conéctalos con una curva suave.

Paso 4   Dado que $f(x) = \log_3 x$ y $g(x) = 3^x$ son funciones inversas, la gráfica de f se obtiene al reflejar la gráfica de g en la línea $y = x$. Para hacer esto, invierte las coordenadas de los puntos en g y marca estos puntos nuevos en la gráfica de f.

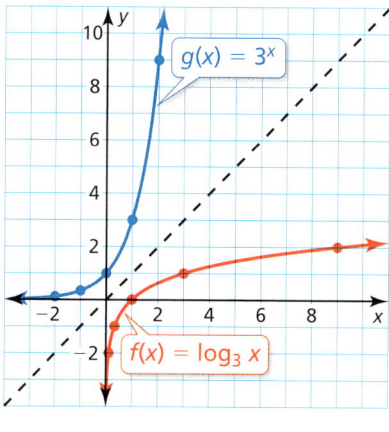

Monitoreo del progreso   Ayuda en inglés y español en *BigIdeasMath.com*

Haz una gráfica de la función.

19. $y = \log_2 x$ **20.** $f(x) = \log_5 x$ **21.** $y = \log_{1/2} x$

6.3 Ejercicios

Verificación de vocabulario y concepto esencial

1. **COMPLETAR LA ORACIÓN** Un logaritmo en base 10 se llama logaritmo _____.

2. **COMPLETAR LA ORACIÓN** La expresión $\log_3 9$ se lee como _____.

3. **ESCRIBIR** Describe la relación entre $y = 7^x$ y $y = \log_7 x$.

4. **DISTINTAS PALABRAS, LA MISMA PREGUNTA** ¿Cuál es diferente? Halla "ambas" respuestas.

   ¿Qué potencia de 4 te da 16?   ¿Cuál es el logaritmo en base 4 de 16?

   Evalúa 4^2.   Evalúa $\log_4 16$.

Monitoreo del progreso y Representar con matemáticas

En los Ejercicios 5–10, reescribe la ecuación en forma exponencial. *(Consulta el Ejemplo 1).*

5. $\log_3 9 = 2$
6. $\log_4 4 = 1$
7. $\log_6 1 = 0$
8. $\log_7 343 = 3$
9. $\log_{1/2} 16 = -4$
10. $\log_3 \frac{1}{3} = -1$

En los Ejercicios 11–16, reescribe la ecuación en forma logarítmica. *(Consulta el Ejemplo 2).*

11. $6^2 = 36$
12. $12^0 = 1$
13. $16^{-1} = \frac{1}{16}$
14. $5^{-2} = \frac{1}{25}$
15. $125^{2/3} = 25$
16. $49^{1/2} = 7$

En los Ejercicios 17–24, evalúa el logaritmo. *(Consulta el Ejemplo 3).*

17. $\log_3 81$
18. $\log_7 49$
19. $\log_3 3$
20. $\log_{1/2} 1$
21. $\log_5 \frac{1}{625}$
22. $\log_8 \frac{1}{512}$
23. $\log_4 0.25$
24. $\log_{10} 0.001$

25. **SENTIDO NUMÉRICO** Ordena los logaritmos de menor valor a mayor valor.

    $\log_5 23$ $\log_6 38$ $\log_7 8$ $\log_2 10$

26. **ESCRIBIR** Explica por qué las expresiones $\log_2(-1)$ y $\log_1 1$ son indefinidas.

En los Ejercicios 27–32, evalúa el logaritmo usando una calculadora. Redondea tu respuesta a tres lugares decimales. *(Consulta el Ejemplo 4).*

27. $\log 6$
28. $\ln 12$
29. $\ln \frac{1}{3}$
30. $\log \frac{2}{7}$
31. $3 \ln 0.5$
32. $\log 0.6 + 1$

33. **REPRESENTAR CON MATEMÁTICAS** Los paracaidistas usan un instrumento llamado *altímetro* para hacer seguimiento de su altitud al caer. El altímetro determina la altitud midiendo la presión del aire. La altitud h (en metros) sobre el nivel del mar está relacionada con la presión P (en pascales) por la función que se muestra en el diagrama. ¿Cuál es la altitud sobre el nivel del mar cuando la presión del aire es 57,000 pascales?

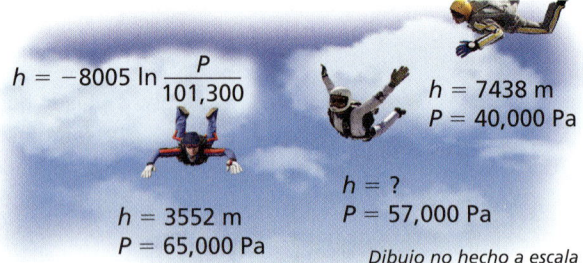

$h = -8005 \ln \dfrac{P}{101{,}300}$

$h = 7438$ m
$P = 40{,}000$ Pa

$h = 3552$ m
$P = 65{,}000$ Pa

$h = ?$
$P = 57{,}000$ Pa

Dibujo no hecho a escala

34. **REPRESENTAR CON MATEMÁTICAS** El valor pH de una sustancia mide qué tan ácida o alcalina es la sustancia. Está dado mediante la fórmula pH = $-\log[H^+]$, donde H^+ es la concentración de iones de hidrógeno (en moles por litro). Halla el pH de cada sustancia.

    a. bicarbonato de sodio: $[H^+] = 10^{-8}$ moles por litro
    b. vinagre: $[H^+] = 10^{-3}$ moles por litro

314 Capítulo 6   Funciones exponenciales y logarítmicas

En los Ejercicios 35–40, simplifica la expresión.
(Consulta el Ejemplo 5).

35. $7^{\log_7 x}$ **36.** $3^{\log_3 5x}$

37. $e^{\ln 4}$ **38.** $10^{\log 15}$

39. $\log_3 3^{2x}$ **40.** $\ln e^{x+1}$

41. ANÁLISIS DE ERRORES Describe y corrige el error al reescribir $4^{-3} = \frac{1}{64}$ en forma logarítmica.

$\log_4(-3) = \frac{1}{64}$

42. ANÁLISIS DE ERRORES Describe y corrige el error al simplificar la expresión $\log_4 64^x$.

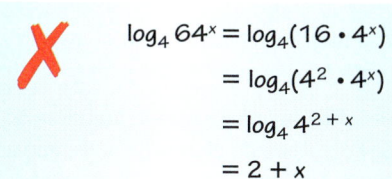
$\log_4 64^x = \log_4(16 \cdot 4^x)$
$= \log_4(4^2 \cdot 4^x)$
$= \log_4 4^{2+x}$
$= 2 + x$

En los Ejercicios 43–52, halla el inverso de la función.
(Consulta el Ejemplo 6).

43. $y = 0.3^x$ **44.** $y = 11^x$

45. $y = \log_2 x$ **46.** $y = \log_{1/5} x$

47. $y = \ln(x - 1)$ **48.** $y = \ln 2x$

49. $y = e^{3x}$ **50.** $y = e^{x-4}$

51. $y = 5^x - 9$ **52.** $y = 13 + \log x$

53. RESOLVER PROBLEMAS La velocidad del viento s (en millas por hora) cerca del centro de un tornado se puede representar mediante $s = 93 \log d + 65$, donde d es la distancia (en millas) que recorre el tornado.

a. En 1925, un tornado recorrió 220 millas a través de tres estados. Estima la velocidad del viento cerca del centro del tornado.

b. Halla el inverso de la función dada. Describe lo que representa el inverso.

54. REPRESENTAR CON MATEMÁTICAS La magnitud de energía M de un terremoto se puede representar mediante $M = \frac{2}{3} \log E - 9.9$, donde E es la cantidad de energía liberada (en ergios).

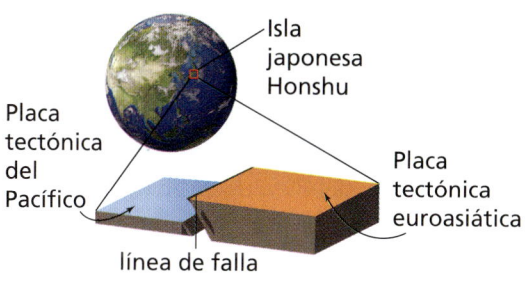

a. En 2011, un fuerte terremoto en Japón causado por el deslizamiento de dos placas tectónicas a lo largo de una falla, liberó 2.24×10^{28} ergios. ¿Cuál fue la magnitud de energía del terremoto?

b. Halla el inverso de la función dada. Describe lo que representa el inverso.

En los Ejercicios 55–60, haz una gráfica de la función.
(Consulta el Ejemplo 7).

55. $y = \log_4 x$ **56.** $y = \log_6 x$

57. $y = \log_{1/3} x$ **58.** $y = \log_{1/4} x$

59. $y = \log_2 x - 1$ **60.** $y = \log_3(x + 2)$

USAR HERRAMIENTAS En los Ejercicios 61–64, usa una calculadora gráfica para hacer la gráfica de la función. Determina el dominio, el rango y la asíntota de la función.

61. $y = \log(x + 2)$ **62.** $y = -\ln x$

63. $y = \ln(-x)$ **64.** $y = 3 - \log x$

65. ARGUMENTAR Tu amigo dice que toda función logarítmica pasará por el punto (1, 0). ¿Es correcto lo que dice tu amigo? Explica tu razonamiento.

66. ANALIZAR RELACIONES Clasifica las funciones en orden desde la menor tasa de cambio promedio hasta la mayor tasa de cambio promedio sobre el intervalo $1 \leq x \leq 10$.

a. $y = \log_6 x$ b. $y = \log_{3/5} x$

c. 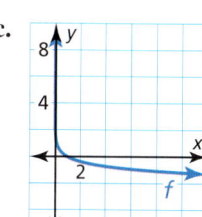 d.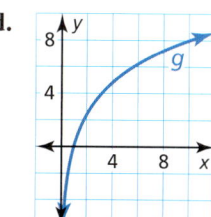

Sección 6.3 Logaritmos y funciones logarítmicas **315**

67. **RESOLVER PROBLEMAS** Los biólogos han hallado que la longitud ℓ (en pulgadas) de un caimán y su peso w (en libras) están relacionados mediante la función $\ell = 27.1 \ln w - 32.8$.

   a. Usa una calculadora gráfica para hacer la gráfica de la función.
   b. Usa tu gráfica para estimar el peso de un caimán de 10 pies de longitud.
   c. Usa la función *cero* para hallar la intersección con el eje x de la gráfica de una función. ¿Este valor x tiene sentido en el contexto de la situación? Explica.

68. **¿CÓMO LO VES?** La figura muestra las gráficas de las dos funciones f y g.

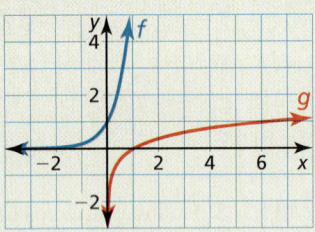

   a. Compara el comportamiento final de la función logarítmica g con el de la función exponencial f.
   b. Determina si las funciones son funciones inversas. Explica.
   c. ¿Cuál es la base de cada función? Explica.

69. **RESOLVER PROBLEMAS** Un estudio en Florida halló que el número s de especies de peces en un estanque o lago se puede modelar mediante la función

$$s = 30.6 - 20.5 \log A + 3.8(\log A)^2$$

donde A es el área (en metros cuadrados) del estanque o lago.

   a. Usa una calculadora gráfica para hacer la gráfica de la función en el dominio $200 \leq A \leq 35{,}000$.
   b. Usa tu gráfica para estimar el número de especies en un lago con un área de 30,000 metros cuadrados.
   c. Usa tu gráfica para estimar el área de un lago que contiene seis especies de peces.
   d. Describe lo que pasa con el número de especies de peces cuando el área de un estanque o lago aumenta. Explica por qué tiene sentido tu respuesta.

70. **ESTIMULAR EL PENSAMIENTO** Escribe una función logarítmica que tenga un valor de salida de -4. Luego dibuja la gráfica de tu función.

71. **PENSAMIENTO CRÍTICO** Evalúa cada logaritmo. (*Consejo*: para cada $\log_b x$, reescribe b y x como potencias de la misma base.)

   a. $\log_{125} 25$ b. $\log_8 32$
   c. $\log_{27} 81$ d. $\log_4 128$

Mantener el dominio de las matemáticas Repasar lo que aprendiste en grados y lecciones anteriores

Imagina que $f(x) = \sqrt[3]{x}$. Escribe una regla para g que represente la transformación indicada en la gráfica de f. *(Sección 5.3)*

72. $g(x) = -f(x)$ 73. $g(x) = f\left(\frac{1}{2}x\right)$
74. $g(x) = f(-x) + 3$ 75. $g(x) = f(x + 2)$

Identifica la familia de funciones a la que pertenece f. Compara la gráfica de f con la gráfica de su función madre. *(Sección 1.1)*

76. 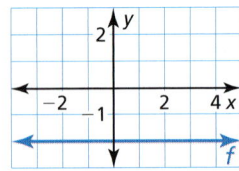   77. 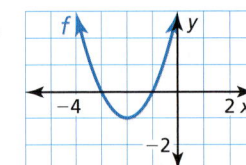   78.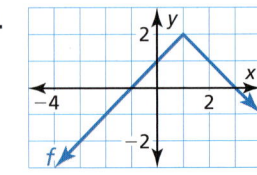

316   Capítulo 6   Funciones exponenciales y logarítmicas

6.4 Transformaciones de funciones exponenciales y logarítmicas

Pregunta esencial ¿Cómo puedes transformar las gráficas de las funciones exponenciales y las funciones logarítmicas?

EXPLORACIÓN 1 Identificar transformaciones

Trabaja con un compañero. Cada gráfica que se muestra es una transformación de la función madre

$$f(x) = e^x \quad \text{o} \quad f(x) = \ln x.$$

Une cada función con su gráfica. Explica tu razonamiento. Luego describe la transformación de f representada por g.

a. $g(x) = e^{x+2} - 3$ **b.** $g(x) = -e^{x+2} + 1$ **c.** $g(x) = e^{x-2} - 1$

d. $g(x) = \ln(x + 2)$ **e.** $g(x) = 2 + \ln x$ **f.** $g(x) = 2 + \ln(-x)$

A.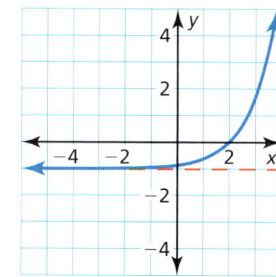

B.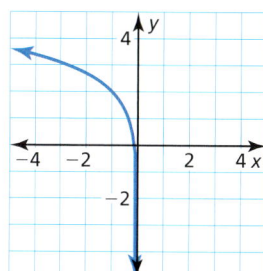

C.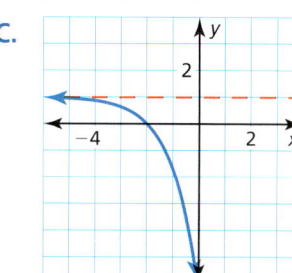

D.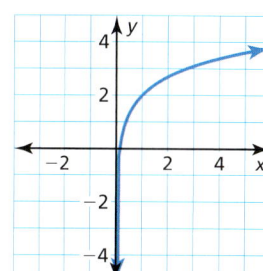

E.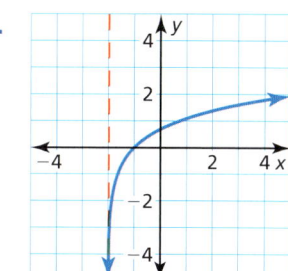

F.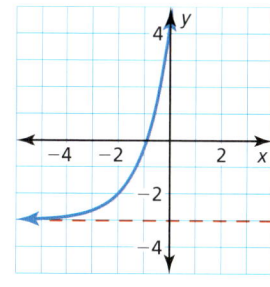

EXPLORACIÓN 2 Características de las gráficas

Trabaja con un compañero. Determina el dominio, el rango y la asíntota de cada función en la Exploración 1. Justifica tus respuestas.

Comunicar tu respuesta

3. ¿Cómo puedes transformar las gráficas de las funciones exponenciales y las funciones logarítmicas?

4. Halla el inverso de cada función en la función en la Exploración 1. Luego verifica tu respuesta usando una calculadora gráfica para hacer la gráfica de cada función y su inverso en la misma ventana de visualización.

RAZONAR CUANTITATIVAMENTE

Para dominar las matemáticas, necesitas ver si las cantidades y sus relaciones en las situaciones de los problemas tienen sentido.

Sección 6.4 Transformaciones de funciones exponenciales y logarítmicas

6.4 Lección

Qué aprenderás

- Transformar gráficas de funciones exponenciales.
- Transformar gráficas de funciones logarítmicas.
- Escribir transformaciones de gráficas de funciones exponenciales y funciones logarítmicas.

Vocabulario Esencial

Anterior
función exponencial
función logarítmica
transformaciones

Transformar gráficas de funciones exponenciales

Puedes transformar gráficas de funciones logarítmicas y funciones exponenciales de la misma manera en la que transformaste gráficas de funciones en capítulos anteriores. A continuación se muestran ejemplos de transformaciones de la gráfica de $f(x) = 4^x$.

Concepto Esencial

Transformaciones	Notación $f(x)$	Ejemplos	
Traslación horizontal La gráfica se desplaza hacia la izquierda o hacia la derecha.	$f(x - h)$	$g(x) = 4^{x-3}$	3 unidades hacia la derecha
		$g(x) = 4^{x+2}$	2 unidades hacia la izquierda
Traslación vertical La gráfica se desplaza hacia arriba o hacia abajo.	$f(x) + k$	$g(x) = 4^x + 5$	5 unidades hacia arriba
		$g(x) = 4^x - 1$	1 unidad hacia abajo
Reflexión La gráfica se invierte en el eje x o en el eje y.	$f(-x)$ $-f(x)$	$g(x) = 4^{-x}$	en el eje y
		$g(x) = -4^x$	en el eje x
Alargamiento o encogimiento horizontal La gráfica se alarga desde o se encoge hacia el eje y.	$f(ax)$	$g(x) = 4^{2x}$	se encoge por un factor de $\frac{1}{2}$
		$g(x) = 4^{x/2}$	se alarga por un factor de 2
Alargamiento o encogimiento vertical La gráfica se alarga desde o se encoge hacia el eje x.	$a \cdot f(x)$	$g(x) = 3(4^x)$	se alarga por un factor de 3
		$g(x) = \frac{1}{4}(4^x)$	se encoge por un factor de $\frac{1}{4}$

EJEMPLO 1   Trasladar una función exponencial

Describe la transformación de $f(x) = \left(\frac{1}{2}\right)^x$ representada mediante $g(x) = \left(\frac{1}{2}\right)^x - 4$.

Luego haz una gráfica de cada función.

SOLUCIÓN

Observa que la función es de la forma $g(x) = \left(\frac{1}{2}\right)^x + k$.

Reescribe la función para identificar k.

$$g(x) = \left(\frac{1}{2}\right)^x + (-4)$$
$$\uparrow$$
$$k$$

▶ Dado que $k = -4$, la gráfica de g es una traslación 4 unidades hacia debajo de la gráfica de f.

CONSEJO DE ESTUDIO

Observa en la gráfica que la traslación vertical también desplazó la asíntota 4 unidades hacia abajo, entonces el rango de g es $y > -4$.

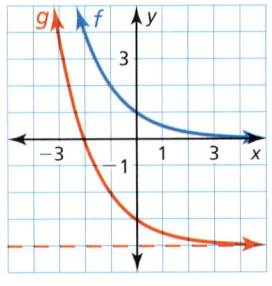

318   Capítulo 6   Funciones exponenciales y logarítmicas

EJEMPLO 2 Trasladar una función exponencial de base natural

Describe la transformación de $f(x) = e^x$ representada mediante $g(x) = e^{x+3} + 2$. Luego haz una gráfica de cada función.

SOLUCIÓN

Observa que la función es de la forma $g(x) = e^{x-h} + k$. Reescribe la función para identificar h y k.

$$g(x) = e^{x - (-3)} + 2$$
$$\phantom{g(x) = e^{x - }}\uparrow\uparrow$$
$$\phantom{g(x) = e^{x - }}hk$$

▶ Dado que $h = -3$ y $k = 2$, la gráfica de g es una traslación 3 unidades hacia la izquierda y 2 unidades hacia arriba de la gráfica de f.

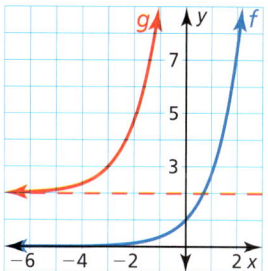

CONSEJO DE ESTUDIO

Observa en la gráfica que la traslación vertical también desplazó la asíntota 2 unidades hacia arriba, entonces el rango de g es $y > 2$.

EJEMPLO 3 Transformar funciones exponenciales

Describe la transformación de f representada por g. Luego haz una gráfica de cada función.

a. $f(x) = 3^x$, $g(x) = 3^{3x-5}$

b. $f(x) = e^{-x}$, $g(x) = -\frac{1}{8}e^{-x}$

SOLUCIÓN

a. Observa que la función es de la forma $g(x) = 3^{ax-h}$, donde $a = 3$ y $h = 5$.

▶ Entonces, la gráfica de g es una traslación 5 unidades hacia la derecha, seguida de un encogimiento horizontal por un factor de $\frac{1}{3}$ de la gráfica de f.

b. Observa que la función es de la forma $g(x) = ae^{-x}$, donde $a = -\frac{1}{8}$.

▶ Entonces, la gráfica de g es una reflexión en el eje x y un encogimiento vertical por un factor de $\frac{1}{8}$ de la gráfica de f.

BUSCAR UNA ESTRUCTURA

En el Ejemplo 3(a), un encogimiento horizontal sigue a la traslación. En la función $h(x) = 3^{3(x-5)}$, la traslación 5 unidades hacia la derecha sigue un encogimiento horizontal por un factor de $\frac{1}{3}$.

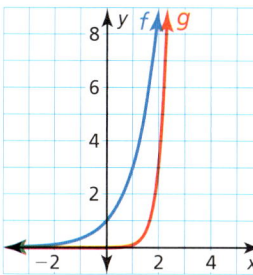

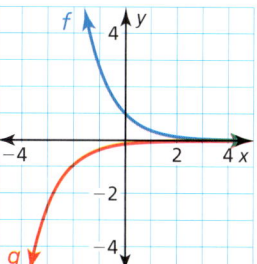

Monitoreo del progreso Ayuda en inglés y español en *BigIdeasMath.com*

Describe la transformación de f representada por g. Luego haz una gráfica de cada función.

1. $f(x) = 2^x$, $g(x) = 2^{x-3} + 1$

2. $f(x) = e^{-x}$, $g(x) = e^{-x} - 5$

3. $f(x) = 0.4^x$, $g(x) = 0.4^{-2x}$

4. $f(x) = e^x$, $g(x) = -e^{x+6}$

Sección 6.4 Transformaciones de funciones exponenciales y logarítmicas

Transformar gráficas de funciones logarítmicas

A continuación, se muestran ejemplos de transformaciones de la gráfica de $f(x) = \log x$.

Concepto Esencial

Transformaciones	Notación $f(x)$	Ejemplos	
Traslación horizontal La gráfica se desplaza hacia la izquierda o hacia la derecha.	$f(x - h)$	$g(x) = \log(x - 4)$	4 unidades hacia la derecha
		$g(x) = \log(x + 7)$	7 unidades hacia la izquierda
Traslación vertical La gráfica se desplaza hacia arriba o hacia abajo.	$f(x) + k$	$g(x) = \log x + 3$	3 unidades hacia arriba
		$g(x) = \log x - 1$	1 unidad hacia abajo
Reflexión La gráfica se invierte en el eje x o en el eje y.	$f(-x)$ $-f(x)$	$g(x) = \log(-x)$	en el eje y
		$g(x) = -\log x$	en el eje x
Alargamiento o encogimiento horizontal La gráfica se alarga desde o se encoge hacia el eje y.	$f(ax)$	$g(x) = \log(4x)$	se encoge por un factor de $\frac{1}{4}$
		$g(x) = \log\left(\frac{1}{3}x\right)$	se alarga por un factor de 3
Alargamiento o encogimiento vertical La gráfica se alarga desde o se encoge hacia el eje x.	$a \cdot f(x)$	$g(x) = 5 \log x$	se alarga por un factor de 5
		$g(x) = \frac{2}{3} \log x$	se encoge por un factor de $\frac{2}{3}$

EJEMPLO 4 Transformar funciones logarítmicas

Describe la transformación de f representada por g. Luego haz una gráfica de cada función.

a. $f(x) = \log x$, $g(x) = \log\left(-\frac{1}{2}x\right)$

b. $f(x) = \log_{1/2} x$, $g(x) = 2 \log_{1/2}(x + 4)$

SOLUCIÓN

a. Observa que la función es de la forma $g(x) = \log(ax)$, donde $a = -\frac{1}{2}$.

▶ Entonces, la gráfica de g es una reflexión en el eje y y un alargamiento horizontal por un factor de 2 en la gráfica de f.

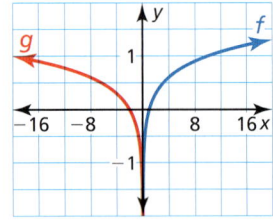

CONSEJO DE ESTUDIO

En el Ejemplo 4(b), observa en la gráfica que la traslación horizontal también desplazó la asíntota 4 unidades hacia la izquierda, entonces el dominio de g es $x > -4$.

b. Observa que la función es de la forma $g(x) = a \log_{1/2}(x - h)$, donde $a = 2$ y $h = -4$.

▶ Entonces, la gráfica de g es una traslación horizontal 4 unidades hacia la izquierda y un alargamiento vertical por un factor de 2 de la gráfica de f.

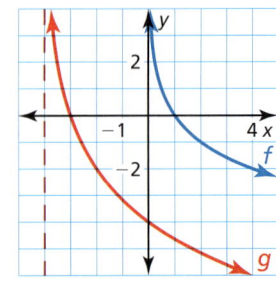

320 Capítulo 6 Funciones exponenciales y logarítmicas

Monitoreo del progreso Ayuda en inglés y español en *BigIdeasMath.com*

Describe la transformación de *f* representada por *g*. Luego haz una gráfica de cada función.

5. $f(x) = \log_2 x$, $g(x) = -3 \log_2 x$ **6.** $f(x) = \log_{1/4} x$, $g(x) = \log_{1/4}(4x) - 5$

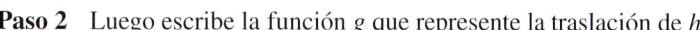

Escribir transformaciones de gráficas de funciones

EJEMPLO 5 Escribir una función exponencial transformada

Imagina que la gráfica de *g* es una reflexión en el eje *x* seguida de una traslación 4 unidades hacia la derecha de la gráfica de $f(x) = 2^x$. Escribe una regla para *g*.

SOLUCIÓN

Paso 1 Primero escribe una función *h* que represente la reflexión de *f*.

$h(x) = -f(x)$ Multiplica el valor de salida por -1.

$\quad\quad = -2^x$ Sustituye 2^x por *f(x)*.

Paso 2 Luego escribe la función *g* que represente la traslación de *h*.

$g(x) = h(x - 4)$ Resta 4 del valor de entrada.

$\quad\quad = -2^{x-4}$ Reemplaza *x* por *x* − 4 en *h(x)*.

▶ La función transformada es $g(x) = -2^{x-4}$.

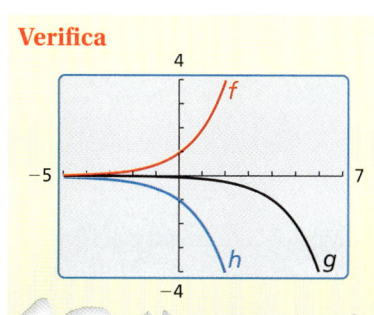

Verifica

EJEMPLO 6 Escribir una función logarítmica transformada

Imagina que la gráfica de *g* es una traslación 2 unidades hacia arriba seguida de un alargamiento vertical por un factor de 2 de la gráfica de $f(x) = \log_{1/3} x$. Escribe una regla para *g*.

SOLUCIÓN

Paso 1 Primero escribe una función *h* que represente la traslación de *f*.

$h(x) = f(x) + 2$ Suma 2 al valor de salida.

$\quad\quad = \log_{1/3} x + 2$ Sustituye $\log_{1/3} x$ por *f(x)*.

Paso 2 Luego escribe la función *g* que represente el alargamiento vertical de *h*.

$g(x) = 2 \cdot h(x)$ Multiplica el valor de salida por 2.

$\quad\quad = 2 \cdot (\log_{1/3} x + 2)$ Sustituye $\log_{1/3} x + 2$ por *h(x)*.

$\quad\quad = 2 \log_{1/3} x + 4$ Propiedad distributiva

▶ La función transformada es $g(x) = 2 \log_{1/3} x + 4$.

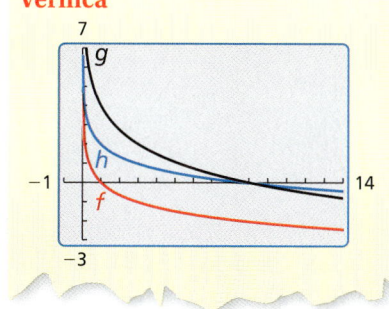

Verifica

Monitoreo del progreso Ayuda en inglés y español en *BigIdeasMath.com*

7. Imagina que la gráfica de *g* es un alargamiento horizontal por un factor de 3, seguido de una traslación 2 unidades hacia arriba de la gráfica de $f(x) = e^{-x}$. Escribe una regla para *g*.

8. Imagina que la gráfica de *g* es una reflexión en el eje *y*, seguida de una traslación 4 unidades hacia la izquierda de la gráfica de $f(x) = \log x$. Escribe una regla para *g*.

Sección 6.4   Transformaciones de funciones exponenciales y logarítmicas

6.4 Ejercicios

Soluciones dinámicas disponibles en BigIdeasMath.com

Verificación de vocabulario y concepto esencial

1. **ESCRIBIR** Dada la función $f(x) = ab^{x-h} + k$, describe los efectos de a, h, y k en la gráfica de la función.

2. **COMPLETAR LA ORACIÓN** La gráfica de $g(x) = \log_4(-x)$ es una reflexión en _____ de la gráfica de $f(x) = \log_4 x$.

Monitoreo del progreso y Representar con matemáticas

En los Ejercicios 3–6, une la función con su gráfica. Explica tu razonamiento.

3. $f(x) = 2^{x+2} - 2$
4. $g(x) = 2^{x+2} + 2$
5. $h(x) = 2^{x-2} - 2$
6. $k(x) = 2^{x-2} + 2$

A.
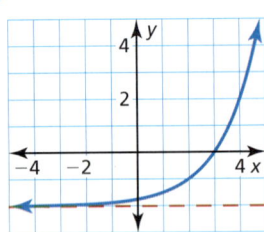

B.
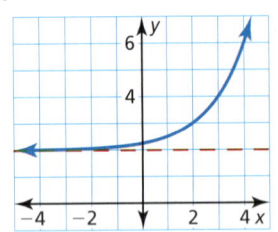

C.
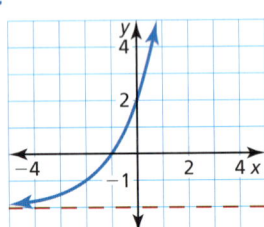

D.
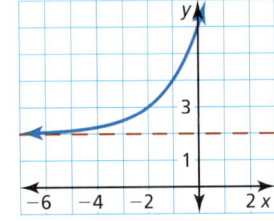

En los Ejercicios 7–16, describe la transformación de f representada por g. Luego grafica cada función. (Consulta los Ejemplos 1 y 2).

7. $f(x) = 3^x, g(x) = 3^x + 5$

8. $f(x) = 4^x, g(x) = 4^x - 8$

9. $f(x) = e^x, g(x) = e^x - 1$

10. $f(x) = e^x, g(x) = e^x + 4$

11. $f(x) = 2^x, g(x) = 2^{x-7}$

12. $f(x) = 5^x, g(x) = 5^{x+1}$

13. $f(x) = e^{-x}, g(x) = e^{-x} + 6$

14. $f(x) = e^{-x}, g(x) = e^{-x} - 9$

15. $f(x) = \left(\dfrac{1}{4}\right)^x, g(x) = \left(\dfrac{1}{4}\right)^{x-3} + 12$

16. $f(x) = \left(\dfrac{1}{3}\right)^x, g(x) = \left(\dfrac{1}{3}\right)^{x+2} - \dfrac{2}{3}$

En los Ejercicios 17–24, describe la transformación de f representada por g. Luego, grafica cada función. (Consulta el Ejemplo 3).

17. $f(x) = e^x, g(x) = e^{2x}$

18. $f(x) = e^x, g(x) = \dfrac{4}{3}e^x$

19. $f(x) = 2^x, g(x) = -2^{x-3}$

20. $f(x) = 4^x, g(x) = 4^{0.5x-5}$

21. $f(x) = e^{-x}, g(x) = 3e^{-6x}$

22. $f(x) = e^{-x}, g(x) = e^{-5x} + 2$

23. $f(x) = \left(\dfrac{1}{2}\right)^x, g(x) = 6\left(\dfrac{1}{2}\right)^{x+5} - 2$

24. $f(x) = \left(\dfrac{3}{4}\right)^x, g(x) = -\left(\dfrac{3}{4}\right)^{x-7} + 1$

ANÁLISIS DE ERRORES En los Ejercicios 25 y 26, describe y corrige el error al hacer la gráfica de la función.

25. $f(x) = 2^x + 3$

 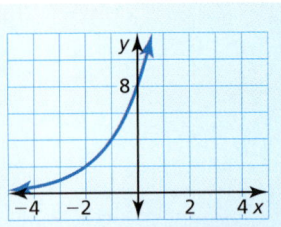

322   Capítulo 6   Funciones exponenciales y logarítmicas

26. $f(x) = 3^{-x}$

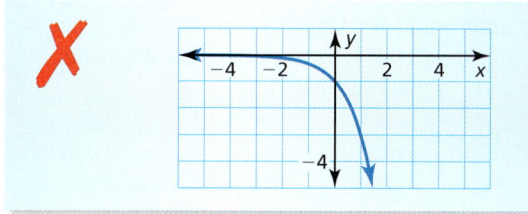

En los Ejercicios 27–30, describe la transformación de f representada por g. Luego haz una gráfica de cada función. (*Consulta el Ejemplo 4*).

27. $f(x) = \log_4 x, \; g(x) = 3\log_4 x - 5$

28. $f(x) = \log_{1/3} x, \; g(x) = \log_{1/3}(-x) + 6$

29. $f(x) = \log_{1/5} x, \; g(x) = -\log_{1/5}(x-7)$

30. $f(x) = \log_2 x, \; g(x) = \log_2(x+2) - 3$

ANALIZAR RELACIONES En los Ejercicios 31–34, une la función con la transformación correcta de la gráfica de f. **Explica tu razonamiento.**

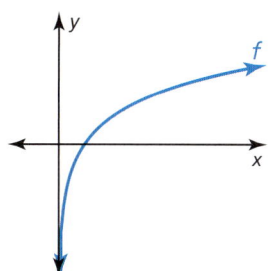

31. $y = f(x - 2)$ **32.** $y = f(x + 2)$

33. $y = 2f(x)$ **34.** $y = f(2x)$

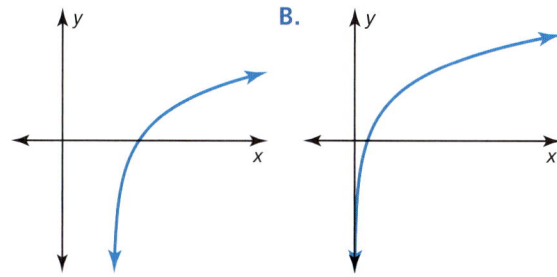

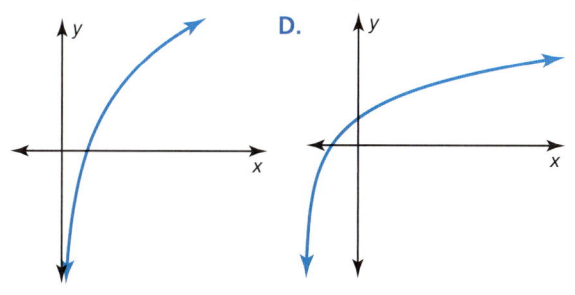

En los Ejercicios 35–38, escribe una regla para g que represente las transformaciones indicadas de la gráfica de f. (*Consulta el Ejemplo 5*).

35. $f(x) = 5^x$; traslación 2 unidades hacia abajo, seguida de una reflexión en el eje y.

36. $f(x) = \left(\frac{2}{3}\right)^x$; reflexión en el eje x, seguida de un alargamiento vertical por un factor de 6 y una traslación 4 unidades hacia la izquierda.

37. $f(x) = e^x$; encogimiento horizontal por un factor de $\frac{1}{2}$, seguida de una traslación 5 unidades hacia arriba.

38. $f(x) = e^{-x}$; traslación 4 unidades hacia la derecha y 1 unidad hacia abajo, seguida por un encogimiento vertical por un factor de $\frac{1}{3}$.

En los Ejercicios 39–42, escribe una regla para g que represente la transformación de la gráfica de f. (*Consulta el Ejemplo 6*).

39. $f(x) = \log_6 x$; alargamiento vertical por un factor de 6, seguido de una traslación 5 unidades hacia abajo.

40. $f(x) = \log_5 x$; reflexión sobre el eje x seguido por una traslación 9 unidades hacia la izquierda.

41. $f(x) = \log_{1/2} x$; traslación 3 unidades hacia la izquierda y 2 unidades hacia arriba, seguida de una reflexión en el eje y.

42. $f(x) = \ln x$; traslación 3 unidades hacia la derecha y 1 unidad hacia arriba, seguida por un alargamiento horizontal por un factor de 8.

JUSTIFICAR LOS PASOS En los Ejercicios 43 y 44, justifica cada paso al escribir una regla de g que represente las transformaciones indicadas de la gráfica de f.

43. $f(x) = \log_7 x$; reflexión en el eje x, seguida de una traslación 6 unidades hacia abajo.

$$h(x) = -f(x)$$
$$= -\log_7 x$$
$$g(x) = h(x) - 6$$
$$= -\log_7 x - 6$$

44. $f(x) = 8^x$; alargamiento vertical por un factor de 4, seguido de una traslación 1 unidad hacia arriba y 3 unidades hacia la izquierda.

$$h(x) = 4 \cdot f(x)$$
$$= 4 \cdot 8^x$$
$$g(x) = h(x + 3) + 1$$
$$= 4 \cdot 8^{x+3} + 1$$

USAR LA ESTRUCTURA En los Ejercicios 45–48, describe la transformación de la gráfica de *f* representada por la gráfica de *g*. Luego, da una ecuación de la asíntota.

45. $f(x) = e^x$, $g(x) = e^x + 4$

46. $f(x) = 3^x$, $g(x) = 3^{x-9}$

47. $f(x) = \ln x$, $g(x) = \ln(x+6)$

48. $f(x) = \log_{1/5} x$, $g(x) = \log_{1/5} x + 13$

49. **REPRESENTAR CON MATEMÁTICAS** La pendiente *S* de una playa está relacionada con el diámetro promedio *d* en milímetros de las partículas de arena en la playa por la ecuación $S = 0.159 + 0.118 \log d$. Describe la transformación de $f(d) = \log d$ representada por *S*. Luego usa la función para determinar la pendiente de una playa por cada tipo de arena mencionado a continuación.

Partícula de arena	Diámetro (mm), *d*
arena fina	0.125
arena mediana	0.25
arena gruesa	0.5
arena muy gruesa	1

50. **¿CÓMO LO VES?** Las gráficas de $f(x) = b^x$ y $g(x) = \left(\dfrac{1}{b}\right)^x$ se muestran para $b = 2$.

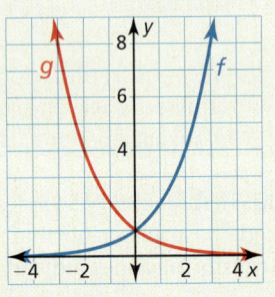

a. Usa la gráfica para describir una transformación de la gráfica de *f* que genera la gráfica de *g*.

b. ¿Tu respuesta en la parte (a) cambia si $0 < b < 1$? Explica.

51. **ARGUMENTAR** Tu amigo dice que una transformación de $f(x) = \log x$ puede generar una función *g* cuya gráfica nunca interseca la gráfica de *f*. ¿Es correcto lo que dice tu amigo? Explica tu razonamiento.

52. **ESTIMULAR EL PENSAMIENTO** ¿Es posible transformar la gráfica de $f(x) = e^x$ para obtener la gráfica de $g(x) = \ln x$? Explica tu razonamiento.

53. **RAZONAMIENTO ABSTRACTO** Determina si cada enunciado es verdadero *siempre*, *a veces* o *nunca*. Explica tu razonamiento.

   a. Una traslación vertical de la gráfica de $f(x) = \log x$ cambia la ecuación de la asíntota.

   b. Una traslación vertical de la gráfica de $f(x) = e^x$ cambia la ecuación de la asíntota.

   c. Una reducción horizontal de la gráfica de $f(x) = \log x$ no cambia el dominio.

   d. La gráfica de $g(x) = ab^{x-h} + k$ no interseca el eje *x*.

54. **RESOLVER PROBLEMAS** La cantidad *P* (en gramos) de 100 gramos de plutonio 239 que permanece después de *t* años se puede representar mediante $P = 100(0.99997)^t$.

   a. Describe el domino y el rango de la función.

   b. ¿Cuánto plutonio 239 está presente después de 12,000 años?

   c. Describe la transformación de la función si la cantidad inicial de plutonio fuese 550 gramos.

   d. ¿La transformación en la parte (c) afecta el dominio y el rango de la función? Explica tu razonamiento.

55. **PENSAMIENTO CRÍTICO** Considera la gráfica de la función $h(x) = e^{-x-2}$. Describe la transformación de la gráfica de $f(x) = e^{-x}$ representada por la gráfica de *h*. Luego describe la transformación de la gráfica de $g(x) = e^x$ representada por la gráfica de *h*. Justifica tus respuestas.

56. **FINAL ABIERTO** Escribe una función de la forma $y = ab^{x-h} + k$ cuya gráfica tenga una intersección con el eje *y* de 5 y una asíntota de $y = 2$.

Mantener el dominio de las matemáticas
Repasar lo que aprendiste en grados y lecciones anteriores

Haz las operaciones indicadas. *(Sección 5.5)*

57. Imagina que $f(x) = x^4$ y $g(x) = x^2$. Halla $(fg)(x)$. Luego evalúa el producto si $x = 3$.

58. Imagina que $f(x) = 4x^6$ y $g(x) = 2x^3$. Halla $\left(\dfrac{f}{g}\right)(x)$. Luego evalúa el cociente si $x = 5$.

59. Imagina que $f(x) = 6x^3$ y $g(x) = 8x^3$. Halla $(f+g)(x)$. Luego evalúa la suma si $x = 2$.

60. Imagina que $f(x) = 2x^2$ y $g(x) = 3x^2$. Halla $(f-g)(x)$. Luego evalúa la diferencia si $x = 6$.

6.1–6.4 ¿Qué aprendiste?

Vocabulario Esencial

función exponencial, *pág. 296*
función de crecimiento exponencial, *pág. 296*
factor de crecimiento, *pág. 296*
asíntota, *pág. 296*
función de decremento exponencial, *pág. 296*
factor de decremento, *pág. 296*
base natural e, *pág. 304*
logaritmo de y en base b, *pág. 310*
logaritmo común, *pág. 311*
logaritmo natural, *pág. 311*

Conceptos Esenciales

Sección 6.1
Función madre para funciones de crecimiento exponencial, *pág. 296*
Función madre para funciones de decremento exponencial, *pág. 296*
Modelos de crecimiento y decremento exponencial, *pág. 297*
Interés compuesto, *pág. 299*

Sección 6.2
La base natural e, *pág. 304*
Funciones de base natural, *pág. 305*
Interés compuesto continuamente, *pág. 306*

Sección 6.3
Definición de logaritmo en base b, *pág. 310*
Gráficas madre de funciones logarítmicas, *pág. 313*

Sección 6.4
Transformar gráficas de funciones exponenciales, *pág. 318*
Transformar gráficas de funciones logarítmicas, *pág. 320*

Prácticas matemáticas

1. ¿Cómo verificaste para asegurarte de que tu respuesta fuera razonable en el Ejercicio 23 de la página 300?
2. ¿Cómo puedes justificar tus conclusiones en los Ejercicios 23–26 de la página 307?
3. ¿Cómo supervisaste y evaluaste tu progreso en el Ejercicio 66 de la página 315?

---- Destrezas de estudio ----

Formar un grupo de estudio semanal

- Selecciona estudiantes que pongan tanto empeño como tú en que les vaya bien en la clase de matemática.
- Encuentra un lugar habitual para reunirse que tenga un mínimo de distracciones.
- Comparen horarios y planifiquen por lo menos una vez a la semana para reunirse, teniendo por lo menos 1.5 horas de tiempo para estudiar.

6.1–6.4 Prueba

Indica si la función representa *crecimiento exponencial* o *decremento exponencial*. Explica tu razonamiento. *(Secciones 6.1 y 6.2)*

1. $f(x) = (4.25)^x$
2. $y = \left(\dfrac{3}{8}\right)^x$
3. $y = e^{0.6x}$
4. $f(x) = 5e^{-2x}$

Simplifica la expresión. *(Secciones 6.2 y 6.3)*

5. $e^8 \cdot e^4$
6. $\dfrac{15e^3}{3e}$
7. $(5e^{4x})^3$
8. $e^{\ln 9}$
9. $\log_7 49^x$
10. $\log_3 81^{-2x}$

Reescribe la expresión en forma exponencial o logarítmica. *(Sección 6.3)*

11. $\log_4 1024 = 5$
12. $\log_{1/3} 27 = -3$
13. $7^4 = 2401$
14. $4^{-2} = 0.0625$

Evalúa el logaritmo. Si es necesario, usa una calculadora y redondea tu respuesta a tres lugares decimales. *(Sección 6.3)*

15. $\log 45$
16. $\ln 1.4$
17. $\log_2 32$

Haz una gráfica de la función y su inverso. *(Sección 6.3)*

18. $f(x) = \left(\dfrac{1}{9}\right)^x$
19. $y = \ln(x - 7)$
20. $f(x) = \log_5(x + 1)$

La gráfica de *g* es una transformación de la gráfica de *f*. Escribe una regla para *g*. *(Sección 6.4)*

21. $f(x) = \log_3 x$

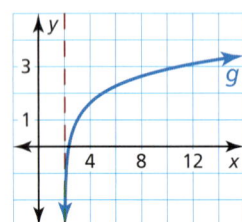

22. $f(x) = 3^x$

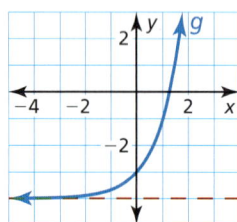

23. $f(x) = \log_{1/2} x$

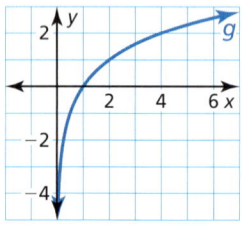

24. Compras una lámpara antigua por $150. El valor de la lámpara aumenta en 2.15% cada año. Escribe un modelo exponencial que dé el valor *y* (en dólares) de la lámpara *t* años después de que la compraste. *(Sección 6.1)*

25. Un banco local hace publicidad para dos cuentas de certificados de depósito (CD) que puedes usar para ahorrar dinero y ganar intereses. El interés se compone mensualmente en ambas cuentas. *(Sección 6.1)*

    a. Depositas las cantidades mínimas requeridas en cada cuenta CD. ¿Cuánto dinero hay en cada cuenta al final de su plazo? ¿Cuánto interés gana cada cuenta? Justifica tus respuestas.

    b. Describe los beneficios y las desventajas de cada cuenta.

26. La escala de Richter se usa para medir la magnitud de un terremoto. La magnitud Richter *R* está dada por $R = 0.67 \ln E + 1.17$, donde *E* es la energía (en kilovatios–hora) liberada por el terremoto. Haz una gráfica del modelo. ¿Cuál es la magnitud Richter para un terremoto que libera 23,000 kilovatios–hora de energía? *(Sección 6.4)*

6.5 Propiedades de los logaritmos

Pregunta esencial ¿Cómo puedes usar las propiedades de los exponentes para deducir las propiedades de los logaritmos?

Imagina que

$$x = \log_b m \quad \text{y} \quad y = \log_b n.$$

Las formas exponenciales correspondientes de estas dos ecuaciones son

$$b^x = m \quad \text{y} \quad b^y = n.$$

CONSTRUIR ARGUMENTOS VIABLES

Para dominar las matemáticas, necesitas entender y usar las presuposiciones y definiciones enunciadas, así como los resultados establecidos previamente.

EXPLORACIÓN 1   Propiedad del producto de logaritmos

Trabaja con un compañero. Para deducir la propiedad del producto, multiplica m y n para obtener

$$mn = b^x b^y = b^{x+y}.$$

La forma logarítmica correspondiente de $mn = b^{x+y}$ es $\log_b mn = x + y$. Entonces,

$$\log_b mn = \underline{\qquad\qquad}.$$ Propiedad del producto de logaritmos

EXPLORACIÓN 2   Propiedad del cociente de logaritmos

Trabaja con un compañero. Para deducir la propiedad del cociente, divide m entre n para obtener

$$\frac{m}{n} = \frac{b^x}{b^y} = b^{x-y}.$$

La función logarítmica correspondiente de $\frac{m}{n} = b^{x-y}$ es $\log_b \frac{m}{n} = x - y$. Entonces,

$$\log_b \frac{m}{n} = \underline{\qquad\qquad}.$$ Propiedad del cociente de logaritmos

EXPLORACIÓN 3   Propiedad de la potencia de logaritmos

Trabaja con un compañero. Para deducir la propiedad de la potencia, sustituye b^x por m en la expresión $\log_b m^n$, de la siguiente manera.

$$\log_b m^n = \log_b (b^x)^n \quad \text{Sustituye } b^x \text{ por } m.$$
$$= \log_b b^{nx} \quad \text{Propiedad de la potencia de una potencia de exponentes}$$
$$= nx \quad \text{Propiedad inversa de los logaritmos}$$

Entonces, al sustituir $\log_b m$ por x, tienes

$$\log_b m^n = \underline{\qquad\qquad}.$$ Propiedad de la potencia de logaritmos

Comunicar tu respuesta

4. ¿Cómo puedes usar las propiedades de los exponentes para deducir las propiedades de los logaritmos?

5. Usa las propiedades de los logaritmos que dedujiste en las Exploraciones 1–3 para evaluar cada expresión logarítmica.

    a. $\log_4 16^3$ **b.** $\log_3 81^{-3}$

    c. $\ln e^2 + \ln e^5$ **d.** $2 \ln e^6 - \ln e^5$

    e. $\log_5 75 - \log_5 3$ **f.** $\log_4 2 + \log_4 32$

6.5 Lección

Qué aprenderás

▶ Usar las propiedades de los logaritmos para evaluar logaritmos.
▶ Usar las propiedades de los logaritmos para desarrollar o reducir expresiones logarítmicas.
▶ Usar la fórmula de cambio de base para evaluar logaritmos.

Vocabulario Esencial

Anterior
base
propiedades de los exponentes

Propiedades de los logaritmos

Sabes que la función logarítmica en base b es la función inversa de la función exponencial en base b. Debido a esta relación, tiene sentido que los logaritmos tengan propiedades similares a las propiedades de los exponentes.

🅖 Concepto Esencial

Propiedades de los logaritmos

Imagina que b, m y n son números reales positivos con $b \neq 1$.

Propiedad del producto	$\log_b mn = \log_b m + \log_b n$
Propiedad del cociente	$\log_b \dfrac{m}{n} = \log_b m - \log_b n$
Propiedad de la potencia	$\log_b m^n = n \log_b m$

CONSEJO DE ESTUDIO

Estas tres propiedades de los logaritmos corresponden con estas tres propiedades de los exponentes.

$a^m a^n = a^{m+n}$
$\dfrac{a^m}{a^n} = a^{m-n}$
$(a^m)^n = a^{mn}$

EJEMPLO 1   Usar las propiedades de los logaritmos

Usa $\log_2 3 \approx 1.585$ y $\log_2 7 \approx 2.807$ para evaluar cada logaritmo.

a. $\log_2 \dfrac{3}{7}$ **b.** $\log_2 21$ **c.** $\log_2 49$

SOLUCIÓN

a. $\log_2 \dfrac{3}{7} = \log_2 3 - \log_2 7$ Propiedad del cociente
$\phantom{\log_2 \dfrac{3}{7}} \approx 1.585 - 2.807$ Usa los valores dados de $\log_2 3$ y $\log_2 7$.
$\phantom{\log_2 \dfrac{3}{7}} = -1.222$ Resta.

ERROR COMÚN

Observa que en general
$\log_b \dfrac{m}{n} \neq \dfrac{\log_b m}{\log_b n}$ y
$\log_b mn \neq (\log_b m)(\log_b n)$.

b. $\log_2 21 = \log_2(3 \cdot 7)$ Escribe 21 como 3 · 7.
$ = \log_2 3 + \log_2 7$ Propiedad del producto
$ \approx 1.585 + 2.807$ Usa los valores dados de $\log_2 3$ y $\log_2 7$.
$ = 4.392$ Suma.

c. $\log_2 49 = \log_2 7^2$ Escribe 49 como 7^2.
$ = 2 \log_2 7$ Propiedad de la potencia
$ \approx 2(2.807)$ Usa el valor dado de $\log_2 7$.
$ = 5.614$ Multiplica.

Monitoreo del progreso Ayuda en inglés y español en *BigIdeasMath.com*

Usa $\log_6 5 \approx 0.898$ y $\log_6 8 \approx 1.161$ para evaluar el logaritmo.

1. $\log_6 \dfrac{5}{8}$ **2.** $\log_6 40$ **3.** $\log_6 64$ **4.** $\log_6 125$

328   Capítulo 6   Funciones exponenciales y logarítmicas

Reescribir expresiones logarítmicas

Puedes usar las propiedades de los logaritmos para desarrollar y reducir expresiones logarítmicas.

EJEMPLO 2 **Desarrollar una expresión logarítmica**

Desarrolla $\ln \dfrac{5x^7}{y}$.

SOLUCIÓN

$\ln \dfrac{5x^7}{y} = \ln 5x^7 - \ln y$ — Propiedad del cociente

$\qquad\qquad = \ln 5 + \ln x^7 - \ln y$ — Propiedad del producto

$\qquad\qquad = \ln 5 + 7 \ln x - \ln y$ — Propiedad de la potencia

CONSEJO DE ESTUDIO

Cuando desarrollas o reduces una expresión que incluye logaritmos, puedes presuponer que todas las variables son positivas.

EJEMPLO 3 **Reducir una expresión logarítmica**

Reduce $\log 9 + 3 \log 2 - \log 3$.

SOLUCIÓN

$\log 9 + 3 \log 2 - \log 3 = \log 9 + \log 2^3 - \log 3$ — Propiedad de la potencia

$\qquad\qquad\qquad\qquad\quad = \log(9 \cdot 2^3) - \log 3$ — Propiedad del producto

$\qquad\qquad\qquad\qquad\quad = \log \dfrac{9 \cdot 2^3}{3}$ — Propiedad del cociente

$\qquad\qquad\qquad\qquad\quad = \log 24$ — Simplifica.

Monitoreo del progreso Ayuda en inglés y español en *BigIdeasMath.com*

Desarrolla la expresión logarítmica.

5. $\log_6 3x^4$

6. $\ln \dfrac{5}{12x}$

Reduce la expresión logarítmica.

7. $\log x - \log 9$

8. $\ln 4 + 3 \ln 3 - \ln 12$

Fórmula de cambio de base

Los logaritmos con cualquier base distinta de 10 o e se pueden escribir en términos de logaritmos comunes o naturales usando la *fórmula de cambio de base*. Esto te permite evaluar cualquier logaritmo usando una calculadora.

 Concepto Esencial

Fórmula de cambio de base

Si a, b, y c son números reales positivos con $b \neq 1$ y $c \neq 1$, entonces

$$\log_c a = \dfrac{\log_b a}{\log_b c}.$$

En particular, $\log_c a = \dfrac{\log a}{\log c}$ y $\log_c a = \dfrac{\ln a}{\ln c}$.

Sección 6.5 Propiedades de los logaritmos

OTRA MANERA

En el Ejemplo 4, $\log_3 8$ se puede evaluar usando logaritmos naturales.

$\log_3 8 = \dfrac{\ln 8}{\ln 3} \approx 1.893$

Observa que obtienes la misma respuesta ya sea si usas logaritmos naturales o logaritmos comunes en la fórmula de cambio de base.

EJEMPLO 4 — Cambiar una base usando logaritmos comunes

Evalúa $\log_3 8$ usando logaritmos comunes.

SOLUCIÓN

$\log_3 8 = \dfrac{\log 8}{\log 3}$ $\log_c a = \dfrac{\log a}{\log c}$

$\approx \dfrac{0.9031}{0.4771} \approx 1.893$ Usa una calculadora. Luego, divide.

EJEMPLO 5 — Cambiar una base usando logaritmos naturales

Evalúa $\log_6 24$ usando logaritmos naturales.

SOLUCIÓN

$\log_6 24 = \dfrac{\ln 24}{\ln 6}$ $\log_c a = \dfrac{\ln a}{\ln c}$

$\approx \dfrac{3.1781}{1.7918} \approx 1.774$ Usa una calculadora. Luego divide.

EJEMPLO 6 — Resolver un problema de la vida real

Para un sonido que tiene una intensidad I (en watts por metro cuadrado), el volumen $L(I)$ del sonido (en decibeles) está dado mediante la función

$$L(I) = 10 \log \dfrac{I}{I_0}$$

donde I_0 es la intensidad de un sonido apenas audible (aproximadamente 10^{-12} watts por metro cuadrado). Un artista en un estudio de grabación aumenta el volumen de una pista de sonido de manera que la intensidad del sonido se duplica. ¿En cuántos decibeles aumenta el volumen?

SOLUCIÓN

Imagina que I es la intensidad original, de manera que $2I$ es la intensidad duplicada.

aumento de volumen $= L(2I) - L(I)$ Escribe una expresión.

$= 10 \log \dfrac{2I}{I_0} - 10 \log \dfrac{I}{I_0}$ Sustituye.

$= 10 \left(\log \dfrac{2I}{I_0} - \log \dfrac{I}{I_0} \right)$ Propiedad distributiva

$= 10 \left(\log 2 + \log \dfrac{I}{I_0} - \log \dfrac{I}{I_0} \right)$ Propiedad del producto

$= 10 \log 2$ Simplifica.

▶ El volumen aumenta en $10 \log 2$ decibeles, o aproximadamente 3 decibeles.

Monitoreo del progreso   Ayuda en inglés y español en *BigIdeasMath.com*

Usa la fórmula de cambio de base para evaluar el logaritmo.

9. $\log_5 8$ **10.** $\log_8 14$ **11.** $\log_{26} 9$ **12.** $\log_{12} 30$

13. ¿QUÉ PASA SI? En el Ejemplo 6, el artista aumenta el volumen de manera que la intensidad del sonido se triplica. ¿En cuántos decibeles aumenta el volumen?

6.5 Ejercicios

Soluciones dinámicas disponibles en *BigIdeasMath.com*

Verificación de vocabulario y concepto esencial

1. **COMPLETAR LA ORACIÓN** Para reducir la expresión $\log_3 2x + \log_3 y$, necesitas usar la propiedad _____ de los logaritmos.

2. **ESCRIBIR** Describe dos maneras de evaluar $\log_7 12$ con una calculadora.

Monitoreo del progreso y Representar con matemáticas

En los Ejercicios 3–8, usa $\log_7 4 \approx 0.712$ y $\log_7 12 \approx 1.277$ para evaluar el logaritmo. *(Consulta el Ejemplo 1).*

3. $\log_7 3$

4. $\log_7 48$

5. $\log_7 16$

6. $\log_7 64$

7. $\log_7 \frac{1}{4}$

8. $\log_7 \frac{1}{3}$

En los Ejercicios 9–12, une la expresión con el logaritmo que tiene el mismo valor. Justifica tu respuesta.

9. $\log_3 6 - \log_3 2$ **A.** $\log_3 64$

10. $2 \log_3 6$ **B.** $\log_3 3$

11. $6 \log_3 2$ **C.** $\log_3 12$

12. $\log_3 6 + \log_3 2$ **D.** $\log_3 36$

En los Ejercicios 13–20, desarrolla la expresión logarítmica. *(Consulta el Ejemplo 2).*

13. $\log_3 4x$

14. $\log_8 3x$

15. $\log 10x^5$

16. $\ln 3x^4$

17. $\ln \dfrac{x}{3y}$

18. $\ln \dfrac{6x^2}{y^4}$

19. $\log_7 5\sqrt{x}$

20. $\log_5 \sqrt[3]{x^2 y}$

ANÁLISIS DE ERRORES En los Ejercicios 21 y 22, describe y corrige el error al desarrollar la expresión logarítmica.

21.

$\log_2 5x = (\log_2 5)(\log_2 x)$

22.

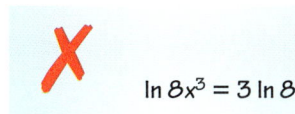

$\ln 8x^3 = 3 \ln 8 + \ln x$

En los Ejercicios 23–30, reduce la expresión logarítmica. *(Consulta el Ejemplo 3).*

23. $\log_4 7 - \log_4 10$

24. $\ln 12 - \ln 4$

25. $6 \ln x + 4 \ln y$

26. $2 \log x + \log 11$

27. $\log_5 4 + \frac{1}{3} \log_5 x$

28. $6 \ln 2 - 4 \ln y$

29. $5 \ln 2 + 7 \ln x + 4 \ln y$

30. $\log_3 4 + 2 \log_3 \frac{1}{2} + \log_3 x$

31. **RAZONAR** ¿Cuál de las siguientes opciones *no* es equivalente a $\log_5 \dfrac{y^4}{3x}$? Justifica tu respuesta.

   Ⓐ $4 \log_5 y - \log_5 3x$

   Ⓑ $4 \log_5 y - \log_5 3 + \log_5 x$

   Ⓒ $4 \log_5 y - \log_5 3 - \log_5 x$

   Ⓓ $\log_5 y^4 - \log_5 3 - \log_5 x$

32. **RAZONAR** ¿Cuál de las siguientes ecuaciones es correcta? Justifica tu respuesta.

   Ⓐ $\log_7 x + 2 \log_7 y = \log_7(x + y^2)$

   Ⓑ $9 \log x - 2 \log y = \log \dfrac{x^9}{y^2}$

   Ⓒ $5 \log_4 x + 7 \log_2 y = \log_6 x^5 y^7$

   Ⓓ $\log_9 x - 5 \log_9 y = \log_9 \dfrac{x}{5y}$

Sección 6.5   Propiedades de los logaritmos   **331**

En los Ejercicios 33–40 usa la fórmula de cambio de base para evaluar el logaritmo. *(Consulta los Ejemplos 4 y 5).*

33. $\log_4 7$ **34.** $\log_5 13$

35. $\log_9 15$ **36.** $\log_8 22$

37. $\log_6 17$ **38.** $\log_2 28$

39. $\log_7 \frac{3}{16}$ **40.** $\log_3 \frac{9}{40}$

41. ARGUMENTAR Tu amigo dice que puedes usar la fórmula de cambio de base para hacer la gráfica de $y = \log_3 x$ usando una calculadora gráfica. ¿Es correcto lo que dice tu amigo? Explica tu razonamiento.

42. ¿CÓMO LO VES? Usa la gráfica para determinar el valor de $\dfrac{\log 8}{\log 2}$.

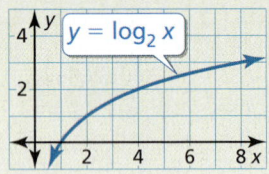

REPRESENTAR CON MATEMÁTICAS En los Ejercicios 43–44, usa la función $L(I)$ dada en el Ejemplo 6.

43. La ballena azul puede producir sonidos con una intensidad que es 1 millón de veces mayor que la intensidad del sonido más fuerte que puede hacer el humano. Halla la diferencia en los niveles de decibel de los sonidos hechos por la ballena azul y un humano. *(Consulta el Ejemplo 6).*

44. La intensidad del sonido de cierto comercial de televisión es 10 veces mayor que la intensidad del programa de televisión. ¿En cuántos decibeles aumenta el volumen?

Intensidad del sonido de la televisión

Durante el programa: Intensidad = I Durante el comercial: Intensidad = $10I$

45. REESCRIBIR UNA FÓRMULA En ciertas condiciones, la velocidad del viento s (en nudos) a una altitud de h metros sobre una llanura herbosa se puede representar mediante la función

$$s(h) = 2 \ln 100h.$$

a. ¿En qué cantidad aumenta la velocidad del viento si se duplica la altitud?

b. Demuestra que la función dada se puede escribir en términos de logaritmos comunes como

$$s(h) = \frac{2}{\log e}(\log h + 2).$$

46. ESTIMULAR EL PENSAMIENTO Determina si la fórmula

$$\log_b(M + N) = \log_b M + \log_b N$$

es verdadera para todos los valores positivos reales de M, N, y b (con $b \neq 1$) Justifica tu respuesta.

47. USAR LA ESTRUCTURA Usa las propiedades de los exponentes para probar la fórmula de cambio de base. *(Consejo:* Sea $x = \log_b a$, $y = \log_b c$ y $z = \log_c a$.)

48. PENSAMIENTO CRÍTICO Describe *tres* maneras de transformar la gráfica de $f(x) = \log x$ para obtener la gráfica de $g(x) = \log 100x - 1$. Justifica tus respuestas.

Mantener el dominio de las matemáticas Repasar lo que aprendiste en grados y lecciones anteriores

Haz una gráfica para resolver la desigualdad. *(Sección 3.6)*

49. $x^2 - 4 > 0$ **50.** $2(x - 6)^2 - 5 \geq 37$

51. $x^2 + 13x + 42 < 0$ **52.** $-x^2 - 4x + 6 \leq -6$

Haz una gráfica del sistema de ecuaciones relacionado para resolver la ecuación. *(Sección 3.5)*

53. $4x^2 - 3x - 6 = -x^2 + 5x + 3$ **54.** $-(x + 3)(x - 2) = x^2 - 6x$

55. $2x^2 - 4x - 5 = -(x + 3)^2 + 10$ **56.** $-(x + 7)^2 + 5 = (x + 10)^2 - 3$

332 Capítulo 6 Funciones exponenciales y logarítmicas

6.6 Resolver ecuaciones exponenciales y logarítmicas

Pregunta esencial ¿Cómo puedes resolver ecuaciones exponenciales y logarítmicas?

EXPLORACIÓN 1   Resolver ecuaciones exponenciales y logarítmicas

Trabaja con un compañero. Une cada ecuación con la gráfica de su sistema de ecuaciones relacionado. Explica tu razonamiento. Luego usa la gráfica para resolver la ecuación.

a. $e^x = 2$

b. $\ln x = -1$

c. $2^x = 3^{-x}$

d. $\log_4 x = 1$

e. $\log_5 x = \dfrac{1}{2}$

f. $4^x = 2$

A.
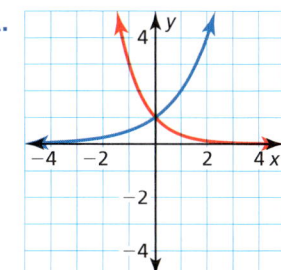

B.
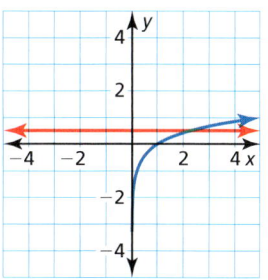

C.
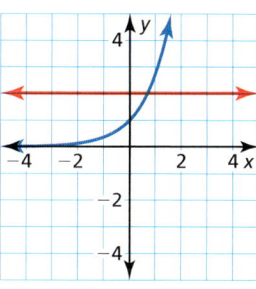

D.
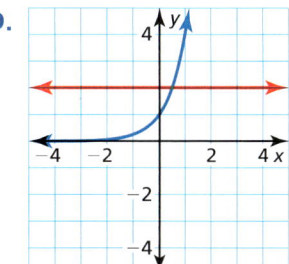

E.
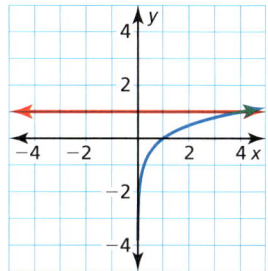

F.
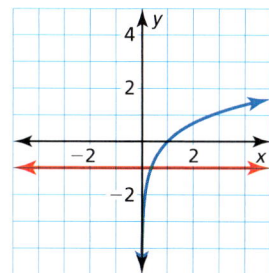

DARLE SENTIDO A LOS PROBLEMAS

Para dominar las matemáticas, necesitas planificar una ruta de solución en vez de simplemente apresurarte en intentar lograr una solución.

EXPLORACIÓN 2   Resolver ecuaciones exponenciales y logarítmicas

Trabaja con un compañero. Verifica las ecuaciones en la Exploración 1(a) y 1(b). Supón que quieres una forma más precisa de resolver las ecuaciones que usar un método gráfico.

a. Demuestra cómo podrías usar un *enfoque numérico* al crear una tabla. Por ejemplo, podrías usar una hoja de cálculo para resolver las ecuaciones.

b. Demuestra cómo podrías usar un *enfoque analítico*. Por ejemplo, podrías intentar resolver las ecuaciones usando las propiedades inversas de los exponentes y logaritmos.

Comunicar tu respuesta

3. ¿Cómo puedes resolver las ecuaciones exponenciales y logarítmicas?

4. Resuelve cada ecuación usando cualquiera de los métodos. Explica por qué elegiste ese método.

   a. $16^x = 2$

   b. $2^x = 4^{2x+1}$

   c. $2^x = 3^{x+1}$

   d. $\log x = \dfrac{1}{2}$

   e. $\ln x = 2$

   f. $\log_3 x = \dfrac{3}{2}$

Sección 6.6   Resolver ecuaciones exponenciales y logarítmicas

6.6 Lección

Qué aprenderás

▶ Resolver ecuaciones exponenciales.
▶ Resolver ecuaciones logarítmicas.
▶ Resolver desigualdades exponenciales y logarítmicas.

Vocabulario Esencial

ecuaciones exponenciales, pág. 334
ecuaciones logarítmicas, pág. 335

Anterior
solución extraña
desigualdad

Resolver ecuaciones exponenciales

Las **ecuaciones exponenciales** son ecuaciones en las que las expresiones variables se dan como exponentes. El siguiente resultado es útil para resolver ciertas ecuaciones exponenciales.

Concepto Esencial

Propiedad de igualdad de ecuaciones exponenciales

Álgebra Si b es un número real positivo distinto de 1, entonces $b^x = b^y$ si y solo si $x = y$.

Ejemplo Si $3^x = 3^5$, entonces $x = 5$. Si $x = 5$, entonces $3^x = 3^5$.

La propiedad anterior es útil para resolver una ecuación exponencial si cada lado de la ecuación usa la misma base (o se puede reescribir para usar la misma base). Si no es conveniente escribir cada lado de una ecuación exponencial usando la misma base, puedes intentar resolver la ecuación tomando un logaritmo de cada lado.

EJEMPLO 1 — Resolver ecuaciones exponenciales

Resuelve cada ecuación.

a. $100^x = \left(\dfrac{1}{10}\right)^{x-3}$

b. $2^x = 7$

SOLUCIÓN

Verifica

$100^1 \stackrel{?}{=} \left(\dfrac{1}{10}\right)^{1-3}$

$100 \stackrel{?}{=} \left(\dfrac{1}{10}\right)^{-2}$

$100 = 100$ ✓

a.
$100^x = \left(\dfrac{1}{10}\right)^{x-3}$ Escribe la ecuación original.
$(10^2)^x = (10^{-1})^{x-3}$ Reescribe 100 y $\dfrac{1}{10}$ como potencias de base 10.
$10^{2x} = 10^{-x+3}$ Propiedad de la potencia de una potencia
$2x = -x + 3$ Propiedad de igualdad para ecuaciones exponenciales
$x = 1$ Resuelve para hallar x.

b.
$2^x = 7$ Escribe la ecuación original.
$\log_2 2^x = \log_2 7$ Saca $\log_2$ de cada lado.
$x = \log_2 7$ $\log_b b^x = x$
$x \approx 2.807$ Usa una calculadora.

Verifica

Ingresa $y = 2^x$ y $y = 7$ en una calculadora gráfica. Usa la función *intersecar* para hallar el punto de intersección de las gráficas. Las gráficas se intersecan aproximadamente en $(2.807, 7)$. Entonces, la solución de $2^x = 7$ es aproximadamente 2.807. ✓

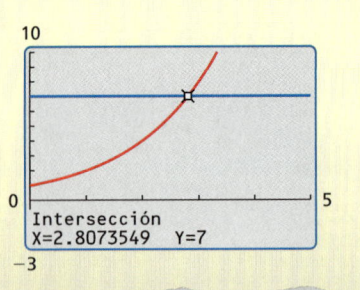

334 Capítulo 6 Funciones exponenciales y logarítmicas

BUSCAR UNA ESTRUCTURA

Observa que la ley del enfriamiento de Newton representa la temperatura de un cuerpo que se enfría sumando una función constante, T_R, a una función exponencial que decrementa, $(T_0 - T_R)e^{-rt}$.

Una aplicación importante de las ecuaciones exponenciales es la *ley del enfriamiento de Newton*. Esta ley establece que, para una sustancia en proceso de enfriamiento con una temperatura inicial T_0, la temperatura T después de t minutos, puede representarse por

$$T = (T_0 - T_R)e^{-rt} + T_R$$

donde T_R es la temperatura circundante y r es la tasa de enfriamiento de la sustancia.

EJEMPLO 2 Resolver un problema de la vida real

Estás cocinando *aleecha*, un guiso etíope. Cuando lo retiras de la estufa, su temperatura es de 212°F. La temperatura ambiental es 70°F y la tasa de enfriamiento del guiso es $r = 0.046$. ¿Cuánto tiempo se necesitará para enfriar el guiso para que al servirlo su temperatura sea de 100°F?

SOLUCIÓN

Usa la ley del enfriamiento de Newton con $T = 100$, $T_0 = 212$, $T_R = 70$ y $r = 0.046$.

$T = (T_0 - T_R)e^{-rt} + T_R$	Ley de enfriamiento de Newton
$100 = (212 - 70)e^{-0.046t} + 70$	Sustituye por T, T_0, T_R, y r.
$30 = 142e^{-0.046t}$	Resta 70 a cada lado.
$0.211 \approx e^{-0.046t}$	Divide cada lado entre 142.
$\ln 0.211 \approx \ln e^{-0.046t}$	Saca el logaritmo natural de cada lado.
$-1.556 \approx -0.046t$	$\ln e^x = \log_e e^x = x$
$33.8 \approx t$	Divide cada lado entre -0.046.

▶ Deberías esperar aproximadamente 34 minutos antes de servir el guiso.

Monitoreo del progreso Ayuda en inglés y español en *BigIdeasMath.com*

Resuelve la ecuación.

1. $2^x = 5$
2. $7^{9x} = 15$
3. $4e^{-0.3x} - 7 = 13$

4. **¿QUÉ PASA SI?** En el Ejemplo 2, ¿Cuánto tiempo se necesitará para enfriar el guiso a 100°F si la temperatura ambiente es de 75°F?

Resolver ecuaciones logarítmicas

Las **ecuaciones logarítmicas** son ecuaciones que incluyen logaritmos de expresiones variables. Puedes usar la siguiente propiedad para resolver algunos tipos de expresiones logarítmicas.

Concepto Esencial

Propiedad de igualdad para ecuaciones logarítmicas

Álgebra Si b, x, y y son números reales positivos y $b \neq 1$, entonces $\log_b x = \log_b y$ si y solo si $x = y$.

Ejemplo Si $\log_2 x = \log_2 7$, entonces $x = 7$. Si $x = 7$, entonces $\log_2 x = \log_2 7$.

La propiedad precedente implica que si te dan una ecuación $x = y$, entonces puedes potenciar cada lado para obtener una ecuación de la forma $b^x = b^y$. Esta técnica es útil para resolver algunas ecuaciones logarítmicas.

Sección 6.6 Resolver ecuaciones exponenciales y logarítmicas

EJEMPLO 3 Resolver ecuaciones logarítmicas

Resuelve (a) $\ln(4x - 7) = \ln(x + 5)$ y (b) $\log_2(5x - 17) = 3$.

SOLUCIÓN

Verifica

$\ln(4 \cdot 4 - 7) \stackrel{?}{=} \ln(4 + 5)$

$\ln(16 - 7) \stackrel{?}{=} \ln 9$

$\ln 9 = \ln 9$ ✓

a.
$\ln(4x - 7) = \ln(x + 5)$	Escribe la ecuación original.
$4x - 7 = x + 5$	Propiedad de igualdad para ecuaciones logarítmicas
$3x - 7 = 5$	Resta x de cada lado.
$3x = 12$	Suma 7 a cada lado.
$x = 4$	Divide cada lado entre 3.

Verifica

$\log_2(5 \cdot 5 - 17) \stackrel{?}{=} 3$

$\log_2(25 - 17) \stackrel{?}{=} 3$

$\log_2 8 \stackrel{?}{=} 3$

Dado que $2^3 = 8$, $\log_2 8 = 3$. ✓

b.
$\log_2(5x - 17) = 3$	Escribe la ecuación original.
$2^{\log_2(5x - 17)} = 2^3$	Eleva exponencialmente cada lado usando base 2.
$5x - 17 = 8$	$b^{\log_b x} = x$
$5x = 25$	Suma 17 a cada lado.
$x = 5$	Divide cada lado entre 5.

Dado que el dominio de una función logarítmica generalmente no incluye todos los números reales, asegúrate verificar si hay soluciones extrañas de las ecuaciones logarítmicas. Puedes hacer esto algebraicamente o gráficamente.

EJEMPLO 4 Resolver una ecuación logarítmica

Resuelve $\log 2x + \log(x - 5) = 2$.

SOLUCIÓN

Verifica

$\log(2 \cdot 10) + \log(10 - 5) \stackrel{?}{=} 2$

$\log 20 + \log 5 \stackrel{?}{=} 2$

$\log 100 \stackrel{?}{=} 2$

$2 = 2$ ✓

$\log[2 \cdot (-5)] + \log(-5 - 5) \stackrel{?}{=} 2$

$\log(-10) + \log(-10) \stackrel{?}{=} 2$

Dado que $\log(-10)$ es indefinido, -5 no es una solución. ✗

$\log 2x + \log(x - 5) = 2$	Escribe la ecuación original.
$\log[2x(x - 5)] = 2$	Propiedad del producto de logaritmos
$10^{\log[2x(x-5)]} = 10^2$	Eleva exponencialmente cada lado usando base 10.
$2x(x - 5) = 100$	$b^{\log_b x} = x$
$2x^2 - 10x = 100$	Propiedad distributiva
$2x^2 - 10x - 100 = 0$	Escribe en forma estándar.
$x^2 - 5x - 50 = 0$	Divide cada lado entre 2.
$(x - 10)(x + 5) = 0$	Factoriza
$x = 10$ o $x = -5$	Propiedad del producto cero

▶ La solución aparente $x = -5$ es extraña. Entonces, la única solución es $x = 10$.

Monitoreo del progreso   Ayuda en inglés y español en *BigIdeasMath.com*

Resuelve la ecuación. Verifica si hay soluciones extrañas.

5. $\ln(7x - 4) = \ln(2x + 11)$ **6.** $\log_2(x - 6) = 5$

7. $\log 5x + \log(x - 1) = 2$ **8.** $\log_4(x + 12) + \log_4 x = 3$

336   Capítulo 6   Funciones exponenciales y logarítmicas

Resolver desigualdades exponenciales y logarítmicas

Las *desigualdades exponenciales* son desigualdades en las que las expresiones variables se dan como exponentes y las *desigualdades logarítmicas* son desigualdades que incluyen logaritmos de expresiones variables. Para resolver algebraicamente las desigualdades exponenciales y logarítmicas, usa estas propiedades. Observa que las propiedades son verdaderas para ≤ y ≥.

Propiedad de la desigualdad exponencial: Si b es un número real positivo mayor que 1, entonces $b^x > b^y$ si y solo si $x > y$, y $b^x < b^y$ si y solo si $x < y$.

Propiedad de la desigualdad logarítmica: Si b, x y y son números reales positivos y $b > 1$, entonces $\log_b x > \log_b y$ si y solo si $x > y$, y $\log_b x < \log_b y$ si y solo si $x < y$.

También puedes resolver una desigualdad tomando un logaritmo de cada lado o mediante la exponenciación.

> **CONSEJO DE ESTUDIO**
> Asegúrate de entender que estas propiedades de la desigualdad son solo verdaderas para los valores de $b > 1$.

EJEMPLO 5 Resolver una desigualdad exponencial

Resuelve $3^x < 20$.

SOLUCIÓN

$3^x < 20$	Escribe la desigualdad original.
$\log_3 3^x < \log_3 20$	Saca $\log_3$ de cada lado.
$x < \log_3 20$	$\log_b b^x = x$

▶ La solución es $x < \log_3 20$. Dado que $\log_3 20 \approx 2.727$, la solución aproximada es $x < 2.727$.

EJEMPLO 6 Resolver una desigualdad logarítmica

Resuelve $\log x \leq 2$.

SOLUCIÓN

Método 1 Usa un enfoque algebraico.

$\log x \leq 2$	Escribe la desigualdad original.
$10^{\log_{10} x} \leq 10^2$	Eleva exponencialmente cada lado usando base 10.
$x \leq 100$	$b^{\log_b x} = x$

▶ Dado que $\log x$ es definido solamente si $x > 0$, la solución es $0 < x \leq 100$.

Método 2 Usa un método gráfico.

Haz una gráfica de $y = \log x$ y $y = 2$ en la misma ventana de visualización. Usa la función *intersecar* para determinar que las gráficas se intersecan si $x = 100$. La gráfica de $y = \log x$ está en o debajo de la gráfica de $y = 2$ si $0 < x \leq 100$.

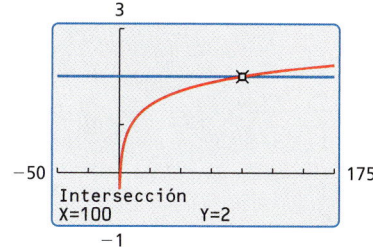

▶ La solución es $0 < x \leq 100$.

Monitoreo del progreso Ayuda en inglés y español en *BigIdeasMath.com*

Resuelve la desigualdad.

9. $e^x < 2$ **10.** $10^{2x-6} > 3$ **11.** $\log x + 9 < 45$ **12.** $2 \ln x - 1 > 4$

6.6 Ejercicios

Soluciones dinámicas disponibles en *BigIdeasMath.com*

Verificación de vocabulario y concepto esencial

1. **COMPLETAR LA ORACIÓN** La ecuación $3^{x-1} = 34$ es un ejemplo de una ecuación _____.

2. **ESCRIBIR** Compara los métodos para resolver las ecuaciones exponenciales y logarítmicas.

3. **ESCRIBIR** ¿Cuándo tienen soluciones extrañas las ecuaciones logarítmicas?

4. **COMPLETAR LA ORACIÓN** Si b es un número real positivo distinto de 1, entonces $b^x = b^y$ si y solo si _____.

Monitoreo del progreso y Representar con matemáticas

En los Ejercicios 5–16, resuelve la ecuación. (*Consulta el Ejemplo 1*).

5. $7^{3x+5} = 7^{1-x}$
6. $e^{2x} = e^{3x-1}$
7. $5^{x-3} = 25^{x-5}$
8. $6^{2x-6} = 36^{3x-5}$
9. $3^x = 7$
10. $5^x = 33$
11. $49^{5x+2} = \left(\frac{1}{7}\right)^{11-x}$
12. $512^{5x-1} = \left(\frac{1}{8}\right)^{-4-x}$
13. $7^{5x} = 12$
14. $11^{6x} = 38$
15. $3e^{4x} + 9 = 15$
16. $2e^{2x} - 7 = 5$

17. **REPRESENTAR CON MATEMÁTICAS** La longitud ℓ (en centímetros) de un tiburón martillo común se puede representar mediante la función

$$\ell = 266 - 219e^{-0.05t}$$

donde t es la edad (en años) del tiburón. ¿Qué edad tiene un tiburón que tiene 175 centímetros de longitud?

18. **REPRESENTAR CON MATEMÁTICAS** Cien gramos de radio están almacenados en un contenedor. La cantidad R (en gramos) de radio presente después de t años se puede representar mediante $R = 100e^{-0.00043t}$. ¿Después de cuántos años quedarán presentes solo 5 gramos de radio?

En los Ejercicios 19 y 20, usa la ley del enfriamiento de Newton para resolver el problema. (*Consulta el Ejemplo 2*).

19. Estás manejando en un día caluroso cuando tu carro se recalienta y deja de funcionar. El carro se recalienta a 280°F y se puede manejar otra vez a 230°F. Si hacen 80°F afuera, la tasa de enfriamiento del carro es $r = 0.0058$. ¿Cuánto tiempo tienes que esperar hasta que puedas volver a manejar?

20. Cocinas un pavo hasta que la temperatura interna alcanza 180°F. Colocas el pavo en la mesa hasta que la temperatura interna llegue a los 100°F y se pueda rebanar. Si la temperatura ambiente es de 72°F, la tasa de enfriamiento del pavo es de $r = 0.067$. ¿Cuánto tiempo tienes que esperar hasta que puedas rebanar el pavo?

En los Ejercicios 21–32, resuelve la ecuación. (*Consulta el Ejemplo 3*).

21. $\ln(4x - 7) = \ln(x + 11)$
22. $\ln(2x - 4) = \ln(x + 6)$
23. $\log_2(3x - 4) = \log_2 5$
24. $\log(7x + 3) = \log 38$
25. $\log_2(4x + 8) = 5$
26. $\log_3(2x + 1) = 2$
27. $\log_7(4x + 9) = 2$
28. $\log_5(5x + 10) = 4$
29. $\log(12x - 9) = \log 3x$
30. $\log_6(5x + 9) = \log_6 6x$
31. $\log_2(x^2 - x - 6) = 2$
32. $\log_3(x^2 + 9x + 27) = 2$

338 Capítulo 6 Funciones exponenciales y logarítmicas

En los Ejercicios 33–40, resuelve la ecuación. Verifica si hay soluciones extrañas. *(Consulta el Ejemplo 4).*

33. $\log_2 x + \log_2(x-2) = 3$

34. $\log_6 3x + \log_6(x-1) = 3$

35. $\ln x + \ln(x+3) = 4$

36. $\ln x + \ln(x-2) = 5$

37. $\log_3 3x^2 + \log_3 3 = 2$

38. $\log_4(-x) + \log_4(x+10) = 2$

39. $\log_3(x-9) + \log_3(x-3) = 2$

40. $\log_5(x+4) + \log_5(x+1) = 2$

ANÁLISIS DE ERRORES En los Ejercicios 41 y 42, describe y corrige el error al resolver la ecuación.

41.

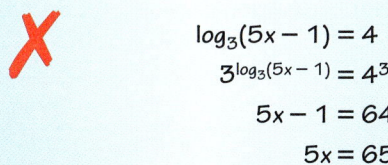

42.

$\log_4(x+12) + \log_4 x = 3$
$\log_4[(x+12)(x)] = 3$
$4^{\log_4[(x+12)(x)]} = 4^3$
$(x+12)(x) = 64$
$x^2 + 12x - 64 = 0$
$(x+16)(x-4) = 0$
$x = -16 \quad o \quad x = 4$

43. RESOLVER PROBLEMAS Depositas $100 en una cuenta que paga 6% de interés anual. ¿Cuánto tiempo demorará el balance en llegar a $1000 con cada frecuencia de composición?

  a. anual **b.** trimestral
  c. diaria **d.** continua

44. REPRESENTAR CON MATEMÁTICAS La *magnitud aparente* de una estrella es una medida del brillo de la estrella tal como aparece para los observadores en la Tierra. La magnitud aparente M de la estrella más tenue que se puede ver con un telescopio es $M = 5 \log D + 2$, donde D es el diámetro (en milímetros) del lente objetivo del telescopio. ¿Cuál es el diámetro del lente objetivo de un telescopio que puede revelar estrellas con una magnitud de 12?

45. ANALIZAR RELACIONES Aproxima la solución de cada ecuación usando la gráfica.

  a. $1 - 5^{5-x} = -9$ **b.** $\log_2 5x = 2$

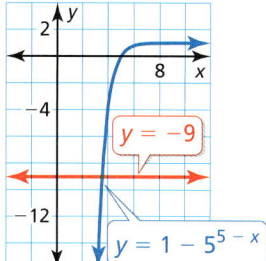 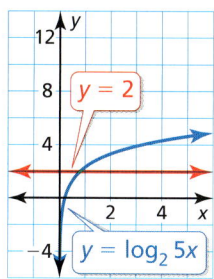

46. ARGUMENTAR Tu amigo dice que una ecuación logarítmica no puede tener una solución negativa porque las funciones logarítmicas son indefinidas para los números negativos. ¿Es correcto lo que dice tu amigo? Justifica tu respuesta.

En los Ejercicios 47–54, resuelve la desigualdad. *(Consulta los Ejemplos 5 y 6).*

47. $9^x > 54$ **48.** $4^x \leq 36$

49. $\ln x \geq 3$ **50.** $\log_4 x < 4$

51. $3^{4x-5} < 8$ **52.** $e^{3x+4} > 11$

53. $-3 \log_5 x + 6 \leq 9$ **54.** $-4 \log_5 x - 5 \geq 3$

55. COMPARAR MÉTODOS Resuelve $\log_5 x < 2$ algebraica y gráficamente. ¿Qué método prefieres? Explica tu razonamiento.

56. RESOLVER PROBLEMAS Depositas $1000 en una cuenta que paga 3.5% de interés anual compuesto mensualmente. ¿Cuándo será tu balance de por lo menos $1200? ¿Y $3500?

57. RESOLVER PROBLEMAS Una inversión que gana una tasa de retorno r duplica su valor en t años, donde $t = \dfrac{\ln 2}{\ln(1+r)}$ y r está expresado como decimal. ¿Qué tasas de retorno duplicarán el valor de una inversión en menos de 10 años?

58. RESOLVER PROBLEMAS Tu familia compra un carro nuevo por $20,000 dólares. Su valor disminuye en 15% cada año. ¿Durante qué intervalo el valor del carro excede los $10,000?

USAR HERRAMIENTAS En los Ejercicios 59–62, usa una calculadora gráfica para resolver la ecuación.

59. $\ln 2x = 3^{-x+2}$ **60.** $\log x = 7^{-x}$

61. $\log x = 3^{x-3}$ **62.** $\ln 2x = e^{x-3}$

Sección 6.6 Resolver ecuaciones exponenciales y logarítmicas 339

63. **REESCRIBIR UNA FÓRMULA** Un biólogo puede estimar la edad de un elefante africano midiendo la longitud de sus huellas y usando la ecuación $\ell = 45 - 25.7e^{-0.09a}$, donde ℓ es la longitud (en centímetros) de la huella y a es la edad (en años).

   a. Reescribe la ecuación resolviendo para a en términos de ℓ.

   b. Usa la ecuación de la parte (a) para hallar las edades de los elefantes cuyas huellas se muestran.

64. **¿CÓMO LO VES?** Usa la gráfica para resolver la desigualdad $4 \ln x + 6 > 9$. Explica tu razonamiento.

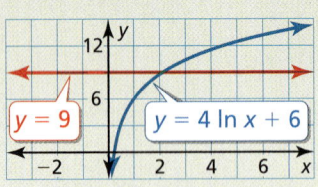

65. **FINAL ABIERTO** Escribe una ecuación exponencial que tenga una solución de $x = 4$. Luego escribe una ecuación logarítmica que tenga una solución de $x = -3$.

66. **ESTIMULAR EL PENSAMIENTO** Da ejemplos de ecuaciones logarítmicas o exponenciales que tengan una solución, dos soluciones y ninguna solución.

PENSAMIENTO CRÍTICO En los Ejercicios 67–72, resuelve la ecuación.

67. $2^{x+3} = 5^{3x-1}$

68. $10^{3x-8} = 2^{5-x}$

69. $\log_3(x - 6) = \log_9 2x$

70. $\log_4 x = \log_8 4x$

71. $2^{2x} - 12 \cdot 2^x + 32 = 0$

72. $5^{2x} + 20 \cdot 5^x - 125 = 0$

73. **ESCRIBIR** En los Ejercicios 67–70, resolviste ecuaciones exponenciales y logarítmicas con diferentes bases. Describe métodos generales para resolver este tipo de ecuaciones.

74. **RESOLVER PROBLEMAS** Cuando rayos X de una longitud de onda fija chocan con un material de x centímetros de grosor, la intensidad $I(x)$ de los rayos X transmitidos a través del material está dada por $I(x) = I_0 e^{-\mu x}$, donde I_0 es la intensidad inicial y μ es el valor que depende del tipo de material y la longitud de onda de los rayos X. La tabla muestra los valores de μ para diversos materiales y rayos X de longitud de onda media.

Material	Aluminio	Cobre	Plomo
Valor de μ	0.43	3.2	43

   a. Halla el grosor de la placa de aluminio que reduce la intensidad de los rayos X a 30% de su intensidad inicial. (*Consejo:* Halla el valor de x para el cual $I(x) = 0.3I_0$.)

   b. Repite la parte (a) para la placa de cobre.

   c. Repite la parte (a) para la placa de plomo.

   d. Tu dentista te pone un mandil de plomo antes de tomarte una radiografía dental para protegerte de la radiación nociva. Basándote en tus resultados en las partes (a)–(c), explica por qué el plomo es un mejor material a usar que el aluminio o el cobre.

Mantener el dominio de las matemáticas
Repasar lo que aprendiste en grados y lecciones anteriores

Escribe una ecuación en forma punto–pendiente de la línea que pasa por el punto dado y tiene la pendiente dada. *(Manual de revisión de destrezas)*

75. $(1, -2); m = 4$

76. $(3, 2); m = -2$

77. $(3, -8); m = -\frac{1}{3}$

78. $(2, 5); m = 2$

Usa las diferencias finitas para determinar el grado de la función polinomial que se ajuste a los datos. Luego usa herramientas tecnológicas para hallar la función polinomial. *(Sección 4.9)*

79. $(-3, -50), (-2, -13), (-1, 0), (0, 1), (1, 2), (2, 15), (3, 52), (4, 125)$

80. $(-3, 139), (-2, 32), (-1, 1), (0, -2), (1, -1), (2, 4), (3, 37), (4, 146)$

81. $(-3, -327), (-2, -84), (-1, -17), (0, -6), (1, -3), (2, -32), (3, -189), (4, -642)$

340   Capítulo 6   Funciones exponenciales y logarítmicas

6.7 Representar con funciones exponenciales y logarítmicas

Pregunta esencial ¿Cómo puedes reconocer los modelos polinomiales, exponenciales y logarítmicos?

EXPLORACIÓN 1   Reconocer diferentes tipos de modelos

Trabaja con un compañero. Une cada tipo de modelo con el diagrama de dispersión apropiado. Usa un programa de regresión para hallar un modelo que se ajuste al diagrama de dispersión.

a. lineal (pendiente positiva) b. lineal (pendiente negativa) c. cuadrático
d. cúbico   e. exponencial   f. logarítmico

A. 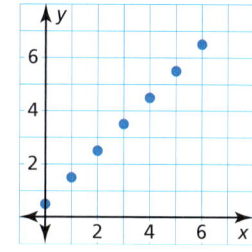   B.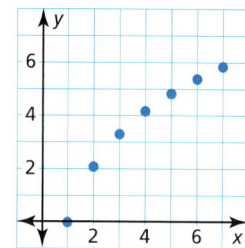

C. 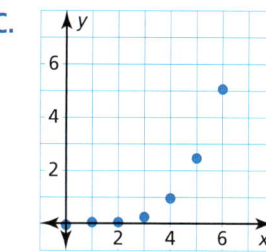   D.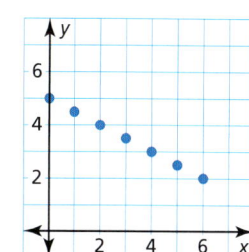

E. 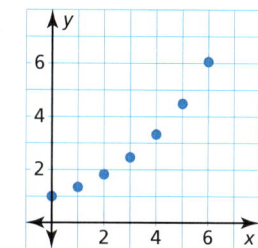   F.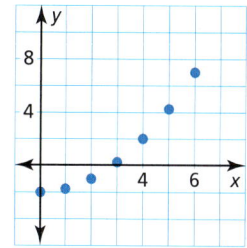

USAR HERRAMIENTAS ESTRATÉGICAMENTE

Para dominar las matemáticas, necesitas usar herramientas tecnológicas para explorar y profundizar tu entendimiento de los conceptos.

EXPLORACIÓN 2   Explorar modelos gaussianos y logísticos

Trabaja con un compañero. Se dan dos tipos comunes de funciones que están relacionadas con las funciones exponenciales. Usa una calculadora gráfica para hacer la gráfica de cada función. Luego determina el dominio, el rango, la intersección y la(s) asíntota(s) de la función.

a. Función gaussiana $f(x) = e^{-x^2}$ b. Función logística: $f(x) = \dfrac{1}{1 + e^{-x}}$

Comunicar tu respuesta

3. ¿Cómo puedes reconocer los modelos polinomiales, exponenciales y logarítmicos?

4. Consulta en Internet o en alguna otra referencia para hallar datos de la vida real que se puedan representar usando uno de los tipos dados en la Exploración 1. Crea una tabla y un diagrama de dispersión de los datos. Luego usa un programa de regresión para hallar un modelo que se ajuste a los datos.

6.7 Lección

Qué aprenderás

▶ Clasificar conjuntos de datos.
▶ Escribir funciones exponenciales.
▶ Usar herramientas tecnológicas para hallar modelos exponenciales y logarítmicos.

Vocabulario Esencial

Anterior
diferencias finitas
razón común
forma de punto y pendiente

Clasificar datos

Has analizado *diferencias finitas* de datos con valores de entrada igualmente espaciados para determinar qué tipo de función polinomial se puede usar para representar los datos. Para los datos exponenciales con valores de entrada igualmente espaciados, los valores de salida se multiplican por un factor constante. Entonces, los valores de salida consecutivos forman una razón constante.

EJEMPLO 1 Clasificar conjuntos de datos

Determina el tipo de función que representa cada tabla.

a.
x	−2	−1	0	1	2	3	4
y	0.5	1	2	4	8	16	32

b.
x	−2	0	2	4	6	8	10
y	2	0	2	8	18	32	50

SOLUCIÓN

a. Los valores de entrada están igualmente espaciados. Busca un patrón en los valores de salida.

x	−2	−1	0	1	2	3	4
y	0.5	1	2	4	8	16	32

×2 ×2 ×2 ×2 ×2 ×2

▶ Al aumentar *x* en 1, *y* se multiplica por 2. Entonces, la razón común es 2, y los datos de la tabla representan una función exponencial.

b. Los valores de entrada están igualmente espaciados. Los valores de salida no tienen una razón común. Entonces, analiza las diferencias finitas.

x	−2	0	2	4	6	8	10
y	2	0	2	8	18	32	50

−2   2   6   10   14   18   primeras diferencias
   4   4   4   4   4   segundas diferencias

▶ Las segundas diferencias son constantes. Entonces, los datos de la tabla representan una función cuadrática.

RECUERDA

Las primeras diferencias de las funciones lineales son constantes, las segundas diferencias de las funciones cuadráticas son constantes, y así sucesivamente.

Monitoreo del progreso Ayuda en inglés y español en *BigIdeasMath.com*

Determina el tipo de función que representa la tabla. Explica tu razonamiento.

1.
x	0	10	20	30
y	15	12	9	6

2.
x	0	2	4	6
y	27	9	3	1

Escribir funciones exponenciales

Sabes que dos puntos determinan una línea recta. En forma similar, dos puntos determinan una curva exponencial.

EJEMPLO 2   Escribir una función exponencial usando dos puntos

Escribe una función exponencial $y = ab^x$ cuya gráfica pase por (1, 6) y (3, 54).

SOLUCIÓN

Paso 1   Sustituye las coordenadas de los dos puntos dados en $y = ab^x$.

$6 = ab^1$ Ecuación 1: Sustituye 6 por *y* y 1 por *x*.

$54 = ab^3$ Ecuación 2: Sustituye 54 por *y* y 3 por *x*.

Paso 2   Resuelve para *a* en la Ecuación 1 para obtener $a = \dfrac{6}{b}$ y sustituye esta expresión por *a* en la Ecuación 2.

$54 = \left(\dfrac{6}{b}\right)b^3$ Sustituye $\dfrac{6}{b}$ por *a* en la Ecuación 2.

$54 = 6b^2$ Simplifica.

$9 = b^2$ Divide cada lado entre 6.

$3 = b$ Saca la raíz cuadrada positiva dado $b > 0$.

Paso 3   Determina que $a = \dfrac{6}{b} = \dfrac{6}{3} = 2$.

▶ Entonces, la función exponencial es $y = 2(3^x)$.

RECUERDA
Sabes que *b* debe ser positivo por la definición de una función exponencial.

Los datos no siempre muestran una relación exponencial *exacta*. Cuando los datos de un diagrama de dispersión muestran una relación *aproximadamente* exponencial, puedes representar los datos con una función exponencial.

EJEMPLO 3   Hallar un modelo exponencial

Una tienda vende trampolines. La tabla muestra los números *y* de trampolines vendidos durante el año número *x* que la tienda ha estado abierta. Escribe una función que represente los datos.

Año, x	Número de trampolines, y
1	12
2	16
3	25
4	36
5	50
6	67
7	96

SOLUCIÓN

Paso 1   Haz un diagrama de dispersión de los datos. Los datos parecen exponenciales.

Paso 2   Elige dos puntos cualquiera para escribir un modelo, tal como (1, 12) y (4, 36). Sustituye las coordenadas de estos dos puntos en $y = ab^x$.

$12 = ab^1$

$36 = ab^4$

Resuelve para *a* en la primera ecuación para obtener $a = \dfrac{12}{b}$. Sustituye para obtener $b = \sqrt[3]{3} \approx 1.44$ y $a = \dfrac{12}{\sqrt[3]{3}} \approx 8.32$.

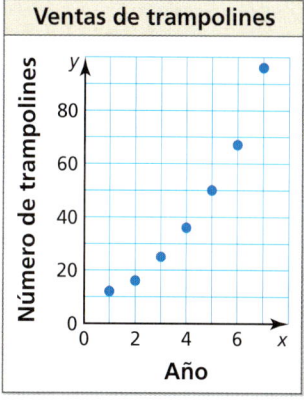

Ventas de trampolines

▶ Entonces, una función exponencial que representa los datos es $y = 8.32(1.44)^x$.

Sección 6.7   Representar con funciones exponenciales y logarítmicas   **343**

Un conjunto de más de dos puntos (x, y) se ajusta a un patrón exponencial si y solo si el conjunto de puntos transformados $(x, \ln y)$ se ajusta a un patrón lineal.

Gráfica de los puntos (x, y)

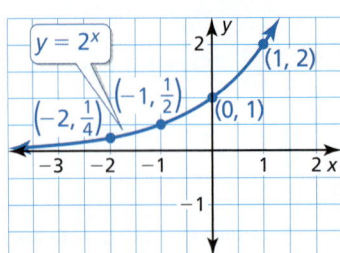

La gráfica es una curva exponencial.

Gráfica de puntos $(x, \ln y)$

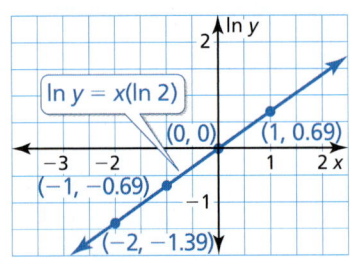

La gráfica es una línea.

EJEMPLO 4 Escribir un modelo usando puntos transformados

Usa los datos del Ejemplo 3. Crea un diagrama de dispersión de los pares de datos $(x, \ln y)$ para demostrar que un modelo exponencial debería ajustarse bien a los pares de datos originales (x, y). Luego escribe un modelo exponencial para los datos originales.

SOLUCIÓN

Paso 1 Crea una tabla de pares de datos $(x, \ln y)$.

x	1	2	3	4	5	6	7
ln y	2.48	2.77	3.22	3.58	3.91	4.20	4.56

Paso 2 Marca los puntos transformados tal como se muestra. Los puntos pertenecen cerca a una línea, entonces un modelo exponencial se ajustaría bien a los datos originales.

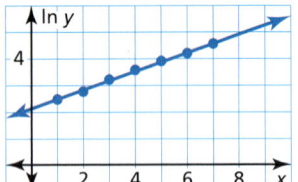

Paso 3 Halla un modelo exponencial $y = ab^x$ eligiendo dos puntos cualquiera de la línea, tales como $(1, 2.48)$ y $(7, 4.56)$. Usa estos puntos para escribir una ecuación de la línea. Luego resuelve para y.

$\ln y - 2.48 = 0.35(x - 1)$ Ecuación de línea

$\ln y = 0.35x + 2.13$ Simplifica.

$y = e^{0.35x + 2.13}$ Eleva exponencialmente cada lado usando base e.

$y = e^{0.35x}(e^{2.13})$ Usa las propiedades de los exponentes.

$y = 8.41(1.42)^x$ Simplifica.

▶ Entonces, una función exponencial que representa los datos es $y = 8.41(1.42)^x$.

BUSCAR UNA ESTRUCTURA

Dado que los ejes son x y $\ln y$, la forma punto-pendiente se reescribe como $\ln y - \ln y_1 = m(x - x_1)$. La pendiente de la línea que pasa por $(1, 2.48)$ y $(7, 4.56)$ es

$$\frac{4.56 - 2.48}{7 - 1} \approx 0.35.$$

Monitoreo del progreso Ayuda en inglés y español en *BigIdeasMath.com*

Escribe una función exponencial $y = ab^x$ cuya gráfica pase por los puntos dados.

3. $(2, 12), (3, 24)$ **4.** $(1, 2), (3, 32)$ **5.** $(2, 16), (5, 2)$

6. **¿QUÉ PASA SI?** Repite los Ejemplos 3 y 4 usando los datos de venta de otra tienda.

Año, x	1	2	3	4	5	6	7
Número de trampolines, y	15	23	40	52	80	105	140

344   Capítulo 6   Funciones exponenciales y logarítmicas

Usar la tecnología

Puedes usar herramientas tecnológicas para hallar los modelos que se ajusten mejor a los datos exponenciales y logarítmicos.

EJEMPLO 5 Hallar un modelo exponencial

Usa una calculadora gráfica para hallar un modelo exponencial de los datos del Ejemplo 3. Luego usa este modelo y los modelos en los Ejemplos 3 y 4 para predecir el número de trampolines vendidos en el octavo año. Compara las predicciones.

SOLUCIÓN

Ingresa los datos a una calculadora gráfica y haz una regresión exponencial. El modelo es $y = 8.46(1.42)^x$.

Sustituye $x = 8$ en cada modelo para predecir el número de trampolines vendidos en el octavo año.

Ejemplo 3: $y = 8.32(1.44)^8 \approx 154$

Ejemplo 4: $y = 8.41(1.42)^8 \approx 139$

Modelo de regresión: $y = 8.46(1.42)^8 \approx 140$

```
RegExp
y=a*b^x
a=8.457377971
b=1.418848603
r²=.9972445053
r=.9986213023
```

▶ Las predicciones son cercanas para el modelo de regresión y el modelo en el Ejemplo 4 que usó puntos transformados. Estas predicciones son menores que la predicción para el modelo en el Ejemplo 3.

EJEMPLO 6 Hallar un modelo logarítmico

La presión atmosférica disminuye al aumentar la altitud. A nivel del mar, la presión promedio del aire es de 1 atmósfera (1.033227 kilogramos por centímetro cuadrado). La tabla muestra las presiones p (en atmósferas) en altitudes seleccionadas h (en kilómetros). Usa una calculadora gráfica para hallar un modelo logarítmico de la forma $h = a + b \ln p$ que represente los datos. Estima la altitud si la presión es de 0.75 atmósferas.

Presión atmosférica, p	1	0.55	0.25	0.12	0.06	0.02
Altitud, h	0	5	10	15	20	25

Los globos meteorológicos llevan instrumentos que envían información tal como la velocidad del viento, la temperatura y la presión del aire.

SOLUCIÓN

Ingresa los datos en una calculadora gráfica y haz una regresión logarítmica. El modelo es $h = 0.86 - 6.45 \ln p$.

Sustituye $p = 0.75$ en el modelo para obtener

$h = 0.86 - 6.45 \ln 0.75 \approx 2.7$.

```
RegLog
y=a+blnx
a=.8626578705
b=-6.447382985
r²=.9925582287
r=-.996272166
```

▶ Entonces, si la presión del aire es de 0.75 atmósferas, la altitud es de aproximadamente 2.7 kilómetros.

Monitoreo del progreso Ayuda en inglés y español en *BigIdeasMath.com*

7. Usa una calculadora gráfica para hallar un modelo exponencial para los datos en la pregunta 6 de la sección Monitoreo del Progreso.

8. Usa una calculadora gráfica para hallar un modelo logarítmico de la forma $p = a + b \ln h$ para los datos en el Ejemplo 6. Explica por qué el resultado es un mensaje de error.

Sección 6.7 Representar con funciones exponenciales y logarítmicas

6.7 Ejercicios

Soluciones dinámicas disponibles en *BigIdeasMath.com*

Verificación de vocabulario y concepto esencial

1. **COMPLETAR LA ORACIÓN** Dado un conjunto de más de dos pares de datos (x, y), puedes decidir si una función _____ se ajusta bien a los datos haciendo un diagrama de dispersión de los puntos $(x, \ln y)$.

2. **ESCRIBIR** Dada una tabla de valores, explica cómo puedes determinar si una función exponencial es un buen modelo para un conjunto de pares de datos (x, y).

Monitoreo del progreso y Representar con matemáticas

En los Ejercicios 3–6, determina el tipo de función representada por la tabla. Explica tu razonamiento. *(Consulta el Ejemplo 1).*

3.
x	0	3	6	9	12	15
y	0.25	1	4	16	64	256

4.
x	−4	−3	−2	−1	0	1	2
y	16	8	4	2	1	$\frac{1}{2}$	$\frac{1}{4}$

5.
x	5	10	15	20	25	30
y	4	3	7	16	30	49

6.
x	−3	1	5	9	13
y	8	−3	−14	−25	−36

En los Ejercicios 7–16, escribe una función exponencial $y = ab^x$, cuya gráfica pasa por los puntos dados. *(Consulta el Ejemplo 2).*

7. $(1, 3), (2, 12)$
8. $(2, 24), (3, 144)$
9. $(3, 1), (5, 4)$
10. $(3, 27), (5, 243)$
11. $(1, 2), (3, 50)$
12. $(1, 40), (3, 640)$
13. $(-1, 10), (4, 0.31)$
14. $(2, 6.4), (5, 409.6)$

15.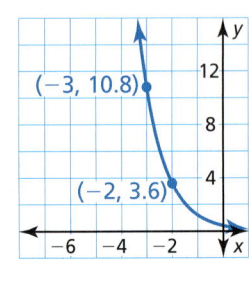

16.

ANÁLISIS DE ERRORES En los Ejercicios 17 y 18, describe y corrige el error al determinar el tipo de función representada por los datos.

17.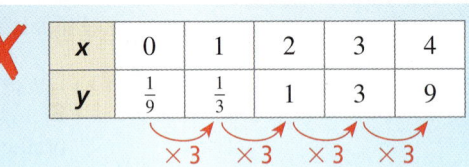

Los valores de salida tienen una razón común de 3, entonces los datos representan una función lineal.

18.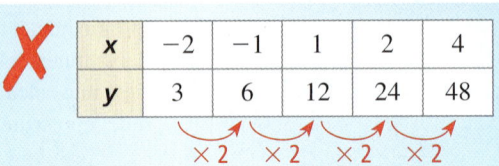

Los valores de salida tienen una razón común de 2, entonces los datos representan una función exponencial.

19. **REPRESENTAR CON MATEMÁTICAS** Una tienda vende motonetas motorizadas. La tabla muestra los números y de motonetas vendidas durante el año x en que la tienda ha estado abierta. Escribe una función que represente los datos. *(Consulta el Ejemplo 3).*

x	y
1	9
2	14
3	19
4	25
5	37
6	53
7	71

346 Capítulo 6 Funciones exponenciales y logarítmicas

20. **REPRESENTAR CON MATEMÁTICAS** La tabla muestra los números y de visitas a un sitio web durante el mes número x. Escribe una función que represente los datos. Luego usa tu modelo para predecir el número de visitas después de 1 año.

x	1	2	3	4	5	6	7
y	22	39	70	126	227	408	735

En los Ejercicios 21–24, determina si los datos muestran una relación exponencial. Luego escribe una función que represente los datos.

21.
x	1	6	11	16	21
y	12	28	76	190	450

22.
x	−3	−1	1	3	5
y	2	7	24	68	194

23.
x	0	10	20	30	40	50	60
y	66	58	48	42	31	26	21

24.
x	−20	−13	−6	1	8	15
y	25	19	14	11	8	6

25. **REPRESENTAR CON MATEMÁTICAS** Tu punto cercano de la visión es el punto más cercano en que tus ojos pueden ver nítidamente un objeto. El diagrama muestra el punto cercano y (en centímetros) a la edad x (en años). Crea un diagrama de dispersión para los pares de datos (x, ln y) para demostrar que un modelo exponencial debería ajustarse bien a los pares de datos originales (x, y). Luego escribe un modelo exponencial para los datos originales. *(Consulta el Ejemplo 4)*.

Distancias del punto cercano de la visión

Edad 20 — 12 cm
Edad 30 — 15 cm
Edad 40 — 25 cm
Edad 50 — 40 cm
Edad 60 — 100 cm

26. **REPRESENTAR CON MATEMÁTICAS** Usa los datos del Ejercicio 19. Crea un diagrama de dispersión de los pares de datos (x, ln y) para demostrar que un modelo exponencial debería ajustarse bien a los pares de datos originales (x, y). Luego escribe un modelo exponencial para los datos originales.

En los Ejercicios 27–30, crea un diagrama de dispersión de los puntos (x, ln y) para determinar si un modelo exponencial se ajusta a los datos. Si es así, halla un modelo exponencial para los datos.

27.
x	1	2	3	4	5
y	18	36	72	144	288

28.
x	1	4	7	10	13
y	3.3	10.1	30.6	92.7	280.9

29.
x	−13	−6	1	8	15
y	9.8	12.2	15.2	19	23.8

30.
x	−8	−5	−2	1	4
y	1.4	1.67	5.32	6.41	7.97

31. **USAR HERRAMIENTAS** Usa una calculadora gráfica para hallar un modelo exponencial para los datos en el Ejercicio 19. Luego usa el modelo para predecir el número de motonetas motorizadas vendidas en el décimo año. *(Consulta el Ejemplo 5)*.

32. **USAR HERRAMIENTAS** Un doctor mide el pulso de un astronauta y (en latidos por minuto) en distintas horas x (en minutos) después de que el astronauta ha terminado de hacer ejercicios. Los resultados se muestran en la tabla. Usa una calculadora gráfica para hallar un modelo exponencial para los datos. Luego usa el modelo para predecir el pulso del astronauta después de 16 minutos.

x	y
0	172
2	132
4	110
6	92
8	84
10	78
12	75

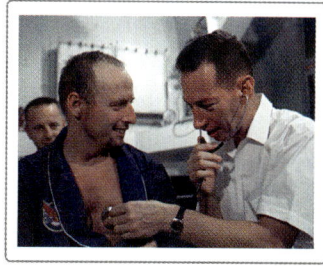

Sección 6.7 Representar con funciones exponenciales y logarítmicas

33. **USAR HERRAMIENTAS** Un objeto a una temperatura de 160° es retirado de un horno y colocado en una habitación a 20°C. La tabla muestra las temperaturas d (en grados Celsius) en horas seleccionadas t (en horas) después de que el objeto fue retirado del horno. Usa una calculadora gráfica para hallar un modelo logarítmico de la forma $t = a + b \ln d$ que represente los datos. Estima cuánto tiempo demora el objeto en enfriarse hasta llegar a los 50°C. *(Consulta el Ejemplo 6).*

d	160	90	56	38	29	24
t	0	1	2	3	4	5

34. **USAR HERRAMIENTAS** Los números f en una cámara controlan la cantidad de luz que ingresa en la cámara. Imagina que s es una medida de la cantidad de luz que impacta la película y que f es el número f. La tabla muestra varios números f en una cámara de 35 milímetros. Usa una calculadora gráfica para hallar un modelo logarítmico de la forma $s = a + b \ln f$ que represente los datos. Estima la cantidad de luz que impacta en la película si $f = 5.657$.

f	s
1.414	1
2.000	2
2.828	3
4.000	4
11.314	7

35. **SACAR CONCLUSIONES** La tabla muestra el peso promedio (en kilogramos) de un bacalao del Atlántico del Golfo de Maine que tiene x años de edad.

Edad, x	1	2	3	4	5
Peso, y	0.751	1.079	1.702	2.198	3.438

a. Demuestra que un modelo exponencial se ajusta a los datos. Luego, halla un modelo exponencial para los datos.

b. ¿En qué porcentaje aumenta cada año el peso de un bacalao del Atlántico en este periodo de tiempo? Explica.

36. **¿CÓMO LO VES?** La gráfica muestra un conjunto de puntos de datos $(x, \ln y)$. ¿Los pares de datos (x, y) se ajustan a un patrón exponencial? Explica tu razonamiento.

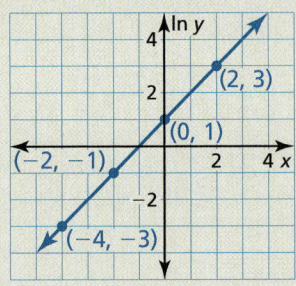

37. **ARGUMENTAR** Tu amigo dice que es posible hallar un modelo logarítmico de la forma $d = a + b \ln t$ para los datos en el Ejercicio 33. ¿Es correcto lo que dice tu amigo? Explica.

38. **ESTIMULAR EL PENSAMIENTO** ¿Es posible escribir y como una función exponencial de x? Explica tu razonamiento. (Presupón que p es positivo).

x	y
1	p
2	$2p$
3	$4p$
4	$8p$
5	$16p$

39. **PENSAMIENTO CRÍTICO** Plantas un plantón de girasol en tu jardín. La altura h (en centímetros) del plantón después de t semanas se puede representar mediante la *función logística*

$$h(t) = \frac{256}{1 + 13e^{-0.65t}}.$$

a. Halla el tiempo que demora el plantón de girasol en alcanzar una altura de 200 centímetros.

b. Usa una calculadora gráfica para hacer la gráfica de la función. Interpreta el significado de la asíntota en el contexto de esta situación.

Mantener el dominio de las matemáticas
Repasar lo que aprendiste en grados y lecciones anteriores

Indica si x y y están en una relación proporcional. Explica tu razonamiento.
(Manual de revisión de destrezas)

40. $y = \dfrac{x}{2}$

41. $y = 3x - 12$

42. $y = \dfrac{5}{x}$

43. $y = -2x$

Identifica el foco, la directriz y el eje de simetría de la parábola. Luego haz una gráfica de la ecuación.
(Sección 2.3)

44. $x = \dfrac{1}{8}y^2$

45. $y = 4x^2$

46. $x^2 = 3y$

47. $y^2 = \dfrac{2}{5}x$

348   Capítulo 6   Funciones exponenciales y logarítmicas

6.5–6.7 ¿Qué aprendiste?

Vocabulario Esencial

ecuaciones exponenciales, *pág. 334*
ecuaciones logarítmicas, *pág. 335*

Conceptos Esenciales

Sección 6.5
Propiedades de los logaritmos, *pág. 328*
Fórmula de cambio de base, *pág. 329*

Sección 6.6
Propiedad de igualdad para ecuaciones exponenciales, *pág. 334*
Propiedad de igualdad para ecuaciones logarítmicas, *pág. 335*

Sección 6.7
Clasificar datos, *pág. 342*
Escribir funciones exponenciales, *pág. 343*
Usar la regresión exponencial y logarítmica, *pág. 345*

Prácticas matemáticas

1. Explica cómo usaste las propiedades de los logaritmos para reescribir la función en la parte (b) del Ejercicio 45 de la página 332.

2. ¿Cómo puedes usar casos para analizar el argumento dado en el Ejercicio 46 de la página 339?

Tarea de desempeño

Medir desastres naturales

En 2005, un temblor de 4.1 en la escala de Richter apenas sacudió la ciudad de Ocotillo, California, y prácticamente no ocasionó daños. Pero en 1906, un terremoto de un estimado de 8.2 en la misma escala devastó la ciudad de San Francisco. ¿El doble de la medida en la escala de Richter significa el doble de la intensidad del terremoto?

Para explorar las respuestas a estas preguntas y más, visita *BigIdeasMath.com*.

6 Repaso del capítulo

Soluciones dinámicas disponibles en BigIdeasMath.com

6.1 Funciones de crecimiento y decremento exponencial (págs. 295–302)

Indica si la función $y = 3^x$ representa *crecimiento exponencial* o *decremento exponencial*. Luego haz una gráfica de la función.

Paso 1 Identifica el valor de la base. La base, 3, es mayor que 1, entonces la función representa crecimiento exponencial.

Paso 2 Haz una tabla de valores.

Paso 3 Marca los puntos de la tabla.

x	−2	−1	0	1	2
y	$\frac{1}{9}$	$\frac{1}{3}$	1	3	9

Paso 4 Dibuja, de *izquierda a derecha*, una curva suave que comience justo sobre el eje x, pase por los puntos marcados y se mueva hacia arriba a la derecha.

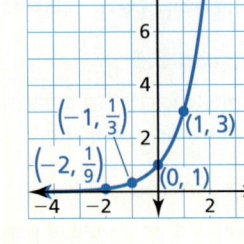

Indica si la función representa crecimiento exponencial o decremento exponencial. Identifica el porcentaje de aumento o disminución. Luego haz una gráfica de la función.

1. $f(x) = \left(\frac{1}{3}\right)^x$
2. $y = 5^x$
3. $f(x) = (0.2)^x$

4. Depositas $1500 en una cuenta que paga 7% de interés anual. Halla el balance después de 2 años si el interés se compone diariamente.

6.2 La base natural e (págs. 303–308)

Simplifica cada expresión.

a. $\dfrac{18e^{13}}{2e^7} = 9e^{13-7} = 9e^6$

b. $(2e^{3x})^3 = 2^3(e^{3x})^3 = 8e^{9x}$

Simplifica cada expresión.

5. $e^4 \cdot e^{11}$
6. $\dfrac{20e^3}{10e^6}$
7. $(-3e^{-5x})^2$

Indica si la función representa *crecimiento exponencial* o *decremento exponencial*. Luego haz una gráfica de la función.

8. $f(x) = \frac{1}{3}e^x$
9. $y = 6e^{-x}$
10. $y = 3e^{-0.75x}$

6.3 Logaritmos y funciones logarítmicas (págs. 309–316)

Halla el inverso de la función $y = \ln(x - 2)$.

$y = \ln(x - 2)$ Escribe la función original.
$x = \ln(y - 2)$ Intercambia x por y.
$e^x = y - 2$ Escribe en forma exponencial.
$e^x + 2 = y$ Suma 2 a cada lado.

Verifica

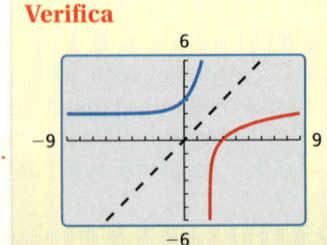

Las gráficas parecen ser reflexiones entre sí en la recta $y = x$. ✓

▶ El inverso de $y = \ln(x - 2)$ es $y = e^x + 2$.

350 Capítulo 6 Funciones exponenciales y logarítmicas

Evalúa el logaritmo.

11. $\log_2 8$ **12.** $\log_6 \frac{1}{36}$ **13.** $\log_5 1$

Halla el inverso de la función.

14. $f(x) = 8^x$ **15.** $y = \ln(x - 4)$ **16.** $y = \log(x + 9)$

17. Haz una gráfica de $y = \log_{1/5} x$.

6.4 Transformaciones de funciones exponenciales y logarítmicas (págs. 317–324)

Describe la transformación de $f(x) = \left(\frac{1}{3}\right)^x$ representado por $g(x) = \left(\frac{1}{3}\right)^{x-1} + 3$. Luego haz una gráfica de cada función.

Observa que la función es de la forma $g(x) = \left(\frac{1}{3}\right)^{x-h} + k$, donde $h = 1$ y $k = 3$.

▶ Entonces, la gráfica de g es una traslación 1 unidad hacia la derecha y 3 unidades hacia arriba de la gráfica de f.

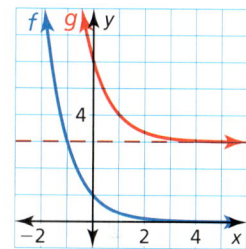

Describe la transformación de f representada por g. Luego haz una gráfica de cada función.

18. $f(x) = e^{-x}, g(x) = e^{-5x} - 8$ **19.** $f(x) = \log_4 x, g(x) = \frac{1}{2}\log_4(x + 5)$

Escribe una regla para g.

20. Imagina que la gráfica de g es un alargamiento vertical por un factor de 3, seguido de una traslación 6 unidades hacia la izquierda y 3 unidades hacia arriba de la gráfica $f(x) = e^x$.

21. Imagina que la gráfica de g es una traslación 2 unidades hacia abajo, seguida de una reflexión en el eje y de la gráfica de $f(x) = \log x$.

6.5 Propiedades de los logaritmos (págs. 327–332)

Desarrolla $\ln \frac{12x^5}{y}$.

$\ln \frac{12x^5}{y} = \ln 12x^5 - \ln y$ *Propiedad del cociente*

$\qquad\qquad = \ln 12 + \ln x^5 - \ln y$ *Propiedad del producto*

$\qquad\qquad = \ln 12 + 5 \ln x - \ln y$ *Propiedad de la potencia*

Desarrolla o reduce la expresión logarítmica.

22. $\log_8 3xy$ **23.** $\log 10x^3 y$ **24.** $\ln \frac{3y}{x^5}$

25. $3 \log_7 4 + \log_7 6$ **26.** $\log_2 12 - 2 \log_2 x$ **27.** $2 \ln x + 5 \ln 2 - \ln 8$

Usa la fórmula de cambio de base para evaluar el logaritmo.

28. $\log_2 10$ **29.** $\log_7 9$ **30.** $\log_{23} 42$

6.6 Resolver ecuaciones exponenciales y logarítmicas (págs. 333–340)

Resuelve $\ln(3x - 9) = \ln(2x + 6)$.

$\ln(3x - 9) = \ln(2x + 6)$	Escribe la ecuación original.
$3x - 9 = 2x + 6$	Propiedad de igualdad para ecuaciones logarítmicas
$x - 9 = 6$	Resta $2x$ de cada lado.
$x = 15$	Suma 9 a cada lado.

Verifica

$\ln(3 \cdot 15 - 9) \stackrel{?}{=} \ln(2 \cdot 15 + 6)$

$\ln(45 - 9) \stackrel{?}{=} \ln(30 + 6)$

$\ln 36 = \ln 36$ ✓

Resuelve la ecuación. Verifica si hay soluciones extrañas.

31. $5^x = 8$ **32.** $\log_3(2x - 5) = 2$ **33.** $\ln x + \ln(x + 2) = 3$

Resuelve la desigualdad.

34. $6^x > 12$ **35.** $\ln x \leq 9$ **36.** $e^{4x-2} \geq 16$

6.7 Representar con funciones exponenciales y logarítmicas (págs. 341–348)

Escribe una función exponencial cuya gráfica pase por (1, 3) y (4, 24).

Paso 1 Sustituye las coordenadas de los dos puntos dados en $y = ab^x$.

$3 = ab^1$ Ecuación 1: Sustituye 3 por *y* y 1 por *x*.

$24 = ab^4$ Ecuación 2: Sustituye 24 por *y* y 4 por *x*.

Paso 2 Resuelve para *a* en la Ecuación 1 para obtener $a = \dfrac{3}{b}$ y sustituye esta expresión por *a* en la Ecuación 2.

$24 = \left(\dfrac{3}{b}\right)b^4$ Sustituye $\dfrac{3}{b}$ por *a* en la Ecuación 2.

$24 = 3b^3$ Simplifica.

$8 = b^3$ Divide cada lado entre 3.

$2 = b$ Saca la raíz cúbica de cada lado.

Paso 3 Determina que $a = \dfrac{3}{b} = \dfrac{3}{2}$.

▶ Entonces, la función exponencial es $y = \dfrac{3}{2}(2^x)$.

Escribe un modelo exponencial para los pares de datos (x, y).

37. (3, 8), (5, 2)

38.

x	1	2	3	4
ln y	1.64	2.00	2.36	2.72

39. Una tienda de zapatos vende un nuevo modelo de zapatilla de básquetbol. La tabla muestra los pares vendidos *s* en el tiempo *t* (en semanas). Usa una calculadora gráfica para hallar un modelo logarítmico de la forma $s = a + b \ln t$ que represente los datos. Estima cuántos pares de zapatillas se venden después de 6 semanas.

Semana, t	1	3	5	7	9
Pares vendidos, s	5	32	48	58	65

352 Capítulo 6   Funciones exponenciales y logarítmicas

6 Prueba del capítulo

Haz una gráfica de la ecuación. Expresa el dominio, el rango y la asíntota.

1. $y = \left(\dfrac{1}{2}\right)^x$
2. $y = \log_{1/5} x$
3. $y = 4e^{-2x}$

Describe la transformación de f representada por g. Luego escribe una regla para g.

4. $f(x) = \log x$
5. $f(x) = e^x$
6. $f(x) = \left(\dfrac{1}{4}\right)^x$

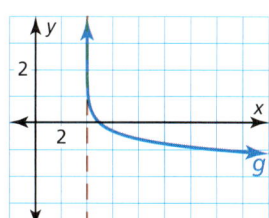
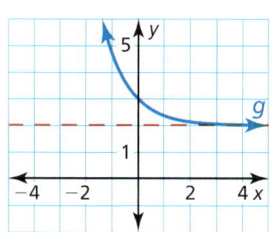
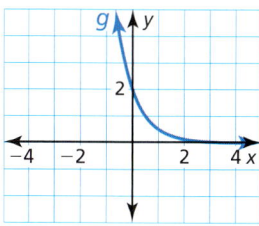

Evalúa el logaritmo. Usa $\log_3 4 \approx 1.262$ y $\log_3 13 \approx 2.335$, si es necesario.

7. $\log_3 52$
8. $\log_3 \dfrac{13}{9}$
9. $\log_3 16$
10. $\log_3 8 + \log_3 \dfrac{1}{2}$

11. Describe las semejanzas y diferencias al resolver las ecuaciones $4^{5x-2} = 16$ y $\log_4(10x + 6) = 1$. Luego resuelve cada ecuación.

12. Sin calcular, determina si $\log_5 11$, $\dfrac{\log 11}{\log 5}$, y $\dfrac{\ln 11}{\ln 5}$ son expresiones equivalentes. Explica tu razonamiento.

13. La cantidad y de petróleo recolectado por una compañía petrolera que perfora en la plataforma continental de los Estados Unidos se puede representar mediante $y = 12.263 \ln x - 45.381$, donde y se mide en miles de millones de barriles y x es el número de pozos perforados. ¿Aproximadamente cuántos barriles de petróleo esperarías recolectar después de perforar 1000 pozos? Halla la función inversa y describe la información que obtengas al hallar el inverso.

14. El porcentaje L de luz superficial que se filtra a través de los cuerpos de agua se puede representar mediante la función exponencial $L(x) = 100e^{kx}$, donde k es una medida de la turbidez del agua y x es la profundidad (en metros) por debajo de la superficie.

    a. Un sumergible de recreo viaja en agua clara con un valor k de aproximadamente -0.02. Escribe una función que dé el porcentaje de luz superficial que se filtra a través del agua clara como una función de profundidad.

    b. Indica si tu función en la parte (a) representa crecimiento exponencial o decremento exponencial. Explica tu razonamiento.

    c. Estima el porcentaje de luz superficial disponible a una profundidad de 40 metros.

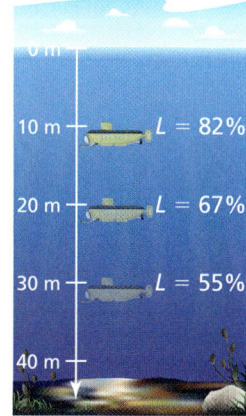

15. La tabla muestra los valores y (en dólares) de una motonieve nueva después de x años de propiedad. Describe tres maneras diferentes de hallar un modelo exponencial que represente los datos. Luego escribe y usa un modelo para hallar el año en el que la motonieve valga $2500.

Año, x	0	1	2	3	4
Valor, y	4200	3780	3402	3061.80	2755.60

6 Evaluación acumulativa

1. Selecciona todo valor de b para la ecuación $y = b^x$ que pudiera generar la gráfica que se muestra.

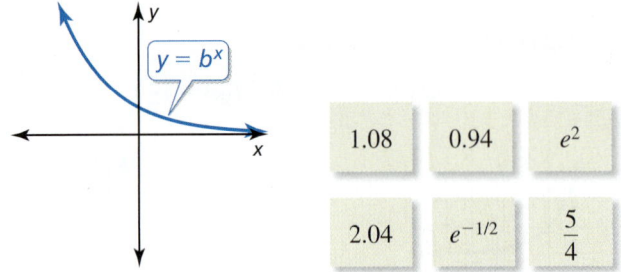

   1.08   0.94 e^2

   2.04 $e^{-1/2}$ $\frac{5}{4}$

2. Tu amigo dice que se gana más interés si una cuenta paga interés compuesto continuamente en vez de pagar interés compuesto diariamente. ¿Estás de acuerdo con tu amigo? Justifica tu respuesta.

3. Estás diseñando una nevera portátil rectangular para picnic con una longitud de cuatro veces su ancho y una altura del doble de su ancho. La nevera portátil tiene aislamiento de 1 pulgada de grosor en cada uno de los cuatro lados y 2 pulgadas de grosor en la parte superior e inferior.

   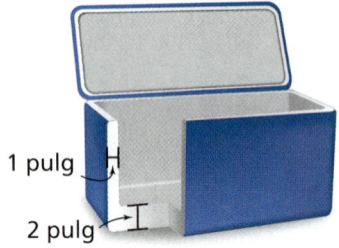

   a. Imagina que x representa el ancho de la nevera portátil. Escribe una función polinomial T que dé el volumen del prisma rectangular formado por las superficies exteriores de la nevera portátil.

   b. Escribe una función polinomial C para el volumen del interior de la nevera portátil.

   c. Imagina que I es una función polinomial que representa el volumen del aislamiento. ¿Cómo se relaciona I con T y C?

   d. Escribe I en forma estándar. ¿Cuál es el volumen del aislamiento si el ancho de la nevera portátil es de 8 pulgadas?

4. ¿Cuál es la solución de la desigualdad logarítmica $-4 \log_2 x \geq -20$?

   Ⓐ $x \leq 32$

   Ⓑ $0 \leq x \leq 32$

   Ⓒ $0 < x \leq 32$

   Ⓓ $x \geq 32$

5. Describe la transformación de $f(x) = \log_2 x$ representada por la gráfica de g.

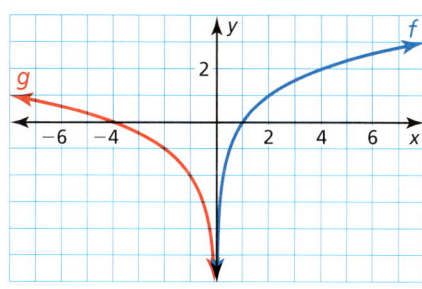

6. Imagina que $f(x) = 2x^3 - 4x^2 + 8x - 1$, $g(x) = 2x - 3x^4 - 6x^3 + 5$, y $h(x) = -7 + x^2 + x$. Ordena las siguientes funciones de menor a mayor grado.

A. $(f + g)(x)$ **B.** $(hg)(x)$

C. $(h - f)(x)$ **D.** $(fh)(x)$

7. Escribe un modelo exponencial que represente cada conjunto de datos. Compara ambos modelos.

a.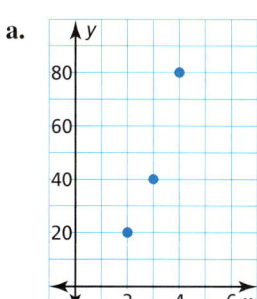

b.
x	2	3	4	5	6
y	4.5	13.5	40.5	121.5	364.5

8. Elige un método para resolver cada función cuadrática. Explica el método que elegiste.

a. $x^2 + 4x = 10$ b. $x^2 = -12$

c. $4(x - 1)^2 = 6x + 2$ d. $x^2 - 3x - 18 = 0$

9. En el concurso anual de lanzar calabazas, los concursantes compiten para ver a quién pertenece la catapulta que lance las calabazas a mayor distancia. La tabla muestra las distancias horizontales y (en pies) que recorre una calabaza si se lanza en distintos ángulos x (en grados). Crea un diagrama de dispersión de los datos. ¿Los datos muestran una relación lineal, cuadrática o exponencial? Usa la tecnología para hallar un modelo para los datos. Halla el ángulo(s) en que una calabaza lanzada viaja 500 pies.

Ángulo (grados), x	20	30	40	50	60	70
Distancia (pies), y	372	462	509	501	437	323

7 Funciones racionales

- **7.1** Variación inversa
- **7.2** Hacer gráficas de funciones racionales
- **7.3** Multiplicar y dividir expresiones racionales
- **7.4** Sumar y restar expresiones racionales
- **7.5** Resolver ecuaciones racionales

Costo de combustible *(pág. 397)*

Pingüino de las Galápagos *(pág. 382)*

Relámpago *(pág. 371)*

Impresora 3-D *(pág. 369)*

Proyecto de voluntarios *(pág. 362)*

Mantener el dominio de las matemáticas

Sumar y restar números racionales

Ejemplo 1 Halla la suma $-\frac{3}{4} + \frac{1}{3}$.

$-\frac{3}{4} + \frac{1}{3} = -\frac{9}{12} + \frac{4}{12}$ Reescribe usando el m.c.d. (mínimo común denominador).

$= \frac{-9 + 4}{12}$ Escribe la suma de los numeradores sobre el común denominador.

$= -\frac{5}{12}$ Suma.

Ejemplo 2 Halla la diferencia $\frac{7}{8} - \left(-\frac{5}{8}\right)$.

$\frac{7}{8} - \left(-\frac{5}{8}\right) = \frac{7}{8} + \frac{5}{8}$ Suma el opuesto de $-\frac{5}{8}$.

$= \frac{7 + 5}{8}$ Escribe la suma de los numeradores sobre el común denominador.

$= \frac{12}{8}$ Suma.

$= \frac{3}{2}$, o $1\frac{1}{2}$ Simplifica.

Evalúa.

1. $\frac{3}{5} + \frac{2}{3}$
2. $-\frac{4}{7} + \frac{1}{6}$
3. $\frac{7}{9} - \frac{4}{9}$
4. $\frac{5}{12} - \left(-\frac{1}{2}\right)$
5. $\frac{2}{7} + \frac{1}{7} - \frac{6}{7}$
6. $\frac{3}{10} - \frac{3}{4} + \frac{2}{5}$

Simplificar fracciones complejas

Ejemplo 3 Simplifica $\dfrac{\frac{1}{2}}{\frac{4}{5}}$.

$\dfrac{\frac{1}{2}}{\frac{4}{5}} = \frac{1}{2} \div \frac{4}{5}$ Reescribe el cociente.

$= \frac{1}{2} \cdot \frac{5}{4}$ Multiplica por el recíproco de $\frac{4}{5}$.

$= \frac{1 \cdot 5}{2 \cdot 4}$ Multiplica los numeradores y denominadores.

$= \frac{5}{8}$ Simplifica.

Simplifica.

7. $\dfrac{\frac{3}{8}}{\frac{5}{6}}$
8. $\dfrac{\frac{1}{4}}{-\frac{5}{7}}$
9. $\dfrac{\frac{2}{3}}{\frac{2}{3} + \frac{1}{4}}$

10. **RAZONMIENTO ABSTRACTO** ¿Para qué valor de x la expresión $\frac{1}{x}$ es indefinida? Explica tu razonamiento.

Soluciones dinámicas disponibles en *BigIdeasMath.com*.

Prácticas matemáticas

Los estudiantes que dominan las matemáticas son cautelosos al especificar unidades de medida y aclarar la relación entre las cantidades en un problema.

Especificar unidades de medida

Concepto Esencial

Convertir unidades de medida

Para convertir de una unidad de medida a otra unidad de medida, puedes comenzar por escribir las nuevas unidades. Luego multiplica las unidades anteriores por los factores de conversión apropiados. Por ejemplo, puedes convertir 60 millas por hora a pies por segundo de la siguiente manera.

unidades viejas → $\dfrac{60 \text{ mi}}{1 \text{ h}} = \dfrac{? \text{ pies}}{1 \text{ s}}$ ← unidades nuevas

$$\dfrac{60 \text{ mi}}{1 \text{ h}} \cdot \dfrac{1 \text{ h}}{60 \text{ min}} \cdot \dfrac{1 \text{ min}}{60 \text{ s}} \cdot \dfrac{5280 \text{ pies}}{1 \text{ mi}} = \dfrac{5280 \text{ pies}}{60 \text{ s}}$$

$$= \dfrac{88 \text{ pies}}{1 \text{ s}}$$

EJEMPLO 1 Convertir unidades de medida

Te dan dos ofertas de empleo. ¿Cuál tiene el mayor ingreso anual?

- $45,000 por año
- $22 por hora

SOLUCIÓN

Una manera de responder esta pregunta es convertir $22 por hora a dólares por año y luego comparar los dos salarios anuales. Presupón que hay 40 horas en una semana laboral.

$\dfrac{22 \text{ dólares}}{1 \text{ h}} = \dfrac{? \text{ dólares}}{1 \text{ año}}$ Escribe las unidades nuevas.

$\dfrac{22 \text{ dólares}}{1 \text{ h}} \cdot \dfrac{40 \text{ h}}{1 \text{ semana}} \cdot \dfrac{52 \text{ semana}}{1 \text{ año}} = \dfrac{45{,}760 \text{ dólares}}{1 \text{ año}}$ Multiplica por los factores de conversión.

▶ La segunda oferta tiene el mayor salario anual.

Monitoreo del progreso

1. Manejas un carro a una velocidad de 60 millas por hora. ¿Cuál es la velocidad en metros por segundo?
2. Una manguera tiene una presión de 200 libras por pulgada cuadrada. ¿Cuál es la presión en kilogramos por centímetro cuadrado?
3. Un camión de concreto vierte concreto a una tasa de 1 yarda cúbica por minuto. ¿Cuál es la tasa en pies cúbicos por hora?
4. El agua en una cañería fluye a una tasa de 10 galones por minuto. ¿Cuál es la tasa en litros por segundo?

7.1 Variación inversa

Pregunta esencial ¿Cómo puedes reconocer si dos cantidades varían directamente o inversamente?

EXPLORACIÓN 1   Reconocer la variación directa

Trabaja con un compañero. Cuelgas diferentes pesos del mismo resorte.

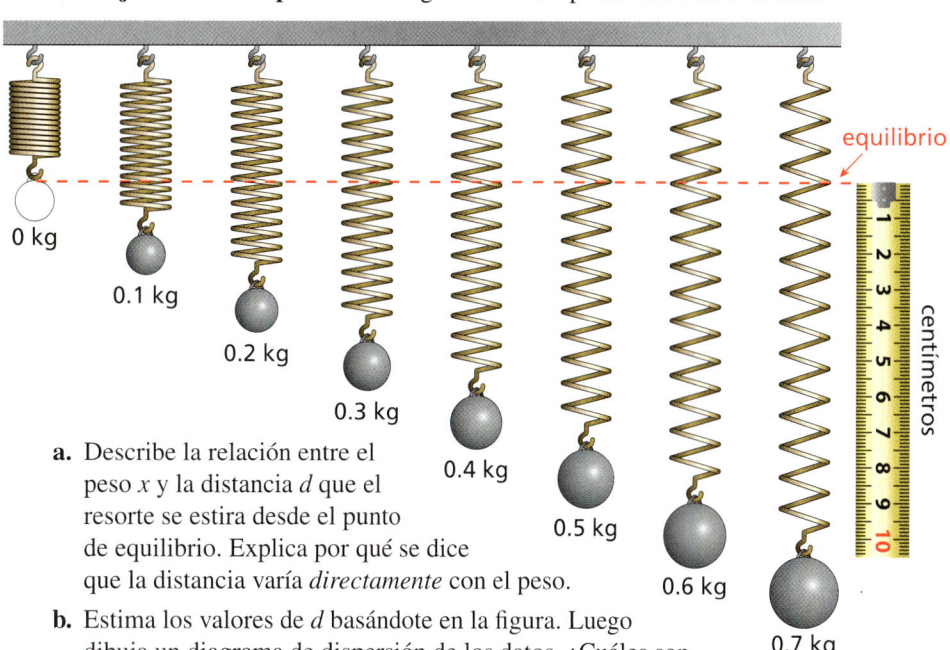

RAZONAR CUANTITATIVAMENTE

Para dominar las matemáticas, necesitas captar las cantidades y sus relaciones en situaciones o problemas.

a. Describe la relación entre el peso x y la distancia d que el resorte se estira desde el punto de equilibrio. Explica por qué se dice que la distancia varía *directamente* con el peso.
b. Estima los valores de d basándote en la figura. Luego dibuja un diagrama de dispersión de los datos. ¿Cuáles son las características de la gráfica?
c. Escribe una ecuación que represente a d como función de x.
d. En la física, la relación entre d y x está descrita por la *ley de Hook*. ¿Cómo describirías la ley de Hook?

EXPLORACIÓN 2   Reconocer la variación inversa

x	y
1	
2	
4	
8	
16	
32	
64	

Trabaja con un compañero. La tabla muestra la longitud x (en pulgadas) y el ancho y (en pulgadas) de un rectángulo. El área de cada rectángulo es de 64 pulgadas cuadradas.

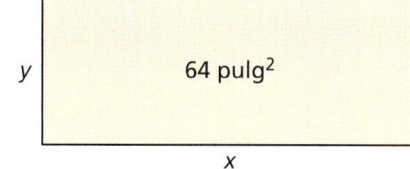

a. Copia y completa la tabla.
b. Describe la relación entre x y y. Explica por qué se dice que y varía *inversamente proporcional a x*.
c. Dibuja un diagrama de dispersión de los datos. ¿Cuáles son las características de la gráfica?
d. Escribe una ecuación que represente a y como función de x.

Comunicar tu respuesta

3. ¿Cómo puedes reconocer si dos cantidades varían directa o inversamente?
4. ¿La tasa de aleteo de un ave es directa o inversamente proporcional a la longitud de sus alas? Explica tu razonamiento.

7.1 Lección

Qué aprenderás

- Clasificar la variación directa o inversa.
- Escribir ecuaciones de variación inversa.

Vocabulario Esencial

variación inversa, *pág. 360*
constante de variación, *pág. 360*

Anterior
variación directa
razones

Clasificar la variación directa o inversa

Has aprendido que dos variables x y y varían directamente si $y = ax$ para una constante a diferente de cero. Otro tipo de variación se denomina *variación inversa*.

Concepto Esencial

Variación inversa

Dos variables x y y son **inversamente proporcionales** si están relacionadas de la siguiente manera:

$$y = \frac{a}{x}, a \neq 0$$

La constante a es la **constante de variación**, y se dice que y es *inversamente proporcional a x*.

EJEMPLO 1 Clasificar ecuaciones

Indica si x y y muestran *variación directa, variación inversa,* o *ninguna de las dos*.

a. $xy = 5$

b. $y = x - 4$

c. $\dfrac{y}{2} = x$

SOLUCIÓN

Ecuación dada	Resuelve para y	Tipo de variación
a. $xy = 5$	$y = \dfrac{5}{x}$	inversa
b. $y = x - 4$	$y = x - 4$	ninguna
c. $\dfrac{y}{2} = x$	$y = 2x$	directa

CONSEJO DE ESTUDIO

La ecuación en la parte (b) no muestra variación directa porque $y = x - 4$ no es de la forma $y = ax$.

Monitoreo del progreso Ayuda en inglés y español en *BigIdeasMath.com*

Indica si x y y muestran *variación directa, variación inversa,* o *ninguna de las dos*.

1. $6x = y$
2. $xy = -0.25$
3. $y + x = 10$

La ecuación general $y = ax$ para la variación directa se puede reescribir como $\dfrac{y}{x} = a$. Entonces, un conjunto de pares de datos (x, y) muestra variación directa si las razones $\dfrac{y}{x}$ son constantes.

La ecuación general $y = \dfrac{a}{x}$ para la variación inversa se puede reescribir como $xy = a$. Entonces, un conjunto de pares de datos (x, y) muestra variación inversa si los productos xy son constantes.

360   Capítulo 7   Funciones racionales

EJEMPLO 2 Clasificar datos

Indica si *x* y *y* muestran *variación directa, variación inversa,* o *ninguna de las dos*.

a.
x	2	4	6	8
y	−12	−6	−4	−3

b.
x	1	2	3	4
y	2	4	8	16

SOLUCIÓN

a. Halla los productos xy y las razones $\frac{y}{x}$.

xy	−24	−24	−24	−24	Los productos son constantes.
$\frac{y}{x}$	$\frac{-12}{2} = -6$	$\frac{-6}{4} = -\frac{3}{2}$	$\frac{-4}{6} = -\frac{2}{3}$	$-\frac{3}{8}$	Las razones no son constantes.

▶ Entonces, *x* y *y* muestran variación inversa.

b. Halla los productos xy y las razones $\frac{y}{x}$.

xy	2	8	24	64	Los productos no son constantes.
$\frac{y}{x}$	$\frac{2}{1} = 2$	$\frac{4}{2} = 2$	$\frac{8}{3}$	$\frac{16}{4} = 4$	Las razones no son constantes.

▶ Entonces, *x* y *y* no muestran variación directa ni inversa.

ANALIZAR RELACIONES

En el ejemplo 2(b), observa en la tabla original que cuando *x* aumenta en 1, *y* se multiplica por 2. Entonces, los datos en la tabla representan una función exponencial.

Monitoreo del progreso Ayuda en inglés y español en *BigIdeasMath.com*

Indica si *x* y *y* muestran *variación directa, variación inversa,* o *ninguna de las dos*.

4.
x	−4	−3	−2	−1
y	20	15	10	5

5.
x	1	2	3	4
y	60	30	20	15

Escribir ecuaciones de variación inversa

EJEMPLO 3 Escribir una ecuación de variación inversa

Las variables *x* y *y* son inversamente proporcionales, y *y* = 4 cuando *x* = 3. Escribe una ecuación que relacione a *x* y *y*. Luego halla *y* cuando *x* = −2.

SOLUCIÓN

$y = \dfrac{a}{x}$ Escribe la ecuación general para variación inversa.

$4 = \dfrac{a}{3}$ Sustituye 4 por *y* y 3 por *x*.

$12 = a$ Multiplica cada lado por 3.

▶ La ecuación de variación inversa es $y = \dfrac{12}{x}$. Cuando $x = -2$, $y = \dfrac{12}{-2} = -6$.

OTRA MANERA

Dado que *x* y *y* son inversamente proporcionales, también sabes que los productos *xy* son constantes. Este producto equivale a la constante de variación *a*. Entonces, puedes determinar rápidamente que $a = xy = 3(4) = 12$.

Sección 7.1   Variación inversa   361

EJEMPLO 4 Representar con matemáticas

El tiempo t (en horas) que un grupo de voluntarios demora en construir un parque infantil es inversamente proporcional al número n de voluntarios. Un grupo de 10 voluntarios demora 8 horas para construir el parque infantil.

- Haz una tabla que muestre el tiempo que demoraría construir el parque infantil si el número de voluntarios fuese 15, 20, 25 y 30.
- ¿Qué sucede con el tiempo que demora construir el parque infantil a medida que el número de voluntarios aumenta?

SOLUCIÓN

1. **Comprende el problema** Te dan una descripción de dos cantidades que son inversamente proporcionales y un par de valores de datos. Te piden que crees una tabla que dé pares de datos adicionales.

2. **Haz un plan** Usa el tiempo que demoran 10 voluntarios en construir el parque infantil para hallar la constante de variación. Luego escribe una ecuación de variación inversa y sustituye con los diferentes números de voluntarios para hallar los tiempos correspondientes.

3. **Resuelve el Problema**

   $t = \dfrac{a}{n}$ Escribe la ecuación general para variación inversa.

   $8 = \dfrac{a}{10}$ Sustituye 8 por t y 10 por n.

   $80 = a$ Multiplica cada lado por 10.

La ecuación de variación inversa es $t = \dfrac{80}{n}$. Haz una tabla de valores.

n	15	20	25	30
t	$\dfrac{80}{15}$ = 5 h 20 min	$\dfrac{80}{20}$ = 4 h	$\dfrac{80}{25}$ = 3 h 12 min	$\dfrac{80}{30}$ = 2 h 40 min

▶ Al aumentar el número de voluntarios, el tiempo que demora construir el parque infantil disminuye.

4. **Verifícalo** Dado que el tiempo disminuye al aumentar el número de voluntarios, el tiempo que demoran 5 voluntarios en construir el parque infantil debería ser mayor que 8 horas.

$$t = \dfrac{80}{5} = 16 \text{ horas} \checkmark$$

BUSCAR UN PATRÓN

Observa que al aumentar el número de voluntarios en 5, el tiempo disminuye una cantidad cada vez menor.

De $n = 15$ a $n = 20$, t disminuye en 1 hora y 20 minutos.

De $n = 20$ a $n = 25$, t disminuye en 48 minutos.

De $n = 25$ a $n = 30$, t disminuye en 32 minutos.

Monitoreo del progreso   Ayuda en inglés y español en *BigIdeasMath.com*

Las variables x y y son inversamente proporcionales. Usa los valores dados para escribir una ecuación que relacione x y y. Luego halla y cuando $x = 2$.

6. $x = 4, y = 5$ 7. $x = 6, y = -1$ 8. $x = \dfrac{1}{2}, y = 16$

9. **¿QUÉ PASA SI?** En el Ejemplo 4, un grupo de 10 voluntarios demora 12 horas en construir el parque infantil. ¿Cuánto demoraría un grupo de 15 voluntarios?

362   Capítulo 7   Funciones racionales

7.1 Ejercicios

Soluciones dinámicas disponibles en *BigIdeasMath.com*

Verificación de vocabulario y concepto esencial

1. **VOCABULARIO** Explica en qué se diferencian las ecuaciones de variación directa y las ecuaciones de variación inversa.

2. **DISTINTAS PALABRAS, LA MISMA PREGUNTA** ¿Cuál es diferente? Halla "ambas" respuestas.

   ¿Cuál es una ecuación de variación inversa que relacione x y y con $a = 4$?

   ¿Cuál es una ecuación para la cual las razones $\frac{y}{x}$ sean constantes y $a = 4$?

   ¿Cuál es una ecuación para la cual y sea inversamente proporcional a x y $a = 4$?

   ¿Cuál es una ecuación para la cual los productos xy sean constantes y $a = 4$?

Monitoreo del progreso y Representar con matemáticas

En los Ejercicios 3–10, indica si x y y muestran *variación directa*, *variación inversa* o *ninguna de las dos*. *(Consulta el Ejemplo 1).*

3. $y = \frac{2}{x}$

4. $xy = 12$

5. $\frac{y}{x} = 8$

6. $4x = y$

7. $y = x + 4$

8. $x + y = 6$

9. $8y = x$

10. $xy = \frac{1}{5}$

En los Ejercicios 11–14, indica si x y y muestran *variación directa*, *variación inversa* o *ninguna de las dos*. *(Consulta el Ejemplo 2).*

11.
x	12	18	23	29	34
y	132	198	253	319	374

12.
x	1.5	2.5	4	7.5	10
y	13.5	22.5	36	67.5	90

13.
x	4	6	8	8.4	12
y	21	14	10.5	10	7

14.
x	4	5	6.2	7	11
y	16	11	10	9	6

En los Ejercicios 15–22, las variables x y y son inversamente proporcionales. Usa los valores dados para escribir una ecuación que relacione x y y. Luego halla y cuando $x = 3$. *(Consulta el Ejemplo 3).*

15. $x = 5, y = -4$

16. $x = 1, y = 9$

17. $x = -3, y = 8$

18. $x = 7, y = 2$

19. $x = \frac{3}{4}, y = 28$

20. $x = -4, y = -\frac{5}{4}$

21. $x = -12, y = -\frac{1}{6}$

22. $x = \frac{5}{3}, y = -7$

ANÁLISIS DE ERRORES En los Ejercicios 23 y 24, las variables x y y son inversamente proporcionales. Describe y corrige el error cometido al escribir la ecuación relacionando x y y.

23. $x = 8, y = 5$

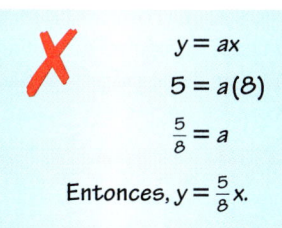

24. $x = 5, y = 2$

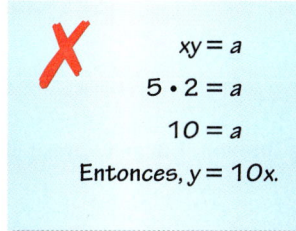

Sección 7.1 Variación inversa 363

25. **REPRESENTAR CON MATEMÁTICAS** El número y de canciones que se pueden almacenar en un reproductor de MP3 es inversamente proporcional al tamaño promedio x de una canción. Cierto reproductor de MP3 puede almacenar 2500 canciones si el tamaño promedio de una canción es de 4 *megabytes* (MB). *(Consulta el Ejemplo 4).*

   a. Haz una tabla que muestre el número de canciones que se podrán almacenar en el reproductor de MP3 si el tamaño promedio de una canción es de 2 MB, 2.5 MB, 3 MB y 5 MB.

   b. ¿Qué pasa con el número de canciones al aumentar el tamaño promedio de una canción?

26. **REPRESENTAR CON MATEMÁTICAS** Cuando te paras en la nieve, la presión promedio P (en libras por pulgada cuadrada) que ejerces sobre la nieve es inversamente proporcional al área total A (en pulgadas cuadradas) de las suelas de tu calzado. Supón que la presión es de 0.43 libras por pulgada cuadrada si usas las raquetas para nieve que se muestran. Escribe una ecuación que dé P como función de A. Luego halla la presión si usas las botas que se muestran.

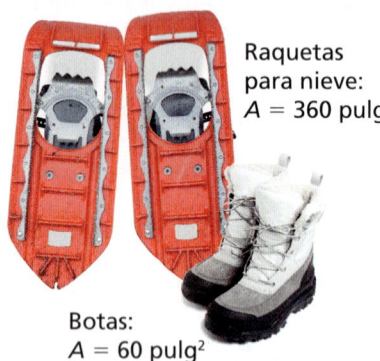

Raquetas para nieve: $A = 360$ pulg^2

Botas: $A = 60$ pulg^2

27. **RESOLVER PROBLEMAS** Los chips de computadora se graban en obleas de silicona. La tabla compara el área A (en milímetros cuadrados) de un chip de computadora con el número c de chips que se puede obtener de una oblea de silicona. Escribe un modelo que dé c como función de A. Luego predice el número de chips por oblea si el área de un chip es de 81 milímetros cuadrados.

Área, (mm²), A	58	62	66	70
Número de chips, c	448	424	392	376

28. **¿CÓMO LO VES?** ¿La gráfica de f representa variación inversa o variación directa? Explica tu razonamiento.

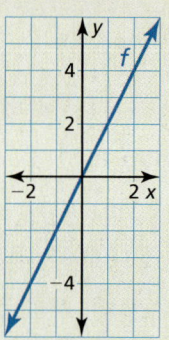

29. **ARGUMENTAR** Tienes suficiente dinero para comprar 5 sombreros por $10 cada uno o 10 sombreros por $5 cada uno. Tu amigo dice que esta situación representa una variación inversa. ¿Es correcto lo que dice tu amigo? Explica tu razonamiento.

30. **ESTIMAR EL PENSAMIENTO** El peso w (en libras) de un objeto es inversamente proporcional al cuadrado de la distancia d (en millas) del objeto desde el centro de la Tierra. A nivel del mar (a 3978 millas desde el centro de la Tierra), un astronauta pesa 210 libras. ¿Cuánto pesa el astronauta 200 millas sobre el nivel del mar?

31. **FINAL ABIERTO** Describe una situación de la vida real que se pueda representar mediante una ecuación de variación inversa.

32. **PENSAMIENTO CRÍTICO** Supón que x es inversamente proporcional a y y que y es inversamente proporcional a z. ¿Cuál es la variación de x con z? Justifica tu respuesta.

33. **USAR LA ESTRUCTURA** Para equilibrar la tabla en el diagrama, la distancia (en pies) de cada animal desde el centro de la tabla debe ser inversamente proporcional a su peso (en libras). ¿Cuál es la distancia de cada animal desde el fulcro? Justifica tu respuesta.

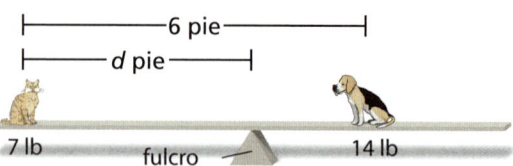

Mantener el dominio de las matemáticas
Repasar lo que aprendiste en grados y lecciones anteriores

Divide. *(Sección 4.3)*

34. $(x^2 + 2x - 99) \div (x + 11)$

35. $(3x^4 - 13x^2 - x^3 + 6x - 30) \div (3x^2 - x + 5)$

Haz una gráfica de la función. Luego expresa el dominio y el rango. *(Sección 6.4)*

36. $f(x) = 5^x + 4$

37. $g(x) = e^{x-1}$

38. $y = \ln 3x - 6$

39. $h(x) = 2 \ln(x + 9)$

7.2 Hacer gráficas de funciones racionales

Pregunta esencial ¿Cuáles son algunas de las características de la gráfica de una función racional?

La función madre para las funciones racionales que tienen un numerador lineal y un denominador lineal es

$$f(x) = \frac{1}{x}.$$ Función madre

La gráfica de esta función, que se muestra a la derecha, es una *hipérbola*.

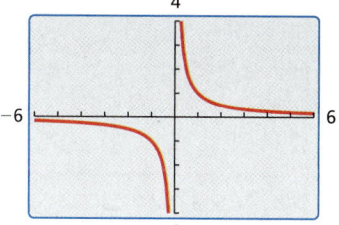

EXPLORACIÓN 1 Identificar gráficas de funciones racionales

Trabaja con un compañero. Cada función es una transformación de la gráfica de la función madre $f(x) = \frac{1}{x}$. Une la función con su gráfica. Explica tu razonamiento. Luego describe la transformación.

a. $g(x) = \dfrac{1}{x-1}$ **b.** $g(x) = \dfrac{-1}{x-1}$ **c.** $g(x) = \dfrac{x+1}{x-1}$

d. $g(x) = \dfrac{x-2}{x+1}$ **e.** $g(x) = \dfrac{x}{x+2}$ **f.** $g(x) = \dfrac{-x}{x+2}$

A. 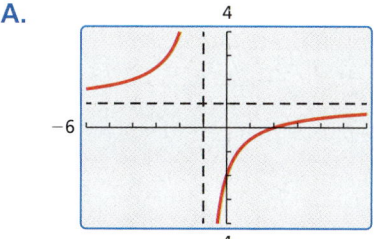   **B.**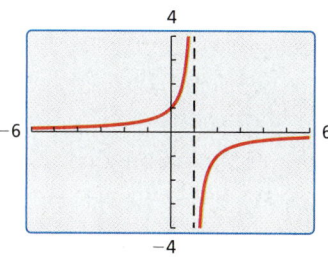

C. 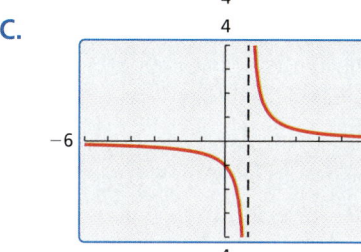   **D.**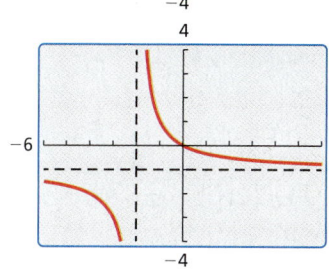

E. 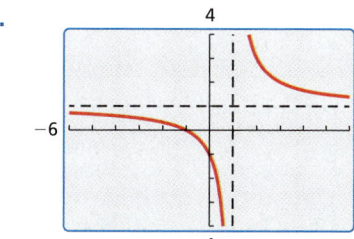   **F.**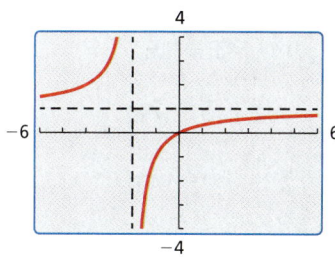

BUSCAR UNA ESTRUCTURA

Para dominar las matemáticas, necesitas observar con atención para discernir un patrón o estructura.

Comunicar tu respuesta

2. ¿Cuáles son algunas de las características de la gráfica de una función racional?

3. Determina las intersecciones, asíntotas, el dominio y el rango de la función racional $g(x) = \dfrac{x-a}{x-b}$.

Sección 7.2 Hacer gráficas de funciones racionales 365

7.2 Lección

Qué aprenderás

- Hacer gráficas de funciones racionales simples.
- Trasladar funciones racionales simples.
- Hacer gráficas de otras funciones racionales.

Vocabulario Esencial

función racional, pág. 366

Anterior
dominio
rango
asíntota
división larga

Hacer gráficas de funciones racionales simples

Una **función racional** tiene la forma $f(x) = \dfrac{p(x)}{q(x)}$, donde $p(x)$ y $q(x)$ son polinomios y $q(x) \neq 0$. La función de variación inversa $f(x) = \dfrac{a}{x}$ es una función racional. La gráfica de esta función si $a = 1$ se muestra a continuación.

Concepto Esencial

Función madre para funciones racionales simples

La gráfica de la función madre $f(x) = \dfrac{1}{x}$ es una *hipérbola*, que consiste en dos partes simétricas llamadas ramas. El dominio y el rango son todos los números reales distintos de cero.

Toda función de la forma $g(x) = \dfrac{a}{x}$ ($a \neq 0$) tiene las mismas asíntotas, el mismo dominio y el mismo rango que la función $f(x) = \dfrac{1}{x}$.

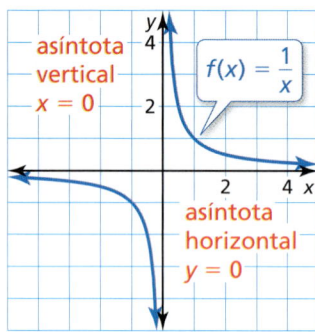

CONSEJO DE ESTUDIO

Observa que $\dfrac{1}{x} \to 0$ como $x \to \infty$ y como $x \to -\infty$. Esto explica por qué $y = 0$ es una asíntota horizontal de $f(x) = \dfrac{1}{x}$. También puedes analizar valores y cuando x se acerca a 0 para ver por qué $x = 0$ es una asíntota vertical.

EJEMPLO 1 Hacer una gráfica de una función racional de la forma $y = \dfrac{a}{x}$

Haz una gráfica de $g(x) = \dfrac{4}{x}$. Compara la gráfica con la gráfica de $f(x) = \dfrac{1}{x}$.

SOLUCIÓN

Paso 1 La función es de la forma $g(x) = \dfrac{a}{x}$, entonces las asíntotas son $x = 0$ y $y = 0$. Dibuja las asíntotas.

Paso 2 Haz una tabla de valores y marca los puntos. Incluye tanto los valores positivos como los valores negativos de x.

x	−3	−2	−1	1	2	3
y	$-\dfrac{4}{3}$	−2	−4	4	2	$\dfrac{4}{3}$

Paso 3 Dibuja las dos ramas de la hipérbola de manera que pasen por los puntos marcados y se acerquen a las asíntotas.

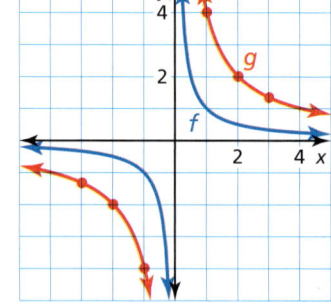

BUSCAR UNA ESTRUCTURA

Dado que la función es de la forma $g(x) = a \cdot f(x)$, donde $a = 4$, la gráfica de g es un alargamiento vertical por un factor de 4 en la gráfica de f.

La gráfica de g se ubica más lejos de los ejes que la gráfica de f. Ambas gráficas se ubican en el primer y en el tercer cuadrante y tienen las mismas asíntotas, el mismo dominio y el mismo rango.

Monitoreo del progreso Ayuda en inglés y español en *BigIdeasMath.com*

1. Haz una gráfica de $g(x) = \dfrac{-6}{x}$. Compara la gráfica con la gráfica de $f(x) = \dfrac{1}{x}$.

366   Capítulo 7   Funciones racionales

Trasladar funciones racionales simples

Concepto Esencial

Hacer gráficas de traslaciones de funciones racionales simples

Para hacer la gráfica de una función racional de la forma $y = \dfrac{a}{x-h} + k$, sigue los siguientes pasos:

Paso 1 Dibuja las asíntotas $x = h$ y $y = k$.

Paso 2 Marca puntos a la izquierda y a la derecha de la asíntota vertical.

Paso 3 Dibuja las dos ramas de la hipérbola de manera que pasen por los puntos marcados y se acerquen a las asíntotas.

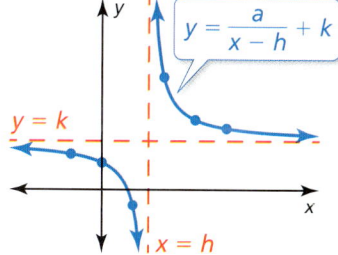

EJEMPLO 2 Hacer una gráfica de una traslación de una función racional

Haz una gráfica de $g(x) = \dfrac{-4}{x+2} - 1$. Expresa el dominio y el rango.

SOLUCIÓN

Paso 1 Dibuja las asíntotas $x = -2$ y $y = -1$.

Paso 2 Marca los puntos a la izquierda de la asíntota vertical tales como $(-3, 3)$, $(-4, 1)$ y $(-6, 0)$. Marca los puntos a la derecha de la asíntota vertical, tales como $(-1, -5)$, $(0, -3)$, y $(2, -2)$.

Paso 3 Dibuja las dos ramas de la hipérbola de manera que pasen por los puntos marcados y se acerquen a las asíntotas.

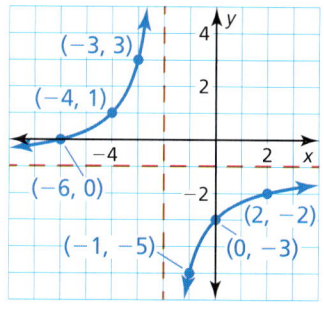

▶ El dominio es todos los números reales excepto -2 y el rango es todos los números reales excepto -1.

> **BUSCAR UNA ESTRUCTURA**
>
> Imagina que $f(x) = \dfrac{-4}{x}$. Observa que g es de la forma $g(x) = f(x - h) + k$, donde $h = -2$ y $k = -1$. Entonces, la gráfica de g es una traslación 2 unidades a la izquierda y una unidad hacia abajo de la gráfica de f.

Monitoreo del progreso Ayuda en inglés y español en *BigIdeasMath.com*

Haz una gráfica de la función. Expresa el dominio y el rango.

2. $y = \dfrac{3}{x} - 2$ **3.** $y = \dfrac{-1}{x+4}$ **4.** $y = \dfrac{1}{x-1} + 5$

Hacer gráficas de otras funciones racionales

Todas las funciones racionales de la forma $y = \dfrac{ax + b}{cx + d}$ también tienen gráficas que son hipérbolas.

- La asíntota vertical de la gráfica es la línea $x = -\dfrac{d}{c}$ dado que la función es indefinida si el denominador $cx + d$ es cero.

- La asíntota horizontal es la línea $y = \dfrac{a}{c}$.

Sección 7.2 Hacer gráficas de funciones racionales 367

EJEMPLO 3   Hacer una gráfica de una función racional de la forma $y = \dfrac{ax+b}{cx+d}$

Haz una gráfica de $f(x) = \dfrac{2x+1}{x-3}$. Expresa el dominio y el rango.

SOLUCIÓN

Paso 1   Dibuja las asíntotas. Resuelve $x - 3 = 0$ para x y halla la asíntota vertical $x = 3$. La asíntota horizontal es la línea $y = \dfrac{a}{c} = \dfrac{2}{1} = 2$.

Paso 2   Marca los puntos a la izquierda de la asíntota vertical, tales como $(2, -5)$, $\left(0, -\dfrac{1}{3}\right)$, y $\left(-2, \dfrac{3}{5}\right)$. Marca los puntos a la derecha de la asíntota vertical, tales como $(4, 9)$, $\left(6, \dfrac{13}{3}\right)$, y $\left(8, \dfrac{17}{5}\right)$.

Paso 3   Dibuja las dos ramas de la hipérbola de manera que pasen por los puntos marcados y se acerquen a las asíntotas.

▶ El dominio es todos los números reales excepto 3 y el rango es todos los números reales excepto 2.

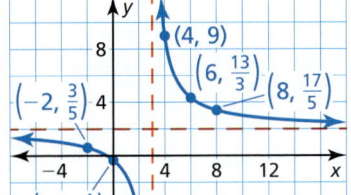

Reescribir una función racional podría revelar propiedades de la función y de su gráfica. Por ejemplo, reescribir una función racional en la forma $y = \dfrac{a}{x-h} + k$ revela que es una traslación de $y = \dfrac{a}{x}$ con asíntota vertical $x = h$ y asíntota horizontal $y = k$.

EJEMPLO 4   Reescribir y hacer gráficas de una función racional

Reescribe $g(x) = \dfrac{3x+5}{x+1}$ en la forma $g(x) = \dfrac{a}{x-h} + k$. Haz una gráfica de la función. Describe la gráfica de g como transformación de la gráfica de $f(x) = \dfrac{a}{x}$.

SOLUCIÓN

Reescribe la función usando una división larga:

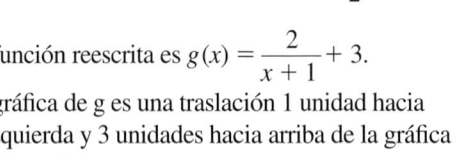

▶ La función reescrita es $g(x) = \dfrac{2}{x+1} + 3$.

La gráfica de g es una traslación 1 unidad hacia la izquierda y 3 unidades hacia arriba de la gráfica de $f(x) = \dfrac{2}{x}$.

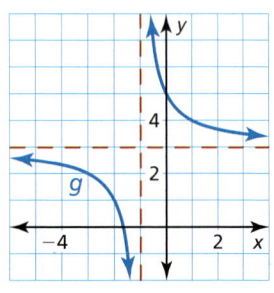

OTRA MANERA

Usarás un método diferente para reescribir g en el Ejemplo 5 de la Lección 7.4.

Monitoreo del progreso   Ayuda en inglés y español en BigIdeasMath.com

Haz una gráfica de la función. Expresa el dominio y el rango.

5. $f(x) = \dfrac{x-1}{x+3}$ **6.** $f(x) = \dfrac{2x+1}{4x-2}$ **7.** $f(x) = \dfrac{-3x+2}{-x-1}$

8. Reescribe $g(x) = \dfrac{2x+3}{x+1}$ en la forma $g(x) = \dfrac{a}{x-h} + k$. Haz una gráfica de la función. Describe la gráfica de g como una transformación de $f(x) = \dfrac{a}{x}$.

EJEMPLO 5 Representar con matemáticas

Una impresora 3-D acumula capas de material para hacer modelos tridimensionales. Cada capa depositada se une a la capa que está debajo de ella. Una compañía decide hacer pequeños modelos de exhibición de componentes de motor usando una impresora 3-D. La impresora cuesta $1000. El material para cada modelo cuesta $50.

- Estima cuántos modelos se deben imprimir para que el costo promedio por modelo llegue a $90.
- ¿Qué pasa con el costo promedio cuando se imprimen más modelos?

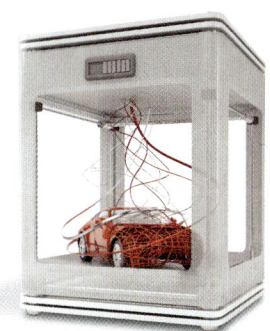

SOLUCIÓN

1. **Comprende el problema** Te dan el costo de una impresora y el costo para crear un modelo usando la impresora. Te piden que halles el número de modelos por los cuales el costo promedio llegue a $90.

2. **Haz un plan** Escribe una ecuación que represente el costo promedio. Usa una calculadora gráfica para estimar el número de modelos por los cuales el costo promedio sea de aproximadamente $90. Luego analiza la asíntota horizontal de la gráfica para determinar qué pasa con el costo promedio cuando se imprimen más modelos.

> **USAR UNA CALCULADORA GRÁFICA**
>
> Dado que el costo promedio y el número de modelos no pueden ser negativos, usa el primer cuadrante de la ventana de visualización.

3. **Resuelve el problema** Imagina que c es el costo promedio (en dólares) y m es el número de modelos que se imprimen.

$$c = \frac{(\text{Costo unitario})(\text{Número impreso}) + (\text{Costo de la impresora})}{\text{Número impreso}} = \frac{50m + 1000}{m}$$

Usa una calculadora gráfica para hacer la gráfica de la función.

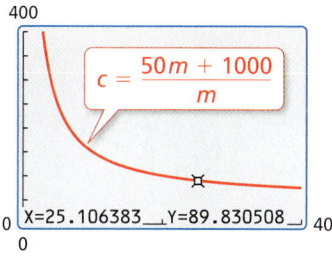

▶ Usando la función *trazar*, el costo promedio llega a $90 por modelo después de imprimir aproximadamente 25 modelos. Dado que la asíntota horizontal es $c = 50$, el costo promedio se acerca a $50 cuando se imprimen más modelos.

4. **Verifícalo** Usa una calculadora gráfica para crear tablas de valores para valores grandes de m. Las tablas muestran que el costo promedio se acerca a $50 cuando se imprimen más modelos.

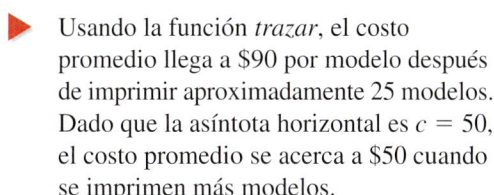

Monitoreo del progreso Ayuda en inglés y español en *BigIdeasMath.com*

9. **¿QUÉ PASA SI?** ¿Cómo cambian las respuestas en el Ejemplo 5 si el costo de la impresora 3-D es de $800?

7.2 Ejercicios

Soluciones dinámicas disponibles en *BigIdeasMath.com*

Verificación de vocabulario y concepto esencial

1. **COMPLETAR LA ORACIÓN** La función $y = \dfrac{7}{x+4} + 3$ tiene un(a) _____ de todos los números reales excepto 3 y un(a) _____ de todos los números reales excepto −4.

2. **ESCRIBIR** ¿Es $f(x) = \dfrac{-3x+5}{2^x + 1}$ una función racional? Explica tu razonamiento.

Monitoreo del progreso y Representar con matemáticas

En los Ejercicios 3–10, haz una gráfica de la función. Compara la gráfica con la gráfica de $f(x) = \dfrac{1}{x}$. *(Consulta el Ejemplo 1).*

3. $g(x) = \dfrac{3}{x}$

4. $g(x) = \dfrac{10}{x}$

5. $g(x) = \dfrac{-5}{x}$

6. $g(x) = \dfrac{-9}{x}$

7. $g(x) = \dfrac{15}{x}$

8. $g(x) = \dfrac{-12}{x}$

9. $g(x) = \dfrac{-0.5}{x}$

10. $g(x) = \dfrac{0.1}{x}$

En los Ejercicios 11–18, haz una gráfica de la función. Expresa el dominio y el rango. *(Consulta el Ejemplo 2).*

11. $g(x) = \dfrac{4}{x} + 3$

12. $y = \dfrac{2}{x} - 3$

13. $h(x) = \dfrac{6}{x-1}$

14. $y = \dfrac{1}{x+2}$

15. $h(x) = \dfrac{-3}{x+2}$

16. $f(x) = \dfrac{-2}{x-7}$

17. $g(x) = \dfrac{-3}{x-4} - 1$

18. $y = \dfrac{10}{x+7} - 5$

ANÁLISIS DE ERRORES En los Ejercicios 19 y 20, describe y corrige el error cometido al hacer la gráfica de la función racional.

19. $y = \dfrac{-8}{x}$

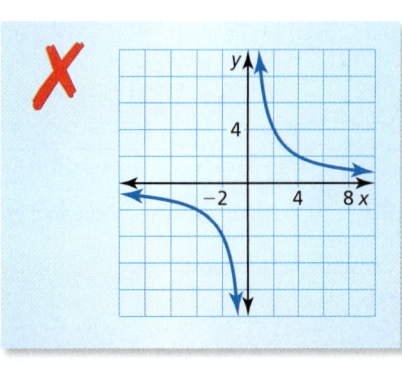

20. $y = \dfrac{2}{x-1} - 2$

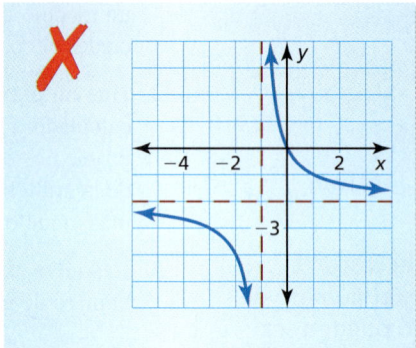

ANALIZAR RELACIONES En los Ejercicios 21–24, une la función con su gráfica. Explica tu razonamiento.

21. $g(x) = \dfrac{2}{x-3} + 1$

22. $h(x) = \dfrac{2}{x+3} + 1$

23. $f(x) = \dfrac{2}{x-3} - 1$

24. $y = \dfrac{2}{x+3} - 1$

A.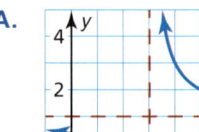

B.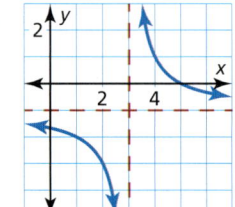

C.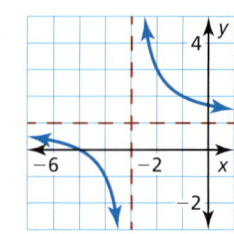

D.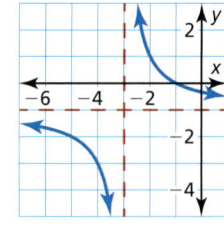

370   Capítulo 7   Funciones racionales

En los Ejercicios 25–32, haz una gráfica de la función. Expresa el dominio y el rango. *(Consulta el Ejemplo 3).*

25. $f(x) = \dfrac{x+4}{x-3}$

26. $y = \dfrac{x-1}{x+5}$

27. $y = \dfrac{x+6}{4x-8}$

28. $h(x) = \dfrac{8x+3}{2x-6}$

29. $f(x) = \dfrac{-5x+2}{4x+5}$

30. $g(x) = \dfrac{6x-1}{3x-1}$

31. $h(x) = \dfrac{-5x}{-2x-3}$

32. $y = \dfrac{-2x+3}{-x+10}$

En los Ejercicios 33–40, reescribe la función en la forma $g(x) = \dfrac{a}{x-h} + k$. Haz una gráfica de la función. Describe la gráfica de g como una transformación de la gráfica de $f(x) = \dfrac{a}{x}$. *(Consulta el Ejemplo 4).*

33. $g(x) = \dfrac{5x+6}{x+1}$

34. $g(x) = \dfrac{7x+4}{x-3}$

35. $g(x) = \dfrac{2x-4}{x-5}$

36. $g(x) = \dfrac{4x-11}{x-2}$

37. $g(x) = \dfrac{x+18}{x-6}$

38. $g(x) = \dfrac{x+2}{x-8}$

39. $g(x) = \dfrac{7x-20}{x+13}$

40. $g(x) = \dfrac{9x-3}{x+7}$

41. RESOLVER PROBLEMAS Tu escuela compra un programa de software de matemáticas. El programa tiene un costo inicial de $500 más $20 por cada estudiante que use el programa. *(Consulta el Ejemplo 5).*

a. Estima cuántos estudiantes deben usar el programa para que el costo promedio por estudiante llegue a $30.

b. ¿Qué pasa con el costo promedio cuando más estudiantes usan el programa?

42. RESOLVER PROBLEMAS Para inscribirse en un gimnasio de escalada en roca, debes pagar una tarifa inicial de $100 y una tarifa mensual de $59.

a. Estima por cuántos meses debes comprar la membresía para que el costo promedio por mes llegue a $69.

b. ¿Qué pasa con el costo promedio cuando el número de meses en los que eres miembro del gimnasio aumenta?

43. USAR LA ESTRUCTURA ¿Cuál es la asíntota vertical de la gráfica de la función $y = \dfrac{2}{x+4} + 7$?

Ⓐ $x = -7$
Ⓑ $x = -4$
Ⓒ $x = 4$
Ⓓ $x = 7$

44. RAZONAR ¿Cuál es (son) la(s) intersección(es) con el eje x de la gráfica de la función $y = \dfrac{x-5}{x^2-1}$?

Ⓐ $1, -1$
Ⓑ 5
Ⓒ 1
Ⓓ -5

45. USAR HERRAMIENTAS El tiempo t (en segundos) que demora el sonido en recorrer 1 kilómetro se puede representar mediante

$$t = \dfrac{1000}{0.6T + 331}$$

donde T es la temperatura del aire (en grados Celsius).

a. Estás a 1 kilómetro de un relámpago. Escuchas el trueno 2.9 segundos más tarde. Usa una gráfica para hallar la temperatura del aire aproximada.

b. Halla la tasa de cambio promedio en el tiempo que demora el sonido en recorrer 1 kilómetro cuando la temperatura del aire aumenta de 0°C a 10°C.

46. REPRESENTAR CON MATEMÁTICAS Un negocio estudia el costo de eliminar un contaminante del suelo en sus instalaciones. La función $y = \dfrac{15x}{1.1 - x}$ representa el costo estimado y (en miles de dólares) de eliminar x por ciento (expresado como decimal) del contaminante.

a. Haz una gráfica de la función. Describe un dominio y un rango razonable.

b. ¿Cuánto cuesta retirar 20% del contaminante? ¿Y 40% del contaminante? ¿80% del contaminante? ¿Duplicar el porcentaje del contaminante retirado duplica el costo? Explica.

USAR HERRAMIENTAS En los Ejercicios 47 a 50, usa una calculadora gráfica para hacer la gráfica de la función. Luego determina si la función es *par*, *impar* o *ninguna de las dos*.

47. $h(x) = \dfrac{6}{x^2+1}$

48. $f(x) = \dfrac{2x^2}{x^2-9}$

49. $y = \dfrac{x^3}{3x^2+x^4}$

50. $f(x) = \dfrac{4x^2}{2x^3-x}$

Sección 7.2 Hacer gráficas de funciones racionales 371

51. **ARGUMENTAR** Tu amigo dice que es posible que una función racional tenga dos asíntotas verticales. ¿Es correcto lo que dice tu amigo? Justifica tu respuesta.

52. **¿CÓMO LO VES?** Usa la gráfica de f para determinar las ecuaciones de las asíntotas. Explica.

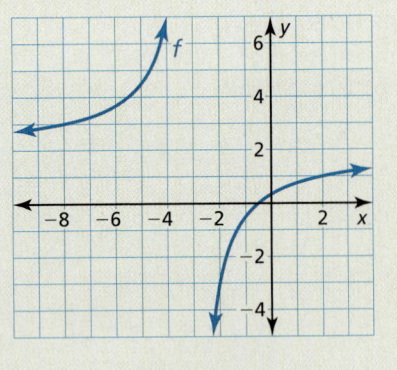

53. **SACAR CONCLUSIONES** ¿En qué línea(s) es simétrica la gráfica de $y = \dfrac{1}{x}$? ¿Qué te indica esta simetría acerca del inverso de la función $f(x) = \dfrac{1}{x}$?

54. **ESTIMULAR EL PENSAMIENTO** Hay cuatro tipos básicos de secciones cónicas: parábola, circunferencia, elipse e hipérbola. Cada una de ellas se puede representar mediante la intersección de un doble cono y un plano. Las intersecciones para una parábola, circunferencia y elipse se muestran a continuación. Dibuja la intersección para una hipérbola.

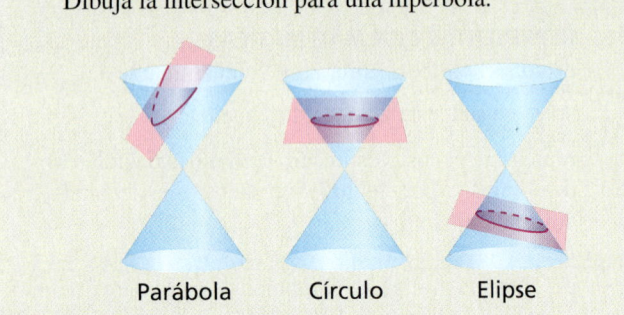

Parábola   Círculo   Elipse

55. **RAZONAR** La gráfica de la función racional f es una hipérbola. Las asíntotas de la gráfica de f intersecan en (3, 2). El punto (2, 1) está en la gráfica. Halla otro punto en la gráfica. Explica tu razonamiento.

56. **RAZONAMIENTO ABSTRACTO** Describe los intervalos donde la gráfica de $y = \dfrac{a}{x}$ sea creciente o decreciente si (a) $a > 0$ y (b) $a < 0$. Explica tu razonamiento.

57. **RESOLVER PROBLEMAS** Un proveedor de servicios de Internet cobra una tarifa de instalación de $50 y una tarifa mensual de $43. La tabla muestra los costos promedio mensuales por x meses de servicio. ¿Bajo qué condiciones una persona elegiría un proveedor en vez del otro? Explica tu razonamiento.

Meses, x	Costo promedio mensual (dólares), y
6	$49.83
12	$46.92
18	$45.94
24	$45.45

58. **REPRESENTAR CON MATEMÁTICAS** El efecto Doppler ocurre cuando la fuente de un sonido se mueve con respecto a un oyente, de manera que la frecuencia f_ℓ (en Hertz) escuchada por el oyente es diferente de la frecuencia f_s (en Hertz) en la fuente. En ambas ecuaciones siguientes, r es la velocidad (en millas por hora) de la fuente de sonido.

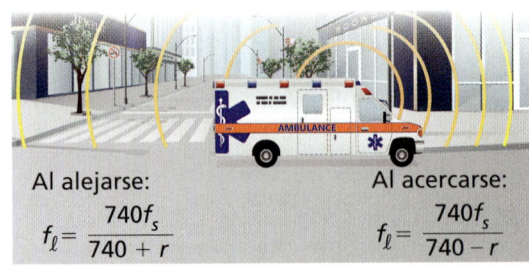

Al alejarse: $f_\ell = \dfrac{740 f_s}{740 + r}$ Al acercarse: $f_\ell = \dfrac{740 f_s}{740 - r}$

a. Una sirena de ambulancia tiene una frecuencia de 2000 hertz. Escribe dos ecuaciones que representen las frecuencias oídas cuando la ambulancia se acerca y cuando la ambulancia se aleja.

b. Haz una gráfica de las ecuaciones en la parte (a) usando el dominio $0 \leq r \leq 60$.

c. Para toda velocidad r, ¿cómo se compara la frecuencia oída con un sonido que se acerca con la frecuencia oída cuando la fuente se aleja?

Mantener el dominio de las matemáticas   Repasar lo que aprendiste en grados y lecciones anteriores

Factoriza el polinomio. *(Manual de revisión de destrezas)*

59. $4x^2 - 4x - 80$ 60. $3x^2 - 3x - 6$ 61. $2x^2 - 2x - 12$ 62. $10x^2 + 31x - 14$

Simplifica la expresión. *(Sección 5.2)*

63. $3^2 \cdot 3^4$ 64. $2^{1/2} \cdot 2^{3/5}$ 65. $\dfrac{6^{5/6}}{6^{1/6}}$ 66. $\dfrac{6^8}{6^{10}}$

7.1–7.2 ¿Qué aprendiste?

Vocabulario Esencial

variación inversa, *pág. 360*
constante de variación, *pág. 360*
función racional, *pág. 366*

Conceptos Esenciales

Sección 7.1
Variación inversa, *pág. 360*
Escribir ecuaciones de variación inversa, *pág. 361*

Sección 7.2
Función madre de funciones racionales simples, *pág. 366*
Hacer gráficas de traslaciones de funciones racionales simples, *pág. 367*

Prácticas matemáticas

1. Explica el significado de la información dada en el Ejercicio 25 de la página 364.

2. ¿Cómo puedes reconocer si la lógica usada en el Ejercicio 29 de la página 364 es correcta o equivocada?

3. ¿Cómo puedes evaluar si tu respuesta es razonable en la parte (b) del Ejercicio 41 de la página 371?

4. ¿Cómo te permitió el contexto determinar un dominio y rango razonables para la función en el Ejercicio 46 de la página 371?

Destrezas de estudio

Analizar tus errores

Errores de estudio

Lo que sucede: No estudias el material correcto o no lo aprendes lo suficientemente bien como para recordarlo en un examen, sin los recursos como por ejemplo notas.

Cómo evitar este error: Haz una prueba de práctica. Trabaja con un grupo de estudio. Discute los temas del examen con tu maestro. No intentes aprender el material de todo un capítulo en una noche.

7.1–7.2 Prueba

Indica si *x* y *y* muestran *variación directa*, *variación inversa*, o *ninguna de las dos*. Explica tu razonamiento. *(Sección 7.1)*

1. $x + y = 7$

2. $\frac{2}{5}x = y$

3. $xy = 0.45$

4.

x	3	6	9	12
y	9	18	27	36

5.

x	1	2	3	4
y	−24	−12	−8	−6

6.

x	2	4	6	8
y	72	36	18	9

7. Las variables *x* y *y* son inversamente proporcionales, y $y = 10$ cuando $x = 5$. Escribe una ecuación que relacione *x* y *y*. Luego halla *y* cuando $x = -2$. *(Sección 7.1)*

Une la ecuación con la gráfica correcta. Explica tu razonamiento. *(Sección 7.2)*

8. $f(x) = \dfrac{3}{x} + 2$

9. $y = \dfrac{-2}{x + 3} - 2$

10. $h(x) = \dfrac{2x + 2}{3x + 1}$

A.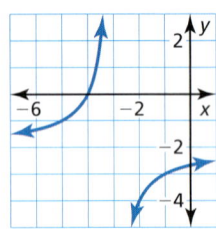

B.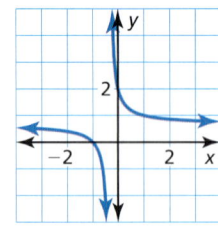

C.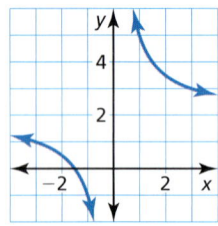

11. Reescribe $g(x) = \dfrac{2x + 9}{x + 8}$ en la forma $g(x) = \dfrac{a}{x - h} + k$. Haz una gráfica de la función. Describe la gráfica de *g* como transformación de la gráfica de $f(x) = \dfrac{a}{x}$. *(Sección 7.2)*

12. El tiempo *t* (en minutos) necesario para vaciar un tanque es inversamente proporcional a la tasa de bombeo *r* (en galones por minuto). La tasa de cierta bomba es de 70 galones por minuto. La bomba demora 20 minutos vaciar el tanque. Completa la tabla con los tiempos que demora la bomba en vaciar un tanque con las tasas de bombeo dadas. *(Sección 7.1)*

Tasa de bombeo (gal/min)	Tiempo (min)
50	
60	
65	
70	

13. Un lanzador lanza 16 strikes en los primeros 38 lanzamientos. La tabla muestra cómo el porcentaje de strikes de un lanzador cambia si el lanzador lanza *x* strikes consecutivos después de los primeros 38 lanzamientos. Escribe una función racional para el porcentaje de strikes en términos de *x*. Haz una gráfica de la función. ¿Cuántos strikes consecutivos debe lanzar el lanzador para alcanzar un porcentaje de strikes de 0.60? *(Sección 7.2)*

x	Total de strikes	Total de lanzamientos	Porcentaje de strikes
0	16	38	0.42
5	21	43	0.49
10	26	48	0.54
x	x + 16	x + 38	

7.3 Multiplicar y dividir expresiones racionales

Pregunta esencial ¿Cómo puedes determinar los valores excluidos en un producto o cociente de dos expresiones racionales?

Puedes multiplicar y dividir expresiones racionales prácticamente de la misma manera en la que multiplicas y divides fracciones. Los valores que hacen que el denominador de una expresión sea cero son *valores excluidos*.

$$\frac{1}{x} \cdot \frac{x}{x+1} = \frac{1}{x+1}, \, x \neq 0 \qquad \text{Producto de expresiones racionales}$$

$$\frac{1}{x} \div \frac{x}{x+1} = \frac{1}{x} \cdot \frac{x+1}{x} = \frac{x+1}{x^2}, \, x \neq -1 \qquad \text{Cociente de expresiones racionales}$$

EXPLORACIÓN 1   Multiplicar y dividir expresiones racionales

Trabaja con un compañero. Halla el producto o cociente de las dos expresiones racionales. Luego une el producto o cociente con sus valores excluidos. Explica tu razonamiento.

Producto o cociente   **Valores excluidos**

a. $\dfrac{1}{x-1} \cdot \dfrac{x-2}{x+1} =$ A. $-1, 0,$ y 2

b. $\dfrac{1}{x-1} \cdot \dfrac{-1}{x-1} =$ B. -2 y 1

c. $\dfrac{1}{x-2} \cdot \dfrac{x-2}{x+1} =$ C. $-2, 0,$ y 1

d. $\dfrac{x+2}{x-1} \cdot \dfrac{-x}{x+2} =$ D. -1 y 2

e. $\dfrac{x}{x+2} \div \dfrac{x+1}{x+2} =$ E. $-1, 0,$ y 1

f. $\dfrac{x}{x-2} \div \dfrac{x+1}{x} =$ F. -1 y 1

g. $\dfrac{x}{x+2} \div \dfrac{x}{x-1} =$ G. -2 y -1

h. $\dfrac{x+2}{x} \div \dfrac{x+1}{x-1} =$ H. 1

RAZONAR DE MANERA ABSTRACTA

Para dominar las matemáticas necesitas saber y usar en forma flexible las diferentes propiedades de las operaciones y los objetos.

EXPLORACIÓN 2   Escribir un producto o cociente

Trabaja con un compañero. Escribe un producto o cociente de expresiones racionales que tenga los valores excluidos dados. Justifica tu respuesta.

a. -1 b. -1 y 3 c. $-1, 0,$ y 3

Comunicar tu respuesta

3. ¿Cómo puedes determinar los valores excluidos en un producto o cociente de dos expresiones racionales?

4. ¿Es posible que el producto o cociente de dos expresiones racionales *no* tenga valores excluidos? Explica tu razonamiento. Si es posible, da un ejemplo.

7.3 Lección

Vocabulario Esencial
expresión racional, *pág. 376*
forma simplificada de una expresión racional, *pág. 376*

Anterior
fracciones
polinomios
dominio
expresiones equivalentes
recíproco

Qué aprenderás

▶ Simplificar expresiones racionales.
▶ Multiplicar expresiones racionales.
▶ Dividir expresiones racionales.

Simplificar expresiones racionales

Una **expresión racional** es una fracción cuyo numerador y denominador son polinomios distintos de cero. El *dominio* de una expresión racional excluye valores que hacen que el denominador sea cero. Una expresión racional está en **forma simplificada** si su numerador y denominador no tienen factores comunes (distintos de ± 1).

Concepto Esencial

Simplificar expresiones racionales

Imagina que a, b, y c son expresiones con $b \neq 0$ y $c \neq 0$.

Propiedad $\dfrac{ac}{bc} = \dfrac{a}{b}$ Divide para cancelar el factor común c.

Ejemplos $\dfrac{15}{65} = \dfrac{3 \cdot 5}{13 \cdot 5} = \dfrac{3}{13}$ Divide para cancelar el factor común 5.

$\dfrac{4(x+3)}{(x+3)(x+3)} = \dfrac{4}{x+3}$ Divide para cancelar el factor común $x + 3$.

CONSEJO DE ESTUDIO
Observa que puedes dividir factores comunes en la segunda expresión a la derecha. Sin embargo, no puedes dividir términos semejantes en la tercera expresión.

Generalmente, simplificar una expresión requiere dos pasos. Primero, factorizar el numerador y el denominador. Luego, dividir todo factor común tanto al numerador como al denominador. A continuación, encontrarás un ejemplo:

$$\dfrac{x^2 + 7x}{x^2} = \dfrac{x(x+7)}{x \cdot x} = \dfrac{x+7}{x}$$

EJEMPLO 1   Simplificar una expresión racional

Simplifica $\dfrac{x^2 - 4x - 12}{x^2 - 4}$.

SOLUCIÓN

ERROR COMÚN
No dividas términos variables que no sean factores.

$\dfrac{x-6}{x-2} \neq \dfrac{-6}{-2}$

$\dfrac{x^2 - 4x - 12}{x^2 - 4} = \dfrac{(x+2)(x-6)}{(x+2)(x-2)}$ Factoriza el numerador y el denominador.

$= \dfrac{(x+2)(x-6)}{(x+2)(x-2)}$ Divide para cancelar el factor común.

$= \dfrac{x-6}{x-2}$, $x \neq -2$ Forma simplificada

La expresión original es indefinida cuando $x = -2$. Para hacer que la expresión original y las expresiones simplificadas sean equivalentes, restringe el dominio de la expresión simplificada excluyendo $x = -2$. Ambas expresiones son indefinidas si $x = 2$, entonces no es necesario enumerarlo.

Monitoreo del progreso Ayuda en inglés y español en *BigIdeasMath.com*

Simplifica la expresión racional, si es posible.

1. $\dfrac{2(x+1)}{(x+1)(x+3)}$ 2. $\dfrac{x+4}{x^2-16}$ 3. $\dfrac{4}{x(x+2)}$ 4. $\dfrac{x^2 - 2x - 3}{x^2 - x - 6}$

Multiplicar expresiones racionales

La regla para multiplicar las expresiones racionales es la misma que la regla para multiplicar fracciones numéricas: multiplicar numeradores, multiplicar denominadores, y escribir la nueva fracción en forma simplificada. En forma semejante a los números racionales, las expresiones racionales son cerradas en la multiplicación.

Concepto Esencial

Multiplicar expresiones racionales

Imagina que a, b, y c son expresiones con $b \neq 0$ y $d \neq 0$.

Propiedad $\dfrac{a}{b} \cdot \dfrac{c}{d} = \dfrac{ac}{bd}$ Simplifica $\dfrac{ac}{bd}$ si es posible.

Ejemplo $\dfrac{5x^2}{2xy^2} \cdot \dfrac{6xy^3}{10y} = \dfrac{30x^3y^3}{20xy^3} = \dfrac{10 \cdot 3 \cdot x \cdot x^2 \cdot y^3}{10 \cdot 2 \cdot x \cdot y^3} = \dfrac{3x^2}{2}$, $x \neq 0, y \neq 0$

OTRA MANERA

En el Ejemplo 2, puedes simplificar primero cada expresión racional, luego multiplicar, y finalmente simplificar el resultado.

$$\dfrac{8x^3y}{2xy^2} \cdot \dfrac{7x^4y^3}{4y}$$

$$= \dfrac{4x^2}{y} \cdot \dfrac{7x^4y^2}{4}$$

$$= \dfrac{4 \cdot 7 \cdot x^6 \cdot y \cdot y}{4 \cdot y}$$

$$= 7x^6y, \quad x \neq 0, y \neq 0$$

EJEMPLO 2 Multiplicar expresiones racionales

Halla el producto $\dfrac{8x^3y}{2xy^2} \cdot \dfrac{7x^4y^3}{4y}$.

SOLUCIÓN

$$\dfrac{8x^3y}{2xy^2} \cdot \dfrac{7x^4y^3}{4y} = \dfrac{56x^7y^4}{8xy^3}$$ Multiplica los numeradores y denominadores.

$$= \dfrac{8 \cdot 7 \cdot x \cdot x^6 \cdot y^3 \cdot y}{8 \cdot x \cdot y^3}$$ Factoriza y divide para cancelar los factores comunes.

$$= 7x^6y, \quad x \neq 0, y \neq 0$$ Forma simplificada

EJEMPLO 3 Multiplicar expresiones racionales

Halla el producto $\dfrac{3x - 3x^2}{x^2 + 4x - 5} \cdot \dfrac{x^2 + x - 20}{3x}$.

SOLUCIÓN

$$\dfrac{3x - 3x^2}{x^2 + 4x - 5} \cdot \dfrac{x^2 + x - 20}{3x} = \dfrac{3x(1 - x)}{(x - 1)(x + 5)} \cdot \dfrac{(x + 5)(x - 4)}{3x}$$ Factoriza los numeradores y denominadores.

$$= \dfrac{3x(1 - x)(x + 5)(x - 4)}{(x - 1)(x + 5)(3x)}$$ Multiplica los numeradores y denominadores.

$$= \dfrac{3x(-1)(x - 1)(x + 5)(x - 4)}{(x - 1)(x + 5)(3x)}$$ Reescribe $1 - x$ como $(-1)(x - 1)$.

$$= \dfrac{3x(-1)(x - 1)(x + 5)(x - 4)}{(x - 1)(x + 5)(3x)}$$ Divide para cancelar los factores comunes.

$$= -x + 4, \quad x \neq -5, x \neq 0, x \neq 1$$ Forma simplificada

Verifica

X	Y1	Y2
−5	ERROR	9
−4	8	8
−3	7	7
−2	6	6
−1	5	5
0	ERROR	4
1	ERROR	3

X=−4

Verifica la expresión simplificada. Ingresa la expresión original como y_1 y la expresión simplificada como y_2 en una calculadora gráfica. Luego usa la función *tabla* para comparar los valores de ambas expresiones. Los valores de y_1 y y_2 son los mismos, excepto si $x = -5$, $x = 0$, y $x = 1$. Entonces, cuando estos valores están excluidos del dominio de la expresión simplificada, ésta es equivalente a la expresión original.

Sección 7.3   Multiplicar y dividir expresiones racionales

CONSEJO DE ESTUDIO

Observa que $x^2 + 3x + 9$ no es igual a cero para ningún valor real de x. Entonces, ningún valor debe ser excluido del dominio para hacer que la forma simplificada sea equivalente a la original.

EJEMPLO 4 Multiplicar una expresión racional por un polinomio

Halla el producto $\dfrac{x+2}{x^3-27} \cdot (x^2+3x+9)$.

SOLUCIÓN

$\dfrac{x+2}{x^3-27} \cdot (x^2+3x+9) = \dfrac{x+2}{x^3-27} \cdot \dfrac{x^2+3x+9}{1}$ Escribe el polinomio como una expresión racional.

$= \dfrac{(x+2)(x^2+3x+9)}{(x-3)(x^2+3x+9)}$ Multiplica. Factoriza el denominador.

$= \dfrac{(x+2)\cancel{(x^2+3x+9)}}{(x-3)\cancel{(x^2+3x+9)}}$ Divide para cancelar los factores comunes.

$= \dfrac{x+2}{x-3}$ Forma simplificada

Monitoreo del progreso Ayuda en inglés y español en *BigIdeasMath.com*

Halla el producto.

5. $\dfrac{3x^5y^2}{8xy} \cdot \dfrac{6xy^2}{9x^3y}$ 6. $\dfrac{2x^2-10x}{x^2-25} \cdot \dfrac{x+3}{2x^2}$ 7. $\dfrac{x+5}{x^3-1} \cdot (x^2+x+1)$

Dividir expresiones racionales

Para dividir una expresión racional entre otra, multiplica la primera expresión racional por el recíproco de la segunda expresión racional. Las expresiones racionales son cerradas en la división de números distintos de cero.

Concepto Esencial

Dividir expresiones racionales

Imagina que a, b y c son expresiones con $b \neq 0$, $c \neq 0$, y $d \neq 0$.

Propiedad $\dfrac{a}{b} \div \dfrac{c}{d} = \dfrac{a}{b} \cdot \dfrac{d}{c} = \dfrac{ad}{bc}$ Simplifica $\dfrac{ad}{bc}$ si es posible.

Ejemplo $\dfrac{7}{x+1} \div \dfrac{x+2}{2x-3} = \dfrac{7}{x+1} \cdot \dfrac{2x-3}{x+2} = \dfrac{7(2x-3)}{(x+1)(x+2)}, \; x \neq \dfrac{3}{2}$

EJEMPLO 5 Dividir expresiones racionales

Halla el cociente $\dfrac{7x}{2x-10} \div \dfrac{x^2-6x}{x^2-11x+30}$.

SOLUCIÓN

$\dfrac{7x}{2x-10} \div \dfrac{x^2-6x}{x^2-11x+30} = \dfrac{7x}{2x-10} \cdot \dfrac{x^2-11x+30}{x^2-6x}$ Multiplica por el recíproco.

$= \dfrac{7x}{2(x-5)} \cdot \dfrac{(x-5)(x-6)}{x(x-6)}$ Factoriza.

$= \dfrac{7x\cancel{(x-5)}\cancel{(x-6)}}{2\cancel{(x-5)}(x)\cancel{(x-6)}}$ Multiplica. Divide para cancelar los factores comunes.

$= \dfrac{7}{2}, \quad x \neq 0, \, x \neq 5, \, x \neq 6$ Forma simplificada

Capítulo 7   Funciones racionales

EJEMPLO 6   Dividir una expresión racional por un polinomio

Halla el cociente $\dfrac{6x^2 + x - 15}{4x^2} \div (3x^2 + 5x)$.

SOLUCIÓN

$\dfrac{6x^2 + x - 15}{4x^2} \div (3x^2 + 5x) = \dfrac{6x^2 + x - 15}{4x^2} \cdot \dfrac{1}{3x^2 + 5x}$ Multiplica por el recíproco.

$\phantom{\dfrac{6x^2 + x - 15}{4x^2} \div (3x^2 + 5x)} = \dfrac{(3x + 5)(2x - 3)}{4x^2} \cdot \dfrac{1}{x(3x + 5)}$ Factoriza.

$\phantom{\dfrac{6x^2 + x - 15}{4x^2} \div (3x^2 + 5x)} = \dfrac{\cancel{(3x + 5)}(2x - 3)}{4x^2(x)\cancel{(3x + 5)}}$ Divide para cancelar los factores comunes.

$\phantom{\dfrac{6x^2 + x - 15}{4x^2} \div (3x^2 + 5x)} = \dfrac{2x - 3}{4x^3}, \quad x \ne -\dfrac{5}{3}$ Forma simplificada

EJEMPLO 7   Resolver un problema de la vida real

La cantidad anual total I (en millones de dólares) de ingresos personales ganados en Alabama y su población anual P (en millones) se puede representar mediante

$$I = \dfrac{6922t + 106{,}947}{0.0063t + 1}$$

y

$$P = 0.0343t + 4.432$$

donde t representa el año, y $t = 1$ corresponde al año 2001. Halla un modelo M para el ingreso anual per cápita. (Per cápita significa por persona). Estima el ingreso per cápita en 2010. (Supón que $t > 0$).

SOLUCIÓN

Para hallar un modelo M para el ingreso anual per cápita, divide la cantidad total I entre la población P.

$M = \dfrac{6922t + 106{,}947}{0.0063t + 1} \div (0.0343t + 4.432)$ Divide I entre P.

$ = \dfrac{6922t + 106{,}947}{0.0063t + 1} \cdot \dfrac{1}{0.0343t + 4.432}$ Multiplica por el recíproco.

$ = \dfrac{6922t + 106{,}947}{(0.0063t + 1)(0.0343t + 4.432)}$ Multiplica.

Para estimar el ingreso per cápita de Alabama en 2010, imagina que $t = 10$ en el modelo.

$M = \dfrac{6922 \cdot 10 + 106{,}947}{(0.0063 \cdot 10 + 1)(0.0343 \cdot 10 + 4.432)}$ Sustituye 10 por t.

$ \approx 34{,}707$ Usa una calculadora.

▶ En 2010, el ingreso per cápita en Alabama fue de aproximadamente $34,707.

Monitoreo del progreso   Ayuda en inglés y español en *BigIdeasMath.com*

Halla el cociente.

8. $\dfrac{4x}{5x - 20} \div \dfrac{x^2 - 2x}{x^2 - 6x + 8}$

9. $\dfrac{2x^2 + 3x - 5}{6x} \div (2x^2 + 5x)$

Sección 7.3   Multiplicar y dividir expresiones racionales   **379**

7.3 Ejercicios

Soluciones dinámicas disponibles en BigIdeasMath.com

Verificación de vocabulario y concepto esencial

1. **ESCRIBIR** Describe cómo multiplicar y dividir dos expresiones racionales.

2. **¿CUÁL NO CORRESPONDE?** ¿Qué expresión racional *no* pertenece al grupo de las otras tres? Explica tu razonamiento.

$$\dfrac{x-4}{x^2} \qquad \dfrac{x^2+4x-12}{x^2+6x} \qquad \dfrac{9+x}{3x^2} \qquad \dfrac{x^2-x-12}{x^2-6x}$$

Monitoreo del progreso y Representar con matemáticas

En los Ejercicios del 3–10, simplifica la expresión, si es posible. *(Consulta el Ejemplo 1).*

3. $\dfrac{2x^2}{3x^2-4x}$

4. $\dfrac{7x^3-x^2}{2x^3}$

5. $\dfrac{x^2-3x-18}{x^2-7x+6}$

6. $\dfrac{x^2+13x+36}{x^2-7x+10}$

7. $\dfrac{x^2+11x+18}{x^3+8}$

8. $\dfrac{x^2-7x+12}{x^3-27}$

9. $\dfrac{32x^4-50}{4x^3-12x^2-5x+15}$

10. $\dfrac{3x^3-3x^2+7x-7}{27x^4-147}$

En los Ejercicios 11–20, halla el producto. *(Consulta los Ejemplos 2, 3 y 4).*

11. $\dfrac{4xy^3}{x^2y} \cdot \dfrac{y}{8x}$

12. $\dfrac{48x^5y^3}{y^4} \cdot \dfrac{x^2y}{6x^3y^2}$

13. $\dfrac{x^2(x-4)}{x-3} \cdot \dfrac{(x-3)(x+6)}{x^3}$

14. $\dfrac{x^3(x+5)}{x-9} \cdot \dfrac{(x-9)(x+8)}{3x^3}$

15. $\dfrac{x^2-3x}{x-2} \cdot \dfrac{x^2+x-6}{x}$

16. $\dfrac{x^2-4x}{x-1} \cdot \dfrac{x^2+3x-4}{2x}$

17. $\dfrac{x^2+3x-4}{x^2+4x+4} \cdot \dfrac{2x^2+4x}{x^2-4x+3}$

18. $\dfrac{x^2-x-6}{4x^3} \cdot \dfrac{2x^2+2x}{x^2+5x+6}$

19. $\dfrac{x^2+5x-36}{x^2-49} \cdot (x^2-11x+28)$

20. $\dfrac{x^2-x-12}{x^2-16} \cdot (x^2+2x-8)$

21. **ANÁLISIS DE ERRORES** Describe y corrige el error cometido al simplificar la expresión racional.

$$\dfrac{x^2+\overset{2}{\cancel{16}}x+\overset{3}{\cancel{48}}}{x^2+\underset{1}{\cancel{8}}x+\underset{1}{\cancel{16}}} = \dfrac{x^2+2x+3}{x^2+x+1}$$

22. **ANÁLISIS DE ERRORES** Describe y corrige el error cometido al hallar el producto.

$$\dfrac{x^2-25}{3-x} \cdot \dfrac{x-3}{x+5} = \dfrac{(x+5)(x-5)}{3-x} \cdot \dfrac{x-3}{x+5}$$
$$= \dfrac{(x+5)(x-5)(x-3)}{(3-x)(x+5)}$$
$$= x-5, \; x \neq 3, \; x \neq -5$$

23. **USAR LA ESTRUCTURA** ¿Qué expresión racional está en forma simplificada?

Ⓐ $\dfrac{x^2-x-6}{x^2+3x+2}$

Ⓑ $\dfrac{x^2+6x+8}{x^2+2x-3}$

Ⓒ $\dfrac{x^2-6x+9}{x^2-2x-3}$

Ⓓ $\dfrac{x^2+3x-4}{x^2+x-2}$

24. **COMPARAR MÉTODOS** Halla el siguiente producto multiplicando los numeradores y denominadores, luego simplificando. Luego halla el producto simplificando cada expresión, luego multiplicando. ¿Qué método prefieres? Explica.

$$\dfrac{4x^2y}{2x^3} \cdot \dfrac{12y^4}{24x^2}$$

380 Capítulo 7 Funciones racionales

25. **ESCRIBIR** Compara la función
$f(x) = \dfrac{(3x-7)(x+6)}{(3x-7)}$ con la función $g(x) = x + 6$.

26. **REPRESENTAR CON MATEMÁTICAS** Escribe un modelo en términos de x para el área total de la base del nuevo edificio.

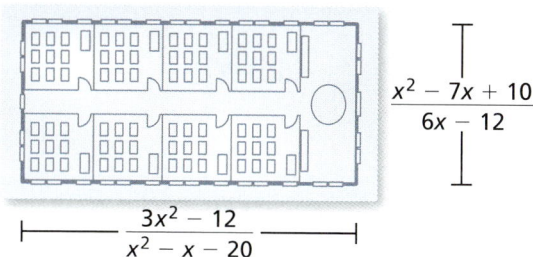

En los Ejercicios 27–34, halla el cociente. (*Consulta los Ejemplos 5 y 6*).

27. $\dfrac{32x^3y}{y^8} \div \dfrac{y^7}{8x^4}$

28. $\dfrac{2xyz}{x^3z^3} \div \dfrac{6y^4}{2x^2z^2}$

29. $\dfrac{x^2-x-6}{2x^4-6x^3} \div \dfrac{x+2}{4x^3}$

30. $\dfrac{2x^2-12x}{x^2-7x+6} \div \dfrac{2x}{3x-3}$

31. $\dfrac{x^2-x-6}{x+4} \div (x^2-6x+9)$

32. $\dfrac{x^2-5x-36}{x+2} \div (x^2-18x+81)$

33. $\dfrac{x^2+9x+18}{x^2+6x+8} \div \dfrac{x^2-3x-18}{x^2+2x-8}$

34. $\dfrac{x^2-3x-40}{x^2+8x-20} \div \dfrac{x^2+13x+40}{x^2+12x+20}$

En los Ejercicios 35 y 36 usa la siguiente información.

Los fabricantes a menudo empacan los productos de manera que se use la menor cantidad de material. Una medida de la eficiencia de un empaque es la razón entre su área de superficie S y su volumen V. A menor razón, más eficiente el empaque.

35. Estás examinando tres envases cilíndricos.
    a. Escribe una expresión para la razón de eficiencia $\dfrac{S}{V}$ de un cilindro.
    b. Halla la razón de eficiencia para cada lata cilíndrica enumerada en la tabla. Clasifica las tres latas según su eficiencia.

	Sopa	Café	Pintura
Altura, h	10.2 cm	15.9 cm	19.4 cm
Radio, r	3.4 cm	7.8 cm	8.4 cm

36. **RESOLVER PROBLEMAS** Una compañía de palomitas de maíz está diseñando una nueva lata con la misma base cuadrada y el doble de la altura de la lata antigua.

    a. Escribe una expresión para la razón de eficiencia $\dfrac{S}{V}$ para cada lata.

    b. ¿La compañía tomó una buena decisión al crear la nueva lata? Explica.

37. **REPRESENTAR CON MATEMÁTICAS** La cantidad total I (en miles de millones de dólares) en gastos de cuidado de la salud y la población residencial P (en millares) en los Estados Unidos se puede representar mediante

$I = \dfrac{171{,}000t + 1{,}361{,}000}{1 + 0.018t}$ y

$P = 2.96t + 278.649$

donde t es el número de años desde el año 2000. Halla un modelo M para los gastos anuales de cuidado de la salud por residente. Estima los gastos anuales de cuidado de la salud por residente en 2010. (*Consulta el Ejemplo 7*).

38. **REPRESENTAR CON MATEMÁTICAS** La cantidad total I (en millones de dólares) de gastos escolares desde el prekindergarten hasta el nivel universitario y la inscripción P (en millares) en el prekindergarten hasta el nivel universitario en los Estados Unidos se puede representar mediante

$I = \dfrac{17{,}913t + 709{,}569}{1 - 0.028t}$ y $P = 0.5906t + 70.219$

donde t es el número de años desde 2001. Halla un modelo M para los gastos de educación anual por estudiante. Estima los gastos de educación anuales por estudiante en 2009.

39. **USAR ECUACIONES** Consulta el modelo de población P en el Ejercicio 37.
    a. Interpreta el significado del coeficiente de t.
    b. Interpreta el significado del término constante.

40. **¿CÓMO LO VES?** Usa las gráficas de f y g para determinar los valores excluidos de las funciones $h(x) = (fg)(x)$ y $k(x) = \left(\dfrac{f}{g}\right)(x)$. Explica tu razonamiento.

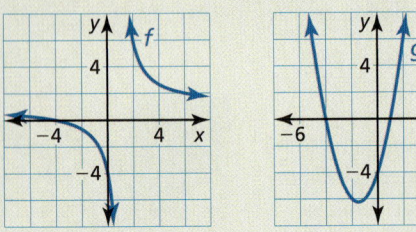

41. **SACAR CONCLUSIONES** Completa la tabla para la función $y = \dfrac{x+4}{x^2-16}$. Luego usa la función *trazar* de la calculadora gráfica para explicar el comportamiento de la función en $x = -4$.

x	y
-3.5	
-3.8	
-3.9	
-4.1	
-4.2	

42. **ARGUMENTAR** A tu amigo y a ti les piden enunciar el dominio de la siguiente expresión.

$$\dfrac{x^2 + 6x - 27}{x^2 + 4x - 45}$$

Tu amigo dice que el dominio es todos los números reales excepto 5. Tú dices que el dominio es todos los números reales excepto -9 y 5. ¿Quién tiene razón? Explica.

43. **CONEXIONES MATEMÁTICAS** Halla la razón entre perímetro y el área del triángulo que se muestra.

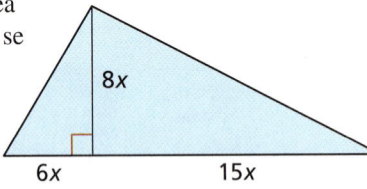

44. **PENSAMIENTO CRÍTICO** Halla la expresión que hace que el siguiente enunciado sea verdadero. Asumir $x \neq -2$ y $x \neq 5$.

$$\dfrac{x-5}{x^2+2x-35} \div \dfrac{\blacksquare}{x^2-3x-10} = \dfrac{x+2}{x+7}$$

USAR LA ESTRUCTURA En los Ejercicios 45 y 46, haz las operaciones indicadas.

45. $\dfrac{2x^2 + x - 15}{2x^2 - 11x - 21} \cdot (6x + 9) \div \dfrac{2x-5}{3x-21}$

46. $(x^3 + 8) \cdot \dfrac{x-2}{x^2-2x+4} \div \dfrac{x^2-4}{x-6}$

47. **RAZONAR** Los animales que viven en lugares con temperaturas varios grados por debajo de su temperatura corporal tienen que evitar la pérdida de calor para sobrevivir. Los animales pueden conservar mejor su calor corporal a medida que baja la razón de su área de superficie a su volumen. Halla la razón del área de superficie a volumen para cada pingüino que se muestra usando cilindros para aproximar su forma. ¿Cuál pingüino está mejor equipado para vivir en un ambiente frío? Explica tu razonamiento.

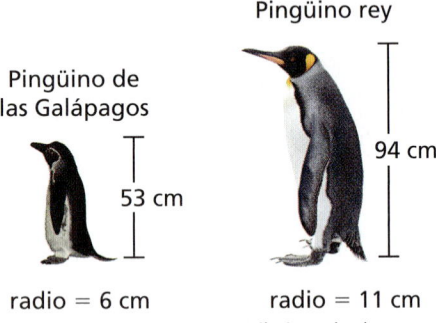

48. **ESTIMULAR EL PENSAMIENTO** ¿Es posible escribir dos funciones radicales cuyo producto, al hacer una gráfica del mismo, sea una parábola, y cuyo cociente, al hacer una gráfica del mismo, sea una hipérbola? Justifica tu respuesta.

49. **RAZONAR** Halla dos funciones racionales f y g que tengan el producto y cociente enunciados.

$$(fg)(x) = x^2, \left(\dfrac{f}{g}\right)(x) = \dfrac{(x-1)^2}{(x+2)^2}$$

Mantener el dominio de las matemáticas   Repasar lo que aprendiste en grados y lecciones anteriores

Resuelve la ecuación. Verifica tu solución.   *(Manual de revisión de destrezas)*

50. $\frac{1}{2}x + 4 = \frac{3}{2}x + 5$ 51. $\frac{1}{3}x - 2 = \frac{3}{4}x$ 52. $\frac{1}{4}x - \frac{3}{5} = \frac{9}{2}x - \frac{4}{5}$ 53. $\frac{1}{2}x + \frac{1}{3} = \frac{3}{4}x - \frac{1}{5}$

Escribe la descomposición en factores primos del número. Si el número es primo, entonces escribe *primo*.   *(Manual de revisión de destrezas)*

54. 42   55. 91   56. 72   57. 79

7.4 Sumar y restar expresiones racionales

Pregunta esencial ¿Cómo puedes determinar el dominio de la suma o diferencia de dos expresiones racionales?

Puedes sumar y restar expresiones prácticamente de la misma manera en la que sumas y restas fracciones.

$$\frac{x}{x+1} + \frac{2}{x+1} = \frac{x+2}{x+1}$$ Suma de expresiones racionales

$$\frac{1}{x} - \frac{1}{2x} = \frac{2}{2x} - \frac{1}{2x} = \frac{1}{2x}$$ Diferencia de expresiones racionales

EXPLORACIÓN 1 Sumar y restar expresiones racionales

Trabaja con un compañero. Halla la suma o diferencia de las dos expresiones racionales. Luego une la suma o diferencia con su dominio. Explica tu razonamiento.

Suma o diferencia **Dominio**

a. $\dfrac{1}{x-1} + \dfrac{3}{x-1} =$ _____   **A.** todos los números reales excepto -2

b. $\dfrac{1}{x-1} + \dfrac{1}{x} =$ _____   **B.** todos los números reales excepto -1 y 1

c. $\dfrac{1}{x-2} + \dfrac{1}{2-x} =$ _____   **C.** todos los números reales excepto 1

d. $\dfrac{1}{x-1} + \dfrac{-1}{x+1} =$ _____   **D.** todos los números reales excepto 0

e. $\dfrac{x}{x+2} - \dfrac{x+1}{2+x} =$ _____   **E.** todos los números reales excepto -2 y 1

f. $\dfrac{x}{x-2} - \dfrac{x+1}{x} =$ _____   **F.** todos los números reales excepto 0 y 1

g. $\dfrac{x}{x+2} - \dfrac{x}{x-1} =$ _____   **G.** todos los números reales excepto 2

h. $\dfrac{x+2}{x} - \dfrac{x+1}{x} =$ _____   **H.** todos los números reales excepto 0 y 2

CONSTRUIR ARGUMENTOS VIABLES

Para dominar las matemáticas, necesitas justificar tus conclusiones y comunicarlas a otras personas.

EXPLORACIÓN 2 Escribir una suma o diferencia

Trabaja con un compañero. Escribe una suma o diferencia de expresiones racionales que tenga el dominio dado. Justifica tu respuesta.

a. todos los números reales excepto -1 **b.** todos los números reales excepto -1 y 3.

c. Todos los números reales excepto -1, 0, y 3.

Comunicar tu respuesta

3. ¿Cómo puedes determinar el dominio de la suma o diferencia de dos expresiones racionales?

4. Tu amigo halló una suma de la siguiente manera. Describe y corrige el (los) error(es).

$$\frac{x}{x+4} + \frac{3}{x-4} = \frac{x+3}{2x}$$

Sección 7.4 Sumar y restar expresiones racionales 383

7.4 Lección

Qué aprenderás

- Sumar o restar expresiones racionales.
- Reescribir expresiones racionales y hacer la gráfica de la función relacionada.
- Simplificar fracciones complejas.

Vocabulario Esencial

fracción compleja, *pág. 387*

Anterior
números racionales
recíproco

Sumar o restar expresiones racionales

Como sucede con las fracciones numéricas, el procedimiento usado para sumar (o restar) dos expresiones racionales depende de si las expresiones tienen denominadores semejantes o no semejantes. Para sumar (o restar) expresiones racionales que tienen denominadores comunes, simplemente suma (o resta) sus numeradores. Luego coloca el resultado sobre el común denominador.

Concepto Esencial

Sumar o restar con denominadores semejantes

Imagina que a, b, y c son expresiones con $c \neq 0$.

Suma

$$\frac{a}{c} + \frac{b}{c} = \frac{a+b}{c}$$

Resta

$$\frac{a}{c} - \frac{b}{c} = \frac{a-b}{c}$$

EJEMPLO 1 Sumar o restar con denominadores semejantes

a. $\dfrac{7}{4x} + \dfrac{3}{4x} = \dfrac{7+3}{4x} = \dfrac{10}{4x} = \dfrac{5}{2x}$ Suma los numeradores y simplifica.

b. $\dfrac{2x}{x+6} - \dfrac{5}{x+6} = \dfrac{2x-5}{x+6}$ Resta los numeradores.

Monitoreo del progreso Ayuda en inglés y español en *BigIdeasMath.com*

Halla la suma o la diferencia.

1. $\dfrac{8}{12x} - \dfrac{5}{12x}$
2. $\dfrac{2}{3x^2} + \dfrac{1}{3x^2}$
3. $\dfrac{4x}{x-2} - \dfrac{x}{x-2}$
4. $\dfrac{2x^2}{x^2+1} + \dfrac{2}{x^2+1}$

Para sumar (o restar) dos expresiones racionales que tienen denominadores *no semejantes*, halla el común denominador. Reescribe cada expresión racional usando el común denominador. Luego suma (o resta).

Concepto Esencial

Sumar o restar con denominadores no semejantes

Imagina que a, b, c, y d son expresiones con $c \neq 0$ y $d \neq 0$.

Suma

$$\frac{a}{c} + \frac{b}{d} = \frac{ad}{cd} + \frac{bc}{cd} = \frac{ad+bc}{cd}$$

Resta

$$\frac{a}{c} - \frac{b}{d} = \frac{ad}{cd} - \frac{bc}{cd} = \frac{ad-bc}{cd}$$

Siempre puedes hallar el común denominador de dos expresiones multiplicando los denominadores, como se muestra arriba. Sin embargo, cuando usas el mínimo común denominador (m.c.d.), que es el mínimo común múltiplo (m.c.m.) de los denominadores, simplificar tu respuesta puede necesitar menos pasos.

Para hallar el m.c.m. de dos (o más) expresiones, factoriza completamente las expresiones. El m.c.m. es el producto de la potencia mayor de cada factor que aparece en cualquiera de las expresiones.

EJEMPLO 2 Hallar el mínimo común múltiplo (m.c.m.)

Halla el mínimo común múltiplo de $4x^2 - 16$ y $6x^2 - 24x + 24$.

SOLUCIÓN

Paso 1 Factoriza cada polinomio. Escribe los factores numéricos como productos de números primos.

$$4x^2 - 16 = 4(x^2 - 4) = (2^2)(x + 2)(x - 2)$$

$$6x^2 - 24x + 24 = 6(x^2 - 4x + 4) = (2)(3)(x - 2)^2$$

Paso 2 El m.c.m. es el producto de la mayor potencia de cada factor que aparece en cualquiera de los polinomios.

$$\text{m.c.m.} = (2^2)(3)(x + 2)(x - 2)^2 = 12(x + 2)(x - 2)^2$$

EJEMPLO 3 Sumar con denominadores no semejantes

Halla la suma $\dfrac{7}{9x^2} + \dfrac{x}{3x^2 + 3x}$.

SOLUCIÓN

Método 1 Usa la definición para sumar expresiones racionales que tienen denominadores no semejantes.

$$\frac{7}{9x^2} + \frac{x}{3x^2 + 3x} = \frac{7(3x^2 + 3x) + x(9x^2)}{9x^2(3x^2 + 3x)} \qquad \frac{a}{c} + \frac{b}{d} = \frac{ad + bc}{cd}$$

$$= \frac{21x^2 + 21x + 9x^3}{9x^2(3x^2 + 3x)} \qquad \text{Propiedad distributiva}$$

$$= \frac{3x(3x^2 + 7x + 7)}{9x^2(x + 1)(3x)} \qquad \text{Factoriza. Divide para cancelar los factores comunes.}$$

$$= \frac{3x^2 + 7x + 7}{9x^2(x + 1)} \qquad \text{Simplifica.}$$

Método 2 Halla el m.c.d y luego suma. Para hallar el m.c.d., factoriza cada denominador y escribe cada factor a la mayor potencia que aparece en cualquiera de los denominadores. Observa que $9x^2 = 3^2 x^2$ y $3x^2 + 3x = 3x(x + 1)$, entonces el m.c.d. es $9x^2(x + 1)$.

$$\frac{7}{9x^2} + \frac{x}{3x^2 + 3x} = \frac{7}{9x^2} + \frac{x}{3x(x + 1)} \qquad \text{Factoriza el segundo denominador.}$$

$$= \frac{7}{9x^2} \cdot \frac{x + 1}{x + 1} + \frac{x}{3x(x + 1)} \cdot \frac{3x}{3x} \qquad \text{El m.c.d. es } 9x^2(x + 1).$$

$$= \frac{7x + 7}{9x^2(x + 1)} + \frac{3x^2}{9x^2(x + 1)} \qquad \text{Multiplica.}$$

$$= \frac{3x^2 + 7x + 7}{9x^2(x + 1)} \qquad \text{Suma los numeradores.}$$

Observa en los Ejemplos 1 y 3 que al sumar o restar expresiones racionales, el resultado es una expresión racional. En general, en forma similar a los números racionales, las expresiones racionales son cerradas en la suma y en la resta.

EJEMPLO 4 Restar con denominadores no semejantes

Halla la diferencia $\dfrac{x+2}{2x-2} - \dfrac{-2x-1}{x^2-4x+3}$.

ERROR COMÚN

Cuando restes expresiones racionales, recuerda distribuir el signo negativo a todos los términos en la cantidad que se está restando.

SOLUCIÓN

$\dfrac{x+2}{2x-2} - \dfrac{-2x-1}{x^2-4x+3} = \dfrac{x+2}{2(x-1)} - \dfrac{-2x-1}{(x-1)(x-3)}$ Factoriza cada denominador.

$ = \dfrac{x+2}{2(x-1)} \cdot \dfrac{x-3}{x-3} - \dfrac{-2x-1}{(x-1)(x-3)} \cdot \dfrac{2}{2}$ El m.c.d es $2(x-1)(x-3)$.

$ = \dfrac{x^2-x-6}{2(x-1)(x-3)} - \dfrac{-4x-2}{2(x-1)(x-3)}$ Multiplica.

$ = \dfrac{x^2-x-6-(-4x-2)}{2(x-1)(x-3)}$ Resta los numeradores.

$ = \dfrac{x^2+3x-4}{2(x-1)(x-3)}$ Simplifica el numerador.

$ = \dfrac{\cancel{(x-1)}(x+4)}{2\cancel{(x-1)}(x-3)}$ Factoriza el numerador. Divide para cancelar los factores comunes

$ = \dfrac{x+4}{2(x-3)}, x \neq -1$ Simplifica.

Monitoreo del progreso Ayuda en inglés y español en BigIdeasMath.com

5. Halla el mínimo común múltiplo de $5x^3$ y $10x^2 - 15x$.

Halla la suma o la diferencia.

6. $\dfrac{3}{4x} - \dfrac{1}{7}$ 7. $\dfrac{1}{3x^2} + \dfrac{x}{9x^2-12}$ 8. $\dfrac{x}{x^2-x-12} + \dfrac{5}{12x-48}$

Reescribir expresiones racionales

Reescribir una expresión racional podría revelar propiedades de la función relacionada y su gráfica. En el Ejemplo 4 de la Sección 7.2, usaste la división larga para reescribir una expresión racional. En el siguiente ejemplo, usarás la inspección.

EJEMPLO 5 Reescribir y hacer una gráfica de una función racional

Reescribe la función $g(x) = \dfrac{3x+5}{x+1}$ en la forma $g(x) = \dfrac{a}{x-h} + k$. Haz una gráfica de la función. Describe la gráfica de g como transformación de la gráfica de $f(x) = \dfrac{a}{x}$.

SOLUCIÓN

Reescribe por inspección:

$\dfrac{3x+5}{x+1} = \dfrac{3x+3+2}{x+1} = \dfrac{3(x+1)+2}{x+1} = \dfrac{3\cancel{(x+1)}}{\cancel{x+1}} + \dfrac{2}{x+1} = 3 + \dfrac{2}{x+1}$

▶ La función reescrita es $g(x) = \dfrac{2}{x+1} + 3$. La gráfica de g es una traslación 1 unidad hacia la izquierda y 3 unidades hacia arriba de la gráfica de $f(x) = \dfrac{2}{x}$.

Monitoreo del progreso Ayuda en inglés y español en BigIdeasMath.com

9. Reescribe $g(x) = \dfrac{2x-4}{x-3}$ en la forma $g(x) = \dfrac{a}{x-h} + k$. Haz una gráfica de la función. Describe la gráfica de g como transformación de la gráfica de $f(x) = \dfrac{a}{x}$.

Fracciones complejas

Una **fracción compleja** es una fracción que contiene una fracción en su numerador o denominador. Una fracción compleja se puede simplificar usando cualquiera de los siguientes métodos.

Simplificar fracciones complejas

Método 1 Si es necesario, simplifica el numerador y el denominador escribiendo cada uno como una sola fracción. Entonces divide multiplicando el numerador por el recíproco del denominador.

Método 2 Multiplica el numerador y el denominador por el m.c.d. de *toda* fracción en el numerador y en el denominador. Luego simplifica.

EJEMPLO 6 Simplificar una fracción compleja

Simplifica $\dfrac{\dfrac{5}{x+4}}{\dfrac{1}{x+4}+\dfrac{2}{x}}$.

SOLUCIÓN

Método 1

$\dfrac{\dfrac{5}{x+4}}{\dfrac{1}{x+4}+\dfrac{2}{x}} = \dfrac{\dfrac{5}{x+4}}{\dfrac{3x+8}{x(x+4)}}$ Suma las fracciones en el denominador.

$= \dfrac{5}{x+4} \cdot \dfrac{x(x+4)}{3x+8}$ Multiplica por el recíproco.

$= \dfrac{5x(x+4)}{(x+4)(3x+8)}$ Divide para cancelar los factores comunes.

$= \dfrac{5x}{3x+8}, \; x \neq -4, \; x \neq 0$ Simplifica.

Método 2 El m.c.d. de todas las fracciones en el numerador y en el denominador es $x(x+4)$.

$\dfrac{\dfrac{5}{x+4}}{\dfrac{1}{x+4}+\dfrac{2}{x}} = \dfrac{\dfrac{5}{x+4}}{\dfrac{1}{x+4}+\dfrac{2}{x}} \cdot \dfrac{x(x+4)}{x(x+4)}$ Multiplica el numerador y el denominador por el m.c.d

$= \dfrac{\dfrac{5}{x+4} \cdot x(x+4)}{\dfrac{1}{x+4} \cdot x(x+4) + \dfrac{2}{x} \cdot x(x+4)}$ Divide para cancelar los factores comunes.

$= \dfrac{5x}{x+2(x+4)}$ Simplifica.

$= \dfrac{5x}{3x+8}, \; x \neq -4, \; x \neq 0$ Simplifica.

Monitoreo del progreso Ayuda en inglés y español en *BigIdeasMath.com*

Simplifica la fracción compleja.

10. $\dfrac{\dfrac{x}{6}-\dfrac{x}{3}}{\dfrac{x}{5}-\dfrac{7}{10}}$

11. $\dfrac{\dfrac{2}{x}-4}{\dfrac{2}{x}+3}$

12. $\dfrac{\dfrac{3}{x+5}}{\dfrac{2}{x-3}+\dfrac{1}{x+5}}$

Sección 7.4 Sumar y restar expresiones racionales

7.4 Ejercicios

Soluciones dinámicas disponibles en *BigIdeasMath.com*

Verificación de vocabulario y concepto esencial

1. **COMPLETAR LA ORACIÓN** Una fracción que contiene una fracción en su numerador o denominador se denomina _____.

2. **ESCRIBIR** Explica de qué manera sumar y restar expresiones racionales es similar a sumar y restar fracciones numéricas.

Monitoreo del progreso y Representar con matemáticas

En los Ejercicios 3–8, halla la suma o la diferencia. *(Consulta el Ejemplo 1).*

3. $\dfrac{15}{4x} + \dfrac{5}{4x}$

4. $\dfrac{x}{16x^2} - \dfrac{4}{16x^2}$

5. $\dfrac{9}{x+1} - \dfrac{2x}{x+1}$

6. $\dfrac{3x^2}{x-8} + \dfrac{6x}{x-8}$

7. $\dfrac{5x}{x+3} + \dfrac{15}{x+3}$

8. $\dfrac{4x^2}{2x-1} - \dfrac{1}{2x-1}$

En los Ejercicios 9–16, halla el mínimo común múltiplo de las expresiones. *(Consulta el Ejemplo 2).*

9. $3x, 3(x-2)$

10. $2x^2, 4x+12$

11. $2x, 2x(x-5)$

12. $24x^2, 8x^2-16x$

13. $x^2-25, x-5$

14. $9x^2-16, 3x^2+x-4$

15. $x^2+3x-40, x-8$

16. $x^2-2x-63, x+7$

ANÁLISIS DE ERRORES En los Ejercicios 17 y 18, describe y corrige el error cometido al hallar la suma.

17.
$$\dfrac{2}{5x} + \dfrac{4}{x^2} = \dfrac{2+4}{5x+x^2} = \dfrac{6}{x(5+x)}$$

18.
$$\dfrac{x}{x+2} + \dfrac{4}{x-5} = \dfrac{x+4}{(x+2)(x-5)}$$

En los Ejercicios 19–26, halla la suma o la diferencia. *(Consulta los Ejemplos 3 y 4).*

19. $\dfrac{12}{5x} - \dfrac{7}{6x}$

20. $\dfrac{8}{3x^2} + \dfrac{5}{4x}$

21. $\dfrac{3}{x+4} - \dfrac{1}{x+6}$

22. $\dfrac{9}{x-3} + \dfrac{2x}{x+1}$

23. $\dfrac{12}{x^2+5x-24} + \dfrac{3}{x-3}$

24. $\dfrac{x^2-5}{x^2+5x-14} - \dfrac{x+3}{x+7}$

25. $\dfrac{x+2}{x-4} + \dfrac{2}{x} + \dfrac{5x}{3x-1}$

26. $\dfrac{x+3}{x^2-25} - \dfrac{x-1}{x-5} + \dfrac{3}{x+3}$

RAZONAR En los Ejercicios 27 y 28, indica si el enunciado es verdadero *siempre*, *a veces*, o *nunca*. Explica.

27. El m.c.d. de dos expresiones racionales es el producto de los denominadores.

28. El m.c.d. de dos expresiones racionales tendrá un grado mayor que o igual al del denominador que tiene el grado más alto.

29. **ANALIZAR ECUACIONES** ¿Cómo comenzarías a reescribir la función $g(x) = \dfrac{4x+1}{x+2}$ para obtener la forma $g(x) = \dfrac{a}{x-h} + k$?

   Ⓐ $g(x) = \dfrac{4(x+2)-7}{x+2}$

   Ⓑ $g(x) = \dfrac{4(x+2)+1}{x+2}$

   Ⓒ $g(x) = \dfrac{(x+2)+(3x-1)}{x+2}$

   Ⓓ $g(x) = \dfrac{4x+2-1}{x+2}$

30. **ANALIZAR ECUACIONES** ¿Cómo comenzarías a reescribir la función $g(x) = \dfrac{x}{x-5}$ para obtener la forma $g(x) = \dfrac{a}{x-h} + k$?

   Ⓐ $g(x) = \dfrac{x(x+5)(x-5)}{x-5}$

   Ⓑ $g(x) = \dfrac{x-5+5}{x-5}$

   Ⓒ $g(x) = \dfrac{x}{x-5+5}$

   Ⓓ $g(x) = \dfrac{x}{x} - \dfrac{x}{5}$

388 Capítulo 7 Funciones racionales

En los Ejercicios 31–38, reescribe la función g en la forma $g(x) = \dfrac{a}{x-h} + k$. Haz una gráfica de la función. Describe la gráfica de g como una transformación de la gráfica de $f(x) = \dfrac{a}{x}$. *(Consulta el Ejemplo 5).*

31. $g(x) = \dfrac{5x - 7}{x - 1}$ **32.** $g(x) = \dfrac{6x + 4}{x + 5}$

33. $g(x) = \dfrac{12x}{x - 5}$ **34.** $g(x) = \dfrac{8x}{x + 13}$

35. $g(x) = \dfrac{2x + 3}{x}$ **36.** $g(x) = \dfrac{4x - 6}{x}$

37. $g(x) = \dfrac{3x + 11}{x - 3}$ **38.** $g(x) = \dfrac{7x - 9}{x + 10}$

En los Ejercicios 39–44, simplifica la fracción compleja. *(Consulta el Ejemplo 6).*

39. $\dfrac{\dfrac{x}{3} - 6}{10 + \dfrac{4}{x}}$ **40.** $\dfrac{15 - \dfrac{2}{x}}{\dfrac{x}{5} + 4}$

41. $\dfrac{\dfrac{1}{2x - 5} - \dfrac{7}{8x - 20}}{\dfrac{x}{2x - 5}}$ **42.** $\dfrac{\dfrac{16}{x - 2}}{\dfrac{4}{x + 1} + \dfrac{6}{x}}$

43. $\dfrac{\dfrac{1}{3x^2 - 3}}{\dfrac{5}{x + 1} - \dfrac{x + 4}{x^2 - 3x - 4}}$ **44.** $\dfrac{\dfrac{3}{x - 2} - \dfrac{6}{x^2 - 4}}{\dfrac{3}{x + 2} + \dfrac{1}{x - 2}}$

45. RESOLVER PROBLEMAS El tiempo total T (en horas) necesario para volar de Nueva York a Los Ángeles y volver se puede representar mediante la siguiente ecuación, donde d es la distancia (en millas) de ida y de vuelta, a es la velocidad promedio del avión (en millas por hora) y j es la velocidad promedio (en millas por hora) de la corriente en chorro. Simplifica la ecuación. Luego halla el tiempo total que demora volar 2468 millas si $a = 510$ millas por hora y $j = 115$ millas por hora.

$$T = \dfrac{d}{a - j} + \dfrac{d}{a + j}$$

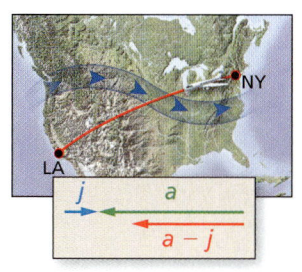
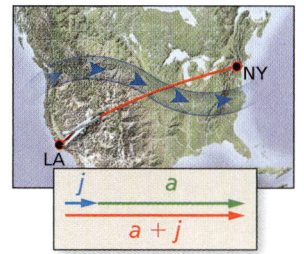

46. REESCRIBIR UNA FÓRMULA La resistencia total R_t de dos resistores en un circuito paralelo con resistencias R_1 y R_2 (en ohmios) está dada por la ecuación que se muestra. Simplifica la fracción compleja. Luego halla la resistencia total si $R_1 = 2000$ ohmios y $R_2 = 5600$ ohmios.

$$R_t = \dfrac{1}{\dfrac{1}{R_1} + \dfrac{1}{R_2}}$$

47. RESOLVER UN PROBLEMA Planeas un viaje que incluye un recorrido 40 millas en autobús y un recorrido en tren. El viaje completo es de 140 millas. El tiempo (en horas) que viaja el autobús es $y_1 = \dfrac{40}{x}$, donde x es la velocidad promedio (en millas por hora). El tiempo (en horas) que viaja el tren es $y_2 = \dfrac{100}{x + 30}$. Escribe y simplifica un modelo que muestre el tiempo total y del viaje.

48. RESOLVER UN PROBLEMA Participas en una triatlón de corta distancia que incluye natación, ciclismo y correr. La tabla muestra las distancias (en millas) y tu velocidad promedio en cada porción de la carrera.

	Distancia (millas)	Velocidad (millas por hora)
Natación	0.5	r
Ciclismo	22	$15r$
Correr	6	$r + 5$

a. Escribe un modelo en forma simplificada para el tiempo total (en horas) que demora completar la carrera.

b. ¿Cuánto demora completar la carrera si puedes nadar a una velocidad promedio de 2 millas por hora? Justifica tu respuesta.

49. ARGUMENTAR Tu amigo dice que el mínimo común múltiplo de dos números siempre es mayor que cada uno de los números. ¿Tiene razón tu amigo? Justifica tu respuesta.

Sección 7.4 Sumar y restar expresiones racionales 389

50. **¿CÓMO LO VES?** Usa la gráfica de la función $f(x) = \dfrac{a}{x-h} + k$ para determinar los valores de h y k.

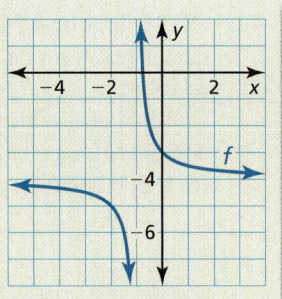

51. **REESCRIBIR UNA FÓRMULA** Pides prestados P dólares para comprar un carro y aceptas repagar el préstamo en t años con una tasa de interés mensual de i (expresada como decimal). Tu pago mensual M está dado por cualquiera de las siguientes fórmulas.

$$M = \dfrac{Pi}{1 - \left(\dfrac{1}{1+i}\right)^{12t}} \quad \text{o} \quad M = \dfrac{Pi(1+i)^{12t}}{(1+i)^{12t} - 1}$$

   a. Demuestra que las fórmulas son equivalentes simplificando la primera fórmula.
   b. Halla tu pago mensual si pides prestados $15,500 a una tasa de interés mensual de 0.5% y si repagas el préstamo en un periodo de 4 años.

52. **ESTIMULAR EL PENSAMIENTO** ¿Es posible escribir dos funciones racionales cuya suma sea una función cuadrática? Justifica tu respuesta.

53. **USAR HERRAMIENTAS** Usa herramientas tecnológicas para reescribir la función $g(x) = \dfrac{(97.6)(0.024) + x(0.003)}{12.2 + x}$ en la forma $g(x) = \dfrac{a}{x-h} + k$. Describe la gráfica de g como transformación de la gráfica de $f(x) = \dfrac{a}{x}$.

54. **CONEXIONES MATEMÁTICAS** Halla una expresión para el área superficial de la caja.

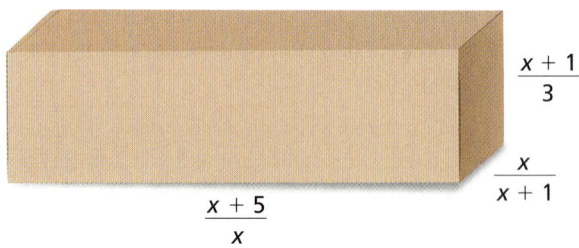

55. **RESOLVER PROBLEMAS** Te contratan para lavar los carros nuevos en un concesionario de automóviles junto con otros dos empleados. Te demoras un promedio de 40 minutos en lavar un carro ($R_1 = 1/40$ carro por minuto). El segundo empleado lava un carro en x minutos. El tercer empleado lava un carro en $x + 10$ minutos.

   a. Escribe expresiones para las tasas a las que cada empleado puede lavar un carro.
   b. Escribe una expresión R para la tasa combinada de carros lavados por minuto por el grupo.
   c. Evalúa tu expresión en la parte (b) si el segundo empleado lava un carro en 35 minutos. ¿Cuántos carros por hora representa esto? Explica tu razonamiento.

56. **REPRESENTAR CON MATEMÁTICAS** La cantidad A (en miligramos) de aspirina en el torrente sanguíneo de una persona se puede representar mediante

$$A = \dfrac{391t^2 + 0.112}{0.218t^4 + 0.991t^2 + 1}$$

donde t es el tiempo (en horas) después de tomar una dosis.

   a. Se toma una segunda dosis 1 hora después de la primera dosis. Escribe una ecuación para representar la cantidad de la segunda dosis en el torrente sanguíneo.
   b. Escribe un modelo para la cantidad *total* de aspirina en el torrente sanguíneo después de tomar la segunda dosis.

57. **HALLAR UN PATRÓN** Halla las dos expresiones siguientes en el patrón que se muestra. Luego simplifica las cinco expresiones. ¿A qué valor se acercan las expresiones?

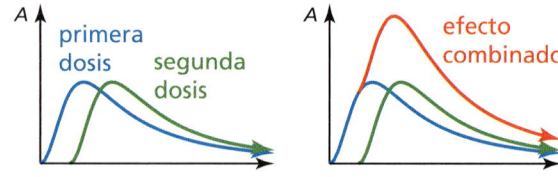

Mantener el dominio de las matemáticas — Repasar lo que aprendiste en grados y lecciones anteriores

Resuelve el sistema por medio de una gráfica. *(Sección 3.5)*

58. $y = x^2 + 6$
    $y = 3x + 4$

59. $2x^2 - 3x - y = 0$
    $\tfrac{5}{2}x - y = \tfrac{9}{4}$

60. $3 = y - x^2 - x$
    $y = -x^2 - 3x - 5$

61. $y = (x+2)^2 - 3$
    $y = x^2 + 4x + 5$

7.5 Resolver ecuaciones racionales

Pregunta esencial ¿Cómo puedes resolver una ecuación racional?

EXPLORACIÓN 1 Resolver ecuaciones racionales

Trabaja con un compañero. Une cada ecuación con la gráfica de su sistema de ecuaciones relacionado. Luego usa la gráfica para resolver la ecuación.

a. $\dfrac{2}{x-1} = 1$ **b.** $\dfrac{2}{x-2} = 2$ **c.** $\dfrac{-x-1}{x-3} = x+1$

d. $\dfrac{2}{x-1} = x$ **e.** $\dfrac{1}{x} = \dfrac{-1}{x-2}$ **f.** $\dfrac{1}{x} = x^2$

A. 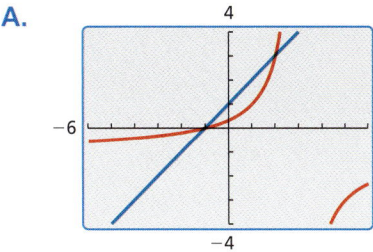 **B.**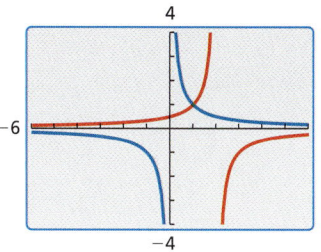

C. 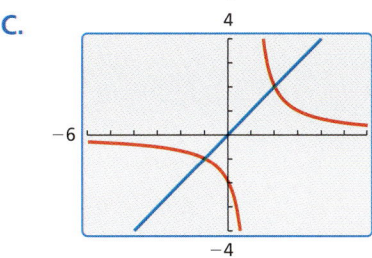 **D.**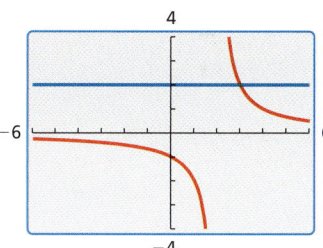

E. 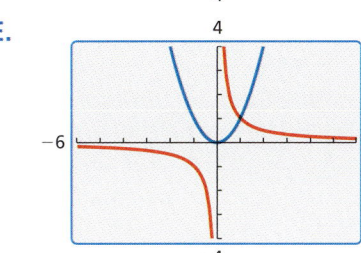 **F.**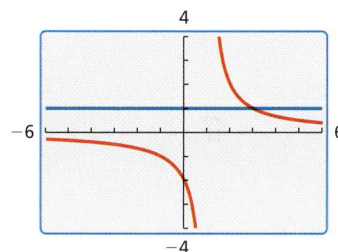

EXPLORACIÓN 2 Resolver ecuaciones racionales

Trabaja con un compañero. Verifica las ecuaciones en las Exploraciones 1(d) y 1(e). Supón que quieres una forma más precisa de resolver las ecuaciones que usar un enfoque gráfico.

a. Demuestra cómo podrías usar un *enfoque numérico* creando una tabla. Por ejemplo, podrías usar una hoja de cálculo para resolver las ecuaciones.

b. Demuestra cómo podrías usar un *enfoque analítico*. Por ejemplo, podrías usar el método que usaste para resolver proporciones.

DARLE SENTIDO A LOS PROBLEMAS

Para dominar las matemáticas, necesitas planificar una ruta de solución en vez de simplemente apresurarte en intentar lograr una solución.

Comunicar tu respuesta

3. ¿Cómo puedes resolver una ecuación racional?

4. Usa el método de la Exploración 1 o el de la Exploración 2 para resolver cada ecuación.

a. $\dfrac{x+1}{x-1} = \dfrac{x-1}{x+1}$ **b.** $\dfrac{1}{x+1} = \dfrac{1}{x^2+1}$ **c.** $\dfrac{1}{x^2-1} = \dfrac{1}{x-1}$

Sección 7.5 Resolver ecuaciones racionales

7.5 Lección

Qué aprenderás

- Resolver ecuaciones racionales hallando los productos cruzados.
- Resolver ecuaciones racionales usando el mínimo común denominador.
- Usar los inversos de las funciones.

Vocabulario Esencial

productos cruzados, *pág. 392*

Anterior
proporción
solución extraña
inverso de una función

Resolver hallando los productos cruzados

Puedes hallar los **productos cruzados** para resolver una ecuación racional si cada lado de la ecuación es en sí, una expresión racional.

EJEMPLO 1   Resolver una ecuación racional hallando los productos cruzados

Resuelve $\dfrac{3}{x+1} = \dfrac{9}{4x+5}$.

SOLUCIÓN

$$\dfrac{3}{x+1} = \dfrac{9}{4x+5} \quad \text{Escribe la ecuación original.}$$
$$3(4x+5) = 9(x+1) \quad \text{Halla los productos cruzados.}$$
$$12x + 15 = 9x + 9 \quad \text{Propiedad distributiva}$$
$$3x + 15 = 9 \quad \text{Resta } 9x \text{ de cada lado.}$$
$$3x = -6 \quad \text{Resta 15 de cada lado.}$$
$$x = -2 \quad \text{Divide cada lado entre 3.}$$

▶ La solución es $x = -2$. Verifícalo en la ecuación original.

Verifica

$$\dfrac{3}{-2+1} \stackrel{?}{=} \dfrac{9}{4(-2)+5}$$
$$\dfrac{3}{-1} \stackrel{?}{=} \dfrac{9}{-3}$$
$$-3 = -3 \checkmark$$

EJEMPLO 2   Escribir y usar un modelo racional

Una *aleación* se forma al mezclar dos o más metales. La plata esterlina es una aleación compuesta de 92.5% de plata y 7.5% de cobre por peso. Tienes 15 onzas de plata de ley 800, que es 80% de plata y 20% cobre por peso. ¿Cuánta más plata pura deberías mezclar con la plata de ley 800 para lograr plata esterlina?

SOLUCIÓN

porcentaje de cobre en la mezcla = $\dfrac{\text{peso del cobre en la mezcla}}{\text{peso total de la mezcla}}$

$$\dfrac{7.5}{100} = \dfrac{(0.2)(15)}{15+x} \quad x \text{ es la cantidad de plata añadida.}$$
$$7.5(15+x) = 100(0.2)(15) \quad \text{Halla los productos cruzados.}$$
$$112.5 + 7.5x = 300 \quad \text{Simplifica.}$$
$$7.5x = 187.5 \quad \text{Resta 112.5 de cada lado.}$$
$$x = 25 \quad \text{Divide cada lado entre 7.5.}$$

▶ Deberías mezclar 25 onzas de plata pura con las 15 onzas de plata de ley 800.

Monitoreo del progreso Ayuda en inglés y español en *BigIdeasMath.com*

Resuelve la ecuación hallando los productos cruzados. Verifica tu(s) solución(es).

1. $\dfrac{3}{5x} = \dfrac{2}{x-7}$

2. $\dfrac{-4}{x+3} = \dfrac{5}{x-3}$

3. $\dfrac{1}{2x+5} = \dfrac{x}{11x+8}$

Resolver usando el mínimo común denominador

Si una expresión racional no está expresada como una proporción, puedes resolverla multiplicando cada lado de la ecuación por el mínimo común denominador de las expresiones racionales.

EJEMPLO 3 Resolver ecuaciones racionales usando el m.c.d.

Resuelve cada ecuación.

a. $\dfrac{5}{x} + \dfrac{7}{4} = -\dfrac{9}{x}$ b. $1 - \dfrac{8}{x-5} = \dfrac{3}{x}$

SOLUCIÓN

Verifica

$\dfrac{5}{-8} + \dfrac{7}{4} \stackrel{?}{=} -\dfrac{9}{-8}$

$-\dfrac{5}{8} + \dfrac{14}{8} \stackrel{?}{=} \dfrac{9}{8}$

$\dfrac{9}{8} = \dfrac{9}{8}$ ✓

a.
$\dfrac{5}{x} + \dfrac{7}{4} = -\dfrac{9}{x}$ Escribe la ecuación original.

$4x\left(\dfrac{5}{x} + \dfrac{7}{4}\right) = 4x\left(-\dfrac{9}{x}\right)$ Multiplica cada lado por el m.c.d., 4x.

$20 + 7x = -36$ Simplifica.

$7x = -56$ Resta 20 de cada lado.

$x = -8$ Divide cada lado entre 7.

▶ La solución es $x = -8$. Verifícalo en la ecuación original.

b.
$1 - \dfrac{8}{x-5} = \dfrac{3}{x}$ Escribe la ecuación original.

$x(x-5)\left(1 - \dfrac{8}{x-5}\right) = x(x-5) \cdot \dfrac{3}{x}$ Multiplica cada lado por el m.c.d., $x(x-5)$.

$x(x-5) - 8x = 3(x-5)$ Simplifica.

$x^2 - 5x - 8x = 3x - 15$ Propiedad distributiva

$x^2 - 16x + 15 = 0$ Escribe en forma estándar.

$(x-1)(x-15) = 0$ Factoriza.

$x = 1$ o $x = 15$ Propiedad del producto cero

▶ Las soluciones son $x = 1$ y $x = 15$. Verifícalos en la ecuación original.

Verifica

$1 - \dfrac{8}{1-5} \stackrel{?}{=} \dfrac{3}{1}$ Sustituye por x. $1 - \dfrac{8}{15-5} \stackrel{?}{=} \dfrac{3}{15}$

$1 + 2 \stackrel{?}{=} 3$ Simplifica. $1 - \dfrac{4}{5} \stackrel{?}{=} \dfrac{1}{5}$

$3 = 3$ ✓ $\dfrac{1}{5} = \dfrac{1}{5}$ ✓

Monitoreo del progreso 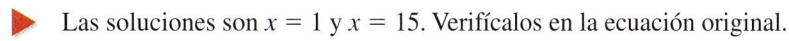 Ayuda en inglés y español en *BigIdeasMath.com*

Resuelve la ecuación usando el m.c.d. Verifica tu(s) solución(es).

4. $\dfrac{15}{x} + \dfrac{4}{5} = \dfrac{7}{x}$ **5.** $\dfrac{3x}{x+1} - \dfrac{5}{2x} = \dfrac{3}{2x}$ **6.** $\dfrac{4x+1}{x+1} = \dfrac{12}{x^2-1} + 3$

Sección 7.5 Resolver ecuaciones racionales

Al resolver una ecuación racional, podrías obtener soluciones extrañas. Asegúrate de verificar si hay soluciones extrañas verificando tus soluciones en la ecuación *original*.

EJEMPLO 4 Resolver una ecuación con una solución extraña

Resuelve $\dfrac{6}{x-3} = \dfrac{8x^2}{x^2-9} - \dfrac{4x}{x+3}$.

SOLUCIÓN

Escribe cada denominador en forma factorizada. El m.c.d. es $(x+3)(x-3)$.

$$\dfrac{6}{x-3} = \dfrac{8x^2}{(x+3)(x-3)} - \dfrac{4x}{x+3}$$

$$(x+3)(x-3) \cdot \dfrac{6}{x-3} = (x+3)(x-3) \cdot \dfrac{8x^2}{(x+3)(x-3)} - (x+3)(x-3) \cdot \dfrac{4x}{x+3}$$

$$6(x+3) = 8x^2 - 4x(x-3)$$

$$6x + 18 = 8x^2 - 4x^2 + 12x$$

$$0 = 4x^2 + 6x - 18$$

$$0 = 2x^2 + 3x - 9$$

$$0 = (2x-3)(x+3)$$

$$2x - 3 = 0 \quad \text{o} \quad x + 3 = 0$$

$$x = \dfrac{3}{2} \quad \text{o} \quad x = -3$$

OTRA MANERA

También puedes hacer la gráfica de cada lado de la ecuación y hallar el valor *x* donde las gráficas intersecan.

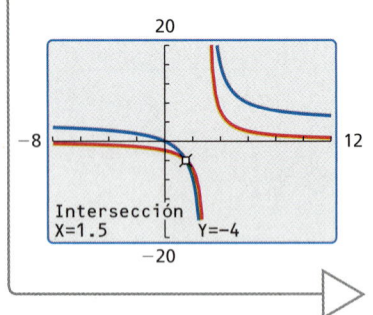

Verifica

Verifica $x = \dfrac{3}{2}$:

$$\dfrac{6}{\frac{3}{2}-3} \stackrel{?}{=} \dfrac{8\left(\frac{3}{2}\right)^2}{\left(\frac{3}{2}\right)^2 - 9} - \dfrac{4\left(\frac{3}{2}\right)}{\frac{3}{2}+3}$$

$$\dfrac{6}{-\frac{3}{2}} \stackrel{?}{=} \dfrac{18}{-\frac{27}{4}} - \dfrac{6}{\frac{9}{2}}$$

$$-4 \stackrel{?}{=} -\dfrac{8}{3} - \dfrac{4}{3}$$

$$-4 = -4 \checkmark$$

Verifica $x = -3$:

$$\dfrac{6}{-3-3} \stackrel{?}{=} \dfrac{8(-3)^2}{(-3)^2 - 9} - \dfrac{4(-3)}{-3+3}$$

$$\dfrac{6}{-6} \stackrel{?}{=} \dfrac{72}{0} - \dfrac{-12}{0} \text{ ✗}$$

La división entre cero es indefinida.

▶ La solución aparente $x = -3$ es extraña. Entonces, la única solución es $x = \dfrac{3}{2}$.

Monitoreo del progreso Ayuda en inglés y español en *BigIdeasMath.com*

Resuelve la ecuación. Verifica tu(s) solución(es).

7. $\dfrac{9}{x-2} + \dfrac{6x}{x+2} = \dfrac{9x^2}{x^2-4}$

8. $\dfrac{7}{x-1} - 5 = \dfrac{6}{x^2-1}$

Usar los inversos de las funciones

EJEMPLO 5   Hallar el inverso de una función racional

Considera la función $f(x) = \dfrac{2}{x+3}$. Determina si el inverso de f es una función. Luego halla el inverso.

SOLUCIÓN

Haz una gráfica de la función f. Observa que ninguna recta horizontal interseca la gráfica más de una vez. Entonces, el inverso de f es una función. Halla el inverso.

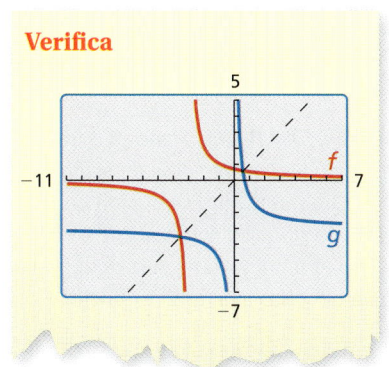
Verifica

$y = \dfrac{2}{x+3}$ Coloca y igual a $f(x)$.

$x = \dfrac{2}{y+3}$ Intercambia x y y.

$x(y+3) = 2$ Halla los productos cruzados.

$y + 3 = \dfrac{2}{x}$ Divide cada lado entre x.

$y = \dfrac{2}{x} - 3$ Resta 3 de cada lado.

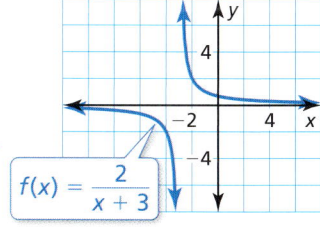

▶ Entonces, el inverso de f es $g(x) = \dfrac{2}{x} - 3$.

EJEMPLO 6   Resolver un problema de la vida real

En el Ejemplo 5 de la Sección 7.2., escribiste la función $c = \dfrac{50m + 1000}{m}$, que representa el costo promedio c (en dólares) de hacer m modelos usando una impresora 3-D. Halla cuántos modelos se deben imprimir para que el costo promedio por modelo llegue a $90 (a) resolviendo una ecuación y (b) usando el inverso de la función.

RECUERDA

En la parte (b), las variables son significativas. Conmutarlas para hallar el inverso crearía confusión. Entonces, resuelve para m sin conmutar las variables.

SOLUCIÓN

a. Sustituye 90 por c y resuelve hallando los productos cruzados.

$90 = \dfrac{50m + 1000}{m}$

$90m = 50m + 1000$

$40m = 1000$

$m = 25$

b. Resuelve la ecuación para m.

$c = \dfrac{50m + 1000}{m}$

$c = 50 + \dfrac{1000}{m}$

$c - 50 = \dfrac{1000}{m}$

$m = \dfrac{1000}{c - 50}$

Si $c = 90$, $m = \dfrac{1000}{90 - 50} = 25$.

▶ Entonces, el costo promedio llega a $90 por modelo después de imprimirse 25 modelos.

Monitoreo del progreso   Ayuda en inglés y español en *BigIdeasMath.com*

9. Considera la función $f(x) = \dfrac{1}{x} - 2$. Determina si el inverso de f es una función. Luego halla el inverso.

10. ¿QUÉ PASA SI? ¿Cómo cambian las respuestas del Ejemplo 6 si $c = \dfrac{50m + 800}{m}$?

Sección 7.5   Resolver ecuaciones racionales   **395**

7.5 Ejercicios

Soluciones dinámicas disponibles en *BigIdeasMath.com*

Verificación de vocabulario y concepto esencial

1. **ESCRIBIR** ¿Cuándo puedes resolver una ecuación racional hallando los productos cruzados? Explica.

2. **ESCRIBIR** Un estudiante resuelve la ecuación $\frac{4}{x-3} = \frac{x}{x-3}$ y obtiene las soluciones 3 y 4. ¿Alguna de ellas es una solución extraña? Explica.

Monitoreo del progreso y Representar con matemáticas

En los Ejercicios 3–10, resuelve la ecuación hallando los productos cruzados. Verifica tu(s) solución(es). *(Consulta el Ejemplo 1)*.

3. $\frac{4}{2x} = \frac{5}{x+6}$

4. $\frac{9}{3x} = \frac{4}{x+2}$

5. $\frac{6}{x-1} = \frac{9}{x+1}$

6. $\frac{8}{3x-2} = \frac{2}{x-1}$

7. $\frac{x}{2x+7} = \frac{x-5}{x-1}$

8. $\frac{-2}{x-1} = \frac{x-8}{x+1}$

9. $\frac{x^2-3}{x+2} = \frac{x-3}{2}$

10. $\frac{-1}{x-3} = \frac{x-4}{x^2-27}$

11. **USAR ECUACIONES** En lo que va de tu práctica de vóleibol has puesto en juego 37 de los 44 servicios que has intentado. Resuelve la ecuación $\frac{90}{100} = \frac{37+x}{44+x}$ para hallar el número de servicios consecutivos que necesitas poner en juego para elevar tu porcentaje de servicio a 90%.

12. **USAR ECUACIONES** En lo que va de esta temporada de béisbol, tienes 12 hits de 60 veces al bate. Resuelve la ecuación $0.360 = \frac{12+x}{60+x}$ para hallar el número de hits consecutivos que necesitas para elevar tu promedio de bateo a 0.360.

13. **REPRESENTAR CON MATEMÁTICAS** El latón es una aleación compuesta por 55% de cobre y 45% de zinc por peso. Tienes 25 onzas de cobre. ¿Cuántas onzas de zinc necesitas para hacer latón? *(Consulta el Ejemplo 2)*.

14. **REPRESENTAR CON MATEMÁTICAS** Tienes 0.2 litros de una solución ácida cuya concentración de ácido es 16 moles por litro. Quieres diluir la solución con agua para que la concentración de ácido sea de solo 12 moles por litro. Usa el modelo dado para determinar cuántos litros de agua deberías añadir a la solución.

$$\text{Concentración de nueva solución} = \frac{\text{Concentración de solución original} \cdot \text{Volumen de solución original}}{\text{Volumen de solución original} + \text{Volumen de agua añadida}}$$

USAR LA ESTRUCTURA En los ejercicios 15–18 identifica el MCD de las expresiónes racionales en la ecuación.

15. $\frac{x}{x+3} + \frac{1}{x} = \frac{3}{x}$

16. $\frac{5x}{x-1} - \frac{7}{x} = \frac{9}{x}$

17. $\frac{2}{x+1} + \frac{x}{x+4} = \frac{1}{2}$

18. $\frac{4}{x+9} + \frac{3x}{2x-1} = \frac{10}{3}$

En los Ejercicios 19–30, resuelve la ecuación usando el m.c.d. Verifica tu(s) solución(es). *(Consulta los Ejemplos 3 y 4)*.

19. $\frac{3}{2} + \frac{1}{x} = 2$

20. $\frac{2}{3x} + \frac{1}{6} = \frac{4}{3x}$

21. $\frac{x-3}{x-4} + 4 = \frac{3x}{x}$

22. $\frac{2}{x-3} + \frac{1}{x} = \frac{x-1}{x-3}$

23. $\frac{6x}{x+4} + 4 = \frac{2x+2}{x-1}$

24. $\frac{10}{x} + 3 = \frac{x+9}{x-4}$

25. $\frac{18}{x^2-3x} - \frac{6}{x-3} = \frac{5}{x}$

26. $\frac{10}{x^2-2x} + \frac{4}{x} = \frac{5}{x-2}$

27. $\frac{x+1}{x+6} + \frac{1}{x} = \frac{2x+1}{x+6}$

28. $\frac{x+3}{x-3} + \frac{x}{x-5} = \frac{x+5}{x-5}$

29. $\frac{5}{x} - 2 = \frac{2}{x+3}$

30. $\frac{5}{x^2+x-6} = 2 + \frac{x-3}{x-2}$

396 Capítulo 7 Funciones racionales

ANÁLISIS DE ERRORES En los Ejercicios 31 y 32, describe y corrige el error cometido en el primer paso de la solución de la ecuación.

31.
$$\frac{5}{3x} + \frac{2}{x^2} = 1$$
$$3x^3 \cdot \frac{5}{3x} + 3x^3 \cdot \frac{2}{x^2} = 1$$

32.
$$\frac{7x+1}{2x+5} + 4 = \frac{10x-3}{3x}$$
$$(2x+5)3x \cdot \frac{7x+1}{2x+5} + 4 = \frac{10x-3}{3x} \cdot (2x+5)3x$$

33. RESOLVER PROBLEMAS Puedes pintar una habitación en 8 horas. Trabajando juntos, tu amigo y tú pueden pintar la habitación en solo 5 horas.

  a. Imagina que t es el tiempo (en horas) que demora tu amigo en pintar la habitación si trabaja solo. Copia y completa la tabla. (*Consejo*: (Trabajo hecho) = (Tasa de trabajo) × (Tiempo))

	Tasa de trabajo	Tiempo	Trabajo hecho
Tú	$\frac{1 \text{ habitación}}{8 \text{ horas}}$	5 horas	
Amigo		5 horas	

  b. Explica qué representa la suma de las expresiones en la última columna. Escribe y resuelve una ecuación para hallar cuánto demoraría tu amigo en pintar la habitación si trabajara solo.

34. RESOLVER PROBLEMAS Puedes limpiar un parque en 2 horas. Trabajando juntos, tu amigo y tú pueden limpiar el parque en solo 1.2 horas.

  a. Imagina que t es el tiempo (en horas) que tu amigo demoraría en limpiar el parque si trabajara solo. Copia y completa la tabla. (*Consejo*: (Trabajo hecho) = (Tasa de trabajo) × (Tiempo))

	Tasa de trabajo	Tiempo	Trabajo hecho
Tú	$\frac{1 \text{ parque}}{2 \text{ horas}}$	1.2 horas	
Amigo		1.2 horas	

  b. Explica lo que representa la suma de las expresiones en la última columna. Escribe y resuelve una ecuación para hallar cuánto demoraría tu amigo en limpiar el parque si trabajara solo.

35. FINAL ABIERTO Da un ejemplo de una ecuación racional que resolverías usando la multiplicación cruzada y una que resolverías usando el m.c.d. Explica tu razonamiento.

36. FINAL ABIERTO Describe una situación de la vida real que se pueda representar mediante una ecuación racional. Justifica tu respuesta.

En los Ejercicios 37–44, determina si el inverso de f es una función. Luego halla el inverso. (*Consulta el Ejemplo 5*).

37. $f(x) = \dfrac{2}{x-4}$ **38.** $f(x) = \dfrac{7}{x+6}$

39. $f(x) = \dfrac{3}{x} - 2$ **40.** $f(x) = \dfrac{5}{x} - 6$

41. $f(x) = \dfrac{4}{11-2x}$ **42.** $f(x) = \dfrac{8}{9+5x}$

43. $f(x) = \dfrac{1}{x^2} + 4$ **44.** $f(x) = \dfrac{1}{x^4} - 7$

45. RESOLVER PROBLEMAS El costo de abastecer de combustible tu carro durante 1 año se puede calcular usando esta ecuación:

$$\begin{pmatrix}\text{Costo de} \\ \text{combustible por} \\ \text{un año}\end{pmatrix} = \frac{\text{millas manejadas} \cdot \text{Precio por galón de combustible}}{\text{Tasa de eficiencia de combustible}}$$

El año pasado manejaste 9000 millas, pagaste $3.24 por galón de gasolina y gastaste un total de $1389 en gasolina. Halla la tasa de eficiencia de combustible en tu carro (a) resolviendo una ecuación y (b) usando el inverso de la función. (*Consulta el Ejemplo 6*).

46. RESOLVER PROBLEMAS El porcentaje recomendado p (en forma decimal) de nitrógeno (por volumen) en el aire que respira un buzo está dado por $p = \dfrac{105.07}{d+33}$, donde d es la profundidad (en pies) del buzo. Halla la profundidad si el aire contiene 47% del nitrógeno recomendado (a) resolviendo una ecuación, y (b) usando el inverso de la función.

Sección 7.5   Resolver ecuaciones racionales   **397**

USAR HERRAMIENTAS En los Ejercicios 47–50, usa una calculadora gráfica para resolver la ecuación $f(x) = g(x)$.

47. $f(x) = \dfrac{2}{3x}, g(x) = x$

48. $f(x) = -\dfrac{3}{5x}, g(x) = -x$

49. $f(x) = \dfrac{1}{x} + 1, g(x) = x^2$

50. $f(x) = \dfrac{2}{x} + 1, g(x) = x^2 + 1$

51. CONEXIONES MATEMÁTICAS Los *rectángulos dorados* son rectángulos para los cuales la razón entre el ancho w y la longitud ℓ es igual a la razón entre ℓ y $\ell + w$. La razón entre la longitud y el ancho de estos rectángulos se denomina razón dorada. Halla el valor de la razón dorada usando un rectángulo que tenga un ancho de 1 unidad.

52. ¿CÓMO LO VES? Usa la gráfica para identificar la (s) solución(es) de la ecuación racional $\dfrac{4(x-1)}{x-1} = \dfrac{2x-2}{x+1}$. Explica tu razonamiento.

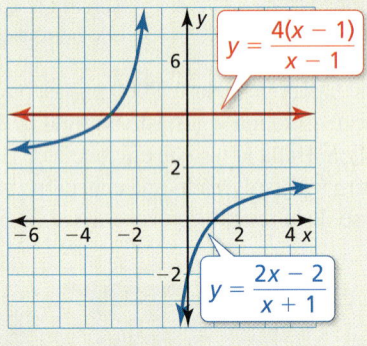

USAR LA ESTRUCTURA En los Ejercicios 53 y 54, halla el inverso de la función. (*Consejo*: Intenta reescribir la función usando la inspección o la división larga).

53. $f(x) = \dfrac{3x+1}{x-4}$ **54.** $f(x) = \dfrac{4x-7}{2x+3}$

55. RAZONAMIENTO ABSTRACTO Halla el inverso de las funciones racionales de la forma $y = \dfrac{ax+b}{cx+d}$. Verifica que tu respuesta sea correcta usándola para hallar los inversos en los Ejercicios 53 y 54.

56. ESTIMULAR EL PENSAMIENTO ¿Es posible escribir una ecuación racional que tenga el siguiente número de soluciones? Justifica tus respuestas.

a. ninguna solución
b. exactamente una solución
c. exactamente dos soluciones
d. infinitas soluciones posibles

57. PENSAMIENTO CRÍTICO Imagina que a es un número real distinto de cero. Indica si cada enunciado es verdadero *siempre*, *a veces* o *nunca*. Explica tu razonamiento.

a. Para la ecuación $\dfrac{1}{x-a} = \dfrac{x}{x-a}$, $x = a$ es una solución extraña.

b. La ecuación $\dfrac{3}{x-a} = \dfrac{x}{x-a}$ tiene exactamente una solución.

c. La ecuación $\dfrac{1}{x-a} = \dfrac{2}{x+a} + \dfrac{2a}{x^2-a^2}$ no tiene solución.

58. ARGUMENTAR Tu amigo dice que no es posible que una ecuación racional de la forma $\dfrac{x-a}{b} = \dfrac{x-c}{d}$, donde $b \neq 0$ y $d \neq 0$, tenga soluciones extrañas. ¿Es correcto lo que dice tu amigo? Explica tu razonamiento.

Mantener el dominio de las matemáticas
Repasar lo que aprendiste en grados y lecciones anteriores

¿El dominio es discreto o continuo? Explica. Haz una gráfica de la función usando su dominio.
(Manual de revisión de destrezas)

59. La función lineal $y = 0.25x$ representa la cantidad de dinero (en dólares) de x monedas de 25 centavos en tu bolsillo. Tienes un máximo de 8 monedas de 25 centavos en tu bolsillo.

60. Una tienda vende brócoli a $2 por libra. El costo total t del brócoli es una función del número de libras p que compras.

Evalúa la función para el valor dado de x. *(Sección 4.1)*

61. $f(x) = x^3 - 2x + 7; x = -2$

62. $g(x) = -2x^4 + 7x^3 + x - 2; x = 3$

63. $h(x) = -x^3 + 3x^2 + 5x; x = 3$

64. $k(x) = -2x^3 - 4x^2 + 12x - 5; x = -5$

7.3–7.5 ¿Qué aprendiste?

Vocabulario Esencial

expresión racional, *pág. 376*
forma simplificada de una expresión racional, *pág. 376*
fracción compleja, *pág. 387*
productos cruzados, *pág. 392*

Conceptos Esenciales

Sección 7.3
Simplificar expresiones racionales, *pág. 376*
Multiplicar expresiones racionales, *pág. 377*
Dividir expresiones racionales, *pág. 378*

Sección 7.4
Sumar o restar con denominadores semejantes, *pág. 384*
Sumar o restar con denominadores no semejantes, *pág. 384*
Simplificar fracciones complejas, *pág. 387*

Sección 7.5
Resolver ecuaciones racionales hallando los productos cruzados, *pág. 392*
Resolver ecuaciones racionales usando el mínimo común denominador, *pág. 393*
Usar los inversos de las funciones, *pág. 395*

Prácticas matemáticas

1. En el Ejercicio 37 de la página 381, ¿qué tipo de ecuación esperabas obtener como solución? Explica por qué este tipo de ecuación es apropiada en el contexto de esta situación.

2. Escribe un problema más sencillo que sea similar al Ejercicio 44 de la página 382. Describe cómo usar el problema más sencillo para llegar a comprender la solución al problema más complicado en el Ejercicio 44.

3. En el Ejercicio 57 de la página 390, ¿qué conjetura hiciste acerca del valor al que se acercaban las expresiones dadas? ¿Qué progresión lógica te llevó a determinar si tu conjetura era correcta?

4. Compara los métodos para resolver el Ejercicio 45 en la página 397. Asegúrate de discutir las semejanzas y diferencias entre los métodos tan precisamente como sea posible.

Tarea de desempeño

Diseño de circuito

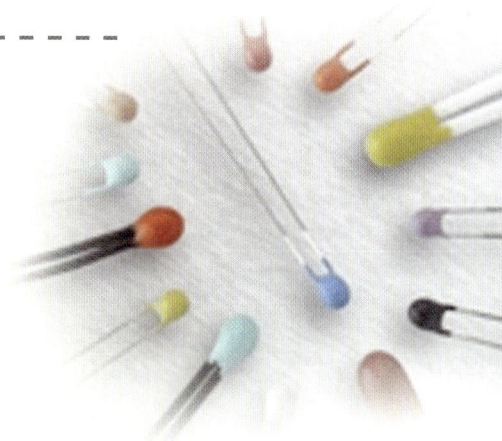

Un termistor es un resistor cuya resistencia varía con la temperatura. Los termistores son el sueño de todo ingeniero, porque son baratos, pequeños, resistentes y precisos. El único problema con los termistores es que sus respuestas a la temperatura no son lineales. ¿Cómo podrías diseñar un circuito que corrija este problema?

Para explorar las respuestas a estas preguntas y más, visita *BigIdeasMath.com*

7 Repaso del capítulo

Soluciones dinámicas disponibles en *BigIdeasMath.com*

7.1 Variación inversa (págs. 359–364)

Las variables x y y son inversamente proporcionales, y $y = 12$ cuando $x = 3$. Escribe una ecuación que relacion x y y. Luego halla y si $x = -4$.

$y = \dfrac{a}{x}$ Escribe la ecuación general para variación inversa.

$12 = \dfrac{a}{3}$ Sustituye 12 por y y 3 por x.

$36 = a$ Multiplica cada lado por 3.

▶ La ecuación de variación inversa es $y = \dfrac{36}{x}$. Cuando $x = -4$, $y = \dfrac{36}{-4} = -9$.

Indica si x y y muestran *variación directa*, *variación inversa* o *ninguna de las dos*.

1. $xy = 5$
2. $5y = 6x$
3. $15 = \dfrac{x}{y}$
4. $y - 3 = 2x$

5.
x	7	11	15	20
y	35	55	75	100

6.
x	5	8	10	20
y	6.4	4	3.2	1.6

Las variables x y y son inversamente proporcionales. Usa los valores dados para escribir una ecuación que relacione x y y. Luego halla y si $x = -3$.

7. $x = 1, y = 5$
8. $x = -4, y = -6$
9. $x = \dfrac{5}{2}, y = 18$
10. $x = -12, y = \dfrac{2}{3}$

7.2 Hacer gráficas de funciones racionales (págs. 365–372)

Haz una gráfica de $y = \dfrac{2x + 5}{x - 1}$. Expresa el dominio y el rango.

Paso 1 Dibuja las asíntotas. Resuelve $x - 1 = 0$ para x para hallar la asíntota vertical $x = 1$. La asíntota horizontal es la línea $y = \dfrac{a}{c} = \dfrac{2}{1} = 2$.

Paso 2 Marca puntos a la izquierda de la asíntota vertical, tales como $\left(-2, -\dfrac{1}{3}\right), \left(-1, -\dfrac{3}{2}\right)$, y $(0, -5)$. Marca puntos a la derecha de la asíntota vertical, tales como $\left(3, \dfrac{11}{2}\right), \left(5, \dfrac{15}{4}\right)$, y $\left(7, \dfrac{19}{6}\right)$.

Paso 3 Dibuja las dos ramas de la hipérbola de manera que pasen por los puntos marcados y se acerquen a las asíntotas.

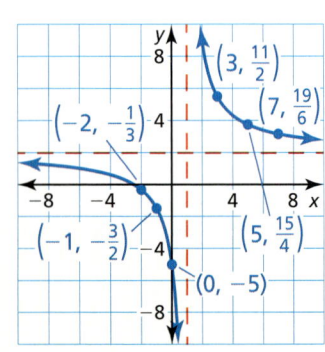

▶ El dominio es todos los números reales excepto 1 y el rango es todos los números reales excepto 2.

Haz una gráfica de la función. Expresa el dominio y el rango.

11. $y = \dfrac{4}{x - 3}$
12. $y = \dfrac{1}{x + 5} + 2$
13. $f(x) = \dfrac{3x - 2}{x - 4}$

400   Capítulo 7   Funciones racionales

7.3 Multiplicar y dividir expresiones racionales *(págs. 375–382)*

Halla el cociente $\dfrac{3x+27}{6x-48} \div \dfrac{x^2+9x}{x^2-4x-32}$.

$$\dfrac{3x+27}{6x-48} \div \dfrac{x^2+9x}{x^2-4x-32} = \dfrac{3x+27}{6x-48} \cdot \dfrac{x^2-4x-32}{x^2+9x}$$ Multiplica por el recíproco.

$$= \dfrac{3(x+9)}{6(x-8)} \cdot \dfrac{(x+4)(x-8)}{x(x+9)}$$ Factoriza.

$$= \dfrac{\cancel{3}(\cancel{x+9})(x+4)\cancel{(x-8)}}{2(\cancel{3})(\cancel{x-8})(x)(\cancel{x+9})}$$ Multiplica. Divide para cancelar los factores comunes.

$$= \dfrac{x+4}{2x},\ x \neq 8,\ x \neq -9,\ x \neq -4$$ Forma simplificada

Halla el producto o cociente.

14. $\dfrac{80x^4}{y^3} \cdot \dfrac{xy}{5x^2}$

15. $\dfrac{x-3}{2x-8} \cdot \dfrac{6x^2-96}{x^2-9}$

16. $\dfrac{16x^2-8x+1}{x^3-7x^2+12x} \div \dfrac{20x^2-5x}{15x^3}$

17. $\dfrac{x^2-13x+40}{x^2-2x-15} \div (x^2-5x-24)$

7.4 Sumar y restar expresiones racionales *(págs. 383–390)*

Halla la suma $\dfrac{x}{6x+24} + \dfrac{x+2}{x^2+9x+20}$.

$$\dfrac{x}{6x+24} + \dfrac{x+2}{x^2+9x+20} = \dfrac{x}{6(x+4)} + \dfrac{x+2}{(x+4)(x+5)}$$ Factoriza cada denominador.

$$= \dfrac{x}{6(x+4)} \cdot \dfrac{x+5}{x+5} + \dfrac{x+2}{(x+4)(x+5)} \cdot \dfrac{6}{6}$$ El m.c.d. es $6(x+4)(x+5)$.

$$= \dfrac{x^2+5x}{6(x+4)(x+5)} + \dfrac{6x+12}{6(x+4)(x+5)}$$ Multiplica.

$$= \dfrac{x^2+11x+12}{6(x+4)(x+5)}$$ Suma los numeradores.

Halla la suma o diferencia.

18. $\dfrac{5}{6(x+3)} + \dfrac{x+4}{2x}$

19. $\dfrac{5x}{x+8} + \dfrac{4x-9}{x^2+5x-24}$

20. $\dfrac{x+2}{x^2+4x+3} - \dfrac{5x}{x^2-9}$

Reescribe la función en la forma $g(x) = \dfrac{a}{x-h} + k$. Haz una gráfica de la función. Describe la gráfica de g como transformación de la gráfica de $f(x) = \dfrac{a}{x}$.

21. $g(x) = \dfrac{5x+1}{x-3}$

22. $g(x) = \dfrac{4x+2}{x+7}$

23. $g(x) = \dfrac{9x-10}{x-1}$

24. Imagina que f es la longitud focal de un lente delgado de cámara fotográfica, que p es la distancia entre el lente y un objeto que está siendo fotografiado y que q es la distancia entre el lente y la película. Para que la fotografía esté enfocada, las variables deben concordar con la ecuación del lente que está a la derecha. Simplifica la fracción compleja.

$$f = \dfrac{1}{\dfrac{1}{p} + \dfrac{1}{q}}$$

Capítulo 7   Repaso del capítulo   **401**

7.5 Resolver ecuaciones racionales (págs. 391–398)

Resuelve $\dfrac{-4}{x+3} = \dfrac{x-1}{x+3} + \dfrac{x}{x-4}$.

El m.c.d. es $(x+3)(x-4)$.

$$\dfrac{-4}{x+3} = \dfrac{x-1}{x+3} + \dfrac{x}{x-4}$$

$$(x+3)(x-4) \cdot \dfrac{-4}{x+3} = (x+3)(x-4) \cdot \dfrac{x-1}{x+3} + (x+3)(x-4) \cdot \dfrac{x}{x-4}$$

$$-4(x-4) = (x-1)(x-4) + x(x+3)$$

$$-4x + 16 = x^2 - 5x + 4 + x^2 + 3x$$

$$0 = 2x^2 + 2x - 12$$

$$0 = x^2 + x - 6$$

$$0 = (x+3)(x-2)$$

$$x + 3 = 0 \quad \text{o} \quad x - 2 = 0$$

$$x = -3 \quad \text{o} \quad x = 2$$

Verifica

Verifica $x = -3$:

$$\dfrac{-4}{-3+3} \stackrel{?}{=} \dfrac{-3-1}{-3+3} + \dfrac{-3}{-3-4}$$

$$\dfrac{-4}{0} \stackrel{?}{=} \dfrac{-4}{0} + \dfrac{-3}{-7} \quad \text{✗}$$

La división entre cero es indefinida.

Verifica $x = 2$:

$$\dfrac{-4}{2+3} \stackrel{?}{=} \dfrac{2-1}{2+3} + \dfrac{2}{2-4}$$

$$\dfrac{-4}{5} \stackrel{?}{=} \dfrac{1}{5} + \dfrac{2}{-2}$$

$$\dfrac{-4}{5} = \dfrac{-4}{5} \quad \text{✓}$$

▶ La solución aparente $x = -3$ es una solución extraña. Entonces, la única solución es $x = 2$.

Resuelve la ecuación. Verifica tu(s) solución(es).

25. $\dfrac{5}{x} = \dfrac{7}{x+2}$

26. $\dfrac{8(x-1)}{x^2-4} = \dfrac{4}{x+2}$

27. $\dfrac{2(x+7)}{x+4} - 2 = \dfrac{2x+20}{2x+8}$

Determina si el inverso de f es una función. Luego halla el inverso.

28. $f(x) = \dfrac{3}{x+6}$

29. $f(x) = \dfrac{10}{x-7}$

30. $f(x) = \dfrac{1}{x} + 8$

31. En una sala de bolos, la renta de los zapatos cuesta $3 y cada juego cuesta $4. El costo promedio c (en dólares) de jugar n juegos de bolos está dado por $c = \dfrac{4n+3}{n}$. Halla cuántos juegos debes jugar para que el costo promedio llegue a $4.75 (a) resolviendo una ecuación, y (b) usando el inverso de una función.

402 Capítulo 7 Funciones racionales

7 Prueba del capítulo

Las variables *x* y *y* son inversamente proporcionales. Usa los valores dados para escribir una ecuación que relacione *x* y *y*. Luego halla *y* si *x* = 4.

1. $x = 5, y = 2$
2. $x = -4, y = \frac{7}{2}$
3. $x = \frac{3}{4}, y = \frac{5}{8}$

La gráfica muestra la función $y = \dfrac{1}{x - h} + k$. Determina si el valor de cada constante *h* y *k* es *positivo*, *negativo* o *cero*. Explica tu razonamiento.

4.
5.
6.

Haz la operación indicada.

7. $\dfrac{3x^2y}{4x^3y^5} \div \dfrac{6y^2}{2xy^3}$

8. $\dfrac{3x}{x^2 + x - 12} - \dfrac{6}{x + 4}$

9. $\dfrac{x^2 - 3x - 4}{x^2 - 3x - 18} \cdot \dfrac{x - 6}{x + 1}$

10. $\dfrac{4}{x + 5} + \dfrac{2x}{x^2 - 25}$

11. Sea $g(x) = \dfrac{(x + 3)(x - 2)}{x + 3}$. Simplifique $g(x)$. Determina si la gráfica de $f(x) = x - 2$ y la gráfica de *g* son diferentes. Explica tu razonamiento.

12. Empiezas un pequeño negocio de apicultura. Tus costos iniciales son $500 para equipos y abejas. Estimas que costará $1.25 por libra recolectar, limpiar, embotellar y etiquetar la miel. ¿Cuántas libras de miel debes producir antes de que tu costo promedio por libra sea de $1.79? Justifica tu respuesta.

13. Puedes usar una palanca sencilla para levantar una roca de 300 libras. La fuerza *F* (en pies-libras) necesaria para levantar la roca está inversamente relacionada con la distancia *d* (en pies) desde el punto pivote de la palanca. Para levantar la roca, necesitas 60 libras de fuerza aplicada a una palanca con una distancia de 10 pies desde el punto pivote. ¿Qué fuerza se necesita si aumentas la distancia a 15 pies desde el punto pivote? Justifica tu respuesta.

14. Tres pelotas de tenis caben ajustadamente en un envase, tal como se muestra.
    a. Escribe una expresión para la altura *h* del envase en términos de su radio *r*. Luego reescribe la fórmula para el volumen de un cilindro en términos de *r* solamente.
    b. Halla el porcentaje del volumen del envase que *no* esté ocupado por las pelotas de tenis.

7 Evaluación acumulativa

1. ¿Cuáles de las siguientes funciones se muestran en la gráfica? Selecciona todas las que correspondan. Justifica tus respuestas.

    Ⓐ $y = -2x^2 + 12x - 10$

    Ⓑ $y = x^2 - 6x + 13$

    Ⓒ $y = -2(x-3)^2 + 8$

    Ⓓ $y = -(x-1)(x-5)$

    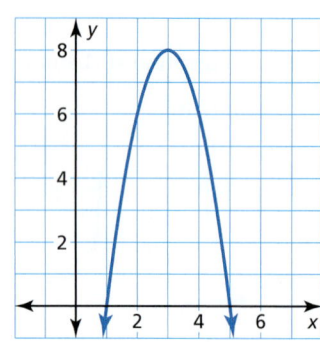

2. Vas a una escalera mecánica y empiezas a bajar. Luego de bajar 12 pies, te das cuenta que tus llaves se cayeron en el piso de arriba y subes por esas mismas escaleras para recuperarlas. El tiempo total T de tu recorrido hacia abajo y hacia arriba en la escalera mecánica está dado por

    $$T = \frac{12}{s} + \frac{12}{w-s}$$

    donde s es la velocidad de la escalera mecánica y w es tu velocidad al caminar. El recorrido tomó 9 segundos y tú caminas a una velocidad de 6 pies por segundo. Halla la velocidad de la escalera mecánica.

3. La gráfica de una función racional tiene asíntotas que intersecan en el punto (4, 3). Elige los valores correctos para completar la ecuación de la función. Luego haz la gráfica de la función.

    $$y = \frac{\boxed{}\,x + 6}{\boxed{}\,x + \boxed{}}$$

    | 12 | −3 |
    | 9 | −6 |
    | 3 | −12 |

4. Las tablas a continuación dan las cantidades A (en dólares) de dinero en dos cuentas bancarias diferentes en el tiempo t (en años).

    Cuenta corriente

t	1	2	3	4
A	5000	5110	5220	5330

    Cuenta de ahorros

t	1	2	3	4
A	5000	5100	5202	5306.04

    a. Determina el tipo de función representada por los datos en cada tabla.

    b. Explica el tipo de crecimiento de cada función.

    c. ¿Qué cuenta tiene mayor valor después de 10 años? ¿Y después de 15 años? Justifica tus respuestas.

404 Capítulo 7 Funciones racionales

5. Ordena las expresiones de menor a mayor. Justifica tu respuesta.

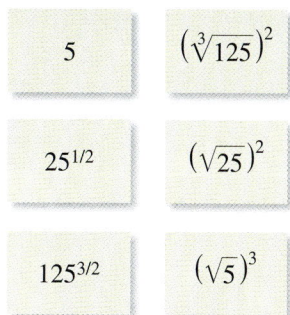

$5 \qquad \left(\sqrt[3]{125}\right)^2$

$25^{1/2} \qquad \left(\sqrt{25}\right)^2$

$125^{3/2} \qquad \left(\sqrt{5}\right)^3$

6. Una película obtiene ingresos brutos de $37 millones después de 1 semana del estreno. Las ventas brutas semanales y disminuyen 30% cada semana. Escribe una función de decremento exponencial que represente las ventas brutas semanales x. ¿Cuáles son un dominio y un rango razonables en esta situación? Explica tu razonamiento.

7. Elige la relación correcta entre las variables de la tabla. Justifica tu respuesta escribiendo una ecuación que relacione p, q y r.

p	q	r
-12	20	16
3	1	-10
30	-82	-8
-1.5	4	0.5

Ⓐ La variable p es directamente proporcional a la diferencia de q y r.

Ⓑ La variable r es inversamente proporcional a la diferencia de p y q.

Ⓒ La variable q es inversamente proporcional a la suma de p y r.

Ⓓ La variable p es directamente proporcional a la suma de q y r.

8. Has tenido cinco pruebas en tu clase de historia y tu puntaje promedio es de 83 puntos. Tú crees que puedes obtener 95 puntos en cada una de las pruebas que faltan. ¿Cuántas pruebas necesitas tomar para aumentar tu promedio de puntaje en las pruebas a 90 puntos? Justifica tu respuesta.

8 Secuencias y series

- **8.1** Definir y usar secuencias y series
- **8.2** Analizar secuencias y series aritméticas
- **8.3** Analizar secuencias y series geométricas
- **8.4** Hallar sumas de series geométricas infinitas
- **8.5** Usar reglas recurrentes con las secuencias

Vivero de árboles *(pág. 449)*

Población de peces *(pág. 445)*

Paracaidismo *(pág. 431)*

Banda escolar *(pág. 423)*

Tragaluz del museo *(pág. 416)*

Mantener el dominio de las matemáticas

Evaluar funciones

Ejemplo 1 Evalúa la función $y = 2x^2 - 10$ para los valores $x = 0, 1, 2, 3$ y 4.

Entrada, x	$2x^2 - 10$	Salida, y
0	$2(0)^2 - 10$	-10
1	$2(1)^2 - 10$	-8
2	$2(2)^2 - 10$	-2
3	$2(3)^2 - 10$	8
4	$2(4)^2 - 10$	22

Copia y completa la tabla para evaluar la función.

1. $y = 3 - 2^x$

x	y
1	
2	
3	

2. $y = 5x^2 + 1$

x	y
2	
3	
4	

3. $y = -4x + 24$

x	y
5	
10	
15	

Resolver ecuaciones

Ejemplo 2 Resuelve la ecuación $45 = 5(3)^x$.

$45 = 5(3)^x$ Escribe la ecuación original.

$\dfrac{45}{5} = \dfrac{5(3)^x}{5}$ Divide cada lado entre 5.

$9 = 3^x$ Simplifica.

$\log_3 9 = \log_3 3^x$ Saca $\log_3$ de cada lado

$2 = x$ Simplifica.

Resuelve la ecuación. Verifica tu(s) solución(es).

4. $7x + 3 = 31$

5. $\dfrac{1}{16} = 4\left(\dfrac{1}{2}\right)^x$

6. $216 = 3(x + 6)$

7. $2^x + 16 = 144$

8. $\dfrac{1}{4}x - 8 = 17$

9. $8\left(\dfrac{3}{4}\right)^x = \dfrac{27}{8}$

10. RAZONAMIENTO ABSTRACTO La gráfica de la función de decremento exponencial $f(x) = b^x$ tiene una asíntota $y = 0$. ¿En qué se diferencia la gráfica de f de un diagrama de dispersión que consiste en los puntos $(1, b^1), (2, b^1 + b^2), (3, b^1 + b^2 + b^3), \ldots$? ¿En qué se parece la gráfica de f?

Prácticas matemáticas

Los estudiantes que dominan las matemáticas consideran las herramientas disponibles cuando resuelven un problema matemático.

Usar las herramientas apropiadas estratégicamente

Concepto Esencial

Usar una hoja de cálculo

Para usar una hoja de cálculo, es común escribir una celda como una función de otra celda. Por ejemplo, en la hoja de cálculo que se muestra, las celdas de la columna A, comenzando por la celda A2 contienen funciones de la celda de la fila anterior. También, las celdas de la columna B contienen funciones de las celdas de la misma fila en la columna A.

	A	B
1	1	0
2	2	2
3	3	4
4	4	6
5	5	8
6	6	10
7	7	12
8	8	14

A2 = A1+1   B1 = 2*A1−2

EJEMPLO 1 Usar una hoja de cálculo

Depositas $1000 en acciones que ganan 15% de interés compuesto anualmente. Usa una hoja de cálculo para hallar el balance al final de cada año durante 8 años. Describe el tipo de crecimiento.

SOLUCIÓN

Puedes ingresar la información dada en una hoja de cálculo y generar la gráfica que se muestra. Basándote en la fórmula de la hoja de cálculo, puedes ver que el patrón de crecimiento es exponencial. La gráfica también parece ser exponencial.

	A	B
1	Año	Balance
2	0	$1000.00
3	1	$1150.00
4	2	$1322.50
5	3	$1520.88
6	4	$1749.01
7	5	$2011.36
8	6	$2313.06
9	7	$2660.02
10	8	$3059.02

B3 = B2*1.15

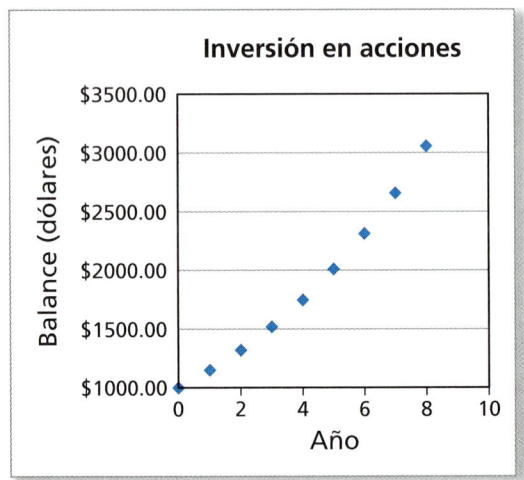

Monitoreo del progreso

Usa una hoja de cálculo para ayudarte a responder las preguntas.

1. Un piloto vuela un avión a una velocidad de 500 millas por hora durante 4 horas. Halla la distancia total recorrida en intervalos de 30 minutos. Describe el patrón.

2. Una población de 60 conejos aumenta en 25% cada año durante 8 años. Halla la población al final de cada año. Describe el tipo de crecimiento.

3. Una población en peligro de extinción tiene 500 miembros. La población disminuye en 10% cada década durante 80 años. Halla la población al final de cada década. Describe el tipo de disminución.

4. Los ocho primeros corredores que terminan una carrera reciben premios en efectivo. El primer lugar recibe $200, el segundo lugar recibe $175, el tercer lugar recibe $150, y así sucesivamente. Halla los premios del quinto al octavo lugar. Describe el tipo de disminución.

8.1 Definir y usar secuencias y series

Pregunta esencial ¿Cómo puedes escribir una regla para el enésimo término de una secuencia?

Una **secuencia** es una lista ordenada de números. Puede haber un número limitado o un número infinito de *términos* de una secuencia.

$a_1, a_2, a_3, a_4, \ldots, a_n, \ldots$ Términos de una secuencia

A continuación, encontrarás un ejemplo.

$1, 4, 7, 10, \ldots, 3n - 2, \ldots$

CONSTRUIR ARGUMENTOS VIABLES
Para dominar las matemáticas, necesitas razonar inductivamente acerca de los datos.

EXPLORACIÓN 1 Escribir las reglas para una secuencia

Trabaja con un compañero. Une cada secuencia con su gráfica. Los ejes horizontales representan n, la posición de cada término en la secuencia. Luego escribe una regla para el enésimo término de la secuencia, y usa la regla para hallar a_{10}.

a. $1, 2.5, 4, 5.5, 7, \ldots$ **b.** $8, 6.5, 5, 3.5, 2, \ldots$ **c.** $\dfrac{1}{4}, \dfrac{4}{4}, \dfrac{9}{4}, \dfrac{16}{4}, \dfrac{25}{4}, \ldots$

d. $\dfrac{25}{4}, \dfrac{16}{4}, \dfrac{9}{4}, \dfrac{4}{4}, \dfrac{1}{4}, \ldots$ **e.** $\dfrac{1}{2}, 1, 2, 4, 8, \ldots$ **f.** $8, 4, 2, 1, \dfrac{1}{2}, \ldots$

A.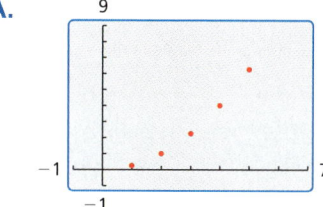

B.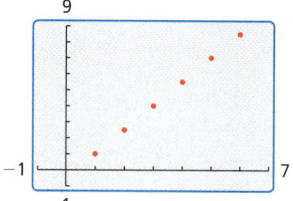

C.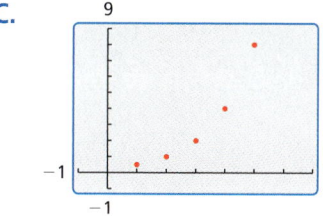

D.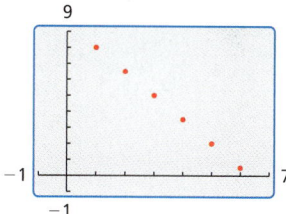

E.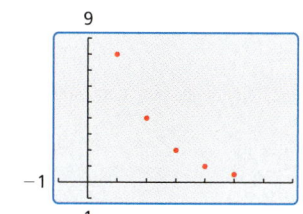

F.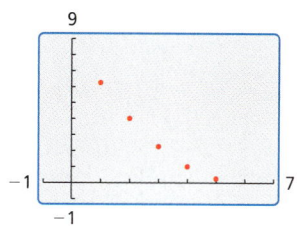

Comunicar tu respuesta

2. ¿Cómo puedes escribir una regla para el enésimo término de una secuencia?

3. ¿Qué observas sobre la relación entre los términos en (a) una secuencia aritmética y (b) una secuencia geométrica? Justifica tus respuestas.

Sección 8.1   Definir y usar secuencias y series   **409**

8.1 Lección

Qué aprenderás

▶ Usar la notación secuencial para escribir términos de secuencias.
▶ Escribir una regla para el enésimo término de una secuencia.
▶ Sumar los términos de una secuencia para obtener una serie y usar la notación de sumatoria.

Vocabulario Esencial

secuencia, *pág. 410*
términos de una secuencia, *pág. 410*
serie, *pág. 412*
notación de sumatoria, *pág. 412*
notación sigma, *pág. 412*

Anterior
dominio
rango

Escribir los términos de una secuencia

🌀 Concepto Esencial

Secuencias

Una **secuencia** es una lista ordenada de números. Una *secuencia finita* es una función que tiene un número limitado de términos y cuyo dominio es el conjunto finito $\{1, 2, 3, \ldots, n\}$. Los valores en el rango se denominan los **términos** de la secuencia.

Dominio: 1 2 3 4 ... n   Posición relativa de cada término

Rango: a_1 a_2 a_3 a_4 ... a_n Términos de la secuencia

Una *secuencia infinita* es una función que continúa sin detenerse y cuyo dominio es el conjunto de enteros positivos. A continuación encontrarás ejemplos de una secuencia finita y de una secuencia infinita.

Secuencia finita 2, 4, 6, 8   **Secuencia infinita** 2, 4, 6, 8, ...

Una secuencia se puede especificar mediante una ecuación, o *regla*. Por ejemplo, ambas secuencias de arriba se pueden describir mediante la regla $a_n = 2n$ o $f(n) = 2n$.

El dominio de una secuencia puede comenzar con 0 en vez de 1. Si este es el caso, el dominio de una secuencia finita es el conjunto $\{1, 2, 3, \ldots, n\}$ y el dominio de una secuencia infinita se convierte en el conjunto de enteros no negativos. A no ser que se indique lo contrario, supón que el dominio de una secuencia comienza con 1.

EJEMPLO 1 Escribir los términos de las secuencias

Escribe los primeros seis términos de (a) $a_n = 2n + 5$ y (b) $f(n) = (-3)^{n-1}$.

SOLUCIÓN

a. $a_1 = 2(1) + 5 = 7$ 1er término   **b.** $f(1) = (-3)^{1-1} = 1$
$a_2 = 2(2) + 5 = 9$ 2do término $f(2) = (-3)^{2-1} = -3$
$a_3 = 2(3) + 5 = 11$ 3er término $f(3) = (-3)^{3-1} = 9$
$a_4 = 2(4) + 5 = 13$ 4to término $f(4) = (-3)^{4-1} = -27$
$a_5 = 2(5) + 5 = 15$ 5to término $f(5) = (-3)^{5-1} = 81$
$a_6 = 2(6) + 5 = 17$ 6to término $f(6) = (-3)^{6-1} = -243$

Monitoreo del progreso 🔊 Ayuda en inglés y español en *BigIdeasMath.com*

Escribe los primeros seis términos de la secuencia.

1. $a_n = n + 4$ **2.** $f(n) = (-2)^{n-1}$ **3.** $a_n = \dfrac{n}{n+1}$

CONSEJO DE ESTUDIO

Si te dan solo los primeros términos de una secuencia, es posible que haya más de una regla para el enésimo término. Por ejemplo, la secuencia 2, 4, 8,... se puede dar mediante $a_n = 2^n$ o $a_n = n^2 - n + 2$.

Escribir las reglas para las secuencias

Cuando los términos de una secuencia tienen un patrón reconocible, es posible que puedas escribir una regla para el enésimo término de la secuencia.

EJEMPLO 2 Escribir las reglas para las secuencias

Describe el patrón, escribe el siguiente término y escribe una regla para el enésimo término de las secuencias (a) $-1, -8, -27, -64, \ldots$ y (b) $0, 2, 6, 12, \ldots$.

SOLUCIÓN

a. Puedes escribir los términos como $(-1)^3, (-2)^3, (-3)^3, (-4)^3, \ldots$. El siguiente término es $a_5 = (-5)^3 = -125$. Una regla para el enésimo término es $a_n = (-n)^3$.

b. Puedes escribir los términos como $0(1), 1(2), 2(3), 3(4), \ldots$ El siguiente término es $f(5) = 4(5) = 20$. Una regla para el enésimo término es $f(n) = (n-1)n$.

Para hacer la gráfica de la secuencia, imagina que el eje horizontal representa los números de posición (el dominio) y el eje vertical representa los términos (el rango).

EJEMPLO 3 Resolver un problema de la vida real

Trabajas en un supermercado y apilas manzanas en forma de una pirámide cuadrada de 7 capas. Escribe una regla para el número de manzanas en cada capa. Luego haz la gráfica de la secuencia.

← primera capa

SOLUCIÓN

Paso 1 Haz una tabla que muestre el número de frutas en las primeras tres capas. Imagina que a_n representa el número de manzanas en la capa n.

Capa, n	1	2	3
Número de manzanas, a_n	$1 = 1^2$	$4 = 2^2$	$9 = 3^2$

ERROR COMÚN

Aunque los puntos marcados en el Ejemplo 3 siguen una curva, no dibujes la curva porque la secuencia está definida solamente por los valores enteros de n, específicamente $n = 1, 2, 3, 4, 5, 6,$ y 7.

Paso 2 Escribe una regla para el número de manzanas en cada capa. Basándote en la tabla, puedes ver que $a_n = n^2$.

Paso 3 Marca los puntos $(1, 1), (2, 4), (3, 9), (4, 16), (5, 25), (6, 36),$ y $(7, 49)$. La gráfica se muestra a la derecha.

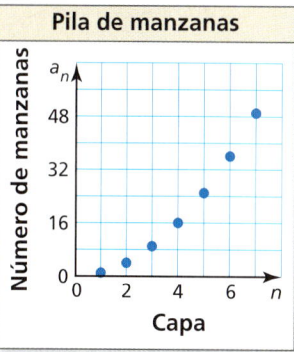

Monitoreo del progreso Ayuda en inglés y español en *BigIdeasMath.com*

Describe el patrón, escribe el siguiente término, haz la gráfica de los cinco primeros términos, y escribe una regla para el enésimo término de la secuencia.

4. $3, 5, 7, 9, \ldots$ **5.** $3, 8, 15, 24, \ldots$

6. $1, -2, 4, -8, \ldots$ **7.** $2, 5, 10, 17, \ldots$

8. ¿QUÉ PASA SI? En el Ejemplo 3, supón que hay nueve capas de manzanas. ¿Cuántas manzanas hay en la novena capa?

Escribir las reglas para las secuencias

> **Concepto Esencial**
>
> **Series y notación de sumatoria**
>
> Cuando los términos de una secuencia se suman, la expresión resultante es una **serie**. Una serie puede ser finita o infinita.
>
> **Serie finita:** $2 + 4 + 6 + 8$
>
> **Serie infinita:** $2 + 4 + 6 + 8 + \cdots$
>
> Puedes usar la **notación de sumatoria** para escribir una serie. Por ejemplo, las dos series de arriba se pueden escribir en notación de sumatoria de la siguiente manera:
>
> **Serie finita:** $2 + 4 + 6 + 8 = \sum_{i=1}^{4} 2i$
>
> **Serie infinita:** $2 + 4 + 6 + 8 + \cdots = \sum_{i=1}^{\infty} 2i$
>
> Para ambas series, el *índice de sumatoria* es i y el *límite inferior de la sumatoria* es 1. El *límite superior de la sumatoria* es 4 para la serie finita e ∞ (infinito) para la serie infinita. La notación de sumatoria también se denomina **notación sigma** porque usa la letra griega *sigma* en mayúscula, que se escribe Σ.

LEER

Cuando se escribe en notación de sumatoria, esta serie se lee como "la suma de 2*i* para valores de *i* del 1 al 4".

EJEMPLO 4 Escribir una serie usando la notación de sumatoria

Escribe cada serie usando la notación de sumatoria.

a. $25 + 50 + 75 + \cdots + 250$

b. $\dfrac{1}{2} + \dfrac{2}{3} + \dfrac{3}{4} + \dfrac{4}{5} + \cdots$

SOLUCIÓN

a. Observa que el primer término es 25(1), el segundo es 25(2), el tercero es 25(3), y el último es 25(10). Entonces, los términos de la serie se pueden escribir como:

$a_i = 25i$, donde $i = 1, 2, 3, \ldots, 10$

El límite inferior de la sumatoria es 1 y el límite superior de la sumatoria es 10.

▶ La notación de sumatoria para la serie es $\sum_{i=1}^{10} 25i$.

b. Observa que para cada término, el denominador de la fracción es 1 más que el numerador. Entonces, los términos de la serie se pueden escribir como:

$a_i = \dfrac{i}{i+1}$, donde $i = 1, 2, 3, 4, \ldots$

El límite inferior de la sumatoria es 1 y el límite superior de la sumatoria es infinito.

▶ La notación de sumatoria para la serie es $\sum_{i=1}^{\infty} \dfrac{i}{i+1}$.

Monitoreo del progreso 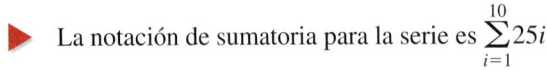 Ayuda en inglés y español en *BigIdeasMath.com*

Escribe la serie usando la notación de sumatoria.

9. $5 + 10 + 15 + \cdots + 100$

10. $\dfrac{1}{2} + \dfrac{4}{5} + \dfrac{9}{10} + \dfrac{16}{17} + \cdots$

11. $6 + 36 + 216 + 1296 + \cdots$

12. $5 + 6 + 7 + \cdots + 12$

ERROR COMÚN

Asegúrate de usar los límites inferiores y superiores correctos de la sumatoria al hallar la suma de una serie.

El índice de sumatoria para una serie no tiene que ser *i*–se puede usar cualquier letra. También, el índice no tiene que comenzar en 1. Por ejemplo, el índice comienza en 4 en el siguiente ejemplo.

EJEMPLO 5   Hallar la suma de una serie

Halla la suma $\sum_{k=4}^{8}(3 + k^2)$.

SOLUCIÓN

$$\sum_{k=4}^{8}(3 + k^2) = (3 + 4^2) + (3 + 5^2) + (3 + 6^2) + (3 + 7^2) + (3 + 8^2)$$
$$= 19 + 28 + 39 + 52 + 67$$
$$= 205$$

Para las series que tienen muchos términos, hallar la suma sumando los términos puede ser tedioso. A continuación tienes fórmulas que puedes usar para hallar las sumas de tres tipos especiales de series.

Concepto Esencial

Fórmulas para series especiales

Suma de *n* términos de 1: $\sum_{i=1}^{n} 1 = n$

Suma de primeros enteros positivos *n*: $\sum_{i=1}^{n} i = \dfrac{n(n + 1)}{2}$

Suma de cuadrados de los primeros enteros positivos *n*: $\sum_{i=1}^{n} i^2 = \dfrac{n(n + 1)(2n + 1)}{6}$

EJEMPLO 6   Usar una fórmula para una suma

¿Cuántas manzanas hay en la pila del Ejemplo 3?

SOLUCIÓN

Basándote en el Ejemplo 3, sabes que el *i*ésimo término de la serie está dado por $a_i = i^2$, donde $i = 1, 2, 3, \ldots, 7$. Usando la notación de sumatoria y la tercera fórmula enumerada arriba, puedes hallar el número total de manzanas de la siguiente manera:

$$1^2 + 2^2 + \cdots + 7^2 = \sum_{i=1}^{7} i^2 = \dfrac{7(7 + 1)(2 \cdot 7 + 1)}{6} = \dfrac{7(8)(15)}{6} = 140$$

▶ Hay 140 manzanas en la pila. Verifícalo sumando el número de manzanas en cada una de las siete capas.

Monitoreo del progreso Ayuda en inglés y español en *BigIdeasMath.com*

Halla la suma.

13. $\sum_{i=1}^{5} 8i$

14. $\sum_{k=3}^{7}(k^2 - 1)$

15. $\sum_{i=1}^{34} 1$

16. $\sum_{k=1}^{6} k$

17. ¿QUÉ PASA SI? Supón que hay nueve capas en la pila del Ejemplo 3. ¿Cuántas manzanas hay en la pila?

Sección 8.1   Definir y usar secuencias y series

8.1 Ejercicios

Verificación de vocabulario y concepto esencial

1. **VOCABULARIO** ¿De qué otra manera se denomina la notación de sumatoria?

2. **COMPLETAR LA ORACIÓN** En una secuencia, los números se denominan _____ de la secuencia.

3. **ESCRIBIR** Compara las secuencias y las series.

4. **¿CUÁL NO CORRESPONDE?** ¿Cuál *no* pertenece al grupo de las otras tres? Explica tu razonamiento.

$$\sum_{i=1}^{6} i^2 \qquad 91 \qquad 1+4+9+16+25+36 \qquad \sum_{i=0}^{5} i^2$$

Monitoreo del progreso y Representar con matemáticas

En los Ejercicios 5–14, escribe los primeros seis términos de la secuencia. *(Consulta el Ejemplo 1).*

5. $a_n = n + 2$
6. $a_n = 6 - n$
7. $a_n = n^2$
8. $f(n) = n^3 + 2$
9. $f(n) = 4^{n-1}$
10. $a_n = -n^2$
11. $a_n = n^2 - 5$
12. $a_n = (n + 3)^2$
13. $f(n) = \dfrac{2n}{n+2}$
14. $f(n) = \dfrac{n}{2n-1}$

En los Ejercicios 15–26, describe el patrón, escribe el siguiente término, y escribe una regla para el enésimo término de la secuencia. *(Consulta el Ejemplo 2).*

15. 1, 6, 11, 16, ...
16. 1, 2, 4, 8, ...
17. 3.1, 3.8, 4.5, 5.2, ...
18. 9, 16.8, 24.6, 32.4, ...
19. 5.8, 4.2, 2.6, 1, −0.6 ...
20. −4, 8, −12, 16, ...
21. $\dfrac{1}{4}, \dfrac{2}{4}, \dfrac{3}{4}, \dfrac{4}{4}, \ldots$
22. $\dfrac{1}{10}, \dfrac{3}{20}, \dfrac{5}{30}, \dfrac{7}{40}, \ldots$
23. $\dfrac{2}{3}, \dfrac{2}{6}, \dfrac{2}{9}, \dfrac{2}{12}, \ldots$
24. $\dfrac{2}{3}, \dfrac{4}{4}, \dfrac{6}{5}, \dfrac{8}{6}, \ldots$
25. 2, 9, 28, 65, ...
26. 1.2, 4.2, 9.2, 16.2, ...

27. **HALLAR UN PATRÓN** ¿Qué regla da el número total de cuadrados en la enésima figura del patrón que se muestra? Justifica tu respuesta.

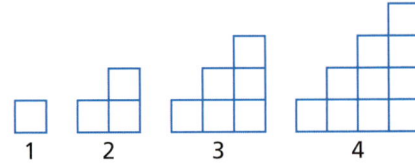

Ⓐ $a_n = 3n - 3$
Ⓑ $a_n = 4n - 5$
Ⓒ $a_n = n$
Ⓓ $a_n = \dfrac{n(n+1)}{2}$

28. **HALLAR UN PATRÓN** ¿Qué regla da el número total de cuadrados verdes en la enésima figura del patrón que se muestra? Justifica tu respuesta.

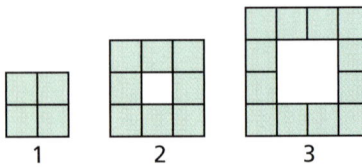

Ⓐ $a_n = n^2 - 1$
Ⓑ $a_n = \dfrac{n^2}{2}$
Ⓒ $a_n = 4n$
Ⓓ $a_n = 2n + 1$

414 Capítulo 8 Secuencias y series

29. **REPRESENTAR CON MATEMÁTICAS** Se colocan mesas rectangulares uniendo sus bordes cortos, tal como se muestra en el diagrama. Escribe una regla para el número de personas que se pueden sentar alrededor de n mesas dispuestas de esta manera. Luego haz una gráfica de la secuencia. *(Consulta el Ejemplo 3).*

30. **REPRESENTAR CON MATEMÁTICAS** Un empleado de una empresa de construcción gana $33,000 durante su primer año en el empleo. Los empleados de la compañía reciben aumentos de $2,400 cada año. Escribe una regla para el salario del empleado cada año. Luego haz una gráfica de la secuencia.

En los Ejercicios 31–38, escribe la serie usando la notación de sumatoria. *(Consulta el Ejemplo 4).*

31. $7 + 10 + 13 + 16 + 19$

32. $5 + 11 + 17 + 23 + 29$

33. $4 + 7 + 12 + 19 + \cdots$

34. $-1 + 2 + 7 + 14 + \cdots$

35. $\frac{1}{3} + \frac{1}{9} + \frac{1}{27} + \frac{1}{81} + \cdots$

36. $\frac{1}{4} + \frac{2}{5} + \frac{3}{6} + \frac{4}{7} + \cdots$

37. $-3 + 4 - 5 + 6 - 7$

38. $-2 + 4 - 8 + 16 - 32$

En los Ejercicios 39–50, halla la suma. *(Consulta los Ejemplo 5 y 6).*

39. $\sum_{i=1}^{6} 2i$

40. $\sum_{i=1}^{5} 7i$

41. $\sum_{n=0}^{4} n^3$

42. $\sum_{k=1}^{4} 3k^2$

43. $\sum_{k=3}^{6} (5k - 2)$

44. $\sum_{n=1}^{5} (n^2 - 1)$

45. $\sum_{i=2}^{8} \frac{2}{i}$

46. $\sum_{k=4}^{6} \frac{k}{k+1}$

47. $\sum_{i=1}^{35} 1$

48. $\sum_{n=1}^{16} n$

49. $\sum_{i=10}^{25} i$

50. $\sum_{n=1}^{18} n^2$

ANÁLISIS DE ERRORES En los Ejercicios 51 y 52, describe y corrige el error cometido al hallar la suma de la serie.

51. ✗
$$\sum_{n=1}^{10} (3n - 5) = -2 + 1 + 4 + 7 + 10$$
$$= 20$$

52. ✗
$$\sum_{i=2}^{4} i^2 = \frac{4(4+1)(2 \cdot 4 + 1)}{6}$$
$$= \frac{180}{6}$$
$$= 30$$

53. **RESOLVER PROBLEMAS** Quieres ahorrar $500 para un viaje escolar. Comienzas ahorrando un centavo el primer día. Ahorras un centavo adicional cada día después de eso. Por ejemplo, ahorrarás dos centavos el segundo día, tres centavos el tercer día, y así sucesivamente.

   a. ¿Cuánto dinero habrás ahorrado después de 100 días?

   b. Usa una serie para determinar cuántos días te demoras en ahorrar $500.

54. **REPRESENTAR CON MATERMÁTICAS** Comienzas un programa de ejercicios. La primera semana haces 25 flexiones. Cada semana haces 10 flexiones más que la semana anterior. ¿Cuántas flexiones harás en la novena semana? Justifica tu respuesta.

55. **REPRESENTAR CON MATERMÁTICAS** Para una exhibición en una tienda de artículos deportivos, apilas pelotas de fútbol en una pirámide cuya base es un triángulo equilátero de cinco capas. Escribe una regla para el número de pelotas de fútbol en cada capa. Luego haz una gráfica de la secuencia.

← primera capa

Sección 8.1   Definir y usar secuencias y series   415

56. ¿CÓMO LO VES? Usa el diagrama para determinar la suma de la serie. Explica tu razonamiento.

$$1+3+5+7+9+\cdots+(2n-1) = ?$$

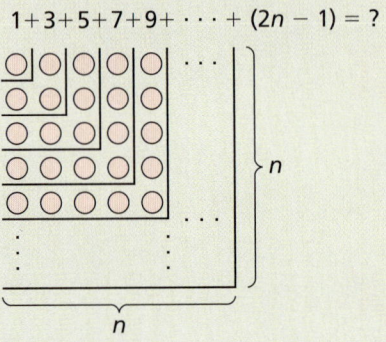

57. ARGUMENTAR Usas una calculadora para evaluar $\sum_{i=3}^{1659} i$ porque el límite inferior de la sumatoria es 3, no 1. Tu amigo dice que hay una manera de usar la fórmula para la suma de los primeros n enteros positivos. ¿Es correcto lo que dice tu amigo? Explica.

58. CONEXIONES MATEMÁTICAS Un polígono *regular* tiene medidas iguales de sus ángulos y longitudes iguales de sus lados. Para un polígono regular de n lados ($n \geq 3$), la medida de a_n de un ángulo interior está dada por $a_n = \dfrac{180(n-2)}{n}$.

 a. Escribe los primeros cinco términos de la secuencia.

 b. Escribe una regla para la secuencia dando la suma T_n de las medidas de los ángulos interiores en cada polígono regular de n lados.

 c. Usa tu regla en la parte (b) para hallar la suma de las medidas del ángulo interior en el tragaluz del Museo Guggenheim, que es un dodecágono regular.

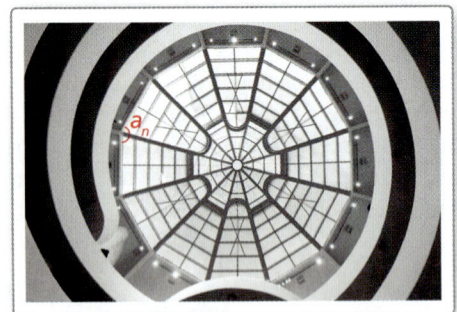

Tragaluz del Museo Guggenheim

59. USAR LA ESTRUCTURA Determina si cada enunciado es verdadero. Si es así, haz una demostración. Si no, haz un contraejemplo.

 a. $\sum_{i=1}^{n} ca_i = c \sum_{i=1}^{n} a_i$

 b. $\sum_{i=1}^{n}(a_i + b_i) = \sum_{i=1}^{n} a_i + \sum_{i=1}^{n} b_i$

 c. $\sum_{i=1}^{n} a_i b_i = \sum_{i=1}^{n} a_i \sum_{i=1}^{n} b_i$

 d. $\sum_{i=1}^{n}(a_i)^c = \left(\sum_{i=1}^{n} a_i\right)^c$

60. ESTIMULAR EL PENSAMIENTO En esta sección, aprendiste las siguientes fórmulas.

$$\sum_{i=1}^{n} 1 = n$$

$$\sum_{i=1}^{n} i = \frac{n(n+1)}{2}$$

$$\sum_{i=1}^{n} i^2 = \frac{n(n+1)(2n+1)}{6}$$

Escribe una fórmula para la suma de los cubos de los primeros n enteros positivos.

61. REPRESENTAR CON MATEMÁTICAS En el acertijo llamado Las Torres de Hanói, el objeto es usar una serie de movidas para llevar los anillos de una estaca y apilarlos en orden en otra estaca. Una movida consiste en mover exactamente un anillo, y ningún anillo puede colocarse sobre un anillo más pequeño. El número mínimo a_n de movidas necesarias para mover n anillos es 1 para 1 anillo, 3 para 2 anillos, 7 para 3 anillos, 15 para 4 anillos, y 31 para 5 anillos.

Paso 1   Paso 2   Paso 3   ...   Fin

 a. Escribe una regla para la secuencia.

 b. ¿Cuál es el número mínimo de movidas necesarias para mover 6 anillos? ¿Y 7 anillos? ¿Y 8 anillos?

Mantener el dominio de las matemáticas Repasar lo que aprendiste en grados y lecciones anteriores

Resuelve el sistema. Verifica tu solución. *(Sección 1.4)*

62. $2x - y - 3z = 6$
$x + y + 4z = -1$
$3x - 2z = 8$

63. $2x - 2y + z = 5$
$-2x + 3y + 2z = -1$
$x - 4y + 5z = 4$

64. $2x - 3y + z = 4$
$x - 2z = 1$
$y + z = 2$

416   Capítulo 8   Secuencias y series

8.2 Analizar secuencias y series aritméticas

Pregunta esencial ¿Cómo puedes reconocer una secuencia aritmética basándote en su gráfica?

En una **secuencia aritmética**, la diferencia de los términos consecutivos, denominada *diferencia común*, es constante. Por ejemplo, en la secuencia aritmética 1, 4, 7, 10,…, la diferencia común es 3.

EXPLORACIÓN 1 — Reconocer gráficas de secuencias aritméticas

Trabaja con un compañero. Determina si cada gráfica muestra una secuencia aritmética. Si es así, entonces escribe una regla para el enésimo término de la secuencia y usa una hoja de cálculo para hallar la suma de los primeros 20 términos. ¿Qué observas acerca de la gráfica de una secuencia aritmética?

a.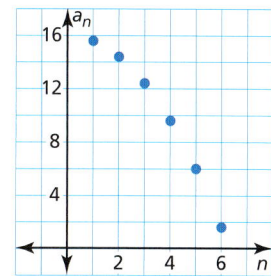

b.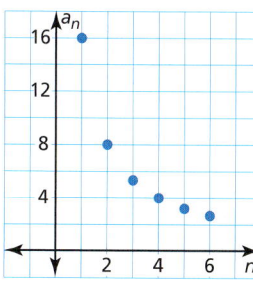

c.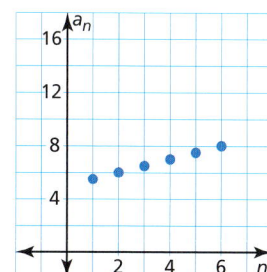

d.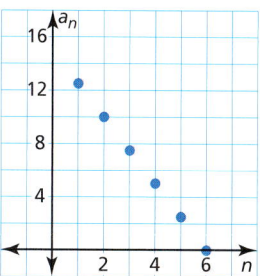

EXPLORACIÓN 2 — Hallar la suma de una secuencia aritmética

RAZONAR DE MANERA ABSTRACTA

Para dominar las matemáticas, necesitas darle sentido a las cantidades y a sus relaciones en las situaciones de problemas.

Trabaja con un compañero. Un maestro del matemático alemán Carl Friedrich Gauss (1777–1855) le pidió hallar la suma de todos los números enteros de 1 a 100. Para asombro de su maestro, Gauss obtuvo la respuesta después de breves momentos. Esto fue lo que hizo Gauss:

$$\begin{array}{cccccccc} 1 & + & 2 & + & 3 & + \cdots + & 100 \\ 100 & + & 99 & + & 98 & + \cdots + & 1 \\ \hline 101 & + & 101 & + & 101 & + \cdots + & 101 \end{array} \qquad \frac{100 \times 101}{2} = 5050$$

Explica el proceso de pensamiento de Gauss. Luego escribe una fórmula para la suma S_n de los primeros n términos de una secuencia aritmética. Verifica tu fórmula hallando las sumas de los primeros 20 términos de las secuencias aritméticas en la Exploración 1. Compara tus respuestas con aquellas que obtuviste usando una hoja de cálculo.

Comunicar tu respuesta

3. ¿Cómo puedes reconocer una secuencia aritmética basándote en su gráfica?

4. Halla la suma de los términos de cada secuencia aritmética.

   a. 1, 4, 7, 10, . . . , 301   b. 1, 2, 3, 4, . . . , 1000   c. 2, 4, 6, 8, . . . , 800

Sección 8.2 Analizar secuencias y series aritméticas

8.2 Lección

Vocabulario Esencial

secuencia aritmética, *pág. 418*
diferencia común, *pág. 418*
serie aritmética, *pág. 420*

Anterior
función lineal
media

Qué aprenderás

- Identificar secuencias aritméticas.
- Escribir reglas para secuencias aritméticas.
- Hallar sumas de series aritméticas finitas.

Identificar secuencias aritméticas

En una **secuencia aritmética**, la diferencia de los términos consecutivos es constante. Esta diferencia constante se denomina **diferencia común** y se denota mediante d.

EJEMPLO 1   Identificar secuencias aritméticas

Indica si cada secuencia es aritmética.

a. $-9, -2, 5, 12, 19, \ldots$ **b.** $23, 15, 9, 5, 3, \ldots$

SOLUCIÓN

Halla las diferencias de los términos consecutivos.

a. $a_2 - a_1 = -2 - (-9) = 7$

$a_3 - a_2 = 5 - (-2) = 7$

$a_4 - a_3 = 12 - 5 = 7$

$a_5 - a_4 = 19 - 12 = 7$

▶ Cada diferencia es 7, entonces la secuencia es aritmética.

b. $a_2 - a_1 = 15 - 23 = -8$

$a_3 - a_2 = 9 - 15 = -6$

$a_4 - a_3 = 5 - 9 = -4$

$a_5 - a_4 = 3 - 5 = -2$

▶ Las diferencias *no* son constantes, entonces la secuencia no es aritmética.

Monitoreo del progreso Ayuda en inglés y español en *BigIdeasMath.com*

Indica si la secuencia es aritmética. Explica tu razonamiento.

1. $2, 5, 8, 11, 14, \ldots$ **2.** $15, 9, 3, -3, -9, \ldots$ **3.** $8, 4, 2, 1, \frac{1}{2}, \ldots$

Escribir las reglas para las secuencias aritméticas

Concepto Esencial

Regla para una secuencia aritmética

Álgebra   El enésimo término de una secuencia aritmética cuyo primer término es a_1 y su diferencia común d está dado por:

$$a_n = a_1 + (n-1)d$$

Ejemplo   El enésimo término de una secuencia aritmética cuyo primer término es 3 y su diferencia común es 2 está dado por:

$$a_n = 3 + (n-1)2, \text{ o } a_n = 2n + 1$$

ERROR COMÚN

En la regla general para una secuencia aritmética, nota que la diferencia común *d* se multiplica por *n* − 1, no por *n*.

> **EJEMPLO 2** Escribir una regla para el enésimo término

Escribe una regla para el enésimo término de cada secuencia. Luego halla a_{15}.

a. 3, 8, 13, 18, . . .   **b.** 55, 47, 39, 31, . . .

SOLUCIÓN

a. La secuencia es aritmética, con el primer término $a_1 = 3$, y la diferencia común $d = 8 - 3 = 5$. Entonces, una regla para el enésimo término es

$a_n = a_1 + (n - 1)d$ Escribe la regla general.
$ = 3 + (n - 1)5$ Sustituye 3 por a_1 y 5 por *d*.
$ = 5n - 2.$ Simplifica.

▶ Una regla $a_n = 5n - 2$, y el decimoquinto término es $a_{15} = 5(15) - 2 = 73$.

b. La secuencia es aritmética, con el primer término $a_1 = 55$, y la diferencia común $d = 47 - 55 = -8$. Entonces, una regla para el enésimo término es

$a_n = a_1 + (n - 1)d$ Escribe la regla general.
$ = 55 + (n - 1)(-8)$ Sustituye 55 por a_1 y −8 por *d*.
$ = -8n + 63.$ Simplifica.

▶ Una regla es $a_n = -8n + 63$, y el decimoquinto término es $a_{15} = -8(15) + 63 = -57$.

Monitoreo del progreso   Ayuda en inglés y español en *BigIdeasMath.com*

4. Escribe una regla para el enésimo término de la secuencia 7, 11, 15, 19, . . . Luego halla a_{15}.

> **EJEMPLO 3** Escribir una regla dado un término y una diferencia común

Un término de una secuencia aritmética es $a_{19} = -45$. La diferencia común es $d = -3$. Escribe una regla para el enésimo término. Luego haz la gráfica de los primeros seis términos de la secuencia.

SOLUCIÓN

Paso 1 Usa la regla general para hallar el primer término.

$a_n = a_1 + (n - 1)d$ Escribe la regla general.
$a_{19} = a_1 + (19 - 1)d$ Sustituye 19 por *n*.
$-45 = a_1 + 18(-3)$ Sustituye −45 por a_{19} y −3 por *d*.
$9 = a_1$ Resuelve para hallar a_1.

Paso 2 Escribe una regla para el enésimo término.

$a_n = a_1 + (n - 1)d$ Escribe la regla general.
$ = 9 + (n - 1)(-3)$ Sustituye 9 por a_1 y −3 por *d*.
$ = -3n + 12.$ Simplifica.

Paso 3 Usa la regla para crear una tabla de valores para la secuencia. Luego marca los puntos.

n	1	2	3	4	5	6
a_n	9	6	3	0	−3	−6

ANALIZAR RELACIONES

Nota que los puntos pertenecen a una línea. Esto es verdadero para toda secuencia aritmética. Entonces, una secuencia aritmética es una función lineal cuyo dominio es un subconjunto de los enteros. También puedes usar la notación de función para escribir secuencias:

$f(n) = -3n + 12.$

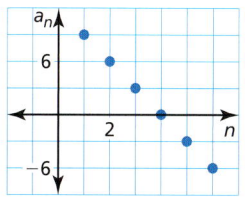

Sección 8.2 Analizar secuencias y series aritméticas

EJEMPLO 4 Escribir una regla dados dos términos

Dos términos de una secuencia aritmética son $a_7 = 17$ y $a_{26} = 93$. Escribe una regla para el enésimo término.

SOLUCIÓN

Paso 1 Escribe un sistema de ecuaciones usando $a_n = a_1 + (n-1)d$. Sustituye 26 por n para escribir la Ecuación 1. Sustituye 7 por n para escribir la Ecuación 2.

$a_{26} = a_1 + (26-1)d$ ➡ $93 = a_1 + 25d$ — Ecuación 1

$a_7 = a_1 + (7-1)d$ ➡ $17 = a_1 + 6d$ — Ecuación 2

Paso 2 Resuelve el sistema.

$76 = 19d$ — Resta.

$4 = d$ — Resuelve para hallar d.

$93 = a_1 + 25(4)$ — Sustituye por d en la Ecuación 1.

$-7 = a_1$ — Resuelve para hallar a_1.

Paso 3 Escribe una regla para a_n. $a_n = a_1 + (n-1)d$ — Escribe la regla general.

$= -7 + (n-1)4$ — Sustituye por a_1 y d.

$= 4n - 11$ — Simplifica.

> **Verifica**
>
> Usa la regla para verificar que el séptimo término sea 17 y el vigésimo sexto término sea 93.
>
> $a_7 = 4(7) - 11 = 17$ ✓
>
> $a_{26} = 4(26) - 11 = 93$ ✓

Monitoreo del progreso Ayuda en inglés y español en *BigIdeasMath.com*

Escribe una regla para el enésimo término de la secuencia. Luego haz una gráfica de los primeros seis términos de la secuencia.

5. $a_{11} = 50, d = 7$ **6.** $a_7 = 71, a_{16} = 26$

Hallar sumas de series aritméticas finitas

La expresión formada al sumar los términos de una secuencia aritmética se denomina **serie aritmética**. La suma de los primeros n términos de una serie aritmética se denota mediante S_n. Para hallar una regla para S_n, puedes escribir S_n de dos maneras diferentes y sumar los resultados.

$$S_n = a_1 + (a_1 + d) + (a_1 + 2d) + \cdots + a_n$$

$$S_n = a_n + (a_n - d) + (a_n - 2d) + \cdots + a_1$$

$$2S_n = \underbrace{(a_1 + a_n) + (a_1 + a_n) + (a_1 + a_n) + \cdots + (a_1 + a_n)}$$

$(a_1 + a_n)$ se suma n veces.

Puedes llegar a la conclusión de que $2S_n = n(a_1 + a_n)$, que lleva al siguiente resultado.

💡 Concepto Esencial

La suma de una serie aritmética finita

La suma de los primeros n términos de una serie aritmética es

$$S_n = n\left(\frac{a_1 + a_n}{2}\right).$$

En palabras, S_n es la media del primer y de los enésimos términos, multiplicada por el número de términos.

EJEMPLO 5 Hallar la suma de una serie aritmética

Halla la suma $\sum_{i=1}^{20}(3i+7)$.

SOLUCIÓN

Paso 1 Halla el primero y el último término.

$a_1 = 3(1) + 7 = 10$ — Identifica el primer término.

$a_{20} = 3(20) + 7 = 67$ — Identifica el último término.

Paso 2 Halla la suma.

$S_{20} = 20\left(\dfrac{a_1 + a_{20}}{2}\right)$ — Escribe la regla para S_{20}.

$= 20\left(\dfrac{10 + 67}{2}\right)$ — Sustituye 10 por a_1 y 67 por a_{20}.

$= 770$ — Simplifica.

CONSEJO DE ESTUDIO

Esta suma es en realidad una suma *parcial*. No puedes hallar la suma completa de una serie aritmética infinita porque sus términos continúan indefinidamente.

EJEMPLO 6 Resolver un problema de la vida real

Estás haciendo un castillo de naipes similar al que se muestra.

a. Escribe una regla para el número de cartas en la enésima fila si la fila superior es la fila 1.

b. ¿Cuántas cartas necesitas para hacer un castillo de naipes de 12 filas?

SOLUCIÓN

a. Comenzando por la fila superior, el número de cartas en las filas son 3, 6, 9, 12,… Estos números forman una secuencia aritmética con un primer término de 3 y cuya diferencia común es 3. Entonces, una regla para la secuencia es:

$a_n = a_1 + (n - 1)d$ — Escribe la regla general.

$= 3 + (n - 1)(3)$ — Sustituye 3 por a_1 y 3 por d.

$= 3n$ — Simplifica.

Verifica

Usa una calculadora gráfica para verificar la suma.

```
suma(secuencia(3X,X,
1,12))
                    234
```

b. Halla la suma de una serie aritmética cuyo primer término es $a_1 = 3$ y su último término es $a_{12} = 3(12) = 36$.

$S_{12} = 12\left(\dfrac{a_1 + a_{12}}{2}\right) = 12\left(\dfrac{3 + 36}{2}\right) = 234$

▶ Entonces, necesitas 234 cartas para hacer un castillo de naipes de 12 filas.

Monitoreo del progreso  Ayuda en inglés y español en *BigIdeasMath.com*

Halla la suma.

7. $\sum_{i=1}^{10} 9i$ **8.** $\sum_{k=1}^{12}(7k+2)$ **9.** $\sum_{n=1}^{20}(-4n+6)$

10. **¿QUÉ PASA SI?** En el Ejemplo 6, ¿cuántas cartas necesitas para hacer un castillo de naipes de 8 filas?

Sección 8.2   Analizar secuencias y series aritméticas   421

8.2 Ejercicios

Soluciones dinámicas disponibles en *BigIdeasMath.com*

Verificación de vocabulario y concepto esencial

1. **COMPLETAR LA ORACIÓN** La diferencia constante entre los términos consecutivos de una secuencia aritmética se denomina _____.

2. **DISTINTAS PALABRAS, LA MISMA PREGUNTA** ¿Cuál es diferente? Halla "ambas" respuestas.

   ¿Qué secuencia consiste en todos los números impares positivos?

   ¿Qué secuencia comienza con 1 y tiene una diferencia común de 2?

   ¿Qué secuencia tiene un enésimo término de $a_n = 1 + (n-1)2$?

   ¿Qué secuencia tiene un enésimo término de $a_n = 2n + 1$?

Monitoreo del progreso y Representar con matemáticas

En los Ejercicios 3–10, indica si la secuencia es aritmética. Explica tu razonamiento. *(Consulta el Ejemplo 1).*

3. $1, -1, -3, -5, -7, \ldots$ 4. $12, 6, 0, -6, -12, \ldots$

5. $5, 8, 13, 20, 29, \ldots$ 6. $3, 5, 9, 15, 23, \ldots$

7. $36, 18, 9, \frac{9}{2}, \frac{9}{4}, \ldots$ 8. $81, 27, 9, 3, 1, \ldots$

9. $\frac{1}{2}, \frac{3}{4}, 1, \frac{5}{4}, \frac{3}{2}, \ldots$ 10. $\frac{1}{6}, \frac{1}{2}, \frac{5}{6}, \frac{7}{6}, \frac{3}{2}, \ldots$

11. **ESCRIBIR ECUACIONES** Escribe una regla para la secuencia aritmética con la descripción dada.

    a. El primer término es -3 y cada término es de 6 menos que el término anterior.

    b. El primer término es 7 y cada término es de 5 más que el término anterior.

12. **ESCRIBIR** Compara los términos de una secuencia aritmética si $d > 0$ con si $d < 0$.

En los Ejercicios 13–20, escribe una regla para el enésimo término de la secuencia. Luego halla a_{20}. *(Consulta el Ejemplo 2).*

13. $12, 20, 28, 36, \ldots$ 14. $7, 12, 17, 22, \ldots$

15. $51, 48, 45, 42, \ldots$ 16. $86, 79, 72, 65, \ldots$

17. $-1, -\frac{1}{3}, \frac{1}{3}, 1, \ldots$ 18. $-2, -\frac{5}{4}, -\frac{1}{2}, \frac{1}{4}, \ldots$

19. $2.3, 1.5, 0.7, -0.1, \ldots$ 20. $11.7, 10.8, 9.9, 9, \ldots$

ANÁLISIS DE ERRORES En los Ejercicios 21 y 22, describe y corrige el error cometido al escribir una regla para el enésimo término de la secuencia aritmética $22, 9, -4, -17, -30, \ldots$

21.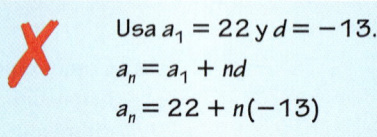

22.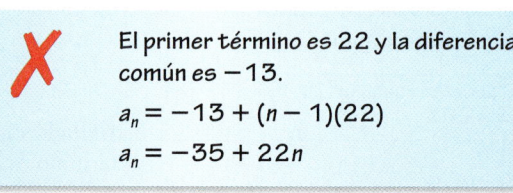

En los Ejercicios 23–28, escribe una regla para el enésimo término de la secuencia. Luego haz una gráfica de los primeros seis términos de la secuencia. *(Consulta el Ejemplo 3).*

23. $a_{11} = 43, d = 5$ 24. $a_{13} = 42, d = 4$

25. $a_{20} = -27, d = -2$ 26. $a_{15} = -35, d = -3$

27. $a_{17} = -5, d = -\frac{1}{2}$ 28. $a_{21} = -25, d = -\frac{3}{2}$

29. **USAR ECUACIONES** Un término de una secuencia aritmética es $a_8 = -13$. La diferencia común es -8. ¿Cuál es una regla para el enésimo término de la secuencia?

    Ⓐ $a_n = 51 + 8n$ Ⓑ $a_n = 35 + 8n$

    Ⓒ $a_n = 51 - 8n$ Ⓓ $a_n = 35 - 8n$

30. HALLAR UN PATRÓN Un término de una secuencia aritmética es $a_{12} = 43$. La diferencia común es 6. ¿Cuál es otro término de la secuencia?

  Ⓐ $a_3 = -11$ Ⓑ $a_4 = -53$
  Ⓒ $a_5 = 13$ Ⓓ $a_6 = -47$

En los Ejercicios 31–38, escribe una regla para el enésimo término de la secuencia aritmética. *(Consulta el Ejemplo 4).*

31. $a_5 = 41, a_{10} = 96$

32. $a_7 = 58, a_{11} = 94$

33. $a_6 = -8, a_{15} = -62$

34. $a_8 = -15, a_{17} = -78$

35. $a_{18} = -59, a_{21} = -71$

36. $a_{12} = -38, a_{19} = -73$

37. $a_8 = 12, a_{16} = 22$

38. $a_{12} = 9, a_{27} = 15$

ESCRIBIR ECUACIONES En los Ejercicios 39–44, escribe una regla para la secuencia de los términos dados.

39.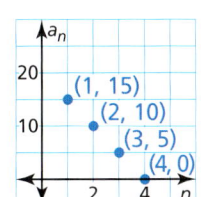

40.

41.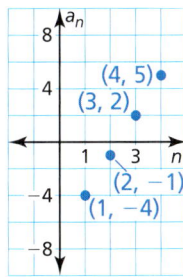

42.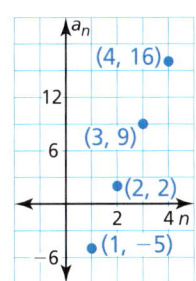

43.

n	4	5	6	7	8
a_n	25	29	33	37	41

44.

n	4	5	6	7	8
a_n	31	39	47	55	63

45. ESCRIBIR Compara la gráfica de $a_n = 3n + 1$, donde n es un entero positivo, con la gráfica de $f(x) = 3x + 1$, donde x es un número real.

46. SACAR CONCLUSIONES Describe cómo duplicar cada término en una secuencia aritmética cambia la diferencia común de la secuencia. Justifica tu respuesta.

En los Ejercicios 47–52, halla la suma. *(Consulta el Ejemplo 5).*

47. $\sum_{i=1}^{20}(2i - 3)$ **48.** $\sum_{i=1}^{26}(4i + 7)$

49. $\sum_{i=1}^{33}(6 - 2i)$ **50.** $\sum_{i=1}^{31}(-3 - 4i)$

51. $\sum_{i=1}^{41}(-2.3 + 0.1i)$ **52.** $\sum_{i=1}^{39}(-4.1 + 0.4i)$

SENTIDO NUMÉRICO En los Ejercicios 53 y 54, halla la suma de la secuencia aritmética.

53. Los primeros 19 términos de la secuencia $9, 2, -5, -12, \ldots$

54. Los primeros 22 términos de la secuencia $17, 9, 1, -7, \ldots$

55. REPRESENTAR CON MATEMÁTICAS Una banda escolar está dispuesta en filas. La primera fila tiene 3 miembros de la banda y cada fila después de la primera tiene 2 miembros más que la fila anterior. *(Consulta el Ejemplo 6).*

  a. Escribe una regla para el número de miembros de la banda en la enésima fila.

  b. ¿Cuántos miembros de la banda hay en una formación de siete filas?

56. REPRESENTAR CON MATEMÁTICAS Las abejas domésticas hacen su panal comenzando con una sola celda hexagonal, luego forman anillo tras anillo de celdas hexagonales alrededor de la primera celda, tal como se muestra. El número de celdas en los anillos sucesivos forma una secuencia aritmética.

Célula inicial   1 anillo   2 anillos

  a. Escribe una regla para el número de celdas en el enésimo anillo.

  b. ¿Cuántas celdas hay en el panal después de formarse el enésimo anillo?

Sección 8.2 Analizar secuencias y series aritméticas 423

57. CONEXIONES MATEMÁTICAS Un edredón está hecho de tiras de tela, comenzando con un pequeño cuadrado interno rodeado de rectángulos que forman cuadrados sucesivamente más grandes. El cuadrado interior y todos los rectángulos tienen una anchura de 1 pie. Escribe una expresión usando la notación de sumatoria que dé la suma de las áreas de todas las tiras de tela usadas para hacer el edredón que se muestra. Luego evalúa la expresión.

58. ¿CÓMO LO VES? ¿Qué gráfica(s) representa(n) una secuencia aritmética? Explica tu razonamiento.

a. 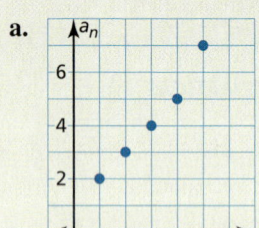   b.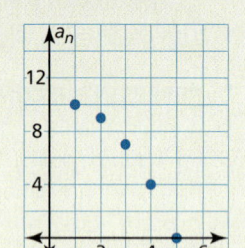

c. 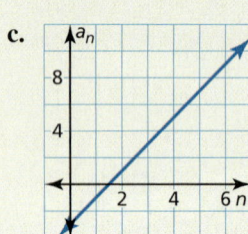   d.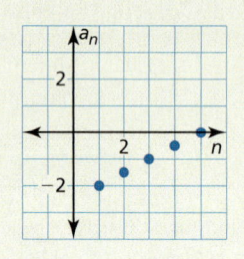

59. ARGUMENTAR Tu amigo cree que la suma de una serie se duplica si la diferencia común de una serie se duplica y el primer término y el número de términos de la serie no cambia. ¿Es correcto lo que cree tu amigo? Explica tu razonamiento.

60. ESTIMULAR EL PENSAMIENTO En la teoría de los números el *Teorema de los Números Primos de Dirichlet* expresa que si a y b son primos relativos, entonces la secuencia aritmética

$$a, a+b, a+2b, a+3b, \ldots$$

contiene números primos infinitos. Halla los primeros 10 números primos en la secuencia si $a = 3$ y $b = 4$.

61. RAZONAR Halla la suma de los enteros impares positivos menores que 300. Explica tu razonamiento.

62. USAR ECUACIONES Halla el valor de n.

a. $\sum_{i=1}^{n}(3i+5) = 544$ b. $\sum_{i=1}^{n}(-4i-1) = -1127$

c. $\sum_{i=5}^{n}(7+12i) = 455$ d. $\sum_{i=3}^{n}(-3-4i) = -507$

63. RAZONAMIENTO ABSTRACTO Un teatro tiene n filas de asientos y cada fila tiene d asientos más que la fila frente a ella. Hay x asientos en la última (enésima) fila y un total de y asientos en todo el teatro. ¿Cuántos asientos hay en la primera fila del teatro? Escribe tu respuesta en términos de n, x, y y.

64. PENSAMIENTO CRÍTICO Las expresiones $3 - x$, x, y $1 - 3x$ son los tres primeros términos de una secuencia aritmética. Halla el valor de x y el siguiente término de la secuencia.

65. PENSAMIENTO CRÍTICO Una de las principales fuentes de nuestro conocimiento de matemáticas egipcias es el papiro de Ahmes, que es un pergamino copiado en 1650 A.C. por un escriba egipcio. El siguiente problema proviene del papiro de Ahmes.

Divide 10 hekats de cebada entre 10 hombres de manera que la diferencia común sea $\frac{1}{8}$ de hekat de cebada.

Usa lo que sabes sobre las secuencias y series aritméticas para determinar qué porción de un hekat debe recibir cada hombre.

Mantener el dominio de las matemáticas
Repasar lo que aprendiste en grados y lecciones anteriores

Simplifica la expresión. *(Sección 5.2)*

66. $\dfrac{7}{7^{1/3}}$ **67.** $\dfrac{3^{-2}}{3^{-4}}$

68. $\left(\dfrac{9}{49}\right)^{1/2}$ **69.** $(5^{1/2} \cdot 5^{1/4})$

Indica si la función representa *crecimiento exponencial* o *decremento exponencial*. Luego haz una gráfica de la función. *(Sección 6.2)*

70. $y = 2e^x$ **71.** $y = e^{-3x}$ **72.** $y = 3e^{-x}$ **73.** $y = e^{0.25x}$

8.3 Analizar secuencias y series geométricas

Pregunta esencial ¿Cómo puedes reconocer una secuencia geométrica basándote en su gráfica?

En una **secuencia geométrica**, la razón entre cualquier término y el término anterior, denominada la *razón común*, es constante. Por ejemplo, en la secuencia geométrica 1, 2, 4, 8,…, la razón común es 2.

EXPLORACIÓN 1 Reconocer las gráficas de las secuencias geométricas

Trabaja con un compañero. Determina si cada gráfica muestra una secuencia geométrica. Si es así, entonces escribe una regla para el enésimo término de la secuencia y usa una hoja de cálculo para hallar la suma de los primeros 20 términos. ¿Qué observas acerca de la gráfica de una secuencia geométrica?

a. 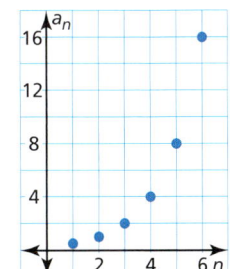 b.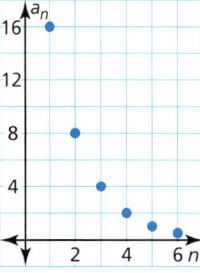

c. 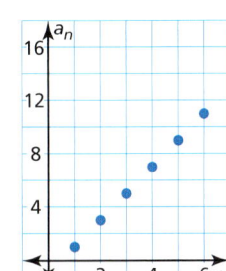 d.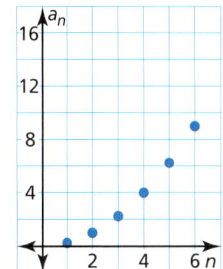

EXPLORACIÓN 2 Hallar la suma de una secuencia geométrica

Trabaja con un compañero. Puedes escribir el enésimo término de una secuencia geométrica cuyo primer término sea a_1 y cuya razón común sea r como

$$a_n = a_1 r^{n-1}.$$

Entonces, puedes escribir la suma S_n de los primeros n términos de una secuencia geométrica como

$$S_n = a_1 + a_1 r + a_1 r^2 + a_1 r^3 + \cdots + a_1 r^{n-1}.$$

Reescribe esta fórmula hallando la diferencia $S_n - rS_n$ y resolviendo para S_n. Luego verifica tu fórmula reescrita hallando las sumas de los 20 primeros términos de las secuencias geométricas en la Exploración 1. Compara tus respuestas con las que obtuviste usando una hoja de cálculo.

Comunicar tu respuesta

3. ¿Cómo puedes reconocer una secuencia geométrica basándote en su gráfica?

4. Halla la suma de los términos de cada secuencia geométrica.

   a. 1, 2, 4, 8, …, 8192   **b.** 0.1, 0.01, 0.001, 0.0001, …, 10^{-10}

BUSCAR REGULARIDAD EN EL RAZONAMIENTO REPETIDO

Para dominar las matemáticas, necesitas observar cuando los cálculos se repiten y buscar tanto los métodos generales como los métodos abreviados.

Sección 8.3 Analizar secuencias y series geométricas

8.3 Lección

Vocabulario Esencial

secuencia geométrica, *pág. 426*
razón común, *pág. 426*
serie geométrica, *pág. 428*

Anterior
función exponencial
propiedades de los exponentes

Qué aprenderás

▶ Identificar secuencias geométricas.
▶ Escribir reglas para secuencias geométricas.
▶ Hallar sumas de series geométricas finitas.

Identificar secuencias geométricas

En una **secuencia geométrica**, la razón entre cualquier término y el término anterior es constante. Esta razón constante se denomina **razón común** y se denota mediante r.

EJEMPLO 1 Identificar secuencias geométricas

Indica si cada secuencia es geométrica.

a. 6, 12, 20, 30, 42, . . .

b. 256, 64, 16, 4, 1, . . .

SOLUCIÓN

Halla las razones de los términos consecutivos.

a. $\dfrac{a_2}{a_1} = \dfrac{12}{6} = 2 \qquad \dfrac{a_3}{a_2} = \dfrac{20}{12} = \dfrac{5}{3} \qquad \dfrac{a_4}{a_3} = \dfrac{30}{20} = \dfrac{3}{2} \qquad \dfrac{a_5}{a_4} = \dfrac{42}{30} = \dfrac{7}{5}$

▶ Las razones no son constantes, entonces la secuencia no es geométrica.

b. $\dfrac{a_2}{a_1} = \dfrac{64}{256} = \dfrac{1}{4} \qquad \dfrac{a_3}{a_2} = \dfrac{16}{64} = \dfrac{1}{4} \qquad \dfrac{a_4}{a_3} = \dfrac{4}{16} = \dfrac{1}{4} \qquad \dfrac{a_5}{a_4} = \dfrac{1}{4}$

▶ Cada razón es $\dfrac{1}{4}$, entonces la secuencia es geométrica.

Monitoreo del progreso Ayuda en inglés y español en *BigIdeasMath.com*

Indica si la secuencia es geométrica. Explica tu razonamiento.

1. 27, 9, 3, 1, $\dfrac{1}{3}$, . . .   **2.** 2, 6, 24, 120, 720, . . .   **3.** −1, 2, −4, 8, −16, . . .

Escribir las reglas para las secuencias geométricas

Concepto Esencial

Regla para una secuencia geométrica

Álgebra El enésimo término de una secuencia geométrica cuyo primer término es a_1 y cuya razón común r está dado por:

$$a_n = a_1 r^{n-1}$$

Ejemplo El enésimo término de una secuencia geométrica cuyo primer término es 2 y cuya razón común es 3 está dado por:

$$a_n = 2(3)^{n-1}$$

426 Capítulo 8 Secuencias y series

EJEMPLO 2 Escribir una regla para el enésimo término

Escribe una regla para el enésimo término de cada secuencia. Luego halla a_8.

a. 5, 15, 45, 135, . . . **b.** 88, −44, 22, −11, . . .

SOLUCIÓN

a. La secuencia es geométrica con un primer término $a_1 = 5$ y razón común $r = \frac{15}{5} = 3$. Entonces, una regla para el enésimo término es

$a_n = a_1 r^{n-1}$ Escribe la regla general.

$= 5(3)^{n-1}$.   Sustituye 5 por a_1 y 3 por r.

▶ Una regla es $a_n = 5(3)^{n-1}$, y el octavo término es $a_8 = 5(3)^{8-1} = 10{,}935$.

b. La secuencia es geométrica con un primer término $a_1 = 88$ y razón común $r = \frac{-44}{88} = -\frac{1}{2}$. Entonces, una regla para el enésimo término es

$a_n = a_1 r^{n-1}$ Escribe la regla general.

$= 88\left(-\dfrac{1}{2}\right)^{n-1}$.   Sustituye 88 por a_1 y $-\dfrac{1}{2}$ por r.

▶ Una regla es $a_n = 88\left(-\dfrac{1}{2}\right)^{n-1}$, y el octavo término es $a_8 = 88\left(-\dfrac{1}{2}\right)^{8-1} = -\dfrac{11}{16}$.

Monitoreo del progreso   Ayuda en inglés y español en *BigIdeasMath.com*

4. Escribe una regla para el enésimo término de la secuencia 3, 15, 75, 375, . . . Luego halla a_9.

ERROR COMÚN

En la regla general para una secuencia geométrica, observa que el exponente es $n − 1$, y no n.

EJEMPLO 3 Escribir una regla dado un término y una razón común

Un término de una secuencia geométrica es $a_4 = 12$. La razón común es $r = 2$. Escribe una regla para el enésimo término. Luego haz una gráfica de los seis primeros términos de la secuencia.

SOLUCIÓN

Paso 1 Usa la regla general para hallar el primer término.

$a_n = a_1 r^{n-1}$ Escribe la regla general.

$a_4 = a_1 r^{4-1}$ Sustituye 4 por n.

$12 = a_1(2)^3$ Sustituye 12 por a_4 y 2 por r.

$1.5 = a_1$ Resuelve para hallar a_1.

Paso 2 Escribe una regla para el enésimo término

$a_n = a_1 r^{n-1}$ Escribe la regla general.

$= 1.5(2)^{n-1}$ Sustituye 1.5 por a_1 y 2 por r.

Paso 3 Usa la regla para crear una tabla de valores para la secuencia. Luego marca los puntos.

n	1	2	3	4	5	6
a_n	1.5	3	6	12	24	48

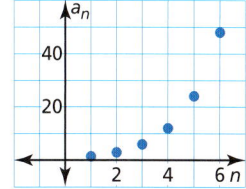

ANALIZAR RELACIONES

Observa que los puntos pertenecen a una curva exponencial dado que los términos consecutivos cambian por factores iguales. Entonces, una secuencia geométrica en la que $r > 0$ y $r \neq 1$ es una función exponencial cuyo dominio es un subconjunto de los enteros.

EJEMPLO 4 Escribir una regla dados dos términos

Dos términos de una secuencia geométrica son $a_2 = 12$ y $a_5 = -768$. Escribe una regla para el enésimo término.

SOLUCIÓN

Paso 1 Escribe un sistema de ecuaciones usando $a_n = a_1 r^{n-1}$. Sustituye 2 por n para escribir la Ecuación 1. Sustituye 5 por n para escribir la Ecuación 2.

$a_2 = a_1 r^{2-1}$ ➡ $12 = a_1 r$ Ecuación 1
$a_5 = a_1 r^{5-1}$ ➡ $-768 = a_1 r^4$ Ecuación 2

Paso 2 Resuelve el sistema.

$\dfrac{12}{r} = a_1$ Resuelve la Ecuación 1 para a_1.

$-768 = \dfrac{12}{r}(r^4)$ Sustituye por a_1 en la Ecuación 2.

$-768 = 12r^3$ Simplifica.

$-4 = r$ Resuelve para hallar r.

$12 = a_1(-4)$ Sustituye por r en la Ecuación 1.

$-3 = a_1$ Resuelve para hallar a_1.

Paso 3 Escribe una regla para a_n. $a_n = a_1 r^{n-1}$ Escribe la regla general.

$= -3(-4)^{n-1}$ Sustituye por a_1 y r.

Verifica

Usa la regla para verificar que el segundo término sea 12 y el quinto término sea −768.

$a_2 = -3(-4)^{2-1}$
$= -3(-4) = 12$ ✓

$a_5 = -3(-4)^{5-1}$
$= -3(256) = -768$ ✓

Monitoreo del progreso Ayuda en inglés y español en *BigIdeasMath.com*

Escribe una regla para el enésimo término de la secuencia. Luego haz una gráfica de los seis primeros términos de la secuencia.

5. $a_6 = -96, r = -2$ **6.** $a_2 = 12, a_4 = 3$

Hallar sumas de series geométricas finitas

La expresión formada al sumar los términos de una secuencia geométrica se denomina **serie geométrica**. La suma de los n primeros términos de una serie geométrica se denota mediante S_n. Puedes desarrollar una regla para S_n de la siguiente manera.

$S_n = a_1 + a_1 r + a_1 r^2 + a_1 r^3 + \cdots + a_1 r^{n-1}$
$-rS_n = - a_1 r - a_1 r^2 - a_1 r^3 - \cdots - a_1 r^{n-1} - a_1 r^n$

$S_n - rS_n = a_1 + 0 + 0 + 0 + \cdots + 0 - a_1 r^n$

$S_n(1 - r) = a_1(1 - r^n)$

Si $r \neq 1$, puedes dividir cada lado de la ecuación entre $1 - r$ para obtener la siguiente regla para S_n.

Concepto Esencial

La suma de una serie geométrica finita

La suma de los primeros n términos de una serie geométrica con una razón común de $r \neq 1$ es

$$S_n = a_1\left(\dfrac{1 - r^n}{1 - r}\right).$$

428   Capítulo 8   Secuencias y series

EJEMPLO 5   Hallar la suma de una serie geométrica

Halla la suma $\sum_{k=1}^{10} 4(3)^{k-1}$.

SOLUCIÓN

Paso 1 Halla el primer término y la razón común.

$a_1 = 4(3)^{1-1} = 4$ Identifica el primer término.

$r = 3$ Identifica la razón común.

Paso 2 Halla la suma

$S_{10} = a_1 \left(\dfrac{1-r^{10}}{1-r} \right)$ Escribe la regla para S_{10}.

$= 4 \left(\dfrac{1-3^{10}}{1-3} \right)$ Sustituye 4 por a_1 y 3 por r.

$= 118{,}096$ Simplifica.

Verifica

Usa una calculadora gráfica para verificar la suma.

```
suma(secuencia(4*3^
(X-1),X,1,10))
                118096
```

EJEMPLO 6   Resolver un problema de la vida real

Puedes calcular el pago mensual M (en dólares) de un préstamo usando la fórmula

$$M = \dfrac{L}{\sum_{k=1}^{t} \left(\dfrac{1}{1+i} \right)^{k}}$$

donde L es la cantidad del préstamo (en dólares), i es la tasa de interés mensual (en forma decimal), y t es el plazo (en meses). Calcula el pago mensual en un préstamo a cinco años para $20,000 con una tasa de interés anual de 6%.

SOLUCIÓN

Paso 1 Sustituye L, i, y t. La cantidad del préstamo es $L = 20{,}000$, la tasa de interés mensual es $i = \dfrac{0.06}{12} = 0.005$, y el plazo es $t = 5(12) = 60$.

$$M = \dfrac{20{,}000}{\sum_{k=1}^{60} \left(\dfrac{1}{1+0.005} \right)^{k}}$$

Paso 2 Observa que el denominador es una serie geométrica cuyo primer término es $\dfrac{1}{1.005}$ y su razón común es $\dfrac{1}{1.005}$. Usa una calculadora para hallar el pago mensual.

```
1/1.005→R
           .9950248756
R((1-R^60)/(1-R)
)
           51.72556075
20000/Ans
           386.6560306
```

▶ Entonces, el pago mensual es $386.66.

USAR LA TECNOLOGÍA

Almacenar el valor de $\dfrac{1}{1.005}$ ayuda a minimizar los errores y también asegura una respuesta precisa. Redondear este valor a 0.995 da como resultado un pago mensual de $386.94.

Monitoreo del progreso Ayuda en inglés y español en BigIdeasMath.com

Halla la suma.

7. $\sum_{k=1}^{8} 5^{k-1}$ **8.** $\sum_{i=1}^{12} 6(-2)^{i-1}$ **9.** $\sum_{t=1}^{7} -16(0.5)^{t-1}$

10. ¿QUÉ PASA SI? En el Ejemplo 6, ¿Cómo cambia el pago mensual si la tasa de interés anual es de 5%?

Sección 8.3   Analizar secuencias y series geométricas   **429**

8.3 Ejercicios

Verificación de vocabulario y concepto esencial

1. **COMPLETAR LA ORACIÓN** La razón constante entre términos consecutivos de una secuencia geométrica se denomina _____.

2. **ESCRIBIR** ¿Cómo puedes determinar si una secuencia es geométrica basándote en su gráfica?

3. **COMPLETAR LA ORACIÓN** El enésimo término de una secuencia geométrica tiene la forma $a_n =$ _____.

4. **VOCABULARIO** Expresa la regla de la suma de los primeros n términos de una serie geométrica.

Monitoreo del progreso y Representar con matemáticas

En los Ejercicios 5–12, indica si la secuencia es geométrica. Explica tu razonamiento.
(Consulta el Ejemplo 1).

5. 96, 48, 24, 12, 6, …
6. 729, 243, 81, 27, 9, …
7. 2, 4, 6, 8, 10, …
8. 5, 20, 35, 50, 65, …
9. 0.2, 3.2, −12.8, 51.2, −204.8, …
10. 0.3, −1.5, 7.5, −37.5, 187.5, …
11. $\frac{1}{2}, \frac{1}{6}, \frac{1}{18}, \frac{1}{54}, \frac{1}{162}, \ldots$
12. $\frac{1}{4}, \frac{1}{16}, \frac{1}{64}, \frac{1}{256}, \frac{1}{1024}, \ldots$

13. **ESCRIBIR ECUACIONES** Escribe una regla para la secuencia geométrica con la descripción dada.

    a. El primer término es −3, y cada término es 5 veces el término anterior.

    b. El primer término es 72 y cada término es $\frac{1}{3}$ veces el término anterior.

14. **ESCRIBIR** Compara los términos de una secuencia geométrica si $r > 1$ con si $0 < r < 1$.

En los Ejercicios 15–22, escribe una regla para el enésimo término de la secuencia. Luego halla a_7.
(Consulta el Ejemplo 2).

15. 4, 20, 100, 500, …
16. 6, 24, 96, 384, …
17. 112, 56, 28, 14, …
18. 375, 75, 15, 3, …
19. $4, 6, 9, \frac{27}{2}, \ldots$
20. $2, \frac{3}{2}, \frac{9}{8}, \frac{27}{32}, \ldots$
21. 1.3, −3.9, 11.7, −35.1, …
22. 1.5, −7.5, 37.5, −187.5, …

En los Ejercicios 23–30, escribe una regla para el enésimo término de la secuencia. Luego haz una gráfica de los seis primeros términos de la secuencia.

23. $a_3 = 4, r = 2$
24. $a_3 = 27, r = 3$
25. $a_2 = 30, r = \frac{1}{2}$
26. $a_2 = 64, r = \frac{1}{4}$
27. $a_4 = -192, r = 4$
28. $a_4 = -500, r = 5$
29. $a_5 = 3, r = -\frac{1}{3}$
30. $a_5 = 1, r = -\frac{1}{5}$

ANÁLISIS DE ERRORES En los Ejercicios 31 y 32, describe y corrige el error cometido al escribir una regla para el enésimo término de la secuencia geométrica donde $a_2 = 48$ y $r = 6$.

31.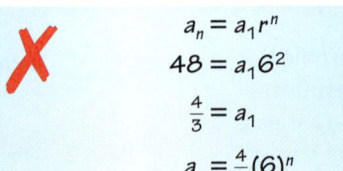

32.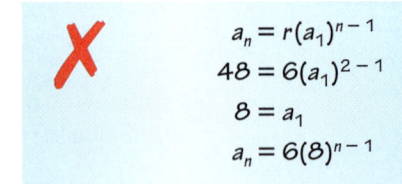

En los Ejercicios 33–40, escribe una regla para el enésimo término de la secuencia geométrica.
(Consulta el Ejemplo 4).

33. $a_2 = 28, a_5 = 1792$
34. $a_1 = 11, a_4 = 88$
35. $a_1 = -6, a_5 = -486$
36. $a_2 = -10, a_6 = -6250$
37. $a_2 = 64, a_4 = 1$
38. $a_1 = 1, a_2 = 49$
39. $a_2 = -72, a_6 = -\frac{1}{18}$
40. $a_2 = -48, a_5 = \frac{3}{4}$

ESCRIBIR ECUACIONES En los Ejercicios 41–46, escribe una regla para la secuencia con los términos dados.

41.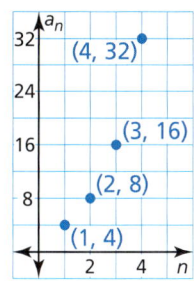

42. (gráfica con puntos (1, 5), (2, 15), (3, 45), (4, 135))

43.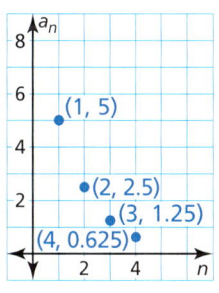

44.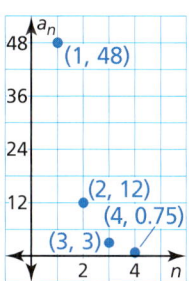

45.
n	2	3	4	5	6
a_n	-12	24	-48	96	-192

46.
n	2	3	4	5	6
a_n	-21	63	-189	567	-1701

En los Ejercicios 47–52, halla la suma.
(Consulta el Ejemplo 5).

47. $\sum_{i=1}^{9} 6(7)^{i-1}$

48. $\sum_{i=1}^{10} 7(4)^{i-1}$

49. $\sum_{i=1}^{10} 4\left(\dfrac{3}{4}\right)^{i-1}$

50. $\sum_{i=1}^{8} 5\left(\dfrac{1}{3}\right)^{i-1}$

51. $\sum_{i=0}^{8} 8\left(-\dfrac{2}{3}\right)^{i}$

52. $\sum_{i=0}^{9} 9\left(-\dfrac{3}{4}\right)^{i}$

SENTIDO NUMÉRICO En los Ejercicios 53 y 54, halla la suma.

53. Los primeros 8 términos de la secuencia geométrica $-12, -48, -192, -768, \ldots$

54. Los primeros 9 términos de la secuencia geométrica $-14, -42, -126, -378, \ldots$

55. **ESCRIBIR** Compara la gráfica de $a_n = 5(3)^{n-1}$, donde n es un entero positivo, con la gráfica de $f(x) = 5 \cdot 3^{x-1}$, donde x es un número real.

56. **RAZONAMIENTO ABSTRACTO** Usa la regla de la suma de una serie geométrica finita para escribir cada polinomio como expresión racional.

   a. $1 + x + x^2 + x^3 + x^4$

   b. $3x + 6x^3 + 12x^5 + 24x^7$

REPRESENTAR CON MATEMÁTICAS En los Ejercicios 57 y 58, usa la fórmula del pago mensual dada en el Ejemplo 6.

57. Estás comprando un carro nuevo. Sacas un préstamo a 5 años por $15,000. La tasa de interés anual del préstamo es de 4%. Calcula el pago mensual. *(Consulta el Ejemplo 6).*

58. Estás comprando una casa nueva. Sacas una hipoteca a 30 años por $200,000. La tasa de interés anual del préstamo es de 4.5%. Calcula el pago mensual.

59. **REPRESENTAR CON MATEMÁTICAS** Un torneo regional de futbol tiene 64 equipos participantes. En la primera ronda del torneo, se juegan 32 partidos. En cada ronda sucesiva, el número de partidos disminuye por un factor de $\dfrac{1}{2}$.

   a. Escribe la regla para el número de partidos jugados en la enésima ronda. ¿Para qué valores de n tiene sentido la regla? Explica.

   b. Halla el número total de partidos jugados en el torneo regional de fútbol.

60. **REPRESENTAR CON MATEMÁTICAS** En una formación de paracaidistas de R anillos, cada anillo después del primero tiene el doble de paracaidistas que el anillo precedente. Se muestra la formación para $R = 2$.

   a. Imagina que a_n es el número de paracaidistas en el enésimo anillo. Escribe una regla para a_n.

   b. Halla el número total de paracaidistas si hay 4 anillos.

Sección 8.3   Analizar secuencias y series geométricas   431

61. **RESOLVER DE PROBLEMAS** La *alfombra de Sierpinski* es un fractal creado usando cuadrados. El proceso incluye retirar cuadrados más pequeños de cuadrados más grandes. Primero, divide un cuadrado grande en nueve cuadrados congruentes. Luego retira el cuadrado del centro. Repite estos pasos para cada cuadrado más pequeño, tal como se muestra abajo. Presupón que cada lado del cuadrado inicial es de 1 unidad de longitud.

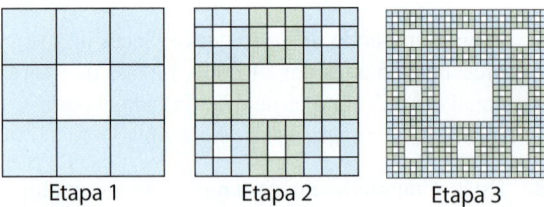

Etapa 1   Etapa 2   Etapa 3

   a. Imagina que a_n es el número total de cuadrados retirados en la enésima etapa. Escribe una regla para a_n. Luego halla el número total de cuadrados retirados hasta la Etapa 8.

   b. Imagina que b_n es el área restante del cuadrado original después de la enésima etapa. Escribe una regla para b_n. Luego halla el área restante del cuadrado original después de la Etapa 12.

62. **¿CÓMO LO VES?** Une cada secuencia con su gráfica. Explica tu razonamiento.

   a. $a_n = 10\left(\dfrac{1}{2}\right)^{n-1}$ b. $a_n = 10(2)^{n-1}$

   A. 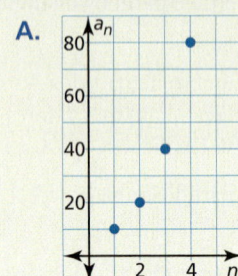   B.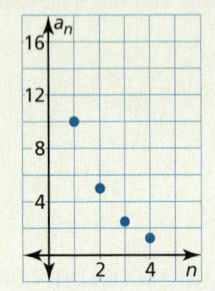

63. **PENSAMIENTO CRÍTICO** El 1 de enero, depositas $2000 en una cuenta de jubilación que paga 5% de interés anual. Durante los siguientes 30 años, haces un depósito cada 1 de enero. ¿Cuánto dinero tienes en tu cuenta inmediatamente después de hacer tu último depósito?

64. **ESTIMULAR EL PENSAMIENTO** Las primeras cuatro iteraciones del fractal denominado *copo de nieve de Koch* se muestran a continuación. Halla el perímetro y el área de cada iteración. ¿Los perímetros y las áreas forman secuencias geométricas? Explica tu razonamiento.

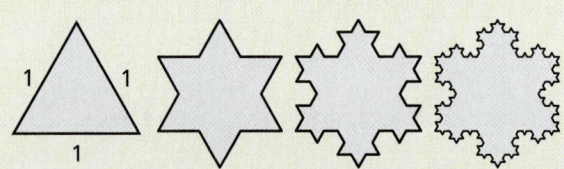

65. **ARGUMENTAR** Tú y tu amigo comparan dos opciones de préstamo para una casa de $165,000. El préstamo 1 es un préstamo a 15 años con una tasa de interés anual de 3%. El préstamo 2 es un préstamo a 30 años con una tasa de interés anual de 4%. Tu amigo dice que la cantidad total repagada sobre el préstamo será menor para el préstamo 2. ¿Es correcto lo que dice tu amigo? Justifica tu respuesta.

66. **PENSAMIENTO CRÍTICO** Imagina que L es la cantidad de un préstamo (en dólares), que i es la tasa de interés mensual (en forma decimal), que t es el plazo (en meses) y M es el pago mensual (en dólares).

   a. Al hacer pagos mensuales, estás pagando la cantidad del préstamo más el interés que acumula el préstamo cada mes. Para un préstamo de un mes, $t = 1$, la ecuación para el repago es $L(1 + i) - M = 0$. Para un préstamo a 2 meses, $t = 2$, la ecuación es $[L(1 + i) - M](1 + i) - M = 0$. Resuelve ambas ecuaciones de repago para L.

   b. Usa el patrón en las ecuaciones que resolviste en la parte (a) para escribir una ecuación de repago para un préstamo a t meses. (*Consejo*: L es igual a M veces una serie geométrica). Luego resuelve la ecuación para M.

   c. Usa la regla para la suma de una serie geométrica finita para demostrar que la fórmula en la parte (b) es equivalente a

   $$M = L\left(\dfrac{i}{1 - (1 + i)^{-t}}\right).$$

   Usa esta fórmula para verificar tus respuestas en los Ejercicios 57 y 58.

Mantener el dominio de las matemáticas   Repasar lo que aprendiste en grados y lecciones anteriores

Haz una gráfica de la función. Expresa el dominio y el rango. *(Sección 7.2)*

67. $f(x) = \dfrac{1}{x - 3}$

68. $g(x) = \dfrac{2}{x} + 3$

69. $h(x) = \dfrac{1}{x - 2} + 1$

70. $p(x) = \dfrac{3}{x + 1} - 2$

8.1–8.3 ¿Qué aprendiste?

Vocabulario Esencial

secuencia, *pág. 410*
términos de una secuencia, *pág. 410*
serie, *pág. 412*
notación de sumatoria, *pág. 412*
notación sigma, *pág. 412*
secuencia aritmética, *pág. 418*
diferencia común, *pág. 418*
serie aritmética, *pág. 420*
secuencia geométrica, *pág. 426*
razón común, *pág. 426*
serie geométrica, *pág. 428*

Conceptos Esenciales

Sección 8.1
Secuencias, *pág. 410*
Series y notación de sumatoria, *pág. 412*
Fórmulas para series especiales, *pág. 413*

Sección 8.2
Regla para una secuencia aritmética, *pág. 418*
La suma de una serie aritmética finita, *pág. 420*

Sección 8.3
Regla para una secuencia geométrica, *pág. 426*
La suma de una serie geométrica finita, *pág. 428*

Prácticas matemáticas

1. Explica cómo puede ser útil ver cada agrupación como tablas individuales en el Ejercicio 29 de la página 415.

2. ¿Cómo puedes usar herramientas para hallar la suma de las series aritméticas en los Ejercicios 53 y 54 de la página 423?

3. ¿Cómo te ayudo el entender el dominio de cada función a comparar las gráficas en el Ejercicio 55 de la página 431?

Destrezas de estudio

Mantener tu mente enfocada

- Antes de hacer la tarea, revisa las casillas de conceptos y ejemplos. Revisa los ejemplos leyéndolos en voz alta.
- Completa la tarea como si estuvieras preparándote también para un examen. Memoriza los diferentes tipos de problemas, las fórmulas, reglas, etc.

8.1–8.3 Prueba

Describe el patrón, escribe el siguiente término y escribe una regla para el enésimo término de la secuencia. *(Sección 8.1)*

1. $1, 7, 13, 19, \ldots$

2. $-5, 10, -15, 20, \ldots$

3. $\dfrac{1}{20}, \dfrac{2}{30}, \dfrac{3}{40}, \dfrac{4}{50}, \ldots$

Escribe la serie usando la notación de sumatoria. Luego halla la suma de la serie. *(Sección 8.1)*

4. $1 + 2 + 3 + 4 + \cdots + 15$

5. $0 + \dfrac{1}{2} + \dfrac{2}{3} + \dfrac{3}{4} + \cdots + \dfrac{7}{8}$

6. $9 + 16 + 25 + \cdots + 100$

Escribe una regla para el enésimo término de la secuencia. *(Secciones 8.2 y 8.3)*

7.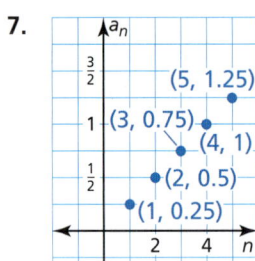

8.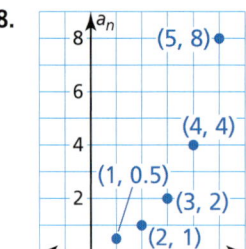

9.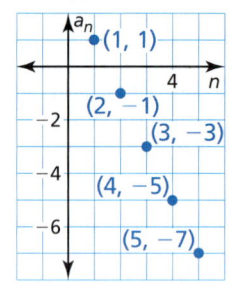

Indica si la secuencia es *aritmética*, *geométrica* o *ninguna de las dos*. Escribe una regla para el enésimo término de la secuencia. Luego halla a_9. *(Secciones 8.2 y 8.3)*

10. $13, 6, -1, -8, \ldots$

11. $\dfrac{1}{2}, \dfrac{1}{3}, \dfrac{1}{4}, \dfrac{1}{5}, \ldots$

12. $1, -3, 9, -27, \ldots$

13. Un término de una secuencia aritmética es $a_{12} = 19$. La diferencia común es $d = 7$. Escribe una regla para el enésimo término. Luego haz una gráfica de los seis primeros términos de la secuencia. *(Sección 8.2)*

14. Dos términos de una secuencia geométrica son $a_6 = -50$ y $a_9 = -6250$. Escribe una regla para el enésimo término. *(Sección 8.3)*

Halla la suma. *(Secciones 8.2 y 8.3)*

15. $\displaystyle\sum_{n=1}^{9} (3n + 5)$

16. $\displaystyle\sum_{k=1}^{5} 11(-3)^{k-2}$

17. $\displaystyle\sum_{i=1}^{12} -4\left(\dfrac{1}{2}\right)^{i+3}$

18. Hay tizas apiladas en una pila. Se muestra parte de la pila. La fila inferior tiene 15 tizas y la fila superior tiene 6 tizas. Cada fila tiene una tiza menos que la fila anterior. ¿Cuántas tizas hay en la pila? *(Sección 8.2)*

19. Aceptas un empleo como ingeniero ambiental que paga un salario de $45,000 en el primer año. Después del primer año, tu salario aumenta 3.5% por año. *(Sección 8.3)*

  a. Escribe una regla que dé tu salario a_n en tu enésimo año de empleo.

  b. ¿Cuál será tu salario durante tu quinto año de empleo?

  c. Trabajas 10 años para la compañía. ¿Cuál es tu ganancia total? Justifica tu respuesta.

8.4 Hallar sumas de series geométricas infinitas

Pregunta esencial ¿Cómo puedes hallar la suma de una serie geométrica infinita?

EXPLORACIÓN 1   Hallar sumas de series geométricas infinitas

Trabaja con un compañero. Ingresa cada serie geométrica en una hoja de cálculo. Luego usa la hoja de cálculo para determinar si la serie geométrica infinita tiene una suma finita. Si es así, halla la suma. Explica tu razonamiento. (La figura muestra una hoja de cálculo parcialmente completada para la parte (a)).

USAR HERRAMIENTAS ESTRATÉGICAMENTE

Para dominar las matemáticas, necesitas usar herramientas tecnológicas tales, como la hoja de cálculo, para explorar y profundizar tu comprensión de los conceptos.

a. $1 + \dfrac{1}{2} + \dfrac{1}{4} + \dfrac{1}{8} + \dfrac{1}{16} + \cdots$

b. $1 + \dfrac{1}{3} + \dfrac{1}{9} + \dfrac{1}{27} + \dfrac{1}{81} + \cdots$

c. $1 + \dfrac{3}{2} + \dfrac{9}{4} + \dfrac{27}{8} + \dfrac{81}{16} + \cdots$

d. $1 + \dfrac{5}{4} + \dfrac{25}{16} + \dfrac{125}{64} + \dfrac{625}{256} + \cdots$

e. $1 + \dfrac{4}{5} + \dfrac{16}{25} + \dfrac{64}{125} + \dfrac{256}{625} + \cdots$

f. $1 + \dfrac{9}{10} + \dfrac{81}{100} + \dfrac{729}{1000} + \dfrac{6561}{10{,}000} + \cdots$

	A	B
1	1	1
2	2	0.5
3	3	0.25
4	4	0.125
5	5	0.0625
6	6	0.03125
7	7	
8	8	
9	9	
10	10	
11	11	
12	12	
13	13	
14	14	
15	15	
16	Suma	

EXPLORACIÓN 2   Escribir una conjetura

Trabaja con un compañero. Verifica la serie geométrica infinita en la Exploración 1. Escribe una conjetura sobre cómo puedes determinar si la serie geométrica infinita

$$a_1 + a_1 r + a_1 r^2 + a_1 r^3 + \cdots$$

tiene una suma finita.

EXPLORACIÓN 3   Escribir una fórmula

Trabaja con un compañero. En la Lección 8.3, aprendiste que la suma de los primeros n términos de una serie geométrica cuyo primer término es a_n y cuya razón común $r \neq 1$ es

$$S_n = a_1 \left(\dfrac{1 - r^n}{1 - r} \right).$$

Si una serie geométrica infinita tiene una suma finita, ¿qué sucede con r^n a medida que n aumenta? Explica tu razonamiento. Escribe una fórmula para hallar la suma de una serie geométrica infinita. Luego, para verificar tu fórmula, revisa las sumas que obtuviste en la Exploración 1.

Comunicar tu respuesta

4. ¿Cómo puedes hallar la suma de una serie geométrica infinita?

5. Halla la suma de cada serie geométrica infinita, si existe.

    a. $1 + 0.1 + 0.01 + 0.001 + 0.0001 + \cdots$ b. $2 + \dfrac{4}{3} + \dfrac{8}{9} + \dfrac{16}{27} + \dfrac{32}{81} + \cdots$

Sección 8.4   Hallar sumas de series geométricas infinitas   **435**

8.4 Lección

Qué aprenderás

▶ Hallar sumas parciales de series geométricas infinitas.
▶ Hallar sumas de series geométricas infinitas.

Vocabulario Esencial

suma parcial, *pág. 436*

Anterior
decimal periódico
fracción en su mínima expresión
número racional

Sumas parciales de series geométricas infinitas

La suma S_n de los primeros n términos de una serie infinita se denomina **suma parcial**. La suma parcial de una serie geométrica infinita puede acercar sea un valor limitante.

EJEMPLO 1   Hallar sumas parciales

Considera la serie geométrica infinita

$$\frac{1}{2} + \frac{1}{4} + \frac{1}{8} + \frac{1}{16} + \frac{1}{32} + \cdots$$

Halla y haz la gráfica de las sumas parciales S_n para $n = 1, 2, 3, 4$ y 5. Luego describe qué pasa con S_n a medida que n aumenta.

SOLUCIÓN

Paso 1   Halla las sumas parciales.

$$S_1 = \frac{1}{2} = 0.5$$

$$S_2 = \frac{1}{2} + \frac{1}{4} = 0.75$$

$$S_3 = \frac{1}{2} + \frac{1}{4} + \frac{1}{8} \approx 0.88$$

$$S_4 = \frac{1}{2} + \frac{1}{4} + \frac{1}{8} + \frac{1}{16} \approx 0.94$$

$$S_5 = \frac{1}{2} + \frac{1}{4} + \frac{1}{8} + \frac{1}{16} + \frac{1}{32} \approx 0.97$$

Paso 2   Marca los puntos (1, 0.5), (2, 0.75), (3, 0.88), (4, 0.94), y (5, 0.97). La gráfica se muestra a la derecha.

▶ Basándose en la gráfica, S_n parece acercarse a 1 a medida que n aumenta.

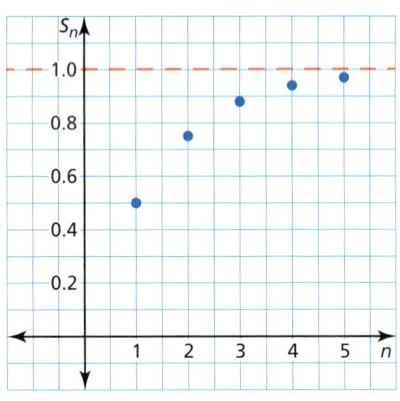

Sumas de series geométricas infinitas

En el Ejemplo 1, puedes entender por qué S_n se acerca a 1 a medida que n aumenta considerando la regla de la suma de una serie geométrica finita.

$$S_n = a_1\left(\frac{1-r^n}{1-r}\right) = \frac{1}{2}\left(\frac{1-\left(\frac{1}{2}\right)^n}{1-\frac{1}{2}}\right) = 1 - \left(\frac{1}{2}\right)^n$$

Al aumentar n, $\left(\frac{1}{2}\right)^n$ se acerca a 0, entonces S_n se acerca a 1. Por lo tanto, 1 se define como la suma de la serie geométrica infinita en el Ejemplo 1. En forma más general, al aumentar n en *cualquier* serie geométrica infinita con razón común r de entre -1 y 1, el valor de S_n se acerca a

$$S_n = a_1\left(\frac{1-r^n}{1-r}\right) \approx a_1\left(\frac{1-0}{1-r}\right) = \frac{a_1}{1-r}.$$

436   Capítulo 8   Secuencias y series

COMPRENDER LOS TÉRMINOS MATEMÁTICOS

Aunque una serie geométrica con una razón común de $|r| < 1$ tiene *infinitos* términos, la serie tiene una suma *finita*.

 Concepto Esencial

La suma de una serie geométrica infinita

La suma de una serie geométrica infinita cuyo primer término es a_1 y cuya razón común r está dada por

$$S = \frac{a_1}{1-r}$$

siempre que $|r| < 1$. Si $|r| \geq 1$, entonces la serie no tiene suma.

EJEMPLO 2 Hallar sumas de series geométricas infinitas

Halla la suma de cada serie geométrica infinita.

a. $\sum_{i=1}^{\infty} 3(0.7)^{i-1}$ **b.** $1 + 3 + 9 + 27 + \cdots$ **c.** $1 - \frac{3}{4} + \frac{9}{16} - \frac{27}{64} + \cdots$

SOLUCIÓN

a. Para esta serie $a_1 = 3(0.7)^{1-1} = 3$, y $r = 0.7$. La suma de la serie es

$S = \dfrac{a_1}{1-r}$ Fórmula para la suma de una serie geométrica infinita

$= \dfrac{3}{1-0.7}$ Sustituye 3 por a_1 y 0.7 por r.

$= 10$.   Simplifica.

b. Para esta serie, $a_1 = 1$ y $a_2 = 3$. Entonces, la razón común es $r = \dfrac{3}{1} = 3$.

Dado que $|3| \geq 1$, la suma no existe.

c. Para esta serie, $a_1 = 1$ y $a_2 = -\dfrac{3}{4}$. Entonces, la razón común es

$r = \dfrac{-\frac{3}{4}}{1} = -\dfrac{3}{4}$.

La suma de la serie es

$S = \dfrac{a_1}{1-r}$ Fórmula para la suma de una serie geométrica infinita

$= \dfrac{1}{1-\left(-\frac{3}{4}\right)}$ Sustituye 1 por a_1 y $-\dfrac{3}{4}$ por r.

$= \dfrac{4}{7}$.   Simplifica.

CONSEJO DE ESTUDIO

Para la serie geométrica en la parte (b), se muestra la gráfica de las sumas parciales S_n para $n = 1, 2, 3, 4, 5$ y 6. Basándose en la gráfica, parece que al aumentar n, las sumas parciales no se acercan a un número fijo.

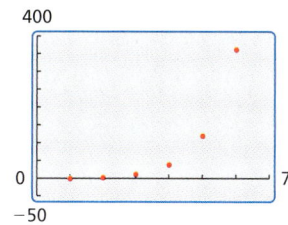

Monitoreo del progreso Ayuda en inglés y español en *BigIdeasMath.com*

1. Considera la serie geométrica infinita

$$\frac{2}{5} + \frac{4}{25} + \frac{8}{125} + \frac{16}{1625} + \frac{32}{3125} + \cdots.$$

Halla y haz la gráfica de las sumas parciales S_n para $n = 1, 2, 3, 4$ y 5. Luego describe qué pasa con S_n al aumentar n.

Halla la suma de la serie geométrica infinita, si existe.

2. $\sum_{n=1}^{\infty} \left(-\dfrac{1}{2}\right)^{n-1}$ **3.** $\sum_{n=1}^{\infty} 3\left(\dfrac{5}{4}\right)^{n-1}$ **4.** $3 + \dfrac{3}{4} + \dfrac{3}{16} + \dfrac{3}{64} + \cdots$

Sección 8.4   Hallar sumas de series geométricas infinitas   **437**

EJEMPLO 3 Resolver un problema de la vida real

Un péndulo que se libera para que oscile libremente recorre 18 pulgadas en la primera oscilación. En cada oscilación sucesiva, el péndulo recorre el 80% de la distancia recorrida en la oscilación anterior. ¿Cuál es la distancia total que oscila el péndulo?

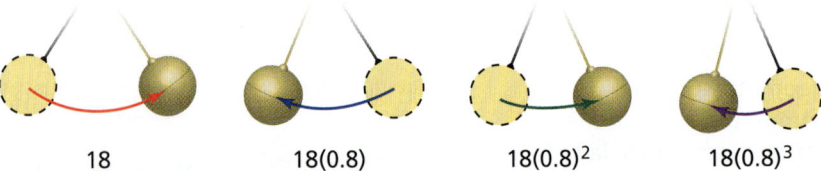

18   18(0.8) $18(0.8)^2$ $18(0.8)^3$

SOLUCIÓN

La distancia total recorrida por el péndulo está dada por la serie geométrica infinita

$$18 + 18(0.8) + 18(0.8)^2 + 18(0.8)^3 + \cdots.$$

Para esta serie, $a_1 = 18$ y $r = 0.8$. La suma de esta serie es

$S = \dfrac{a_1}{1-r}$ Fórmula para la suma de una serie geométrica infinita

$= \dfrac{18}{1-0.8}$ Sustituye 18 por a_1 y 0.8 por r.

$= 90$.   Simplifica.

▶ El péndulo recorre una distancia total de 90 pulgadas, o 7.5 pies.

RECUERDA

Dado que un decimal periódico es un número racional, se puede escribir como $\dfrac{a}{b}$, donde a y b son enteros y $b \neq 0$.

EJEMPLO 4 Escribir un decimal periódico como fracción

Escribe $0.242424\ldots$ como fracción en su mínima expresión.

SOLUCIÓN

Escribe el decimal periódico como una serie geométrica infinita.

$$0.242424\ldots = 0.24 + 0.0024 + 0.000024 + 0.00000024 + \cdots$$

Para esta serie, $a_1 = 0.24$ y $r = \dfrac{0.0024}{0.24} = 0.01$. Luego escribe la suma de la serie.

$S = \dfrac{a_1}{1-r}$ Fórmula para la suma para una serie geométrica infinita

$= \dfrac{0.24}{1-0.01}$ Sustituye 0.24 por a_1 y 0.01 por r.

$= \dfrac{0.24}{0.99}$ Simplifica.

$= \dfrac{24}{99}$ Escribe como un cociente de enteros.

$= \dfrac{8}{33}$ Simplifica.

Monitoreo del progreso Ayuda en inglés y español en *BigIdeasMath.com*

5. ¿QUÉ PASA SI? En el Ejemplo 3, supón que el péndulo recorre 10 pulgadas en su primera oscilación. ¿Cuál es la distancia total que oscila el péndulo?

Escribe el decimal periódico como fracción en su mínima expresión.

6. $0.555\ldots$ **7.** $0.727272\ldots$ **8.** $0.131313\ldots$

438   Capítulo 8   Secuencias y series

8.4 Ejercicios

Verificación de vocabulario y concepto esencial

1. **COMPLETAR LA ORACIÓN** La suma S_n de los primeros n términos de una serie infinita se denomina _____.

2. **ESCRIBIR** Explica cómo saber si la serie $\sum_{i=1}^{\infty} a_1 r^{i-1}$ tiene una suma.

Monitoreo del progreso y Representar con matemáticas

En los Ejercicios 3–6, considera la serie geométrica infinita. Halla las sumas parciales S_n para $n = 1, 2, 3, 4,$ y 5 y haz la gráfica de las mismas. Luego describe qué pasa con S_n al aumentar n. *(Consulta el Ejemplo 1).*

3. $\frac{1}{2} + \frac{1}{6} + \frac{1}{18} + \frac{1}{54} + \frac{1}{162} + \ldots$

4. $\frac{2}{3} + \frac{1}{3} + \frac{1}{6} + \frac{1}{12} + \frac{1}{24} + \ldots$

5. $4 + \frac{12}{5} + \frac{36}{25} + \frac{108}{125} + \frac{324}{625} + \ldots$

6. $2 + \frac{2}{6} + \frac{2}{36} + \frac{2}{216} + \frac{2}{1296} + \ldots$

En los Ejercicios 7–14, halla la suma de la serie geométrica infinita, si existe. *(Consulta el Ejemplo 2).*

7. $\sum_{n=1}^{\infty} 8\left(\frac{1}{5}\right)^{n-1}$

8. $\sum_{k=1}^{\infty} -6\left(\frac{3}{2}\right)^{k-1}$

9. $\sum_{k=1}^{\infty} \frac{11}{3}\left(\frac{3}{8}\right)^{k-1}$

10. $\sum_{i=1}^{\infty} \frac{2}{5}\left(\frac{5}{3}\right)^{i-1}$

11. $2 + \frac{6}{4} + \frac{18}{16} + \frac{54}{64} + \ldots$

12. $-5 - 2 - \frac{4}{5} - \frac{8}{25} - \ldots$

13. $3 + \frac{5}{2} + \frac{25}{12} + \frac{125}{72} + \ldots$

14. $\frac{1}{2} - \frac{5}{3} + \frac{50}{9} - \frac{500}{27} + \ldots$

ANÁLISIS DE ERRORES En los Ejercicios 15 y 16, describe y corrige el error cometido al hallar la suma de la serie geométrica infinita.

15. $\sum_{n=1}^{\infty} \left(\frac{7}{2}\right)^{n-1}$

Para esta serie, $a_1 = 1$ y $r = \frac{7}{2}$.
$S = \frac{a_1}{1-r} = \frac{1}{1-\frac{7}{2}} = \frac{1}{-\frac{5}{2}} = -\frac{2}{5}$

16. $4 + \frac{8}{3} + \frac{16}{9} + \frac{32}{27} + \ldots$

Para esta serie, $a_1 = 4$ y $r = \frac{4}{\frac{8}{3}} = \frac{3}{2}$.

Dado que $\left|\frac{3}{2}\right| > 1$, la serie no tiene suma.

17. **REPRESENTAR CON MATEMÁTICAS** Empujas una vez a tu primo menor, que está sentado en un columpio de neumático, y luego dejas que tu primo se columpie libremente. En la primera columpiada, tu primo recorre una distancia de 14 pies. En cada columpiada sucesiva, tu primo recorre el 75% de la distancia de la columpiada anterior. ¿Cuál es la distancia total que se columpia tu primo? *(Consulta el Ejemplo 3).*

14   14(0.75)   14(0.75)²

18. **REPRESENTAR CON MATEMÁTICAS** Una compañía tuvo una ganancia de $350,000 en su primer año. Desde entonces, la ganancia de la compañía ha disminuido en un 12% al año. Presuponiendo que la tendencia continúa, ¿cuál es la ganancia total que puede generar la compañía en el transcurso de su vida útil? Justifica tu respuesta.

En los Ejercicios 19–24, escribe el decimal periódico como fracción en su mínima expresión. *(Consulta el Ejemplo 4).*

19. $0.222\ldots$
20. $0.444\ldots$
21. $0.161616\ldots$
22. $0.625625625\ldots$
23. $32.323232\ldots$
24. $130.130130130\ldots$

25. **RESOLVER PROBLEMAS** Halla dos series geométricas infinitas cada una de cuyas sumas sea 6. Justifica tus respuestas.

Sección 8.4 Hallar sumas de series geométricas infinitas **439**

26. **¿CÓMO LO VES?** La gráfica muestra las sumas parciales de la serie geométrica $a_1 + a_2 + a_3 + a_4 + \cdots$.

    ¿Cuál es el valor de $\sum_{n=1}^{\infty} a_n$? Explica.

    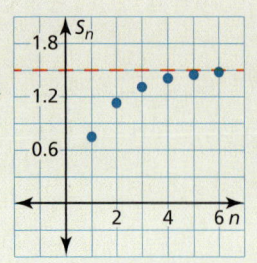

27. **REPRESENTAR CON MATEMÁTICAS** Una estación de radio tiene un concurso diario en el que a un oyente al azar se le hace una pregunta de datos curiosos. El primer día, la estación le da $500 dólares al primer oyente que responde correctamente. En cada día sucesivo, el ganador recibe el 90% de la ganancia del día anterior. ¿Cuál es la cantidad total de dinero en premios que la estación de radio entrega durante el concurso?

28. **ESTIMULAR EL PENSAMIENTO** Arquímedes usó la suma de una serie geométrica para calcular el área que abarca una parábola y una línea recta. En "la Cuadratura de la Parábola", él comprobó que el área de la región es $\frac{4}{3}$ el área del triángulo inscrito. El primer término de la serie para la parábola siguiente está representado por el área del triángulo azul y el segundo término está representado por el área de los triángulos rojos. Usa el resultado de Arquímedes para hallar el área de la región. Luego escribe el área como suma de una serie geométrica infinita.

    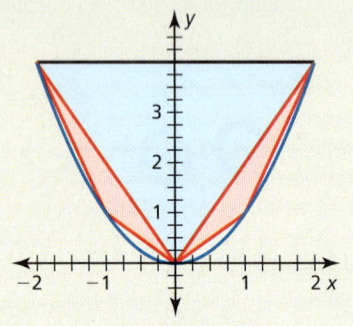

29. **SACAR CONCLUSIONES** ¿Una persona que corre a 20 pies por segundo puede alcanzar alguna vez a una tortuga que corre a 10 pies por segundo si la tortuga tiene una ventaja de 20 pies? El matemático griego Zenón dijo que no. Él razonó de la siguiente manera:

    La persona seguirá acortando la distancia a la mitad, pero nunca alcanzará a la tortuga.

    Viendo la carrera como la vio Zenón, las distancias y los tiempos que demora la persona en correr esas distancias forman series geométricas infinitas. Usando la tabla, demuestra que ambas series tienen sumas finitas. ¿La persona alcanza a la tortuga? Justifica tu respuesta.

Distancia (pies)	20	10	5	2.5	...
Tiempo (segundos)	1	0.5	0.25	0.125	...

30. **ARGUMENTAR** Tu amigo dice que 0.999... es igual a 1. ¿Es correcto lo que dice tu amigo? Justifica tu respuesta.

31. **PENSAMIENTO CRÍTICO** El *triángulo de Sierpinski* es un fractal creado usando triángulos equiláteros. El proceso incluye retirar triángulos más pequeños de triángulos más grandes uniendo los puntos medios de los lados de los triángulos más grandes tal como se muestra. Presupón que el triángulo inicial tiene un área de 1 pie cuadrado.

    Etapa 1   Etapa 2   Etapa 3

    a. Imagina que a_n es el área total de todos los triángulos retirados en la Etapa n. Escribe una regla para a_n.

    b. Halla $\sum_{n=1}^{\infty} a_n$. Interpreta tu respuesta en el contexto de esta situación.

Mantener el dominio de las matemáticas *Repasar lo que aprendiste en grados y lecciones anteriores*

Determina el tipo de función que se representa en la tabla. *(Sección 6.7)*

32.
x	−3	−2	−1	0	1
y	0.5	1.5	4.5	13.5	40.5

33.
x	0	4	8	12	16
y	−7	−1	2	2	−1

Determina si la secuencia es *aritmética*, *geométrica* o *ninguna de las dos*. *(Secciones 8.2 y 8.3)*

34. $-7, -1, 5, 11, 17, \ldots$

35. $0, -1, -3, -7, -15, \ldots$

36. $13.5, 40.5, 121.5, 364.5, \ldots$

440   Capítulo 8   Secuencias y series

8.5 Usar reglas recurrentes con las secuencias

Pregunta esencial ¿Cómo puedes definir una secuencia en forma recurrente?

Una **regla recurrente** da el (los) término(s) iniciales de una secuencia y una *ecuación recurrente* que indica cómo se relaciona a_n con uno o más de los términos precedentes.

EXPLORACIÓN 1 Evaluar una regla recurrente

Trabaja con un compañero. Usa cada regla recurrente y una hoja de cálculo para escribir los primeros seis términos de la secuencia. Clasifica la secuencia como aritmética, geométrica o ninguna de las dos. Explica tu razonamiento. (La figura muestra una hoja de cálculo parcialmente completa para la parte (a).

a. $a_1 = 7, a_n = a_{n-1} + 3$

b. $a_1 = 5, a_n = a_{n-1} - 2$

c. $a_1 = 1, a_n = 2a_{n-1}$

d. $a_1 = 1, a_n = \frac{1}{2}(a_{n-1})^2$

e. $a_1 = 3, a_n = a_{n-1} + 1$

f. $a_1 = 4, a_n = \frac{1}{2}a_{n-1} - 1$

g. $a_1 = 4, a_n = \frac{1}{2}a_{n-1}$

h. $a_1 = 4, a_2 = 5, a_n = a_{n-1} + a_{n-2}$

	A	B
1	n	Enésimo termino
2	1	7
3	2	10 (B2+3)
4	3	
5	4	
6	5	
7	6	

PRESTAR ATENCIÓN A LA PRECISIÓN

Para dominar las matemáticas, necesitas comunicarte en forma precisa con otras personas.

EXPLORACIÓN 2 Escribir una regla recurrente

Trabaja con un compañero. Escribe una regla recurrente para la secuencia. Explica tu razonamiento.

a. 3, 6, 9, 12, 15, 18, . . .

b. 18, 14, 10, 6, 2, −2, . . .

c. 3, 6, 12, 24, 48, 96, . . .

d. 128, 64, 32, 16, 8, 4, . . .

e. 5, 5, 5, 5, 5, 5, . . .

f. 1, 1, 2, 3, 5, 8, . . .

EXPLORACIÓN 3 Escribir una regla recurrente

Trabaja con un compañero. Escribe una regla recurrente para la secuencia cuya gráfica se muestra.

a.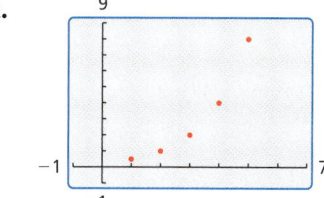

b.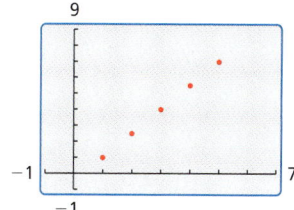

Comunicar tu respuesta

4. ¿Cómo puedes definir una secuencia en forma recurrente?

5. Escribe una regla recurrente que sea diferente de las de las Exploraciones 1–3. Escribe los seis primeros términos de la secuencia. Luego haz la gráfica de la secuencia y clasifícala como aritmética, geométrica o ninguna de las dos.

Sección 8.5 Usar reglas recurrentes con las secuencias 441

8.5 Lección

Qué aprenderás

- Evaluar reglas recurrentes para las secuencias.
- Escribir reglas recurrentes para las secuencias.
- Diferenciar entre reglas recurrentes y explícitas de las secuencias.
- Usar reglas recurrentes para resolver problemas de la vida real.

Vocabulario Esencial

regla explícita, *pág. 442*
regla recursiva, *pág. 442*

Evaluar reglas recurrentes

En lo que va de este capítulo, has trabajado con reglas explícitas para el enésimo término de una secuencia, tales como $a_n = 3n - 2$ y $a_n = 7(0.5)^n$. Una **regla explícita** da a_n como función del número n de la posición del término en la secuencia.

En esta sección, aprenderás otra manera de definir una secuencia –mediante una *regla recurrente*. Una **regla recurrente** da el (los) término(s) inicial(es) de una secuencia y una *ecuación recurrente* que indica cómo se relaciona a_n con uno o más de los términos precedentes.

EJEMPLO 1   Evaluar reglas recurrentes

Escribe los seis primeros términos de cada secuencia.

a. $a_0 = 1, a_n = a_{n-1} + 4$ **b.** $f(1) = 1, f(n) = 3 \cdot f(n-1)$

SOLUCIÓN

a. $a_0 = 1$ 1er término
   $a_1 = a_0 + 4 = 1 + 4 = 5$ 2do término
   $a_2 = a_1 + 4 = 5 + 4 = 9$ 3er término
   $a_3 = a_2 + 4 = 9 + 4 = 13$ 4to término
   $a_4 = a_3 + 4 = 13 + 4 = 17$ 5to término
   $a_5 = a_4 + 4 = 17 + 4 = 21$ 6to término

b. $f(1) = 1$
   $f(2) = 3 \cdot f(1) = 3(1) = 3$
   $f(3) = 3 \cdot f(2) = 3(3) = 9$
   $f(4) = 3 \cdot f(3) = 3(9) = 27$
   $f(5) = 3 \cdot f(4) = 3(27) = 81$
   $f(6) = 3 \cdot f(5) = 3(81) = 243$

Monitoreo del progreso Ayuda en inglés y español en *BigIdeasMath.com*

Escribe los seis primeros términos de la secuencia.

1. $a_1 = 3, a_n = a_{n-1} - 7$ **2.** $a_0 = 162, a_n = 0.5a_{n-1}$

3. $f(0) = 1, f(n) = f(n-1) + n$ **4.** $a_1 = 4, a_n = 2a_{n-1} - 1$

Escribir reglas recurrentes

En la parte (a) del Ejemplo 1, las *diferencias* de los términos consecutivos de la secuencia son constantes, entonces la secuencia es aritmética. En la parte (b), las *razones* de los términos consecutivos son constantes, entonces la secuencia es geométrica. En general, las reglas de las secuencias aritméticas y geométricas se pueden escribir en forma recurrente de la siguiente manera.

Concepto Esencial

Ecuaciones recurrentes para secuencias aritméticas y geométricas

Secuencia aritmética

$a_n = a_{n-1} + d$, donde d es la diferencia común

Secuencia geométrica

$a_n = r \cdot a_{n-1}$, donde r es la razón común

442   Capítulo 8   Secuencias y series

EJEMPLO 2 Escribir reglas recurrentes

Escribe una regla recurrente para (a) 3, 13, 23, 33, 43, . . . y (b) 16, 40, 100, 250, 625, ...

SOLUCIÓN

Usa una tabla para organizar los términos y hallar el patrón.

a.

n	1	2	3	4	5
a_n	3	13	23	33	43

+10 +10 +10 +10

La secuencia es aritmética, el primer término es $a_1 = 3$ y la diferencia común es $d = 10$.

$a_n = a_{n-1} + d$ Ecuación recurrente para una secuencia aritmética

$\quad = a_{n-1} + 10$ Sustituye 10 por d.

▶ Una regla recurrente para la secuencia es $a_1 = 3$, $a_n = a_{n-1} + 10$.

b.

n	1	2	3	4	5
a_n	16	40	100	250	625

$\times \frac{5}{2}$ $\times \frac{5}{2}$ $\times \frac{5}{2}$ $\times \frac{5}{2}$

La secuencia es geométrica, el primer término es $a_1 = 16$ y la razón común es $r = \frac{5}{2}$.

$a_n = r \cdot a_{n-1}$ Ecuación recurrente para una secuencia geométrica

$\quad = \frac{5}{2} a_{n-1}$ Sustituye $\frac{5}{2}$ por r.

▶ Una regla recurrente para la secuencia es $a_1 = 16$, $a_n = \frac{5}{2} a_{n-1}$.

ERROR COMÚN

Una *ecuación* recurrente de una secuencia no incluye el término inicial. Para hallar una *regla* recurrente para una secuencia, se debe(n) incluir el (los) término(s) inicial(es).

CONSEJO DE ESTUDIO

La secuencia en la parte (a) del Ejemplo 3 se denomina *secuencia Fibonacci*. La secuencia en la parte (b) enumera *números factoriales*. Aprenderás más sobre factoriales en el Capítulo 10.

EJEMPLO 3 Escribir reglas recurrentes

Escribe una regla recurrente para cada secuencia.

a. 1, 1, 2, 3, 5, . . .   b. 1, 1, 2, 6, 24, . . .

SOLUCIÓN

a. Los términos no tienen ni diferencia común ni razón común. Empezando con el tercer término en la secuencia, cada término es la suma de los dos términos anteriores.

▶ Una regla recurrente para la secuencia es $a_1 = 1$, $a_2 = 1$, $a_n = a_{n-2} + a_{n-1}$.

b. Los términos no tienen ni diferencia común ni razón común. Denota el primer término mediante $a_0 = 1$. Observa que $a_1 = 1 = 1 \cdot a_0$, $a_2 = 2 = 2 \cdot a_1$, $a_3 = 6 = 3 \cdot a_2$, y así sucesivamente.

▶ Una regla recurrente para la secuencia es $a_0 = 1$, $a_n = n \cdot a_{n-1}$.

Monitoreo del progreso Ayuda en inglés y español en *BigIdeasMath.com*

Escribe una regla recurrente para la secuencia.

5. 2, 14, 98, 686, 4802, . . .   **6.** 19, 13, 7, 1, −5, . . .

7. 11, 22, 33, 44, 55, . . .   **8.** 1, 2, 2, 4, 8, 32, . . .

Sección 8.5   Usar reglas recurrentes con las secuencias   **443**

Diferenciar entre las reglas recurrentes y explícitas

EJEMPLO 4 Diferenciar de reglas explícitas a reglas recurrentes

Escribe una regla recurrente para (a) $a_n = -6 + 8n$ y (b) $a_n = -3\left(\frac{1}{2}\right)^{n-1}$.

SOLUCIÓN

a. La regla explícita representa una secuencia aritmética cuyo primer término es $a_1 = -6 + 8(1) = 2$ y cuya diferencia común es $d = 8$.

$a_n = a_{n-1} + d$ Ecuación recurrente para una secuencia aritmética

$a_n = a_{n-1} + 8$ Sustituye 8 por *d*.

▶ Una regla recurrente para la secuencia es $a_1 = 2$, $a_n = a_{n-1} + 8$.

b. La regla explícita representa una secuencia geométrica cuyo primer término es $a_1 = -3\left(\frac{1}{2}\right)^0 = -3$ y cuya razón común es $r = \frac{1}{2}$.

$a_n = r \cdot a_{n-1}$ Ecuación recurrente para una secuencia geométrica

$a_n = \frac{1}{2} a_{n-1}$ Sustituye $\frac{1}{2}$ por *r*.

▶ Una regla recurrente para la secuencia es $a_1 = -3$, $a_n = \frac{1}{2} a_{n-1}$.

EJEMPLO 5 Diferenciar de reglas recurrentes a reglas explícitas

Escribe una regla explícita para cada secuencia.

a. $a_1 = -5$, $a_n = a_{n-1} - 2$ **b.** $a_1 = 10$, $a_n = 2a_{n-1}$

SOLUCIÓN

a. La regla recurrente representa una secuencia aritmética cuyo primer término es $a_1 = -5$ y cuya diferencia común es $d = -2$.

$a_n = a_1 + (n-1)d$ Regla explícita para una secuencia aritmética

$a_n = -5 + (n-1)(-2)$ Sustituye -5 por a_1 y -2 por *d*.

$a_n = -3 - 2n$ Simplifica.

▶ Una regla explícita para la secuencia es $a_n = -3 - 2n$.

b. La regla recurrente representa una secuencia geométrica cuyo primer término es $a_1 = 10$ y cuya razón común es $r = 2$.

$a_n = a_1 r^{n-1}$ Regla explícita para una secuencia geométrica

$a_n = 10(2)^{n-1}$ Sustituye 10 por a_1 y 2 por *r*.

▶ Una regla explícita para la secuencia es $a_n = 10(2)^{n-1}$.

Monitoreo del progreso Ayuda en inglés y español en *BigIdeasMath.com*

Escribe una regla recurrente para la secuencia.

9. $a_n = 17 - 4n$ **10.** $a_n = 16(3)^{n-1}$

Escribe una regla explícita para la secuencia.

11. $a_1 = -12$, $a_n = a_{n-1} + 16$ **12.** $a_1 = 2$, $a_n = -6a_{n-1}$

Resolver problemas de la vida real

EJEMPLO 6 Resolver un problema de la vida real

Un lago contiene inicialmente 5200 peces. Cada año, la población disminuye en un 30% debido a la pesca y a otras causas, así que se repuebla el lago con 400 peces.

a. Escribe una regla recurrente para el número a_n de peces al inicio del enésimo año.

b. Halla el número de peces al inicio del quinto año.

c. Describe qué pasa con la población de peces con el tiempo.

SOLUCIÓN

a. Escribe una regla recurrente. El valor inicial es 5200. Dado que la población disminuye en un 30% cada año, el 70% de los peces permanecen en el lago de un año al siguiente. Además, se añaden 400 peces cada año. A continuación encontrarás un modelo verbal para la ecuación recurrente.

$$\text{Peces al inicio del del año } n = 0.7 \cdot \text{Peces al inicio del del año } n-1 + \text{Nuevos peces añadidos}$$

$$a_n = 0.7 \cdot a_{n-1} + 400$$

▶ Una regla recursiva es $a_1 = 5200$, $a_n = (0.7)a_{n-1} + 400$.

b. Halla el número de peces al inicio del quinto año. Ingresa 5200 (el valor de a_1) en una calculadora gráfica. Luego ingresa la regla

$.7 \times \text{Ans} + 400$

para hallar a_2. Presiona la tecla enter tres veces más para hallar $a_5 \approx 2262$.

```
5200
              5200
.7*Ans+400
              4040
              3228
            2659.6
            2261.72
```

▶ Hay aproximadamente 2262 peces en el lago al inicio del quinto año.

c. Describe lo que pasa con la población de peces con el tiempo. Sigue presionando enter en la calculadora. La pantalla a la derecha muestra las poblaciones de peces para los años 44 a 50. Observa que la población de peces se acerca a 1333.

```
1333.334178
1333.333924
1333.333747
1333.333623
1333.333536
1333.333475
1333.333433
```

▶ Con el tiempo, la población de peces en el lago se estabiliza en aproximadamente 1333 peces.

Verifica

Configura la calculadora en modos *secuencia* y *punto*. Haz la gráfica de la secuencia y usa la función *trazar*. Con base en la gráfica, parece que la secuencia se acerca a 1333.

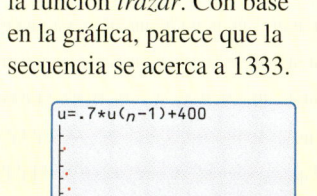

Monitoreo del progreso Ayuda en inglés y español en *BigIdeasMath.com*

13. **¿QUÉ PASA SI?** En el Ejemplo 6, supón que el 75% de los peces permanecen cada año. ¿Qué pasa con la población de peces con el tiempo?

EJEMPLO 7 Representar con matemáticas

Pides prestados $150,000 a una tasa de interés anual de 6% compuesta mensualmente durante 30 años. El pago mensual es de $899.33.

- Halla el balance después del tercer pago.
- Debido al redondeo de los cálculos, el último pago a menudo es diferente del pago original. Halla el monto del último pago.

> **RECUERDA**
> En la Sección 8.3, usaste una fórmula que incluía una serie geométrica para calcular el pago mensual de un préstamo similar.

SOLUCIÓN

1. **Comprende el problema** Te dan las condiciones de un préstamo. Te piden que halles el balance después del tercer pago y el monto del último pago.

2. **Haz un plan** Dado que el balance después de cada pago depende del balance después del pago anterior, escribe una regla recurrente que dé el balance después de cada pago. Luego usa una hoja de cálculo para hallar el balance después de cada pago, redondeado al centavo más cercano.

3. **Resuelve el problema** Dado que la tasa de interés mensual es $\frac{0.06}{12} = 0.005$, el balance aumenta por un factor de 1.005 cada mes, y entonces se resta el pago de $899.33.

$$\text{Balance después del pago} = 1.005 \cdot \text{Balance antes del pago} - \text{Pago}$$

$$a_n = 1.005 \cdot a_{n-1} - 899.33$$

Usa una hoja de cálculo y la regla recursiva para hallar el balance después del tercer pago y después del pago 359.

	A	B
1	Número de pago	Balance después del pago
2	1	149850.67
3	2	149700.59
4	3	149549.76
358	357	2667.38
359	358	1781.39
360	359	890.97

B2 = Redondeo(1.005*150000 − 899.33, 2)
B3 = Redondeo(1.005*B2 − 899.33, 2)
B360 = Redondeo(1.005*B359 − 899.33, 2)

▶ El balance después del tercer pago es $149,549.76. El balance después del pago 359 es $890.97, entonces el pago final es de 1.005(890.97) = $895.42.

4. **Verifícalo** Al continuar la hoja de cálculo para el pago 360 usando el pago mensual original de $899.33, el balance es −3.91.

| 361 | 360 | −3.91 |

B361 = Redondeo(1.005*B360 − 899.33, 2)

Esto demuestra un sobrepago de $3.91. Entonces, es razonable que el último pago sea de $899.33 − $3.91 = $895.42.

Monitoreo del progreso   Ayuda en inglés y español en *BigIdeasMath.com*

14. **¿QUÉ PASA SI?** ¿Cómo cambian las respuestas del Ejemplo 7 si la tasa de interés anual es de 7.5% y el pago mensual es de $1048.82?

446 Capítulo 8 Secuencias y series

8.5 Ejercicios

Soluciones dinámicas disponibles en *BigIdeasMath.com*

Verificación de vocabulario y concepto esencial

1. **COMPLETAR LA ORACIÓN** Una _____ recurrente indica cómo se relaciona el enésimo término de una secuencia con uno o más términos precedentes.

2. **ESCRIBIR** Explica la diferencia entre una regla explícita y una regla recurrente para una secuencia.

Monitoreo del progreso y Representar con matemáticas

En los Ejercicios 3–10, escribe los primeros seis términos de la secuencia. *(Consulta el Ejemplo 1).*

3. $a_1 = 1$
   $a_n = a_{n-1} + 3$

4. $a_1 = 1$
   $a_n = a_{n-1} - 5$

5. $f(0) = 4$
   $f(n) = 2f(n-1)$

6. $f(0) = 10$
   $f(n) = \frac{1}{2}f(n-1)$

7. $a_1 = 2$
   $a_n = (a_{n-1})^2 + 1$

8. $a_1 = 1$
   $a_n = (a_{n-1})^2 - 10$

9. $f(0) = 2, f(1) = 4$
   $f(n) = f(n-1) - f(n-2)$

10. $f(1) = 2, f(2) = 3$
    $f(n) = f(n-1) \cdot f(n-2)$

En los Ejercicios 11–22, escribe una regla recursiva para la secuencia. *(Consulta los Ejemplos 2 y 3).*

11. $21, 14, 7, 0, -7, \ldots$

12. $54, 43, 32, 21, 10, \ldots$

13. $3, 12, 48, 192, 768, \ldots$

14. $4, -12, 36, -108, \ldots$

15. $44, 11, \frac{11}{4}, \frac{11}{16}, \frac{11}{64}, \ldots$

16. $1, 8, 15, 22, 29, \ldots$

17. $2, 5, 10, 50, 500, \ldots$

18. $3, 5, 15, 75, 1125, \ldots$

19. $1, 4, 5, 9, 14, \ldots$

20. $16, 9, 7, 2, 5, \ldots$

21. $6, 12, 36, 144, 720, \ldots$

22. $-3, -1, 2, 6, 11, \ldots$

En los Ejercicios 23–26, escribe una regla recursiva para la secuencia que se muestra en la gráfica.

23.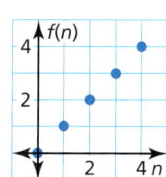

24.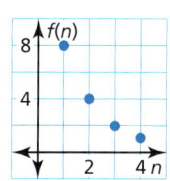

25.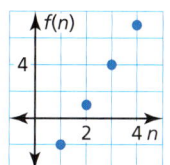

26.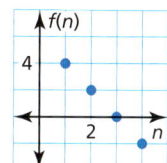

ANÁLISIS DE ERRORES En los Ejercicios 27 y 28, describe y corrige el error cometido al escribir una regla recurrente para la secuencia $5, 2, 3, -1, 4, \ldots$

27.
Comenzando con el tercer término en la secuencia, cada término a_n equivale a $a_{n-2} - a_{n-1}$. Entonces, una regla recursiva está dada por
$$a_n = a_{n-2} - a_{n-1}.$$

28.
Comenzando por el segundo término en la secuencia, cada término a_n equivale a $a_{n-1} - 3$. Entonces, una regla recursiva está dada por
$$a_1 = 5, a_n = a_{n-1} - 3.$$

En los Ejercicios 29–38, escribe una regla recursiva para la secuencia. *(Consulta el Ejemplo 4).*

29. $a_n = 3 + 4n$

30. $a_n = -2 - 8n$

31. $a_n = 12 - 10n$

32. $a_n = 9 - 5n$

33. $a_n = 12(11)^{n-1}$

34. $a_n = -7(6)^{n-1}$

35. $a_n = 2.5 - 0.6n$

36. $a_n = -1.4 + 0.5n$

37. $a_n = -\frac{1}{2}\left(\frac{1}{4}\right)^{n-1}$

38. $a_n = \frac{1}{4}(5)^{n-1}$

Sección 8.5 Usar reglas recurrentes con las secuencias 447

39. **REESCRIBIR UNA FÓRMULA**
Has ahorrado $82 para comprar una bicicleta. Ahorras $30 adicionales cada mes. La regla explícita $a_n = 30n + 82$ da el monto ahorrado después de n meses. Escribe una regla recurrente para el monto que has ahorrado n meses desde ahora.

40. **REESCRIBIR UNA FÓRMULA** Tu salario está dado por la regla explícita $a_n = 35{,}000(1.04)^{n-1}$, donde n es el número de años que has trabajado. Escribe una regla recursiva para tu salario.

En los Ejercicios 41–48, escribe una regla explícita para la secuencia. *(Consulta el Ejemplo 5).*

41. $a_1 = 3, a_n = a_{n-1} - 6$ 42. $a_1 = 16, a_n = a_{n-1} + 7$

43. $a_1 = -2, a_n = 3a_{n-1}$ 44. $a_1 = 13, a_n = 4a_{n-1}$

45. $a_1 = -12, a_n = a_{n-1} + 9.1$

46. $a_1 = -4, a_n = 0.65a_{n-1}$

47. $a_1 = 5, a_n = a_{n-1} - \frac{1}{3}$ 48. $a_1 = -5, a_n = \frac{1}{4}a_{n-1}$

49. **REESCRIBIR UNA FÓRMULA** Un supermercado exhibe latas en un arreglo en forma de pirámide con 20 latas en la fila inferior y dos latas menos en cada fila superior subsecuente. El número de latas en cada fila está representado por la regla recurrente $a_1 = 20$, $a_n = a_{n-1} - 2$. Escribe una regla explícita para el número de latas en la fila n.

50. **REESCRIBIR UNA FÓRMULA** El valor de un carro está dado por la regla recurrente $a_1 = 25{,}600$, $a_n = 0.86a_{n-1}$, donde n es el número de años desde que el carro era nuevo. Escribe una regla explícita para el valor del carro después de n años.

51. **USAR LA ESTRUCTURA** ¿Cuál es el milésimo término de la secuencia cuyo primer término es $a_1 = 4$ y cuyo enésimo término es $a_n = a_{n-1} + 6$? Justifica tu respuesta.

   (A) 4006   (B) 5998
   (C) 1010   (D) 10,000

52. **USAR LA ESTRUCTURA** ¿Cuál es el término 873 de la secuencia cuyo primer término es $a_1 = 0.01$ y cuyo enésimo término es $a_n = 1.01a_{n-1}$? Justifica tu respuesta.

   (A) 58.65   (B) 8.73
   (C) 1.08   (D) 586,459.38

53. **RESOLVER PROBLEMAS** Un servicio de música en línea tiene inicialmente 50,000 miembros. Cada año, la compañía pierde el 20% de sus miembros actuales y gana 5000 miembros nuevos. *(Consulta el Ejemplo 6).*

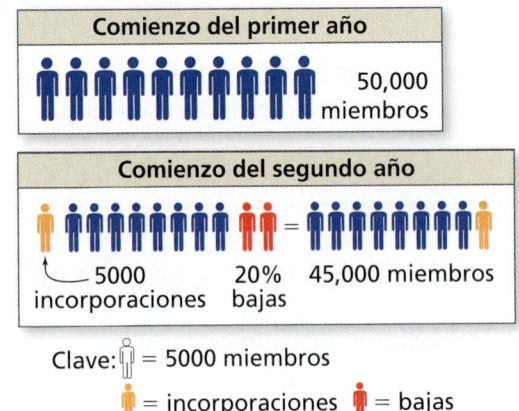

a. Escribe una regla recursiva para el número a_n de miembros al inicio del enésimo año.

b. Halla el número de miembros al inicio del quinto año.

c. Describe lo que pasa con el número de miembros a través del tiempo.

54. **RESOLVER PROBLEMAS** Añades cloro a una piscina. La primera semana añades 34 onzas de cloro, y 16 onzas la siguiente semana en adelante. Cada semana se evapora el 40% del cloro de la piscina.

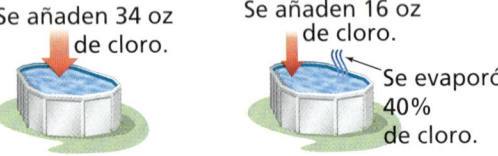

a. Escribe una regla recurrente para la cantidad de cloro en la piscina al inicio de la enésima semana.

b. Halla la cantidad de cloro en la piscina al inicio de la tercera semana.

c. Describe lo que pasa con la cantidad de cloro en la piscina con el tiempo.

55. **FINAL ABIERTO** Da un ejemplo de una situación de la vida real que puedas representar con una regla recurrente que no se acerque a un límite. Escribe una regla recurrente que represente la situación.

56. **FINAL ABIERTO** Da un ejemplo de una secuencia en la que cada término después del tercer término sea una función de los tres términos que lo preceden. Escribe una regla recurrente para la secuencia y halla sus primeros ocho términos.

57. REPRESENTAR CON MATEMÁTICAS Pides prestados $2000 a una tasa de interés anual del 9% compuesto mensualmente durante 2 años. El pago mensual es de $91.37. *(Consulta el Ejemplo 7).*

   a. Halla el balance después del quinto pago.

   b. Halla el monto del último pago.

58. REPRESENTAR CON MATEMÁTICAS Pides prestados $10,000 para construir un dormitorio adicional en tu casa. El préstamo está asegurado por 7 años a una tasa de interés anual de 11.5%. El pago mensual es de $173.86.

   a. Halla el balance después del cuarto pago.

   b. Halla el monto del último pago.

59. COMPARAR MÉTODOS En 1202, el matemático Leonardo Fibonacci escribió *Liber Abaci*, donde propuso el siguiente problema sobre conejos:

   Comienza con una pareja de conejos recién nacidos. Cuando la pareja de conejos tienen dos meses, los conejos comienzan a producir una nueva pareja de conejos cada mes. Presupón que ninguno de los conejos muere.

Mes	1	2	3	4	5	6
Parejas al comienzo del mes	1	1	2	3	5	8

Este problema produce una secuencia denominada secuencia Fibonacci, que tiene tanto una fórmula recursiva como una fórmula explícita, que son las siguientes:

Recurrente: $a_1 = 1, a_2 = 1, a_n = a_{n-2} + a_{n-1}$

Explícita: $f_n = \frac{1}{\sqrt{5}} \left(\frac{1 + \sqrt{5}}{2} \right)^n - \frac{1}{\sqrt{5}} \left(\frac{1 - \sqrt{5}}{2} \right)^n, n \geq 1$

Usa cada fórmula para determinar cuántos conejos habrá después de un año. Justifica tus respuestas.

60. USAR HERRAMIENTAS Una biblioteca de pueblo tiene inicialmente 54,000 libros en su colección. Cada año se descartan o se pierde el 2% de los libros. La biblioteca puede permitirse comprar 1150 libros nuevos cada año.

   a. Escribe una regla recursiva para el número a_n de libros en la biblioteca al inicio del enésimo año.

   b. Usa el modo *secuencia* y el modo *punto* de una calculadora gráfica para hacer la gráfica de la secuencia. ¿Qué pasa con el número de libros de la biblioteca con el tiempo? Explica.

61. SACAR CONCLUSIONES Un vivero de árboles tiene inicialmente 9000 árboles. Cada año se cosecha el 10% de los árboles y se plantan 800 plantones.

   a. Escribe una regla recurrente para el número de árboles en el vivero al inicio del enésimo año.

   b. ¿Qué pasa con el número de árboles después de un largo periodo de tiempo?

62. SACAR CONCLUSIONES Te tuerces el tobillo y tu médico prescribe 325 miligramos de un medicamento antiinflamatorio cada 8 horas durante 10 días. El 60% del medicamento se elimina del torrente sanguíneo cada 8 horas.

   a. Escribe una regla recurrente para la cantidad de medicamento en el torrente sanguíneo después de n dosis.

   b. El valor al que se acerca un nivel de medicamento después de un largo periodo de tiempo se denomina *nivel de mantenimiento*. ¿Cuál es el nivel de mantenimiento de este medicamento dada la dosis prescrita?

   c. ¿Cómo afecta duplicar la dosis el nivel de mantenimiento del medicamento? Justifica tu respuesta.

63. HALLAR UN PATRÓN Un árbol fractal comienza con una sola rama (el tronco). En cada etapa, cada rama nueva de la etapa anterior desarrolla dos ramas más, tal como se muestra.

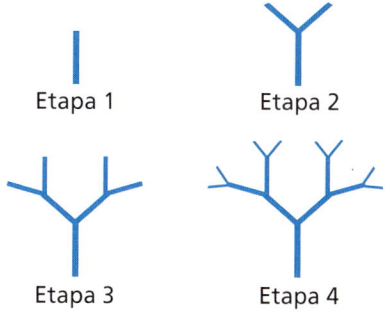

   a. Enumera el número de ramas nuevas en cada una de las primeras siete etapas. ¿Qué tipo de secuencia forman estos números?

   b. Escribe una regla explícita y una regla recurrente para la secuencia en la parte (a).

Sección 8.5 Usar reglas recurrentes con las secuencias 449

64. **ESTIMULAR EL PENSAMIENTO** Imagina que $a_1 = 34$. Luego escribe los términos de la secuencia hasta que descubras un patrón.

$$a_{n+1} = \begin{cases} \frac{1}{2}a_n, & \text{si } a_n \text{ es par} \\ 3a_n + 1, & \text{si } a_n \text{ es impar} \end{cases}$$

Haz lo mismo para $a_1 = 25$. ¿A qué conclusión puedes llegar?

65. **REPRESENTAR CON MATEMÁTICAS** Haces un pago inicial de $500 para un anillo de diamantes de $3500. Pides prestado el balance restante a un interés anual de 10% compuesto mensualmente. El pago mensual es $213.59. ¿Cuánto tiempo demora devolver el préstamo? ¿Cuál es el monto del último pago? Justifica tus respuestas.

66. **¿CÓMO LO VES?** La gráfica muestra los primeros seis términos de la secuencia $a_1 = p$, $a_n = ra_{n-1}$.

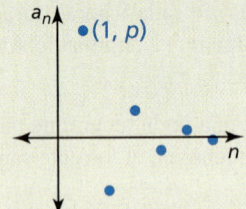

a. Describe lo que pasa con los valores en la secuencia al aumentar n.

b. Describe el conjunto de valores posibles para r. Explica tu razonamiento.

67. **RAZONAR** La regla para una secuencia recurrente es la siguiente:

$f(1) = 3, f(2) = 10$
$f(n) = 4 + 2f(n-1) - f(n-2)$

a. Escribe los primeros cinco términos de la secuencia.

b. Usa diferencias finitas para hallar un patrón. ¿Qué tipo de relación muestran los términos de la secuencia?

c. Escribe una regla explícita para la secuencia.

68. **ARGUMENTAR** Tu amigo dice que es imposible escribir una regla recurrente para una secuencia que no es ni aritmética ni geométrica. ¿Es correcto lo que dice tu amigo? Justifica tu respuesta.

69. **PENSAMIENTO CRÍTICO** Los primeros cuatro números triangulares T_n y los primero cuatro números cuadrados S_n están representados por los puntos en cada diagrama.

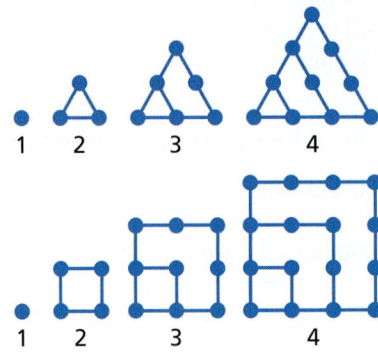

a. Escribe una regla explícita para cada secuencia.

b. Escribe una regla recurrente para cada secuencia.

c. Escribe una regla para los números cuadrados en términos de los números triangulares. Dibuja diagramas para explicar por qué esta regla es verdadera.

70. **PENSAMIENTO CRÍTICO** Ahorras dinero para tu jubilación. Planeas retirar $30,000 al inicio de cada año durante 20 años después de jubilarte. Basándote en el tipo de inversión que estás haciendo, puedes esperar ganar un retorno anual de 8% sobre tus ahorros después de jubilarte.

a. Imagina que a_n es tu balance n años después de jubilarte. Escribe una ecuación recursiva que muestre cómo a_n se relaciona con a_{n-1}.

b. Resuelve la ecuación de la parte (a) para a_{n-1}. Halla a_0, la cantidad mínima de dinero que deberías tener en tu cuenta cuando te jubiles. (*Consejo:* Imagina que $a_{20} = 0$.)

Mantener el dominio de las matemáticas
Repasar lo que aprendiste en grados y lecciones anteriores

Resuelve la ecuación. Verifica tu solución. *(Sección 5.4)*

71. $\sqrt{x} + 2 = 7$

72. $2\sqrt{x} - 5 = 15$

73. $\sqrt[3]{x} + 16 = 19$

74. $2\sqrt[3]{x} - 13 = -5$

Las variables x y y son inversamente proporcionales. Usa los valores dados para escribir una ecuación que relacione x y y. Luego halla y cuando $x = 4$. *(Sección 7.1)*

75. $x = 2, y = 9$

76. $x = -4, y = 3$

77. $x = 10, y = 32$

8.4–8.5 ¿Qué aprendiste?

Vocabulario Esencial

suma parcial, *pág. 436*
regla explícita, *pág. 442*
regla recurrente, *pág. 442*

Conceptos Esenciales

Sección 8.4
Sumas parciales de series geométricas infinitas, *pág. 436*
La suma de una serie geométrica infinita, *pág. 437*

Sección 8.5
Evaluar reglas recurrentes, *pág. 442*
Ecuaciones recurrentes para secuencias aritméticas y geométricas, *pág. 442*
Diferenciar entre las reglas recurrentes y explícitas, *pág. 444*

Prácticas matemáticas

1. Describe cómo el rotular los ejes en los Ejercicios 3–6 de la página 439 aclara la relación entre las cantidades en los problemas.

2. ¿Qué progresión lógica de argumentos puedes usar para determinar si el enunciado en el Ejercicio 30 de la página 440 es verdadero?

3. Describe cómo la estructura de la ecuación presentada en el Ejercicio 40 de la página 448 te permite determinar el salario inicial y el aumento que recibes cada año.

4. ¿Tiene sentido la regla recurrente en el Ejercicio 61 de la página 449 cuando $n = 5$? Explica tu razonamiento.

Tarea de desempeño

Circuitos integrados y la Ley de Moore

En abril de 1965, un ingeniero llamado Gordon Moore observó lo rápido que se reducía el tamaño de los artículos electrónicos. Predijo cómo el número de transistores que cabrían en un diámetro de 1 pulgada aumentaría con el tiempo. En 1965, solo cabían 50 transistores en el circuito. Una década después, aproximadamente 6400 transistores cabían en el circuito. La predicción de Moore fue precisa y ahora se conoce como la Ley de Moore. ¿Cuál fue su predicción? ¿Cuántos transistores cabrán en un circuito de 1 pulgada cuando te gradúes de la secundaria?

Para explorar las respuestas a esta pregunta y más, visita *BigIdeasMath.com*.

8 Repaso del capítulo

Soluciones dinámicas disponibles en *BigIdeasMath.com*

8.1 Definir y usar secuencias y series (págs. 409–416)

Halla la suma $\sum_{i=1}^{4}(i^2 - 3)$.

$$\sum_{i=1}^{4}(i^2 - 3) = (1^2 - 3) + (2^2 - 3) + (3^2 - 3) + (4^2 - 3)$$
$$= -2 + 1 + 6 + 13$$
$$= 18$$

1. Describe el patrón que se muestra en la figura. Luego escribe una regla para la enésima capa de la figura, donde $n = 1$ representa la capa superior.

Escribe la serie usando la notación de sumatoria.

2. $7 + 10 + 13 + \cdots + 40$

3. $0 + 2 + 6 + 12 + \cdots$

Halla la suma.

4. $\sum_{i=2}^{7}(9 - i^3)$

5. $\sum_{i=1}^{46} i$

6. $\sum_{i=1}^{12} i^2$

7. $\sum_{i=1}^{5} \dfrac{3 + i}{2}$

8.2 Analizar secuencias y series aritméticas (págs. 417–424)

Escribe una regla para el enésimo término de la secuencia 9, 14, 19, 24 . . . Luego halla a_{14}.

La secuencia es aritmética, su primer término es $a_1 = 9$ y su diferencia común es $d = 14 - 9 = 5$. Entonces una regla para el enésimo término es

$a_n = a_1 + (n - 1)d$ Escribe la regla general.
  $= 9 + (n - 1)5$ Sustituye 9 por a_1 y 5 por d.
  $= 5n + 4$.   Simplifica.

▶ Una regla es $a_n = 5n + 4$, y el decimocuarto término es $a_{14} = 5(14) + 4 = 74$.

8. Indica si la secuencia 12, 4, −4, −12, −20, . . . es aritmética. Explica tu razonamiento.

Escribe una regla para el enésimo término de la secuencia aritmética. Luego haz una gráfica de los seis primeros términos de la secuencia.

9. 2, 8, 14, 20, . . .

10. $a_{14} = 42, d = 3$

11. $a_6 = -12, a_{12} = -36$

12. Halla la suma $\sum_{i=1}^{36}(2 + 3i)$.

13. Aceptas un empleo con un salario inicial de $37,000. Tu empleador te ofrece un aumento anual de $1500 por los próximos 6 años. Escribe una regla para tu salario en el enésimo año. ¿Cuál es tu ganancia total en 6 años?

452   Capítulo 8   Secuencias y series

8.3 Analizar secuencias y series geométricas *(págs. 425–432)*

Halla la suma $\sum_{i=1}^{8} 6(3)^{i-1}$.

Paso 1 Halla el primer término y la razón común.

$a_1 = 6(3)^{1-1} = 6$ Identifica el primer término.

$r = 3$ Identifica la razón común.

Paso 2 Halla la suma.

$S_8 = a_1 \left(\dfrac{1 - r^8}{1 - r} \right)$ Escribe la regla para S_8.

$= 6 \left(\dfrac{1 - 3^8}{1 - 3} \right)$ Sustituye 6 por a_1 y 3 por r.

$= 19{,}680$ Simplifica.

14. Indica si la secuencia 7, 14, 28, 56, 112, . . . es geométrica. Explica tu razonamiento.

Escribe una regla para el enésimo término de la secuencia geométrica. Luego haz una gráfica de los primeros seis términos de la secuencia.

15. $25, 10, 4, \dfrac{8}{5}, \ldots$ **16.** $a_5 = 162, r = -3$ **17.** $a_3 = 16, a_5 = 256$

18. Halla la suma $\sum_{i=1}^{9} 5(-2)^{i-1}$.

8.4 Hallar sumas de series geométricas infinitas *(págs. 435–440)*

Halla la suma de la serie $\sum_{i=1}^{\infty} \left(\dfrac{4}{5} \right)^{i-1}$, **si existe.**

Para esta serie, $a_1 = 1$ y $r = \dfrac{4}{5}$. Dado que $\left| \dfrac{4}{5} \right| < 1$, la suma de la serie existe.

La suma de la serie es

$S = \dfrac{a_1}{1 - r}$ Fórmula para la suma de una serie geométrica infinita

$= \dfrac{1}{1 - \dfrac{4}{5}}$ Sustituye 1 por a_1 y $\dfrac{4}{5}$ por r.

$= 5.$ Simplifica.

19. Considera la serie geométrica infinita $1, -\dfrac{1}{4}, \dfrac{1}{16}, -\dfrac{1}{64}, \dfrac{1}{256}, \ldots$. Halla y haz una gráfica de las sumas parciales S_n para $n = 1, 2, 3, 4,$ y 5. Luego describe lo que pasa con S_n cuando n aumenta.

20. Halla la suma de la serie geométrica infinita $-2 + \dfrac{1}{2} - \dfrac{1}{8} + \dfrac{1}{32} + \cdots$, si existe.

21. Escribe el decimal periódico 0.1212 . . . como fracción en su mínima expresión.

Capítulo 8   Repaso del capítulo

8.5 Usar reglas recurrentes con las secuencias *(págs. 441–450)*

a. Escribe los seis primeros términos de la secuencia $a_0 = 46$, $a_n = a_{n-1} - 8$.

$a_0 = 46$ 1er término

$a_1 = a_0 - 8 = 46 - 8 = 38$ 2do término

$a_2 = a_1 - 8 = 38 - 8 = 30$ 3er término

$a_3 = a_2 - 8 = 30 - 8 = 22$ 4to término

$a_4 = a_3 - 8 = 22 - 8 = 14$ 5to término

$a_5 = a_4 - 8 = 14 - 8 = 6$ 6to término

b. Escribe una regla recurrente para la secuencia 6, 10, 14, 18, 22, ...

Usa una tabla para organizar los términos y hallar el patrón.

n	1	2	3	4	5
a_n	6	10	14	18	22

+4   +4   +4   +4

La secuencia es aritmética, su primer término es $a_1 = 6$ y su diferencia común es $d = 4$.

$a_n = a_{n-1} + d$ Ecuación recurrente para una secuencia aritmética

$= a_{n-1} + 4$ Sustituye 4 por *d*.

▶ Una regla recurrente para la secuencia es $a_1 = 6$, $a_n = a_{n-1} + 4$.

Escribe los seis primeros términos de la secuencia.

22. $a_1 = 7$, $a_n = a_{n-1} + 11$ **23.** $a_1 = 6$, $a_n = 4a_{n-1}$ **24.** $f(0) = 4$, $f(n) = f(n-1) + 2n$

Escribe una regla recurrente para la secuencia.

25. $9, 6, 4, \dfrac{8}{3}, \dfrac{16}{9}, \ldots$ **26.** $2, 2, 4, 12, 48, \ldots$ **27.** $7, 3, 4, -1, 5, \ldots$

28. Escribe una regla recurrente para $a_n = 105\left(\dfrac{3}{5}\right)^{n-1}$.

Escribe una regla explícita para la secuencia.

29. $a_1 = -4$, $a_n = a_{n-1} + 26$ **30.** $a_1 = 8$, $a_n = -5a_{n-1}$ **31.** $a_1 = 26$, $a_n = \dfrac{2}{5}a_{n-1}$

32. La población de un pueblo aumenta a una tasa de aproximadamente 4% por año. En 2010, el pueblo tenía una población de 11,120. Escribe una regla recurrente para la población P_n del pueblo en el año n. Imagina que $n = 1$ representa 2010.

33. Los números 1, 6, 15, 28, . . . se denominan números hexagonales porque representan el número de puntos usados para marcar hexágonos, tal como se muestra. Escribe una regla recurrente para el enésimo número hexagonal.

  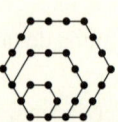

8 Prueba del capítulo

Halla la suma.

1. $\sum_{i=1}^{24}(6i-13)$
2. $\sum_{n=1}^{16}n^2$
3. $\sum_{k=1}^{\infty}2(0.8)^{k-1}$
4. $\sum_{i=1}^{6}4(-3)^{i-1}$

Determina si la gráfica representa una secuencia aritmética, una secuencia geométrica o ninguna de las dos. Explica tu razonamiento. Luego escribe una regla para el enésimo término.

5.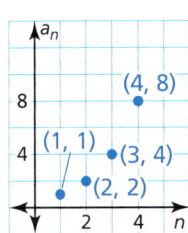
6.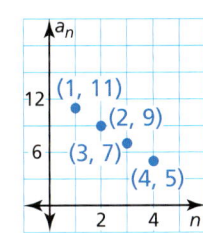
7.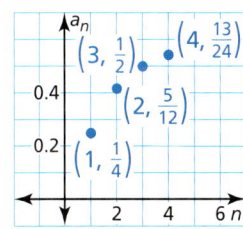

Escribe una regla recurrente para la secuencia. Luego halla a_9.

8. $a_1 = 32,\ r = \frac{1}{2}$
9. $a_n = 2 + 7n$
10. $2, 0, -3, -7, -12, \ldots$

11. Escribe una regla recurrente para la secuencia $5, -20, 80, -320, 1280, \ldots$ Luego escribe una regla explícita para la secuencia usando tu regla recurrente.

12. Los números a, b, y c son los tres primeros términos de una secuencia aritmética. ¿Es b la mitad de la suma de a y c? Explica tu razonamiento.

13. Usa el patrón de los edredones a cuadros que se muestra.

    $n = 1, a_n = 1$ $n = 2, a_n = 2$ $n = 3, a_n = 5$ $n = 4, a_n = 8$

    a. ¿Qué representa n para cada edredón? ¿Qué representa a_n?

    b. Haz una tabla que muestre n y a_n para $n = 1, 2, 3, 4, 5, 6, 7$ y 8.

    c. Usa la regla $a_n = \frac{n^2}{2} + \frac{1}{4}[1-(-1)^n]$ para hallar a_n para $n = 1, 2, 3, 4, 5, 6, 7$ y 8.

    Compara estos valores con los de tu tabla en la parte (b). ¿A qué conclusión puedes llegar? Explica.

14. Durante una temporada de béisbol, una compañía se compromete a donar $5000 a una organización caritativa más $100 por cada jonrón anotado por el equipo local. ¿Esta situación representa una secuencia o una serie? Explica tu razonamiento.

15. La longitud ℓ_1 del primer bucle de un resorte es de 16 pulgadas. La longitud ℓ_2 del segundo bucle es 0.9 veces la longitud del primer bucle. La longitud ℓ_3 del tercer bucle es 0.9 veces la longitud del segundo bucle, y así sucesivamente. Supón que el resorte tiene bucles infinitos. ¿Esta longitud sería finita o infinita? Explica. Halla la longitud del resorte, si es posible.

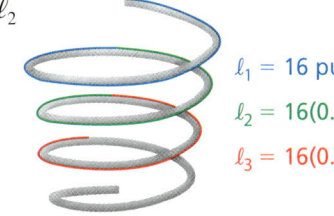

$\ell_1 = 16$ pulg
$\ell_2 = 16(0.9)$ pulg
$\ell_3 = 16(0.9)^2$ pulg

8 Evaluación acumulativa

1. Las frecuencias (en Hertz) de las notas de un piano forman una secuencia geométrica. Las frecuencias de G (rotulada 8) y A (rotulada 10) se muestran en el diagrama. ¿Cuál es la frecuencia aproximada de Ebemol (rotulada 4)?

   Ⓐ 247 Hz

   Ⓑ 311 Hz

   Ⓒ 330 Hz

   Ⓓ 554 Hz

   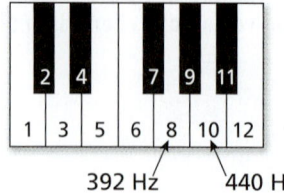

   392 Hz   440 Hz

2. Sacas un préstamo de $16,000 con una tasa de interés de 0.75% por mes. Al final de cada mes, haces un pago de $300.

   a. Escribe una regla recurrente para el balance a_n del préstamo al inicio del enésimo mes.

   b. ¿Cuánto debes al inicio del decimoctavo mes?

   c. ¿Cuánto te demorarás en pagar la totalidad del préstamo?

   d. Si pagas $350 en vez de $300 cada mes, ¿cuánto te demorarás en pagar la totalidad del préstamo? ¿Cuánto dinero ahorrarás? Explica.

3. La tabla muestra que la fuerza F (en libras) necesaria para aflojar cierto perno con una llave inglesa, depende de la longitud ℓ (en pulgadas) del mango de la llave. Escribe una ecuación que relacione ℓ y F. Describe la relación.

Longitud, ℓ	4	6	10	12
Fuerza, F	375	250	150	125

4. Ordena las funciones de la menor tasa de cambio promedio a la mayor tasa de cambio promedio en el intervalo $1 \leq x \leq 4$. Justifica tus respuestas.

   A. $f(x) = 4\sqrt{x} + 2$

   B. x y y son inversamente proporcionales y $y = 2$ cuando $x = 5$.

   C. [gráfica de g]

   D.

x	y
1	−4
2	−1
3	2
4	5

456   Capítulo 8   Secuencias y series

5. Una pista de carreras tiene la forma de un rectángulo con dos extremos semicirculares, tal como se muestra. La pista tiene 8 carriles de 1.22 metros de ancho cada uno. Los carriles están numerados del 1 al 8, comenzando desde el carril interior. La distancia desde el centro de un semicírculo hasta el interior de un carril se denomina el radio de curvatura de ese carril. El radio de curvatura del carril 1 es de 36.5 metros, tal como se muestra en la figura.

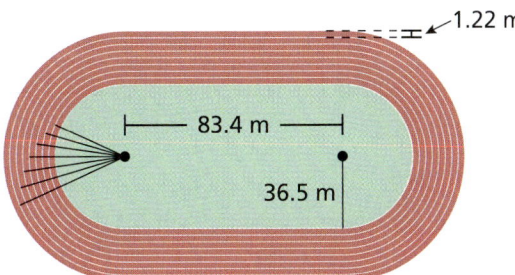
Dibujo no hecho a escala

a. ¿La secuencia formada por los radios de curvatura es asimétrica, geométrica o ninguna de las dos? Explica.
b. Escribe una regla para la secuencia formada por los radios de curvatura.
c. Los récords mundiales deben establecerse en carriles que tengan un radio de curvatura de 50 metros como máximo en el carril exterior. ¿La pista que se muestra cumple con el requisito? Explica.

6. El diagrama muestra las alturas de rebote de una pelota de básquetbol y una pelota de béisbol lanzadas desde una altura de 10 pies. En cada rebote, la pelota de básquetbol rebota hasta un 36% de su altura anterior y la pelota de béisbol rebota hasta un 30% de su altura anterior. ¿Aproximadamente cuánto mayor es la distancia total recorrida por la pelota de básquetbol que la distancia total recorrida por la pelota de béisbol?

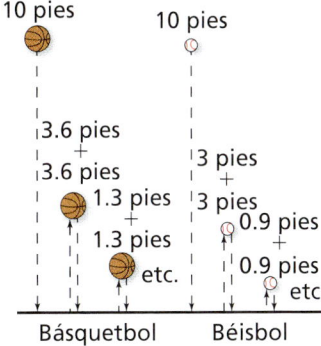

Ⓐ 1.34 pies   Ⓑ 2.00 pies
Ⓒ 2.68 pies   Ⓓ 5.63 pies

7. Clasifica la(s) solución(es) de cada ecuación como números reales, números imaginarios o números imaginarios puros. Justifica tus respuestas.

a. $x + \sqrt{-16} = 0$
b. $(11 - 2i) - (-3i + 6) = 8 + x$
c. $3x^2 - 14 = -20$
d. $x^2 + 2x = -3$
e. $x^2 = 16$
f. $x^2 - 5x - 8 = 0$

9 Razones y funciones trigonométricas

- **9.1** Trigonometría de triángulo rectángulo
- **9.2** Ángulos y medida radián
- **9.3** Funciones trigonométricas de cualquier ángulo
- **9.4** Hacer gráficas de las funciones seno y coseno
- **9.5** Hacer gráficas de otras funciones trigonométricas
- **9.6** Representar con funciones trigonométricas
- **9.7** Usar identidades trigonométricas
- **9.8** Usar fórmulas de suma y diferencia

Reloj de sol *(pág. 518)*

Diapasón *(pág. 510)*

Rueda de la fortuna *(pág. 494)*

Terminador *(pág. 476)*

CONSULTAR la Gran Idea

Parasailing *(pág. 465)*

Mantener el dominio de las matemáticas

Valor Absoluto

Ejemplo 1 Ordena las expresiones por valor, de menor a mayor: $|6|, |-3|, \dfrac{2}{|-4|}, |10-6|$

$|6| = 6$ $|-3| = 3$ ← El valor absoluto de un número negativo es positivo.

$\dfrac{2}{|-4|} = \dfrac{2}{4} = \dfrac{1}{2}$ $|10-6| = |4| = 4$

▶ Entonces, el orden es $\dfrac{2}{|-4|}, |-3|, |10-6|$ y $|6|$.

Ordena las expresiones por valor, de menor a mayor.

1. $|4|, |2-9|, |6+4|, -|7|$
2. $|9-3|, |0|, |-4|, \dfrac{|-5|}{|2|}$
3. $|-8^3|, |-2 \cdot 8|, |9-1|, |9| + |-2| - |1|$
4. $|-4+20|, -|4^2|, |5| - |3 \cdot 2|, |-15|$

Teorema de Pitágoras

Ejemplo 2 Halla la longitud de lado que falta en el triángulo.

10 cm, 26 cm, b

$a^2 + b^2 = c^2$ — Escribe el teorema de Pitágoras.
$10^2 + b^2 = 26^2$ — Sustituye 10 por *a* y 26 por *c*.
$100 + b^2 = 676$ — Evalúa las potencias.
$b^2 = 576$ — Resta 100 de cada lado.
$b = 24$ — Saca la raíz cuadrada positiva de cada lado.

▶ Entonces, la longitud es 24 centímetros.

Halla la longitud de lado que falta en el triángulo.

5.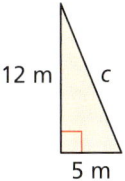
6.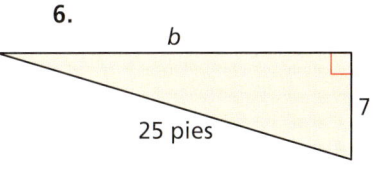
7.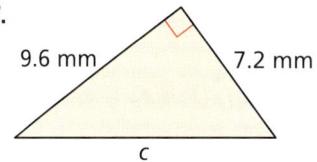

8.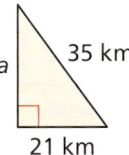
9.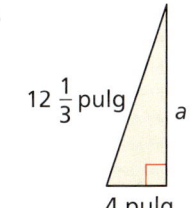
10.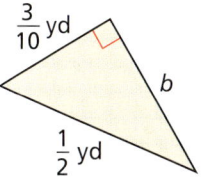

11. **RAZONAMIENTO ABSTRACTO** Los segmentos de línea que conectan los puntos (x_1, y_1), (x_2, y_1), y (x_2, y_2) forman un triángulo. ¿El triángulo es un triángulo rectángulo? Justifica tu respuesta.

Prácticas matemáticas

Los estudiantes que dominan las matemáticas razonan de manera cuantitativa al crear representaciones válidas de los problemas.

Razonar de manera abstracta y cuantitativa

Concepto Esencial

El círculo unitario

El *círculo unitario* es un círculo en el plano de coordenadas. Su centro está en el origen y tiene un radio de 1 unidad. La ecuación del círculo unitario es

$x^2 + y^2 = 1.$ Ecuación del círculo unitario

Como el punto (x, y) comienza en $(1, 0)$ y se mueve en sentido contrario a las manecillas del reloj alrededor del círculo unitario, el ángulo θ (la letra griega *theta*) se mueve de 0° a 360°.

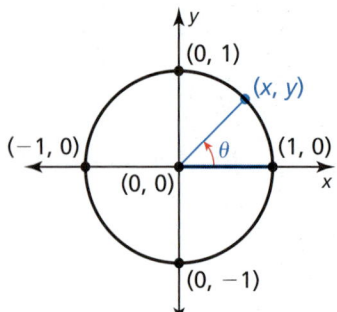

EJEMPLO 1 Hallar las coordenadas de un punto en el círculo unitario

Halla las coordenadas exactas del punto (x, y) en el círculo unitario.

SOLUCIÓN

Dado que $\theta = 45°$, (x, y) pertenece a la línea $y = x$.

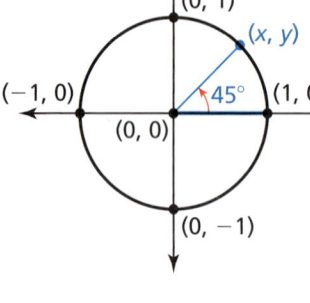

$x^2 + y^2 = 1$ Escribe la ecuación del círculo unitario.

$x^2 + x^2 = 1$ Sustituye *x* por *y*.

$2x^2 = 1$ Suma los términos semejantes.

$x^2 = \dfrac{1}{2}$ Divide cada lado entre 2.

$x = \dfrac{1}{\sqrt{2}}$ Saca la raíz cuadrada positiva de cada lado.

▶ Las coordenadas de (x, y) son $\left(\dfrac{1}{\sqrt{2}}, \dfrac{1}{\sqrt{2}}\right)$, o $\left(\dfrac{\sqrt{2}}{2}, \dfrac{\sqrt{2}}{2}\right)$.

Monitoreo del progreso

Halla las coordenadas exactas del punto (x, y) en el círculo unitario.

1.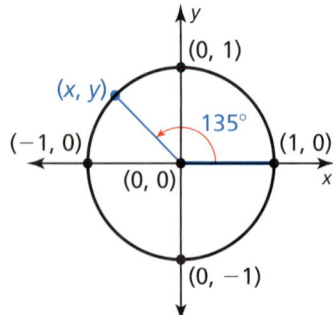

2.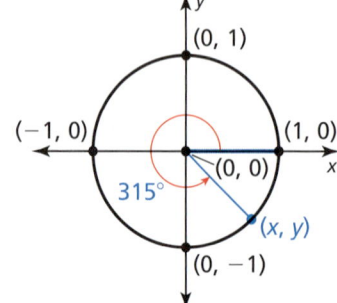

3.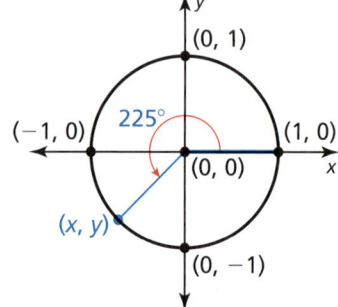

460 Capítulo 9 Razones y funciones trigonométricas

9.1 Trigonometría de triángulo rectángulo

Pregunta esencial ¿Cómo puedes hallar una función trigonométrica de un ángulo agudo de θ?

Considera uno de los ángulos agudos θ de un triángulo rectángulo. Las razones de las longitudes de los lados de un triángulo rectángulo se usan para definir las seis *funciones trigonométricas*, tal como se muestra.

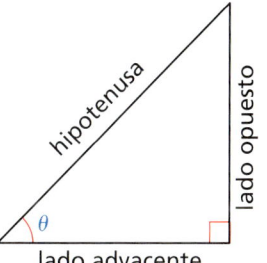

Seno $\operatorname{sen} \theta = \dfrac{\text{op.}}{\text{hip.}}$ **Coseno** $\cos \theta = \dfrac{\text{ady.}}{\text{hip.}}$

Tangente $\tan \theta = \dfrac{\text{op.}}{\text{ady.}}$ **Cotangente** $\cot \theta = \dfrac{\text{ady.}}{\text{op.}}$

Secante $\sec \theta = \dfrac{\text{hip.}}{\text{ady.}}$ **Cosecante** $\csc \theta = \dfrac{\text{hip.}}{\text{op.}}$

EXPLORACIÓN 1   Funciones trigonométricas de ángulos especiales

Trabaja con un compañero. Halla los valores exactos de las funciones seno, coseno y tangente de los ángulos de 30°, 45° y 60° en los triángulos rectángulos que se muestran.

CONSTRUIR ARGUMENTOS VIABLES

Para dominar las matemáticas, necesitas entender y usar las suposiciones y definiciones enunciadas, y los resultados previamente establecidos al formular argumentos.

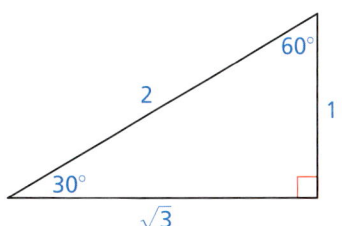 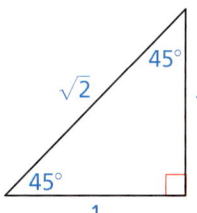

EXPLORACIÓN 2   Explorar identidades trigonométricas

Trabaja con un compañero.

Usa las definiciones de las funciones trigonométricas para explicar por qué cada *identidad trigonométrica* es verdadera.

a. $\operatorname{sen} \theta = \cos(90° - \theta)$ **b.** $\cos \theta = \operatorname{sen}(90° - \theta)$

c. $\operatorname{sen} \theta = \dfrac{1}{\csc \theta}$ **d.** $\tan \theta = \dfrac{1}{\cot \theta}$

Usa las definiciones de las funciones trigonométricas para completar cada identidad trigonométrica.

e. $(\operatorname{sen} \theta)^2 + (\cos \theta)^2 =$ _____   **f.** $(\sec \theta)^2 - (\tan \theta)^2 =$ _____

Comunicar tu respuesta

3. ¿Cómo puedes hallar una función trigonométrica de un ángulo agudo θ?

4. Usa una calculadora para hallar las longitudes x y y de los catetos del triángulo rectángulo que se muestra.

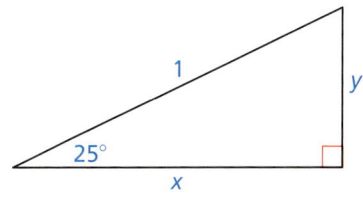

Sección 9.1   Trigonometría de triángulo rectángulo   461

9.1 Lección

Qué aprenderás

▶ Evaluar las funciones trigonométricas de los ángulos agudos.
▶ Hallar las longitudes de lado desconocidas y las medidas de los ángulos de los triángulos rectángulos.
▶ Usar funciones trigonométricas para resolver problemas de la vida real.

Vocabulario Esencial

seno, *pág. 462*
coseno, *pág. 462*
tangente, *pág. 462*
cosecante, *pág. 462*
secante, *pág. 462*
cotangente, *pág. 462*

Anterior
triángulo rectángulo
hipotenusa
ángulo agudo
Teorema de Pitágoras
recíproco
ángulos complementarios

Las seis funciones trigonométricas

Considera un triángulo rectángulo que tiene un ángulo agudo θ (la letra griega *theta*). Los tres lados del triángulo son la *hipotenusa*, el lado *opuesto* a θ, y el lado *adyacente* a θ.

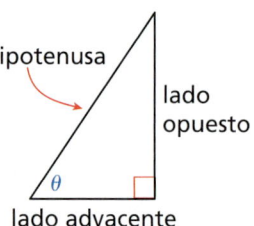

Las razones de las longitudes de los lados de un triángulo rectángulo se usan para definir las seis funciones trigonométricas: **seno**, **coseno**, **tangente**, **cosecante**, **secante** y **cotangente**. Las abreviaturas de estas seis funciones son sen, cos, tan, csc, sec y cot, respectivamente.

Concepto Esencial

Definiciones de las funciones trigonométricas de un triángulo rectángulo

Imagina que θ es un ángulo agudo de un triángulo rectángulo. Las seis funciones trigonométricas de θ están definidas tal como se muestra:

$$\text{sen}\,\theta = \frac{\text{opuesto}}{\text{hipotenusa}} \qquad \cos\theta = \frac{\text{adyacente}}{\text{hipotenusa}} \qquad \tan\theta = \frac{\text{opuesto}}{\text{adyacente}}$$

$$\csc\theta = \frac{\text{hipotenusa}}{\text{opuesto}} \qquad \sec\theta = \frac{\text{hipotenusa}}{\text{adyacente}} \qquad \cot\theta = \frac{\text{adyacente}}{\text{opuesto}}$$

Las abreviaturas *op.*, *ady.* e *hip.* se usan a menudo para representar las longitudes de los lados del triángulo rectángulo. Observa que las razones en la segunda fila son recíprocas de las razones en la primera fila.

$$\csc\theta = \frac{1}{\text{sen}\,\theta} \qquad \sec\theta = \frac{1}{\cos\theta} \qquad \cot\theta = \frac{1}{\tan\theta}$$

RECUERDA

El teorema de Pitágoras expresa que $a^2 + b^2 = c^2$ para un triángulo rectángulo con hipotenusa de longitud c y catetos de longitudes a y b.

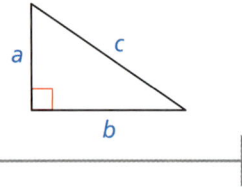

EJEMPLO 1 Evaluar las funciones trigonométricas

Evalúa las seis funciones trigonométricas del ángulo θ.

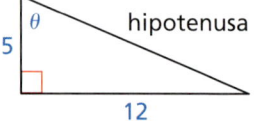

SOLUCIÓN

Según el teorema de Pitágoras, la longitud de la hipotenusa es

$$\text{hip.} = \sqrt{5^2 + 12^2}$$
$$= \sqrt{169}$$
$$= 13.$$

Usando ady. = 5, op. = 12 e hip. = 13, los valores de las seis funciones trigonométricas de θ son:

$$\text{sen}\,\theta = \frac{\text{op.}}{\text{hip.}} = \frac{12}{13} \qquad \cos\theta = \frac{\text{ady.}}{\text{hip.}} = \frac{5}{13} \qquad \tan\theta = \frac{\text{op.}}{\text{ady.}} = \frac{12}{5}$$

$$\csc\theta = \frac{\text{hip.}}{\text{op.}} = \frac{13}{12} \qquad \sec\theta = \frac{\text{hip.}}{\text{ady.}} = \frac{13}{5} \qquad \cot\theta = \frac{\text{ady.}}{\text{op.}} = \frac{5}{12}$$

462 Capítulo 9 Razones y funciones trigonométricas

EJEMPLO 2 Evaluar las funciones trigonométricas

En un triángulo rectángulo, θ es un ángulo agudo y sen θ = $\frac{4}{7}$. Evalúa las otras cinco funciones trigonométricas de θ.

SOLUCIÓN

Paso 1 Dibuja un triángulo rectángulo con un ángulo agudo θ de tal manera que el cateto opuesto a θ tenga una longitud de 4 y la hipotenusa tenga una longitud de 7.

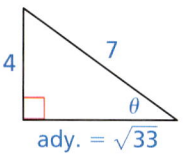

Paso 2 Halla la longitud del lado adyacente. Según el teorema de Pitágoras, la longitud del otro cateto es

$$\text{ady.} = \sqrt{7^2 - 4^2} = \sqrt{33}.$$

Paso 3 Halla los valores de las cinco funciones trigonométricas restantes.

Dado que sen θ = $\frac{4}{7}$, csc θ = $\frac{\text{hip.}}{\text{opu.}}$ = $\frac{7}{4}$. Los otros valores son:

$$\cos \theta = \frac{\text{ady.}}{\text{hip.}} = \frac{\sqrt{33}}{7} \qquad \tan \theta = \frac{\text{op.}}{\text{ady.}} = \frac{4}{\sqrt{33}} = \frac{4\sqrt{33}}{33}$$

$$\sec \theta = \frac{\text{hip.}}{\text{ady.}} = \frac{7}{\sqrt{33}} = \frac{7\sqrt{33}}{33} \qquad \cot \theta = \frac{\text{ady.}}{\text{op.}} = \frac{\sqrt{33}}{4}$$

Monitoreo del progreso Ayuda en inglés y español en *BigIdeasMath.com*

Evalúa las seis funciones trigonométricas del ángulo θ.

1.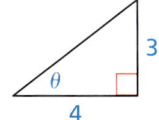
2.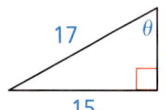
3.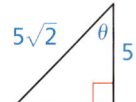

4. En un triángulo rectángulo, θ es un ángulo agudo y cos θ = $\frac{7}{10}$. Evalúa las otras cinco funciones trigonométricas de θ.

Los ángulos de 30°, 45° y 60° ocurren frecuentemente en trigonometría. Puedes usar los valores trigonométricos de estos ángulos para hallar longitudes de los lados desconocidas en los triángulos rectángulos especiales.

Conceptos Esenciales

Valores trigonométricos para ángulos especiales

La tabla da los valores de las seis funciones trigonométricas de los ángulos de 30°, 45° y 60°. Puedes obtener estos valores de los triángulos que se muestran.

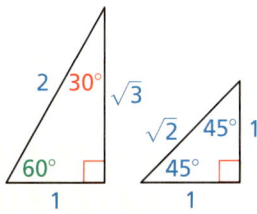

θ	sen θ	cos θ	tan θ	csc θ	sec θ	cot θ
30°	$\frac{1}{2}$	$\frac{\sqrt{3}}{2}$	$\frac{\sqrt{3}}{3}$	2	$\frac{2\sqrt{3}}{3}$	$\sqrt{3}$
45°	$\frac{\sqrt{2}}{2}$	$\frac{\sqrt{2}}{2}$	1	$\sqrt{2}$	$\sqrt{2}$	1
60°	$\frac{\sqrt{3}}{2}$	$\frac{1}{2}$	$\sqrt{3}$	$\frac{2\sqrt{3}}{3}$	2	$\frac{\sqrt{3}}{3}$

Sección 9.1 Trigonometría de triángulo rectángulo

Hallar las longitudes de lados y las medidas de ángulos

EJEMPLO 3   Hallar una longitud de lado desconocida

Halla el valor de *x* para el triángulo rectángulo.

SOLUCIÓN

Escribe una ecuación usando una función trigonométrica que incluya la razón entre *x* y 8. Resuelve la ecuación para *x*.

$\cos 30° = \dfrac{\text{ady.}}{\text{hip.}}$ Escribe la ecuación trigonométrica.

$\dfrac{\sqrt{3}}{2} = \dfrac{x}{8}$ Sustituye.

$4\sqrt{3} = x$ Multiplica cada lado por 8.

▶ La longitud del lado es $x = 4\sqrt{3} \approx 6.93$.

Hallar todas las longitudes desconocidas de los lados y las medidas de los ángulos de un triángulo se denomina *resolver el triángulo*. Resolver triángulos rectángulos que tengan ángulos agudos distintos de 30°, 45° y 60° puede requerir el uso de una calculadora. Asegúrate de que la calculadora esté en modo *grado*.

LEER

A lo largo de este capítulo, se usa una letra mayúscula para denotar tanto un ángulo de un triángulo como su medida. La misma letra en minúscula se usa para denotar la longitud del lado opuesto a ese ángulo.

EJEMPLO 4   Usar una calculadora para resolver un triángulo rectángulo

Resuelve △*ABC*.

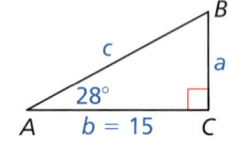

SOLUCIÓN

Dado que el triángulo es un triángulo rectángulo, *A* y *B* son ángulos complementarios. Entonces, $B = 90° - 28° = 62°$.

Luego, escribe dos ecuaciones usando funciones trigonométricas, una que incluya la razón de *a* y 15, y una que incluya *c* y 15. Resuelve la primera ecuación para *a* y la segunda ecuación para *c*.

$\tan 28° = \dfrac{\text{op.}}{\text{ady.}}$ Escribe la ecuación trigonométrica. $\sec 28° = \dfrac{\text{hip.}}{\text{ady.}}$

$\tan 28° = \dfrac{a}{15}$ Sustituye. $\sec 28° = \dfrac{c}{15}$

$15(\tan 28°) = a$ Resuelve para hallar la variable. $15\left(\dfrac{1}{\cos 28°}\right) = c$

$7.98 \approx a$ Usa una calculadora. $16.99 \approx c$

▶ Entonces, $B = 62°$, $a \approx 7.98$, y $c \approx 16.99$.

Monitoreo del progreso   Ayuda en inglés y español en *BigIdeasMath.com*

5. Halla el valor de *x* para el triángulo rectángulo que se muestra.

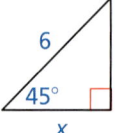

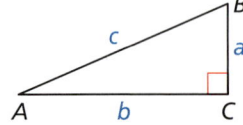

Resuelve △*ABC* usando el diagrama a la izquierda y las medidas dadas.

6. $B = 45°$, $c = 5$

7. $A = 32°$, $b = 10$

8. $A = 71°$, $c = 20$

9. $B = 60°$, $a = 7$

464   Capítulo 9   Razones y funciones trigonométricas

Resolver problemas de la vida real

EJEMPLO 5 Usar medidas indirectas

Haces una caminata cerca de un cañón. Al estar de pie en A, mides un ángulo de 90º entre B y C, tal como se muestra. Luego caminas a B y mides un ángulo de 76° entre A y C. La distancia entre A y B es de aproximadamente 2 millas. ¿Qué tan ancho es el cañón entre A y C?

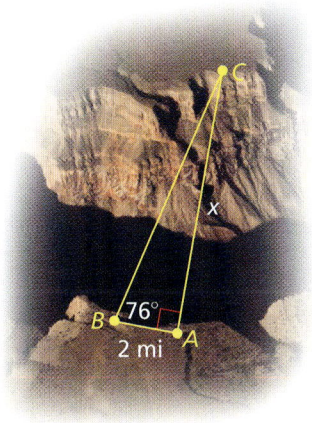

HALLAR UN PUNTO DE ENTRADA

La función tangente se usa para hallar la distancia desconocida porque incluye la razón entre x y 2.

SOLUCIÓN

$\tan 76° = \dfrac{x}{2}$ Escribe la ecuación trigonométrica.

$2(\tan 76°) = x$ Multiplica cada lado por 2.

$8.0 \approx x$ Usa una calculadora.

▶ El ancho es de aproximadamente 8.0 millas.

Si miras a un punto sobre ti, como la parte más alta de un edificio, el ángulo que forma tu línea de visión con una línea paralela al suelo se denomina *ángulo de elevación*. En la parte más alta del edificio, el ángulo entre una línea paralela al suelo y tu línea de visión se denomina *ángulo de depresión*. Estos dos ángulos tienen la misma medida.

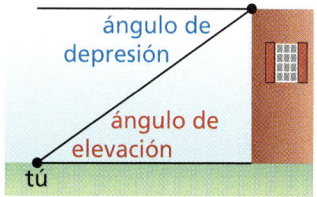

EJEMPLO 6 Usar un ángulo de elevación

Un parasailer está enganchado a un bote con una soga de 72 pies de largo. El ángulo de elevación del bote al parasailer es de 28°. Estima la altura del parasailer sobre el bote.

SOLUCIÓN

Paso 1 Dibuja un diagrama que represente la situación.

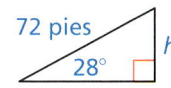

Paso 2 Escribe y resuelve una ecuación para hallar la altura h.

$\operatorname{sen} 28° = \dfrac{h}{72}$ Escribe la ecuación trigonométrica.

$72(\operatorname{sen} 28°) = h$ Multiplica cada lado por 72.

$33.8 \approx h$ Usa una calculadora.

▶ La altura del parasailer sobre el bote es de aproximadamente 33.8 pies.

Monitoreo del progreso Ayuda en inglés y español en *BigIdeasMath.com*

10. En el Ejemplo 5, halla la distancia entre B y C.

11. ¿QUÉ PASA SI? En el Ejemplo 6, estima la altura del parasailer sobre el bote si el ángulo de elevación es de 38°.

9.1 Ejercicios

Soluciones dinámicas disponibles en *BigIdeasMath.com*

Verificación de vocabulario y concepto esencial

1. **COMPLETAR LA ORACIÓN** En un triángulo rectángulo, las dos funciones trigonométricas de θ que están definidas usando las longitudes de la hipotenusa y el lado adyacente a θ son _____ y _____.

2. **VOCABULARIO** Compara un ángulo de elevación con un ángulo de depresión.

3. **ESCRIBIR** Explica lo que significa resolver un triángulo rectángulo.

4. **DISTINTAS PALABRAS, LA MISMA PREGUNTA** ¿Cuál es diferente? Halla "ambas" respuestas.

   ¿Cuál es la cosecante de θ?

   ¿Cuál es $\frac{1}{\text{sen } \theta}$?

   ¿Cuál es la razón entre el lado opuesto a θ y la hipotenusa?

   ¿Cuál es la razón entre la hipotenusa y el lado opuesto a θ?

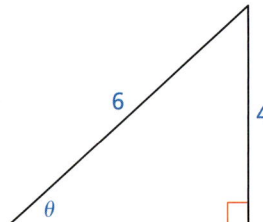

Monitoreo del progreso y Representar con matemáticas

En los Ejercicios 5–10, evalúa las seis funciones trigonométricas del ángulo θ. *(Consulta el Ejemplo 1)*.

5.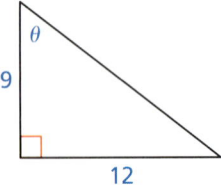

6.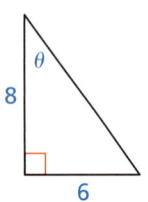

7.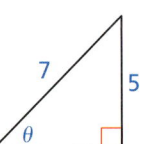

8.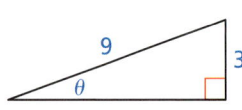

9.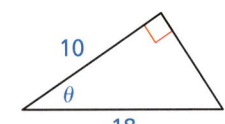

10.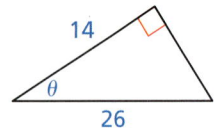

11. **RAZONAR** Imagina que θ es un triángulo agudo de un triángulo recto. Usa las dos funciones trigonométricas $\tan \theta = \frac{4}{9}$ y $\sec \theta = \frac{\sqrt{97}}{9}$ para dibujar y rotular el triángulo rectángulo. Luego evalúa las otras cuatro funciones trigonométricas de θ.

12. **ANALIZAR RELACIONES** Evalúa las seis funciones trigonométricas del ángulo 90° − θ en los Ejercicios 5–10. Describe las relaciones que observas.

En los Ejercicios 13–18, imagina que θ es un ángulo agudo de un triángulo rectángulo. Evalúa las otras cinco funciones trigonométricas de θ. *(Consulta el Ejemplo 2)*.

13. $\text{sen } \theta = \frac{7}{11}$

14. $\cos \theta = \frac{5}{12}$

15. $\tan \theta = \frac{7}{6}$

16. $\csc \theta = \frac{15}{8}$

17. $\sec \theta = \frac{14}{9}$

18. $\cot \theta = \frac{16}{11}$

19. **ANÁLISIS DE ERRORES** Describe y corrige el error cometido al hallar sen θ del triángulo siguiente.

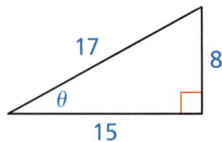

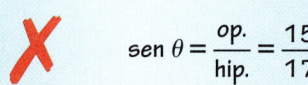

466   Capítulo 9   Razones y funciones trigonométricas

20. **ANÁLISIS DE ERRORES** Describe y corrige el error cometido al hallar csc θ, dado que θ es un ángulo agudo de un triángulo rectángulo y cos θ = $\frac{7}{11}$.

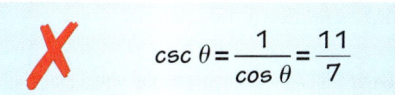

En los Ejercicios 21–26, halla el valor de *x* del triángulo rectángulo. *(Consulta el Ejemplo 3).*

21.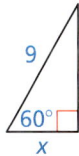

22.

23.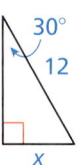

24.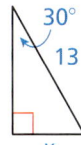

25.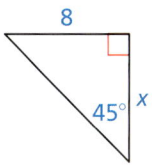

26.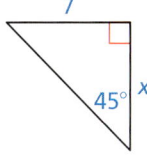

USAR HERRAMIENTAS En los Ejercicios 27–32, evalúa la función trigonométrica usando una calculadora. Redondea tu respuesta a 4 lugares decimales.

27. cos 14°
28. tan 31°
29. csc 59°
30. sen 23°
31. cot 6°
32. sec 11°

En los Ejercicios 33–40, resuelve △ABC usando el diagrama y las medidas dadas. *(Consulta el Ejemplo 4).*

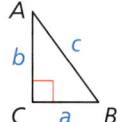

33. $B = 36°, a = 23$
34. $A = 27°, b = 9$
35. $A = 55°, a = 17$
36. $B = 16°, b = 14$
37. $A = 43°, b = 31$
38. $B = 31°, a = 23$
39. $B = 72°, c = 12.8$
40. $A = 64°, a = 7.4$

41. **REPRESENTAR CON MATEMÁTICAS** Para medir el ancho de un río, plantas una estaca en un lado del río, directamente frente a una roca. Luego caminas 100 metros a la derecha de la estaca y mides un ángulo de 79° entre la estaca y la roca. ¿Cuál es el ancho *w* del río? *(Consulta el Ejemplo 5).*

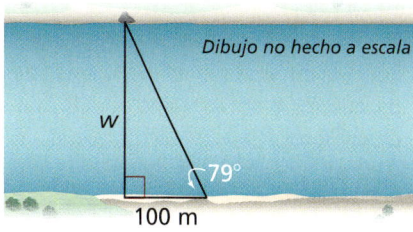

42. **REPRESENTAR CON MATEMÁTICAS** El ferrocarril turístico Katoomba en Australia tiene la vía ferroviaria más empinada del mundo. La vía ferroviaria forma un ángulo de aproximadamente 52° con el suelo. Los rieles se extienden horizontalmente aproximadamente 458 pies. ¿Cuál es la altura de la vía ferroviaria?

43. **REPRESENTAR CON MATEMÁTICAS** Una persona cuyo nivel de los ojos es 1.5 metros sobre el suelo está de pie a 75 metros de la base del Edificio Jin Mao en Shanghái, China. La persona estima que el ángulo de elevación hasta la parte más alta del edificio es de aproximadamente 80°. ¿Cuál es la altura aproximada del edificio? *(Consulta el Ejemplo 6).*

44. **REPRESENTAR CON MATEMÁTICAS** La pendiente Duquesne, en Pittsburgh, Pensilvania, tiene un ángulo de elevación de 30°. La vía férrea tiene una longitud de aproximadamente 800 pies. Halla la altura de la pendiente.

45. **REPRESENTAR CON MATEMÁTICAS** Estás de pie en el mirador de la Terraza Grand View en el Monte Rushmore, a 1000 pies de la base del monumento.

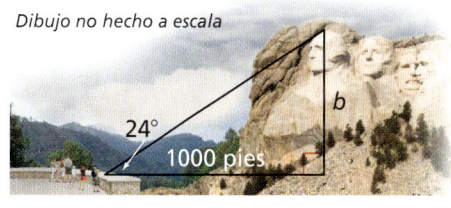

a. Miras hacia la cima del Monte Rushmore en un ángulo de 24°. ¿Qué tan alta está la cima del monumento desde donde estás parado? Presupón que tu nivel de los ojos está a 5.5 pies sobre el mirador.

b. La elevación de la Terraza Grand View es de 5280 pies. Usa tu respuesta de la parte (a) para hallar la elevación de la cima del Monte Rushmore.

46. **ESCRIBIR** Escribe un problema de la vida real que se pueda resolver usando un triángulo rectángulo. Luego resuelve tu problema.

Sección 9.1   Trigonometría de triángulo rectángulo   467

47. **CONEXIONES MATEMÁTICAS** El Trópico de Cáncer es el círculo de latitud más hacia el norte del ecuador donde el sol puede brillar desde el cénit. Está situado a 23.5° al norte del ecuador, tal como se muestra.

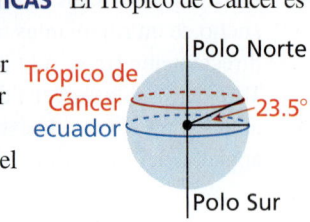

   a. Halla la circunferencia del Trópico de Cáncer usando 3960 millas como el radio aproximado de la Tierra.

   b. ¿Cuál es la distancia entre dos puntos en el Trópico de Cáncer que están situados directamente uno frente al otro?

48. **¿CÓMO LO VES?** Usa la figura para contestar cada pregunta.

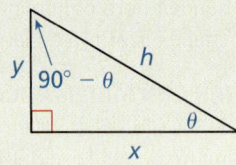

   a. ¿Qué lado es adyacente a θ?
   b. ¿Qué lado es el opuesto de θ?
   c. ¿cos θ = sen(90° − θ)? Explica.

49. **RESOLVER PROBLEMAS** Un pasajero en un avión ve dos pueblos directamente a la izquierda del avión.

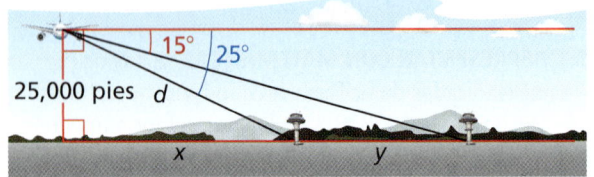

   a. ¿Cuál es la distancia d del avión al primer pueblo?
   b. ¿Cuál es la distancia horizontal x del avión al primer pueblo?
   c. ¿Cuál es la distancia y entre los dos pueblos? Explica el proceso que usaste para hallar tu respuesta.

50. **RESOLVER PROBLEMAS** Mides el ángulo de elevación desde el suelo hasta la parte más alta de un edificio y la medición da 32°. Si te mueves 50 metros más cerca del edificio, el ángulo de elevación es 53°. ¿Cuál es la altura del edificio?

51. **ARGUMENTAR** Tu amigo dice que es posible dibujar un triángulo rectángulo de manera que los valores de la función coseno de los ángulos agudos sean iguales. ¿Es correcto lo que dice tu amigo? Explica tu razonamiento.

52. **ESTIMULAR EL PENSAMIENTO** Considera un semicírculo con un radio de 1 unidad, tal como se muestra a continuación. Escribe los valores de las seis funciones trigonométricas del ángulo θ. Explica tu razonamiento.

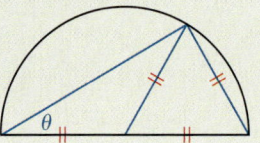

53. **PENSAMIENTO CRÍTICO** Un procedimiento para aproximar π basado en la obra de Arquímedes es inscribir un hexágono regular en un círculo.

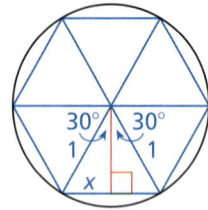

   a. Usa el diagrama para resolver x. ¿Cuál es el perímetro del hexágono?
   b. Demuestra que un polígono regular de n lados inscrito en un círculo de radio 1 tiene un perímetro de
   $$2n \cdot \text{sen}\left(\frac{180}{n}\right)^{\circ}.$$
   c. Usa el resultado en la parte (b) para hallar una expresión en términos de n que se aproxime a π. Luego evalúa la expresión cuando $n = 50$.

Mantener el dominio de las matemáticas   *Repasar lo que aprendiste en grados y lecciones anteriores*

Haz la conversión indicada. *(Manual de revisión de destrezas)*

54. 5 años a segundos   55. 12 pintas a galones   56. 5.6 metros a milímetros.

Halla la circunferencia y el área del círculo con el radio o diámetro dado.
(Manual de revisión de destrezas)

57. $r = 6$ centímetros   58. $r = 11$ pulgadas   59. $d = 14$ pies

9.2 Ángulos y medida radián

Pregunta esencial ¿Cómo puedes hallar la medida de un ángulo en radianes?

Imagina que el vértice de un ángulo está en el origen, con un lado del ángulo en el eje *x* positivo. La *medida radián* del ángulo es una medida de la longitud del arco intersecado en un círculo de radio 1. Para convertir grados a medida en radianes, usa el hecho de que

$$\frac{\pi \text{ radians}}{180°} = 1.$$

EXPLORACIÓN 1 Escribir medidas de ángulos en radianes

Trabaja con un compañero. Escribe la medida en radianes de cada ángulo con la medida en grados dada. Explica tu razonamiento.

a. b.

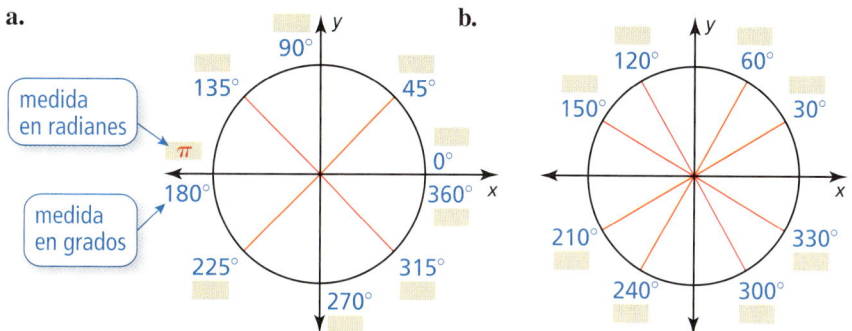

EXPLORACIÓN 2 Escribir medidas de ángulos en grados

Trabaja con un compañero. Escribe la medida en grados de cada ángulo con la medida en radianes dada. Explica tu razonamiento.

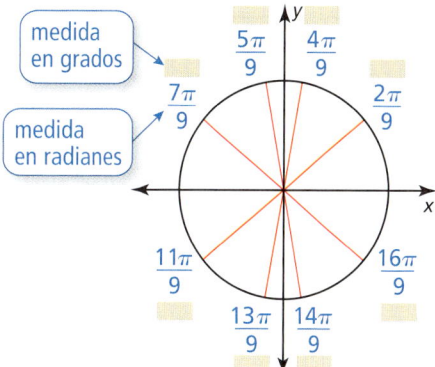

RAZONAR DE MANERA ABSTRACTA

Para dominar las matemáticas, necesitas darle sentido a las cantidades y sus relaciones en situaciones y problemas.

Comunicar tu respuesta

3. ¿Cómo puedes hallar la medida de un ángulo en radianes?

4. La figura muestra un ángulo cuya medida es de 30 radianes. ¿Cuál es la medida del ángulo en grados? ¿Cuántas veces mayor es 30 radianes que 30 grados? Justifica tus respuestas.

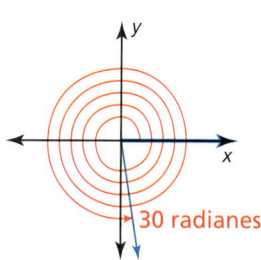

Sección 9.2 Ángulos y medida radián 469

9.2 Lección

Vocabulario Esencial

lado inicial, *pág. 470*
lado terminal, *pág. 470*
posición estándar, *pág. 470*
coterminal, *pág. 471*
radián, *pág. 471*
sector, *pág. 472*
ángulo central, *pág. 472*

Anterior
radio de un círculo
circunferencia de un círculo

Qué aprenderás

- Dibujar ángulos en posición estándar.
- Hallar ángulos coterminales.
- Usar la medida en radianes.

Dibujar ángulos en posición estándar

En esta lección, desarrollarás tu estudio de los ángulos para incluir ángulos con medidas que puedan ser cualquier número real.

Concepto Esencial

Ángulos en posición estándar

En un plano de coordenadas, un ángulo se puede formar fijando un rayo, denominado el **lado inicial**, y rotando el otro rayo, denominado el **lado terminal**, alrededor del vértice.

Un ángulo está en **posición estándar** cuando su vértice está en el origen y su lado inicial pertenece al eje *x* positivo.

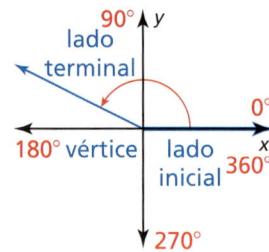

La medida de un ángulo es positiva cuando la rotación de su lado terminal es en sentido contrario a las manecillas del reloj y es negativa cuando la rotación es en sentido de las manecillas del reloj. El lado terminal de un ángulo puede rotar más de 360°.

EJEMPLO 1 Dibujar ángulos en posición estándar

Dibuja un ángulo con la medida dada en posición estándar.

a. 240° **b.** 500° **c.** −50°

SOLUCIÓN

a. Dado que 240° está a 60° más que 180°, el lado terminal está a 60° en sentido contrario a las manecillas del reloj pasado el eje *x* negativo.

b. Dado que 500° está a 140° más que 360°, el lado terminal hace una rotación completa de 360° en sentido contrario a las manecillas del reloj más 140° adicionales.

c. Dado que −50° es negativo, el lado terminal está a 50° en sentido de las manecillas del reloj del eje *x* positivo.

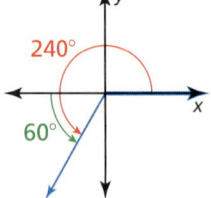 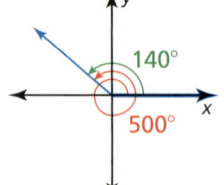 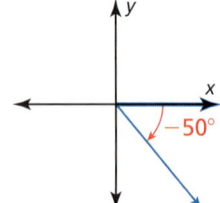

Monitoreo del progreso Ayuda en inglés y español en *BigIdeasMath.com*

Dibuja un ángulo con la medida dada en posición estándar.

1. 65° **2.** 300° **3.** −120° **4.** −450°

470 Capítulo 9 Razones y funciones trigonométricas

> **CONSEJO DE ESTUDIO**
>
> Si la diferencia de dos ángulos es un múltiplo de 360°, entonces los ángulos son coterminales.

Hallar ángulos coterminales

En el Ejemplo 1(b), los ángulos 500° y 400° son **coterminales** porque sus lados terminales coinciden. Un ángulo coterminal con un ángulo dado se puede hallar sumando o restando múltiplos de 360°.

EJEMPLO 2   Hallar ángulos coterminales

Halla un ángulo positivo y un ángulo negativo que sean coterminales con (a) −45° y (b) 395°.

SOLUCIÓN

Hay muchos ángulos con esas características, dependiendo de qué múltiplo de 360° se sume o se reste.

a. −45° + 360° = 315°
    −45° − 360° = −405°

b. 395° − 360° = 35°
    395° − 2(360°) = −325°

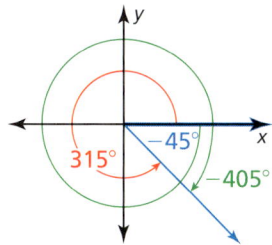
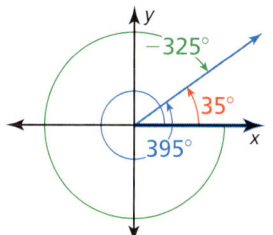

Monitoreo del progreso Ayuda en inglés y español en *BigIdeasMath.com*

Halla un ángulo positivo y un ángulo negativo que sean coterminales con el ángulo dado.

5. 80°   6. 230°   7. 740°   8. −135°

> **CONSEJO DE ESTUDIO**
>
> Nota que 1 radián equivale aproximadamente a 57.3°.
>
> 180° = π radianes
>
> $\frac{180°}{\pi}$ = 1 radian
>
> 57.3° ≈ 1 radian

Usar la medida en radianes

Los ángulos también se pueden medir en *radianes*. Para definir un radián, considera un círculo de radio r centrado en el origen, tal como se muestra. Un **radián** es la medida de un ángulo en posición estándar cuyo lado terminal interseca un arco de longitud r.

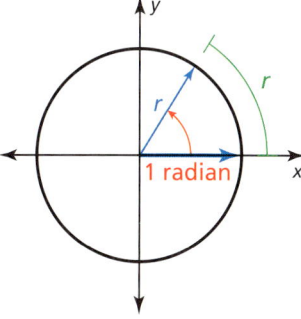

Dado que la circunferencia de un círculo es de $2\pi r$, hay 2π radianes en un círculo completo. Entonces, la medida en grados y la medida en radianes están relacionadas por la ecuación 360° = 2π radianes, o 180° = π radianes.

🄲 Concepto Esencial

Convertir entre grados y radianes

Grados a radianes

Multiplica la medida en grados por

$$\frac{\pi \text{ radianes}}{180°}.$$

Radianes a grados

Multiplica la medida en radianes por

$$\frac{180°}{\pi \text{ radianes}}.$$

Sección 9.2   Ángulos y medida radián   471

EJEMPLO 3 Convertir entre grados y radianes

Convierte la medida en grados a radianes o la medida en radianes a grados.

a. 120° b. $-\dfrac{\pi}{12}$

> **LEER**
> La unidad "radianes" a menudo se omite. Por ejemplo, la medida $-\dfrac{\pi}{12}$ radianes se puede escribir simplemente como $-\dfrac{\pi}{12}$.

SOLUCIÓN

a. $120° = 120 \text{ grados}\left(\dfrac{\pi \text{ radianes}}{180 \text{ grados}}\right)$
$= \dfrac{2\pi}{3}$

b. $-\dfrac{\pi}{12} = \left(-\dfrac{\pi}{12} \text{ radianes}\right)\left(\dfrac{180°}{\pi \text{ radianes}}\right)$
$= -15°$

Resumen de conceptos

Medidas en grados y radianes de ángulos especiales

El diagrama muestra medidas equivalentes en grados y radianes para ángulos especiales de 0° a 360° (0 radianes a 2π radianes).

Puede serte útil memorizar las medidas equivalentes en grados y radianes de los ángulos especiales en el primer cuadrante y para $90° = \dfrac{\pi}{2}$ radianes. Todos los otros ángulos especiales que se muestran son múltiplos de estos ángulos.

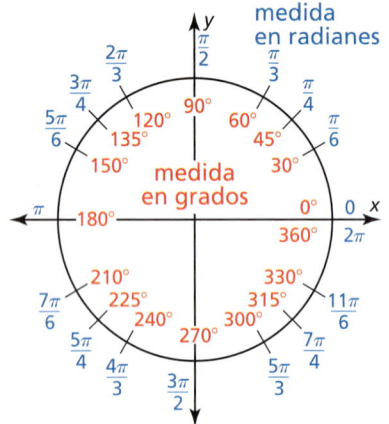

Monitoreo del progreso Ayuda en inglés y español en *BigIdeasMath.com*

Convierte la medida en grados a radianes o la medida en radianes a grados.

9. 135°   10. −40°   11. $\dfrac{5\pi}{4}$ 12. −6.28

Un **sector** es una región de un círculo que está unida por dos radios y un arco del círculo. El **ángulo central** θ de un sector es el ángulo formado por los dos radios. Hay fórmulas simples para la longitud del arco y el área de un sector cuando el ángulo central se mide en radianes.

Concepto Esencial

Longitud del arco y área de un sector

La longitud del arco s y el área A de un sector con radio r y ángulo central θ (medido en radianes) son las siguientes.

Longitud del arco: $s = r\theta$

Área: $A = \dfrac{1}{2}r^2\theta$

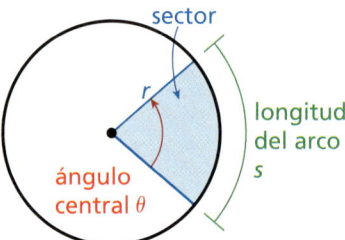

EJEMPLO 4 Representar con matemáticas

Un campo de sóftbol forma un sector con las dimensiones que se muestran. Halla la longitud del cerco exterior y del área del campo de juego.

SOLUCIÓN

1. **Comprende el problema** Te dan las dimensiones de un campo de sóftbol. Te piden hallar la longitud del cerco exterior y el área del campo de juego.

2. **Haz un plan** Halla la medida del ángulo central en radianes. Luego usa las fórmulas de longitud de arco y de área de un sector.

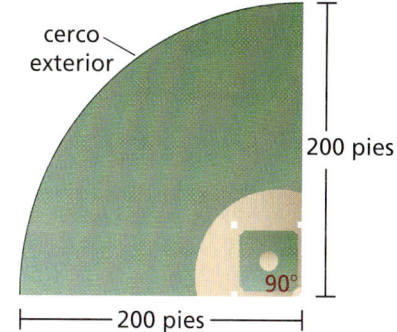

3. **Resuelve el problema**

   Paso 1 Convierte la medida del ángulo central a radianes.

   $$90° = 90 \text{ grados} \left(\frac{\pi \text{ radianes}}{180 \text{ grados}} \right)$$

   $$= \frac{\pi}{2} \text{ radianes}$$

   Paso 2 Halla la longitud del arco y el área del sector.

   Longitudes del arco: $s = r\theta$ **Área:** $A = \frac{1}{2}r^2\theta$

   $= 200\left(\frac{\pi}{2}\right)$ $= \frac{1}{2}(200)^2\left(\frac{\pi}{2}\right)$

   $= 100\pi$ $= 10{,}000\pi$

   ≈ 314 $\approx 31{,}416$

   ▶ La longitud del cerco exterior es de aproximadamente 314 pies. El área del campo es de aproximadamente 31,416 pies cuadrados.

4. **Verifícalo** Para verificar el área del campo, considera el cuadrado que se forma usando los dos lados de 200 pies.

   Al dibujar la diagonal, puedes ver que el área del campo es menor que el área del cuadrado pero mayor que la mitad del área del cuadrado.

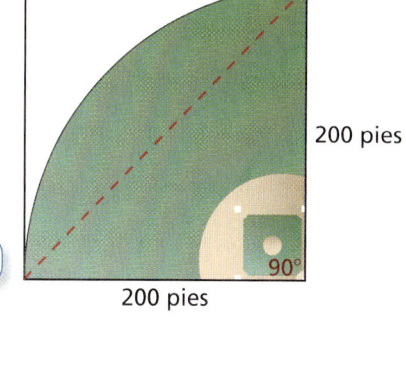

$\frac{1}{2} \cdot$ (área del cuadrado)   área del cuadrado

$\frac{1}{2}(200)^2 \overset{?}{<} 31{,}416 \overset{?}{<} 200^2$

$20{,}000 < 31{,}416 < 40{,}000$ ✓

ERROR COMÚN

Debes escribir la medida de un ángulo en radianes cuando uses estas fórmulas para la longitud de arco y el área de un sector.

OTRA MANERA

Dado que el ángulo central es 90°, el sector representa $\frac{1}{4}$ de un círculo con un radio de 200 pies. Entonces,

$s = \frac{1}{4} \cdot 2\pi r = \frac{1}{4} \cdot 2\pi(200)$

$= 100\pi$

y

$A = \frac{1}{4} \cdot \pi r^2 = \frac{1}{4} \cdot \pi(200)^2$

$= 10{,}000\pi.$

Monitoreo del progreso Ayuda en inglés y español en *BigIdeasMath.com*

13. **¿QUÉ PASA SI?** En el Ejemplo 4, el cerco exterior está a 220 pies de la base del bateador. Estima la longitud del cerco exterior y el área del campo de juego.

9.2 Ejercicios

Verificación de vocabulario y concepto esencial

1. **COMPLETAR LA ORACIÓN** Un ángulo está en posición estándar cuando su vértice está en el _____ y su _____ pertenece al eje x positivo.

2. **ESCRIBIR** Explica cómo el signo de la medida de un ángulo determina su dirección de rotación.

3. **VOCABULARIO** En tus propias palabras, define un radián.

4. **¿CUÁL NO CORRESPONDE?** ¿Qué ángulo *no* pertenece al grupo de los otros tres? Explica.

   −90°   450°   90°   −270°

Monitoreo del progreso y Representar con matemáticas

En los Ejercicios 5–8, dibuja un ángulo con las medidas dadas en posición estándar. *(Consulta el Ejemplo 1).*

5. 110°
6. 450°
7. −900°
8. −10°

En los Ejercicios 9–12, halla un ángulo positivo y un ángulo negativo que sean coterminales con el ángulo dado. *(Consulta el Ejemplo 2).*

9. 70°
10. 255°
11. −125°
12. −800°

En los Ejercicios 13–20, convierte la medida en grados a radianes o la medida en radianes a grados. *(Consulta el Ejemplo 3).*

13. 40°
14. 315°
15. −260°
16. −500°
17. $\frac{\pi}{9}$
18. $\frac{3\pi}{4}$
19. −5
20. 12

21. **ESCRIBIR** El lado terminal de un ángulo en posición estándar rota un sexto de una revolución en sentido antihorario del eje x positivo. Describe cómo hallar la medida del ángulo en grados y radianes.

22. **FINAL ABIERTO** Usando la medida en radianes, da un ángulo positivo y un ángulo negativo que sean coterminales con el ángulo que se muestra. Justifica tus respuestas.

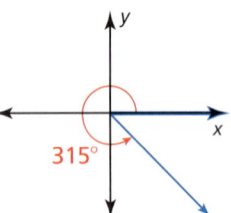

ANALIZAR RELACIONES En los Ejercicios 23–26, une la medida del ángulo con el ángulo.

23. 600°
24. $-\frac{9\pi}{4}$
25. $\frac{5\pi}{6}$
26. −240°

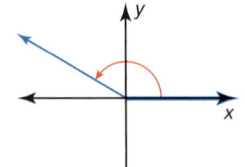

474   Capítulo 9   Razones y funciones trigonométricas

27. **REPRESENTAR CON MATEMÁTICAS** La terraza de observación de un edificio forma un sector con las dimensiones que se muestran. Halla la longitud de la baranda de seguridad y el área de la terraza. *(Consulta el Ejemplo 4).*

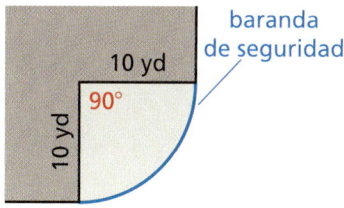

28. **REPRESENTAR CON MATEMÁTICAS** En la competencia masculina de lanzamiento de bala de los Juegos Olímpicos de Verano de 2012, la longitud del lanzamiento ganador fue 21.89 metros. El lanzamiento de la bala debe caer dentro de un sector que tenga un ángulo central de 34.92° para ser considerado válido.

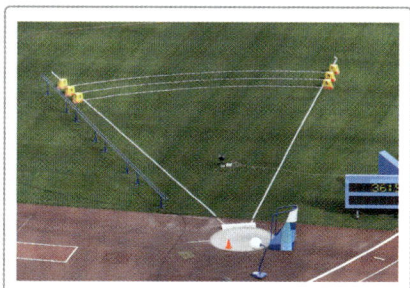

   a. Los encargados dibujan un arco a través del área de la zona de caída, marcando el tiro más lejano. Halla la longitud del arco.

   b. Todos los tiros válidos de las olimpiadas de 2012 cayeron dentro de un sector delimitado por el arco de la parte (a). ¿Cuál es el área de este sector?

29. **ANÁLISIS DE ERRORES** Describe y corrige el error cometido al convertir la medida en grados a radianes.

    $$24° = 24 \text{ grados} \left(\frac{180 \text{ grados}}{\pi \text{ radianes}} \right)$$
    $$= \frac{4320}{\pi} \text{ radianes}$$
    $$\approx 1375.1 \text{ radianes}$$

30. **ANÁLISIS DE ERRORES** Describe y corrige el error cometido al hallar el área de un sector con un radio de 6 centímetros y un ángulo central de 40°.

    $$A = \frac{1}{2}(6)^2(40) = 720 \text{ cm}^2$$

31. **RESOLVER PROBLEMAS** Si un tocadiscos CD lee información desde el borde exterior de un CD, el CD gira aproximadamente a 200 revoluciones por minuto. A esa velocidad, ¿por qué ángulo gira un punto en el CD en un minuto? Da tu respuesta tanto en medidas en grados como en radianes.

32. **RESOLVER PROBLEMAS** Trabajas cada sábado de 9:00 A.M. a 5:00 P.M. Dibuja un diagrama que muestre la rotación completada por la manecilla de la hora de un reloj durante ese tiempo. Halla la medida del ángulo generado por la manecilla de la hora tanto en grados como en radianes. Compara este ángulo con el ángulo generado por el minutero desde las 9:00 A.M. hasta las 5:00 P.M.

USAR HERRAMIENTAS En los Ejercicios 33–38, usa una calculadora para evaluar la función trigonométrica.

33. $\cos \dfrac{4\pi}{3}$ 34. $\text{sen } \dfrac{7\pi}{8}$

35. $\csc \dfrac{10\pi}{11}$ 36. $\cot\left(-\dfrac{6\pi}{5}\right)$

37. $\cot(-14)$ 38. $\cos 6$

39. **REPRESENTAR CON MATEMÁTICAS** El limpiaparabrisas trasero de un carro rota 120°, tal como se muestra. Halla el área limpiada por la pluma.

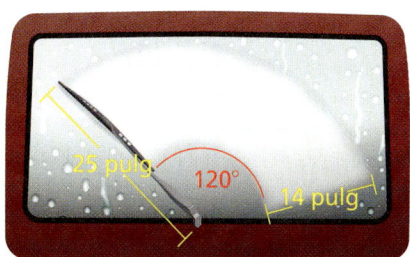

40. **REPRESENTAR CON MATEMÁTICAS** Un científico llevó a cabo un experimento para estudiar los efectos de la fuerza de gravedad en los seres humanos. Para que los humanos experimentaran el doble de la gravedad de la Tierra, se les ubicó en una centrífuga de 58 pies de largo y se les hizo girar a una velocidad de 15 revoluciones por minuto.

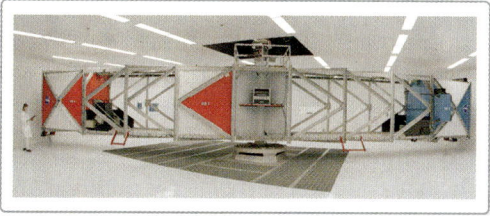

   a. ¿Por cuántos radianes rotaron las personas cada segundo?

   b. Halla la longitud del arco por el cual las personas rotaron cada segundo.

Sección 9.2   Ángulos y medida radián   475

41. **RAZONAR** En astronomía, el *terminador* es la línea que separa el día de la noche en un planeta, que divide el planeta en regiones de día y regiones de noche. El terminador se mueve por la superficie de un planeta en la medida en que el planeta rota. El terminador de la Tierra necesita aproximadamente 4 horas para cruzar los Estados Unidos continentales. ¿Por qué ángulo ha rotado la Tierra durante este tiempo? Da tu respuesta en medidas en grados y en radianes.

44. **ESTIMAR EL PENSAMIENTO** π es un número irracional, lo que significa que no se puede escribir como la razón de dos números enteros. Sin embargo, π se puede escribir exactamente como una *fracción continua*, de la siguiente manera.

$$3 + \cfrac{1}{7 + \cfrac{1}{15 + \cfrac{1}{1 + \cfrac{1}{292 + \cfrac{1}{1 + \cfrac{1}{1 + \cfrac{1}{1 + \cdots}}}}}}}$$

Demuestra cómo usar esta fracción continua para obtener una aproximación decimal de π.

42. **¿CÓMO LO VES?** Usa la gráfica para hallar la medida de θ. Explica tu razonamiento.

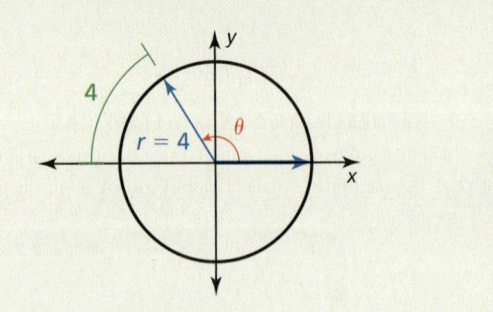

45. **ARGUMENTAR** Tu amigo dice que cuando la longitud del arco de un sector es igual al radio, el área se puede dar mediante $A = \dfrac{s^2}{2}$. ¿Es correcto lo que dice tu amigo? Explica.

46. **RESOLVER PROBLEMAS** Una escalera en espiral tiene 15 escalones. Cada escalón es un sector con un radio de 42 pulgadas y un ángulo central de $\dfrac{\pi}{8}$.

   a. ¿Cuál es la longitud del arco formado por el borde exterior del escalón?

   b. ¿Por qué ángulo rotarías al subir las escaleras?

   c. ¿Cuántas pulgadas cuadradas de alfombra necesitarías para cubrir los 15 escalones?

43. **REPRESENTAR CON MATEMÁTICAS** Un tablero de dardos está dividido en 20 sectores. Cada sector tiene un valor en puntaje de 1 a 20 y tiene regiones sombreadas que duplican o triplican este valor. A continuación se muestra un sector. Halla las áreas del sector completo, de la región que duplica el puntaje y de la región que lo triplica.

47. **REPRESENTACIONES MÚLTIPLES** Hay 60 *minutos* en 1 grado de arco, y 60 *segundos* en 1 minuto de arco. La notación 50° 30′ 10″ representa un ángulo con una medida de 50 grados, 30 minutos y 10 segundos.

   a. Escribe la medida del ángulo 70.55° usando la notación anterior.

   b. Escribe la medida del ángulo 110° 45′ 30″ a la centésima de grado más cercana. Justifica tu respuesta.

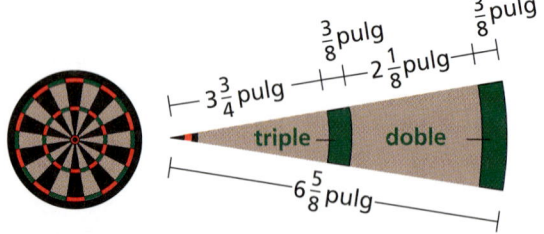

Mantener el dominio de las matemáticas   Repasar lo que aprendiste en grados y lecciones anteriores

Halla la distancia entre los dos puntos. *(Manual de revisión de destrezas)*

48. $(1, 4), (3, 6)$
49. $(-7, -13), (10, 8)$
50. $(-3, 9), (-3, 16)$
51. $(2, 12), (8, -5)$
52. $(-14, -22), (-20, -32)$
53. $(4, 16), (-1, 34)$

476   Capítulo 9   Razones y funciones trigonométricas

9.3 Funciones trigonométricas de cualquier ángulo

Pregunta esencial ¿Cómo puedes usar el círculo unitario para definir las funciones trigonométricas de cualquier ángulo?

Imagina que θ es un ángulo en posición estándar con un punto (x, y) en el lado terminal de θ y $r = \sqrt{x^2 + y^2} \neq 0$. Las seis funciones trigonométricas de θ están definidas tal como se muestra.

$$\operatorname{sen} \theta = \frac{y}{r} \qquad \csc \theta = \frac{r}{y}, y \neq 0$$

$$\cos \theta = \frac{x}{r} \qquad \sec \theta = \frac{r}{x}, x \neq 0$$

$$\tan \theta = \frac{y}{x}, x \neq 0 \qquad \cot \theta = \frac{x}{y}, y \neq 0$$

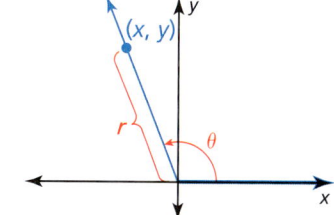

EXPLORACIÓN 1 Escribir funciones trigonométricas

Trabaja con un compañero. Halla el seno, coseno y la tangente del ángulo θ en posición estándar cuyo lado terminal interseca el círculo unitario en el punto (x, y) que se muestra.

a.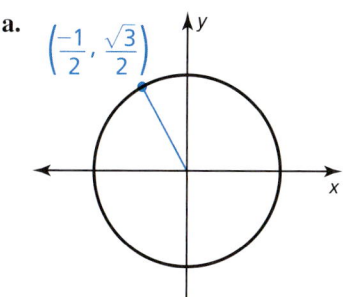

b.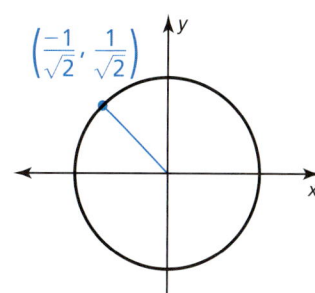

c.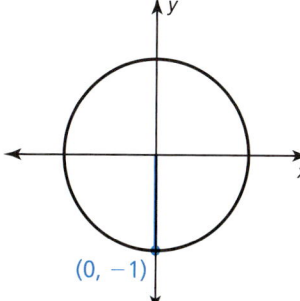

d.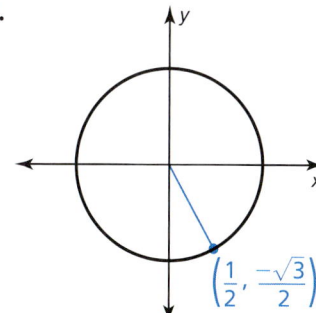

e.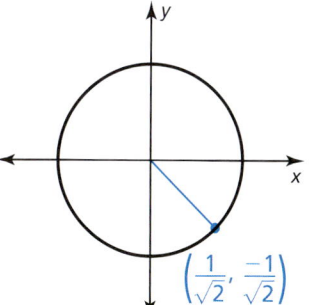

f.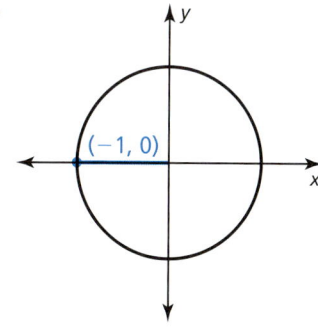

CONSTRUIR ARGUMENTOS VIABLES

Para dominar las matemáticas, necesitas comprender y usar las suposiciones enunciadas y los resultados previamente establecidos.

Comunicar tu respuesta

2. ¿Cómo puedes usar el círculo unitario para definir las funciones trigonométricas de cualquier ángulo?

3. ¿Para qué ángulos son indefinidas cada una de las funciones? Explica tu razonamiento.

   a. tangente   b. cotangente   c. secante   d. cosecante

Sección 9.3 Funciones trigonométricas de cualquier ángulo 477

9.3 Lección

Vocabulario Esencial

círculo unitario, *pág. 479*
ángulo cuadrantal, *pág. 479*
ángulo de referencia, *pág. 480*

Anterior
círculo
radio
Teorema de Pitágoras

Qué aprenderás

▶ Evaluar funciones trigonométricas de cualquier ángulo.
▶ Hallar y usar ángulos de referencia para evaluar funciones trigonométricas.

Funciones trigonométricas de cualquier ángulo

Puedes generalizar las definiciones del triángulo rectángulo de las funciones trigonométricas de manera que rijan para cualquier ángulo en posición estándar.

🄶 Concepto Esencial

Definiciones generales de las funciones trigonométricas

Imagina que θ es un ángulo en posición estándar y que (x, y) es el punto en el que el lado terminal de θ interseca el círculo $x^2 + y^2 = r^2$. Las seis funciones trigonométricas de θ se definen tal como se muestra.

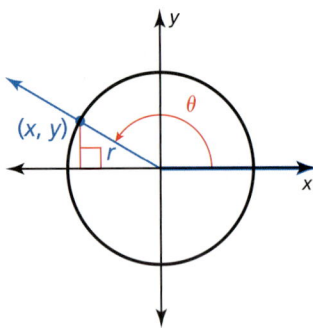

$$\operatorname{sen} \theta = \frac{y}{r} \qquad \csc \theta = \frac{r}{y}, y \neq 0$$

$$\cos \theta = \frac{x}{r} \qquad \sec \theta = \frac{r}{x}, x \neq 0$$

$$\tan \theta = \frac{y}{x}, x \neq 0 \qquad \cot \theta = \frac{x}{y}, y \neq 0$$

Estas funciones a veces se denominan *funciones circulares*.

EJEMPLO 1 Evaluar funciones trigonométricas dado un punto

Imagina que $(-4, 3)$ es un punto en el lado terminal de un ángulo θ en posición estándar. Evalúa las seis funciones trigonométricas de θ.

SOLUCIÓN

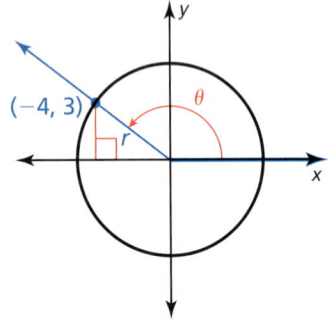

Usa el teorema de Pitágoras para hallar la longitud de r.

$r = \sqrt{x^2 + y^2}$

$ = \sqrt{(-4)^2 + 3^2}$

$ = \sqrt{25}$

$ = 5$

Usando $x = -4$, $y = 3$, y $r = 5$, los valores de las seis funciones trigonométricas de θ son:

$$\operatorname{sen} \theta = \frac{y}{r} = \frac{3}{5} \qquad\qquad \csc \theta = \frac{r}{y} = \frac{5}{3}$$

$$\cos \theta = \frac{x}{r} = -\frac{4}{5} \qquad\qquad \sec \theta = \frac{r}{x} = -\frac{5}{4}$$

$$\tan \theta = \frac{y}{x} = -\frac{3}{4} \qquad\qquad \cot \theta = \frac{x}{y} = -\frac{4}{3}$$

478   Capítulo 9   Razones y funciones trigonométricas

Concepto Esencial

El círculo unitario

El círculo $x^2 + y^2 = 1$, que tiene un centro $(0, 0)$ y radio 1, se denomina **círculo unitario**. Los valores de sen θ y cos θ son simplemente la coordenada y y la coordenada x, respectivamente, del punto donde el lado terminal de θ interseca el círculo unitario.

$$\text{sen } \theta = \frac{y}{r} = \frac{y}{1} = y$$

$$\cos \theta = \frac{x}{r} = \frac{x}{1} = x$$

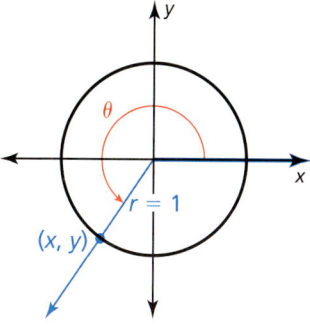

OTRA MANERA

El círculo general $x^2 + y^2 = r^2$ también se puede usar para hallar las seis funciones trigonométricas de θ. El lado terminal de θ interseca el círculo en $(0, -r)$. Entonces,

$$\text{sen } \theta = \frac{y}{r} = \frac{-r}{r} = -1.$$

Las otras funciones se pueden evaluar en forma similar.

Es conveniente usar el círculo unitario para hallar las funciones trigonométricas de los **ángulos cuadrantales**. Un ángulo cuadrantal es un ángulo en posición estándar cuyo lado terminal está situado en el eje. La medida de un ángulo cuadrantal es siempre un múltiplo de 90°, o $\frac{\pi}{2}$ radianes.

EJEMPLO 2 Usar el círculo unitario

Usa el círculo unitario para evaluar las seis funciones trigonométricas de $\theta = 270°$.

SOLUCIÓN

Paso 1 Dibuja un círculo unitario con el ángulo $\theta = 270°$ en posición estándar.

Paso 2 Identifica el punto donde el lado terminal de θ interseca el círculo unitario. El lado terminal de θ interseca el círculo unitario en $(0, -1)$.

Paso 3 Halla los valores de las seis funciones trigonométricas. Imagina que $x = 0$ y $y = -1$ para evaluar las funciones trigonométricas.

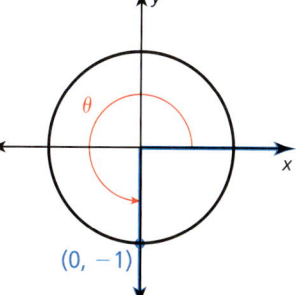

$$\text{sen } \theta = \frac{y}{r} = \frac{-1}{1} = -1 \qquad \csc \theta = \frac{r}{y} = \frac{1}{-1} = -1$$

$$\cos \theta = \frac{x}{r} = \frac{0}{1} = 0 \qquad \sec \theta = \frac{r}{x} = \frac{1}{0} \;\; \text{indefinido}$$

$$\tan \theta = \frac{y}{x} = \frac{-1}{0} \;\; \text{indefinido} \qquad \cot \theta = \frac{x}{y} = \frac{0}{-1} = 0$$

Monitoreo del progreso Ayuda en inglés y español en *BigIdeasMath.com*

Evalúa las seis funciones trigonométricas de θ.

1.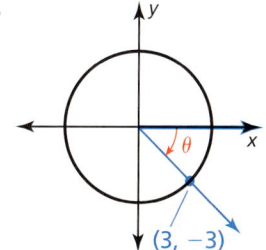

2.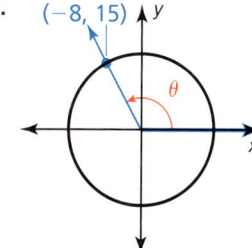

3.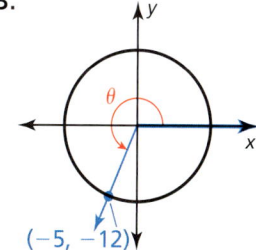

4. Halla el círculo unitario para evaluar las seis funciones trigonométricas de $\theta = 180°$.

Ángulos de referencia

LEER
El símbolo θ' se lee "theta prima".

Concepto Esencial

Relaciones del ángulo de referencia

Imagina que θ es un ángulo en posición estándar. El **ángulo de referencia** para θ es el ángulo agudo θ' formado por el lado terminal de θ y el eje x. La relación entre θ y θ' se muestra a continuación para los ángulos no cuadrantales θ de tal manera que $90° < \theta < 360°$ o, en radianes, $\frac{\pi}{2} < \theta < 2\pi$.

Cuadrante II	Cuadrante III	Cuadrante IV
Grados: $\theta' = 180° - \theta$	Grados: $\theta' = \theta - 180°$	Grados: $\theta' = 360° - \theta$
Radianes: $\theta' = \pi - \theta$	Radianes: $\theta' = \theta - \pi$	Radianes: $\theta' = 2\pi - \theta$

EJEMPLO 3 Hallar ángulos de referencia

Halla el ángulo de referencia θ' para (a) $\theta = \frac{5\pi}{3}$ y (b) $\theta = -130°$.

SOLUCIÓN

a. El lado terminal de θ pertenece al Cuadrante IV. Entonces, $\theta' = 2\pi - \frac{5\pi}{3} = \frac{\pi}{3}$. La figura a la derecha muestra $\theta = \frac{5\pi}{3}$ y $\theta' = \frac{\pi}{3}$.

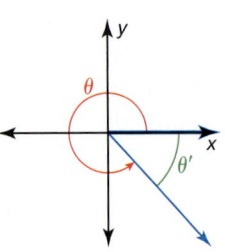

b. Observa que θ es coterminal con 230°, cuyo lado terminal pertenece al Cuadrante III. Entonces, $\theta' = 230° - 180° = 50°$. La figura a la izquierda muestra $\theta = -130°$ y $\theta' = 50°$.

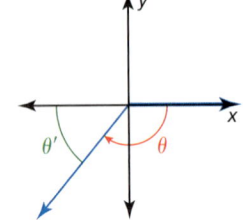

Los ángulos de referencia te permiten evaluar una función trigonométrica para cualquier ángulo θ. El signo del valor de la función trigonométrica depende del cuadrante al que pertenezca θ.

Conceptos Esenciales

Evaluar funciones trigonométricas

Usa estos pasos para evaluar una función trigonométrica para cualquier ángulo θ:

Paso 1 Halla el ángulo de referencia θ'.

Paso 2 Evalúa la función trigonométrica para θ'.

Paso 3 Determina el signo del valor de la función trigonométrica desde el cuadrante al que pertenece θ.

Signos del valor de la función

Cuadrante II	Cuadrante I
$\text{sen}\,\theta, \csc\theta: +$	$\text{sen}\,\theta, \csc\theta: +$
$\cos\theta, \sec\theta: -$	$\cos\theta, \sec\theta: +$
$\tan\theta, \cot\theta: -$	$\tan\theta, \cot\theta: +$
Cuadrante III	**Cuadrante IV**
$\text{sen}\,\theta, \csc\theta: -$	$\text{sen}\,\theta, \csc\theta: -$
$\cos\theta, \sec\theta: -$	$\cos\theta, \sec\theta: +$
$\tan\theta, \cot\theta: +$	$\tan\theta, \cot\theta: -$

480 Capítulo 9   Razones y funciones trigonométricas

EJEMPLO 4 Usar ángulos de referencia para evaluar funciones

Evalúa (a) $\tan(-240°)$ y (b) $\csc \dfrac{17\pi}{6}$.

SOLUCIÓN

a. El ángulo $-240°$ es coterminal con $120°$. El ángulo de referencia es $\theta' = 180° - 120° = 60°$. La función tangente es negativa en el Cuadrante II, entonces

$$\tan(-240°) = -\tan 60° = -\sqrt{3}.$$

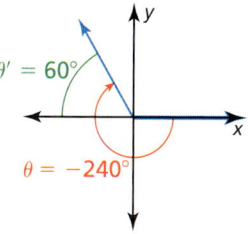

b. El ángulo $\dfrac{17\pi}{6}$ es coterminal con $\dfrac{5\pi}{6}$. El ángulo de referencia es

$$\theta' = \pi - \dfrac{5\pi}{6} = \dfrac{\pi}{6}.$$

La función cosecante es positiva en el Cuadrante II, entonces

$$\csc \dfrac{17\pi}{6} = \csc \dfrac{\pi}{6} = 2.$$

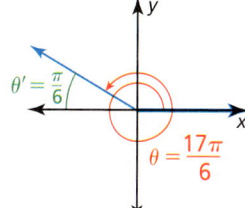

EJEMPLO 5 Resolver problemas de la vida real

INTERPRETAR LOS MODELOS

Este modelo deja de lado la resistencia del aire y presupone que las alturas inicial y final del proyectil son iguales.

La distancia horizontal d (en pies) recorrida por un proyectil lanzado en un ángulo θ y con una velocidad inicial v (en pies por segundo) está dada por

$$d = \dfrac{v^2}{32} \operatorname{sen} 2\theta. \quad \text{Modelo para la distancia horizontal}$$

Estima la distancia horizontal recorrida por una pelota de golf golpeada en un ángulo de $50°$ con una velocidad inicial de 105 pies por segundo.

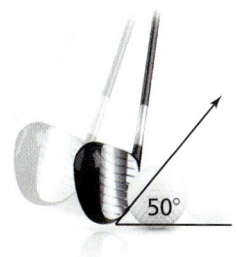

SOLUCIÓN

Observa que la pelota de golf es lanzada en un ángulo de $\theta = 50°$ con una velocidad inicial de $v = 105$ pies por segundo.

$d = \dfrac{v^2}{32} \operatorname{sen} 2\theta$ Escribe un modelo para la distancia horizontal.

$= \dfrac{105^2}{32} \operatorname{sen}(2 \cdot 50°)$ Sustituye 105 por v y 50° por θ.

≈ 339 Usa una calculadora.

▶ La pelota de golf recorre una distancia horizontal de aproximadamente 339 pies.

Monitoreo del progreso Ayuda en inglés y español en *BigIdeasMath.com*

Dibuja el ángulo. Luego halla su ángulo de referencia.

5. $210°$ **6.** $-260°$ **7.** $\dfrac{-7\pi}{9}$ **8.** $\dfrac{15\pi}{4}$

Evalúa la función sin usar una calculadora.

9. $\cos(-210°)$ **10.** $\sec \dfrac{11\pi}{4}$

11. Usa el modelo dado en el Ejemplo 5 para estimar la distancia horizontal recorrida por un atleta de salto largo que salta en un ángulo de $20°$ y con una velocidad inicial de 27 pies por segundo.

Sección 9.3 Funciones trigonométricas de cualquier ángulo

9.3 Ejercicios

Soluciones dinámicas disponibles en *BigIdeasMath.com*

Verificación de vocabulario y concepto esencial

1. **COMPLETAR LA ORACIÓN** Un _____ es un ángulo en posición estándar cuyo lado terminal está situado en un eje.

2. **ESCRIBIR** Dado un ángulo θ en posición estándar con su lado terminal en el Cuadrante III, explica cómo puedes usar un ángulo de referencia para hallar $\cos \theta$.

Monitoreo del progreso y Representar con matemáticas

En los Ejercicios 3–8, evalúa las seis funciones trigonométricas de θ. *(Consulta el Ejemplo 1)*.

3.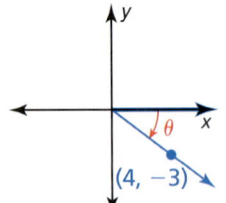
4.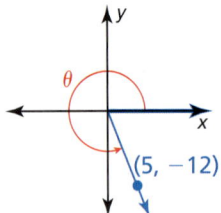
5.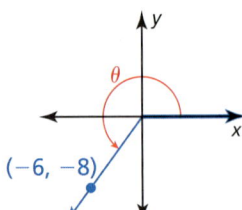
6.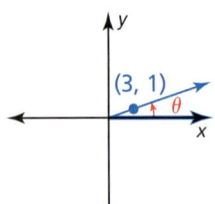
7.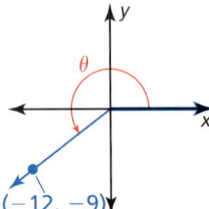
8.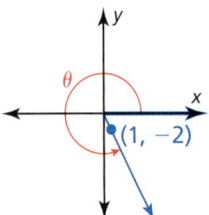

En los Ejercicios 9–14, usa el círculo unitario para evaluar las seis funciones trigonométricas de θ. *(Consulta el Ejemplo 2)*.

9. $\theta = 0°$
10. $\theta = 540°$
11. $\theta = \dfrac{\pi}{2}$
12. $\theta = \dfrac{7\pi}{2}$
13. $\theta = -270°$
14. $\theta = -2\pi$

En los Ejercicios 15–22, dibuja el ángulo. Luego halla su ángulo de referencia. *(Consulta el Ejemplo 3)*.

15. $-100°$
16. $150°$
17. $320°$
18. $-370°$
19. $\dfrac{15\pi}{4}$
20. $\dfrac{8\pi}{3}$
21. $-\dfrac{5\pi}{6}$
22. $-\dfrac{13\pi}{6}$

23. **ANÁLISIS DE ERRORES** Imagina que $(-3, 2)$ es un punto en el lado terminal de un ángulo θ en posición estándar. Describe y corrige el error cometido al hallar $\tan \theta$.

$\tan \theta = \dfrac{x}{y} = -\dfrac{3}{2}$

24. **ANÁLISIS DE ERRORES** Describe y corrige el error cometido al hallar el ángulo de referencia θ' para $\theta = 650°$.

θ es coterminal con 290°, cuyo lado terminal pertenece al Cuadrante IV.

Entonces, $\theta' = 290° - 270° = 20°$.

En los Ejercicios 25–32, evalúa la función sin usar una calculadora. *(Consulta el Ejemplo 4)*.

25. $\sec 135°$
26. $\tan 240°$
27. $\text{sen}(-150°)$
28. $\csc(-420°)$
29. $\tan\left(-\dfrac{3\pi}{4}\right)$
30. $\cot\left(\dfrac{-8\pi}{3}\right)$
31. $\cos \dfrac{7\pi}{4}$
32. $\sec \dfrac{11\pi}{6}$

482 Capítulo 9 Razones y funciones trigonométricas

En los Ejercicios 33–36, usa el modelo para la distancia horizontal dado en el Ejemplo 5.

33. Pateas una pelota de futbol americano en un ángulo de 60° con una velocidad inicial de 49 pies por segundo. Estima la distancia horizontal recorrida por la pelota. *(Consulta el Ejemplo 5).*

34. El "frogbot" es un robot diseñado para explorar terrenos difíciles en otros planetas. Puede saltar en un ángulo de 45° con una velocidad inicial de 14 pies por segundo. Estima la distancia horizontal que el frogbot puede saltar en la Tierra.

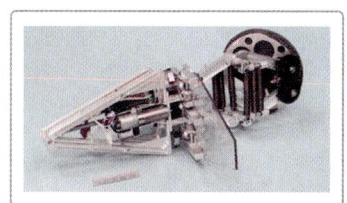

35. ¿A qué velocidad debe saltar de la rampa el patinador en línea para caer al otro lado de la rampa?

36. Para ganar una competencia de lanzamiento de jabalina, tu último lanzamiento debe recorrer una distancia horizontal de por lo menos 100 pies. Sueltas la jabalina en un ángulo de 40° con una velocidad inicial de 71 pies por segundo. ¿Ganas la competencia? Justifica tu respuesta.

37. **REPRESENTAR CON MATEMÁTICAS** Un escalador usa una cinta para escalar de 10 metros de largo. El escalador comienza situándose horizontalmente en la cinta, que luego se rota alrededor de su punto medio 110°, de manera que el escalador escale hacia la cima. Si el punto medio de la cinta está a seis pies sobre el suelo, ¿a qué altura sobre el suelo está la parte superior de la cinta?

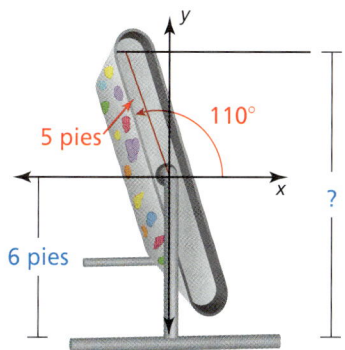

38. **RAZONAR** Una rueda de la fortuna tiene un radio de 75 pies. Subes a un carro en la base de la rueda de la fortuna, que está a 10 pies sobre el suelo, y rota a 255° en sentido contrario a las manecillas del reloj antes de que el juego se detenga temporalmente. ¿A qué altura sobre el suelo estás cuando se detiene el juego? Si el radio de la rueda de la fortuna se duplica, ¿se duplica tu altura sobre el suelo? Explica tu razonamiento.

39. **SACAR CONCLUSIONES** Se usa un aspersor a nivel del suelo para regar un jardín. El agua que sale del aspersor tiene una velocidad inicial de 25 pies por segundo.

   a. Usa el modelo para la distancia horizontal dado en el Ejemplo 5 para completar la tabla.

Ángulo del aspersor, θ	Distancia horizontal que recorre el agua, d
30°	
35°	
40°	
45°	
50°	
55°	
60°	

   b. ¿Qué valor de θ parece maximizar la distancia horizontal recorrida por el agua? Usa el modelo para la distancia horizontal y el círculo unitario para explicar por qué tu respuesta tiene sentido.

   c. Compara la distancia horizontal recorrida por el agua si $\theta = (45 - k)°$ con la distancia si $\theta = (45 + k)°$, para $0 < k < 45$.

40. **REPRESENTAR CON MATEMÁTICAS** La banda escolar de tu escuela toca durante el medio tiempo de un juego de futbol americano. En la última formación, los miembros de la banda forman un círculo de 100 pies de ancho en el centro del campo. Comienzas en un punto del círculo a 100 pies de la línea de gol, marchas 300° alrededor del círculo y luego caminas hacia la línea de gol para salir del campo. ¿Qué tan lejos estás de la línea de gol en el punto en el que abandonas el círculo?

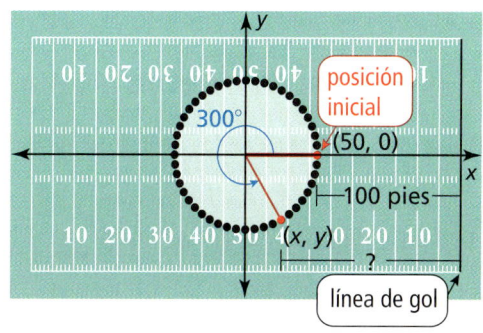

Sección 9.3 Funciones trigonométricas de cualquier ángulo 483

41. **ANALIZAR RELACIONES** Usa la simetría y la información dada para rotular las coordenadas de los otros puntos correspondientes a ángulos especiales en el círculo unitario.

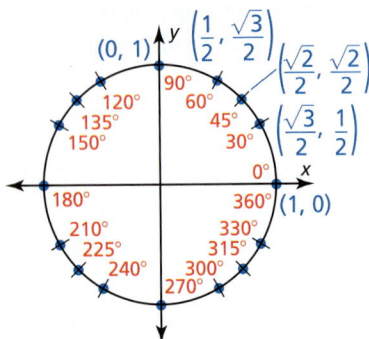

42. **ESTIMULAR EL PENSAMIENTO** Usa la herramienta del círculo unitario interactivo en *BigIdeasMath.com* para describir todos los valores de θ para cada situación.

   a. sen $\theta > 0$, cos $\theta < 0$, y tan $\theta > 0$
   b. sen $\theta > 0$, cos $\theta < 0$, y tan $\theta < 0$

43. **PENSAMIENTO CRÍTICO** Escribe tan θ como la razón de otras dos funciones trigonométricas. Usa esta razón para explicar por qué tan 90° es indefinida pero cot 90° = 0.

44. **¿CÓMO LO VES?** Determina si cada una de las seis funciones trigonométricas de θ es *positiva*, *negativa* o *cero*. Explica tu razonamiento.

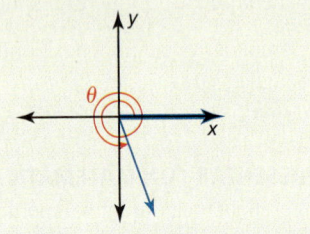

45. **USAR LA ESTRUCTURA** Una línea con pendiente m pasa a través del origen. Un ángulo θ en posición estándar tiene un lado terminal que coincide con la línea. Usa una función trigonométrica para relacionar la pendiente de la línea con el ángulo.

46. **ARGUMENTAR** Tu amigo dice que la única solución para la ecuación trigonométrica tan $\theta = \sqrt{3}$ es $\theta = 60°$. ¿Es correcto lo que dice tu amigo? Explica tu razonamiento.

47. **RESOLVER PROBLEMAS** Si dos átomos en una molécula están enlazados a un átomo común, a los químicos les interesa tanto el ángulo del enlace como las longitudes de los enlaces. Una molécula de ozono está formada por dos átomos de oxígeno enlazados con un tercer átomo de oxígeno, tal como se muestra.

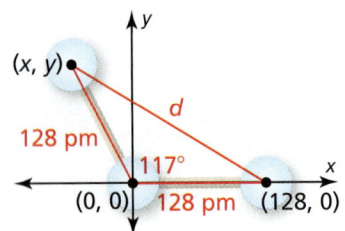

   a. En el diagrama, las coordenadas están dadas en picómetros (pm). (*Nota*: 1 pm = 10^{-12} m). Halla las coordenadas (x, y) del centro del átomo de oxígeno en el Cuadrante II.

   b. Halla la distancia d (en picómetros) entre los centros de los dos átomos de oxígeno no enlazados.

48. **CONEXIONES MATEMÁTICAS** La latitud de un punto en la Tierra es la medida en grados del arco más corto desde ese punto hasta el ecuador. Por ejemplo, la latitud del punto P en el diagrama es igual a la medida en grados del arco PE. ¿A qué latitud θ es la circunferencia del círculo de latitud en P la mitad de la distancia alrededor del ecuador?

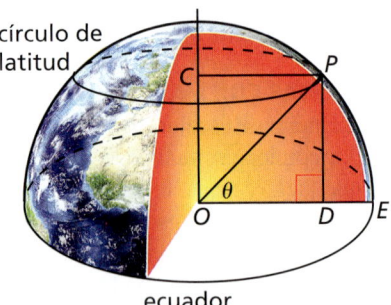

Mantener el dominio de las matemáticas   Repasar lo que aprendiste en grados y lecciones anteriores

Halla todos los ceros reales de la función polinomial.   *(Sección 4.6)*

49. $f(x) = x^4 + 2x^3 + x^2 + 8x - 12$
50. $f(x) = x^5 + 4x^4 - 14x^3 - 14x^2 - 15x - 18$

Haz una gráfica de la función.   *(Sección 4.8)*

51. $f(x) = 2(x + 3)^2(x - 1)$
52. $f(x) = \frac{1}{3}(x - 4)(x + 5)(x + 9)$
53. $f(x) = x^2(x + 1)^3(x - 2)$

9.4 Hacer gráficas de las funciones seno y coseno

Pregunta esencial ¿Cuáles son las características de las gráficas de las funciones seno y coseno?

EXPLORACIÓN 1 Hacer una gráfica de la función seno

Trabaja con un compañero.

a. Completa la tabla para $y = \operatorname{sen} x$, donde x es una medida de ángulo en radianes.

x	-2π	$-\dfrac{7\pi}{4}$	$-\dfrac{3\pi}{2}$	$-\dfrac{5\pi}{4}$	$-\pi$	$-\dfrac{3\pi}{4}$	$-\dfrac{\pi}{2}$	$-\dfrac{\pi}{4}$	0
$y = \operatorname{sen} x$									
x	$\dfrac{\pi}{4}$	$\dfrac{\pi}{2}$	$\dfrac{3\pi}{4}$	π	$\dfrac{5\pi}{4}$	$\dfrac{3\pi}{2}$	$\dfrac{7\pi}{4}$	2π	$\dfrac{9\pi}{4}$
$y = \operatorname{sen} x$									

b. Marca los puntos (x, y) de la parte (a). Dibuja una curva suave por los puntos para dibujar la gráfica de $y = \operatorname{sen} x$.

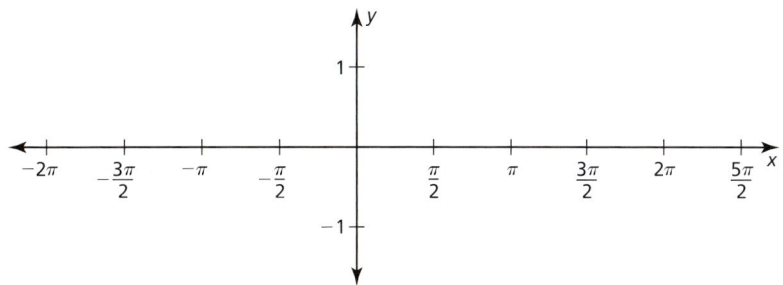

c. Usa la gráfica para identificar las intersecciones con el eje x, los valores de x donde ocurren las máximas y mínimas locales, y los intervalos en los cuales la función es creciente o decreciente sobre $-2\pi \leq x \leq 2\pi$. ¿La función seno es *par*, *impar* o *ninguna* de las dos?

EXPLORACIÓN 2 Hacer una gráfica de la función coseno

Trabaja con un compañero.

a. Completa la tabla para $y = \cos x$ usando los mismos valores de x que los usados en la Exploración 1.

b. Marca los puntos (x, y) de la parte (a) y dibuja la gráfica de $y = \cos x$.

c. Usa la gráfica para identificar las intersecciones con el eje x, los valores de x donde ocurren las máximas y mínimas locales, y los intervalos en los cuales la función es creciente o decreciente sobre $-2\pi \leq x \leq 2\pi$. ¿La función coseno es *par*, *impar* o *ninguna* de las dos?

BUSCAR UNA ESTRUCTURA

Para dominar las matemáticas, necesitas observar con atención para discernir un patrón o estructura.

Comunicar tu respuesta

3. ¿Cuáles son las características de las gráficas de las funciones seno y coseno?

4. Describe el comportamiento de los extremos de la gráfica de $y = \operatorname{sen} x$.

Sección 9.4 Hacer gráficas de las funciones seno y coseno 485

9.4 Lección

Vocabulario Esencial

amplitud, *pág. 486*
función periódica, *pág. 486*
ciclo, *pág. 486*
periodo, *pág. 486*
desplazamiento de fase, *pág. 488*
línea media, *pág. 488*

Anterior
transformaciones
intersección con el eje *x*

Qué aprenderás

▶ Explorar las características de las funciones seno y coseno.
▶ Alargar y encoger gráficas de las funciones seno y coseno.
▶ Trasladar gráficas de las funciones seno y coseno.
▶ Reflejar gráficas de las funciones seno y coseno.

Explorar las características de las funciones seno y coseno

En esta lección aprenderás a hacer gráficas de las funciones seno y coseno. Las gráficas de las funciones seno y coseno están relacionadas con las gráficas de las funciones madre $y = \text{sen } x$ y $y = \cos x$, que se muestran a continuación.

x	-2π	$-\frac{3\pi}{2}$	$-\pi$	$-\frac{\pi}{2}$	0	$\frac{\pi}{2}$	π	$\frac{3\pi}{2}$	2π
y = sen x	0	1	0	−1	0	1	0	−1	0
y = cos x	1	0	−1	0	1	0	−1	0	1

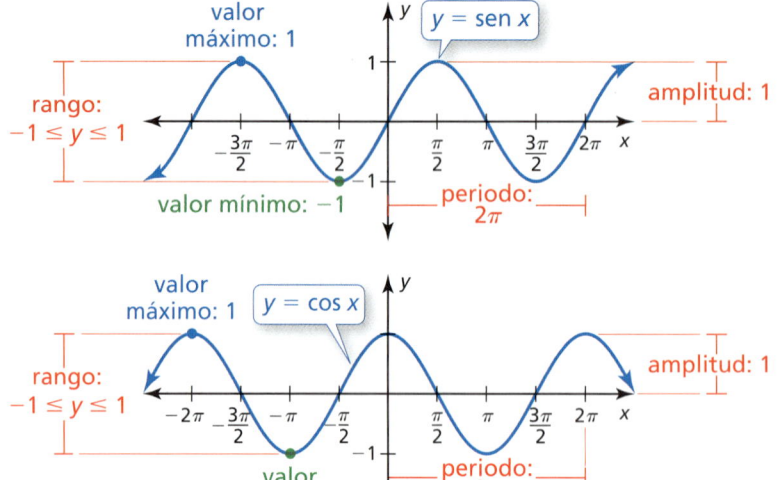

Concepto Esencial

Características de $y = \text{sen } x$ y $y = \cos x$

- El dominio de cada función es todos los números reales.
- El rango de cada función es $-1 \leq y \leq 1$. Entonces, el valor mínimo de cada función es -1 y el valor máximo es 1.
- La **amplitud** de la gráfica de cada función es la mitad de la diferencia del valor máximo y el valor mínimo, o $\frac{1}{2}[1 - (-1)] = 1$.
- Cada función es **periódica**, lo que significa que su gráfica tiene un patrón que se repite. La porción periódica más corta de la gráfica se denomina **ciclo**. La longitud horizontal de cada ciclo se denomina **periodo**. Cada gráfica que se muestra arriba tiene un periodo de 2π.
- Las intersecciones con el eje *x* para $y = \text{sen } x$ ocurren si $x = 0, \pm\pi, \pm 2\pi, \pm 3\pi, \ldots$.
- Las intersecciones con el eje *y* para $y = \cos x$ ocurren si $x = \pm\frac{\pi}{2}, \pm\frac{3\pi}{2}, \pm\frac{5\pi}{2}, \pm\frac{7\pi}{2}, \ldots$.

486   Capítulo 9   Razones y funciones trigonométricas

Alargar y encoger las funciones seno y coseno

Las gráficas de $y = a \operatorname{sen} bx$ y $y = a \cos bx$ representan transformaciones de sus funciones madre. El valor de a indica un alargamiento vertical ($a > 1$) o un encogimiento vertical ($0 < a < 1$) y cambia la amplitud de la gráfica. El valor de b indica un alargamiento horizontal ($0 < b < 1$) o un encogimiento horizontal ($b > 1$) y cambia el periodo de la gráfica.

$$y = a \operatorname{sen} bx$$
$$y = a \cos bx$$

alargamiento o encogimiento vertical por un factor de a

alargamiento o encogimiento horizontal por un factor de $\frac{1}{b}$

> **RECUERDA**
> La gráfica de $y = a \cdot f(x)$ es un alargamiento o encogimiento vertical de la gráfica de $y = f(x)$ por un factor de a.
>
> La gráfica de $y = f(bx)$ es un alargamiento o encogimiento horizontal de la gráfica de $y = f(x)$ por un factor de $\frac{1}{b}$.

Concepto Esencial

Amplitud y periodo

La amplitud y el periodo de las gráficas de $y = a \operatorname{sen} bx$ y $y = a \cos bx$, donde a y b son números reales distintos de cero, son las siguientes:

$$\text{Amplitud} = |a| \qquad \text{Periodo} = \frac{2\pi}{|b|}$$

Cada gráfica a continuación muestra cinco puntos clave que hacen la partición del intervalo $0 \leq x \leq \frac{2\pi}{|b|}$ en cuatro partes iguales. Puedes usar estos puntos para dibujar las gráficas de $y = a \operatorname{sen} bx$ y $y = a \cos bx$. Las intersecciones con el eje x, el máximo y el mínimo ocurren en estos puntos.

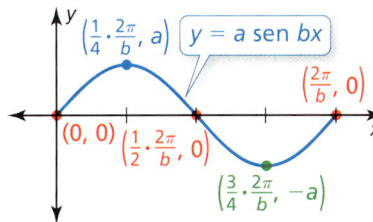
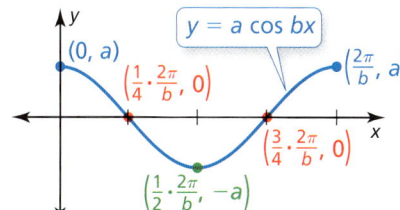

EJEMPLO 1 Hacer una gráfica de la función seno

Identifica la amplitud y el periodo de $g(x) = 4 \operatorname{sen} x$. Luego haz una gráfica de la función y describe la gráfica de g como una transformación de la gráfica de $f(x) = \operatorname{sen} x$.

SOLUCIÓN

La función es de la forma $g(x) = a \operatorname{sen} bx$ donde $a = 4$ y $b = 1$. Entonces, la amplitud es $a = 4$ y el periodo es $\frac{2\pi}{b} = \frac{2\pi}{1} = 2\pi$.

Intersecciones: $(0, 0)$; $\left(\frac{1}{2} \cdot 2\pi, 0\right) = (\pi, 0)$; $(2\pi, 0)$

Máximo: $\left(\frac{1}{4} \cdot 2\pi, 4\right) = \left(\frac{\pi}{2}, 4\right)$

Mínimo: $\left(\frac{3}{4} \cdot 2\pi, -4\right) = \left(\frac{3\pi}{2}, -4\right)$

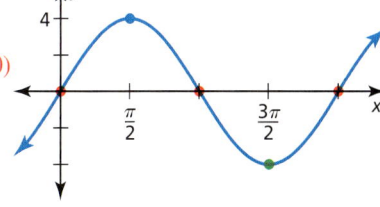

▶ La gráfica de g es un alargamiento vertical por un factor de 4 de la gráfica de f.

> **RECUERDA**
> Un alargamiento vertical de una gráfica no cambia su(s) intersección(es) con el eje x. Entonces, tiene sentido que las intersecciones con el eje x de $g(x) = 4 \operatorname{sen} x$ y $f(x) = \operatorname{sen} x$ sean iguales.
>
>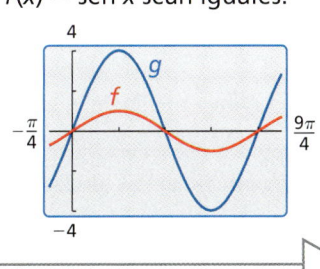

Sección 9.4 Hacer gráficas de las funciones seno y coseno **487**

EJEMPLO 2 Hacer una gráfica de la función coseno

Identifica la amplitud y el periodo de $g(x) = \frac{1}{2} \cos 2\pi x$. Luego haz la gráfica de la función y describe la gráfica de g como una transformación de la gráfica de $f(x) = \cos x$.

SOLUCIÓN

La función es de la forma $g(x) = a \cos bx$ donde $a = \frac{1}{2}$ y $b = 2\pi$. Entonces, la amplitud es $a = \frac{1}{2}$ y el periodo es $\frac{2\pi}{b} = \frac{2\pi}{2\pi} = 1$.

Intersecciones: $\left(\frac{1}{4} \cdot 1, 0\right) = \left(\frac{1}{4}, 0\right); \left(\frac{3}{4} \cdot 1, 0\right) = \left(\frac{3}{4}, 0\right)$

Máximos: $\left(0, \frac{1}{2}\right); \left(1, \frac{1}{2}\right)$

Mínimo: $\left(\frac{1}{2} \cdot 1, -\frac{1}{2}\right) = \left(\frac{1}{2}, -\frac{1}{2}\right)$

> La gráfica de g es un encogimiento vertical por un factor de $\frac{1}{2}$ y un encogimiento vertical por un factor de $\frac{1}{2\pi}$ de la gráfica de f.

CONSEJO DE ESTUDIO
Después de dibujar un ciclo completo de la gráfica en el Ejemplo 2 en el intervalo $0 \le x \le 1$, puedes ampliar la gráfica repitiendo el ciclo tantas veces como quieras a la izquierda y a la derecha de $0 \le x \le 1$.

Monitoreo del progreso 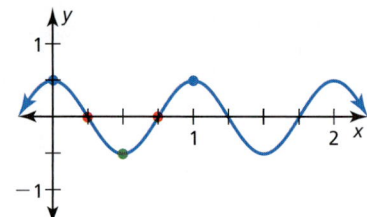 Ayuda en inglés y español en *BigIdeasMath.com*

Identifica la amplitud y el periodo de la función. Luego haz una gráfica de la función y describe la gráfica de g como una transformación de la gráfica de su función madre.

1. $g(x) = \frac{1}{4} \operatorname{sen} x$ **2.** $g(x) = \cos 2x$ **3.** $g(x) = 2 \operatorname{sen} \pi x$ **4.** $g(x) = \frac{1}{3} \cos \frac{1}{2}x$

RECUERDA
La gráfica de $y = f(x) + k$ es una traslación vertical de la gráfica de $y = f(x)$.

La gráfica de $y = f(x - h)$ es una traslación horizontal de la gráfica de $y = f(x)$.

Trasladar las funciones seno y coseno

Las gráficas de $y = a \operatorname{sen} b(x - h) + k$ y $y = a \cos b(x - h) + k$ representan traslaciones de $y = a \operatorname{sen} bx$ y $y = a \cos bx$. El valor de k indica una traslación hacia arriba ($k > 0$) o hacia abajo ($k < 0$). El valor de h indica una traslación a la izquierda ($h < 0$) o a la derecha ($h > 0$). Una traslación horizontal de una función periódica se denomina **desplazamiento de fase**.

Concepto Esencial

Hacer una gráfica de $y = a$ sen $b(x - h) + k$ y $y = a$ cos $b(x - h) + k$

Para hacer la gráfica de $y = a \operatorname{sen} b(x - h) + k$ o $y = a \cos b(x - h) + k$ donde $a > 0$ y $b > 0$, sigue los siguientes pasos.

Paso 1 Identifica la amplitud a, el periodo $\frac{2\pi}{b}$, el desplazamiento horizontal h, y el desplazamiento vertical k de la gráfica.

Paso 2 Dibuja la línea horizontal $y = k$, denominada la **línea media** de la gráfica.

Paso 3 Halla los cinco puntos clave trasladando los puntos clave de $y = a \operatorname{sen} bx$ o $y = a \cos bx$ horizontalmente h unidades y verticalmente k unidades.

Paso 4 Dibuja la gráfica pasando a través de los cinco puntos clave trasladados.

488 Capítulo 9 Razones y funciones trigonométricas

EJEMPLO 3 Hacer una gráfica de una traslación vertical

Haz una gráfica de $g(x) = 2 \operatorname{sen} 4x + 3$.

SOLUCIÓN

Paso 1 Identifica la amplitud, el periodo, el desplazamiento horizontal y el desplazamiento vertical.

Amplitud: $a = 2$ Desplazamiento horizontal: $h = 0$

Periodo: $\dfrac{2\pi}{b} = \dfrac{2\pi}{4} = \dfrac{\pi}{2}$ Desplazamiento vertical: $k = 3$

Paso 2 Dibuja la línea media de la gráfica, $y = 3$.

Paso 3 Halla los cinco puntos clave.

En $y = k$ $(0, 0 + 3) = (0, 3);\ \left(\dfrac{\pi}{4}, 0 + 3\right) = \left(\dfrac{\pi}{4}, 3\right);\ \left(\dfrac{\pi}{2}, 0 + 3\right) = \left(\dfrac{\pi}{2}, 3\right)$

Máximo: $\left(\dfrac{\pi}{8}, 2 + 3\right) = \left(\dfrac{\pi}{8}, 5\right)$

Mínimo: $\left(\dfrac{3\pi}{8}, -2 + 3\right) = \left(\dfrac{3\pi}{8}, 1\right)$

Paso 4 Dibuja la gráfica pasando por los puntos clave.

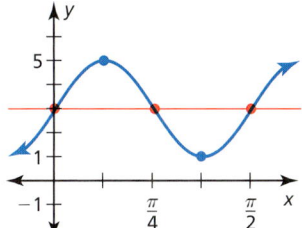

> **BUSCAR UNA ESTRUCTURA**
>
> La gráfica de g es una traslación 3 unidades a la derecha de la gráfica de $f(x) = 2 \operatorname{sen} 4x$. Entonces, suma 3 a las coordenadas de y de los cinco puntos clave de f.

EJEMPLO 4 Hacer una gráfica de traslación horizontal

Haz una gráfica de $g(x) = 5 \cos \dfrac{1}{2}(x - 3\pi)$.

SOLUCIÓN

Paso 1 Identifica la amplitud, el periodo, el desplazamiento horizontal y el desplazamiento vertical.

Amplitud: $a = 5$ Desplazamiento horizontal: $h = 3\pi$

Periodo: $\dfrac{2\pi}{b} = \dfrac{2\pi}{\frac{1}{2}} = 4\pi$ Desplazamiento vertical: $k = 0$

Paso 2 Dibuja la línea media de la gráfica. Dado que $k = 0$, la línea media es el eje x.

Paso 3 Halla los cinco puntos clave.

En $y = k$: $(\pi + 3\pi, 0) = (4\pi, 0);$
$(3\pi + 3\pi, 0) = (6\pi, 0)$

Máximos: $(0 + 3\pi, 5) = (3\pi, 5);$
$(4\pi + 3\pi, 5) = (7\pi, 5)$

Mínimo: $(2\pi + 3\pi, -5) = (5\pi, -5)$

Paso 4 Dibuja la gráfica pasando a través de los puntos clave.

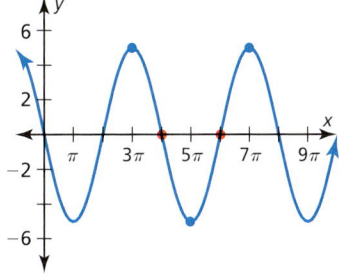

> **BUSCAR UNA ESTRUCTURA**
>
> La gráfica de g es una traslación 3π unidades a la derecha de la gráfica de $f(x) = 5 \cos \dfrac{1}{2}x$. Entonces, suma 3π a las coordenadas de x de los cinco puntos clave de f.

Monitoreo del progreso   Ayuda en inglés y español en *BigIdeasMath.com*

Haz una gráfica de la función.

5. $g(x) = \cos x + 4$ **6.** $g(x) = \dfrac{1}{2} \operatorname{sen}\left(x - \dfrac{\pi}{2}\right)$ **7.** $g(x) = \operatorname{sen}(x + \pi) - 1$

Sección 9.4   Hacer gráficas de las funciones seno y coseno   **489**

Reflejar las funciones seno y coseno

Has hecho gráficas de funciones de la forma $y = a \operatorname{sen}(x - h) + k$ y $y = a \cos b(x - h) + k$, donde $a > 0$ y $b > 0$. Para ver qué pasa si $a < 0$, considera las gráficas de $y = -\operatorname{sen} x$ y $y = -\cos x$.

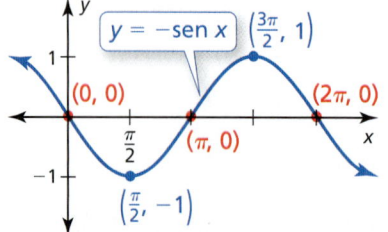
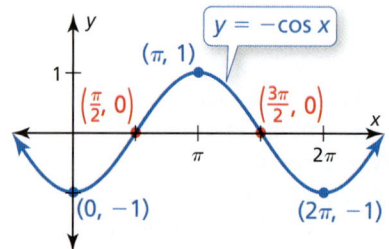

RECUERDA

Este resultado tiene sentido porque la gráfica de $y = -f(x)$ es una reflexión en el eje x de la gráfica de $y = f(x)$.

Las gráficas son reflexiones de las gráficas de $y = \operatorname{sen} x$ y $y = \cos x$ en el eje x. En general, cuando $a < 0$, las gráficas de $y = a \operatorname{sen} b(x - h) + k$ y $y = a \cos b(x - h) + k$ son reflexiones de las gráficas de $y = |a| \operatorname{sen} b(x - h) + k$ y $y = |a| \cos b(x - h) + k$, respectivamente, en la línea media $y = k$.

EJEMPLO 5   Hacer una gráfica de una reflexión

Haz una gráfica de $g(x) = -2 \operatorname{sen} \dfrac{2}{3}\left(x - \dfrac{\pi}{2}\right)$.

SOLUCIÓN

Paso 1 Identifica la amplitud, el periodo, el desplazamiento horizontal y el desplazamiento vertical.

Amplitud: $|a| = |-2| = 2$ Desplazamiento horizontal: $h = \dfrac{\pi}{2}$

Periodo: $\dfrac{2\pi}{b} = \dfrac{2\pi}{\frac{2}{3}} = 3\pi$ Desplazamiento vertical: $k = 0$

Paso 2 Dibuja la línea media de la gráfica. Dado que $k = 0$, la línea media es el eje x.

Paso 3 Halla los cinco puntos clave de $f(x) = |-2| \operatorname{sen} \dfrac{2}{3}\left(x - \dfrac{\pi}{2}\right)$.

En $y = k$: $\left(0 + \dfrac{\pi}{2}, 0\right) = \left(\dfrac{\pi}{2}, 0\right); \left(\dfrac{3\pi}{2} + \dfrac{\pi}{2}, 0\right) = (2\pi, 0); \left(3\pi + \dfrac{\pi}{2}, 0\right) = \left(\dfrac{7\pi}{2}, 0\right)$

Máximo: $\left(\dfrac{3\pi}{4} + \dfrac{\pi}{2}, 2\right) = \left(\dfrac{5\pi}{4}, 2\right)$ Mínimo: $\left(\dfrac{9\pi}{4} + \dfrac{\pi}{2}, -2\right) = \left(\dfrac{11\pi}{4}, -2\right)$

CONSEJO DE ESTUDIO

En el Ejemplo 5, el valor máximo y el valor mínimo de f son el valor mínimo y el valor máximo de g, respectivamente.

Paso 4 Refleja la gráfica. Dado que $a < 0$, la gráfica está reflejada en la línea media $y = 0$. Entonces, $\left(\dfrac{5\pi}{4}, 2\right)$ se convierte en $\left(\dfrac{5\pi}{4}, -2\right)$ y $\left(\dfrac{11\pi}{4}, -2\right)$ se convierte en $\left(\dfrac{11\pi}{4}, 2\right)$.

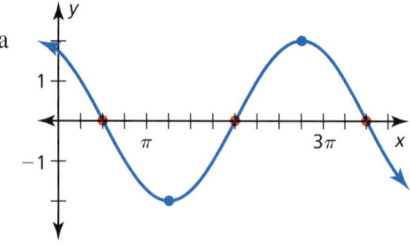

Paso 5 Dibuja la gráfica pasando a través de los puntos clave.

Monitoreo del progreso   Ayuda en inglés y español en *BigIdeasMath.com*

Haz una gráfica de la función.

8. $g(x) = -\cos\left(x + \dfrac{\pi}{2}\right)$ **9.** $g(x) = -3 \operatorname{sen} \dfrac{1}{2}x + 2$ **10.** $g(x) = -2 \cos 4x - 1$

490   Capítulo 9   Razones y funciones trigonométricas

9.4 Ejercicios

Soluciones dinámicas disponibles en *BigIdeasMath.com*

Verificación de vocabulario y concepto esencial

1. **COMPLETAR LA ORACIÓN** La porción periódica más corta de la gráfica de una función periódica se denomina un (una)_____.

2. **ESCRIBIR** Compara las amplitudes y los periodos de las funciones $y = \frac{1}{2}\cos x$ y $y = 3\cos 2x$.

3. **VOCABULARIO** ¿Qué es un desplazamiento de fase? Da un ejemplo de una función seno que tenga un desplazamiento de fase.

4. **VOCABULARIO** ¿Cuál es la línea media de la gráfica de la función $y = 2\operatorname{sen} 3(x + 1) - 2$?

Monitoreo del progreso y Representar con matemáticas

USAR LA ESTRUCTURA En los Ejercicios 5–8, determina si la gráfica representa una función periódica. Si es así, identifica el periodo.

5.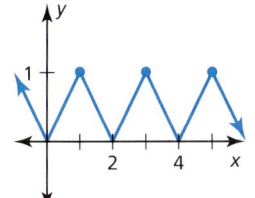

6.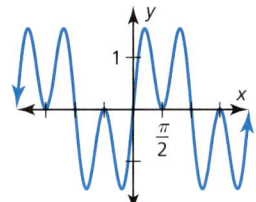

7.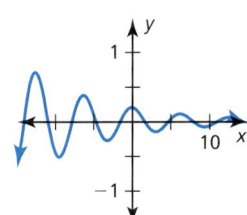

8.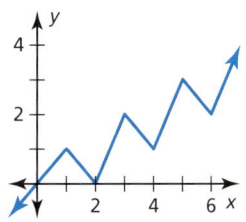

En los Ejercicios 9–12, identifica la amplitud y el periodo de la gráfica de la función.

9.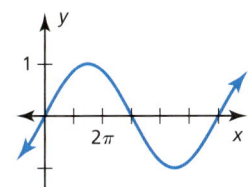

10.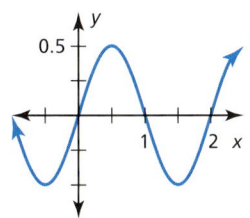

11.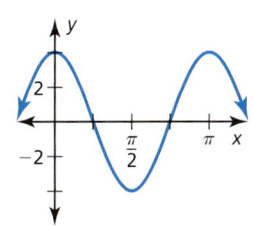

12.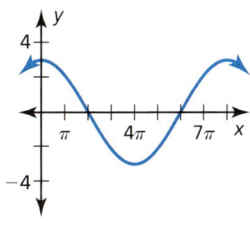

En los Ejercicios 13–20, identifica la amplitud y el periodo de la función. Luego haz una gráfica de la función y describe la gráfica de *g* como una transformación de la gráfica de su función madre. *(Consulta los Ejemplos 1 y 2).*

13. $g(x) = 3\operatorname{sen} x$

14. $g(x) = 2\operatorname{sen} x$

15. $g(x) = \cos 3x$

16. $g(x) = \cos 4x$

17. $g(x) = \operatorname{sen} 2\pi x$

18. $g(x) = 3\operatorname{sen} 2x$

19. $g(x) = \frac{1}{3}\cos 4x$

20. $g(x) = \frac{1}{2}\cos 4\pi x$

21. **ANALIZAR ECUACIONES** ¿Qué funciones tienen una amplitud de 4 y un periodo de 2?

    Ⓐ $y = 4\cos 2x$

    Ⓑ $y = -4\operatorname{sen} \pi x$

    Ⓒ $y = 2\operatorname{sen} 4x$

    Ⓓ $y = 4\cos \pi x$

22. **ESCRIBIR ECUACIONES** Escribe una ecuación de la forma $y = a\operatorname{sen} bx$, donde $a > 0$ y $b > 0$, de manera que la gráfica tenga la amplitud y el periodo dados.

    a. amplitud: 1
       periodo: 5

    b. amplitud: 10
       periodo: 4

    c. amplitud: 2
       periodo: 2π

    d. amplitud: $\frac{1}{2}$
       periodo: 3π

23. **REPRESENTAR CON MATEMÁTICAS** El movimiento de un péndulo se puede representar mediante la función $d = 4\cos 8\pi t$, donde *d* es el desplazamiento horizontal (en pulgadas) del péndulo relativo a su posición en reposo y *t* es el tiempo (en segundos). Halla e interpreta el periodo y la amplitud en el contexto de esta situación. Luego haz la gráfica de la función.

Sección 9.4 Hacer gráficas de las funciones seno y coseno 491

24. **REPRESENTAR CON MATEMÁTICAS** Una boya se mece de arriba abajo con el pasar de las olas. El desplazamiento vertical y (en pies) de la boya con respecto al nivel del mar puede representarse por $y = 1.75 \cos \frac{\pi}{3}t$, donde t es el tiempo (en segundos). Halla e interpreta el periodo y la amplitud en el contexto del problema. Luego haz una gráfica de la función.

USAR LA ESTRUCTURA En los Ejercicios 37–40, describe la transformación de la gráfica de f representada por la función g.

37. $f(x) = \cos x$, $g(x) = 2 \cos\left(x - \frac{\pi}{2}\right) + 1$

38. $f(x) = \operatorname{sen} x$, $g(x) = 3 \operatorname{sen}\left(x + \frac{\pi}{4}\right) - 2$

39. $f(x) = \operatorname{sen} x$, $g(x) = \operatorname{sen} 3(x + 3\pi) - 5$

40. $f(x) = \cos x$, $g(x) = \cos 6(x - \pi) + 9$

En los Ejercicios 41–48, haz una gráfica de la función. *(Consulta el Ejemplo 5).*

41. $g(x) = -\cos x + 3$ 42. $g(x) = -\operatorname{sen} x - 5$

43. $g(x) = -\operatorname{sen} \frac{1}{2}x - 2$ 44. $g(x) = -\cos 2x + 1$

45. $g(x) = -\operatorname{sen}(x - \pi) + 4$

46. $g(x) = -\cos(x + \pi) - 2$

47. $g(x) = -4 \cos\left(x + \frac{\pi}{4}\right) - 1$

48. $g(x) = -5 \operatorname{sen}\left(x - \frac{\pi}{2}\right) + 3$

En los Ejercicios 25–34, haz una gráfica de la función. *(Consulta los Ejemplos 3 y 4).*

25. $g(x) = \operatorname{sen} x + 2$ 26. $g(x) = \cos x - 4$

27. $g(x) = \cos\left(x - \frac{\pi}{2}\right)$ 28. $g(x) = \operatorname{sen}\left(x + \frac{\pi}{4}\right)$

29. $g(x) = 2 \cos x - 1$ 30. $g(x) = 3 \operatorname{sen} x + 1$

31. $g(x) = \operatorname{sen} 2(x + \pi)$

32. $g(x) = \cos 2(x - \pi)$

33. $g(x) = \operatorname{sen} \frac{1}{2}(x + 2\pi) + 3$

34. $g(x) = \cos \frac{1}{2}(x - 3\pi) - 5$

49. **USAR ECUACIONES** ¿Cuál de los siguientes es un punto en el que ocurre el valor máximo de la gráfica de $y = -4 \cos\left(x - \frac{\pi}{2}\right)$?

    Ⓐ $\left(-\frac{\pi}{2}, 4\right)$ Ⓑ $\left(\frac{\pi}{2}, 4\right)$

    Ⓒ $(0, 4)$ Ⓓ $(\pi, 4)$

35. **ANÁLISIS DE ERRORES** Describe y corrige el error cometido al hallar el periodo de la función $y = \operatorname{sen} \frac{2}{3}x$.

Periodo: $\dfrac{|b|}{2\pi} = \dfrac{\left|\frac{2}{3}\right|}{2\pi} = \dfrac{1}{3\pi}$

36. **ANÁLISIS DE ERRORES** Describe y corrige el error cometido al determinar el punto en el que ocurre el valor máximo de la función $y = 2 \operatorname{sen}\left(x - \frac{\pi}{2}\right)$.

Máximo:
$\left(\left(\frac{1}{4} \cdot 2\pi\right) - \frac{\pi}{2}, 2\right) = \left(\frac{\pi}{2} - \frac{\pi}{2}, 2\right)$
$= (0, 2)$

50. **ANALIZAR RELACIONES** Une cada función con su gráfica. Explica tu razonamiento.

    a. $y = 3 + \operatorname{sen} x$ **b.** $y = -3 + \cos x$

    c. $y = \operatorname{sen} 2\left(x - \frac{\pi}{2}\right)$ **d.** $y = \cos 2\left(x - \frac{\pi}{2}\right)$

A. 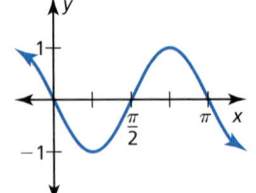   B.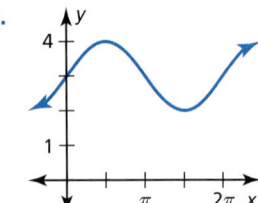

C. 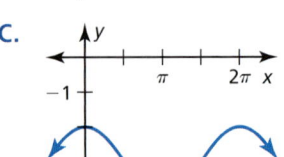   D.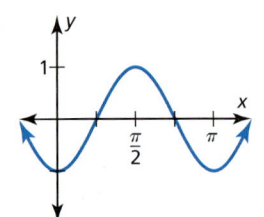

492 Capítulo 9   Razones y funciones trigonométricas

ESCRIBIR ECUACIONES En los Ejercicios 51–54, escribe una regla para g que represente las transformaciones indicadas de la gráfica de f.

51. $f(x) = 3\,\text{sen}\,x$; traslación 2 unidades hacia arriba y π unidades a la derecha

52. $f(x) = \cos 2\pi x$; traslación 4 unidades hacia abajo y 3 unidades a la izquierda

53. $f(x) = \frac{1}{3}\cos \pi x$; traslación 1 unidad hacia abajo, seguida de una reflexión en la línea $y = -1$

54. $f(x) = \frac{1}{2}\,\text{sen}\,6x$; traslación $\frac{3}{2}$ hacia abajo y 1 unidad a la derecha, seguida de una reflexión en la línea $y = -\frac{3}{2}$

55. **REPRESENTAR CON MATEMÁTICAS** La altura h (en pies) de un columpio sobre el suelo se puede representar mediante la función $h = -8\cos\theta + 10$, donde el pivote está a 10 pies sobre el suelo, la soga es de 8 pies de largo y θ es el ángulo que forma la soga con la vertical. Haz la gráfica de la función. ¿Cuál es la altura del columpio si θ es 45°?

Vista frontal

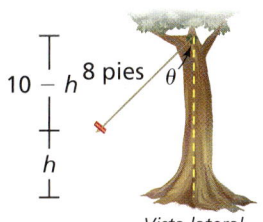
Vista lateral

56. **SACAR UNA CONCLUSIÓN** En una región en particular, la población L (en miles) de linces (el depredador) y la población H (en miles) de liebres (la presa) se puede representar mediante las ecuaciones

$$L = 11.5 + 6.5\,\text{sen}\,\frac{\pi}{5}t$$

$$H = 27.5 + 17.5\cos\frac{\pi}{5}t$$

donde t es el tiempo en años.

a. Determina la razón entre liebres y linces cuando $t = 0, 2.5, 5$ y 7.5 años.

b. Usa la figura para explicar cómo parecen estar relacionados los cambios en las dos poblaciones.

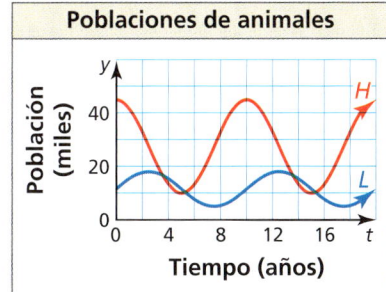

57. **USAR HERRAMIENTAS** La velocidad promedio del viento s (en millas por hora) en el Puerto de Boston se puede aproximar mediante

$$s = 3.38\,\text{sen}\,\frac{\pi}{180}(t + 3) + 11.6$$

donde t es el tiempo en días y $t = 0$ representa el 1ro de enero. Usa una calculadora gráfica para hacer la gráfica de la función. ¿En qué días del año la velocidad promedio del viento es de 10 millas por hora? Explica tu razonamiento.

58. **USAR HERRAMIENTAS** La profundidad del agua d (en pies) de la Bahía de Fundy se puede representar mediante $d = 35 - 28\cos\frac{\pi}{6.2}t$, donde t es el tiempo en horas y $t = 0$ representa la medianoche. Usa una calculadora gráfica para hacer la gráfica de la función. ¿A qué hora(s) la profundidad del agua es de 7 pies? Explica.

marea alta

marea baja

59. **REPRESENTACIONES MÚLTIPLES** Halla la tasa de cambio promedio de cada función sobre el intervalo $0 < x < \pi$.

a. $y = 2\cos x$

b.

x	0	$\frac{\pi}{2}$	π	$\frac{3\pi}{2}$	2π
$f(x) = -\cos x$	-1	0	1	0	-1

c.
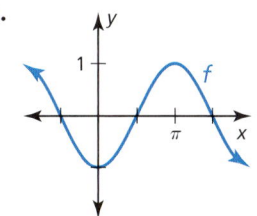

60. **RAZONAR** Considera las funciones $y = \text{sen}(-x)$ y $y = \cos(-x)$.

a. Construye una tabla de valores para cada ecuación usando los ángulos cuadrantales en el intervalo $-2\pi \leq x \leq 2\pi$.

b. Haz una gráfica de cada función.

c. Describe las transformaciones de las gráficas de las funciones madre.

Sección 9.4   Hacer gráficas de las funciones seno y coseno   493

61. **REPRESENTAR CON MATEMÁTICAS** Estás en una rueda de la fortuna que da vueltas por 180 segundos. Tu altura h (en pies) sobre el suelo en cualquier momento t (en segundos) se puede representar mediante la ecuación

$h = 85 \operatorname{sen} \dfrac{\pi}{20}(t - 10) + 90$.

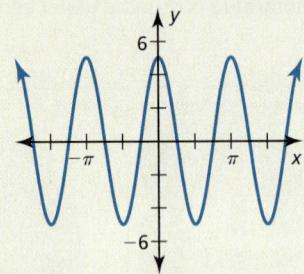

a. Haz una gráfica de la función.

b. ¿Cuántos ciclos hace la rueda de la fortuna en 180 segundos?

c. ¿Cuáles son tus alturas máxima y mínima?

62. **¿CÓMO LO VES?** Usa la gráfica para responder cada pregunta.

a. ¿La gráfica representa una función de la forma $f(x) = a \operatorname{sen} bx$ o $f(x) = a \cos bx$? Explica.

b. Identifica el valor máximo, el valor mínimo, el periodo y la amplitud de la función.

63. **HALLAR UN PATRÓN** Escribe una expresión en términos del entero n que represente a todas las intersecciones con el eje x de la gráfica de la función $y = \cos 2x$. Justifica tu respuesta.

64. **ARGUMENTAR** Tu amigo dice que para las funciones de la forma $y = a \operatorname{sen} bx$ y $y = a \cos bx$, los valores de a y b afectan las intersecciones con el eje x de la gráfica de la función. ¿Es correcto lo que dice tu amigo? Explica.

65. **PENSAMIENTO CRÍTICO** Describe una transformación de la gráfica de $f(x) = \operatorname{sen} x$ que tenga como resultado la gráfica de $g(x) = \cos x$.

66. **ESTIMULAR EL PENSAMIENTO** Usa una calculadora gráfica para hallar una función de la forma $y = \operatorname{sen} b_1 x + \cos b_2 x$ cuya gráfica corresponda con la que se muestra a continuación.

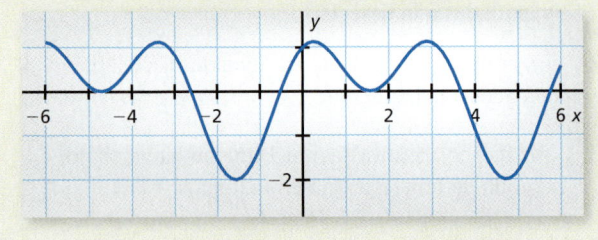

67. **RESOLVER PROBLEMAS** Para una persona en reposo, la presión sanguínea P (en milímetros de mercurio) en el tiempo t (en segundos) está dada por la función

$P = 100 - 20 \cos \dfrac{8\pi}{3}t$.

Haz una gráfica de la función. Un ciclo equivale a un latido del corazón. ¿Cuál es el pulso (en latidos por minuto) de la persona?

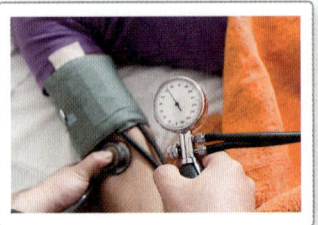

68. **RESOLVER PROBLEMAS** El movimiento de un resorte se puede representar mediante $y = A \cos kt$, donde y es el desplazamiento vertical (en pies) del resorte relativo a su posición en reposo, A es el desplazamiento inicial (en pies), k es una constante que mide la elasticidad del resorte y t es el tiempo (en segundos).

a. Tienes un resorte cuyo movimiento se puede representar mediante la función $y = 0.2 \cos 6t$. Halla el desplazamiento inicial y el periodo del resorte. Luego haz una gráfica de la función.

b. Cuando se aplica una fuerza amortiguadora al resorte, el movimiento del resorte se puede representar mediante la función $y = 0.2e^{-4.5t} \cos 4t$. Haz una gráfica de esta función. ¿Qué efecto tiene la fuerza amortiguadora en el movimiento?

Mantener el dominio de las matemáticas Repasar lo que aprendiste en grados y lecciones anteriores

Simplifica la expresión racional, si es posible. *(Sección 7.3)*

69. $\dfrac{x^2 + x - 6}{x + 3}$

70. $\dfrac{x^3 - 2x^2 - 24x}{x^2 - 2x - 24}$

71. $\dfrac{x^2 - 4x - 5}{x^2 + 4x - 5}$

72. $\dfrac{x^2 - 16}{x^2 + x - 20}$

Halla el mínimo común múltiplo de las expresiones. *(Sección 7.4)*

73. $2x, 2(x - 5)$

74. $x^2 - 4, x + 2$

75. $x^2 + 8x + 12, x + 6$

494 Capítulo 9 Razones y funciones trigonométricas

9.1–9.4 ¿Qué aprendiste?

Vocabulario Esencial

seno, *pág. 462*
coseno, *pág. 462*
tangente, *pág. 462*
cosecante, *pág. 462*
secante, *pág. 462*
cotangente, *pág. 462*
lado inicial, *pág. 470*
lado terminal, *pág. 470*

posición estándar, *pág. 470*
coterminal, *pág. 471*
radián, *pág. 471*
sector, *pág. 472*
ángulo central, *pág. 472*
círculo unitario, *pág. 479*
ángulo cuadrantal, *pág. 479*
ángulo de referencia, *pág. 480*

amplitud, *pág. 486*
función periódica, *pág. 486*
ciclo, *pág. 486*
periodo, *pág. 486*
desplazamiento de fase, *pág. 488*
línea media, *pág. 488*

Conceptos Esenciales

Sección 9.1
Definiciones de las funciones trigonométricas de un triángulo rectángulo, *pág. 462*
Valores trigonométricos para ángulos especiales, *pág. 463*

Sección 9.2
Ángulos en posición estándar, *pág. 470*
Convertir entre grados y radianes, *pág. 471*

Medidas en grados y radianes de ángulos especiales, *pág. 472*
Longitud del arco y área de un sector, *pág. 472*

Sección 9.3
Definiciones generales de las funciones trigonométricas, *pág. 478*
El círculo unitario, *pág. 479*

Relaciones del ángulo de referencia, *pág. 480*
Evaluar funciones trigonométricas, *pág. 480*

Sección 9.4
Características de $y = \operatorname{sen} x$ y $y = \cos x$, *pág. 486*
Amplitud y periodo, *pág. 487*
Hacer una gráfica de $y = a \operatorname{sen} b(x - h) + k$ y $y = a \cos b(x - h) + k$, *pág. 488*

Prácticas matemáticas

1. Haz una conjetura acerca de las distancias horizontales recorridas en la parte (c) del Ejercicio 39 de la página 483.

2. Explica por qué las cantidades en la parte (a) del Ejercicio 56 de la página 493 tienen sentido en el contexto de la situación.

---- Destrezas de estudio ----

Forma un grupo de estudio varias semanas antes del examen final. La intención de este grupo es revisar lo que ya has aprendido, a la vez que continúas aprendiendo material nuevo.

9.1–9.4 Prueba

1. En un triángulo rectángulo, θ es un ángulo agudo y sen θ = $\frac{2}{7}$. Evalúa las otras cinco funciones trigonométricas de θ. *(Sección 9.1)*

Halla el valor de *x* para el triángulo rectángulo. *(Sección 9.1)*

2.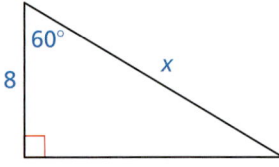

3.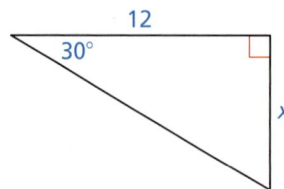

4.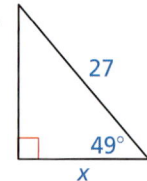

Dibuja un ángulo con la medida dada en posición estándar. Luego halla un ángulo positivo y un ángulo negativo que sean coterminales con el ángulo dado. *(Sección 9.2)*

5. 40°

6. $\frac{5\pi}{6}$

7. −960°

Convierte la medida en grados a radianes o la medida en radianes a grados. *(Sección 9.2)*

8. $\frac{3\pi}{10}$

9. −60°

10. 72°

Evalúa las seis funciones trigonométricas de θ. *(Sección 9.3)*

11.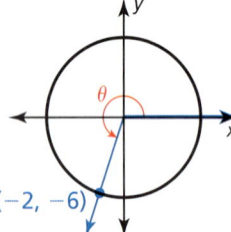

12.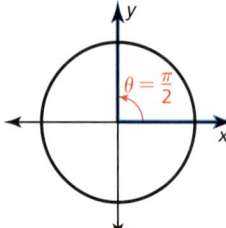

13.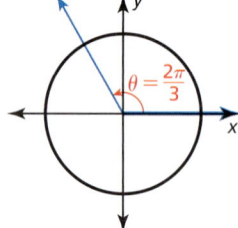

14. Identifica la amplitud y el periodo de g(x) = 3 sen x. Luego haz una gráfica de la función y describe la gráfica de g como una transformación de la gráfica de f(x) = sen x. *(Sección 9.4)*

15. Identifica la amplitud y el periodo de g(x) = cos 5πx + 3. Luego haz una gráfica de la función y describe la gráfica de g como una transformación de la gráfica de f(x) = cos x. *(Sección 9.4)*

16. Vuelas una cometa en un ángulo de 70°. Has soltado un total de 400 pies de hilo y sostienes firme el carrete 4 pies sobre el suelo. *(Sección 9.1)*

    a. ¿Qué tan alto sobre el suelo está la cometa?

    b. Un amigo que observa la cometa estima que el ángulo de elevación de la cometa es 85°. ¿A cuánta distancia de tu amigo estás parado?

17. La cima de la torre Space Needle en Seattle, Washington, es un restaurante circular giratorio. El restaurante tiene un radio de 47.25 pies y hace una revolución completa en aproximadamente una hora. Cenas en una mesa con vista a la ventana de 7:00 p.m. a 8:55 p.m. Compara la distancia que giras con la distancia de una persona sentada a 5 pies de las ventanas. *(Sección 9.2)*

9.5 Hacer gráficas de otras funciones trigonométricas

Pregunta esencial ¿Cuáles son las características de la gráfica de la función tangente?

EXPLORACIÓN 1 Hacer una gráfica de la función tangente

Trabaja con un compañero.

a. Completa la tabla para $y = \tan x$, donde x es una medida de ángulo en radianes.

x	$-\dfrac{\pi}{2}$	$-\dfrac{\pi}{3}$	$-\dfrac{\pi}{4}$	$-\dfrac{\pi}{6}$	0	$\dfrac{\pi}{6}$	$\dfrac{\pi}{4}$	$\dfrac{\pi}{3}$	$\dfrac{\pi}{2}$
$y = \tan x$									

x	$\dfrac{2\pi}{3}$	$\dfrac{3\pi}{4}$	$\dfrac{5\pi}{6}$	π	$\dfrac{7\pi}{6}$	$\dfrac{5\pi}{4}$	$\dfrac{4\pi}{3}$	$\dfrac{3\pi}{2}$	$\dfrac{5\pi}{3}$
$y = \tan x$									

b. La gráfica de $y = \tan x$ tiene asíntotas verticales en valores de x donde tan x es indefinida. Marca los puntos (x, y) de la parte (a). Luego usa las asíntotas para dibujar la gráfica de $y = \tan x$.

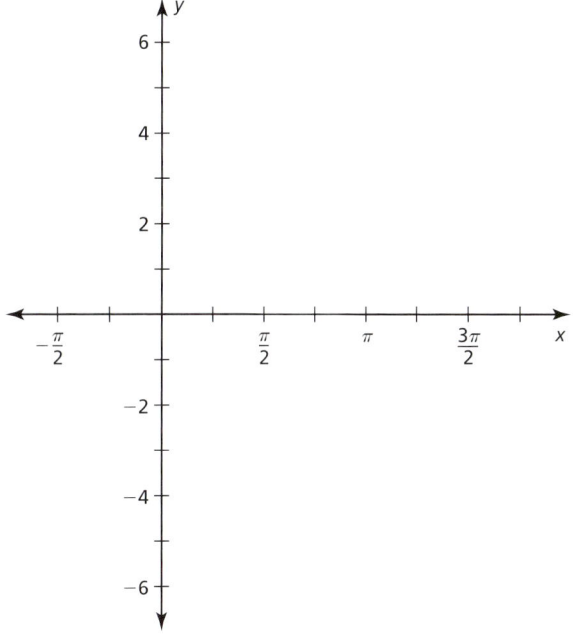

DARLE SENTIDO A LOS PROBLEMAS

Para dominar las matemáticas, necesitas considerar problemas análogos e intentar resolver casos especiales del problema original para tener una mayor comprensión de su solución.

c. Para la gráfica de $y = \tan x$, identifica las asíntotas, las intersecciones con el eje x y los intervalos para los cuales la función es creciente o decreciente sobre $-\dfrac{\pi}{2} \leq x \leq \dfrac{3\pi}{2}$. ¿La función tangente es *par*, *impar* o *ninguna* de las dos?

Comunicar tu respuesta

2. ¿Cuáles son las características de la gráfica de la función tangente?

3. Describe las asíntotas de la gráfica de $y = \cot x$ en el intervalo $-\dfrac{\pi}{2} < x < \dfrac{3\pi}{2}$.

Sección 9.5   Hacer gráficas de otras funciones trigonométricas   **497**

9.5 Lección

Vocabulario Esencial

Anterior
asíntota
periodo
amplitud
intersección con el eje x
transformaciones

Qué aprenderás

▶ Explorar las características de las funciones tangente y cotangente.
▶ Hacer gráficas de las funciones tangente y cotangente.
▶ Hacer gráficas de las funciones secante y cosecante.

Explorar las funciones tangente y cotangente

Las gráficas de las funciones tangente y cotangente están relacionadas con las gráficas de las funciones madre $y = \tan x$ y $y = \cot x$, que están dibujadas abajo.

← x se aproxima a $-\frac{\pi}{2}$ — | — x se aproxima a $\frac{\pi}{2}$ →

x	$-\frac{\pi}{2}$	-1.57	-1.5	$-\frac{\pi}{4}$	0	$\frac{\pi}{4}$	1.5	1.57	$\frac{\pi}{2}$
$y = \tan x$	Indef.	-1256	-14.10	-1	0	1	14.10	1256	Indef.

← $\tan x$ se aproxima a $-\infty$ — | — $\tan x$ se aproxima a ∞ →

Dado que $\tan x = \frac{\operatorname{sen} x}{\cos x}$, $\tan x$ es indefinida para los valores de x en los que $\cos x = 0$, tal como $x = \pm\frac{\pi}{2} \approx \pm 1.571$.

La tabla indica que la gráfica tiene asíntotas en estos valores. La tabla representa un ciclo de la gráfica, de manera que el periodo de la gráfica es π.

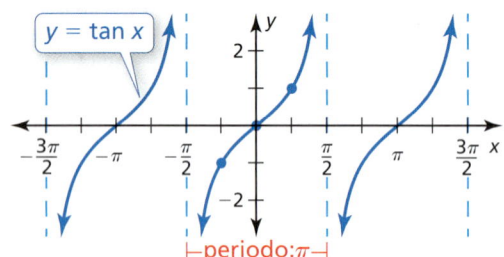

Puedes usar un enfoque similar para hacer la gráfica de $y = \cot x$. Dado que $\cot x = \frac{\cos x}{\operatorname{sen} x}$, $\cot x$ es indefinida para los valores de x en los que $\operatorname{sen} x = 0$, que son múltiplos de π. La gráfica tiene asíntotas en estos valores. El periodo de la gráfica es también π.

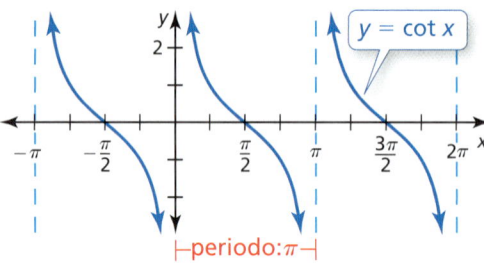

🔑 Concepto Esencial

Características de $y = \tan x$ y $y = \cot x$

Las funciones $y = \tan x$ y $y = \cot x$ tienen las siguientes características.

- El dominio de $y = \tan x$ son todos los números reales excepto los múltiplos impares de $\frac{\pi}{2}$. En estos valores de x, la gráfica tiene asíntotas verticales.
- El dominio de $y = \cot x$ son todos los números reales excepto los múltiplos de π. En estos valores de x, la gráfica tiene asíntotas verticales.
- El rango de cada función son todos los números reales. Entonces, las funciones no tienen valores máximos o mínimos, y las gráficas no tienen una amplitud.
- El periodo de cada gráfica es π.
- Las intersecciones del eje x para $y = \tan x$ ocurren si $x = 0, \pm\pi, \pm 2\pi, \pm 3\pi, \ldots$.
- Las intersecciones del eje x para $y = \cot x$ ocurren si $x = \pm\frac{\pi}{2}, \pm\frac{3\pi}{2}, \pm\frac{5\pi}{2}, \pm\frac{7\pi}{2}, \ldots$.

CONSEJO DE ESTUDIO

Los múltiplos impares de $\frac{\pi}{2}$ son valores como estos:

$\pm 1 \cdot \frac{\pi}{2} = \pm\frac{\pi}{2}$

$\pm 3 \cdot \frac{\pi}{2} = \pm\frac{3\pi}{2}$

$\pm 5 \cdot \frac{\pi}{2} = \pm\frac{5\pi}{2}$

Hacer gráficas de las funciones tangente y cotangente

Las gráficas de $y = a \tan bx$ y $y = a \cot bx$ representan transformaciones de sus funciones madre. El valor de a indica un alargamiento vertical ($a > 1$) o un encogimiento vertical ($0 < a < 1$). El valor de b indica un alargamiento horizontal ($0 < b < 1$) o un encogimiento horizontal ($b > 1$) y cambia el periodo de la gráfica.

Concepto Esencial

Periodo y asíntotas verticales de $y = a \tan bx$ y $y = a \cot bx$

El periodo y las asíntotas verticales de $y = a \tan bx$ y $y = a \cot bx$, donde a y b son números reales distintos de cero, son los siguientes.

- El periodo de la gráfica de cada función es $\dfrac{\pi}{|b|}$.
- Las asíntotas verticales para $y = a \tan bx$ están en múltiplos impares de $\dfrac{\pi}{2|b|}$.
- Las asíntotas verticales para $y = a \cot bx$ están en múltiplos de $\dfrac{\pi}{|b|}$.

Cada gráfica a continuación muestra cinco valores de x clave que puedes usar para dibujar las gráficas de $y = a \tan bx$ y $y = a \cot bx$ para $a > 0$ y $b > 0$. Estos son la intersección con el eje x, los valores de x donde ocurren las asíntotas, y los valores de x en el punto intermedio entre la intersección con el eje x y las asíntotas. En cada punto intermedio, el valor de la función es a o $-a$.

EJEMPLO 1   Hacer una gráfica de una función tangente

Haz la gráfica de un periodo de $g(x) = 2 \tan 3x$. Describe la gráfica de g como una transformación de la gráfica de $f(x) = \tan x$.

SOLUCIÓN

La función es de la forma $g(x) = a \tan bx$ donde $a = 2$ y $b = 3$. Entonces, el periodo es $\dfrac{\pi}{|b|} = \dfrac{\pi}{3}$.

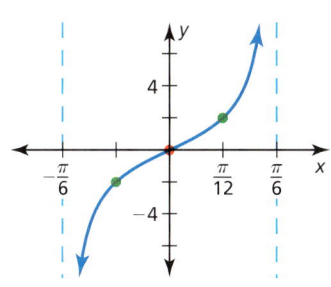

Intersección: $(0, 0)$

Asíntotas: $x = \dfrac{\pi}{2|b|} = \dfrac{\pi}{2(3)}$, o $x = \dfrac{\pi}{6}$; $x = -\dfrac{\pi}{2|b|} = -\dfrac{\pi}{2(3)}$, o $x = -\dfrac{\pi}{6}$

Puntos intermedios: $\left(\dfrac{\pi}{4b}, a\right) = \left(\dfrac{\pi}{4(3)}, 2\right) = \left(\dfrac{\pi}{12}, 2\right);$

$\left(-\dfrac{\pi}{4b}, -a\right) = \left(-\dfrac{\pi}{4(3)}, -2\right) = \left(-\dfrac{\pi}{12}, -2\right)$

▶ La gráfica de g es un alargamiento vertical por un factor de 2 y un encogimiento horizontal por un factor de $\dfrac{1}{3}$ de la gráfica de f.

EJEMPLO 2 Hacer una gráfica de una función cotangente

Haz la gráfica de un periodo de $g(x) = \cot \frac{1}{2}x$. Describe la gráfica de g como una transformación de la gráfica de $f(x) = \cot x$.

SOLUCIÓN

La función es de la forma $f(x) = a \cot bx$ donde $a = 1$ y $b = \frac{1}{2}$. Entonces, el periodo es $\dfrac{\pi}{|b|} = \dfrac{\pi}{\frac{1}{2}} = 2\pi$.

Intersección: $\left(\dfrac{\pi}{2b}, 0\right) = \left(\dfrac{\pi}{2\left(\frac{1}{2}\right)}, 0\right) = (\pi, 0)$

Asíntotas: $x = 0$; $x = \dfrac{\pi}{|b|} = \dfrac{\pi}{\frac{1}{2}}$, o $x = 2\pi$

Puntos intermedios: $\left(\dfrac{\pi}{4b}, a\right) = \left(\dfrac{\pi}{4\left(\frac{1}{2}\right)}, 1\right) = \left(\dfrac{\pi}{2}, 1\right)$; $\left(\dfrac{3\pi}{4b}, -a\right) = \left(\dfrac{3\pi}{4\left(\frac{1}{2}\right)}, -1\right) = \left(\dfrac{3\pi}{2}, -1\right)$

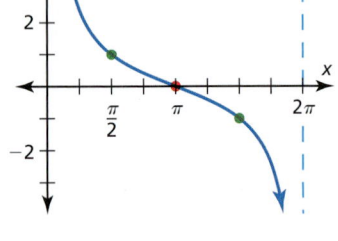

▶ La gráfica de g es un alargamiento horizontal por un factor de 2 de la gráfica de f.

Monitoreo del progreso Ayuda en inglés y español en *BigIdeasMath.com*

Haz la gráfica de un periodo de la función. Describe la gráfica de g como una transformación de la gráfica de su función madre.

1. $g(x) = \tan 2x$ **2.** $g(x) = \frac{1}{3} \cot x$ **3.** $g(x) = 2 \cot 4x$ **4.** $g(x) = 5 \tan \pi x$

Hacer gráficas de las funciones secante y cosecante

Las gráficas de las funciones secante y cosecante están relacionadas con las gráficas de las funciones madre $y = \sec x$ y $y = \csc x$, que se muestran a continuación.

CONSEJO DE ESTUDIO

Dado que $\sec x = \dfrac{1}{\cos x}$, $\sec x$ es indefinida para valores de x en la que $\cos x = 0$. La gráfica de $y = \sec x$ tiene asíntotas verticales en estos valores de x. Puedes usar razonamiento similar para comprender las asíntotas verticales de la gráfica de $y = \csc x$.

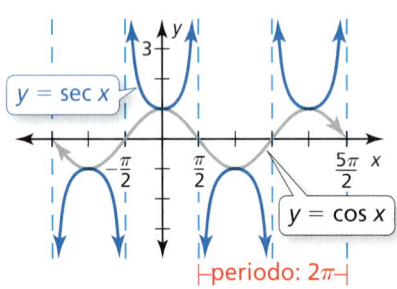
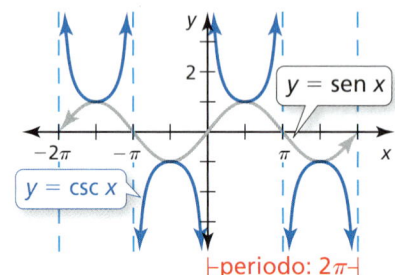

Concepto Esencial

Características de $y = \sec x$ y $y = \csc x$

Las funciones $y = \sec x$ y $y = \csc x$ tienen las siguientes características.

- El dominio de $y = \sec x$ son todos los números reales excepto los múltiplos impares de $\dfrac{\pi}{2}$. En estos valores de x, la gráfica tiene asíntotas verticales.
- El dominio de $y = \csc x$ son todos los números reales excepto los múltiplos de π. En estos valores de x, la gráfica tiene asíntotas verticales.
- El rango de cada función es $y \leq -1$ y $y \geq 1$. Entonces, las gráficas no tienen una amplitud.
- El periodo de cada gráfica es 2π.

Para hacer la gráfica de $y = a \sec bx$ o $y = a \csc bx$, primero haz la gráfica de la función $y = a \cos bx$ o $y = a \sen bx$, respectivamente. Luego usa las asíntotas y varios puntos para dibujar una gráfica de la función. Observa que el valor de b representa un alargamiento o encogimiento horizontal por un factor de $\frac{1}{b}$, entonces el periodo de $y = a \sec bx$ y $y = a \csc bx$ es $\frac{2\pi}{|b|}$.

EJEMPLO 3 Hacer una gráfica de una función secante

Haz la gráfica de un periodo de $g(x) = 2 \sec x$. Describe la gráfica de g como una transformación de la gráfica de $f(x) = \sec x$.

SOLUCIÓN

Paso 1 Haz una gráfica de la función $y = 2 \cos x$. El periodo es $\frac{2\pi}{1} = 2\pi$.

Paso 2 Haz una gráfica de las asíntotas de g. Dado que las asíntotas de g ocurren si $2 \cos x = 0$, dibuja $x = -\frac{\pi}{2}$, $x = \frac{\pi}{2}$ y $x = \frac{3\pi}{2}$.

Paso 3 Marca puntos en g, tales como $(0, 2)$ y $(\pi, -2)$. Luego usa las asíntotas para dibujar la curva.

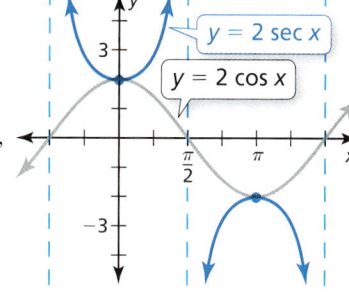

▶ La gráfica de g es un alargamiento vertical por un factor de 2 de la gráfica de f.

EJEMPLO 4 Hacer una gráfica de una función cosecante

Haz la gráfica de un periodo de $g(x) = \frac{1}{2} \csc \pi x$. Describe la gráfica de g como una transformación de la gráfica de $f(x) = \csc x$.

SOLUCIÓN

Paso 1 Haz la gráfica de la función $y = \frac{1}{2} \sen \pi x$. El periodo es $\frac{2\pi}{\pi} = 2$.

Paso 2 Dibuja las asíntotas de g. Dado que las asíntotas de g ocurren si $\frac{1}{2} \sen \pi x = 0$, dibuja $x = 0$, $x = 1$, y $x = 2$.

Paso 3 Marca los puntos en g, tales como $\left(\frac{1}{2}, \frac{1}{2}\right)$ y $\left(\frac{3}{2}, -\frac{1}{2}\right)$. Luego usa las asíntotas para dibujar la curva.

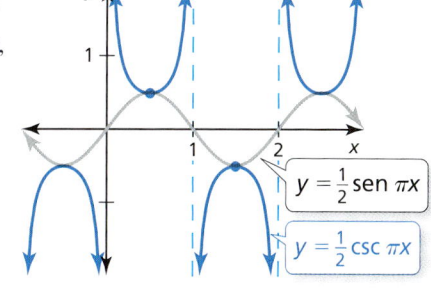

> **BUSCAR UN PATRÓN**
>
> En los Ejemplos 3 y 4, observa que los puntos marcados están en ambas gráficas. También, estos puntos representan un máximo local en una gráfica y un mínimo local en la otra gráfica.

▶ La gráfica de g es un encogimiento vertical por un factor de $\frac{1}{2}$ y un encogimiento horizontal por un factor de $\frac{1}{\pi}$ de la gráfica de f.

Monitoreo del progreso   Ayuda en inglés y español en *BigIdeasMath.com*

Haz la gráfica de un periodo de la función. Describe la gráfica de g como una transformación de la gráfica de su función madre.

5. $g(x) = \csc 3x$ **6.** $g(x) = \frac{1}{2} \sec x$ **7.** $g(x) = 2 \csc 2x$ **8.** $g(x) = 2 \sec \pi x$

Sección 9.5   Hacer gráficas de otras funciones trigonométricas   **501**

9.5 Ejercicios

Soluciones dinámicas disponibles en *BigIdeasMath.com*

Verificación de vocabulario y concepto esencial

1. **ESCRIBIR** Explica por qué las gráficas de las funciones tangente, cotangente, secante y cosecante no tienen amplitud.

2. **COMPLETAR LA ORACIÓN** Las funciones _____ y _____ son indefinidas para los valores de *x* en los que sen *x* = 0.

3. **COMPLETAR LA ORACIÓN** El periodo de la función $y = \sec x$ es _____. Y el periodo de $y = \cot x$ es _____.

4. **ESCRIBIR** Explica cómo dibujar una función de la forma $y = a \sec bx$.

Monitoreo del progreso y Representar con matemáticas

En los Ejercicios 5–12, haz la gráfica de un periodo de la función. Describe la gráfica de *g* como una transformación de la gráfica de su función madre. *(Consulta los Ejemplos 1 y 2)*.

5. $g(x) = 2 \tan x$
6. $g(x) = 3 \tan x$
7. $g(x) = \cot 3x$
8. $g(x) = \cot 2x$
9. $g(x) = 3 \cot \frac{1}{4}x$
10. $g(x) = 4 \cot \frac{1}{2}x$
11. $g(x) = \frac{1}{2} \tan \pi x$
12. $g(x) = \frac{1}{3} \tan 2\pi x$

13. **ANÁLISIS DE ERRORES** Describe y corrige el error cometido al hallar el periodo de la función $y = \cot 3x$.

Periodo: $\dfrac{2\pi}{|b|} = \dfrac{2\pi}{3}$

14. **ANÁLISIS DE ERRORES** Describe y corrige el error cometido al describir la transformación de $f(x) = \tan x$ representada por $g(x) = 2 \tan 5x$.

Un alargamiento vertical por un factor de 5 y un encogimiento vertical por un factor de $\frac{1}{2}$.

15. **ANALIZAR RELACIONES** Usa la gráfica dada para hacer la gráfica de cada función.

   a. $f(x) = 3 \sec 2x$
   b. $f(x) = 4 \csc 3x$

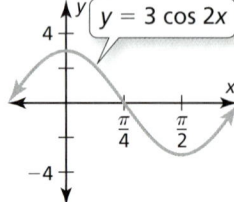
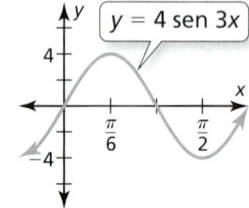

16. **USAR ECUACIONES** ¿Cuál de las siguientes son asíntotas de la gráfica de $y = 3 \tan 4x$?

   Ⓐ $x = \dfrac{\pi}{8}$
   Ⓑ $x = \dfrac{\pi}{4}$
   Ⓒ $x = 0$
   Ⓓ $x = -\dfrac{5\pi}{8}$

En los Ejercicios 17–24, haz la gráfica de un periodo de la función. Describe la gráfica de *g* como una transformación de la gráfica de su función madre. *(Consulta los Ejemplos 3 y 4)*.

17. $g(x) = 3 \csc x$
18. $g(x) = 2 \csc x$
19. $g(x) = \sec 4x$
20. $g(x) = \sec 3x$
21. $g(x) = \dfrac{1}{2} \sec \pi x$
22. $g(x) = \dfrac{1}{4} \sec 2\pi x$
23. $g(x) = \csc \dfrac{\pi}{2} x$
24. $g(x) = \csc \dfrac{\pi}{4} x$

PRESTAR ATENCIÓN A LA PRECISIÓN En los Ejercicios 25–28, usa la gráfica para escribir una función de la forma $y = a \tan bx$.

25.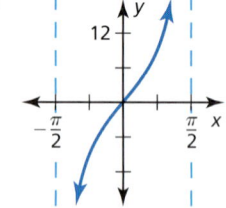
26.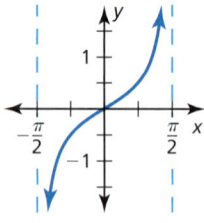
27.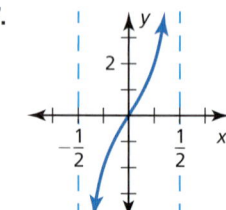
28.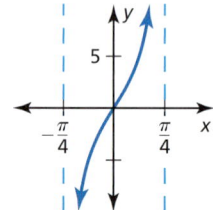

502   Capítulo 9   Razones y funciones trigonométricas

USAR LA ESTRUCTURA En los Ejercicios 29–34, une la ecuación con la gráfica correcta. Explica tu razonamiento.

29. $g(x) = 4 \tan x$ **30.** $g(x) = 4 \cot x$

31. $g(x) = 4 \csc \pi x$ **32.** $g(x) = 4 \sec \pi x$

33. $g(x) = \sec 2x$ **34.** $g(x) = \csc 2x$

A.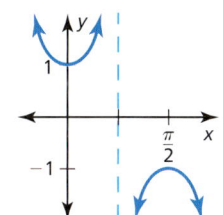

B.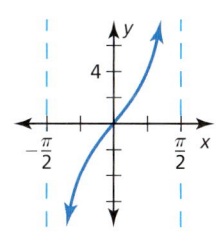

C.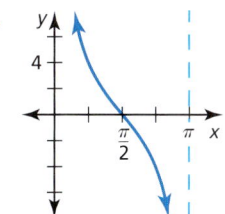

D.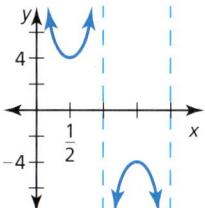

E.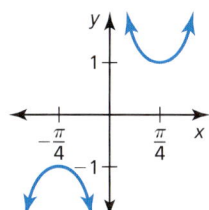

F.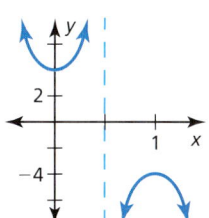

35. ESCRIBIR Explica por qué hay más de una función tangente cuya gráfica pasa por el origen y tiene asíntotas en $x = -\pi$ y $x = \pi$.

36. USAR ECUACIONES Haz la gráfica de un periodo de cada función. Describe la transformación de la gráfica de la función madre.

  a. $g(x) = \sec x + 3$ **b.** $g(x) = \csc x - 2$

  c. $g(x) = \cot(x - \pi)$ **d.** $g(x) = -\tan x$

ESCRIBIR ECUACIONES En los Ejercicios 37–40, escribe una regla para g que represente la transformación indicada de la gráfica de f.

37. $f(x) = \cot 2x$; traslación 3 unidades hacia arriba y $\dfrac{\pi}{2}$ unidades a la izquierda

38. $f(x) = 2 \tan x$; traslación π unidades a la derecha, seguida de encogimiento horizontal por un factor de $\frac{1}{3}$.

39. $f(x) = 5 \sec(x - \pi)$; traslación 2 unidades hacia abajo, seguida de una reflexión en el eje x.

40. $f(x) = 4 \csc x$; alargamiento vertical por un factor de 2 y una reflexión en el eje x.

41. REPRESENTACIONES MÚLTIPLES ¿Qué función tiene un valor máximo local mayor? ¿Cuál tiene un valor mínimo local mayor? Explica.

  A. $f(x) = \frac{1}{4} \csc \pi x$ **B.**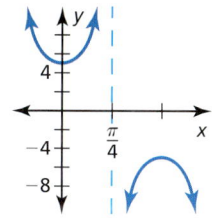

42. ANALIZAR RELACIONES Ordena las funciones de la menor tasa de cambio promedio a la mayor tasa de cambio promedio sobre el intervalo $-\dfrac{\pi}{4} < x < \dfrac{\pi}{4}$.

A.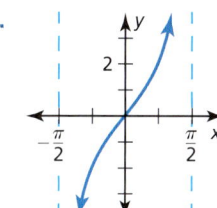

B.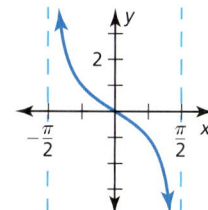

C.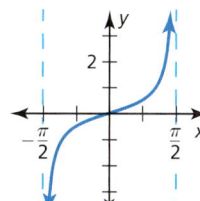

D.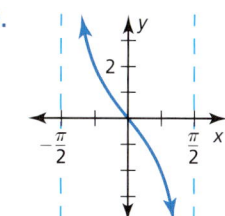

43. RAZONAR Estás de pie en un puente a 140 pies sobre el suelo. Miras hacia abajo y ves un carro alejándose del paso subterráneo. La distancia d (en pies) a la que está el carro de la base del puente se puede representar mediante $d = 140 \tan \theta$. Haz una gráfica de la función. Describe qué pasa con θ al aumentar d.

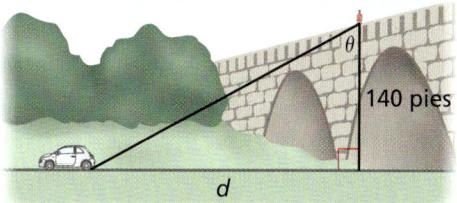

44. USAR HERRAMIENTAS Usas una videocámara para hacer un paneo hacia arriba de la Estatua de la Libertad. La altura h (en pies) de la parte de la Estatua de la Libertad que se puede ver a través de tu videocámara después de tiempo t (en segundos) se puede representar mediante $h = 100 \tan \dfrac{\pi}{36} t$. Haz una gráfica de la función usando una calculadora gráfica. ¿Qué ventana de visualización usaste? Explica.

45. REPRESENTAR CON MATEMÁTICAS Estás de pie a 120 pies de la base de un edificio de 260 pies. Observas a tu amigo bajar por un lado del edificio en un elevador transparente.

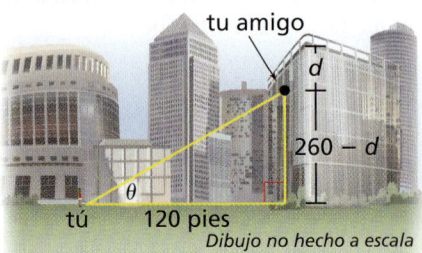

tu amigo
d
$260 - d$
θ
tú   120 pies
Dibujo no hecho a escala

a. Escribe una ecuación que dé la distancia d (en pies) a la que está tu amigo de la parte más alta del edificio como una función del ángulo de elevación θ.

b. Haz una gráfica de la función hallada en la parte (a). Explica cómo se relaciona la gráfica con esta situación.

46. REPRESENTAR CON MATEMÁTICAS Estás de pie a 300 pies de la base de un acantilado de 200 pies. Tu amigo baja por el acantilado haciendo rapel.

a. Escribe una ecuación que dé la distancia d (en pies) a la que está tu amigo de la cima del acantilado como una función del ángulo de elevación θ.

b. Haz una gráfica de la función hallada en la parte (a).

c. Usa una calculadora gráfica para determinar el ángulo de elevación cuando tu amigo ha hecho rapel hasta la mitad del acantilado.

47. ARGUMENTAR Tu amigo dice que no es posible escribir una función cosecante que tenga la misma gráfica que $y = \sec x$. ¿Es correcto lo que dice tu amigo? Explica tu razonamiento.

48. ¿CÓMO LO VES? Usa la gráfica para responder cada pregunta.

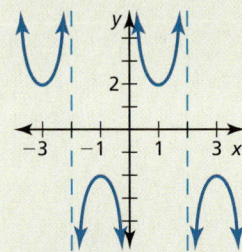

a. ¿Cuál es el periodo de la gráfica?

b. ¿Cuál es el rango de la función?

c. ¿La función es de la forma $f(x) = a \csc bx$ o $f(x) = a \sec bx$? Explica.

49. RAZONAMIENTO ABSTRACTO Reescribir $a \sec bx$ en términos de $\cos bx$. Usa tus resultados para explicar la relación entre los máximos y mínimos locales de las funciones coseno y secante.

50. ESTIMULAR EL PENSAMIENTO Una ecuación trigonométrica que es válida para todos los valores de la variable para los cuales ambos lados de la ecuación están definidos se llama una identidad trigonométrica. Usa una calculadora gráfica para hacer la gráfica de la función.

$$y = \frac{1}{2}\left(\tan \frac{x}{2} + \cot \frac{x}{2}\right).$$

Usa tu gráfica para escribir una identidad trigonométrica que incluya esta función. Explica tu razonamiento.

51. PENSAMIENTO CRÍTICO Halla una función tangente cuya gráfica interseque la gráfica de $y = 2 + 2 \, \text{sen} \, x$ solo en los puntos mínimos de la función seno.

Mantener el dominio de las matemáticas
Repasar lo que aprendiste en grados y lecciones anteriores

Escribe una función cúbica cuya gráfica pase a través de los puntos dados. *(Sección 4.9)*

52. $(-1, 0), (1, 0), (3, 0), (0, 3)$

53. $(-2, 0), (1, 0), (3, 0), (0, -6)$

54. $(-1, 0), (2, 0), (3, 0), (1, -2)$

55. $(-3, 0), (-1, 0), (3, 0), (-2, 1)$

Halla la amplitud y el periodo de la gráfica de la función. *(Sección 9.4)*

56.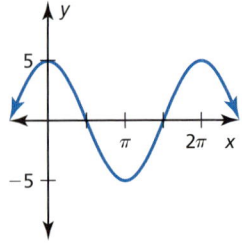

57.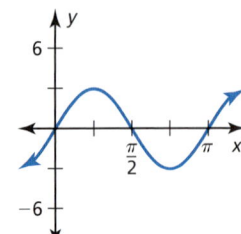

58.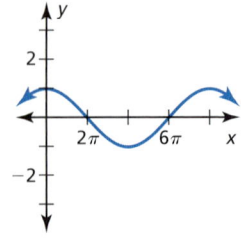

504   Capítulo 9   Razones y funciones trigonométricas

9.6 Representar con funciones trigonométricas

Pregunta esencial ¿Cuáles son las características de los problemas de la vida real que se pueden representar mediante funciones trigonométricas?

EXPLORACIÓN 1   Representar corrientes eléctricas

Trabaja con un compañero. Halla una función seno que represente la corriente eléctrica que se muestra en cada pantalla de osciloscopio. Expresa la amplitud y el periodo de la gráfica.

> **REPRESENTAR CON MATEMÁTICAS**
>
> Para dominar las matemáticas, necesitas aplicar las matemáticas que sabes para resolver los problemas que surgen en la vida diaria.

a.
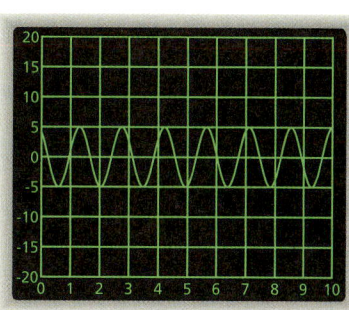

b.
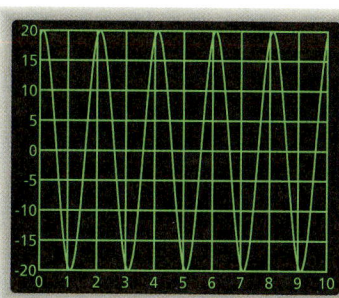

c.
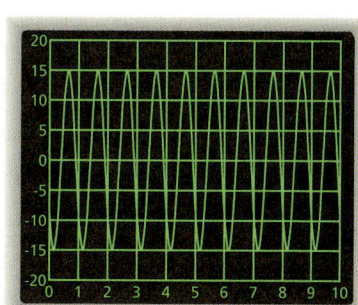

d.
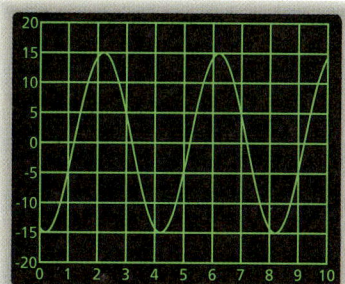

e.
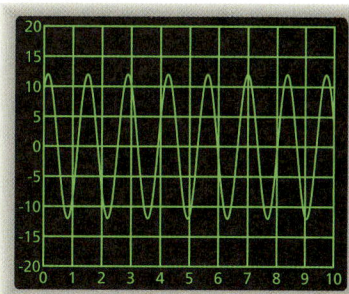

f.
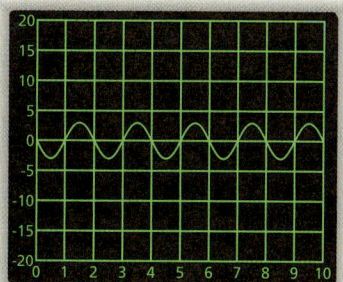

Comunicar tu respuesta

2. ¿Cuáles son las características de los problemas de la vida real que se pueden representar mediante las funciones trigonométricas?

3. Consulta el Internet o alguna otra referencia para hallar ejemplos de situaciones de la vida real que se puedan representar mediante funciones trigonométricas.

9.6 Lección

Qué aprenderás

- Interpretar y usar la frecuencia.
- Escribir funciones trigonométricas.
- Usar herramientas tecnológicas para hallar modelos trigonométricos.

Vocabulario Esencial

frecuencia, *pág. 506*
sinusoide, *pág. 507*

Anterior
amplitude
periodo
línea media

Frecuencia

La naturaleza periódica de las funciones trigonométricas las hace útiles para representar movimientos *oscilatorios* o patrones periódicos que ocurren en la vida real. Algunos ejemplos son las ondas de sonido, el movimiento de un péndulo y las estaciones del año. En tales aplicaciones, el recíproco del periodo se denomina **frecuencia**, que da el número de ciclos por unidad de tiempo.

EJEMPLO 1 Usar la frecuencia

Un sonido que consiste en una sola frecuencia se denomina *tono puro*. Un audiómetro produce tonos puros para evaluar las funciones auditivas de una persona. Un audiómetro produce un tono puro con una frecuencia f de 2000 hertz (ciclos por segundo). La presión máxima P producida a partir del tono puro es de 2 milipascales. Escribe y dibuja un modelo de la función seno que dé la presión P como función del tiempo t (en segundos).

SOLUCIÓN

Paso 1 Halla los valores de a y b en el modelo $P = a$ sen bt. La presión máxima es 2, entonces $a = 2$. Usa la frecuencia f para hallar b.

$$\text{frecuencia} = \frac{1}{\text{periodo}}$$ Escribe una relación que involucre la frecuencia y el periodo.

$$2000 = \frac{b}{2\pi}$$ Sustituye.

$$4000\pi = b$$ Multiplica cada lado por 2π.

La presión P como función del tiempo t está dada por $P = 2$ sen $4000\pi t$.

Paso 2 Haz una gráfica del modelo. La amplitud es $a = 2$ y el periodo es

$$\frac{1}{f} = \frac{1}{2000}.$$

Los puntos clave son:

Intersecciones: $(0, 0); \left(\frac{1}{2} \cdot \frac{1}{2000}, 0\right) = \left(\frac{1}{4000}, 0\right); \left(\frac{1}{2000}, 0\right)$

Máximo: $\left(\frac{1}{4} \cdot \frac{1}{2000}, 2\right) = \left(\frac{1}{8000}, 2\right)$

Mínimo: $\left(\frac{3}{4} \cdot \frac{1}{2000}, -2\right) = \left(\frac{3}{8000}, -2\right)$

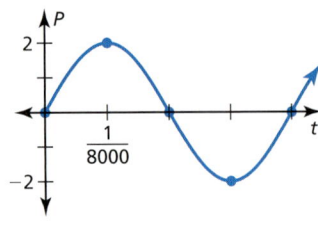

▶ La gráfica de $P = 2$ sen $4000\pi t$ se muestra a la izquierda.

506 Capítulo 9   Razones y funciones trigonométricas

Monitoreo del progreso Ayuda en inglés y español en *BigIdeasMath.com*

1. **¿QUÉ PASA SI?** En el Ejemplo 1, ¿cómo cambiaría la función si el audiómetro produjera un tono puro con una frecuencia de 1000 hertz?

Escribir funciones trigonométricas

Las gráficas de las funciones seno y coseno se denominan **sinusoides**. Un método para escribir una función seno o coseno que represente una sinusoide es hallar los valores de *a*, *b*, *h*, y *k* por

$$y = a \operatorname{sen} b(x - h) + k \quad \text{o} \quad y = a \cos b(x - h) + k$$

donde $|a|$ es la amplitud, $\dfrac{2\pi}{b}$ es el periodo ($b > 0$), *h* es el desplazamiento horizontal y *k* es el desplazamiento vertical.

EJEMPLO 2 Escribir una función trigonométrica

Escribe una función para la sinusoide que se muestra.

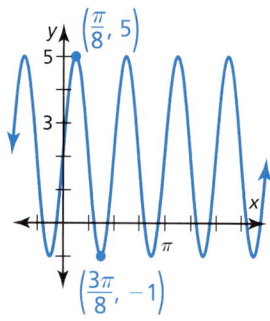

SOLUCIÓN

Paso 1 Halla los valores máximo y mínimo. Con base en la gráfica, el valor máximo es 5 y el valor mínimo es −1.

Paso 2 Identifica el desplazamiento vertical, *k*. El valor de *k* es la media de los valores máximo y mínimo.

$$k = \frac{(\text{valor máximo}) + (\text{valor mínimo})}{2} = \frac{5 + (-1)}{2} = \frac{4}{2} = 2$$

Paso 3 Decide si la gráfica se debería representar mediante una función seno o coseno. Dado que la gráfica cruza la línea media $y = 2$ en el eje *y*, la gráfica es una curva sinusoide sin desplazamiento horizontal. Entonces, $h = 0$.

Paso 4 Halla la amplitud y el periodo. El periodo es

$$\frac{\pi}{2} = \frac{2\pi}{b} \quad \Rightarrow \quad b = 4.$$

La amplitud es

$$|a| = \frac{(\text{valor máximo}) - (\text{valor mínimo})}{2} = \frac{5 - (-1)}{2} = \frac{6}{2} = 3.$$

La gráfica no es una reflexión, entonces $a > 0$. Por lo tanto, $a = 3$.

▶ La función es $y = 3 \operatorname{sen} 4x + 2$. Verifícalo haciendo una gráfica de la función en una calculadora gráfica.

CONSEJO DE ESTUDIO

Dado que la gráfica repite cada $\dfrac{\pi}{2}$ unidades, el periodo es $\dfrac{\pi}{2}$.

Verifica

Sección 9.6 Representar con funciones trigonométricas 507

EJEMPLO 3 Representar el movimiento circular

Dos personas balancean sogas para saltar, tal como se muestra en el diagrama. El punto más alto del medio de cada soga está a 75 pulgadas sobre el suelo y el punto más bajo está a 3 pulgadas. La soga hace 2 revoluciones por segundo. Escribe un modelo para la altura h (en pulgadas) de una soga como una función del tiempo t (en segundos) dado que la soga está en su punto más bajo cuando $t = 0$.

SOLUCIÓN

Una soga oscila entre 3 pulgadas y 75 pulgadas sobre el suelo. Entonces, una función seno o coseno podría ser un modelo apropiado para la altura en el tiempo.

Paso 1 Identifica los valores máximo y mínimo. La altura máxima de una soga es 75 pulgadas. La altura mínima es 3 pulgadas.

Paso 2 Identifica el desplazamiento vertical, k.

$$k = \frac{\text{(valor máximo)} + \text{(valor mínimo)}}{2} = \frac{75 + 3}{2} = 39$$

Paso 3 Decide si la altura debería representarse mediante una función seno o coseno. Cuando $t = 0$, la altura está en su mínimo. Entonces, usa una función coseno cuya gráfica sea una reflexión en el eje x que no tenga desplazamiento horizontal ($h = 0$).

Paso 4 Halla la amplitud y el periodo.

$$\text{La amplitud es } |a| = \frac{\text{(valor máximo)} - \text{(valor mínimo)}}{2} = \frac{75 - 3}{2} = 36.$$

Dado que la gráfica es una reflexión en el eje x, $a < 0$. Entonces, $a = -36$. Dado que una soga rota a una velocidad de 2 revoluciones por segundo, una revolución se completa en 0.5 segundos. Entonces, el periodo es $\frac{2\pi}{b} = 0.5$, y $b = 4\pi$.

▶ Un modelo para la altura de la soga es $h(t) = -36 \cos 4\pi t + 39$.

> **Verifica**
> Usa la función *tabla* de una calculadora gráfica para verificar tu modelo.
>
> | X | Y₁ |
> |---|---|
> | 0 | 3 |
> | .25 | 75 |
> | .5 | 3 |
> | .75 | 75 |
> | 1 | 3 |
> | 1.25 | 75 |
> | 1.5 | 3 |
> | X=0 | |
>
> } 2 revoluciones

Monitoreo del progreso Ayuda en inglés y español en *BigIdeasMath.com*

Escribe una función para la sinusoide.

2. Gráfica con puntos $(0, 2)$ y $\left(\frac{\pi}{3}, -2\right)$; marca en $\frac{2\pi}{3}$.

3. Gráfica con puntos $\left(\frac{1}{2}, 1\right)$ y $\left(\frac{3}{2}, -3\right)$; marcas en $\frac{1}{2}, \frac{3}{2}, \frac{5}{2}$.

4. **¿QUÉ PASA SI?** Describe cómo cambia el modelo en el Ejemplo 3 cuando el punto más bajo de una soga está a 5 pulgadas sobre el suelo y el punto más alto está a 70 pulgadas sobre el suelo.

508 Capítulo 9 Razones y funciones trigonométricas

Usar la tecnología para hallar modelos trigonométricos

Otra manera de representar las sinusoides es usar una calculadora gráfica que tenga una función de regresión sinusoidal.

EJEMPLO 4   Usar la regresión sinusoidal

La tabla muestra los números N de horas de luz del día en Denver, Colorado, en el día 15 de cada mes, donde $t = 1$ representa Enero. Escribe un modelo que dé N como una función de t e interpreta el periodo de su gráfica.

t	1	2	3	4	5	6
N	9.68	10.75	11.93	13.27	14.38	14.98

t	7	8	9	10	11	12
N	14.70	13.73	12.45	11.17	9.98	9.38

SOLUCIÓN

Paso 1 Ingresa los datos en la calculadora gráfica.

Paso 2 Haz un diagrama de dispersión.

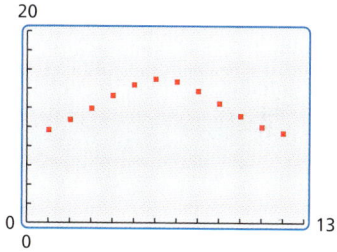

Paso 3 El diagrama de dispersión parece sinusoidal. Entonces haz una regresión sinusoidal.

```
RegSin
y=a*sin(bx+c)+d
a=2.764734198
b=.5111635715
c=-1.591149599
d=12.13293913
```

Paso 4 Haz una gráfica de los datos y el modelo en la misma ventana de visualización.

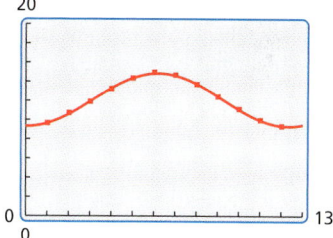

▶ El modelo parece ajustarse bien. Entonces, un modelo para los datos es
$N = 2.76 \operatorname{sen}(0.511t - 1.59) + 12.1$. El periodo, $\dfrac{2\pi}{0.511} \approx 12$, tiene sentido porque hay 12 meses en un año y puedes esperar que este patrón continúe en los años siguientes.

CONSEJO DE ESTUDIO

Observa que la función *regresión sinusoidal* halla un modelo de la forma $y = a\operatorname{sen}(bx + c) + d$. Esta función tiene un periodo de $\dfrac{2\pi}{b}$ dado que se puede escribir como $y = a\operatorname{sen} b\left(x + \dfrac{c}{b}\right) + d$.

Monitoreo del progreso   Ayuda en inglés y español en *BigIdeasMath.com*

5. La tabla muestra la temperatura diaria promedio T (en grados Farenheit) para una ciudad cada mes, donde $m = 1$ representa enero. Escribe un modelo que dé T como una función de m e interpreta el periodo de su gráfica.

m	1	2	3	4	5	6	7	8	9	10	11	12
T	29	32	39	48	59	68	74	72	65	54	45	35

Sección 9.6   Representar con funciones trigonométricas   509

9.6 Ejercicios

Verificación de vocabulario y concepto esencial

1. **COMPLETAR LA ORACIÓN** Las gráficas de las funciones seno y coseno se denominan _____.

2. **ESCRIBIR** Describe cómo hallar la frecuencia de la función cuya gráfica se muestra.

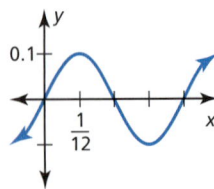

Monitoreo del progreso y Representar con matemáticas

En los Ejercicios 3–10 halla la frecuencia de la función.

3. $y = \text{sen } x$

4. $y = \text{sen } 3x$

5. $y = \cos 4x + 2$

6. $y = -\cos 2x$

7. $y = \text{sen } 3\pi x$

8. $y = \cos \dfrac{\pi x}{4}$

9. $y = \dfrac{1}{2} \cos 0.75x - 8$

10. $y = 3 \text{ sen } 0.2x + 6$

11. **REPRESENTAR CON MATEMÁTICAS** La frecuencia más baja de los sonidos que los humanos pueden oír es 20 hertz. La presión máxima P producida a partir de un sonido con una frecuencia de 20 hertz es de 0.02 milipascales. Escribe y haz una gráfica de un modelo de la función seno que dé la presión P como función del tiempo t (en segundos). *(Consulta el Ejemplo 1).*

12. **REPRESENTAR CON MATEMÁTICAS** Un diapasón vibra con una frecuencia f de 440 hertz (ciclos por segundo). Golpeas un diapasón con una fuerza que produce una presión máxima de 5 pascales. Escribe y haz la gráfica de un modelo de función seno que dé la presión P como función del tiempo t (en segundos).

En los Ejercicios 13–16, escribe una función para la sinusoide. *(Consulta el Ejemplo 2).*

13.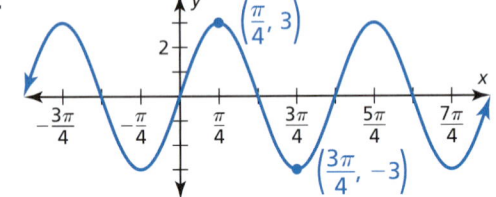

14.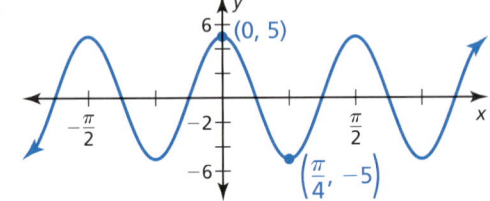

15.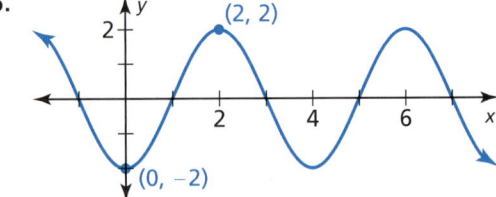

16.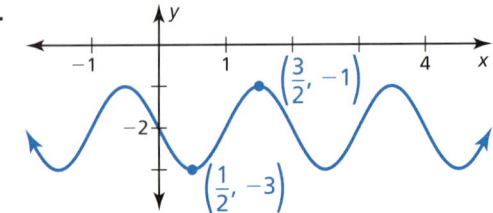

510 Capítulo 9 Razones y funciones trigonométricas

17. **ANÁLISIS DE ERRORES** Describe y corrige el error cometido al hallar la amplitud de una sinusoide con un punto máximo en (2, 10) y un punto mínimo en (4, −6).

✗ $|a| = \dfrac{(\text{valor máximo}) + (\text{valor mínimo})}{2}$
$= \dfrac{10 - 6}{2}$
$= 2$

18. **ANÁLISIS DE ERRORES** Describe y corrige el error cometido al hallar el desplazamiento vertical de una sinusoide con un punto máximo en (3, −2) y un punto mínimo en (7, −8).

✗ $k = \dfrac{(\text{valor máximo}) + (\text{valor mínimo})}{2}$
$= \dfrac{7 + 3}{2}$
$= 5$

19. **REPRESENTAR CON MATEMÁTICAS** Una de las máquinas de coser más grandes del mundo tiene un *volante* (que gira cuando la máquina cose) de 5 pies de diámetro. El punto más alto de la manivela en el borde del volante está a 9 pies sobre el suelo, y el punto más bajo está a 4 pies. El volante hace una vuelta completa cada 2 segundos. Escribe un modelo para la altura h (en pies) de la manivela como función del tiempo t (en segundos) dado que la manivela está en su punto más bajo cuando $t = 0$. *(Consulta el Ejemplo 3).*

20. **REPRESENTAR CON MATEMÁTICAS** La Noria de Great Laxey, que se encuentra en la Isla de Man, es la noria de agua en funcionamiento más grande del mundo. El punto más alto de una cubeta en la noria está a 70.5 pies sobre el mirador y el punto más bajo está a 2 pies debajo del mirador. La noria da una vuelta completa cada 24 segundos. Escribe un modelo para la altura h (en pies) de la cubeta como función del tiempo t (en segundos) dado que la cubeta está en su punto más bajo cuando $t = 0$.

USAR HERRAMIENTAS En los Ejercicios 21 y 22, el tiempo t se mide en meses, donde $t = 1$ representa enero. Escribe un modelo que dé la temperatura alta promedio mensual D como función de t e interpreta el periodo de la gráfica. *(Consulta el Ejemplo 4).*

21.

Temperaturas del aire en Apple Valley, California					
t	1	2	3	4	5	6
D	60	63	69	75	85	94
t	7	8	9	10	11	12
D	99	99	93	81	69	60

22.

Temperaturas del agua en Miami Beach, Florida					
t	1	2	3	4	5	6
D	71	73	75	78	81	85
t	7	8	9	10	11	12
D	86	85	84	81	76	73

23. **REPRESENTAR CON MATEMÁTICAS** Un circuito tiene un voltaje alterno de 100 voltios que genera picos cada 0.5 segundos. Escribe un modelo sinusoidal para el voltaje V como función del tiempo t (en segundos).

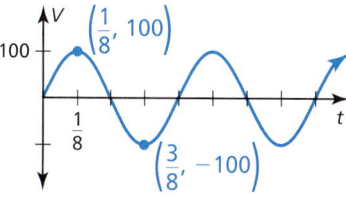

24. **REPRESENTACIONES MÚLTIPLES** La gráfica muestra la temperatura diaria promedio de Lexington, Kentucky. La temperatura diaria promedio de Louisville, Kentucky, está representada mediante $y = -22 \cos \dfrac{\pi}{6} t + 57$, donde y es la temperatura (en grados Farenheit) y t es el número de meses desde el 1ro de enero. ¿Qué ciudad tiene el promedio de temperatura diaria más alto? Explica.

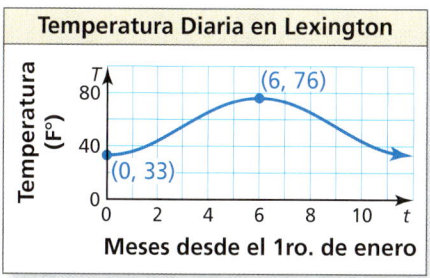

25. **USAR HERRAMIENTAS** La tabla muestra los números de empleados N (en miles) en una compañía de artículos deportivos cada año durante 11 años. El tiempo t se mide en años, donde $t = 1$ representa el primer año.

t	1	2	3	4	5	6
N	20.8	22.7	24.6	23.2	20	17.5

t	7	8	9	10	11	12
N	16.7	17.8	21	22	24.1	

a. Usa la regresión sinusoidal para hallar un modelo que dé N como función de t.

b. Predice el número de empleados en la compañía en el duodécimo año.

26. **ESTIMULAR EL PENSAMIENTO** La figura muestra una línea tangente dibujada a la gráfica de la función $y = \text{sen } x$. En varios puntos de la gráfica, dibuja una línea tangente a la gráfica y estima su pendiente. Luego marca los puntos (x, m), donde m es la pendiente de la línea tangente. ¿A qué conclusión puedes llegar?

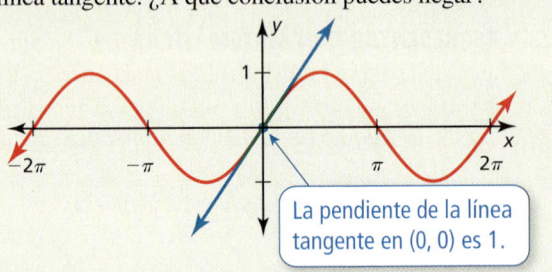

La pendiente de la línea tangente en (0, 0) es 1.

27. **RAZONAR** Determina si usarías una función seno o coseno para representar cada sinusoide con la intersección con el eje y descrita. Explica tu razonamiento.

a. La intersección con el eje y ocurre en el valor máximo de la función.

b. La intersección con el eje y ocurre en el valor mínimo de la función.

c. La intersección con el eje y ocurre entre los valores máximo y mínimo de la función.

28. **¿CÓMO LO VES?** ¿Cuál es la frecuencia de la función cuya gráfica se muestra? Explica.

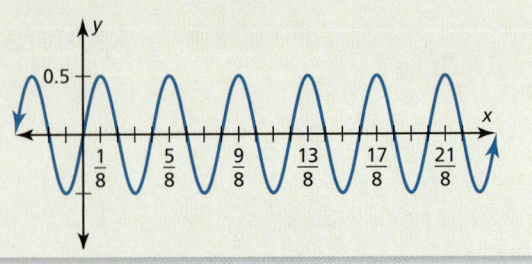

29. **USAR LA ESTRUCTURA** Durante un ciclo, una sinusoide tiene un mínimo en $\left(\dfrac{\pi}{2}, 3\right)$ y un máximo en $\left(\dfrac{\pi}{4}, 8\right)$. Escribe una función seno y una función coseno para la sinusoide. Usa una calculadora gráfica para verificar que tus respuestas sean correctas.

30. **ARGUMENTAR** Tu amigo dice que una función con una frecuencia de 2 tiene un periodo mayor que una función con una frecuencia de $\dfrac{1}{2}$. ¿Es correcto lo que dice tu amigo? Explica tu razonamiento.

31. **RESOLVER PROBLEMAS** La marea baja en un puerto es de 3.5 pies y ocurre a medianoche. Después de 6 horas, el puerto está en marea alta, que es de 16.5 pies.

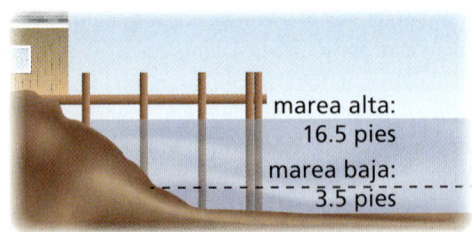

marea alta: 16.5 pies
marea baja: 3.5 pies

a. Escribe un modelo sinusoidal que dé la profundidad de la marea d (en pies) como función del tiempo t (en horas). Imagina que $t = 0$ representa la medianoche.

b. Halla todas las veces en que ocurren mareas bajas y altas en un periodo de 24 horas.

c. Explica cómo se relaciona la gráfica de la función que escribiste en la parte (a) con una gráfica que muestra la profundidad de la marea d en el puerto t horas después de las 3:00 A.M.

Mantener el dominio de las matemáticas Repasar lo que aprendiste en grados y lecciones anteriores

Simplifica la expresión. *(Sección 5.2)*

32. $\dfrac{17}{\sqrt{2}}$

33. $\dfrac{3}{\sqrt{6} - 2}$

34. $\dfrac{8}{\sqrt{10} + 3}$

35. $\dfrac{13}{\sqrt{3} + \sqrt{11}}$

Desarrolla la expresión logarítmica. *(Sección 6.5)*

36. $\log_8 \dfrac{x}{7}$

37. $\ln 2x$

38. $\log_3 5x^3$

39. $\ln \dfrac{4x^6}{y}$

512 Capítulo 9 Razones y funciones trigonométricas

9.7 Usar identidades trigonométricas

Pregunta esencial ¿Cómo puedes verificar una identidad trigonométrica?

EXPLORACIÓN 1 Escribir una identidad trigonométrica

Trabaja con un compañero En la figura, el punto (x, y) está en un círculo de radio c con el centro en el origen.

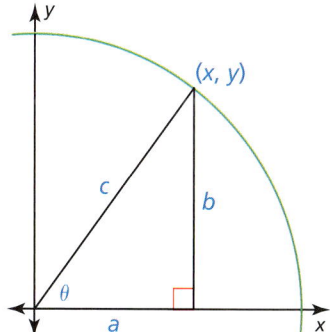

a. Escribe una ecuación que relacione a, b, y c.

b. Escribe las expresiones de las razones seno y coseno del ángulo θ.

c. Usa los resultados de las partes (a) y (b) para hallar la suma de $\operatorname{sen}^2 \theta$ y $\cos^2 \theta$. ¿Qué observas?

d. Completa la tabla para verificar que la identidad que escribiste en la parte (c) sea válida para los ángulos (de tu elección) en cada uno de los cuatro cuadrantes.

	θ	$\operatorname{sen}^2 \theta$	$\cos^2 \theta$	$\operatorname{sen}^2 \theta + \cos^2 \theta$
QI				
QII				
QIII				
QIV				

EXPLORACIÓN 2 Escribir otras identidades trigonométricas

RAZONAR DE MANERA ABSTRACTA

Para dominar las matemáticas, necesitas conocer y usar en forma flexible las diferentes propiedades de las operaciones y los objetos.

Trabaja con un compañero. La identidad trigonométrica que dedujiste en la Exploración 1 se denomina identidad Pitagórica. Hay otras dos identidades Pitagóricas. Para deducirlas, recuerda las cuatro relaciones:

$$\tan \theta = \frac{\operatorname{sen} \theta}{\cos \theta} \qquad \cot \theta = \frac{\cos \theta}{\operatorname{sen} \theta}$$

$$\sec \theta = \frac{1}{\cos \theta} \qquad \csc \theta = \frac{1}{\operatorname{sen} \theta}$$

a. Divide cada lado de la identidad pitagórica que dedujiste en la Exploración 1 entre $\cos^2 \theta$ y simplifica. ¿Qué observas?

b. Divide cada lado de la identidad Pitagórica que dedujiste en la Exploración 1 entre $\operatorname{sen}^2 \theta$ y simplifica. ¿Qué observas?

Comunicar tu respuesta

3. ¿Cómo puedes verificar una identidad trigonométrica?

4. ¿Es $\operatorname{sen} \theta = \cos \theta$ una identidad trigonométrica? Explica tu razonamiento.

5. Da algunos ejemplos de identidades trigonométricas que sean diferentes a las de las Exploraciones 1 y 2.

9.7 Lección

Qué aprenderás

▶ Usar identidades trigonométricas para evaluar funciones trigonométricas y simplificar expresiones trigonométricas.

▶ Verificar identidades trigonométricas.

Vocabulario Esencial

identidad trigonométrica, pág. 514

Anterior
círculo unitario

Usar identidades trigonométricas

Recuerda que si un ángulo θ está en posición estándar y su lado terminal interseca el círculo unitario en (x, y), entonces $x = \cos \theta$ y $y = \operatorname{sen} \theta$. Dado que (x, y) está en un círculo centrado en el origen con radio 1, se infiere que $x^2 + y^2 = 1$ y $\cos^2 \theta + \operatorname{sen}^2 \theta = 1$.

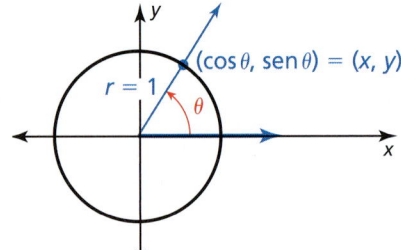

$$x^2 + y^2 = 1$$

y

$$\cos^2 \theta + \operatorname{sen}^2 \theta = 1.$$

CONSEJO DE ESTUDIO

Observa que $\operatorname{sen}^2 \theta$ representa a $(\operatorname{sen} \theta)^2$ y $\cos^2 \theta$ representa a $(\cos \theta)^2$.

La ecuación $\cos^2 \theta + \operatorname{sen}^2 \theta = 1$ es verdadera para todo valor de θ. Una ecuación trigonométrica que es verdadera para todos los valores de la variable por la que se definen ambos lados de la ecuación se denomina **identidad trigonométrica**. En la sección 9.1, usaste identidades recíprocas para hallar los valores de las funciones cosecante, secante y cotangente. Estas y otras identidades trigonométricas fundamentales están enumeradas a continuación.

💡 Concepto Esencial

Identidades trigonométricas fundamentales

Identidades recíprocas

$$\csc \theta = \frac{1}{\operatorname{sen} \theta} \qquad \sec \theta = \frac{1}{\cos \theta} \qquad \cot \theta = \frac{1}{\tan \theta}$$

Identidades tangente y cotangente

$$\tan \theta = \frac{\operatorname{sen} \theta}{\cos \theta} \qquad \cot \theta = \frac{\cos \theta}{\operatorname{sen} \theta}$$

Identidades pitagóricas

$$\operatorname{sen}^2 \theta + \cos^2 \theta = 1 \qquad 1 + \tan^2 \theta = \sec^2 \theta \qquad 1 + \cot^2 \theta = \csc^2 \theta$$

Identidades cofuncionales

$$\operatorname{sen}\!\left(\frac{\pi}{2} - \theta\right) = \cos \theta \qquad \cos\!\left(\frac{\pi}{2} - \theta\right) = \operatorname{sen} \theta \qquad \tan\!\left(\frac{\pi}{2} - \theta\right) = \cot \theta$$

Identidades de ángulo negativo

$$\operatorname{sen}(-\theta) = -\operatorname{sen} \theta \qquad \cos(-\theta) = \cos \theta \qquad \tan(-\theta) = -\tan \theta$$

En esta sección, usarás identidades trigonométricas para hacer lo siguiente.

- Evaluar funciones trigonométricas.
- Simplificar expresiones trigonométricas.
- Verificar otras identidades trigonométricas.

514   Capítulo 9   Razones y funciones trigonométricas

EJEMPLO 1 Hallar valores trigonométricos

Dado que sen $\theta = \dfrac{4}{5}$ y $\dfrac{\pi}{2} < \theta < \pi$, halla los valores de las otras cinco funciones trigonométricas de θ.

SOLUCIÓN

Paso 1 Halla cos θ.

$\text{sen}^2\,\theta + \cos^2\theta = 1$	Escribe la identidad pitagórica.
$\left(\dfrac{4}{5}\right)^2 + \cos^2\theta = 1$	Sustituye $\dfrac{4}{5}$ por sen θ.
$\cos^2\theta = 1 - \left(\dfrac{4}{5}\right)^2$	Resta $\left(\dfrac{4}{5}\right)^2$ de cada lado.
$\cos^2\theta = \dfrac{9}{25}$	Simplifica.
$\cos\theta = \pm\dfrac{3}{5}$	Saca la raíz cuadrada de cada lado.
$\cos\theta = -\dfrac{3}{5}$	Dado que θ está en el Cuadrante II, cos θ es negativo.

Paso 2 Halla los valores de las otras cuatro funciones trigonométricas de θ usando los valores de sen θ y cos θ.

$$\tan\theta = \dfrac{\text{sen}\,\theta}{\cos\theta} = \dfrac{\tfrac{4}{5}}{-\tfrac{3}{5}} = -\dfrac{4}{3} \qquad \cot\theta = \dfrac{\cos\theta}{\text{sen}\,\theta} = \dfrac{-\tfrac{3}{5}}{\tfrac{4}{5}} = -\dfrac{3}{4}$$

$$\csc\theta = \dfrac{1}{\text{sen}\,\theta} = \dfrac{1}{\tfrac{4}{5}} = \dfrac{5}{4} \qquad \sec\theta = \dfrac{1}{\cos\theta} = \dfrac{1}{-\tfrac{3}{5}} = -\dfrac{5}{3}$$

EJEMPLO 2 Simplificar expresiones trigonométricas

Simplifica (a) $\tan\left(\dfrac{\pi}{2} - \theta\right)\text{sen}\,\theta$ y (b) $\sec\theta\tan^2\theta + \sec\theta$.

SOLUCIÓN

a.
$\tan\left(\dfrac{\pi}{2} - \theta\right)\text{sen}\,\theta = \cot\theta\,\text{sen}\,\theta$	Identidad cofuncional
$= \left(\dfrac{\cos\theta}{\text{sen}\,\theta}\right)(\text{sen}\,\theta)$	Identidad cotangente
$= \cos\theta$	Simplifica.

b.
$\sec\theta\tan^2\theta + \sec\theta = \sec\theta(\sec^2\theta - 1) + \sec\theta$	Identidad pitagórica
$= \sec^3\theta - \sec\theta + \sec\theta$	Propiedad distributiva
$= \sec^3\theta$	Simplifica.

Monitoreo del progreso Ayuda en inglés y español en *BigIdeasMath.com*

1. Dado que $\cos\theta = \dfrac{1}{6}$ y $0 < \theta < \dfrac{\pi}{2}$, halla los valores de las otras cinco funciones trigonométricas de θ.

Simplifica la expresión.

2. $\text{sen}\,x \cot x \sec x$

3. $\cos\theta - \cos\theta\,\text{sen}^2\theta$

4. $\dfrac{\tan x \csc x}{\sec x}$

Verificar identidades trigonométricas

Puedes usar las identidades fundamentales de este capítulo para verificar nuevas identidades trigonométricas. Al verificar una identidad, comienza con la expresión a un lado. Usa el álgebra y las propiedades trigonométricas para manipular la expresión hasta que sea idéntica al otro lado.

EJEMPLO 3 Verificar una identidad trigonométrica

Verifica la identidad $\dfrac{\sec^2 \theta - 1}{\sec^2 \theta} = \text{sen}^2 \theta$.

SOLUCIÓN

$\dfrac{\sec^2 \theta - 1}{\sec^2 \theta} = \dfrac{\sec^2 \theta}{\sec^2 \theta} - \dfrac{1}{\sec^2 \theta}$ Escribe como fracciones separadas.

$= 1 - \left(\dfrac{1}{\sec \theta}\right)^2$ Simplifica.

$= 1 - \cos^2 \theta$ Identidad recíproca

$= \text{sen}^2 \theta$ Identidad pitagórica

Observa que verificar una identidad no es lo mismo que resolver una ecuación. Al verificar una identidad, no puedes presuponer que los dos lados de la ecuación son iguales porque estás tratando de verificar si son iguales. Entonces, no puedes usar ninguna propiedad de igualdad, tales como sumar la misma cantidad a cada lado de la ecuación.

EJEMPLO 4 Verificar una identidad trigonométrica

Verifica la identidad $\sec x + \tan x = \dfrac{\cos x}{1 - \text{sen } x}$.

BUSCAR UNA ESTRUCTURA

Para verificar la identidad, debes ingresar $1 - \text{sen } x$ a los denominadores. Multiplica el numerador y el denominador por $1 - \text{sen } x$ para obtener una expresión equivalente.

SOLUCIÓN

$\sec x + \tan x = \dfrac{1}{\cos x} + \tan x$ Identidad recíproca

$= \dfrac{1}{\cos x} + \dfrac{\text{sen } x}{\cos x}$ Identidad tangente

$= \dfrac{1 + \text{sen } x}{\cos x}$ Suma las fracciones.

$= \dfrac{1 + \text{sen } x}{\cos x} \cdot \dfrac{1 - \text{sen } x}{1 - \text{sen } x}$ Multiplica por $\dfrac{1 - \text{sen } x}{1 - \text{sen } x}$.

$= \dfrac{1 - \text{sen}^2 x}{\cos x(1 - \text{sen } x)}$ Simplifica el numerador.

$= \dfrac{\cos^2 x}{\cos x(1 - \text{sen } x)}$ Identidad pitagórica

$= \dfrac{\cos x}{1 - \text{sen } x}$ Simplifica.

Monitoreo del progreso Ayuda en inglés y español en *BigIdeasMath.com*

Verifica la identidad.

5. $\cot(-\theta) = -\cot \theta$

6. $\csc^2 x(1 - \text{sen}^2 x) = \cot^2 x$

7. $\cos x \csc x \tan x = 1$

8. $(\tan^2 x + 1)(\cos^2 x - 1) = -\tan^2 x$

9.7 Ejercicios

Soluciones dinámicas disponibles en *BigIdeasMath.com*

Verificación de vocabulario y concepto esencial

1. **ESCRIBIR** Describe la diferencia entre una identidad trigonométrica y una ecuación trigonométrica.

2. **ESCRIBIR** Explica cómo usar identidades trigonométricas para determinar si $\sec(-\theta) = \sec\theta$ o $\sec(-\theta) = -\sec\theta$.

Monitoreo del progreso y Representar con matemáticas

En los Ejercicios 3–10, halla los valores de las otras cinco funciones trigonométricas de θ. *(Consulta el Ejemplo 1).*

3. $\operatorname{sen}\theta = \dfrac{1}{3},\ 0 < \theta < \dfrac{\pi}{2}$

4. $\operatorname{sen}\theta = -\dfrac{7}{10},\ \pi < \theta < \dfrac{3\pi}{2}$

5. $\tan\theta = -\dfrac{3}{7},\ \dfrac{\pi}{2} < \theta < \pi$

6. $\cot\theta = -\dfrac{2}{5},\ \dfrac{\pi}{2} < \theta < \pi$

7. $\cos\theta = -\dfrac{5}{6},\ \pi < \theta < \dfrac{3\pi}{2}$

8. $\sec\theta = \dfrac{9}{4},\ \dfrac{3\pi}{2} < \theta < 2\pi$

9. $\cot\theta = -3,\ \dfrac{3\pi}{2} < \theta < 2\pi$

10. $\csc\theta = -\dfrac{5}{3},\ \pi < \theta < \dfrac{3\pi}{2}$

En los Ejercicios 11–20, simplifica la expresión. *(Consulta el Ejemplo 2).*

11. $\operatorname{sen} x \cot x$

12. $\cos\theta(1 + \tan^2\theta)$

13. $\dfrac{\operatorname{sen}(-\theta)}{\cos(-\theta)}$

14. $\dfrac{\cos^2 x}{\cot^2 x}$

15. $\dfrac{\cos\left(\dfrac{\pi}{2} - x\right)}{\csc x}$

16. $\operatorname{sen}\left(\dfrac{\pi}{2} - \theta\right)\sec\theta$

17. $\dfrac{\csc^2 x - \cot^2 x}{\operatorname{sen}(-x)\cot x}$

18. $\dfrac{\cos^2 x \tan^2(-x) - 1}{\cos^2 x}$

19. $\dfrac{\cos\left(\dfrac{\pi}{2} - \theta\right)}{\csc\theta} + \cos^2\theta$

20. $\dfrac{\sec x \operatorname{sen} x + \cos\left(\dfrac{\pi}{2} - x\right)}{1 + \sec x}$

ANÁLISIS DE ERRORES En los Ejercicios 21 y 22, describe y corrige el error cometido al simplificar la expresión.

21.
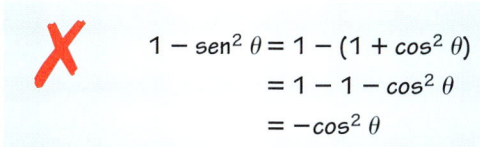

22.
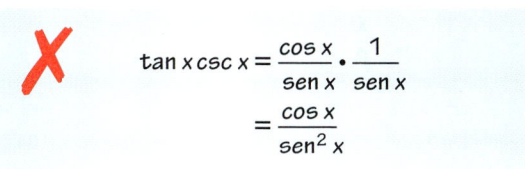

En los Ejercicios 23–30, verifica la identidad. *(Consulta los Ejemplos 3 y 4).*

23. $\operatorname{sen} x \csc x = 1$

24. $\tan\theta \csc\theta \cos\theta = 1$

25. $\cos\left(\dfrac{\pi}{2} - x\right)\cot x = \cos x$

26. $\operatorname{sen}\left(\dfrac{\pi}{2} - x\right)\tan x = \operatorname{sen} x$

27. $\dfrac{\cos\left(\dfrac{\pi}{2} - \theta\right) + 1}{1 - \operatorname{sen}(-\theta)} = 1$

28. $\dfrac{\operatorname{sen}^2(-x)}{\tan^2 x} = \cos^2 x$

29. $\dfrac{1 + \cos x}{\operatorname{sen} x} + \dfrac{\operatorname{sen} x}{1 + \cos x} = 2\csc x$

30. $\dfrac{\operatorname{sen} x}{1 - \cos(-x)} = \csc x + \cot x$

31. **USAR LA ESTRUCTURA** Una función f es *impar* si $f(-x) = -f(x)$. Una función es *par* si $f(-x) = f(x)$. ¿Cuál de las seis funciones trigonométricas son impares? ¿Cuáles son pares? Justifica tus respuestas usando identidades y gráficas.

32. **ANALIZAR RELACIONES** ¿Al aumentar el valor de $\cos\theta$, qué pasa con el valor de $\sec\theta$? Explica tu razonamiento.

Sección 9.7 Usar identidades trigonométricas 517

33. **ARGUMENTAR** Tu amigo simplifica una expresión y obtiene sec x tan x − sen x. Tú simplificas la misma expresión y obtienes sen x tan^2 x. ¿Tus respuestas son equivalentes? Justifica tu respuesta.

34. **¿CÓMO LO VES?** La figura muestra el círculo unitario y el ángulo θ.

    a. ¿Es sen θ positivo o negativo? ¿Y cos θ? ¿Y tan θ?
    b. ¿A qué cuadrante pertenece el lado terminal de $-\theta$?
    c. ¿Es sen($-\theta$) positivo o negativo? ¿Y cos($-\theta$)? ¿Y tan($-\theta$)?

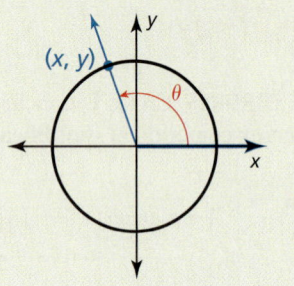

35. **REPRESENTAR CON MATEMÁTICAS** Un *gnomon* vertical (la parte de un reloj de sol que proyecta una sombra) tiene una altura h. La longitud s de la sombra que arroja el gnomon cuando el ángulo del sol sobre el horizonte es θ se puede representar mediante la siguiente ecuación. Demuestra que la ecuación siguiente es equivalente a $s = h \cot \theta$.

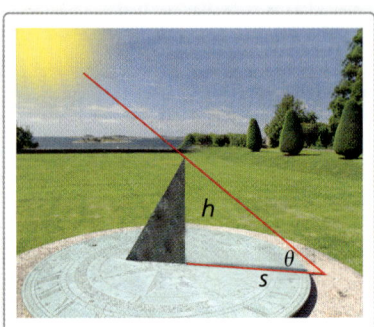

$$s = \frac{h \operatorname{sen}(90° - \theta)}{\operatorname{sen} \theta}$$

36. **ESTIMULAR EL PENSAMIENTO** Explica cómo puedes usar una identidad trigonométrica para hallar todos los valores de x para los cuales sen x = cos x.

37. **SACAR CONCLUSIONES** La *fricción estática* es la cantidad de fuerza necesaria para evitar que se mueva un objeto estacionario en una superficie plana. Supón que un libro que pesa W libras está puesto en una rampa inclinada en un ángulo θ. El coeficiente de fricción estática u para el libro se puede hallar usando la ecuación $uW \cos \theta = W \operatorname{sen} \theta$.

    a. Resuelve la ecuación para u y simplifica el resultado.
    b. Usa la ecuación de la parte (a) para determinar qué pasa con el valor de u al aumentar el ángulo θ de 0° a 90°.

38. **RESOLVER PROBLEMAS** Cuando la luz que viaja en un medio (tal como el aire) golpea la superficie de un segundo medio (tal como el agua) en un ángulo θ_1, la luz comienza a viajar en un ángulo diferente θ_2. Este cambio de dirección está definido por la ley de Snell, $n_1 \operatorname{sen} \theta_1 = n_2 \operatorname{sen} \theta_2$, donde n_1 y n_2 son los *índices de refracción* de los dos medios. La ley de Snell se puede deducir de la ecuación

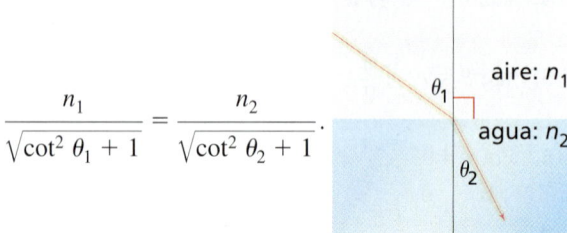

$$\frac{n_1}{\sqrt{\cot^2 \theta_1 + 1}} = \frac{n_2}{\sqrt{\cot^2 \theta_2 + 1}}.$$

   a. Simplifica la ecuación para deducir la ley de Snell.
   b. ¿Cuál es el valor de n_1 si $\theta_1 = 55°$, $\theta_2 = 35°$, y $n_2 = 2$?
   c. Si $\theta_1 = \theta_2$, entonces qué debe ser verdadero acerca de los valores de n_1 y n_2? Explica cuándo ocurriría esta situación.

39. **ESCRIBIR** Explica cómo las transformaciones de la gráfica de la función madre $f(x) = \operatorname{sen} x$ apoyan la identidad cofuncional $\operatorname{sen}\left(\frac{\pi}{2} - \theta\right) = \cos \theta$.

40. **USAR LA ESTRUCTURA** Verifica cada identidad.
    a. $\ln|\sec \theta| = -\ln|\cos \theta|$
    b. $\ln|\tan \theta| = \ln|\operatorname{sen} \theta| - \ln|\cos \theta|$

Mantener el dominio de las matemáticas Repasar lo que aprendiste en grados y lecciones anteriores

Halla el valor de x para el triángulo rectángulo. *(Sección 9.1)*

41.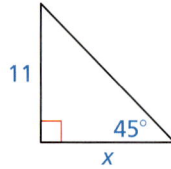

42.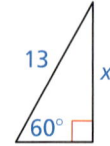

43.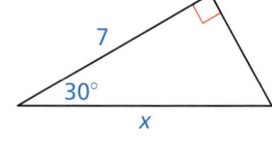

9.8 Usar fórmulas de suma y diferencia

Pregunta esencial ¿Cómo puedes evaluar funciones trigonométricas de la suma o diferencia de dos ángulos?

EXPLORACIÓN 1   Deducir una fórmula de diferencia

Trabaja con un compañero.

a. Explica por qué los dos triángulos que se muestran son congruentes.

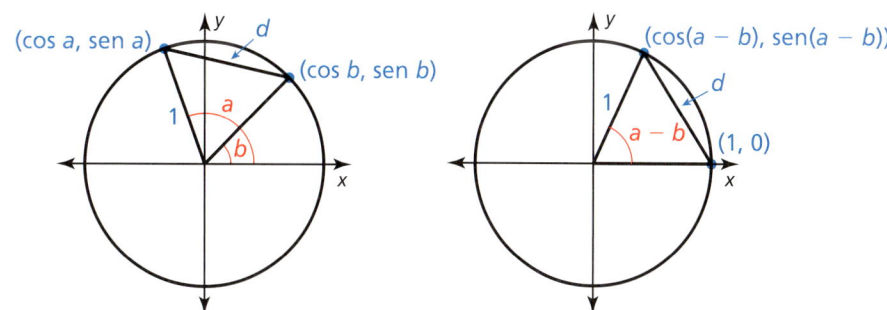

CONSTRUIR ARGUMENTOS VIABLES

Para dominar las matemáticas, necesitas comprender y usar las suposiciones y definiciones expresadas, y los resultados previamente establecidos.

b. Usa la fórmula de distancia para escribir una expresión para d en el primer círculo unitario.

c. Usa la fórmula de distancia para escribir una expresión para d en el segundo círculo unitario.

d. Escribe una ecuación que relacione las expresiones en las partes (b) y (c). Luego simplifica esta ecuación para obtener una fórmula para $\cos(a - b)$.

EXPLORACIÓN 2   Deducir una fórmula de suma

Trabaja con un compañero. Usa la fórmula de diferencia que dedujiste en la Exploración 1 para escribir una fórmula para $\cos(a + b)$ en términos del seno y coseno de a y b. *Pista*: Usa el hecho de que

$$\cos(a + b) = \cos[a - (-b)].$$

EXPLORACIÓN 3   Deducir fórmulas de diferencia y de suma

Trabaja con un compañero. Usa las fórmulas que dedujiste en las Exploraciones 1 y 2 para escribir fórmulas para $\text{sen}(a - b)$ y $\text{sen}(a + b)$ en términos del seno y el coseno de a y b. *Pista*: Usa las identidades cofuncionales.

$$\text{sen}\left(\frac{\pi}{2} - a\right) = \cos a \text{ y } \cos\left(\frac{\pi}{2} - a\right) = \text{sen } a$$

y el hecho de que

$$\cos\left[\left(\frac{\pi}{2} - a\right) + b\right] = \text{sen}(a - b) \text{ y } \text{sen}(a + b) = \text{sen}[a - (-b)].$$

Comunicar tu respuesta

4. ¿Cómo puedes evaluar funciones trigonométricas de la suma o diferencia de dos ángulos?

5. a. Halla los valores exactos de sen 75° y cos 75° usando fórmulas de suma. Explica tu razonamiento.

   b. Halla los valores exactos de sen 75° y cos 75° usando fórmulas de diferencia. Compara tus respuestas con las respuestas de la parte (a).

Sección 9.8   Usar fórmulas de suma y diferencia   519

9.8 Lección

Qué aprenderás

▶ Usar fórmulas de suma y diferencia para evaluar y simplificar expresiones trigonométricas.

▶ Usar fórmulas de suma y diferencia para resolver ecuaciones trigonométricas y reescribir fórmulas de la vida real.

Vocabulario Esencial

Anterior
razón

Usar Formulas de suma y diferencia

En esta lección, estudiarás fórmulas que te permitan evaluar funciones trigonométricas de la suma o diferencia de dos ángulos.

Concepto Esencial

Fórmulas de suma y diferencia

Fórmulas de suma	Fórmulas de diferencia
$\operatorname{sen}(a + b) = \operatorname{sen} a \cos b + \cos a \operatorname{sen} b$	$\operatorname{sen}(a - b) = \operatorname{sen} a \cos b - \cos a \operatorname{sen} b$
$\cos(a + b) = \cos a \cos b - \operatorname{sen} a \operatorname{sen} b$	$\cos(a - b) = \cos a \cos b + \operatorname{sen} a \operatorname{sen} b$
$\tan(a + b) = \dfrac{\tan a + \tan b}{1 - \tan a \tan b}$	$\tan(a - b) = \dfrac{\tan a - \tan b}{1 + \tan a \tan b}$

En generall, $\operatorname{sen}(a + b) \neq \operatorname{sen} a + \operatorname{sen} b$. Se pueden hacer enunciados similares para las otras funciones trigonométricas de sumas y diferencias.

EJEMPLO 1 Evaluar expresiones trigonométricas

Halla el valor exacto de (a) sen 15° y (b) $\tan \dfrac{7\pi}{12}$.

SOLUCIÓN

Verifica
```
sen(15°)
        .2588190451
(√(6)-√(2))/4
        .2588190451
```

a. sen 15° = sen(60° − 45°)   *Sustituye 60° − 45° por 15°.*

$= \operatorname{sen} 60° \cos 45° - \cos 60° \operatorname{sen} 45°$ *Fórmula de diferencia para seno*

$= \dfrac{\sqrt{3}}{2}\left(\dfrac{\sqrt{2}}{2}\right) - \dfrac{1}{2}\left(\dfrac{\sqrt{2}}{2}\right)$ *Evalúa.*

$= \dfrac{\sqrt{6} - \sqrt{2}}{4}$ *Simplifica.*

▶ El valor exacto de sen 15° es $\dfrac{\sqrt{6} - \sqrt{2}}{4}$. Verifícalo con una calculadora.

Verifica
```
tan(7π/12)
        -3.732050808
-2-√(3)
        -3.732050808
```

b. $\tan \dfrac{7\pi}{12} = \tan\left(\dfrac{\pi}{3} + \dfrac{\pi}{4}\right)$ *Sustituye $\dfrac{\pi}{3} + \dfrac{\pi}{4}$ por $\dfrac{7\pi}{12}$.*

$= \dfrac{\tan \dfrac{\pi}{3} + \tan \dfrac{\pi}{4}}{1 - \tan \dfrac{\pi}{3} \tan \dfrac{\pi}{4}}$ *Fórmula de suma para tangente*

$= \dfrac{\sqrt{3} + 1}{1 - \sqrt{3} \cdot 1}$ *Evalúa.*

$= -2 - \sqrt{3}$ *Simplifica.*

▶ El valor exacto de $\tan \dfrac{7\pi}{12}$ es $-2 - \sqrt{3}$. Verifícalo con una calculadora.

Capítulo 9 Razones y funciones trigonométricas

OTRA MANERA

También puedes usar una identidad pitagórica y signos de cuadrante para hallar sen a y cos b.

EJEMPLO 2 Usar una fórmula de diferencia

Halla $\cos(a - b)$ dado que $\cos a = -\dfrac{4}{5}$ con $\pi < a < \dfrac{3\pi}{2}$ y sen $b = \dfrac{5}{13}$ con $0 < b < \dfrac{\pi}{2}$.

SOLUCIÓN

Paso 1 Halla sen a y cos b.

Dado que $\cos a = -\dfrac{4}{5}$ y que a está en el Cuadrante III, sen $a = -\dfrac{3}{5}$, tal como se muestra en la figura.

Dado que sen $b = \dfrac{5}{13}$ y que b está en el Cuadrante I, $\cos b = \dfrac{12}{13}$, tal como se muestra en la figura.

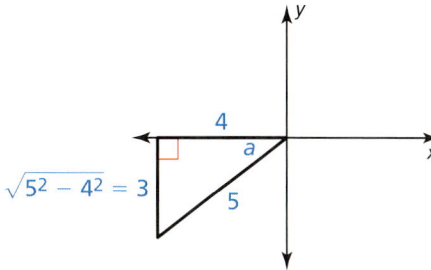
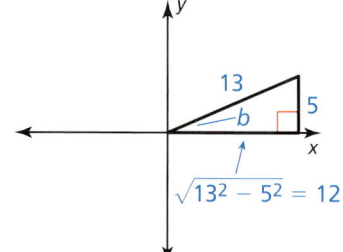

Paso 2 Usa la fórmula de diferencia para la función coseno para hallar $\cos(a - b)$.

$\cos(a - b) = \cos a \cos b + \text{sen } a \text{ sen } b$ Fórmula de diferencia para coseno

$= -\dfrac{4}{5}\left(\dfrac{12}{13}\right) + \left(-\dfrac{3}{5}\right)\left(\dfrac{5}{13}\right)$ Evalúa.

$= -\dfrac{63}{65}$ Simplifica.

▶ El valor de $\cos(a - b)$ es $-\dfrac{63}{65}$.

EJEMPLO 3 Simplificar una expresión

Simplifica la expresión $\cos(x + \pi)$.

SOLUCIÓN

$\cos(x + \pi) = \cos x \cos \pi - \text{sen } x \text{ sen } \pi$ Fórmula de suma para coseno

$= (\cos x)(-1) - (\text{sen } x)(0)$ Evalúa.

$= -\cos x$ Simplifica.

Monitoreo del progreso Ayuda en inglés y español en *BigIdeasMath.com*

Halla el valor exacto de la expresión.

1. sen 105°   **2.** cos 15°   **3.** $\tan \dfrac{5\pi}{12}$ **4.** $\cos \dfrac{\pi}{12}$

5. Halla sen$(a - b)$ dado que sen $a = \dfrac{8}{17}$ con $0 < a < \dfrac{\pi}{2}$ y $\cos b = -\dfrac{24}{25}$ con $\pi < b < \dfrac{3\pi}{2}$.

Simplifica la expresión.

6. sen$(x + \pi)$ **7.** $\cos(x - 2\pi)$ **8.** $\tan(x - \pi)$

Sección 9.8   Usar fórmulas de suma y diferencia   **521**

Resolver ecuaciones y rescribir fórmulas

EJEMPLO 4 Resolver una ecuación trigonométrica

Resuelve $\operatorname{sen}\left(x + \dfrac{\pi}{3}\right) + \operatorname{sen}\left(x - \dfrac{\pi}{3}\right) = 1$ para $0 \leq x < 2\pi$.

SOLUCIÓN

$\operatorname{sen}\left(x + \dfrac{\pi}{3}\right) + \operatorname{sen}\left(x - \dfrac{\pi}{3}\right) = 1$ Escribe la ecuación.

$\operatorname{sen} x \cos \dfrac{\pi}{3} + \cos x \operatorname{sen} \dfrac{\pi}{3} + \operatorname{sen} x \cos \dfrac{\pi}{3} - \cos x \operatorname{sen} \dfrac{\pi}{3} = 1$ Usa las fórmulas.

$\dfrac{1}{2} \operatorname{sen} x + \dfrac{\sqrt{3}}{2} \cos x + \dfrac{1}{2} \operatorname{sen} x - \dfrac{\sqrt{3}}{2} \cos x = 1$ Evalúa.

$\operatorname{sen} x = 1$ Simplifica.

▶ En el intervalo $0 \leq x < 2\pi$, la solución es $x = \dfrac{\pi}{2}$.

OTRA MANERA

También puedes resolver la ecuación usando una calculadora gráfica. Primero, haz la gráfica de cada lado de la ecuación original. Luego usa la función *intersección* para hallar el (los) valor(es) de x donde las expresiones son iguales.

EJEMPLO 5 Rescribir una fórmula de la vida real

El *índice de refracción* de un material transparente es la razón entre la velocidad de la luz en un vacío con la velocidad de la luz en el material. Un prisma triangular, como el que se muestra, se puede usar para medir el índice de refracción usando la fórmula.

$n = \dfrac{\operatorname{sen}\left(\dfrac{\theta}{2} + \dfrac{\alpha}{2}\right)}{\operatorname{sen} \dfrac{\theta}{2}}.$

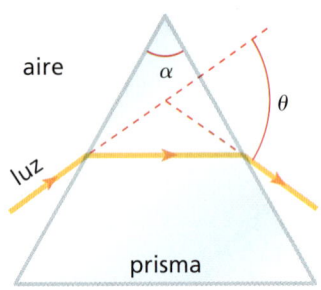

Para $\alpha = 60°$, demuestra que la fórmula se puede reescribir como $n = \dfrac{\sqrt{3}}{2} + \dfrac{1}{2} \cot \dfrac{\theta}{2}$.

SOLUCIÓN

$n = \dfrac{\operatorname{sen}\left(\dfrac{\theta}{2} + 30°\right)}{\operatorname{sen}\dfrac{\theta}{2}}$ Escribe la fórmula con $\dfrac{\alpha}{2} = \dfrac{60°}{2} = 30°$.

$= \dfrac{\operatorname{sen}\dfrac{\theta}{2}\cos 30° + \cos\dfrac{\theta}{2}\operatorname{sen} 30°}{\operatorname{sen}\dfrac{\theta}{2}}$ Fórmula de suma para seno

$= \dfrac{\left(\operatorname{sen}\dfrac{\theta}{2}\right)\left(\dfrac{\sqrt{3}}{2}\right) + \left(\cos\dfrac{\theta}{2}\right)\left(\dfrac{1}{2}\right)}{\operatorname{sen}\dfrac{\theta}{2}}$ Evalúa.

$= \dfrac{\dfrac{\sqrt{3}}{2}\operatorname{sen}\dfrac{\theta}{2}}{\operatorname{sen}\dfrac{\theta}{2}} + \dfrac{\dfrac{1}{2}\cos\dfrac{\theta}{2}}{\operatorname{sen}\dfrac{\theta}{2}}$ Escribe como fracciones separadas.

$= \dfrac{\sqrt{3}}{2} + \dfrac{1}{2}\cot\dfrac{\theta}{2}$ Simplifica.

Monitoreo del progreso Ayuda en inglés y español en *BigIdeasMath.com*

9. Resuelve $\operatorname{sen}\left(\dfrac{\pi}{4} - x\right) - \operatorname{sen}\left(x + \dfrac{\pi}{4}\right) = 1$ para $0 \leq x < 2\pi$.

9.8 Ejercicios

Verificación de vocabulario y concepto esencial

1. **COMPLETAR LA ORACIÓN** Escribe la expresión cos 130° cos 40° − sen 130° sen 40° como el coseno de un ángulo.

2. **ESCRIBIR** Explica cómo evaluar tan 75° usando la fórmula de suma o de diferencia para la tangente.

Monitoreo del progreso y Representar con matemáticas

En los Ejercicios 3–10, halla el valor exacto de la expresión. *(Consulta el Ejemplo 1).*

3. $\tan(-15°)$
4. $\tan 195°$
5. $\operatorname{sen} \dfrac{23\pi}{12}$
6. $\operatorname{sen}(-165°)$
7. $\cos 105°$
8. $\cos \dfrac{11\pi}{12}$
9. $\tan \dfrac{17\pi}{12}$
10. $\operatorname{sen}\left(-\dfrac{7\pi}{12}\right)$

En los Ejercicios 11–16, evalúa la expresión dado que $\cos a = \dfrac{4}{5}$ con $0 < a < \dfrac{\pi}{2}$ y $\operatorname{sen} b = -\dfrac{15}{17}$ con $\dfrac{3\pi}{2} < b < 2\pi$. *(Consulta el Ejemplo 2).*

11. $\operatorname{sen}(a+b)$
12. $\operatorname{sen}(a-b)$
13. $\cos(a-b)$
14. $\cos(a+b)$
15. $\tan(a+b)$
16. $\tan(a-b)$

En los Ejercicios 17–22, simplifica la expresión. *(Consulta el Ejemplo 3).*

17. $\tan(x+\pi)$
18. $\cos\left(x-\dfrac{\pi}{2}\right)$
19. $\cos(x+2\pi)$
20. $\tan(x-2\pi)$
21. $\operatorname{sen}\left(x-\dfrac{3\pi}{2}\right)$
22. $\tan\left(x+\dfrac{\pi}{2}\right)$

ANÁLISIS DE ERRORES En los Ejercicios 23 y 24, describe y corrige el error cometido al simplificar la expresión.

23.

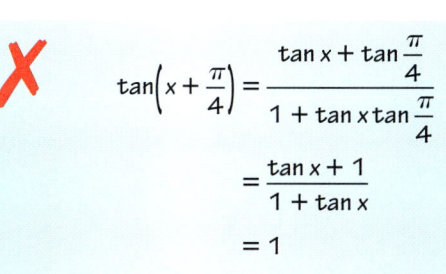

24.

$$\operatorname{sen}\left(x-\dfrac{\pi}{4}\right) = \operatorname{sen}\dfrac{\pi}{4}\cos x - \cos\dfrac{\pi}{4}\operatorname{sen} x$$
$$= \dfrac{\sqrt{2}}{2}\cos x - \dfrac{\sqrt{2}}{2}\operatorname{sen} x$$
$$= \dfrac{\sqrt{2}}{2}(\cos x - \operatorname{sen} x)$$

25. ¿Cuáles son las soluciones de la ecuación $2\operatorname{sen} x - 1 = 0$ para $0 \le x < 2\pi$?

   Ⓐ $\dfrac{\pi}{3}$
   Ⓑ $\dfrac{\pi}{6}$
   Ⓒ $\dfrac{2\pi}{3}$
   Ⓓ $\dfrac{5\pi}{6}$

26. ¿Cuáles son las soluciones de la ecuación $\tan x + 1 = 0$ para $0 \le x < 2\pi$?

   Ⓐ $\dfrac{\pi}{4}$
   Ⓑ $\dfrac{3\pi}{4}$
   Ⓒ $\dfrac{5\pi}{4}$
   Ⓓ $\dfrac{7\pi}{4}$

En los Ejercicios 27—32, resuelve la ecuación para $0 \le x < 2\pi$. *(Consulta el Ejemplo 4).*

27. $\operatorname{sen}\left(x+\dfrac{\pi}{2}\right) = \dfrac{1}{2}$
28. $\tan\left(x-\dfrac{\pi}{4}\right) = 0$
29. $\cos\left(x+\dfrac{\pi}{6}\right) - \cos\left(x-\dfrac{\pi}{6}\right) = 1$
30. $\operatorname{sen}\left(x+\dfrac{\pi}{4}\right) + \operatorname{sen}\left(x-\dfrac{\pi}{4}\right) = 0$
31. $\tan(x+\pi) - \tan(\pi-x) = 0$
32. $\operatorname{sen}(x+\pi) + \cos(x+\pi) = 0$

33. **USAR ECUACIONES** Deduce la identidad cofuncional $\operatorname{sen}\left(\dfrac{\pi}{2} - \theta\right) = \cos\theta$ usando la fórmula de diferencia para la función seno.

34. **ARGUMENTAR** Tu amigo dice que es posible usar la fórmula de diferencia para la tangente para deducir la identidad cofuncional $\tan\left(\dfrac{\pi}{2} - \theta\right) = \cot \theta$. ¿Es correcto lo que dice tu amigo? Explica tu razonamiento.

35. **REPRESENTAR CON MATEMÁTICAS** Un fotógrafo está a una altura h tomando fotografías aéreas con una cámara de 35 milímetros. La razón entre la longitud de la imagen WQ y la longitud NA del objeto real está dada mediante la fórmula

$$\dfrac{WQ}{NA} = \dfrac{35\tan(\theta - t) + 35 \tan t}{h \tan \theta}$$

donde θ es el ángulo entre la línea vertical perpendicular al suelo y la línea desde la cámara al punto A y t es el ángulo de inclinación del filme. Cuando $t = 45°$, demuestra que la fórmula se puede reescribir como $\dfrac{WQ}{NA} = \dfrac{70}{h(1 + \tan \theta)}$. *(Consulta el Ejemplo 5).*

36. **REPRESENTAR CON MATEMÁTICAS** Cuando una onda viaja a través de una cuerda tensada, el desplazamiento y de cada punto en la cuerda depende del tiempo t y de la posición del punto x. La ecuación de una *onda estacionaria* se puede obtener sumando los desplazamientos de dos ondas que vayan en direcciones opuestas. Supón que una onda estacionaria se puede representar mediante la fórmula

$$y = A\cos\left(\dfrac{2\pi t}{3} - \dfrac{2\pi x}{5}\right) + A\cos\left(\dfrac{2\pi t}{3} + \dfrac{2\pi x}{5}\right).$$

Si $t = 1$, demuestra que la fórmula se puede reescribir como $y = -A\cos\dfrac{2\pi x}{5}$.

37. **REPRESENTAR CON MATEMÁTICAS** La señal de ocupado en un teléfono de tonos es una combinación de dos tonos con frecuencias de 480 hertz y 620 hertz. Los tonos individuales se pueden representar mediante las ecuaciones:

480 hertz: $y_1 = \cos 960\pi t$

620 hertz: $y_2 = \cos 1240\pi t$

El sonido de la señal de ocupado se puede representar mediante $y_1 + y_2$. Demuestra que $y_1 + y_2 = 2\cos 1100\pi t \cos 140\pi t$.

38. **¿CÓMO LO VES?** Explica cómo usar la figura para resolver la ecuación $\operatorname{sen}\left(x + \dfrac{\pi}{4}\right) - \operatorname{sen}\left(\dfrac{\pi}{4} - x\right) = 0$ para $0 \leq x < 2\pi$.

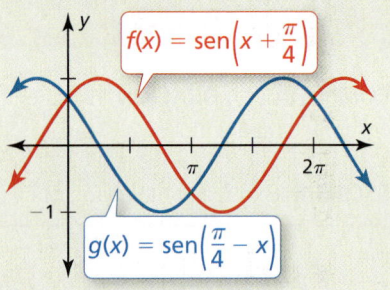

39. **CONEXIONES MATEMÁTICAS** La figura muestra el ángulo agudo de intersección, $\theta_2 - \theta_1$, de dos líneas con pendientes m_1 y m_2.

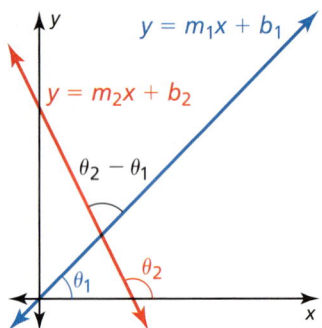

a. Usa la fórmula de diferencia para la función tangente para escribir una ecuación para $\tan(\theta_2 - \theta_1)$ en términos de m_1 y m_2.

b. Usa la ecuación en la parte (a) para hallar el ángulo agudo de intersección de las líneas $y = x - 1$ y

$$y = \left(\dfrac{1}{\sqrt{3} - 2}\right)x + \dfrac{4 - \sqrt{3}}{2 - \sqrt{3}}.$$

40. **ESTIMULAR EL PENSAMIENTO** Reescribe cada función. Justifica tus respuestas.

a. Escribe $\operatorname{sen} 3x$ como una función de $\operatorname{sen} x$.

b. Escribe $\cos 3x$ como una función de $\cos x$.

c. Escribe $\tan 3x$ como una función de $\tan x$.

Mantener el dominio de las matemáticas Repasar lo que aprendiste en grados y lecciones anteriores

Resuelve la ecuación. Verifica tu(s) solución(es). *(Sección 7.5)*

41. $1 - \dfrac{9}{x - 2} = -\dfrac{7}{2}$

42. $\dfrac{12}{x} + \dfrac{3}{4} = \dfrac{8}{x}$

43. $\dfrac{2x - 3}{x + 1} = \dfrac{10}{x^2 - 1} + 5$

9.5–9.8 ¿Qué aprendiste?

Vocabulario Esencial

frecuencia, *pág.* 506
sinusoide, *pág.* 507
identidad trigonométrica, *pág.* 514

Conceptos Esenciales

Sección 9.5

Características de $y = \tan x$ y $y = \cot x$, *pág. 498*
Periodo y asíntotas verticales de $y = a \tan bx$ y $y = a \cot bx$, *pág. 499*
Características de $y = \sec x$ y $y = \csc x$, *pág. 500*

Sección 9.6

Frecuencia, *pág. 506*
Escribir funciones trigonométricas, *pág. 507*
Usar la tecnología para hallar modelos trigonométricos, *pág. 509*

Sección 9.7

Identidades trigonométricas fundamentales, *pág. 514*

Sección 9.8

Formulas de suma y diferencia, *pág. 520*
Ecuaciones trigonométricas y fórmulas de la vida real, *pág. 522*

Prácticas matemáticas

1. Explica por qué la relación entre θ y d tiene sentido en el contexto de la situación en el Ejercicio 43 de la página 503.

2. ¿Cómo puedes usar las definiciones para relacionar la pendiente de una línea con la tangente de un ángulo en el Ejercicio 39 de la página 524?

Tarea de desempeño

Alivianar la carga

Necesitas mover una mesa pesada por la habitación. ¿Cuál es la forma más fácil de moverla? ¿Deberías empujarla? ¿Deberías atar una soga alrededor de una pata de la mesa y tirar de ella? ¿Cómo te puede ayudar la trigonometría a tomar la decisión correcta?

Para explorar las respuestas a estas preguntas y más, visita *BigIdeasMath.com*.

9 Repaso del capítulo

Soluciones dinámicas disponibles en *BigIdeasMath.com*

9.1 Trigonometría de triángulo rectángulo (págs. 461–468)

Evalúa las seis funciones trigonométricas del ángulo θ.

Con base en el teorema de Pitágoras, la longitud de la hipotenusa es

$$\text{hip.} = \sqrt{6^2 + 8^2}$$
$$= \sqrt{100}$$
$$= 10.$$

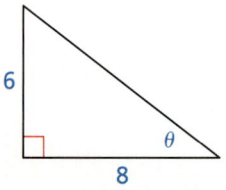

Usando ady. = 8, op. = 6, e hip. = 10, los valores de las seis funciones trigonométricas de θ son:

$$\text{sen } \theta = \frac{\text{op.}}{\text{hip.}} = \frac{6}{10} = \frac{3}{5} \qquad \cos \theta = \frac{\text{ady.}}{\text{hip.}} = \frac{8}{10} = \frac{4}{5} \qquad \tan \theta = \frac{\text{op.}}{\text{ady.}} = \frac{6}{8} = \frac{3}{4}$$

$$\csc \theta = \frac{\text{hip.}}{\text{op.}} = \frac{10}{6} = \frac{5}{3} \qquad \sec \theta = \frac{\text{hip.}}{\text{ady.}} = \frac{10}{8} = \frac{5}{4} \qquad \cot \theta = \frac{\text{ady.}}{\text{op.}} = \frac{8}{6} = \frac{4}{3}$$

1. En un triángulo rectángulo, θ es un ángulo agudo y $\cos \theta = \frac{6}{11}$. Evalúa las otras cinco funciones trigonométricas de θ.

2. La sombra de un árbol mide 25 pies desde su base. El ángulo de elevación hacia el sol es 31°. ¿Cuál es la altura del árbol?

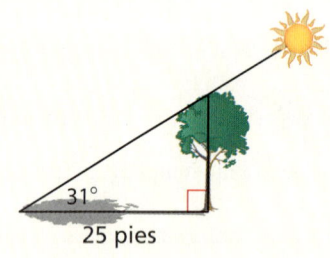

9.2 Ángulos y medida radián (págs. 469–476)

Convierte la medida en grados a radianes o la medida en radianes a grados.

a. 110°

b. $\frac{7\pi}{12}$

$$110° = 110 \text{ grados} \left(\frac{\pi \text{ radianes}}{180 \text{ grados}} \right) \qquad \frac{7\pi}{12} = \frac{7\pi}{12} \text{ radianes} \left(\frac{180°}{\pi \text{ radianes}} \right)$$

$$= \frac{11\pi}{18} \qquad\qquad\qquad\qquad\qquad = 105°$$

3. Halla un ángulo positivo y un ángulo negativo que sean coterminales con 382°.

Convierte la medida en grados a radianes o la medida en radianes a grados.

4. 30°

5. 225°

6. $\frac{3\pi}{4}$

7. $\frac{5\pi}{3}$

8. Un sistema de rociadores en una granja rota 140° y rocía agua hasta 35 metros. Dibuja un diagrama que muestre la región que se puede irrigar con el rociador. Luego halla el área de la región.

526 Capítulo 9 Razones y funciones trigonométricas

9.3 Funciones trigonométricas de cualquier ángulo *(págs. 477–484)*

Evalúa csc 210°.

El ángulo de referencia es $\theta' = 210° - 180° = 30°$. La función cosecante es negativa en el Cuadrante III, entonces csc 210° = −csc 30° = −2.

Evalúa las seis funciones trigonométricas de θ.

9.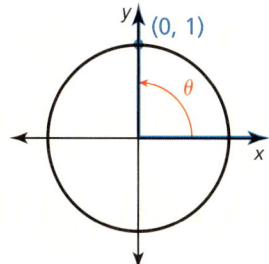

10.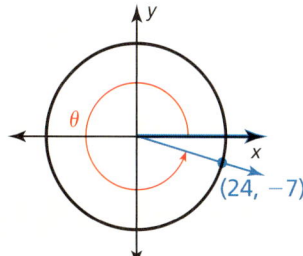

11.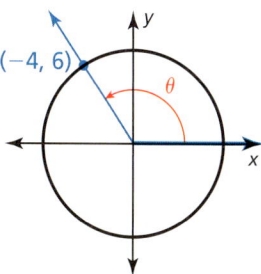

Evalúa la función sin usar una calculadora.

12. $\tan 330°$
13. $\sec(-405°)$
14. $\operatorname{sen} \dfrac{13\pi}{6}$
15. $\sec \dfrac{11\pi}{3}$

9.4 Hacer gráficas de las funciones seno y coseno *(págs. 485–494)*

Identifica la amplitud y el periodo de $g(x) = \dfrac{1}{2} \operatorname{sen} 2x$. Luego haz la gráfica de la función y describe la gráfica de g como una transformación de la gráfica de $f(x) = \operatorname{sen} x$.

La función es de la forma $g(x) = a \operatorname{sen} bx$, donde $a = \dfrac{1}{2}$ y $b = 2$. Entonces, la amplitud es $a = \dfrac{1}{2}$ y el periodo es $\dfrac{2\pi}{b} = \dfrac{2\pi}{2} = \pi$.

Intersecciones: $(0, 0)$; $\left(\dfrac{1}{2} \cdot \pi, 0\right) = \left(\dfrac{\pi}{2}, 0\right)$; $(\pi, 0)$

Máximo: $\left(\dfrac{1}{4} \cdot \pi, \dfrac{1}{2}\right) = \left(\dfrac{\pi}{4}, \dfrac{1}{2}\right)$

Mínimo: $\left(\dfrac{3}{4} \cdot \pi, -\dfrac{1}{2}\right) = \left(\dfrac{3\pi}{4}, -\dfrac{1}{2}\right)$

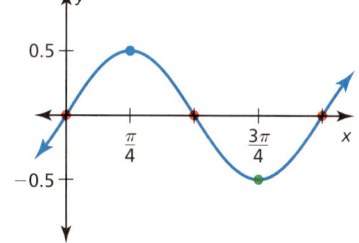

▶ La gráfica de g es un encogimiento vertical por un factor de $\dfrac{1}{2}$ y un encogimiento horizontal por un factor de $\dfrac{1}{2}$ de la gráfica de f.

Identifica la amplitud y el periodo de la función. Luego haz la gráfica de la función y describe la gráfica de g como una transformación de la gráfica de la función madre.

16. $g(x) = 8 \cos x$
17. $g(x) = 6 \operatorname{sen} \pi x$
18. $g(x) = \dfrac{1}{4} \cos 4x$

Haz una gráfica de la función.

19. $g(x) = \cos(x + \pi) + 2$
20. $g(x) = -\operatorname{sen} x - 4$
21. $g(x) = 2 \operatorname{sen}\left(x + \dfrac{\pi}{2}\right)$

9.5 Hacer graficas de otras funciones trigonométricas *(págs. 497–504)*

a. Haz la gráfica de un periodo de $g(x) = 7 \cot \pi x$. Describe la gráfica de g como una transformación de $f(x) = \cot x$.

La función es de la forma $g(x) = a \cot bx$, donde $a = 7$ y $b = \pi$. Entonces el periodo es $\frac{\pi}{|b|} = \frac{\pi}{\pi} = 1$.

Intersecciones: $\left(\frac{\pi}{2b}, 0\right) = \left(\frac{\pi}{2\pi}, 0\right) = \left(\frac{1}{2}, 0\right)$

Asíntotas: $x = 0$; $x = \frac{\pi}{|b|} = \frac{\pi}{\pi}$, o $x = 1$

Puntos intermedios: $\left(\frac{\pi}{4b}, a\right) = \left(\frac{\pi}{4\pi}, 7\right) = \left(\frac{1}{4}, 7\right)$;

$\left(\frac{3\pi}{4b}, -a\right) = \left(\frac{3\pi}{4\pi}, -7\right) = \left(\frac{3}{4}, -7\right)$

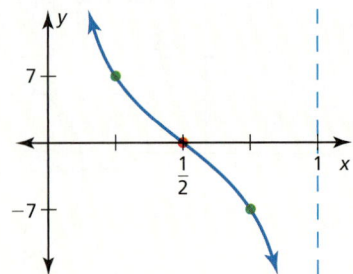

▶ La gráfica de g es un alargamiento vertical por un factor de 7 y un encogimiento horizontal por un factor de $\frac{1}{\pi}$ de la gráfica de f.

b. Haz la gráfica de un periodo de $g(x) = 9 \sec x$. Describe la gráfica de g como una transformación de la gráfica de $f(x) = \sec x$.

Paso 1 Haz la gráfica de la función $y = 9 \cos x$.

El periodo es $\frac{2\pi}{1} = 2\pi$.

Paso 2 Haz una gráfica de las asíntotas de g. Dado que las asíntotas de g ocurren cuando $9 \cos x = 0$, haz una gráfica de $x = -\frac{\pi}{2}$, $x = \frac{\pi}{2}$, y $x = \frac{3\pi}{2}$.

Paso 3 Marca los puntos en g tal como $(0, 9)$ y $(\pi, -9)$. Luego usa las asíntotas para dibujar la curva.

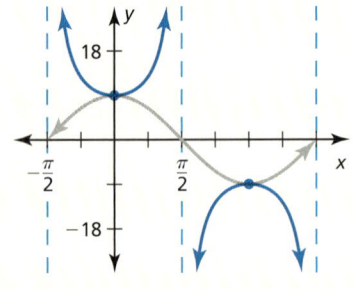

▶ La gráfica de g es un alargamiento vertical por un factor de 9 de la gráfica de f.

Haz la gráfica de un periodo de la función. Describe la gráfica de g como una transformación de la gráfica de su función madre.

22. $g(x) = \tan \frac{1}{2}x$

23. $g(x) = 2 \cot x$

24. $g(x) = 4 \tan 3\pi x$

Haz una gráfica de la función.

25. $g(x) = 5 \csc x$

26. $g(x) = \sec \frac{1}{2}x$

27. $g(x) = 5 \sec \pi x$

28. $g(x) = \frac{1}{2} \csc \frac{\pi}{4}x$

9.6 Representar con funciones trigonométricas (págs. 505–512)

Escribe una función para la sinusoide que se muestra.

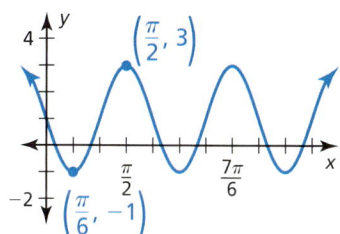

Paso 1   Halla los valores mínimo y máximo. Con base en la gráfica, el valor máximo es 3 y el valor mínimo es -1.

Paso 2   Identifica el desplazamiento vertical, k. El valor de k es la media de los valores máximo y mínimo.

$$k = \frac{(\text{valor máximo}) + (\text{valor mínimo})}{2} = \frac{3 + (-1)}{2} = \frac{2}{2} = 1$$

Paso 3   Decide si la gráfica debería modelarse mediante una función seno o coseno. Dado que la gráfica cruza la línea media $y = 1$ en el eje y y luego disminuye a su valor mínimo, la gráfica es una curva de seno con una reflexión en el eje x y sin desplazamiento horizontal. Entonces, $h = 0$.

Paso 4   Halla la amplitud y el periodo.

El periodo es $\frac{2\pi}{3} = \frac{2\pi}{b}$. Entonces, $b = 3$.

La amplitud es

$$|a| = \frac{(\text{valor máximo}) - (\text{valor mínimo})}{2} = \frac{3 - (-1)}{2} = \frac{4}{2} = 2.$$

Ya que la gráfica es una reflexión en el eje x, $a < 0$. Entonces, $a = -2$.

▶ La función es $y = -2 \operatorname{sen} 3x + 1$.

Escribe una función para la sinusoide.

29.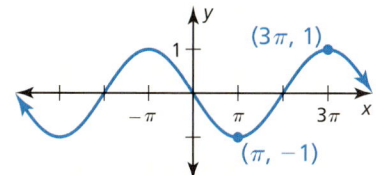

30.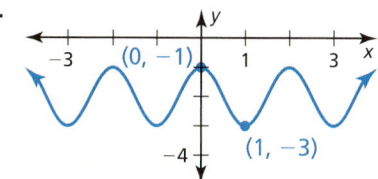

31. Pones un reflector en un rayo de una rueda de tu bicicleta. El punto más alto del reflector es 25 pulgadas sobre el suelo, y el punto más bajo es 2 pulgadas. El reflector hace 1 revolución por segundo. Escribe un modelo para la altura h (en pulgadas) de un reflector como una función del tiempo t (en segundos) dado que el reflector está en su punto más bajo cuando $t = 0$.

32. La tabla muestra la precipitación mensual P (en pulgadas) para Bismarck, Dakota del Norte, donde $t = 1$ representa enero. Escribe un modelo que dé P como función de t e interpreta el periodo de su gráfica.

t	1	2	3	4	5	6	7	8	9	10	11	12
P	0.5	0.5	0.9	1.5	2.2	2.6	2.6	2.2	1.6	1.3	0.7	0.4

9.7 Usar identidades trigonométricas (págs. 513–518)

Verifica la identidad $\dfrac{\cot^2 \theta}{\csc \theta} = \csc \theta - \operatorname{sen} \theta.$

$\dfrac{\cot^2 \theta}{\csc \theta} = \dfrac{\csc^2 \theta - 1}{\csc \theta}$ Identidad pitagórica

$\phantom{\dfrac{\cot^2 \theta}{\csc \theta}} = \dfrac{\csc^2 \theta}{\csc \theta} - \dfrac{1}{\csc \theta}$ Escribe como fracciones separadas.

$\phantom{\dfrac{\cot^2 \theta}{\csc \theta}} = \csc \theta - \dfrac{1}{\csc \theta}$ Simplifica.

$\phantom{\dfrac{\cot^2 \theta}{\csc \theta}} = \csc \theta - \sin \theta$ Identidad recíproca

Simplifica la expresión.

33. $\cot^2 x - \cot^2 x \cos^2 x$

34. $\dfrac{(\sec x + 1)(\sec x - 1)}{\tan x}$

35. $\operatorname{sen}\left(\dfrac{\pi}{2} - x\right) \tan x$

Verifica la identidad.

36. $\dfrac{\cos x \sec x}{1 + \tan^2 x} = \cos^2 x$

37. $\tan\left(\dfrac{\pi}{2} - x\right) \cot x = \csc^2 x - 1$

9.8 Usar fórmulas de suma y diferencia (págs. 519–524)

Halla el valor exacto de sen 105°.

$\operatorname{sen} 105° = \operatorname{sen}(45° + 60°)$ Sustituye 45° + 60° por 105°.

$\phantom{\operatorname{sen} 105°} = \operatorname{sen} 45° \cos 60° + \cos 45° \operatorname{sen} 60°$ Fórmula de suma para seno

$\phantom{\operatorname{sen} 105°} = \dfrac{\sqrt{2}}{2} \cdot \dfrac{1}{2} + \dfrac{\sqrt{2}}{2} \cdot \dfrac{\sqrt{3}}{2}$ Evalúa.

$\phantom{\operatorname{sen} 105°} = \dfrac{\sqrt{2} + \sqrt{6}}{4}$ Simplifica.

▶ El valor exacto de sen 105° es $\dfrac{\sqrt{2} + \sqrt{6}}{4}$.

Halla el valor exacto de la expresión.

38. $\operatorname{sen} 75°$

39. $\tan(-15°)$

40. $\cos \dfrac{\pi}{12}$

41. Halla $\tan(a + b)$, dado que $\tan a = \dfrac{1}{4}$ con $\pi < a < \dfrac{3\pi}{2}$ y $\tan b = \dfrac{3}{7}$ con $0 < b < \dfrac{\pi}{2}$.

Resuelve la ecuación para $0 \leq x < 2\pi$.

42. $\cos\left(x + \dfrac{3\pi}{4}\right) + \cos\left(x - \dfrac{3\pi}{4}\right) = 1$

43. $\tan(x + \pi) + \cos\left(x + \dfrac{\pi}{2}\right) = 0$

9 Prueba del capítulo

Verifica la identidad.

1. $\dfrac{\cos^2 x + \sen^2 x}{1 + \tan^2 x} = \cos^2 x$

2. $\dfrac{1 + \sen x}{\cos x} + \dfrac{\cos x}{1 + \sen x} = 2 \sec x$

3. $\cos\left(x + \dfrac{3\pi}{2}\right) = \sen x$

4. Evalúa $\sec(-300°)$ sin usar una calculadora.

Escribe una función para la sinusoide.

5.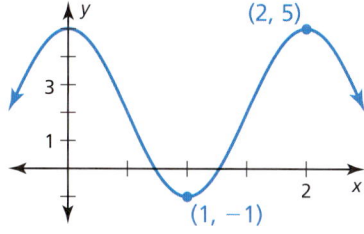

6.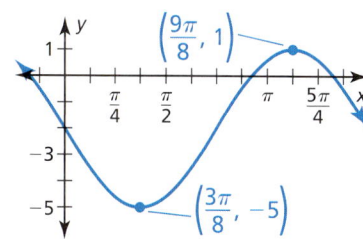

Haz una gráfica de la función. Luego, describe la gráfica de g como una transformación de la gráfica de su función madre.

7. $g(x) = -4 \tan 2x$

8. $g(x) = -2 \cos \dfrac{1}{3}x + 3$

9. $g(x) = 3 \csc \pi x$

Convierte la medida en grados a radianes o la medida en radianes a grados. Luego halla un ángulo positivo y un ángulo negativo que sean coterminales con el ángulo dado.

10. $-50°$

11. $\dfrac{4\pi}{5}$

12. $\dfrac{8\pi}{3}$

13. Halla la longitud del arco y el área de un sector con radio $r = 13$ pulgadas y ángulo central $\theta = 40°$.

Evalúa las seis funciones trigonométricas del ángulo θ.

14.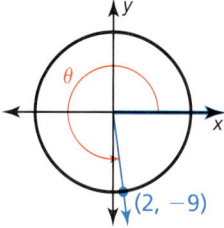

15.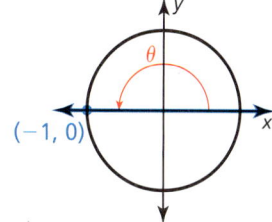

16. ¿A qué cuadrante pertenece el lado terminal de θ si $\cos \theta < 0$ y $\tan \theta > 0$? Explica.

17. ¿Cuál es la altura del edificio? Justifica tu respuesta.

18. La tabla muestra las temperaturas altas promedio diarias T (en grados Farenheit) en Baltimore, Maryland, donde $m = 1$ representa enero. Escribe un modelo que dé T como función de m e interpreta el periodo de su gráfica.

m	1	2	3	4	5	6	7	8	9	10	11	12
T	41	45	54	65	74	83	87	85	78	67	56	45

9 Evaluación acumulativa

1. ¿Qué expresiones son equivalentes a 1?

   | $\tan x \sec x \cos x$ | $\text{sen}^2 x + \cos^2 x$ | $\dfrac{\cos^2(-x)\tan^2 x}{\text{sen}^2(-x)}$ | $\cos\left(\dfrac{\pi}{2} - x\right)\csc x$ |

2. ¿Qué expresión racional representa la razón entre el perímetro y el área de la zona de juegos que se muestra en el diagrama?

   Ⓐ $\dfrac{9}{7x}$

   Ⓑ $\dfrac{11}{14x}$

   Ⓒ $\dfrac{1}{x}$

   Ⓓ $\dfrac{1}{2x}$

   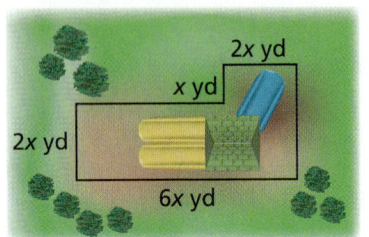

3. La tabla muestra las temperaturas mensuales promedio (en grados Farenheit) y los usos de gas (en pies cúbicos) de un hogar durante 12 meses.

   a. Usa una calculadora gráfica para hallar modelos trigonométricos para la temperatura promedio y_1 como función del tiempo y el uso de gas y_2 (en miles de pies cúbicos) como función del tiempo. Imagina que $t = 1$ representa a enero.

   b. Haz una gráfica de las dos ecuaciones de regresión en el mismo plano de coordenadas en tu calculadora gráfica. Describe la relación entre las gráficas.

Enero	Febrero	Marzo	Abril
32°F	21°F	15°F	22°F
20,000 pies³	27,000 pies³	23,000 pies³	22,000 pies³
Mayo	Junio	Julio	Agosto
35°F	49°F	62°F	78°F
21,000 pies³	14,000 pies³	8,000 pies³	9,000 pies³
Septiembre	Octubre	Noviembre	Diciembre
71°F	63°F	55°F	40°F
13,000 pies³	15,000 pies³	19,000 pies³	23,000 pies³

4. Evalúa cada logaritmo usando $\log_2 5 \approx 2.322$ y $\log_2 3 \approx 1.585$, si es necesario. Luego ordena los logaritmos por valor, de menor a mayor.

   a. $\log 1000$

   b. $\log_2 15$

   c. $\ln e$

   d. $\log_2 9$

   e. $\log_2 \dfrac{5}{3}$

   f. $\log_2 1$

5. ¿Qué función *no* está representada mediante la gráfica?

   Ⓐ $y = 5 \operatorname{sen} x$

   Ⓑ $y = 5 \cos\left(\dfrac{\pi}{2} - x\right)$

   Ⓒ $y = 5 \cos\left(x + \dfrac{\pi}{2}\right)$

   Ⓓ $y = -5 \operatorname{sen}(x + \pi)$

   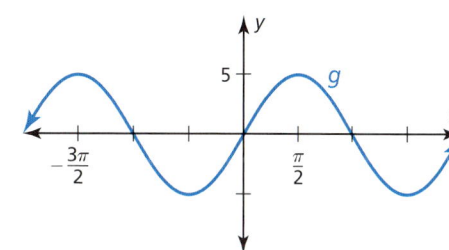

6. Completa cada enunciado con < o > de manera que cada enunciado sea verdadero.

   a. θ ▭ 3 radianes

   b. $\tan \theta$ ▭ 0

   c. θ' ▭ 45°

   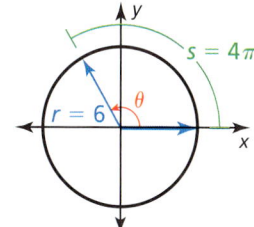

7. Usa el Teorema de la Raíz Racional y la gráfica para hallar todos los ceros reales de la función $f(x) = 2x^3 - x^2 - 13x - 6$.

   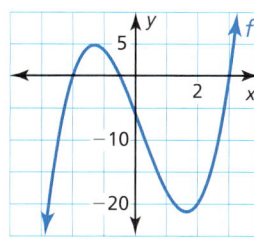

8. Tu amigo dice que $-210°$ es coterminal con el ángulo $\dfrac{5\pi}{6}$. ¿Es correcto lo que dice tu amigo? Explica tu razonamiento.

9. La Compañía A y la Compañía B ofrecen el mismo salario anual inicial de $20,000. La Compañía A da un aumento de $1000 cada año. La Compañía B da un aumento de 4% cada año.

   a. Escribe reglas que den los salarios a_n y b_n para tu enésimo año de empleo en la Compañía A y en la Compañía B, respectivamente. Indica si la secuencia representada mediante cada regla es *aritmética*, *geométrica* o *ninguna de las dos*.

   b. Haz una gráfica de cada secuencia en el mismo plano de coordenadas.

   c. ¿Bajo qué condiciones elegirías trabajar para la Compañía B?

   d. Después de 20 años de empleo, compara tus ganancias totales.

Capítulo 9   Evaluación acumulativa   533

10 Probabilidad

- **10.1** Espacios muestrales y probabilidad
- **10.2** Eventos independientes y dependientes
- **10.3** Tablas de doble entrada y probabilidad
- **10.4** Probabilidad de eventos disjuntos y superpuestos
- **10.5** Permutaciones y combinaciones
- **10.6** Distribuciones binomiales

Anillo de la clase *(pág. 583)*

Carrera de caballos *(pág. 571)*

Crecimiento de los árboles *(pág. 568)*

Trotar *(pág. 557)*

Entrenamiento *(pág. 552)*

Mantener el dominio de las matemáticas

Hallar un porcentaje

Ejemplo 1 ¿Qué porcentaje de 12 es 9?

$$\frac{a}{w} = \frac{p}{100}$$ Escribe la proporción del porcentaje

$$\frac{9}{12} = \frac{p}{100}$$ Sustituye 9 por *a* y 12 por *w*.

$$100 \cdot \frac{9}{12} = 100 \cdot \frac{p}{100}$$ Propiedad de igualdad de la multiplicación

$$75 = p$$ Simplifica.

▶ Entonces 9 es el 75% de 12.

Escribe y resuelve una proporción para responder la pregunta.

1. ¿Qué porcentaje de 30 es 6?   **2.** ¿Qué número es el 68% de 25?   **3.** ¿Qué porcentaje de 86 es 34.4?

Hacer un histograma

Ejemplo 2 La tabla de frecuencias muestra las edades de las personas en un gimnasio. Muestra los datos en un histograma.

Edad	Frecuencia
10–19	7
20–29	12
30–39	6
40–49	4
50–59	0
60–69	3

Paso 1 Dibuja y rotula los ejes.

Paso 2 Dibuja una barra para representar la frecuencia de cada intervalo.

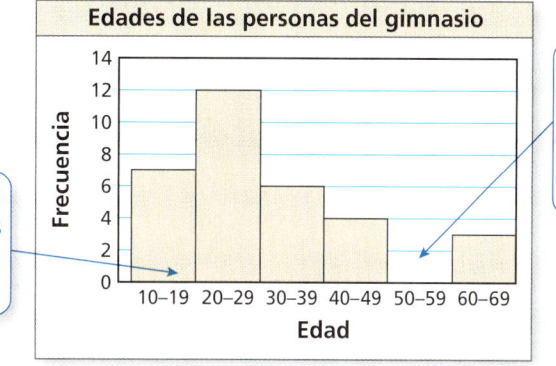

No hay espacio entre las barras de un histograma.

Incluye todo intervalo con una frecuencia de 0. La altura de la barra es 0.

Muestra los datos en un histograma.

4.

Películas vistas por semana			
Películas	0–1	2–3	4–5
Frecuencia	35	11	6

5. RAZONAMIENTO ABSTRACTO Quieres comprar un sofá o un sillón en una tienda de muebles. Cada artículo tiene el mismo precio minorista. El sofá tiene un 20% de descuento. El sillón tiene un 10% de descuento, y tú tienes un cupón para obtener un descuento adicional de 10% sobre el precio de descuento del sillón. ¿Los dos artículos tienen el mismo precio después de aplicar los descuentos? Explica.

Prácticas matemáticas

Los estudiantes que dominan las matemáticas usan las matemáticas que saben para resolver problemas en la vida real.

Representar con matemáticas

Concepto Esencial

Posibilidades y probabilidades

La **probabilidad de un evento** es una medida de la posibilidad de que el evento ocurra. Probabilidad es un número de 0 a 1, incluyendo 0 y 1. El diagrama relaciona *posibilidades* (descritas en palabras) y probabilidades.

Palabras	Imposible	Improbable	Igual probabilidad de que suceda o no suceda	Probable	Seguro
Fracción	0	$\frac{1}{4}$	$\frac{1}{2}$	$\frac{3}{4}$	1
Decimal	0	0.25	0.5	0.75	1
Porcentaje	0%	25%	50%	75%	100%

EJEMPLO 1   Describir probabilidades

Describe la probabilidad de cada evento.

Probabilidad de que un asteroide o un meteoroide llegue a la Tierra			
Nombre	**Diámetro**	**Probabilidad de impacto**	**Fecha de acercamiento**
a. Meteoroide	6 pulg	0.75	Cualquier día
b. Apophis	886 pies	0	2029
c. 2000 SG344	121 pies	$\frac{1}{435}$	2068–2110

SOLUCIÓN

a. En cualquier día, es *probable* que un meteoroide de este tamaño entre en la atmósfera de la tierra. Si alguna vez has visto una "estrella fugaz", entonces has visto un meteoroide.

b. Una probabilidad de 0 significa que este evento es *imposible*.

c. Con una probabilidad de $\frac{1}{435} \approx 0.23\%$, este evento es muy *improbable*. De 435 asteroides idénticos, se esperaría que solo uno de ellos impacte en la Tierra.

Monitoreo del progreso

En los Ejercicios 1 y 2, describe el evento como improbable, igual probabilidad de que suceda o no, o probable. Explica tu razonamiento.

1. Que el primer hijo de una familia sea una niña.
2. Que los dos hijos mayores de una familia de tres hijos sean niñas.
3. Da un ejemplo de un evento que ocurrirá con certeza.

10.1 Espacios muestrales y probabilidad

Pregunta esencial ¿Cómo puedes enumerar los posibles resultados en el espacio muestral de un experimento?

El **espacio muestral** de un experimento es el conjunto de todos los resultados posibles de ese experimento.

EXPLORACIÓN 1 — Hallar el espacio muestral de un experimento

Trabaja con un compañero. En un experimento, se lanzan 3 monedas. Enumera los posibles resultados en el espacio muestral del experimento.

EXPLORACIÓN 2 — Hallar el espacio muestral de un experimento

Trabaja con un compañero. Enumera los posibles resultados en el espacio muestral del experimento.

a. Se lanza un dado de seis caras.

b. Se lanzan dos dados de seis caras.

EXPLORACIÓN 3 — Hallar el espacio muestral de un experimento

Trabaja con un compañero. En un experimento, se gira una ruleta.

a. ¿De cuántas maneras puedes sacar un 1? ¿2? ¿3? ¿4? ¿5?

b. Enumera el espacio muestral.

c. ¿Cuál es el número total de resultados?

EXPLORACIÓN 4 — Hallar el espacio muestral de un experimento

Trabaja con un compañero. En un experimento, una bolsa contiene 2 canicas azules y 5 canicas rojas. Se sacan 2 canicas de la bolsa.

a. ¿De cuántas maneras puedes elegir 2 azules? ¿Y una roja y una azul? ¿Y una azul y luego una roja? ¿Y dos rojas?

b. Enumera el espacio muestral.

c. ¿Cuál es el número de resultados?

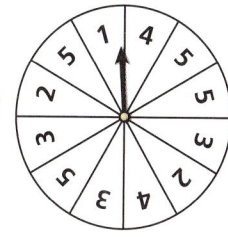

BUSCAR UN PATRÓN

Para dominar las matemáticas, necesitas observar con atención para discernir un patrón o estructura.

Comunicar tu respuesta

5. ¿Cómo puedes enumerar los resultados posibles en el espacio muestral de un experimento?

6. Para la Exploración 3, halla la razón entre el número de cada resultado posible y el número total de resultados. Luego halla la suma de estas razones. Repite el procedimiento para la exploración 4. ¿Qué observas?

Sección 10.1 Espacios muestrales y probabilidad **537**

10.1 Lección

Vocabulario Esencial

experimento de probabilidad, *pág. 538*
resultado, *pág. 538*
evento, *pág. 538*
espacio muestral, *pág. 538*
probabilidad de un evento, *pág. 538*
probabilidad teórica, *pág. 539*
probabilidad geométrica, *pág. 540*
probabilidad experimental, *pág. 541*

Anterior
diagrama de árbol

OTRA MANERA

Usando H por "cara" y T por "cruz", puedes enumerar los resultados tal como se muestra a continuación.

H1 H2 H3 H4 H5 H6
T1 T2 T3 T4 T5 T6

Qué aprenderás

- Hallar espacios muestrales.
- Hallar probabilidades teóricas.
- Hallar probabilidades experimentales.

Espacios muestrales

Un **experimento de probabilidad** es una acción o prueba que tiene resultados variables. Los resultados posibles de un experimento de probabilidad se denominan **resultados**. Por ejemplo, cuando lanzas un dado de seis lados, hay 6 casos posibles: 1, 2, 3, 4, 5, o 6. Una colección de uno o más resultados es un **evento**, tal como el que se lance sea de un número impar. El conjunto de todos los resultados posibles se denomina **espacio muestral.**

EJEMPLO 1   Hallar un espacio muestral

Lanzas una moneda y lanzas un dado de seis lados. ¿Cuántos resultados posibles hay en el espacio muestral? Enumera los resultados posibles.

SOLUCIÓN

Usa un diagrama de árbol para hallar los resultados en el espacio muestral.

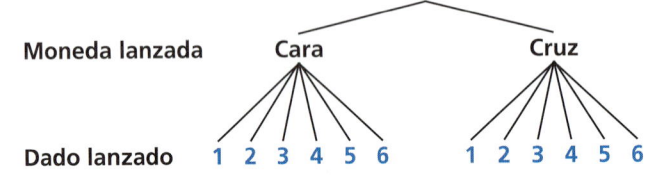

▶ El espacio muestral tiene 12 resultados posibles. Están enumerados a continuación.

Cara, 1   Cara, 2   Cara, 3   Cara, 4   Cara, 5   Cara, 6
Cruz, 1   Cruz, 2   Cruz, 3   Cruz, 4   Cruz, 5   Cruz, 6

Monitoreo del progreso Ayuda en inglés y español en BigIdeasMath.com

Halla el número de resultados posibles en el espacio muestral. Luego enumera los resultados posibles.

1. Lanzas dos monedas.
2. Lanzas dos monedas y lanzas un dado de seis lados.

Probabilidades teóricas

La **probabilidad de un evento** es una medida de la posibilidad o chance de que el evento ocurra. La probabilidad es un número del 0 a 1, incluyendo el 0 y el 1, y se puede expresar como decimal, fracción o porcentaje.

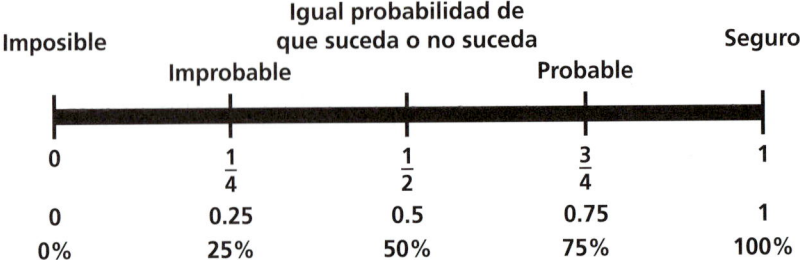

538   Capítulo 10   Probabilidad

PRESTAR ATENCIÓN A LA PRECISIÓN

Observa que la pregunta usa la frase "exactamente dos respuestas". Esta frase es más precisa que decir "dos respuestas" que se puede interpretar como "por lo menos dos" o como "exactamente dos".

Los resultados a favor de un evento especificado se llaman *resultados favorables*. Cuando todos los resultados tienen igual probabilidad, se puede hallar la **probabilidad teórica** del evento usando lo siguiente:

$$\text{Probabilidad teórica} = \frac{\text{Número de resultados favorables}}{\text{Número total de resultados}}$$

La probabilidad del evento A se escribe como $P(A)$.

EJEMPLO 2 Hallar una probabilidad teórica

Un estudiante que toma una prueba adivina aleatoriamente las respuestas de cuatro preguntas de verdadero-falso. ¿Cuál es la probabilidad de que el estudiante adivine exactamente dos respuestas correctas?

SOLUCIÓN

Paso 1 Halla los resultados en el espacio muestral. Imagina que C representa una respuesta correcta y que I representa una respuesta incorrecta. Los resultados posibles son:

Número correcto	Resultado
0	IIII
1	CIII ICII IICI IIIC
2	IICC ICIC ICCI CIIC CICI CCII
3	ICCC CICC CCIC CCCI
4	CCCC

(exactamente dos correctas → 2)

Paso 2 Identifica el número de resultados favorables y el número total de resultados. Hay 6 resultados favorables con exactamente dos respuestas correctas y el número total de resultados es 16.

Paso 3 Halla la probabilidad de que el estudiante adivine exactamente dos respuestas correctas. Dado que el estudiante adivina aleatoriamente, los resultados deberían tener igual probabilidad. Entonces, usa la fórmula de la probabilidad teórica.

$$P(\text{exactamente dos respuestas correctas}) = \frac{\text{Número de resultados favorables}}{\text{Número total de resultados}}$$
$$= \frac{6}{16}$$
$$= \frac{3}{8}$$

▶ La probabilidad de que el estudiante adivine exactamente dos respuestas correctas es $\frac{3}{8}$, o 37.5%.

La suma de las probabilidades de todos los resultados en un espacio muestral es 1. Entonces, si conoces la probabilidad del evento A, puedes hallar la probabilidad del *complemento* del evento A. El *complemento* del evento A consiste en todos los resultados que no están en A y se denota $\overline{A}$. La notación $\overline{A}$ se lee como "A barra". Puedes usar la siguiente fórmula para hallar $P(\overline{A})$.

Concepto Esencial

Probabilidad del complemento de un evento

La probabilidad del complemento del evento A es

$$P(\overline{A}) = 1 - P(A).$$

Sección 10.1   Espacios muestrales y probabilidad

EJEMPLO 3   Hallar probabilidades de complementos

Si se lanzan dos dados de seis lados, hay 36 resultados posibles, tal como se muestra. Halla la probabilidad de cada evento.

a. La suma no es 6.

b. La suma es menor que o igual a 9.

SOLUCIÓN

a. $P(\text{suma no es } 6) = 1 - P(\text{suma es } 6) = 1 - \frac{5}{36} = \frac{31}{36} \approx 0.861$

b. $P(\text{suma} \leq 9) = 1 - P(\text{suma} > 9) = 1 - \frac{6}{36} = \frac{30}{36} = \frac{5}{6} \approx 0.833$

Algunas probabilidades se hallan calculando la razón entre dos longitudes, áreas o volúmenes. Esas probabilidades se denominan **probabilidades geométricas**.

EJEMPLO 4   Usar área para hallar probabilidad

Lanzas un dardo al tablero que se muestra. Tu dardo tiene igual probabilidad de caer en cualquier punto dentro del tablero cuadrado. ¿Es más probable que obtengas 10 puntos o 0 puntos?

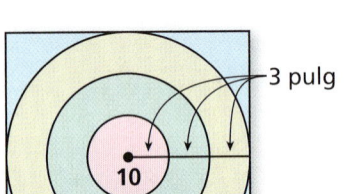

3 pulg

SOLUCIÓN

La probabilidad de obtener 10 puntos es

$$P(10 \text{ puntos}) = \frac{\text{Área del círculo más pequeño}}{\text{Área de todo el tablero}} = \frac{\pi \cdot 3^2}{18^2} = \frac{9\pi}{324} = \frac{\pi}{36} \approx 0.0873.$$

La probabilidad de obtener 0 puntos es

$$P(0 \text{ puntos}) = \frac{\text{Área fuera del círculo más grande}}{\text{Área de tobo el tablero}}$$

$$= \frac{18^2 - (\pi \cdot 9^2)}{18^2}$$

$$= \frac{324 - 81\pi}{324}$$

$$= \frac{4 - \pi}{4}$$

$$\approx 0.215.$$

▶ Es más probable que obtengas 0 puntos.

Monitoreo del progreso   Ayuda en inglés y español en BigIdeasMath.com

3. Lanzas una moneda y lanzas un dado de seis lados. ¿Cuál es la probabilidad de que la moneda muestre cruz y el dado muestre 4?

Halla $P(\overline{A})$.

4. $P(A) = 0.45$

5. $P(A) = \frac{1}{4}$

6. $P(A) = 1$

7. $P(A) = 0.03$

8. En el Ejemplo 4, ¿es más probable que obtengas 10 puntos o 5 puntos?

9. En el Ejemplo 4, ¿es más probable que anotes puntos (10, 5 o 2) o que obtengas 0 puntos?

Probabilidades experimentales

Una **probabilidad experimental** se basa en *pruebas* repetidas de un experimento de probabilidad. El número de pruebas es el número de veces que se lleva a cabo el experimento de probabilidad. Cada prueba en la que ocurre un resultado favorable se denomina *aciertos*. La probabilidad experimental se puede hallar usando lo siguiente.

$$\text{Probabilidad experimental} = \frac{\text{Número de aciertos}}{\text{Número de pruebas}}$$

EJEMPLO 5 Hallar una probabilidad experimental

Resultados de la ruleta

rojo	verde	azul	amarillo
5	9	3	3

Cada sección de la ruleta que se muestra tiene la misma área. La ruleta se hizo girar 20 veces. La tabla muestra los resultados. ¿Para qué color es igual la probabilidad experimental de detenerse en ese color la misma que la probabilidad teórica?

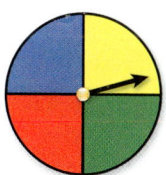

SOLUCIÓN

La probabilidad teórica de detenerse en cada uno de los cuatro colores es $\frac{1}{4}$.
Usa los resultados en la tabla para hallar las probabilidades experimentales.

$P(\text{rojo}) = \frac{5}{20} = \frac{1}{4}$ $\quad\quad$ $P(\text{verde}) = \frac{9}{20}$

$P(\text{azul}) = \frac{3}{20}$ $\quad\quad$ $P(\text{amarillo}) = \frac{3}{20}$

▶ La probabilidad experimental de detenerse en rojo es la misma que la probabilidad teórica.

EJEMPLO 6 Resolver un problema de la vida real

En los Estados Unidos, una encuesta de 2184 adultos de 18 años de edad a más halló que 1328 de ellos tiene por lo menos una mascota. Los tipos de mascota que tienen estos adultos se muestran en la figura. ¿Cuál es la probabilidad de que un adulto dueño de mascota elegido aleatoriamente tenga un perro?

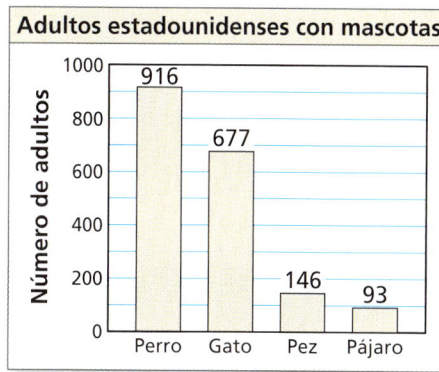

SOLUCIÓN

El número de pruebas es el número de adultos dueños de mascota, 1328. Un acierto es un adulto dueño de mascota que tiene un perro. Con base en la gráfica, hay 916 adultos que dijeron que tenían un perro.

$$P(\text{adulto dueño de mascota que tiene un perro}) = \frac{916}{1328} = \frac{229}{332} \approx 0.690$$

▶ La probabilidad de que un adulto dueño de mascota elegido aleatoriamente tenga un perro es de aproximadamente el 69%.

Monitoreo del progreso Ayuda en inglés y español en *BigIdeasMath.com*

10. En el Ejemplo 5, ¿para qué color es la probabilidad experimental de detenerse en ese color mayor que la probabilidad teórica?

11. En el Ejemplo 6, ¿cuál es la probabilidad de que un adulto dueño de una mascota elegido aleatoriamente tenga un pez?

Sección 10.1 Espacios muestrales y probabilidad **541**

10.1 Ejercicios

Soluciones dinámicas disponibles en *BigIdeasMath.com*

Verificación de vocabulario y concepto esencial

1. **COMPLETAR LA ORACIÓN** Un número que describa la posibilidad de un evento es el (la) _____ del evento.

2. **ESCRIBIR** Describe la diferencia entre la probabilidad teórica y la probabilidad experimental.

Monitoreo del progreso y Representar con matemáticas

En los Ejercicios 3–6, halla el número de resultados posibles en el espacio muestral. Luego enumera los resultados posibles. *(Consulta el Ejemplo 1).*

3. Lanzas un dado y lanzas tres monedas.

4. Lanzas una moneda y sacas una canica aleatoriamente de una bolsa que contiene dos canicas moradas y una canica blanca.

5. Una bolsa contiene cuatro tarjetas rojas numeradas del 1 a 4, cuatro tarjetas blancas numeradas del 1 a 4 y cuatro tarjetas negras numeradas del 1 a 4. Eliges una tarjeta aleatoriamente.

6. Sacas dos canicas sin reemplazarlas de una bolsa que contiene tres canicas verdes y cuatro canicas negras.

7. **RESOLVER PROBLEMAS** Un programa de juegos se transmite por televisión cinco días por semana. Cada día, se coloca aleatoriamente un premio detrás de una de dos puertas. El concursante gana el premio al seleccionar la puerta correcta. ¿Cuál es la probabilidad de que exactamente dos de los cinco concursantes ganen un premio durante una semana? *(Consulta el Ejemplo 2).*

8. **RESOLVER PROBLEMAS** Tu amigo tiene dos mazos de naipes estándar de 52 cartas y te pide que saques aleatoriamente una carta de cada mazo. ¿Cuál es la probabilidad de que saques dos espadas?

9. **RESOLVER PROBLEMAS** Si se lanzan dos dados de seis lados, hay 36 resultados posibles. Halla la probabilidad de que (a) la suma no sea 4, y (b) la suma sea mayor que 5. *(Consulta el Ejemplo 3).*

10. **RESOLVER PROBLEMAS** Se muestra la distribución etaria de una población. Halla la probabilidad de cada evento.

Distribución etaria

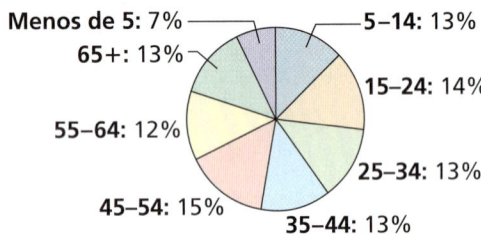

Menos de 5: 7%
5–14: 13%
15–24: 14%
25–34: 13%
35–44: 13%
45–54: 15%
55–64: 12%
65+: 13%

a. Que una persona elegida aleatoriamente tenga por lo menos 15 años de edad.

b. Que una persona elegida aleatoriamente tenga de 25 a 44 años de edad.

11. **ANÁLISIS DE ERRORES** Un estudiante adivina aleatoriamente las respuestas de dos preguntas de verdadero-falso. Describe y corrige el error cometido al hallar la probabilidad de que el estudiante adivine correctamente ambas respuestas.

El estudiante puede adivinar dos respuestas incorrectas, o dos respuestas correctas, o una de cada una. Entonces la probabilidad de adivinar ambas respuestas correctamente es $\frac{1}{3}$.

12. **ANÁLISIS DE ERRORES** Un estudiante saca aleatoriamente un número entre 1 y 30. Describe y corrige el error cometido al hallar la probabilidad de que el número que sacó sea mayor que 4.

La probabilidad de que el número sea menor que 4 es $\frac{3}{30}$, o $\frac{1}{10}$. Entonces, la probabilidad de que el número sea mayor que 4 es $1 - \frac{1}{10}$, o $\frac{9}{10}$.

13. **CONEXIONES MATEMÁTICAS** Lanzas un dardo al tablero que se muestra. Tu dardo tiene igual probabilidad de caer en cualquier punto dentro del tablero cuadrado. ¿Cuál es la probabilidad de que tu dardo caiga en la región amarilla? *(Consulta el Ejemplo 4).*

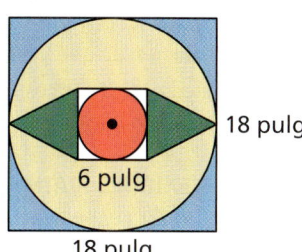

14. **CONEXIONES MATEMÁTICAS** El mapa muestra la longitud (en millas) del litoral a lo largo del Golfo de México para cada estado que bordea el cuerpo de agua. ¿Cuál es la probabilidad de que un barco que se acerque a la orilla en un punto aleatorio del Golfo de México llegue a tierra en el estado dado?

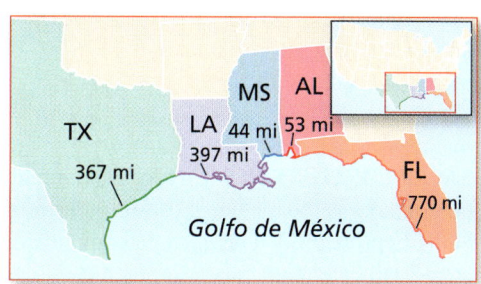

a. Texas   b. Alabama
c. Florida   d. Louisiana

15. **SACAR CONCLUSIONES** Lanzas un dado de seis lados 60 veces. La tabla muestra los resultados. ¿Para qué número la probabilidad experimental de que salga ese mismo número es la misma que la probabilidad teórica? *(Consulta el Ejemplo 5).*

Resultados del dado de seis lados						
⚀	⚁	⚂	⚃	⚄	⚅
11	14	7	10	6	12

16. **SACAR CONCLUSIONES** Una bolsa contiene 5 canicas, cada una de ellas de diferente color. Se saca una bolsa, se anota el color, y luego la canica se guarda nuevamente en la bolsa. Este proceso se repite hasta sacar 30 canicas. La tabla muestra los resultados. ¿Para qué canica la probabilidad experimental de sacarla es la misma que la probabilidad teórica?

Resultados				
blanco	negro	rojo	verde	azul
5	6	8	2	9

17. **RAZONAR** Consulta la ruleta que se muestra. La ruleta está dividida en secciones que tienen la misma área.

a. ¿Cuál es la probabilidad teórica de que la ruleta se detenga en un múltiplo de 3?

b. Haces girar la ruleta 30 veces. Se detiene veinte veces en un múltiplo de 3. ¿Cuál es la probabilidad experimental de que se detenga en un múltiplo de 3?

c. Explica por qué la probabilidad que hallaste en la parte (b) es diferente de la probabilidad que hallaste en la parte (a).

18. **FINAL ABIERTO** Describe un evento de la vida real que tenga una probabilidad de 0. Luego describe un evento de la vida real que tenga una probabilidad de 1.

19. **SACAR CONCLUSIONES** Una encuesta de 2237 adultos de 18 años y más preguntó cuál era su deporte favorito. Los resultados se muestran en la figura. ¿Cuál es la probabilidad de que un adulto elegido aleatoriamente prefiera las carreras de automóviles? *(Consulta el Ejemplo 6).*

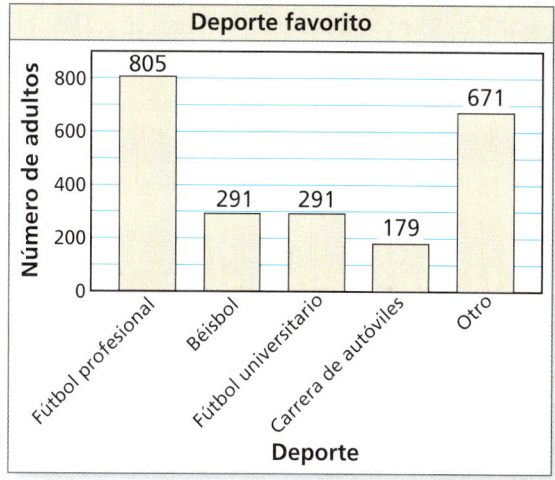

20. **SACAR CONCLUSIONES** Una encuesta de 2392 adultos de 18 años y más preguntó qué tipo de comida sería más probable que eligieran en un restaurante. Los resultados se muestran en la figura. ¿Cuál es la probabilidad de que un adulto elegido aleatoriamente prefiera comida italiana?

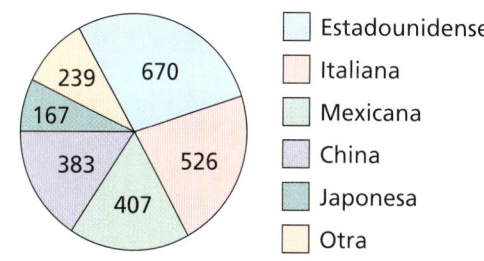

Sección 10.1 Espacios muestrales y probabilidad **543**

21. **ANALIZAR RELACIONES** Consulta el tablero en el Ejercicio 13. Ordena las probabilidades de que el dardo caiga en la región dada de menos probable a más probable.

   A. verde
   B. no azul
   C. rojo
   D. no amarillo

22. **ANALIZAR RELACIONES** Consulta la tabla a continuación. Ordena los siguientes eventos de menos probable a más probable.

   A. Que llueva el domingo.
   B. Que no llueva el sábado.
   C. Que llueva el lunes.
   D. Que no llueva el viernes.

23. **USAR HERRAMIENTAS** Usa la figura en el Ejemplo 3 para responder cada pregunta.

   a. Enumera las sumas posibles que resulten de lanzar dos dados de seis lados.
   b. Halla la probabilidad teórica de que al lanzar los dados salga cada suma.
   c. La siguiente tabla muestra una simulación del lanzamiento de dos dados de seis lados seis veces. Usa un generador aleatorio de números para simular el lanzamiento de dos dados de seis lados 50 veces. Compara las probabilidades experimentales de que salga cada suma con las probabilidades teóricas.

24. **ARGUMENTAR** Lanzas una moneda tres veces. Sale cara dos veces y cruz una vez. Tu amigo llega a la conclusión de que la probabilidad teórica de que la moneda caiga cara es $P(\text{cara hacia arriba}) = \frac{2}{3}$. ¿Es correcto lo que dice tu amigo? Explica tu razonamiento.

25. **CONEXIONES MATEMÁTICAS** Una esfera cabe dentro de un cubo de tal manera que toca cada lado, tal como se muestra. ¿Cuál es la probabilidad de que un punto elegido aleatoriamente dentro del cubo también esté dentro de la esfera?

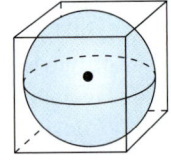

26. **¿CÓMO LO VES?** Considera la gráfica de f que se muestra. ¿Cuál es la probabilidad de que la gráfica de $y = f(x) + c$ interseque el eje x si c es un entero del 1 a 6 aleatoriamente elegido? Explica.

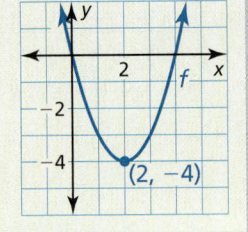

27. **SACAR CONCLUSIONES** Un fabricante prueba 1200 computadoras y halla que 9 de ellas tienen fallas. Halla la probabilidad de que una computadora elegida aleatoriamente tenga una falla. Predice el número de computadoras con fallas en un envío de 15,000 computadoras. Explica tu razonamiento.

28. **ESTIMULAR EL PENSAMIENTO** El diagrama de árbol muestra un espacio muestral. Escribe un problema de probabilidades que se pueda representar mediante el espacio muestral. Luego escribe la(s) respuesta(s) al problema.

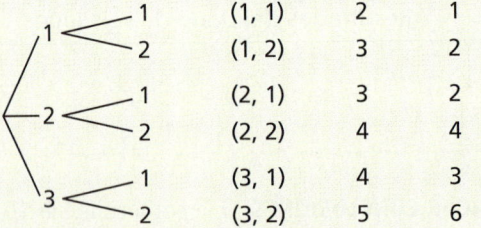

Mantener el dominio de las matemáticas Repasar lo que aprendiste en grados y lecciones anteriores

Halla el producto o el cociente. *(Sección 7.3)*

29. $\dfrac{3x}{y} \cdot \dfrac{2x^3}{y^2}$

30. $\dfrac{4x^9 y}{3x^3} \cdot \dfrac{2xy}{8y^2}$

31. $\dfrac{x+3}{x^4-2} \cdot (x^2 - 7x + 6)$

32. $\dfrac{2y}{5x} \div \dfrac{y}{6x}$

33. $\dfrac{3x}{12x-11} \div \dfrac{x+1}{5x}$

34. $\dfrac{3x^2 + 2x - 13}{x^4} \div (x^2 + 9)$

10.2 Eventos independientes y dependientes

Pregunta esencial ¿Cómo puedes determinar si dos eventos son independientes o dependientes?

Dos eventos son **eventos independientes** si la ocurrencia de un evento no afecta la ocurrencia del otro evento. Dos eventos son **eventos dependientes** si la ocurrencia de un evento *sí* afecta la ocurrencia del otro evento.

EXPLORACIÓN 1   Identificar eventos independientes y dependientes

RAZONAR DE MANERA ABSTRACTA

Para dominar las matemáticas, necesitas darle sentido a las cantidades y a sus relaciones en situaciones o problemas.

Trabaja con un compañero. Determina si los eventos son independientes o dependientes. Explica tu razonamiento.

a. Se lanzan dos dados de seis lados.

b. Hay seis pedazos de papel, numerados del 1 al 6, en una bolsa. Se sacan dos pedazos de papel, uno a la vez sin reemplazarlos.

   4 5

EXPLORACIÓN 2   Hallar probabilidades experimentales

Trabaja con un compañero.

a. En la Exploración 1(a), estima experimentalmente la probabilidad de que la suma de los dos números que salgan sea 7. Describe tu experimento.

b. En la Exploración 1 (b), estima experimentalmente la probabilidad de que la suma de los dos números seleccionados sea 7. Describe tu experimento.

EXPLORACIÓN 3   Hallar probabilidades teóricas

Trabaja con un compañero.

a. En la Exploración 1(a), halla la probabilidad teórica de que la suma de los dos números que salgan sea 7. Luego compara tu respuesta con la probabilidad experimental que hallaste en la Exploración 2(a).

b. En la Exploración 1(b), halla la probabilidad teórica de que la suma de los dos números seleccionados sea 7. Luego compara tu respuesta con la probabilidad experimental que hallaste en la Exploración 2(b).

c. Compara las probabilidades que obtuviste en las partes (a) y (b).

Comunicar tu respuesta

4. ¿Cómo puedes determinar si dos eventos son independientes o dependientes?

5. Determina si los eventos son independientes o dependientes. Explica tu razonamiento.

   a. Sale un 4 cuando lanzas un dado de seis lados y sale rojo cuando haces girar la ruleta.

   b. Tu maestro elige a un estudiante para que lidere un grupo, elige a otro estudiante para que lidere un segundo grupo y elige un tercer estudiante para que lidere un tercer grupo.

Sección 10.2   Eventos independientes y dependientes   545

10.2 Lección

Vocabulario Esencial

eventos independientes, *pág. 546*
eventos dependientes, *pág. 547*
probabilidad condicional, *pág. 547*

Anterior
probabilidad
espacio muestral

Qué aprenderás

- Determinar si los eventos son eventos independientes.
- Hallar probabilidades de eventos independientes y dependientes.
- Hallar probabilidades condicionales.

Determinar si los eventos son independientes

Dos eventos son **eventos independientes** si la ocurrencia de un evento no afecta la ocurrencia del otro evento.

Concepto Esencial

Probabilidad de eventos independientes

Palabras Dos eventos A y B son eventos independientes si y solo si la probabilidad de que ambos eventos ocurran es el producto de las probabilidades de los eventos.

Símbolos $P(A \text{ y } B) = P(A) \cdot P(B)$

EJEMPLO 1 Determinar si los eventos son independientes

Un estudiante que toma una prueba adivina aleatoriamente las respuestas de cuatro preguntas de verdadero-falso. Usa un espacio muestral para determinar si adivinar correctamente la Pregunta 1 y adivinar correctamente la Pregunta 2 son eventos independientes.

SOLUCIÓN

Usando el espacio muestral en el Ejemplo 2 de la página 539:

$P(\text{correcto en la Pregunta 1}) = \frac{8}{16} = \frac{1}{2}$ $P(\text{correcto en la Pregunta 2}) = \frac{8}{16} = \frac{1}{2}$

$P(\text{correcto en la Pregunta 1 y correcto en la Pregunta 2}) = \frac{4}{16} = \frac{1}{4}$

▶ Dado que $\frac{1}{2} \cdot \frac{1}{2} = \frac{1}{4}$, los eventos son independientes.

EJEMPLO 2 Determinar si los eventos son independientes

Un grupo de cuatro estudiantes incluye un niño y tres niñas. El maestro selecciona aleatoriamente a uno de los estudiantes para que sea el orador y a un estudiante diferente para que sea el registrador. Usa un espacio muestral para determinar si seleccionar aleatoriamente a una niña en primer lugar y seleccionar aleatoriamente a una niña en segundo lugar son eventos independientes.

SOLUCIÓN

Imagina que B representa al niño. Imagina que G_1, G_2 y G_3 representan a las tres niñas. Usa una tabla para enumerar los resultados en el espacio muestral.

Número de niñas	Resultado	
1	G_1B	BG_1
1	G_2B	BG_2
1	G_3B	BG_3
2	G_1G_2	G_2G_1
2	G_1G_3	G_3G_1
2	G_2G_3	G_3G_2

Usando el espacio muestral:

$P(\text{niño primer lugar}) = \frac{9}{12} = \frac{3}{4}$ $P(\text{niño segundo lugar}) = \frac{9}{12} = \frac{3}{4}$

$P(\text{niño primer lugar y niño segundo lugar}) = \frac{6}{12} = \frac{1}{2}$

▶ Dado que $\frac{3}{4} \cdot \frac{3}{4} \neq \frac{1}{2}$, los eventos no son independientes.

Monitoreo del progreso Ayuda en inglés y español en BigIdeasMath.com

1. En el Ejemplo 1, determina si adivinar incorrectamente la Pregunta 1 y adivinar correctamente la Pregunta 2 son eventos independientes.

2. En el Ejemplo 2, determina si seleccionar aleatoriamente a una niña en primer lugar y seleccionar aleatoriamente a un niño en segundo lugar son eventos independientes.

Hallar probabilidades de eventos

En el Ejemplo 1, tiene sentido que los eventos sean independientes porque la segunda suposición no debería verse afectada por la primera suposición. En el Ejemplo 2, sin embargo, la selección de la segunda persona *depende* de la selección de la primera persona por que no se puede elegir a la misma persona dos veces. Estos eventos son *dependientes*. Los eventos son **eventos dependientes** si la ocurrencia de un evento *sí* afecta la ocurrencia del otro evento.

La probabilidad de que el evento *B* ocurra dado que el evento *A* ha ocurrido se denomina **probabilidad condicional** de *B* dado *A* y se escribe $P(B|A)$.

> **DARLE SENTIDO A LOS PROBLEMAS**
>
> Una forma en la que puedes hallar P(niña en segundo lugar | niña en primer lugar) es enumerar los 9 resultados en los que se elige una niña en primer lugar y luego hallar la fracción de estos resultados en los que se elige una niña en segundo lugar:
>
> G_1B G_2B G_3B
> G_1G_2 G_2G_1 G_3G_1
> G_1G_3 G_2G_3 G_3G_2

Concepto Esencial

Probabilidad de eventos dependientes

Palabras Si dos eventos *A* y *B* son eventos dependientes, entonces la probabilidad de que ambos eventos ocurran es el producto de la probabilidad del primer evento y la probabilidad condicional del segundo evento dado el primer evento.

Símbolos $P(A \text{ y } B) = P(A) \cdot P(B|A)$

Ejemplo Usando la información en el Ejemplo 2:

$P(\text{niña en primer lugar y niña en segundo lugar}) = P(\text{niña en primer lugar}) \cdot P(\text{niña en segundo lugar} | \text{niña en primer lugar})$

$= \frac{9}{12} \cdot \frac{6}{9} = \frac{1}{2}$

EJEMPLO 3   Hallar la probabilidad de eventos independientes

Como parte de un juego de mesa, necesitas hacer girar la ruleta, que está dividida en partes iguales. Halla la probabilidad de que saques 5 al girar la ruleta por primera vez y un número mayor que 3 al girarla por segunda vez.

SOLUCIÓN

Imagina que el evento *A* es "5 al girar por primera vez" y que el evento *B* es "mayor que 3 al girar por segunda vez".

Los eventos son independientes porque el resultado al girar la ruleta por segunda vez no se ve afectado por el resultado al girar la ruleta la primera vez. Halla la probabilidad de cada evento y luego multiplica las probabilidades.

$P(A) = \frac{1}{8}$ 1 de las 8 secciones es un "5".

$P(B) = \frac{5}{8}$ 5 de las 8 secciones (4, 5, 6, 7, 8) son mayores que 8.

$P(A \text{ y } B) = P(A) \cdot P(B) = \frac{1}{8} \cdot \frac{5}{8} = \frac{5}{64} \approx 0.078$

▶ Entonces, la probabilidad de que salga un 5 al girar la ruleta por primera vez y un número mayor que 3 al girar la ruleta por segunda vez es de aproximadamente 7.8%.

Sección 10.2   Eventos independientes y dependientes   547

EJEMPLO 4 Hallar la probabilidad de eventos dependientes

Un bolso contiene veinte billetes de $1 y cinco billetes de $100. Sacas del bolso un billete aleatoriamente y lo pones a un lado. Luego sacas aleatoriamente otro billete del bolso. Halla la probabilidad de que ambos eventos A y B ocurran.

Evento A: El primer billete es de $100. **Evento B:** El segundo billete es de $100.

SOLUCIÓN

Los eventos son dependientes porque hay un billete menos en el bolso en tu segundo retiro que en tu primer retiro. Halla $P(A)$ y $P(B|A)$. Luego multiplica las probabilidades.

$P(A) = \frac{5}{25}$ 5 de los 25 billetes son billetes de $100.

$P(B|A) = \frac{4}{24}$ 4 de los restantes 24 billetes son billetes de $100.

$P(A \text{ y } B) = P(A) \cdot P(B|A) = \frac{5}{25} \cdot \frac{4}{24} = \frac{1}{5} \cdot \frac{1}{6} = \frac{1}{30} \approx 0.033.$

▶ Entonces, la probabilidad de que saques dos billetes de $100 es de aproximadamente 3.3%.

EJEMPLO 5 Comparar eventos independientes y dependientes

Seleccionas aleatoriamente 3 cartas de un mazo estándar de 52 naipes. ¿Cuál es la probabilidad de que las 3 cartas sean de corazones si (a) reemplazas cada carta antes de seleccionar la siguiente carta, y (b) no reemplazas cada carta antes de seleccionar la siguiente carta? Compara las probabilidades.

SOLUCIÓN

Imagina que el evento A es "primera carta es de corazones", el evento B es "segunda carta es de corazones" y el evento C es "tercera carta es de corazones".

a. Dado que reemplazas cada carta antes de seleccionar la siguiente carta, los eventos son independientes. Entonces, la probabilidad es

$P(A \text{ y } B \text{ y } C) = P(A) \cdot P(B) \cdot P(C) = \frac{13}{52} \cdot \frac{13}{52} \cdot \frac{13}{52} = \frac{1}{64} \approx 0.016.$

b. Dado que no reemplazas cada carta antes de seleccionar la siguiente carta, los eventos son dependientes. Entonces, la probabilidad es

$P(A \text{ y } B \text{ y } C) = P(A) \cdot P(B|A) \cdot P(C|A \text{ y } B)$

$= \frac{13}{52} \cdot \frac{12}{51} \cdot \frac{11}{50} = \frac{11}{850} \approx 0.013.$

▶ Entonces, tienes $\frac{1}{64} \div \frac{11}{850} \approx 1.2$ más probabilidades de seleccionar 3 corazones si reemplazas cada carta antes de seleccionar la siguiente carta.

> **CONSEJO DE ESTUDIO**
> Las fórmulas para hallar probabilidades de eventos independientes y dependientes se pueden extender a tres o más eventos.

Monitoreo del progreso Ayuda en inglés y español en *BigIdeasMath.com*

3. En el Ejemplo 3, ¿cuál es la probabilidad de que al girar la ruleta salga un número par y luego salga un número impar?

4. En el Ejemplo 4, ¿cuál es la probabilidad de que ambos billetes sean billetes de $1?

5. En el Ejemplo 5, ¿cuál es la probabilidad de que ninguna de las cartas que sacaste sean corazones si (a) reemplazas cada carta, y (b) si no reemplazas cada carta? Compara las probabilidades.

548 Capítulo 10   Probabilidad

Hallar probabilidades condicionales

EJEMPLO 6   Usar una tabla para hallar probabilidades condicionales

	Pasa	Falla
Defectuosa	3	36
No defectuosa	450	11

Un inspector de control de calidad verifica si hay partes defectuosas. La tabla muestra los resultados del trabajo del inspector. Halla (a) la probabilidad de que una parte defectuosa "pase" y (b) la probabilidad de que una parte no defectuosa "falle".

SOLUCIÓN

a. $P(\text{pasa}\,|\,\text{defectuosa}) = \dfrac{\text{Número de partes defectuosas que "pasan"}}{\text{Número total de partes defectuosas}}$

$= \dfrac{3}{3+36} = \dfrac{3}{39} = \dfrac{1}{13} \approx 0.077$, o aproximadamente 7.7%

b. $P(\text{fallan}\,|\,\text{no defectuosas}) = \dfrac{\text{Número de partes no defectuosas que "fallan"}}{\text{Número total de partes no defectuosas}}$

$= \dfrac{11}{450+11} = \dfrac{11}{461} \approx 0.024$, o aproximadamente 2.4%

Puedes reescribir la fórmula de la probabilidad de eventos dependientes para escribir una regla para hallar probabilidades condicionales.

$P(A) \cdot P(B\,|\,A) = P(A \text{ y } B)$ Escribe la fórmula.

$P(B\,|\,A) = \dfrac{P(A \text{ y } B)}{P(A)}$ Divide cada lado entre $P(A)$.

CONSEJO DE ESTUDIO

Observa que si A y B son independientes, esta regla rige todavía porque $P(B) = P(B\,|\,A)$.

EJEMPLO 7   Hallar una probabilidad condicional

En la escuela, el 60% de los estudiantes compra un almuerzo escolar. Solo el 10% de los estudiantes compran almuerzo y postre. ¿Cuál es la probabilidad de que un estudiante que compra almuerzo también compre postre?

SOLUCIÓN

Imagina que el evento A es "compra almuerzo" y que el evento B es "compra postre". Te dan $P(A) = 0.6$ y $P(A \text{ y } B) = 0.1$. Usa la fórmula para hallar $P(B\,|\,A)$.

$P(B\,|\,A) = \dfrac{P(A \text{ y } B)}{P(A)}$ Escribe la fórmula para la probabilidad condicional.

$= \dfrac{0.1}{0.6}$ Sustituye 0.1 por $P(A \text{ y } B)$ y 0.6 por $P(A)$.

$= \dfrac{1}{6} \approx 0.167$ Simplifica.

▶ Entonces, la probabilidad de que un estudiante que compra almuerzo también compre postre es de aproximadamente 16.7%.

Monitoreo del progreso   Ayuda en inglés y español en *BigIdeasMath.com*

6. En el Ejemplo 6, halla (a) la probabilidad de que una parte no defectuosa "pase", y (b) la probabilidad de que una parte defectuosa "falle".

7. En un café, el 80% de los clientes ordenan café. Solo el 15% de los clientes ordenan café y un bagel. ¿Cuál es la probabilidad de que un cliente que ordena café también ordene un bagel?

10.2 Ejercicios

Soluciones dinámicas disponibles en *BigIdeasMath.com*

Verificación de vocabulario y concepto esencial

1. **ESCRIBIR** Explica la diferencia entre eventos dependientes y eventos independientes, y da un ejemplo de cada uno.

2. **COMPLETAR LA ORACIÓN** La probabilidad de que el evento *B* ocurra dado que el evento *A* ha ocurrido se denomina la _____ de *B* dado *A* y se escribe _____.

Monitoreo del progreso y Representar con matemáticas

En los Ejercicios 3–6, indica si los eventos son independientes o dependientes. Explica tu razonamiento.

3. Una caja de barras de granola contiene una variedad de sabores. Eliges aleatoriamente una barra de granola y te la comes. Luego eliges aleatoriamente otra barra de granola.

    Evento A: Eliges una barra de coco y almendras en primer lugar.

    Evento B: Eliges una barra de arándanos y almendras en segundo lugar.

4. Lanzas un dado de seis lados y lanzas una moneda.

    Evento A: Obtienes un 4 al lanzar el dado.

    Evento B: Obtienes cruz al lanzar la moneda.

5. Tu reproductor de MP3 contiene canciones de hip-hop y rock. Eliges aleatoriamente una canción. Luego eliges aleatoriamente otra canción sin repetir las opciones de canciones.

    Evento A: Eliges una canción de hip-hop en primer lugar.
    Evento B: Eliges una canción de rock en segundo lugar.

6. Hay 22 novelas de diversos géneros en un estante. Eliges aleatoriamente una novela y la vuelves a poner en su lugar. Luego eliges aleatoriamente otra novela.

    Evento A: Eliges una novela de misterio.

    Evento B: Eliges una novela de ciencia ficción.

En los Ejercicios 7–10, determina si los eventos son independientes. *(Consulta los Ejemplos 1 y 2).*

7. Juegas un juego que incluye hacer girar una ruleta. Cada sección de la ruleta que se muestra tiene la misma área. Usa un espacio muestral para determinar si girar aleatoriamente la ruleta y que salga azul y luego verde son eventos independientes.

8. Tienes una manzana roja y tres manzanas verdes en un tazón. Seleccionas una manzana aleatoriamente para comértela ahora y otra manzana para tu almuerzo. Usa un espacio muestral para determinar si seleccionar aleatoriamente una manzana verde en primer lugar y seleccionar aleatoriamente una manzana verde en segundo lugar son eventos independientes.

9. Un estudiante toma una prueba de opción múltiple donde cada pregunta tiene cuatro alternativas. El estudiante adivina aleatoriamente las respuestas de la prueba de cinco preguntas. Usa un espacio muestral para determinar si adivinar la Pregunta 1 correctamente y la Pregunta 2 correctamente son eventos independientes.

10. Un florero contiene cuatro rosas blancas y una rosa roja. Seleccionas aleatoriamente dos rosas para llevártelas a casa. Usa un espacio muestral para determinar si seleccionar aleatoriamente una rosa blanca en primer lugar y seleccionar aleatoriamente una rosa blanca en segundo lugar son eventos independientes.

11. **RESOLVER PROBLEMAS** Juegas un juego que incluye hacer girar la ruleta de dinero que se muestra. Haces girar la ruleta dos veces. Halla la probabilidad de que obtengas más de $500 al girar la ruleta por primera vez y luego quedes en bancarrota al girar la ruleta por segunda vez. *(Consulta el Ejemplo 3).*

550 Capítulo 10 Probabilidad

12. **RESOLVER PROBLEMAS** Juegas un juego que incluye sacar dos números de un sombrero. Hay 25 pedazos de papel numerados del 1 al 25 en el sombrero. Cada número es remplazado después de que lo sacan. Halla la probabilidad de que saques el 3 en tu primer intento y un número mayor que 10 en tu segundo intento.

13. **RESOLVER PROBLEMAS** Un cajón contiene 12 calcetines blancos y 8 calcetines negros. Eliges aleatoriamente 1 calcetín y no lo reemplazas. Luego eliges aleatoriamente otro calcetín. Halla la probabilidad de que ambos eventos A y B ocurran. *(Consulta el Ejemplo 4).*

    Evento A: El primer calcetín es blanco.

    Evento B: El segundo calcetín es blanco.

14. **RESOLVER PROBLEMAS** Un juego de palabras tiene 100 fichas, 98 de las cuales son letras y 2 de las cuales están en blanco. Se muestran los números de fichas con cada letra. Sacas aleatoriamente 1 ficha, la dejas a un lado y luego sacas aleatoriamente otra ficha. Halla la probabilidad de que ambos eventos A y B ocurran.

    Evento A: La primera ficha es una consonante.

    Evento B: La segunda ficha es una vocal.

    A – 9, B – 2, C – 2, D – 4, E – 12, F – 2, G – 3, H – 2, I – 9, J – 1, K – 1, L – 4, M – 2, N – 6, O – 8, P – 2, Q – 1, R – 6, S – 4, T – 6, U – 4, V – 2, W – 2, X – 1, Y – 2, Z – 1, En blanco

15. **ANÁLISIS DE ERRORES** Los eventos A y B son independientes. Describe y corrige el error cometido al hallar $P(A$ y $B)$.

    ✗ $P(A) = 0.6 \quad P(B) = 0.2$
    $P(A$ y $B) = 0.6 + 0.2 = 0.8$

16. **ANÁLISIS DE ERRORES** Un estante contiene 3 revistas de moda y 4 revistas de salud. Eliges aleatoriamente una para leerla, la dejas a un lado y eliges otra aleatoriamente para que la lea tu amigo. Describe y corrige el error cometido al hallar la probabilidad de que ambos eventos A y B ocurran.

    Evento A: La primera revista es de moda.

    Evento B: La segunda revista es de salud.

    ✗ $P(A) = \frac{3}{7} \quad P(B|A) = \frac{4}{7}$
    $P(A$ y $B) = \frac{3}{7} \cdot \frac{4}{7} = \frac{12}{49} \approx 0.245$

17. **SENTIDO NUMÉRICO** Los Eventos A y B son independientes. Supón que $P(B) = 0.4$ y $P(A$ y $B) = 0.13$. Halla $P(A)$.

18. **SENTIDO NUMÉRICO** Los eventos A y B son dependientes. Supón que $P(B|A) = 0.6$ y $P(A$ y $B) = 0.15$. Halla $P(A)$.

19. **ANALIZAR RELACIONES** Seleccionas aleatoriamente tres cartas de un mazo estándar de 52 naipes. ¿Cuál es la probabilidad de que las tres cartas sean figuras si (a) reemplazas cada carta antes de seleccionar la siguiente carta, y (b) no reemplazas cada carta antes de seleccionar la siguiente carta? Compara las probabilidades. *(Consulta el Ejemplo 5).*

20. **ANALIZAR RELACIONES** Una bolsa contiene 9 canicas rojas, 4 canicas azules y 7 canicas amarillas. Seleccionas aleatoriamente tres canicas de la bolsa. ¿Cuál es la probabilidad de que las tres canicas sean rojas si (a) reemplazas cada canica antes de seleccionar la siguiente canica, y (b) no reemplazas cada canica antes de seleccionar la siguiente canica? Compara las probabilidades.

21. **PRESTAR ATENCIÓN A LA PRECISIÓN** La tabla muestra el número de especies en los Estados Unidos que están en la lista de especies en peligro de extinción, y en la lista de especies amenazadas. Halla (a) la probabilidad de que una especie en peligro seleccionada aleatoriamente sea un ave y (b) la probabilidad de que un mamífero seleccionado aleatoriamente esté en peligro. *(Consulta el Ejemplo 6).*

	En peligro de extinción	Amenazadas
Mamíferos	70	16
Aves	80	16
Otras	318	142

22. **PRESTAR ATENCIÓN A LA PRECISIÓN** La tabla muestra el número de ciclones tropicales que se formaron durante las temporadas de huracanes en un periodo de 12 años. Halla (a) la probabilidad de predecir si un futuro ciclón tropical en el Hemisferio Norte será un huracán, y (b) la probabilidad de predecir si un huracán estará en el Hemisferio Sur.

Tipo de ciclón tropical	Hemisferio Norte	Hemisferio Sur
depresión tropical	100	107
tormenta tropical	342	487
huracán	379	525

23. **RESOLVER PROBLEMAS** En una escuela, el 43% de los estudiantes asisten al partido de futbol americano de vuelta a clases. Solo el 23% de los estudiantes van al juego y al baile de vuelta a clases. ¿Cuál es la probabilidad de que un estudiante que asiste al juego de futbol americano también asista al baile? *(Consulta el Ejemplo 7).*

24. **RESOLVER PROBLEMAS** En una gasolinera, el 84% de los clientes compran gasolina. Solo el 5% de los clientes compran gasolina y un refresco. ¿Cuál es la probabilidad de que un cliente que compra gasolina también compre un refresco?

25. **RESOLVER PROBLEMAS** Tú y otros 19 estudiantes se ofrecen como voluntarios para presentar el premio al "Mejor Maestro" en el banquete de la escuela. Un estudiante voluntario será elegido para presentar el premio. Cada estudiante trabajó por lo menos una hora en la preparación para el banquete. Tú trabajaste por 4 horas, y el grupo trabajó un total combinado de 45 horas. Para cada situación, describe un proceso que te dé una oportunidad "justa" de ser elegido y halla la probabilidad de que seas elegido.

   a. "Justa" significa que tenga igual probabilidad.

   b. "Justa" significa proporcional al número de horas que cada estudiante haya trabajado en la preparación.

26. **¿CÓMO LO VES?** Una bolsa contiene una canica roja y una canica azul. Los diagramas muestran los resultados posibles de sacar aleatoriamente dos canicas usando diferentes métodos. Por cada método, determina si las canicas se seleccionaron con o sin reemplazo.

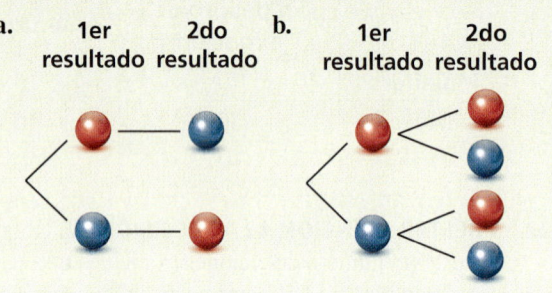

27. **ARGUMENTAR** Un meteorólogo dice que hay un 70% de posibilidad de lluvia. Si llueve, hay un 75% de posibilidad de que tu juego de softball se reprograme. Tu amigo cree que es más probable de que el juego se reprograme a que se juegue. ¿Es correcto lo que dice tu amigo? Explica tu razonamiento.

28. **ESTIMULAR EL PENSAMIENTO** Se lanzan dos dados de seis lados una vez. Los eventos A y B están representados mediante el diagrama. Describe cada evento. ¿Los dos eventos son dependientes o independientes? Justifica tu razonamiento.

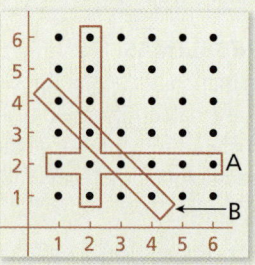

29. **REPRESENTAR CON MATEMÁTICAS** Un equipo de futbol americano va perdiendo por 14 puntos casi al final de un juego. El equipo anota dos *touchdowns* (que valen 6 puntos cada uno) antes del final del partido. Después de cada *touchdown*, el entrenador debe decidir si ir por 1 punto con una patada (que tiene éxito el 99% de las veces) o por 2 puntos con una carrera o pase (que tiene éxito el 45% de las veces).

   a. Si el equipo va por 1 punto después de cada *touchdown*, ¿cuál es la probabilidad de que el equipo gane? ¿Y de que pierda? ¿Y de que empate?

   b. Si el equipo va por 2 puntos después de cada *touchdown*, ¿cuál es la probabilidad de que el equipo gane? ¿Y de que pierda? ¿Y de que empate?

   c. ¿Puedes desarrollar una estrategia de manera que el equipo del entrenador tenga una probabilidad de ganar el juego mayor que la probabilidad de perder? Si es así, explica tu estrategia y calcula las probabilidades de ganar y perder el juego.

30. **RAZONAMIENTO ABSTRACTO** Asume que A y B son eventos independientes.

   a. Explica por qué $P(B) = P(B|A)$ y $P(A) = P(A|B)$.

   b. ¿Puede $P(A \text{ y } B)$ definirse también como $P(B) \cdot P(A|B)$? Justifica tu razonamiento.

Mantener el dominio de las matemáticas
Repasar lo que aprendiste en grados y lecciones anteriores

Resuelve la ecuación. Verifica tu solución. *(Manual de revisión de destrezas)*

31. $\frac{9}{10}x = 0.18$

32. $\frac{1}{4}x + 0.5x = 1.5$

33. $0.3x - \frac{3}{5}x + 1.6 = 1.555$

10.3 Tablas de doble entrada y probabilidad

Pregunta esencial ¿Cómo puedes construir e interpretar una tabla de doble entrada?

EXPLORACIÓN 1   Completar y usar una tabla de doble entrada

Trabaja con un compañero. Una *tabla de doble entrada* muestra la misma información que un diagrama de Venn. En una tabla de doble entrada, una categoría está representada por las filas y la otra categoría está representada por las columnas.

El diagrama de Venn muestra los resultados de una encuesta en la que se preguntó a 80 estudiantes si tocaban un instrumento musical y si hablaban una lengua extranjera. Usa el diagrama de Venn para completar la tabla de doble entrada. Luego usa la tabla de doble entrada para responder cada pregunta.

Encuesta de 80 estudiantes

Tocan un instrumento: 25
Intersección: 16
Hablan una lengua extranjera: 30
Fuera: 9

	Tocan un instrumento	No tocan un instrumento	Total
Hablan una lengua extranjera			
No hablan una lengua extranjera			
Total			

a. ¿Cuántos estudiantes tocan un instrumento?
b. ¿Cuántos estudiantes hablan una lengua extranjera?
c. ¿Cuántos estudiantes tocan un instrumento y hablan una lengua extranjera?
d. ¿Cuántos estudiantes no tocan un instrumento y no hablan una lengua extranjera?
e. ¿Cuántos estudiantes tocan un instrumento y no hablan una lengua extranjera?

EXPLORACIÓN 2   Tablas de doble entrada y probabilidad

Trabaja con un compañero. En la Exploración 1, un estudiante es seleccionado aleatoriamente de los 80 estudiantes que respondieron la encuesta. Halla la probabilidad de que el estudiante

a. toque un instrumento.
b. hable una lengua extranjera.
c. toque un instrumento y hable una lengua extranjera.
d. no toque un instrumento y no hable una lengua extranjera.
e. toque un instrumento y no hable una lengua extranjera.

EXPLORACIÓN 3   Llevar a cabo una encuesta

Trabaja con tu clase. Lleva a cabo una encuesta de los estudiantes en tu clase. Elige dos categorías que sean diferentes a las dadas en las Exploraciones 1 y 2. Luego resume los resultados tanto en un diagrama de Venn como en una tabla de doble entrada. Discute los resultados.

REPRESENTAR CON MATEMÁTICAS

Para dominar las matemáticas, necesitas identificar las cantidades importantes en una situación práctica y mapear su relación usando herramientas tales como los diagramas y las tablas de doble entrada.

Comunicar tu respuesta

4. ¿Cómo puedes construir e interpretar una tabla de doble entrada?
5. ¿Cómo puedes usar una tabla de doble entrada para determinar probabilidades?

Sección 10.3   Tablas de doble entrada y probabilidad   553

10.3 Lección

Qué aprenderás

▶ Hacer tablas de doble entrada.
▶ Hallar frecuencias relativas y frecuencias relativas condicionales.
▶ Usar las frecuencias relativas condicionales para hallar probabilidades condicionales.

Vocabulario Esencial

tabla de doble entrada, *pág. 554*
frecuencia conjunta, *pág. 554*
frecuencia marginal, *pág. 554*
frecuencia relativa conjunta, *pág. 555*
frecuencia relativa marginal, *pág. 555*
frecuencia relativa condicional, *pág. 555*

Anterior
probabilidad condicional

LEER

Una tabla de doble entrada también se denomina *tabla de contingencia* o *tabla de frecuencias de doble entrada*.

Hacer tablas de doble entrada

Una **tabla de doble entrada** es una tabla de frecuencias que muestra los datos recolectados de una fuente que pertenece a dos categorías diferentes. Una categoría de datos está representada por filas y la otra está representada por columnas. Supón que encuestas aleatoriamente a estudiantes de primer año y de segundo año sobre si asistirán a un concierto de la escuela. Una tabla de doble entrada es una manera de organizar tus resultados.

Cada entrada en la tabla se denomina **frecuencia conjunta**. Las sumas de las filas y las columnas se denominan **frecuencias marginales**, las cuales hallarás en el Ejemplo 1.

		Asistencia	
		Asistirán	No asistirán
Clase	Primer año	25	44
	Segundo año	80	32

frecuencia conjunta

EJEMPLO 1 Hacer una tabla de doble entrada

En otra encuesta similar a la de arriba, 106 estudiantes de tercer año y 114 estudiantes de último año responden. De ellos, 42 estudiantes de tercer año y 77 estudiantes de último año planean asistir. Organiza estos resultados en una tabla de doble entrada. Luego halla e interpreta las frecuencias marginales.

SOLUCIÓN

Paso 1 Halla las frecuencias conjuntas. Dado que 42 de los 106 estudiantes de tercer año asistirán, $106 - 42 = 64$ estudiantes de tercer año no asistirán. Dado que 77 de los 114 estudiantes de último año asistirán, $114 - 77 = 37$ estudiantes de último año no asistirán. Coloca cada frecuencia conjunta en su celda correspondiente.

Paso 2 Halla las frecuencias marginales. Crea una nueva columna y fila para las sumas. Luego suma las entradas e interpreta los resultados.

		Asistencia		
		Asistirán	No asistirán	Total
Clase	Tercer año	42	64	106
	Último año	77	37	114
	Total	119	101	220

106 estudiantes de tercer año respondieron.
114 estudiantes de último año respondieron.
220 estudiantes fueron encuestados.
119 estudiantes asistirán.
101 estudiantes no asistirán.

Paso 3 Halla las sumas de las frecuencias marginales. Observa que las sumas $106 + 114 = 220$ y $119 + 101 = 220$ son iguales. Coloca este valor en la parte inferior derecha.

Monitoreo del progreso Ayuda en inglés y español en *BigIdeasMath.com*

1. Encuestas aleatoriamente a estudiantes acerca de si están a favor de plantar un jardín comunitario en la escuela. De 96 niños encuestados, 61 están a favor. De 88 niñas encuestadas, 17 están en contra. Organiza los resultados en una tabla de doble entrada. Luego halla e interpreta las frecuencias marginales.

Hallar frecuencias relativas y frecuencias relativas condicionales

Puedes representar valores en una tabla de doble entrada como conteos de frecuencia (como en el Ejemplo 1) o como *frecuencias relativas*.

> **Concepto Esencial**
>
> **Frecuencias relativas y relativas condicionales**
>
> Una **frecuencia relativa conjunta** es la razón entre una frecuencia que no está en la fila de totales o en la columna de totales y el número total de valores u observaciones.
>
> Una **frecuencia relativa marginal** es la suma de las frecuencias relativas conjuntas en una fila o en una columna.
>
> Una **frecuencia relativa condicional** es la razón entre una frecuencia relativa conjunta y la frecuencia relativa marginal. Puedes hallar una frecuencia relativa condicional usando un total de fila o un total de columna de una tabla de doble entrada.

CONSEJO DE ESTUDIO

Las tablas de doble entrada pueden mostrar frecuencias relativas basadas en el número total de observaciones, los totales de las filas o los totales de las columnas.

INTERPRETAR LOS RESULTADOS MATEMÁTICOS

Las frecuencias relativas se pueden interpretar como probabilidades. La probabilidad de que un estudiante seleccionado aleatoriamente sea de tercer año y *no* asista al concierto es de 29.1%.

EJEMPLO 2   Hallar frecuencias relativas conjuntas y marginales

Usa los resultados de la encuesta en el Ejemplo 1 para hacer una tabla de doble entrada que muestre las frecuencias conjuntas y las frecuencias relativas marginales.

SOLUCIÓN

Para hallar las frecuencias relativas conjuntas, divide cada frecuencia entre el número total de estudiantes en la encuesta. Luego halla la suma de cada fila y de cada columna para hallar las frecuencias relativas marginales.

		Asistencia		
		Asistirán	No asistirán	Total
Clase	Tercer año	$\frac{42}{220} \approx 0.191$	$\frac{64}{220} \approx 0.291$	0.482
	Último año	$\frac{77}{220} = 0.35$	$\frac{37}{220} \approx 0.168$	0.518
	Total	0.541	0.459	1

Aproximadamente el 29.1% de los estudiantes de la encuesta son de tercer año y *no* asistirán al concierto.

Aproximadamente el 51.8% de los estudiantes de la encuesta son de último año.

EJEMPLO 3   Hallar frecuencias relativas condicionales

Usa los resultados de la encuesta en el Ejemplo 1 para hacer una tabla de doble entrada que muestre las frecuencias relativas condicionales basadas en los totales de fila.

SOLUCIÓN

Usa la frecuencia relativa marginal de cada *fila* para calcular las frecuencias relativas condicionales.

		Asistencia	
		Asistirán	No asistirán
Clase	Tercer año	$\frac{0.191}{0.482} \approx 0.396$	$\frac{0.291}{0.482} \approx 0.604$
	Último año	$\frac{0.35}{0.518} \approx 0.676$	$\frac{0.168}{0.518} \approx 0.324$

Dado que un estudiante es de último año, la frecuencia relativa condicional de que él o ella *no* asista al concierto es de aproximadamente 32.4%

Sección 10.3   Tablas de doble entrada y probabilidad

Monitoreo del progreso Ayuda en inglés y español en BigIdeasMath.com

2. Usa los resultados de la encuesta en la Pregunta 1 de Monitoreo del Progreso para hacer una tabla de doble entrada que muestre las frecuencias relativas conjuntas y las frecuencias relativas marginales.

3. Usa los resultados de la encuesta en el Ejemplo 1 para hacer una tabla de doble entrada que muestre las frecuencias relativas condicionales basadas en los totales de columna. Interpreta las frecuencias relativas condicionales en el contexto del problema.

4. Usa los resultados de la encuesta en la Pregunta 1 de Monitoreo del Progreso para hacer una tabla de doble entrada que muestre las frecuencias relativas condicionales basadas en los totales de fila. Interpreta las frecuencias relativas condicionales en el contexto del problema.

Hallar probabilidades condicionales

Puedes usar frecuencias relativas condicionales para hallar probabilidades condicionales.

EJEMPLO 4   Hallar probabilidades condicionales

Un proveedor de televisión satelital encuesta a los clientes en tres ciudades. La encuesta pregunta si ellos recomendarían al proveedor de televisión a un amigo. Los resultados, dados como frecuencias relativas conjuntas, se muestran en la tabla de doble entrada.

		Lugar		
		Glendale	Santa Monica	Long Beach
Respuesta	Sí	0.29	0.27	0.32
	No	0.05	0.03	0.04

a. ¿Cuál es la probabilidad de que un cliente seleccionado aleatoriamente que viva en Glendale recomiende al proveedor?

b. ¿Cuál es la probabilidad de que un cliente seleccionado aleatoriamente que no recomendará al proveedor viva en Long Beach?

c. Determina si recomendar al proveedor a un amigo y vivir en Long Beach son eventos independientes.

SOLUCIÓN

INTERPRETAR LOS RESULTADOS MATEMÁTICOS

La probabilidad 0.853 es una frecuencia relativa condicional basada en un total de columna. La condición es que el cliente viva en Glendale.

a. $P(\text{sí} \mid \text{Glendale}) = \dfrac{P(\text{Glendale y sí})}{P(\text{Glendale})} = \dfrac{0.29}{0.29 + 0.05} \approx 0.853$

▶ Entonces, la probabilidad de que un cliente que viva en Glendale recomiende al proveedor es de aproximadamente 85.3%.

b. $P(\text{Long Beach} \mid \text{no}) = \dfrac{P(\text{no y Long Beach})}{P(\text{no})} = \dfrac{0.04}{0.05 + 0.03 + 0.04} \approx 0.333$

▶ Entonces, la probabilidad de que un cliente que no recomendará al proveedor viva en Long Beach es de aproximadamente 33.3%.

c. Usa la fórmula $P(B) = P(B \mid A)$ y compara $P(\text{Long Beach})$ y $P(\text{Long Beach} \mid \text{sí})$.

$P(\text{Long Beach}) = 0.32 + 0.04 = 0.36$

$P(\text{Long Beach} \mid \text{sí}) = \dfrac{P(\text{Sí y Long Beach})}{P(\text{sí})} = \dfrac{0.32}{0.29 + 0.27 + 0.32} \approx 0.36$

▶ Dado que $P(\text{Long Beach}) \approx P(\text{Long Beach} \mid \text{sí})$, los dos eventos son independientes.

Monitoreo del progreso 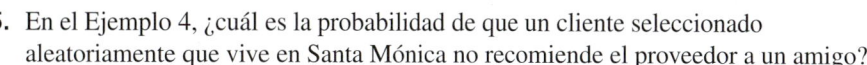 Ayuda en inglés y español en *BigIdeasMath.com*

5. En el Ejemplo 4, ¿cuál es la probabilidad de que un cliente seleccionado aleatoriamente que vive en Santa Mónica no recomiende el proveedor a un amigo?

6. En el Ejemplo 4, determina si recomendar el proveedor a un amigo y vivir en Santa Mónica son eventos independientes. Explica tu razonamiento.

EJEMPLO 5 Comparar probabilidades condicionales

Un corredor quiere quemar cierto número de calorías durante su entrenamiento. Él traza tres rutas posibles para trotar. Antes de cada entrenamiento, el corredor selecciona aleatoriamente una ruta y luego determina el número de calorías que quema y si logra su objetivo. La tabla muestra sus hallazgos. ¿Qué ruta debería usar el corredor?

	Logra la meta	No logra la meta
Ruta A	|||| ||||		||||	
Ruta B	|||| ||||		||||
Ruta C	|||| |||| ||	||||	

SOLUCIÓN

Paso 1 Usa los hallazgos para hacer una tabla de doble entrada que muestre las frecuencias conjuntas y las frecuencias relativas marginales. Hay un total de 50 observaciones en la tabla.

Paso 2 Halla las probabilidades condicionales dividiendo cada frecuencia relativa conjunta en la columna "Logra Meta" entre la frecuencia relativa marginal en su fila correspondiente.

		Resultado		
		Logra meta	No logra meta	Total
Ruta	A	0.22	0.12	0.34
	B	0.22	0.08	0.30
	C	0.24	0.12	0.36
	Total	0.68	0.32	1

$$P(\text{logra meta} \mid \text{Ruta A}) = \frac{P(\text{Ruta A y logra meta})}{P(\text{Ruta A})} = \frac{0.22}{0.34} \approx 0.647$$

$$P(\text{logra meta} \mid \text{Ruta B}) = \frac{P(\text{Ruta B y logra meta})}{P(\text{Ruta B})} = \frac{0.22}{0.30} \approx 0.733$$

$$P(\text{logra meta} \mid \text{Ruta C}) = \frac{P(\text{Ruta C y logra meta})}{P(\text{Ruta C})} = \frac{0.24}{0.36} \approx 0.667$$

▶ Según la muestra, la probabilidad de que el corredor logre su meta es mayor cuando usa la Ruta B. Entonces, debería usar la Ruta B.

Monitoreo del progreso Ayuda en inglés y español en *BigIdeasMath.com*

7. Un gerente evalúa a tres empleados para ofrecerle a uno de ellos un ascenso. En un periodo de tiempo, el gerente registra si los empleados cumplen o exceden las expectativas con respecto a sus tareas asignadas. La tabla muestra los resultados del gerente. ¿A qué empleado se le debería ofrecer el ascenso? Explica.

	Exceden las expectativas	Cumplen las expectativas
Joy	|||| ||||	||||	
Elena	|||| |||| ||	|||| |||
Sam	|||| ||||		|||| ||

Sección 10.3 Tablas de doble entrada y probabilidad 557

10.3 Ejercicios

Soluciones dinámicas disponibles en *BigIdeasMath.com*

Verificación de vocabulario y concepto esencial

1. **COMPLETAR LA ORACIÓN** Un(a) _____ representa datos recolectados de la misma fuente que pertenecen a dos categorías diferentes.

2. **ESCRIBIR** Compara las definiciones de la frecuencia relativa conjunta, la frecuencia relativa marginal, y la frecuencia relativa condicional.

Monitoreo del progreso y Representar con matemáticas

En los Ejercicios 3 y 4, completa la tabla de doble entrada.

3.

Calificación	Preparación		
	Estudió	No estudió	Total
Aprobó		6	
Desaprobó			10
Total	38		50

4.

Rol	Respuesta		
	Sí	No	Total
Estudiante	56		
Maestro		7	10
Total		49	

5. **REPRESENTAR CON MATEMÁTICAS** Encuestas a 171 hombres y a 180 mujeres en la Estación Grand Central en la Ciudad de Nueva York. De ellos, 132 hombres y 151 mujeres se lavan las manos luego de usar los baños públicos. Organiza los resultados en una tabla de doble entrada. Luego halla e interpreta las frecuencias marginales. *(Consulta el Ejemplo 1).*

6. **REPRESENTAR CON MATEMÁTICAS** Una encuesta pregunta a 60 maestros y a 48 padres y/o madres de familia si los uniformes escolares reducen las distracciones en la escuela. De ellos, 49 maestros y 18 padres y/o madres de familia dicen que los uniformes reducen las distracciones en la escuela. Organiza estos resultados en una tabla de doble entrada. Luego halla e interpreta las frecuencias marginales.

USAR LA ESTRUCTURA En los Ejercicios 7 y 8, usa la tabla de doble entrada para crear una tabla de doble entrada que muestre las frecuencias relativas conjuntas y frecuencias relativas marginales.

7.

Género	Mano dominante		
	Izquierda	Derecha	Total
Femenino	11	104	115
Masculino	24	92	116
Total	35	196	231

8.

Experiencia	Género		
	Masculino	Femenino	Total
Experto	62	6	68
Promedio	275	24	299
Novato	40	3	43
Total	377	33	410

9. **REPRESENTAR CON MATEMÁTICAS** Usa los resultados de la encuesta del Ejercicio 5 para hacer una tabla de doble entrada que muestre las frecuencias relativas conjuntas y frecuencias relativas marginales. *(Consulta el Ejemplo 2).*

10. **REPRESENTAR CON MATEMÁTICAS** En una encuesta, 49 personas recibieron una vacuna contra la gripe antes de la temporada de gripe y 63 personas no recibieron la vacuna. De aquellas que recibieron la vacuna contra la gripe, 16 personas enfermaron de gripe. De aquellas que no recibieron la vacuna, 17 enfermaron de gripe. Haz una tabla de doble entrada que muestre las frecuencias relativas conjuntas y frecuencias relativas marginales.

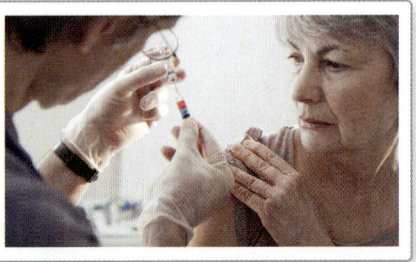

558 Capítulo 10 Probabilidad

11. **REPRESENTAR CON MATEMÁTICAS** Una encuesta halla que 110 personas tomaron desayuno y 30 personas se saltaron el desayuno. De aquellas que tomaron desayuno, 10 personas se sentían cansadas. De aquellas que se lo saltaron, 10 personas se sentían cansadas. Haz una tabla de doble entrada que muestre las frecuencias relativas condicionales basadas en los totales del desayuno. *(Consulta el Ejemplo 3).*

12. **REPRESENTAR CON MATEMÁTICAS** Usa los resultados de la encuesta del Ejercicio 10 para hacer una tabla de doble entrada que muestre las frecuencias relativas condicionales basadas en los totales de las vacunas contra la gripe.

13. **RESOLVER PROBLEMAS** Tres hospitales locales diferentes de Nueva York encuestaron a sus pacientes. La encuesta preguntó si el médico del paciente se comunicaba en forma eficiente. Los resultados, dados como frecuencias relativas conjuntas, se muestran en la tabla de doble entrada. *(Consulta el Ejemplo 4).*

		Lugar		
		Glens Falls	Saratoga	Albany
Respuesta	Sí	0.123	0.288	0.338
	No	0.042	0.077	0.131

   a. ¿Cuál es la probabilidad de que un paciente seleccionado aleatoriamente que viva en Saratoga estuviera satisfecho con la comunicación del médico?

   b. ¿Cuál es la probabilidad de que un paciente seleccionado aleatoriamente que no estuvo satisfecho con la comunicación del médico viva en Glens Falls?

   c. Determina si estar satisfecho con la comunicación del médico y vivir en Saratoga son eventos independientes.

14. **RESOLVER PROBLEMAS** Un investigador encuesta una muestra aleatoria de estudiantes de secundaria en siete estados. La encuesta pregunta si los estudiantes planean quedarse en el estado en el que viven después de la graduación. Los resultados, dados como frecuencias relativas conjuntas, se muestran en la tabla de doble entrada.

		Lugar		
		Nebraska	Carolina del Norte	Otros estados
Respuesta	Sí	0.044	0.051	0.056
	No	0.400	0.193	0.256

   a. ¿Cuál es la probabilidad de que un estudiante aleatoriamente seleccionado que vive en Nebraska planee quedarse en el estado en el que vive después de la graduación?

   b. ¿Cuál es la probabilidad de que un estudiante seleccionado aleatoriamente que no planea quedarse en el estado en el que vive después de la graduación viva en Carolina del Norte?

   c. Determina si planear quedarse en el estado en el que viven y vivir en Nebraska son eventos independientes.

ANÁLISIS DE ERRORES En los Ejercicios 15 y 16, describe y corrige el error cometido al hallar la probabilidad condicional dada.

		Ciudad			
		Tokio	Londres	Washington, D.C.	Total
Respuesta	Sí	0.049	0.136	0.171	0.356
	No	0.341	0.112	0.191	0.644
	Total	0.39	0.248	0.362	1

15. $P(\text{sí} \mid \text{Tokio})$

   ✗ $P(\text{sí} \mid \text{Tokio}) = \dfrac{P(\text{Tokio y sí})}{P(\text{Tokio})}$

   $= \dfrac{0.049}{0.356} \approx 0.138$

16. $P(\text{Londres} \mid \text{no})$

   ✗ $P(\text{Londres} \mid \text{no}) = \dfrac{P(\text{no y Londres})}{P(\text{Londres})}$

   $= \dfrac{0.112}{0.248} \approx 0.452$

17. **RESOLVER PROBLEMAS** Quieres hallar la ruta más rápida a la escuela. Trazas tres rutas. Antes de la escuela, seleccionas aleatoriamente una ruta y registras si llegas tarde o a tiempo. La tabla muestra tus hallazgos. Suponiendo que sales a la misma hora cada mañana, ¿qué ruta deberías usar? Explica. *(Consulta el Ejemplo 5).*

	A tiempo	Tarde
Ruta A	|||| ||	||||
Ruta B	|||| ||||		|||
Ruta C	|||| |||| ||	||||

18. **RESOLVER PROBLEMAS** Un maestro evalúa tres grupos de estudiantes para ofrecer un premio a un grupo. En un periodo de tiempo, el maestro registra si los grupos cumplen o exceden las expectativas con respecto a sus tareas asignadas. La tabla muestra los resultados del maestro. ¿A qué grupo se le debería dar el premio? Explica.

	Excede las expectativas	Cumple las expectativas
Grupo 1	|||| |||| ||	||||
Grupo 2	|||| |||	||||
Grupo 3	|||| ||||	||||	

Sección 10.3 Tablas de doble entrada y probabilidad

19. **FINAL ABIERTO** Crea y lleva a cabo una encuesta en tu clase. Organiza los resultados en una tabla de doble entrada. Luego crea una tabla de doble entrada que muestre las frecuencias conjuntas y marginales.

20. **¿CÓMO LO VES?** Un grupo de investigación encuesta a padres y/o madres de familia y a entrenadores de estudiantes de secundaria sobre si los deportes de competencia son importantes en la escuela. La tabla de doble entrada muestra los resultados de la encuesta.

		Rol		
		Padre	Entrenador	Total
Importante	Sí	880	456	1336
	No	120	45	165
	Total	1000	501	1501

   a. ¿Qué representa 120?
   b. ¿Qué representa 1336?
   c. ¿Qué representa 1501?

21. **ARGUMENTAR** Tu amigo usa la siguiente tabla para determinar qué rutina de entrenamiento es la mejor. Tu amigo decide que la Rutina B es la mejor opción porque es la que tiene menos marcas de conteo en la columna "No Logra la meta". ¿Es correcto lo que decide tu amigo? Explica tu razonamiento.

	Logra la meta	No logra la meta
Rutina A |卌	|||
Rutina B	||||	||
Rutina C	卌 ||	||||

22. **REPRESENTAR CON MATEMÁTICAS** Una encuesta pregunta a los estudiantes si prefieren la clase de matemáticas o la clase de ciencias. De los 150 estudiantes hombres encuestados, 62% prefieren la clase de matemáticas a la clase de ciencias. De las estudiantes mujeres encuestadas, el 74% prefieren la clase de matemáticas. Construye una tabla de doble entrada para mostrar el número de estudiantes en cada categoría si se encuestó a 350 estudiantes.

23. **REPRESENTACIONES MÚLTIPLES** Usa el diagrama de Venn para construir una tabla de doble entrada. Luego usa tu tabla para responder las preguntas.

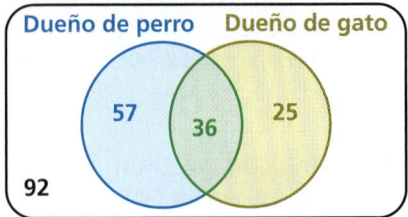

   a. ¿Cuál es la probabilidad de que una persona seleccionada aleatoriamente no tenga ninguna de esas mascotas?
   b. ¿Cuál es la probabilidad de que una persona seleccionada aleatoriamente que tiene un perro también tenga un gato?

24. **ESCRIBIR** Compara las tablas de doble entrada y los diagramas de Venn. Luego describe las ventajas y desventajas de cada uno.

25. **RESOLVER PROBLEMAS** Una compañía crea un nuevo refrigerio, N, y lo prueba contra su líder actual, L. La tabla muestra los resultados.

	Prefiere L	Prefiere N
Consumidor actual de L	72	46
Consumidor no actual de L	52	114

La compañía está decidiendo si debería intentar mejorar el refrigerio antes de comercializarlo y a quién debería comercializarlo. Usa la probabilidad para explicar las decisiones que la compañía debería tomar si se espera que el tamaño total del mercado del refrigerio (a) cambie muy poco, y (b) se amplíe muy rápidamente.

26. **ESTIMAR EL PENSAMIENTO** El teorema de Bayes está dado por

$$P(A|B) = \frac{P(B|A) \cdot P(A)}{P(B)}.$$

Usa una tabla de doble entrada para escribir un ejemplo del teorema de Bayes.

Mantener el dominio de las matemáticas *Repasar lo que aprendiste en grados y lecciones anteriores*

Dibuja un diagrama de Venn de los conjuntos descritos. *(Manual de revisión de destrezas)*

27. De los enteros positivos menores que 15, el conjunto A consiste en los factores de 15 y el conjunto B consiste en todos los números impares.

28. De los enteros positivos menores que 14, el conjunto A consiste en todos los números primos y el conjunto B consiste en todos los números pares.

29. De todos los enteros positivos menores que 24, el conjunto A consiste en los múltiplos de 2 y el conjunto B consiste en todos los múltiplos de 3.

560 Capítulo 10 Probabilidad

10.1–10.3 ¿Qué aprendiste?

Vocabulario esencial

experimento de probabilidad, *pág. 538*
resultado, *pág. 538*
evento, *pág. 538*
espacio muestral, *pág. 538*
probabilidad de un evento, *pág. 538*
probabilidad teórica, *pág. 539*
probabilidad geométrica, *pág. 540*
probabilidad experimental, *pág. 541*
eventos independientes, *pág. 546*
eventos dependientes, *pág. 547*
probabilidad condicional, *pág. 547*
tabla de doble entrada, *pág. 554*
frecuencia conjunta, *pág. 554*
frecuencia marginal, *pág. 554*
frecuencia relativa conjunta, *pág. 555*
frecuencia relativa marginal, *pág. 555*
frecuencia relativa condicional, *pág. 555*

Conceptos esenciales

Sección 10.1
Probabilidades teóricas, *pág. 538*
Probabilidad del complemento de un evento, *pág. 539*
Probabilidades experimentales, *pág. 541*

Sección 10.2
Probabilidad de eventos independientes, *pág. 546*
Probabilidad de eventos dependientes, *pág. 547*
Hallar probabilidades condicionales, *pág. 549*

Sección 10.3
Hacer tablas de doble entrada, *pág. 554*
Frecuencias relativas y frecuencias relativas condicionales, *pág. 555*

Prácticas matemáticas

1. ¿Cómo puedes usar una recta numérica para analizar el error en el Ejercicio 12 de la página 542?
2. Explica cómo usaste la probabilidad para corregir la lógica errada de tu amigo en el Ejercicio 21 de la página 560.

Destrezas de estudio

Hacer una hoja de repaso mental

- Anota la información importante en tarjetas de apuntes.
- Memoriza la información en las tarjetas de apuntes, colocando las que contienen información que conoces en un grupo y las que contienen información que no conoces en otro grupo. Sigue trabajando en la información que no conoces.

10.1–10.3 Prueba

1. Sacas una canica aleatoriamente de una bolsa que contiene 8 canicas verdes, 4 canicas azules, 12 canicas amarillas y 10 canicas rojas. Halla la probabilidad de sacar una canica que no sea amarilla. *(Sección 10.1)*

Halla $P(\overline{A})$. *(Sección 10.1)*

2. $P(A) = 0.32$
3. $P(A) = \frac{8}{9}$
4. $P(A) = 0.01$

5. Lanzas un dado de seis lados 30 veces. El 5 sale 8 veces. ¿Cuál es la probabilidad teórica de sacar un 5? ¿Cuál es la probabilidad experimental de sacar un 5? *(Sección 10.1)*

6. Los eventos A y B son independientes. Halla la probabilidad faltante. *(Sección 10.2)*

    $P(A) = 0.25$
    $P(B) = $ _____
    $P(A\ y\ B) = 0.05$

7. Los eventos A y B son dependientes. Halla la probabilidad faltante. *(Sección 10.2)*

    $P(A) = 0.6$
    $P(B|A) = 0.2$
    $P(A\ y\ B) = $ _____

8. Halla la probabilidad de que un dardo lanzado al blanco circular que se muestra caerá en la región dada. Supón que el dardo tiene igual probabilidad de caer en cualquier punto dentro del blanco. *(Sección 10.1)*

    a. el círculo del centro
    b. fuera del cuadrado
    c. dentro del cuadrado pero fuera del círculo del centro.

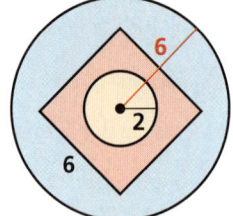

9. Una encuesta pregunta a estudiantes de 13 y 15 años de edad sobre sus hábitos de alimentación. Se encuesta a cuatrocientos estudiantes, 100 estudiantes hombres y 100 estudiantes mujeres de cada grupo etario. La gráfica de barras muestra el número de estudiantes que dijeron que comen fruta todos los días. *(Sección 10.2)*

    a. Halla la probabilidad de que un estudiante elegido aleatoriamente de los estudiantes encuestados, coma fruta todos los días.
    b. Halla la probabilidad de que un estudiante de 15 años, elegido aleatoriamente de los estudiantes encuestados, coma fruta todos los días.

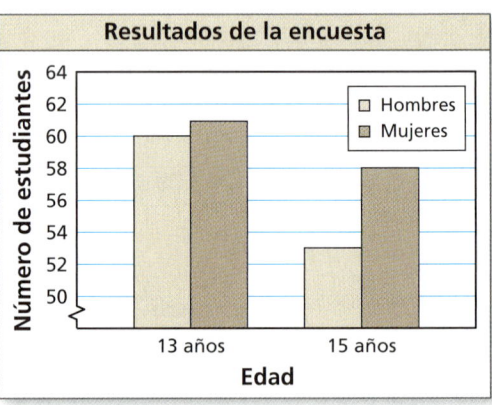

10. Hay 14 niños y 18 niñas en una clase. El maestro permite que los estudiantes voten por si quieren tener una prueba el viernes o el lunes. Un total de 6 niños y 10 niñas votan por tener la prueba el viernes. Organiza la información en una tabla de doble entrada. Luego halla e interpreta las frecuencias marginales. *(Sección 10.3)*

11. Tres escuelas compiten en una carrera a campo traviesa por invitación. De los 15 atletas de tu equipo, 9 logran sus tiempos meta. De los 20 atletas del equipo anfitrión, 6 logran sus tiempos meta. En el equipo de tu rival, 8 de los 13 atletas logran sus tiempos meta. Organiza la información en una tabla de doble entrada. Luego determina la probabilidad de que un(a) corredor(a) seleccionado(a) aleatoriamente que logra su tiempo meta sea de tu escuela. *(Sección 10.3)*

10.4 Probabilidad de eventos disjuntos y superpuestos

Pregunta esencial ¿Cómo puedes hallar probabilidades de eventos disjuntos y superpuestos?

Dos eventos son **disjuntos**, o **mutuamente excluyentes**, si no tienen resultados en común. Dos eventos son **superpuestos** si tienen uno o más resultados en común.

EXPLORACIÓN 1 Eventos disjuntos o eventos superpuestos

Trabaja con un compañero. Se lanza un dado de seis lados. Dibuja un diagrama de Venn que relacione ambos eventos. Luego decide si los eventos son disjuntos o superpuestos.

a. Evento A: El resultado es un número par.
Evento B: El resultado es un número primo.

b. Evento A: El resultado es 2 o 4.
Evento B: El resultado es un número impar.

> **REPRESENTAR CON MATEMÁTICAS**
>
> Para dominar las matemáticas, necesitas mapear las relaciones entre las cantidades importantes en una situación práctica usando herramientas tales como diagramas.

EXPLORACIÓN 2 Hallar la probabilidad de que ocurran dos eventos

Trabaja con un compañero. Se lanza un dado de seis lados. Por cada par de eventos, halla (a) $P(A)$, (b) $P(B)$, (c) $P(A$ y $B)$, y (d) $P(A$ o $B)$.

a. Evento A: El resultado es un número par.
Evento B: El resultado es un número primo.

b. Evento A: El resultado es 2 o 4.
Evento B: El resultado es un número impar.

EXPLORACIÓN 3 Descubrir fórmulas de probabilidad

Trabaja con un compañero.

a. En general, si el evento A y el evento B son disjuntos, entonces ¿cuál es la probabilidad de que ocurra el evento A o el evento B? Usa un diagrama de Venn para justificar tu conclusión.

b. En general, si el evento A y el evento B son superpuestos, entonces ¿cuál es la probabilidad de que ocurra el evento A o el evento B? Usa un diagrama de Venn para justificar tu conclusión.

c. Lleva a cabo un experimento usando un dado de seis lados. Lanza el dado 50 veces y anota los resultados. Luego usa los resultados para hallar las probabilidades descritas en la Exploración 2. ¿En qué se diferencian tus probabilidades experimentales de las probabilidades teóricas que hallaste en la Exploración 2?

Comunicar tu respuesta

4. ¿Cómo puedes hallar probabilidades de eventos disjuntos y superpuestos?

5. Da ejemplos de eventos disjuntos y eventos superpuestos que no incluyan dados.

10.4 Lección

Qué aprenderás

▶ Hallar probabilidades de eventos compuestos.
▶ Usar más de una regla de probabilidades para resolver problemas de la vida real.

Vocabulario Esencial

evento compuesto, *pág. 564*
eventos superpuestos, *pág. 564*
eventos disjuntos o mutuamente excluyentes, *pág. 564*

Anterior
diagrama de Venn

Eventos compuestos

Si consideras todos los resultados para cualquiera de los dos eventos *A* y *B*, formas la *unión* de *A* y *B*, tal como se muestra en el primer diagrama. Si consideras solo los resultados compartidos por *A* y *B*, formas la *intersección* de *A* y *B*, tal como se muestra en el segundo diagrama. La unión o la intersección de dos eventos se denominan **evento compuesto**.

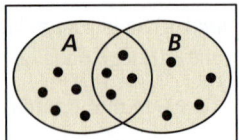
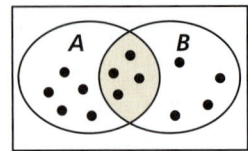
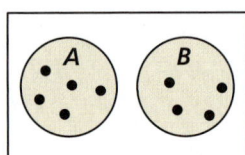

Unión de *A* y *B*   Intersección de *A* y *B*   La intersección de *A* y *B* está vacía.

Para hallar $P(A \text{ o } B)$ debes considerar qué resultados, si los hay, hay en la intersección de *A* y *B*. Dos eventos son **superpuestos** si tienen uno o más resultados en común, tal como se muestra en los primeros dos diagramas. Dos eventos son **disjuntos** o **mutuamente excluyentes** si no tienen resultados en común.

CONSEJO DE ESTUDIO

Si dos eventos *A* y *B* son superpuestos, entonces los resultados en la intersección De *A* y *B* se cuentan dos veces si se suman *P(A)* y *P(B)*. Entonces, *P(A* y *B)* se debe restar de la suma.

Concepto Esencial

Probabilidad de eventos compuestos

Si *A* y *B* son dos eventos cualquiera, entonces la probabilidad de *A* o *B* es

$$P(A \text{ o } B) = P(A) + P(B) - P(A \text{ y } B).$$

Si *A* y *B* son eventos disjuntos, entonces la probabilidad de *A* y *B* es

$$P(A \text{ o } B) = P(A) + P(B).$$

EJEMPLO 1   Hallar la probabilidad de eventos disjuntos

Se selecciona aleatoriamente una carta de un mazo estándar de 52 naipes. ¿Cuál es la probabilidad de que sea un 10 *o* que sea una figura?

SOLUCIÓN

Imagina que el evento *A* es seleccionar un 10 y el evento *B* es seleccionar una figura. Con base en el diagrama, *A* tiene 4 resultados y *B* tiene 12 resultados. Dado que *A* y *B* son disjuntos, la probabilidad es

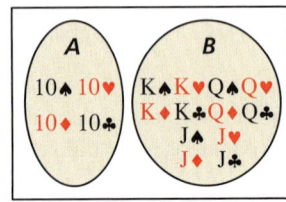

$P(A \text{ o } B) = P(A) + P(B)$ *Escribe la fórmula de probabilidad disjunta.*

$= \dfrac{4}{52} + \dfrac{12}{52}$ *Sustituye las probabilidades conocidas.*

$= \dfrac{16}{52}$ *Suma.*

$= \dfrac{4}{13}$ *Simplifica.*

$\approx 0.308.$ *Usa una calculadora.*

564   Capítulo 10   Probabilidad

ERROR COMÚN

Si dos eventos A y B se superponen, como en el Ejemplo 2, P(A o B) no equivale a P(A) + P(B).

EJEMPLO 2 Hallar la probabilidad de eventos superpuestos

Se selecciona aleatoriamente una carta de un mazo estándar de 52 naipes. ¿Cuál es la probabilidad de que sea una figura o que sea una espada?

SOLUCIÓN

Imagina que el evento A es seleccionar una figura y el evento B es seleccionar una espada. Con base en el diagrama, A tiene 12 resultados y B tiene 13 resultados. De estos, 3 resultados son comunes para A y B. Entonces, la probabilidad de seleccionar una figura o una espada es

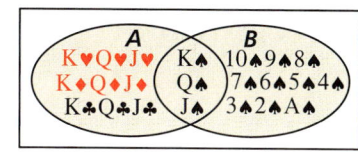

$P(A \text{ o } B) = P(A) + P(B) - P(A \text{ y } B)$ Escribe la fórmula general.

$= \dfrac{12}{52} + \dfrac{13}{52} - \dfrac{3}{52}$ Sustituye las probabilidades conocidas.

$= \dfrac{22}{52}$ Suma.

$= \dfrac{11}{26}$ Simplifica.

$\approx 0.423.$ Usa una calculadora.

EJEMPLO 3 Usar una fórmula para hallar P(A y B)

De 200 estudiantes en una clase de último año, 113 estudiantes son atletas universitarios o están en el cuadro de honor. Hay 74 estudiantes de último año que son atletas universitarios y hay 51 que están en el cuadro de honor. ¿Cuál es la probabilidad de que un estudiante de último año seleccionado aleatoriamente sea atleta universitario y esté en el cuadro de honor?

SOLUCIÓN

Imagina que el evento A es seleccionar un estudiante de último año que sea un atleta universitario y que el evento B es seleccionar un estudiante de último año que esté en el cuadro de honor. Con base en la información dada, sabes que $P(A) = \dfrac{74}{200}$, $P(B) = \dfrac{51}{200}$ y $P(A \text{ o } B) = \dfrac{113}{200}$. La probabilidad de que un estudiante de último año seleccionado aleatoriamente sea atleta universitario *y* que esté en el cuadro de honor es $P(A \text{ y } B)$.

$P(A \text{ o } B) = P(A) + P(B) - P(A \text{ y } B)$ Escribe la fórmula general.

$\dfrac{113}{200} = \dfrac{74}{200} + \dfrac{51}{200} - P(A \text{ y } B)$ Sustituye las probabilidades conocidas

$P(A \text{ y } B) = \dfrac{74}{200} + \dfrac{51}{200} - \dfrac{113}{200}$ Resuelve para $P(A \text{ y } B)$.

$P(A \text{ y } B) = \dfrac{12}{200}$ Simplifica.

$P(A \text{ y } B) = \dfrac{3}{50}$, o 0.06 Simplifica.

Monitoreo del progreso Ayuda en inglés y español en *BigIdeasMath.com*

Se selecciona aleatoriamente una carta de un mazo estándar de 52 naipes. Halla la probabilidad del evento.

1. seleccionar un as *o* un 8
2. seleccionar un 10 *o* un diamante.
3. **¿QUÉ PASA SI?** En el Ejemplo 3, supón que 32 estudiantes de último año están en la banda y 64 están en la banda o en el cuadro de honor. ¿Cuál es la probabilidad de que un estudiante de último año seleccionado aleatoriamente esté en la banda y en el cuadro de honor?

Sección 10.4   Probabilidad de eventos disjuntos y superpuestos

Usar más de una regla de probabilidad

En las primeras cuatro secciones de este capítulo, has aprendido varias reglas de probabilidades. La solución de algunos problemas de la vida real puede necesitar el uso de dos o más de estas reglas de probabilidades, tal como se muestra en el siguiente ejemplo.

EJEMPLO 4   Resolver un problema de la vida real

La Asociación Americana contra la Diabetes estima que el 8.3% de las personas en los Estados Unidos tiene diabetes. Supón que un laboratorio médico ha desarrollado una prueba sencilla de diagnóstico de la diabetes que tenga un 98% de precisión con personas que tienen la enfermedad y un 95% de precisión con personas que no la tienen. El laboratorio médico toma la prueba a una persona seleccionada aleatoriamente. ¿Cuál es la probabilidad de que el diagnóstico sea correcto?

SOLUCIÓN

Imagina que el evento A es "persona tiene diabetes" y el evento B es "diagnóstico correcto". Observa que la probabilidad de B depende de la ocurrencia de A, entonces los eventos son dependientes. Si A ocurre, $P(B) = 0.98$. Si A no ocurre, $P(B) = 0.95$.

Un diagrama de árbol de probabilidades, donde las probabilidades están dadas en las ramas, te puede ayudar a ver las diferentes maneras de obtener un diagnóstico correcto. Usa los complementos de los eventos A y B para completar el diagrama donde $\overline{A}$ es "persona no tiene diabetes" y $\overline{B}$ es "diagnóstico incorrecto". Observa que las probabilidades para todas las ramas desde el mismo punto deben sumar 1.

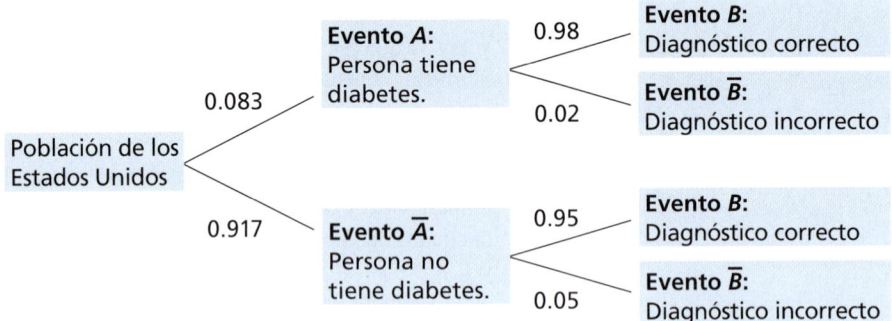

Para hallar la probabilidad de que el diagnóstico sea correcto, sigue las ramas que llevan al evento B.

$P(B) = P(A \text{ y } B) + P(\overline{A} \text{ y } B)$ Usa el diagrama de árbol.

$= P(A) \cdot P(B|A) + P(\overline{A}) \cdot P(B|\overline{A})$ Probabilidad de eventos dependientes

$= (0.083)(0.98) + (0.917)(0.95)$ Sustituye.

≈ 0.952 Usa una calculadora.

▶ La probabilidad de que el diagnóstico sea correcto es de aproximadamente 0.952 o 95.2%.

Monitoreo del progreso Ayuda en inglés y español en *BigIdeasMath.com*

4. En el Ejemplo 4, ¿cuál es la probabilidad de que el diagnóstico sea *incorrecto*?

5. Un equipo de básquetbol de secundaria va ganando hasta el medio tiempo en el 60% de los partidos de una temporada. El equipo gana el 80% de las veces si van ganando en el medio tiempo, pero solo el 10% de las veces si no. ¿Cuál es la probabilidad de que el equipo gane un juego en particular durante la temporada?

10.4 Ejercicios

Soluciones dinámicas disponibles en *BigIdeasMath.com*

Verificación de vocabulario y concepto esencial

1. **ESCRIBIR** ¿Los eventos A y $\overline{A}$ son disjuntos? Explica. Luego da un ejemplo de un evento de la vida real y su complemento.

2. **DISTINTAS PALABRAS, LA MISMA PREGUNTA** ¿Cuál es diferente? Halla "ambas" respuestas.

   ¿Cuántos resultados hay en la intersección de A y B?

   ¿Cuántos resultados son compartidos por A y B?

   ¿Cuántos resultados hay en la unión de A y B?

   ¿Cuántos resultados en B también están en A?

Monitoreo del progreso y Representar con matemáticas

En los Ejercicios 3–6, los eventos A y B son disjuntos. Halla $P(A \text{ o } B)$.

3. $P(A) = 0.3, P(B) = 0.1$
4. $P(A) = 0.55, P(B) = 0.2$
5. $P(A) = \frac{1}{3}, P(B) = \frac{1}{4}$
6. $P(A) = \frac{2}{3}, P(B) = \frac{1}{5}$

7. **RESOLVER PROBLEMAS** Tu dardo tiene igual probabilidad de caer en cualquier punto dentro del tablero que se muestra. Lanzas un dardo y revientas un globo. ¿Cuál es la probabilidad de que el globo sea rojo o azul? *(Consulta el Ejemplo 1).*

8. **RESOLVER PROBLEMAS** Tú y tu amigo están entre varios candidatos que se postulan para ser presidente de la clase. Estimas que hay un 45% de probabilidad de que ganes y un 25% de probabilidad de que gane tu amigo. ¿Cuál es la probabilidad de que tú o tu amigo gane la elección?

9. **RESOLVER PROBLEMAS** Llevas a cabo un experimento para determinar qué tan bien crecen las plantas bajo diferentes fuentes de luz. De las 30 plantas en el experimento, 12 reciben luz visible, 15 reciben luz ultravioleta, y 6 reciben tanto luz visible como luz ultravioleta. ¿Cuál es la probabilidad de que una planta del experimento reciba luz visible o ultravioleta? *(Consulta el Ejemplo 2).*

10. **RESOLVER PROBLEMAS** De 162 estudiantes galardonados en un banquete de premiación académica, 48 ganaron premios de matemáticas y 78 ganaron premios de inglés. Hay 14 estudiantes que ganaron premios de matemáticas y de inglés. Un periódico elige un estudiante aleatoriamente para una entrevista. ¿Cuál es la probabilidad de que el estudiante entrevistado haya ganado un premio de inglés o de matemáticas?

ANÁLISIS DE ERRORES En los Ejercicios 11 y 12, describe y corrige el error cometido al hallar la probabilidad de sacar aleatoriamente la carta dada de un mazo estándar de 52 naipes.

11.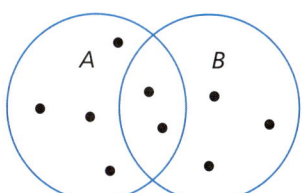
$$P(\text{corazón o figura})$$
$$= P(\text{corazón}) + P(\text{figura})$$
$$= \frac{13}{52} + \frac{12}{52} = \frac{25}{52}$$

12.
$$P(\text{trébol o 9})$$
$$= P(\text{club}) + P(9) + P(\text{trébol y 9})$$
$$= \frac{13}{52} + \frac{4}{52} + \frac{1}{52} = \frac{9}{26}$$

En los Ejercicios 13 y 14, lanzas un dado de seis lados. Halla $P(A \text{ o } B)$.

13. Evento A: Sale 6.
    Evento B: Sale un número primo.

14. Evento A: Sale un número impar.
    Evento B: Sale un número menor que 5.

15. **SACAR CONCLUSIONES** Un grupo de 40 árboles de un bosque no están creciendo apropiadamente. Un botánico determina que 34 de los árboles tienen una enfermedad o los insectos los están dañando, con 18 árboles que tienen una enfermedad y 20 a los que los insectos están dañando. ¿Cuál es la probabilidad de que un árbol seleccionado aleatoriamente tenga una enfermedad y esté siendo dañado por los insectos? *(Consulta el Ejemplo 3).*

16. **SACAR CONCLUSIONES** Una compañía pagó horas extra o contrató ayudantes temporales durante 9 meses del año. Las horas extra se pagaron durante 7 meses, y se contrató ayudantes temporales durante 4 meses. Al final del año, un auditor examina los registros contables y selecciona aleatoriamente un mes para verificar la planilla de pagos. ¿Cuál es la probabilidad de que el auditor seleccione un mes en el que la compañía pagó horas extras y contrató ayudantes temporales?

17. **SACAR CONCLUSIONES** Una compañía se enfoca en hacer una prueba focalizada de un nuevo tipo de refresco de frutas. El grupo focal es de 47% de hombres. De las respuestas, el 40% de los hombres y el 54% de las mujeres dijeron que comprarían el refresco de frutas. ¿Cuál es la probabilidad de que una persona seleccionada aleatoriamente compre el refresco de frutas? *(Consulta el Ejemplo 4).*

18. **SACAR CONCLUSIONES** Los Redbirds van perdiendo ante los Bluebirds por un gol faltando 1 minuto del partido de hockey. El entrenador de los Redbirds debe decidir si retirar al arquero y adicionar un delantero. Las probabilidades de que anote cada equipo se muestran en la tabla.

	Arquero	Sin arquero
Anotación de Redbirds	0.1	0.3
Anotación de Bluebirds	0.1	0.6

a. Halla la probabilidad de que anoten los Redbirds y que los Bluebirds no anoten si el entrenador deja en el campo al arquero.

b. Halla la probabilidad de que anoten los Redbirds y que los Bluebirds no anoten si el entrenador saca al arquero.

c. Con base en las partes (a) y (b), ¿qué debería hacer el entrenador?

19. **RESOLVER PROBLEMAS** Puedes ganar boletos para un concierto de una estación de radio si eres el primero en llamar cuando tocan la canción del día, o si eres la primera persona en responder correctamente la pregunta sobre datos curiosos. La canción del día se anuncia a una hora aleatoria entre las 7:00 y las 7:30 A.M. La pregunta sobre datos curiosos se hace a una hora aleatoria entre las 7:15 y las 7:45 A.M. Comienzas a escuchar la estación de radio a las 7:20. Halla la probabilidad de que te hayas perdido el anuncio de la canción del día o la pregunta sobre datos curiosos.

20. **¿CÓMO LO VES?** ¿Los eventos A y B son eventos disjuntos? Explica tu razonamiento.

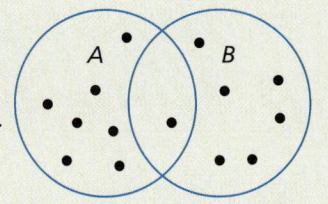

21. **RESOLVER PROBLEMAS** Tomas un autobús desde tu vecindario hasta tu escuela. El autobús expreso llega a tu vecindario a una hora aleatoria entre las 7:30 y las 7:36 A.M. El autobús local llega a tu vecindario a una hora aleatoria entre las 7:30 y las 7:40 A.M. Llegas al paradero del autobús a las 7:33 A.M. Halla la probabilidad de que hayas perdido tanto el autobús expreso como el autobús local.

22. **ESTIMAR EL PENSAMIENTO** Escribe una regla general para hallar $P(A \text{ o } B \text{ o } C)$ para (a) eventos disjuntos y (b) eventos superpuestos A, B y C.

23. **ARGUMENTAR** Una bolsa contiene 40 tarjetas numeradas del 1 al 40 que son rojas o azules. Se saca una tarjeta aleatoriamente y se vuelve a guardar en la bolsa. Esto se hace cuatro veces. Se sacan dos tarjetas rojas con los números 31 y 19, y se sacan dos tarjetas azules, con los números 22 y 7. Tu amigo llega a la conclusión que las tarjetas rojas y los números pares deben ser mutuamente excluyentes. ¿Es correcto lo que deduce tu amigo? Explica.

Mantener el dominio de las matemáticas
Repasar lo que aprendiste en grados y lecciones anteriores

Escribe los seis primeros términos de la secuencia. *(Sección 8.5)*

24. $a_1 = 4, a_n = 2a_{n-1} + 3$

25. $a_1 = 1, a_n = \dfrac{n(n-1)}{a_{n-1}}$

26. $a_1 = 2, a_2 = 6, a_n = \dfrac{(n+1)a_{n-1}}{a_{n-2}}$

10.5 Permutaciones y combinaciones

Pregunta esencial ¿Cómo puede ayudarte un diagrama de árbol a visualizar el número de maneras en las que dos o más eventos pueden ocurrir?

EXPLORACIÓN 1 Leer un diagrama de árbol

Trabaja con un compañero. Se lanzan dos monedas y se hace girar la ruleta. El diagrama de árbol muestra los resultados posibles.

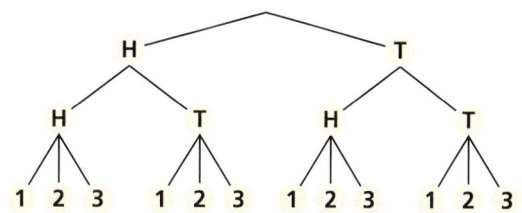

Se lanza la moneda.
Se lanza la moneda.
Se hace girar la ruleta.

a. ¿Cuántos resultados son posibles?

b. Enumera los resultados posibles.

EXPLORACIÓN 2 Leer un diagrama de árbol

Trabaja con un compañero. Considera el siguiente diagrama de árbol.

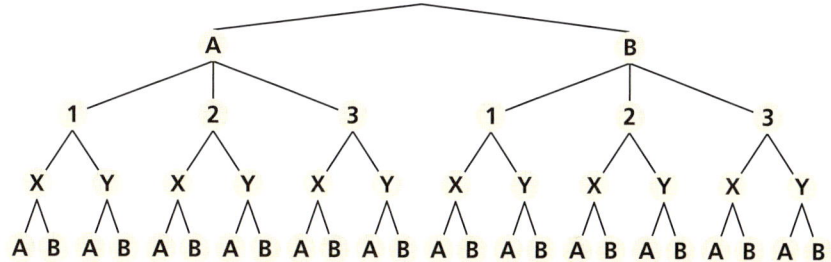

a. ¿Cuántos eventos se muestran?

b. ¿Qué resultados son posibles para cada evento?

c. ¿Cuántos resultados son posibles?

d. Enumera los resultados posibles.

EXPLORACIÓN 3 Escribir una conjetura

Trabaja con un compañero.

a. Considera el siguiente problema general: el evento 1 puede ocurrir de m maneras y el evento 2 puede ocurrir de n maneras. Escribe una conjetura sobre el número de maneras en que pueden ocurrir los dos eventos. Explica tu razonamiento.

b. Usa la conjetura que escribiste en la parte (a) para escribir una conjetura sobre el número de maneras en que *más de dos* eventos pueden ocurrir. Explica tu razonamiento.

c. Usa los resultados de las Exploraciones 1(a) y 2(c) para verificar tus conjeturas.

Comunicar tu respuesta

4. ¿Cómo puede ayudarte un diagrama de árbol a visualizar el número de maneras en las que pueden ocurrir dos o más eventos?

5. En la Exploración 1, se hace girar la ruleta una segunda vez. ¿Cuántos resultados son posibles?

CONSTRUIR ARGUMENTOS VIABLES

Para dominar las matemáticas, necesitas hacer conjeturas y construir una progresión lógica de enunciados para explorar la veracidad de tus conjeturas.

10.5 Lección

Qué aprenderás

- Usar la fórmula para el número de permutaciones.
- Usar la fórmula para el número de combinaciones.
- Usar las combinaciones y el teorema del binomio para desarrollar binomios.

Vocabulario Esencial

permutación, *pág. 570*
n factorial, *pág. 570*
combinación, *pág. 572*
teorema del binomio, *pág. 574*

Anterior
Principio fundamental de conteo
Triángulo de Pascal

Permutaciones

Una **permutación** es una agrupación de objetos en los que el orden es importante. Por ejemplo, se muestran las 6 permutaciones posibles de las letras *A*, *B* y *C*.

$$ABC \quad ACB \quad BAC \quad BCA \quad CAB \quad CBA$$

EJEMPLO 1 Contar permutaciones

Considera el número de permutaciones de las letras en la palabra JULY. ¿De cuántas maneras puedes agrupar (a) todas las letras y (b) 2 de las letras?

SOLUCIÓN

a. Usa el principio fundamental de conteo para hallar el número de permutaciones de las letras en la palabra JULY.

$$\text{Número de permutaciones} = \binom{\text{Opciones para}}{\text{1era letra}}\binom{\text{Opciones para}}{\text{2da letra}}\binom{\text{Opciones para}}{\text{3era letra}}\binom{\text{Opciones para}}{\text{4ta letra}}$$

$$= 4 \cdot 3 \cdot 2 \cdot 1$$

$$= 24$$

▶ Hay 24 maneras en las que puedes agrupar todas las letras de la palabra JULY.

b. Al agrupar 2 letras de la palabra JULY, tienes 4 opciones para la primera letra y 3 opciones para la segunda letra.

$$\text{Número de permutaciones} = \binom{\text{Opciones para}}{\text{1era letra}}\binom{\text{Opciones para}}{\text{2da letra}}$$

$$= 4 \cdot 3$$

$$= 12$$

▶ Hay 12 maneras en las que puedes agrupar 2 de las letras de la palabra JULY.

RECUERDA

Principio fundamental de conteo: Si un evento puede ocurrir en *m* maneras y otro evento puede ocurrir en *n* maneras, entonces el número de maneras en que ambos eventos pueden ocurrir es *m* • *n*. El principio fundamental de conteo se puede extender a tres o más eventos.

Monitoreo del progreso Ayuda en inglés y español en *BigIdeasMath.com*

1. ¿De cuántas maneras puedes agrupar las letras en la palabra HOUSE?
2. ¿De cuántas maneras puedes agrupar 3 de las letras en la palabra MARCH?

En el Ejemplo 1(a), evaluaste la expresión 4 • 3 • 2 • 1. ¡Esta expresión se puede escribir como 4! Y se lee "4 *factorial*". Para cualquier entero positivo *n*, el producto de los enteros de 1 a *n* se llama **n factorial** y se escribe como

$$n! = n \cdot (n-1) \cdot (n-2) \cdot \cdots \cdot 3 \cdot 2 \cdot 1.$$

Como caso especial, el valor de 0! está definido como 1.

En el Ejemplo 1(b) hallaste las permutaciones de 4 objetos tomando 2 a la vez. Puedes hallar el número de permutaciones usando las fórmulas en la siguiente página.

Concepto Esencial

Permutaciones

Fórmulas

El número de permutaciones de n objetos está dado por

$$_nP_n = n!.$$

El número de permutaciones de n objetos tomando r a la vez, donde $r \leq n$, está dado por

$$_nP_r = \frac{n!}{(n-r)!}.$$

Ejemplos

El número de permutaciones de 4 objetos es

$$_4P_4 = 4! = 4 \cdot 3 \cdot 2 \cdot 1 = 24.$$

El número de permutaciones de 4 objetos tomando 2 a la vez es

$$_4P_2 = \frac{4!}{(4-2)!} = \frac{4 \cdot 3 \cdot 2!}{2!} = 12.$$

USAR UNA CALCULADORA GRÁFICA

La mayoría de calculadoras gráficas pueden calcular permutaciones.

```
4  nPr  4
                24
4  nPr  2
                12
```

EJEMPLO 2   Usar una fórmula de permutaciones

Diez caballos corren en una carrera. ¿En cuántas maneras diferentes pueden terminar los caballos en primer, segundo y tercer lugar? (Presupón que no hay empates).

SOLUCIÓN

Para hallar el número de permutaciones de 3 caballos elegidos de 10, halla $_{10}P_3$.

$_{10}P_3 = \dfrac{10!}{(10-3)!}$ Fórmula de permutaciones

$\phantom{_{10}P_3} = \dfrac{10!}{7!}$ Resta.

$\phantom{_{10}P_3} = \dfrac{10 \cdot 9 \cdot 8 \cdot \cancel{7!}}{\cancel{7!}}$ Desarrolla el factorial. Divide para cancelar el factor común, 7!.

$\phantom{_{10}P_3} = 720$ Simplifica.

▶ Hay 720 maneras de que los caballos terminen en primer, segundo y tercer lugar.

CONSEJO DE ESTUDIO

Cuando divides para cancelar factores comunes, recuerda que 7! Es un factor de 10!.

EJEMPLO 3   Hallar una probabilidad usando permutaciones

Para un desfile en el pueblo, viajarás en carroza con tu equipo de futbol. Hay 12 carrozas en el desfile y su orden se elige aleatoriamente. Halla la probabilidad de que tu carroza sea la primera y que la carroza que lleva al coro del colegio sea la segunda.

SOLUCIÓN

Paso 1 Escribe el número de resultados posibles como el número de permutaciones de las 12 carrozas del desfile. Esto es $_{12}P_{12} = 12!$.

Paso 2 Escribe el número de resultados favorables como el número de permutaciones de las otras carrozas, dado que el equipo de futbol es el primero y el coro es el segundo. Esto es $_{10}P_{10} = 10!$.

Paso 3 Halla la probabilidad.

$P(\text{equipo de futbol es 1ero, coro es 2do}) = \dfrac{10!}{12!}$ Forma una razón de resultados favorables a posibles.

$\phantom{P(\text{equipo de futbol es 1ero, coro es 2do})} = \dfrac{\cancel{10!}}{12 \cdot 11 \cdot \cancel{10!}}$ Desarrolla el factorial. Divide para cancelar el factor común, 10!.

$\phantom{P(\text{equipo de futbol es 1ero, coro es 2do})} = \dfrac{1}{132}$ Simplifica.

Sección 10.5   Permutaciones y combinaciones   571

Monitoreo del progreso Ayuda en inglés y español en *BigIdeasMath.com*

3. **¿QUÉ PASA SI?** En el Ejemplo 2, supón que hay 8 caballos en la carrera. ¿De cuántas maneras diferentes pueden terminar los caballos en primer, segundo y tercer lugar? (Presupón que no hay empates.)

4. **¿QUÉ PASA SI?** En el Ejemplo 3, supón que hay 14 carrozas en el desfile. Halla la probabilidad de que el equipo de fútbol sea primero y el coro sea segundo.

Combinaciones

Una **combinación** es una selección de objetos en la que el orden *no* es importante. Por ejemplo, en un sorteo de 3 premios idénticos, usarías combinaciones, porque el orden de los ganadores no importaría. Si los premios fueran diferentes, entonces usarías permutaciones, porque el orden sí importaría.

EJEMPLO 4 Contar combinaciones

Cuenta las posibles combinaciones de 2 letras elegidas de la lista A, B, C, D.

SOLUCIÓN

Enumera todas las permutaciones de 2 letras de la lista A, B, C, D. Dado que el orden no es importante en una combinación, marca con una X todos los pares duplicados.

AB   AC   AD   B̶A̶   BC   B̶D̶   *BD y DB son el mismo par.*
C̶A̶   C̶B̶   CD   D̶A̶   D̶B̶   DC

▶ Hay 6 combinaciones posibles de 2 letras de la lista A, B, C, D.

Monitoreo del progreso Ayuda en inglés y español en *BigIdeasMath.com*

5. Cuenta las combinaciones posibles de 3 letras elegidas de la lista A, B, C, D, E.

En el Ejemplo 4, hallaste el número de combinaciones de objetos haciendo una lista organizada. También puedes hallar el número de combinaciones usando la siguiente fórmula.

USAR UNA CALCULADORA GRÁFICA

La mayoría de calculadoras gráficas pueden calcular combinaciones.

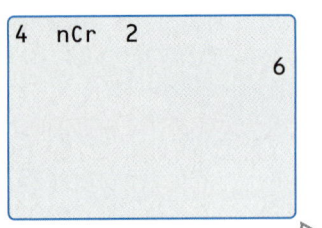

Concepto Esencial

Combinaciones

Fórmula El número de combinaciones de n objetos tomando r a la vez, donde $r \leq n$, está dado por

$$_nC_r = \frac{n!}{(n-r)! \cdot r!}.$$

Ejemplo El número de combinaciones de 4 objetos tomando 2 a la vez es

$$_4C_2 = \frac{4!}{(4-2)! \cdot 2!} = \frac{4 \cdot 3 \cdot 2!}{2! \cdot (2 \cdot 1)} = 6.$$

572   Capítulo 10   Probabilidad

EJEMPLO 5 Usar la fórmula de combinaciones

Ordenas un sándwich en un restaurante. Puedes elegir 2 guarniciones de una lista de 8. ¿Cuántas combinaciones de guarniciones son posibles?

SOLUCIÓN

El orden en el que eliges las guarniciones no es importante. Entonces, para hallar el número de combinaciones de 8 guarniciones tomando 2 a la vez, halla $_8C_2$.

Verifica

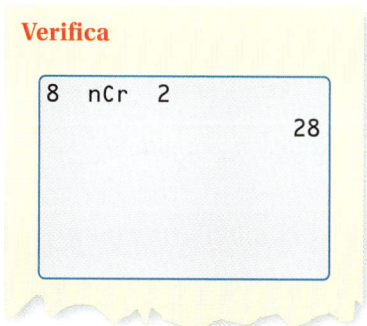

$$_8C_2 = \frac{8!}{(8-2)! \cdot 2!}$$ Fórmula de combinaciones

$$= \frac{8!}{6! \cdot 2!}$$ Resta.

$$= \frac{8 \cdot 7 \cdot 6!}{6! \cdot (2 \cdot 1)}$$ Desarrolla el factorial. Divide para cancelar el factor común, 6!.

$$= 28$$ Multiplica.

▶ Hay 28 combinaciones de guarniciones diferentes que puedes ordenar.

EJEMPLO 6 Hallar una probabilidad usando combinaciones

El editor de un anuario ha seleccionado 14 fotos, incluyendo una tuya y otra de tu amiga, para usarlas en un collage en el anuario. Las fotos están colocadas aleatoriamente. Hay espacio para 2 fotos en la parte superior de la página. ¿Cuál es la probabilidad de que tu foto y la de tu amiga sean las 2 fotos colocadas en la parte superior de la página?

SOLUCIÓN

Paso 1 Escribe el número de resultados posibles como el número de combinaciones de 14 fotos tomando 2 a la vez, o $_{14}C_2$, dado que el orden en el que las fotos son elegidas no es importante.

$$_{14}C_2 = \frac{14!}{(14-2)! \cdot 2!}$$ Fórmula de combinaciones

$$= \frac{14!}{12! \cdot 2!}$$ Resta.

$$= \frac{14 \cdot 13 \cdot 12!}{12! \cdot (2 \cdot 1)}$$ Desarrolla el factorial. Divide para cancelar el factor común, 12!.

$$= 91$$ Multiplica.

Paso 2 Halla el número de resultados favorables. Solo una de las combinaciones posibles incluye tu foto y la foto de tu amiga.

Paso 3 Halla la probabilidad.

$$P(\text{se elige tu foto y la foto de tu amiga}) = \frac{1}{91}$$

Monitoreo del progreso Ayuda en inglés y español en *BigIdeasMath.com*

6. ¿QUÉ PASA SI? En el Ejemplo 5, supón que puedes elegir 3 guarniciones de la lista de 8 guarniciones. ¿Cuántas combinaciones son posibles?

7. ¿QUÉ PASA SI? En el Ejemplo 6, supón que hay 20 fotos en el collage. Halla la probabilidad de que tu foto y la foto de tu amiga sean las 2 colocadas en la parte superior de la página.

Expansiones binomiales

En la Sección 4.2, usaste el triángulo de Pascal para hallar expansiones binomiales. La tabla muestra que los coeficientes de la expansión $(a + b)^n$ corresponde a combinaciones.

	n	Triángulo de Pascal como números	Triángulo de Pascal como combinaciones	Expansión binomial
0 fila	0	1	$_0C_0$	$(a+b)^0 = 1$
1era fila	1	1 1	$_1C_0$ $_1C_1$	$(a+b)^1 = 1a + 1b$
2da fila	2	1 2 1	$_2C_0$ $_2C_1$ $_2C_2$	$(a+b)^2 = 1a^2 + 2ab + 1b^2$
3era fila	3	1 3 3 1	$_3C_0$ $_3C_1$ $_3C_2$ $_3C_3$	$(a+b)^3 = 1a^3 + 3a^2b + 3ab^2 + 1b^3$

Los resultados en la tabla están generalizados en el **teorema del binomio**.

Concepto Esencial

El teorema del binomio

Para todo entero positivo n, la expansión binomial de $(a + b)^n$ es

$$(a+b)^n = {_nC_0}\, a^n b^0 + {_nC_1}\, a^{n-1}b^1 + {_nC_2}\, a^{n-2}b^2 + \cdots + {_nC_n}\, a^0 b^n.$$

Observa que cada término de la expansión de $(a + b)^n$ tiene la forma $_nC_r\, a^{n-r} b^r$, donde r es un entero de 0 a n.

EJEMPLO 7 Usar el teorema del binomio

a. Usa el teorema del binomio para escribir la expansión de $(x^2 + y)^3$.

b. Halla el coeficiente de x^4 en la expansión de $(3x + 2)^{10}$.

SOLUCIÓN

a. $(x^2 + y)^3 = {_3C_0}(x^2)^3 y^0 + {_3C_1}(x^2)^2 y^1 + {_3C_2}(x^2)^1 y^2 + {_3C_3}(x^2)^0 y^3$

$= (1)(x^6)(1) + (3)(x^4)(y^1) + (3)(x^2)(y^2) + (1)(1)(y^3)$

$= x^6 + 3x^4 y + 3x^2 y^2 + y^3$

b. Basándote en el teorema del binomio, sabes que

$$(3x+2)^{10} = {_{10}C_0}(3x)^{10}(2)^0 + {_{10}C_1}(3x)^9(2)^1 + \cdots + {_{10}C_{10}}(3x)^0(2)^{10}.$$

Cada término de la expansión tiene la forma $_{10}C_r(3x)^{10-r}(2)^r$. El término que contiene x^4 ocurre cuando $r = 6$.

$_{10}C_6(3x)^4(2)^6 = (210)(81x^4)(64) = 1{,}088{,}640 x^4$

▶ El coeficiente de x^4 is 1,088,640.

Monitoreo del progreso Ayuda en inglés y español en *BigIdeasMath.com*

8. Usa el teorema del binomio para escribir la expansión de (a) $(x + 3)^5$ y (b) $(2p - q)^4$.

9. Halla el coeficiente de x^5 en la expansión de $(x - 3)^7$.

10. Halla el coeficiente de x^3 en la expansión de $(2x + 5)^8$.

10.5 Ejercicios

Soluciones dinámicas disponibles en *BigIdeasMath.com*

Verificación de vocabulario y concepto esencial

1. **COMPLETAR LA ORACIÓN** Una agrupación de objetos en la que el orden es importante se denomina _____.

2. **¿CUÁL NO CORRESPONDE?** ¿Qué expresión *no* pertenece al grupo de las otras tres? Explica tu razonamiento.

$$\frac{7!}{2! \cdot 5!} \qquad _7C_5 \qquad _7C_2 \qquad \frac{7!}{(7-2)!}$$

Monitoreo del progreso y Representar con matemáticas

En los Ejercicios 3–8, halla el número de maneras en las que puedes agrupar (a) todas las letras y (b) 2 de las letras de la palabra dada. *(Consulta el Ejemplo 1)*.

3. AT
4. TRY
5. ROCK
6. WATER
7. FAMILY
8. FLOWERS

En los ejercicios 9 a 16, evalúa la expresión.

9. $_5P_2$
10. $_7P_3$
11. $_9P_1$
12. $_6P_5$
13. $_8P_6$
14. $_{12}P_0$
15. $_{30}P_2$
16. $_{25}P_5$

17. **RESOLVER PROBLEMAS** Once estudiantes compiten en un concurso de arte. ¿De cuántas maneras diferentes pueden terminar los estudiantes en primer, segundo y tercer lugar? *(Consulta el Ejemplo 2)*.

18. **RESOLVER PROBLEMAS** Seis amigos van a un cine. ¿De cuántas maneras diferentes se pueden sentar juntos en una fila de 6 asientos vacíos?

19. **RESOLVER PROBLEMAS** Tú y tu amigo son 2 de 8 meseros que trabajan en un turno de un restaurante. Al inicio del turno, el gerente asigna aleatoriamente una sección a cada mesero. Halla la probabilidad de que te asigne la Sección 1 y la Sección 2 a tu amigo. *(Consulta el Ejemplo 3)*.

20. **RESOLVER PROBLEMAS** Haces 6 carteles para mostrar en un partido de básquetbol. Cada cartel tiene una letra de la palabra TIGERS. Tú y cinco amigos se sientan juntos en una fila. Los carteles están distribuidos aleatoriamente. Halla la probabilidad de que la palabra TIGERS esté escrita correctamente si muestran los carteles.

En los Ejercicios 21–24, cuenta las combinaciones posibles de *r* letras elegidas de la lista dada. *(Consulta el Ejemplo 4)*.

21. A, B, C, D; $r = 3$
22. L, M, N, O; $r = 2$
23. U, V, W, X, Y, Z; $r = 3$
24. D, E, F, G, H; $r = 4$

En los Ejercicios 25–32, evalúa la expresión.

25. $_5C_1$
26. $_8C_5$
27. $_9C_9$
28. $_8C_6$
29. $_{12}C_3$
30. $_{11}C_4$
31. $_{15}C_8$
32. $_{20}C_5$

Sección 10.5 Permutaciones y combinaciones 575

33. **RESOLVER PROBLEMAS** Cada año, 64 golfistas participan en un torneo de golf. Los golfistas juegan en grupos de 4. ¿Cuántos grupos de 4 golfistas son posibles? *(Consulta el Ejemplo 5).*

34. **RESOLVER PROBLEMAS** Quieres comprar una salsa de vegetales para una fiesta. Un supermercado vende 7 sabores diferentes de salsa de vegetales. Tienes suficiente dinero para comprar 2 sabores. ¿Cuántas combinaciones de 2 sabores de salsa de vegetales son posibles?

ANÁLISIS DE ERRORES En los Ejercicios 35 y 36, describe y corrige el error cometido al evaluar la expresión.

35. ✗ $_{11}P_7 = \dfrac{11!}{(11-7)} = \dfrac{11!}{4} = 9{,}979{,}200$

36. ✗ $_9C_4 = \dfrac{9!}{(9-4)!} = \dfrac{9!}{5!} = 3024$

RAZONAR En los Ejercicios 37–40, indica si la pregunta se puede responder usando *permutaciones* o *combinaciones*. Explica tu razonamiento. Luego responde la pregunta.

37. Para completar un examen, debes responder 8 preguntas de una lista de 10 preguntas. ¿De cuántas maneras puedes completar el examen?

38. Diez estudiantes participan en audiciones para 3 roles diferentes en una obra. ¿De cuántas maneras se pueden asignar los roles?

39. Cincuenta y dos atletas compiten en una carrera de bicicletas. ¿En cuántos órdenes pueden los ciclistas terminar en primer, segundo y tercer lugar? (Presupón que no hay empates.)

40. Un empleado de una tienda de mascotas debe atrapar 5 tetras en un acuario que contiene 27 tetras. ¿En cuántos grupos puede el empleado capturar 5 tetras?

41. **PENSAMIENTO CRÍTICO** Compara las cantidades $_{50}C_9$ y $_{50}C_{41}$ sin hacer cálculo alguno. Explica tu razonamiento.

42. **PENSAMIENTO CRÍTICO** Demuestra que cada cantidad es verdadera para todo número entero r y n, donde $0 \leq r \leq n$.

   a. $_nC_n = 1$

   b. $_nC_r = {_nC_{n-r}}$

   c. $_{n+1}C_r = {_nC_r} + {_nC_{r-1}}$

43. **RAZONAR** Considera un conjunto de 4 objetos.

   a. ¿Hay más permutaciones de todos los 4 objetos o de 3 de los objetos? Explica tu razonamiento.

   b. ¿Hay más combinaciones de todos los 4 objetos o de 3 de los objetos? Explica tu razonamiento.

   c. Compara tus respuestas con las partes (a) y (b).

44. **FINAL ABIERTO** Describe una situación de la vida real donde el número de posibilidades esté dado por $_5P_2$. Luego describe una situación de la vida real que se pueda representar mediante $_5C_2$.

45. **RAZONAR** Completa la tabla para cada valor dado de r. Luego escribe una desigualdad que relacione $_nP_r$ y $_nC_r$. Explica tu razonamiento.

	$r = 0$	$r = 1$	$r = 2$	$r = 3$
$_3P_r$				
$_3C_r$				

46. **RAZONAR** Escribe una ecuación que relacione $_nP_r$ y $_nC_r$. Luego usa tu ecuación para hallar e interpretar el valor de $\dfrac{_{182}P_4}{_{182}C_4}$.

47. **RESOLVER PROBLEMAS** Tú y tu amigo están en el público de un programa de juegos de la televisión. De un público de 300 personas, se selecciona 2 personas aleatoriamente como concursantes. ¿Cuál es la probabilidad de que tú y tu amigo sean elegidos? *(Consulta el Ejemplo 6).*

576 Capítulo 10 Probabilidad

48. **RESOLVER PROBLEMAS** Trabajas 5 noches cada semana en una librería. Tu supervisor te asigna 5 noches aleatoriamente de las 7 posibilidades. ¿Cuál es la probabilidad de que tu horario no incluya trabajar el fin de semana?

RAZONAR En los Ejercicios 49 y 50, halla la probabilidad de ganar una lotería usando las reglas dadas. Presupón que los números de la lotería se seleccionan aleatoriamente.

49. Debes seleccionar correctamente 6 números, cada uno de ellos un entero de 0 a 49. El orden no es importante.

50. Debes seleccionar correctamente 4 números, cada uno de ellos un entero de 0 a 9. El orden es importante.

En los Ejercicios 51–58, usa el teorema del binomio para escribir la expansión binomial. *(Consulta el Ejemplo 7a).*

51. $(x + 2)^3$ 52. $(c - 4)^5$

53. $(a + 3b)^4$ 54. $(4p - q)^6$

55. $(w^3 - 3)^4$ 56. $(2s^4 + 5)^5$

57. $(3u + v^2)^6$ 58. $(x^3 - y^2)^4$

En los Ejercicios 59–66, usa el valor dado de n para hallar el coeficiente de x^n en la expansión del binomio. *(Consulta el Ejemplo 7b).*

59. $(x - 2)^{10}$, $n = 5$ 60. $(x - 3)^7$, $n = 4$

61. $(x^2 - 3)^8$, $n = 6$ 62. $(3x + 2)^5$, $n = 3$

63. $(2x + 5)^{12}$, $n = 7$ 64. $(3x - 1)^9$, $n = 2$

65. $\left(\frac{1}{2}x - 4\right)^{11}$, $n = 4$ 66. $\left(\frac{1}{4}x + 6\right)^6$, $n = 3$

67. **RAZONAR** Escribe la octava fila del triángulo de Pascal como combinaciones y números.

68. **RESOLVER PROBLEMAS** Los cuatro primeros números triangulares son 1, 3, 6 y 10.

    a. Usa el triángulo de Pascal para escribir los cuatro primeros números triangulares como combinaciones.

    ```
              1
             1 1
            1 2 1
           1 3 3 1
          1 4 6 4 1
         1 5 10 10 5 1
    ```

    b. Usa tu resultado de la parte (a) para escribir una regla explícita para el enésimo número triangular T_n.

69. **CONEXIONES MATEMÁTICAS** Un polígono es convexo si ninguna línea que contenga un lado del polígono contiene un punto en el interior del polígono. Considera un polígono convexo de n lados.

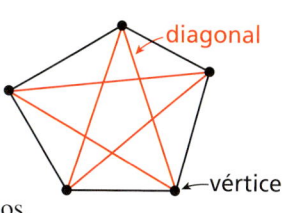

    a. Usa la fórmula de combinaciones para escribir una expresión para el número de diagonales en un polígono de n lados.

    b. Usa tu resultado de la parte (a) para escribir una fórmula para el número de diagonales de un polígono convexo de n lados.

70. **RESOLVER PROBLEMAS** Ordenas un burrito con 2 ingredientes principales y 3 guarniciones. El siguiente menú muestra las opciones posibles. ¿Cuántos burritos diferentes son posibles?

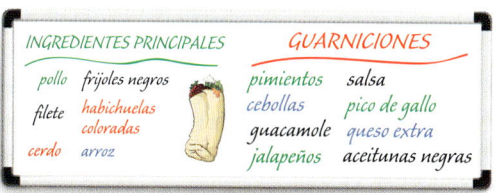

71. **RESOLVER PROBLEMAS** Quieres comprar 2 tipos diferentes de CD de música contemporánea y 1 CD de música clásica de la colección de música que se muestra. ¿Cuántos conjuntos distintos de tipos de música puedes elegir para tu compra?

72. **RESOLVER PROBLEMAS** Todo estudiante en tu clase de historia está obligado a presentar un proyecto frente a la clase. Cada día 4 estudiantes hacen sus presentaciones en un orden elegido aleatoriamente por el maestro. Tú haces tu presentación el primer día.

    a. ¿Cuál es la probabilidad de que seas elegido como primer o segundo presentador del primer día?

    b. ¿Cuál es la probabilidad de que seas elegido como segundo o tercer presentador del primer día? Compara tu respuesta con la de la parte (a).

Sección 10.5 Permutaciones y combinaciones 577

73. **RESOLVER PROBLEMAS** El organizador de una fiesta de final de temporada de un club de teatro le pide a cada uno de los 6 miembros del elenco que traiga 1 alimento de una lista de 10 alimentos. Suponiendo que cada miembro elige aleatoriamente un alimento que traer, ¿cuál es la probabilidad de que por lo menos 2 de los 6 miembros del elenco traigan el mismo alimento?

74. **¿CÓMO LO VES?** Una bolsa contiene una canica verde, una canica roja y una canica azul. El diagrama muestra los posibles resultados de sacar tres canicas de la bolsa aleatoriamente sin reemplazarlas.

    1er resultado   2do resultado   3er resultado

    a. ¿Cuántas combinaciones de tres canicas se pueden sacar de la bolsa? Explica.
    b. ¿Cuántas permutaciones de tres canicas se pueden sacar de la bolsa? Explica.

75. **RESOLVER PROBLEMAS** Eres uno de 10 estudiantes que participan en un espectáculo de talentos de la escuela. El orden de las actuaciones se determina aleatoriamente. Los primeros 5 participantes salen al escenario antes del intermedio.

    a. ¿Cuál es la probabilidad de que seas el último en participar antes del intermedio y que tu rival actúe inmediatamente antes que tú?
    b. ¿Cuál es la probabilidad de que *no* seas el primer participante?

76. **ESTIMULAR EL PENSAMIENTO** ¿Cuántos enteros, mayores que 999 pero no mayores que 4000 se pueden formar con los dígitos 0, 1, 2, 3, y 4? Se permite la repetición de los dígitos.

77. **RESOLVER PROBLEMAS** Considera un mazo estándar de 52 naipes. El orden en el que se barajan las cartas para una "mano" no importa.

    a. ¿Cuántas manos diferentes de 5 cartas son posibles?
    b. Cuántas manos diferentes de 5 cartas tienen todas las 5 cartas de un mismo palo?

78. **RESOLVER PROBLEMAS** Hay 30 estudiantes en tu clase. Tu maestro de ciencias elige a 5 estudiantes aleatoriamente para completar un proyecto grupal. Halla la probabilidad de que tú y tus 2 mejores amigos de la clase de ciencias sean elegidos para trabajar en el grupo. Explica cómo hallaste tu respuesta.

79. **RESOLVER PROBLEMAS** Sigue los siguientes pasos para explorar un famoso problema de probabilidades denominado el *problema del cumpleaños*. (Presupón que hay 365 cumpleaños posibles con igual probabilidad).

    a. ¿Cuál es la probabilidad de que por lo menos 2 personas compartan el mismo cumpleaños en un grupo de 6 personas elegidas aleatoriamente? ¿Y en un grupo de 10 personas elegidas aleatoriamente?
    b. Generaliza los resultados de la parte (a) escribiendo una fórmula para la probabilidad $P(n)$ de que por lo menos 2 personas en un grupo de n personas comparten el mismo cumpleaños. (*Pista*: usa la notación $_nP_r$ en tu fórmula).
    c. Ingresa la fórmula de la parte (b) en una calculadora gráfica. Usa la función *tabla* para hacer una tabla de valores. ¿Para qué tamaño de grupo la probabilidad de que por lo menos 2 personas compartan el mismo cumpleaños primero, exceda el 50%?

Mantener el dominio de las matemáticas
Repasar lo que aprendiste en grados y lecciones anteriores

80. Una bolsa contiene 12 canicas blancas y 3 canicas negras. Eliges 1 canica aleatoriamente. ¿Cuál es la probabilidad de que elijas una canica negra? *(Sección 10.1)*

81. La tabla muestra el resultado de lanzar dos monedas 12 veces. ¿Para qué resultado la probabilidad experimental es la misma que la probabilidad teórica? *(Sección 10.1)*

HH	HT	TH	TT
2	6	3	1

10.6 Distribuciones binomiales

Pregunta esencial ¿Cómo puedes determinar la frecuencia de cada resultado de un evento?

EXPLORACIÓN 1 Analizar histogramas

Trabaja con un compañero. Los histogramas muestran los resultados si se lanzan n monedas.

CONSEJO DE ESTUDIO

Si se lanzan 4 monedas ($n = 4$), los resultados posibles son

TTTT TTTH TTHT TTHH

THTT THTH THHT THHH

HTTT HTTH HTHT HTHH

HHTT HHTH HHHT HHHH.

El histograma muestra los números de resultados que tienen 0, 1, 2, 3 y 4 caras.

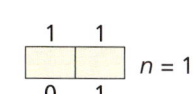
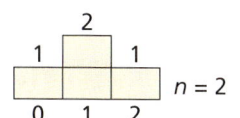
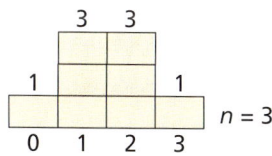

Número de caras

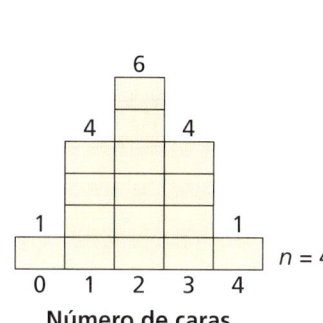
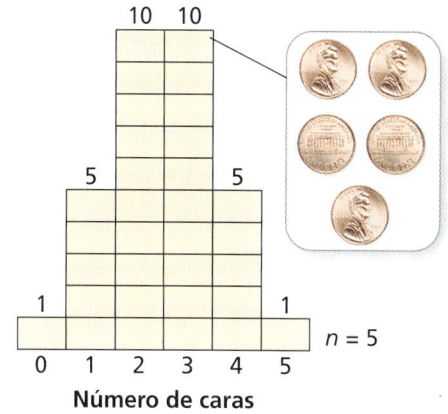

Número de caras

a. ¿De cuántas maneras pueden ocurrir 3 caras al lanzar 5 monedas?

b. Dibuja un histograma que muestre el número de caras que puede ocurrir si se lanzan 6 monedas.

c. ¿De cuántas maneras pueden ocurrir 3 caras si se lanzan 6 monedas?

EXPLORACIÓN 2 Determinar el número de ocurrencias

Trabaja con un compañero.

BUSCAR UN PATRÓN

Para dominar las matemáticas, necesitas observar con atención para discernir un patrón o estructura.

a. Completa la tabla que muestra las diferentes maneras en que pueden ocurrir 2 caras si se lanzan n monedas.

n		3	4	5	6	7
Ocurrencias de 2 caras						

b. Determina el patrón que se muestra en la tabla. Usa tu resultado para hallar las diferentes maneras en las que pueden ocurrir 2 caras si se lanzan 8 monedas.

Comunicar tu respuesta

3. ¿Cómo puedes determinar la frecuencia de cada resultado de un evento?

4. ¿Cómo puedes usar un histograma para hallar la probabilidad de un evento?

10.6 Lección

Vocabulario Esencial

variable aleatoria, *pág. 580*
distribución de probabilidad, *pág. 580*
distribución binomial, *pág. 581*
experimento binomial, *pág. 581*

Anterior
histograma

Qué aprenderás

▶ Construir e interpretar distribuciones de probabilidad.
▶ Construir e interpretar distribuciones binomiales.

Distribuciones de probabilidad

Una **variable aleatoria** es una variable cuyo valor está determinado por los resultados de un experimento de probabilidades. Por ejemplo, si lanzas un dado de seis lados, puedes definir una variable aleatoria x que representa el número que se muestra en el dado. Entonces, los valores posibles de x son 1, 2, 3, 4, 5, y 6. Para toda variable aleatoria se puede hallar una *distribución de probabilidad*.

Concepto Esencial

Distribuciones de probabilidad

Una **distribución de probabilidad** es una función que da la probabilidad de cada valor posible de una variable aleatoria. La suma de todas las probabilidades en una distribución de probabilidad debe ser igual a 1.

Distribución de probabilidad para lanzar un dado de seis lados						
x	1	2	3	4	5	6
$P(x)$	$\frac{1}{6}$	$\frac{1}{6}$	$\frac{1}{6}$	$\frac{1}{6}$	$\frac{1}{6}$	$\frac{1}{6}$

EJEMPLO 1   Construir una distribución de probabilidad

Imagina que x es una variable aleatoria que representa la suma cuando se lanzan dos dados de seis lados. Haz una tabla y dibuja un histograma que muestre la distribución de probabilidad para x.

CONSEJO DE ESTUDIO

Recuerda que hay 36 resultados posibles al lanzar dos dados de seis lados. Estos están enumerados en el Ejemplo 3 de la página 540.

SOLUCIÓN

Paso 1   Haz una tabla. Los valores posibles de x son enteros del 2 a 12. La tabla muestra cuántos resultados de lanzar dos dados produce cada valor de x. Divide el número de resultados para x entre 36 para hallar $P(x)$.

x (suma)	2	3	4	5	6	7	8	9	10	11	12
Resultados	1	2	3	4	5	6	5	4	3	2	1
$P(x)$	$\frac{1}{36}$	$\frac{1}{18}$	$\frac{1}{12}$	$\frac{1}{9}$	$\frac{5}{36}$	$\frac{1}{6}$	$\frac{5}{36}$	$\frac{1}{9}$	$\frac{1}{12}$	$\frac{1}{18}$	$\frac{1}{36}$

Paso 2   Dibuja un histograma donde los intervalos estén dados por x y las frecuencias estén dadas por $P(x)$.

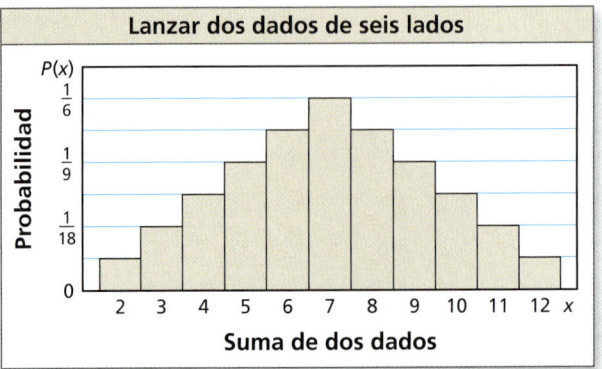

580   Capítulo 10   Probabilidad

EJEMPLO 2 Interpretar una distribución de probabilidad

Usa la distribución de probabilidad en el Ejemplo 1 para responder cada pregunta.

a. ¿Cuál es la suma más probable al lanzar dos dados de seis lados?

b. ¿Cuál es la probabilidad de que la suma de los dos dados sea por lo menos 10?

SOLUCIÓN

a. La suma más probable al lanzar dos dados de seis lados es el valor de x para el cual $P(x)$ es el mayor. Esta probabilidad es la mayor para $x = 7$. Entonces, al lanzar los dos dados, la suma más probable es 7.

b. La probabilidad de que la suma de los dos dados sea por lo menos 10 es

$$P(x \geq 10) = P(x = 10) + P(x = 11) + P(x = 12)$$

$$= \frac{3}{36} + \frac{2}{36} + \frac{1}{36}$$

$$= \frac{6}{36}$$

$$= \frac{1}{6}$$

$$\approx 0.167.$$

▶ La probabilidad es de aproximadamente 16.7%.

Monitoreo del progreso Ayuda en inglés y español en *BigIdeasMath.com*

Un dado octaédrico tiene ocho lados numerados del 1–8. Imagina que x es una variable aleatoria que represente la suma cuando se lanzan dos dados octaédricos.

1. Haz una tabla y dibuja un histograma que muestre la distribución de probabilidad para x.

2. ¿Cuál es la suma más probable si se lanzan los dos dados?

3. ¿Cuál es la probabilidad de que la suma de los dos dados sea máximo 3?

Distribuciones binomiales

Un tipo de distribución de probabilidad es una **distribución binomial**. Una distribución binomial muestra las probabilidades de los resultados de un *experimento binomial*.

 Concepto Esencial

Experimentos binomiales

Un **experimento binomial** cumple con las siguientes condiciones.

- Hay n pruebas independientes.
- Cada prueba solo tiene dos resultados posibles: éxito y fracaso.
- La probabilidad de éxito es la misma para cada prueba. Esta probabilidad se denota mediante p, La probabilidad de fracaso es $1 - p$.

Para un experimento binomial, la probabilidad de exactamente k éxitos en n pruebas es

$$P(k \text{ éxitos}) = {}_nC_k p^k (1-p)^{n-k}.$$

Sección 10.6   Distribuciones binomiales

PRESTAR ATENCIÓN A LA PRECISIÓN

Cuando las probabilidades son redondeadas, la suma de las probabilidades puede diferir ligeramente de 1.

EJEMPLO 3   Construir una distribución binomial

Según una encuesta, aproximadamente el 33% de las personas de 16 años y más en los Estados Unidos poseen un dispositivo lector de libros electrónicos. Preguntas a 6 personas elegidas aleatoriamente (de 16 años y más) si tienen un lector de libros electrónicos. Dibuja un histograma de la distribución binomial de tu encuesta.

SOLUCIÓN

La probabilidad de que una persona seleccionada aleatoriamente tenga un lector de libros electrónico es $p = 0.33$. Dado que encuestas a 6 personas, $n = 6$.

$P(k = 0) = {}_6C_0(0.33)^0(0.67)^6 \approx 0.090$

$P(k = 1) = {}_6C_1(0.33)^1(0.67)^5 \approx 0.267$

$P(k = 2) = {}_6C_2(0.33)^2(0.67)^4 \approx 0.329$

$P(k = 3) = {}_6C_3(0.33)^3(0.67)^3 \approx 0.216$

$P(k = 4) = {}_6C_4(0.33)^4(0.67)^2 \approx 0.080$

$P(k = 5) = {}_6C_5(0.33)^5(0.67)^1 \approx 0.016$

$P(k = 6) = {}_6C_6(0.33)^6(0.67)^0 \approx 0.001$

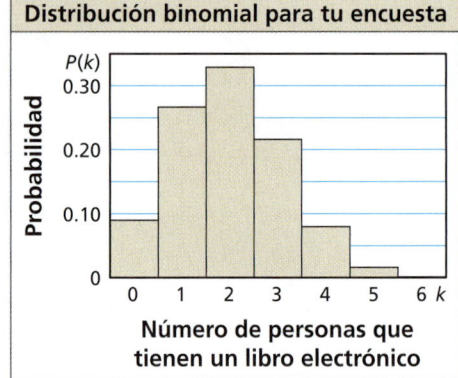

Se muestra un histograma de la distribución.

EJEMPLO 4   Interpretar una distribución binomial

Usa la distribución binomial en el Ejemplo 3 para responder cada pregunta.

a. ¿Cuál es el resultado más probable de la encuesta?

b. ¿Cuál es la probabilidad de que máximo 2 personas tengan un lector de libros electrónicos?

SOLUCIÓN

a. El resultado más probable de la encuesta es el valor de k, para el cual $P(k)$ es el mayor. Esta probabilidad es la máxima para $k = 2$. El resultado más probable es que 2 de las 6 personas tengan un lector de libros electrónicos.

b. La probabilidad de que máximo 2 personas tengan un lector de libros electrónicos es

$P(k \leq 2) = P(k = 0) + P(k = 1) + P(k = 2)$

$\approx 0.090 + 0.267 + 0.329$

$\approx 0.686.$

▶ La probabilidad es de aproximadamente 68.6%.

ERROR COMÚN

Dado que es posible que una persona no tenga un lector de libros electrónicos, asegúrate de incluir $P(k = 0)$, al hallar la probabilidad de que máximo 2 personas tengan un lector de libros electrónicos.

Monitoreo del progreso   Ayuda en inglés y español en BigIdeasMath.com

Según una encuesta, aproximadamente el 85% de las personas de 18 años y más en los Estados Unidos usan Internet o el correo electrónico. Preguntas a 4 personas elegidas aleatoriamente (de 18 años a más) si usan el Internet o el correo electrónico.

4. Dibuja un histograma de la distribución binomial de tu encuesta.

5. ¿Cuál es el resultado más probable de tu encuesta?

6. ¿Cuál es la probabilidad de que máximo 2 personas que encuestes usen Internet o el correo electrónico?

10.6 Ejercicios

Soluciones dinámicas disponibles en *BigIdeasMath.com*

Verificación de vocabulario y concepto esencial

1. **VOCABULARIO** ¿Qué es una variable aleatoria?

2. **ESCRIBIR** Da un ejemplo de un experimento binomial y describe cómo cumple con las condiciones de un experimento binomial.

Monitoreo del progreso y Representar con matemáticas

En los Ejercicios 3–6, haz una tabla y dibuja un histograma que muestre la distribución de probabilidad para la variable aleatoria. *(Consulta el Ejemplo 1)*.

3. x = el número en una pelota de tenis de mesa elegido aleatoriamente de una bolsa que contiene 5 pelotas rotuladas "1", 3 pelotas rotuladas "2" y 2 pelotas rotuladas "3".

4. c = 1 cuando una carta elegida aleatoriamente de un mazo estándar de 52 naipes es un corazón y c = 2 cuando es algo distinto.

5. w = 1 cuando una letra elegida aleatoriamente del alfabeto inglés es una vocal y w = 2 cuando no lo es.

6. n = el número de dígitos en un entero aleatorio de 0 a 999.

En los Ejercicios 7 y 8, usa la distribución de probabilidad para determinar (a) el número que es más probable que salga al girar una ruleta, y (b) la probabilidad de que salga un número par. *(Consulta el Ejemplo 2)*.

7.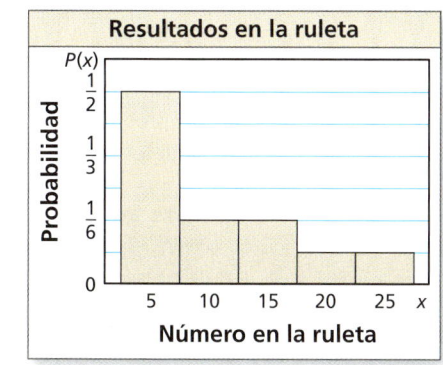

8.

USAR ECUACIONES En los Ejercicios 9–12, calcula la probabilidad de lanzar una moneda 20 veces y obtener el número dado de caras.

9. 1

10. 4

11. 18

12. 20

13. **REPRESENTAR CON MATEMÁTICAS** Según una encuesta, el 27% de los estudiantes de secundaria de los Estados Unidos compran un anillo de la clase. Preguntas a 6 estudiantes de secundaria elegidos aleatoriamente si tienen un anillo de la clase. *(Consulta los Ejemplos 3 y 4)*.

   a. Dibuja un histograma de la distribución binomial de tu encuesta.

   b. ¿Cuál es el resultado más probable de tu encuesta?

   c. ¿Cuál es la probabilidad de que máximo 2 personas tengan un anillo de la clase?

14. **REPRESENTAR CON MATEMÁTICAS** Según una encuesta, el 48% de los adultos en los Estados Unidos creen que objetos voladores no identificados (OVNI) observan nuestro planeta. Preguntas a 8 adultos elegidos aleatoriamente si creen que los OVNI están observando a la Tierra.

   a. Dibuja un histograma de la distribución binomial de tu encuesta.

   b. ¿Cuál es el resultado más probable de tu encuesta?

   c. ¿Cuál es la probabilidad de que máximo 3 personas crean que los OVNI están observando a la Tierra?

Sección 10.6 Distribuciones binomiales 583

ANÁLISIS DE ERRORES En los Ejercicios 15 y 16, describe y corrige el error cometido al calcular la probabilidad de que salga un 1 exactamente 3 veces en 5 lanzamientos de un dado de seis lados.

15.
$$P(k=3) = {}_5C_3\left(\frac{1}{6}\right)^{5-3}\left(\frac{5}{6}\right)^3$$
$$\approx 0.161$$

16.
$$P(k=3) = \left(\frac{1}{6}\right)^3\left(\frac{5}{6}\right)^{5-3}$$
$$\approx 0.003$$

17. CONEXIONES MATEMÁTICAS Máximo 7 agujeros de topo aparecen cada semana en la granja que se muestra. Imagina que x representa cuántos agujeros de topo aparecen en el huerto de zanahorias. Presupón que un agujero de topo tiene igual probabilidad de aparecer en cualquier punto de la granja.

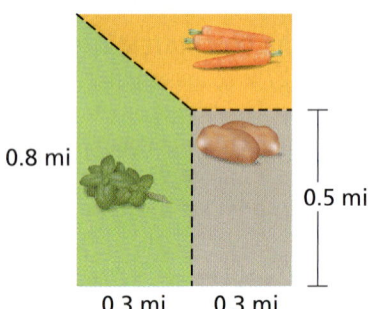

a. Halla $P(x)$ para $x = 0, 1, 2, \ldots, 7$.

b. Haz una tabla que muestre la distribución de probabilidad para x.

c. Haz un histograma que muestre la distribución de probabilidad para x.

18. ¿CÓMO LO VES? Completa la distribución de probabilidad para la variable aleatoria x. ¿Cuál es la probabilidad de que el valor de x sea mayor que 2?

x	1	2	3	4
P(x)	0.1	0.3	0.4	

19. ARGUMENTAR La distribución binomial muestra los resultados de un experimento binomial. Tu amigo dice que la probabilidad p de un éxito debe ser mayor que la probabilidad $1 - p$ de un fracaso. ¿Es correcto lo que dice tu amigo? Explica tu razonamiento.

20. ESTIMULAR EL PENSAMIENTO Hay 100 monedas en una bolsa. Solo una de ellas tiene fecha de 2010. Eliges una moneda aleatoriamente, verificas la fecha y vuelves a guardar la moneda en la bolsa. Repites el procedimiento 100 veces. ¿Tienes la certeza de elegir la moneda de 2010 por lo menos una vez? Explica tu razonamiento.

21. REPRESENTAR CON MATEMÁTICAS Presupón que tener un hijo y una hija son eventos independientes y que la probabilidad de cada evento es de 0.5.

a. Una pareja tiene 4 hijos varones. Evalúa la validez de este enunciado: "Los primeros cuatro fueron todos niños, entonces el próximo probablemente será una niña".

b. ¿Cuál es la probabilidad de tener 4 hijos y luego una hija?

c. Imagina que x es una variable aleatoria que representa el número de hijos que una pareja ya tiene cuando tiene su primera hija. Dibuja un histograma de la distribución de $P(x)$ para $0 \leq x \leq 10$. Describe la forma del histograma.

22. PENSAMIENTO CRÍTICO Un sistema de entretenimiento tiene n parlantes. Cada parlante funcionará apropiadamente con probabilidad p, independientemente de si los otros parlantes funcionan. El sistema funcionará bien si por lo menos el 50% de los parlantes funcionan. ¿Para qué valores de p un sistema de 5 parlantes tiene mayor probabilidad de funcionar que un sistema de 3 parlantes?

Mantener el dominio de las matemáticas *Repasar lo que aprendiste en grados y lecciones anteriores*

Enumera los resultados posibles de la situación. *(Sección 10.1)*

23. Adivinar el género de tres niños

24. Elegir una de dos puertas y una de tres cortinas

584 Capítulo 10 Probabilidad

10.4–10.6 ¿Qué aprendiste?

Vocabulario esencial

evento compuesto, *pág. 564*
eventos superpuestos, *pág. 564*
eventos disjuntos, *pág. 564*
eventos mutuamente excluyentes,
  pág. 564

permutación, *pág. 570*
n factorial, *pág. 570*
combinación, *pág. 572*
teorema del binomio,
  pág. 574

variable aleatoria, *pág. 580*
distribución de probabilidad,
  pág. 580
distribución binomial, *pág. 581*
experimento binomial, *pág. 581*

Conceptos esenciales

Sección 10.4
Probabilidad de eventos compuestos, *pág. 564*

Sección 10.5
Permutaciones, *pág. 571*
Combinaciones, *pág. 572*
El teorema del binomio, *pág. 574*

Sección 10.6
Distribuciones de probabilidad, *pág. 580*
Experimentos binomiales, *pág. 581*

Prácticas matemáticas

1. ¿Cómo puedes usar diagramas para comprender la situación en el Ejercicio 22 de la página 568?

2. Describe una relación entre los resultados en la parte (a) y en la parte (b) del Ejercicio 74 de la página 578.

3. Explica cómo pudiste descomponer la situación en casos para evaluar la validez del enunciado en la parte (a) del Ejercicio 21 de la página 584.

Tarea de desempeño

Un tablero nuevo

Eres un artista gráfico que trabaja para una empresa en un nuevo diseño para el tablero de un juego de dardos. Estás ansioso de comenzar el proyecto, pero el equipo no puede decidirse sobre los términos del juego. Todos están de acuerdo de que el tablero debería tener cuatro colores. Pero algunos quieren que las probabilidades de darle a cada color sean iguales, mientras que otros quieren que las probabilidades sean diferentes. Ofreces diseñar dos tableros, uno para cada grupo. ¿Cómo empiezas? ¿Qué tan creativo puedes ser con tus diseños?

Para explorar las respuestas a estas preguntas y más, visita *BigIdeasMath.com*.

10 Repaso del capítulo

10.1 Espacios muestrales y probabilidad (págs. 537–544)

Cada sección de la ruleta que se muestra tiene la misma área. Se hizo girar la ruleta 30 veces. La tabla muestra los resultados. ¿Para qué color la probabilidad experimental de detenerse en ese color es la misma que la probabilidad teórica?

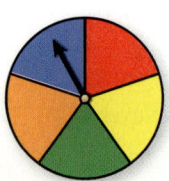

Resultados de la ruleta	
verde	4
naranja	6
rojo	9
azul	8
amarillo	3

SOLUCIÓN

La probabilidad teórica de detenerse en cada uno de los cinco colores es $\frac{1}{5}$. Usa los resultados en la tabla para hallar las probabilidades experimentales.

$P(\text{verde}) = \frac{4}{30} = \frac{2}{15}$ $P(\text{naranja}) = \frac{6}{30} = \frac{1}{5}$ $P(\text{rojo}) = \frac{9}{30} = \frac{3}{10}$ $P(\text{azul}) = \frac{8}{30} = \frac{4}{15}$ $P(\text{amarillo}) = \frac{3}{30} = \frac{1}{10}$

▶ La probabilidad experimental de detenerse en naranja es la misma que la probabilidad teórica.

1. Una bolsa contiene 9 fichas, una por cada letra de la palabra HAPPINESS. Eliges una ficha aleatoriamente. ¿Cuál es la probabilidad de que elijas una ficha con la letra S? ¿Cuál es la probabilidad de que elijas una ficha con una letra distinta de P?

2. Lanzas un dardo al tablero que se muestra. Tu dardo tiene igual probabilidad de caer en cualquier punto dentro del tablero cuadrado. ¿Tienes mayor probabilidad de obtener 5 puntos, 10 puntos o 20 puntos?

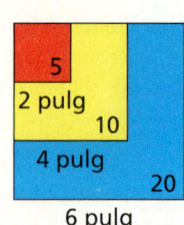

10.2 Eventos independientes y dependientes (págs. 545–552)

Seleccionas aleatoriamente 2 cartas de un mazo estándar de 52 naipes. ¿Cuál es la probabilidad de que ambas cartas sean jacks si (a) reemplazas la primera carta antes de seleccionar la segunda, y (b) si no reemplazas la primera carta. Compara las probabilidades.

SOLUCIÓN

Imagina que el evento A sea "primera carta sea un jack" y que el evento B es "segunda carta es un jack".

a. Dado que reemplazas la primera carta antes de seleccionar la segunda carta, los eventos son independientes. Entonces, la probabilidad es

$$P(A \text{ y } B) = P(A) \cdot P(B) = \frac{4}{52} \cdot \frac{4}{52} = \frac{16}{2704} = \frac{1}{169} \approx 0.006.$$

b. Dado que no reemplazas la primera carta antes de seleccionar la segunda carta, los eventos son dependientes. Entonces, la probabilidad es

$$P(A \text{ y } B) = P(A) \cdot P(B|A) = \frac{4}{52} \cdot \frac{3}{51} = \frac{12}{2652} = \frac{1}{221} \approx 0.005.$$

▶ Entonces, tienes $\frac{1}{169} \div \frac{1}{221} \approx 1.3$ mayor probabilidad de seleccionar 2 jacks si reemplazas la primera carta antes de seleccionar la segunda carta.

Halla la probabilidad de seleccionar aleatoriamente las canicas dadas de una bolsa de 5 canicas rojas, 8 canicas verdes y 3 canicas azules si (a) reemplazas la primera canica antes de sacar la segunda, y (b) si no reemplazas la primera canica. Compara las probabilidades.

3. rojo, luego verde
4. azul, luego rojo
5. verde, luego verde

586 Capítulo 10 Probabilidad

10.3 Tablas de doble entrada y probabilidad *(págs. 553–560)*

Una encuesta le pregunta a los habitantes de los sectores este y oeste de una ciudad si están a favor de la construcción de un puente. Los resultados, dados como frecuencias relativas conjuntas, se muestran en la tabla de doble entrada. ¿Cuál es la probabilidad de que un habitante seleccionado aleatoriamente en el sector este, esté a favor del proyecto?

		Lugar	
		Sector este	Sector oeste
Respuesta	Sí	0.47	0.36
	No	0.08	0.09

SOLUCIÓN

Halla las frecuencias relativas conjuntas y las frecuencias relativas marginales. Luego usa estos valores para hallar la probabilidad condicional.

$$P(\text{sí} \mid \text{sector este}) = \frac{P(\text{sector este y sí})}{P(\text{sector este})} = \frac{0.47}{0.47 + 0.08} \approx 0.855$$

▶ Entonces, la probabilidad de que un habitante del sector este de la ciudad esté a favor del proyecto es de aproximadamente 85.5%.

6. ¿Cuál es la probabilidad de que un habitante seleccionado aleatoriamente que no esté a favor del proyecto del ejemplo anterior sea del sector oeste?

7. Después de una conferencia, 220 hombres y 270 mujeres responden a una encuesta. De ellos, 200 hombres y 230 mujeres dicen que la conferencia tuvo impacto. Organiza estos resultados en una tabla de doble entrada. Luego halla e interpreta las frecuencias marginales.

10.4 Probabilidad de eventos disjuntos y superpuestos *(págs. 563–568)*

Imagina que A y B son eventos tales que $P(A) = \frac{2}{3}$, $P(B) = \frac{1}{2}$, y $P(A \text{ y } B) = \frac{1}{3}$. Halla $P(A \text{ o } B)$.

SOLUCIÓN

$P(A \text{ o } B) = P(A) + P(B) - P(A \text{ y } B)$ Escribe la fórmula general.

$\qquad\qquad = \frac{2}{3} + \frac{1}{2} - \frac{1}{3}$ Sustituye las probabilidades conocidas.

$\qquad\qquad = \frac{5}{6}$ Simplifica.

$\qquad\qquad \approx 0.833$ Usa una calculadora.

8. Imagina que A y B son eventos tales que $P(A) = 0.32$, $P(B) = 0.48$, y $P(A \text{ y } B) = 0.12$. Halla $P(A \text{ o } B)$.

9. De 100 empleados de una compañía, 92 empleados trabajan medio tiempo o trabajan 5 días a la semana. Hay 14 empleados que trabajan medio tiempo y 80 empleados que trabajan 5 días a la semana. ¿Cuál es la probabilidad de que un empleado seleccionado aleatoriamente trabaje medio tiempo y 5 días a la semana?

10.5 Permutaciones y combinaciones (págs. 569–578)

Un código de 5 dígitos consiste en 5 enteros diferentes del 0 al 9. ¿Cuántos códigos diferentes son posibles?

SOLUCIÓN

Para hallar el número de permutaciones de 5 enteros elegidos de 10, halla $_{10}P_5$.

$_{10}P_5 = \dfrac{10!}{(10-5)!}$ Fórmula de permutaciones

$= \dfrac{10!}{5!}$ Resta.

$= \dfrac{10 \cdot 9 \cdot 8 \cdot 7 \cdot 6 \cdot 5!}{5!}$ Desarrolla el factorial. Divide para cancelar el factor común, 5!.

$= 30{,}240$ Simplifica.

▶ Hay 30,240 códigos posibles.

Evalúa la expresión.

10. $_7P_6$
11. $_{13}P_{10}$
12. $_6C_2$
13. $_8C_4$

14. Usa el teorema del binomio para escribir la expansión de $(2x + y^2)^4$.

15. Un sorteo aleatorio determinará las 3 personas de un grupo de 9 que ganarán boletos para un concierto. ¿Cuál es la probabilidad de que tú y tus 2 amigos ganen los boletos?

10.6 Distribuciones binomiales (págs. 579–584)

Según una encuesta, aproximadamente el 21% de los adultos en los Estados Unidos visitaron un museo de arte el año pasado. Preguntas a 4 adultos elegidos aleatoriamente si visitaron un museo el año pasado. Dibuja un histograma de la distribución binomial de tu encuesta.

SOLUCIÓN

La probabilidad de que una persona seleccionada aleatoriamente haya visitado un museo de arte es $p = 0.21$. Dado que encuestas a 4 personas, $n = 4$.

$P(k = 0) = {_4C_0}(0.21)^0(0.79)^4 \approx 0.390$

$P(k = 1) = {_4C_1}(0.21)^1(0.79)^3 \approx 0.414$

$P(k = 2) = {_4C_2}(0.21)^2(0.79)^2 \approx 0.165$

$P(k = 3) = {_4C_3}(0.21)^3(0.79)^1 \approx 0.029$

$P(k = 4) = {_4C_4}(0.21)^4(0.79)^0 \approx 0.002$

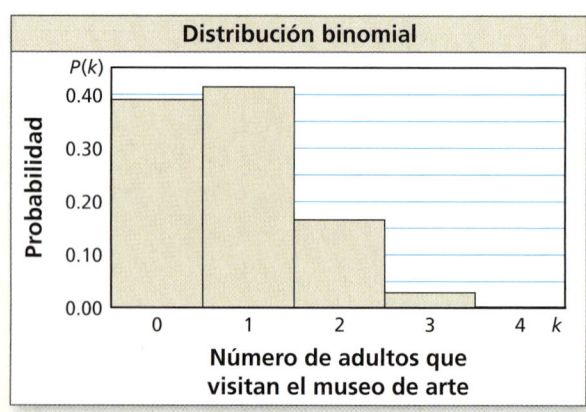

16. Halla la probabilidad de lanzar una moneda 12 veces y obtener exactamente 4 caras.

17. Un jugador de básquetbol hace un tiro libre el 82.6% de las veces. El jugador intenta 5 tiros libres. Haz un histograma de la distribución binomial del número de tiros libres exitosos. ¿Cuál es el resultado más probable?

10 Prueba del capítulo

Lanzas un dado de 6 lados. Halla la probabilidad del evento descrito. Explica tu razonamiento.

1. Sacas un número menor que 5.
2. Sacas un múltiplo de 3.

Evalúa la expresión.

3. $_7P_2$
4. $_8P_3$
5. $_6C_3$
6. $_{12}C_7$

7. Usa el teorema del binomio para escribir la expansión binomial de $(x + y^2)^5$.

8. Hallas la probabilidad $P(A \text{ o } B)$ usando la ecuación $P(A \text{ o } B) = P(A) + P(B) - P(A \text{ y } B)$. Describe por qué es necesario restar $P(A \text{ y } B)$ si los eventos A y B son superpuestos. Luego describe por qué *no* es necesario restar $P(A \text{ y } B)$ si los eventos A y B son disjuntos.

9. ¿Es posible usar la fórmula $P(A \text{ y } B) = P(A) \cdot P(B|A)$ si los eventos A y B son independientes? Explica tu razonamiento.

10. Según una encuesta, aproximadamente el 58% de las familias se sientan a cenar juntas por lo menos 4 veces a la semana. Preguntas a 5 familias elegidas aleatoriamente si se sientan a cenar con la familia por lo menos cuatro veces a la semana.

    a. Dibuja un histograma de la distribución binomial de la encuesta.
    b. ¿Cuál es el resultado más probable de la encuesta?
    c. ¿Cuál es la probabilidad de que por lo menos 3 familias se sienten a cenar juntas cuatro veces a la semana?

11. Eliges una empresa de telefonía celular para contratar sus servicios por los próximos 2 años. Los tres planes que consideras tienen el mismo precio. Preguntas a varios de tus vecinos si están satisfechos con su compañía de telefonía celular. La tabla muestra los resultados. Según esta encuesta, ¿qué compañía deberías usar?

	Satisfecho	No satisfecho
Compañía A	IIII	II
Compañía B	IIII	III
Compañía C	IIII I	IIII

12. El área de superficie de la Tierra es de aproximadamente 196.9 millones de millas cuadradas. El área de tierra es de aproximadamente 57.5 millones de millas cuadradas y el resto es agua. ¿Cuál es la probabilidad de que un meteorito que llegue a la superficie de la Tierra caiga en tierra? ¿Cuál es la probabilidad de que caiga en agua?

13. Considera una bolsa que contenga todas las piezas de ajedrez en un conjunto, tal como se muestra en el diagrama.

	Rey	Reina	Alfil	Torre	Caballo	Peón
Negro	1	1	2	2	2	8
Blanco	1	1	2	2	2	8

   a. Eliges una pieza aleatoriamente. Halla la probabilidad de que elijas una pieza negra o una reina.
   b. Elijes una pieza aleatoriamente, no la reemplazas, y luego eliges una segunda pieza aleatoriamente. Halla la probabilidad de que elijas un rey, luego un peón.

14. Se elige tres voluntarios aleatoriamente de un grupo de 12 para ayudar en un campamento de verano.

    a. ¿Cuál es la probabilidad de que tú, tu hermano y tu amigo sean elegidos?
    b. La primera persona elegida será consejero, la segunda será salvavidas, y la tercera será cocinero. ¿Cuál es la probabilidad de que tú seas el cocinero, tu hermano el salvavidas y tu amigo el consejero?

10 Evaluación acumulativa

1. Según una encuesta, el 63% de los estadounidenses se consideran fanáticos del deporte. Eliges aleatoriamente a 14 estadounidenses para encuestarlos.

   a. Dibuja un histograma de la distribución binomial de tu encuesta.

   b. ¿Cuál es el número más probable de estadounidenses que se consideren a sí mismos fanáticos del deporte?

   c. ¿Cuál es la probabilidad de que por lo menos 7 estadounidenses se consideren a sí mismos fanáticos del deporte?

2. Ordena los ángulos agudos de menor a mayor. Explica tu razonamiento.

   $\tan \theta_1 = 1$ $\tan \theta_2 = \dfrac{1}{2}$

   $\tan \theta_3 = \dfrac{\sqrt{3}}{3}$ $\tan \theta_4 = \dfrac{23}{4}$

   $\tan \theta_5 = \dfrac{38}{5}$ $\tan \theta_6 = \sqrt{3}$

3. Ordenas un batido de fruta hecho de dos ingredientes líquidos y 3 frutas del menú que se muestra. ¿Cuántos batidos de fruta diferentes puedes ordenar?

4. ¿Qué enunciados describen la transformación de la gráfica de $f(x) = x^3 - x$ representada por $g(x) = 4(x - 2)^3 - 4(x - 2)$?

   Ⓐ un alargamiento vertical por un factor de 4

   Ⓑ un encogimiento vertical por un factor de $\dfrac{1}{4}$

   Ⓒ un encogimiento horizontal por un factor de $\dfrac{1}{4}$

   Ⓓ un alargamiento horizontal por un factor de 4

   Ⓔ una traslación horizontal 2 unidades hacia la derecha

   Ⓕ una traslación horizontal 2 unidades hacia la izquierda

5. Usa el diagrama para explicar por qué la ecuación es verdadera.

    $P(A) + P(B) = P(A \text{ o } B) + P(A \text{ y } B)$

    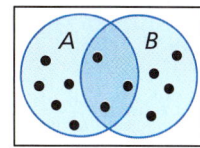

6. Para la secuencia $-\frac{1}{2}, -\frac{1}{4}, -\frac{1}{6}, -\frac{1}{8}, \ldots$, describe el patrón, escribe el siguiente término, haz la gráfica de los primeros cinco términos y escribe la regla para el enésimo término.

7. Una encuesta preguntó a estudiantes hombres y mujeres si preferían tomar clases de gimnasia o participar en el coro. La tabla muestra los resultados de la encuesta.

	Gimnasia	Coro	Total
Masculino			50
Femenino	23		
Total		49	106

    (Género / Clase)

    a. Completa la tabla de doble entrada.

    b. ¿Cuál es la probabilidad de que un estudiante seleccionado aleatoriamente sea mujer y prefiera el coro?

    c. ¿Cuál es la probabilidad de que un estudiante hombre seleccionado aleatoriamente prefiera gimnasia?

8. El dueño de un negocio de poda de césped tiene tres podadoras. Siempre que una de las podadoras esté trabajando, el propietario puede permanecer productivo. Una de las podadoras no se puede usar el 10% del tiempo, una no se puede utilizar el 8% del tiempo y una no se puede utilizar el 18% del tiempo.

    a. Halla la probabilidad de que las tres podadoras no se puedan usar en un día dado.

    b. Halla la probabilidad de que por lo menos una de las podadoras no se pueda usar en un día dado.

    c. Supón que la podadora menos confiable deja de funcionar completamente. ¿Cómo afecta esto la probabilidad de que el negocio de poda de césped pueda ser productivo en un día dado?

9. Escribe un sistema de desigualdades cuadráticas cuya solución está representada en la gráfica.

    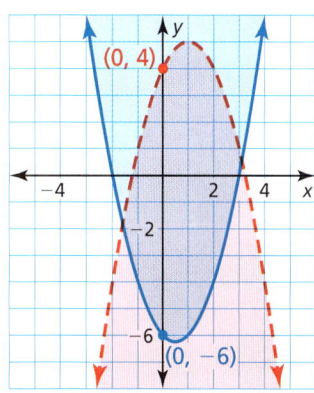

11 Análisis de datos y estadística

- **11.1** Usar distribuciones normales
- **11.2** Poblaciones, muestras e hipótesis
- **11.3** Recolectar datos
- **11.4** Diseño de experimentos
- **11.5** Hacer inferencias de encuestas de muestreo
- **11.6** Hacer inferencias de experimentos

Energía solar *(pág. 631)*

Daño de un volcán *(pág. 615)*

Lectura *(pág. 624)*

Calificaciones del SAT *(pág. 605)*

Peso de los infantes *(pág. 598)*

Mantener el dominio de las matemáticas

Comparar medidas de centro

Ejemplo 1 Halla la media, la mediana y la moda del conjunto de datos 4, 11, 16, 8, 9, 40, 4, 2, 12, 13, 5 y 10. Luego determina qué medida de centro representa mejor los datos. Explica.

Media $\bar{x} = \dfrac{4 + 11 + 16 + 8 + 9 + 40 + 4 + 12 + 13 + 5 + 10}{11} = 12$

Mediana 4, 4, 5, 8, 9, 10, 11, 12, 13, 16, 40   Ordena los datos. El valor medio es 10.

Moda 4, 4, 5, 8, 9, 10, 11, 12, 13, 16, 40   4 ocurre más seguido.

▶ La media es 12, la mediana es 10 y la moda es 4. La mediana representa mejor los datos. La moda es menor que la mayoría de los datos y la media es mayor que la mayoría de los datos.

Halla la media, la mediana y la moda del conjunto de datos. Luego determina qué medida de centro representa mejor los datos. Explica.

1. 36, 82, 94, 83, 86, 82
2. 74, 89, 71, 70, 68, 70
3. 1, 18, 12, 16, 11, 15, 17, 44, 44

Hallar una deviación estándar

Ejemplo 2 Halla e interpreta la desviación estándar del conjunto de datos 10, 2, 6, 8, 12, 15, 18 y 25. Usa una tabla para organizar tu trabajo.

x	$\bar{x}$	$x - \bar{x}$	$(x - \bar{x})^2$
10	12	−2	4
2	12	−10	100
6	12	−6	36
8	12	−4	16
12	12	0	0
15	12	3	9
18	12	6	36
25	12	13	169

Paso 1 Halla la media $\bar{x}$.
$$\bar{x} = \dfrac{96}{8} = 12$$

Paso 2 Halla la desviación de cada valor de los datos, $x - \bar{x}$, tal como se muestra en la tabla.

Paso 3 Eleva al cuadrado cada desviación, $(x - \bar{x})^2$, tal como se muestra en la tabla.

Paso 4 Halla la media de las desviaciones elevadas al cuadrado.
$$\dfrac{(x_1 - \bar{x})^2 + (x_2 - \bar{x})^2 + \cdots + (x_n - \bar{x})^2}{n} =$$
$$\dfrac{4 + 100 + \cdots + 169}{8} = \dfrac{370}{8} = 46.25$$

Paso 5 Usa una calculadora para sacar la raíz cuadrada de la media de las desviaciones elevadas al cuadrado.
$$\sqrt{\dfrac{(x_1 - \bar{x})^2 + (x_2 - \bar{x})^2 + \cdots + (x_n - \bar{x})^2}{n}} = \sqrt{\dfrac{370}{8}} = \sqrt{46.25} \approx 6.80$$

▶ La desviación estándar es de aproximadamente 6.80. Esto significa que el valor de los datos típico difiere de la media en aproximadamente 6.80 unidades.

Halla e interpreta la desviación estándar del conjunto de datos.

4. 43, 48, 41, 51, 42
5. 28, 26, 21, 44, 29, 32
6. 65, 56, 49, 66, 62, 52, 53, 49

7. **RAZONAMIENTO ABSTRACTO** Describe un conjunto de datos que tenga una desviación estándar de cero. ¿Una desviación estándar puede ser negativa? Explica tu razonamiento.

Soluciones dinámicas disponibles en *BigIdeasMath.com*

Prácticas matemáticas

Los estudiantes que dominan las matemática trazan diagramas y gráficas para mostrar relaciones entre los datos. También analizan los datos para sacar conclusiones.

Representar con matemáticas

Concepto Esencial

Diseño de información

Diseño de información es el diseño de datos e información de manera que se pueda comprender y utilizar. A lo largo de este libro, has visto varias formas de diseño de información. En el estudio moderno de la estadística, muchos tipos de diseños necesitan tecnología para analizar los datos y organizar el diseño gráfico.

EJEMPLO 1   Comparar pirámides de edades

Puedes usar una *pirámide de edades* para comparar las edades de hombres y mujeres en la población de un país. Compara la media, la mediana y la moda de cada pirámide de edad.

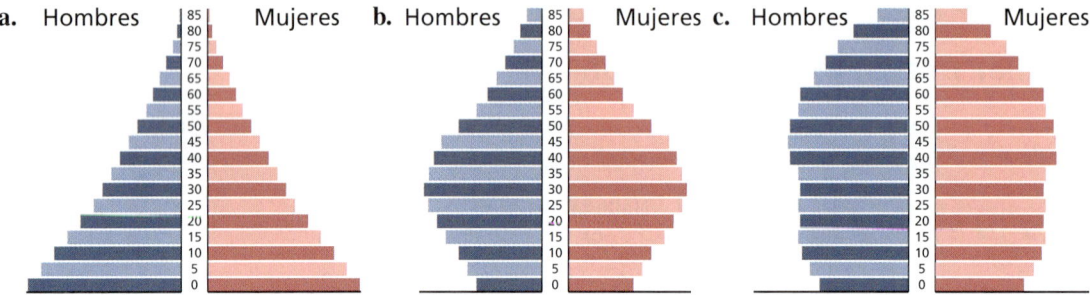

SOLUCIÓN

a. La frecuencia relativa de cada grupo etario sucesivo (de 0–4 a 85+) es menor que la del grupo etario precedente. La media es aproximadamente 25 años, la mediana es aproximadamente 20 años y la moda es el grupo etario más joven, 0–4 años.

b. La media, la mediana y la moda son todos de aproximadamente 32 años.

c. La media, la mediana y la moda son todos aproximadamente de mediana edad, aproximadamente 40 o 45 años.

Monitoreo del progreso

Usa el Internet o alguna otra referencia para determinar qué pirámide de edad es la de Canadá, Japón y México. Compara la media, la mediana y la moda de las tres pirámides de edad.

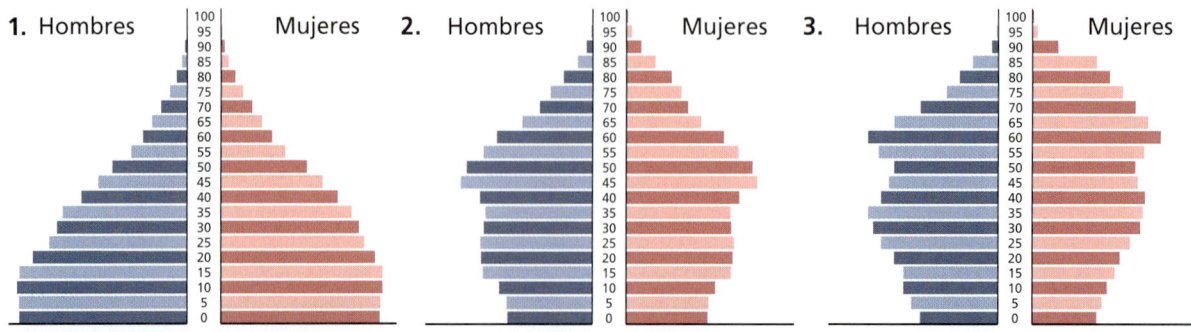

11.1 Usar distribuciones normales

Pregunta esencial En una distribución normal, ¿aproximadamente qué porcentaje de los datos está dentro de una, dos y tres desviaciones estándar de la media?

Recuerda que la desviación estándar σ de un conjunto de datos numéricos está dado por

$$\sigma = \sqrt{\frac{(x_1 - \mu)^2 + (x_2 - \mu)^2 + \cdots + (x_n - \mu)^2}{n}}$$

donde n es el número de valores en el conjunto de datos y μ es la media del conjunto de datos.

EXPLORACIÓN 1 Analizar una distribución normal

Trabaja con un compañero. En muchos conjuntos de datos que ocurren naturalmente, el histograma de los datos es acampanado. En estadística, se dice que los conjuntos de datos de esa naturaleza tienen una *distribución normal*. Para la distribución normal que se muestra a continuación, estima el porcentaje de los datos que están dentro de una, dos y tres desviaciones estándar de la media. Cada cuadrado de la cuadrícula representa 1%.

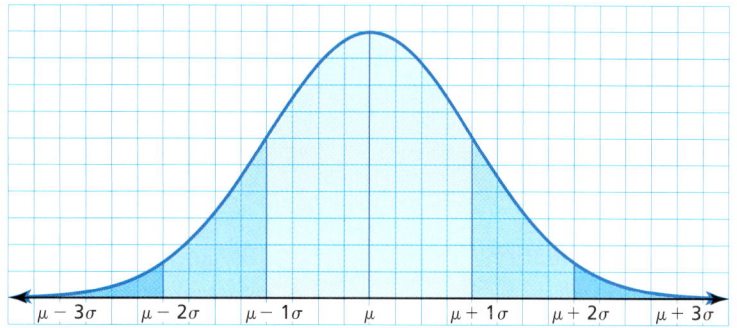

EXPLORACIÓN 2 Analizar un conjunto de datos

REPRESENTAR CON MATEMÁTICAS
Para dominar las matemáticas, necesitas analizar las relaciones matemáticamente para sacar conclusiones.

Trabaja con un compañero. Un conjunto de datos famoso se recolectó en Escocia a mediados de 1800. Contiene las tallas del pecho (en pulgadas) de 5738 hombres en la milicia escocesa. ¿Los datos se ajustan a una distribución normal? Explica.

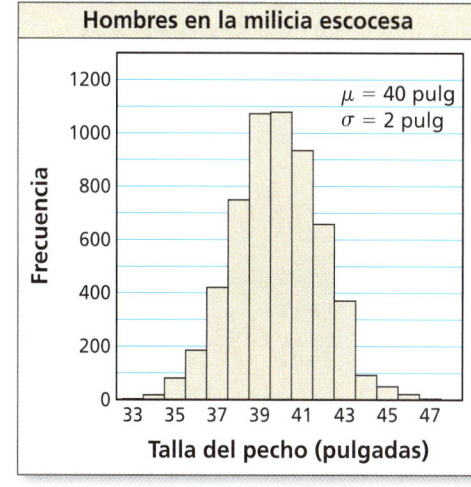

Talla del pecho	Número de hombres
33	3
34	18
35	81
36	185
37	420
38	749
39	1073
40	1079
41	934
42	658
43	370
44	92
45	50
46	21
47	4
48	1

Comunicar tu respuesta

3. En una distribución normal, ¿aproximadamente qué porcentaje de los datos está dentro de una, dos y tres desviaciones estándar de la media?

4. Usa el Internet o alguna otra referencia para hallar otro conjunto de datos que esté distribuido normalmente. Representa tus datos en un histograma.

11.1 Lección

Qué aprenderás

▶ Calcular las probabilidades usando distribuciones normales.
▶ Usar calificaciones z y la tabla normal estándar para hallar probabilidades.
▶ Reconocer conjuntos de datos que son normales.

Vocabulario Esencial

distribución normal, *pág. 596*
curva normal, *pág. 596*
distribución normal estándar, *pág. 597*
calificación z, *pág. 597*

Anterior
distribución de probabilidad
simétrica
media
desviación estándar
asimétrica
mediana

Distribuciones normales

Ya has estudiado la probabilidad de distribución. Un tipo de probabilidad de distribución es una distribución normal. La gráfica de una **distribución normal** es una curva acampanada llamada **curva normal**, que es simétrica alrededor de la media.

Concepto Esencial

Áreas bajo una curva normal

Una distribución normal con media μ (la letra griega *mu*) y desviación estándar σ (la letra griega *sigma*) tiene estas propiedades.

• El área total bajo la curva normal relacionada es 1.

• Aproximadamente el 68% del área está dentro de 1 desviación estándar de la media.

• Aproximadamente el 95% del área está dentro de 2 desviaciones estándares de la media.

• Aproximadamente el 99.7% del área está dentro de 3 desviaciones estándares de la media.

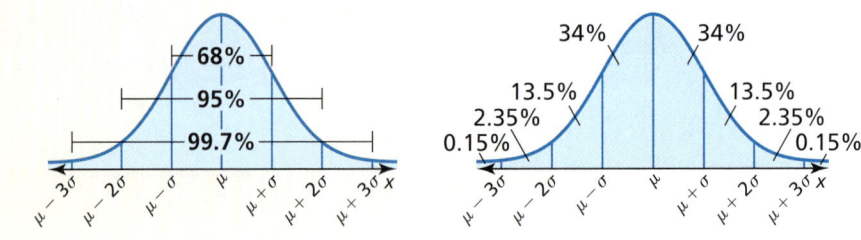

Del enunciado de la segunda viñeta de arriba y de la simetría de una curva normal, puedes deducir que el 34% del área está dentro de 1 desviación estándar a la izquierda de la media y el 34% del área está dentro de 1 desviación estándar a la derecha de la media. El segundo diagrama de arriba muestra otras áreas parciales basadas en las propiedades de la curva normal.

Las áreas bajo una curva normal se pueden interpretar como probabilidades en una distribución normal. Entonces, en una distribución normal, la probabilidad de que un valor x elegido aleatoriamente esté entre a y b está dada por el área bajo la curva normal entre a y b.

USAR UNA CALCULADORA GRÁFICA

Se puede usar una calculadora gráfica para hallar áreas bajo curvas normales. Por ejemplo, la distribución normal que se muestra a continuación tiene una media 0 y desviación estándar 1. La pantalla de la calculadora gráfica muestra que el área dentro de 1 desviación estándar de la media es de aproximadamente 0.68, o 68%.

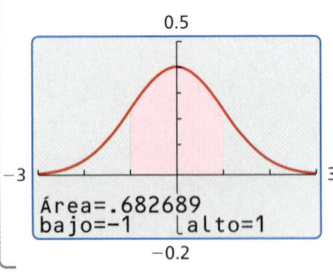

EJEMPLO 1 Hallar una probabilidad normal

Una distribución normal tiene media μ y desviación estándar σ. Un valor x se selecciona aleatoriamente de la distribución. Halla $P(\mu - 2\sigma \leq x \leq \mu)$.

SOLUCIÓN

La probabilidad de que un valor x seleccionado aleatoriamente entre $\mu - 2\sigma$ y μ es el área sombreada bajo la curva normal que se muestra.

$P(\mu - 2\sigma \leq x \leq \mu) = 0.135 + 0.34 = 0.475$

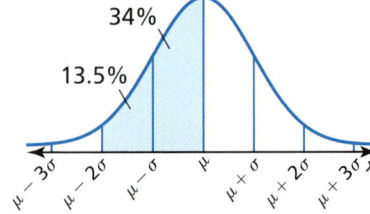

596 Capítulo 11 Análisis de datos y estadística

EJEMPLO 2 Interpretar datos normalmente distribuidos

Las calificaciones del examen de procedimientos y entrenamiento de un funcionario de paz de un estado están normalmente distribuidas con una media de 55 y una desviación estándar de 12. El rango de las calificaciones de la prueba es de 0 a 100.

a. ¿Aproximadamente qué porcentaje de personas que toman el examen tienen calificaciones entre 43 y 67?

b. Una agencia en el estado solo contratará postulantes con calificaciones de 67 o más. ¿Aproximadamente qué porcentaje de las personas tienen calificaciones en el examen que las hacen elegibles para ser contratadas por la agencia?

SOLUCIÓN

Verifica

a.

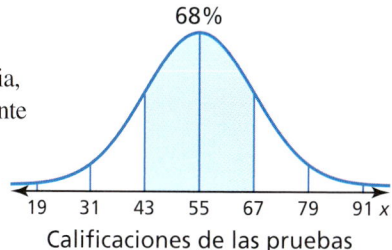

a. Las calificaciones 43 y 67 representan una desviación estándar a cualquier lado de la media, tal como se muestra. Entonces, aproximadamente el 68% de las personas que toman la prueba tienen calificaciones entre 43 y 67.

b.

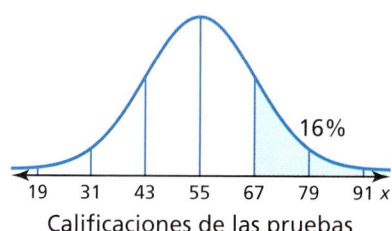

b. Una calificación de 67 es una desviación estándar a la derecha de la media, tal como se muestra. Entonces, el porcentaje de las personas que tienen calificaciones en el examen que las hacen elegibles para ser contratadas por la agencia es de aproximadamente 13.5% + 2.35% + 0.15%, o 16%.

Monitoreo del progreso Ayuda en inglés y español en *BigIdeasMath.com*

Una distribución normal tiene una mediana μ y desviación estándar σ. Halla la probabilidad indicada para un valor x seleccionado aleatoriamente de la distribución.

1. $P(x \leq \mu)$ **2.** $P(x \geq \mu)$

3. $P(\mu \leq x \leq \mu + 2\sigma)$ **4.** $P(\mu - \sigma \leq x \leq \mu)$

5. $P(x \leq \mu - 3\sigma)$ **6.** $P(x \geq \mu + \sigma)$

7. **¿QUÉ PASA SI?** En el Ejemplo 2, ¿aproximadamente qué porcentaje de las personas que toman el examen tienen calificaciones entre 43 y 79?

La distribución normal estándar

La **distribución normal estándar** es la distribución normal con media 0 y desviación estándar 1. La fórmula siguiente se puede usar para transformar valores x de una distribución normal con media μ y desviación estándar σ en valores z que tengan una distribución normal estándar.

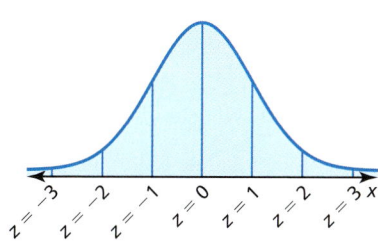

Fórmula $z = \dfrac{x - \mu}{\sigma}$ ⬅ Resta la media del valor x dado, luego divide entre la desviación estándar.

El valor z para un valor x particular se denomina la **calificación z** para el valor x y es el número de desviaciones estándares por encima o por debajo de la media μ en que está situado el valor x.

Sección 11.1 Usar distribuciones normales 597

LEER

En la tabla, el valor .0000+ significa "ligeramente mayor que 0" y el valor 1.0000− significa "ligeramente menor que 1".

Para un valor z elegido aleatoriamente de una distribución normal estándar, puedes usar la siguiente tabla para hallar la probabilidad de que z sea menor o igual que un valor dado. Por ejemplo, la tabla muestra que $P(z \leq -0.4) = 0.3446$. Puedes hallar el valor de $P(z \leq -0.4)$ en la tabla hallando el valor donde la fila −0 y la columna .4 intersecan.

Tabla normal estándar

z	.0	.1	.2	.3	.4	.5	.6	.7	.8	.9
−3	.0013	.0010	.0007	.0005	.0003	.0002	.0002	.0001	.0001	.0000+
−2	.0228	.0179	.0139	.0107	.0082	.0062	.0047	.0035	.0026	.0019
−1	.1587	.1357	.1151	.0968	.0808	.0668	.0548	.0446	.0359	.0287
−0	.5000	.4602	.4207	.3821	.3446	.3085	.2743	.2420	.2119	.1841
0	.5000	.5398	.5793	.6179	.6554	.6915	.7257	.7580	.7881	.8159
1	.8413	.8643	.8849	.9032	.9192	.9332	.9452	.9554	.9641	.9713
2	.9772	.9821	.9861	.9893	.9918	.9938	.9953	.9965	.9974	.9981
3	.9987	.9990	.9993	.9995	.9997	.9998	.9998	.9999	.9999	1.0000−

También puedes usar la tabla normal estándar para hallar probabilidades para cualquier distribución normal convirtiendo primero los valores de la distribución en calificaciones z.

EJEMPLO 3   Usar calificaciones z y la tabla normal estándar

Un estudio halla que los pesos de los infantes al nacer están normalmente distribuidos con una media de 3270 gramos y una desviación estándar de 600 gramos. Se elige un infante aleatoriamente. ¿Cuál es la probabilidad de que el infante pese 4170 gramos o menos?

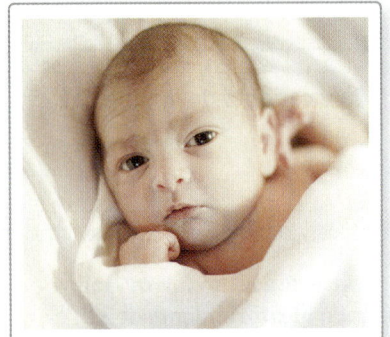

SOLUCIÓN

Paso 1   Halla la calificación z que corresponda a un valor x de 4170.

$$z = \frac{x - \mu}{\sigma} = \frac{4170 - 3270}{600} = 1.5$$

Paso 2   Usa la tabla para hallar $P(z \leq 1.5)$. La tabla muestra que $P(z \leq 1.5) = 0.9332$.

Tabla normal estándar

z	.0	.1	.2	.3	.4	.5	.6	.7	.8	.9
−3	.0013	.0010	.0007	.0005	.0003	.0002	.0002	.0001	.0001	.0000+
−2	.0228	.0179	.0139	.0107	.0082	.0062	.0047	.0035	.0026	.0019
−1	.1587	.1357	.1151	.0968	.0808	.0668	.0548	.0446	.0359	.0287
−0	.5000	.4602	.4207	.3821	.3446	.3085	.2743	.2420	.2119	.1841
0	.5000	.5398	.5793	.6179	.6554	.6915	.7257	.7580	.7881	.8159
1	.8413	.8643	.8849	.9032	.9192	.9332	.9452	.9554	.9641	.9713

CONSEJO DE ESTUDIO

Cuando n% de los datos son menores o iguales a un valor dado, el valor se llama el valor del percentil n. En el Ejemplo 3, un peso de 4170 gramos es el percentil 93avo.

▶ Entonces, la probabilidad de que el infante pese 4170 gramos o menos es de aproximadamente 0.9332.

Monitoreo del progreso Ayuda en inglés y español en *BigIdeasMath.com*

8. **¿QUÉ PASA SI?** En el Ejemplo 3, ¿cuál es la probabilidad de que el infante pese 3990 gramos o más?

9. Explica por qué tiene sentido que $P(z \leq 0) = 0.5$.

Reconocer distribuciones normales

No todas las distribuciones son normales. Por ejemplo, considera los siguientes histogramas. El primer histograma tiene una distribución normal. Observa que es acampanado y simétrico. Recuerda que una distribución es simétrica si puedes dibujar una línea vertical que divida el histograma en dos partes que sean imágenes especulares. Algunas distribuciones son asimétricas. El segundo histograma es *asimétrico a la izquierda* y el tercer histograma es *asimétrico a la derecha*. El segundo y el tercer histograma *no* tienen distribuciones normales.

> **COMPRENDER LOS TÉRMINOS MATEMÁTICOS**
>
> Asegúrate de comprender que no puedes usar una distribución normal para interpretar distribuciones asimétricas. Las áreas bajo una curva normal no corresponden con las áreas de una distribución asimétrica.

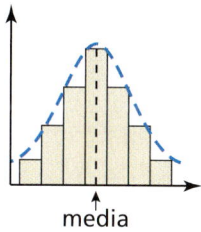
media

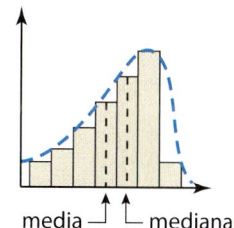
media — mediana

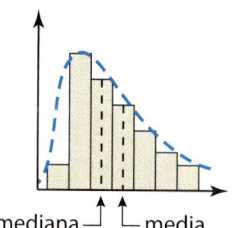
mediana — media

Acampanado y simétrico
- el histograma no tiene una distribución normal
- media = mediana

Asimétrico a la izquierda
- el histograma no tiene una distribución normal
- media < mediana

Asimétrico a la derecha
- el histograma tiene una distribución normal
- media > mediana

EJEMPLO 4   **Reconocer distribuciones normales**

Determina si cada histograma tiene una distribución normal.

a.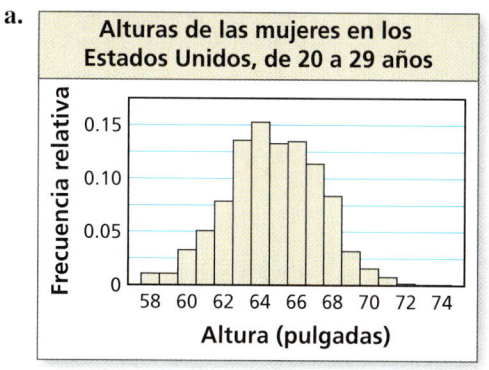

b.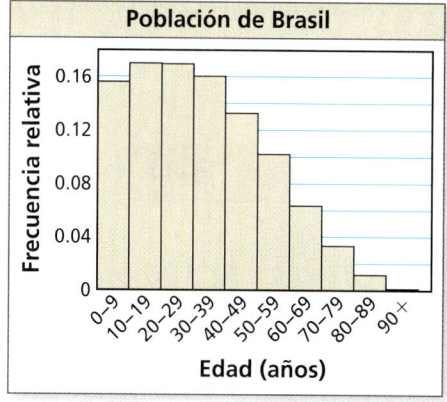

SOLUCIÓN

a. El histograma es acampanado y bastante simétrico. Entonces, el histograma tiene una distribución normal aproximada.

b. El histograma es asimétrico a la derecha. Entonces, el histograma no tiene una distribución normal y no puedes usar la distribución normal para interpretar el histograma.

Monitoreo del progreso Ayuda en inglés y español en *BigIdeasMath.com*

10. Determina si el histograma tiene una distribución normal.

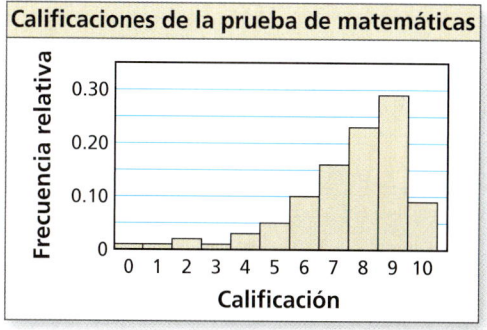

Sección 11.1   Usar distribuciones normales   **599**

11.1 Ejercicios

Soluciones dinámicas disponibles en *BigIdeasMath.com*

Verificación de vocabulario y concepto esencial

1. **ESCRIBIR** Describe cómo usar la tabla normal estándar para hallar $P(z \leq 1.4)$.

2. **¿CUÁL NO CORRESPONDE?** ¿Cuál de los siguientes histogramas *no* pertenece al grupo de los otros tres? Explica tu razonamiento.

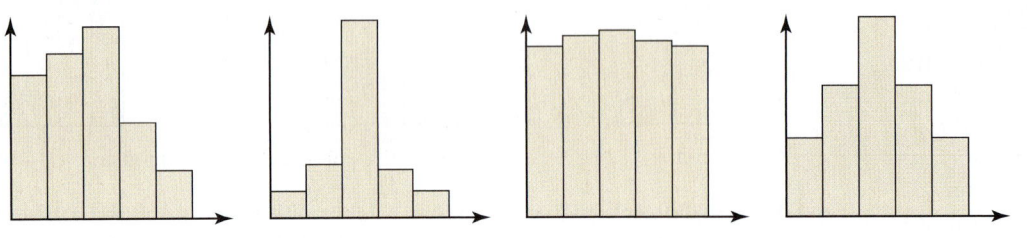

Monitoreo del progreso y Representar con matemáticas

PRESTAR ATENCIÓN A LA PRECISIÓN En los Ejercicios 3–6, da el porcentaje del área bajo la curva normal representada mediante la(s) región(es) sombreada(s).

3.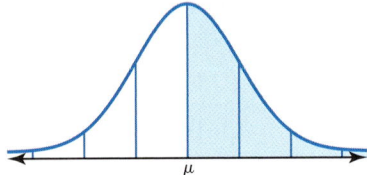

4.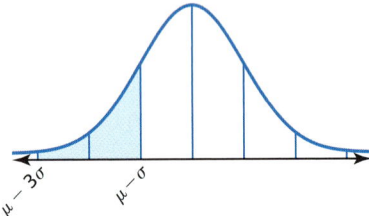

5.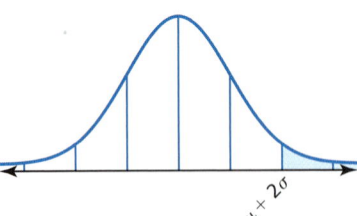

6.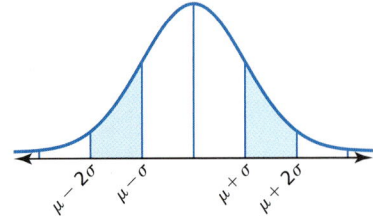

En los Ejercicios 7–12, una distribución normal tiene media μ y desviación estándar σ. Halla la probabilidad indicada para un valor x seleccionado aleatoriamente de la distribución. *(Consulta el Ejemplo 1)*.

7. $P(x \leq \mu - \sigma)$
8. $P(x \geq \mu - \sigma)$
9. $P(x \geq \mu + 2\sigma)$
10. $P(x \leq \mu + \sigma)$
11. $P(\mu - \sigma \leq x \leq \mu + \sigma)$
12. $P(\mu - 3\sigma \leq x \leq \mu)$

En los Ejercicios 13–18, una distribución normal tiene una media de 33 y una desviación estándar de 4. Halla la probabilidad de que un valor x seleccionado aleatoriamente de la distribución esté en el intervalo dado.

13. entre 29 y 37
14. entre 33 y 45
15. por lo menos 25
16. por lo menos 29
17. máximo 37
18. máximo 21

19. **RESOLVER PROBLEMAS** Las longitudes de las alas de las moscas domésticas están normalmente distribuidas con una media de 4.6 milímetros y una desviación estándar de 0.4 milímetros. *(Consulta el Ejemplo 2)*.

longitud de ala

a. ¿Aproximadamente qué porcentaje de moscas domésticas tienen longitudes de ala entre 3.8 milímetros y 5.0 milímetros?

b. ¿Aproximadamente qué porcentaje de moscas domésticas tienen longitudes de ala de más de 5.8 milímetros?

20. **RESOLVER PROBLEMAS** Los tiempos que un departamento de bomberos tarda en llegar al lugar de una emergencia están normalmente distribuidos con una media de 6 minutos y una desviación estándar de 1 minuto.

   a. ¿En aproximadamente qué porcentaje de emergencias el departamento de bomberos llega al lugar en 8 minutos o menos?

   b. La meta del departamento de bomberos es llegar al lugar de la emergencia en 5 minutos o menos. ¿Aproximadamente en qué porcentaje de las veces el departamento de bomberos logra su meta?

ANÁLISIS DE ERRORES En los Ejercicios 21 y 22, una distribución normal tiene una media de 25 y una desviación estándar de 2. Describe y corrige el error cometido al hallar la probabilidad de que un valor *x* seleccionado aleatoriamente esté en el intervalo dado.

21. entre 23 y 27

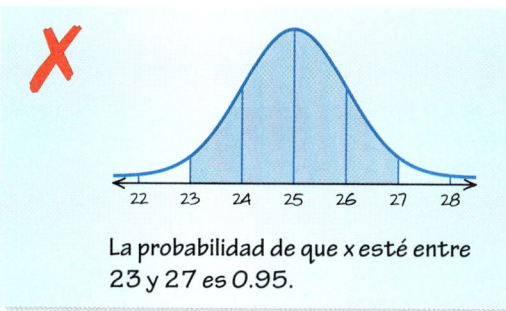

22. por lo menos 21

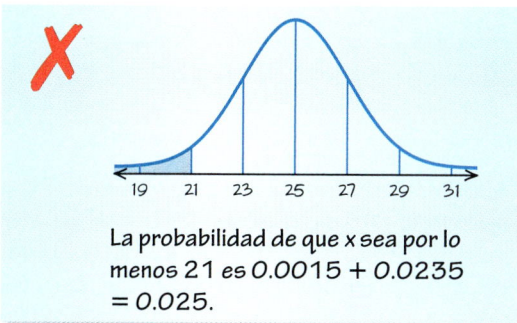

23. **RESOLVER PROBLEMAS** Una hora abarrotada para visitar un banco es durante las horas pico del viernes por la noche. Para estas horas, los tiempos de espera en las ventanillas para atención desde el carro están normalmente distribuidas con una media de 8 minutos y una desviación estándar de 2 minutos. No tienes más de 11 minutos para hacer tus operaciones bancarias y llegar a tu reunión a tiempo. ¿Cuál es la probabilidad de que llegues tarde a la reunión? *(Consulta el Ejemplo 3).*

24. **RESOLVER PROBLEMAS** Unos científicos llevaron a cabo reconocimientos aéreos de un santuario de focas y registraron el número *x* de focas que observaron en cada reconocimiento. Los números de focas observadas estuvieron normalmente distribuidos con una media de 73 focas y una deviación estándar de 14.1 focas. Halla la probabilidad de que se haya observado máximo 50 focas durante un reconocimiento elegido aleatoriamente.

En los Ejercicios 25 y 26, determina si el histograma tiene una distribución normal. *(Consulta el Ejemplo 4).*

25.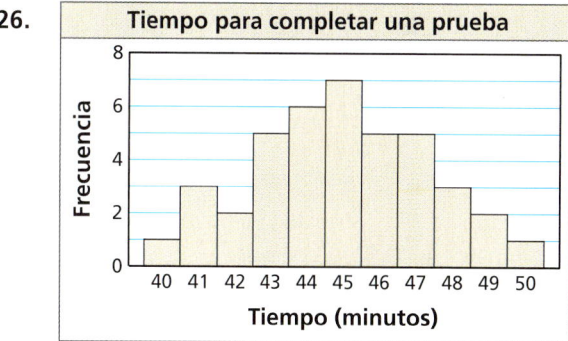

26.

27. **ANALIZAR RELACIONES** La tabla muestra los números de boletos vendidos para diversos juegos de béisbol en una liga durante toda una temporada. Representa los datos en un histograma. ¿Los datos se ajustan a una distribución normal? Explica.

Boletos vendidos	Frecuencia
150–189	1
190–229	2
230–269	4
270–309	8
310–349	8
350–389	7

Sección 11.1   Usar distribuciones normales   **601**

28. **RESOLVER PROBLEMAS** La planta guayule, que crece en el suroeste de los Estados Unidos y en México, es una de varias plantas que se puede usar como fuente de hule. En un grupo grande de plantas de guayule, las alturas de las plantas están normalmente distribuidas con una media de 12 pulgadas y una desviación estándar de 2 pulgadas.

   a. ¿Qué porcentaje de plantas tienen una altura mayor que 16 pulgadas?

   b. ¿Qué porcentaje de las plantas tiene por lo menos 13 pulgadas?

   c. ¿Qué porcentaje de las plantas están entre 7 y 14 pulgadas?

   d. ¿Qué porcentaje de las plantas son por lo menos 3 pulgadas más altas o por lo menos 3 pulgadas más cortas que la altura media?

29. **RAZONAR** Una máquina llena las cajas de cereal. Las pruebas demuestran que la cantidad de cereal en cada caja varía. Los pesos están normalmente distribuidos con una media de 20 onzas y una desviación estándar de 0.25 onzas. Se eligen aleatoriamente 4 cajas de cereal.

   a. ¿Cuál es la probabilidad de que las cuatro cajas contengan no más de 19.4 onzas de cereal?

   b. ¿Piensas que la máquina está funcionando apropiadamente? Explica.

30. **ESTIMAR EL PENSAMIENTO** Dibuja la gráfica de la función de distribución normal estándar, dada mediante

$$f(x) = \frac{1}{\sqrt{2\pi}} e^{-x^2/2}.$$

Estima el área de la región limitada por el eje x, la gráfica de f, y las líneas verticales $x = -3$ y $x = 3$.

31. **RAZONAR** Para los datos normalmente distribuidos, describe el valor que representa el percentil 84 en términos de la media y la desviación estándar.

32. **¿CÓMO LO VES?** En la figura, la región sombreada representa el 47.5% del área bajo una curva normal. ¿Cuál es la media y la desviación estándar de la distribución normal?

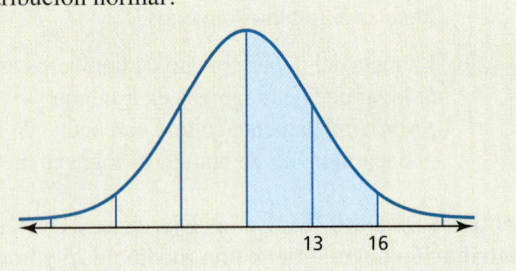

33. **SACAR CONCLUSIONES** Tomas el SAT (examen de aptitud escolar) y el ACT (examen de admisión para universidades en Estados Unidos). Tu calificación es de 650 en la sección de matemáticas del SAT y 29 en la sección de matemáticas del ACT. Las calificaciones del SAT y del ACT están cada una de ellas normalmente distribuidas. Para el SAT, la media es 514 y la desviación estándar es 118. Para el ACT, la media es 21.0 y la desviación estándar es 5.3.

   a. ¿En qué percentil está tu calificación de matemáticas del SAT?

   b. ¿En qué percentil está tu calificación de matemáticas del ACT?

   c. ¿En qué examen te desempeñaste mejor? Explica tu razonamiento.

34. **ESCRIBIR** Explica cómo puedes convertir las calificaciones del ACT en calificaciones correspondientes del SAT si sabes la mediana y la desviación estándar de cada distribución.

35. **ARGUMENTAR** Un conjunto de datos tiene una mediana de 80 y una media de 90. Tu amigo dice que la distribución de los datos es asimétrica a la izquierda. ¿Es correcto lo que dice tu amigo? Explica tu razonamiento.

36. **PENSAMIENTO CRÍTICO** Las calificaciones promedio en un examen de estadística están normalmente distribuidas con una media de 75 y una desviación estándar de 10. Seleccionas aleatoriamente una calificación del examen x. Halla $P(|x - \mu| \geq 15)$.

Mantener el dominio de las matemáticas *Repasar lo que aprendiste en grados y lecciones anteriores*

Haz una gráfica de la función. Identifica las intersecciones con el eje x y los puntos donde ocurren los máximos locales y los mínimos locales. Determina los intervalos en los que la función es ascendente o descendente. *(Sección 4.8)*

37. $f(x) = x^3 - 4x^2 + 5$

38. $g(x) = \frac{1}{4}x^4 - 2x^2 - x - 3$

39. $h(x) = -0.5x^2 + 3x + 7$

40. $f(x) = -x^4 + 6x^2 - 13$

11.2 Poblaciones, muestras e hipótesis

Pregunta esencial ¿Cómo puedes probar la probabilidad teórica usando datos de muestra?

EXPLORACIÓN 1   Usar datos de muestra

Trabaja con un compañero.

a. Si se lanzan dos dados de seis lados, ¿cuál es la probabilidad de que salga el mismo número en ambos dados?

b. Haz un experimento para verificar tu respuesta en la parte (a). ¿Qué tamaño de muestra usaste? Explica tu razonamiento.

c. Usa el simulador de lanzamiento de dados de *BigIdeasMath.com* para completar la tabla y comprobar tu respuesta a la parte (a). ¿Qué pasa cuando aumentas el tamaño de muestra?

USAR HERRAMIENTAS ESTRATÉGICAMENTE

Para dominar las matemáticas, necesitas usar la tecnología para visualizar los resultados de diversas suposiciones, explorar las consecuencias y comparar las predicciones con datos.

Número de lanzamientos	Número de veces que sale el mismo número	Probabilidad experimental
100		
500		
1000		
5000		
10,000		

EXPLORACIÓN 2   Usar datos de muestra

Trabaja con un compañero.

a. Si se lanzan tres dados de seis lados, ¿cuál es la probabilidad teórica de que salga el mismo número en los tres dados?

b. Compara la probabilidad teórica que hallaste en la parte (a) con la probabilidad teórica que hallaste en la Exploración 1(a).

c. Haz un experimento para verificar tu respuesta en la parte (a). ¿Cómo afecta añadir un dado al tamaño de muestra que usas? Explica tu razonamiento.

d. Usa el simulador de lanzamiento de dados de *BigIdeasMath.com* para verificar tu respuesta en la parte (a). ¿Qué pasa cuando aumentas el tamaño de muestra?

Comunicar tu respuesta

3. ¿Cómo puedes probar la probabilidad teórica usando datos de muestra?

4. Haz un experimento para determinar la probabilidad de que salga la suma de 7 si se lanzan dos dados de seis lados. Luego halla la probabilidad teórica y compara tus respuestas.

11.2 Lección

Qué aprenderás

▶ Distinguir entre poblaciones y muestras.
▶ Analizar hipótesis.

Vocabulario Esencial
población, *pág. 604*
muestra, *pág. 604*
parámetro, *pág. 605*
estadística, *pág. 605*
hipótesis, *pág. 605*

Anterior
diagrama de Venn
proporción

Poblaciones y muestras

Una **población** es la colección de todos los datos, tales como respuestas, medidas o conteos, sobre los que quieres información. Una **muestra** es un subconjunto de una población.

Un *censo* consiste en datos de una población completa. Pero, a no ser que una población sea pequeña, normalmente no es práctico obtener todos los datos de la población. En la mayoría de estudios, se debe obtener información a partir de una *muestra aleatoria*. (Aprenderás más acerca del muestreo aleatorio y la recolección de datos en la siguiente sección).

Es importante que una muestra sea representativa de una población, de manera que los datos de la muestra se puedan usar para sacar conclusiones acerca de la población. Si la muestra no es representativa, las conclusiones podrían no ser válidas. Sacar conclusiones sobre poblaciones constituye un uso importante de la *estadística*. Recuerda que la estadística es la ciencia de recolectar, organizar e interpretar datos.

EJEMPLO 1 Distinguir entre poblaciones y muestras

Identifica la población y la muestra. Describe la muestra.

a. En los Estados Unidos, en una encuesta de 2184 adultos de 18 años y más se halló que 1328 de ellos tienen por lo menos una mascota.

b. Para estimar el millaje de gasolina de los carros nuevos vendidos en los Estados Unidos, un grupo de defensa al consumidor prueba 845 carros nuevos y halla que tienen un promedio de 25.1 millas por galón.

SOLUCIÓN

a. La población consiste en las respuestas de todos los adultos de 18 años a más en los Estados Unidos y la muestra consiste en las respuestas de los 2184 adultos de la encuesta. Observa en el diagrama que la muestra es un subconjunto de las respuestas de todos los adultos en los Estados Unidos. La muestra consiste de 1328 adultos que dijeron que tenían por lo menos una mascota y 856 adultos que dijeron que no tenían mascotas.

Población: respuestas de todos los adultos de 18 años a más en los Estados Unidos

Muestra: 2184 respuestas de adultos en la encuesta

b. La población consiste en el millaje de gasolina de todos los carros nuevos vendidos en los Estados Unidos, y la muestra consiste en los millajes de gasolina de los 845 carros nuevos probados por el grupo. Observa en el diagrama que la muestra es un subconjunto de los millajes de gasolina de todos los carros nuevos en los Estados Unidos. La muestra consiste en 845 carros nuevos con un promedio de 25.1 millas por galón.

Población: millajes de gasolina de todos los carros nuevos vendidos en los Estados Unidos

Muestra: millajes de gasolina de 845 carros nuevos en prueba

604 Capítulo 11 Análisis de datos y estadística

Una descripción numérica de una característica de una población se denomina **parámetro**. Una descripción numérica de una característica de la muestra se denomina **estadística**. Dado que algunas poblaciones son demasiado grandes como para medirlas, una estadística, tal como la media de la muestra, se usa para estimar el parámetro, tal como la media de la población. Es importante que seas capaz de distinguir entre un parámetro y una estadística.

EJEMPLO 2 Distinguir entre parámetros y estadísticas

a. Para los estudiantes que tomaron el SAT en un año reciente, la calificación media de matemáticas fue 514. ¿La calificación media es un parámetro o una estadística? Explica tu razonamiento.

b. Una encuesta de 1060 mujeres de 20 a 29 años en los Estados Unidos, halló que la desviación estándar de sus estaturas es de aproximadamente 2.6 pulgadas. ¿La desviación estándar de las estaturas es un parámetro o una estadística? Explica tu razonamiento.

SOLUCIÓN

a. Dado que la calificación media de 514 se basa en todos los estudiantes que tomaron el SAT en un año reciente, es un parámetro.

b. Dado que hay más de 1060 mujeres de 20 a 29 años de edad en los Estados Unidos, la encuesta está basada en un subconjunto de la población (todas las mujeres de 20 a 29 años en los Estados Unidos). Entonces, la desviación estándar de las estaturas es una estadística. Observa que si la muestra es representativa de la población, entonces puedes estimar que la desviación estándar de las estaturas de todas las mujeres de 20 a 29 años en los Estados Unidos es de aproximadamente 2.6 pulgadas.

Monitoreo del progreso   Ayuda en inglés y español en *BigIdeasMath.com*

En las Preguntas 1 y 2 del Monitoreo del Progreso, identifica la población y la muestra.

1. Para estimar los precios de venta minorista de tres tipos de gasolina que se venden en los Estados Unidos, la Asociación de Información sobre Energía llama a 800 centros de venta minorista de gasolina, registrar los precios y luego determinar el precio promedio de cada tipo de gasolina.

2. Una encuesta de 4464 compradores en los Estados Unidos halló que gastaron un promedio de $407.02 del jueves al sábado durante los recientes días feriados de Acción de Gracias.

3. Una encuesta halló que el salario mediano de 1068 estadísticos es de aproximadamente $72,800. ¿El salario mediano es un parámetro o una estadística? Explica tu razonamiento.

4. La edad media de los representantes del Congreso de los Estados Unidos al inicio del 113 Congreso fue de aproximadamente 57 años. ¿La edad media es un parámetro o una estadística? Explica tu razonamiento.

COMPRENDER LOS TÉRMINOS MATEMÁTICOS

Una proporción de población es la razón entre los miembros de una población y una característica particular del total de los miembros de la población. Una proporción de muestra es la razón entre los miembros de una muestra de la población y una característica particular del total de miembros de la muestra.

Analizar hipótesis

En estadística, una **hipótesis** es una afirmación sobre una característica de una población. Estos son algunos ejemplos.

1. Una compañía farmacéutica afirma que los pacientes que usan su medicamento para perder peso pierden un promedio de 24 libras en los primeros 3 meses.

2. Un investigador médico afirma que la proporción de adultos que viven con una o más condiciones crónicas en los Estados Unidos, tales como presión arterial alta, es 0.45 o 45%.

Para analizar una hipótesis, necesitas distinguir entre los resultados que pueden fácilmente ocurrir por casualidad y los resultados que son muy poco probables que ocurran por casualidad. Una manera de analizar una hipótesis es llevar a cabo una *simulación*. Si es muy improbable que los resultados ocurran, la hipótesis es probablemente falsa.

Sección 11.2   Poblaciones, muestras e hipótesis   **605**

EJEMPLO 3 Analizar una hipótesis

INTERPRETAR LOS RESULTADOS MATEMÁTICOS

Los resultados de otras simulaciones pueden tener histogramas diferentes al que se muestra, pero la forma debería ser similar. Observa que el histograma es bastante acampanado y simétrico, lo que significa que la distribución es aproximadamente normal. Al aumentar el número de muestras o el tamaño de las muestras (o ambos), deberías obtener un histograma que se parezca más a una distribución normal.

Lanzas un dado de seis lados 5 veces y no obtienes un número par. La probabilidad de que esto pase es $\left(\frac{1}{2}\right)^5 = 0.03125$, entonces sospechas que este dado favorece los números impares. El fabricante del dado afirma que el dado no favorece los números impares o incluso números. ¿Qué conclusión deberías sacar si lanzas el dado en cuestión 50 veces y obtienes (a) 26 números impares y (b) 35 números impares?

SOLUCIÓN

La afirmación del fabricante, o hipótesis, es "el dado no favorece los números impares o incluso números". Esto es lo mismo que decir que la proporción de números impares que sale, a largo plazo, es 0.50. Entonces, considera que la probabilidad de que salga un número impar es 0.50. Simula el lanzamiento del dado sacando repetidamente 200 muestras aleatorias de tamaño 50 de una población de 50% unos y 50% ceros. Imagina que la población de unos representa el evento de lanzar un número impar y hacer un histograma de la distribución de las proporciones de muestra.

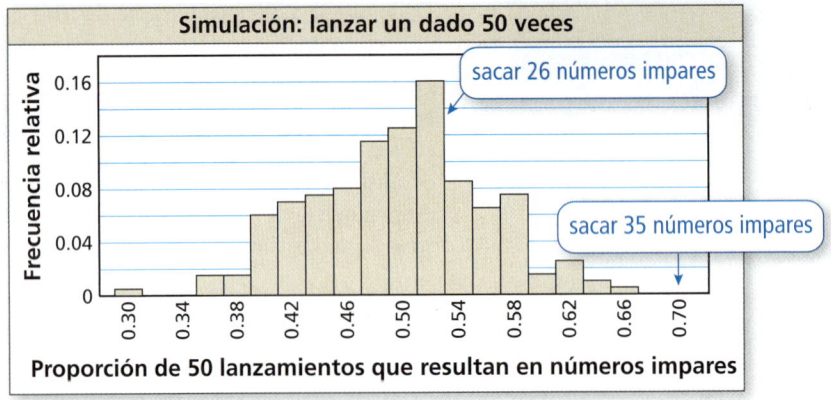

a. Obtener 26 números impares en 50 lanzamientos corresponde a una proporción de $\frac{26}{50} = 0.52$. En la simulación, este resultado tuvo una frecuencia relativa de 0.16. De hecho, la mayoría de los resultados son cercanos a 0.50. Dado que este resultado puede ocurrir fácilmente por casualidad, puedes sacar la conclusión de que la afirmación del fabricante muy probablemente es verdadera.

b. Obtener 35 números impares en 50 lanzamientos corresponde a una proporción de $\frac{35}{50} = 0.70$. En la simulación, este resultado no ocurrió. Dado que es altamente improbable obtener 35 números impares por casualidad, puedes sacar la conclusión de que la afirmación del fabricante muy probablemente es falsa.

JUSTIFICAR CONCLUSIONES

En el ejemplo 3(b), la probabilidad teórica de obtener 35 números impares en 50 lanzamientos es aproximadamente 0.002. Entonces, aunque es improbable, es posible que hayas sacado incorrectamente la conclusión de que la afirmación del fabricante del dado es falsa.

Monitoreo del progreso Ayuda en inglés y español en *BigIdeasMath.com*

5. **¿QUÉ PASA SI?** En el ejemplo 3, ¿cuál debería ser tu conclusión si lanzas el dado en cuestión 50 veces y obtienes (a) 24 números impares y (b) 31 números impares?

En el Ejemplo 3(b) sacaste la conclusión de que la afirmación del fabricante probablemente es falsa. En general, esas conclusiones pueden ser correctas o no. La tabla resume las decisiones incorrectas y las decisiones correctas que se pueden tomar con respecto a una hipótesis.

		Verdad de la hipótesis	
		La hipótesis es verdad.	La hipótesis es falsa.
Decisión	Decides que la hipótesis es verdadera.	decisión correcta	decisión incorrecta
	Decides que la hipótesis es falsa.	decisión incorrecta	decisión correcta

11.2 Ejercicios

Soluciones dinámicas disponibles en *BigIdeasMath.com*

Verificación de vocabulario y concepto esencial

1. **COMPLETAR LA ORACIÓN** Una porción de una población que se puede estudiar para hacer predicciones sobre la población completa es un(a) _____.

2. **ESCRIBIR** Describe la diferencia entre un parámetro y una estadística. Da un ejemplo de cada uno.

3. **VOCABULARIO** ¿Qué es una hipótesis en estadística?

4. **ESCRIBIR** Describe dos maneras en las que puedes tomar una decisión incorrecta al analizar una hipótesis.

Monitoreo del progreso y Representar con matemáticas

En los Ejercicios 5–8, determina si los datos se han recolectado de una población o de una muestra. Explica tu razonamiento.

5. el número de estudiantes de la escuela preparatoria en los Estados Unidos

6. el color de cada tercer carro que pasa por tu casa

7. una encuesta de 100 espectadores en un evento deportivo de 1800 espectadores

8. la edad de cada dentista en los Estados Unidos

En los Ejercicios 9–12, identifica la población y la muestra. Describe la muestra. *(Consulta el Ejemplo 1).*

9. En los Estados Unidos, una encuesta de 1152 adultos de 18 años y más halló que 403 de ellos fingen usar sus celulares para evitar hablar con alguien.

10. En los Estados Unidos, una encuesta de 1777 adultos de 18 años y más halló que 1279 de ellos hacen algún tipo de limpieza de primavera cada año.

11. En un distrito escolar, una encuesta de 1300 estudiantes de la escuela preparatoria halló que a 1001 de ellos les gustan las nuevas opciones de comida saludable de la cafetería.

12. En los Estados Unidos, una encuesta de 2000 hogares con por lo menos un hijo halló que 1280 de ellos cenan juntos cada noche.

En los Ejercicios 13–16, determina si el valor numérico es un parámetro o una estadística. Explica tu razonamiento. *(Consulta el Ejemplo 2).*

13. El salario promedio anual de algunos fisioterapeutas en un estado es $76,210.

14. En un año reciente, el 53% de los senadores del Senado de los Estados Unidos eran Demócratas.

15. El setenta y tres por ciento de todos los estudiantes en una escuela preferirían tener bailes escolares el sábado.

16. Una encuesta de adultos de Estados Unidos halló que el 10% cree que un producto de limpieza que usan no es seguro para el medio ambiente.

17. **ANÁLISIS DE ERRORES** Una encuesta de 1270 estudiantes de la escuela preparatoria halló que 965 estudiantes sentían más estrés debido a su carga de trabajo. Describe y corrige el error cometido al identificar la población y la muestra.

 La población consiste de todos los estudiantes de la escuela preparatoria. La muestra consiste de los 965 estudiantes que sintieron más estrés.

18. **ANÁLISIS DE ERRORES** De todos los jugadores del equipo de una liga nacional de futbol americano, la edad media es 26 años. Describe y corrige el error cometido al determinar si la edad media representa un parámetro o estadística.

 Dado que la edad media de 26 está basada solo en un equipo de futbol americano, se trata de una estadística.

Sección 11.2 Poblaciones, muestras e hipótesis 607

19. **REPRESENTAR CON MATEMÁTICAS** Lanzas una moneda 4 veces y no sale cruz. Sospechas que esta moneda favorece las caras. El fabricante de la moneda afirma que la moneda no favorece las caras o cruz. Simulas lanzar la moneda 50 veces sacando repetidamente 200 muestras aleatorias de tamaño 50. El histograma muestra los resultados. ¿Qué conclusión deberías sacar si lanzas la moneda en cuestión 50 veces y obtienes (a) 27 caras y (b) 33 caras? *(Consulta el Ejemplo 3).*

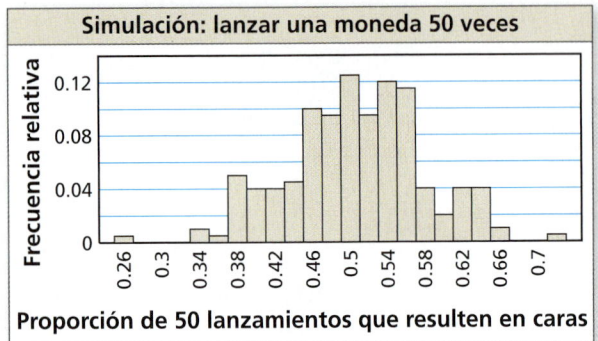

20. **REPRESENTAR CON MATEMÁTICAS** Usa el histograma en el Ejercicio 19 para determinar qué conclusión deberías sacar cuando lanzas la moneda en cuestión 50 veces y obtienes (a) 17 caras y (b) 23 caras.

21. **ARGUMENTAR** Una muestra aleatoria de cinco personas en un cine de una población de 200 personas le dio a la película una calificación de 4 de 4 estrellas. Tu amigo llega a la conclusión de que todos en el cine le darían a la película una calificación de 4 estrellas. ¿Es correcto lo que dice tu amigo? Explica tu razonamiento.

22. **¿CÓMO LO VES?** Usa el diagrama de Venn para identificar la población y la muestra. Explica tu razonamiento.

> Carreras de los estudiantes en la universidad
>> Carreras de los estudiantes en la universidad que cursan química

23. **FINAL ABIERTO** Halla un artículo de periódico o de revista que describa una encuesta. Identifica la población y la muestra. Describe la muestra.

24. **ESTIMULAR EL PENSAMIENTO** Eliges una muestra aleatoria de 200 de una población de 2000. Se pregunta a cada persona en la muestra cuántas horas de sueño tiene cada noche. La media de tu muestra es 8 horas. ¿Es posible que la media de toda la población sea de solo 7.5 horas de sueño cada noche? Explica.

25. **SACAR CONCLUSIONES** Haces 2 simulaciones seleccionando repetidamente una canica de una bolsa que contiene tres canicas rojas y tres canicas azules, con reemplazo. La primera simulación usa 20 muestras aleatorias de tamaño 10 y la segunda usa 400 muestras aleatorias de tamaño 10. Los histogramas muestran los resultados. ¿Qué simulación deberías usar para analizar con precisión una hipótesis? Explica.

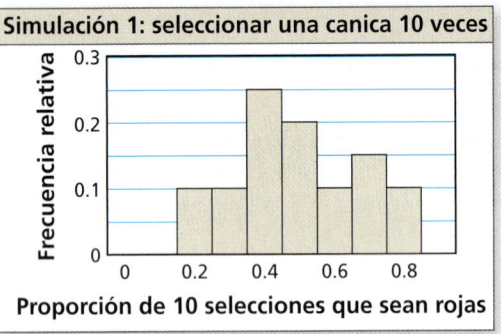

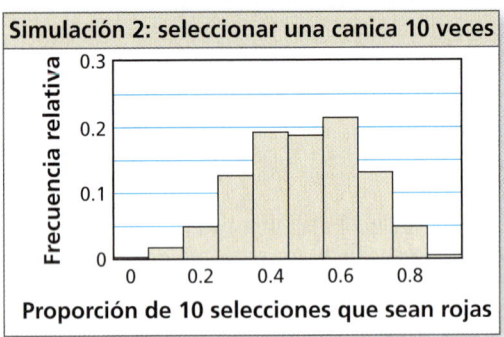

26. **RESOLVER PROBLEMAS** Lanzas un dado de ocho lados cinco veces y sale 4 cada vez. Sospechas que el dado favorece el número 4. El fabricante del dado afirma que el dado no favorece el cualquier número.

   a. Haz una simulación que incluya 50 pruebas de lanzar el dado en cuestión y obtener un cuatro para probar la afirmación del fabricante. Representa los resultados en un histograma.

   b. ¿Qué conclusión deberías sacar si lanzas el dado en cuestión 50 veces y obtienes 20 cuatros? ¿Y 7 cuatros?

Mantener el dominio de las matemáticas
Repasar lo que aprendiste en grados y lecciones anteriores

Resuelve la ecuación completando el cuadrado. *(Sección 3.3)*

27. $x^2 - 10x - 4 = 0$ 28. $3t^2 + 6t = 18$ 29. $s^2 + 10s + 8 = 0$

Resuelve la ecuación usando la fórmula cuadrática. *(Sección 3.4)*

30. $n^2 + 2n + 2 = 0$ 31. $4z^2 + 28z = 15$ 32. $5w - w^2 = -11$

11.3 Recolectar datos

Pregunta esencial ¿Cuáles son algunas consideraciones que hay que tener al llevar a cabo un estudio estadístico?

La meta de todo estudio estadístico es recolectar datos y luego usar los datos para tomar una decisión. Toda decisión que tomes usando los resultados de un estudio estadístico es confiable en la medida que el proceso usado para obtener los datos haya sido confiable. Si el proceso tuvo errores, entonces la decisión resultante es cuestionable.

EXPLORACIÓN 1   Analizar técnicas de muestreo

Trabaja con un compañero. Determina si cada muestra es representativa de la población. Explica tu razonamiento.

JUSTIFICAR CONCLUSIONES
Para dominar las matemáticas, necesitas justificar tus conclusiones y comunicarlas a otras personas.

a. Para determinar el número de horas que las personas hacen ejercicio durante la semana, los investigadores usan el marcado de números aleatoriamente y llaman por teléfono a 1500 personas.

b. Para determinar cuántos mensajes de texto envían los estudiantes de la escuela preparatoria en una semana, los investigadores publican una encuesta en una página web y reciben 750 respuestas.

c. Para determinar cuánto dinero gastan los estudiantes universitarios en ropa cada semestre, un investigador encuesta a 450 estudiantes universitarios cuando salen de la biblioteca de la universidad.

d. Para determinar la calidad de servicio que reciben los clientes, una línea aérea envía una encuesta por correo electrónico a cada cliente luego de haber finalizado un vuelo.

EXPLORACIÓN 2   Analizar preguntas de encuestas

Trabaja con un compañero. Determina si cada pregunta de la encuesta es tendenciosa. Explica tu razonamiento. Si es así, sugiere una redacción no sesgada de la pregunta.

a. ¿Comer alimentos nutritivos, integrales mejora tu salud?

b. ¿Alguna vez intentas la peligrosa actividad de enviar mensajes de texto mientras manejas?

c. ¿Cuántas horas duermes cada noche?

d. ¿Cómo puede mejorar su imagen pública el alcalde (o alcaldesa) de tu ciudad?

EXPLORACIÓN 3   Analizar la aleatoriedad y veracidad de una encuesta

Trabaja con un compañero. Discute cada problema potencial al obtener una encuesta aleatoria de una población. Incluye sugerencias para superar el problema.

a. Las personas seleccionadas podrían no ser una muestra aleatoria de la población.

b. Las personas seleccionadas podrían no estar dispuestas a participar en la encuesta.

c. Las personas seleccionadas podrían no decir la verdad al responder la pregunta.

d. Las personas seleccionadas podrían no comprender la pregunta de la encuesta.

Comunicar tu respuesta

4. ¿Cuáles son algunas de las consideraciones que hay que tener al llevar a cabo un estudio estadístico?

5. Halla un ejemplo de la vida real de una pregunta de encuesta tendenciosa. Luego sugiere una redacción no sesgada de la pregunta.

11.3 Lección

Qué aprenderás

- Identificar tipos de métodos de muestreo en estudios estadísticos.
- Reconocer sesgos en el muestreo.
- Analizar métodos de recolección de datos.
- Reconocer sesgos en las preguntas de encuesta.

Vocabulario Esencial

muestra aleatoria, *pág. 610*
muestra auto-selecionada, *pág. 610*
muestra sistemática, *pág. 610*
muestra por estratos, *pág. 610*
muestra en grupos, *pág. 610*
muestra de conveniencia, *pág. 610*
sesgo, *pág. 611*
muestra imparcial, *pág. 611*
muestra no representativa, *pág. 611*
experimento, *pág. 612*
estudio de observación, *pág. 612*
encuesta, *pág. 612*
simulación, *pág. 612*
pregunta tendenciosa, *pág. 613*

Anterior
población
muestra

Identificar métodos de muestreo en los estudios estadísticos

Los pasos de un estudio estadístico típico son los siguientes.

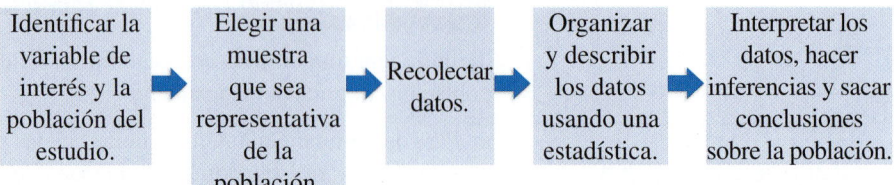

Hay muchas formas diferentes de muestrear una población, pero se prefiere una *muestra aleatoria* porque tiene mayor probabilidad de ser representativa de una población. En una **muestra aleatoria**, cada miembro de una población tiene igual posibilidad de ser elegido.

Los otros tipos de muestra dados a continuación están definidos por los métodos usados para seleccionar miembros. Cada método de muestreo tiene sus ventajas y desventajas.

🔵 Concepto Esencial

Tipos de muestras

En una **muestra auto-seleccionada**, los miembros de una población pueden ofrecerse voluntariamente a ser parte de la muestra.

En una **muestra sistemática**, se usa una regla para seleccionar miembros de una población. Por ejemplo, seleccionar una persona sí y una no.

CONSEJO DE ESTUDIO

Una muestra por estratos asegura que cada segmento de una población esté representado.

En una **muestra por estratos**, se divide una población en grupos más pequeños que comparten una característica similar. Entonces, se selecciona aleatoriamente una muestra de cada grupo.

CONSEJO DE ESTUDIO

Con el muestreo en grupos, un miembro de una población no puede pertenecer a más de un grupo.

En una **muestra en grupos**, se divide una población en grupos también llamados *clusters* (en inglés). Se seleccionan todos los miembros en uno o más de los grupos.

En una **muestra de conveniencia** solo se seleccionan miembros de una población a los que se tiene fácil acceso.

610 Capítulo 11 Análisis de datos y estadística

EJEMPLO 1 Identificar tipos de muestras

Quieres determinar si a los estudiantes de tu escuela les gusta el nuevo diseño del sitio web de la escuela. Identifica el tipo de muestra descrito.

a. Haces una lista en orden alfabético de todos los estudiantes y eliges un estudiante cada seis.

b. Envías cuestionarios por correo y solo usas los cuestionarios que te devuelven llenos.

c. Preguntas a todos los estudiantes de tu clase de álgebra.

d. Seleccionas aleatoriamente dos estudiantes de cada clase.

SOLUCIÓN

a. Usas una regla para seleccionar estudiantes. Entonces, la muestra es una muestra *sistemática*.

b. Los estudiantes pueden elegir si responden o no. Entonces, la muestra es una muestra *auto-seleccionada*.

c. Seleccionas estudiantes que están disponibles. Entonces, la muestra es una *muestra de conveniencia*.

d. Los estudiantes se dividen en grupos similares por sus clases, y se selecciona aleatoriamente dos estudiantes de cada grupo. Entonces, la muestra es una *muestra por estratos*.

Monitoreo del progreso Ayuda en inglés y español en *BigIdeasMath.com*

1. ¿QUÉ PASA SI? En el Ejemplo 1, divides a los estudiantes de tu escuela según sus códigos postales, luego seleccionas a todos los estudiantes que viven en un código postal. ¿Qué tipo de muestra estás usando?

2. Describe otro método que puedas usar para obtener una muestra por estratos en el Ejemplo 1.

Reconocer sesgo en el muestreo

Un **sesgo** es un error que tiene como resultado una representación errónea de una población. Para obtener información confiable y sacar conclusiones precisas sobre una población, es importante seleccionar una *muestra imparcial*. Una **muestra imparcial** es representativa de la población sobre la que quieres información. Una muestra que sobre-representa o sub-representa parte de la población es una **muestra no representativa**. Si una muestra es no representativa, los datos son inválidos. Una *muestra aleatoria* puede reducir la posibilidad de una muestra no representativa.

> **CONSEJO DE ESTUDIO**
> Todos los buenos métodos de muestreo se basan en el muestreo aleatorio.

EJEMPLO 2 Identificar sesgo en muestras

Identifica el tipo de muestra y explica por qué la muestra es no representativa.

a. Una organización de noticias le pide a sus espectadores que participe en una encuesta en línea sobre acoso.

b. Un maestro de computación quiere saber cómo los estudiantes acceden con mayor frecuencia a Internet. El maestro pregunta a los estudiantes en una de las clases de computación.

SOLUCIÓN

a. Los espectadores pueden elegir participar en la encuesta o no. Entonces, la muestra es una muestra *auto-seleccionada*. La muestra es no representativa porque las personas que se conectan a internet y responden la encuesta probablemente tienen una opinión fuerte sobre el acoso.

b. El maestro selecciona estudiantes que están disponibles fácilmente. Entonces, la muestra es una *muestra de conveniencia*. La muestra es no representativa porque otros estudiantes de la escuela no tienen la oportunidad de ser elegidos.

Sección 11.3 Recolectar datos **611**

EJEMPLO 3 Seleccionar una muestra imparcial

Eres miembro del comité del anuario de tu escuela. Quieres encuestar a los miembros del último año para averiguar cuál debería ser el tema del anuario. Hay 246 estudiantes de último año. Describe un método para seleccionar una muestra aleatoria de 50 estudiantes de último año para encuestar.

SOLUCIÓN

Paso 1 Haz una lista de los 246 estudiantes de último año. Asigna a cada uno un entero diferente, de 1 a 246.

Paso 2 Genera 50 enteros únicos aleatoriamente, de 1 a 246, usando la función *randInt* de una calculadora gráfica.

Paso 3 Elige los 50 estudiantes que corresponden a los 50 enteros que generaste en el Paso 2.

```
randInt(1,246)
              84
             245
              50
             197
             235
              55
```

> **CONSEJO DE ESTUDIO**
> Si obtienes un entero duplicado durante la generación, ignóralo y genera un entero nuevo, único como reemplazo.

Monitoreo del progreso Ayuda en inglés y español en *BigIdeasMath.com*

3. El gerente de una sala de conciertos quiere saber con qué frecuencia asiste a conciertos la gente de la comunidad. El gerente pregunta a 45 personas que hacen fila para un concierto de rock a cuántos conciertos asisten por año. Identifica el tipo de muestra que usa el gerente y explica por qué la encuesta es no representativa.

4. En el Ejemplo 3, ¿qué otro método puedes usar para generar una muestra aleatoria de 50 estudiantes? Explica por qué tu método de muestreo es aleatorio.

Analizar métodos de recolección de datos

Hay varias maneras de recolectar datos para un estudio estadístico. El objetivo del estudio a menudo dicta cuál es el mejor método para recolectar los datos.

Concepto Esencial

Métodos de recolección de datos

Un **experimento** impone un tratamiento de los individuos para recolectar datos sobre su respuesta al tratamiento. El tratamiento puede ser un tratamiento médico, o puede ser cualquier acción que pueda afectar una variable en el experimento, como añadir metanol a gasolina y luego medir su efecto en la eficiencia de combustible.

Un **estudio de observación** observa a los individuos y mide variables sin controlar a los individuos o su entorno. Este tipo de estudio se usa cuando es difícil controlar o aislar la variable que se estudia, o cuando podría ser falto de ética someter a los individuos a cierto tratamiento o impedirles recibirlo.

Una **encuesta** es una investigación de una o más características de una población. En una encuesta, se pregunta una o más preguntas a cada miembro de una muestra.

Una **simulación** usa un modelo para reproducir las condiciones de una situación o proceso, de manera que los resultados simulados correspondan lo más posible con los resultados del mundo real. Las simulaciones te permiten estudiar situaciones que no son prácticas o que son peligrosas crear en la vida real.

> **LEER**
> Un *censo* es una encuesta que obtiene datos de cada miembro de una población. A menudo, un censo no es práctico debido a su costo o al tiempo necesario para reunir los datos. El censo de población de los Estados Unidos se realiza cada 10 años.

612 Capítulo 11 Análisis de datos y estadística

EJEMPLO 4   Identificar métodos de recolección de datos

Identifica el método de recolección de datos que describe cada situación.

a. Un investigador registra si los individuos en una gasolinera usan desinfectante de manos.

b. Un paisajista fertiliza 20 jardines con una mezcla de fertilizantes regular y 20 jardines con un nuevo fertilizante orgánico. Luego el paisajista compara los jardines después de 10 semanas y determina qué fertilizante es mejor.

SOLUCIÓN

a. El investigador reúne datos sin controlar a las personas o aplicar un tratamiento. Entonces, la situación es un *estudio de observación*.

b. Un tratamiento (fertilizante orgánico) se aplica a algunos de los individuos (jardines) en el estudio. Entonces, esta situación es un *experimento*.

Monitoreo del progreso Ayuda en inglés y español en *BigIdeasMath.com*

Identifica el método de recolección de datos que describe la situación.

5. Los miembros del consejo de estudiantes de tu escuela le preguntan a cada octavo estudiante que entra a la cafetería si le gustan los refrigerios de las máquinas expendedoras de la escuela.

6. Un encargado de un parque mide y registra las alturas de los árboles en el parque a medida que crecen.

7. Un investigador usa un programa de computadora para ayudar a determinar cuán rápido se podría extender un virus de influenza en una ciudad.

Reconocer sesgos en las preguntas de una encuesta

Al diseñar una encuesta, es importante redactar las preguntas de la encuesta de tal manera que no lleven a resultados no representativos. Las respuestas a preguntas mal redactadas podrían no reflejar con exactitud las opiniones o acciones de los encuestados. Las preguntas que tienen fallas que llevan a resultados inexactos se denominan **preguntas tendenciosas**. Evita preguntas que:

- alienten una respuesta particular
- no den información suficiente para dar una opinión precisa
- sean demasiado sensibles para responder con la verdad
- aborden más de un tema.

CONSEJO DE ESTUDIO

También se puede introducir sesgo en las preguntas de una encuesta de otras maneras, tales como el orden en el que se hacen las preguntas o si los encuestados dan respuestas que creen que van a complacer al encuestador.

EJEMPLO 5   Identificar y corregir sesgos en las preguntas de una encuesta

Un dentista encuesta a sus pacientes preguntando: "¿Cepilla sus dientes por lo menos dos veces al día y se pasa el hilo dental cada día?". Explica por qué la pregunta podría ser tendenciosa o introducir sesgo en la encuesta. Luego describe una manera de corregir el error.

SOLUCIÓN

Los pacientes que se cepillan los dientes menos de dos veces al día o que no se pasan el hilo dental diariamente pueden tener temor de admitir esto porque el dentista hace la pregunta. Una mejora podría ser que los pacientes respondan preguntas sobre higiene dental escrito en una hoja de papel y luego coloquen el papel en forma anónima en una caja.

Monitoreo del progreso Ayuda en inglés y español en *BigIdeasMath.com*

8. Explica por qué la pregunta de la encuesta de abajo podría ser tendenciosa o introducir sesgo en la encuesta. Luego describe una manera de corregir el error.

"¿Estás de acuerdo en que la cafetería de nuestra escuela debería cambiar de menú a uno más saludable?".

Sección 11.3   Recolectar datos   613

11.3 Ejercicios

Soluciones dinámicas disponibles en *BigIdeasMath.com*

Verificación de vocabulario y concepto esencial

1. **VOCABULARIO** Describe la diferencia entre una muestra por estratos y una muestra de grupos.

2. **COMPLETAR LA ORACIÓN** Una muestra en la que cada miembro de una población tiene igual oportunidad de ser seleccionado es una muestra _____.

3. **ESCRIBIR** Describe una situación en la que usarías una simulación para recolectar datos.

4. **ESCRIBIR** Describe la diferencia entre una muestra imparcial y una muestra no representativa. Da un ejemplo de cada una.

Monitoreo del progreso y Representar con matemáticas

En los Ejercicios 5–8, identifica el tipo de muestra descrita. *(Consulta el Ejemplo 1).*

5. Los dueños de una cadena de 260 tiendas de venta minorista quieren evaluar la satisfacción de los empleados con su trabajo. Se encuesta a empleados de 12 tiendas cercanas a la sede principal.

6. Cada empleado de una compañía escribe su nombre en una tarjeta y la coloca en un sombrero. Los empleados cuyos nombres estén en las primeras dos tarjetas que se saquen ganarán, cada uno, una tarjeta de regalo.

7. Una compañía de taxis quiere saber si sus clientes están satisfechos con el servicio. Los conductores encuestan a cada décimo pasajero durante el día.

8. El dueño de una piscina comunitaria quiere preguntar a los usuarios si creen que el agua debería estar más fría. Se divide a los usuarios en cuatro grupos etarios, y se encuesta a una muestra aleatoria de cada grupo etario.

En los Ejercicios 9–12, identifica el tipo de muestra y explica por qué la muestra es no representativa. *(Consulta el Ejemplo 2).*

9. Un ayuntamiento quiere saber si los habitantes están a favor de tener un área sin correa para los perros en el parque del pueblo. Se encuesta a 82 dueños de perros en el parque.

10. Un cronista deportivo quiere determinar si los entrenadores de béisbol piensan que los bates de madera deberían ser obligatorios en el béisbol universitario. El cronista deportivo envía por correo encuestas a todos los entrenadores de béisbol universitario y usa las encuestas que le devuelven ya respondidas.

11. Quieres averiguar si los expositores de una convención estuvieron satisfechos con la ubicación de sus puestos. Divides el centro de convenciones en seis secciones y encuestas a cada expositor en la quinta sección.

12. Cada décimo empleado que llega a una feria de salud de una compañía responde una encuesta que pregunta sobre opiniones sobre nuevos programas relacionados con la salud.

13. **ANÁLISIS DE ERRORES** Se envían encuestas a una casa sí y a otra no en un vecindario. Se usa cada encuesta de vuelta. Describe y corrige el error cometido en identificar el tipo de muestra que se usó.

 Dado que las encuestas se enviaron por correo a una casa sí y a otra no, la muestra es una muestra sistemática.

14. **ANÁLISIS DE ERRORES** Un investigador quiere saber si la fuerza laboral de los Estados Unidos está a favor de aumentar el salario mínimo. Se encuesta a cincuenta estudiantes de preparatoria elegidos aleatoriamente. Describe y corrige el error cometido al determinar si la muestra es no representativa.

 Dado que los estudiantes fueron elegidos aleatoriamente, la muestra es imparcial.

614 Capítulo 11 Análisis de datos y estadística

En los Ejercicios 15–18, determina si la muestra es no representativa. Explica tu razonamiento.

15. A cada tercera persona que entra en un evento deportivo se le pregunta si él o ella está a favor del uso de la repetición instantánea de la jugada al arbitrar el evento.

16. Un gobernador quiere saber si los votantes del estado están a favor de construir una carretera que pase por un bosque estatal. Se encuesta aleatoriamente a los dueños de negocios en un pueblo cercano a la carretera propuesta.

17. Para evaluar las experiencias de los clientes al hacer compras en línea, una compañía calificadora envía correos electrónicos a los compradores y les pide que hagan clic en un enlace y completen una encuesta.

18. El director de tu escuela selecciona aleatoriamente a cinco estudiantes de cada grado para completar una encuesta sobre la participación en la clase.

19. **ESCRIBIR** El personal de un boletín informativo para estudiantes quiere hacer una encuesta sobre los programas de televisión favoritos de los estudiantes. Hay 1225 estudiantes en la escuela. Describe un método para seleccionar una muestra aleatoria de 250 estudiantes a los cuales encuestar. *(Consulta el Ejemplo 3)*.

20. **ESCRIBIR** Una asociación deportiva universitaria quiere encuestar a 15 de los 120 entrenadores principales de futbol americano de una división acerca de un cambio de reglas propuesto. Describe un método para seleccionar una muestra aleatoria de entrenadores a los cuales encuestar.

En los Ejercicios 21–24, identifica el método de recolección de datos que describe la situación. *(Consulta el Ejemplo 4)*.

21. Un investigador usa la tecnología para estimar el daño que se producirá si un volcán hace erupción.

22. El dueño de un restaurante pregunta a 20 clientes si están satisfechos con la calidad de sus comidas.

23. Un investigador compara los ingresos de las personas que viven en áreas rurales con los de las que viven en áreas urbanas grandes.

24. Un investigador coloca muestras de bacterias en dos climas diferentes. Luego el investigador mide el crecimiento de las bacterias en cada muestra después de 3 días.

En los Ejercicios 25–28, explica por qué la pregunta de la encuesta podría ser tendenciosa o introducir sesgo a la encuesta. Luego describe una manera de corregir el error. *(Consulta el Ejemplo 5)*.

25. "¿Está de acuerdo en que el presupuesto de nuestra ciudad se debería recortar?".

26. "¿Preferirías ver la última película premiada o solo leer algún libro?".

27. "El agua corriente que viene de nuestro suministro de agua occidental contiene el doble del nivel de arsénico del agua de nuestro suministro oriental, ¿Crees que el gobierno debería abordar este problema para la salud?".

28. Un niño pregunta: "¿Estás a favor de la construcción de un nuevo hospital infantil?".

En los Ejercicios 29–32, determina si la pregunta de la encuesta podría ser tendenciosa o introducir sesgo en la encuesta. Explica tu razonamiento.

29. "¿Está a favor del financiamiento del gobierno para ayudar a prevenir la lluvia ácida?".

30. "¿Crees que restaurar el antiguo ayuntamiento sería un error?".

31. Un oficial de policía pregunta a los visitantes de un centro comercial: ¿"Usted usa el cinturón de seguridad con regularidad?".

32. "¿Está de acuerdo con las modificaciones de la Ley del Aire Limpio?".

33. **RAZONAR** Un investigador estudia el efecto de los suplementos de fibra en las enfermedades cardiacas. El investigador identificó a 175 personas que toman suplementos de fibra y a 175 personas que no toman los suplementos de fibra. El estudio halló que aquellos que tomaban suplementos tuvieron 19.6% menos ataques cardíacos. El investigador saca la conclusión de que tomar suplementos de fibra reduce la posibilidad de ataques cardiacos.

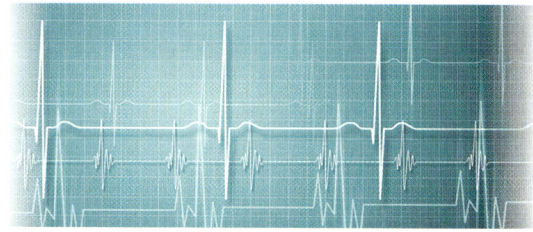

a. Explica por qué la conclusión del investigador podría no ser válida.

b. Describe cómo el investigador podría haber llevado a cabo el estudio en forma diferente para producir resultados válidos.

34. **¿CÓMO LO VES?** Se lleva a cabo una encuesta para predecir los resultados de una elección estatal en Nuevo México antes de que se cuenten todos los votos. Se pregunta a cincuenta votantes en cada uno de los 33 condados del estado cómo votaron cuando salen de la votación.

   a. Identifica el tipo de muestra descrito.

   b. Explica de qué manera muestra el diagrama que el método de encuesta podría tener como resultado una muestra no representativa.

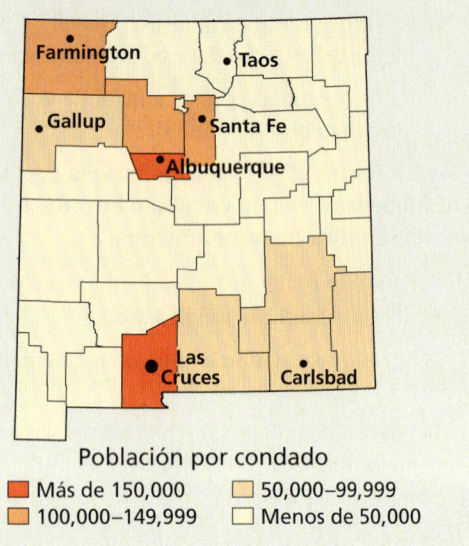

35. **ESCRIBIR** Considera cada tipo de muestra enumerado en la página 610. ¿Cuál de las muestras es más probable que lleve a resultados no representativos? Explica.

36. **ESTIMULAR EL PENSAMIENTO** ¿Cuál es la diferencia entre un "experimento ciego" y un "experimento doblemente ciego"? Describe una posible ventaja del segundo tipo de experimento sobre el primero.

37. **ESCRIBIR** Una universidad quiere encuestar a sus estudiantes graduados de último año para saber cuántos ya han encontrado trabajo en su campo de estudio después de la graduación.

   a. ¿Cuál es el objetivo de la encuesta?

   b. Describe la población de la encuesta.

   c. Escribe dos preguntas imparciales para la encuesta.

38. **RAZONAR** Aproximadamente el 3.2% de los adultos de los Estados Unidos llevan una dieta vegetariana. Se preguntó a dos grupos de personas seleccionados aleatoriamente si siguen una dieta así. La primera muestra consiste en 20 personas y la segunda muestra consiste en 200 personas. ¿Qué proporción de muestra tiene más probabilidad de ser representativa del porcentaje nacional? Explica.

39. **ARGUMENTAR** El Censo de los Estados Unidos se hace cada 10 años para reunir datos de la población. Tu amigo afirma que la muestra no puede ser no representativa. ¿Es correcto lo que afirma tu amigo? Explica.

40. **FINAL ABIERTO** Una línea aérea quiere saber si los viajeros tienen suficiente espacio para las piernas en sus aviones.

   a. ¿Qué método de recolección de datos es apropiado para esta situación?

   b. Describe un método de muestreo que tenga probabilidad de dar resultados no representativos. Explica.

   c. Describe un método de muestreo que *no* tenga probabilidad de dar resultados no representativos. Explica.

   d. Escribe una pregunta tendenciosa y una pregunta imparcial para esta situación.

41. **RAZONAR** Un sitio web contiene un enlace a una encuesta que pregunta cuánto tiempo pasa cada persona en el Internet cada semana.

   a. ¿Qué tipo de método de muestreo se usa en esta situación?

   b. ¿Qué población es probable que responda a la encuesta? ¿Qué conclusión puedes sacar?

Mantener el dominio de las matemáticas   Repasar lo que aprendiste en grados y lecciones anteriores

Evalúa la expresión sin usar una calculadora. *(Sección 5.1)*

42. $4^{5/2}$ 43. $27^{2/3}$ 44. $-64^{1/3}$ 45. $8^{-2/3}$

Simplifica la expresión. *(Sección 5.2)*

46. $(4^{3/2} \cdot 4^{1/4})^4$ 47. $(6^{1/3} \cdot 3^{1/3})^{-2}$ 48. $\sqrt[3]{4} \cdot \sqrt[3]{16}$ 49. $\dfrac{\sqrt[4]{405}}{\sqrt[4]{5}}$

11.1–11.3 ¿Qué aprendiste?

Vocabulario Esencial

distribución normal, *pág. 596*
curva normal, *pág. 596*
distribución normal estándar, *pág. 597*
calificación *z*, *pág. 597*
población, *pág. 604*
muestra, *pág. 604*
parámetro, *pág. 605*
estadística, *pág. 605*

hipótesis, *pág. 605*
muestra aleatoria, *pág. 610*
muestra auto-seleccionada, *pág. 610*
muestra sistemática, *pág. 610*
muestra por estratos, *pág. 610*
muestra en grupos, *pág. 610*
muestra de conveniencia, *pág. 610*
sesgo, *pág. 611*

muestra imparcial, *pág. 611*
muestra no representativa, *pág. 611*
experimento, *pág. 612*
estudio de observación, *pág. 612*
encuesta, *pág. 612*
simulación, *pág. 612*
pregunta tendenciosa, *pág. 613*

Conceptos Esenciales

Sección 11.1
Áreas bajo una curva normal, *pág. 596*
Usar calificaciones *z* y la tabla normal estándar, *pág. 597*
Reconocer distribuciones normales, *pág. 599*

Sección 11.2
Distinguir entre poblaciones y muestras, *pág. 604*
Analizar hipótesis, *pág. 606*

Sección 11.3
Tipos de muestras, *pág. 610*
Métodos de recolección de datos, *pág. 612*

Prácticas matemáticas

1. ¿Qué resultados previamente establecidos, si los hay, usaste para resolver el Ejercicio 31 de la página 602?

2. ¿Qué recursos externos, si usaste alguno, usaste para responder el Ejercicio 36 de la página 616?

---- Destrezas de estudio ----

Volver a trabajar tus notas

Es casi imposible escribir en tus notas toda la información detallada que se te enseña en clase. Una buena manera de reforzar los conceptos y ponerlos en tu memoria de largo plazo es volver a trabajar tus notas. Cuando tomes notas, deja espacio extra en las páginas. Puedes revisarlas después de clase y anotar:

- definiciones y reglas importantes
- ejemplos adicionales
- preguntas que tengas sobre el material

11.1–11.3 Prueba

Una distribución normal tiene una media de 32 y una desviación estándar de 4. Halla la probabilidad de que un valor *x* seleccionado aleatoriamente de la distribución esté en el intervalo dado. *(Sección 11.1)*

1. al menos 28
2. entre 20 y 32
3. máximo 26
4. máximo 35

Determina si el histograma tiene una distribución normal. *(Sección 11.1)*

5.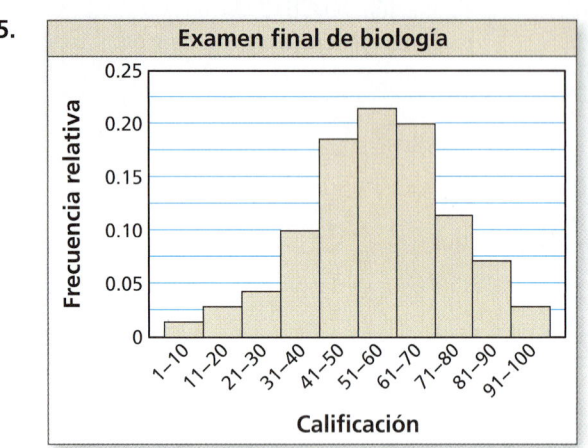

6.

7. Una encuesta de 1654 estudiantes de último año de preparatoria determinó que 1125 planean ir a la universidad. Identifica la población y la muestra. Describe la muestra. *(Sección 11.2)*

8. Una encuesta de todos los empleados de una compañía halló que la media del viaje de ida al trabajo de los empleados es de 25.5 minutos. ¿El tiempo de la media es un parámetro o una estadística? Explica tu razonamiento. *(Sección 11.2)*

9. Un investigador registra el número de bacterias presentes en varias muestras en un laboratorio. Identifica el método de recolección de datos. *(Sección 11.3)*

10. Haces girar cinco veces una ruleta de cinco colores, que está dividida en partes iguales, cinco veces, y cada vez, la ruleta cae en rojo. Sospechas que la ruleta favorece el rojo. El fabricante de la ruleta afirma que la ruleta no favorece ningún color. Simulas girar la ruleta 50 veces sacando repetidamente 200 muestras aleatorias de tamaño 50. El histograma muestra los resultados. Usa el histograma para determinar qué conclusión deberías sacar si haces girar la misma ruleta 50 veces y la ruleta cae en rojo (a) 9 veces y (b) 19 veces. *(Sección 11.2)*

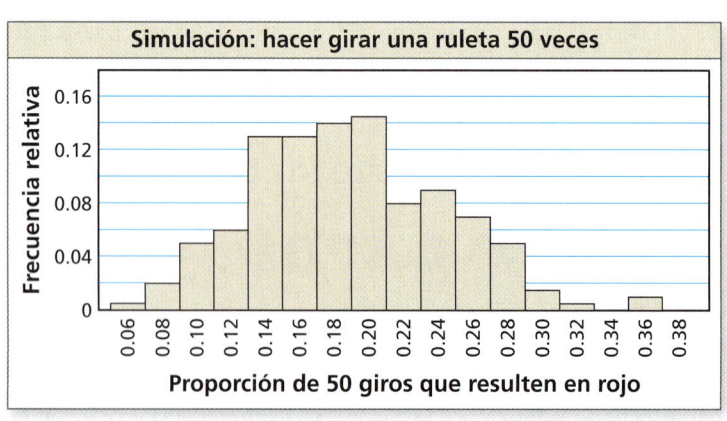

11. Una estación de televisión local quiere hallar el número de horas por semana que las personas en el área de transmisión ven eventos deportivos por televisión. La estación encuesta a las personas en un estadio deportivo cercano. *(Sección 11.3)*

    a. Identifica el tipo de muestra descrito.
    b. ¿La muestra es tendenciosa? Explica tu razonamiento.
    c. Describe un método para seleccionar una muestra aleatoria de 200 personas a las cuales entrevistar.

11.4 Diseño de experimentos

Pregunta esencial ¿Cómo puedes usar un experimento para probar una conjetura?

EXPLORACIÓN 1 Usar un experimento

Trabaja con un compañero. Los dados de juego blancos estándar se fabrican con puntos negros que son hendiduras, tal como se muestra. Entonces, el lado que tiene seis hendiduras es el lado más liviano y el lado que tiene una hendidura es el lado más pesado.

lado más liviano

Haces una conjetura de que si lanzas un dado de juego estándar, el número 6 saldrá más veces que el número 1 porque 6 es el lado más liviano. Para comprobar tu conjetura, lanza un dado de juego estándar 25 veces. Anota los resultados en la tabla. ¿Confirma tu conjetura este experimento? Explica tu razonamiento.

Número						
Lanzamientos						

EXPLORACIÓN 2 Analizar un experimento

Trabaja con un compañero. Para superar el desequilibrio de los dados de juego estándar, uno de los autores de este libro inventó y patentó un dado de 12 lados, en los que cada número del 1 al 6 aparece dos veces (en lados opuestos). Visita *BigIdeasMath.com*.

Como parte del proceso de patente, se lanzó un dado de juego estándar 27,090 veces. Los resultados se muestran a continuación.

Número	1	2	3	4	5	6
Lanzamientos	4293	4524	4492	4397	4623	4761

¿Qué conclusión puedes sacar de los resultados de este experimento? Explica tu razonamiento.

CONSTRUIR ARGUMENTOS VIABLES

Para dominar las matemáticas, necesitas hacer conjeturas y desarrollar experimentos para explorar la verdad de tus conjeturas.

Comunicar tu respuesta

3. ¿Cómo puedes usar un experimento para probar una conjetura?

4. La Exploración 2 muestra los resultados de lanzar dados de juego estándar 27,090 veces para comprobar la conjetura en la Exploración 1. ¿Por qué crees que el número de pruebas fue tan grande?

5. Desarrolla una conjetura de los resultados de lazar el dado de 12 lados en la Exploración 2. Luego diseña un experimento que podría usarse para comprobar tu conjetura. Asegúrate de que tu experimento sea práctico para completar y que incluya suficientes pruebas para lograr resultados significativos.

Sección 11.4 Diseño de experimentos 619

11.4 Lección

Qué aprenderás

▸ Describir experimentos.
▸ Reconocer cómo la aleatorización se aplica a los experimentos y a los estudios de observación.
▸ Analizar los diseños de los experimentos.

Vocabulario Esencial

experimento controlado, *pág. 620*
grupo de control, *pág. 620*
grupo de tratamiento, *pág. 620*
aleatorización, *pág. 620*
experimento comparativo aleatorizado, *pág. 620*
placebo, *pág. 620*
replicación, *pág. 622*

Anterior
tamaño de la muestra

Describir experimentos

En un **experimento controlado** se estudia a dos grupos bajo condiciones idénticas con la excepción de una variable. El grupo bajo condiciones ordinarias que no está sujeto a tratamiento es el **grupo de control**. El grupo sujeto a tratamiento es el **grupo de tratamiento**.

La **aleatorización** es el proceso de asignar aleatoriamente sujetos a distintos grupos de tratamiento. En un **experimento comparativo aleatorizado**, se asigna aleatoriamente a los sujetos al grupo de control o al grupo de tratamiento. En algunos casos, a los sujetos del grupo de control se les da un **placebo**, que es un tratamiento no medicado inocuo que se asemeja al tratamiento real. La comparación del grupo de control y el grupo de tratamiento hace posible determinar cualquier efecto del tratamiento.

La aleatorización minimiza el sesgo y produce grupos de individuos teóricamente similares en todas las formas antes de aplicar el tratamiento. Las conclusiones que se sacan de un experimento que no es comparativo aleatorizado podrían no ser válidas.

EJEMPLO 1 Evaluar reportes publicados

Determina si cada estudio es un experimento comparativo aleatorizado. Si lo es, describe el tratamiento, el grupo de tratamiento y el grupo de control. Si no lo es, explica por qué no lo es, y discute si las conclusiones del estudio son válidas.

a. *Estar pendiente de la salud*

La vitamina C reduce el colesterol

En una clínica de salud se dio la opción a los pacientes de tomar un suplemento alimenticio de 500 miligramos de vitamina C cada día. Se monitoreó durante un año a cincuenta pacientes que tomaron el suplemento, así como a 50 pacientes que no tomaron el suplemento. Al final de un periodo de un año, los pacientes que tomaron el suplemento tuvieron niveles de colesterol 15% menores que los pacientes del otro grupo.

b. *Caja del supermercado*

Pague aún más rápido

Para probar el nuevo diseño de su sistema de auto-caja, un tendero reunió a 142 clientes y los dividió aleatoriamente en 2 grupos. Un grupo usó el nuevo sistema de auto-caja y el otro usó el antiguo sistema de auto-caja para comprar los mismos comestibles. Los usuarios del nuevo sistema de auto-caja pudieron completar sus compras un 16% más rápido.

CONSEJO DE ESTUDIO

El estudio en la parte (a) es un *estudio de observación* porque el tratamiento no es impuesto.

SOLUCIÓN

a. El estudio no es un experimento comparativo aleatorizado porque los individuos no fueron asignados aleatoriamente a un grupo de control y a un grupo de tratamiento. La conclusión de que la vitamina C reduce el colesterol puede ser válida o no. Puede haber otras razones por las que los pacientes que tomaron el suplemento tuvieron niveles de colesterol más bajos. Por ejemplo, los pacientes que toman suplementos voluntariamente probablemente tengan otros hábitos alimenticios o de estilo de vida que puedan afectar sus niveles de colesterol.

b. El estudio es un experimento comparativo aleatorizado. El tratamiento es el uso del nuevo sistema de auto-caja. El grupo de tratamiento es el de los individuos que usan el nuevo sistema de auto-caja. El grupo de control es el de los individuos que usan el antiguo sistema de auto-caja.

Monitoreo del progreso Ayuda en inglés y español en *BigIdeasMath.com*

1. Determina si el estudio es un experimento comparativo aleatorizado. Si lo es, describe el tratamiento, el grupo de tratamiento y el grupo de control. Si no lo es, explica por qué no, y discute si las conclusiones del estudio son válidas.

> **Noticias de conductores**
>
> **Los madrugadores son mejores conductores**
>
> Un estudio reciente muestra que los adultos que se levantan antes de las 6:30 A.M. son mejores conductores que otros adultos. El estudio monitoreó los registros de conducción de 140 voluntarios que siempre se levantan antes de las 6:30 y de 140 voluntarios que nunca se levantan antes de las 6:30. Los madrugadores tuvieron 12% menos accidentes.

Aleatorización en experimentos y estudios de observación

Ya has aprendido sobre el muestreo aleatorio y su utilidad en las encuestas. La aleatorización se aplica a los experimentos y a los estudios de observación, tal como se muestra a continuación.

Experimento	Estudio de observación
Se asigna aleatoriamente a los individuos al grupo de tratamiento o al grupo de control.	Cuando es posible, se pueden seleccionar muestras aleatorias de los grupos estudiados.

Los buenos experimentos y estudios de observación están diseñados para comparar datos de dos o más grupos y para mostrar cualquier relación entre variables. Sin embargo, solo un *experimento* bien diseñado puede determinar una relación causa-efecto.

Concepto Esencial

Estudios comparativos y causalidad

- Un experimento comparativo aleatorizado riguroso, al eliminar las fuentes de variación distintas a la variable controlada, puede llegar a posibles conclusiones válidas de causa-efecto.

- Un estudio de observación puede identificar *correlaciones* entre variables, pero no *causalidad*. Las variables, distintas a lo que se está midiendo, pueden afectar los resultados.

EJEMPLO 2   Diseñar un experimento o estudio de observación

Explica si el siguiente tema de investigación se investigaría mejor mediante un experimento o mediante un estudio de observación. Luego describe el diseño del experimento o el estudio de observación.

Quieres saber si el ejercicio vigoroso en las personas de más edad tiene como resultado una vida más larga.

SOLUCIÓN

El tratamiento, el ejercicio vigoroso, no es posible para las personas que ya no están saludables, así que no es ético asignar individuos a un grupo de control o de tratamiento. Usa un estudio de observación. Elige aleatoriamente un grupo de individuos que ya hacen ejercicio vigoroso. Luego elige aleatoriamente un grupo de individuos que no hacen ejercicio vigoroso. Monitorea las edades de los individuos en ambos grupos en intervalos regulares. Observa que dado que estás usando un estudio de observación, deberías ser capaz de identificar una *correlación* entre los ejercicios vigorosos en las personas de más edad y la longevidad, pero no una *causalidad*.

Monitoreo del progreso Ayuda en inglés y español en *BigIdeasMath.com*

2. Determina si el siguiente tema de investigación se investigaría mejor mediante un experimento o un estudio de observación. Luego describe el diseño del experimento o del estudio de observación.

Quieres saber si las flores a las que se las rocía con agua dos veces al día permanecen frescas más tiempo que las flores a las que no se les rocía.

Sección 11.4   Diseño de experimentos   621

Analizar los diseños de los experimentos

Una parte importante del diseño de un experimento es el *tamaño de la muestra*, o el número de sujetos en el experimento. Para mejorar la validez del experimento, es necesaria la **replicación**, que es la repetición del experimento bajo las mismas o similares condiciones.

> **COMPRENDER LOS TÉRMINOS MATEMÁTICOS**
>
> La *validez* de un experimento se refiere a la confiabilidad de los resultados. Los resultados de un experimento válido tienen mayor probabilidad de ser aceptados.

EJEMPLO 3 Analizar los diseños de los experimentos

Una compañía farmacéutica quiere probar la efectividad de una nueva goma de mascar diseñada para ayudar a las personas a perder peso. Identifica un problema potencial, si lo hay, con cada diseño de experimento. Luego describe cómo lo puedes mejorar.

a. La compañía identifica a diez personas con sobrepeso. A cinco sujetos se les da la nueva goma de mascar y a otros 5 se les da un placebo. Después de 3 meses, se evalúa a cada sujeto y se determina que los 5 sujetos que han estado usando la nueva goma de mascar han perdido peso.

b. La compañía identifica a 10,000 personas con sobrepeso. Se divide a los sujetos en grupos según su género. Las mujeres reciben la nueva goma de mascar y los hombres reciben el placebo. Después de 3 meses, un grupo significativamente grande de los sujetos femeninos ha bajado de peso.

> **CONSEJO DE ESTUDIO**
>
> El diseño del experimento descrito en la parte (C) es un ejemplo de *diseño de bloqueo aleatorizado*.

c. La compañía identifica a 10,000 personas con sobrepeso. Se divide a los sujetos en grupos según su edad. Dentro de cada grupo etario, se asigna aleatoriamente a los sujetos a que reciban la nueva goma de mascar o el placebo. Después de 3 meses, un grupo significativamente grande de los sujetos que recibieron la nueva goma de mascar ha perdido peso.

SOLUCIÓN

a. El tamaño de muestra no es lo suficientemente grande para producir resultados válidos. Para mejorar la validez del experimento, el tamaño de la muestra debe ser mayor y se debe replicar el experimento.

b. Dado que los sujetos están divididos en grupos según su género, los grupos no son similares. La nueva goma de mascar podría tener más efecto en las mujeres que en los hombres o más efecto en los hombres que en las mujeres. No es posible ver dicho efecto con el experimento en la forma en la que está diseñado. Se puede dividir a los sujetos en grupos según su género, pero dentro de cada grupo, se les debe asignar aleatoriamente al grupo de tratamiento o de control.

c. Los sujetos se dividen en grupos según una característica similar (edad). Dado que a los sujetos dentro de cada grupo etario se les asigna aleatoriamente recibir la nueva goma de mascar o el placebo, es posible la replicación.

Monitoreo del progreso Ayuda en inglés y español en *BigIdeasMath.com*

3. En el Ejemplo 3, la compañía identifica a 250 personas con sobrepeso. Se asigna aleatoriamente a los sujetos al grupo de tratamiento o al grupo de control. Además, se da a cada sujeto un DVD que documenta los peligros de la obesidad. Después de 3 meses, la mayoría de los sujetos colocados en el grupo de tratamiento ha perdido peso. Identifica un problema potencial con el diseño del experimento. Luego describe cómo lo puedes mejorar.

4. Diseñas un experimento para probar la efectividad de una vacuna contra una cepa de influenza. En el experimento, 100,000 personas reciben la vacuna y otras 100,000 reciben un placebo. Identifica un problema potencial con el diseño del experimento. Luego describe cómo lo puedes mejorar.

11.4 Ejercicios

Soluciones dinámicas disponibles en BigIdeasMath.com

Verificación de vocabulario y concepto esencial

1. **COMPLETAR LA ORACIÓN** La repetición de un experimento bajo las mismas o semejantes condiciones se denomina _____.

2. **ESCRIBIR** Describe la diferencia entre el grupo de control y el grupo de tratamiento en un experimento controlado.

Monitoreo del progreso y Representar con matemáticas

En los Ejercicios 3 y 4, determina si el estudio es un experimento comparativo aleatorizado. Si lo es, describe el tratamiento, el grupo de tratamiento y el grupo de control. Si no lo es, explica por qué no, y discute si las conclusiones que se sacaron del estudio son válidas. *(Consulta el Ejemplo 1).*

3. **Insomnio**
   Nuevo medicamento mejora el sueño

   Para probar un nuevo medicamento contra el insomnio, una compañía farmacéutica dividió aleatoriamente 200 voluntarios adultos en dos grupos. Un grupo recibió el medicamento y un grupo recibió un placebo. Después de un mes, los adultos que tomaron el medicamento durmieron 18% más, mientras que los que tomaron el placebo no experimentaron cambios significativos.

4. **Salud dental**
   La leche combate las caries

   En una escuela intermedia, los estudiantes pueden elegir leche u otras bebidas en el almuerzo. Se monitoreó durante un año a setenta y cinco estudiantes que eligieron leche, así como a 75 estudiantes que eligieron otras bebidas. Al final del año, los estudiantes en el grupo de la leche tuvieron 25% menos caries que los estudiantes en el otro grupo.

ANÁLISIS DE ERRORES En los Ejercicios 5 y 6, describe y corrige el error cometido al describir el estudio.

Los investigadores de una compañía quieren investigar los efectos de añadir manteca de karité a su acondicionador de cabello actual. Monitorean la calidad del cabello de 30 clientes seleccionados aleatoriamente que usan el acondicionador común y a 30 clientes seleccionados aleatoriamente que usan el nuevo acondicionador con manteca de karité.

5. El grupo de control es de individuos que no usan ninguno de los acondicionadores.

6. El estudio es un estudio de observación.

En los Ejercicios 7–10, explica si el tema de investigación se investiga mejor mediante un experimento o un estudio de observación. Luego describe el diseño del experimento o estudio de observación. *(Consulta el Ejemplo 2).*

7. Un investigador quiere comparar el índice de masa corporal de fumadores y no fumadores.

8. Un chef de un restaurante quiere saber qué receta de salsa para pastas es la preferida por más comensales.

9. Un granjero quiere saber si un nuevo fertilizante afecta el peso de la fruta producida por plantas de fresa.

10. Quieres saber si los hogares que están cerca de los parques o las escuelas tienen valores de propiedad más altos.

11. **SACAR CONCLUSIONES** Una compañía quiere probar si un suplemento nutricional tiene un efecto adverso en el ritmo cardiaco de un deportista mientras se ejercita. Identifica un problema potencial, si lo hay, con cada diseño de experimento. Luego describe cómo lo puedes mejorar. *(Consulta el Ejemplo 3).*

    a. La compañía selecciona aleatoriamente a 250 deportistas. La mitad de los deportistas recibe el suplemento y se monitorean sus ritmos cardiacos mientras corren en una trotadora. A la otra mitad de los deportistas se les da un placebo y se monitorea sus ritmos cardiacos mientras levantan pesas. Los ritmos cardiacos de los deportistas que tomaron el suplemento aumentaron significativamente mientras se ejercitaban.

    b. La compañía selecciona a 1000 deportistas. Se divide a los deportistas en dos grupos basados en la edad. Dentro de cada grupo etario, se asigna aleatoriamente a los atletas a que reciban el suplemento o el placebo. Se monitorean los ritmos cardiacos de los atletas mientras corren en una trotadora. No hubo diferencia significativa en los aumentos de los ritmos cardiacos entre los dos grupos.

Sección 11.4 Diseño de experimentos 623

12. **SACAR CONCLUSIONES** Un investigador quiere probar la efectividad de leer novelas para aumentar el cociente intelectual (C.I.). Identifica un problema potencial, si lo hay, con cada diseño de experimento. Luego describe como lo puedes mejorar.

   a. El investigador selecciona 500 adultos y los divide aleatoriamente en dos grupos. Un grupo lee novelas diariamente y el otro grupo no lee novelas. Después de un año, se evalúa a cada adulto y se determina que ningún grupo tiene un aumento del cociente intelectual.

   b. Cincuenta adultos se ofrecen como voluntarios para pasar tiempo leyendo novelas cada día durante 1 año. Otros cincuenta adultos se ofrecen como voluntarios para no leer novelas durante 1 año. Se evalúa a cada adulto y se determina que los adultos que leyeron novelas aumentaron sus calificaciones de CI en 3 puntos más que el otro grupo.

13. **SACAR CONCLUSIONES** Un gimnasio afirma que su programa de entrenamiento aumentará las alturas de salto alto en 6 semanas. Para probar el programa de entrenamiento, se divide a 10 deportistas en dos grupos. La gráfica de doble barra muestra los resultados del experimento. Identifica los problemas potenciales con el diseño del experimento. Luego describe cómo lo puedes mejorar.

   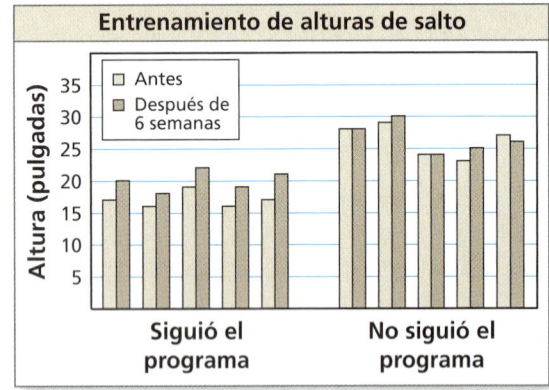

14. **ESCRIBIR** Explica por qué se usan por lo regular estudios de observación, en vez de experimentos, en la astronomía.

15. **ARGUMENTAR** Tu amigo quiere determinar si el número de hermanos y hermanas tiene un efecto en las calificaciones de un estudiante. Tu amigo afirma que es capaz de demostrar causalidad entre el número de hermanos y hermanas y las calificaciones. ¿Es correcto lo que afirma tu amigo? Explica.

16. **¿CÓMO LO VES?** Para probar el efecto de los anuncios políticos sobre las preferencias de los votantes, un investigador selecciona 400 votantes potenciales y los divide aleatoriamente en dos grupos. Las gráficas circulares muestran los resultados del estudio.

   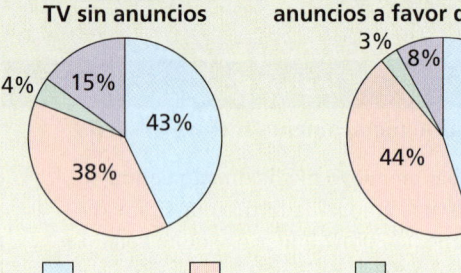

   a. ¿El estudio es un experimento comparativo aleatorizado? Explica.
   b. Describe el tratamiento.
   c. ¿Puedes concluir que los anuncios políticos fueron efectivos? Explica.

17. **ESCRIBIR** Describe el *efecto placebo* y cómo afecta los resultados de un experimento. Explica cómo un investigador puede minimizar el efecto placebo.

18. **ESTIMULAR EL PENSAMIENTO** Haz una hipótesis sobre algo que te interese. Diseña un experimento que podría demostrar que tu hipótesis es probablemente verdadera.

19. **RAZONAR** ¿El repetir un experimento en muchos individuos producirá datos que tendrán mayor probabilidad de representar en forma precisa una población que hacer el experimento solo una vez? Explica.

Mantener el dominio de las matemáticas
Repasar lo que aprendiste en grados y lecciones anteriores

Dibuja un gráfico de puntos que represente los datos. Identifica la forma de la distribución. *(Manual de revisión de destrezas)*

20. Edades: 24, 21, 22, 26, 22, 23, 25, 23, 23, 24, 20, 25
21. Golpes de golf: 4, 3, 4, 3, 3, 2, 7, 5, 3, 4

Indica si la función representa *crecimiento exponencial o decremento exponencial*. Luego haz la gráfica de la función. *(Sección 6.1)*

22. $y = 4^x$
23. $y = (0.95)^x$
24. $y = (0.2)^x$
25. $y = (1.25)^x$

11.5 Hacer inferencias de encuestas de muestreo

Pregunta esencial ¿Cómo puedes usar una encuesta por muestreo para inferir una conclusión sobre una población?

EXPLORACIÓN 1 Hacer una interferencia de una muestra

Trabaja con un compañero. Llevas a cabo un estudio para determinar qué porcentaje de los estudiantes de preparatoria de tu ciudad preferirían un modelo actualizado de su teléfono celular actual. Basándote en tu intuición y al hablar con algunos conocidos, piensas que el 50% de los estudiantes de preparatoria preferiría una actualización. Encuestas a 50 estudiantes de preparatoria elegidos aleatoriamente y hallas que el 20% prefiere un modelo actualizado.

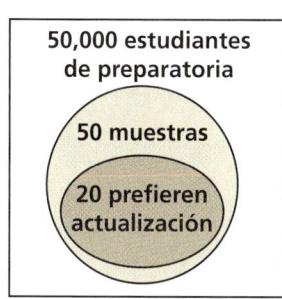

REPRESENTAR CON MATEMÁTICAS

Para dominar las matemáticas, necesitas aplicar las matemáticas que conoces para resolver problemas que surgen en la vida real.

a. Basándote en tu encuesta por muestreo, ¿qué porcentaje de estudiantes de preparatoria de tu ciudad preferiría un modelo actualizado? Explica tu razonamiento.

b. A pesar de tu encuesta por muestreo, ¿aún es posible que el 50% de los estudiantes de preparatoria de tu ciudad prefieran un modelo actualizado? Explica tu razonamiento.

c. Para investigar la probabilidad de que puedas haber seleccionado una muestra de 50 de una población en la que el 50% de la población sí prefiere un modelo actualizado, creas una distribución binomial como se muestra a continuación. Basándote en la distribución, estima la probabilidad de que exactamente 20 estudiantes encuestados prefieran un modelo actualizado. ¿Es probable que ocurra este evento? Explica tu razonamiento.

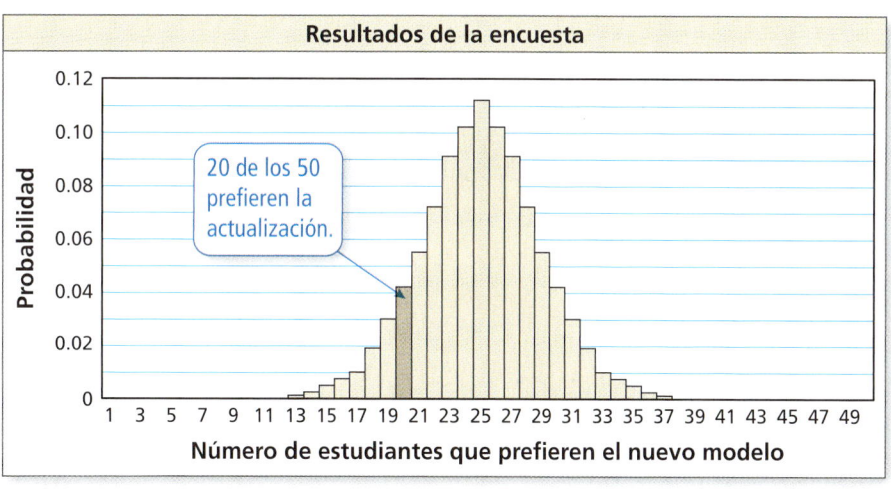

d. Al hacer inferencias de encuestas de muestreo, la muestra debe ser aleatoria. En la situación descrita arriba, describe cómo puedes diseñar y llevar a cabo una encuesta usando una muestra aleatoria de 50 estudiantes de preparatoria que viven en una ciudad grande.

Comunicar tu respuesta

2. ¿Cómo puedes usar una encuesta por muestreo para inferir una conclusión sobre una población?

3. En la Exploración 1(c), ¿cuál es la probabilidad de que exactamente 25 estudiantes que encuestes prefieran un modelo actualizado?

11.5 Lección

Qué aprenderás

▶ Estimar parámetros de población.
▶ Analizar parámetros de población estimados.
▶ Hallar márgenes de error en las encuestas.

Vocabulario Esencial
estadística descriptiva, *pág. 626*
estadística inferencial, *pág. 626*
margen de error, *pág. 629*

Anterior
estadística
parámetro

Estimar parámetros de población

El estudio de estadística tiene dos ramas principales: *estadística descriptiva* y *estadística inferencial*. La **estadística descriptiva** incluye la organización, resumen y representación de datos. Hasta ahora, has usado estadística descriptiva en tus estudios de análisis de datos y estadísticas. La **estadística inferencial** incluye usar una muestra para sacar conclusiones acerca de una población. Puedes usar la estadística para hacer predicciones razonables, o *inferencias*, acerca de una población completa, si la muestra es representativa de la población.

EJEMPLO 1 Estimar una media de población

Los números de amigos de una muestra aleatoria de 40 usuarios adolescentes del sitio web de una red social se muestran en la tabla. Estima la media μ de la población.

Número de amigos				
281	342	229	384	320
247	298	248	312	445
385	286	314	260	186
287	342	225	308	343
262	220	320	310	150
274	291	300	410	255
279	351	370	257	350
369	215	325	338	278

RECUERDA
Recuerda que $\bar{x}$ denota la media de la muestra. Se lee "x barra".

SOLUCIÓN

Para estimar la media μ de población desconocida, halla la media $\bar{x}$ de la muestra.

$$\bar{x} = \frac{\Sigma x}{n} = \frac{11{,}966}{40} = 299.15$$

▶ Entonces, la media del número de amigos de todos los usuarios adolescentes del sitio web es de aproximadamente 299.

CONSEJO DE ESTUDIO
La probabilidad de que la media de la población sea *exactamente* 299.15 es virtualmente 0, pero la media de la muestra es una buena estimación de μ.

Monitoreo del progreso Ayuda en inglés y español en *BigIdeasMath.com*

1. Los datos de otra muestra aleatoria de 30 usuarios adolescentes del sitio web de una red social se muestran en la tabla. Estima la media μ de la población.

Número de amigos				
305	237	261	374	341
257	243	352	330	189
297	418	275	288	307
295	288	341	322	271
209	164	363	228	390
313	315	263	299	285

626 Capítulo 11 Análisis de datos y estadística

No toda muestra aleatoria tiene como resultado la misma estimación de un parámetro de población; habrá alguna variabilidad en el muestreo. Sin embargo, las muestras de mayor tamaño tienden a producir estimaciones más precisas.

EJEMPLO 2   Estimar proporciones de población

RECUERDA

Una *proporción de población* es la razón entre los miembros de una población con una característica particular al total de los miembros de la población. Una *proporción de muestra* es la razón entre los miembros de una muestra de la población con una característica particular al total de los miembros de la muestra.

CONSEJO DE ESTUDIO

La estadística y la probabilidad proporcionan información que puedes usar para sopesar la evidencia y tomar decisiones.

Un periódico estudiantil quiere predecir el ganador de las elecciones municipales de una ciudad. Dos candidatos, A y B, postulan al cargo. Ocho miembros del personal llevan a cabo encuestas de habitantes seleccionados aleatoriamente. Se pregunta a los habitantes si votarán por el Candidato A. Los resultados se muestran en la tabla.

Tamaño de la muestra	Número de votos para el Candidato A en la muestra	Porcentaje de votos para el Candidato A en la muestra
5	2	40%
12	4	33.3%
20	12	60%
30	17	56.7%
50	29	58%
125	73	58.4%
150	88	58.7%
200	118	59%

a. Basándote en los resultados de las dos primeras encuestas por muestreo, ¿crees que el Candidato A ganará la elección? Explica.

b. Basándote en los resultados de la tabla, ¿crees que el Candidato A ganará la elección? Explica.

SOLUCIÓN

a. Los resultados de las primeras dos encuestas (tamaños 5 y 12) muestran que menos del 50% de los habitantes votarán por el Candidato A. Dado que solo hay dos candidatos, un candidato necesita más del 50% de los votos para ganar.

▶ Basándote en estas encuestas, puedes predecir que el Candidato A no ganará la elección.

b. A medida que aumenta el tamaño de la muestra, el porcentaje estimado de votos se acerca al 59%. Puedes predecir que el 59% de los habitantes de la ciudad votará por el Candidato A.

▶ Dado que el 59% de los votos es más que el 50% necesario para ganar, deberías sentirte confiado de que el Candidato A ganará la elección.

Monitoreo del progreso   Ayuda en inglés y español en *BigIdeasMath.com*

2. Dos candidatos postulan a presidente de la clase. La tabla muestra los resultados de cuatro encuestas de estudiantes aleatoriamente de la clase. Se preguntó a los estudiantes si votarán por el titular. ¿Crees que el titular será reelegido? Explica.

Tamaño de la muestra	Número de respuestas "sí"	Porcentaje de votos para el titular
10	7	70%
20	11	55%
30	13	43.3%
40	17	42.5%

Sección 11.5   Hacer inferencias de encuestas de muestreo

Analizar parámetros de población estimados

El parámetro de población estimado es una hipótesis. Aprendiste en la Sección 11.2 que una manera de analizar una hipótesis es hacer una simulación.

EJEMPLO 3   Analizar una proporción de población estimada

Una compañía encuestadora nacional afirma que el 34% de los adultos de los Estados Unidos dice que las matemáticas son la materia escolar más valiosa en sus vidas. Encuestas a una muestra aleatoria de 50 adultos.

a. ¿Qué puedes concluir sobre la exactitud de la afirmación de que la proporción de población es 0.34 si 15 adultos de tu encuesta dicen que las matemáticas son la materia más valiosa?

b. ¿Qué conclusión puedes sacar acerca de la exactitud de la afirmación si 25 adultos de tu encuesta dicen que las matemáticas son la materia más valiosa?

c. Asume que la verdadera proporción de población es 0.34. Estima la variación entre las proporciones de muestra usando muestras de tamaño 50.

SOLUCIÓN

```
randInt(0,99,50)
{76 10 27 54 41...
```

La afirmación de la compañía encuestadora (hipótesis) es que la proporción de la población de adultos que dicen que las matemáticas son la materia escolar más valiosa es 0.34. Para analizar esta afirmación, simula elegir 80 muestras aleatorias de tamaño 50 usando un generador aleatorio de números en una calculadora gráfica. Genera 50 números aleatoriamente del 0 a 99 por cada muestra. Imagina que los números 1 a 34 representan adultos que dicen matemáticas. Halla las proporciones de muestra y haz una gráfica de puntos que muestre la distribución de las proporciones de muestra.

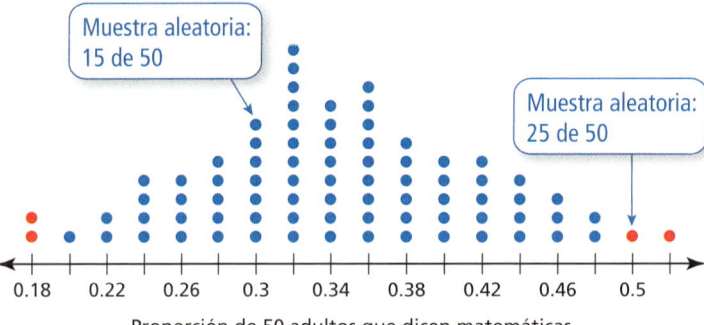

Simulación: Encuestar a 50 adultos

Proporción de 50 adultos que dicen matemáticas

CONSEJO DE ESTUDIO

La gráfica de puntos muestra los resultados de una simulación. Los resultados de otras simulaciones podrían dar resultados ligeramente diferentes pero la forma debería ser similar.

a. Observa que 15 de 50 corresponde a una proporción de muestra de $\frac{15}{50} = 0.3$. En la simulación, este resultado ocurrió en 7 de las 80 muestras aleatorias. Es *probable* que 15 adultos de 50 digan que las matemáticas son la materia escolar más valiosa si el verdadero porcentaje de la población es 34%. Entonces, puedes sacar la conclusión de que la afirmación de la compañía probablemente es exacta.

b. Observa que 25 de 50 corresponde a una proporción de muestra de $\frac{25}{50} = 0.5$. En la simulación, este resultado ocurrió solo en 1 de las 80 muestras aleatorias. Entonces, es *improbable* que 25 adultos de 50 digan que las matemáticas son la materia escolar más valiosa si el verdadero porcentaje de la población es 34%. Entonces, puedes sacar la conclusión de que la afirmación de la compañía probablemente *no* es exacta.

INTERPRETAR LOS RESULTADOS MATEMÁTICOS

Observa que la proporción de muestra 0.3 en la parte (a) pertenece a este intervalo, mientras que la proporción de muestra 0.5 en la parte (b) no pertenece a este intervalo.

c. Observa que la gráfica de puntos es bastante acampanada y simétrica, entonces la distribución es aproximadamente normal. En una distribución normal, sabes que aproximadamente el 95% de las proporciones de muestra posibles estarán situadas dentro de dos desviaciones estándares de 0.34. Excluir las dos proporciones de muestra menores y las dos mayores, representadas por puntos rojos ● en la gráfica de puntos, deja 76 de 80, o 95% de las proporciones de muestra. Estas 76 proporciones van de 0.2 a 0.48. Entonces, el 95% de las veces, una proporción de muestra debería pertenecer al intervalo de 0.2 a 0.48.

Monitoreo del progreso  Ayuda en inglés y español en *BigIdeasMath.com*

3. ¿QUÉ PASA SI? En el Ejemplo 3, ¿qué conclusión puedes sacar acerca de la exactitud de la afirmación de que la proporción de población es 0.34 si 21 adultos en tu muestra aleatoria dicen que las matemáticas son la materia más valiosa?

Hallar márgenes de error en las encuestas

Al llevar a cabo una encuesta, necesitas hacer que el tamaño de tu muestra sea lo suficientemente grande como para representar la población con exactitud. A medida que aumenta el tamaño de la muestra, disminuye el *margen de error*.

El **margen de error** da un límite de cuánto diferirían las respuestas de la muestra de las respuestas de la población. Por ejemplo, si el 40% de las personas en una encuesta están a favor de una nueva ley tributaria, y el margen de error es ±4%, entonces es probable que entre el 36% y el 44% de la población completa esté a favor de la nueva ley tributaria.

> ### Concepto Esencial
> **Fórmula de margen de error**
>
> Si se toma una muestra aleatoria de tamaño n de una población grande, el margen de error se aproxima por
>
> $$\text{Margen de error} = \pm \frac{1}{\sqrt{n}}.$$
>
> Esto significa que si el porcentaje de la muestra que responde de cierta manera es p (expresado como decimal), entonces el porcentaje de la población que respondería de la misma manera es probable que esté entre $p - \frac{1}{\sqrt{n}}$ y $p + \frac{1}{\sqrt{n}}$.

EJEMPLO 4 Hallar un margen de error

Principal fuente de noticias de los estadounidenses

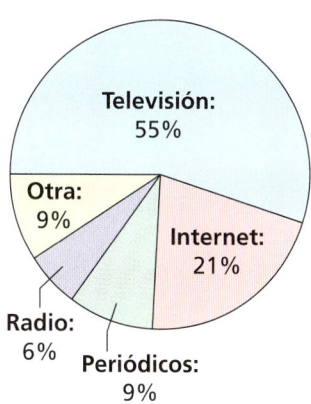

En una encuesta de 2048 personas en los Estados Unidos, 55% dijeron que la televisión es su principal fuente de noticias. (a) ¿Cuál es el margen de error de la encuesta? (b) Da un intervalo que probablemente contenga el porcentaje exacto de todas las personas que usan la televisión como su principal fuente de noticias.

SOLUCIÓN

a. Usa la fórmula de margen de error.

$$\text{Margen de error} = \pm \frac{1}{\sqrt{n}} = \pm \frac{1}{\sqrt{2048}} \approx \pm 0.022$$

▶ El margen de error de la encuesta es de aproximadamente ±2.2%.

b. Para hallar el intervalo, resta y suma 2.2% del porcentaje de las personas encuestadas que dijeron que la televisión es su principal fuente de noticias (55%).

$$55\% - 2.2\% = 52.8\% \qquad 55\% + 2.2\% = 57.2\%$$

▶ Es probable que el porcentaje exacto de todas las personas en los Estados Unidos que usan la televisión como su principal fuente de noticias sea de entre 52.8% y 57.2%.

Monitorear el progreso Ayuda en inglés y español en *BigIdeasMath.com*

4. En una encuesta de 1028 personas en los Estados Unidos, 87% reportó usar el Internet. Da un intervalo que contenga probablemente el porcentaje exacto de todas las personas en los Estados Unidos que usan el Internet.

11.5 Ejercicios

Verificación de vocabulario y concepto esencial

1. **COMPLETAR LA ORACIÓN** El _____ da un límite de cuánto podrían diferir las respuestas de la muestra de las respuestas de la población.

2. **ESCRIBIR** ¿Cuál es la diferencia entre la estadística descriptiva y la estadística inferencial?

Monitoreo del progreso y Representar con matemáticas

3. **RESOLVER PROBLEMAS** El número de mensajes de texto enviados cada día por una muestra aleatoria de 30 usuarios de teléfono celular adolescentes se muestran en la tabla. Estima la mediana μ de población. *(Consulta el Ejemplo 1).*

Número de mensajes de texto				
30	60	59	83	41
37	66	63	60	92
53	42	47	32	79
53	80	41	51	85
73	71	69	31	69
57	60	70	91	67

4. **RESOLVER PROBLEMAS** Los ingresos de una muestra aleatoria de 35 hogares estadounidenses se muestran en la tabla. Estima la mediana μ de población.

Ingreso de hogares estadounidenses				
14,300	52,100	74,800	51,000	91,500
72,800	50,500	15,000	37,600	22,100
40,000	65,400	50,000	81,100	99,800
43,300	32,500	76,300	83,400	24,600
30,800	62,100	32,800	21,900	64,400
73,100	20,000	49,700	71,000	45,900
53,200	45,500	55,300	19,100	63,100

5. **RESOLVER PROBLEMAS** Usa los datos del Ejercicio 3 para responder la pregunta.

   a. Estima la proporción de población ρ de los usuarios adolescentes de teléfono celular que envían más de 70 mensajes de texto cada día.

   b. Estima la proporción de población ρ de usuarios adolescentes de teléfono celular que envían menos de 50 mensajes de texto cada día.

6. **ESCRIBIR** Una encuesta pregunta a una muestra aleatoria de adolescentes de los Estados Unidos cuántas horas de televisión ven cada noche. La encuesta revela que la media de la muestra es de 3 horas por noche. ¿Cuán confiado estás de que el promedio de todos los adolescentes de los Estados Unidos es exactamente 3 horas por noche? Explica tu razonamiento.

7. **SACAR CONCLUSIONES** Si el Presidente de los Estados Unidos veta un proyecto de ley, el Congreso puede ignorar el veto mediante una votación que logre una mayoría de dos tercios de los votos de cada cámara. Cinco organizaciones informativas llevan a cabo encuestas aleatorias de senadores estadounidenses. Se pregunta a los senadores si votarán a favor de ignorar el veto. Los resultados se muestran en la tabla. *(Consulta el Ejemplo 2).*

Tamaño de la muestra	Número de votos para ignorar el veto	Porcentaje de votos para ignorar el veto
7	6	85.7%
22	16	72.7%
28	21	75%
31	17	54.8%
49	27	55.1%

   a. Basándote en los resultados de las dos primeras encuestas, ¿crees que el Senado votará a favor de ignorar el veto? Explica.

   b. Basándote en los resultados de la tabla, ¿crees que el Senado votará a favor de ignorar el veto? Explica.

630　Capítulo 11　Análisis de datos y estadística

8. **SACAR CONCLUSIONES** Tu maestro permite que los estudiantes decidan tomar su examen el viernes o el lunes. La tabla muestra los resultados de cuatro encuestas a estudiantes aleatoriamente elegidos en tu grado que toman la misma clase. Se pregunta a los estudiantes si quieren tomar el examen el viernes.

Tamaño de la muestra	Número de respuestas "sí"	Porcentaje de votos
10	8	80%
20	12	60%
30	16	53.3%
40	18	45%

   a. Basándote en los resultados de las primeras dos encuestas, ¿crees que el examen será el viernes? Explica.

   b. Basándote en los resultados de la tabla, ¿crees que el examen será el viernes? Explica.

9. **REPRESENTAR CON MATEMÁTICAS** Una compañía encuestadora nacional afirma que el 54% de los adultos de los Estados Unidos están casados. Encuestas una muestra aleatoria de 50 adultos. *(Consulta el Ejemplo 3).*

   a. ¿Qué conclusión puedes sacar sobre la exactitud de la afirmación de que la proporción de la población es 0.54 si 31 adultos de tu encuesta están casados?

   b. ¿Qué conclusión puedes sacar acerca de la exactitud de la afirmación de que la proporción de la población es 0.54 si 19 adultos de tu encuesta están casados?

   c. Asume que la verdadera proporción de población es 0.54. Estima la variación entre proporciones de muestra para muestras de tamaño 50.

10. **REPRESENTAR CON MATEMÁTICAS** El compromiso del empleado es el nivel de compromiso y participación que tiene un empleado hacia la compañía y sus valores. Una compañía encuestadora nacional afirma que solo el 29% de los empleados de los Estados Unidos se sienten comprometidos en el trabajo. Encuestas una muestra aleatoria de 50 empleados de los Estados Unidos.

    a. ¿Qué conclusión puedes sacar sobre la exactitud de la afirmación de que la proporción de la población es 0.29 si 16 empleados se sienten comprometidos en el trabajo?

    b. ¿Qué conclusión puedes sacar sobre la exactitud de la afirmación de que la proporción de la población es 0.29 si 23 empleados se sienten comprometidos en el trabajo?

    c. Asume que la verdadera proporción de población es 0.29. Estima la variación entre proporciones de población para muestras de tamaño 50.

En los Ejercicios 11–16, halla el margen de error de una encuesta que tenga el tamaño de muestra dado. Redondea tu respuesta al décimo porcentual más cercano.

11. 260
12. 1000
13. 2024
14. 6400
15. 3275
16. 750

17. **PRESTAR ATENCIÓN A LA PRECISIÓN** En una encuesta a 1020 adultos de los Estados Unidos, 41% dijeron que su principal prioridad para ahorrar es la jubilación. *(Consulta el Ejemplo 4).*

    a. ¿Cuál es el margen de error de la encuesta?

    b. Da un intervalo que probablemente contenga el porcentaje exacto de todos los adultos de los Estados Unidos cuya principal prioridad para ahorrar sea la jubilación.

18. **PRESTAR ATENCIÓN A LA PRECISIÓN** En una encuesta de 1022 adultos de los Estados Unidos, el 76% dijo que debería darse más énfasis a producir energía doméstica a partir de la energía solar.

    a. ¿Cuál es el margen de error de la encuesta?

    b. Da un intervalo que probablemente contenga el porcentaje exacto de todos los adultos de los Estados Unidos que creen que debería darse más énfasis a producir energía doméstica a partir de la energía solar.

19. **ANÁLISIS DE ERRORES** En una encuesta, el 8% de los usuarios adultos de Internet dijo que participan en ligas deportivas de fantasía en línea. El margen de error es ±4%. Describe y corrige el error cometido al calcular el tamaño de muestra.

$$\pm 0.08 = \pm \frac{1}{\sqrt{n}}$$
$$0.0064 = \frac{1}{n}$$
$$n \approx 156$$

20. **ANÁLISIS DE ERRORES** En una muestra aleatoria de 2500 consumidores, el 61% prefiere el Juego A sobre el Juego B. Describe y corrige el error cometido al dar un intervalo que probablemente contenga el porcentaje exacto de todos los consumidores que prefieren el Juego A sobre el Juego B.

Margen de error = $\frac{1}{\sqrt{n}} = \frac{1}{\sqrt{2500}} = 0.02$

Es probable que el porcentaje exacto de todos los consumidores que prefieren el Juego A sobre el Juego B sea entre 60% y 62%.

Sección 11.5 Hacer inferencias de encuestas de muestreo

21. **ARGUMENTAR** Tu amigo afirma que es posible tener un margen de error entre 0 y 100 por ciento, sin incluir 0 ni 100 por ciento. ¿Es correcto lo que afirma tu amigo? Explica tu razonamiento.

22. **¿CÓMO LO VES?** La figura muestra la distribución de las proporciones de muestra de tres simulaciones usando diferentes tamaños de muestra. ¿Qué simulación tiene el menor margen de error? ¿Y el mayor? Explica tu razonamiento.

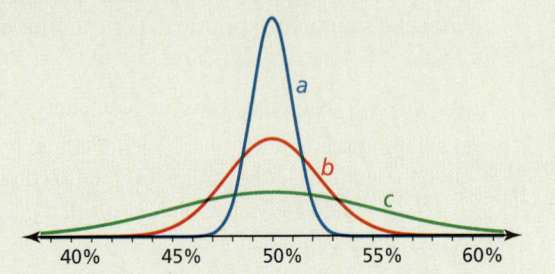

23. **RAZONAR** Un desarrollador urbano afirma que el porcentaje de habitantes de la ciudad que están a favor de construir un nuevo estadio de futbol americano está probablemente entre 52.3% y 61.7%. ¿A cuántos habitantes se encuestó?

24. **RAZONAMIENTO ABSTRACTO** Supón que se necesita una muestra aleatoria de tamaño n para producir un margen de error de $\pm E$. Escribe una expresión en términos de n para el tamaño de muestra requerido para reducir el margen de error a $\pm\frac{1}{2}E$. ¿Cuántas veces se debe aumentar el tamaño de muestra para reducir a la mitad el margen de error? Explica.

25. **RESOLVER PROBLEMAS** Una encuesta reportó que el 47% de los votantes encuestados, o aproximadamente 235 votantes, dijeron que votaron por el Candidato A y el resto dijo que votó por el Candidato B.

   a. ¿A cuántos votantes se encuestó?

   b. ¿Cuál es el margen de error de la encuesta?

   c. Por cada candidato, halla un intervalo que probablemente contenga el porcentaje exacto de votantes que votaron por el candidato.

   d. Basándote en tus intervalos en la parte (c), ¿puedes estar confiado de que ganó el Candidato B? Si no, ¿cuántas personas en la muestra tendrían que votar por el Candidato B para que tú estuvieras confiado de que ganó el Candidato B? (*Consejo*: Halla el menor número de votantes por el Candidato B para que los intervalos no se superpongan).

26. **ESTIMULAR EL PENSAMIENTO** Considera una población grande en la que ρ por ciento (en forma decimal) tenga cierta característica. Para estar razonablemente seguro de que estás eligiendo una muestra representativa de una población, deberías elegir una muestra aleatoria de n personas donde

$$n > 9\left(\frac{1-\rho}{\rho}\right).$$

   a. Supón que $\rho = 0.5$. ¿Qué tan grande tiene que ser n?

   b. Supón que $\rho = 0.01$. ¿Qué tan grande tiene que ser n?

   c. ¿Qué conclusión puedes sacar de las partes (a) y (b)?

27. **PENSAMIENTO CRÍTICO** En una encuesta, el 52% de los encuestados dijo que prefiere la bebida hidratante X y el 48% dijo que prefiere la bebida hidratante Y. ¿Cuántas personas tendría que encuestarse para que estuvieras confiado de que más de la mitad de la población en verdad prefiere la bebida hidratante X? Explica.

Mantener el dominio de las matemáticas
Repasar lo que aprendiste en grados y lecciones anteriores

Halla el inverso de la función. *(Sección 6.3)*

28. $y = 10^{x-3}$ 29. $y = 2^x - 5$ 30. $y = \ln(x+5)$ 31. $y = \log_6 x - 1$

Determina si la gráfica representa una secuencia aritmética o una secuencia geométrica. Luego escribe una regla para el enésimo término. *(Sección 8.2 y Sección 8.3)*

32.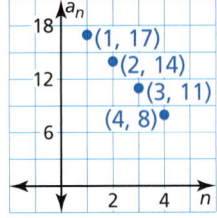
33.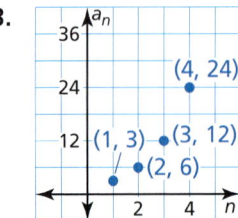
34.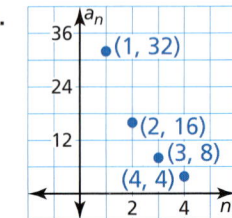

632   Capítulo 11   Análisis de datos y estadística

11.6 Hacer inferencias de experimentos

Pregunta esencial ¿Cómo puedes probar una hipótesis sobre un experimento?

EXPLORACIÓN 1 Remuestrear los datos

Trabaja con un compañero. Un ejemplo comparativo aleatorizado prueba si el agua con calcio disuelto afecta la producción de las plantas de calabaza amarilla. La tabla muestra los resultados.

Producción (kilogramos)	
Grupo de control	Grupo de tratamiento
1.0	1.1
1.2	1.3
1.5	1.4
0.9	1.2
1.1	1.0
1.4	1.7
0.8	1.8
0.9	1.1
1.3	1.1
1.6	1.8

a. Halla la producción media del grupo de control y la producción media del grupo de tratamiento. Luego halla la diferencia de las dos medias. Anota los resultados.

b. Escribe cada medida de producción de la tabla en una hoja de papel de igual tamaño. Coloca las dos hojas de papel en una bolsa, sacúdela y elige aleatoriamente 10 hojas de papel. Denomina a este grupo "grupo de control" y a las 10 hojas de papel en la bolsa, "grupo de tratamiento". Luego repite la parte (a) y vuelve a poner los papeles en la bolsa. Haz este experimento de remuestreo cinco veces.

c. ¿Cómo se compara la diferencia en las medias del grupo de control y de tratamiento con las diferencias resultado de la casualidad?

EXPLORACIÓN 2 Evaluar los resultados

Trabaja con toda la clase. Para llegar a la conclusión de que el tratamiento es responsable de la diferencia de producción, necesitas evidencia sólida que rechace la hipótesis:

> *El agua disuelta en calcio no tiene efecto sobre la producción de las plantas de calabaza amarilla.*

Para evaluar esta hipótesis, compara la diferencia experimental de la media con las diferencias de remuestreo.

a. Recolecta todas las diferencias de remuestreo de las medias halladas en la Exploración 1(b) de toda la clase y representa estos valores en un histograma.

b. Dibuja una línea vertical en el histograma de la clase para representar la diferencia experimental de las medias halladas en la Exploración 1(a).

c. ¿En qué parte del histograma debe estar situada la diferencia de las medias como evidencia para rechazar la hipótesis?

d. ¿Tu clase es capaz de rechazar la hipótesis? Explica tu razonamiento.

REPRESENTAR CON MATEMÁTICAS

Para dominar las matemáticas, necesitas identificar cantidades importantes en una situación práctica, mapear sus relaciones usando herramientas tales como diagramas y gráficas y analizar matemáticamente esas relaciones para sacar conclusiones.

Comunicar tu respuesta

3. ¿Cómo puedes probar una hipótesis sobre un experimento?

4. El experimento comparativo aleatorizado descrito en la Exploración 1 se replica y los resultados se muestran en la tabla. Repite las Exploraciones 1 y 2 usando este conjunto de datos. Explica cualquier diferencia en tus respuestas.

	Producción (kilogramos)								
Grupo de control	0.9	0.9	1.4	0.6	1.0	1.1	0.7	0.6	1.2	1.3
Grupo de tratamiento	1.0	1.2	1.2	1.3	1.0	1.8	1.7	1.2	1.0	1.9

11.6 Lección

Qué aprenderás

- Organizar datos de un experimento con dos muestras.
- Remuestrear los datos usando una simulación para analizar una hipótesis.
- Hacer inferencias sobre un tratamiento.

Vocabulario Esencial

Anterior
experimento comparativo aleatorizado
grupo de control
grupo de tratamiento
media
gráfico de puntos
valor extremo
simulación
hipótesis

Experimentos con dos muestras

En esta lección, vas a comparar datos de dos muestras en un experimento para hacer inferencias sobre un tratamiento usando un método llamado *remuestreo*. Antes de aprender sobre este método, considera el experimento descrito en el Ejemplo 1.

EJEMPLO 1 Organizar datos de un experimento

Un experimento comparativo aleatorizado prueba si un suplemento para suelos afecta la producción total (en kilogramos) de plantas de tomate cherry. El grupo de control tiene 10 plantas y el grupo de tratamiento, que recibe el suplemento para suelos, tiene 10 plantas. La tabla muestra los resultados.

	Producción total de plantas de tomate (kilogramos)									
Grupo de control	1.2	1.3	0.9	1.4	2.0	1.2	0.7	1.9	1.4	1.7
Grupo de tratamiento	1.4	0.9	1.5	1.8	1.6	1.8	2.4	1.9	1.9	1.7

a. Halla la media de la producción del grupo de control, $\overline{x}_{control}$.

b. Halla la media de la producción del grupo de tratamiento, $\overline{x}_{tratamiento}$.

c. Halla la diferencia experimental de las medias, $\overline{x}_{tratamiento} - \overline{x}_{control}$.

d. Representa los datos en una gráfica de puntos doble.

e. ¿Qué conclusión puedes sacar?

SOLUCIÓN

a. $\overline{x}_{control} = \dfrac{1.2 + 1.3 + 0.9 + 1.4 + 2.0 + 1.2 + 0.7 + 1.9 + 1.4 + 1.7}{10} = \dfrac{13.7}{10} = 1.37$

▶ La media de la producción del grupo de control es 1.37 kilogramos.

b. $\overline{x}_{tratamiento} = \dfrac{1.4 + 0.9 + 1.5 + 1.8 + 1.6 + 1.8 + 2.4 + 1.9 + 1.9 + 1.7}{10} = \dfrac{16.9}{10} = 1.69$

▶ La media de la producción del grupo de tratamiento es 1.69 kilogramos.

c. $\overline{x}_{tratamiento} - \overline{x}_{control} = 1.69 - 1.37 = 0.32$

▶ La diferencia experimental de las medias es 0.32 kilogramos.

d.

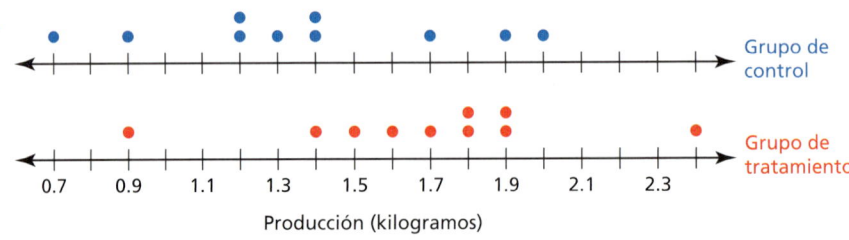

e. El diagrama de los datos muestra que los dos conjuntos de datos tienden a ser bastante simétricos y no tiene valores extremos. Entonces, la media es una medida adecuada de centro. La media de producción del grupo de tratamiento es 0.32 kilogramos más que el grupo de control. Parece que el suplemento para suelos podría ser ligeramente efectivo, pero el tamaño de la muestra es pequeño y la diferencia podría ser debida al azar.

634   Capítulo 11   Análisis de datos y estadística

Monitoreo del progreso
Ayuda en inglés y español en *BigIdeasMath.com*

1. En el Ejemplo 1, interpreta el significado de $\bar{x}_{\text{tratamiento}} - \bar{x}_{\text{control}}$ si la diferencia es (a) negativa, (b) cero y (c) positiva.

Remuestrear los datos usando una simulación

Las muestras en el Ejemplo 1 son muy pequeñas como para hacer inferencias sobre el tratamiento. Los estadísticos han desarrollado un método llamado remuestreo para superar este problema. Esta es una manera de remuestrear: combina las medidas de ambos grupos, y crea repetidas veces nuevos grupos "de control" y "de tratamiento" aleatoriamente a partir de las medidas sin que se repitan. El Ejemplo 2 muestra un remuestreo de los datos del Ejemplo 1.

EJEMPLO 2 Remuestrear los datos usando una simulación

Remuestrea los datos del Ejemplo 1 usando una simulación. Usa la media de producción de los nuevos grupos de control y de tratamiento para calcular la diferencia de las medias.

SOLUCIÓN

Paso 1 Combina las medidas de ambos grupos y asigna un número a cada valor. Imagina que los números 1 al 10 representan los datos del grupo de control original, y que los números 11 al 20 representan los datos del grupo de tratamiento original, como se muestra.

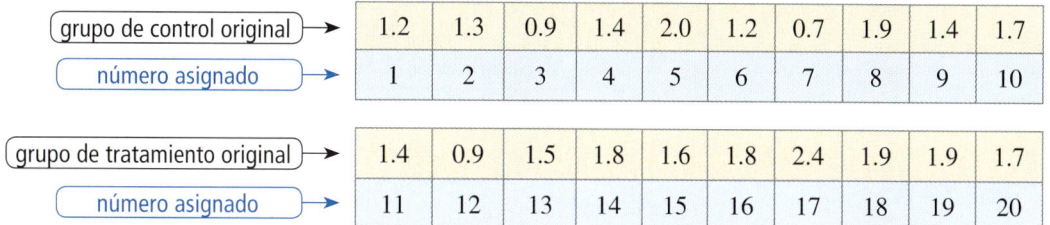

grupo de control original →	1.2	1.3	0.9	1.4	2.0	1.2	0.7	1.9	1.4	1.7
número asignado →	1	2	3	4	5	6	7	8	9	10

grupo de tratamiento original →	1.4	0.9	1.5	1.8	1.6	1.8	2.4	1.9	1.9	1.7
número asignado →	11	12	13	14	15	16	17	18	19	20

Paso 2 Usa un generador aleatorio de números. Genera aleatoriamente 20 números del 1 al 20 *sin repetir un número*. La tabla muestra los resultados.

```
randIntNoRep(1,20)
{14 19 4 3 18 9...
```

14	19	4	3	18	9	5	15	2	7
1	17	20	16	6	8	13	12	11	10

Usa los primeros 10 números para hacer el nuevo grupo de control y los siguientes 10 para hacer el nuevo grupo de tratamiento. Los resultados se muestran en la siguiente tabla.

	Remuestreo de la producción de plantas de tomate (kilogramos)
Nuevo grupo de control	1.8 | 1.9 | 1.4 | 0.9 | 1.9 | 1.4 | 2.0 | 1.6 | 1.3 | 0.7
Nuevo grupo de tratamiento	1.2 | 2.4 | 1.7 | 1.8 | 1.2 | 1.9 | 1.5 | 0.9 | 1.4 | 1.7

Paso 3 Halla las medias de producción de los nuevos grupos de control y de tratamiento.

$$\bar{x}_{\text{nuevo control}} = \frac{1.8 + 1.9 + 1.4 + 0.9 + 1.9 + 1.4 + 2.0 + 1.6 + 1.3 + 0.7}{10} = \frac{14.9}{10} = 1.49$$

$$\bar{x}_{\text{nuevo tratamiento}} = \frac{1.2 + 2.4 + 1.7 + 1.8 + 1.2 + 1.9 + 1.5 + 0.9 + 1.4 + 1.7}{10} = \frac{15.7}{10} = 1.57$$

▶ Entonces, $\bar{x}_{\text{nuevo tratamiento}} - \bar{x}_{\text{nuevo control}} = 1.57 - 1.49 = 0.08$. Esto es menos que la diferencia experimental hallada en el Ejemplo 1.

Sección 11.6 Hacer inferencias de experimentos

Hacer inferencias sobre un tratamiento

Para hacer un análisis de los datos del Ejemplo 1, necesitarás remuestrear los datos más de una vez. Luego de remuestrear varias veces, puedes ver con cuánta frecuencia obtienes diferencias entre los nuevos grupos que son por lo menos tan grandes como la que mediste.

EJEMPLO 3 Hacer inferencias sobre un tratamiento

Para llegar a la conclusión de que el tratamiento del Ejemplo 1 es responsable de la diferencia de producción, necesitas analizar esta hipótesis:

El nutriente para suelos no tiene efecto alguno en la producción de las plantas de tomate cherry.

Simula 200 remuestreos de los datos del Ejemplo 1. Compara la diferencia experimental de 0.32 del Ejemplo 1 con las diferencias de remuestreo. ¿Qué conclusión puedes sacar sobre la hipótesis? ¿El nutriente para suelos tiene algún efecto en la producción?

SOLUCIÓN

El histograma muestra los resultados de la simulación. El histograma es aproximadamente acampanado y bastante simétrico, entonces las diferencias tienen una distribución aproximadamente normal.

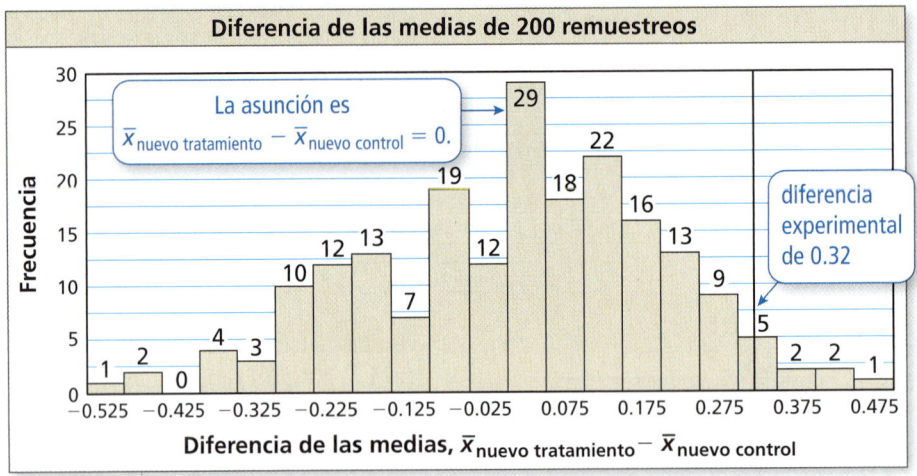

INTERPRETAR LOS RESULTADOS MATEMÁTICOS

Con esta conclusión, puedes estar 90% confiado de que el suplemento para suelos sí tiene un efecto.

Observa que la hipótesis presupone que la diferencia de las medias de producción es 0. Sin embargo, la diferencia experimental de 0.32 está situada cerca del extremo derecho. Con base en la gráfica, hay aproximadamente 5 a 10 valores de los 200 que son mayores que 0.32, que es a lo sumo 5% de los valores. También, la diferencia experimental queda fuera del centro de 90% de las diferencias de remuestreo (el centro de 90% es el área de las barras desde −0.275 a 0.275, que contiene 180 de los 200 valores, o 90%). Esto significa que es poco probable obtener una diferencia así de grande si consideras que la diferencia es 0, lo que sugiere que el grupo de control y el grupo de tratamiento difieren.

▶ Puedes sacar la conclusión de que la hipótesis muy probablemente es falsa. Entonces, el nutriente para suelos *sí* tiene un efecto en la producción de las plantas de tomate cherry. Dado que la diferencia media es positiva, el tratamiento *aumenta* la producción.

Monitoreo del progreso Ayuda en inglés y español en *BigIdeasMath.com*

2. En el Ejemplo 3, ¿cuáles son las consecuencias de llegar a la conclusión de que la hipótesis es falsa, cuando en realidad es verdadera?

11.6 Ejercicios

Soluciones dinámicas disponibles en *BigIdeasMath.com*

Verificación de vocabulario y concepto esencial

1. **COMPLETAR LA ORACIÓN** Un método en el que se sacan repetidamente nuevas muestras del conjunto de datos se denomina _____.

2. **DISTINTAS PALABRAS, LA MISMA PREGUNTA** ¿Cuál es diferente? Halla "ambas" respuestas.

   ¿Cuál es la diferencia experimental de las medias?

   ¿Qué es $\overline{x}_{tratamiento} - \overline{x}_{control}$?

   ¿Cuál es la raíz cuadrada del promedio de las diferencias elevadas al cuadrado de −2.85?

   ¿Cuál es la diferencia entre la media del grupo de tratamiento y la media del grupo de control?

	Peso del tumor (gramos)					
Grupo de control	3.3	3.2	3.7	3.5	3.3	3.4
Grupo de tratamiento	0.4	0.6	0.5	0.6	0.7	0.5

Monitoreo del progreso y Representar con matemáticas

3. **RESOLVER PROBLEMAS** Un experimento comparativo aleatorizado prueba si la musicoterapia afecta las calificaciones de depresión de estudiantes universitarios. Las calificaciones de depresión van de 20 a 80, y las calificaciones mayores de 50 están asociadas con la depresión. El grupo de control tiene ocho estudiantes y el grupo de tratamiento, que recibe la musicoterapia, tiene ocho estudiantes. La tabla muestra los resultados. *(Consulta el Ejemplo 1).*

	Calificación de depresión			
Grupo de control	49	45	43	47
Grupo de tratamiento	39	40	39	37

Grupo de control	46	45	47	46
Grupo de tratamiento	41	40	42	43

   a. Halla la calificación media del grupo de control.
   b. Halla la calificación media del grupo de tratamiento.
   c. Halla la diferencia experimental de las medias.
   d. Representa los datos en un gráfico de puntos doble.
   e. ¿A qué conclusión puedes llegar?

4. **RESOLVER PROBLEMAS** Un experimento comparativo aleatorizado prueba si la terapia láser de bajo nivel afecta la circunferencia de la cintura de los adultos. El grupo de control tiene ocho adultos y el grupo de tratamiento, que recibe la terapia láser de bajo nivel, tiene ocho adultos. La tabla muestra los resultados.

	Circunferencia (pulgadas)			
Grupo de control	34.6	35.4	33	34.6
Grupo de tratamiento	31.4	33	32.4	32.6

Grupo de control	35.2	35.2	36.2	35
Grupo de tratamiento	33.4	33.4	34.8	33

   a. Halla la circunferencia media del grupo de control.
   b. Halla la circunferencia media del grupo de tratamiento.
   c. Halla la diferencia experimental de las medias.
   d. Representa los datos en un gráfico de puntos doble.
   e. ¿A qué conclusión puedes llegar?

5. **ANÁLISIS DE ERRORES** En un experimento comparativo aleatorizado, la calificación media del grupo de tratamiento es 11 y la calificación media del grupo de control es 16. Describe y corrige el error cometido al interpretar la diferencia experimental de las medias.

   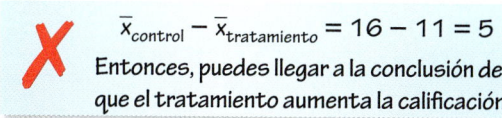
   $\overline{x}_{control} - \overline{x}_{tratamiento} = 16 - 11 = 5$
   Entonces, puedes llegar a la conclusión de que el tratamiento aumenta la calificación.

Sección 11.6 Hacer inferencias de experimentos

6. **RAZONAR** En el Ejercicio 4, interpreta el significado de $\bar{x}_{tratamiento} - \bar{x}_{control}$ cuando la diferencia es positiva, negativa y cero.

7. **REPRESENTAR CON MATEMÁTICAS** Remuestrea los datos del Ejercicio 3 usando una simulación. Usa las medias de los nuevos grupos de control y tratamiento para calcular la diferencia de las medias. *(Consulta el Ejemplo 2)*.

8. **REPRESENTAR CON MATEMÁTICAS** Remuestrea los datos del Ejercicio 4 usando una simulación. Usa las medias de los nuevos grupos de control y tratamiento para calcular la diferencia de las medias.

9. **SACAR CONCLUSIONES** Para analizar la siguiente hipótesis, usa el histograma que muestra los resultados de 200 remuestreos de los datos en el Ejercicio 3.

   La musicoterapia no tiene efecto alguno en la calificación de depresión.

   Compara la diferencia experimental en el Ejercicio 3 con las diferencias de remuestreo. ¿A qué conclusión puedes llegar sobre la hipótesis? ¿La musicoterapia tiene un efecto sobre la calificación de la depresión? *(Consulta el Ejemplo 3)*.

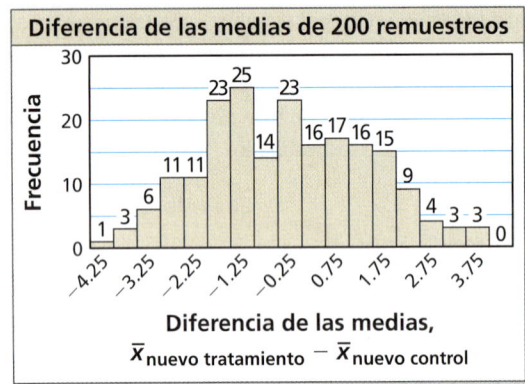

10. **SACAR CONCLUSIONES** Supón que la diferencia experimental de las medias en el Ejercicio 3 fue −0.75. Compara esta diferencia experimental de medias con las diferencias de remuestreo en el histograma del Ejercicio 9. ¿A qué conclusión puedes llegar sobre la hipótesis? ¿La musicoterapia tiene algún efecto sobre la calificación de depresión?

11. **ESCRIBIR** Compara el histograma en el Ejercicio 9 con el histograma siguiente. Determina cuál de ellos proporciona evidencia más sólida contra la hipótesis *"La musicoterapia no tiene efecto alguno sobre la calificación de depresión"*. Explica.

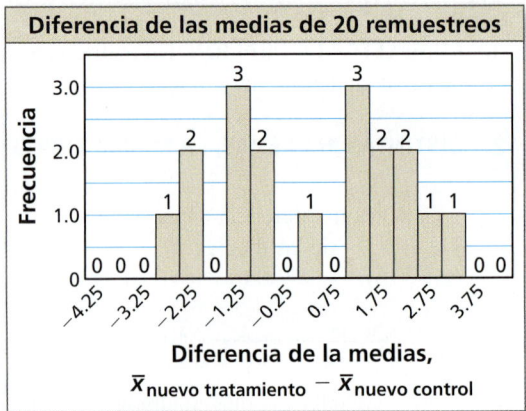

12. **¿CÓMO LO VES?** Sin calcular, determina si la diferencia experimental, $\bar{x}_{tratamiento} - \bar{x}_{control}$, es positiva, negativa o cero. ¿A qué conclusión puedes llegar sobre el efecto del tratamiento? Explica.

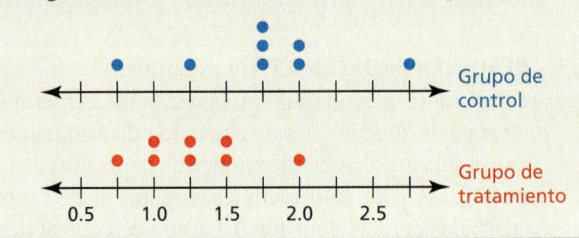

13. **ARGUMENTAR** Tu amigo afirma que la media de las diferencias de remuestreo de las medias debería estar cerca de 0 a medida que aumenta el número de remuestreos. ¿Es correcto lo que afirma tu amigo? Explica tu razonamiento.

14. **ESTIMULAR EL PENSAMIENTO** Describe un ejemplo de una observación que se puede hacer basándose en un experimento. Luego da cuatro posibles inferencias que se podrían hacer basándose en la observación.

15. **PENSAMIENTO CRÍTICO** En el Ejercicio 4, ¿cuántos remuestreos de los grupos de tratamiento y de control son teóricamente posibles? Explica.

Mantener el dominio de las matemáticas
Repasar lo que aprendiste en grados y lecciones anteriores

Factoriza completamente el polinomio. *(Sección 4.4)*

16. $5x^3 - 15x^2$ 17. $y^3 - 8$ 18. $z^3 + 5z^2 - 9z - 45$ 19. $81w^4 - 16$

Determina si el inverso de f es una función. Luego halla el inverso. *(Sección 7.5)*

20. $f(x) = \dfrac{3}{x+5}$ 21. $f(x) = \dfrac{1}{2x-1}$ 22. $f(x) = \dfrac{2}{x} - 4$ 23. $f(x) = \dfrac{3}{x^2} + 1$

11.4–11.6 ¿Qué aprendiste?

Vocabulario Esencial

experimento controlado, *pág. 620*
grupo de control, *pág. 620*
grupo de tratamiento, *pág. 620*
aleatorización, *pág. 620*
experimento comparativo aleatorizado, *pág. 620*

placebo, *pág. 620*
replicación, *pág. 622*
estadística descriptiva, *pág. 626*
estadística inferencial, *pág. 626*
margen de error, *pág. 629*

Conceptos Esenciales

Sección 11.4
Aleatorización en experimentos y estudios de observación, *pág. 621*
Estudios comparativos y causalidad, *pág. 621*
Analizar los diseños de los experimentos, *pág. 622*

Sección 11.5
Estimar parámetros de población, *pág. 626*
Analizar parámetros de población estimados, *pág. 628*

Sección 11.6
Experimentos con dos muestras, *pág. 634*
Remuestrear los datos usando simulaciones, *pág. 635*
Hacer inferencias sobre tratamientos, *pág. 636*

Prácticas matemáticas

1. En el Ejercicio 7 de la página 623, halla un compañero y discute tus respuestas. ¿Qué preguntas deberías hacer a tu compañero para determinar si un estudio de observación o un experimento es más apropiado?

2. En el Ejercicio 23 de la página 632, ¿cómo usaste el intervalo dado para hallar el tamaño de muestra?

Tarea de desempeño

Promediar el examen

A veces, las calificaciones de los exámenes se promedian por diversas razones, usando distintas técnicas. La práctica de promediar comenzó con la suposición de que un buen examen tendría como resultado calificaciones que estuvieran normalmente distribuidas alrededor de un promedio de C. ¿Es válida esta suposición? ¿Las calificaciones de los exámenes de tu clase están normalmente distribuidas? Si no es así, ¿cómo están distribuidas? ¿Qué algoritmos de promedio preservan la distribución y qué algoritmos la cambian?

Para explorar las respuestas a estas preguntas y más, visita *BigIdeasMath.com*.

11 Repaso del capítulo

Soluciones dinámicas disponibles en BigIdeasMath.com

11.1 Usar distribuciones normales (págs. 595–602)

Una distribución normal tiene una media μ y una desviación estándar σ. Se selecciona aleatoriamente un valor x de la distribución. Halla $P(\mu - 2\sigma \leq x \leq \mu + 3\sigma)$.

La probabilidad de que un valor x seleccionado aleatoriamente esté situado entre $\mu - 2\sigma$ y $\mu + 3\sigma$ es el área sombreada bajo la curva normal que se muestra.

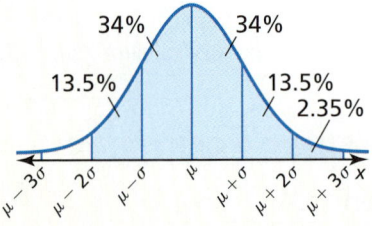

▶ $P(\mu - 2\sigma \leq x \leq \mu + 3\sigma) = 0.135 + 0.34 + 0.34 + 0.135 + 0.0235 = 0.9735$

1. Una distribución normal tiene una media μ y una desviación estándar σ. Se selecciona aleatoriamente un valor x de la distribución. Halla $P(x \leq \mu - 3\sigma)$.

2. Las calificaciones recibidas por los estudiantes de tercer año en la sección de matemáticas del PSAT están normalmente distribuidos con una media de 48.6 y una desviación estándar de 11.4. ¿Cuál es la probabilidad de que una calificación seleccionada aleatoriamente sea de por lo menos 76?

11.2 Poblaciones, muestras e hipótesis (págs. 603–608)

Sospechas que un dado favorece el número seis. El fabricante del dado afirma que el dado no favorece cualquier número. ¿A qué conclusión deberías llegar si lanzas el dado en cuestión 50 veces y obtienes un seis 13 veces?

La afirmación del fabricante, o hipótesis, es "el dado no favorece al número 6". Esto es lo mismo que decir que la proporción de números seis lanzados, a largo plazo, es $\frac{1}{6}$. Entonces, considera que la probabilidad de obtener un seis es $\frac{1}{6}$. Simula el lanzamiento del dado sacando repetidamente 200 muestras aleatorias de tamaño 50 de una población de números del 1 al 6. Haz un histograma de la distribución de las proporciones de la muestra.

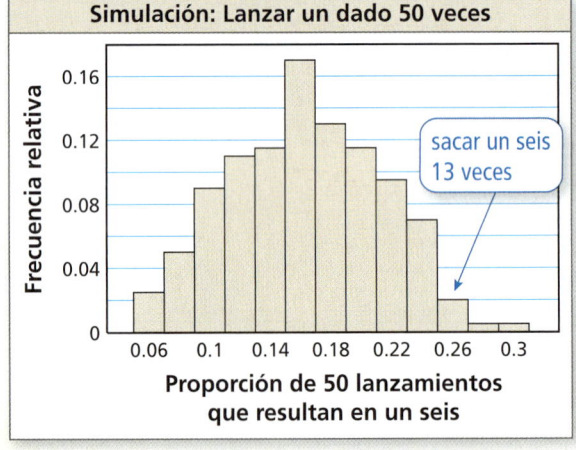

▶ Obtener un seis 13 veces corresponde a una proporción de $\frac{13}{50} = 0.26$. En la simulación, este resultado tuvo una frecuencia relativa de 0.02. Dado que no es probable que este resultado ocurra por casualidad, puedes llegar a la conclusión de que la afirmación del fabricante es probablemente falsa.

3. Para estimar el número promedio de millas manejadas por los motoristas de los Estados Unidos cada año, un investigador lleva a cabo una encuesta de 1000 conductores, registra el número de millas que manejan en un año y luego determina el promedio. Identifica la población y la muestra.

4. Un lanzador lanza 40 bolas rápidas en un juego. Un analista de béisbol registra las velocidades de 10 bolas rápidas y halla que la velocidad media es 92.4 millas por hora. ¿La velocidad media es un parámetro o una estadística? Explica.

5. Un premio en un programa de juegos está ubicado detrás de la Puerta A o detrás de la Puerta B. Sospechas que el premio está detrás de la Puerta A con mayor frecuencia. El anfitrión del programa afirma que el premio se coloca aleatoriamente detrás de cualquiera de las puertas. ¿A qué conclusión deberías llegar si el premio está detrás de la Puerta A para 32 de los 50 concursantes?

11.3 Recolectar datos *(págs. 609–616)*

Quieres determinar cuántas personas en la clase del último año planean estudiar matemáticas después de la preparatoria. Encuestas a cada estudiante de último año en tu clase de cálculo. Identifica el tipo de muestra descrito y determina si la muestra es no representativa.

▶ Seleccionas estudiantes que están plenamente disponibles. Entonces, la muestra es una *muestra de conveniencia*. La muestra es no representativa porque los estudiantes de una clase de cálculo tienen mayor probabilidad de estudiar matemáticas después de la preparatoria.

6. Un investigador quiere determinar cuántas personas en la ciudad están a favor de la construcción de una nueva carretera que conecte la preparatoria con el lado norte de la ciudad. Se encuesta a 50 residentes de cada lado de la ciudad. Identifica el tipo de muestra descrito y determina si la muestra es no representativa.

7. Un investigador registra el número de personas que usan un cupón cuando cenan en cierto restaurante. Identifica el método de recolección de datos.

8. Explica por qué la siguiente pregunta de encuesta podría ser tendenciosa o introducir sesgo a la encuesta. Luego describe una manera de corregir el error.

    "¿Crees que la ciudad debería reemplazar los obsoletos vehículos policiales que está usando?".

11.4 Diseño de experimentos *(págs. 619–624)*

Determina si el estudio es un experimento comparativo aleatorizado. Si lo es, describe el tratamiento, el grupo de tratamiento y el grupo de control. Si no lo es, explica por qué no y discute si las conclusiones sacadas del estudio son válidas.

▶ El estudio no es un experimento comparativo aleatorizado porque a los individuos no se les asignó aleatoriamente a un grupo de control y a un grupo de tratamiento. La conclusión de que el uso de audífonos daña la capacidad auditiva podría ser válido o no. Por ejemplo, las personas que escuchan más de una hora de música al día pueden tener mayor probabilidad de asistir a conciertos ruidosos que se sabe que afectan la audición.

> **Los audífonos dañan la audición**
>
> Un estudio de 100 estudiantes universitarios y de preparatoria comparó los tiempos que pasaron escuchando música con audífonos con la pérdida de la audición. Se encontró que el doce por ciento de las personas que escucharon música por más de una hora al día tuvieron una pérdida de audición mesurable en el curso del estudio de tres años.

9. Un gerente de restaurante quiere saber qué tipo de pan para sándwich atrae la mayor cantidad de clientes periódicos. ¿El tema se investigará mejor mediante un experimento o mediante un estudio de observación? Describe cómo diseñarías el experimento o estudio de observación.

10. Un investigador quiere probar la efectividad de una píldora para dormir. Identifica un problema potencial, si lo hay, con el diseño del experimento siguiente. Luego describe cómo lo puedes mejorar.

    El investigador pide 16 voluntarios que tengan insomnio. Se da la píldora para dormir a ocho voluntarios y a los otros ocho voluntarios se les da un placebo. Se registran los resultados durante un mes.

11. Determina si el estudio es un experimento comparativo aleatorizado. Si lo es, describe el tratamiento, el grupo de tratamiento y el grupo de control. Si no lo es, explica por qué no, y discute si las conclusiones que se sacaron del estudio son válidas.

> **¡Carros limpios en menos tiempo!**
>
> Para probar el nuevo diseño de una lavadora de carros, un ingeniero reunió a 80 clientes y los dividió aleatoriamente en dos grupos. Un grupo usó el antiguo diseño para lavar sus carros y un grupo usó el nuevo diseño para lavar sus carros. Los usuarios del nuevo diseño de la lavadora de carros pudieron lavar sus carros 30% más rápido.

11.5 Hacer inferencias de encuestas de muestreo *(págs. 625–632)*

Antes de los feriados del Día de Acción de Gracias, en una encuesta de 2368 personas, el 85% dijo que se sienten agradecidos por la salud de su familia. ¿Cuál es el margen de error de la encuesta?

Usa la fórmula del margen de error.

$$\text{Margen de error} = \pm\frac{1}{\sqrt{n}} = \pm\frac{1}{\sqrt{2368}} \approx \pm 0.021$$

▶ El margen de error de la encuesta es de aproximadamente ±2.1%.

12. En una encuesta de 1017 adultos de los Estados Unidos, el 62% dijo que preferiría ahorrar dinero en lugar de gastarlo. Da un intervalo que probablemente contenga el porcentaje exacto de todos los adultos de los Estados Unidos que prefieren ahorrar dinero en lugar de gastarlo.

13. Hay dos candidatos a rey del regreso a clases. La tabla muestra los resultados de cuatro encuestas aleatorias de los estudiantes de la escuela. Se preguntó a los estudiantes si votarán por el Candidato A. ¿Crees que el Candidato A será elegido rey del regreso a clases? Explica.

Tamaño de la muestra	Número de respuestas "sí"	Porcentaje de votos
8	6	75%
22	14	63.6%
34	16	47.1%
62	29	46.8%

11.6 Hacer inferencias de experimentos *(págs. 633–638)*

Un experimento comparativo aleatorizado prueba si un nuevo fertilizante afecta la longitud (en pulgadas) del césped después de una semana. El grupo de control tiene 10 secciones de tierra y el grupo de tratamiento, que se fertiliza, tiene 10 secciones de tierra. La tabla muestra los resultados.

	Longitud del césped (pulgadas)									
Grupo de control	4.5	4.5	4.8	4.4	4.4	4.7	4.3	4.5	4.1	4.2
Grupo de tratamiento	4.6	4.8	5.0	4.8	4.7	4.6	4.9	4.9	4.8	4.4

a. Halla la diferencia experimental de las medias, $\bar{x}_{\text{tratamiento}} - \bar{x}_{\text{control}}$.

$$\bar{x}_{\text{tratamiento}} - \bar{x}_{\text{control}} = 4.75 - 4.44 = 0.31$$

▶ La diferencia experimental de las medias es 0.31 pulgadas.

b. ¿A qué conclusión puedes llegar?

▶ Los dos conjuntos de datos tienden a ser bastante simétricos y no tienen valores extremos. Entonces, la media es una medida adecuada de centro. La longitud mediana del grupo de tratamiento es de 0.31 pulgadas más que el grupo de control. Parece que el fertilizante podría ser ligeramente efectivo, pero el tamaño de muestra es pequeño y la diferencia podría ser debida al azar.

14. Describe cómo usar una simulación para remuestrear los datos en el ejemplo anterior. Explica cómo esto te permite hacer inferencias sobre los datos si el tamaño de muestra es pequeño.

11 Prueba del capítulo

1. Investigadores de mercado quieren saber si más hombres o mujeres compran su producto. Explica si este tema de investigación se investiga mejor mediante un experimento o mediante un estudio de observación. Luego describe el diseño del experimento o estudio de observación.

2. Quieres encuestar a 100 de las 2774 universidades de cuatro años en los Estados Unidos sobre sus costos de enseñanza. Describe un método para seleccionar una muestra aleatoria de universidades a las cuales encuestar.

3. Los promedios de puntaje de calificaciones de todos los estudiantes en una preparatoria están normalmente distribuidos con una media de 2.95 y una desviación estándar de 0.72. ¿Estos valores numéricos son parámetros o estadísticas? Explica.

Una distribución normal tiene una media de 72 y una desviación estándar de 5. Halla la probabilidad de que un valor x seleccionado aleatoriamente de la distribución esté en el intervalo dado.

4. entre 67 y 77
5. al menos 75
6. máximo 82

7. Un investigador quiere probar la efectividad de un nuevo medicamento diseñado para bajar la presión arterial. Identifica un problema potencial, si lo hay, con el diseño experimental. Luego describe cómo lo puedes mejorar.

    El investigador identifica a 30 personas con presión arterial alta. Se da el medicamento a quince personas con la presión arterial más alta y a las otras 15 se les da un placebo. Después de 1 mes, se evalúa a las personas.

8. Un experimento comparativo aleatorizado prueba si un suplemento vitamínico aumenta la densidad ósea humana (en gramos por centímetro cuadrado). El grupo de control tiene ocho personas y el grupo de tratamiento, que recibe el suplemento vitamínico, tiene ocho personas. La tabla muestra los resultados.

	Densidad ósea (g/cm²)							
Grupo de control	0.9	1.2	1.0	0.8	1.3	1.1	0.9	1.0
Grupo de tratamiento	1.2	1.0	0.9	1.3	1.2	0.9	1.3	1.2

   a. Halla las medias de producción del grupo de control $\bar{x}_{control}$, y el grupo de tratamiento, $\bar{x}_{tratamiento}$.

   b. Halla la diferencia experimental de las medias, $\bar{x}_{tratamiento} - \bar{x}_{control}$.

   c. Representa los datos en un gráfico de puntos doble. ¿A qué conclusión puedes llegar?

   d. Se simulan quinientos remuestreos de los datos. De las 500 diferencias de remuestreo, 231 son mayores que la diferencia experimental de la parte (b). ¿A qué conclusión puedes llegar sobre la hipótesis *"El suplemento vitamínico no tiene efecto alguno en la densidad ósea humana"*? Explica tu razonamiento.

9. En una encuesta reciente de 1600 adultos de los Estados Unidos seleccionados aleatoriamente, el 81% dijo haber comprado un producto en línea.

   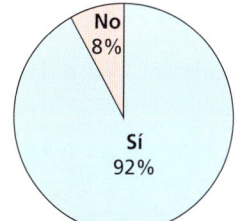
   ¿Has comprado un producto en línea?

   a. Identifica la población y la muestra. Describe la muestra.

   b. Halla el margen de error de la encuesta.

   c. Da un intervalo que probablemente contenga el porcentaje exacto de todos los adultos de los Estados Unidos que han comprado un producto en línea.

   d. Encuestas a 75 maestros de tu escuela. Los resultados se muestran en la gráfica. ¿Usarías la encuesta reciente o tu encuesta para estimar el porcentaje de adultos de los Estados Unidos que han comprado un producto en línea? Explica.

11 Evaluación acumulativa

1. Tu amigo afirma que cualquier sistema formado por tres de las siguientes ecuaciones tendrá exactamente una solución.

   $3x + y + 3z = 6$ $x + y + z = 2$ $4x - 2y + 4z = 8$

   $x - y + z = 2$ $2x + y + z = 4$ $3x + y + 9z = 12$

   a. Escribe un sistema lineal que respaldaría la afirmación de tu amigo.

   b. Escribe un sistema lineal que muestre que la afirmación de tu amigo es incorrecta.

2. ¿Cuáles de las siguientes muestras son no representativas? Si la muestra es no representativa, explica por qué lo es.

   Ⓐ Un restaurante le pide a los clientes que participen en una encuesta sobre la comida que se vende en el restaurante. El restaurante usa las encuestas que le devuelven.

   Ⓑ Quieres saber el deporte favorito de los estudiantes de tu escuela. Seleccionas aleatoriamente deportistas para entrevistar en el banquete deportivo escolar.

   Ⓒ El dueño de una tienda quiere saber si la tienda debería quedarse abierta 1 hora más cada noche. Cada cajero encuesta a cada quinto cliente.

   Ⓓ El dueño de un cine quiere saber si el volumen de sus películas es demasiado alto. Se encuesta aleatoriamente a los clientes menores de 18 años.

3. Una encuesta pregunta a adultos sobre su manera favorita de comer helados. Los resultados de la encuesta están representados en la siguiente tabla.

Resultados de la encuesta	
Taza	45%
Cono	29%
Copa de helado	18%
Otro	8%
(margen de error ±2.11%)	

   a. ¿Cuántas personas fueron encuestadas?

   b. ¿Por qué podría ser inexacto sacar la conclusión "Los adultos generalmente no prefieren comer sus helados en un cono" de estos datos?

   c. Decides probar los resultados de la encuesta entrevistando adultos elegidos aleatoriamente. ¿Cuál es la probabilidad de que por lo menos tres de las seis personas que encuestas prefieran comer sus helados en un cono?

   d. Cuatro de los seis encuestados en tu estudio dijeron que prefieren comer sus helados en un cono. Llegas a la conclusión de que la otra encuesta es inexacta. ¿Por qué podría ser incorrecta esta conclusión?

   e. ¿Cuál es el margen de error de la encuesta?

4. Haces una pantalla de tela para la lámpara que se muestra. El patrón para la pantalla se muestra en el diagrama a la izquierda.

   a. Usa un sector más pequeño para escribir una ecuación que relacione θ y x.

   b. Usa el sector más grande para escribir una ecuación que relacione θ y $x + 10$.

   c. Resuelve el sistema de ecuaciones de las partes (a) y (b) para x y θ.

   d. Halla la cantidad de tela (en pulgadas cuadradas) que usarás para hacer la pantalla.

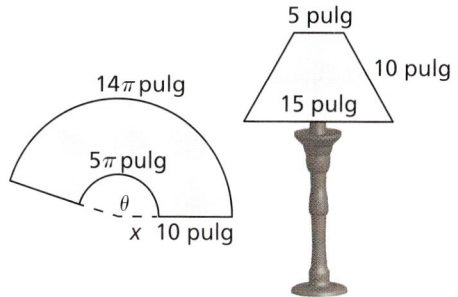

5. Para todos los estudiantes que tomaron el Examen de Admisión a la Escuela de Medicina en un periodo de 3 años, la calificación media fue 25.1. Durante los mismos 3 años, un grupo de 1000 estudiantes que tomó el examen tuvo una calificación media de 25.3. Clasifica cada media como parámetro o estadística. Explica.

6. Completa la tabla para las cuatro ecuaciones. Explica tu razonamiento.

Ecuación	¿Es el inverso una función? Sí	No	¿Es la función su propio inverso? Sí	No
$y = -x$				
$y = 3 \ln x + 2$				
$y = \left(\dfrac{1}{x}\right)^2$				
$y = \dfrac{x}{x-1}$				

7. La distribución normal que se muestra tienen una media de 63 y una desviación estándar de 8. Halla el porcentaje del área bajo la curva normal representada por la región sombreada. Luego describe otro intervalo bajo la curva normal que tenga la misma área.

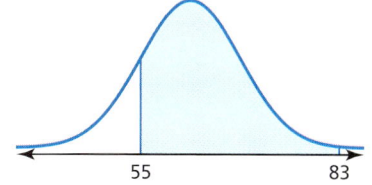

8. ¿Cuál de las expresiones racionales *no* se puede simplificar?

   Ⓐ $\dfrac{2x^2 + 5x - 3}{x^2 - 7x + 12}$

   Ⓑ $\dfrac{3x^3 + 21x^2 + 30x}{x^2 - 25}$

   Ⓒ $\dfrac{x^3 + 27}{x^2 - 3x + 9}$

   Ⓓ $\dfrac{x^3 + 2x^2 - 8x - 16}{2x^2 - 21x + 55}$

Respuestas seleccionadas

Capítulo 1

Capítulo 1 Mantener el dominio de las matemáticas *(pág. 1)*

1. 47 2. −46 3. $3\frac{3}{5}$ 4. 4 5. 13 6. 0

7.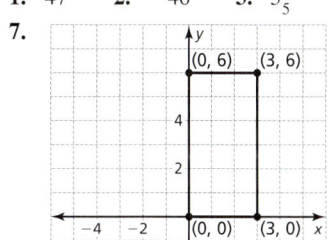

8. 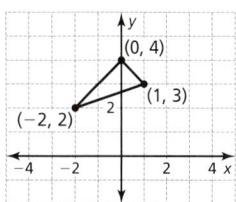 9.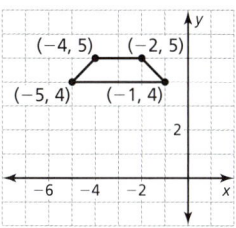

10. *Ejemplo de respuesta:* 12 + 18 ÷ 3 es igual a 18 cuando se hace primero la división y 10 cuando se hace primero la suma; sí; Si el punto (3, 2) se traslada 3 unidades hacia arriba, luego se refleja a lo largo del eje *x*, la nueva coordenada es (3, −5). Si se refleja a lo largo del eje *x* primero, luego se traslada 3 unidades hacia arriba, la nueva coordenada es (3, 1).

1.1 Verificación de vocabulario y concepto esencial *(pág. 8)*

1. función madre

1.1 Monitoreo del progreso y Representar con matemáticas *(págs. 8–10)*

3. valor absoluto; La gráfica es un alargamiento vertical con una traslación 2 unidades a la izquierda y 8 unidades hacia abajo; El dominio de cada función es todos los números reales, pero el rango de *f* es $y \geq -8$, y el rango de la función madre es $y \geq 0$.

5. lineal; La gráfica es un alargamiento vertical y una traslación 2 unidades hacia abajo; El dominio y el rango de cada función es todos los números reales.

7.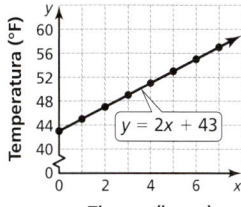

lineal; La temperatura aumenta en la misma cantidad en cada intervalo.

9.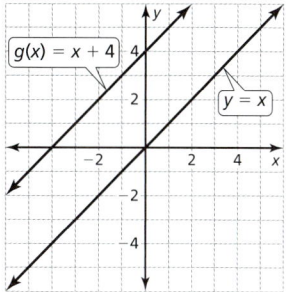

La gráfica de *g* es una traslación vertical 4 unidades hacia arriba de la función lineal madre.

11.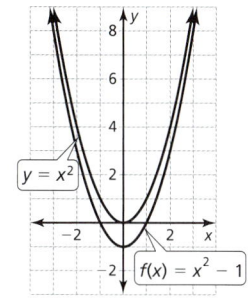

La gráfica de *f* es una traslación vertical 1 unidad hacia abajo de la función cuadrática madre.

13.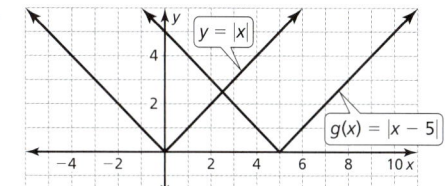

La gráfica de *g* es una traslación horizontal 5 unidades a la derecha de la función madre de valor absoluto.

15.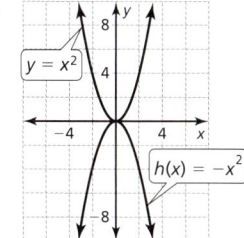

La gráfica de *h* es una reflexión en el eje *x* de la función cuadrática madre.

17.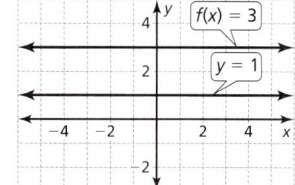

La gráfica de *f* es una traslación vertical 2 unidades hacia arriba de la función constante madre.

Respuestas seleccionadas **A1**

19.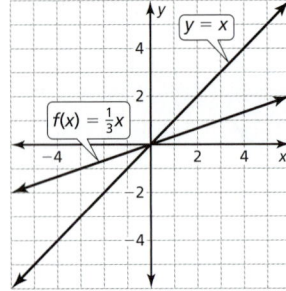

La gráfica de f es un encogimiento vertical de la función lineal madre.

21.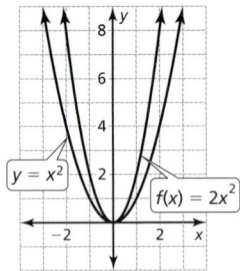

La gráfica de f es un alargamiento vertical de la función cuadrática madre.

23.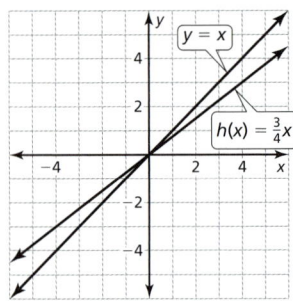

La gráfica de h es un encogimiento vertical de la función lineal madre.

25.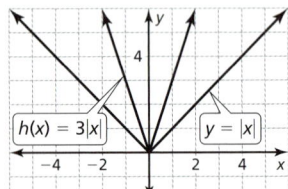

La gráfica de h es un alargamiento vertical de la función madre de valor absoluto.

27.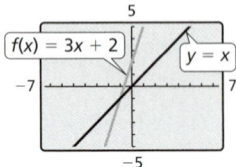

La gráfica de f es un alargamiento vertical seguido de una traslación 2 unidades hacia arriba de la función lineal madre.

29.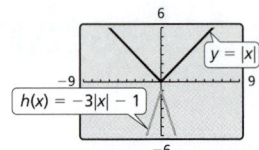

La gráfica de h es un alargamiento vertical y una reflexión en el eje x seguida de una traslación 1 unidad hacia abajo de la función madre de valor absoluto.

31.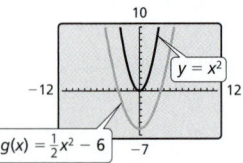

La gráfica de g es un encogimiento vertical seguido de una traslación 6 unidades hacia debajo de la función cuadrática madre.

33.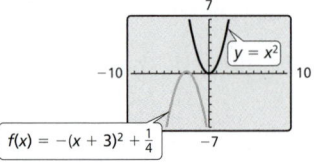

La gráfica de f es una reflexión en el eje x seguida de una traslación 3 unidades hacia la izquierda y $\frac{1}{4}$ unidad hacia arriba de la función cuadrática madre.

35. Es un alargamiento vertical, no un encogimiento. La gráfica es una reflexión en el eje x seguido de un alargamiento vertical de la función cuadrática madre.

37. $(2, -1), (-1, -4), (2, -5)$

39. valor absoluto; el dominio es todos los números reales; rango es $y \geq -1$

41. lineal; el dominio es todos los números reales; el rango es todos los números reales

43. cuadrática; el dominio es todos los números reales; el rango es $y \geq -2$

45. valor absoluto; 8 mi/h

47. no; f está desplazada a la derecha y g está desplazada hacia abajo.

49. sí; Desplazar la función lineal madre 2 unidades hacia abajo creará la misma gráfica que al desplazarla 2 unidades hacia arriba.

51. **a.** cuadrática
 b. 0; En el momento que se suelta la pelota, han pasado 0 segundos.
 c. 5.2; Dado que $f(t)$ representa la altura de la pelota, halla $f(0)$.

53. **a.** traslación vertical; La gráfica tendrá un alargamiento vertical y se desplazará 3 unidades hacias abajo.
 b. traslación horizontal; La gráfica se desplazará 8 unidades a la derecha.
 c. ambos; La gráfica se desplazará 2 unidades a la izquierda y 4 unidades hacia arriba.
 d. ninguna; La gráfica será un alargamiento vertical.

1.1 Mantener el dominio de las matemáticas (pág. 10)

55. no **57.** sí **59.** intersección con el eje x: 0; intersección con el eje y: 0

61. intersección con el eje x: $\frac{1}{3}$; intersección con el eje y: 1

1.2 Verificación de vocabulario y concepto esencial (pág. 16)

1. encogimiento

1.2 Monitoreo del progreso y Representar con matemáticas (págs. 16–18)

3. $g(x) = x - 1$ **5.** $g(x) = |4x + 3|$

7. $g(x) = 4 - |x - 2|$
9. f podría trasladarse 3 unidades hacia arriba o 3 unidades a la derecha.
11. $g(x) = 5x - 2$ 13. $g(x) = |6x| - 2$
15. $g(x) = -3 + |-x - 11|$ 17. $g(x) = 5x + 10$
19. $g(x) = |4x| + 4$ 21. $g(x) = -|x - 4| + 1$
23. C; La gráfica se ha trasladado a la izquierda.
25. D; La gráfica se ha trasladado hacia arriba.
27. $g(x) = 2x + 1$
29. $g(x) = \left|\frac{1}{2}x - 1\right|$ 31. $g(x) = -|x| - 8$
33. Trasladar una gráfica a la derecha requiere una resta, no una suma; $g(x) = |x - 3| + 2$
35. no; Supón que una gráfica contiene el punto (3, 2) y se traslada 3 unidades hacia arriba, luego se refleja a lo largo del eje x. La nueva coordenada es (3, -5). Si se refleja a lo largo del eje x primero, luego se traslada 3 hacia arriba, la nueva coordenada es (3, 1).
37. La gráfica se ha trasladado 6 unidades a la izquierda; $A = 9$
39. La gráfica se ha reflejado en el eje x; $A = 16$
41. a. $f(x) + (c - b)$ b. $f\left(x + \frac{c - b}{m}\right)$
43. alargamiento vertical, traslación, reflexión; *Ejemplo de respuesta:* $-(4|x| - 2) = -4|x| + 2$
45. $a = -2, b = 1$ y $c = 0$, $g(x) = -2|x - 1|$ representa la transformación de $f(x)$.

1.2 Mantener el dominio de las matemáticas (pág. 18)
47. -5 49. 0
51. [gráfica de dispersión con puntos aproximados cerca de (3, 22), (6, 15), (8, 15), (10, 10), (13, 5)]

1.3 Verificación de vocabulario y concepto esencial (pág. 26)
1. pendiente e intersección

1.3 Monitoreo del progreso y Representar con matemáticas (págs. 26–28)
3. $y = \frac{1}{5}x$; La propina aumenta $0.20 por cada dólar gastado en la comida.
5. $y = 50x + 100$; La balance aumenta $50 por semana.
7. $y = 55x$; El número de palabras aumenta por 55 por minuto.
9. Greenville Journal; 5 líneas
11. El balance original de $100 debería haberse incluido; Después de 10 años, el aumento en el balance será $70, que resulta en un balance nuevo de $170.
13. sí; *Ejemplo de respuesta:* $y = 4.25x + 1.75$; $y = 65.5$; Después de 15 minutos, has quemado 65.5 calorías.
15. sí; *Ejemplo de respuesta:* $y = -4.6x + 96$; $y = 27$; Después de 15 horas, a la batería le quedará 27% de vida útil.
17. $y = 380.03x + 11,290$; $16,990.45; El costo de la educación anual aumenta aproximadamente $380 por año y el costo de la educación en 2005 es aproximadamente $11,290.
19. $y = 0.42x + 1.44$; $r = 0.61$; correlación positiva débil
21. $y = -0.45x + 4.26$; $r = -0.67$; correlación positiva débil
23. $y = 0.61x + 0.10$; $r = 0.95$; correlación positiva fuerte
25. a. *Ejemplo de respuesta:* altura y peso; temperatura y ventas de helados; La correlación es positiva porque a medida que la primera aumenta, la segunda también.
   b. *Ejemplo de respuesta:* millas conducidas y gasolina restante; horas usadas y batería útil restante; La correlación es negativa porque a medida que la primera sube, la segunda baja.
   c. *Ejemplo de respuesta:* edad y longitud del cabello; velocidad de tipeo y talla de zapato; No hay relación entre la primera y la segunda.
27. no; Como r está cerca de 0, los puntos no están cerca de la línea.
29. Es negativo; A medida que x aumenta, y aumenta, entonces z disminuye.
31. aproximadamente 2.2 millas

1.3 Mantener el dominio de las matemáticas (pág. 28)
33. $(16, -41)$ 35. $\left(1, \frac{1}{2}\right)$ 37. $\left(\frac{16}{17}, \frac{15}{17}\right)$

1.4 Verificación de vocabulario y concepto esencial (pág. 34)
1. triple ordenado

1.4 Monitoreo del progreso y Representar con matemáticas (págs. 34–36)
3. $(1, 2, -1)$ 5. $(3, -1, -4)$ 7. $\left(\frac{151}{64}, \frac{9}{8}, -\frac{51}{32}\right)$
9. Toda la segunda ecuación debería multiplicarse por 4, no solo el término x.

$$4x - y + 2z = -18$$
$$\underline{-4x + 8y + 4z = 44}$$
$$7y + 6z = 26$$

11. sin solución   13. $(z - 1, 1, z)$ 15. sin solución
17. Una pizza pequeña cuesta $5, un litro de gaseosa cuesta $1 y una ensalada cuesta $3.
19. $(4, -3, 2)$ 21. sin solución   23. $(7, 3, 5)$
25. $(3, 2, 1)$ 27. $\left(\frac{-3z + 3}{5}, \frac{-13z + 13}{5}, z\right)$ 29. 1%
31. *Ejemplo de respuesta:* Cuando una variable tiene el mismo coeficiente o su opuesto en cada ecuación. El sistema
$$3x + 2y - 4z = -5$$
$$2x + 2y + 3z = 8$$
$$5x - 2y - 7z = -9$$
puede resolverse eliminando primero y.
33. $\ell + m + n = 65, n = \ell + m - 15, \ell = \frac{1}{3}m$; $\ell = 10$ pies, $m = 30$ pies, $n = 25$ pies
35. a. *Ejemplo de respuesta:* $a = -1, b = -1, c = -1$; Usa la eliminación en las ecuaciones 1 y 2.
   b. *Ejemplo de respuesta:* $a = 4, b = 4, c = 5$; La solución es $\left(\frac{2}{3}, -\frac{2}{3}, 2\right)$.
   c. *Ejemplo de respuesta:* $a = 5, b = 5, c = 5$; Usa la eliminación en las ecuaciones 1 y 2.
37. 350 pies^2
39. a. $r + \ell + i = 12, 2.50r + 4\ell + 2i = 32, r = 2\ell + 2i$
   b. 8 rosas, 2 lirios, 2 irises
   c. no; *Ejemplo de respuesta*: 8 rosas, 4 lirios, 0 irises; 8 rosas, 0 lirios, 4 irises; 8 rosas, 3 lirios, 1 iris
41. $a = 12, b = -4, c = 10$; Estos valores son los únicos que pueden satisfacer el sistema lineal en $(-1, 2, -3)$.
43. $t + a = g, t + b = a, 2g = 3b$; 5 mandarinas

1.4 Mantener el dominio de las matemáticas (pág. 36)

45. $9m^2 + 6m + 1$ **47.** $16 - 8y + y^2$
49. $g(x) = -|x| + 5$ **51.** $g(x) = 3|x| - 15$

Repaso del capítulo 1 (págs. 38–40)

1.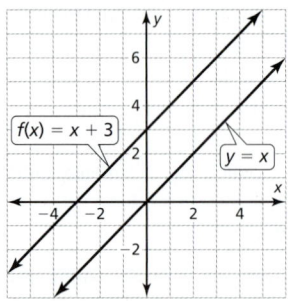
La gráfica de f es una traslación 3 unidades hacia arriba de la función lineal madre.

2.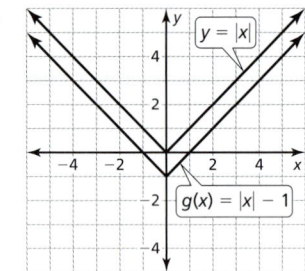
La gráfica de g es una traslación 1 unidad hacia abajo de la función madre de valor absoluto.

3.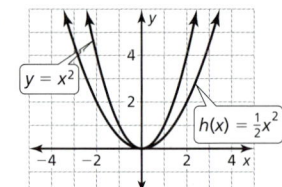
La gráfica de h es un encogimiento vertical por un factor de $\frac{1}{2}$ de la función cuadrática madre.

4.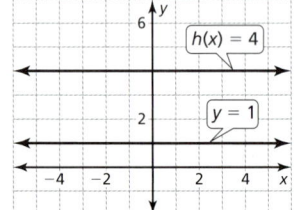
La gráfica de h es una traslación 3 unidades hacia arriba de la función constante madre.

5.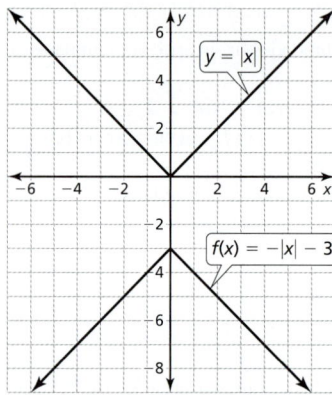
La gráfica de f es una reflexión en el eje x seguida por una traslación 3 unidades hacia abajo de la función madre de valor absoluto.

6.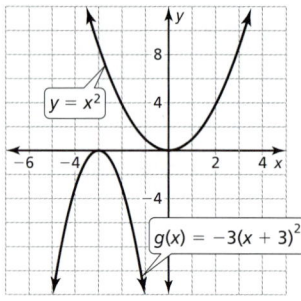
La gráfica de g es un alargamiento vertical por un factor de 3 seguido por una reflexión en el eje x y una traslación 3 unidades a la izquierdat.

7. $g(x) = -|x + 4|$ **8.** $g(x) = \frac{1}{2}|x| + 2$
9. $g(x) = -x - 3$ **10.** $y = 0.03x + 1.23$
11. $y = 0.35x$; 15.75 mi **12.** $(4, -2, 1)$
13. $\left(-\frac{4}{3}, -\frac{17}{3}, \frac{26}{3}\right)$ **14.** $(9 + 4y, y, -7 - 5y)$
15. sin solución **16.** $(-11, -8, 3)$ **17.** $(-16, 12, 10)$
18. 200 boletos de estudiantes, 350 boletos de adultos y 50 boletos de niños menores de 12 años

Capítulo 2

Capítulo 2 Mantener el dominio de las matemáticas (pág. 45)

1. $-\frac{7}{2}$ **2.** $\frac{4}{3}$ **3.** -3.6 **4.** 5 **5.** -10
6. 8 **7.** aproximadamente 6.32 **8.** aproximadamente 8.06
9. aproximadamente 2.24
10. aproximadamente 12.65 **11.** 10
12. aproximadamente 15.30
13. $d = |b - a|$; sí; Halla la distancia entre las dos coordenadas y con una resta. Saca el valor absoluto del resultado, porque la distancia es siempre positiva. Esto es posible cuando $x_1 = x_2$, la fórmula de distancia se simplifica como se muestra.

$$d = \sqrt{(x_2 - x_1)^2 + (y_2 - y_1)^2}$$
$$d = \sqrt{(y_2 - y_1)^2}$$
$$d = |y_2 - y_1|$$

2.1 Verificación de vocabulario y concepto esencial (pág. 52)

1. parábola

2.1 Monitoreo del progreso y Representar con matemáticas (págs. 52–54)

3. La gráfica de g es una traslación 3 unidades hacia abajo de la gráfica de f.

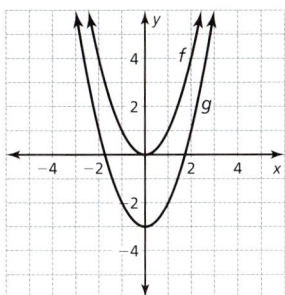

5. La gráfica de g es una traslación 2 unidades a la izquierda de la gráfica de f.

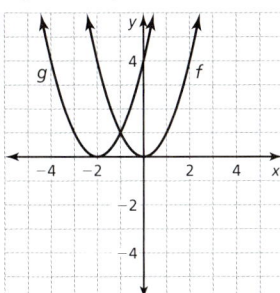

7. La gráfica de g es una traslación 1 unidad a la derecha de la gráfica de f.

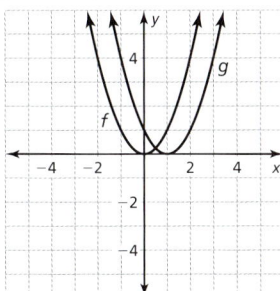

9. La gráfica de g es una traslación 6 unidades a la izquierda y 2 unidades hacia abajo de la gráfica de f.

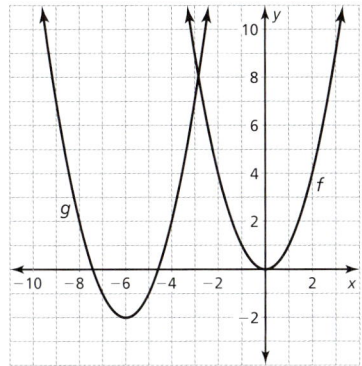

11. La gráfica de g es una traslación 7 unidades a la derecha y 1 unidad hacia arriba de la gráfica de f.

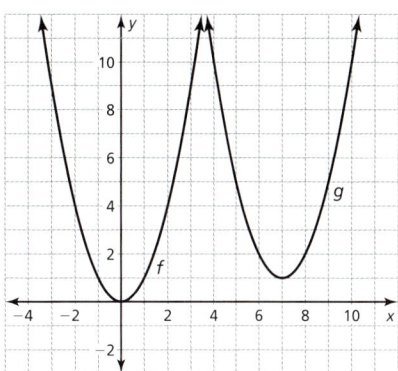

13. A; La gráfica se ha trasladado 1 unidad a la derecha.

15. C; La gráfica se ha trasladado 1 unidad a la derecha y 1 unidad hacia arriba.

17. La gráfica de g es una reflexión en el eje x de la gráfica de f.

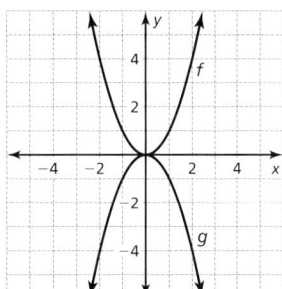

19. La gráfica de g es un alargamiento vertical por un factor de 3 de la gráfica de f.

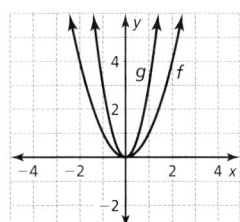

21. La gráfica de g es un encogimiento horizontal por un factor de $\frac{1}{2}$ de la gráfica de f.

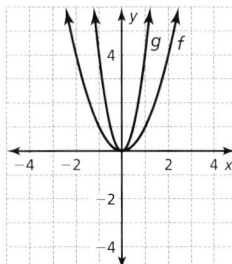

Respuestas seleccionadas **A5**

23. La gráfica de g es un encogimiento vertical por un factor de $\frac{1}{5}$ seguido de una traslación 4 unidades hacia abajo.

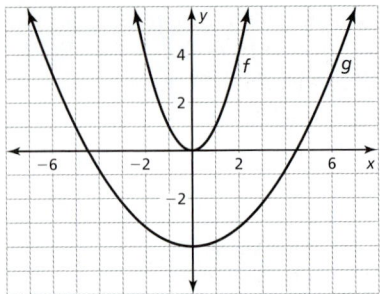

25. La gráfica es una reflexión en el eje x, no en el eje y; La gráfica es una reflexión en el eje x y un alargamiento vertical por un factor de 6, seguido de una traslación 4 unidades hacia arriba de la gráfica de la función cuadrática madre.

27. La gráfica de f es alargamiento vertical por un factor de 3, seguido de una traslación 2 unidades a la izquierda y 1 unidad hacia arriba de la gráfica de la función cuadrática madre; $(-2, 1)$

29. La gráfica de f es alargamiento vertical por un factor de 2, seguido de una reflexión en el eje x y una traslación 5 unidades hacia arriba de la función cuadrática madre; $(0, 5)$

31. $g(x) = -4x^2 + 2$; $(0, 2)$

33. $g(x) = 8\left(\frac{1}{2}x\right)^2 - 4$; $(0, -4)$

35. C; La gráfica es alargamiento vertical por un factor de 2 seguido de una traslación 1 unidad a la derecha y 2 unidades hacia debajo de la función cuadrática madre.

37. D; La gráfica es un alargamiento vertical por un factor de 2 y una reflexión en el eje x, seguida de una traslación 1 unidad a la derecha y 2 unidades hacia arriba de la función cuadrática madre.

39. F; La gráfica es un alargamiento vertical por un factor de 2 y una reflexión en el eje x, seguida de una traslación 1 unidad a la izquierda y 2 unidades hacia abajo de la función cuadrática madre.

41. Resta 6 de la salida; Sustituye $2x^2 + 6x$ por $f(x)$; Multiplica la salida por -1; Sustituye $2x^2 + 6x - 6$ por $h(x)$; Simplifica.

43. $h(x) = -0.03(x - 14)^2 + 10.99$

45. a. $y = \dfrac{-5}{1089}(x - 33)^2 + 5$

    b. El dominio es $0 \le x \le 66$ y el rango es $0 \le y \le 5$; El dominio representa el tiempo que el pez estuvo en el aire y el rango representa la altura del pez.

    c. sí; El valor cambia a $-\frac{1}{225}$; El vértice ha cambiado, pero aún pasa por el punto $(0, 0)$, entonces ha habido un alargamiento o encogimiento horizontal que cambia el valor de a.

47. a. $a = 2, h = 1, k = 6$; $g(x) = 2(x - 1)^2 + 6$

    b. $g(x) = 2f(x - 1) + 6$; Para cada función, a, h, y k son iguales, pero la segunda función no indica el tipo de función que se traslada.

    c. $a = 2, h = 1, k = 3$; $g(x) = 2(x - 1)^2 + 3$; $g(x) = 2f(x - 1) + 3$; Para cada función, a, h, y k son iguales, pero la respuesta en la parte (b) no indica el tipo de función que se traslada.

d. *Ejemplo de respuesta:* forma en vértice; Escribir una función transformada usando la notación de función requiere un paso extra para sustituir $f(x)$ en la función nuevamente transformada.

49. un encogimiento vertical mediante un factor de $\frac{7}{16}$.

2.1 Mantener el dominio de las matemáticas (pág. 54)

51. $(4, 4)$

2.2 Verificación de vocabulario y concepto esencial (pág. 61)

1. Si a es positivo, entonces la función cuadrática tendrá un mínimo. Si a es negativo, entonces la función cuadrática tendrá un máximo.

2.2 Monitoreo del progreso y Representar con matemáticas (págs. 61–64)

3.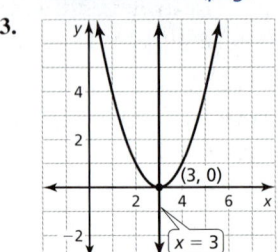

5.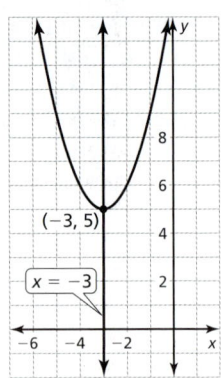

7.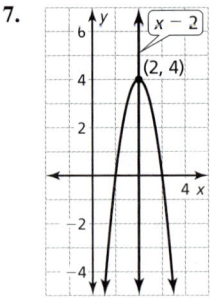

9.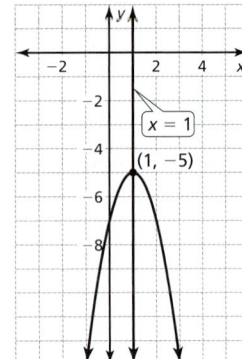

11.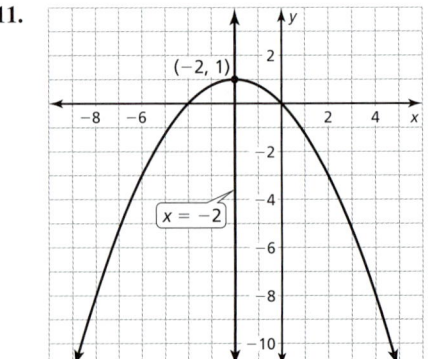

A6 Respuestas seleccionadas

13.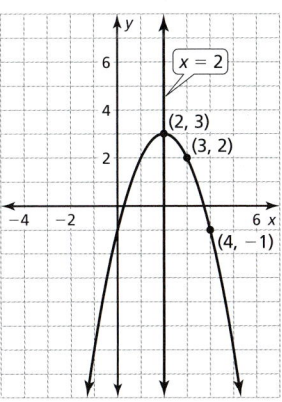

15. C   17. B

19.

21.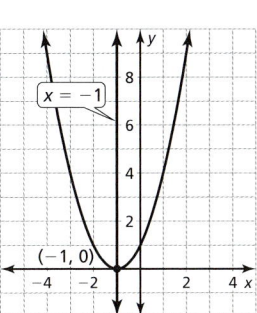

23.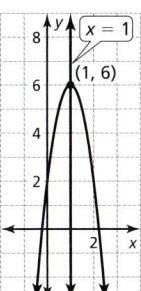

25.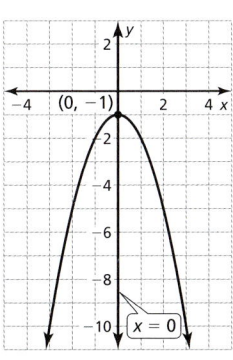

27.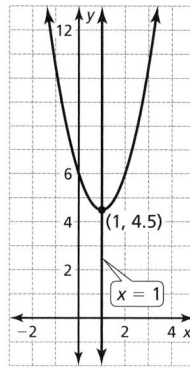

29.

31. Ambas funciones tienen un eje de simetría de $x = 2$.

33. A la fórmula le falta el signo negativo; La coordenada x del vértice es
$$x = -\frac{b}{2a} = -\frac{24}{2(4)} = -3.$$

35. (25, 18.5); Cuando la pelota de básquetbol está en su punto más alto, está a 25 pies desde su punto de partida y 18.5 pies del suelo.

37. B

39. El valor mínimo es -1. El dominio es todos los números reales y el rango es $y \geq -1$. La función disminuye hacia la izquierda de $x = 0$ y aumenta hacia la derecha de $x = 0$.

41. El valor máximo es 2. El dominio es todos los números reales y el rango es $y \leq 2$. La función aumenta hacia la izquierda de $x = -2$ y disminuye hacia la derecha de $x = -2$.

43. El valor máximo es 15. El dominio es todos los números reales y el rango es $y \leq 15$. La función aumenta hacia la izquierda de $x = 2$ y disminuye hacia la derecha de $x = 2$.

45. El valor mínimo es -18. El dominio es todos los números reales y el rango es $y \geq -18$. La función disminuye hacia la izquierda de $x = 3$ y aumenta hacia la derecha de $x = 3$.

47. El valor mínimo es -7. El dominio es todos los números reales y el rango es $y \geq -7$. La función disminuye hacia la izquierda de $x = 6$ y aumenta hacia la derecha de $x = 6$.

49. a. 1 m
    b. 3.25 m
    c. El buzo asciende de 0 metros a 0.5 metro y desciende de 0.5 metro hasta golpear el agua después de aproximadamente 1.1 metros.

51. $A = w(20 - w) = -w^2 + 20w$; El área máxima es 100 unidades cuadradas.

53.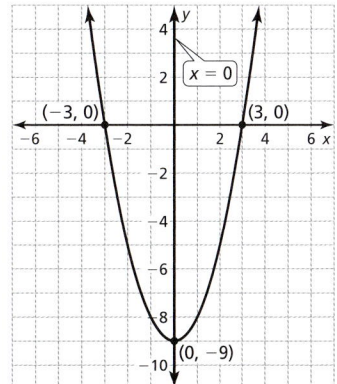

Respuestas seleccionadas   A7

55.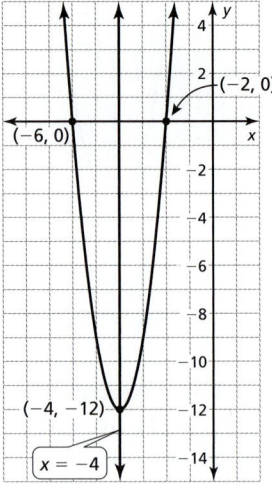

57.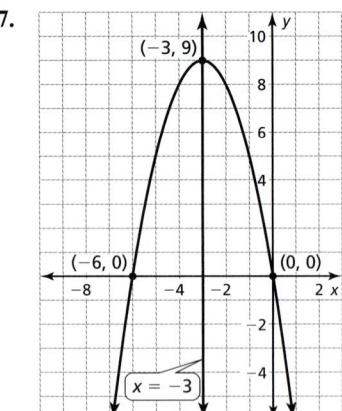

59.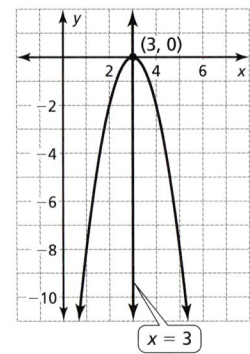

61. $p = 2, q = -6$; La gráfica disminuye hacia la izquierda de $x = -2$ y aumenta hacia la derecha de $x = -2$.

63. $p = 4, q = 2$; La gráfica aumenta hacia la izquierda de $x = 3$ y disminuye hacia la derecha de $x = 3$.

65. la segunda patada; la primera patada

67. no; Cualquiera de los puntos podría estar en el eje de simetría o ninguno de los puntos podría estar en el eje de simetría. Solo puedes determinar el eje de simetría si las coordenadas y de los dos puntos son iguales, porque los ejes de simetría estarían a mitad de camino entre los dos puntos.

69. $1.75

71. Las tres gráficas son iguales; $f(x) = x^2 + 4x + 3$, $g(x) = x^2 + 4x + 3$

73. no; El vértice de la gráfica es (3.25, 2.1125), que significa que el ratón no puede saltar sobre una cerca que sea más alta que 2.1125 pies.

75.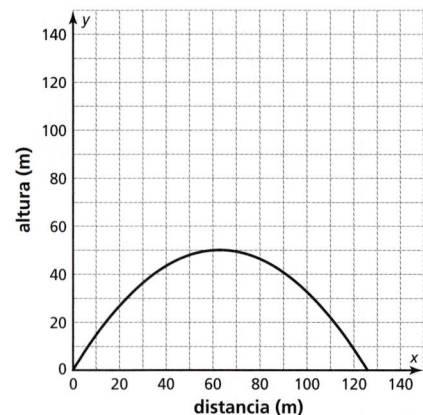

El dominio es $0 \leq x \leq 126$ y el rango es $0 \leq y \leq 50$; El dominio representa la distancia desde el inicio del puente a un lado del río y el rango representa la altura del puente.

77. no; El vértice debe pertenecer al eje de simetría, y (0, 5) no pertenece a $x = -1$.

79. **a.** aproximadamente 14.1%; aproximadamente 55.5 cm³/g

b. aproximadamente 13.6%; aproximadamente 44.1 cm³/g

c. El dominio de reventar con aire caliente es $5.52 \leq x \leq 22.6$, y el rango es $0 \leq y \leq 55.5$. El dominio de reventar con aceite caliente es $5.35 \leq x \leq 21.8$, y el rango es $0 \leq y \leq 44.1$. Significa que el contenido de humedad para los granos puede oscilar entre 5.52% y 22.6% y 5.35% y 21.8%, mientras que el volumen al reventar puede oscilar entre 0 y 55.5 centímetros cúbicos por gramo y 0 y 44.11 centímetros cúbicos por gramo.

2.2 Mantener el dominio de las matemáticas (pág. 64)

81. 4   **83.** sin solución   **85.** 2   **87.** -12

2.3 Verificación de vocabulario y concepto esencial (pág. 72)

1. foco; directriz

2.3 Monitoreo del progreso y Representar con matemáticas (págs. 72–74)

3. $y = \frac{1}{4}x^2$ **5.** $y = -\frac{1}{8}x^2$ **7.** $y = \frac{1}{24}x^2$

9. $y = -\frac{1}{40}x^2$

11. A, B y D; Cada uno tiene un valor para p que es negativo. Sustituir en un valor negativo para p en $y = \frac{1}{4p}x^2$ da como resultado una parábola que se ha reflejado a lo largo dell eje x.

13. El foco es (0, 2). La directriz es $y = -2$. El eje de simetría es el eje y.

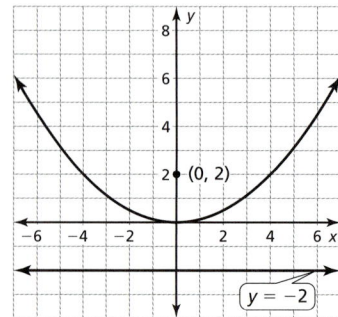

15. El foco es $(-5, 0)$. La directriz es $x = 5$. El eje de simetría es el eje x.

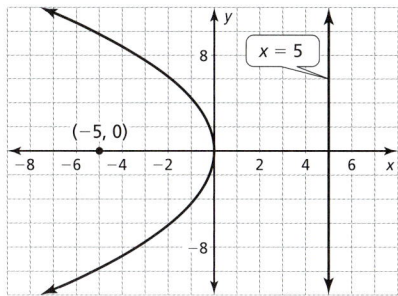

17. El foco es $(4, 0)$. La directriz es $x = -4$. El eje de simetría es el eje x.

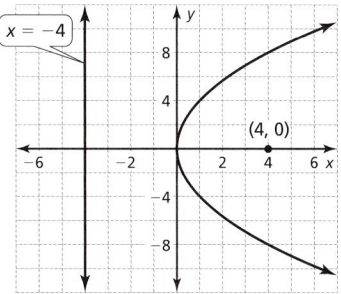

19. El foco es $\left(0, -\frac{1}{8}\right)$. La directriz es $y = \frac{1}{8}$. El eje de simetría es el eje y.

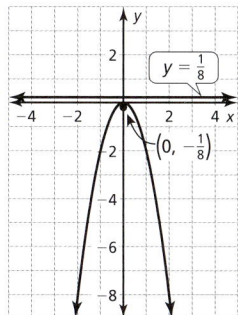

21. En vez de un eje de simetría vertical, la gráfica debería tener un eje de simetría horizontal.

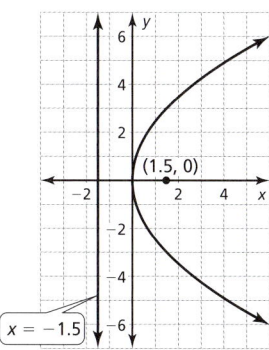

23. 9.5 pulg; El receptor debería colocarse en el foco. La distancia desde el vértice al foco es $p = \frac{38}{4} = 9.5$ pulg.

25. $y = \frac{1}{32}x^2$ **27.** $x = -\frac{1}{10}y^2$ **29.** $x = \frac{1}{12}y^2$

31. $x = \frac{1}{40}y^2$ **33.** $y = -\frac{3}{20}x^2$ **35.** $y = \frac{7}{24}x^2$

37. $x = -\frac{1}{16}y^2 - 4$ **39.** $y = \frac{1}{6}x^2 + 1$

41. El vértice es $(3, 2)$. El foco es $(3, 4)$. La directriz es $y = 0$. El eje de simetría es $x = 3$. La gráfica es un encogimiento vertical por un factor de $\frac{1}{2}$ seguido de una traslación 3 unidades a la derecha y 2 unidades hacia arriba.

43. El vértice es $(1, 3)$. El foco es $(5, 3)$. La directriz es $x = -3$. El eje de simetría es $y = 3$. La gráfica es un encogimiento horizontal por un factor de $\frac{1}{4}$ seguido de una traslación 1 unidad a la derecha y 3 unidades hacia arriba.

45. El vértice es $(2, -4)$. El foco es $\left(\frac{23}{12}, -4\right)$. La directriz es $x = \frac{25}{12}$. El eje de simetría es $y = -4$. La gráfica es un alargamiento horizontal por un factor de 12 seguido de una reflexión en el eje y y una traslación 2 unidades a la derecha y 4 unidades hacia abajo.

47. $x = \frac{1}{5.2}y^2$; aproximadamente 3.08 pulg.

49. A medida que $|p|$ aumenta, la gráfica se hace más ancha; A medida que $|p|$ disminuye, la constante en la función se hace más pequeña, que da como resultado un encogimiento vertical, y la gráfica se hace más ancha.

51. $y = \frac{1}{4}x^2$ **53.** $x = \frac{1}{4p}y^2$

2.3 Mantener el dominio de las matemáticas (pág. 74)

55. $y = 3x - 7$ **57.** $y = -\frac{1}{2}x + \frac{5}{2}$

59. $y = 3.98x + 0.92$

2.4 Verificación de vocabulario y concepto esencial (pág. 80)

1. Un modelo cuadrático es apropiado cuando las segundas diferencias son constantes.

2.4 Monitoreo del progreso y Representar con matemáticas (págs. 80–82)

3. $y = -3(x + 2)^2 + 6$ **5.** $y = 0.06(x - 3)^2 + 2$

7. $y = -\frac{1}{3}(x + 6)^2 - 12$ **9.** $y = -4(x - 2)(x - 4)$

11. $y = \frac{1}{10}(x - 12)(x + 6)$ **13.** $y = 2.25(x + 16)(x + 2)$

15. Si se dan las intersecciones con el eje x, es más fácil escribir la ecuación en forma de intersección. Si se da el vértice, es más fácil escribir la ecuación en la forma en vértice.

17. $y = -16(x - 3)^2 + 150$ **19.** $y = -0.75x^2 + 3x$

21. Las intersecciones con el eje x se sustituyeron incorrectamente.
$y = a(x - p)(x - q)$
$4 = a(3 + 1)(3 - 2)$
$a = 1$
$y = (x + 1)(x - 2)$

23. $S(C) = 180C^2$; 18,000 lbs

25. forma de intersección; Los tres puntos pueden sustituirse en la forma de intersección de una ecuación cuadrática para resolver para a, y luego puede escribirse la ecuación. Este método es mucho más corto que escribir y resolver un sistema de tres ecuaciones, aunque solo puede usarse cuando se dan las intersecciones.

27. a. parábola; no una tasa de cambio constante
   b. $h = -16t^2 + 280$ **c.** aproximadamente 4.18 seg
   d. El dominio es $0 \leq t \leq 4.18$ y representa el tiempo que la esponja estuvo en el aire. El rango es $0 \leq h \leq 280$ y representa la altura de la esponja.

29. cuadrático; Las segundas diferencias son constantes;
$y = -2x^2 + 42x + 470$

31. ninguna; Las primeras y las segundas diferencias no son constantes.

33. a. El vértice indica que en el 6to día, se ausentaron 19 personas, más que cualquier otro día.
   b. $y = -0.5(10-6)^2 + 19$; 11 estudiantes
   c. De 0 a 6 días, la tasa de cambio promedio fue 3 estudiantes por día. De 6 a 11 días, la tasa de cambio promedio fue −2.5 estudiantes por día. La tasa a la cual los estudiantes faltan a la escuela cambiaba más rápido a medida que se enfermaban más, en comparación a cuando los estudiantes se recuperaban.
35. $y = -16x^2 + 6x + 22$; después de aproximadamente 1.24 seg; 1.375 seg
37. 155 fichas

2.4 Mantener el dominio de las matemáticas *(pág. 82)*

39. $(x-2)(x-1)$ **41.** $5(x+3)(x-2)$

Repaso del capítulo 2 *(págs. 84–86)*

1. La gráfica es una traslación 4 unidades a la izquierda de la función cuadrática madre.

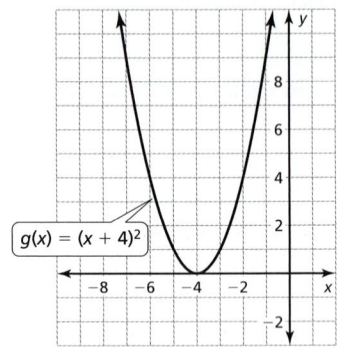

2. La gráfica es una traslación 7 unidades a la derecha y 2 unidades hacia arriba de la función cuadrática madre.

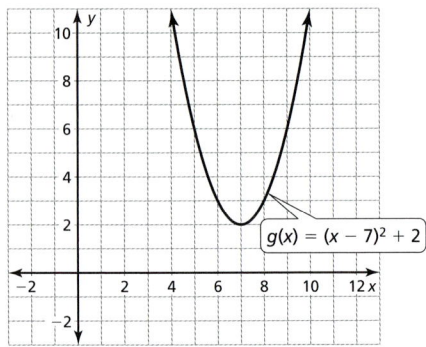

3. La gráfica es un alargamiento vertical por un factor de 3 seguido de una reflexión en el eje x y una traslación 2 unidades a la izquierda y 1 unidad hacia abajo.

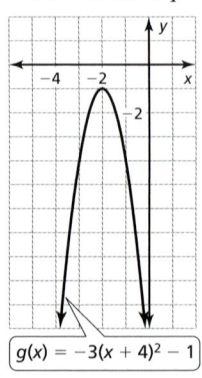

4. $g(x) = \frac{9}{4}(x+5)^2 - 2$
5. $g(x) = (-x+2)^2 - 2(-x+2) + 3 = x^2 - 2x + 3$
6. El valor mínimo es -4; La función disminuye hacia la izquierda de $x = 1$ y aumenta hacia la derecha de $x = 1$.

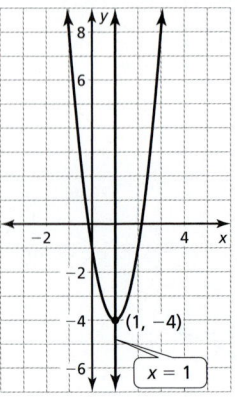

7. El valor máximo es 35; La función aumenta hacia la izquierda de $x = 4$ y disminuye hacia la derecha de $x = 4$.

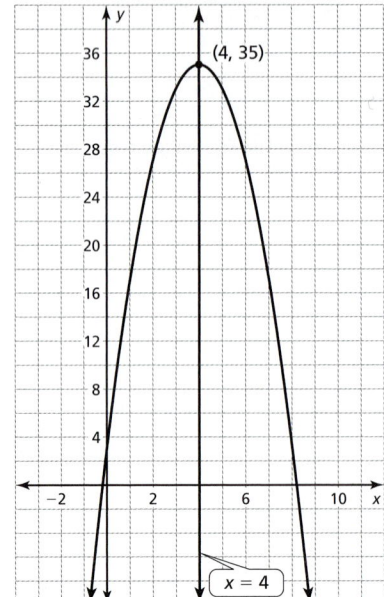

8. El valor mínimo es -25; La función disminuye hacia la izquierda de $x = -2$ y aumenta hacia la derecha de $x = -2$.

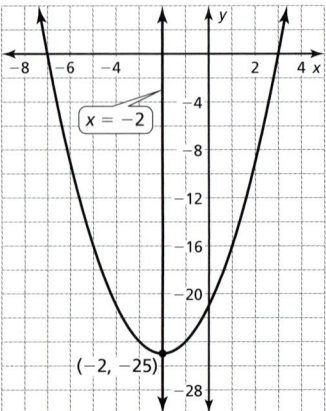

9. 2.25 pulg

A10   Respuestas seleccionadas

10. El foco es (0, 9), la directriz es $y = 9$, y el eje de simetría es $x = 0$.

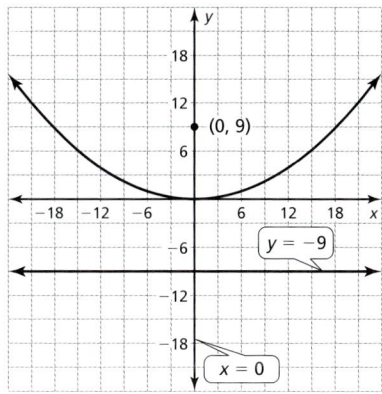

11. $x = -\frac{1}{8}y^2$ **12.** $y = -\frac{1}{16}(x-2)^2 + 6$

13. $y = \frac{16}{81}(x-10)^2 - 4$ **14.** $y = -\frac{3}{5}(x+1)(x-5)$

15. $y = 4x^2 + 5x + 1$

16. $y = -16x^2 + 150$; aproximadamente 3.06 seg

Capítulo 3

Capítulo 3 Mantener el dominio de las matemáticas *(pág. 91)*

1. $3\sqrt{3}$ **2.** $-4\sqrt{7}$ **3.** $\frac{\sqrt{11}}{8}$ **4.** $\frac{7\sqrt{3}}{10}$ **5.** $\frac{3\sqrt{2}}{7}$

6. $-\frac{\sqrt{65}}{11}$ **7.** $-4\sqrt{5}$ **8.** $4\sqrt{2}$ **9.** $(x-6)(x+6)$

10. $(x-3)(x+3)$ **11.** $(2x-5)(2x+5)$ **12.** $(x-11)^2$

13. $(x+14)^2$ **14.** $(7x+15)^2$

15. $a = 16$ y $c = 1$, $a = 4$ y $c = 4$, $a = 1$ y $c = 16$; $2\sqrt{ac} = 8$

3.1 Verificación de vocabulario y concepto esencial *(pág. 99)*

1. Usa la gráfica para hallar las intersecciones con el eje x de la función.

3.1 Monitoreo del progreso y Representar con matemáticas *(págs. 99–102)*

3. $x = -1$ y $x = -2$ **5.** $x = 3$ y $x = -3$

7. $x = -1$ **9.** sin solución real   **11.** sin solución real

13. $s = \pm 12$ **15.** $z = 1$ y $z = 11$ **17.** $x = 1 \pm \sqrt{2}$

19. sin solución real   **21.** A, B, y E

23. El $\pm$ no se usó cuando se sacó la raíz cuadrada; $2(x+1)^2 + 3 = 21$; $2(x+1)^2 = 18$; $(x+1)^2 = 9$; $x+1 = \pm 3$; $x = 2$ y $x = -4$

25. a. *Ejemplo de respuesta:* $x^2 = 16$ **b.** $x^2 = 0$
   c. *Ejemplo de respuesta:* $x^2 = -9$

27. $x = -3$ **29.** $x = 6$ y $x = 2$ **31.** $n = 0$ y $n = 6$

33. $w = 12$ y $w = 2$ **35.** $x = 4$ **37.** $x = 3$

39. $u = 0$ y $u = -9$; *Ejemplo de respuesta:* factorizar porque la ecuación puede factorizarse

41. sin solución real; *Ejemplo de respuesta:* raíces cuadradas porque la ecuación puede escribirse en la forma $u^2 = d$

43. $x = 6$ y $x = 2$; *Ejemplo de respuesta:* raíces cuadradas porque la ecuación puede escribirse en la forma $u^2 = d$

45. $x = -0.5$ y $x = -2.5$; *Ejemplo de respuesta:* factorizar porque la ecuación puede factorizarse

47. $x = -2$ y $x = -4$ **49.** $x = 3$ y $x = -10$

51. $x = 3$ y $x = -2$ **53.** $x = -11$

55. $f(x) = x^2 - 19x + 88$ **57.** $5.75; $1983.75

59. a. $h(t) = -16t^2 + 188$; aproximadamente 3.4 seg
   b. 80 pies; El tronco cayó 80 pies entre 2 y 3 segundos.

61. 0.5 pies o 6 pulg

63. La ola de 20 pies requiere una velocidad del viento que sea el doble de la velocidad del viento necesario para una ola de 5 pies.

65. $x \approx 34.64$; aproximadamente 207.84 pies, 277.12 pies, 173.20 pies, y 300 pies

67. la roca en Júpiter; Dado que el primer término es negativo, la altura del objeto que cae disminuirá más rápido a medida que g es más grande.

69.

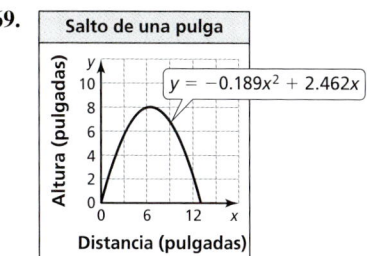

El vértice (6.5, 8.0) indica que el salto máximo de la pulga es 6.5 pulgadas de distancia desde el punto de inicio y 8.0 pulgadas sobre el punto de inicio. Los ceros $x = 13$ y $x = 0$ indican cuando la pulga está en el suelo.

71. tú; La función no cruza el eje x.

73. a. $mn = a^2$ y $m + n = 0$
   b. $m = \sqrt{-a^2} = a\sqrt{-1}$,
       $n = -\sqrt{-a^2} = -a\sqrt{-1}$;
       m y n no son números reales.

75. 60 pies

3.1 Mantener el dominio de las matemáticas *(pág. 102)*

77. $x^3 + 4x^2 + 6$ **79.** $-3x^3 + 7x^2 - 15x + 9$

81. $10x^3 - 2x^2 + 6x$ **83.** $-44x^3 + 33x^2 + 88x$

3.2 Verificación de vocabulario y concepto esencial *(pág. 108)*

1. $i = \sqrt{-1}$ y se usa para escribir la raíz cuadrada de cualquier número negativo.

3. Suma las partes reales y las partes imaginarias por separado.

3.2 Monitoreo del progreso y Representar con matemáticas *(págs. 108–110)*

5. $6i$ **7.** $3i\sqrt{2}$ **9.** $8i$ **11.** $-16i\sqrt{2}$

13. $x = 2$ y $y = 2$ **15.** $x = -2$ y $y = 4$

17. $x = 7$ y $y = -12$ **19.** $x = 6$ y $y = 28$

21. $13 + 2i$ **23.** $9 + 11i$ **25.** 19 **27.** $4 + 2i$

29. $-4 - 14i$ **31. a.** $-4 + 5i$ **b.** $2\sqrt{2} + 10i$

33. $(12 + 2i)$ ohms   **35.** $(8 + i)$ ohms   **37.** $-3 - 15i$

39. $14 - 5i$ **41.** 20 **43.** $-27 - 36i$

45. Propiedad distributiva; Simplifica; Definición de suma compleja; Escribe en forma estándar.

47. $(6 - 7i) - (4 - 3i) = 2 - 4i$ **49.** $x = \pm 3i$

51. $x = \pm i\sqrt{7}$ **53.** $x = \pm 2i\sqrt{5}$ **55.** $x = \pm i\sqrt{2}$
57. $x = \pm 6i$ **59.** $x = \pm 3i\sqrt{3}$ **61.** $x = \pm 4i\sqrt{3}$
63. i^2 puede simplificarse;
$15 - 3i + 10i - 2i^2 = 15 + 7i + 2 = 17 + 7i$
65. a. -8 **b.** $12 - 10i$ **c.** $21i$ **d.** $41 + 3i$ **e.** $-9i$
 f. $-9 + 23i$ **g.** 14 **h.** $14i$

Números reales	Números imaginarios	Números imaginarios puros
-8	$12 - 10i$	$21i$
14	$41 + 3i$	$-9i$
	$-9 + 23i$	$14i$

67.

Potencias de i	i^1	i^2	i^3	i^4	i^5	i^6	i^7	i^8	i^9	i^{10}	i^{11}	i^{12}
Forma simplificada	i	-1	$-i$	1	i	-1	$-i$	1	i	-1	$-i$	1

Los resultados de i^n se alternan en el patrón i, -1, $-i$ y 1.
69. $-28 + 27i$ **71.** $-15 - 25i$ **73.** $9 + 5i$
75. *Ejemplo de respuesta:* $3 + 2i$ y $3 - 2i$; Las partes reales son iguales y las partes imaginarias son opuestas.
77. a. falso; *Ejemplo de respuesta:* $(3 - 5i) + (4 + 5i) = 7$
 b. verdadero; *Ejemplo de respuesta:* $(3i)(2i) = 6i^2 = -6$
 c. verdadero; *Ejemplo de respuesta:* $3i = 0 + 3i$
 d. falso; *Ejemplo de respuesta:* $1 + 8i$

3.2 Mantener el dominio de las matemáticas *(pág. 110)*
79. sí **81.** no **83.** $y = 2(x + 3)^2 - 3$

3.3 Verificación de vocabulario y concepto esencial *(pág. 116)*
1. $\left(\dfrac{b}{2}\right)^2$

3.3 Monitoreo del progreso y Representar con matemáticas *(págs. 116–118)*
3. $x = 9$ y $x = -1$ **5.** $x = 9 \pm \sqrt{5}$
7. $y = 12 \pm 10i$ **9.** $w = \dfrac{-1 \pm 5\sqrt{3}}{2}$ **11.** 25; $(x + 5)^2$
13. 36; $(y - 6)^2$ **15.** 9; $(x - 3)^2$ **17.** $\dfrac{25}{4}$; $\left(z - \dfrac{5}{2}\right)^2$
19. $\dfrac{169}{4}$; $\left(w + \dfrac{13}{2}\right)^2$ **21.** 4; $x^2 + 4x + 4$
23. 36; $x^2 + 12x + 36$ **25.** $x = -3 \pm \sqrt{6}$
27. $x = -2 \pm \sqrt{6}$ **29.** $z = \dfrac{-9 \pm \sqrt{85}}{2}$
31. $t = -2 \pm 2i$ **33.** $x = -3 \pm i$ **35.** $x = 5 \pm 2\sqrt{7}$
37. 36 debería haberse sumado al lado derecho de la ecuación en lugar de 9; $4x^2 + 24x - 11 = 0$; $4(x^2 + 6x) = 11$; $4(x^2 + 6x + 9) = 11 + 36$; $4(x + 3)^2 = 47$;
$(x + 3)^2 = \dfrac{47}{4}$; $x + 3 = \dfrac{\pm\sqrt{47}}{2}$; $x = -3 \pm \dfrac{\sqrt{47}}{2}$;
$x = \dfrac{-6 \pm \sqrt{47}}{2}$
39. sí; Todos los pasos serían iguales que con dos soluciones reales, con la excepción de la constante que es negativa cuando sacas la raíz cuadrada.
41. factorizar; La ecuación puede factorizarse; $x = 7$ y $x = -3$
43. raíces cuadradas; La ecuación puede escribirse en la forma $u^2 = d$; $x = -8$ y $x = 0$
45. factorizar; La ecuación puede factorizarse; $x = -6$
47. completar el cuadrado; La ecuación no puede factorizarse o escribirse en la forma $u^2 = d$; $x = -1 \pm \dfrac{\sqrt{10}}{2}$
49. raíces cuadradas; La ecuación puede escribirse en la forma $u^2 = d$; $x = \pm 10$
51. $x = -5 + 5\sqrt{3}$ **53.** $x = -2 + 2\sqrt{21}$
55. $f(x) = (x - 4)^2 + 3$; $(4, 3)$
57. $g(x) = (x + 6)^2 + 1$; $(-6, 1)$
59. $h(x) = (x + 1)^2 - 49$; $(-1, -49)$
61. $f(x) = \left(x - \dfrac{3}{2}\right)^2 + \dfrac{7}{4}$; $\left(\dfrac{3}{2}, \dfrac{7}{4}\right)$
63. a. 22 pies **b.** aproximadamente 2.1 seg
65. a. $\$3600$ **b.** $y = -(x - 10)^2 + 3600$
 c. *Ejemplo de respuesta:* forma en vértice; El vértice de la gráfica da el valor máximo.
67. *Ejemplo de respuesta:* Completa el cuadrado para hallar el vértice. Factorízalo en la forma de intersección para hallar las dos raíces, halla su promedio para obtener el tiempo cuando el agua llega a su altura máxima y luego sustituye el tiempo en la función. Usa los coeficientes de la función original $y = f(x)$ para hallar la altura máxima, $f\left(-\dfrac{2}{2a}\right)$; 125.44 pies
69. no; El problema no puede resolverse factorizando porque las respuestas no son racionales.
71. $x = \dfrac{-b \pm \sqrt{b^2 - 4c}}{2}$ **73.** $x \approx 0.896$ cm

3.3 Mantener el dominio de las matemáticas *(pág. 118)*
75. $y \leq -1$ **77.** $s \geq -20$

79.

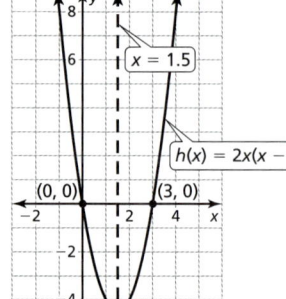

81.

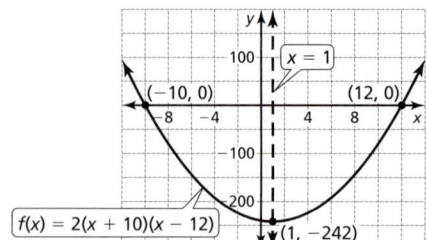

3.4 Verificación de vocabulario y concepto esencial *(pág. 127)*
1. $\dfrac{-b \pm \sqrt{b^2 - 4ac}}{2a}$
3. Habrá dos soluciones imaginarias.

3.4 Monitoreo del progreso y Representar con matemáticas (págs. 127–130)

5. $x = 3$ y $x = 1$ 7. $x = -3 \pm i\sqrt{6}$ 9. $x = 7$
11. $x = \dfrac{-1 \pm i\sqrt{14}}{3}$ 13. $x = 5$ 15. $x = \dfrac{3 \pm \sqrt{89}}{8}$
17. $z = 6 \pm \sqrt{30}$ 19. 0; una real: $x = -6$
21. 400; dos reales: $n = 3$ y $n = -2$
23. -135; dos imaginarias: $x = \dfrac{5 \pm 3i\sqrt{15}}{8}$
25. 0; una real: $x = -4$ 27. A
29. C; El discriminante es negativo, entonces la gráfica no tiene intersecciones con el eje x.
31. A; El discriminante es positivo, entonces la gráfica tiene dos intersecciones con el eje x. La intersección con el eje y es -9.
33. La i se dejó afuera después de sacar la raíz cuadrada;
$x = \dfrac{-10 \pm \sqrt{-196}}{2} = \dfrac{-10 \pm 14i}{2} = -5 \pm 7i$
35. *Ejemplo de respuesta:* $a = 1$ y $c = 5$; $x^2 + 4x + 5 = 0$
37. *Ejemplo de respuesta:* $a = 2$ y $c = 4$; $2x^2 - 8x + 4 = 0$
39. *Ejemplo de respuesta:* $a = 5$ y $c = -5$; $5x^2 + 10x + 5 = 0$
41. $-5x^2 + 8x - 12 = 0$ 43. $-7x^2 + 4x - 5 = 0$
45. $3x^2 + 4x + 1 = 0$
47. $x = \pm 2\sqrt{2}$; *Ejemplo de respuesta:* raíces cuadradas; La ecuación puede escribirse en la forma $u^2 = d$.
49. $x = 9$ y $x = -3$; *Ejemplo de respuesta:* factorizar; La ecuación puede factorizarse.
51. $x = 3$ y $x = 4$; *Ejemplo de respuesta:* factorizar; La ecuación puede factorizarse
53. $x = 5 \pm i\sqrt{2}$; *Ejemplo de respuesta:* completar el cuadrado; Descomponer 5 en factores, y $a = 1$ y b es un número par.
55. $x = \dfrac{-9 \pm \sqrt{33}}{8}$; *Ejemplo de respuesta:* Fórmula cuadrática; $a \neq 1$, b no es un número par, la ecuación no puede factorizarse y no puede escribirse fácilmente en la forma $u^2 = d$.
57. $x = \dfrac{-1 \pm \sqrt{5}}{2}$; *Ejemplo de respuesta:* Fórmula cuadrática; b no es un número par, la ecuación no puede factorizarse y no puede escribirse fácilmente en la forma $u^2 = d$.
59. $x = 6$ 61. aproximadamente 5.67 seg
63. aproximadamente 0.17 seg
65. a.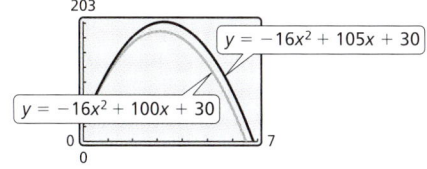

Los dos cohetes comienzan desde la misma altura, pero el cohete de tu amigo no llega tan alto y aterriza aproximadamente medio segundo antes.

b. aproximadamente 1 seg y 5.5625 seg; Son razonables porque $\dfrac{1 + 5.6}{2} = 3.3$ que es el eje de simetría.

67. a. aproximadamente 0.97 seg
b. el primer pájaro; El segundo pájaro llegará al agua después de 0.98 segundo.
69. 3.5 pies
71. a. $x = 6, x = -3, x = 5,$ y $x = -2$ b. $x = \pm 3$

73. Suma las soluciones para obtener $\dfrac{-b}{a}$, luego divide el resultado entre 2 para obtener $-\dfrac{b}{2a}$; Como es simétrico, el vértice de la parábola está en el medio de las dos intersecciones con el eje x y la coordenada del vértice es $-\dfrac{b}{2a}$.

75. Si $x = 3i$ y $x = -2i$ a son soluciones, entonces la ecuación puede escribirse como $a(x - 3i)(x + 2i) = ax^2 - aix + 6a$. a y ai no pueden ser ambos números reales.

3.4 Mantener el dominio de las matemáticas (pág. 130)

77. $(4, 5)$ 79. sin solución
81.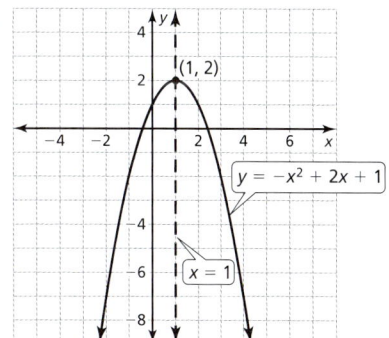

83.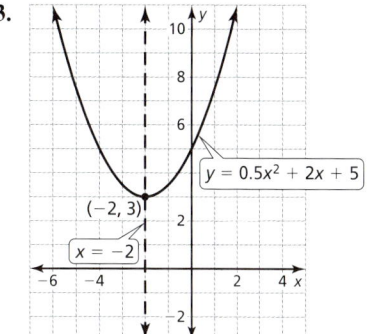

3.5 Verificación de vocabulario y concepto esencial (pág. 136)

1. Podría no tener solución, tener una solución o dos soluciones.

3.5 Monitoreo del progreso y Representar con matemáticas (pág. 136–138)

3. $(0, 2)$ y $(-2, 0)$ 5. sin solución   7. $(-4, 2)$
9. $(1, 1)$ y $(3, 1)$ 11. $(-4, 1)$ 13. $(1, 4)$ y $(9, 4)$
15. $(3, 8)$ y $(-1, 4)$ 17. $(0, -8)$ 19. sin solución
21. $(2, 3)$ y $(-2, 3)$ 23. sin solución   25. A y C
27. $(2, 7)$ y $(0, 5)$ 29. sin solución
31. aproximadamente $(-4.65, -4.71)$ y aproximadamente $(0.65, -15.29)$
33. $(-4, -4)$ y $(-6, -4)$
35. Los términos que se sumaron no eran términos semejantes; $0 = -2x^2 + 34x - 140$; $x = 7$ o $x = 10$
37. $(0, -1)$; *Ejemplo de respuesta:* eliminación porque las ecuaciones están ordenadas con términos semejantes en la misma columna
39. aproximadamente $(-11.31, 10)$ y aproximadamente $(5.31, 10)$; *Ejemplo de respuesta:* sustitución porque la segunda ecuación puede sustituirse en la primera ecuación
41. $(3, 3)$ y $(5, 3)$; *Ejemplo de respuesta:* hacer una gráfica porque la sustitución y la eliminación requerirían más pasos en este caso
43. $x = 0$ 45. $x \approx 0.63$ y $x \approx 2.37$
47. $x = 2$ y $x = 3$

Respuestas seleccionadas   **A13**

49. Las gráficas se intersecan en el vértice de la función cuadrática.

51. $d = 0.8t$; $d = 2.5t^2$; 0.32 min

53. sin solución: $m = 1$; una solución: $m = 0$; dos soluciones: $m = -1$

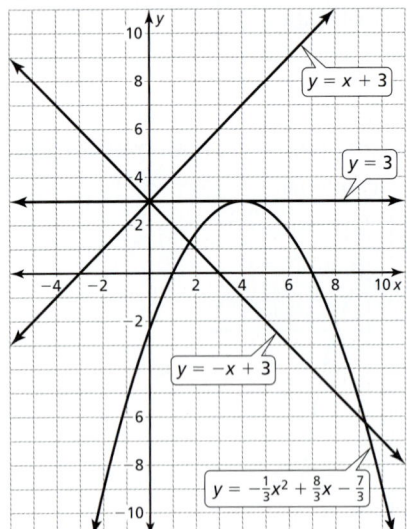

55. *Ejemplo de respuesta:* hacer una gráfica y fórmula cuadrática; hacer una gráfica porque requiere menos tiempo y pasos que usar la fórmula cuadrática en este caso

57. a. sin solución, una solución, dos soluciones, tres soluciones, o cuatro soluciones

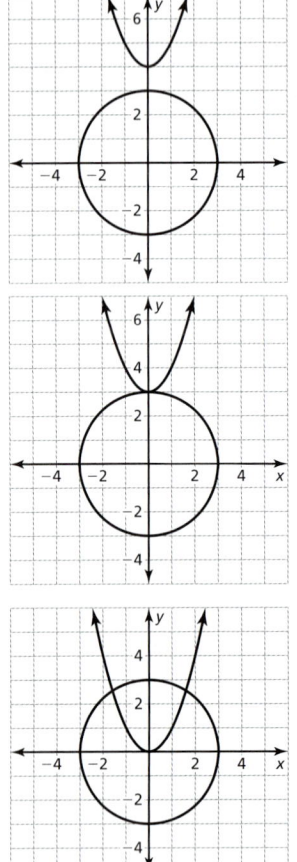

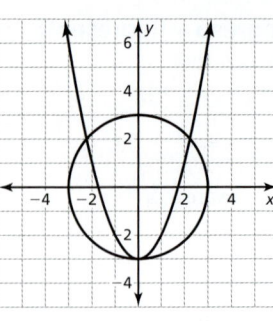

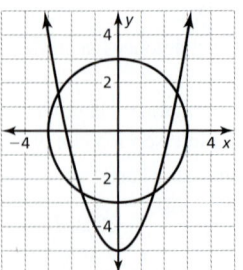

b. sin solución, una solución, dos soluciones o infinitas soluciones

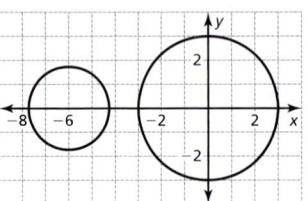

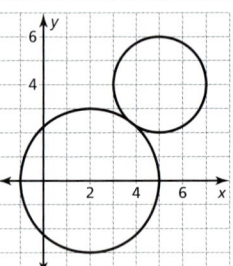

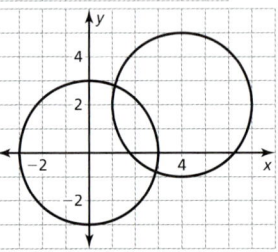

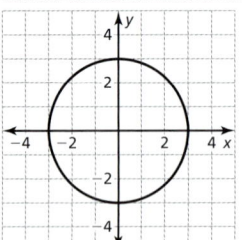

59. a. círculo: $x^2 + y^2 = 1$, Oak Lane: $y = -\frac{1}{7}x + \frac{5}{7}$
b. $(-0.6, 0.8)$ y $(0.8, 0.6)$ **c.** aproximadamente 1.41 mi

3.5 Mantener el dominio de las matemáticas (pág. 138)

61. $x > 3$

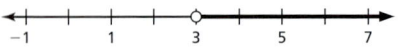

63. $x \leq -4$

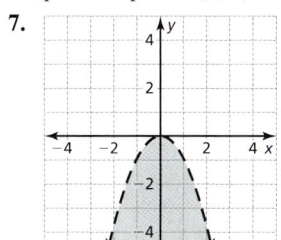

65. $y < x - 2$

3.6 Verificación de vocabulario y concepto esencial (pág. 144)

1. La gráfica de una desigualdad cuadrática en una variable consiste de una recta numérica, pero la gráfica de una desigualdad cuadrática en dos variables consiste de ambos ejes x y y.

3.6 Monitoreo del progreso y Representar con matemáticas (págs. 144–146)

3. C; Las intersecciones con el eje x son $x = -1$ y $x = -3$. El punto de prueba $(-2, 5)$ no satisface la desigualdad.

5. B; Las intersecciones con el eje x son $x = 1$ y $x = 3$. El punto de prueba $(2, 5)$ no satisface la desigualdad.

7.

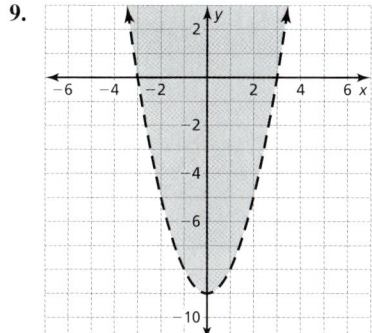

9.

11. 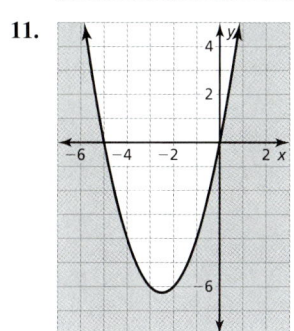 13.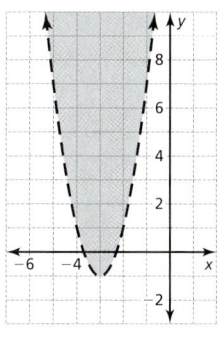

15. $y > f(x)$

17. La gráfica debería ser sólida, no discontinva.

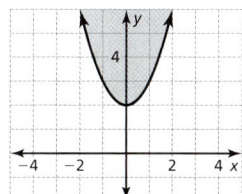

19. La solución representa los pesos que pueden soportar las repisas de varios grosores.

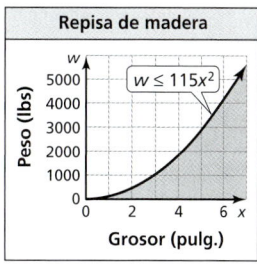

21.

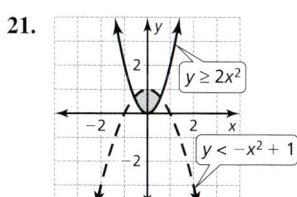

23.

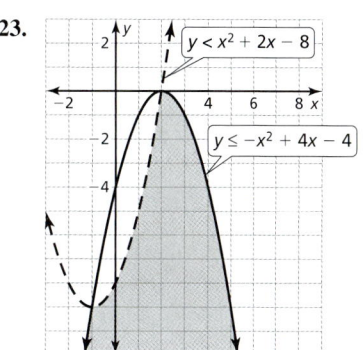

25.

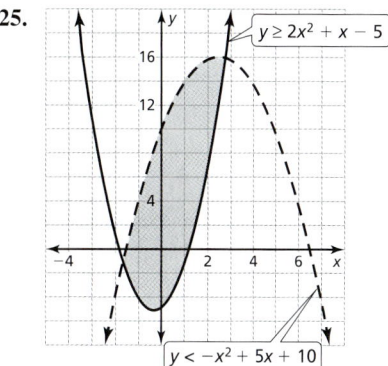

27. $-\frac{5}{2} < x < \frac{5}{2}$ 29. $x \leq 4$ o $x \geq 7$ 31. $-0.5 \leq x \leq 3$

33. $x < -2$ o $x > 4$ 35. aproximadamente $0.38 < x < 2.62$

37. $x < -7$ o $x > -1$ 39. $-2 \leq x \leq \frac{4}{3}$

41. aproximadamente $x \leq -6.87$ o $x \geq 0.87$

43. **a.** $x_1 < x < x_2$ **b.** $x < x_1$ o $x > x_2$ **c.** $x_1 < x < x_2$

45. aproximadamente 55 m del pilón izquierdo a aproximadamente 447 m del pilón izquierdo

47. **a.** $0.0051x^2 - 0.319x + 15 < 0.005x^2 - 0.23x + 22$, $16 \leq x \leq 70$

b. $A(x) < V(x)$ para $16 \leq x \leq 70$; Haz una gráfica de las desigualdades solo en $16 \leq x \leq 70$. $A(x)$ es siempre menor que $V(x)$.

c. El conductor reaccionaría más rápido ante la sirena de una ambulancia que se acerca; La reacción tiempo a estímulo auditivo es siempre menor.

49. $0.00170x^2 + 0.145x + 2.35 > 10, 0 \le x \le 40$; después de aproximadamente 37 días; Como $L(x)$ es una parábola, $L(x) = 10$ tiene dos soluciones. Como el valor de x debe ser positivo, el dominio requiere que se rechace la solución negativa.

51. a. $\frac{32}{3} \approx 10.67$ unidades cuadradas   **b.** $\frac{256}{3} \approx 85.33$ unidades cuadradas

53. a. sí; Los puntos en la parábola que son exactamente 11 pies de alto son $(6, 11)$ y $(14, 11)$. Como estos puntos están a 8 pies de distancia, hay espacio suficiente para un camión de 7 pies de ancho.

b. 8 pies   **c.** aproximadamente 11.2 pies

3.6 Mantener el dominio de las matemáticas
(pág. 146)

55.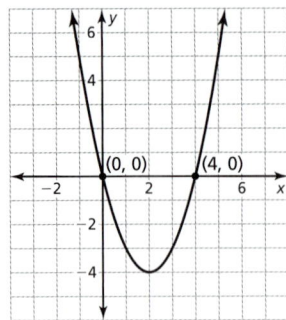

57. El valor máximo es -1; La función aumenta hacia la izquierda de $x = -3$ y disminuye hacia la derecha de $x = -3$.

59. El valor máximo es 25; La función aumenta hacia la izquierda de $x = -2$ y disminuye hacia la derecha de $x = -2$.

Repaso del capítulo 3 *(págs. 148–150)*

1. $x = 4$ y $x = -2$ **2.** $x = \pm 2$
3. $x = 2$ y $x = -8$ **4.** $x = 6$ y $x = 2.5$
5. $(x + 18)(x + 35) = 1260; x = 10$; 28 pies por 45 pies
6. $x = 9$ y $y = -3$ **7.** $5 - 3i$ **8.** $11 + 10i$
9. $-62 + 11i$ **10.** $x = \pm i\sqrt{3}$ **11.** $x = \pm 4i$
12. 148 pies   **13.** $x = -8 \pm \sqrt{47}$ **14.** $x = \dfrac{-4 \pm 3i}{2}$
15. $x = 3 \pm 3\sqrt{2}$ **16.** $y = (x - 1)^2 + 19; (1, 19)$
17. $x = \dfrac{5 \pm \sqrt{17}}{2}$ **18.** $x = 0.5$ y $x = -3$
19. $x = \dfrac{6 \pm i\sqrt{3}}{3}$ **20.** 0; una solución real: $x = -3$
21. 40; dos soluciones reales: $x = 1 \pm \sqrt{10}$
22. 16; dos soluciones reales: $x = -5$ y $x = -1$
23. $(-2, 6)$ y $(1, 0)$; *Ejemplo de respuesta:* sustitución porque ambas ecuaciones ya se resolvieron para y
24. $(4, 5)$; *Ejemplo de respuesta:* eliminación porque sumar los términos semejantes elimina y
25. aproximadamente $(-0.32, 1.97)$ y $(0.92, -1.77)$; sustitución porque la eliminación no es una posibilidad con términos no semejantes
26. $x \approx -0.14$ y $x \approx 1.77$

27.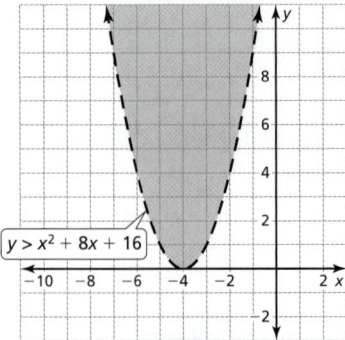

28.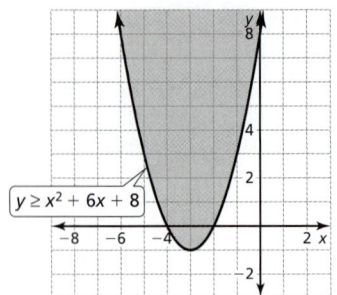

29.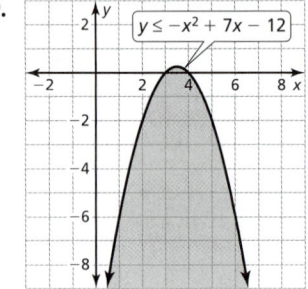

30.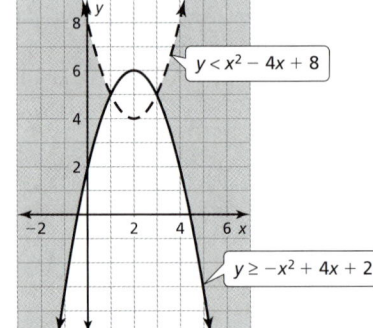

31.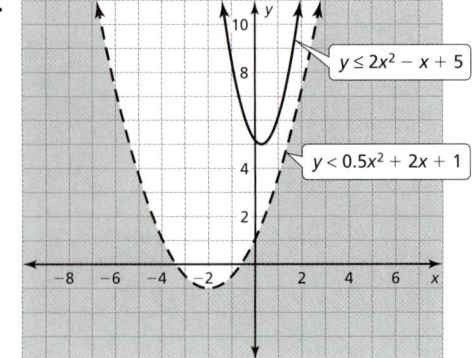

32.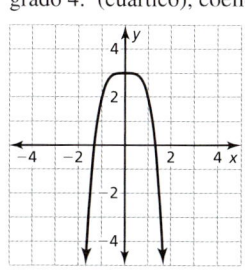

33. $x \le -5$ o $x \ge 4$ **34.** $x < -7$ o $x > -3$
35. $\frac{2}{3} \le x \le 1$

Capítulo 4

Capítulo 4 Mantener el dominio de las matemáticas *(pág. 155)*

1. $2x$ 2. $4m + 3$ 3. $-y + 6$ 4. $x + 4$
5. $z - 4$ 6. $5x$ 7. 64 pulg^3 8. $\frac{32\pi}{3}$ pies$^2 \approx 33.51$ pies^3
9. 48 pies^3 10. 45π cm$^3 \approx 141.37$ cm^3
11. no; Si el volumen de un cubo se duplica, la longitud de lado aumenta por un factor de $\sqrt[3]{2}$.

4.1 Verificación de vocabulario y concepto esencial *(pág. 162)*

1. El comportamiento de los extremos describe el comportamiento de una gráfica a medida que x se aproxima al infinito positivo y al infinito negativo.

4.1 Monitoreo del progreso y Representar con matemáticas *(págs. 162–164)*

3. función polinomial; $f(x) = 5x^3 - 6x^2 - 3x + 2$; grado: 3 (cúbico), coeficiente principal: 5
5. no es una función polinomial
7. función polinomial; $h(x) = -\sqrt{7}x^4 + 8x^3 + \frac{5}{3}x^2 + x - \frac{1}{2}$; grado 4: (cuártico), coeficiente principal: $-\sqrt{7}$
9. La función no está en forma estándar, entonces se usó el término incorrecto para clasificar la función; f es una función polinomial. El grado es 4 y f es una función cuártica. El coeficiente principal es -7.
11. $h(-2) = -46$ 13. $g(8) = -43$ 15. $p(\frac{1}{2}) = \frac{45}{4}$
17. $h(x) \to -\infty$ en tanto que $x \to -\infty$ y $h(x) \to -\infty$ en tanto que $x \to \infty$
19. $f(x) \to \infty$ en tanto que $x \to -\infty$ y $f(x) \to \infty$ en tanto que $x \to \infty$
21. El grado de la función es impar y el coeficiente principal es negativo.
23. función polinomial; $f(x) = -4x^4 + \frac{5}{2}x^3 + \sqrt{2}x^2 + 4x - 6$; grado 4: (cuártico), coeficiente principal: -4.

25.

27.

29.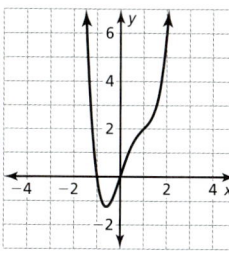

31.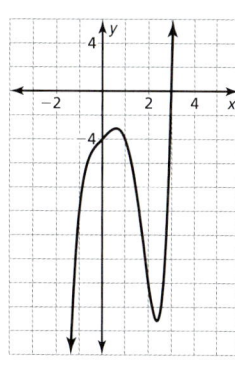

33. **a.** La función aumenta cuando $x > 4$ y disminuye cuando $x < 4$.
   b. $x < 3$ y $x > 5$
   c. $3 < x < 5$

35. **a.** La función aumenta cuando $x < 0$ y $x > 2$ y disminuye cuando $0 < x < 2$.
   b. $-1 < x < 2$ y $x > 2$
   c. $x < -1$

37. El grado es par y el coeficiente principal es positivo.

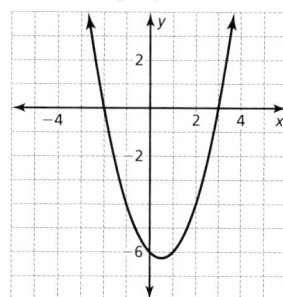

39. El grado es par y el coeficiente principal es positivo.

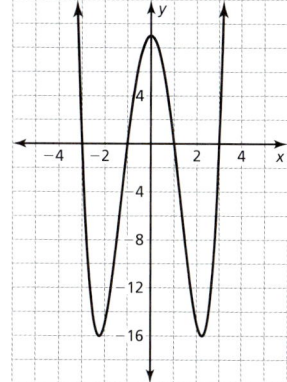

41. a.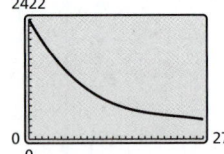

Desde 1980 hasta 2007, el número de auto-cines disminuyó. Cerca del año 1995, la tasa de disminución comenzó a nivelarse.

b. 1980 a 1995: aproximadamente −119.6, 1995 a 2007: aproximadamente −19.2; Aproximadamente 120 auto-cines cerraron por año en promedio desde 1980 a 1995. Desde 1995 a 2007, los auto-cines cerraban a una tasa mucho menor, con aproximadamente 20 auto-cines que cerraban por año.

c. Como las disminuciones en la gráfica son tan abruptas en los años que van hasta 1980, es más probable que no sea precisa. El modelo puede ser válido para unos años antes que 1980, pero a largo plazo, la disminución puede no ser razonable. Después de 2007, el número de auto-cines disminuye abruptamente y enseguida se vuelve negativo. Como los valores negativos no tienen sentido dado el contexto, el modelo no puede usarse para los años posteriores a 2007.

43. Como la gráfica de g es una reflexión de la gráfica de f en el eje y, el comportamiento de los extremos sería opuesto; $g(x) \to -\infty$ en tanto que $x \to -\infty$ y $g(x) \to \infty$ en tanto que $x \to \infty$.

45. La ventana de visualización es apropiada si muestra el comportamiento de los extremos de la gráfica en tanto que $x \to \infty$ y $x \to -\infty$.

47. a.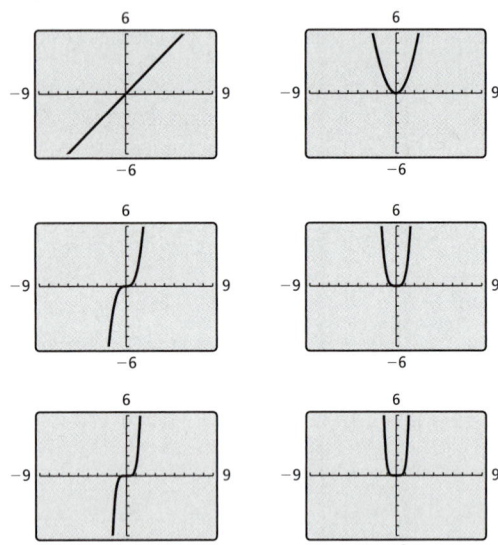

$y = x$, $y = x^3$, y $y = x^5$ son todas simétricas con respecto al origen.

$y = x^2$, $y = x^4$, y $y = x^6$ son todas simétricas con respecto al eje y.

b. La gráfica de $y = x^{10}$ será simétrica con respecto al eje y. La gráfica de $y = x^{11}$ será simétrica con respecto al origen; El exponente es par. El exponente es impar.

49. $f(-5) = -480$; Sustituir los dos puntos dados en la función da como resultado el sistema de ecuaciones $2 + b + c - 5 = 0$ y $16 + 4b + 2c - 5 = 3$. Resolver para b y c da $f(x) = 2x^3 - 7x^2 + 10x - 5$.

4.1 Mantener el dominio de las matemáticas
(pág. 164)

51. $-2x^2 + 3xy + y^2$ **53.** $12kz - 4kw$
55. $-x^3y^2 + 3x^2y + 13xy - 12x + 9$

4.2 Verificación de vocabulario y concepto esencial *(pág. 170)*

1. Los binomios pueden multiplicarse en un formato horizontal o formato vertical. También podrían usarse los patrones del triángulo de Pascal.

4.2 Monitoreo del progreso y Representar con matemáticas *(págs. 170–172)*

3. $x^2 + x + 1$ **5.** $12x^5 + 5x^4 - 3x^3 + 6x - 4$
7. $7x^6 + 7x^5 + 8x^3 - 9x^2 + 11x - 5$
9. $-2x^3 - 14x^2 + 7x - 4$
11. $5x^6 - 7x^5 + 6x^4 + 9x^3 + 7$
13. $-x^5 + 7x^3 + 11x^2 + 10x - 4$
15. $P = 47.7t^2 + 678.5t + 17{,}667.4$; El término constante representa el número total de personas que asisten a instituciones de educación superior en tiempo $t = 0$.
17. $35x^5 + 21x^4 + 7x^3$ **19.** $-10x^3 + 23x^2 - 24x + 18$
21. $x^4 - 5x^3 - 3x^2 + 22x + 20$
23. $3x^5 - 6x^4 - 6x^3 + 25x^2 - 23x + 7$
25. No se distribuyó el negativo por todo el segundo conjunto de paréntesis;
$(x^2 - 3x + 4) - (x^3 + 7x - 2) = x^2 - 3x + 4 - x^3 - 7x + 2$
$= -x^3 + x^2 - 10x + 6$
27. $x^3 + 3x^2 - 10x - 24$ **29.** $12x^3 - 29x^2 + 7x + 6$
31. $-24x^3 + 86x^2 - 57x - 20$
33. $(a + b)(a - b) = a^2 - ab + ab - b^2 = a^2 - b^2$;
Ejemplo de respuesta: $24 \cdot 16 = (20 + 4)(20 - 4)$
$= 20^2 - 4^2$
$= 400 - 16$
$= 384$
35. $x^2 - 81$ **37.** $9c^2 - 30c + 25$ **39.** $49h^2 + 56h + 16$
41. $8k^3 + 72k^2 + 216k + 216$ **43.** $8t^3 + 48t^2 + 96t + 64$
45. $16q^4 - 96q^3 + 216q^2 - 216q + 81$
47. $y^5z^5 + 5y^4z^4 + 10y^3z^3 + 10y^2z^2 + 5yz + 1$
49. $9a^8 + 66a^6b^2 + 97a^4b^4 - 88a^2b^6 + 16b^8$; *Ejemplo de respuesta:* Triángulo de Pascal; Usa el triángulo de Pascal para desarrollar los dos binomios. Multiplica los resultados verticalmente para hallar el producto final.
51. $2x^3 + 10x^2 + 14x + 6$
53. a. $5000(1 + r)^3 + 1000(1 + r)^2 + 4000(1 + r)$
b. $7000r^3 + 25{,}000r^2 + 34{,}000r + 16{,}000$; 7000 es la cantidad total de dinero que ganó interés por tres años, 25,000 es la cantidad total de dinero que ganó interés por dos años, 34,000 es la cantidad total de dinero que ganó interés por un año y 16,000 es la cantidad total de dinero invertido.
c. aproximadamente $17,763.38
55. no; La suma de $(x + 3)$ y $(x - 3)$ es $2x$, un monomio. El producto de $(x + 3)$ y $(x - 3)$ es $x^2 - 9$, un binomio.
57. equivalente; Producen la misma gráfica.
59. no equivalente; Aunque parecen producir la misma gráfica, la tabla de valores muestra que se alejan por una constante de 1.

61.

```
                    1
                  1   1
                1   2   1
              1   3   3   1
            1   4   6   4   1
          1   5  10  10   5   1
        1   6  15  20  15   6   1
      1   7  21  35  35  21   7   1
    1   8  28  56  70  56  28   8   1
  1   9  36  84 126 126  84  36   9   1
1  10  45 120 210 252 210 120  45  10   1
```

$(x + 3)^7 = x^7 + 21x^6 + 189x^5 + 945x^4 + 2835x^3 + 5103x^2 + 5103x + 2187;$

$(x - 5)^9 = x^9 - 45x^8 + 900x^7 - 10{,}500x^6 + 78{,}750x^5 - 393{,}750x^4 + 1{,}312{,}500x^3 - 2{,}812{,}500x^2 + 3{,}515{,}625x - 1{,}953{,}125$

63. a. 5 **b.** 5 **c.** 9

d. $g(x) + h(x)$ tiene grado m. $g(x) - h(x)$ tiene grado m. $g(x) \cdot h(x)$ tiene grado $(m + n)$.

65. a. $(x^2 - y^2)^2 + (2xy)^2 = (x^2 + y^2)^2$
$(x^4 - 2x^2y^2 + y^4) + (4x^2y^2) = x^4 + 2x^2y^2 + y^4$
$x^4 + 2x^2y^2 + y^4 = x^4 + 2x^2y^2 + y^4$

b. La tripleta de Pitágoras es 11, 60 y 61.

c. $121 + 3600 = 3721$
$3721 = 3721$

4.2 Mantener el dominio de las matemáticas
(pág. 172)

67. $5 + 11i$ **69.** $9 - 2i$

4.3 Verificación de vocabulario y concepto esencial *(pág. 177)*

1. Para evaluar la función $f(x) = x^3 - 2x + 4$ cuando $x = 3$, la división sintética puede usarse para dividir $f(x)$ por un el factor $x - 3$. El residuo es el valor de $f(3)$. Entonces, $f(3) = 25$.

Ejemplo de respuesta:
```
3 | 1   0  -2   4
  |     3   9  21
    1   3   7  25
```

3. $(x^3 - 2x^2 - 9x + 18) \div (x + 3) = x^2 - 5x + 6$

4.3 Monitoreo del progreso y Representar con matemáticas *(págs. 177–178)*

5. $x + 5 + \dfrac{3}{x - 4}$ **7.** $x + 1 + \dfrac{2x + 3}{x^2 - 1}$

9. $5x^2 - 12x + 37 + \dfrac{-122x + 109}{x^2 + 2x - 4}$ **11.** $x + 12 + \dfrac{49}{x - 4}$

13. $2x - 11 + \dfrac{62}{x + 5}$ **15.** $x + 3 + \dfrac{18}{x - 3}$

17. $x^3 + x^2 - 2x + 1 - \dfrac{6}{x - 6}$

19. D; $(2)^2 + (2) - 3 = 3$, entonces el residuo debe ser 3.

21. C; $(2)^2 - (2) + 3 = 5$, entonces el residuo debe ser 5.

23. El cociente debe ser un grado menos que el dividiendo.
$\dfrac{x^3 - 5x + 3}{x - 2} = x^2 + 2x - 1 + \dfrac{1}{x - 2}$

25. $f(-1) = 37$ **27.** $f(2) = 11$

29. $f(6) = 181$ **31.** $f(3) = 115$

33. no; El teorema del residuo enuncia que $f(a) = 15$.

35. $\dfrac{A}{T} = \dfrac{-1.95x^3 + 70.1x^2 - 188x + 2150}{14.8x + 725}$
$= 0.13x^2 + 11.19x - 560.90 + \dfrac{408{,}563.25}{14.8x + 725}, \ 0 < x < 18$

37. A   **39.** $2x + 5$

4.3 Mantener el dominio de las matemáticas *(pág. 178)*

41. $x = 3$ **43.** $x = -7$

4.4 Verificación de vocabulario y concepto esencial *(pág. 184)*

1. cuadrática; $3x^2$

3. Está escrita como un producto de polinomio no factorizables con coeficientes enteros.

4.4 Monitoreo del progreso y Representar con matemáticas *(págs. 184–186)*

5. $x(x - 6)(x + 4)$ **7.** $3p^3(p - 8)(p + 8)$

9. $q^2(2q - 3)(q + 6)$ **11.** $w^8(5w - 2)(2w - 3)$

13. $(x + 4)(x^2 - 4x + 16)$ **15.** $(g - 7)(g^2 + 7g + 49)$

17. $3h^6(h - 4)(h^2 + 4h + 16)$

19. $2t^4(2t + 5)(4t^2 - 10t + 125)$

21. $x^2 + 9$ es un binomio que no puede factorizarse porque no es la diferencia de dos cuadrados; $3x^3 + 27x = 3x(x^2 + 9)$

23. $(y^2 + 6)(y - 5)$ **25.** $(3a^2 + 8)(a + 6)$

27. $(x - 2)(x + 2)(x - 8)$ **29.** $(2q + 3)(2q - 3)(q - 4)$

31. $(7k^2 + 3)(7k^2 - 3)$ **33.** $(c^2 + 5)(c^2 + 4)$

35. $(4z^2 + 9)(2z + 3)(2z - 3)$ **37.** $3r^2(r^3 + 5)(r^3 - 4)$

39. factor   **41.** no es un factor   **43.** factor

45.
```
-4 | 1  -1  -20   0
   |     -4   20   0
     1  -5    0   0
```
$g(x) = x(x + 4)(x - 5)$

47.
```
6 | 1  -6   0  -8   48
  |     6   0   0  -48
    1   0   0  -8    0
```
$f(x) = (x - 6)(x - 2)(x^2 + 2x + 4)$

49.
```
-7 | 1   0  -37  84
   |    -7   49 -84
     1  -7   12   0
```
$r(x) = (x + 7)(x - 3)(x - 4)$

51. D; Las intersecciones con el eje x de la gráfica son 2, 3, y -1.

53. A; Las intersecciones con el eje x de la gráfica son -2, -3, y 1.

55. El modelo tiene sentido para $x > 6.5$; Cuando se factoriza completamente, el volumen es $V = x(2x - 13)(x - 3)$. Para que todas las tres dimensiones de la caja tengan longitudes positivas, el valor de x debe ser mayor que 6.5.

57. $a^4(a + 6)(a - 5)$; Un monomio común puede descomponerse en factores para obtener un trinomio factorizable en forma cuadrática.

59. $(z - 3)(z + 3)(z - 7)$; Factorizar agrupando puede usarse porque la expresión contiene pares de monomios que tienen un factor común. La diferencia de dos cuadrados puede usarse para factorizar uno de los binomios resultantes.

61. $(4r + 9)(16r^2 - 36r + 81)$; El patrón de suma de dos cubos puede usarse porque la expresión es de la forma $a^3 + b^3$.

63. $(4n^2 + 1)(2n - 1)(2n + 1)$; El patrón de diferencia de dos cubos puede usarse para factorizar la expresión original y uno de los binomios resultantes.

65. a. no; $7z^4(2z + 3)(z - 2)$
  b. no; $n(2 - n)(n + 6)(3n - 11)$ **c.** sí
67. 0.7 millón
69. *Ejemplo de respuesta:* Teorema del factor y división sintética: Los cálculos sin una calculadora son más fáciles con este método porque los valores son menores.
71. $k = 22$

```
7 | 2  -13  -22   105
  |     14    7  -105
    2   1   -15    0
```

73. a. $(c - d)(c + d)(7a + b)$ **b.** $(x^n - 1)(x^n - 1)$
  c. $(a^3 - b^2)(ab + 1)^2$
75. a. $(x + 3)^2 + y^2 = 5^2$; El centro del círculo es $(-3, 0)$ y el radio es 5.

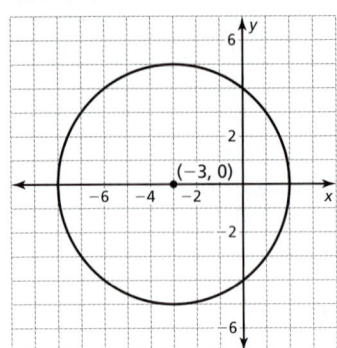

  b. $(x - 2)^2 + y^2 = 3^2$; El centro del círculo es $(2, 0)$ y el radio es 3.

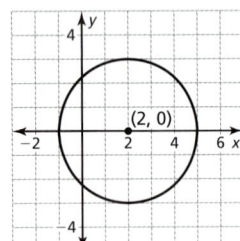

  c. $(x - 4)^2 + (y + 1)^2 = 6^2$; El centro del círculo es $(4, -1)$ y el radio es 6.

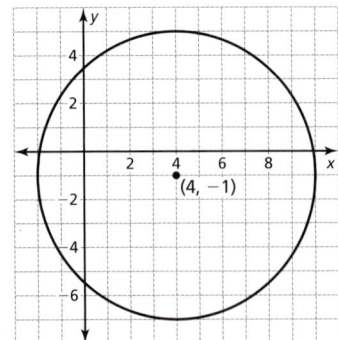

4.4 Mantener el dominio de las matemáticas
(pág. 186)

77. $x = 6$ y $x = -5$ **79.** $x = \frac{5}{3}$ y $x = 2$
81. $x = 18$ y $x = -6$ **83.** $x = -3$ y $x = -7$

4.5 Verificación de vocabulario y concepto esencial (pág. 194)

1. término constante; coeficiente principal

4.5 Monitoreo del progreso y Representar con matemáticas (págs. 194–196)

3. $z = -3, z = 0$, y $z = 4$ **5.** $x = 0$ y $x = 1$
7. $w = 0$ y $w = \pm\sqrt{10} \approx \pm3.16$
9. $c = 0, c = 3$, y $c = \pm\sqrt{6} \approx \pm2.45$ **11.** $n = -4$
13. $x = -3, x = 0$, y $x = 2$

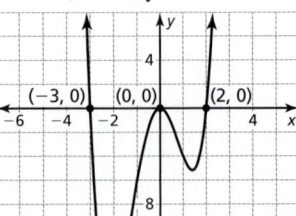

15. $x = 0, x = 5$, y $x = 6$

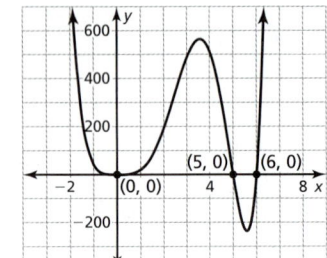

17. $x = -3, x = 0$, y $x = 5$

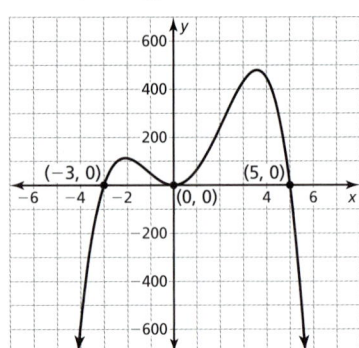

19. $x = -3, x = -1$, y $x = 3$

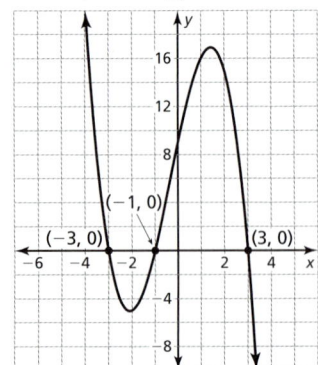

21. C
23. El $\pm$ no se incluyó en cada factor; $\pm1, \pm3, \pm5, \pm9, \pm15, \pm45$
25. $x = -5, x = 1$, y $x = 3$ **27.** $x = -1, x = 5$, y $x = 6$

29. $x = -3$, $x = 4$, y $x = 5$
31. $x = -4$, $x = -0.5$, y $x = 6$ **33.** -5, 3, y 4
35. -5, -3, y -2 **37.** -4, 1.5, y 3
39. $1, \dfrac{-1+\sqrt{17}}{2} \approx 1.56$, y $\dfrac{-1-\sqrt{17}}{2} \approx -2.56$
41. $f(x) = x^3 - 7x^2 + 36$ **43.** $f(x) = x^3 - 10x - 12$
45. $f(x) = x^4 - 32x^2 + 24x$
47. $x = -3$, $x = 3$, y $x = 4$; *Ejemplo de respuesta:* hacer una gráfica; La ecuación tiene tres soluciones reales, todas de las cuales pueden hallarse con una gráfica para hallar las intersecciones con el eje x.
49. 4 cm by 4 cm por 7 cm
51. El bloque mide 3 metros de alto, 21 metros de largo y 15 metros de ancho.
53. a. $-20t^3 + 252t^2 - 280t - 2400 = 0$
   b. 1, 2, 3, 4, 5, 6, 8, 10   **c.** $t = 5$ años y $t = 10$ años
55. La longitud debería ser 8 pies, el ancho debería ser 4 pies y la altura debería ser 4 pies.
57. a. $k = 60$ **b.** $k = 33$ **c.** $k = 6$ **59.** $x = 1$
61. $x = 2$
63. La altura de cada rampa es $\frac{5}{3}$ pies y el ancho de cada rampa es 5 pies. La rampa de la izquierda tiene que medir 24 pies de largo mientras que la rampa de la derecha tiene que medir 12 pies de largo.
65. rs; Cada factor de a_0 puede escribirse como el numerador con cada factor de a_n como el denominador, para crear $r \times s$ factores.

4.5 Mantener el dominio de las matemáticas
(pág. 196)

67. no es una función polinomial
69. no es una función polinomial; El término $\sqrt[4]{x}$ tiene un exponente que no es un número entero.
71. $x = \pm 3i$ **73.** $x = \pm \dfrac{\sqrt{2}}{4}$

4.6 Verificación de vocabulario y concepto esencial *(pág. 202)*

1. números complejos conjugados

4.6 Monitoreo del progreso y Representar con matemáticas *(págs. 202–204)*

3. 4   **5.** 6   **7.** 7   **9.** $-1, 1, 2$, y 4
11. $-2, -2, 1$, y 3 **13.** $-3, -1, 2i$, y $-2i$
15. $-4, -1, 2, i\sqrt{2}$, y $-i\sqrt{2}$
17. 2; La gráfica muestra 2 ceros reales, entonces los ceros que quedan deben ser imaginarios.
19. 2; La gráfica no muestra ceros reales, entonces todos los ceros deben ser imaginarios.
21. $f(x) = x^3 + 4x^2 - 7x - 10$
23. $f(x) = x^3 - 11x^2 + 41x - 51$
25. $f(x) = x^3 - 4x^2 - 5x + 20$
27. $f(x) = x^5 - 8x^4 + 23x^3 - 32x^2 + 22x - 4$
29. El conjugado de los ceros imaginarios no se incluyó.
$f(x) = (x-2)[x-(1+i)][x-(1-i)]$
$= (x-2)[(x-1)-i][(x-1)+i]$
$= (x-2)[(x-1)^2 - i^2]$
$= (x-2)[(x^2 - 2x + 1) - (-1)]$
$= (x-2)(x^2 - 2x + 2)$
$= x^3 - 2x^2 + 2x - 2x^2 + 4x - 4$
$= x^3 - 4x^2 + 6x - 4$

31. *Ejemplo de respuesta:* $y = x^6 - 4x^4 - x^2 + 4$;
$y = (x-1)(x+1)(x-2)(x+2)(x-i)(x+i)$
$= (x^2 - 1)(x^2 - 4)(x^2 + 1)$
$= (x^4 - 5x^2 + 4)(x^2 + 1)$
$= x^6 + x^4 - 5x^4 - 5x^2 + 4x^2 + 4$
$= x^6 - 4x^4 - x^2 + 4$

33.

Ceros reales positivos	Ceros reales negativos	Ceros imaginarios	Ceros totales
1	1	2	4

35.

Ceros reales positivos	Ceros reales negativos	Ceros imaginarios	Ceros totales
2	1	0	3
0	1	2	3

37.

Ceros reales positivos	Ceros reales negativos	Ceros imaginarios	Ceros totales
3	2	0	5
3	0	2	5
1	2	2	5
1	0	4	5

39.

Ceros reales positivos	Ceros reales negativos	Ceros imaginarios	Ceros totales
3	3	0	6
3	1	2	6
1	3	2	6
1	1	4	6

41. C; Hay dos cambios de signo en los coeficientes de $f(-x)$. Entonces, el número de ceros reales negativos es dos o cero, no cuatro.
43. en el año 1958   **45.** en el 3er año y en el 9no año
47. $x = 4.2577$
49. no; El teorema fundamental del álgebra se aplica a las funciones de grado mayores que cero. Como la función $f(x) = 2$ es equivalente a $f(x) = 2x^0$, tiene un grado 0 y no se incluye en el teorema fundamental del álgebra.

51.

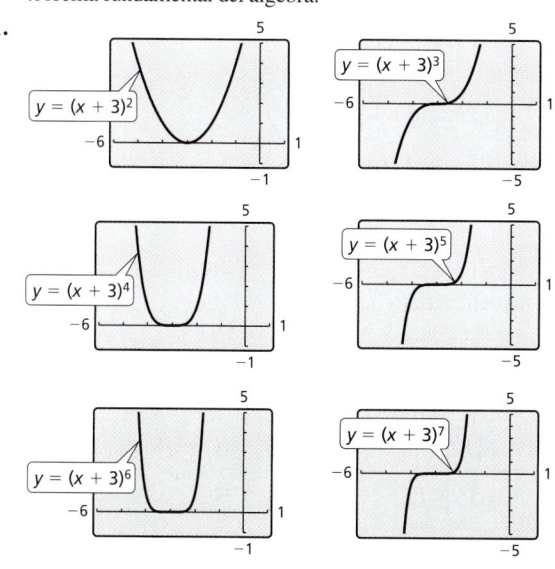

a. Para todas las funciones, $f(x) \to \infty$ en tanto que $x \to \infty$. Cuando n es par, $f(x) \to \infty$ en tanto que $x \to -\infty$, pero cuando n es impar, $f(x) \to -\infty$ en tanto que $x \to -\infty$.
b. A medida que aumenta n, la gráfica se hace más plana cerca del cero $x = -3$.
c. La gráfica of g se hace más vertical y derecha cerca de $x = 4$.

53. a.

Depósito	Año 1	Año 2	Año 3	Año 4
1er depósito	1000	$1000g$	$1000g^2$	$1000g^3$
2do depósito		1000	$1000g$	$1000g^2$
3er depósito			1000	$1000g$
4to depósito				1000

b. $v = 1000g^3 + 1000g^2 + 1000g + 1000$
c. aproximadamente 1.0484; aproximadamente 4.84%

4.6 Mantener el dominio de las matemáticas *(pág. 204)*

55. La función es una traslación 4 unidades a la derecha y 6 unidades hacia arriba de la función cuadrática madre.

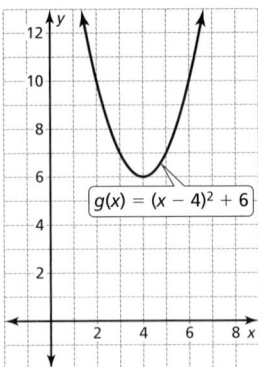

57. La función es un alargamiento vertical por un factor de 5 seguido de una traslación 4 unidades a la izquierda de la función cuadrática madre.

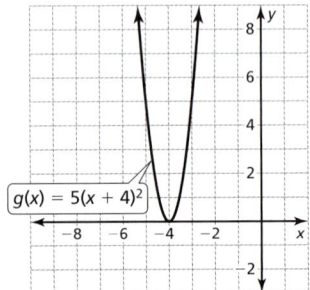

59. $g(x) = \left|\frac{1}{9}x + 1\right| - 3$

4.7 Verificación de vocabulario y concepto esencial *(pág. 209)*

1. horizontal

4.7 Monitoreo del progreso y Representar con matemáticas *(págs. 209–210)*

3. La gráfica de g es una traslación 3 unidades hacia arriba de la gráfica de f.

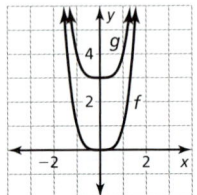

5. La gráfica de g es una traslación 2 unidades a la derecha y 1 unidad hacia abajo de la gráfica de f.

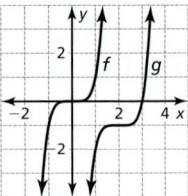

7. B; La gráfica se ha trasladado 2 unidades a la derecha.
9. D; La gráfica se ha trasladado 2 unidades a la derecha y 2 unidades hacia arriba.
11. La gráfica de g es un alargamiento vertical por un factor de 2 seguido de una reflexión en el eje x de la gráfica de f.

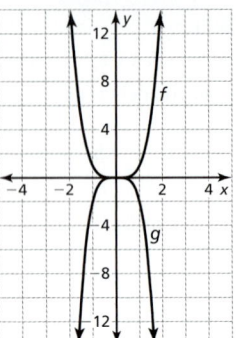

13. La gráfica de g es un alargamiento vertical por un factor de 5 seguido de una traslación 1 unidad hacia arriba de la gráfica de f.

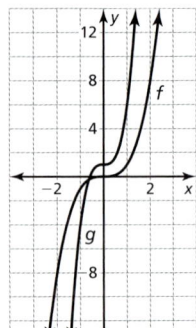

15. La gráfica de g es un encogimiento vertical por un factor de $\frac{3}{4}$ seguido de una traslación 4 unidades a la izquierda de la gráfica de f.

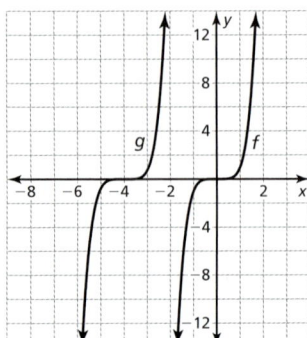

17. $g(x) = (x + 2)^4 + 1$;

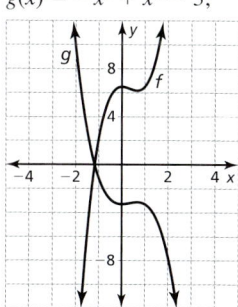

La gráfica de g es una traslación 2 unidades a la izquierda de la gráfica de f.

19. $g(x) = -x^3 + x^2 - 3$;

La gráfica de g es un encogimiento vertical por un factor de $\frac{1}{2}$ seguido de una reflexión en el eje x de la gráfica de f.

21. La gráfica se ha trasladado horizontalmente 2 unidades a la derecha en lugar de 2 unidades a la izquierda.

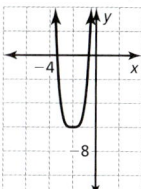

23. $g(x) = -x^3 + 9x^2 - 27x + 21$
25. $g(x) = -27x^3 - 18x^2 + 7$
27. $W(x) = 27x^3 - 12x$; $W(5) = 3315$; Cuando x es 5 yardas, el volumen de la pirámide es 3315 pies cúbicos.
29. *Ejemplo de respuesta:* Si la función se trasladó hacia arriba y luego se reflejó en el eje x, el orden es importante; Si la función se trasladó a la izquierda y luego se reflejó en el eje x, el orden no es importante; Reflejar una gráfica en el eje x no afecta su coordenada x, pero sí afecta su coordenada y. Entonces, la orden es sólo importante si la traslación es vertical.
31. a. 0 m, 4 m, y 7 m
b. $g(x) = -\frac{2}{5}(x - 2)(x - 6)^2(x - 9)$
33. $V(x) = 3\pi x^2(x + 3)$; $W(x) = \frac{\pi}{3}x^2\left(\frac{1}{3}x + 3\right)$;

$W(3) = 12\pi \approx 37.70$; Cuando x mide 3 pies, el volumen del cono es aproximadamente 37.70 yardas cúbicas.

4.7 Mantener el dominio de las matemáticas (pág. 210)

35. El valor máximo es 4; El dominio es todos los números reales y el rango es $y \leq 4$. La función aumenta a la izquierda de $x = 0$ y disminuye a la derecha de $x = 0$.
37. El valor máximo es 9; El dominio es todos los números reales y el rango es $y \leq 9$. La función aumenta a la izquierda de $x = -5$ y disminuye a la derecha de $x = -5$.
39. El valor máximo es 1; El dominio es todos los números reales y el rango es $y \leq 1$. La función aumenta a la izquierda de $x = 1$ y disminuye a la derecha de $x = 1$.

4.8 Verificación de vocabulario y concepto esencial (pág. 216)

1. de inflexión

4.8 Monitoreo del progreso y Representar con matemáticas (págs. 216–218)

3. A   **5.** B

7.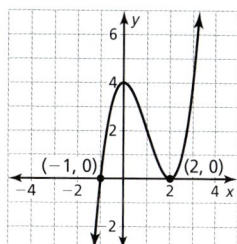

9.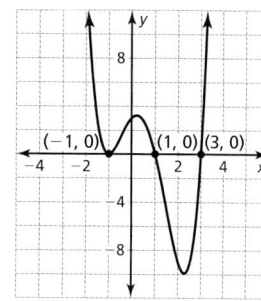

11.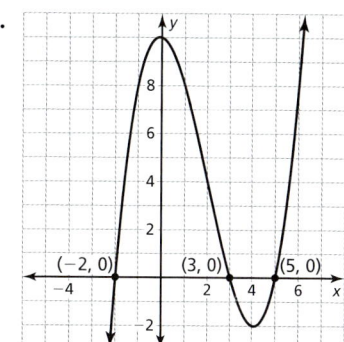

13.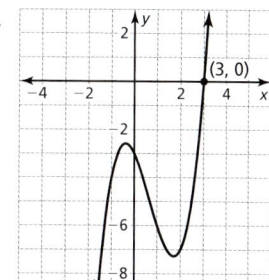

15. Las intersecciones con el eje x deberían ser -2 y 1.

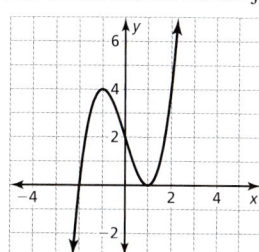

17. -1, 1, y 4   **19.** $-4, -\frac{1}{2},$ y 1   **21.** $-4, \frac{3}{4},$ y 3

23.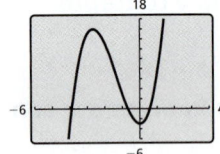

Las intersecciones con el eje x de la gráfica son $x \approx -3.90$, $x \approx -0.67$, y $x \approx 0.57$. La función tiene un máximo local en $(-2.67, 15.96)$ y un mínimo local en $(0, -3)$; La función aumenta cuando $x < -2.67$ y $x > 0$ y disminuye cuando $-2.67 < x < 0$.

25.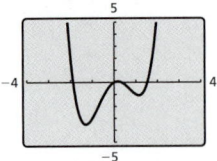

Las intersecciones con el eje x de la gráfica son $x \approx -1.88$, $x = 0$, $x \approx 0.35$, y $x \approx 1.53$. La función tiene un máximo local en $(0.17, 0.08)$ y mínimos locales en $(-1.30, -3.51)$ y $(1.13, -1.07)$; La función aumenta cuando $-1.30 < x < 0.17$ y $x > 1.13$ y disminuye cuando $x < -1.30$ y $0.17 < x < 1.13$.

27.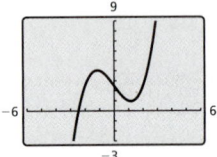

La intersección con el eje x de la gráfica $x \approx -2.46$. La función tiene un máximo local en $(-1.15, 4.04)$ y un mínimo local en $(1.15, 0.96)$; La función aumenta cuando $x < -1.15$ y $x > 1.15$ y disminuye cuando $-1.15 < x < 1.15$.

29.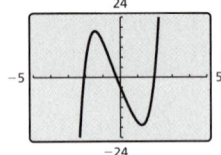

Las intersecciones con el eje x de la gráfica son $x \approx -2.10$, $x \approx -0.23$ y $x \approx 1.97$. La función tiene un máximo local en $(-1.46, 18.45)$ y un mínimo local en $(1.25, -19.07)$; La función aumenta cuando $x < -1.46$ y $x > 1.25$ y disminuye cuando $-1.46 < x < 1.25$.

31. $(-0.29, 0.48)$ y $(0.29, -0.48)$; $(-0.29, 0.48)$ corresponde a un máximo local y $(0.29, -0.48)$ corresponde a un mínimo local; Los ceros reales son -0.5, 0, y 0.5. La función es de por lo menos grado 3.

33. $(1, 0)$, $(3, 0)$, y $(2, -2)$; $(1, 0)$ y $(3, 0)$ corresponden a máximos locales, y $(2, -2)$ corresponde a un mínimo local; Los ceros reales son 1 y 3. La función es de por lo menos grado 4.

35. $(-1.25, -10.65)$; $(-1.25, -10.65)$ corresponde a un mínimo local; Los ceros reales son -2.07 y 1.78. La función es de por lo menos grado 4.

37.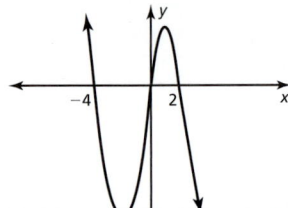

39. impar   **41.** par   **43.** ninguna   **45.** par

47.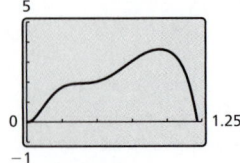

aproximadamente 1 segundo de la brazada

49. Una función cuadrática solo tiene un punto de inflexión, y es siempre el valor máximo o mínimo de la función.

51. no; Cuando se multiplican dos funciones impares, los exponentes de cada término se sumarán, así crearán un exponente par. Entonces, el producto no será una función impar.

53. a. $\dfrac{1100 - \pi r^2}{\pi r}$ **b.** $V = 550r - \dfrac{\pi}{2}r^3$

c. aproximadamente 10.8 pies

55. $V(h) = 64\pi h - \dfrac{\pi}{4}h^3$; aproximadamente 9.24 pulg; aproximadamente 1238.22 pulg^3

4.8 Mantener el dominio de las matemáticas
(pág. 218)

57. cuadrática; Las segundas diferencias son constantes.

4.9 Verificación de vocabulario y concepto esencial *(pág. 223)*

1. diferencias finitas

4.9 Monitoreo del progreso y Representar con matemáticas *(págs. 223–224)*

3. $f(x) = (x + 1)(x - 1)(x - 2)$

5. $f(x) = \dfrac{1}{7}(x + 5)(x - 1)(x - 4)$

7. $3; f(x) = \dfrac{2}{3}x^3 + 4x^2 - \dfrac{1}{3}x - 4$

9. $4; f(x) = -3x^4 - 5x^3 + 9x^2 + 3x - 1$

11. $4; f(x) = x^4 - 15x^3 + 81x^2 - 183x + 142$

13. El signo de cada paréntesis es incorrecto. Las intersecciones con el eje x deberían haberse restado de cero, no sumado.

$(-6, 0), (1, 0), (3, 0), (0, 54)$

$54 = a(0 + 6)(0 - 1)(0 - 3)$

$54 = 18a$

$a = 3$

$f(x) = 3(x + 6)(x - 1)(x - 3)$

A24   Respuestas seleccionadas

15. *Ejemplo de respuesta:*
$y = (x - 3)(x - 4)(x + 1)$,
$y = 3(x - 3)(x - 4)(x - 1)$,
$y = \frac{1}{2}(x - 3)(x - 4)(x + 4)$;
$\quad y = a(x - 3)(x - 4)(x - c)$
$\quad 6 = a(2 - 3)(2 - 4)(2 - c)$
$\quad 6 = 2a(2 - c)$
$\quad 3 = a(2 - c)$
$\quad \frac{3}{2 - c} = a$

Cualquier combinación de a y c que se adapte a la ecuación contendrá estos puntos.

17. $y = 0.002x^2 + 0.60x - 2.5$; aproximadamente 15.9 mph
19. $d = \frac{1}{2}n^2 - \frac{3}{2}n$; 35
21. Con conjuntos de datos de la vida real, los números raramente se adaptan a un modelo a la perfección. Debido a esto, las diferencias rara vez son constantes.
23. C, A, B, D

4.9 Mantener el dominio de las matemáticas
(pág. 224)

25. $x = \pm 6$ **27.** $x = 3 \pm 2\sqrt{3}$ **29.** $x = 1$ y $x = -2.5$
31. $x = \dfrac{-3 \pm \sqrt{29}}{10}$

Repaso del capítulo 4 *(págs. 226–230)*

1. función polinomial; $h(x) = -15x^7 - x^3 + 2x^2$; Tiene grado 7 y tiene un coeficiente principal de -15.
2. no es una función polinomial
3.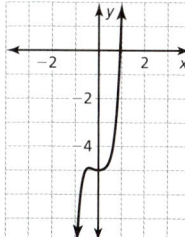
4.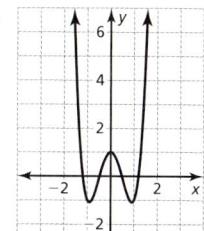
5.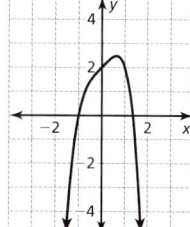

6. $4x^3 - 4x^2 - 4x - 8$ **7.** $3x^4 + 3x^3 - x^2 - 3x + 15$
8. $2x^2 + 11x + 1$ **9.** $2y^3 + 10y^2 + 5y - 21$
10. $8m^3 + 12m^2n + 6mn^2 + n^3$ **11.** $s^3 + 3s^2 - 10s - 24$
12. $m^4 + 16m^3 + 96m^2 + 256m + 256$
13. $243s^5 + 810s^4 + 1080s^3 + 720s^2 + 240s + 32$
14. $z^6 + 6z^5 + 15z^4 + 20z^3 + 15z^2 + 6z + 1$
15. $x - 1 + \dfrac{4x - 3}{x^2 + 2x + 1}$ **16.** $x^2 + 2x - 10 + \dfrac{7x + 43}{x^2 + x + 4}$
17. $x^3 - 4x^2 + 15x - 60 + \dfrac{233}{x + 4}$ **18.** $g(5) = 546$
19. $8(2x - 1)(4x^2 + 2x + 1)$ **20.** $2z(z^2 - 5)(z - 1)(z + 1)$
21. $(a - 2)(a + 2)(2a - 7)$

22.
```
-2 | 1   2   0  -27  -54
   |    -2   0    0   54
   ---------------------
     1   0   0  -27    0
```
$f(x) = (x + 2)(x - 3)(x^2 + 3x + 9)$
23. $x = -4$, $x = -2$, y $x = 3$
24. $x = -4$, $x = -3$, y $x = 2$
25. $f(x) = x^3 - 5x^2 + 5x - 1$
26. $f(x) = x^4 - 5x^3 + x^2 + 25x - 30$
27. $f(x) = x^4 - 9x^3 + 11x^2 + 51x - 30$
28. La longitud mide 6 pulgadas, el ancho mide 2 pulgadas y la altura mide 20 pulgadas; Cuando $\ell(\ell - 4)(3\ell + 2) = 240$, $\ell = 6$.
29. $f(x) = x^3 - 5x^2 + 11x - 15$
30. $f(x) = x^4 - x^3 + 14x^2 - 16x - 32$
31. $f(x) = x^4 + 7x^3 + 6x^2 - 4x + 80$

32.

Ceros reales positivos	Ceros reales negativos	Ceros imaginarios	Ceros totales
2	0	2	4
0	0	4	4

33.

Ceros reales positivos	Ceros reales negativos	Ceros imaginarios	Ceros totales
1	3	0	4
1	1	2	4

34. La gráfica de g es una reflexión en el eje y seguida de una traslación 2 unidades hacia arriba de la gráfica de f.

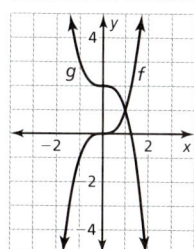

35. La gráfica de g es una reflexión en el eje x seguida de una traslación 9 unidades a la izquierda de la gráfica de f.

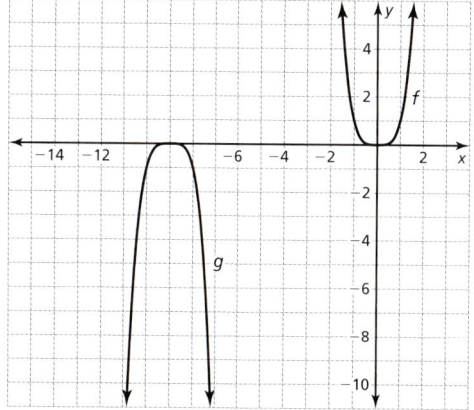

36. $g(x) = \frac{1}{1024}(x - 3)^5 + \frac{3}{4}(x - 3) - 5$
37. $g(x) = x^4 + 2x^3 - 7$

38.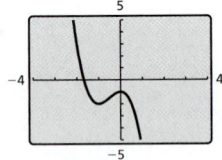

La intersección con el eje x de la gráfica es $x \approx -1.68$. La función tiene un máximo local en $(0, -1)$ y un mínimo local en $(-1, -2)$; La función aumenta cuando $-1 < x < 0$ y disminuye cuando $x < 1$ y $x > 0$.

39.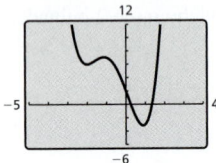

Las intersecciones con el eje x de la gráfica son $x \approx 0.25$ y $x \approx 1.34$. La función tiene un máximo local en $(-1.13, 7.06)$ y mínimos locales en $(-2, 6)$ y $(0.88, -3.17)$; La función aumenta cuando $-2 < x < -1.13$ y $x > 0.88$ y disminuye cuando $x < -2$ y $-1.13 < x < 0.88$.

40. impar **41.** par **42.** ninguna
43. $f(x) = \frac{3}{16}(x + 4)(x - 4)(x - 2)$
44. $3; f(x) = 2x^3 - 7x^2 - 6x$

Capítulo 5

Capítulo 5 Mantener el dominio de las matemáticas (pág. 235)

1. y^7 **2.** n **3.** $\frac{1}{x^3}$ **4.** $3x^3$ **5.** $\frac{8w^9}{z^6}$ **6.** $\frac{m^{10}}{z^4}$
7. $y = 2 - 4x$ **8.** $y = 3 + 3x$ **9.** $y = \frac{13}{2}x + \frac{9}{2}$
10. $y = \frac{5}{x+3}$ **11.** $y = \frac{8x-3}{4x}$ **12.** $y = \frac{15-6x}{7x}$
13. a veces; El orden no importa en el Ejemplo 1, pero sí importa en el Ejemplo 2.

5.1 Verificación de vocabulario y concepto esencial (pág. 241)

1. $\frac{1}{(\sqrt[s]{a})^s}; t$

3. Cuando a es positivo, tiene dos raíces cuartas, $\pm\sqrt[4]{a}$, y una raíz quinta real $\sqrt[5]{a}$. Cuando a es negativo, no tiene raíces cuartas reales y una raíz quinta real, $\sqrt[5]{a}$.

5.1 Monitoreo del progreso y Representar con matemáticas (págs. 241–242)

5. 2 **7.** 0 **9.** -2 **11.** 2 **13.** 125
15. -3 **17.** $\frac{1}{4}$
19. La raíz cúbica de 27 se calculó incorrectamente; $27^{2/3} = (27^{1/3})^2 = 3^2 = 9$
21. B; El denominador del exponente es 3 y el numerador es 4.
23. A; El denominador del exponente es 4 y el exponente es negativo.
25. 8 **27.** 0.34 **29.** 2840.40 **31.** 50.57
33. $r \approx 3.72$ pies **35.** $x = 5$ **37.** $x \approx -7.66$
39. $x \approx -2.17$ **41.** $x = \pm 2$ **43.** $x = \pm 3$

45. papas: 3.7%; jamón: 2.4%; huevos: 1.7%
47. 3, 4; $\sqrt[4]{81} = 3$ y $\sqrt[4]{256} = 4$
49. aproximadamente 753 pies³/seg

5.1 Mantener el dominio de las matemáticas (pág. 242)

51. 5^5 **53.** $\frac{1}{z^6}$ **55.** 5000 **57.** 0.82

5.2 Verificación de vocabulario y concepto esencial (pág. 248)

1. Ningún radicando tiene potencias enésimas perfectas como factores además de 1, ningún radicando contiene fracciones y ningún radicando aparece en el denominador de una fracción.

5.2 Monitoreo del progreso y Representar con matemáticas (págs. 248–250)

3. $9^{2/3}$ **5.** $6^{3/4}$ **7.** $\frac{5}{4}$ **9.** $3^{1/3}$ **11.** 4
13. 12 **15.** $2\sqrt[4]{3}$ **17.** 3 **19.** 6 **21.** $3\sqrt[4]{7}$
23. $\frac{\sqrt[3]{10}}{2}$ **25.** $\frac{\sqrt{6}}{4}$ **27.** $\frac{4\sqrt[3]{7}}{7}$ **29.** $\frac{1-\sqrt{3}}{-2}$
31. $\frac{15 + 5\sqrt{2}}{7}$ **33.** $\frac{9\sqrt{3} - 9\sqrt{7}}{-4}$ **35.** $\frac{3\sqrt{2} + \sqrt{30}}{-2}$
37. $12\sqrt[3]{11}$ **39.** $12(11^{1/4})$ **41.** $-9\sqrt{3}$ **43.** $5\sqrt[5]{7}$
45. $6(3^{1/3})$
47. El radicando no debería cambiar cuando la expresión se factoriza; $3\sqrt[3]{12} + 5\sqrt[3]{12} = (3+5)\sqrt[3]{12} = 8\sqrt[3]{12}$
49. $3y^2$ **51.** $\frac{m^2}{n}$ **53.** $\frac{|g|}{|h|}$
55. No se usó el valor absoluto para garantizar que todas las variables sean positivas; $\frac{\sqrt[6]{2^6(h^2)^6}}{\sqrt[6]{g^6}} = \frac{2h^2}{|g|}$
57. $9a^3b^6c^4\sqrt{ac}$ **59.** $\frac{2m\sqrt[5]{5mn^3}}{n^2}$ **61.** $\frac{\sqrt[6]{w^5}}{5w^6}$
63. $\frac{2v^{3/4}}{3w}, v \neq 0$ **65.** $21\sqrt[3]{y}$
67. $-2x^{7/2}$ **69.** $4w^2\sqrt{w}, v \neq 0$
71. $P = 2x^3 + 4x^{2/3}$
$A = 2x^{11/3}$
73. aproximadamente 0.45 mm
75. no; El segundo radical puede simplificarse a $18\sqrt{11}$. La diferencia es $-11\sqrt{11}$.
77. $10 + 6\sqrt{5}$
79. a. $r = \sqrt[3]{\frac{3V}{4\pi}}$

b. $S = 4\pi\left(\sqrt[3]{\frac{3V}{4\pi}}\right)^2$

$S = \frac{4\pi(3V)^{2/3}}{(4\pi)^{2/3}}$

$S = (4\pi)^{3/3 - 2/3}(3V)^{2/3}$

$S = (4\pi)^{1/3}(3V)^{2/3}$

c. El área de superficie del globo más grande es $2^{2/3} \approx 1.59$ veces más grande que el área de superficie del globo más pequeño.

81. cuando n es par y $\frac{m}{n}$ es impar

5.2 Mantener el dominio de las matemáticas
(pág. 250)

83. El foco es $\left(-\frac{1}{4}, 0\right)$. La directriz es $x = \frac{1}{4}$. El eje de simetría es $y = 0$.

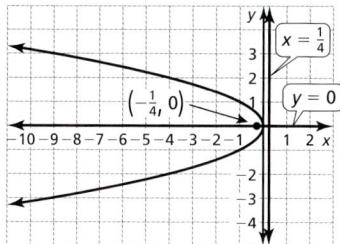

85. $g(x) = -x^4 + 3x^2 + 2x$; La gráfica de g es una reflexión en el eje x de la gráfica de f.

87. $g(x) = (x - 2)^3 - 4$; La gráfica de g es una traslación 2 unidades a la derecha de la gráfica de f.

5.3 Verificación de vocabulario y concepto esencial *(pág. 256)*

1. radical

5.3 Monitoreo del progreso y Representar con matemáticas *(págs. 256–258)*

3. B **5.** F **7.** E

9.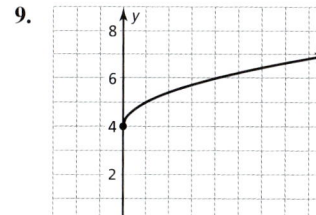

El dominio es $x \geq 0$. El rango es $y \geq 4$.

11.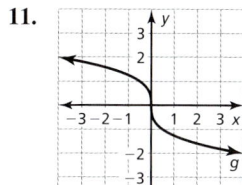

El dominio y el rango son todos los números reales.

13.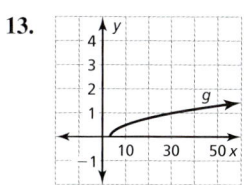

El dominio es $x \geq 3$. El rango es $y \geq 0$.

15.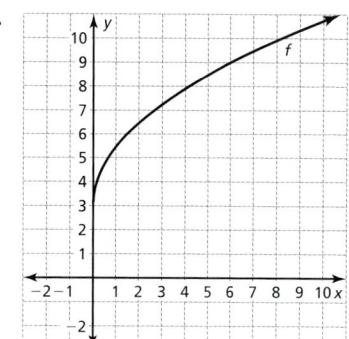

El dominio es $x \geq 0$. El rango es $y \geq 3$.

17.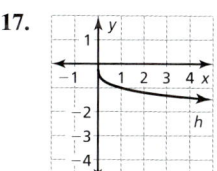

El dominio es $x \geq 0$. El rango es $y \leq 0$.

19. La gráfica de g es una traslación 1 unidad a la izquierda y 8 unidades hacia arriba de la gráfica de f.

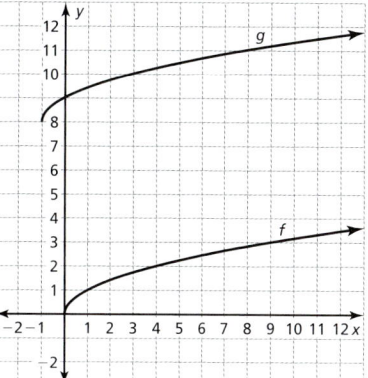

21. La gráfica de g es una reflexión en el eje x seguida de una traslación 1 unidad hacia abajo de la gráfica de f.

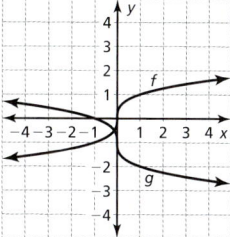

23. La gráfica de g es un encogimiento vertical por un factor de $\frac{1}{4}$ seguido de una reflexión en el eje y de la gráfica de f.

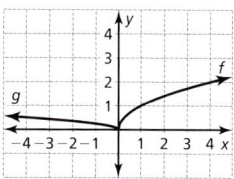

Respuestas seleccionadas **A27**

25. La gráfica de g es un encogimiento vertical por un factor de 2 seguido de una traslación 5 unidades a la izquierda y 4 unidades hacia abajo de la gráfica de f.

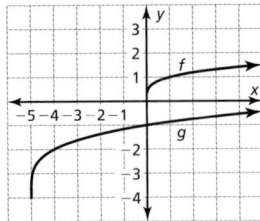

27. La gráfica se trasladó 2 unidades a la izquierda, pero debería trasladarse 2 unidades a la derecha.

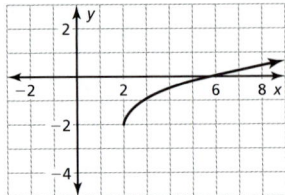

29. El dominio es $x \leq -1$ y $x \geq 0$. El rango es $y \geq 0$.

31. El dominio es todos los números reales. El rango es $y \geq -\frac{\sqrt[3]{2}}{2}$.

33. El dominio es todos los números reales. El rango es $y \geq \frac{\sqrt{14}}{4}$.

35. siempre   37. siempre

39. $M(n) = 0.915\sqrt{n}$; aproximadamente 91.5 mi

41. $g(x) = 2\sqrt{x} + 8$

43. $g(x) = \sqrt{9x + 36}$ 45. $g(x) = 2\sqrt{x + 1}$

47. $g(x) = 2\sqrt{x + 3}$ 49. $g(x) = 2\sqrt{(x + 5)^2 - 2}$

51. 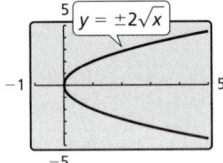   53.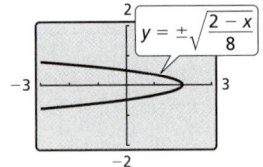

(0, 0), derecha   (2, 0), izquierda

55. 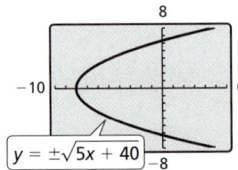   57.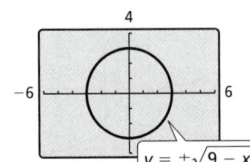

(−8, 0), derecha   El radio es 3 unidades. Las intersecciones con el eje x son ±3. Las intersecciones con el eje y son ±3.

59.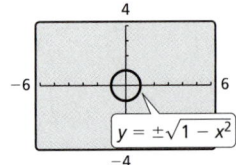

El radio es 1 unidad. Las intersecciones con el eje x son ±1. Las intersecciones con el eje y son ±1.

61.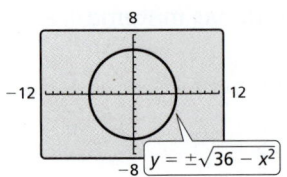

El radio es 6 unidades. Las intersecciones con el eje x son ±6. Las intersecciones con el eje y son ±6.

63.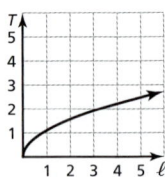

aproximadamente 3 pies; *Ejemplo de respuesta*: Ubica el valor de T 2 en la gráfica y estima el valor de ℓ.

65.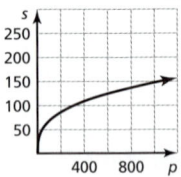

a. aproximadamente 2468 hp
b. aproximadamente 0.04 mph/hp

67. a. el paracaidista que pesa 165
b. Cuando A = 1, es más probable que el paracaidista esté vertical. Cuando A = 7, es más probable que el paracaidista esté horizontal.

5.3 Mantener el dominio de las matemáticas (pág. 258)

69. $x = 1$ y $x = -\frac{7}{3}$ 71. $x = 2$ y $x = 6$

73. $-4 < x < -3$ 75. $x < 0.5$ y $x > 6$

5.4 Verificación de vocabulario y concepto esencial (pág. 266)

1. no; El radicando no contiene una variable.

5.4 Monitoreo del progreso y Representar con matemáticas (págs. 266–268)

3. $x = 7$ 5. $x = 24$ 7. $x = 6$ 9. $x = -\frac{1000}{3}$

11. $x = 1024$ 13. aproximadamente 21.7 yr   15. $x = 12$

17. $x = 14$ 19. $x = 0$ y $x = \frac{1}{2}$ 21. $x = 3$

23. $x = -1$ 25. $x = 4$ 27. $x = \pm 8$

29. sin solución real   31. $x = 3$ 33. $x = 5$

35. Solo un lado de la ecuación es cortado en cubos;
$\sqrt[3]{3x - 8} = 4$
$(\sqrt[3]{3x - 8})^3 = 4^3$
$3x - 8 = 64$
$x = 24$

37. $x \geq 64$ 39. $x > 27$ 41. $0 \leq x \leq \frac{25}{4}$

43. $x > -220$ 45. aproximadamente 0.15 pulg

47. (3, 0) y (4, 1);

A28   Respuestas seleccionadas

49. (0, −2) y (2, 0); 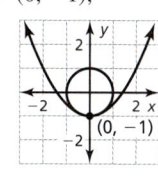   **51.** (0, −1);

53. a. La distancia de frenado es 450 pies en hielo. En asfalto húmedo y nieve, la distancia de frenado es 225 pies. La menor distancia de frenado es 90 pies en asfalto seco.
b. aproximadamente 272.2 pies; Cuando $s = 35$ y $f = 0.15$, $d \approx 272.2$.

55. a. Cuando se resuelve la primera ecuación, la solución es $x = 8$ con $x = 2$ como solución extraña. Cuando se resuelve la segunda ecuación, la solución es $x = 2$ con $x = 8$ como solución extraña.
b.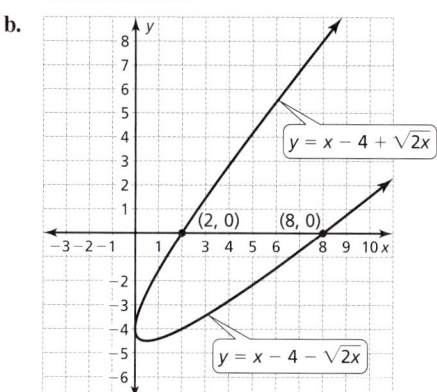

57. La raíz cuadrada de una cantidad no puede ser negativa.
59. Elevar el precio disminuiría la demanda.
61. $36\pi \approx 113.1$ pies^2
63. a. $h = h_0 - \dfrac{kt}{\pi r^2}$ **b.** aproximadamente 5.75 pulg

5.4 Mantener el dominio de las matemáticas (pág. 268)

65. $x^5 + x^4 - 4x^2 + 3$ **67.** $x^3 + 11x - 8$
69. $g(x) = \dfrac{1}{2}x^3 - 2x^2$; La gráfica de g es un encogimiento vertical por un factor de $\dfrac{1}{2}$ seguido de una traslación 3 unidades hacia abajo de la gráfica de f.

5.5 Verificación de vocabulario y concepto esencial (pág. 273)

1. Puedes sumar, restar, multiplicar o dividir f y g.

5.5 Monitoreo del progreso y Representar con matemáticas (págs. 273–274)

3. $(f + g)(x) = 14\sqrt[4]{x}$ y el dominio es $x \geq 0$;
$(f - g)(x) = -24\sqrt[4]{x}$ y el dominio es $x \geq 0$;
$(f + g)(16) = 28$; $(f - g)(16) = -48$
5. $(f + g)(x) = -7x^3 + 5x^2 + x$ y el dominio es todos los números reales; $(f - g)(x) = -7x^3 - 13x^2 + 11x$ y el dominio es todos los números reales; $(f + g)(-1) = 11$; $(f - g)(-1) = -17$
7. $(fg)(x) = 2x^{10/3}$ y el dominio es todos los números reales;
$\left(\dfrac{f}{g}\right)(x) = 2x^{8/3}$ y el dominio es $x \neq 0$; $(fg)(-27) = 118{,}098$;
$\left(\dfrac{f}{g}\right)(-27) = 13{,}122$

9. $(fg)(x) = 36x^{3/2}$ y el dominio es $x \geq 0$; $\left(\dfrac{f}{g}\right)(x) = \dfrac{4}{9}x^{1/2}$ y el dominio es $x > 0$; $(fg)(9) = 972$; $\left(\dfrac{f}{g}\right)(9) = \dfrac{4}{3}$
11. $(fg)(x) = -98x^{11/6}$ y el dominio es $x \geq 0$; $\left(\dfrac{f}{g}\right)(x) = -\dfrac{1}{2}x^{7/6}$; y el dominio es $x > 0$; $(fg)(64) = -200{,}704$; $\left(\dfrac{f}{g}\right)(64) = -64$
13. 2541.04; 2458.96; 102,598.56; 60.92
15. 7.76; −14.60; −38.24; −0.31
17. Como las funciones tienen un índice par, el dominio está restringido; El dominio de $(fg)(x)$ es $x \geq 0$.
19. a. $(F + M)(t) = 0.0001t^3 - 0.016t^2 + 0.21t + 7.4$
b. el número total de empleados de 16 a 19 años de edad en los Estados Unidos
21. sí; Cuando se suman y multiplican funciones, el orden en que aparecen no importa.
23. $(f + g)(3) = -21$; $(f - g)(1) = -1$; $(fg)(2) = 0$; $\left(\dfrac{f}{g}\right)(0) = 2$
25. $r(x) = x^2 - \dfrac{1}{2}x^2 = \dfrac{1}{2}x^2$
27. a. $r(x) = \dfrac{20 - x}{6.4}$; $s(x) = \dfrac{\sqrt{x^2 + 144}}{0.9}$
b. $t(x) = \dfrac{20 - x}{6.4} + \dfrac{\sqrt{x^2 + 144}}{0.9}$
c. $x \approx 1.7$; Si Elvis corre a lo largo de la playa hasta que está a aproximadamente 1.7 metros del punto C, luego nada hasta el punto B, el tiempo que tarda en llegar allí será un mínimo.

5.5 Mantener el dominio de las matemáticas (pág. 274)

29. $n = \dfrac{5z}{7 + 8z}$ **31.** $n = \dfrac{3}{7b - 4}$
33. no; −1 tiene dos salidas.   **35.** no; 2 tiene dos salidas.

5.6 Verificación de vocabulario y concepto esencial (pág. 281)

1. Las funciones inversas son funciones que no se cancelan entre sí.
3. x; x

5.6 Monitoreo del progreso y Representar con matemáticas (págs. 281–284)

5. $x = \dfrac{y - 5}{3}$; $-\dfrac{8}{3}$ **7.** $x = 2y + 6$; 0   **9.** $x = \sqrt[3]{\dfrac{y}{3}}$; −1
11. $x = 2 \pm \sqrt{y + 7}$; 0, 4
13. $g(x) = \dfrac{1}{6}x$;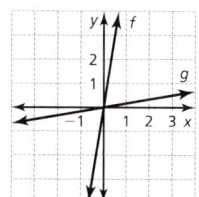

15. $g(x) = \dfrac{x-5}{-2}$;

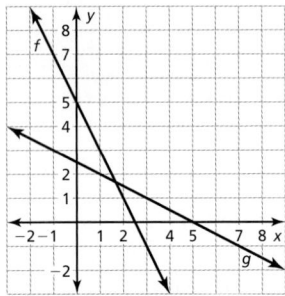

17. $g(x) = -2x + 8$;

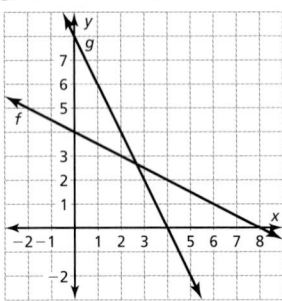

19. $g(x) = \dfrac{3x+1}{2}$;

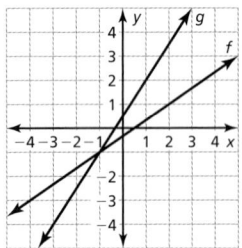

21. $g(x) = \dfrac{x-4}{-3}$; *Ejemplo de respuesta:* intercambiar x y y; Puedes hacer una gráfica del inverso para verificar tu respuesta.

23. $g(x) = -\dfrac{\sqrt{x}}{2}$;

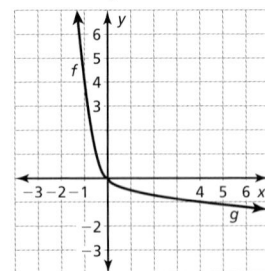

25. $g(x) = \sqrt[3]{x} + 3$

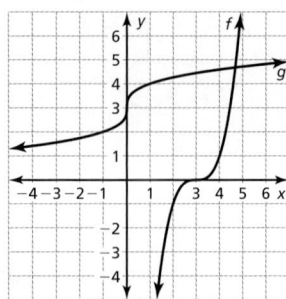

27. $g(x) = \sqrt[4]{\dfrac{x}{2}}$;

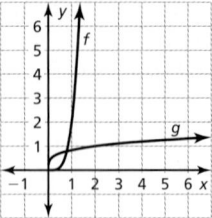

29. Cuando se intercambian x y y, el negativo no debería intercambiarse con las variables;
$y = -x + 3$
$x = -y + 3$
$-x + 3 = y$

31. no; La función no pasa la prueba de recta horizontal.

33. no; La función no pasa la prueba de recta horizontal.

35. sí; $g(x) = \sqrt[3]{x+1}$

37. sí; $g(x) = x^2 - 4$, donde $x \geq 0$ **39.** sí; $g(x) = \dfrac{x^3}{8} + 5$

41. no; $y = \pm\sqrt[4]{x-2}$ **43.** sí; $g(x) = \dfrac{x^3}{27} - 1$

45. sí; $g(x) = \sqrt[5]{2x}$ **47.** B

49. Las funciones no son inversas.

51. Las funciones son inversas.

53. $\ell = \left(\dfrac{v}{1.34}\right)^2$; aproximadamente 31.3 pies **55.** B **57.** A

59. 5; Cuando $x = 5$, $2x^2 + 3 = 53$.

61. a. $w = 2\ell - 6$; el peso de un objeto en un resorte estirado de longitud ℓ
  b. 5 lb **c.** $0.5(2\ell - 6) + 3 = \ell$; $2(0.5w + 3) - 6 = w$

63. a. $F = \dfrac{9}{5}C + 32$; La ecuación convierte temperaturas de Celsius a Fahrenheit.
  b. inicio: $41°$ F; fin: $14°$ F **c.** $-40°$

65. B **67.** A

69. a. falso; Todas las funciones de la forma $f(x) = x^n$, donde n es un entero par, no pasan la prueba de la recta horizontal.
  b. verdadero; Todas las funciones de la forma $f(x) = x^n$, donde n es un entero impar, pasan la prueba de la recta horizontal.

71. El inverso $y = \dfrac{1}{m}x - \dfrac{b}{m}$ tiene una pendiente de $\dfrac{1}{m}$ y una intersección con el eje y de $-\dfrac{b}{m}$.

5.6 Mantener el dominio de las matemáticas
(pág. 284)

73. $-\dfrac{1}{3^3}$ **75.** 4^2

77. La función aumenta cuando $x > 1$ y disminuye cuando $x < 1$. La función es positiva cuando $x < 0$ y cuando $x > 2$, y negativa cuando $0 < x < 2$.

79. La función aumenta cuando $-2.89 < x < 2.89$ y disminuye cuando $x < -2.89$ y $x > 2.89$. La función es positiva cuando $x < -5$ y $0 < x < 5$ y negativa cuando $-5 < x < 0$ y $x > 5$.

Repaso del Capítulo 5 *(págs. 286–288)*

1. 128 **2.** 243 **3.** $\dfrac{1}{9}$ **4.** $x \approx 1.78$ **5.** $x = 3$

6. $x = -10$ y $x = -6$ **7.** $\dfrac{6^{2/5}}{6}$ **8.** 4 **9.** $2 + \sqrt{3}$

10. $7\sqrt[5]{8}$ **11.** $7\sqrt{3}$ **12.** $5^{1/3} \cdot 2^{3/4}$ **13.** $5z^3$

14. $\dfrac{\sqrt[4]{2z}}{6}$ **15.** $-z^2\sqrt{10z}$

16. La gráfica de g es un alargamiento vertical por un factor de 2 seguido de una reflexión en el eje x de la gráfica de f.

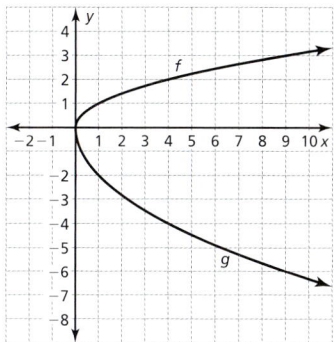

17. La gráfica de g es una reflexión en el eje y seguida de una traslación 6 unidades hacia abajo de la gráfica de f.

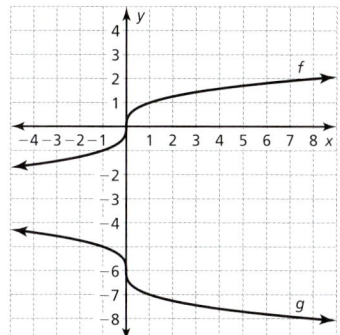

18. $g(x) = \sqrt[3]{-x} + 7$

19.

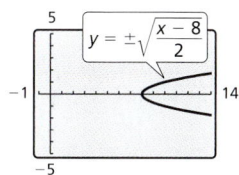

$(8, 0)$; derecha

20.

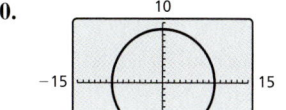

El radio es 9. Las intersecciones con el eje x son ± 9. Las intersecciones con el eje y son ± 9.

21. $x = 62$ **22.** $x = 2$ y $x = 10$ **23.** $x = \pm 36$
24. $x > 9$ **25.** $8 \le x < 152$ **26.** $x \ge 30$
27. aproximadamente 4082 m

28. $(fg)(x) = 8(3-x)^{5/6}$ y el dominio es $x \le 3$;
$\left(\dfrac{f}{g}\right)(x) = \dfrac{1}{2}(3-x)^{1/6}$ y el dominio es $x < 3$; $(fg)(2) = 8$;
$\left(\dfrac{f}{g}\right)(2) = \dfrac{1}{2}$

29. $(f+g)(x) = 3x^2 + x + 5$ y el dominio es todos los números reales; $(f-g)(x) = 3x^2 - x - 3$ y el dominio es todos los números reales; $(f+g)(-5) = 75$; $(f-g)(-5) = 77$

30. $g(x) = -2x + 20$;

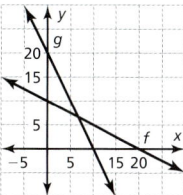

31. $g(x) = \sqrt{x-8}$;

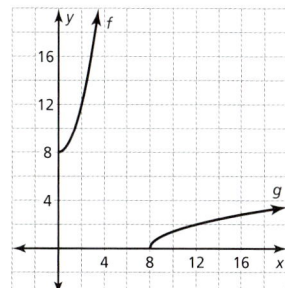

32. $g(x) = \sqrt[3]{-x-9}$;

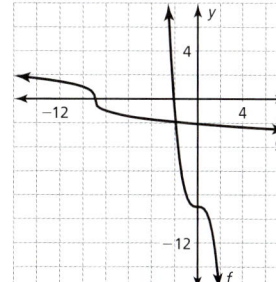

33. $g(x) = \frac{1}{9}(x-5)^2$, $x \geq 5$;

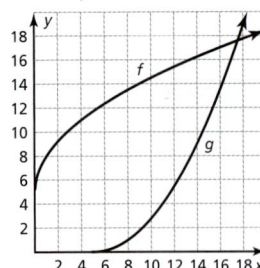

34. no **35.** sí **36.** $p = \dfrac{d}{1.587}$; aproximadamente 63£

Capítulo 6

Capítulo 6 Mantener el dominio de las matemáticas *(pág. 293)*

1. 48 **2.** -32 **3.** $-\dfrac{25}{36}$ **4.** $\dfrac{27}{64}$

5. dominio: $-5 \leq x \leq 5$, rango: $0 \leq y \leq 5$

6. dominio: $\{-2, -1, 0, 1, 2\}$, rango: $\{-5, -3, -1, 1, 3\}$

7. dominio: todos los números reales, rango: $y \leq 0$

8. todos los valores, valores impares; sin valores, valores pares; El exponente de -4^n se evalúa primero, luego el resultado se multiplica por -1, entonces el valor siempre permanecerá negativo. El producto de un número impar de valores negativos es negativo. Después de evaluar el exponente de -4^n, el resultado se multiplica por -1, entonces nunca será positivo. El producto de un número par de valores negativos es positivo.

6.1 Verificación de vocabulario y concepto esencial *(pág. 300)*

1. La cantidad inicial es 2.4, el factor de crecimiento es 1.5, y el porcentaje de aumento es 0.5 o 50%.

6.1 Monitoreo del progreso y Representar con matemáticas *(págs. 300–302)*

3. a. $\dfrac{1}{4}$ **b.** 8 **5. a.** $\dfrac{8}{9}$ **b.** 216

7. a. $\dfrac{46}{9}$ **b.** 32

9. crecimiento exponencial

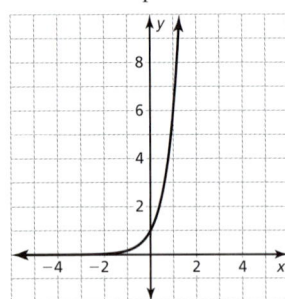

11. decremento exponencial

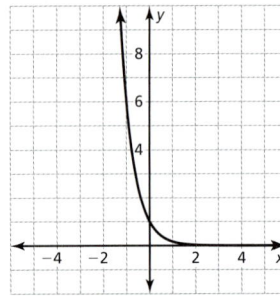

13. crecimiento exponencial

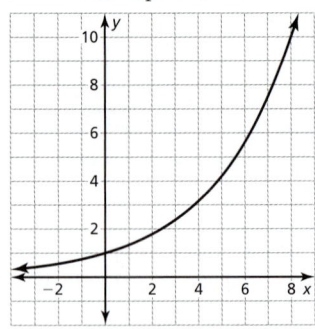

15. crecimiento exponencial

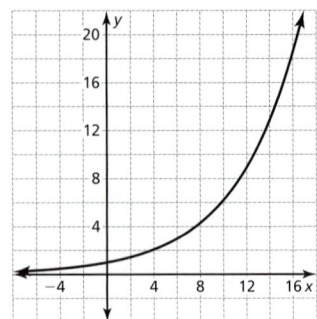

17. decremento exponencial

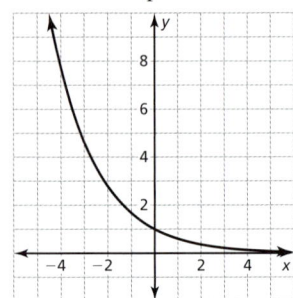

19. $b = 3$

21. a. decremento exponencial **b.** decremento de 25%
  c. en aproximadamente 4.8 años

23. a. $y = 233(1.06)^t$; aproximadamente 261.8 millones
  b. 2009

25. Propiedad de potencia de una potencia; Evalúa la potencia; Reescribe en la forma $y = a(1 + r)^t$.

27. aproximadamente 0.01%

29. $y = a(1 + 0.26)^t$; crecimiento de 26%

31. $y = a(1 - 0.06)^t$; decremento de 6%

33. $y = a(1 - 0.04)^t$; decremento de 4%

35. $y = a(1 + 255)^t$; crecimiento de 25,500% **37.** $5593.60

39. El porcentaje de disminución necesita restarse de 1 para producir el factor de decremento;
$y = \begin{pmatrix}\text{Cantidad}\\\text{inicial}\end{pmatrix}\begin{pmatrix}\text{Factor de}\\\text{decremento}\end{pmatrix}^t$; $y = 500(1 - 0.02)^t$;
$y = 500(0.98)^t$

41. $3982.92 **43.** $3906.18

45. a representa el número de referidos que recibió al principio del modelo. b representa el factor de crecimiento del número de referidos por año; 50%; 1.50 puede reescribirse como $(1 + 0.50)$, que muestra el porcentaje de aumento de 50%.

47. no; $f(x) = 2^x$ eventualmente aumenta a una tasa más rápida que $g(x) = x^2$, pero no para todos $x \geq 0$.

49. 221.5; La curva contiene los puntos (0, 6850) y (6, 8179.26) y $\frac{8179.26 - 6850}{6 - 0} \approx 221.5$.

51. a. El factor de decremento es 0.9978. El porcentaje de disminución es 0.22%.

b.
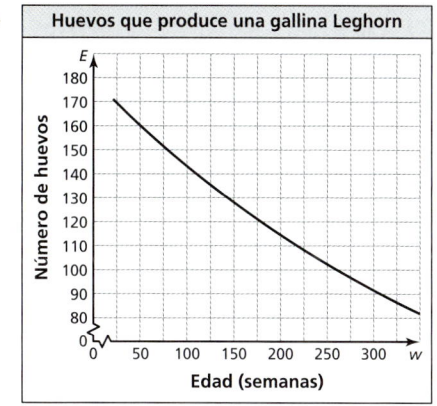

c. aproximadamente 134 huevos por año

d. Reemplaza $\frac{w}{52}$ con y, donde y representa la edad de la gallina en años.

6.1 Mantener el dominio de las matemáticas
(pág. 302)

53. x^{11} **55.** $24x^2$ **57.** $2x$ **59.** $3 + 5x$

6.2 Verificación de vocabulario y concepto esencial *(pág. 307)*

1. Un número irracional que es de aproximadamente 2.718281828

6.2 Monitoreo del progreso y Representar con matemáticas *(págs. 307–308)*

3. e^8 **5.** $\frac{1}{2e}$ **7.** $625e^{28x}$ **9.** $3e^{3x}$ **11.** $e^{-5x + 8}$

13. El 4 no se elevó al cuadrado; $(4e^{3x})^2 = 4^2 e^{(3x)(2)} = 16e^{6x}$

15. crecimiento exponencial

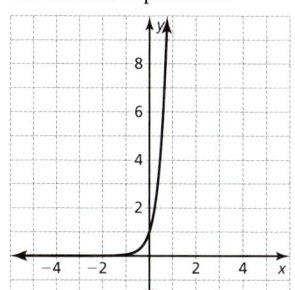

17. decremento exponencial

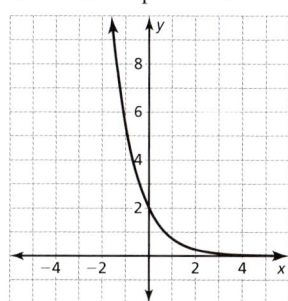

19. crecimiento exponencial

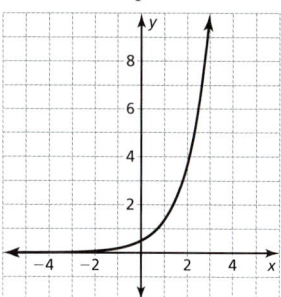

21. decremento exponencial

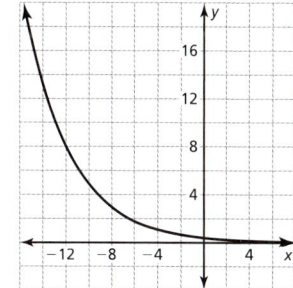

23. D; La gráfica muestra crecimiento y tiene una intersección con el eje y de 1.

25. B; La gráfica muestra decremento y tiene una intersección con el eje y de 4.

27. $y = (1 - 0.221)^t$; 22.1% decremento

29. $y = 2(1 + 0.492)^t$; 49.2% crecimiento

31.
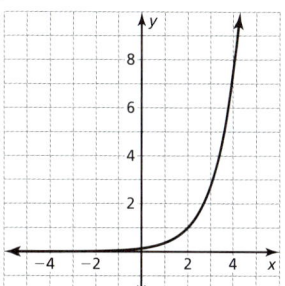

dominio: todos los números reales; rango: $y > 0$

33.
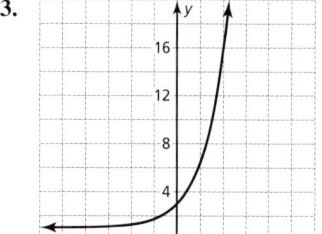

dominio: todos los números reales; rango: $y > 1$

35. el fondo educativo

37. *Ejemplo de respuesta:* $a = 6, b = 2, r = -0.2, q = -0.7$

39. no; e es un número irracional. Los números irracionales no pueden expresarse como una razón de dos enteros.

41. cuenta 1; Con la cuenta 1, el balance sería

$A = 2500\left(1 + \frac{0.06}{4}\right)^{4 \cdot 10} = \$4535.05$. Con la cuenta 2, el balance sería $A = 2500e^{0.04 \cdot 10} = \$3729.56$.

43. a. $N(t) = 30e^{0.166t}$

b.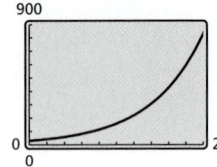

c. A las 3:45 p.m., han pasado 2 horas y 45 minutos, o 2.75 horas, desde la 1:00 p.m. Usa la función *trazar* en la calculadora gráfica para escribir 2.75 para hallar el punto (2.75, 47.356183). A las 3:45 p.m., hay aproximadamente 47 células.

6.2 Mantener el dominio de las matemáticas
(pág. 308)

45. 5×10^3 **47.** 4.7×10^{-8}

49. $y = -\sqrt{x+1}$

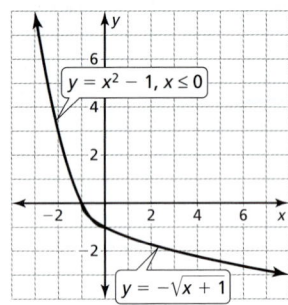

51. $y = \sqrt[3]{x+2}$

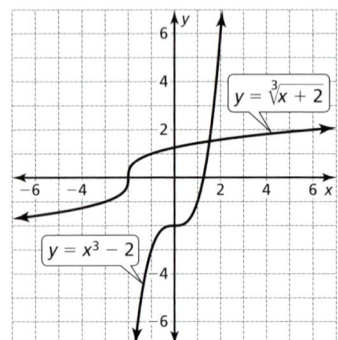

6.3 Verificación de vocabulario y concepto esencial *(pág. 314)*

1. común   **3.** Son ecuaciones inversas.

6.3 Monitoreo del progreso y Representar con matemáticas *(págs. 314–316)*

5. $3^2 = 9$ **7.** $6^0 = 1$ **9.** $\left(\frac{1}{2}\right)^{-4} = 16$

11. $\log_6 36 = 2$ **13.** $\log_{16} \frac{1}{16} = -1$ **15.** $\log_{125} 25 = \frac{2}{3}$

17. 4   **19.** 1   **21.** -4 **23.** -1

25. $\log_7 8, \log_5 23, \log_6 38, \log_2 10$ **27.** 0.778

29. -1.099 **31.** -2.079 **33.** 4603 m   **35.** x

37. 4   **39.** $2x$

41. -3 y $\frac{1}{64}$ están en la posición incorrecta; $\log_4 \frac{1}{64} = -3$

43. $y = \log_{0.3} x$ **45.** $y = 2^x$ **47.** $y = e^x + 1$

49. $y = \frac{1}{3} \ln x$ **51.** $y = \log_5(x+9)$

53. a. aproximadamente 283 mi/h

b. $d = 10^{(s-65)/93}$; El inverso da la distancia que recorre un tornado dada la velocidad del viento, s.

55.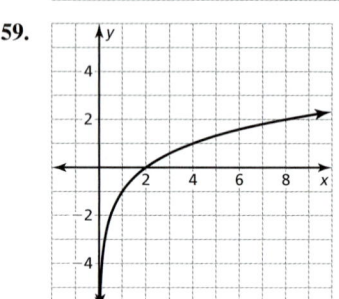

57.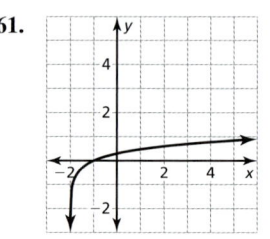

59.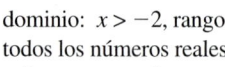

61.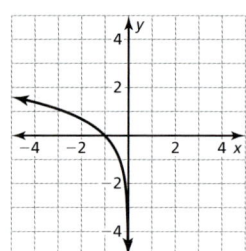

dominio: $x > -2$, rango: todos los números reales, asíntota: $x = -2$

63.

dominio: $x < 0$; rango: todos los números reales, asíntota: $x = 0$

65. no; Cualquier función logarítmica de la forma $g(x) = \log_b x$ pasará por $(1, 0)$, pero si la función se ha trasladado o reflejado en el eje x, quizás no pase por $(1, 0)$.

67. a.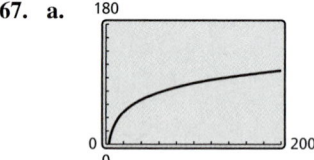

b. aproximadamente 281 lb

c. $(3.4, 0)$; no; La intersección con el eje x muestra que un caimán con un peso de 3.4 libras no tiene longitud. Si un objeto tiene peso, debe tener longitud.

69. a.

b. 15 especies   **c.** aproximadamente 3918 m²

d. El número de especies de peces aumenta; *Ejemplo de respuesta:* Esto tiene sentido porque en un estanque más pequeño, una especie podría dominar a otra especie más fácilmente y alimentarse de especies más débiles hasta que se extingan.

71. a. $\frac{2}{3}$ **b.** $\frac{5}{3}$ **c.** $\frac{4}{3}$ **d.** $\frac{7}{2}$

6.3 Mantener el dominio de las matemáticas (pág. 316)

73. $g(x) = \sqrt[3]{\frac{1}{2}x}$ **75.** $g(x) = \sqrt[3]{x+2}$

77. cuadrática; La gráfica es una traslación 2 unidades a la izquierda y 1 unidad hacia abajo de la función cuadrática madre.

6.4 Verificación de vocabulario y concepto esencial (pág. 322)

1. Valores positivos de un alargamiento vertical a ($a > 1$) o encogimiento ($a < 1$) la gráfica de f, h traslada la gráfica de f a la izquierda ($h < 0$) o a la derecha ($h > 0$), y k traslada la gráfica de f hacia arriba ($k > 0$) o hacia abajo ($k < 0$). Cuando a es negativo, la gráfica de f se refleja en el eje x.

6.4 Monitoreo del progreso y Representar con matemáticas (págs. 322–324)

3. C; La gráfica de f es una traslación 2 unidades a la izquierda y 2 unidades hacia abajo de la gráfica de la función madre $y = 2^x$.

5. A; La gráfica de h es una traslación 2 unidades a la derecha y 2 unidades hacia abajo de la gráfica de la función madre $y = 2^x$.

7. La gráfica de g es una traslación 5 unidades hacia arriba de la gráfica de f.

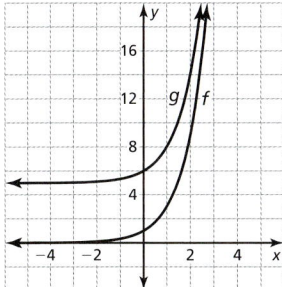

9. La gráfica de g es una traslación 1 unidad hacia abajo de la gráfica de f.

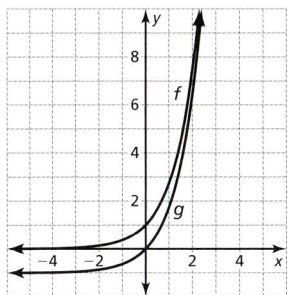

11. La gráfica de g es una traslación 7 unidades a la derecha de la gráfica de f.

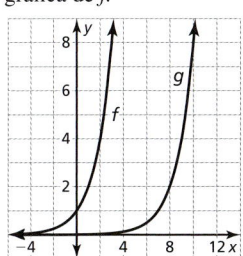

13. La gráfica de g es una traslación 6 unidades hacia arriba de la gráfica de f.

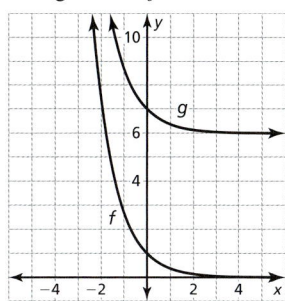

15. La gráfica de g es una traslación 3 unidades a la derecha y 12 unidades hacia arriba de la gráfica de f.

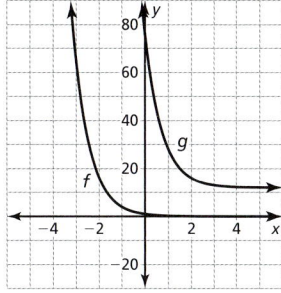

17. La gráfica de g es un encogimiento horizontal por un factor de $\frac{1}{2}$ de la gráfica de f.

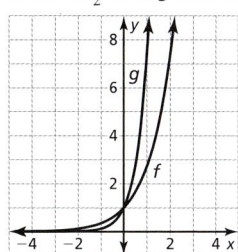

19. La gráfica de g es una reflexión en el eje x seguida de una traslación 3 unidades a la derecha de la gráfica de f.

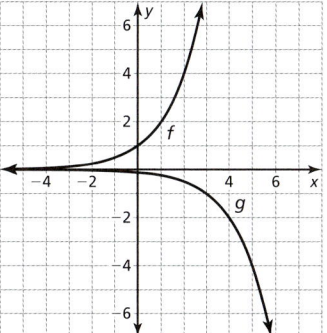

21. La gráfica de g es un encogimiento horizontal por un factor de $\frac{1}{6}$ seguido de un alargamiento vertical por un factor de 3 de la gráfica de f.

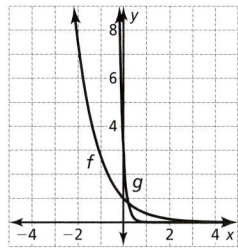

Respuestas seleccionadas   **A35**

23. La gráfica de g es un alargamiento vertical por un factor de 6 seguido de una traslación 5 unidades a la izquierda y 2 unidades hacia abajo de la gráfica de f.

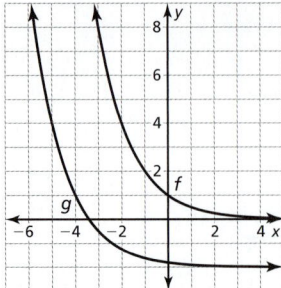

25. La gráfica de la función madre $f(x) = 2^x$ se trasladó 3 unidades a la izquierda en lugar de hacia arriba.

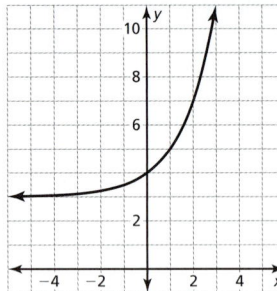

27. La gráfica de g es un alargamiento vertical por un factor de 3 seguido de una traslación 5 unidades hacia abajo de la gráfica de f.

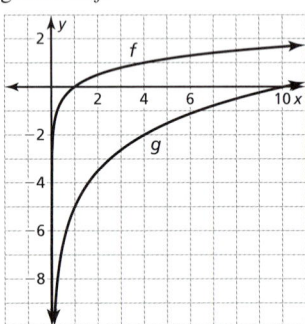

29. La gráfica de g es una reflexión en el eje x seguida de una traslación 7 unidades a la derecha de la gráfica de f.

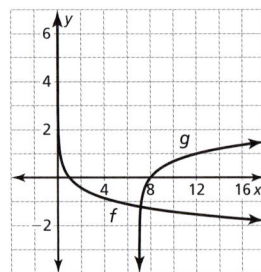

31. A; La gráfica de f se ha trasladado 2 unidades a la derecha.
33. C; La gráfica de f se ha alargado verticalmente por un factor de 2.
35. $g(x) = 5^{-x} - 2$ **37.** $g(x) = e^{2x} + 5$
39. $g(x) = 6 \log_6 x - 5$ **41.** $g(x) = \log_{1/2}(-x + 3) + 2$
43. Multiplica la salida por -1; Sustituye $\log_7 x$ por $f(x)$. Resta 6 de la salida; Sustituye $-\log_7 x$ por $h(x)$.
45. La gráfica de g es una traslación 4 unidades hacia arriba de la gráfica de f; $y = 4$

47. La gráfica de g es una traslación 6 unidades a la izquierda de la gráfica de f; $x = -6$
49. La gráfica de S es un encogimiento vertical por un factor de 0.118 seguido de una traslación 0.159 unidad hacia arriba de la gráfica de f; Para arena fina, la pendiente de la playa es aproximadamente 0.05. Para arena media, la pendiente de la playa es aproximadamente 0.09. Para arena gruesa, la pendiente de la playa es aproximadamente 0.12. Para arena muy gruesa, la pendiente de la playa es aproximadamente 0.16.
51. sí; *Ejemplo de respuesta*: Si la gráfica se refleja en el eje y, las gráficas nunca se intersecarán porque no hay valores de x donde $\log x = \log(-x)$.
53. a. nunca; La asíntota de $f(x) = \log x$ es una línea vertical y no cambiaría al desplazar la gráfica verticalmente.
b. siempre; La asíntota de $f(x) = e^x$ es una línea horizontal y cambiaría al desplazar la gráfica verticalmente.
c. siempre; El dominio de $f(x) = \log x$ es $x > 0$ y no cambiaría por un encogimiento horizontal.
d. a veces; La gráfica de la función exponencial madre no se interseca en el eje x, pero si se desplaza hacia abajo, la gráfica se intersecaría en el eje x.
55. La gráfica de h es una traslación 2 unidades a la izquierda de la gráfica de f ; La gráfica de h es una reflexión en el eje y seguida de una traslación 2 unidades a la izquierda de la gráfica de g; x se ha reemplazado con $x + 2$. x se ha reemplazado con $-(x + 2)$.

6.4 Mantener el dominio de las matemáticas
(pág. 324)

57. $(fg)(x) = x^6$; $(fg)(3) = 729$
59. $(f + g)(x) = 14x^3$; $(f + g)(2) = 112$

6.5 Verificación de vocabulario y concepto esencial *(pág. 331)*

1. Producto

6.5 Monitoreo del progreso y Representar con matemáticas *(págs. 331–332)*

3. 0.565   **5.** 1.424   **7.** -0.712
9. B; Propiedad del cociente   **11.** A; Propiedad de la potencia
13. $\log_3 4 + \log_3 x$ **15.** $1 + 5 \log x$
17. $\ln x - \ln 3 - \ln y$ **19.** $\log_7 5 + \frac{1}{2} \log_7 x$
21. Las dos expresiones deberían sumarse, no multiplicarse; $\log_2 5x = \log_2 5 + \log_2 x$
23. $\log_4 \frac{7}{10}$ **25.** $\ln x^6 y^4$ **27.** $\log_5 4\sqrt[3]{x}$
29. $\ln 32x^7 y^4$
31. B;

$\log_5 \frac{y^4}{3x} = \log_5 y^4 - \log_5 3x$ Propiedad del cociente

$= 4 \log_5 y - (\log_5 3 + \log_5 x)$ Propiedades de la potencia y del producto

$= 4 \log_5 y - \log_5 3 - \log_5 x$ Propiedad distributiva

33. 1.404   **35.** 1.232   **37.** 1.581   **39.** -0.860
41. sí; Al usar la fórmula de cambio de base, la ecuación puede graficarse como $y = \frac{\log x}{\log 3}$.
43. 60 decibeles

A36   Respuestas seleccionadas

45. a. $2 \ln 2 \approx 1.39$ nudos

b.
$s(h) = 2 \ln 100h$
$s(h) = \ln(100h)^2$
$e^{s(h)} = e^{\ln(100h)^2}$
$e^{s(h)} = (100h)^2$
$\log e^{s(h)} = \log(100h)^2$
$s(h) \log e = 2 \log(100h)$
$s(h) \log e = 2(\log 100 + \log h)$
$s(h) \log e = 2(2 + \log h)$
$s(h) = \dfrac{2}{\log e}(\log h + 2)$

47. Reescribe cada logaritmo en forma exponencial para obtener $a = b^x$, $c = b^y$, y $a = c^z$. Entonces,
$\dfrac{\log_b a}{\log_b c} = \dfrac{\log_b c^z}{\log_b c} = \dfrac{z \log_b c}{\log_b c} = z = \log_c a$.

6.5 Mantener el dominio de las matemáticas (pág. 332)

49. $x < -2$ o $x > 2$ **51.** $-7 < x < -6$
53. $x \approx -0.76$ y $x \approx 2.36$ **55.** $x \approx -1.79$ y $x \approx 1.12$

6.6 Verificación de vocabulario y concepto esencial (pág. 338)

1. exponencial

3. El dominio de la función logarítmica es solamente números positivos, entonces cualquier cantidad que dé como resultado sacar el logaritmo de un número no positivo será una solución extraña.

6.6 Monitoreo del progreso y Representar con matemáticas (págs. 338–340)

5. $x = -1$ **7.** $x = 7$ **9.** $x \approx 1.771$ **11.** $x = -\frac{5}{3}$
13. $x \approx 0.255$ **15.** $x \approx 0.173$
17. aproximadamente 17.6 años
19. aproximadamente 50 min   **21.** $x = 6$
23. $x = 3$ **25.** $x = 6$
27. $x = 10$ **29.** $x = 1$
31. $x = \dfrac{1 + \sqrt{41}}{2} \approx 3.7$ y $x = \dfrac{1 - \sqrt{41}}{2} \approx -2.7$
33. $x = 4$ **35.** $x \approx 6.04$ **37.** $x = \pm 1$
39. $x \approx 10.24$
41. 3 debería ser la base en ambos lados de la ecuación;
$\log_3(5x - 1) = 4$
$3^{\log_3(5x-1)} = 3^4$
$5x - 1 = 81$
$5x = 82$
$x = 16.4$
43. a. 39.52 años   **b.** 38.66 años   **c.** 38.38 años
d. 38.38 años
45. a. $x \approx 3.57$ **b.** $x = 0.8$
47. $x > 1.815$ **49.** $x \geq 20.086$ **51.** $x < 1.723$
53. $x \geq \frac{1}{5}$
55. $0 < x < 25$; *Ejemplo de respuesta:* algebraicamente; Convertir la ecuación a forma exponencial es el método más fácil porque aísla la variable.
57. $r > 0.0718$ o $r > 7.18\%$ **59.** $x \approx 1.78$
61. sin solución
63. a. $a = -\dfrac{1}{0.09} \ln\left(\dfrac{45 - \ell}{25.7}\right)$

b. huella de 36 cm: 11.7 años; huella de 32 cm: 7.6 años; huella de 28 cm: 4.6 años; huella de 24 cm: 2.2 años

65. *Ejemplo de respuesta:* $2^x = 16$; $\log_3(-x) = 1$
67. $x \approx 0.89$
69. $x \approx 10.61$ **71.** $x = 2$ y $x = 3$
73. Para resolver ecuaciones exponenciales con diferentes bases, saca el logaritmo de cada lado. Luego, usa la Propiedad de la potencia para mover el exponente al frente del logaritmo, y resuelve para hallar x. Para resolver ecuaciones logarítmicas con diferentes bases, halla un múltiplo común de las bases y exponencia cada lado con este múltiplo común como la base. Reescribe la base como una potencia que cancelará el logaritmo dado y resuelve la ecuación resultante.

6.6 Mantener el dominio de las matemáticas (pág. 340)

75. $y + 2 = 4(x - 1)$ **77.** $y + 8 = -\frac{1}{3}(x - 3)$
79. 3; $y = 2x^3 - x + 1$
81. 4; $y = -3x^4 + 2x^3 - x^2 + 5x - 6$

6.7 Verificación de vocabulario y concepto esencial (pág. 346)

1. exponencial

6.7 Monitoreo del progreso y Representar con matemáticas (págs. 346–348)

3. exponencial; Los datos tienen una razón común de 4.
5. cuadrática; Las segundas diferencias son constantes.
7. $y = 0.75(4)^x$ **9.** $y = \frac{1}{8}(2)^x$ **11.** $y = \frac{2}{5}(5)^x$
13. $y = 5(0.5)^x$ **15.** $y = 0.25(2)^x$
17. Los datos son lineales cuando las primeras diferencias son constantes; Las salidas tienen una razón común de 3, entonces los datos representan una función exponencial.
19. *Ejemplo de respuesta:* $y = 7.20(1.39)^x$
21. sí; *Ejemplo de respuesta:* $y = 8.88(1.21)^x$
23. no; *Ejemplo de respuesta* $y = -0.8x + 66$
25.

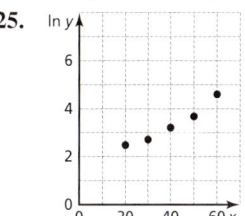

Ejemplo de respuesta: $y = 3.25(1.052)^x$

27.

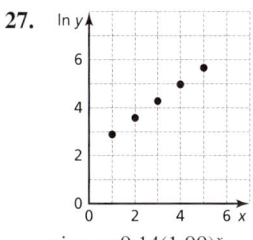

sí; $y = 9.14(1.99)^x$

29.

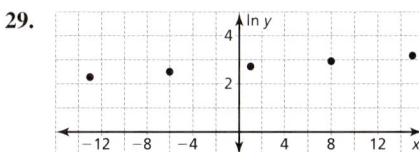

sí; $y = 14.73(1.03)^x$

31. $y = 6.70(1.41)^x$; aproximadamente 208 motonetas
33. $t = 12.59 - 2.55 \ln d$; 2.6 h

35. a.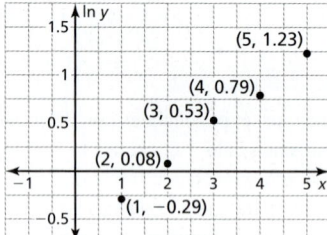

Ejemplo de respuesta: $y = 0.50(1.47)^x$

b. aproximadamente 47%; La base es 1.47 que significa que la función muestra un 47% de crecimiento.

37. no; Cuando d es la variable independiente y t es la variable dependiente, los datos pueden representarse con una función logarítmica. Cuando se intercambian las variables, los datos pueden representarse con una función exponencial.

39. a. 5.9 semanas

b.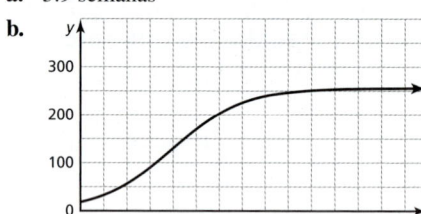

La asíntota es la línea $y = 256$ y representa la altura máxima del girasol.

6.7 Mantener el dominio de las matemáticas
(pág. 348)

41. no; Cuando se aumenta una variable por un factor, la otra variable no aumenta por el mismo factor.

43. sí; Cuando se aumenta una variable por un factor, la otra variable aumenta por el mismo factor.

45. El foco es $\left(0, \frac{1}{16}\right)$, la directriz es $y = -\frac{1}{16}$ y el eje de simetría es $x = 0$.

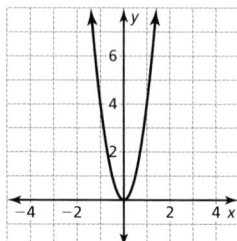

47. El foco es $(0.1, 0)$, la directriz es $x = -0.1$ y el eje de simetría es $y = 0$.

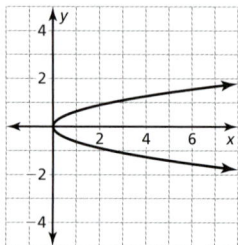

Repaso del capítulo 6 *(págs. 350–352)*

1. decremento exponencial; disminución del 66.67%

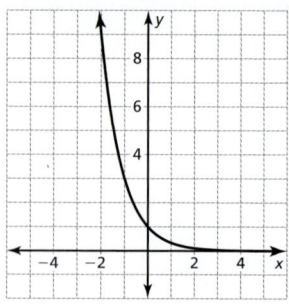

2. crecimiento exponencial; aumento del 400%

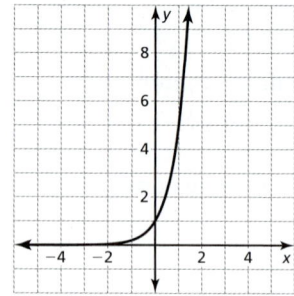

3. decremento exponencial; disminución del 80%

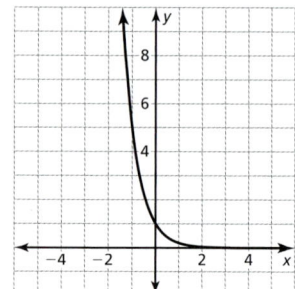

4. $1725.39 **5.** e^{15} **6.** $\dfrac{2}{e^3}$ **7.** $\dfrac{9}{e^{10x}}$

8. crecimiento exponencial

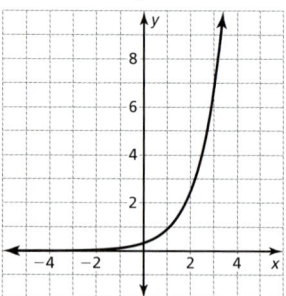

9. decremento exponencial

10. decremento exponencial

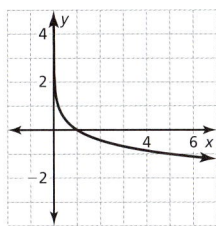

11. 3   12. −2   13. 0
14. $g(x) = \log_8 x$ 15. $y = e^x + 4$ 16. $y = 10^x - 9$
17.

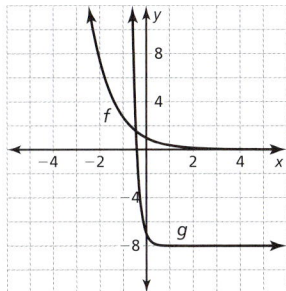

18. La gráfica de g es un encogimiento horizontal por un factor de $\frac{1}{5}$ seguido de una traslación 8 unidades hacia abajo de la gráfica de f.

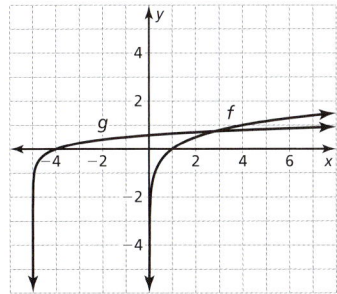

19. La gráfica de g es un encogimiento vertical por un factor de $\frac{1}{2}$ seguido de una traslación 5 unidades a la izquierda de la gráfica de f.

20. $g(x) = 3e^{x+6} + 3$ 21. $g(x) = \log(-x) - 2$
22. $\log_8 3 + \log_8 x + \log_8 y$ 23. $1 + 3\log x + \log y$
24. $\ln 3 + \ln y - 5\ln x$ 25. $\log_7 384$ 26. $\log_2 \frac{12}{x^2}$
27. $\ln 4x^2$ 28. aproximadamente 3.32
29. aproximadamente 1.13
30. aproximadamente 1.19   31. $x \approx 1.29$ 32. $x = 7$
33. $x \approx 3.59$ 34. $x > 1.39$ 35. $0 < x \leq 8103.08$
36. $x \geq 1.19$ 37. $y = 64\left(\frac{1}{2}\right)^x$
38. Ejemplo de respuesta: $y = 3.60(1.43)^x$
39. $s = 3.95 + 27.48 \ln t$; 53 pares

Capítulo 7

Capítulo 7 Mantener el dominio de las matemáticas (pág. 357)

1. $\frac{19}{15}$, o $1\frac{4}{15}$ 2. $-\frac{17}{42}$ 3. $\frac{1}{3}$ 4. $\frac{11}{12}$ 5. $-\frac{3}{7}$
6. $-\frac{1}{20}$ 7. $\frac{9}{20}$ 8. $-\frac{7}{20}$ 9. $\frac{8}{11}$
10. 0; La división entre cero no es posible.

7.1 Verificación de vocabulario y concepto esencial (pág. 363)

1. La razón de las variables es constante en una ecuación de variación directa y el producto de las variables es constante en una ecuación de variación inversa.

7.1 Monitoreo del progreso y Representar con matemáticas (págs. 363–364)

3. variación inversa   5. variación directa   7. ninguna
9. variación directa   11. variación directa
13. variación inversa   15. $y = -\frac{20}{x}$; $y = -\frac{20}{3}$
17. $y = -\frac{24}{x}$; $y = -8$ 19. $y = \frac{21}{x}$; $y = 7$
21. $y = \frac{2}{x}$; $y = \frac{2}{3}$

23. Se usó la ecuación para variación directa; Como $5 = \frac{a}{8}$, $a = 40$. Entonces, $y = \frac{40}{x}$.

25. a.

Tamaño	2	2.5	3	5
Número de canciones	5000	4000	3333	2000

   b. El número de canciones disminuye.

27. $A = \frac{26{,}000}{c}$; aproximadamente 321 chips por oblea

29. sí; El producto del número de sombreros y el precio por sombrero es $50, que es constante.

31. Ejemplo de respuesta: A medida que la velocidad de tu carro aumenta, el número de minutos por millas disminuye.

33. gato: 4 pies, perro: 2 pies; Las ecuaciones inversas son $d = \frac{a}{7}$ y $d - 6 = \frac{a}{14}$. Como la constante es la misma, resuelve la ecuación $7d = 14(6 - d)$ para d.

7.1 Mantener el dominio de las matemáticas (pág. 364)

35. $x^2 - 6$
37.

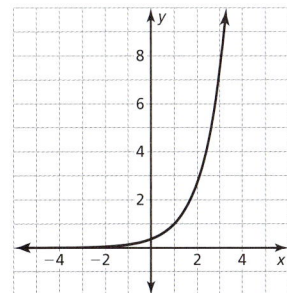

dominio: todos los números reales, rango: $y > 0$

Respuestas seleccionadas   **A39**

39.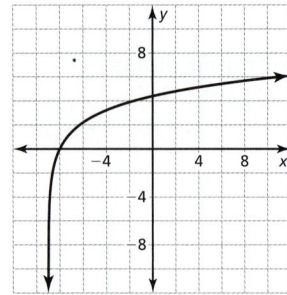

dominio: $x > -9$, rango: todos los números reales

7.2 Verificación de vocabulario y concepto esencial (pág. 370)

1. rango; dominio

7.2 Monitoreo del progreso y Representar con matemáticas (págs. 370–372)

3.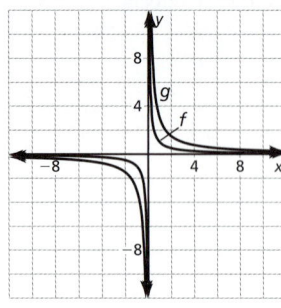

La gráfica de g está más alejada de los ejes. Ambas gráficas pertenecen al primer y tercer cuadrante y tienen las mismas asíntotas, dominio y rango.

5.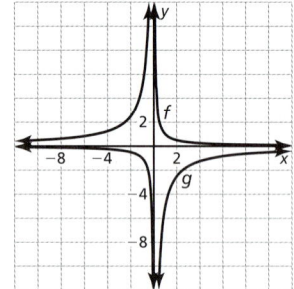

La gráfica de g está más alejada de los ejes y se refleja en el eje x. Ambas gráficas tienen las mismas asíntotas, dominio y rango.

7.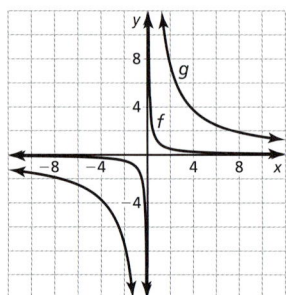

La gráfica de g está más alejada de los ejes. Ambas gráficas pertenecen al primer y tercer cuadrante y tienen las mismas asíntotas, dominio y rango.

9.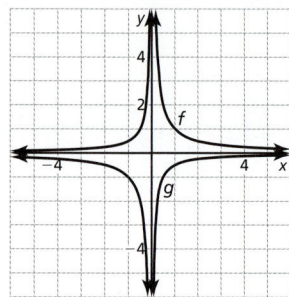

La gráfica de g está más cercana a los ejes y se refleja en el eje x. Ambas gráficas tienen las mismas asíntotas, dominio y rango.

11.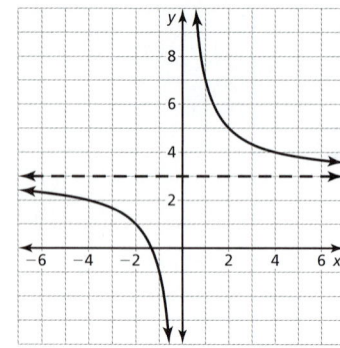

dominio: todos los números reales excepto 0; rango: todos los números reales excepto 3

13.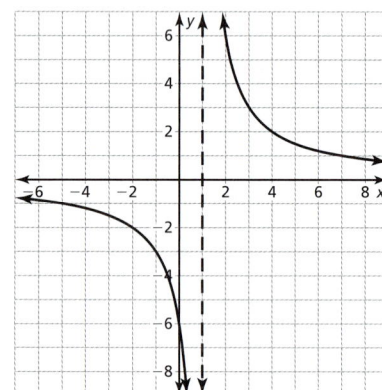

dominio: todos los números reales excepto 1; rango: todos los números reales excepto 0.

15.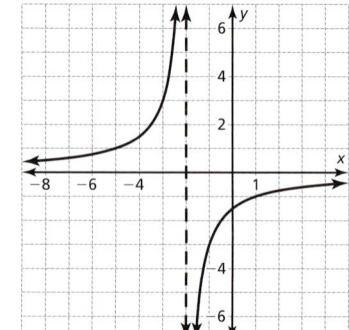

dominio: todos los números reales excepto -2; rango: todos los números reales excepto 0

A40 Respuestas seleccionadas

17.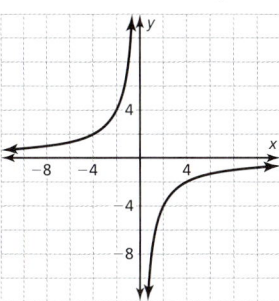
dominio: todos los números reales excepto 4; rango: todos los números reales excepto -1.

19.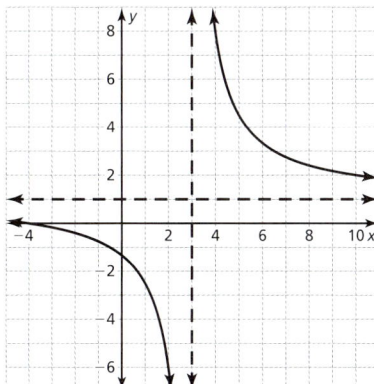
La gráfica debería pertenecer al segundo y cuarto cuadrante, en lugar del primer y tercer cuadrante.

21. A; Las asíntotas son $x = 3$ y $y = 1$.

23. B; Las asíntotas son $x = 3$ y $y = -1$.

25.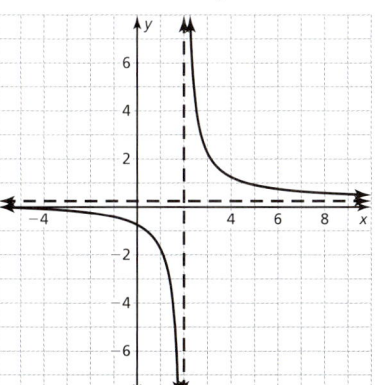
dominio: todos los números reales excepto 3; rango: todos los números reales excepto 1

27.
dominio: todos los números reales excepto 2; rango: todos los números reales excepto $\frac{1}{4}$.

29.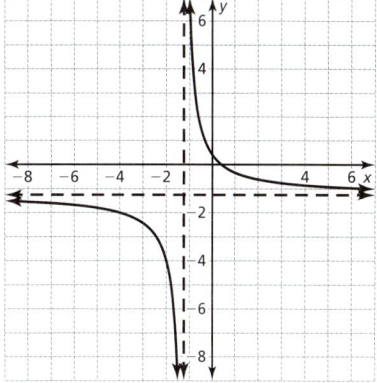
dominio: todos los números reales excepto $-\frac{5}{4}$; rango: todos los números reales excepto $-\frac{5}{4}$

31.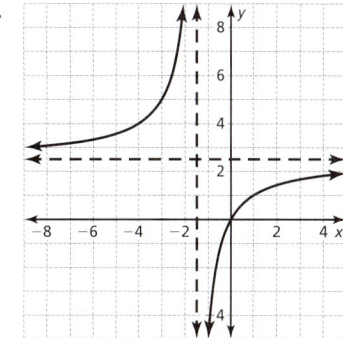
dominio: todos los números reales excepto $-\frac{3}{2}$; rango: todos los números reales excepto $\frac{5}{2}$

33. $g(x) = \dfrac{1}{x + 1} + 5$

traslación 1 unidad a la izquierda y 5 unidades hacia arriba

35. $g(x) = \dfrac{6}{x - 5} + 2$
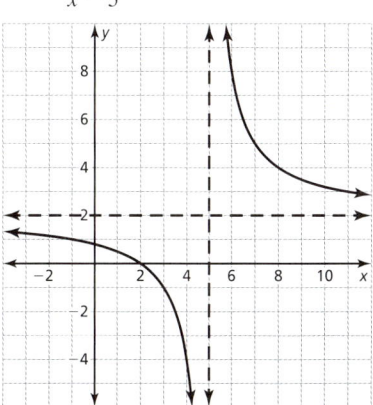
traslación 5 unidades a la derecha y 2 unidades hacia arriba

Respuestas seleccionadas **A41**

37. $g(x) = \dfrac{24}{x-6} + 1$

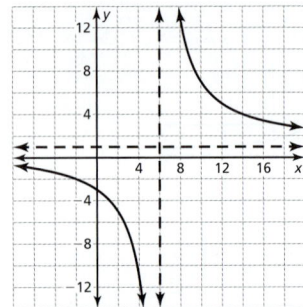

traslación 6 unidades a la derecha y 1 unidad hacia arriba

39. $g(x) = \dfrac{-111}{x+13} + 7$

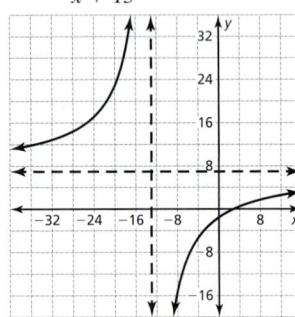

traslación 13 unidades a la izquierda y 7 unidades hacia arriba

41. a. 50 estudiantes
    b. El costo promedio por estudiante se aproxima a $20.
43. B   45. a. aproximadamente 23°C   b. -0.005 seg/°C
47.   49.

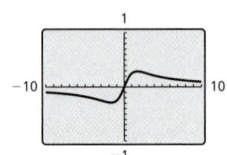

par   impar

51. sí; Una función racional puede tener más que una asíntota vertical cuando el denominador es cero para más que una variable de x, tal como $y = \dfrac{3}{(x+1)(x-1)}$.
53. $y = x$, $y = -x$; La función y su inverso son los mismos.
55. $(4, 3)$; El punto $(2, 1)$ está una unidad a la izquierda y una unidad abajo de $(3, 2)$, entonces un punto en la otra rama está una unidad a la derecha y una unidad arriba de $(3, 2)$.
57. La competencia es una mejor opción por menos que 18 meses de servicio; El costo de los servicios de Internet se representan con $C = \dfrac{50 + 43x}{x}$. El costo de la competencia es menor cuando $x = 6$ y $x = 12$, y mayor cuando $x = 18$ y $x = 24$.

7.2 Mantener el dominio de las matemáticas (pág. 372)

59. $4(x-5)(x+4)$ 61. $2(x-3)(x+2)$
63. 3^6 65. $6^{2/3}$

7.3 Verificación de vocabulario y concepto esencial (pág. 380)

1. Para multiplicar las expresiones racionales, multiplica numeradores, luego multiplica denominadores, y escribe la nueva fracción en su mínima expresión. Para dividir un expresión racional entre otra, multiplica la primera expresión racional por el recíproco de la segunda expresión racional.

A42 Respuestas seleccionadas

7.3 Monitoreo del progreso y Representar con matemáticas (págs. 380–382)

3. $\dfrac{2x}{3x-4}$, $x \neq 0$ 5. $\dfrac{x+3}{x-1}$, $x \neq 6$

7. $\dfrac{x+9}{x^2-2x+4}$, $x \neq -2$ 9. $\dfrac{2(4x^2+5)}{x-3}$, $x \neq \pm\sqrt{\dfrac{5}{4}}$

11. $\dfrac{y^3}{2x^2}$, $y \neq 0$ 13. $\dfrac{(x-4)(x+6)}{x}$, $x \neq 3$

15. $(x-3)(x+3)$, $x \neq 0$, $x \neq 2$ 17. $\dfrac{2x(x+4)}{(x+2)(x-3)}$, $x \neq 1$

19. $\dfrac{(x+9)(x-4)^2}{(x+7)}$, $x \neq 7$

21. Los polinomios deben factorizarse primero, y luego los factores comunes pueden dividirse para cancelar; $\dfrac{x+12}{x+4}$

23. B

25. Las expresiones tienen la misma mínima expresión, pero el dominio de f es todos los números reales, excepto $x \neq \dfrac{7}{3}$, y el dominio de g es todos los números reales.

27. $\dfrac{256x^7}{y^{14}}$, $x \neq 0$ 29. 2, $x \neq -2$, $x \neq 0$, $x \neq 3$

31. $\dfrac{(x+2)}{(x+4)(x-3)}$ 33. $\dfrac{(x+6)(x-2)}{(x+2)(x-6)}$, $x \neq -4$, $x \neq -3$

35. a. $\dfrac{2(r+h)}{rh}$

    b. sopa: aproximadamente 0.784, café: aproximadamente 0.382, pintura: aproximadamente 0.341
    De mayor eficiencia a menor eficiencia, lata de pintura, lata de sopa, lata de café.

    c. pintura, café, sopa; La pintura puede tener la menor razón de eficiencia.

37. $M = \dfrac{171{,}000t + 1{,}361{,}000}{(1 + 0.018t)(2.96t + 278.649)}$; $8443

39. a. La población aumenta en 2,960,000 personas por año.
    b. La población era 278,649,000 personas en 2000.

41.

x	y
-3.5	-0.1333
-3.8	-0.1282
-3.9	-0.1266
-4.1	-0.1235
-4.2	-0.1220

La gráfica no tiene un valor para y cuando $x = -4$ y se acerca a $y = -0.125$.

43. $\dfrac{4}{7x}$ 45. $9(x+3)$, $x \neq -\dfrac{3}{2}$, $x \neq \dfrac{5}{2}$, $x \neq 7$

47. Galápagos: aproximadamente 0.371, Rey: aproximadamente 0.203; Rey; El pingüino rey tiene una razón más pequeña de área de superficie a volumen, entonces está mejor equipado para vivir en un ambiente más frío.

49. $f(x) = \dfrac{x(x-1)}{x+2}$, $g(x) = \dfrac{x(x+2)}{x-1}$

7.3 Mantener el dominio de las matemáticas (pág. 382)

51. $x = -\dfrac{24}{5}$ 53. $x = \dfrac{32}{15}$ 55. $7 \cdot 13$ 57. primo

7.4 Verificación de vocabulario y concepto esencial (pág. 388)

1. fracción compleja

7.4 Monitoreo del progreso y Representar con matemáticas (págs. 388–390)

3. $\dfrac{5}{x}$ 5. $\dfrac{9-2x}{x+1}$ 7. $5, x \neq -3$ 9. $3x(x-2)$

11. $2x(x-5)$ 13. $(x+5)(x-5)$

15. $(x-5)(x+8)(x-8)$

17. El m.c.m. de $5x$ y x^2 es $5x^2$, entonces multiplica el primer término por $\dfrac{x}{x}$ y el segundo término por $\dfrac{5}{5}$ antes de sumar los numeradores; $\dfrac{2(x+10)}{5x^2}$

19. $\dfrac{37}{30x}$ 21. $\dfrac{2(x+7)}{(x+4)(x+6)}$ 23. $\dfrac{3(x+12)}{(x+8)(x-3)}$

25. $\dfrac{8x^3 - 9x^2 - 28x + 8}{x(x-4)(3x-1)}$

27. a veces; Cuando los denominadores no tienen factores comunes, el producto de los denominadores es el m.c.d. Cuando los denominadores tienen factores comunes, usa el m.c.m. para hallar el m.c.d.

29. A

31. $g(x) = \dfrac{-2}{x-1} + 5$

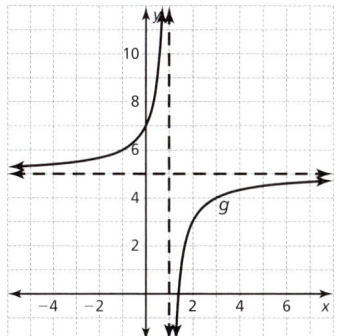

La gráfica de g es una traslación 1 unidad a la derecha y 5 unidades hacia arriba de la gráfica de $f(x) = \dfrac{-2}{x}$.

33. $g(x) = \dfrac{60}{x-5} + 12$

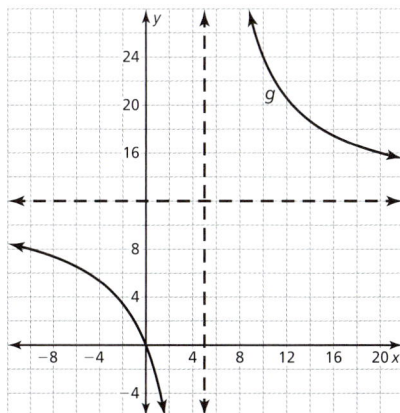

La gráfica de g es una traslación 5 unidades a la derecha y 12 unidades hacia arriba de la gráfica de $f(x) = \dfrac{60}{x}$.

35. $g(x) = \dfrac{3}{x} + 2$

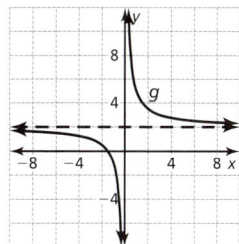

La gráfica de g es una traslación 2 unidades hacia arriba de la gráfica de $f(x) = \dfrac{3}{x}$.

37. $g(x) = \dfrac{20}{x-3} + 3$

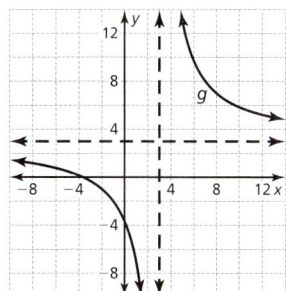

La gráfica de g es una traslación 3 unidades a la derecha y 3 unidades hacia arriba de la gráfica de $f(x) = \dfrac{20}{x}$.

39. $\dfrac{x(x-18)}{6(5x+2)}, x \neq 0$ 41. $-\dfrac{3}{4x}, x \neq \dfrac{5}{2}$

43. $\dfrac{x-4}{12(x-6)(x-1)}, x \neq -1, x \neq 4$

45. $T = \dfrac{2ad}{(a+j)(a-j)}$; aproximadamente 10.2 h

47. $y = \dfrac{20(7x+60)}{x(x+30)}$

49. no; El m.c.m. de 2 y 4 es 4, que es mayor que un número e igual al otro número.

51. a. $M = \dfrac{Pi}{1 - \left(\dfrac{1}{1+i}\right)^{12t}}$

$= \dfrac{Pi}{1 - \dfrac{1}{(1+i)^{12t}}} \cdot \dfrac{(1+i)^{12t}}{(1+i)^{12t}}$

$= \dfrac{Pi(1+i)^{12t}}{(1+i)^{12t} - 1}$

b. $364.02

53. $g(x) = \dfrac{2.3058}{x+12.2} + 0.003$; traslación 12.2 unidades a la izquierda y 0.003 unidad hacia arriba de la gráfica de f

55. a. $R_1 = \dfrac{1}{40}, R_2 = \dfrac{1}{x}, R_3 = \dfrac{1}{x+10}$

b. $R = \dfrac{x^2 + 90x + 400}{40x(x+10)}$

c. aproximadamente 0.0758 carro/min; aproximadamente 4.5 carros/h; Multiplica el número de carros lavados por minuto por la tasa 60 min/h para obtener una respuesta en carros por hora.

57. $1 + \cfrac{1}{2 + \cfrac{1}{2 + \cfrac{1}{2 + \cfrac{1}{2 + \frac{1}{2}}}}}$, $1 + \cfrac{1}{2 + \cfrac{1}{2 + \cfrac{1}{2 + \cfrac{1}{2 + \cfrac{1}{2 + \frac{1}{2}}}}}}$

1.4, aproximadamente 1.4167, aproximadamente 1.4138, aproximadamente 1.4143, aproximadamente 1.4142; $\sqrt{2}$

7.4 Mantener el dominio de las matemáticas (pág. 390)

59. $\left(\frac{1}{2}, -1\right)$ y $\left(\frac{9}{4}, \frac{27}{8}\right)$ **61.** sin solución

7.5 Verificación de vocabulario y concepto esencial (pág. 396)

1. cuando cada lado de la ecuación es una expresión racional por sí sola; *Ejemplo de respuesta*: La ecuación es una proporción.

7.5 Monitoreo del progreso y Representar con matemáticas (págs. 396–398)

3. $x = 4$ **5.** $x = 5$ **7.** $x = -5, x = 7$
9. $x = -1, x = 0$ **11.** 26 servicios **13.** 20.5 oz
15. $x(x + 3)$ **17.** $2(x + 1)(x + 4)$ **19.** $x = 2$
21. $x = \frac{7}{2}$ **23.** $x = -\frac{3}{2}, x = 2$ **25.** sin solución
27. $x = -2, x = 3$ **29.** $x = \frac{-3 \pm \sqrt{129}}{4}$

31. Ambos lados de la ecuación deberían multiplicarse por la misma expresión;
$3x^3 \cdot \frac{5}{3x} + 3x^3 \cdot \frac{2}{x^2} = 3x^3 \cdot 1$

33. a.

	Tasa de trabajo	Tiempo	Trabajo hecho
Tú	$\frac{1 \text{ habitación}}{8 \text{ horas}}$	5 horas	$\frac{5}{8}$ habitación
Amigo	$\frac{1 \text{ habitación}}{t \text{ horas}}$	5 horas	$\frac{5}{t}$ habitación

b. La suma es la cantidad de tiempo que tardarían tú y tu amigo en pintar la habitación juntos; $\frac{5}{8} + \frac{5}{t} = 1$, $t = 13.\overline{3}$ h = 13 h 20 min

35. *Ejemplo de respuesta*: $\frac{x+1}{x+2} = \frac{3}{x+4}$. Se puede usar la multiplicación cruzada cuando cada lado de la ecuación es una expresión racional por sí sola; *Ejemplo de respuesta*: $\frac{x+1}{x+2} + \frac{3}{x+4} = \frac{1}{x+3}$;
Multiplicar por el m.c.d. puede usarse cuando hay más de una expresión racional en un lado de la ecuación.

37. sí; $y = \frac{2}{x} + 4$ **39.** sí; $y = \frac{3}{x+2}$
41. sí; $y = \frac{-2}{x} + \frac{11}{2}$ **43.** no; $y = \pm\sqrt{\frac{1}{x-4}}$
45. a. aproximadamente 21 mi/gal
b. aproximadamente 21 mi/gal
47. $x \approx \pm 0.8165$ **49.** $x \approx 1.3247$
51. $\frac{1 + \sqrt{5}}{2}$ **53.** $g(x) = \frac{4x+1}{x-3}$ **55.** $y = \frac{b-xd}{xc-a}$

57. a. siempre es verdadero; Cuando $x = a$, los denominadores de las fracciones son ambos cero.
b. a veces es verdadero; La ecuación tendrá exactamente una solución cuando $a = 3$.
c. siempre es verdadero; $x = a$ es una solución extraña, entonces la ecuación no tiene solución.

7.5 Mantener el dominio de las matemáticas (pág. 398)

59. discreto; El número de monedas de 25 centavos en tu bolsillo es un entero.

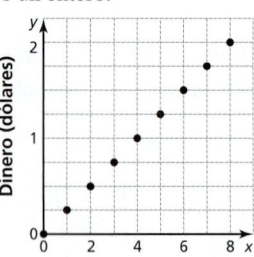

61. 3 **63.** 15

Repaso del capítulo (págs. 400–402)

1. variación inversa **2.** variación directa
3. variación directa **4.** ninguna **5.** variación directa
6. variación inversa **7.** $y = \frac{5}{x}; y = -\frac{5}{3}$
8. $y = \frac{24}{x}; y = -8$ **9.** $y = \frac{45}{x}; y = -15$
10. $y = \frac{-8}{x}; y = \frac{8}{3}$

11.

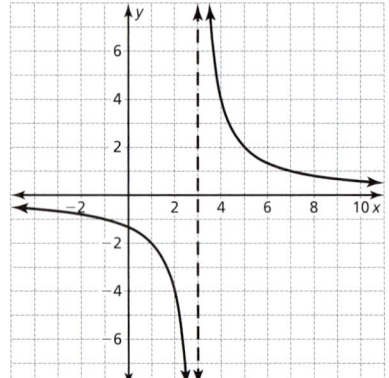

dominio: todos los números reales excepto 3; rango: todos los número reales excepto 0

12.

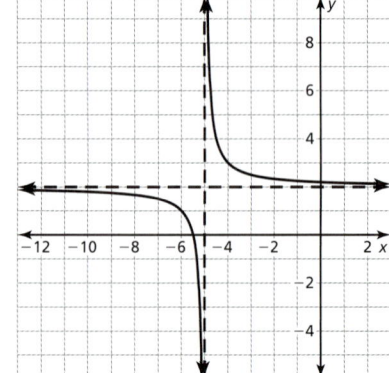

dominio: todos los números reales excepto -5; rango: todos los número reales excepto 2

13.

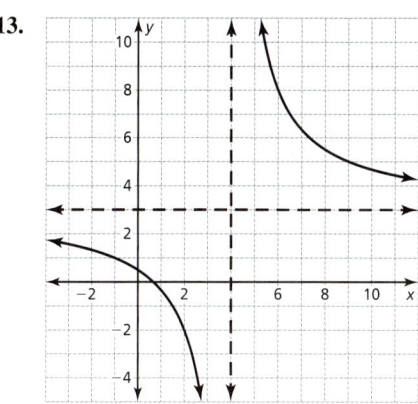

dominio: todos los números reales excepto 4; rango: todos los número reales excepto 3

14. $\dfrac{16x^3}{y^2}, x \neq 0$ **15.** $\dfrac{3(x+4)}{x+3}, x \neq 3, x \neq 4$

16. $\dfrac{3x(4x-1)}{(x-4)(x-3)}, x \neq 0, x \neq \dfrac{1}{4}$

17. $\dfrac{1}{(x+3)^2}, x \neq 5, x \neq 8$ **18.** $\dfrac{3x^2 + 26x + 36}{6x(x+3)}$

19. $\dfrac{5x^2 - 11x - 9}{(x+8)(x-3)}$ **20.** $\dfrac{-2(2x^2 + 3x + 3)}{(x-3)(x+3)(x+1)}$

21. $g(x) = \dfrac{16}{x-3} + 5$

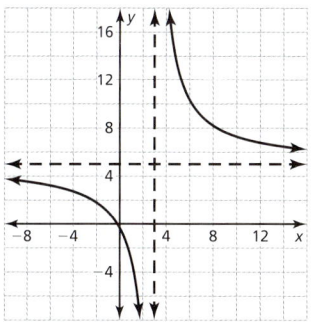

traslación 3 unidades a la derecha y 5 unidades hacia arriba de la gráfica de f

22. $g(x) = \dfrac{-26}{x+7} + 4$

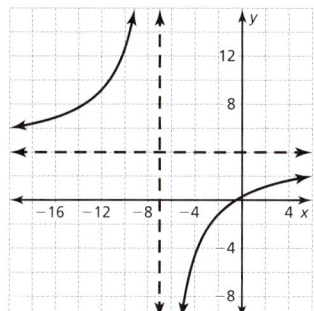

traslación 7 unidades a la izquierda y 4 unidades hacia arriba de la gráfica de f

23. $g(x) = \dfrac{-1}{x-1} + 9$

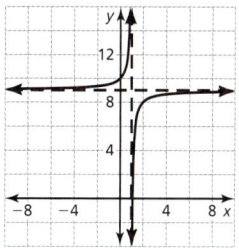

traslación 1 unidad a la derecha y 9 unidades hacia arriba de la gráfica de f

24. $\dfrac{pq}{p+q}, p \neq 0, q \neq 0$ **25.** $x = 5$ **26.** $x = 0$

27. sin solución   **28.** sí; $g(x) = \dfrac{3}{x} - 6$

29. sí; $g(x) = \dfrac{10}{x} + 7$ **30.** sí; $g(x) = \dfrac{1}{x-8}$

31. a. 4 juegos   **b.** 4 juegos

Capítulo 8

Capítulo 8 Mantener el dominio de las matemáticas *(pág. 407)*

1.

x	y
1	1
2	-1
3	-5

2.

x	y
2	21
3	46
4	81

3.

x	y
5	4
10	-16
15	-36

4. $x = 4$ **5.** $x = 6$ **6.** $x = 66$ **7.** $x = 7$
8. $x = 100$ **9.** $x = 3$

10. *Ejemplo de respuesta:* Los puntos en el diagrama de dispersión aumentan y f disminuye; Ambos se nivelan a medida que aumenta x.

8.1 Verificación de vocabulario y concepto esencial *(pág. 414)*

1. notación sigma

3. Una secuencia es una lista ordenada de números y una serie es la suma de los términos de una secuencia.

8.1 Monitoreo del progreso y Representar con matemáticas *(págs. 414–416)*

5. 3, 4, 5, 6, 7, 8   **7.** 1, 4, 9, 16, 25, 36
9. 1, 4, 16, 64, 256, 1024   **11.** $-4, -1, 4, 11, 20, 31$
13. $\dfrac{2}{3}, 1, \dfrac{6}{5}, \dfrac{4}{3}, \dfrac{10}{7}, \dfrac{3}{2}$
15. aritmética; $a_5 = 5(5) - 4 = 21; a_n = 5n - 4$
17. aritmética; $a_5 = 0.7(5) + 2.4 = 5.9; a_n = 0.7n + 2.4$
19. aritmética; $a_5 = -1.6(6) + 7.4 = -2.2; a_n = -1.6n + 7.4$
21. aritmética; $a_5 = \dfrac{1}{4}(5) = \dfrac{5}{4}; a_n = \dfrac{n}{4}$
23. $\dfrac{2}{3(1)}, \dfrac{2}{3(2)}, \dfrac{2}{3(3)}, \dfrac{2}{3(4)}; a_5 = \dfrac{2}{3(5)} = \dfrac{2}{15}; a_n = \dfrac{2}{3n}$
25. $(1)^3 + 1, (2)^3 + 1, (3)^3 + 1, (4)^3 + 1; a_5 = 5^3 + 1 = 126;$
$a_n = n^3 + 1$

27. D; El número de cuadrados en la enésima figura es igual a la suma de los primeros enteros positivos n que es igual a la ecuación mostrada en D.

29. $a_n = 4n + 2$

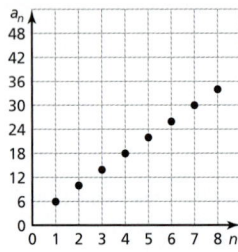

31. $\sum_{i=1}^{5}(3i+4)$ **33.** $\sum_{i=1}^{\infty}(i^2+3)$ **35.** $\sum_{i=1}^{\infty}\frac{1}{3^i}$

37. $\sum_{i=1}^{5}(-1)^i(i+2)$ **39.** 42 **41.** 100 **43.** 82

45. $\frac{481}{140}$ **47.** 35 **49.** 280

51. Debería haber diez términos en la serie;
$$\sum_{n=1}^{10}(3n-5) = -2 + 1 + 4 + 7 + 10 + 13 + 16 + 19 + 22 + 25 = 115$$

53. a. $50.50 **b.** 316 días

55. $a_n = \frac{1}{2}(n)(n+1)$

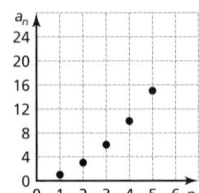

57. sí; Resta 3 de la suma.

59. a. verdadero;
$$\sum_{i=1}^{n}ca_i = ca_1 + ca_2 + ca_3 + \cdots + ca_n$$
$$= c(a_1 + a_2 + a_3 + \cdots + a_n) = c\sum_{i=1}^{n}a_i$$

b. verdadero;
$$\sum_{i=1}^{n}(a_i + b_i) = (a_1+b_1) + (a_2+b_2) + \cdots + (a_n+b_n)$$
$$= a_1 + a_2 + \cdots + a_n + b_1 + b_2 + \cdots + b_n$$
$$= \sum_{i=1}^{n}a_i + \sum_{i=1}^{n}b_i$$

c. falso; $\sum_{i=1}^{2}(2i)(3i) = 30, \left(\sum_{i=1}^{2}2i\right)\left(\sum_{i=1}^{2}3i\right) = 54$

d. falso; $\sum_{i=1}^{2}(2i)^2 = 20, \left(\sum_{i=1}^{2}2i\right)^2 = 36$

61. a. $a_n = 2^n - 1$ **b.** 63; 127; 255

8.1 Mantener el dominio de las matemáticas *(pág. 416)*

63. (3, 1, 1)

8.2 Verificación de vocabulario y concepto esencial *(pág. 422)*

1. diferencia común

8.2 Monitoreo del progreso y Representar con matemáticas *(págs. 422–424)*

3. aritmética; La diferencia común es -2.

5. no aritmética; Las diferencias no son constantes.

7. no aritmética; Las diferencias no son constantes.

9. no aritmética; Las diferencias no son constantes $\frac{1}{4}$.

11. a. $a_n = -6n + 3$ **b.** $a_n = 5n + 2$

13. $a_n = 8n + 4$; 164 **15.** $a_n = -3n + 54$; -6

17. $a_n = \frac{2}{3}n - \frac{5}{3}$; $\frac{35}{3}$ **19.** $a_n = -0.8n + 3.1$; -12.9

21. La fórmula debería ser $a_n = a_1 + (n-1)d$; $a_n = 35 - 13n$

23. $a_n = 5n - 12$ **25.** $a_n = -2n + 13$

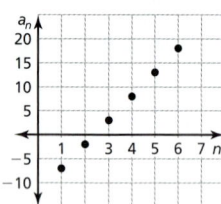 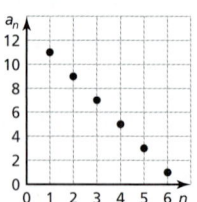

27. $a_n = -\frac{1}{2}n + \frac{7}{2}$

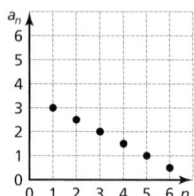

29. C **31.** $a_n = 11n - 14$ **33.** $a_n = -6n + 28$

35. $a_n = -4n + 13$ **37.** $a_n = \frac{5}{4}n + 2$

39. $a_n = -3n + 12$ **41.** $a_n = 3n - 7$

43. $a_n = 4n + 9$

45. La gráfica de a_n consiste de puntos discretos y la gráfica de f consiste de una línea continua.

47. 360 **49.** -924 **51.** -8.2 **53.** -1026

55. a. $a_n = 2n + 1$ **b.** 63 miembros de la banda

57. $1 + \sum_{i=1}^{4}8i$; 81

59. no; Duplicar la diferencia no necesariamente duplica los términos.

61. 22,500; $\sum_{i=1}^{150}(2i-1) = 150\left(\frac{1+299}{2}\right)$

63. $\left(\frac{2y}{n} - x\right)$ asientos

65. $\frac{7}{16}, \frac{9}{16}, \frac{11}{16}, \frac{13}{16}, \frac{15}{16}, \frac{17}{16}, \frac{19}{16}, \frac{21}{16}, \frac{23}{16}$, y $\frac{25}{16}$

8.2 Mantener el dominio de las matemáticas *(pág. 424)*

67. 3^2 **69.** $5^{3/4}$

71. decremento exponencial

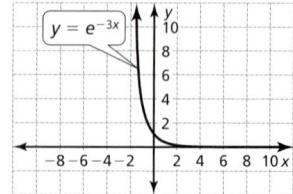

73. crecimiento exponencial

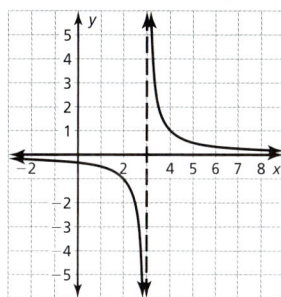

8.3 Verificación de vocabulario y concepto esencial
(pág. 430)

1. razón común **3.** $a_1 r^{n-1}$

8.3 Monitoreo del progreso y Representar con matemáticas *(págs. 430–432)*

5. geométrica; La razón común es $\frac{1}{2}$.

7. no geométrica; Las razones no son constantes.

9. no geométrica; Las razones no son constantes.

11. geométrica; La razón común es $\frac{1}{3}$.

13. a. $a_n = -3(5)^{n-1}$ **b.** $a_n = 72\left(\frac{1}{3}\right)^{n-1}$

15. $a_n = 4(5)^{n-1}$; $a_7 = 62{,}500$

17. $a_n = 112\left(\frac{1}{2}\right)^{n-1}$; $a_7 = \frac{7}{4}$ **19.** $a_n = 4\left(\frac{3}{2}\right)^{n-1}$; $a_7 = \frac{729}{16}$

21. $a_n = 1.3(-3)^{n-1}$; $a_7 = 947.7$

23. $a_n = 2^{n-1}$ **25.** $a_n = 60\left(\frac{1}{2}\right)^{n-1}$

27. $a_n = -3(4)^{n-1}$ **29.** $a_n = 243\left(-\frac{1}{3}\right)^{n-1}$

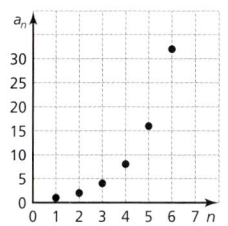

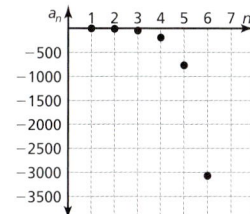

31. La fórmula debería ser $a_n = a_1 r^{n-1}$; $a_n = 8(6)^{n-1}$

33. $a_n = 7(4)^{n-1}$ **35.** $a_n = -6(3)^{n-1}$ o $a_n = -6(-3)^{n-1}$

37. $a_n = 512\left(\frac{1}{8}\right)^{n-1}$ o $a_n = -512\left(-\frac{1}{8}\right)^{n-1}$

39. $a_n = -432\left(\frac{1}{6}\right)^{n-1}$ o $a_n = 432\left(-\frac{1}{6}\right)^{n-1}$

41. $a_n = 4(2)^{n-1}$ **43.** $a_n = 5\left(\frac{1}{2}\right)^{n-1}$

45. $a_n = 6(-2)^{n-1}$ **47.** 40,353,606 **49.** $\frac{989{,}527}{65{,}536}$

51. $\frac{32{,}312}{6561}$ **53.** $-262{,}140$

55. La gráfica de a_n consiste de puntos discretos y la gráfica de f es continua.

57. \$276.25

59. a. $a_n = 32\left(\frac{1}{2}\right)^{n-1}$; $1 \le n \le 6$; El número de partidos debe ser un número entero.

b. 63 partidos

61. a. $a_n = 8^{n-1}$; 2,396,745 cuadrados

b. $b_n = \left(\frac{8}{9}\right)^n$; aproximadamente 0.243 unidades cuadradas

63. \$132,877.70

65. no; La cantidad total repagada sobre el préstamo 1 es aproximadamente \$205,000 y la cantidad total repagada sobre el préstamo 2 es aproximadamente \$284,000.

8.3 Mantener el dominio de las matemáticas *(pág. 432)*

67. dominio: todos los números reales excepto 3; rango: todos los números reales excepto 0

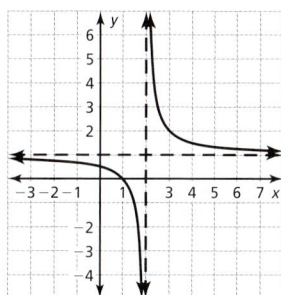

69. dominio: todos los números reales excepto 2; rango: todos los números reales excepto 1

8.4 Verificación de vocabulario y concepto esencial *(pág. 439)*

1. suma parcial

8.4 Monitoreo del progreso y Representar con matemáticas *(págs. 439–440)*

3. $S_1 = 0.5$, $S_2 = 0.67$, $S_3 \approx 0.72$, $S_4 \approx 0.74$, $S_5 \approx 0.75$; S_n parece aproximarse a 0.75.

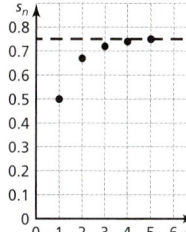

5. $S_1 = 4$, $S_2 = 6.4$, $S_3 = 7.84$, $S_4 \approx 8.70$, $S_5 \approx 9.22$; S_n parece aproximarse a 10.

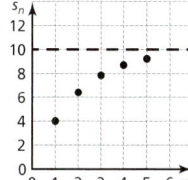

7. 10 **9.** $\frac{88}{15}$ **11.** 8 **13.** 18

15. Como $\left|\frac{7}{2}\right| > 1$, la suma no existe. **17.** 56 pies

19. $\frac{2}{9}$ **21.** $\frac{16}{99}$ **23.** $\frac{3200}{99} = 32\frac{32}{99}$

25. *Ejemplo de respuesta:* $\sum_{i=1}^{\infty} 3\left(\frac{1}{2}\right)^{i-1}$; $\sum_{i=1}^{\infty} 2\left(\frac{2}{3}\right)^{i-1}$; $\frac{3}{1-\frac{1}{2}} = 6$ y $\frac{2}{1-\frac{2}{3}} = 6$

27. $5000
29. sí; En 2 segundos, ambas distancias son 40 pies.
31. **a.** $a_n = \frac{1}{4}\left(\frac{3}{4}\right)^{n-1}$
    b. 1 pie²; A medida que n aumenta, el área de los triángulos retirados se aproxima al área del triángulo original.

8.4 Mantener el dominio de las matemáticas *(pág. 440)*
33. cuadrática   35. ninguna

8.5 Verificación de vocabulario y concepto esencial *(pág. 447)*
1. ecuación

8.5 Monitoreo del progreso y Representar con matemáticas *(págs. 447–450)*
3. $a_1 = 1, a_2 = 4, a_3 = 7, a_4 = 10, a_5 = 13, a_6 = 16$
5. $f(0) = 4, f(1) = 8, f(2) = 16, f(3) = 32, f(4) = 64, f(5) = 128$
7. $a_1 = 2, a_2 = 5, a_3 = 26, a_4 = 677, a_5 = 458,330,$ $a_6 = 210,066,388,901$
9. $f(0) = 2, f(1) = 4, f(2) = 2, f(3) = -2, f(4) = -4,$ $f(5) = -2$
11. $a_1 = 21, a_n = a_{n-1} - 7$ 13. $a_1 = 3, a_n = 4a_{n-1}$
15. $a_1 = 44, a_n = \frac{a_{n-1}}{4}$
17. $a_1 = 2, a_2 = 5, a_n = a_{n-2} \cdot a_{n-1}$
19. $a_1 = 1, a_2 = 4, a_n = a_{n-2} + a_{n-1}$
21. $a_1 = 6, a_n = n \cdot a_{n-1}$ 23. $f(1) = 1, f(n) = f(n-1) + 1$
25. $f(1) = -2, f(n) = f(n-1) + 3$
27. Una regla recurrente necesita incluir los valores de los primeros términos; $a_1 = 5, a_2 = 2, a_n = a_{n-2} - a_{n-1}$
29. $a_1 = 7, a_n = a_{n-1} + 4$ 31. $a_1 = 2, a_n = a_{n-1} - 10$
33. $a_1 = 12, a_n = 11a_{n-1}$ 35. $a_1 = 1.9, a_n = a_{n-1} - 0.6$
37. $a_1 = -\frac{1}{2}, a_n = \frac{1}{4}a_{n-1}$ 39. $a_1 = 112, a_n = a_{n-1} + 30$
41. $a_n = -6n + 9$ 43. $a_n = -2(3)^{n-1}$
45. $a_n = 9.1n - 21.1$ 47. $a_n = -\frac{1}{3}n + \frac{16}{3}$
49. $a_n = -2n + 22$ 51. B; Una regla explícita es $a_n = 6n - 2$.
53. **a.** $a_1 = 50,000, a_n = 0.8a_{n-1} + 5000$
    b. 35,240 miembros
    c. El número se estabiliza en aproximadamente 25,000 personas.
55. *Ejemplo de respuesta:* Has ahorrado $100 para unas vacaciones. Ahorras $5 más por semana. $a_1 = 100,$ $a_n = a_{n-1} + 5$
57. **a.** $1612.38   **b.** $91.39
59. 144 conejos; Cuando $n = 12$, cada fórmula produce 144.
61. **a.** $a_1 = 9000, a_n = 0.9a_{n-1} + 800$
    b. El número se estabiliza en 8000 árboles.
63. **a.** 1, 2, 4, 8, 16, 32, 64; geométrica
    b. $a_n = 2^{n-1}; a_1 = 1, a_n = 2a_{n-1}$
65. 15 meses; $213.60; $a_1 = 3000,$ $a_n = \left(1 + \frac{0.1}{12}\right)a_{n-1} - 213.59$
67. **a.** 3, 10, 21, 36, 55   **b.** cuadrática   **c.** $a_n = 2n^2 + n$
69. **a.** $T_n = \frac{1}{2}n^2 + \frac{1}{2}n; S_n = n^2$
    b. $T_1 = 1, T_n = T_{n-1} + n; S_1 = 1, S_n = S_{n-1} + 2n - 1$
    c. $S_n = T_{n-1} + T_n$

8.5 Mantener el dominio de las matemáticas *(pág. 450)*
71. $x = 25$ 73. $x = 27$
75. $y = \frac{18}{x}; y = \frac{9}{2}$ 77. $y = \frac{320}{x}; y = 80$

Repaso del capítulo 8 *(págs. 452–454)*
1. $a_n = n^2 + n$ 2. $\sum_{i=1}^{12}(3i + 4)$ 3. $\sum_{i=0}^{\infty}(i^2 + i)$
4. -729 5. 1081   6. 650   7. 15
8. sí; Los términos tienen una diferencia común de -8.
9. $a_n = 6n - 4$ 10. $a_n = 3n$

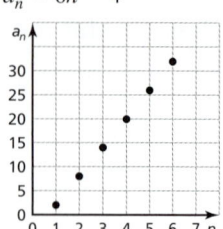 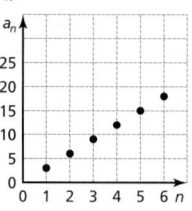

11. $a_n = -4n + 12$

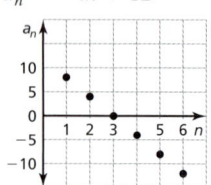

12. 2070   13. $a_n = 1500n + 35,500; $244,500
14. sí; Los términos tienen una razón común de 2.
15. $a_n = 25\left(\frac{2}{5}\right)^{n-1}$ 16. $a_n = 2(-3)^{n-1}$

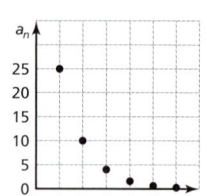 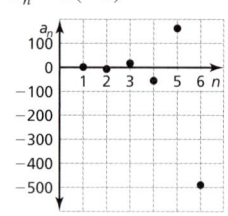

17. $a_n = 4^{n-1}$ o $a_n = (-4)^{n-1}$

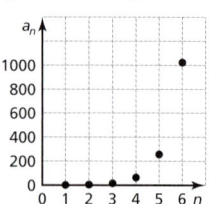 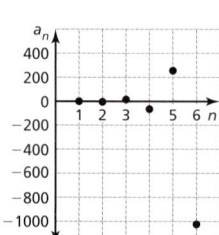

18. 855
19. $S_1 = 1, S_2 = 0.75, S_3 \approx 0.81, S_4 \approx 0.80, S_5 \approx 0.80; S_n$ se aproxima a 0.80.

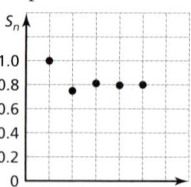

20. -1.6 21. $\frac{4}{33}$
22. $a_1 = 7, a_2 = 18, a_3 = 29, a_4 = 40, a_5 = 51, a_6 = 62$
23. $a_1 = 6, a_2 = 24, a_3 = 96, a_4 = 384, a_5 = 1536, a_6 = 6144$

24. $f(0) = 4, f(1) = 6, f(2) = 10, f(3) = 16, f(4) = 24, f(5) = 34$
25. $a_1 = 9, a_n = \frac{2}{3}a_{n-1}$ **26.** $a_1 = 2, a_n = a_{n-1}(n-1)$
27. $a_1 = 7, a_2 = 3, a_n = a_{n-2} - a_{n-1}$
28. $a_1 = 105, a_n = \frac{3}{5}a_{n-1}$ **29.** $a_n = 26n - 30$
30. $a_n = 8(-5)^{n-1}$ **31.** $a_n = 26\left(\frac{2}{5}\right)^{n-1}$
32. $P_1 = 11{,}120, P_n = 1.04P_{n-1}$
33. $a_1 = 1, a_n = a_{n-1} + 4n - 3$

Capítulo 9

Capítulo 9 Mantener el dominio de las matemáticas *(pág. 459)*

1. $-|7|, |4|, |2 - 9|, |6 + 4|$ **2.** $|0|, \dfrac{|-5|}{|2|}, |-4|, |9 - 3|$
3. $|9 - 1|, |9| + |-2| - |1|, |-2 \cdot 8|, |-8^3|$
4. $-|4^2|, |5| - |3 \cdot 2|, |-15|, |-4 + 20|$ **5.** 13 m   **6.** 24 pies
7. 12 mm   **8.** 28 km   **9.** $11\frac{2}{3}$ pulg.   **10.** 0.4 yd
11. sí; La línea que pasa por los puntos (x_1, y_1) y (x_2, y_1) es horizontal. La línea que pasa por los puntos (x_2, y_1) y (x_2, y_2) es vertical. Las líneas horizontales y verticales son perpendiculares, entonces el triángulo formado por los segmentos de recta que conectan (x_1, y_1), (x_2, y_1), y (x_2, y_2) contiene un ángulo recto.

9.1 Verificación de vocabulario y concepto esencial *(pág. 466)*

1. coseno y secante
3. Para resolver un triángulo rectángulo, deben hallarse los ángulos que faltan y las longitudes de lado.

9.1 Monitoreo del progreso y Representar con matemáticas *(págs. 466–468)*

5. $\text{sen } \theta = \frac{4}{5}, \cos \theta = \frac{3}{5}, \tan \theta = \frac{4}{3}, \csc \theta = \frac{5}{4}, \sec \theta = \frac{5}{3},$
$\cot \theta = \frac{3}{4}$
7. $\text{sen } \theta = \frac{5}{7}, \cos \theta = \frac{2\sqrt{6}}{7}, \tan \theta = \frac{5\sqrt{6}}{12}, \csc \theta = \frac{7}{5},$
$\sec \theta = \frac{7\sqrt{6}}{12}, \cot \theta = \frac{2\sqrt{6}}{5}$
9. $\text{sen } \theta = \frac{2\sqrt{14}}{9}, \cos \theta = \frac{5}{9}, \tan \theta = \frac{2\sqrt{14}}{5}, \csc \theta = \frac{9\sqrt{14}}{28},$
$\sec \theta = \frac{9}{5}, \cot \theta = \frac{5\sqrt{14}}{28}$
11. $\text{sen } \theta = \frac{4\sqrt{97}}{97}, \cos \theta = \frac{9\sqrt{97}}{97}, \csc \theta = \frac{\sqrt{97}}{4}, \cot \theta = \frac{9}{4}$
13. $\cos \theta = \frac{6\sqrt{2}}{11}, \tan \theta = \frac{7\sqrt{2}}{12}, \csc \theta = \frac{11}{7}, \sec \theta = \frac{11\sqrt{2}}{12},$
$\cot \theta = \frac{6\sqrt{2}}{7}$
15. $\text{sen } \theta = \frac{7\sqrt{85}}{85}, \cos \theta = \frac{6\sqrt{85}}{85}, \csc \theta = \frac{\sqrt{85}}{7}, \sec \theta = \frac{\sqrt{85}}{6},$
$\cot \theta = \frac{6}{7}$
17. $\text{sen } \theta = \frac{\sqrt{115}}{14}, \cos \theta = \frac{9}{14}, \tan \theta = \frac{\sqrt{115}}{9}, \csc \theta = \frac{14\sqrt{115}}{115},$
$\cot \theta = \frac{9\sqrt{115}}{115}$
19. Se usó el lado adyacente en lugar del opuesto;
$\text{sen } \theta = \dfrac{\text{op.}}{\text{hip.}} = \dfrac{8}{17}$
21. $x = 4.5$ **23.** $x = 6$ **25.** $x = 8$
27. 0.9703   **29.** 1.1666

31. 9.5144   **33.** $A = 54°, b \approx 16.71, c \approx 28.43$
35. $B = 35°, b \approx 11.90, c \approx 20.75$
37. $B = 47°, a \approx 28.91, c \approx 42.39$
39. $A = 18°, a \approx 3.96, b \approx 12.17$ **41.** $w \approx 514$ m
43. aproximadamente 427 m
45. a. aproximadamente 451 pies   **b.** aproximadamente 5731 pies
47. a. aproximadamente 22,818 mi   **b.** aproximadamente 7263 mi
49. a. aproximadamente 59,155 pies
  b. aproximadamente 53,613 pies
  c. aproximadamente 39,688 pies; Usa la función tangente para hallar la distancia horizontal, $x + y$, del avión para la segunda ciudad para que sea aproximadamente 93,301 pies. Resta 53, 613 pies para hallar la distancia entre las dos ciudades.
51. sí; El triángulo debe ser un triángulo 45-45-90 porque ambos ángulos agudos serían iguales y tendrían el mismo valor de coseno.
53. a. $x = 0.5$; 6 unidades
  b. *Ejemplo de respuesta:* Cada lado es parte de dos triángulos rectángulos, con ángulos opuestos $\left(\dfrac{180°}{n}\right)$. Entonces, cada longitud de lado es $2 \text{ sen}\left(\dfrac{180°}{n}\right)$, y hay n lados.
  c. $n \cdot \text{sen}\left(\dfrac{180°}{n}\right)$; aproximadamente 3.14

9.1 Mantener el dominio de las matemáticas *(pág. 468)*

55. 1.5 gal   **57.** $C \approx 37.7$ cm, $A \approx 113.1$ cm^2
59. $C \approx 44.0$ pies, $A \approx 153.9$ pies^2

9.2 Verificación de vocabulario y concepto esencial *(pág. 474)*

1. origen; lado inicial
3. *Ejemplo de respuesta:* Una radián es una medida de un ángulo que es aproximadamente igual a 57.3° y hay 2π radianes en un círculo.

9.2 Monitoreo del progreso y Representar con matemáticas *(págs. 474–476)*

5.

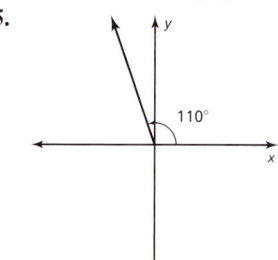

7.

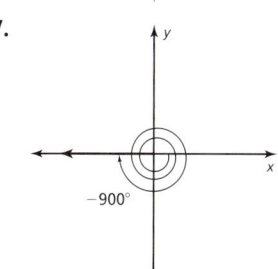

9. 430°; −290°   **11.** 235°; −485°   **13.** $\dfrac{2\pi}{9}$
15. $-\dfrac{13\pi}{9}$ **17.** 20°   **19.** aproximadamente −286.5°
21. Una revolución completa es 360° o 2π radianes. El lado terminal rota un sexto de una revolución desde el eje x positivo, entonces multiplica por $\dfrac{1}{6}$ para obtener $\dfrac{1}{6} \cdot 360° = 60°$ y $\dfrac{1}{6} \cdot 2\pi = \dfrac{\pi}{3}$.

Respuestas seleccionadas   **A49**

23. B   **25.** A

27. aproximadamente 15.7 yd, aproximadamente 78.5 yd²

29. Se usó la conversión incorrecta;

$24° = 24 \text{ grados}\left(\dfrac{\pi \text{ radianes}}{180 \text{ grados}}\right)$

$= \dfrac{24\pi}{180}$ radianes ≈ 0.42 radianes

31. 72,000°, 400π   **33.** −0.5   **35.** 3.549

37. −0.138   **39.** 528 pulg²   **41.** 60°, $\dfrac{\pi}{3}$

43. aproximadamente 6.89 pulg², aproximadamente 0.76 pulg², aproximadamente 0.46 pulg².

45. sí; Cuando la longitud de arco es igual al radio, la ecuación $s = r\theta$ muestra que $\theta = 1$ y $A = \dfrac{1}{2}r^2\theta$ es equivalente a $A = \dfrac{s^2}{2}$ para $r = s$ y $\theta = 1$.

47. a. 70°33′   **b.** 110.76°; $110 + \dfrac{45}{60} + \dfrac{30}{3600} \approx 110.76°$

9.2 Mantener el dominio de las matemáticas (pág. 476)

49. aproximadamente 27.02   **51.** aproximadamente 18.03

53. aproximadamente 18.68

9.3 Verificación de vocabulario y concepto esencial (pág. 482)

1. ángulo cuadrantal

9.3 Monitoreo del progreso y Representar con matemáticas (págs. 482–484)

3. sen $\theta = -\dfrac{3}{5}$, cos $\theta = \dfrac{4}{5}$, tan $\theta = -\dfrac{3}{4}$, csc $\theta = -\dfrac{5}{3}$, sec $\theta = \dfrac{5}{4}$, cot $\theta = -\dfrac{4}{3}$

5. sen $\theta = -\dfrac{4}{5}$, cos $\theta = -\dfrac{3}{5}$, tan $\theta = \dfrac{4}{3}$, csc $\theta = -\dfrac{5}{4}$, sec $\theta = -\dfrac{5}{3}$, cot $\theta = \dfrac{3}{4}$

7. sen $\theta = -\dfrac{3}{5}$, cos $\theta = -\dfrac{4}{5}$, tan $\theta = \dfrac{3}{4}$, csc $\theta = -\dfrac{5}{3}$, sec $\theta = -\dfrac{5}{4}$, cot $\theta = \dfrac{4}{3}$

9. sen $\theta = 0$, cos $\theta = 1$, tan $\theta = 0$, csc $\theta =$ indefinido, sec $\theta = 1$, cot $\theta =$ indefinido

11. sen $\theta = 1$, cos $\theta = 0$, tan $\theta =$ indefinido, csc $\theta = 1$, sec $\theta =$ indefinido, cot $\theta = 0$

13. sen $\theta = 1$, cos $\theta = 0$, tan $\theta =$ indefinido, csc $\theta = 1$, sec $\theta =$ indefinido, cot $\theta = 0$

15. 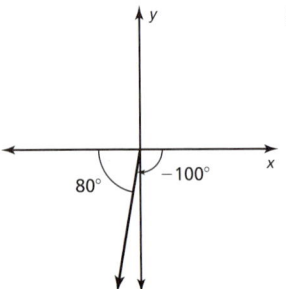 ; 80°

17. 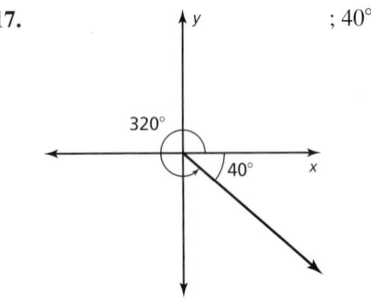 ; 40°

19. 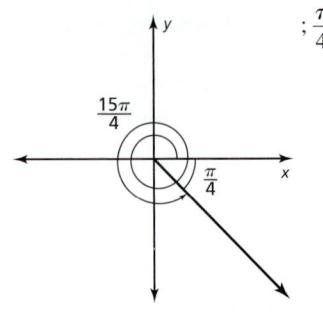 ; $\dfrac{\pi}{4}$

21. 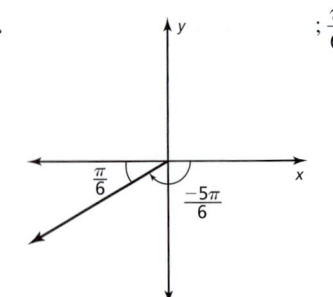 ; $\dfrac{\pi}{6}$

23. La ecuación para tangente es tan $\theta = \dfrac{y}{x}$; tan $\theta = \dfrac{y}{x} = -\dfrac{2}{3}$

25. $-\sqrt{2}$ **27.** $-\dfrac{1}{2}$ **29.** 1   **31.** $\dfrac{\sqrt{2}}{2}$ **33.** 65 pies

35. aproximadamente 16.5 pies/seg

37. aproximadamente 10.7 pies

39. a.

Ángulo del aspersor, θ	Distancia horizontal que recorre el agua, d
30°	16.9
35°	18.4
40°	19.2
45°	19.5
50°	19.2
55°	18.4
60°	16.9

b. 45°; Como $\dfrac{v^2}{32}$ es constante en esta situación, la distancia máxima recorrida ocurrirá cuando sen 2θ sea lo más largo posible. El valor máximo de sen 2θ ocurre cuando $2\theta = 90°$, es decir, cuando $\theta = 45°$.

c. Las distancias son iguales.

41.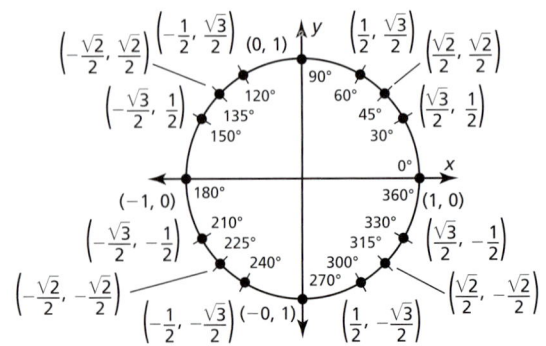

A50   Respuestas seleccionadas

43. $\tan\theta = \dfrac{\text{sen }\theta}{\cos\theta}$; sen 90° = 1 y cos 90° = 0, entonces tan 90° es indefinido porque no puedes dividir entre 0, pero $\cot 90° = \dfrac{0}{1} = 0$.

45. $m = \tan\theta$ **47. a.** $(-58.1, 114)$
b. aproximadamente 218 pm

9.3 Mantener el dominio de las matemáticas (pág. 484)

49. $x = -3$ y $x = 1$

51.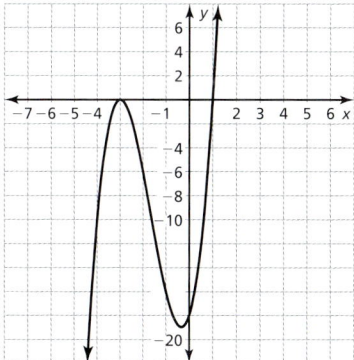

53.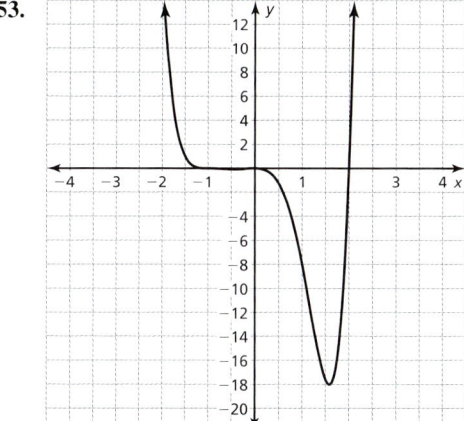

9.4 Verificación de vocabulario y concepto esencial (pág. 491)

1. ciclo

3. Un desplazamiento de fase es una traslación horizontal de una función periódica; *Ejemplo de respuesta:* $y = \text{sen}\left(x - \dfrac{\pi}{2}\right)$

9.4 Monitoreo del progreso y Representar con matemáticas (págs. 491–494)

5. sí; 2   **7.** no   **9.** $1, 6\pi$ **11.** $4, \pi$

13. $3, 2\pi$; La gráfica de g es alargamiento vertical por un factor de 3 de la gráfica de $f(x) = \text{sen } x$.

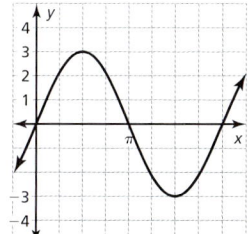

15. $1, \dfrac{2\pi}{3}$; La gráfica de g es un encogimiento horizontal por un factor de $\dfrac{1}{3}$ de la gráfica de $f(x) = \cos x$.

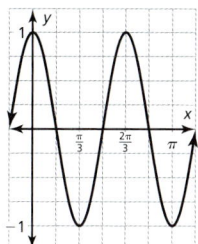

17. $1, 1$; La gráfica de g es un encogimiento horizontal por un factor de $\dfrac{1}{2\pi}$ de la gráfica de $f(x) = \text{sen } x$.

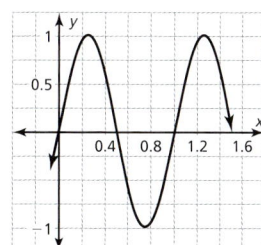

19. $\dfrac{1}{3}, \dfrac{\pi}{2}$; La gráfica de g es un encogimiento horizontal por un factor de $\dfrac{1}{4}$ y un encogimiento vertical por un factor de $\dfrac{1}{3}$ de la gráfica de $f(x) = \cos x$.

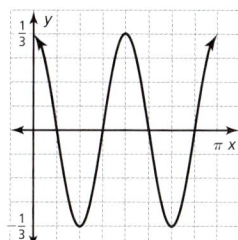

21. B, D

23. El periodo es $\dfrac{1}{4}$ y representa la cantidad de tiempo, en segundos, que tarda un péndulo en ir hacia adelante y hacia atrás y volver a la misma posición. La amplitud es 4 y representa la distancia máxima, en pulgadas, a la que estará el péndulo desde su posición en reposo.

25.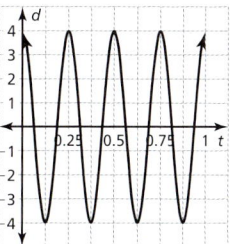

Respuestas seleccionadas   **A51**

27.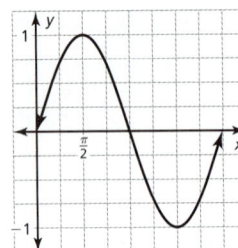

29.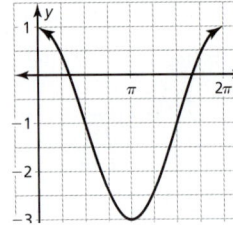

31.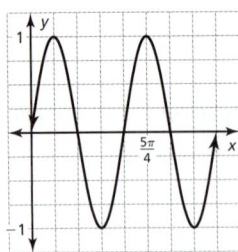

33.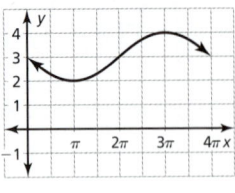

35. Para hallar el periodo, usa la expresión $\frac{2\pi}{|b|}$;

Periodo: $\frac{2\pi}{|b|} = \frac{2\pi}{\frac{2}{3}} = 3\pi$

37. La gráfica de g es un alargamiento vertical por un factor de 2 seguido de una traslación $\frac{\pi}{2}$ unidades a la derecha y 1 unidad hacia arriba de la gráfica de f.

39. La gráfica de g es un encogimiento horizontal por un factor de $\frac{1}{3}$ seguido de una traslación 3π unidades a la izquierda y 5 unidades hacia abajo de la gráfica de f.

41.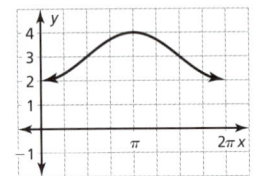

43.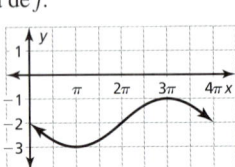

45.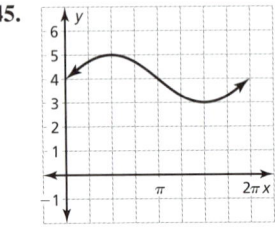

47.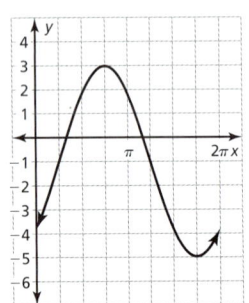

49. A   **51.** $g(x) = 3 \operatorname{sen}(x - \pi) + 2$

53. $g(x) = -\frac{1}{3} \cos \pi x - 1$

55. 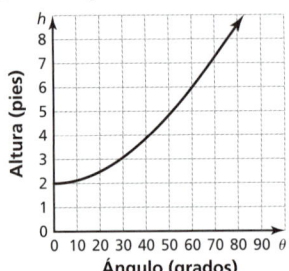 ; 4.3 pies

57. días 205 y 328; Cuando la función se grafica con la línea $y = 10$, los dos puntos de intersección son (205.5, 10) y (328.7, 10).

59. a. aproximadamente -1.27 **b.** aproximadamente 0.64
  c. aproximadamente 0.64

61. a.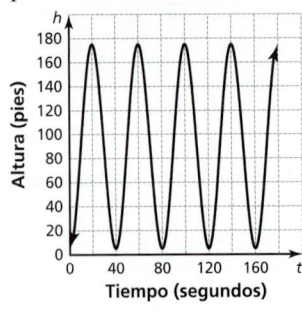

  b. 4.5   **c.** 175 pies, 5 pies

63. Las intersecciones con el eje x ocurren cuando
$x = \pm\frac{\pi}{4}, \pm\frac{3\pi}{4}, \pm\frac{5\pi}{4}, \ldots$

Ejemplo de respuesta: Las intersecciones con el eje x pueden representarse con la expresión $(2n + 1)\frac{\pi}{4}$, donde n es un entero.

65. La gráfica de $g(x) = \cos x$ es una traslación $\frac{\pi}{2}$ unidades a la derecha de la gráfica de $f(x) = \operatorname{sen} x$.

67. 80 latidos por minuto

9.4 Mantener el dominio de las matemáticas *(pág. 494)*

69. $x - 2, x \neq -3$ **71.** $\dfrac{(x - 5)(x + 1)}{(x + 5)(x - 1)}$

73. $2x(x - 5)$ **75.** $(x + 6)(x + 2)$

9.5 Verificación de vocabulario y concepto esencial *(pág. 502)*

1. Las gráficas de las funciones tangente, cotangente, secante y cosecante no tienen amplitud porque los rangos no tienen valores mínimos o máximos.

3. $2\pi; \pi$

9.5 Monitoreo del progreso y Representar con matemáticas *(págs. 502–504)*

5.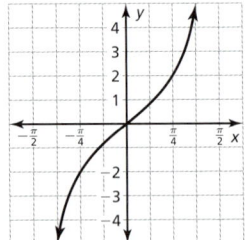

La gráfica de g es un alargamiento vertical por un factor de 2 de la gráfica de $f(x) = \tan x$.

7.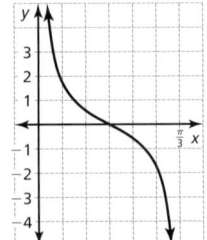

La gráfica de g es un encogimiento horizontal por un factor de $\frac{1}{3}$ de la gráfica de $f(x) = \cot x$.

9.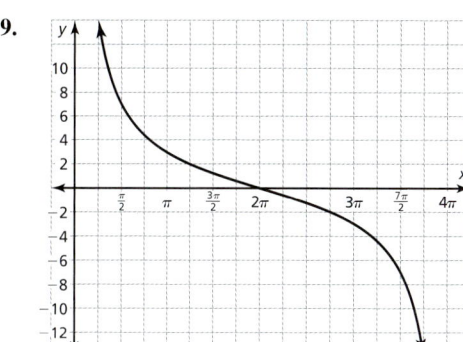

La gráfica de g es un alargamiento horizontal por un factor de 4 y un alargamiento vertical por un factor de 3 de la gráfica de $f(x) = \cot x$.

11.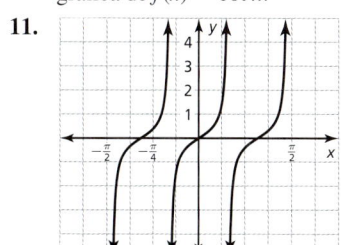

La gráfica de g es encogimiento horizontal por un factor de $\frac{1}{\pi}$ y un encogimiento vertical por un factor de $\frac{1}{2}$ de la gráfica de $f(x) = \tan x$.

13. Para hallar el periodo, usa la expresión $\frac{\pi}{|b|}$; Periodo: $\frac{\pi}{|b|} = \frac{\pi}{3}$

15. a.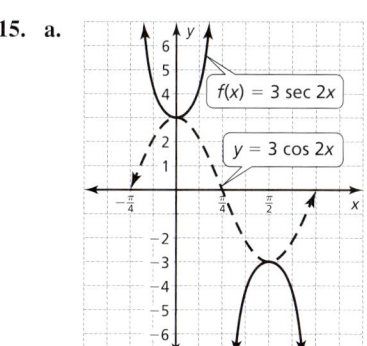

b.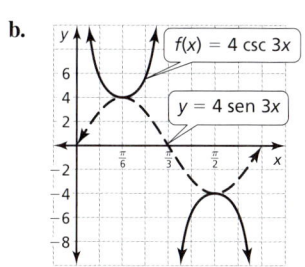

17.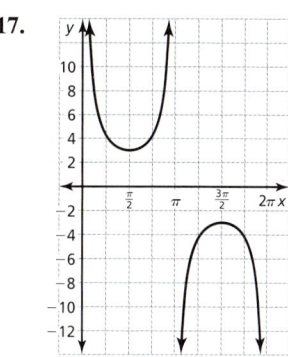

La gráfica de g es alargamiento vertical por un factor de 3 de la gráfica de $f(x) = \csc x$.

19.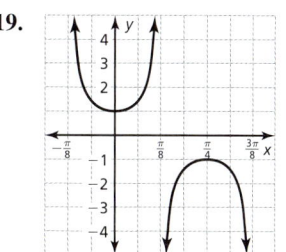

La gráfica de g es encogimiento horizontal por un factor de $\frac{1}{4}$ de la gráfica de $f(x) = \sec x$.

21.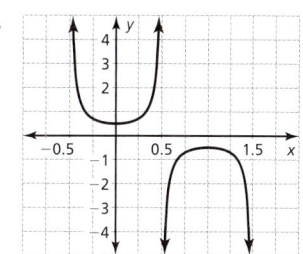

La gráfica de g es encogimiento horizontal por un factor de $\frac{1}{\pi}$ y un encogimiento vertical por un factor de $\frac{1}{2}$ de la gráfica de $f(x) = \sec x$.

23.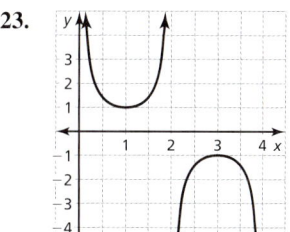

La gráfica de g es un alargamiento horizontal por un factor de $\frac{2}{\pi}$ de la gráfica de $f(x) = \csc x$.

25. $y = 6 \tan x$ **27.** $y = 2 \tan \pi x$

29. B; La función madre es la función tangente y la gráfica tiene una asíntota de $x = \frac{\pi}{2}$.

31. D; La función madre es la función cosecante y la gráfica tiene una asíntota de $x = 1$.

33. A; La función madre es la función secante y la gráfica tiene una asíntota de $x = \frac{\pi}{4}$.

Respuestas seleccionadas   **A53**

35. La función tangente que pasa por el origen y tiene las asíntotas en $x = \pi$ y $x = -\pi$ puede alargarse o encogerse verticalmente para crear más funciones tangentes con las mismas características.

37. $g(x) = \cot\left(2x + \dfrac{\pi}{2}\right) + 3$ **39.** $g(x) = -5\sec(x - \pi) + 2$

41. La función B tiene un valor máximo local de -5 entonces el valor máximo local de la función A de $-\dfrac{1}{4}$ es mayor. La función A tiene un mínimo local de $\dfrac{1}{4}$ entonces el valor mínimo local de la función B de 5 es mayor.

43.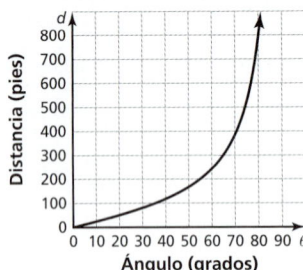

A medida que d aumenta, θ aumenta porque, como el carro se aleja, el ángulo requerido para ver el carro se agranda.

45. a. $d = 260 - 120\tan\theta$

b.

La gráfica muestra una correlación, que significa que a medida que el ángulo se agranda, la distancia desde tu amigo hasta la parte más alta del edificio se achica. A medida que el ángulo se achica, la distancia desde tu amigo hasta la parte más alta del edificio se agranda.

47. no; La gráfica de cosecante puede trasladarse $\dfrac{\pi}{2}$ unidades a la derecha para crear la misma gráfica que $y = \sec x$.

49. $a \sec bx = \dfrac{a}{\cos bx}$

Como la función coseno es como máximo 1, $y = a\cos bx$ producirá un máximo cuando $\cos bx = 1$ y $y = a\sec bx$ producirá un mínimo. Cuando $\cos bx = -1$, $y = a\cos bx$ producirá un mínimo y $y = a\sec bx$ producirá un máximo.

51. *Ejemplo de respuesta:* $y = 5\tan\left(\dfrac{1}{2}x - \dfrac{3\pi}{4}\right)$

9.5 Mantener el dominio de las matemáticas (pág. 504)

53. $y = -x^3 + 2x^2 + 5x - 6$ **55.** $y = \dfrac{1}{5}x^3 + \dfrac{1}{5}x^2 - \dfrac{9}{5}x - \dfrac{9}{5}$

57. $3, \pi$

9.6 Verificación de vocabulario y concepto esencial (pág. 510)

1. sinusoides

9.6 Monitoreo del progreso y Representar con matemáticas (págs. 510–512)

3. $\dfrac{1}{2\pi}$ **5.** $\dfrac{2}{\pi}$ **7.** $\dfrac{3}{2}$ **9.** $\dfrac{3}{8\pi}$

11. $P = 0.02 \operatorname{sen} 40\pi t$

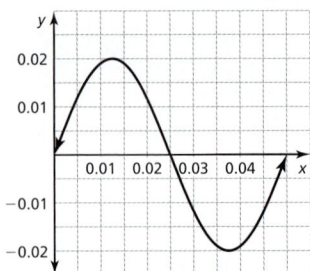

13. $y = 3 \operatorname{sen} 2x$ **15.** $y = -2\cos\dfrac{\pi}{2}(x + 4)$

17. Para hallar la amplitud, saca la mitad de la diferencia entre el máximo y el mínimo; $\dfrac{10 - (-6)}{2} = 8$

19. $h = -2.5\cos \pi t + 6.5$

21. $D = 19.81 \operatorname{sen}(0.549t - 2.40) + 79.8$; El periodo de la gráfica representa la cantidad de tiempo que tarda el clima en repetir su ciclo, que es aproximadamente 11.4 meses.

23. $V = 100 \operatorname{sen} 4\pi t$

25. a. $N = 3.68 \operatorname{sen}(0.776t - 0.70) + 20.4$
b. aproximadamente 23,100 empleados

27. a. y b. Una función coseno porque no requiere determinar un desplazamiento horizontal.
c. Una función seno porque no requiere determinar un desplazamiento horizontal.

29. $y = 2.5 \operatorname{sen} 4\left(x - \dfrac{\pi}{8}\right) + 5.5$, $y = -2.5\cos 4x + 5.5$

31. a. $d = -6.5\cos\dfrac{\pi}{6}t + 10$
b. marea baja: 12:00 A.M., 12:00 P.M., marea alta: 6:00 A.M., 6:00 P.M.
c. Es un desplazamiento horizontal a la izquierda por 3.

9.6 Mantener el dominio de las matemáticas (pág. 512)

33. $\dfrac{6 + 3\sqrt{6}}{2}$ **35.** $\dfrac{13\sqrt{11} - 13\sqrt{3}}{8}$ **37.** $\ln 2 + \ln x$

39. $\ln 4 + 6\ln x - \ln y$

9.7 Verificación de vocabulario y concepto esencial (pág. 517)

1. Una ecuación trigonométrica es verdadera para algunos valores de una variable, pero una identidad trigonométrica es verdadera para todos los valores de la variable para la cual ambos lados de la ecuación están definidos.

9.7 Monitoreo del progreso y Representar con matemáticas (págs. 517–518)

3. $\cos\theta = \dfrac{2\sqrt{2}}{3}$, $\tan\theta = \dfrac{\sqrt{2}}{4}$, $\csc\theta = 3$, $\sec\theta = \dfrac{3\sqrt{2}}{4}$, $\cot\theta = 2\sqrt{2}$

5. $\operatorname{sen}\theta = \dfrac{3\sqrt{58}}{58}$, $\cos\theta = -\dfrac{7\sqrt{58}}{58}$, $\csc\theta = \dfrac{\sqrt{58}}{3}$, $\sec\theta = -\dfrac{\sqrt{58}}{7}$, $\cot\theta = -\dfrac{7}{3}$

7. $\operatorname{sen}\theta = -\dfrac{\sqrt{11}}{6}$, $\tan\theta = \dfrac{\sqrt{11}}{5}$, $\csc\theta = -\dfrac{6\sqrt{11}}{11}$, $\sec\theta = -\dfrac{6}{5}$, $\cot\theta = \dfrac{5\sqrt{11}}{11}$

A54 Respuestas seleccionadas

9. $\text{sen } \theta = -\dfrac{\sqrt{10}}{10}$, $\cos \theta = \dfrac{3\sqrt{10}}{10}$, $\tan \theta = -\dfrac{1}{3}$, $\csc \theta = -\sqrt{10}$, $\sec \theta = \dfrac{\sqrt{10}}{3}$

11. $\cos x$ **13.** $-\tan \theta$ **15.** $\text{sen}^2 x$ **17.** $-\sec x$
19. 1
21. $\text{sen}^2 \theta = 1 - \cos^2 \theta$;
$1 - \text{sen}^2 \theta = 1 - (1 - \cos^2 \theta) = 1 - 1 + \cos^2 \theta = \cos^2 \theta$

23. $\text{sen } x \csc x = \text{sen } x \cdot \dfrac{1}{\text{sen } x} = 1$

25. $\cos\left(\dfrac{\pi}{2} - x\right) \cot x = \text{sen } x \cdot \dfrac{\cos x}{\text{sen } x} = \cos x$

27. $\dfrac{\cos\left(\dfrac{\pi}{2} - \theta\right) + 1}{1 - \text{sen}(-\theta)} = \dfrac{\text{sen } \theta + 1}{1 - \text{sen}(-\theta)}$

$= \dfrac{\text{sen } \theta + 1}{1 - (-\text{sen } \theta)}$

$= \dfrac{\text{sen } \theta + 1}{1 + \text{sen } \theta}$

$= 1$

29. $\dfrac{1 + \cos x}{\text{sen } x} + \dfrac{\text{sen } x}{1 + \cos x} = \dfrac{1 + \cos x}{\text{sen } x} + \dfrac{\text{sen } x(1 - \cos x)}{(1 + \cos x)(1 - \cos x)}$

$= \dfrac{1 + \cos x}{\text{sen } x} + \dfrac{\text{sen } x(1 - \cos x)}{1 - \cos^2 x}$

$= \dfrac{1 + \cos x}{\text{sen } x} + \dfrac{\text{sen } x(1 - \cos x)}{\text{sen}^2 x}$

$= \dfrac{\text{sen } x(1 + \cos x)}{\text{sen}^2 x} + \dfrac{\text{sen } x(1 - \cos x)}{\text{sen}^2 x}$

$= \dfrac{\text{sen } x(1 + \cos x) + \text{sen } x(1 - \cos x)}{\text{sen}^2 x}$

$= \dfrac{\text{sen } x(1 + \cos x + 1 - \cos x)}{\text{sen}^2 x}$

$= \dfrac{\text{sen } x(2)}{\text{sen}^2 x}$

$= \dfrac{2}{\text{sen } x}$

$= 2 \csc x$

31. $\text{sen } x$, $\csc x$, $\tan x$, $\cot x$; $\cos x$, $\sec x$;
$\text{sen}(-\theta) = -\text{sen } \theta$
$\csc(-\theta) = \dfrac{1}{\text{sen}(-\theta)} = -\dfrac{1}{\text{sen } \theta} = -\csc \theta$
$\tan(-\theta) = -\tan \theta$
$\cot(-\theta) = \dfrac{1}{\tan(-\theta)} = -\dfrac{1}{\tan \theta} = -\cot \theta$

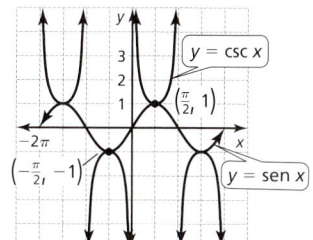

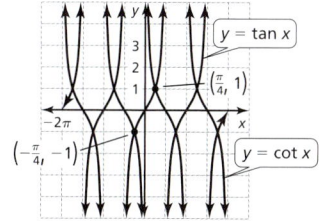

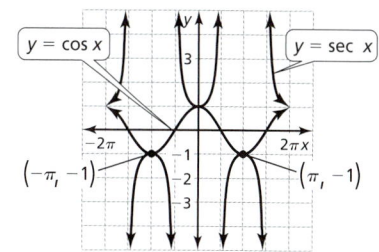

33. sí; $\sec x \tan x - \text{sen } x = \dfrac{1}{\cos x} \cdot \dfrac{\text{sen } x}{\cos x} - \text{sen } x$

$= \dfrac{\text{sen } x}{\cos^2 x} - \text{sen } x$

$= \sec^2 x \, \text{sen } x - \text{sen } x$

$= \text{sen } x(\sec^2 x - 1)$

$= \text{sen } x \tan^2 x$

35. $s = \dfrac{h \, \text{sen}(90° - \theta)}{\text{sen } \theta}$

$s = \dfrac{h \cos \theta}{\text{sen } \theta}$

$s = h \cot \theta$

37. a. $u = \tan \theta$
b. u empieza en 0 y aumenta sin límite.

39. Puedes obtener la gráfica de $y = \cos x$ al reflejar la gráfica de $f(x) = \text{sen } x$ en el eje y e trasladar $\dfrac{\pi}{2}$ unidades a la derecha

9.7 Mantener el dominio de las matemáticas (pág. 518)

41. $x = 11$ **43.** $x = \dfrac{7\sqrt{3}}{3}$

9.8 Verificación de vocabulario y concepto esencial (pág. 523)

1. $\cos 170°$

9.8 Monitoreo del progreso y Representar con matemáticas (págs. 523–524)

3. $\sqrt{3} - 2$ **5.** $\dfrac{\sqrt{2} - \sqrt{6}}{4}$ **7.** $\dfrac{\sqrt{2} - \sqrt{6}}{4}$ **9.** $\sqrt{3} + 2$

11. $-\dfrac{36}{85}$ **13.** $-\dfrac{13}{85}$ **15.** $-\dfrac{36}{77}$ **17.** $\tan x$

19. $\cos x$ **21.** $\cos x$

23. El signo en el denominador debería ser negativo cuando se usa la fórmula de suma;

$\dfrac{\tan x + \tan \dfrac{\pi}{4}}{1 - \tan x \tan \dfrac{\pi}{4}} = \dfrac{\tan x + 1}{1 - \tan x}$

25. B, D   **27.** $x = \dfrac{\pi}{3}, \dfrac{5\pi}{3}$ **29.** $x = \dfrac{3\pi}{2}$ **31.** $x = 0, \pi$

33. $\text{sen}\left(\dfrac{\pi}{2} - \theta\right) = \text{sen } \dfrac{\pi}{2} \cos \theta - \cos \dfrac{\pi}{2} \text{sen } \theta$

$= (1) \cos \theta - (0) \text{sen } \theta$

$= \cos \theta$

Respuestas seleccionadas   **A55**

35. $\dfrac{35\tan(\theta-45°)+35\tan 45°}{h\tan\theta}$

$=\dfrac{35\left(\dfrac{\tan\theta-\tan 45°}{1+\tan\theta\tan 45°}\right)+35\tan 45°}{h\tan\theta}$

$=\dfrac{35\left(\dfrac{\tan\theta-1}{1+\tan\theta}\right)+35}{h\tan\theta}$

$=\dfrac{35(\tan\theta-1)+35(1+\tan\theta)}{h\tan\theta(1+\tan\theta)}$

$=\dfrac{35\tan\theta-35+35+35\tan\theta}{h\tan\theta(1+\tan\theta)}$

$=\dfrac{70\tan\theta}{h\tan\theta(1+\tan\theta)}$

$=\dfrac{70}{h(1+\tan\theta)}$

37. $y_1+y_2=\cos 960\pi t+\cos 1240\pi t$
$=\cos(1100\pi t-140\pi t)+\cos(1100\pi t+140\pi t)$
$=\cos 1100\pi t\cos 140\pi t+\mathrm{sen}\,1100\pi t\,\mathrm{sen}\,140\pi t$
$\quad+\cos 1100\pi t\cos 140\pi t-\mathrm{sen}\,1100\pi t\,\mathrm{sen}\,140\pi t$
$=\cos 1100\pi t\cos 140\pi t+\cos 1100\pi t\cos 140\pi t$
$=2\cos 1100\pi t\cos 140\pi t$

39. a. $\tan(\theta_2-\theta_1)=\dfrac{m_2-m_1}{1+m_2m_1}$ **b.** $60°$

9.8 Mantener el dominio de las matemáticas (pág. 524)
41. $x=4$ **43.** $x=-\dfrac{2}{3}$

Repaso del capítulo 9 (págs. 526–530)
1. sen $\theta=\dfrac{\sqrt{85}}{11}$, $\tan\theta=\dfrac{\sqrt{85}}{6}$, $\csc\theta=\dfrac{11\sqrt{85}}{85}$, $\sec\theta=\dfrac{11}{6}$,
$\cot\theta=\dfrac{6\sqrt{85}}{85}$

2. aproximadamente 15 pies   **3.** $22°; -338°$

4. $\dfrac{\pi}{6}$ **5.** $\dfrac{5\pi}{4}$

6. $135°$ **7.** $300°$

8.

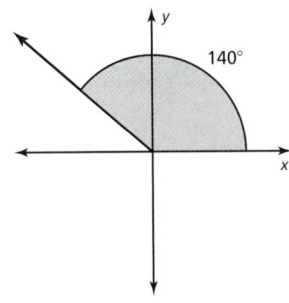

aproximadamente 1497 m²

9. sen $\theta=1$, $\cos\theta=0$, $\tan\theta=$ indefinido, $\csc\theta=1$, $\sec\theta=$ indefinido, $\cot\theta=0$

10. sen $\theta=-\dfrac{7}{25}$, $\cos\theta=\dfrac{24}{25}$, $\tan\theta=-\dfrac{7}{24}$, $\csc\theta=-\dfrac{25}{7}$, $\sec\theta=\dfrac{25}{24}$, $\cot\theta=-\dfrac{24}{7}$

11. sen $\theta=\dfrac{3\sqrt{13}}{13}$, $\cos\theta=-\dfrac{2\sqrt{13}}{13}$, $\tan\theta=-\dfrac{3}{2}$, $\csc\theta=\dfrac{\sqrt{13}}{3}$, $\sec\theta=-\dfrac{\sqrt{13}}{2}$, $\cot\theta=-\dfrac{2}{3}$

12. $-\dfrac{\sqrt{3}}{3}$ **13.** $\sqrt{2}$ **14.** $\dfrac{1}{2}$ **15.** 2

16. $8, 2\pi$; La gráfica de g es un alargamiento vertical por un factor de 8 de la gráfica de $f(x)=\cos x$;

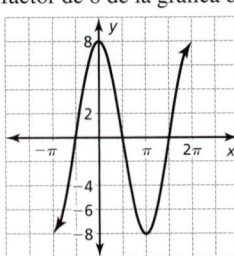

17. $6, 2$; La gráfica de g es un encogimiento horizontal por un factor de $\dfrac{1}{\pi}$ y un alargamiento vertical por un factor de 6 de la gráfica de $f(x)=\sin x$;

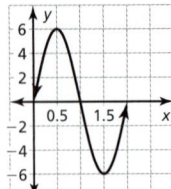

18. $\dfrac{1}{4},\dfrac{\pi}{2}$; La gráfica de g es un encogimiento horizontal por un factor de $\dfrac{1}{4}$ y un encogimiento vertical por un factor de $\dfrac{1}{4}$ de la gráfica de $f(x)=\cos x$;

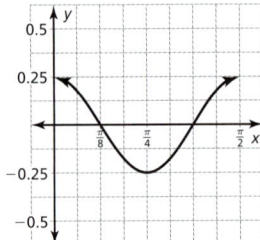

19. 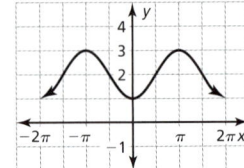   **20.**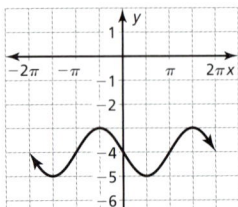

21.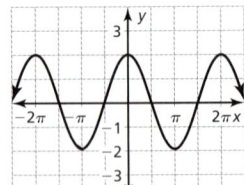

22.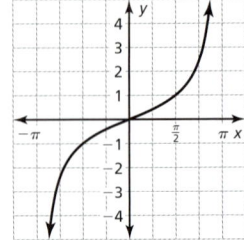

La gráfica de g es un alargamiento horizontal por un factor de 2 de la gráfica de $f(x)=\tan x$.

A56   Respuestas seleccionadas

23.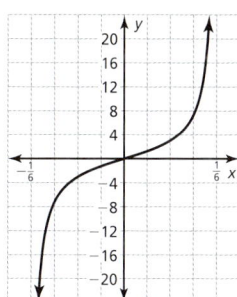

La gráfica de g es un alargamiento vertical por un factor de 2 de la gráfica de $f(x) = \cot x$.

24.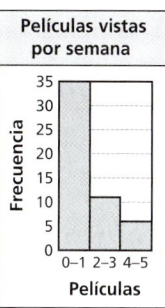

La gráfica de g es un encogimiento horizontal por un factor de $\dfrac{1}{3\pi}$ y un alargamiento vertical por un factor de 4 de la gráfica de $f(x) = \tan x$.

25. 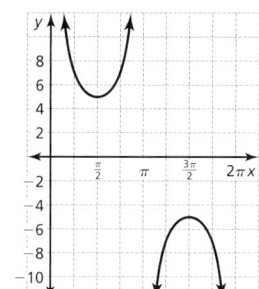   26.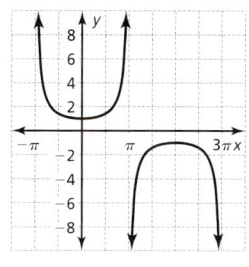

27. 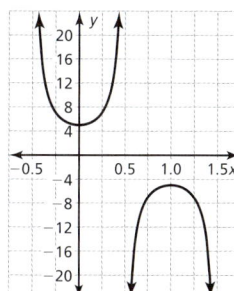   28.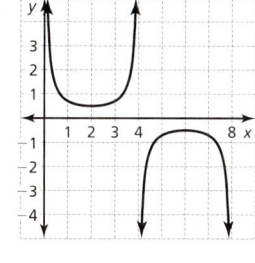

29. *Ejemplo de respuesta:* $y = -\operatorname{sen} \tfrac{1}{2}x$
30. *Ejemplo de respuesta:* $y = \cos \pi x - 2$
31. $h = -11.5 \cos 2\pi t + 13.5$
32. $P = 1.08 \operatorname{sen}(0.585t - 2.33) + 1.5$; El periodo representa la cantidad de tiempo que tarda el nivel de precipitación en completar un ciclo, que es aproximadamente 10.7 meses.
33. $\cos^2 x$ 34. $\tan x$ 35. $\operatorname{sen} x$
36. $\dfrac{\cos x \sec x}{1 + \tan^2 x} = \dfrac{\cos x \sec x}{\sec^2 x}$

$= \dfrac{\cos x}{\sec x}$

$= \cos x \cos x$

$= \cos^2 x$

37. $\tan\left(\dfrac{\pi}{2} - x\right) \cot x = \cot x \cot x$

$= \cot^2 x$

$= \csc^2 x - 1$

38. $\dfrac{\sqrt{2} + \sqrt{6}}{4}$ 39. $\sqrt{3} - 2$ 40. $\dfrac{\sqrt{6} + \sqrt{2}}{4}$

41. $\dfrac{19}{25}$ 42. $x = \dfrac{3\pi}{4}, \dfrac{5\pi}{4}$ 43. $x = 0, \pi$

Capítulo 10

Capítulo 10 Mantener el dominio de las matemáticas *(pág. 535)*

1. $\dfrac{6}{30} = \dfrac{p}{100}$, 20%   2. $\dfrac{a}{25} = \dfrac{68}{100}$, 17
3. $\dfrac{34.4}{86} = \dfrac{p}{100}$, 40%
4.

Películas vistas por semana

5. no; El sofá costará 80% del precio minorista y el sillón costará 81% del precio minorista.

10.1 Verificación de vocabulario y concepto esencial *(pág. 542)*

1. probabilidad

10.1 Monitoreo del progreso y Representar con matemáticas *(págs. 542–544)*

3. 48; 1HHH, 1HHT, 1HTH, 1THH, 1HTT, 1THT, 1TTH, 1TTT, 2HHH, 2HHT, 2HTH, 2THH, 2HTT, 2THT, 2TTH, 2TTT, 3HHH, 3HHT, 3HTH, 3THH, 3HTT, 3THT, 3TTH, 3TTT, 4HHH, 4HHT, 4HTH, 4THH, 4HTT, 4THT, 4TTH, 4TTT, 5HHH, 5HHT, 5HTH, 5THH, 5HTT, 5THT, 5TTH, 5TTT, 6HHH, 6HHT, 6HTH, 6THH, 6HTT, 6THT, 6TTH, 6TTT
5. 12; R1, R2, R3, R4, W1, W2, W3, W4, B1, B2, B3, B4
7. $\dfrac{5}{16}$, o aproximadamente 31.25%
9. a. $\dfrac{11}{12}$, o aproximadamente 92%   b. $\dfrac{13}{18}$, o aproximadamente 72%
11. Hay 4 resultados, no 3; La probabilidad es $\dfrac{1}{4}$.
13. aproximadamente 0.56, o aproximadamente 56%   15. 4
17. a. $\dfrac{9}{10}$, o 90%   b. $\dfrac{2}{3}$, o aproximadamente 67%
   c. La probabilidad en la parte (b) se basa en pruebas, no resultados posibles.
19. aproximadamente 0.08, o aproximadamente 8%
21. C, A, D, B
23. a. 2, 3, 4, 5, 6, 7, 8, 9, 10, 11, 12
   b. 2: $\dfrac{1}{36}$, 3: $\dfrac{1}{18}$, 4: $\dfrac{1}{12}$, 5: $\dfrac{1}{9}$, 6: $\dfrac{5}{36}$, 7: $\dfrac{1}{6}$, 8: $\dfrac{5}{36}$, 9: $\dfrac{1}{9}$, 10: $\dfrac{1}{12}$, 11: $\dfrac{1}{18}$, 12: $\dfrac{1}{36}$
   c. *Ejemplo de respuesta:* Las probabilidades son semejantes.
25. $\dfrac{\pi}{6}$, o aproximadamente 52%
27. $\dfrac{3}{400}$, o 0.75%; aproximadamente 113; $(0.0075)15{,}000 = 112.5$

10.1 Mantener el dominio de las matemáticas
(pág. 544)

29. $\dfrac{6x^4}{y^3}$ **31.** $\dfrac{x^3 - 4x^2 - 15x + 18}{x^4 - 2}$

33. $\dfrac{15x^2}{12x^2 + x - 11}, x \neq 0$

10.2 Verificación de vocabulario y concepto esencial *(pág. 550)*

1. Cuando dos eventos son dependientes, la ocurrencia de un evento afecta al otro. Cuando dos eventos son independientes, la ocurrencia de un evento no afecta al otro. *Ejemplo de respuesta:* elegir dos canicas de una bolsa sin reemplazarlas; lanzar dos dados

10.2 Monitoreo del progreso y Representar con matemáticas *(págs. 550–552)*

3. dependiente; La ocurrencia del evento A afecta la ocurrencia del evento B.

5. dependiente; La ocurrencia del evento A afecta la ocurrencia del evento B.

7. sí   **9.** sí   **11.** aproximadamente 2.8%

13. aproximadamente 34.7%

15. Se sumaron las probabilidades en lugar de multiplicarse; $P(A \text{ y } B) = (0.6)(0.2) = 0.12$

17. 0.325

19. a. aproximadamente 1.2%   **b.** aproximadamente 1.0%
Es 1.2 veces más probable que selecciones 3 cartas que sean figuras cuando reemplazas cada carta antes de seleccionar la siguiente carta.

21. a. aproximadamente 17.1%   **b.** aproximadamente 81.4%

23. aproximadamente 53.5%

25. a. *Ejemplo de respuesta:* Colocar 20 pedazos de papel con cada uno de los nombres de los 20 estudiantes en un sombrero y elegir uno; 5%

b. *Ejemplo de respuesta:* Colocar 45 pedazos de papel en un sombrero con el nombre de cada estudiante por cada hora que trabajó el estudiante. Elegir un pedazo de papel; aproximadamente 8.9%

27. sí; Las posibilidad de que se reprograme es $(0.7)(0.75) = 0.525$, que es mayor que una posibilidad de 50%.

29. a. ganados: 0%; perdidos: 1.99%; empates: 98.01%
b. ganados: 20.25%; perdidos: 30.25%; empates: 49.5%
c. sí; Ir por 1 punto después de cada *touchdow*, y luego ir por 1 punto si tuvieron éxito la primera vez o 2 puntos si no tuvieron éxito la primera vez; ganar: 44.55%; perder: 30.25%

10.2 Mantener el dominio de las matemáticas *(pág. 552)*

31. $x = 0.2$ **33.** $x = 0.15$

10.3 Verificación de vocabulario y concepto esencial *(pág. 558)*

1. tabla de doble entrada

10.3 Monitoreo del progreso y Representar con matemáticas *(págs. 558–560)*

3. 34; 40; 4; 6; 12

5.

	Género Masculino	Género Femenino	Total
Respuesta Sí	132	151	283
Respuesta No	39	29	68
Total	171	180	351

351 personas participaron en la encuesta, 171 hombres participaron en la encuesta, 180 mujeres participaron en la encuesta, 283 personas dijeron que sí, 68 personas dijeron que no.

7.

	Mano dominante Izquierda	Mano dominante Derecha	Total
Género Femenino	0.048	0.450	0.498
Género Masculino	0.104	0.398	0.502
Total	0.152	0.848	1

9.

	Género Masculino	Género Femenino	Total
Respuesta Sí	0.376	0.430	0.806
Respuesta No	0.111	0.083	0.194
Total	0.487	0.513	1

11.

	Desayuno Tomaron	Desayuno No tomaron
Se sentían Cansadas	0.091	0.333
Se sentían No cansadas	0.909	0.667

13. a. aproximadamente 0.789   **b.** 0.168
c. Los eventos son independientes.

15. El valor de $P(\text{sí})$ se usó en el denominador en lugar del valor de $P(\text{Tokio})$;
$\dfrac{0.049}{0.39} \approx 0.126$

17. Ruta B; Tiene la mejor probabilidad de llegar a la escuela a tiempo.

19. *Ejemplo de respuesta:*

	Transporte a la escuela			
		En autobús	A pie	En carro	Total
Género	Masculino	6	9	4	19
	Femenino	5	2	4	11
	Total	11	11	8	30

	Transporte a la escuela			
		En autobús	A pie	En carro	Total
Género	Masculino	0.2	0.3	0.133	0.633
	Femenino	0.167	0.067	0.133	0.367
	Total	0.367	0.367	0.266	1

21. La Rutina B es la mejor opción, pero el razonamiento de tu amigo sobre por qué es incorrecto; la Rutina B es la mejor opción porque hay una posibilidad del 66.7% de lograr la meta, que es mayor que las posibilidades de la Rutina A (62.5%) y la Rutina C (63.6%).

23. a. aproximadamente 0.438   **b.** aproximadamente 0.387

25. a. Más de los clientes actuales prefieren al líder, entonces deberían mejorar el nuevo refrigerio antes de comercializarlo.
b. Más de los clientes nuevos prefieren el nuevo refrigerio en vez del refrigerio líder, entonces no hay necesidad de mejorar el refrigerio.

10.3 Mantener el dominio de las matemáticas
(pág. 560)

27. **29.**

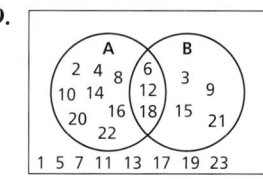

10.4 Verificación de vocabulario y concepto esencial *(pág. 567)*

1. sí; $\overline{A}$ es todo no en A; *Ejemplo de respuesta:* evento A: ganas el partido, evento $\overline{A}$: no ganas el partido

10.4 Monitoreo del progreso y Representar con matemáticas *(págs. 567–568)*

3. 0.4   **5.** $\frac{7}{12}$, o aproximadamente 0.58   **7.** $\frac{9}{20}$, o 0.45
9. $\frac{7}{10}$, o 0.7
11. olvidaste de restar $P(\text{corazón y figura})$
$P(\text{corazón}) + P(\text{figura}) - P(\text{corazón y figura}) = 11$
13. $\frac{2}{3}$ **15.** 10%   **17.** 0.4742, o 47.42%   **19.** $\frac{13}{18}$
21. $\frac{3}{20}$
23. no; Hasta que no se conozcan todas las tarjetas, números y colores, no se puede sacar una conclusión.

10.4 Mantener el dominio de las matemáticas
(pág. 568)

25. $a_1 = 1, a_2 = 2, a_3 = 3, a_4 = 4, a_5 = 5, a_6 = 6$

10.5 Verificación de vocabulario y concepto esencial *(pág. 575)*

1. permutación

10.5 Monitoreo del progreso y Representar con matemáticas *(págs. 575–578)*

3. a. 2   **b.** 2   **5. a.** 24   **b.** 12
7. a. 720   **b.** 30   **9.** 20   **11.** 9   **13.** 20,160

15. 870   **17.** 990   **19.** $\frac{1}{56}$ **21.** 4   **23.** 20
25. 5   **27.** 1   **29.** 220   **31.** 6435   **33.** 635,376
35. Se dejó afuera el factorial en el denominador;
$_{11}P_7 = \dfrac{11!}{(11-7)!} = 1{,}663{,}200$

37. combinaciones; El orden no es importante; 45
39. permutaciones; El orden es importante; 132,600
41. $_{50}C_9 = {_{50}C_{41}}$; Para cada combinación de 9 objetos, hay una combinación correspondiente de los 41 objetos restantes.
43. a. ninguna, son iguales; $_4P_4 = {_4P_3} = 24$
b. 3; $_4C_4 = 1, {_4C_3} = 4$
c. $_nP_n = {_nP_{n-1}}$, pero $_nC_n < {_nC_{n-1}}$ cuando $n > 1$, y $_nC_n = {_nC_{n-1}}$ cuando $n = 1$.

45.

	$r=0$	$r=1$	$r=2$	$r=3$
$_3P_r$	1	3	6	6
$_3C_r$	1	3	3	1

$_nP_r \geq {_nC_r}$; Dado que $_nP_r = \dfrac{n!}{(n-r)!}$ y $_nC_r = \dfrac{n!}{(n-r)! \cdot r!}$,

$_nP_r > {_nC_r}$ cuando $r > 1$ y $_nP_r = {_nC_r}$ cuando $r = 0$ o $r = 1$.

47. $\dfrac{1}{44{,}850}$ **49.** $\dfrac{1}{15{,}890{,}700}$ **51.** $x^3 + 6x^2 + 12x + 8$
53. $a^4 + 12a^3b + 54a^2b^2 + 108ab^3 + 81b^4$
55. $w^{12} - 12w^9 + 54w^6 - 108w^3 + 81$
57. $729u^6 + 1458u^5v^2 + 1215u^4v^4 + 540u^3v^6 + 135u^2v^8 + 18uv^{10} + v^{12}$
59. -8064 **61.** $-13{,}608$ **63.** 316,800,000
65. $-337{,}920$
67. $_8C_0, {_8C_1}, {_8C_2}, {_8C_3}, {_8C_4}, {_8C_5}, {_8C_6}, {_8C_7}, {_8C_8}$; 1, 8, 28, 56, 70, 56, 28, 8, 1
69. a. $_nC_{n-2} - n$ **b.** $\dfrac{n(n-3)}{2}$ **71.** 30   **73.** $\dfrac{1061}{1250}$
75. a. $\dfrac{1}{90}$ **b.** $\dfrac{9}{10}$ **77. a.** 2,598,960   **b.** 5148
79. a. aproximadamente 0.04; aproximadamente 0.12
b. $1 - \dfrac{_{365}P_x}{365^x}$ **c.** 23 personas

10.5 Mantener el dominio de las matemáticas
(pág. 578)

81. TH

10.6 Verificación de vocabulario y concepto esencial *(pág. 583)*

1. una variable cuyo valor se determina por los resultados de un experimento de probabilidad

10.6 Monitoreo del progreso y Representar con matemáticas *(págs. 583–584)*

3.

x (valor)	1	2	3
Resultados	5	3	2
$P(x)$	$\frac{1}{2}$	$\frac{3}{10}$	$\frac{1}{5}$

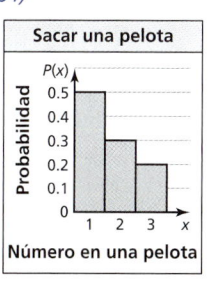

Sacar una pelota

5.

w (valor)	1	2
Resultados	5	21
P(w)	$\frac{5}{26}$	$\frac{21}{26}$

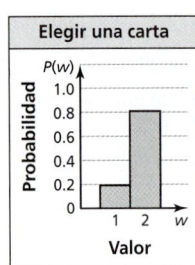

7. a. 2 **b.** $\frac{5}{8}$ **9.** aproximadamente 0.00002
11. aproximadamente 0.00018
13. a.

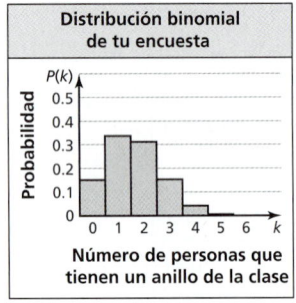

b. El resultado más probable es que 1 de 6 estudiantes tiene un anillo.
c. aproximadamente 0.798
15. Se intercambiaron los exponentes;
$P(k = 3) = {}_5C_3\left(\frac{1}{6}\right)^3\left(\frac{5}{6}\right)^{5-3} \approx 0.032$
17. a. $P(0) \approx 0.099$, $P(1) \approx 0.271$, $P(2) \approx 0.319$, $P(3) \approx 0.208$, $P(4) \approx 0.081$, $P(5) \approx 0.019$, $P(6) \approx 0.0025$, $P(7) \approx 0.00014$

b.

x	0	1	2	3	4
P(x)	0.099	0.271	0.319	0.208	0.081

x	5	6	7
P(x)	0.019	0.0025	0.00014

c.

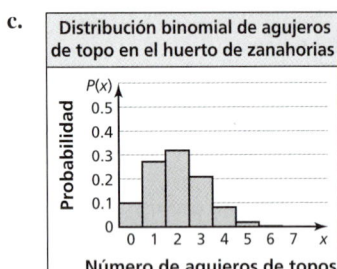

19. no; Los datos son asimétricos a la derecha, entonces la probabilidad de fracaso es mayor.
21. a. El enunciado no es válido, porque tener un hijo y tener una hija son eventos independientes.
b. 0.03125

c.

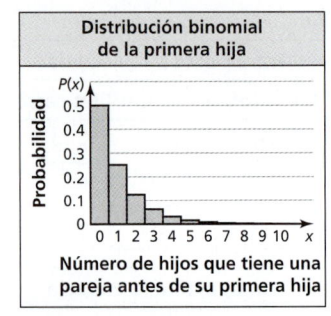

asimétrico a la derecha

10.6 Mantener el dominio de las matemáticas
(pág. 584)

23. FFF, FFM FMF, FMM, MMM, MMF, MFM, MFF

Repaso del capítulo 10 (págs. 586–588)

1. $\frac{2}{9}$; $\frac{7}{9}$ **2.** 20 puntos
3. a. 0.15625 **b.** aproximadamente 0.1667
Es 1.07 veces más probable que elijas una roja luego una verde si no reemplazas la primera canica.
4. a. aproximadamente 0.0586 **b.** 0.0625
Es 1.07 veces más probable que elijas una azul luego una roja si no reemplazas la primera canica.
5. a. 0.25 **b.** aproximadamente 0.2333
Es 1.07 veces más probable que elijas una verde y luego otra verde si reemplazas la primera canica.
6. aproximadamente 0.529
7.

	Género		
Respuesta	Masculino	Femenino	Total
Sí	200	230	430
No	20	40	60
Total	220	270	490

Aproximadamente 44.9% de las personas que respondieron eran hombres, aproximadamente 55.1% de las personas que respondieron eran mujeres, aproximadamente 87.8% de las personas que respondieron pensaron que tuvo impacto, aproximadamente 12.2% de las personas que respondieron pensaron que no tuvo impacto.

8. 0.68 **9.** 0.02 **10.** 5040 **11.** 1,037,836,800
12. 15 **13.** 70 **14.** $16x^4 + 32x^3y^2 + 24x^2y^4 + 8xy^6 + y^8$
15. $\frac{1}{84}$ **16.** aproximadamente 0.12
17.

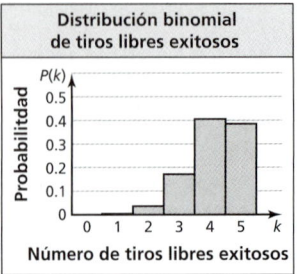

El resultado más probable es que 4 de los 5 tiros libres son exitosos.

A60 Respuestas seleccionadas

Capítulo 11

Capítulo 11 Mantener el dominio de las matemáticas (pág. 593)

1. aproximadamente 77.2, 82.5, 82; mediana o moda; La media es menor que la mayoría de los datos.
2. aproximadamente 73.7, 70.5, 70; mediana o moda; La media es mayor que la mayoría de los datos.
3. aproximadamente 19.8, 16, 44; mediana; La media y la moda son ambas mayores que la mayoría de los datos.
4. aproximadamente 3.85; El valor de datos típico difiere de la media por aproximadamente 3.85 unidades.
5. aproximadamente 7.09; El valor de datos típico difiere de la media por aproximadamente 7.09 unidades.
6. 6.5; El valor de datos típico difiere de la media por 6.5 unidades.
7. Todos los valores de datos son iguales; no; La fórmula para la desviación estándar incluye solo las raíces cuadradas positivas.

11.1 Verificación de vocabulario y concepto esencial (pág. 600)

1. Halla el valor donde la fila 1 y la columna 4 se intersecan.

11.1 Monitoreo del progreso y Representar con matemáticas (págs. 600–602)

3. 50% 5. 2.5% 7. 0.16 9. 0.025
11. 0.68 13. 0.68 15. 0.975 17. 0.84
19. **a.** 81.5% **b.** 0.15%
21. Los valores en el eje horizontal muestra una desviación estándar de 1 en lugar de 2.

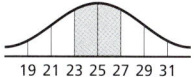

La probabilidad de que x esté entre 23 y 27 es 0.68.

23. 0.0668 25. no
27.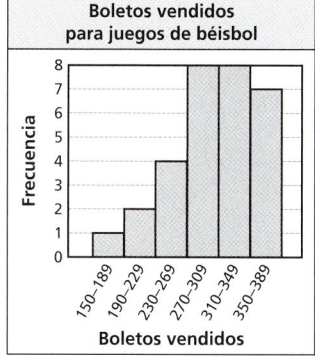

no; El histograma es asimétrico a la izquierda, pero no es acampanado.

29. **a.** aproximadamente 4.52×10^{-9}
    b. sí; La probabilidad de que una caja contenga una cantidad de cereal significativamente menor que la media es muy pequeña.
31. una desviación estándar sobre la media
33. **a.** 88vo porcentil **b.** 93ro porcentil
    c. ACT; Tu porcentil en el ACT fue más alto que tu porcentil en el SAT.
35. no; Cuando la media es mayor que la mediana, la distribución es asimétrica a la derecha.

11.1 Mantener el dominio de las matemáticas (pág. 602)

37.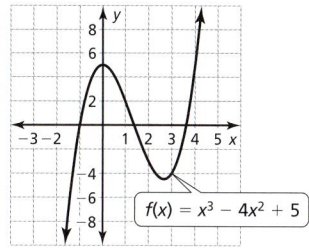

intersecciones con el eje x: -1, aproximadamente 1.4, y aproximadamente 3.6; máximo local: (0, 5); mínimo local: (2.67, -4.48); aumenta cuando $x < 0$ y $x > 2.67$; disminuye cuando $0 < x < 2.67$

39.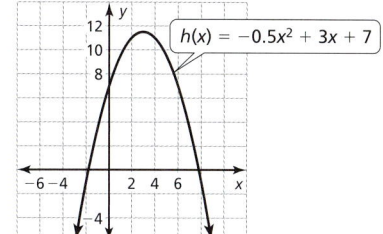

intersecciones con el eje x: aproximadamente -1.8 aproximadamente 7.8; máximo: (3, 11.5); sin mínimo local; aumenta cuando $x < 3$; disminuye cuando $x > 3$

11.2 Verificación de vocabulario y concepto esencial (pág. 607)

1. muestra
3. una afirmación sobre una característica de una población

11.2 Monitoreo del progreso y Representar con matemáticas (págs. 607–608)

5. población; Se cuenta cada estudiante de la escuela preparatoria.
7. muestra; La encuesta se da a un subgrupo de la población de espectadores.
9. población: cada adulto de 18 años o más en los Estados Unidos, muestra: los 1152 adultos de 18 años o más que participaron en la encuesta; La muestra consiste de 403 adultos que fingen usar sus celulares para evitar hablar con alguien y 749 adultos que no.
11. población: cada estudiante de escuela preparatoria en el distrito, muestra: los 1300 estudiantes de escuela preparatoria en el distrito que participaron en la encuesta; La muestra consiste de 1001 estudiantes de escuela preparatoria que les gusta las nuevas opciones de comida saludable de la cafetería y 299 estudiantes de escuela preparatoria que no les gusta.
13. estadística; Se calculó el salario promedio anual de un subgrupo de la población.
15. parámetro; Se calculó el porcentaje de cada estudiante de la escuela.
17. El número de la muestra en el enunciado no es el tamaño de la muestra completa; La población consiste de todos los estudiantes en la escuela preparatoria. La muestra consiste de los 1270 estudiantes que participaron en la encuesta.
19. **a.** Es más probable que la afirmación del fabricante sea verdadera.
    b. Es más probable que la afirmación del fabricante sea falsa.
21. posiblemente, pero extremadamente improbable; Es improbable que ocurra el resultado por casualidad. El tamaño de la muestra de la población es demasiado pequeño para llegar a esa conclusión.

Respuestas seleccionadas **A61**

23. *Ejemplo de respuesta:* población: todos los adultos estadounidenses, muestra: los 801 adultos estadounidenses que participaron en la encuesta; La muestra consiste de 606 adultos estadounidenses que dicen que la temperatura del mundo aumentará durante los próximos 100 años, 174 adultos estadounidenses que dicen que disminuirá y 21 adultos estadounidenses que no opinan.

25. simulación 2; La simulación 2 da una mejor indicación de los resultados que no son probables de ocurrir por casualidad.

11.2 Mantener el dominio de las matemáticas *(pág. 608)*

27. $x = 5 \pm \sqrt{29}$ o $x \approx 10.39, x \approx -0.39$
29. $s = -5 \pm \sqrt{17}$ o $s \approx -0.88, s \approx -9.12$
31. $z = \frac{1}{2}, z = -\frac{15}{2}$

11.3 Verificación de vocabulario y concepto esencial *(pág. 614)*

1. En una muestra por estratos, después de que se forman los grupos, se selecciona una muestra al azar de cada grupo. En una muestra de grupos, después de que se forman los grupos, todos los miembros de uno o más grupos se seleccionan al azar.

3. *Ejemplo de respuesta:* para determinar qué tan rápido se dispersaría un derrame de petróleo por un lago

11.3 Monitoreo del progreso y Representar con matemáticas *(págs. 614–616)*

5. muestra de conveniencia   7. muestra sistemática
9. muestra de conveniencia; Los dueños de perros probablemente tengan una opinión sólida sobre el área sin correa para los perros
11. muestra de grupos; Es probable que los expositores de los puestos en la sección 5 tengan una opinión diferente a las otras secciones sobre la ubicación de sus puestos.
13. No se envió cada encuesta para que se envíe de vuelta, entonces no es una muestra sistemática; Como las casas del vecindario pueden elegir enviar la encuesta de vuelta o no, la muestra es una muestra auto-seleccionada.
15. no; La muestra representa la población.
17. sí; Es probable que solo los clientes con una opinión sólida sobre su experiencia completen la encuesta.
19. *Ejemplo de respuesta:* Asignar a cada estudiante en la escuela un entero diferente del 1 al 1225. Genera 250 enteros únicos aleatoriamente del 1 al 1255 usando la función de número aleatorio en un programa de hoja de cálculo. Elige los 250 estudiantes que corresponden a los 250 enteros generados.
21. simulación   23. estudio de observación
25. fomenta que una respuesta sea sí; *Ejemplo de respuesta:* Parafrasea la pregunta, por ejemplo: ¿Debería recortarse el presupuesto en nuestra ciudad?
27. implica que el nivel de arsénico es un riesgo para la salud; *Ejemplo de respuesta:* Parafrasea la pregunta, por ejemplo: ¿Crees que el gobierno debería abordar el problema del arsénico en el agua corriente?
29. no; Las respuestas a esta pregunta reflejarán con precisión las opiniones de las personas que participaron en la encuesta.
31. sí; Es improbable que los visitantes admitan a un oficial que no usa cinturón de seguridad.
33. **a.** *Ejemplo de respuesta:* El investigador no tuvo en cuenta enfermedades cardíacas anteriores.
    b. *Ejemplo de respuesta:* Divide la población en dos grupos según las enfermedades cardíacas anteriores y si toman suplementos de fibra o no. Selecciona una muestra aleatoria de cada grupo.
35. muestra auto-seleccionada y muestra de conveniencia; En una muestra auto-seleccionada, es probable que solo respondan personas que tienen opiniones sólidas. En una muestra de conveniencia, partes de la población no tienen posibilidad de ser seleccionados para la encuesta.

37. **a.** para determinar la tasa de empleo de los graduados en su campo de estudio
    b. todos los estudiantes de último año que se gradúan de la universidad
    c. *Ejemplo de respuesta:* ¿Tienes trabajo? Si la respuesta es sí, ¿tu trabajo se relaciona con tu campo de estudio?
39. no; *Ejemplo de respuesta:* Algunos grupos en la población, como los indigentes, son difíciles de contactar.
41. **a.** muestra auto-seleccionada
    b. las personas que pasan mucho tiempo en Internet y visitan un sitio en particular; La encuesta es probablemente no representativa.

11.3 Mantener el dominio de las matemáticas *(pág. 616)*

43. 9   45. $\frac{1}{4}$ 47. $\frac{\sqrt[3]{18}}{18}$ 49. 3

11.4 Verificación de vocabulario y concepto esencial *(pág. 623)*

1. replicación

11.4 Monitoreo del progreso y Representar con matemáticas *(págs. 623–624)*

3. El estudio es un experimento comparativo aleatorizado; El tratamiento es el fármaco para el insomnio. El grupo de tratamiento es las personas que tomaron el fármaco. El grupo de control es las personas que tomaron placebo.
5. No se mencionó a las personas que no usan ninguno de los acondicionadores de cabello; El grupo de control es las personas que usan el acondicionador común.
7. estudio de observación; *Ejemplo de respuesta:* Elige, al azar, un grupo de personas que fumen. Luego, elige, al azar, un grupo de personas que no fumen. Halla el índice de masa corporal de los individuos de cada grupo.
9. experimento; *Ejemplo de respuesta:* Selecciona al azar el mismo número de plantas de fresas para poner en cada uno de los dos grupos. Usa el nuevo fertilizante en las plantas de un grupo y el fertilizante común en el otro grupo. Mantén todas las otras variables constantes y registra el peso de la fruta que produce cada planta.
11. **a.** *Ejemplo de respuesta:* Como los ritmos cardíacos se monitorean por dos tipos de ejercicios diferentes, los grupos no pueden compararse. Correr en una trotadora puede tener un afecto diferente en el ritmo cardíaco que levantar pesas; Controla los ritmos cardíacos de todos los atletas después del mismo tipo de ejercicio.
    b. sin problemas potenciales
13. *Ejemplo de respuesta:* El tamaño de la muestra no es lo suficientemente grande para brindar resultados válidos; Aumenta el tamaño de la muestra.
15. no; Tu amigo tendría que hacer un estudio de observación y un estudio de observación puede mostrar la correlación, pero no la causalidad.
17. *Ejemplo de respuesta:* El efecto placebo es una respuesta a un tratamiento falso que puede resultar de la confianza en el investigador o la expectativa de una cura; Puede minimizarse al comparar dos grupos entonces el efecto placebo tiene el mismo efecto en ambos grupos.
19. sí; La repetición reduce el efecto de resultados inusuales que pueden ocurrir por casualidad.

11.4 Mantener el dominio de las matemáticas *(pág. 624)*

21.

asimétrica a la derecha

23. decremento exponencial

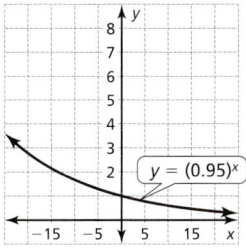

25. crecimiento exponencial

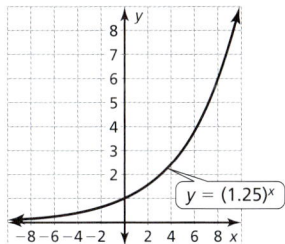

11.5 Verificación de vocabulario y concepto esencial (pág. 630)

1. margen de error

11.5 Monitoreo del progreso y Representar con matemáticas (págs. 630–632)

3. 60.4   **5. a.** aproximadamente 0.267
  b. aproximadamente 0.267
7. a. sí; Las primeras 2 encuestas muestran más del 66.7% de votos necesarios para ignorar el veto.
  b. no; A medida que aumenta el tamaño de la muestra, el porcentaje de votos se aproxima a 55.1%, lo cual no es suficiente para ignorar el veto.
9. a. La afirmación de la compañía probablemente sea precisa.
  b. La afirmación de la compañía probablemente no sea precisa.
  c. *Ejemplo de respuesta:* 0.42 a 0.68
11. aproximadamente ±6.2%   **13.** aproximadamente ±2.2%
15. aproximadamente ±1.7%
17. a. aproximadamente ±3.1%   **b.** entre 37.9% y 44.1%
19. Se sustituye el porcentaje incorrecto en la fórmula; $\pm 0.04 = \pm \dfrac{1}{\sqrt{n}}; 0.0016 = \dfrac{1}{n}; n = 625$
21. no; Un tamaño de la muestra de 1 tendría un margen de error de 100%.
23. aproximadamente 453 residentes
25. a. 500 votantes   **b.** aproximadamente ±4.5%
  c. candidato A: entre 42.5% y 51.5%, candidato B: entre 48.5% y 57.5%
  d. no; 273 votantes
27. más que 2500; Para estar seguro de que se prefiere la bebida hidratante X, el margen de error necesitaría ser menor que 2%.

11.5 Mantener el dominio de las matemáticas (pág. 632)

29. $y = \log_2(x + 5)$ **31.** $y = 6^{x+1}$
33. geométrica; $a_n = 3(2)^{n-1}$

11.6 Verificación de vocabulario y concepto esencial (pág. 637)

1. remuestreo

11.6 Monitoreo del progreso y Representar con matemáticas (págs. 637–638)

3. a. 46   **b.** 40.125   **c.** −5.875

d.

Grupo de control
Grupo de tratamiento
36 38 40 42 44 46 48 50
Calificación de depresión

  e. La musicoterapia puede ser efectiva para reducir las calificaciones de depresión de los estudiantes universitarios.
5. Se invirtió el orden de la resta; $\bar{x}_{\text{tratamiento}} - \bar{x}_{\text{control}} = 11 - 16 = -5$; Entonces, puedes llegar a la conclusión de que el tratamiento disminuye la calificación.
7. *Ejemplo de respuesta:* −1.75
9. Es muy probable que la hipótesis sea falsa; La musicoterapia disminuye las calificaciones de depresión.
11. El histograma en el Ejercicio 9 tiene una distribución casi normal y muestra las diferencias medias de 200 remuestreos. El histograma del Ejercicio 11 es aleatorio y muestra las diferencias medias de 20 remuestreos; el histograma en el Ejercicio 9 porque usa un número grande de remuestreos y la distribución casi normal sugiere que la musicoterapia disminuye las calificaciones de depresión
13. sí; A medida que aumenta el número de muestras, los valores individuales deberían terminar en cada grupo aproximadamente la misma cantidad de veces, entonces las diferencias positivas y negativas en las medias debería equilibrarse a 0.
15. 12,870; El número de combinaciones de 16 ítems en grupos de 8 cantidades de 12,870.

11.6 Mantener el dominio de las matemáticas (pág. 638)

17. $(y - 2)(y^2 + 2y + 4)$ **19.** $(9w^2 + 4)(3w + 2)(3w - 2)$
21. si; $g(x) = \dfrac{1}{2x} + \dfrac{1}{2}$ **23.** no; $y = \pm\sqrt{\dfrac{3}{x - 1}}$

Repaso del capítulo 11 (págs. 640–642)

1. 0.0015   **2.** 0.0082
3. población: todos los motoristas de los Estados Unidos, muestra: los 1000 conductores que participaron en la encuesta
4. estadística; La media se calculó de una muestra.
5. Es muy probable que la afirmación del anfitrión sea falsa.
6. muestra por estratos; no representativa   **7.** estudio de observación
8. Fomenta que una respuesta sea sí; *Ejemplo de respuesta:* Parafrasea la pregunta, por ejemplo: ¿La ciudad debería reemplazar los vehículos policiales que está usando actualmente?
9. experimento; *Ejemplo de respuesta:* Selecciona al azar el mismo número de clientes para darles cada tipo de pan. Registra cuántos clientes de cada grupo regresan.
10. *Ejemplo de respuesta:* Los voluntarios pueden no ser representativos de la población; Selecciona al azar de los miembros de la población para el estudio.
11. El estudio es un experimento comparativo aleatorizado; El tratamiento es usar el nuevo diseño de la lavadora de carros. El grupo de tratamiento es las personas que usan el nuevo diseño de la lavadora de carros. El grupo de control es las personas que usan el antiguo diseño de la lavadora de carros.
12. entre 58.9% y 65.1%
13. no; A medida que aumenta el tamaño de la muestra, el porcentaje de votos se aproxima a 46.8%, que no es suficiente para ganar.

Respuestas seleccionadas **A63**

14. *Ejemplo de respuesta:* Combina las medidas de ambos grupos y asigna un número a cada valor. Imagina que los números del 1 al 10 representan los datos en el grupo de control original e imagina que los números del 11 al 20 representan los datos en el grupo de tratamiento original. Usa un generador aleatorio de números. Genera, al azar, 20 números del 1 al 20 sin repetir un número. Usa los primeros 10 números para hacer el grupo de control nuevo y los siguientes 10 para hacer el grupo de tratamiento nuevo; Haz grupos de control y tratamiento nuevos muchas veces y fíjate con qué frecuencia obtienes diferencias entre los grupos nuevos que sean como mínimo igual de grandes que la que mediste.

Español-Inglés Glosario

Español | Inglés

aleatorización (pág. 620) Un proceso de asignación aleatoria de sujetos a distintos grupos de tratamiento

ampliación horizontal (pág. 14) Una transformación que hace que el gráfico de una función se amplíe desde el eje y cuando todas las coordenadas x se multiplican por un factor a, donde $0 < a < 1$

ampliación vertical (pág. 6) Una transformación que hace que el gráfico de una función se amplíe desde el eje x cuando todas las coordenadas y se multiplican por un factor a, donde $a > 1$

amplitud (pág. 486) La mitad de la diferencia del valor máximo y el valor mínimo del gráfico de una función trigonométrica

ángulo central (pág. 472) La medida del ángulo de un sector de un círculo formado por dos radios

ángulo cuadrantal (pág. 479) Un ángulo en posición estándar cuyo lado terminal descansa en un eje

ángulo de referencia (pág. 480) El ángulo agudo formado por el lado terminal de un ángulo en posición normal y el eje x

asíntota (pág. 296) Una recta a la que una gráfica se acerca cada vez más

randomization (p. 620) A process of randomly assigning subjects to different treatment groups

horizontal stretch (p. 14) A transformation that causes the graph of a function to stretch away from the y-axis when all the x-coordinates are multiplied by a factor a, where $0 < a < 1$

vertical stretch (p. 6) A transformation that causes the graph of a function to stretch away from the x-axis when all the y-coordinates are multiplied by a factor a, where $a > 1$

amplitude (p. 486) One-half the difference of the maximum value and the minimum value of the graph of a trigonometric function

central angle (p. 472) The angle measure of a sector of a circle formed by two radii

quadrantal angle (p. 479) An angle in standard position whose terminal side lies on an axis

reference angle (p. 480) The acute angle formed by the terminal side of an angle in standard position and the x-axis

asymptote (p. 296) A line that a graph approaches more and more closely

base natural e (pág. 304) Un número irracional aproximadamente equivalente a 2.71828…

natural base e (p. 304) An irrational number approximately equal to 2.71828…

cero de una función (pág. 96) Un valor x de una función f para el cual $f(x) = 0$

ciclo (pág. 486) La porción más corta que se repite en el gráfico de una función periódica

círculo unitario (pág. 479) El círculo $x^2 + y^2 = 1$, que tiene como centro $(0, 0)$ y radio 1

zero of a function (p. 96) An x-value of a function f for which $f(x) = 0$

cycle (p. 486) The shortest repeating portion of the graph of a periodic function

unit circle (p. 479) The circle $x^2 + y^2 = 1$, which has center $(0, 0)$ and radius 1

coeficiente de correlación *(pág. 25)* Un número r de -1 a 1 que mide cuán bien ajusta una recta a un conjunto de pares de datos (x, y)

combinación *(pág. 572)* Una selección de objetos en la que el orden no es importante

completando el cuadrado *(pág. 112)* Agregar un término c a una expresión de la forma $x^2 + bx$ para que $x^2 + bx + c$ sea un trinomio de cuadrado perfecto

comportamiento final *(pág. 159)* El comportamiento del gráfico de una función a medida que x se aproxima al infinito positivo o negativo

conjugado *(pág. 246)* Binomios de la forma $a\sqrt{b} + c\sqrt{d}$ y $a\sqrt{b} - c\sqrt{d}$, donde a, b, c y d son números racionales

conjugados complejos *(pág. 199)* Pares de números complejos de las formas $a + bi$ y $a - bi$, donde $b \neq 0$

constante de variación *(pág. 360)* La constante a en la ecuación de variación inversa $y = \dfrac{a}{x}$, donde $a \neq 0$

cosecante *(pág. 462)* Una ecuación trigonométrica de un ángulo agudo θ de un triángulo recto, denotado por $\csc \theta = \dfrac{\text{hipotenusa}}{\text{opuesto}}$

coseno *(pág. 462)* Una ecuación trigonométrica de un ángulo agudo θ de un triángulo recto, denotado por $\cos \theta = \dfrac{\text{adyacente}}{\text{hipotenusa}}$

cotangente *(pág. 462)* Una ecuación trigonométrica de un ángulo agudo θ de un triángulo recto, denotado por $\cot \theta = \dfrac{\text{adyacente}}{\text{opuesto}}$

coterminal *(pág. 471)* Dos ángulos cuyos lados terminales coinciden

curva normal *(pág. 596)* El gráfico de una distribución normal con forma acampanada y es simétrica con respecto a la media

correlation coefficient *(p. 25)* A number r from -1 to 1 that measures how well a line fits a set of data pairs (x, y)

combination *(p. 572)* A selection of objects in which order is not important

completing the square *(p. 112)* To add a term c to an expression of the form $x^2 + bx$ such that $x^2 + bx + c$ is a perfect square trinomial

end behavior *(p. 159)* The behavior of the graph of a function as x approaches positive infinity or negative infinity

conjugate *(p. 246)* Binomials of the form $a\sqrt{b} + c\sqrt{d}$ and $a\sqrt{b} - c\sqrt{d}$, where a, b, c, and d are rational numbers

complex conjugates *(p. 199)* Pairs of complex numbers of the forms $a + bi$ and $a - bi$, where $b \neq 0$

constant of variation *(p. 360)* The constant a in the inverse variation equation $y = \dfrac{a}{x}$, where $a \neq 0$

cosecant *(p. 462)* A trigonometric function for an acute angle θ of a right triangle, denoted by $\csc \theta = \dfrac{\text{hypotenuse}}{\text{opposite}}$

cosine *(p. 462)* A trigonometric function for an acute angle θ of a right triangle, denoted by $\cos \theta = \dfrac{\text{adjacent}}{\text{hypotenuse}}$

cotangent *(p. 462)* A trigonometric function for an acute angle θ of a right triangle, denoted by $\cot \theta = \dfrac{\text{adjacent}}{\text{opposite}}$

coterminal *(p. 471)* Two angles whose terminal sides coincide

normal curve *(p. 596)* The graph of a normal distribution that is bell-shaped and is symmetric about the mean

D

desigualdad cuadrática en dos variables *(pág. 140)* Una desigualdad de la forma $y < ax^2 + bx + c$, $y > ax^2 + bx + c$, $y \leq ax^2 + bx + c$, o $y \geq ax^2 + bx + c$, donde a, b, y c son números reales y $a \neq 0$

desigualdad cuadrática en una variable *(pág. 142)* Una desigualdad de la forma $ax^2 + bx + c < 0$, $ax^2 + bx + c > 0$, $ax^2 + bx + c \leq 0$, o $ax^2 + bx + c \geq 0$, donde a, b, y c son números reales y $a \neq 0$

quadratic inequality in two variables *(p. 140)* An inequality of the form $y < ax^2 + bx + c$, $y > ax^2 + bx + c$, $y \leq ax^2 + bx + c$, or $y \geq ax^2 + bx + c$, where a, b, and c are real numbers and $a \neq 0$

quadratic inequality in one variable *(p. 142)* An inequality of the form $ax^2 + bx + c < 0$, $ax^2 + bx + c > 0$, $ax^2 + bx + c \leq 0$, or $ax^2 + bx + c \geq 0$, where a, b, and c are real numbers and $a \neq 0$

desplazamiento de fase *(pág. 488)* Una traslación horizontal de una función periódica

diferencia común *(pág. 418)* La diferencia constante d entre términos consecutivos de una secuencia aritmética

diferencias finitas *(pág. 220)* Las diferencias de valores consecutivos y en un conjunto de datos cuando los valores x están igualmente espaciados

directriz *(pág. 68)* Una recta fija perpendicular al eje de simetría de modo tal, que el conjunto de todos los puntos (x, y) de la parábola sean equidistantes del foco y la directriz

discriminante *(pág. 124)* La expresión $b^2 - 4ac$ en la Fórmula Cuadrática

diseño de información *(pág. 594)* El diseño de datos e información, de manera que puedan ser comprendidos y utilizados

distribución del binomio *(pág. 581)* Un tipo de distribución de probabilidades que muestra las probabilidades de los resultados posibles de un experimento del binomio

distribución de probabilidad *(pág. 580)* Una función que da la probabilidad de cada valor posible de una variable aleatoria

distribución normal *(pág. 596)* Un tipo de distribución de probabilidades en la que el gráfico es una curva acampanada que es simétrica con respecto a la media

distribución normal estándar *(pág. 597)* La distribución normal con una media de 0 y desviación estándar 1

división larga de polinomios *(pág. 174)* Un método para dividir un polinomio $f(x)$ por un divisor distinto de cero $d(x)$ para obtener un polinomio de cociente $q(x)$ y un polinomio de resto $r(x)$

división sintética *(pág. 175)* Un método abreviado para dividir un polinomio por un binomio de la forma $x - k$

phase shift *(p. 488)* A horizontal translation of a periodic function

common difference *(p. 418)* The constant difference d between consecutive terms of an arithmetic sequence

finite differences *(p. 220)* The differences of consecutive y-values in a data set when the x-values are equally spaced

directrix *(p. 68)* A fixed line perpendicular to the axis of symmetry, such that the set of all points (x, y) of the parabola are equidistant from the focus and the directrix

discriminant *(p. 124)* The expression $b^2 - 4ac$ in the Quadratic Formula

information design *(p. 594)* The designing of data and information so it can be understood and used

binomial distribution *(p. 581)* A type of probability distribution that shows the probabilities of the outcomes of a binomial experiment

probability distribution *(p. 580)* A function that gives the probability of each possible value of a random variable

normal distribution *(p. 596)* A type of probability distribution in which the graph is a bell-shaped curve that is symmetric about the mean

standard normal distribution *(p. 597)* The normal distribution with mean 0 and standard deviation 1

polynomial long division *(p. 174)* A method to divide a polynomial $f(x)$ by a nonzero divisor $d(x)$ to yield a quotient polynomial $q(x)$ and a remainder polynomial $r(x)$

synthetic division *(p. 175)* A shortcut method to divide a polynomial by a binomial of the form $x - k$

ecuación cuadrática en una variable *(pág. 94)* Una ecuación que puede escribirse en la forma estándar $ax^2 + bx + c = 0$, donde a, b, y c son números reales y $a \neq 0$

ecuación lineal en tres variables *(pág. 30)* Una ecuación de la forma $ax + by + cz = d$, donde x, y, y z son variables y a, b, y c no son todas cero

ecuación radical *(pág. 262)* Una ecuación con un radical que tiene una variable en el radicando

quadratic equation in one variable *(p. 94)* An equation that can be written in the standard form $ax^2 + bx + c = 0$, where a, b, and c are real numbers and $a \neq 0$

linear equation in three variables *(p. 30)* An equation of the form $ax + by + cz = d$, where x, y, and z are variables and a, b, and c are not all zero

radical equation *(p. 262)* An equation with a radical that has a variable in the radicand

ecuaciones exponenciales *(pág. 334)* Ecuaciones en donde las expresiones de una variable ocurren como exponentes

ecuaciones logarítmicas *(pág. 335)* Ecuaciones que implican logaritmos de expresiones variables

eje de simetría *(pág. 56)* Una recta que divide una parábola en imágenes reflejo y que pasa a través del vértice

encuesta *(pág. 612)* Una investigación de una o más características de una población

espacio de muestra *(pág. 538)* El conjunto de todos los resultados posibles de un experimento

estadística *(pág. 605)* Una descripción numérica de una característica de la muestra

estadística descriptiva *(pág. 626)* La rama de la estadística que implica la organización, resumen ypresentación de datos

estadística inferencial *(pág. 626)* La rama de la estadística que implica el uso de una muestra para sacar conclusiones acerca de una población

estudio de observación *(pág. 612)* Se observan individuos y se miden variables sin controlar a los individuos o a su entorno.

evento *(pág. 538)* Una colección de uno o más resultados en un experimento de probabilidades

evento compuesto *(pág. 564)* La unión o intersección de dos eventos

eventos dependientes *(pág. 547)* Dos eventos en los que la ocurrencia de un evento afecta la ocurrencia del otro evento

eventos disjunto *(pág. 564)* Dos eventos que no tienen resultados en común

eventos independientes *(pág. 546)* Dos eventos en los que la ocurrencia de un evento no afecta la ocurrencia de otro evento

eventos mutuamente exclusivos *(pág. 564)* Dos eventos que no tienen resultados en común

eventos superpuestos *(pág. 564)* Dos eventos que tienen uno o más resultados en común

experimento *(pág. 612)* Un método que impone un tratamiento a individuos para recoger datos con respecto a su respuesta al tratamiento

exponential equations *(p. 334)* Equations in which variable expressions occur as exponents

logarithmic equations *(p. 335)* Equations that involve logarithms of variable expressions

axis of symmetry *(p. 56)* A line that divides a parabola into mirror images and passes through the vertex

survey *(p. 612)* An investigation of one or more characteristics of a population

sample space *(p. 538)* The set of all possible outcomes for an experiment

statistic *(p. 605)* A numerical description of a sample characteristic

descriptive statistics *(p. 626)* The branch of statistics that involves the organization, summarization, and display of data

inferential statistics *(p. 626)* The branch of statistics that involves using a sample to draw conclusions about a population

observational study *(p. 612)* Individuals are observed and variables are measured without controlling the individuals or their environment.

event *(p. 538)* A collection of one or more outcomes in a probability experiment

compound event *(p. 564)* The union or intersection of two events

dependent events *(p. 547)* Two events in which the occurrence of one event does affect the occurrence of the other event

disjoint events *(p. 564)* Two events that have no outcomes in common

independent events *(p. 546)* Two events in which the occurrence of one event does not affect the occurrence of another event

mutually exclusive events *(p. 564)* Two events that have no outcomes in common

overlapping events *(p. 564)* Two events that have one or more outcomes in common

experiment *(p. 612)* A method that imposes a treatment on individuals in order to collect data on their response to the treatment

experimento comparativo aleatorizado *(pág. 620)* Un experimento en el que los sujetos son asignados aleatoriamente al grupo de control o al grupo de tratamiento

experimento controlado *(pág. 620)* Un experimento en el que dos grupos son estudiados bajo condiciones idénticas, con la excepción de una variable

experimento de probabilidad *(pág. 538)* Una acción o prueba que tiene resultados variables

experimento del binomio *(pág. 581)* Un experimento en el que hay un número fijo de pruebas independientes, exactamente dos resultados posibles para cada prueba, y la probabilidad de éxito es la misma para cada prueba

expresión racional *(pág. 376)* Una fracción cuyo numerador y denominador son polinomios distintos a cero

randomized comparative experiment *(p. 620)* An experiment in which subjects are randomly assigned to the control group or the treatment group

controlled experiment *(p. 620)* An experiment in which two groups are studied under identical conditions with the exception of one variable

probability experiment *(p. 538)* An action, or trial, that has varying results

binomial experiment *(p. 581)* An experiment in which there are a fixed number of independent trials, exactly two possible outcomes for each trial, and the probability of success is the same for each trial

rational expression *(p. 376)* A fraction whose numerator and denominator are nonzero polynomials

factor de crecimiento *(pág. 296)* El valor de b en una función de crecimiento exponencial de la forma $y = ab^x$, donde $a > 0$ y $b > 1$

factor de decaimiento *(pág. 296)* El valor de b en una función de decaimiento exponencial de la forma $y = ab^x$, donde $a > 0$ y $0 < b < 1$

factorial de *n* *(pág. 570)* El producto de los números enteros de 1 a *n*, para cualquier número entero positivo *n*

factorización por agrupación *(pág. 181)* Un método de factorización de un polinomio al agrupar pares de términos que tienen un factor monomio común

factorizado completamente *(pág. 180)* Un polinomio escrito como un producto de polinomios no factorizables con coeficientes de números enteros

foco *(pág. 68)* Un punto fijo en el interior de una parábola, de tal forma que el conjunto de todos los puntos (x, y) de la parábola sean equidistantes del foco y la directriz

forma cuadrática *(pág. 181)* Una expresión de la forma $au^2 + bu + c$, donde u es una expresión algebraica

forma de intersección *(pág. 59)* Una ecuación cuadrática escrita en la forma $f(x) = a(x - p)(x - q)$, donde $a \neq 0$

forma estándar *(pág. 56)* Una función cuadrática escrita en la forma $f(x) = ax^2 + bx + c$, donde $a \neq 0$

forma simplificada de una expresión racional *(pág. 376)* Una expresión racional cuyo numerador y denominador no tienen factores comunes (distintos a ± 1)

growth factor *(p. 296)* The value of b in an exponential growth function of the form $y = ab^x$, where $a > 0$ and $b > 1$

decay factor *(p. 296)* The value of b in an exponential decay function of the form $y = ab^x$, where $a > 0$ and $0 < b < 1$

***n* factorial** *(p. 570)* The product of the integers from 1 to *n*, for any positive integer *n*

factor by grouping *(p. 181)* A method of factoring a polynomial by grouping pairs of terms that have a common monomial factor

factored completely *(p. 180)* A polynomial written as a product of unfactorable polynomials with integer coefficients

focus *(p. 68)* A fixed point in the interior of a parabola, such that the set of all points (x, y) of the parabola are equidistant from the focus and the directrix

quadratic form *(p. 181)* An expression of the form $au^2 + bu + c$, where u is an algebraic expression

intercept form *(p. 59)* A quadratic function written in the form $f(x) = a(x - p)(x - q)$, where $a \neq 0$

standard form *(p. 56)* A quadratic function written in the form $f(x) = ax^2 + bx + c$, where $a \neq 0$

simplified form of a rational expression *(p. 376)* A rational expression whose numerator and denominator have no common factors (other than ± 1)

Español-Inglés Glosario **A69**

Formula Cuadrática (pág. 122) Las soluciones de la expresión cuadrática $ax^2 + bx + c = 0$ son $x = \dfrac{-b \pm \sqrt{b^2 - 4ac}}{2a}$, donde a, b, y c son números reales y $a \neq 0$.

fórmula de vértice (pág. 50) Una función cuadrática escrita en la forma $f(x) = a(x - h)^2 + k$, donde $a \neq 0$

fracción compleja (pág. 387) Una fracción que contiene una fracción en su numerador o denominador

frecuencia (pág. 506) El número de ciclos por unidad de tiempo, que es el recíproco del período

frecuencia conjunta (pág. 554) Cada valor en una tabla de doble entrada

frecuencia marginal (pág. 554) Las sumas de las hileras y columnas en una tabla de doble entrada

frecuencia relativa condicional (pág. 555) La razón de una frecuencia relativa conjunta a la frecuencia relativa marginal en una tabla de doble entrada

frecuencia relativa conjunta (pág. 555) La razón de una frecuencia que no está en la hilera total o columna total del número total de valores u observaciones en una tabla de doble entrada

frecuencia relativa marginal (pág. 555) La suma de las frecuencias relativas conjuntas en una hilera o columna en una tabla de doble entrada

función cuadrática (pág. 48) Una función que puede escribirse en la forma $f(x) = a(x - h)^2 + k$, donde $a \neq 0$

función de crecimiento exponencial (pág. 296) Una función de la forma $y = ab^x$, dónde $a > 0$ y $b > 1$

función de decaimiento exponencial (pág. 296) Una función de la forma $y = ab^x$, donde $a > 0$ y $0 < b < 1$

función exponencial (pág. 296) Una función de la forma $y = ab^x$, donde $a \neq 0$ y la base b es un número real positivo distinto de 1

función impar (pág. 215) Para una función f, $f(-x) = -f(x)$ para toda x en su dominio

función par (pág. 215) Para una función f, $f(-x) = f(x)$ para toda x en su dominio

función periódica (pág. 486) Una función cuyo gráfico tiene un patrón de repetición

Quadratic Formula (p. 122) The solutions of the quadratic equation $ax^2 + bx + c = 0$ are $x = \dfrac{-b \pm \sqrt{b^2 - 4ac}}{2a}$, where a, b, and c are real numbers and $a \neq 0$.

vertex form (p. 50) A quadratic function written in the form $f(x) = a(x - h)^2 + k$, where $a \neq 0$

complex fraction (p. 387) A fraction that contains a fraction in its numerator or denominator

frequency (p. 506) The number of cycles per unit of time, which is the reciprocal of the period

joint frequency (p. 554) Each entry in a two-way table

marginal frequency (p. 554) The sums of the rows and columns in a two-way table

conditional relative frequency (p. 555) The ratio of a joint relative frequency to the marginal relative frequency in a two-way table

joint relative frequency (p. 555) The ratio of a frequency that is not in the total row or the total column to the total number of values or observations in a two-way table

marginal relative frequency (p. 555) The sum of the joint relative frequencies in a row or a column in a two-way table

quadratic function (p. 48) A function that can be written in the form $f(x) = a(x - h)^2 + k$, where $a \neq 0$

exponential growth function (p. 296) A function of the form $y = ab^x$, where $a > 0$ and $b > 1$

exponential decay function (p. 296) A function of the form $y = ab^x$, where $a > 0$ and $0 < b < 1$

exponential function (p. 296) A function of the form $y = ab^x$, where $a \neq 0$ and the base b is a positive real number other than 1

odd function (p. 215) For a function f, $f(-x) = -f(x)$ for all x in its domain

even function (p. 215) For a function f, $f(-x) = f(x)$ for all x in its domain

periodic function (p. 486) A function whose graph has a repeating pattern

función polinómica *(pág. 158)* Una función de la forma $f(x) = a_n x^n + a_{n-1} x^{n-1} + \cdots + a_1 x + a_0$, donde $a_n \neq 0$, todos los exponentes son números enteros y todos los coeficientes son números reales

polynomial function *(p. 158)* A function of the form $f(x) = a_n x^n + a_{n-1} x^{n-1} + \cdots + a_1 x + a_0$, where $a_n \neq 0$, the exponents are all whole numbers, and the coefficients are all real numbers

función principal *(pág. 4)* La función más básica en una familia de funciones

parent function *(p. 4)* The most basic function in a family of functions

función racional *(pág. 366)* Una función que tiene la forma $f(x) = \dfrac{p(x)}{q(x)}$, donde $p(x)$ y $q(x)$ son polinomios y $q(x) \neq 0$

rational function *(p. 366)* A function that has the form $f(x) = \dfrac{p(x)}{q(x)}$, where $p(x)$ and $q(x)$ are polynomials and $q(x) \neq 0$

función radical *(pág. 252)* Una función que contiene una expresión radical con la variable independiente en el radicando

radical function *(p. 252)* A function that contains a radical expression with the independent variable in the radicand

funciones inversas *(pág. 277)* Funciones que se anulan entre sí

inverse functions *(p. 277)* Functions that undo each other

--- ---

grupo de control *(pág. 620)* El grupo bajo condiciones ordinarias, que no se ve sometido a tratamiento durante un experimento

control group *(p. 620)* The group under ordinary conditions that is subjected to no treatment during an experiment

grupo de tratamiento *(pág. 620)* El grupo que está sometido al tratamiento en un experimento

treatment group *(pág. 620)* The group that is subjected to the treatment in an experiment

--- ---

hipótesis *(pág. 605)* Una declaración acerca de una característica de una población

hypothesis *(p. 605)* A claim about a characteristic of a population

--- ---

identidad trigonométrica *(pág. 514)* Una ecuación trigonométrica verdadera para todos los valores de la variable por la cual se definen ambos lados de la ecuación

trigonometric identity *(p. 514)* A trigonometric equation that is true for all values of the variable for which both sides of the equation are defined

índice de un radical *(pág. 238)* El valor de n en el radical $\sqrt[n]{a}$

index of a radical *(p. 238)* The value of n in the radical $\sqrt[n]{a}$

--- ---

lado inicial *(pág. 470)* El rayo fijo de un ángulo en posición normal en un plano coordenado

initial side *(p. 470)* The fixed ray of an angle in standard position in a coordinate plane

lado terminal *(pág. 470)* Un rayo de un ángulo en posición normal que ha sido rotado con respecto al vértice en un plano coordenado

terminal side *(p. 470)* A ray of an angle in standard position that has been rotated about the vertex in a coordinate plane

línea media *(pág. 488)* La línea horizontal $y = k$ en la que oscila el gráfico de una función periódica

logaritmo común *(pág. 311)* Un logaritmo de base 10, denotado como $\log_{10}$ o simplemente como log

logaritmo de y con base b *(pág. 310)* La función $\log_b y = x$ si y solo si $b^x = y$, donde $b > 0$, $y > 0$, y $b \neq 1$

logaritmo natural *(pág. 311)* Un logaritmo con base e, denotado como $\log_e$ o ln

midline *(p. 488)* The horizontal line $y = k$ in which the graph of a periodic function oscillates

common logarithm *(p. 311)* A logarithm with base 10, denoted as $\log_{10}$ or simply by log

logarithm of y with base b *(p. 310)* The function $\log_b y = x$ if and only if $b^x = y$, where $b > 0$, $y > 0$, and $b \neq 1$

natural logarithm *(p. 311)* A logarithm with base e, denoted by $\log_e$ or ln

margen de error *(pág. 629)* El límite de cuánto habrían de diferir las respuestas de la muestra de las respuestas de la población

máximo local *(pág. 214)* La coordenada y de un punto de inflexión de una función cuando el punto es mayor que todos los puntos cercanos

mínima expresión de un radical *(pág. 245)* Una expresión que conlleva un radical con índice n que no tiene radicandos con potencias perfectas de orden n como factores distintos a 1, que no tiene radicandos que contengan fracciones y que no tiene radicales que aparezcan en el denominador de una fracción

mínimo local *(pág. 214)* La coordenada y de un punto de inflexión de una función cuando el punto es menor que todos los puntos cercanos

muestra *(pág. 604)* Un subconjunto de una población

muestra aleatoria *(pág. 610)* Una muestra en la que cada miembro de una población tiene igual posibilidad de ser seleccionado

muestra autoseleccionada *(pág. 610)* Una muestra en la que los miembros de una población pueden ofrecerse voluntariamente para formar parte de la misma

muestra de cluster *(pág. 610)* Una muestra en la que una población se divide en grupos, llamados cluster en inglés, y todos los miembros de uno o más de los cluster son seleccionados en forma aleatoria

muestra de conveniencia *(pág. 610)* Una muestra en la que únicamente se seleccionan los miembros de una población a los que es fácil de llegar

muestra estratificada *(pág. 610)* Una muestra en la que una población se divide en grupos más pequeños que comparten una característica similar, y una muestra se selecciona en forma aleatoria de cada grupo

margin of error *(p. 629)* The limit on how much the responses of the sample would differ from the responses of the population

local maximum *(p. 214)* The y-coordinate of a turning point of a function when the point is higher than all nearby points

simplest form of a radical *(p. 245)* An expression involving a radical with index n that has no radicands with perfect nth powers as factors other than 1, no radicands that contain fractions, and no radicals that appear in the denominator of a fraction

local minimum *(p. 214)* The y-coordinate of a turning point of a function when the point is lower than all nearby points

sample *(p. 604)* A subset of a population

random sample *(p. 610)* A sample in which each member of a population has an equal chance of being selected

self-selected sample *(p. 610)* A sample in which members of a population can volunteer to be in the sample

cluster sample *(p. 610)* A sample in which a population is divided into groups, called clusters, and all of the members in one or more of the clusters are randomly selected

convenience sample *(p. 610)* A sample in which only members of a population who are easy to reach are selected

stratified sample *(p. 610)* A sample in which a population is divided into smaller groups that share a similar characteristic and a sample is then randomly selected from each group

muestra no sesgada *(pág. 611)* Una muestra que es representativa de la población de la que se quiere información

muestra sesgada *(pág. 611)* Una muestra que representa excesiva o insuficientemente parte de la población

muestra sistemática *(pág. 610)* Una muestra en la que se usa una regla para seleccionar miembros de una población

multiplicación cruzada *(pág. 392)* Un método utilizado para resolver una ecuación racional cuando cada lado de la ecuación es una sola expresión racional

unbiased sample *(p. 611)* A sample that is representative of the population that you want information about

biased sample *(p. 611)* A sample that overrepresents or underrepresents part of the population

systematic sample *(p. 610)* A sample in which a rule is used to select members of a population

cross multiplying *(p. 392)* A method used to solve a rational equation when each side of the equation is a single rational expression

notación de sumatoria *(pág. 412)* Para cualquier secuencia $a_1, a_2, a_3, \ldots$, la sumatoria de los primeros términos k puede escribirse como $\sum_{n=1}^{k} a_n = a_1 + a_2 + a_3 + \cdots + a_k$, donde k es un número entero.

notación sigma *(pág. 412)* Para cualquier secuencia $a_1, a_2, a_3, \ldots$, la suma de los primeros términos k puede escribirse como $\sum_{n=1}^{k} a_n = a_1 + a_2 + a_3 + \cdots + a_k$, donde k es un número entero.

número complejo *(pág. 104)* Un número escrito en la forma $a + bi$, donde a y b son números reales

número imaginario *(pág. 104)* Un número escrito de la forma $a + bi$, donde a y b son números reales y $b \neq 0$

número imaginario puro *(pág. 104)* Un número escrito en la forma $a + bi$, donde $a = 0$ y $b \neq 0$

summation notation *(p. 412)* For any sequence $a_1, a_2, a_3, \ldots$, the sum of the first k terms may be written as $\sum_{n=1}^{k} a_n = a_1 + a_2 + a_3 + \cdots + a_k$, where k is an integer.

sigma notation *(p. 412)* For any sequence $a_1, a_2, a_3, \ldots$, the sum of the first k terms may be written as $\sum_{n=1}^{k} a_n = a_1 + a_2 + a_3 + \cdots + a_k$, where k is an integer.

complex number *(p. 104)* A number written in the form $a + bi$, where a and b are real numbers

imaginary number *(p. 104)* A number written in the form $a + bi$, where a and b are real numbers and $b \neq 0$

pure imaginary number *(p. 104)* A number written in the form $a + bi$, where $a = 0$ and $b \neq 0$

parábola *(pág. 48)* El gráfico con forma de "U" de una función cuadrática

parámetro *(pág. 605)* Una descripción numérica de una característica de la población

período *(pág. 486)* La longitud horizontal de cada ciclo de una función periódica

permutación *(pág. 570)* Una disposición de objetos en la que el orden es importante

placebo *(pág. 620)* Un tratamiento no medicado e inofensivo que se asemeja al tratamiento real

parabola *(p. 48)* The U-shaped graph of a quadratic function

parameter *(p. 605)* A numerical description of a population characteristic

period *(p. 486)* The horizontal length of each cycle of a periodic function

permutation *(p. 570)* An arrangement of objects in which order is important

placebo *(p. 620)* A harmless, unmedicated treatment that resembles the actual treatment

población *(pág. 604)* La recolección de datos, tales como respuestas, medidas o conteos, sobre los que se quiere información

polinomio *(pág. 158)* Un monomio o una suma de monomios

posición estándar *(pág. 470)* Un ángulo en un plano coordenado de tal manera que su vértice esté en el origen y que su lado inicial descanse en el eje x positivo

pregunta sesgada *(pág. 613)* Una pregunta imperfecta que lleva a obtener resultados inexactos

probabilidad condicional *(pág. 547)* La probabilidad de que el evento B ocurra dado que el evento A ha ocurrido, escrito como $P(B|A)$

probabilidad de un evento *(pág. 538)* Una medida de la probabilidad o posibilidad de que ocurrirá un evento

probabilidad experimental *(pág. 541)* La razón del número de éxitos, o resultados favorables, con respecto al número de pruebas en un experimento de probabilidades

probabilidad geométrica *(pág. 540)* Una probabilidad hallada al calcular la razón de dos longitudes, áreas o volúmenes

probabilidad teórica *(pág. 539)* La razón del número de resultados favorables con respecto al número total de resultados cuando todos los resultados son igualmente probables

puntaje z *(pág. 597)* El valor z para un valor particular x que es el número de desviaciones estándar que el valor x tiene por encima o por debajo de la media

population *(p. 604)* The collection of all data, such as responses, measurements, or counts, that you want information about

polynomial *(p. 158)* A monomial or a sum of monomials

standard position *(p. 470)* An angle in a coordinate plane such that its vertex is at the origin and its initial side lies on the positive x-axis

biased question *(p. 613)* A question that is flawed in a way that leads to inaccurate results

conditional probability *(p. 547)* The probability that event B occurs given that event A has occurred, written as $P(B|A)$

probability of an event *(p. 538)* A measure of the likelihood, or chance, that an event will occur

experimental probability *(p. 541)* The ratio of the number of successes, or favorable outcomes, to the number of trials in a probability experiment

geometric probability *(p. 540)* A probability found by calculating a ratio of two lengths, areas, or volumes

theoretical probability *(p. 539)* The ratio of the number of favorable outcomes to the total number of outcomes when all outcomes are equally likely

z-score *(p. 597)* The z-value for a particular x-value which is the number of standard deviations the x-value lies above or below the mean

radián *(pág. 471)* Para un círculo con radio r, la medida de un ángulo en posición estándar cuyo lado terminal intercepta un arco de longitud r es un radián.

radicales semejantes *(pág. 246)* Expresiones radicales con el mismo índice y radicando

raíz de orden n de a *(pág. 238)* Para un número entero n mayor que 1, si $b^n = a$, entonces b es una raíz de orden n de a.

raíz de una ecuación *(pág. 94)* Una solución de una ecuación

razón común *(pág. 426)* La razón constante r entre términos consecutivos de una secuencia geométrica

radian *(p. 471)* For a circle with radius r, the measure of an angle in standard position whose terminal side intercepts an arc of length r is one radian.

like radicals *(p. 246)* Radical expressions with the same index and radicand

nth root of a *(p. 238)* For an integer n greater than 1, if $b^n = a$, then b is an nth root of a.

root of an equation *(p. 94)* A solution of an equation

common ratio *(p. 426)* The constant ratio r between consecutive terms of a geometric sequence

A74 Español-Inglés Glosario

recta de ajuste *(pág. 24)* Una recta que modela datos en un diagrama de dispersión

line of fit *(p. 24)* A line that models data in a scatter plot

recta de mejor ajuste *(pág. 25)* Una recta que se acerca lo más posible a todos los puntos de datos en un diagrama de dispersión

line of best fit *(p. 25)* A line that lies as close as possible to all of the data points in a scatter plot

reducción horizontal *(pág. 14)* Una transformación que hace que el gráfico de una función se reduzca hacia el eje y cuando todas las coordenadas x se multiplican por un factor a, donde $a > 1$

horizontal shrink *(p. 14)* A transformation that causes the graph of a function to shrink toward the y-axis when all the x-coordinates are multiplied by a factor a, where $a > 1$

reducción vertical *(pág. 6)* Una transformación que hace que el gráfico de una función se reduzca hacia el eje x cuando todas las coordenadas y se multiplican por un factor a, donde $0 < a < 1$

vertical shrink *(p. 6)* A transformation that causes the graph of a function to shrink toward the x-axis when all the y-coordinates are multiplied by a factor a, where $0 < a < 1$

reflexión *(pág. 5)* Una transformación que voltea un gráfico sobre una recta de reflexión

reflection *(p. 5)* A transformation that flips a graph over the line of reflection

regla explícita *(pág. 442)* Una regla que da a_n como una función del número de posición n del término en la secuencia

explicit rule *(p. 442)* A rule that gives a_n as a function of the term's position number n in the sequence

regla recursiva *(pág. 442)* Una regla para definir el(los) primer(os) término(s) de una secuencia y una ecuación recursiva que indica cómo se relaciona a_n a uno o más términos precedentes

recursive rule *(p. 442)* A rule that gives the beginning term(s) of a sequence and a recursive equation that tells how a_n is related to one or more preceding terms

réplica *(pág. 622)* La repetición de un experimento bajo las mismas o similares condiciones para mejorar la validez del experimento

replication *(p. 622)* The repetition of an experiment under the same or similar conditions to improve the validity of the experiment

resultado *(pág. 538)* El resultado posible de un experimento de probabilidad

outcome *(p. 538)* The possible result of a probability experiment

secante *(pág. 462)* Una ecuación trigonométrica de un ángulo agudo θ de un triángulo recto, denatado por
$$\sec \theta = \frac{\text{hipotenusa}}{\text{adyacente}}$$

secant *(p. 462)* A trigonometric function for an acute angle θ of a right triangle, denoted by
$$\sec \theta = \frac{\text{hypotenuse}}{\text{adjacent}}$$

sector *(pág. 472)* Una región de un círculo conformada por dos radios y un arco del círculo

sector *(p. 472)* A region of a circle that is bounded by two radii and an arc of the circle

secuencia *(pág. 410)* Una lista ordenada de números

sequence *(p. 410)* An ordered list of numbers

secuencia aritmética *(pág. 418)* Una secuencia en la que la diferencia de términos consecutivos es constante

arithmetic sequence *(p. 418)* A sequence in which the difference of consecutive terms is constant

secuencia geométrica *(pág. 426)* Una secuencia en donde la razón de cualquier término con respecto al término anterior es constante

geometric sequence *(p. 426)* A sequence in which the ratio of any term to the previous term is constant

seno *(pág. 462)* Una ecuación trigonométrica de un ángulo agudo θ de un triángulo recto, denotado por

$$\operatorname{sen} \theta = \frac{\text{opuesto}}{\text{hipotenusa}}$$

serie *(pág. 412)* La suma de los términos de una secuencia

serie aritmética *(pág. 420)* Una expresión formada al sumar los términos de una secuencia aritmética

serie geométrica *(pág. 428)* La expresión formada al sumar los términos de una secuencia geométrica

sesgo *(pág. 611)* Un error que da como resultado una representación errónea de una población

simulación *(pág. 612)* El uso de un modelo para reproducir las condiciones de una situación o proceso, de tal manera que los resultados posibles simulados coincidan en gran medida con los resultados del mundo real

sinusoide *(pág. 507)* El gráfico de una función seno o coseno

sistema de ecuaciones no lineales *(pág. 132)* Un sistema de ecuaciones en donde al menos una de las ecuaciones no es lineal

sistema de tres ecuaciones lineales *(pág. 30)* Un conjunto de tres ecuaciones de la forma $ax + by + cz = d$, donde x, y, y z son variables y a, b, y c no son todos cero

solución de un sistema de tres ecuaciones lineales *(pág. 30)* Un triple ordenado (x, y, z) cuyas coordenadas hacen verdadera cada ecuación

soluciones externas *(pág. 263)* Soluciones que no son soluciones de la ecuación original

solución repetida *(pág. 190)* Una solución de una ecuación que aparece más de una vez

sumatoria parcial *(pág. 436)* La sumatoria parcial S_n de los primeros términos n de una serie infinita

sine *(p. 462)* A trigonometric function for an acute angle θ of a right triangle, denoted by

$$\sin \theta = \frac{\text{opposite}}{\text{hypotenuse}}$$

series *(p. 412)* The sum of the terms of a sequence

arithmetic series *(p. 420)* An expression formed by adding the terms of an arithmetic sequence

geometric series *(p. 428)* The expression formed by adding the terms of a geometric sequence

bias *(p. 611)* An error that results in a misrepresentation of a population

simulation *(p. 612)* The use of a model to reproduce the conditions of a situation or process so that the simulated outcomes closely match the real-world outcomes

sinusoid *(p. 507)* The graph of a sine or cosine function

system of nonlinear equations *(p. 132)* A system of equations where at least one of the equations is nonlinear

system of three linear equations *(p. 30)* A set of three equations of the form $ax + by + cz = d$, where x, y, and z are variables and a, b, and c are not all zero

solution of a system of three linear equations *(p. 30)* An ordered triple (x, y, z) whose coordinates make each equation true

extraneous solutions *(p. 263)* Solutions that are not solutions of the original equation

repeated solution *(p. 190)* A solution of an equation that appears more than once

partial sum *(p. 436)* The sum S_n of the first n terms of an infinite series

tabla de doble entrada *(pág. 554)* Una tabla de frecuencia que muestra los datos recogidos de una fuente que pertenece a dos categorías distintas

tangente *(pág. 462)* Una ecuación trigonométrica de un ángulo agudo θ de un triángulo recto, denotado por

$$\tan \theta = \frac{\text{opuesto}}{\text{adyacente}}$$

two-way table *(p. 554)* A frequency table that displays data collected from one source that belong to two different categories

tangent *(p. 462)* A trigonometric function for an acute angle θ of a right triangle, denoted by

$$\tan \theta = \frac{\text{opposite}}{\text{adjacent}}$$

A76 Español-Inglés Glosario

teorema del binomio *(pág. 574)* Por cada número entero positivo n, la expansión del binomio de $(a+b)^n$ es
$(a+b)^n = {}_nC_0 a^n b^0 + {}_nC_1 a^{n-1} b^1 + {}_nC_2 a^{n-2} b^2 + \cdots + {}_nC_n a^0 b^n.$

Binomial Theorem *(p. 574)* For any positive integer n, the binomial expansion of $(a+b)^n$ is
$(a+b)^n = {}_nC_0 a^n b^0 + {}_nC_1 a^{n-1} b^1 + {}_nC_2 a^{n-2} b^2 + \cdots + {}_nC_n a^0 b^n.$

término de una secuencia *(pág. 410)* Los valores en el rango de una secuencia

terms of a sequence *(p. 410)* The values in the range of a sequence

transformación *(pág. 5)* Un cambio en el tamaño, forma, posición u orientación de un gráfico

transformation *(p. 5)* A change in the size, shape, position, or orientation of a graph

traslación *(pág. 5)* Una transformación que desplaza un gráfico horizontal y/o verticalmente, pero no cambia su tamaño, forma u orientación

translation *(p. 5)* A transformation that shifts a graph horizontally and/or vertically but does not change its size, shape, or orientation

triángulo de Pascal *(pág. 169)* Una disposición triangular de números, de tal manera que los números en la fila n son los coeficientes de los términos en la expansión de $(a+b)^n$ para los valores de números enteros de n

Pascal's Triangle *(p. 169)* A triangular array of numbers such that the numbers in the nth row are the coefficients of the terms in the expansion of $(a+b)^n$ for whole number values of n

triple ordenado *(pág. 30)* Un solución de un sistema de tres ecuaciones lineales representadas por (x, y, z)

ordered triple *(p. 30)* A solution of a system of three linear equations represented by (x, y, z)

unidad imaginaria i *(pág. 104)* La raíz cuadrada de -1, denotado $i = \sqrt{-1}$

imaginary unit i *(p. 104)* The square root of -1, denoted $i = \sqrt{-1}$

valor máximo *(pág. 58)* La coordenada y del vértice de la función cuadrática $f(x) = ax^2 + bx + c$, cuando $a < 0$

maximum value *(p. 58)* The y-coordinate of the vertex of the quadratic function $f(x) = ax^2 + bx + c$, when $a < 0$

valor mínimo *(pág. 58)* La coordenada y del vértice de la función cuadrática $f(x) = ax^2 + bx + c$, cuando $a > 0$

minimum value *(p. 58)* The y-coordinate of the vertex of the quadratic function $f(x) = ax^2 + bx + c$, when $a > 0$

variable aleatoria *(pág. 580)* Una variable cuyo valor está determinado por los resultados de un experimento de probabilidad

random variable *(p. 580)* A variable whose value is determined by the outcomes of a probability experiment

variación inversa *(pág. 360)* Dos variables x e y muestran variación inversa cuando $y = \dfrac{a}{x}$, donde $a \neq 0$.

inverse variation *(p. 360)* Two variables x and y show inverse variation when $y = \dfrac{a}{x}$, where $a \neq 0$.

vértice de una parábola *(pág. 50)* El punto más bajo de una parábola que se abre hacia arriba o el punto más alto de una parábola que se abre hacia abajo

vertex of a parabola *(p. 50)* The lowest point on a parabola that opens up or the highest point on a parabola that opens down

Índice

Acierto de una prueba, 541
Alargamientos horizontales
    de funciones cuadráticas, 49
    de funciones exponenciales, 318
    de funciones lineales, 14
    de funciones logarítmicas, 320
    de funciones polinomiales, 206
    de funciones radicales, 253
Alargamientos
    de funciones cuadráticas, 49
    de funciones exponenciales, 318
    de funciones lineales, 14
    de funciones logarítmicas, 320
    de funciones polinomiales, 206
    de funciones seno y coseno, 487
    hacer una gráfica y describir un alargamiento vertical, 6
Alargamientos verticales
    de funciones cuadráticas, 49
    de funciones exponenciales, 318
    de funciones lineales, 14
    de funciones logarítmicas, 320
    de funciones polinomiales, 206
    de funciones radicales, 253
    definición, 6
Aleatorización, 620–621
Amplitud, de seno y coseno, 486–490
Análisis de datos y estadística
    diseño de experimentos, 619–622, 641
    distribuciones normales, 595–599, 640
    inferencias de encuestas de muestreo, 625–629, 642
    inferencias de experimentos, 633–636, 642
    poblaciones, muestras e hipótesis, 603–606, 640
    recolección de datos, 609–613, 641
Ángulo central, 472
Ángulo de depresión, 465
Ángulo de elevación, 465
Ángulos coterminales, 471
Ángulos cuadrantales, 479
Ángulos de referencia, 480–481
Ángulos en posición estándar, 470
Ángulos especiales
    medidas en grados y radianes de, 472
    valores trigonométricos para, 463
Ángulos y medida radián, 469–473, 526
    convertir entre grados y radianes, 471
    coterminal, 471
    en posición estándar, 470
    grado y medidas de radián de ángulos especiales, 472
    medida de radián y medida de grado, 469
    usar una medida radián, 471–473
Ángulos, funciones trigonométricas de, 477–481, 527
Área
    bajo una curva normal, 596
    de un prisma rectangular, 155
    de un sector, 472–473
    usar para hallar probabilidad, 540
Arquímedes, 440
Asíntota (s)
    definición, para funciones exponenciales, 296
    para funciones racionales, 366
    para funciones secantes y cosecantes, 500–501
    para funciones tangentes y cotangentes, 499–500
Asíntotas verticales
    para funciones secantes y cosecantes, 500–501
    para funciones tangentes y cotangentes, 499

Base natural e**,** 303–306, 350
    aproximar, 303
    definición, 304
    hacer gráficas de funciones de base natural, 303, 305
Binomios
    como un factor en un polinomio, 182
    cuadrado de, 167
    cubo de, 165, 167
    multiplicar tres, 167
    usar el triángulo de Pascal para expandir, 169

Calculadora gráfica
áreas bajo curvas normales, 596
    combinaciones, 572
    función cero, 214
    función de intersección, 135, 337
    función de máximo, 79, 214
    función de mínimo, 214
    función de regresión cuadrática, 75, 79
    función de regresión cúbica, 221–222
    función de regresión lineal, 25
    función de regresión, 219
    función randInt, 612
    función tabla, 156, 298, 377
    función trazar, 222, 298, 369, 445
    limitaciones de, 92
    modo secuencia, 445
    modo grado, 464
    modo punto, 445
    operaciones de función, 272
    permutaciones, 571
    regresión exponencial, 345
    regresión logarítmica, 345
    regresión sinusoidal, 509
    resolver un triángulo rectángulo, 464
    usar el principio de la ubicación, 213
    variables mostradas, 143
    ventana de visualización cuadrada, 2, 92
    ventana de visualización estándar, 2
Calificación z
    definición, 597
    y tabla normal estándar, 598
Caras y cruces, 538
Causalidad, 621
Censo, 604, 612
Cero(s) de una función
    definición, 96
    y regla de los signos de Descartes, 200–201
    enunciados equivalentes, 212
    hallar el número de soluciones, 198
    de una función polinomial, hallar, 190, 192, 199
    usar el principio de la ubicación, 213
    de una función cuadrática, hallar, 96, 107
    usar para escribir una función polinomial, 193
Ceros reales positivos, 200–201
Ceros reales negativos, 200–201
Ciclo, de seno y coseno, 486
Circuitos eléctricos, 106
Círculo
    forma estándar de, 134
    hacer una gráfica con centro en el originen, 255
    unidad, 460, 477, 479, 514
Círculo unitario
    definición, 460, 479
    usar con seis funciones trigonométricas, 479
Cociente polinomial, 174

Índice   **A79**

Coeficiente de correlación, 25
Coeficiente de determinación, 79
Coeficiente principal, 158
   y comportamiento de los extremos, 159
Combinación(es), 569, 572–573, 588
   contar, 572
   definición, 572
   fórmula, 572–573
   hallar la probabilidad usando, 573
Complemento de un evento, 539–540
Completar el cuadrado, 111–115, 149
   comparación con otros métodos para resolver ecuaciones cuadráticas, 125
   definición, 112
   escribir funciones cuadráticas en forma de vértice, 114
   resolver ecuaciones cuadráticas completando el cuadrado, 113–114
   usando raíces cuadradas, 112
Comportamiento de los extremos de la gráfica de una función, 159
Conjunto de datos
   analizar, 595
   clasificar, 342
Constante de variación, 360
Correlación, 621
Cuadratura de la parábola, 440
Cuadro de un binomio, patrón de producto especial, 167
Cubo de un binomio, patrón de productos especiales, 165, 167
Curva normal, área bajo, 596

Datos de la muestra, usar, 603
Datos, remuestreo, 633–634
   usar la simulación, 635
Decimal periódico, escribir como fracción, 438
Definiciones de triángulo rectángulo de funciones trigonométricas, 462
Denominadores comunes, sumar o restar expresiones racionales, 384
Denominadores, *Consulta también* Mínimo común denominador (m.c.d.)
   semejantes y no semejantes, sumar o restar expresiones racionales, 384–387
   racionalizar, 95, 245
Depreciación de línea recta, 21
Descartes, René, 200

Desigualdad
   propiedad exponencial de, 337
   propiedad logarítmica de, 337
Desigualdad cuadrática en dos variables, 140
Desigualdad cuadrática en una variable, 142
Desigualdad(es) cuadrática(s), 139–143, 150
   hacer una gráfica en dos variables, 140
   hacer una gráfica en una variable, 142
   resolver, 139
   haciendo una gráfica, 142
Desigualdades exponenciales, resolver, 337
   Propiedad de la desigualdad exponencial, 337
Desigualdades logarítmicas, resolver, 337
   Propiedad de la desigualdad logarítmica, 337
Desigualdades radicales, resolver, 265, 287
Desplazamiento de fase, 488
Destrezas de estudio
   Analizar tus errores, 259, 373
   Asumir el control de tu tiempo en clase, 19
   Crear un entorno de estudio positivo, 119
   Formar un grupo de estudio para el examen final, 495
   Formar un grupo de estudio semanal, 325
   Hacer una hoja de repaso mental, 561
   Mantener tu mente enfocada, 187, 433
   Usar las características del libro de texto para prepararse para pruebas y exámenes, 65
   Volver a trabajar tus notas, 617
Desviación estándar
   área bajo una curva normal, 596
   hallar, 593
   fórmula para, 595
Diagrama de árbol, 569
Diagrama de Venn, 553
Diferencia común
   definición, 418
   en reglas para secuencias aritméticas, 419
Diferencia de dos cubos, 180–181
Diferencias de salidas, 78, 219–221, 342
Diferencias finitas, 220–221
Directriz, de una parábola, 68, 85

Discriminante, en la fórmula cuadrática, 124–125
Diseño de bloqueo aleatorizado, 622
Diseño de experimento, 619–622, 641
   aleatorización en experimentos y estudios de observación, 621
   analizar, 622
   describir experimentos, 620
   usar experimentos, 619
Diseño de información, 594
Distribución normal estándar, 597–598
   definición, 597
Distribución(es) binomial(es), 579–582, 588
   construir, 582
   definición, 581
   interpretar, 582
Distribución(es) de probabilidad
   construir, 580
   definición, 580
   interpretar, 581
   distribución normal, 595–599
Distribución(es) normal(es), 595–599, 640
   Áreas bajo una curva normal, 596
   definición, 596
   hallar una probabilidad normal, 596
   reconocer, 599
   distribución normal estándar, 597–598
División
   de dos funciones, 270–271
   de expresiones racionales, 378–379, 401
   entre polinomios, 379
   de polinomios, 173–176, 227
      división larga, 174
      división sintética, 175
      Teorema del residuo, 176
División larga de polinomios, 174
División larga de polinomios, 174
División sintética
   definición, 175
   de polinomios y residuo, 175–176
Dominio
   de secuencias, 410
   de una expresión racional, 376
   de una función, hallar, 293

Ecuación cuadrática en una variable, 94
Ecuación lineal en tres variables, 30
Ecuación(es) cuadrática(s), *Consulta también* Sistema(s) de ecuaciones no lineales

escribir con tres puntos, 78
resolver, 93–98, 148
    complementando el cuadrado, 113–114
    factorizando, 94, 96
    haciendo una gráfica, 94, 135
    soluciones complejas y ceros, 107
    usando la fórmula cuadrática, 122–123
    usando raíces cuadradas, 94, 95
    resumen de métodos para resolver, 125

Ecuación(es) cuártica(s), y soluciones imaginarias, 197

Ecuación(es) exponencial(es)
  definición, 334
  propiedad de igualdad de ecuaciones exponenciales, 334
  resolver, 333–335, 352

Ecuación(es) logarítmica(s)
  definición, 335
  propiedad de igualdad para ecuaciones logarítmicas, 335
  reescribir, 310
  resolver, 333–336, 352

Ecuación(es) polinomial(es)
  Teorema fundamental del álgebra, 197–201, 229
  resolver, 189–193, 228
  factorizando, 190

Ecuación(es) radicales
  definición, 262
  resolver, 261–265, 287
    con dos radicales, 264
    con exponente racional, 264–265
    con soluciones extrañas, 263
    pasos, 262

Ecuaciones cúbicas
  resolver factorizando, 190
  y soluciones imaginarias, 197
  y soluciones repetidas, 189

Ecuaciones estándar, de una parábola con vértice
  en (h, k), 70
  en el origen, 69

Ecuaciones lineales, escribir a partir de una gráfica o tabla, 22–23

Ecuaciones literales, reescribir, 235

Ecuaciones racionales, resolver, 391–395, 402
  con solución extraña, 394
  mediante productos cruzados, 392
  usando el mínimo común denominador, 393

Ecuaciones recurrentes
  para secuencias aritméticas, 442
  para secuencia geométricas, 442

Ecuaciones trigonométricas, resolver, 522

Ecuaciones, resolver, 407

Efecto Doppler, 372

Eje de reflexión, 5, 277

Eje de simetría
  definición, de parábola, 56
  hacer una gráfica de una parábola, 255
  y ecuación estándar de parábolas, 69–70

Eje de simetría horizontal, de parábolas, 69–70

Eje vertical de simetría, de parábolas, 69–70

Eliminación, resolver un sistema no lineal por, 133

Encogimientos
  de funciones cuadráticas, 49
  de funciones exponenciales, 318
  de funciones lineales, 14
  de funciones logarítmicas, 320
  de funciones polinomiales, 206
  de funciones seno y coseno, 487
  hacer una gráfica y describir un encogimiento vertical, 6

Encogimientos horizontales
  de funciones cuadráticas, 49
  de funciones exponenciales, 318
  de funciones lineales, 14
  de funciones logarítmicas, 320
  de funciones polinomiales, 206–207
  de funciones radicales, 253–254

Encogimientos verticales
  de funciones cuadráticas, 49
  de funciones exponenciales, 318
  de funciones lineales, 14
  de funciones logarítmicas, 320
  de funciones polinomiales, 206–207
  de funciones radicales, 253
  definición, 6

Encuestas
  analizar preguntas, 609
  analizar la aleatoriedad y veracidad, 609
  censo, 604, 612
  definición, 612
  hacer inferencias, 625–629, 642
    Consulta también Inferencias de encuestas de muestreo
  hallar márgenes de error para, 629
  reconocer sesgos en las preguntas, 613

Encuestas de muestreo, *Consulta* Inferencias de encuestas de muestreo

Enésimo término
  regla para, en una secuencia aritmética, 419
  regla para, en una secuencia geométrica, 427

Errores comunes
  ecuación y regla recurrente, 443
  en funciones cuadráticas, 57, 59
  exponentes racionales, 239
  y radicales, 247
  expresiones racionales
    restar, 386
    simplificar, 376
  fórmula cuadrática, 122
  medida de radián, 473
  polinomios
  división larga, 174
    elevar al cuadrado y al cubo, 167
    resta, 166
  probabilidad
    eventos superpuestos, 565
    y distribución binomial, 582
  propiedades de los logaritmos, 328
  raíces enésimas, 240
  secuencias, 411
    regla para una secuencia aritmética, 419
    regla para una secuencia geométrica, 427
  serie, hallar la suma de, 413
  soluciones imaginarias, 123
  sustitución, 134

Escala de Richter para terremotos, 326, 349

Escribir, *En todo. Por ejemplo, consulta:*
  ecuaciones cuadráticas, 76–77
    para representar datos, 78–79
  ecuaciones de variación inversa, 361
  funciones exponenciales, 343–344
  funciones polinomiales para conjuntos de datos, 220
  funciones trigonométricas, 507
  reglas recurrentes para secuencias, 442–443
  transformaciones de funciones cuadráticas, 50–51
  transformaciones de funciones exponenciales y logarítmicas, 321
  transformaciones de funciones polinomiales, 207–208
  transformaciones de funciones radicales, 254
  un modelo exponencial, 298

Esfera, área de superficie y radio de, 280

Espacio muestral, 537–541, 586
  definición, 538
  hallar, 537–538

Estadística descriptiva, 626

Estadística inferencial, 626

Índice **A81**

Estadística, *Consulta también* Análisis de datos y estadística
   definición, 604–605
   y parámetros, 605
Estudio de observación
   definición, 612
   en diseño de experimento, 620–621
Estudios comparativos y causalidad, 621
Euler, Leonhard, 304
Evento(s)
   compuesto, 564–565
   definición, 538
   probabilidad de complemento de, 539–540
Evento(s) compuesto(s), 564–565
Eventos dependientes, 545–548, 586
   comparar con eventos independientes, 548
   definición, 545, 547
   determinación de, 545
   probabilidad de, 547–548
Eventos disjuntos, 564, 587
Eventos independientes, 545–548, 586
   comparación con eventos dependientes, 548
   definición, 545–546
   determinación de, 545–546
   probabilidad de, 546–547
Eventos mutuamente excluyentes, 564
Eventos superpuestos
   definición, 564
   hallar la probabilidad de, 565, 587
Exactamente una solución, en un sistema de tres ecuaciones lineales, 30–31
Expansiones binomiales, 574
Experimento comparativo aleatorizado,
   definición, 620
   y remuestrear los datos, 633–634
Experimento controlado, 620
Experimento de probabilidad, 538
Experimento(s)
   aleatorización en, y diseño, 621
   con dos muestras, 634
   definición, 612
   describir, 620
   hacer inferencias, 633–636, 642
      Consulta también Inferencias de experimentos
Experimentos binomiales, 581
Exponentes
   propiedades de exponentes enteros, 235, 243
   propiedades de exponentes racionales, 239, 243–244
   usar, 293

Exponentes racionales
   y raíces enésimas, 237–240, 286
   propiedades de, 239, 243, 244, 286
Expresión(es) racional(es)
   definición, 376
   dividir, 378–379, 401
      entre polinomios, 379
   multiplicar, 377–378, 401
      por polinomios, 378
   reescribir funciones racionales, 386
   simplificar fracciones complejas, 387
   simplificar, 376
   sumar y restar, 383–386, 401
Expresiones
   con exponentes racionales, 239, 243
   escribir en forma de exponente racional, 237
   escribir en forma radical, 237
   evaluar, 1
   simplificar expresiones algebraicas, 155
   simplificar expresiones radicales, 245–247
Expresiones de valor absoluto, ordenar según el valor, 459
Expresiones radicales, simplificar, 245–247

Factor de crecimiento, 296, *Consulta también* Función(es) de crecimiento exponencial
Factor de decremento, 296, *Consulta también* Función(es) de decremento exponencial
Factor, enunciados equivalentes, 212
Factorizar
   comparación con otros métodos para resolver ecuaciones cuadráticas, 125
   polinomios, 91, 96, 179–183, 227
      agrupando, 181
      determinar si un binomio es un factor, 182
      diferencia de dos cubos, 180–181
      en forma cuadrática, 181
      suma de dos cubos, 180–181
   productos especiales, 91
   resolver ecuaciones cuadráticas factorizando, 94, 96
   resolver ecuaciones polinomiales factorizando, 190
Factorizar agrupando, 181
Factorizar completamente, 180
Fibonacci, Leonardo, 449

Fichas de álgebra, completar el cuadrado, 111
Foco, de una parábola, 67–71, 85
   definición, 68
Forma cuadrática, factorizar polinomios en, 181
Forma de intersección, *Consulta también* intersecciones con el eje x
   escribir ecuaciones cuadráticas, 76–77
   hacer gráficas de función cuadrática en, 59
Forma de pendiente e intersección, escribir una ecuación de una línea, 22
Forma de punto y pendiente, escribir una ecuación de una línea, 22
Forma en vértice
   definición, de función cuadrática, 50
   escribir ecuaciones cuadráticas, 76
   escribir funciones cuadráticas en, 114
Forma estándar
   de funciones polinomiales comunes, 158
   de un círculo, 134
   definición, para funciones cuadráticas, 56
   hacer una gráfica de, funciones cuadráticas, 57
Forma exponencial, 310
Forma logarítmica, 310
Forma radical
   comparada con forma exponente racional, 239
   escribir expresiones en, 237
Forma simplificada de una expresión racional, 376
Fórmula cuadrática, 121–126, 149
   analizar el discriminante, 124–125
   comparación con otros métodos para resolver ecuaciones cuadráticas, 125
   definición, 122
   deducir, 121
   resolver ecuaciones usando, 122–123
Fórmula de cambio de base, 329–330
Fórmula de distancia, 45
   escribir la ecuación de una parábola, 68
Fórmulas
   cambio de base, 329
   combinaciones, 572
   fórmula cuadrática, 122
   fórmula de distancia, 45
   funciones trigonométricas
      fórmulas de diferencia, 520
      fórmulas de suma, 520
   margen de error, 629

permutaciones, 571
series especiales, 413
Fórmulas de diferencia para funciones trigonométricas, 519–521
Fórmulas de suma para funciones trigonométricas, 519–521
Fracción continua, 476
Fracción(es) compleja(s)
 definición, 387
 simplificar, 357
Fracciones
 continuadas, 476
 escribir decimales periódicos como, 438
Fractales
 alfombra de Sierpinski, 432
 copo de nieve de Koch, 432
 triángulo de Sierpinski, 440
Frecuencia conjunta, 554
Frecuencia marginal, 554
Frecuencia relativa conjunta, 555
Frecuencia relativa marginal, 555
Frecuencia(s)
 definición, en funciones trigonométricas, 506
 probabilidad y tablas de doble entrada, 554–556
Frecuencias relativa condicional, 555–556
Frecuencias relativas, hallar, condicionales, 555–556
 conjuntas y marginales, 555–556
Función constante, forma estándar de, 158
Función continua, 156
Función cosecante
 características de, 500
 definición, 461–462
 hacer una gráfica de, 500–501, 528
 identidades trigonométricas fundamentales, 514
Función coseno
 alargar y encoger, 487–488
 características de, 486
 definición, 461–462
 gráficas sinusoides, 507–508
 hacer una gráfica de, 485–490, 527
 identidades trigonométricas fundamentales, 514
 reflejar, 490
 trasladar, 488–489
Función cotangente
 características de, 498
 definición, 461–462
 hacer una gráfica de, 498–500, 528
 identidades trigonométricas fundamentales, 514

Función cuártica(s)
 forma estándar de, 158
 hallar ceros de, 190
 transformar una gráfica de, 205
Función de potencia, 252
Función de raíz cuadrada, función madre para, 252–253
Función de raíz cúbica, función madre para, 252–253
Función exponencial de base natural, 303, 305
 trasladar, 319
Función Gaussiana, 341
Función logística, 341
Función periódica, de seno y coseno, 486
Función secante
 características de, 500
 definición, 461–462
 hacer una gráfica de, 500–501, 528
 identidades trigonométricas fundamentales, 514
Función seno
 alargar y encoger, 487
 características de, 486
 definición, 461–462
 gráficas sinusoides, 507–508
 hacer una gráfica de, 485–490, 527
 identidades trigonométricas fundamentales, 514
 reflejar, 490
 trasladar, 488–489
Función tangente
 características de, 498
 definición, 461–462
 hacer una gráfica, 497–499, 528
 identidades trigonométricas fundamentales, 514
Función(es) cuadrática(s)
 características de, 55–60, 84
 definición, 48
 en forma estándar, 56
 escribir en forma de vértice, 114
 foco de una parábola, 67–71
 función madre de, 5–7
 hacer una gráfica
  en forma estándar, 57
  usar intersecciones con el eje x, 59
  usar simetría, 56
 identificar gráficas de, 47
 inverso de, 278
 representar con, 75–79, 86
 transformaciones de, 47–51, 84
Función(es) de crecimiento exponencial, 295–299, 350
 definición, 296
 hacer una gráfica, 297

Función(es) de decremento exponencial, 295–299, 350
 definición, 296
 hacer gráficas de, 297
Función(es) de valor absoluto
 función madre de, 4, 6, 7
 transformaciones de, 11, 38
Función(es) exponencial(es)
 base natural e, 303–306, 350
 definición, 296
 escribir, 343–344
 funciones de crecimiento y decremento, 295–299, 350
 propiedades inversas de, 312
 representar con, 341–345, 352
 transformaciones of, 317–319, 321, 351
Función(es) impar(es), 215
Función(es) lineal(es)
 forma estándar de, 158
 funciones madre y transformaciones, 3–7, 38
 inverso de, 277
 representar con, 21–25, 39
 resolver sistemas lineales, 29–33, 40
 transformaciones de, 11–15, 38
Función(es) logarítmica(s)
 base natural e, 303–306, 350
 gráficas madre para, 313
 hacer gráficas, 313
 propiedades inversas de, 312
 representar con, 341–345, 352
 transformaciones de, 317, 320–321, 351
 y logaritmos, 309–313, 350–351
Función(es) par(es), 215
Función(es) polinomial(es), 154
 analizar gráficas de, 211–215, 230
 comportamiento de los extremos, 159
 definición, 158
 forma estándar de, 158
 hacer gráficas de, 157–161, 212, 226
 hallar ceros de, 190, 192, 199
 identificar y evaluar, 158–159
 puntos de inflexión de, 214
 representar con, 219–222, 230
 resumen de los tipos comunes de, 158
 transformaciones de, 205–208, 229
Función(es) racional(es)
 definición, 366
 hacer gráficas de, 365–369, 386, 400
 inverso de, 395
 variación inversa, 359–362, 400
Función(es) radical(es)
 definición, 252
 hacer gráficas de, 251–255, 287
 inverso de, 279
 transformaciones of, 253–254

Índice **A83**

Función(s) madre
de funciones cuadráticas, 5–7
de seno y coseno, 486
definición, 4
identificar, 3–4
para funciones de crecimiento exponencial, 296
para funciones de decremento exponencial, 296
para funciones de raíz cuadrada y raíz cúbica, 252–253
para funciones logarítmicas, 313
para funciones racionales simples, 366

Funciones
continuas, 156
evaluar, 407
inversas, 275–280, 288
operaciones en, 269–272, 288

Funciones cúbicas
diferencia de dos cubos, 180
elevar binomios al cubo, 165, 167
escribir para el conjunto de puntos, 220
forma estándar de, 158
inverso de, 279
suma de dos cubos, 180
transformar la gráfica de, 205

Funciones inversas, 275–280, 288
de función cuadrática, 278
de función cúbica, 279
de función lineal, 277
de función radical, 279
de funciones no lineales, 278–279
de funciones racionales, 395
fórmula para la entrada de una función, 276
hacer gráficas, 275
prueba de la recta horizontal, 278
verificar, 280

Funciones inversas, 277

Funciones trigonométricas
ángulos y medida radián, 469–473, 526
de cualquier ángulo, 477–481, 527
escribir, 507
evaluar, 462–463, 478, 480
fórmulas de suma y diferencia, 519–522, 530
hacer gráficas
secante y cosecante, 500–501, 528
seno y coseno, 485–490, 527
tangente y cotangente, 497–500, 528
identidades trigonométricas, 513–516, 530
representar con funciones trigonométricas, 505–509, 529
signos de valores de función, 480

triángulo rectángulo, 461– 465, 526
definiciones de seis funciones, 461–462
longitudes de lado y medidas de ángulos, 464
valores trigonométricos de ángulos especiales, 463
usar el círculo, definiciones generales de, 478–479

Gauss, Carl Friedrich, 198, 417
Grado de una función, 158
y comportamiento de los extremos, 159
relación al número de soluciones, 198
Gráfica del sistema, 141
Gráficas
de funciones cúbicas y cuárticas, transformar, 205
de funciones polinomiales, analizar, 211–215, 230
funciones pares e impares, 215
puntos de inflexión, 211, 214
usar el principio de la ubicación, 213
de funciones radicales, transformaciones, 251–255, 287
transformación
de funciones exponenciales, 318
de funciones logarítmicas, 320
Gráfico de puntos, 628
Grupo de control
definición, 620
remuestrear los datos usando una simulación, 635
Grupo de tratamiento
definición, 620
hacer inferencias sobre, 636
remuestrear los datos usando una simulación, 635

Hacer una gráfica
comparación con otros métodos para resolver ecuaciones cuadráticas, 125
desigualdad cuadrática en dos variables, 140
funciones cuadráticas
en forma estándar, 57
usar las intersecciones con el eje x, 59
usar simetría, 56, 69–70
funciones exponenciales, 297, 309
funciones logarítmicas, 309, 313

funciones polinomiales, 157–161, 212, 226
analizar, 211–215, 230
funciones racionales, 365–369, 386, 400
hipérbola, 366
traslación de, 367
funciones radicales, 251–255, 287
parábolas y círculos, 255
raíz cuadrada y raíz cúbica, 252
transformar, 253–254
funciones secante y cosecante, 500–501, 528
funciones seno y coseno, 485–490, 527
funciones tangente y cotangente, 497–500, 528
resolver
ecuaciones cuadráticas por, 94, 135
un sistema no lineal por, 132, 135
una desigualdad cuadrática por, 142
suma de dos funciones, 269
Hipérbolas, 366–368
Hipotenusa, 462
Hipótesis
analizar, 605–606, 640
definición, 605
Histograma acampanado y simétrico, 599
Histogramas
analizar, 579
distribuciones normales y asimétricas, 599
hacer, 535
Histogramas asimétricos, 599
Hoja de cálculo, usar, 408

Identidad polinomial, demostrar, 168
Identidad(es) trigonométrica(s), 513–516, 530
definición, 514
en trigonometría de triángulo rectángulo, 461
escribir, 513
fundamental(es), 514
hallar valores trigonométricos, 515
verificar, 516
Identidades cofuncionales, 514
Identidades de ángulo negativo, 514
Identidades pitagóricas, 513, 514, 521
Identidades recíprocas, 514
Identidades trigonométricas fundamentales, 514
Identidades, *Consulta* Identidad(es) trigonométrica(s)
Igualdad de ecuaciones exponenciales, Propiedad de, 334

Igualdad de ecuaciones logarítmicas, Propiedad de, 335
Índice de radical, 238
Índice de refracción, 522
Índice de sumatoria, 412–413
Inferencias de encuestas de muestreo, 625–629, 642
   analizar parámetros de población estimados, 628
   estimar parámetros de población, 626–627
   márgenes de error para encuestas, 629
Inferencias de experimentos, 633–636, 642
   experimentos con dos muestras, 634
   remuestrear los datos, 633–634
      usar la simulación, 635
   sobre un tratamiento, 636
Infinitas soluciones, en el sistema de tres ecuaciones lineales, 30, 32
Infinito, positivo y negativo, 159
Interés compuesto continuamente, 306
Interés compuesto, 299, 306
Intersección de eventos, 564–565
intersecciones con el eje *x*
   como ceros de una función, 96
   de funciones seno y coseno, 487
   de gráficas polinomiales, identificar, 157
   enunciados equivalentes, 212
   escribir ecuaciones cuadráticas usando, 76–77
   hacer una gráfica de funciones cuadráticas usando, 59
   hallar, de la gráfica de una ecuación lineal, 45
   usar para hacer una gráfica de funciones polinomiales, 212

Lado inicial, 470
Lado opuesto, 462
Lado terminal, 470
Lanzar un dado, 538
Lanzar una moneda, 538, 569, 579
Leer
   ángulo de referencia, theta prima, 480
   encuesta de censo, 612
   infinito positivo, 159
   letras de un triángulo, 464
   máximo local y mínimo local, 214
   radianes, 472
   serie y notación de sumatoria, 412
   tabla de doble entrada, 554
   tabla normal estándar, 598
   Teorema del factor, 182
Ley de Hooke, 283

Ley de Moore, 451
Ley del enfriamiento de Newton, 335
Liber Abaci **(Fibonacci),** 449
Límite inferior de la sumatoria, 412
Límite superior de la sumatoria, 412
Línea de ajuste, 24
Línea de mejor ajuste, 25
Línea media de una gráfica, 488
Logaritmo de 1, 311
Logaritmo de *b* en base *b*, 311
Logaritmo de *y* en base *b*, 310
Logaritmo(s)
   fórmula de cambio de base, 329–330
   propiedades de, 327–330, 351
      reescribir expresiones logarítmicas, 329
   y funciones logarítmicas, 309–313, 350–351
Logaritmo(s) común(es)
   cambiar una base, 329–330
   definición, 311
   evaluar, 311
Logaritmo(s) natural(es)
   cambiar una base, 329–330
   definición, 311
   evaluar, 311
Lógica, razonamiento deductivo, 46
Longitud de arco, 472–473
Longitudes de lados de los triángulos, 464

Margen de error, 629
Máximo local, 214
Máximo relativo, 214
Media
   área bajo una curva normal, 596
   comparar con medidas de centro, 593
Mediana, comparar medidas de centro, 593
Medicación indirecta, 465
Medida de ángulos en grados, 469
   convertir a radianes, 471–472
   de ángulos especiales, 472
Medida de los ángulos de triángulos, 464
Medida radián, *Consulta también* Ángulos y medida radián
   de ángulos especiales, 472
   of ángulos, escribir, 469
   usar, 471–473
Medidas de centro, comparar, 593
Medir
   ángulos y medida radián, 469–473, 526
   medición indirecta, 465
   medidas de los ángulos de triángulos, 464

   trigonometría de triángulo rectángulo, longitudes de lado y medidas de ángulos, 464
   unidades, convertir, 358
Método FOIL, 51, 106
Métodos de muestreo en estudios estadísticos, 610–611
Mínima expresión de un radical, 245
Mínimo común denominador (m.c.d.), 384–385
   para resolver una ecuación racional, 393
Mínimo común múltiplo (m.c.m.), 384–385
Mínimo local, 214
Mínimo relativo, 214
Moda, comparar medidas de centro, 593
Modelos de crecimiento exponencial, 297–299
Modelos de decremento exponencial, 297–299
Modelos exponenciales
   escribir y hallar, 341–345
   prueba de razones consecutivas, 294
   regresión exponencial, 345
Modelos logarítmicos
   escribir y hallar, 341–345
   regresión logarítmica, 345
Monomios, hallar un factor común, 180
Movimientos oscilantes, 506
Muestra aleatoria
   y sesgo en el muestreo, 611
   definición, 610
   en poblaciones y muestras, 604
Muestra auto-seleccionada, 610–611
Muestra de conveniencia, 610–611
Muestra de grupos, 610
Muestra imparcial, 611–612
Muestra no representativa, 611
Muestra por estratos, 610–611
Muestra sistemática, 610–611
Muestra(s)
   definición, 604
   experimentos con dos muestras, 634
   tipos de, 610–611
   y poblaciones, 604, 640
Multiplicación
   de dos funciones, 270–271
   de expresiones racionales, 377–378, 401
      por polinomio, 378
   de números complejos, 106
   de polinomios, 165, 167–168, 226
      cuadrado y cubo de binomios, 167
      producto de suma y deferencia, 167
      verticalmente y horizontalmente, 167

Propiedades
  potencia de un producto, 168, 244
  producto cero, 96
  producto de potencias, 167, 244
Multiplicidad, soluciones repetidas, 190

***n* factorial,** 570
Notación de sumatoria, para series, 412
Notación sigma, 412
Notación, para series, sumatoria y sigma, 412
Número de Euler, 304, *Consulta también* Base natural *e*
Número(s) complejo(s), 103–107, 148
  conjunto de, 103
  definición, 104
  igualdad de dos, 105
  inverso aditivo de, 108
  números imaginarios, 103–104
  operaciones con, 105–106
    multiplicar, 106
    restar, 105
    sumar, 105
  relaciones en un conjunto de números complejos, 103–104
  soluciones complejas y cero, 107
  unidad imaginaria *i*, 103–105
Número(s) conjugado(s)
  complejos, 199–200
  definición, 246
  Teorema de los valores conjugados irracionales, 193
Número(s) imaginario(s)
  definición, 104
  resolver ecuaciones con soluciones imaginarias, 123
  soluciones de ecuaciones cúbicas y cuárticas, 197
Número(s) imaginario(s) puro(s), 104
Números conjugados complejos, 199–200
Números de soluciones
  de sistemas no lineales, 132
    círculo y línea, 134
  en un sistema de tres ecuaciones lineales, 30–32
  relación al grado de un polinomio, 198
  usar la fórmula cuadrática, 124
Números factoriales
  n, 570
  escribir reglas recurrentes, 443
Números racionales, sumar y restar, 357
Números reales, relación en el conjunto de número complejos, 103–104

"o" (unión), 564–565
Operación de función, 269–272, 288
  división, 270–271
  multiplicación, 270–271
  resta, 270–271
  suma, 269–270
Otra manera
  ángulo central y sector, 473
  ecuación con dos radicales, resolver, 264
  ecuaciones cuadráticas, resolver, 112, 123, 125
  ecuaciones racional, resolver, 394
  expresiones racionales, multiplicar, 377
  expresiones trigonométricas, 521–522
  fórmula cuadrática, 135
  fórmula de cambio de base, 330
  funciones cuadráticas, 115
  funciones racionales
    reescribir y hacer gráficas, 368
    variación inversa y constante de variación, 361
  funciones trigonométricas, usar un círculo para hallar, 479
  operaciones de función, división, 271
  polinomios, factorizar, 182
  probabilidad, espacio muestral y resultados, 538
  puntos de intersección, 143
  sistema en tres variables, resolver, 31–32
  Teorema de la raíz racional, 191

Parábola(s)
  antena parabólica y reflectores, 67
  cuadratura de la parábola, 440
  definición, 48
  directriz, 68–70
  ecuación de translación de, 71
  ecuaciones estándar de, 69–70
  foco de, 67–71, 85
  fórmula de distancia para escribir una ecuación de, 68
  hacer gráficas con el eje de simetría horizontal, 255
  hallar los valores máximos y mínimos, 58
  latus rectum, 74
  propiedades de la gráfica de, 57, 59
  y simetría, 55–56

Parámetro(s)
  definición, 605
  y estadística, 605
Parámetros de población
  analizar estimados, 628
  estimar, 626–627
Pascal, Blaise, 169
Patrones
  patrones especiales de factorización de polinomios, 180
  patrones especiales de producto de polinomios, 167–168
  triángulo de Pascal y elevar binomios al cubo, 165
  variación inversa, 362
Patrones especiales de polinomios
  factorizar, 180
  producto, 167
Péndulo
  periodo, 258
  y serie geométrica infinita, 438
Periodo
  definición, de seno y coseno, 486–487
  de tangente y cotangente, 499
Permutación(es), 569–571, 588
  contar, 570
  definición, 570
  hallar probabilidad usando, 571
  fórmulas, 571
Pi (π), 476
Pirámides de edades, 594
Placebo, 620
Poblaciones, y muestras, 604–605, 640
Polinomio(s)
  conjunto de
    cerrado bajo la multiplicación, 167
    cerrado bajo la suma y la resta, 166
    no cerrado bajo la división, 175
  definición, 158
  dividir, 173–176, 227
    expresión racional al, 379
  factorizar, 91, 179–183, 227
  multiplicar, 165, 167–168
    expresión racional al, 378
  sumar y restar, 165–166, 226
Porcentaje, hallar, 535
Precisión, Prestar atención a la exactamente dos respuestas, 539
  soluciones extrañas, 263
  ventana de visualización de una calculadora gráfica, 25
  probabilidades, 582
Preguntas tendenciosas, 613
Prisma triangular, 522
Primeras diferencias, 78, 219–221
Principal (inversión), 299

Principio de la ubicación, 213
Principio fundamental de conteo, 570
Prisma rectangular, 155
Prismas
   rectangulares, 155
   triangulares, 522
Probabilidad condicional
   comparar, 557
   definición, 547
   hallar con frecuencias relativas condicionales, 556
   hallar con una tabla, 549
Probabilidad de eventos compuestos, 564–565
Probabilidad de eventos dependientes, 547–548
Probabilidad de eventos independientes, 546–547
Probabilidad de un evento
   definición, 538
   y probabilidades, 536, 538
Probabilidad del complemento de un evento, 539–540
Probabilidad experimental, 541, 545
Probabilidad geométrica, 540
Probabilidad teórica, 538–540
   definición, 539
   hallar, 539, 545
Probabilidad, 534
   condicional (*Consulta* Probabilidad condicional)
   de complementos de eventos, 539–540
   distribuciones binomiales, 579–582, 588
   espacios muestrales, 537–541, 586
   eventos disjuntos o superpuestos, 563–566, 587
   eventos independientes y dependientes, 545–549, 586
   experimental, 541, 545
   frecuencias, 554–556
   geométrica, 540
   permutaciones y combinaciones, 569–574, 588
   tablas de doble entrada, 553–557, 587
   teórica, 538–540
Probabilidades y posibilidades, 536, 538
Problema de cumpleaños, 578
Problemas de la vida real, *En todo.*
      Por ejemplo, consulta:
   ecuaciones cuadráticas
      desigualdad cuadrática, escalada con cuerda, 141
      números complejos y circuitos eléctricos, 106
      objeto que cae comparado con un objeto lanzado, 126
      revista mensual, 97

   ecuaciones lineales, asientos en un anfiteatro, 33
   funciones exponenciales y logarítmicas
      intensidad el sonido de decibeles, 330
      interés compuesto continuamente, 306
      Ley del enfriamiento de Newton, 335
      valor de un carro, 298
   funciones cuadráticas
      reflectores parabólicos, 71
      tiro del golf 60
   funciones polinomiales
      distancia en béisbol, 219
      energía de biomasa, 222
      montaña rusa, 183
      regla de los signos de Descartes y tacómetro, 201
      vehículos eléctricos, 161
   funciones racionales
      impresoras 3-D, 395
      ingreso anual per cápita, 379
   funciones radicales
      funciones inversas, esfera, 280
      operaciones con funciones, rinoceronte, 272
      tasa de depreciación anual, 240
      velocidad del viento en un huracán, 263
   funciones trigonométricas
      distancia de una pelota de golf, 481
      índice de refracción y prisma triangular, 522
      medición indirecta de un cañón, 465
   probabilidad
      adultos con mascotas, 541
      prueba de diagnóstico de la diabetes, 566
   secuencias y series
      apilar manzanas, 411
      castillo de naipes, 421
      distancia que oscila un péndulo, 438
      pago de un préstamo, 429
      reglas recurrentes y poblaciones de peces, 445
Problemas de varios pasos, funciones cuadráticas, 97
Productos cruzados, para resolver una ecuación racional, 392
Propiedad de de la potencia de logaritmos, 328
Propiedad de exponente cero, 244
Propiedad de exponente negativo, 244
Propiedad de la desigualdad exponencial, 337

Propiedad de la desigualdad logarítmica, 337
Propiedad de potencia de un cociente, 244
Propiedad de potencia de un producto, 168, 244
Propiedad de potencia de una potencia, 238, 244
Propiedad del cociente de potencias, 244
Propiedad del cociente de los logaritmos, 328
Propiedad del cociente de radicales, 245
Propiedad del producto cero, 96
Propiedad del producto de logaritmos, 328
Propiedad del producto de potencias, 167, 244
Propiedad del producto de radicales, 245, 253
Propiedad(es)
   cociente de potencias, 244
   de diferencias finitas, 221
   de exponentes racionales, 239, 243, 244, 286
   de exponentes, 235, 243
   de igualdad para ecuaciones exponenciales, 334
   de igualdad para ecuaciones logarítmicas, 335
   de la gráfica de una parábola
      en forma de intersección, 59
      en forma estándar, 57
   de logaritmos, 327–328, 351
      propiedad de la potencia, 328
      propiedad del cociente, 328
      propiedad del producto, 328
   de radicales
      propiedad del cociente de radicales, 245
      propiedad del producto de radicales, 245, 253
   exponente cero, 244
   exponente negativo, 244
   potencia de un cociente, 244
   potencia de un producto, 168, 244
   potencia de una potencia, 238, 244
   producto cero, 96
   producto de potencias, 167, 244
   propiedad de la desigualdad exponencial, 337
   propiedad de la desigualdad logarítmica, 337
   propiedades inversas de funciones exponenciales y logarítmicas, 312

Índice   **A87**

Propiedades inversas de funciones exponenciales y logarítmicas, 312
Proporción de la muestra, 605, 627
Proporción de población, 605
  estimar, 627
Prueba de la recta horizontal, 278
Prueba de razones consecutivas para modelos exponenciales, 294
Pruebas de probabilidad experimental, 541
Puntos de inflexión de funciones polinomiales
  aproximar, 211
  hallar, 214
  máximo local y mínimo local, 214

Racionalizar el denominador, 95, 245
Radianes, 471
Radicales
  productos y cocientes de, 243
  propiedades de, 245, 286
Radicales semejantes, 246
Raíces cuadradas
  comparación con otros métodos para resolver ecuaciones cuadráticas, 125
  de números negativos, 104
  resolver ecuaciones cuadráticas usando, 94–95, 112
  simplificar, 91
Raíces, aproximar y evaluar, 236
Raíz de una ecuación, 94
Raíz enésima de a, 238
Raíz principal, 238
Raíz(ces) enésima(s)
  definición, of a, 238
  raíces enésimas reales de a, 238
  resolver ecuaciones, 240
  y exponentes racionales, 237–240, 286
Rango
  de función, hallar, 293
  de secuencias, 410
Razón común
  definición, 426
  en reglas para secuencias geométricas, 427
Razonamiento deductivo, 46
Razonamiento errado, 46
Razonamiento, deductivo, 46
Razonar de manera abstracta
  alargamiento y encogimiento vertical, 6
  círculo unitario, 460
Recolección de datos, 609–613, 641
  métodos de muestreo en los estudios estadísticos, 610–611

métodos de, 612–613
sesgo en el muestreo, 611–612
sesgo en las preguntas de una encuesta, 613
Recuerda
  alargamientos y encogimientos verticales, 207
  alargamientos y encogimientos, 487
  decimal periódico, 438
  diferencias de funciones, 342
  ecuaciones racionales, 395
  forma de pendiente e intersección, 5
  funciones exponenciales, 343
  intersección con el eje x de una función cuadrática, 59
  media de la muestra, 626
  método FOIL para multiplicar binomios, 51
  notación de función, 5
  principio fundamental de conteo, 570
  propiedad de potencia de un producto, 168
  propiedad del producto de potencias, 167
  proporción de población y proporción de muestra, 627
  reflexión, 490
  relación proporcional, 22
  tasa de cambio promedio, 77
  Teorema de Pitágoras, 462
  traslaciones verticales y horizontales, 488
Reflectores parabólicos, 71
Reflexión(es)
  de funciones cuadráticas, en el eje x y en el eje y, 49
  de funciones exponenciales, 318
  de funciones lineales, en el eje x y en el eje y, 13
  de funciones logarítmicas, 320
  de funciones polinomiales, 206–207
  de funciones radicales, 253
  de funciones seno y coseno, 490
  definición, 5
  hacer una gráfica de una función inversa, 277
  hacer una gráfica y describir, 5
Reflexiones en el eje x
  de funciones cuadráticas, 49
  de funciones lineales, 13
Reflexiones en el eje y
  de funciones cuadráticas, 49
  de funciones lineales, 13
Regla de los signos de Descartes, 200–201
Regla de los signos, de Descartes, 200–201

Regla para una secuencia aritmética, 418–420
Regla para una secuencia geométrica, 426–428
Regla(s) explícita(s)
  definición, 442
  diferenciar entre reglas recurrentes y, 444
Regla(s) recurrente(s) con las secuencias, 441–446, 454
  definición, 442
  escribir, 442–443
  evaluar, 441–442
  diferenciar entre reglas explícitas y, 444
Reglas para secuencias, 409, 411
Regresión cuadrática, 75, 79
Regresión lineal, en una calculadora gráfica, 25
Regresión sinusoidal, 509
Remuestrear los datos, 633–634
  usar la simulación, 635
Replicación, 622
Reportes publicados, evaluar, 620
Representar
  con funciones polinomiales, 219–222, 230
  con funciones cuadráticas, 75–79, 86
  con funciones exponenciales, 341–345, 352
  con funciones lineales, 21–25, 39
  con funciones logarítmicas, 341–345, 352
  con funciones trigonométricas, 505–509, 529
    corrientes eléctricas, 505
    frecuencia, 506
    movimiento circular y sogas para saltar, 508
  un objeto lanzado, 126
  un objeto que cae, 98
Representar con matemáticas, *En todo. Por ejemplo, consulta:*
  análisis de datos y diseño de información, 594
  ecuaciones cuadráticas
    perímetro y área de un terreno, 143
    y béisbol, 115
  funciones cuadráticas
    parábola y tiro de golf, 60
    ruta del agua rociada, 51
  funciones exponenciales y logarítmicas, interés anual, 306
  funciones lineales
    escribir una ecuación lineal a partir de una tabla, 23
    identificación de función, 7
    transformaciones de funciones lineales, 15

A88 Índice

funciones polinomiales y volumen de una pirámide, 208
funciones racionales
   impresoras 3-D, 369
   variación inversa, 362
funciones radicales y objeto que cae, 254
funciones trigonométricas, 473
probabilidades y posibilidades, 536
secuencias y series, interés compuesto mensualmente, 446
Residuo polinomial, 174
Resta
   de dos funciones, 270–271
   de expresiones racionales, 383–384, 386, 401
   de números complejos, 105
   de polinomios, 165–166, 226
      verticalmente y horizontalmente, 166
   de radicales y raíces, 246–247
   diferencia de dos cubos, factorizar, 180–181
   fórmulas de diferencia para funciones trigonométricas, 519–521, 530
Resultados
   definición, 538
   favorables, 539
Resultados favorables, 539
Resumen de conceptos
   ceros, factores, soluciones e intersecciones, 212
   medidas en grados y radianes de ángulos especiales, 472
   métodos para resolver ecuaciones cuadráticas, 125

Secciones cónicas, 372
Sector, área de, 472–473
Secuencia Fibonacci, 443, 449
Secuencia finita, 410
Secuencia infinita, 410
Secuencia(s) aritmética(s), 417–420, 452
   definición, 418
   ecuaciones recurrente, 442
   hacer gráficas de, 417
   identificar, 418
   reglas para, 418–420
   suma de, 417
   teorema de los números primos de Dirichlet, 424
Secuencia(s) geométrica(s), 425–428, 453
   definición, 425–426
   ecuaciones recurrentes, 442
   escribir reglas para, 426–428
   gráficas de, 425

   identificar, 426
   suma de, 425
Secuencia(s), *Consulta también* secuencia(s) aritmética(s); secuencia(s) geométrica(s)
   definición, 409–410
   escribir reglas para, 409, 411
   escribir términos de, 410
   y reglas recurrentes, 441–446, 454
Secuencias y series
   analizar secuencias y series aritméticas, 417–421, 452
   analizar secuencias y series geométricas, 425–429, 453
   definir y usar, 409–413, 452
   reglas recurrentes con las secuencias, 441–446
   sumar de series geométricas infinitas, 435–438, 453
Segundas diferencias, 78, 219–221
Serie geométrica, 428–429, 453
   cuadratura de la parábola, 440
   definición, 428
   suma de series finitas, 428–429
   suma de series infinitas, 435–438, 453
   sumas parciales de series infinitas, 436
Serie infinita, 412
   sumas parciales de series geométricas, 436
   sumas de series geométricas, 435–438, 453
Serie, *Consulta también* Serie aritmética; Serie geométrica
   definición, 412
   escribir reglas para, 412–413
   fórmulas para series especiales, 413
   notación de sumatoria para, 412
   suma de, 413
Serie aritmética, 420–421, 452
   definición, 420
   suma de series finitas, 420–421
Series especiales, fórmulas para, 413
Series finitas, 412
   sumas de series aritméticas, 420–421
   sumas de series geométricas, 428–429
Sesgo
   definición, 611
   reconocer en el muestreo, 611–612
   reconocer en preguntas de encuesta, 613
Silogismo, 46
Simétrica con respecto al eje y, 215
Simétrica con respecto al origen, 215
Simplificar fracciones complejas, 387
Simulación(es)
   definición, 612

   e hipótesis, 605–606
   remuestrear los datos usando una, 635
Sin soluciones, en un sistema de tres ecuaciones lineales, 30, 32
Sinusoides, 507
Sistema de desigualdades cuadráticas, hacer una gráfica, 141
Sistema de tres ecuaciones lineales
   definición, 30
   resolver de forma algebraica, 31–32
Sistema en tres variables, resolver 31–32
Sistema lineal consistente, 29
Sistema lineal inconsistente, 29
Sistema(s) de ecuaciones no lineales
   definición, 132
   resolver, 131–135, 150
      haciendo una gráfica, 132, 135
      por eliminación, 133, 150
      por sustitución, 133–134
Sistemas de ecuaciones lineales, resolver, 29–33, 40
   de forma algebraica, 31–32
Sistemas lineales, *Consulta* Sistema de ecuaciones lineales
Sistemas no lineales de ecuaciones, resolver, 131–135, 150
   haciendo gráficas, 132, 135
   por eliminación, 133, 150
   por sustitución, 133, 134
Solución de un sistema de tres ecuaciones lineales, 30
Solución(es) repetida(s)
   de ecuaciones cúbicas, 189
   definición, 190
Soluciones extrañas
   definición, 263
   resolver una ecuación racional con, 394
Soluciones, enunciados equivalentes, 212
Suma
   de dos funciones, 269–270
   de expresiones racionales, 383–385, 401
   de números complejos, 105
   de polinomios, 165–166
      verticalmente y horizontalmente, 166
   de radicales y raíces, 246–247
   fórmulas de suma para funciones trigonométricas, 519–521, 530
   inverso aditivo de números complejos, 108
   suma de dos cubos, factorizar, 180–181
   suma de secuencia aritmética, 417

suma de series aritméticas finitas, 420–421
suma de series geométricas finitas, 428–429
suma de series geométricas infinitas, 435–438, 453
suma de series, 413
Suma de dos cubos, 180–181
Suma y diferencia de productos de polinomios, 167
Sumar parcial de una serie geométrica infinita, 436
Sustitución, resolver un sistema no lineal por, 133–134

Tabla de contingencia, 554
Tabla de doble entrada de frecuencia, 554
Tabla normal estándar, 598
Tabla(s) de doble entrada, 553–557, 587
definición, 554
hacer, 554
y diagrama de Venn, 553
Tamaño de la muestra, 622
Tarea de desempeño
Álgebra en genética: La Ley de Hardy-Weinberg, 147
Aliviar la carga, 525
Circuitos integrados y la Ley de Moore, 451
Diseño de circuito, 399
Intercambiar las situaciones, 285
Los secretos de las canastas que cuelgan, 37
Medir desastres naturales, 349
Por las aves – Protección de la vida silvestre, 225
Promediar el examen, 639
Reconstrucción de un accidente, 83
Un tablero nuevo, 585
Tasa de cambio promedio, 77
Técnicas de muestreo, analizar, 609
Teorema del binomio, 574
Teorema de Bayes, 560
Teorema de la raíz racional, 191–192
Teorema de los números conjugados complejos, 199–200
Teorema de los números primos de Dirichlet, 424
Teorema de los valores conjugados irracionales, 193
Teorema de Pitágoras, 459, 462, 526
Teorema del factor, 182–183, 200
Teorema del residuo, 176
Teorema del factor, caso especial, 182–183, 200

Teorema fundamental del álgebra, 197–201, 229
Tercera ley de Kepler, 242
Terceras diferencias, 221
Término constante en una función, 158
Términos de una secuencia, escribir 410
Tono puro, 506
Transformación(es)
combinaciones de, 7, 15
de figuras, 1
de función de valor absoluto, 11, 13, 38
de funciones cuadráticas, 47–51, 84
de funciones exponenciales, 317–319, 321, 351
de funciones lineales, 12–15, 38
de funciones logarítmicas, 317, 320–321, 351
de funciones madre, 3–7, 38
de funciones polinomiales, 205–208, 229
de funciones radicales, 253–254, 287
definición, 5
describir, 5–6
Translaciones horizontales
de función coseno, 489
de funciones cuadráticas, 48
de funciones exponenciales, 318
de funciones lineales, 12
de funciones logarítmicas, 320
de funciones polinomiales, 206
de funciones radicales, 253
Traslación(es)
de función exponencial de base natural, 319
de funciones cuadráticas, 48
de funciones exponenciales, 318
de funciones lineales, 12
de funciones logarítmicas, 320
de funciones polinomiales, 206–207
de funciones racionales simples, 367
de funciones radicales, 253
de funciones seno y coseno, 488–489
definición, 5
hacer una gráfica y describir, 5
Traslaciones verticales
de función seno, 489
de funciones cuadráticas, 48
de funciones exponenciales, 318
de funciones lineales, 12
de funciones logarítmicas, 320
de funciones polinomiales, 206
de funciones radicales, 253
Triángulo de Pascal
definición, 169
expansión del binomio y, 574

patrones para elevar al cubo un binomio, 165, 169
usar para desarrollar binomios, 169
Trigonométrica de triángulo rectángulo, 461–465, 526
evaluar funciones, 462–463
longitudes de lado y medidas de ángulos, 464
seis funciones trigonométricas, 461–462
valores trigonométricos para ángulos especiales, 463
Trinomio cuadrado perfecto, 113
Triple ordenado, 30

Unidad imaginaria *i*
definición, 104
hallar raíces cuadradas de números negativos, 104
igualdad de dos números complejos, 105
Unidades de medidas, convertir, 358
Unión de eventos, 564–565

Validez del experimento, 622
Valor(es) máximo(s)
definición, de parábola, 58
hallar con ceros de función, 97
máximo local, 214
de funciones seno y coseno, 487–488
Valor(es) mínimo (s)
de funciones seno y coseno, 487–488
definición, de parábola, 58
hallar con ceros de función, 97
mínimo local, 214
Valores críticos, 142
Variable aleatoria, 580
Variación directa, 359–361
Variación inversa, 359–362, 400
clasificar ecuaciones y datos, 360–361
definición, 360
escribir ecuaciones, 361
Variación, *Consulta* Variación inversa
Vértice
definición, de parábola, 50
y ecuaciones estándar de parábolas, 69–70

"y" (intersección), 564–565

Referencia

Propiedades

Propiedades de los exponentes

Sean *a* y *b* números reales y sean *m* y *n* números racionales.

Exponente cero
$a^0 = 1$, donde $a \neq 0$

Exponente negativo
$a^{-n} = \dfrac{1}{a^n}$, donde $a \neq 0$

Propiedad del producto de potencias
$a^m \cdot a^n = a^{m+n}$

Propiedad del cociente de potencias
$\dfrac{a^m}{a^n} = a^{m-n}$, donde $a \neq 0$

Propiedad de la potencia de una potencia
$(a^m)^n = a^{mn}$

Propiedad de la potencia de un producto
$(ab)^m = a^m b^m$

Propiedad de la potencia de un cociente
$\left(\dfrac{a}{b}\right)^m = \dfrac{a^m}{b^m}$, donde $b \neq 0$

Exponentes racionales
$a^{m/n} = (a^{1/n})^m = (\sqrt[n]{a})^m$

Exponentes racionales
$a^{-m/n} = \dfrac{1}{a^{m/n}} = \dfrac{1}{(a^{1/n})^m} = \dfrac{1}{(\sqrt[n]{a})^m}$,
donde $a \neq 0$

Propiedades de los radicales

Sean *a* y *b* números reales y sea *n* un entero mayor que 1.

Propiedad del producto de radicales
$\sqrt[n]{ab} = \sqrt[n]{a} \cdot \sqrt[n]{b}$

Propiedad del cociente de radicales
$\sqrt[n]{\dfrac{a}{b}} = \dfrac{\sqrt[n]{a}}{\sqrt[n]{b}}$, donde $b \neq 0$

Raíz cuadrada de un número negativo
1. Si *r* es un número real positivo, entonces $\sqrt{-r} = i\sqrt{r}$.
2. Según la primera propiedad, se deduce que $(i\sqrt{r})^2 = -r$.

Propiedades de los logaritmos

Sean *b*, *m* y *n* números reales positivos con $b \neq 1$.

Propiedad del producto
$\log_b mn = \log_b m + \log_b n$

Propiedad del cociente
$\log_b \dfrac{m}{n} = \log_b m - \log_b n$

Propiedad de la potencia
$\log_b m^n = n \log_b m$

Otras propiedades

Propiedad del producto cero
Si *A* y *B* son expresiones y $AB = 0$, entonces $A = 0$ o $B = 0$.

Propiedad de igualdad para ecuaciones exponenciales
Si $b > 0$ y $b \neq 1$, entonces $b^x = b^y$ si y solo si $x = y$.

Propiedad de igualdad para ecuaciones logarítmicas
Si *b*, *x*, y *y* son números reales positivos con $b \neq 1$, entonces $\log_b x = \log_b y$ si y solo si $x = y$.

Patrones

Patrón de cuadrado de un binomio
$(a + b)^2 = a^2 + 2ab + b^2$
$(a - b)^2 = a^2 - 2ab + b^2$

Cubo de un binomio
$(a + b)^3 = a^3 + 3a^2b + 3ab^2 + b^3$
$(a - b)^3 = a^3 - 3a^2b + 3ab^2 - b^3$

Patrón de diferencia de dos cuadrados
$a^2 - b^2 = (a + b)(a - b)$

Suma de dos cubos
$a^3 + b^3 = (a + b)(a^2 - ab + b^2)$

Patrón de suma y diferencia
$(a + b)(a - b) = a^2 - b^2$

Completar el cuadrado
$x^2 + bx + \left(\dfrac{b}{2}\right)^2 = \left(x + \dfrac{b}{2}\right)^2$

Patrón de trinomio cuadrado perfecto
$a^2 + 2ab + b^2 = (a + b)^2$
$a^2 - 2ab + b^2 = (a - b)^2$

Diferencia de dos cubos
$a^3 - b^3 = (a - b)(a^2 + ab + b^2)$

Teoremas

El teorema de residuo
Si un polinomio $f(x)$ se divide entre $x - k$, entonces el residuo es $r = f(k)$.

El teorema del factor
Un polinomio $f(x)$ tiene un factor $x - k$ si y solo si $f(k) = 0$.

El teorema de la raíz racional
Si $f(x) = a_n x^n + \cdots + a_1 x + a_0$ tiene coeficientes *enteros*, entonces toda solución racional de $f(x) = 0$ tiene la forma
$\dfrac{p}{q} = \dfrac{\text{factor del término constante } a_0}{\text{factor del coeficiente principal } a_n}.$

El teorema de los valores conjugados irracionales
Imagina que f sea una función polinomial con coeficientes racionales, y que a y b sean números racionales, de tal manera que $\sqrt{b}$ es irracional.
Si $a + \sqrt{b}$ es un cero de f, entonces $a - \sqrt{b}$ también es un cero de f.

El teorema fundamental del álgebra

Teorema Si $f(x)$ es un polinomio de grado n donde $n > 0$, entonces la ecuación $f(x) = 0$ tiene por lo menos una solución en el conjunto de números complejos.

Corolario Si $f(x)$ es un polinomio de grado n donde $n > 0$, entonces la ecuación $f(x) = 0$ tiene exactamente n soluciones siempre que cada solución repetida dos veces se cuente como dos soluciones, cada solución repetida tres veces se cuente como tres soluciones, y así sucesivamente.

El teorema de los números conjugados complejos
Si f es una función polinomial con coeficientes reales, y $a + bi$ es un cero imaginario de f, entonces $a - bi$ es también un cero de f.

La regla de los signos de Descartes
Imagina que $f(x) = a_n x^n + a_{n-1} x^{n-1} + \cdots + a_2 x^2 + a_1 x + a_0$ sea una función polinomial con coeficientes reales.
- El número de ceros reales positivos de f es igual al número de cambios en el signo de los coeficientes de $f(x)$ o es menor que este por un número par.
- El número de ceros reales negativos de f es igual al número de cambios en el signo de los coeficientes de $f(-x)$ o es menor que este por un número par.

Fórmulas

Álgebra

Pendiente
$m = \dfrac{y_2 - y_1}{x_2 - x_1}$

Forma de pendiente e intersección
$y = mx + b$

Forma de punto y pendiente
$y - y_1 = m(x - x_1)$

Forma estándar de una función cuadrática
$f(x) = ax^2 + bx + c$, donde $a \neq 0$

Forma en vértice de una función cuadrática
$f(x) = a(x - h)^2 + k$, donde $a \neq 0$

Forma de intersección de una función cuadrática
$f(x) = a(x - p)(x - q)$, donde $a \neq 0$

Fórmula cuadrática
$x = \dfrac{-b \pm \sqrt{b^2 - 4ac}}{2a}$, donde $a \neq 0$

Ecuación estándar de un círculo
$x^2 + y^2 = r^2$

Forma estándar de una función polinomial
$f(x) = a_n x^n + a_{n-1} x^{n-1} + \cdots + a_1 x + a_0$

Función de crecimiento exponencial
$y = ab^x$, donde $a > 0$ y $b > 1$

Función de decremento exponencial
$y = ab^x$, donde $a > 0$ y $0 < b < 1$

Logaritmo de y en base b
$\log_b y = x$ si o solo si $b^x = y$

Fórmula de cambio de base
$\log_c a = \dfrac{\log_b a}{\log_b c}$, donde a, b, y c son números reales positivos con $b \neq 1$ y $c \neq 1$.

Suma de términos n de 1
$\sum_{i=1}^{n} 1 = n$

Suma de primeros números positivos n
$\sum_{i=1}^{n} i = \dfrac{n(n+1)}{2}$

Suma de cuadrados de los primeros enteros positivos n
$\sum_{i=1}^{n} i^2 = \dfrac{n(n+1)(2n+1)}{6}$

Regla explícita para una secuencia aritmética
$a_n = a_1 + (n-1)d$

Suma de los primeros n términos de una serie aritmética
$S_n = n\left(\dfrac{a_1 + a_n}{2}\right)$

Regla explícita para una secuencia geométrica
$a_n = a_1 r^{n-1}$

Suma de los primeros n términos de una serie geométrica
$S_n = a_1\left(\dfrac{1 - r^n}{1 - r}\right)$, donde $r \neq 1$

Suma de una serie geométrica infinita
$S = \dfrac{a_1}{1 - r}$ siempre que $|r| < 1$

Ecuación recurrente para una secuencia aritmética
$a_n = a_{n-1} + d$

Ecuación recurrente para una secuencia geométrica
$a_n = r \cdot a_{n-1}$

Estadística

Media de la muestra
$\bar{x} = \dfrac{\Sigma x}{n}$

Desviación estándar
$\sigma = \sqrt{\dfrac{(x_1 - \mu)^2 + (x_2 - \mu)^2 + \cdots + (x_n - \mu)^2}{n}}$

Calificación z
$z = \dfrac{x - \mu}{\sigma}$

Margen de error de las proporciones de muestra
$\pm \dfrac{1}{\sqrt{n}}$

Trigonometría

Definiciones generales de funciones trigonométricas
Imagina que θ es un ángulo en posición estándar y (x, y) es el punto donde el lado terminal de θ se interseca con el círculo $x^2 + y^2 = r^2$. Las seis funciones trigonométricas de θ están definidas tal como se muestra.

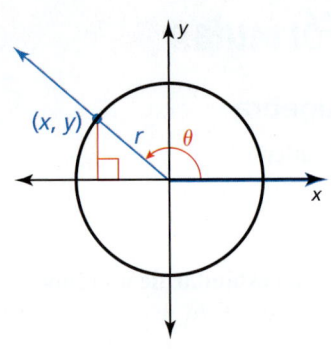

$$\operatorname{sen} \theta = \frac{y}{r} \qquad \cos \theta = \frac{x}{r} \qquad \tan \theta = \frac{y}{x}, x \neq 0$$

$$\csc \theta = \frac{r}{y}, y \neq 0 \qquad \sec \theta = \frac{r}{x}, x \neq 0 \qquad \cot \theta = \frac{x}{y}, y \neq 0$$

Conversión entre grados y radianes
$180° = \pi$ radianes

Longitud de arco de un sector
$s = r\theta$

Área de un sector
$A = \frac{1}{2} r^2 \theta$

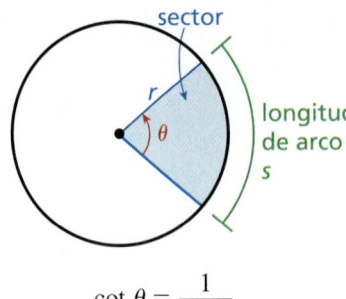

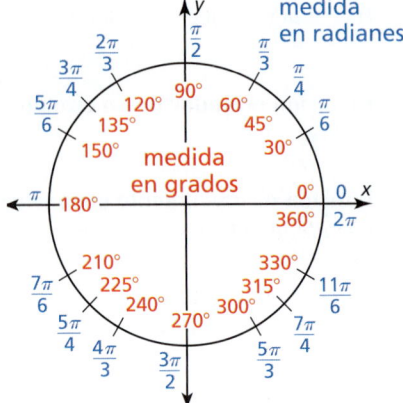

Identidades recíprocas
$$\csc \theta = \frac{1}{\operatorname{sen} \theta} \qquad \sec \theta = \frac{1}{\cos \theta} \qquad \cot \theta = \frac{1}{\tan \theta}$$

Identidades de tangente y cotangente
$$\tan \theta = \frac{\operatorname{sen} \theta}{\cos \theta} \qquad \cot \theta = \frac{\cos \theta}{\operatorname{sen} \theta}$$

Identidades pitagóricas
$\operatorname{sen}^2 \theta + \cos^2 \theta = 1$
$1 + \tan^2 \theta = \sec^2 \theta$
$1 + \cot^2 \theta = \csc^2 \theta$

Identidades de ángulo negativo
$\operatorname{sen}(-\theta) = -\operatorname{sen} \theta$
$\cos(-\theta) = \cos \theta$
$\tan(-\theta) = -\tan \theta$

Identidades cofuncionales
$$\operatorname{sen}\left(\frac{\pi}{2} - \theta\right) = \cos \theta$$
$$\cos\left(\frac{\pi}{2} - \theta\right) = \operatorname{sen} \theta$$
$$\tan\left(\frac{\pi}{2} - \theta\right) = \cot \theta$$

Fórmulas de suma
$\operatorname{sen}(a + b) = \operatorname{sen} a \cos b + \cos a \operatorname{sen} b$
$\cos(a + b) = \cos a \cos b - \operatorname{sen} a \operatorname{sen} b$
$$\tan(a + b) = \frac{\tan a + \tan b}{1 - \tan a \tan b}$$

Fórmulas de diferencia
$\operatorname{sen}(a - b) = \operatorname{sen} a \cos b - \cos a \operatorname{sen} b$
$\cos(a - b) = \cos a \cos b + \operatorname{sen} a \operatorname{sen} b$
$$\tan(a - b) = \frac{\tan a - \tan b}{1 + \tan a \tan b}$$

Probabilidad y Combinatoria

Probabilidad teórica $= \dfrac{\text{Número de resultados favorables}}{\text{Número total de resultados}}$

Probabilidad experimental $= \dfrac{\text{Número de aciertos}}{\text{Número de pruebas}}$

Probabilidad del complemento de un evento
$P(\overline{A}) = 1 - P(A)$

Probabilidad de eventos independientes
$P(A \text{ y } B) = P(A) \cdot P(B)$

Probabilidad de eventos dependientes
$P(A \text{ y } B) = P(A) \cdot P(B \mid A)$

Probabilidad de eventos compuestos
$P(A \text{ o } B) = P(A) + P(B) - P(A \text{ y } B)$

Permutaciones
$$_nP_r = \frac{n!}{(n - r)!}$$

Combinaciones
$$_nC_r = \frac{n!}{(n - r)! \cdot r!}$$

Experimentos binomiales
$P(k \text{ éxitos}) = {_nC_k} p^k (1 - p)^{n - k}$

El teorema del binomio
$(a + b)^n = {_nC_0} a^n b^0 + {_nC_1} a^{n-1} b^1 + {_nC_2} a^{n-2} b^2 + \cdots + {_nC_n} a^0 b^n$, donde n es un entero positivo.

Fórmulas para hallar el perímetro, el área y el volumen

Cuadrado

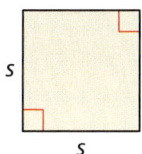

$P = 4s$
$A = s^2$

Rectángulo

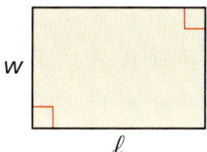

$P = 2\ell + 2w$
$A = \ell w$

Triángulo

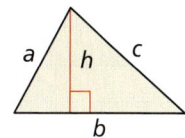

$P = a + b + c$
$A = \frac{1}{2}bh$

Círculo

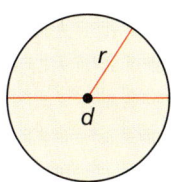

$C = \pi d$ o $C = 2\pi r$
$A = \pi r^2$

Paralelogramo

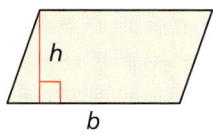

$A = bh$

Trapezoide

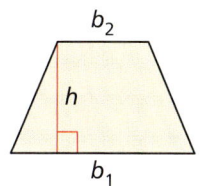

$A = \frac{1}{2}h(b_1 + b_2)$

Rombo/Cometa

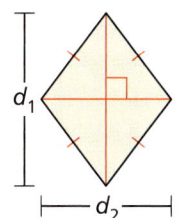 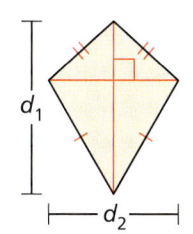

$A = \frac{1}{2}d_1 d_2$

n-ágono regular

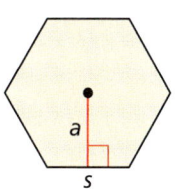

$A = \frac{1}{2}aP$ o $A = \frac{1}{2}a \cdot ns$

Prima

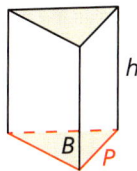

$L = Ph$
$S = 2B + Ph$
$V = Bh$

Cilindro

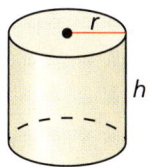

$L = 2\pi rh$
$S = 2\pi r^2 + 2\pi rh$
$V = \pi r^2 h$

Pirámide

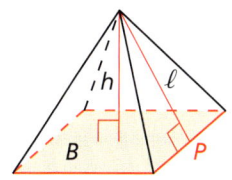

$L = \frac{1}{2}P\ell$
$S = B + \frac{1}{2}P\ell$
$V = \frac{1}{3}Bh$

Cono

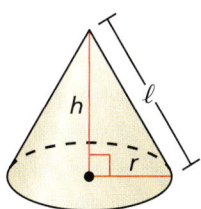

$L = \pi r \ell$
$S = \pi r^2 + \pi r \ell$
$V = \frac{1}{3}\pi r^2 h$

Esfera

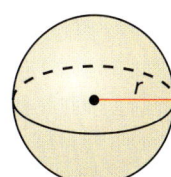

$S = 4\pi r^2$
$V = \frac{4}{3}\pi r^3$

Otras fórmulas

Teorema de Pitágoras
$a^2 + b^2 = c^2$

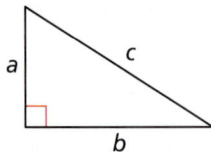

Interés simple
$I = Prt$

Interés compuesto
$A = P\left(1 + \dfrac{r}{n}\right)^{nt}$

Interés compuesto continuamente
$A = Pe^{rt}$

Distancia
$d = rt$

Conversiones

Sistema usual de EE. UU.
1 pie = 12 pulgadas
1 yarda = 3 pies
1 milla = 5280 pies
1 milla = 1760 yardas
1 acre = 43,560 pies cuadrados
1 taza = 8 onzas líquidas
1 pinta = 2 tazas
1 cuarto = 2 pintas
1 galón = 4 cuartos
1 galón = 231 pulgadas cúbicas
1 libra = 16 onzas
1 tonelada = 2000 libras

Sistema métrico
1 centímetro = 10 milímetros
1 metro = 100 centímetros
1 kilómetro = 1000 metros
1 litro = 1000 mililitros
1 kilolitro = 1000 litros
1 mililitro = 1 centímetro cúbico
1 litro = 1000 centímetros cúbicos
1 mililitro cúbico = 0.001 mililitro
1 gramo = 1000 miligramos
1 kilogramo = 1000 gramos

Sistema usual de EE. UU. a sistema métrico
1 pulgada = 2.54 centímetros
1 pie ≈ 0.3 metro
1 milla ≈ 1.61 kilómetros
1 cuarto ≈ 0.95 litro
1 galón ≈ 3.79 litros
1 taza ≈ 237 mililitros
1 libra ≈ 0.45 kilogramo
1 onza ≈ 28.3 gramos
1 galón ≈ 3785 centímetros cúbicos

Sistema métrico a sistema usual de EE. UU
1 centímetro ≈ 0.39 pulgada
1 metro ≈ 3.28 pies
1 kilómetro ≈ 0.62 milla
1 litro ≈ 1.06 cuartos
1 litro ≈ 0.26 galón
1 kilogramo ≈ 2.2 libras
1 gramo ≈ 0.035 onza
1 metro cúbico ≈ 264 galones

Tiempo
1 minuto = 60 segundos
1 hora = 60 minutos
1 hora = 3600 segundos
1 año = 52 semanas

Temperatura
$C = \dfrac{5}{9}(F - 32)$
$F = \dfrac{9}{5}C + 32$

Créditos

Páginas iniciales
viii Rodrigo Garrido/Shutterstock.com; **ix** J.D.S/Shutterstock.com; **x** rickyd/Shutterstock.com; **xi** Doug Matthews/Shutterstock.com; **xii** Reinhold Leitner/Shutterstock.com; **xiii** Ariwasabi/Shutterstock.com; **xiv** Miguel Navarro; **xv** Charles Knowles/Shutterstock.com; **xvi** Guy Shapira/Shutterstock.com, **xvii** Nadiia Gerbish/Shutterstock.com; **xviii** © Pniesen | Dreamstime.com; **xix** Monkey Business Images/Shutterstock.com

Capítulo 1
0 *top left* Daniel Korzeniewski/Shutterstock.com; *top right* bikeriderlondon/Shutterstock.com; *center left* © Farang | Dreamstime.com; *bottom right* Rodrigo Garrido/Shutterstock.com; *bottom left* bikeriderlondon/Shutterstock.com; **7** Rodrigo Garrido/Shutterstock.com; **10** bikeriderlondon/Shutterstock.com; **16** © Farang | Dreamstime.com; **19** Aleksander Erin/Shutterstock.com; **23** bikeriderlondon/Shutterstock.com; **25** Potapov Alexander/Shutterstock.com; **28** iPortret/Shutterstock.com; **34** Daniel Korzeniewski/Shutterstock.com; **35** Gemenacom/Shutterstock.com; **37** zimmytws/Shutterstock.com

Capítulo 2
44 *top left* Lisa F. Young/Shutterstock.com; *top right* J.D.S/Shutterstock.com; *center left* © Redeyed | Dreamstime.com; *bottom right* Fotokostic/Shutterstock.com; *bottom left* ©iStockphoto.com/Dirk Freder; **51** Mike Brake/Shutterstock.com; **53** ©iStockphoto.com/Dirk Freder; **54** feathercollector/Shutterstock.com; **60** hugolaeasse/Shutterstock.com, passpunShutterstock.com; **62** Mitch Gunn/Shutterstock.com; **63** Fotokostic/Shutterstock.com; **64** *bottom left* © Redeyed | Dreamstime.com; *center right* Garsya/Shutterstock.com; **65** Aleksander Erin/Shutterstock.com; **66** Steve Mann/Shutterstock.com; **73** inxti/Shutterstock.com; **77** Lisa F. Young/Shutterstock.com; **83** Timothy Large/Shutterstock.com; **86** KID_A/Shutterstock.com, Adam Fahey Designs/Shutterstock.com

Capítulo 3
90 *top left* Pavel L Photo and Video/Shutterstock.com; *top right* Jakrit Jiraratwaro/Shutterstock.com; *center left* paul cowell/Shutterstock.com; *bottom right* rickyd/Shutterstock.com; *bottom left* Aspen Photo/Shutterstock.com; **97** *top right* Kovalchuk Oleksandr, Subbotina Anna/Shutterstock.com; *center left* wavebreakmedia/Shutterstock.com; **100** L.Watcharapol/Shutterstock.com; **101** *top left* Luciano Mortula/Shutterstock.com; *center left* David W. Leindecker /Shutterstock.com; *bottom left* f9photos/Shutterstock.com; *center right* Antony McAulay/Shutterstock.com; **106** rickyd/Shutterstock.com; **115** Aspen Photo/Shutterstock.com; **117** Wesley Guijt/Shutterstock.com; **119** Aleksander Erin/Shutterstock.com; **126** *top left* © Matthew Apps | Dreamstime.com; *top center* muzsy/Shutterstock.com; *top right* © Vlue | Dreamstime.com; **128** Haslam Photography/Shutterstock.com; **129** *top left* ©iStockphoto.com/AtomA; *bottom left* Oleksiy Mark/Shutterstock.com; *top right* paul cowell/Shutterstock.com; **130** Jorg Hackemann/Shutterstock.com; **137** Jakrit Jiraratwaro/Shutterstock.com; **145** *bottom left* © Tammygaffney | Dreamstime.com; *top right* Dan Breckwoldt/Shutterstock.com; *center right* Pavel L Photo and Video/Shutterstock.com; **146** *center left* BlueRingMedia/Shutterstock.com; *center right* © Tatjana Keisa | Dreamstime.com; **147** Seanika/Shutterstock.com

Capítulo 4
154 *top left* Doug Matthews/Shutterstock.com; *top right* © Oseland | Dreamstime.com; *center left* Anton_Ivanov/Shutterstock.com; *bottom right* Aspen Photo/Shutterstock.com; *bottom left* clean_fotos/Shutterstock.com; **161** clean_fotos/Shutterstock.com; **163** *center right* © Lightvision | Dreamstime.com; *bottom right* tawan/Shutterstock.com; **164** JRB67/Shutterstock.com; **170** Flashon Studio/Shutterstock.com; **171** balein/Shutterstock.com; **178** Aspen Photo/Shutterstock.com; **183** Xavier Pironet/Shutterstock.com; **185** GoodMood Photo/Shutterstock.com; **187** Aleksander Erin/Shutterstock.com; **195** Anton_Ivanov/Shutterstock.com; **203** *top right* © Oseland | Dreamstime.com; *center right* Tyler Olson/Shutterstock.com; **210** Steve Byland/Shutterstock.com; **217** bikeriderlondon/Shutterstock.com; **218** Doug Matthews/Shutterstock.com; **222** nostal6ie/Shutterstock.com; **225** Mihai Dancaescu/Shutterstock.com; **231** Sergio Bertino/Shutterstock.com

Capítulo 5
234 *top left* © Irur | Dreamstime.com; *top right* Reinhold Leitner/Shutterstock.com; *center left* katatonia82/Shutterstock.com; *bottom right* NASA/JPL-Caltech/MSSS; *bottom left* Sarun T/Shutterstock.com; **240** Nerthuz/Shutterstock.com; **250** Sarun T/Shutterstock.com; **254** NASA/JPL-Caltech/MSSS; **258** Krzysztof Gorski/Shutterstock.com; **259** Aleksander Erin/Shutterstock.com; **263** Glynnis Jones/Shutterstock.com; **266** Xiebiyun/Shutterstock.com; **267** *Exercise 46 left* Christopher Meder/Shutterstock.com; *Exercise 46 right* Samot/Shutterstock.com; **268** katatonia82/Shutterstock.com; **272** Reinhold Leitner/Shutterstock.com; **282** © Irur | Dreamstime.com; **283** *top left* Piotr Marcinski/Shutterstock.com; *bottom right* Dmitry Kalinovsky/Shutterstock.com; **285** Andresr/Shutterstock.com; **289** Aspen Photo/Shutterstock.com

Capítulo 6
292 *top left* NASA; *top right* Ariwasabi/Shutterstock.com; *center left* UnaPhoto/Shutterstock.com; *bottom right* Olga Kovalenko/Shutterstock.com; *bottom left* Minerva Studio/Shutterstock.com; **301** Olga Kovalenko/Shutterstock.com; **302** Egon Zitter/Shutterstock.com; **314** Joggie Botma/Shutterstock.com, Germanskydiver/Shutterstock.com; **315** *bottom left* Minerva Studio/Shutterstock.com; *top right* Lightspring/Shutterstock.com; **316** *top left* Richard A McMillin/Shutterstock.com; *top right* Arkorn/Shutterstock.com; **325** Aleksander Erin/Shutterstock.com; **330** UnaPhoto/Shutterstock.com; **332** *bottom left* Johan_R/Shutterstock.com; *top right* vasabii/Shutterstock.com, Suat Gursozlu/Shutterstock.com, ©iStockphoto.com/claudiaveja; **335** Ariwasabi/Shutterstock.com; **338** *bottom left* Ian Scott/Shutterstock.com; *center right* ©iStockphoto.com/joebelanger; **345** Edward Haylan/Shutterstock.com; **346** bikeriderlondon/Shutterstock.com; **347** *bottom left* Anton Zabielskyi/Shutterstock.com, hotobank.ch/Shutterstock.com, Markus Gann/Shutterstock.com, Gladskikh Tatiana/Shutterstock.com, VladGavriloff/Shutterstock.com, Vasilyev Alexandr/Shutterstock.com; *bottom right* NASA; **348** rawcaptured/Shutterstock.com; **349** Baloncici/Shutterstock.com; **353** escova/Shutterstock.com, Inna Petyakina/Shutterstock.com

Capítulo 7

356 *top left* Luna Vandoorne/Shutterstock.com; *top right* javarman/Shutterstock.com; *center left* Minerva Studio/Shutterstock.com; *bottom right* Miguel Navarro; *bottom left* pan_kung/Shutterstock.com; **362** pan_kung/Shutterstock.com; **364** *Exercise 26 left* © Lois Mcartney | Dreamstime.com; *Exercise 26 right* Igor Sokolov (breeze)/Shutterstock.com; **369** Miguel Navarro; **371** Minerva Studio/Shutterstock.com; **372** Tilil/Shutterstock.com, Genestro/Shutterstock.com; **373** Aleksander Erin/Shutterstock.com; **374** Richard Paul Kane/Shutterstock.com; **379** ndoeljindoel/Shutterstock.com; **381** Lucky Business/Shutterstock.com; **382** *Exercise 47 left* Andreas Meyer/Shutterstock.com; *Exercise 47 right* Anna Kucherova/Shutterstock.com; **389** AridOcean/Shutterstock.com; **390** wanpatsorn/Shutterstock.com; **396** ©iStockphoto.com/Nikada; **397** Luna Vandoorne/Shutterstock.com; **399** José Carlos González Sánchez / Wikimedia Commons / Public Domain

Capítulo 8

406 *top left* Photographee.eu/Shutterstock.com; *top right* Charles Knowles/Shutterstock.com; *center left* Rainbow Skydive; *bottom right* Debby Wong/Shutterstock.com; *bottom left* © Inigocia | Dreamstime.com; **411** Halina Yakushevich/Shutterstock.com; **415** *top left* ©iStockphoto.com/colematt; *center right* Tomasz Trojanowski/Shutterstock.com; *bottom right* irin-k/Shutterstock.com; **416** *bottom left* © Inigocia | Dreamstime.com; *bottom right* © Dmitry Elagin | Dreamstime.com; **421** ©iStockphoto.com/ZernLiew; **423** Jeff Kinsey/Shutterstock.com; **431** *center right* Andy Dean Photography/Shutterstock.com; *bottom right* Rainbow Skydive; **433** Aleksander Erin/Shutterstock.com; **439** Rashevskyi Viacheslav/Shutterstock.com; **440** Angela Hawkey/Shutterstock.com, xpixel/Shutterstock.com, Pavel K/Shutterstock.com; **445** Charles Knowles/Shutterstock.com; **448** Horiyan/Shutterstock.com; **449** Photographee.eu/Shutterstock.com; **451** wandee007/Shutterstock.com

Capítulo 9

458 *top left* Piotr Wawrzyniuk/Shutterstock.com; *top right* Charles Knowles/Shutterstock.com; *center left* artincamera/Shutterstock.com; *bottom right* ©iStockphoto.com/alexsl; *bottom left* Guy Shapira/Shutterstock.com; **465** *top right* Glenn Young/Shutterstock.com; *bottom left* Pavel L Photo and Video/Shutterstock.com; **467** ©iStockphoto.com/Kubrak78; **468** Skalapendra/Shutterstock.com; **475** *center left* Evangelos Thomaidis; *bottom right* NASA; **476** ©iStockphoto.com/alexsl; **481** Iaremenko Sergii/Shutterstock.com; **483** *top left* Courtesy NASA/JPL-Caltech; *center left* richsouthwales/Shutterstock.com, Brian Hook, http://www.flickr.com/photos/brianhook; **484** leonello calvetti/Shutterstock.com; **492** © Joseph Gough | Dreamstime.com; **493** *center left* Matthew Cole/Shutterstock.com; *Exercise 58 left* ©Albertoloyo | Dreamstime.com; *Exercise 58 right* © Robseguin | Dreamstime.com; **494** *top left* artincamera/Shutterstock.com; *center right* Levent Konvk/Shutterstock.com; **495** Aleksander Erin/Shutterstock.com; **496** fuyu liu/Shutterstock.com, ©iStockphoto.com/4x6, ©iStockphoto.com/knape; **504** *top left* IR Stone/Shutterstock.com; *center left* bikeriderlondon/Shutterstock.com; **506** Eliks/Shutterstock.com; **508** ©iStockphoto.com/wdstock, ©iStockphoto.com/McIninch; **509** EdgeOfReason/Shutterstock.com; **510** Charles Knowles/Shutterstock.com; **511** © Graham Taylor | Dreamstime.com; **518** Piotr Wawrzyniuk/Shutterstock.com; **525** Peter Elvidge/Shutterstock.com; **531** Petr Student/Shutterstock.com

Capítulo 10

534 *top left* Margaret M Stewart/Shutterstock.com; *top right* Mikhail Pogosov/Shutterstock.com; *center left* Nadiia Gerbish/Shutterstock.com; *bottom right* Tyler Olson/Shutterstock.com; *bottom left* bikeriderlondon/Shutterstock.com; **537** *top* Sascha Burkard/Shutterstock.com; *center* Ruslan Gi/Shutterstock.com; *bottom right* cobalt88/Shutterstock.com, Sanchai Khudpin/Shutterstock.com; **544** ©iStockphoto.com/hugolacasse; **545** *top right* cTermit/Shutterstock.com; *top center* Picsfive/Shutterstock.com; **548** ©iStockphoto.com/andriikoval; **550** *center left* Marques/Shutterstock.com, Laurin Rinder/Shutterstock.com; *bottom left* oliveromg/Shutterstock.com; **552** *center left* cobalt88/Shutterstock.com; *center right* bikeriderlondon/Shutterstock.com; **557** Tyler Olson/Shutterstock.com; **558** *bottom left* Andrey Bayda/Shutterstock.com; *bottom right* Image Point Fr/Shutterstock.com; **561** Aleksander Erin/Shutterstock.com; **563** CrackerClips Stock Media/Shutterstock.com; **567** ©iStockphoto.com/Andy Cook; **568** *top left* Nadiia Gerbish/Shutterstock.com; *center right* bikeriderlondon/Shutterstock.com; **571** Mikhail Pogosov/Shutterstock.com; **573** *center top* Alan Bailey/Shutterstock.com; *center bottom* ©iStockphoto.com/zorani; **575** ©iStockphoto.com/Rich Legg; **576** *top left* William Stall/Shutterstock.com; *bottom right* CBS via Getty Images; **577** Tony Oshlick/Shutterstock.com; **578** *top left* Telnov Oleksii/Shutterstock.com; *top right* Suat Gursozlu/Shutterstock.com; **579** Sascha Burkard/Shutterstock.com; **581** claudiofichera/Shutterstock.com; **583** Margaret M Stewart/Shutterstock.com; **584** ecco/Shutterstock.com; **585** Dmitry Melnikov/Shutterstock.com; **589** Christos Georghiou/Shutterstock.com

Capítulo 11

592 *top left* Penka Todorova Vitkova/Shutterstock.com; *top right* Andresr/Shutterstock.com; *center left* © Pniesen | Dreamstime.com; *bottom right* Monkey Business Images/Shutterstock.com; *bottom left* Kalinina Alisa/Shutterstock.com; **598** Kalinina Alisa/Shutterstock.com; **600** irin-k/Shutterstock.com; **601** Erwin Niemand/Shutterstock.com; **602** © Biswarup Ganguly / Wikimedia Commons / GFDL; **603** Skylines/Shutterstock.com; **605** Monkey Business Images/Shutterstock.com; **607** *center left* ©iStockphoto.com/linzyslusher; *bottom left* wavebreakmedia/Shutterstock.com; *top right* CandyBox Images/Shutterstock.com; **610** Denis Cristo/Shutterstock.com; **611** Goodluz/Shutterstock.com; **614** Lenka_N/Shutterstock.com; **615** *center left* ©iStockphoto.com/Pixsooz; *bottom left* © Pniesen | Dreamstime.com; *bottom right* Sergey Nivens/Shutterstock.com; **616** ©iStockphoto.com/gchutka; **617** Aleksander Erin/Shutterstock.com; **619** sauletas/Shutterstock.com; **621** Pressmaster/Shutterstock.com; **622** sagir/Shutterstock.com; **624** Andresr/Shutterstock.com; **630** Monkey Business Images/Shutterstock.com; **631** Penka Todorova Vitkova/Shutterstock.com; **632** Danny E Hooks/Shutterstock.com; **637** Edw/Shutterstock.com; **639** Constantine Pankin/Shutterstock.com